Springer-Lehrbuch

Klaus Backhaus · Bernd Erichson
Wulff Plinke · Rolf Weiber

Multivariate Analysemethoden

Eine anwendungsorientierte Einführung

Elfte, überarbeitete Auflage
mit 559 Abbildungen
und 6 Tabellen

Professor Dr. Dr. h.c. Klaus Backhaus
Westfälische Wilhelms-Universität Münster
Marketing Centrum Münster
Institut für Anlagen und Systemtechnologien
Am Stadtgraben 13–15
48143 Münster

Professor Dr. Bernd Erichson
Otto-von-Guericke-Universität Magdeburg
Lehrstuhl für Marketing
Universitätsplatz 2
39106 Magdeburg

Professor Dr. Wulff Plinke
Dean ESMT
Schlossplatz 1
10178 Berlin

Professor Dr. Rolf Weiber
Universität Trier
Lehrstuhl für Marketing,
Innovation und E-Business
Universitätsring 15
54286 Trier

E-mail: autoren@multivariate.de

Bibliografische Information Der Deutschen Bibliothek
Die Deutsche Bibliothek verzeichnet diese Publikation in der Deutschen Nationalbibliografie; detaillierte bibliografische Daten sind im Internet über *http://dnb.ddb.de* abrufbar.

ISBN-10 3-540-27870-2   11. Auflage   Springer Berlin Heidelberg New York
ISBN-13 978-3-540-27870-2   11. Auflage   Springer Berlin Heidelberg New York
ISBN 3-540-00491-2   10. Auflage   Springer Berlin Heidelberg New York

Dieses Werk ist urheberrechtlich geschützt. Die dadurch begründeten Rechte, insbesondere die der Übersetzung, des Nachdrucks, des Vortrags, der Entnahme von Abbildungen und Tabellen, der Funksendung, der Mikroverfilmung oder der Vervielfältigung auf anderen Wegen und der Speicherung in Datenverarbeitungsanlagen, bleiben, auch bei nur auszugsweiser Verwertung, vorbehalten. Eine Vervielfältigung dieses Werkes oder von Teilen dieses Werkes ist auch im Einzelfall nur in den Grenzen der gesetzlichen Bestimmungen des Urheberrechtsgesetzes der Bundesrepublik Deutschland vom 9. September 1965 in der jeweils geltenden Fassung zulässig. Sie ist grundsätzlich vergütungspflichtig. Zuwiderhandlungen unterliegen den Strafbestimmungen des Urheberrechtsgesetzes.

Springer ist ein Unternehmen von Springer Science+Business Media
springer.de

© Springer Berlin Heidelberg 1980, 1982, 1985, 1987, 1989, 1990, 1994, 1996, 2000, 2003, 2006
Printed in Germany

Die Wiedergabe von Gebrauchsnamen, Handelsnamen, Warenbezeichnungen usw. in diesem Werk berechtigt auch ohne besondere Kennzeichnung nicht zu der Annahme, dass solche Namen im Sinne der Warenzeichen- und Markenschutz-Gesetzgebung als frei zu betrachten wären und daher von jedermann benutzt werden dürften.

Umschlaggestaltung: Design & Production GmbH
Herstellung: Helmut Petri
Druck: Strauss Offsetdruck

SPIN 11528562   Gedruckt auf säurefreiem Papier – 42/3153 – 5 4 3 2 1 0

www.multivariate.de

Auch für die 11. Auflage haben wir im Internet unter der Adresse

http://www.multivariate.de

unterschiedliche Unterstützungsleistungen zu den in diesem Buch behandelten Verfahren der multivariaten Datenanalyse bereitgestellt. Ziel dieser Internetpräsenz ist es, ergänzend zum vorliegenden Lehrbuch auch zwischen den verschiedenen Auflagen auf aktuelle Entwicklungen hinzuweisen und eine Plattform für den Erfahrungsaustausch unter den Nutzern des Buches zu schaffen. Der Kern der Internetpräsenz bilden die folgenden Serviceleistungen:

- **MVA-Literaturservice**
  Im Rahmen des Literaturservice weisen wir auf neue Einführungstexte zu den verschiedenen Analyseverfahren hin und geben darüber hinaus Hinweise auf weiterführende Literatur. Durch letzteres soll vor allem denjenigen Lesern Rechnung getragen werden, die an Spezialliteratur zu den verschiedenen Verfahren und an weiterführender Literatur für den fortgeschrittenen Anwender interessiert sind.

- **MVA-FAQs**
  Häufig gestellte Fragen und Hinweise zu den Verfahren werden unter der Rubrik *"Frequently Asked Questions"* übersichtlich archiviert, so daß eine schnelle Problemlösung bei häufigen Anwenderfragen gewährleistet ist.

- **MVA-Stichwortsuche**
  Die Stichwortsuche ermöglicht eine Volltextrecherche in dem einleitenden Kapitel „Zur Verwendung dieses Buches", den einleitenden Abschnitten der verschiedenen multivariaten Verfahren sowie im detaillierten Stichwortverzeichnis zum Buch.

- **MVA-Bestellungen**
  Via Internet können sowohl die Foliensätze als auch die Support-CD schnell und bequem bestellt werden.

Wir werden unsere Serviceleistungen im Internet entsprechend den von unseren Lesern per E-Mail (kontakt@multivariate.de) oder Post übermittelten Anregungen kontinuierlich ausbauen und aktualisieren.

Vorwort zur 11. Auflage

Mit der 11. Auflage legen wir eine gründlich überarbeitete Version unseres Buches "Multivariate Analysemethoden" vor. Im Gegensatz zur 10. Auflage wurden zwar keine neuen Verfahrensvarianten in das Buch aufgenommen, dafür aber einige wichtige Veränderungen durchgeführt: Zunächst wurden alle Verfahren mit der Version 13.0 der Statistiksoftware SPSS neu gerechnet. Das hat dazu geführt, dass an manchen Stellen der Text adaptiert werden musste. Darüber hinaus wurde das Kapitel Neuronale Netze auf die Software Clementine umgestellt. Das war notwendig, weil sich Clementine mittlerweile am Markt durchgesetzt hat. Im Kapitel Varianzanalyse wurde das Fallbeispiel leicht modifiziert. Ansonsten wurde der Text gründlich überarbeitet und Fehler wurden korrigiert. Hier danken wir einer Vielzahl von Lesern, die uns durch ihre kritischen Hinweise auf Fehler aufmerksam gemacht haben. Wir bedauern außerordentlich, dass sich auch in der 10. Auflage wieder einige neue Fehler eingeschlichen hatten, die im Wesentlichen aber durch die Setzarbeiten bedingt waren. Wir hoffen sehr, dass wir in der 11. Auflage die Fehlermenge weiter reduzieren konnten und sind aber auch hier wieder für entsprechende Hinweise außerordentlich dankbar.

Auch bei der 11. Auflage haben wir versucht, der konzeptionellen Idee unseres Lehrbuchs treu zu bleiben: *„Geringst mögliche Anforderungen an mathematische Vorkenntnisse und Gewährleistung einer allgemein verständlichen Darstellung anhand eines für mehrere Methoden verwendeten Beispiels."* Das konsequente Verfolgen dieser Strategie führt natürlich dazu, dass wir auf eine Fülle von Detailfragen nicht eingehen können, weil das Grundverständnis vor dem Detail rangiert. Das Buch wird deshalb keine Antworten auf Spezialfragen liefern. Auf unserer Homepage *www.multivariate.de* haben wir aber für jedes Verfahren Angaben zu weiterführender Spezialliteratur bereitgestellt, die wir auch kontinuierlich aktualisieren. Hier können auch Anwendungsfragen diskutiert werden. Aber dennoch möchten wir an unserem Grundsatz festhalten: Das Buch ist *kein* Lehrbuch von Spezialisten für Spezialisten, sondern von Anwendern für Anwender!

Auch für die 11. Auflage gilt unser Dank denjenigen Mitarbeitern, die nicht nur die einzelnen Kapitel gelesen, sondern mit ihren kritischen Anmerkungen das Buch konstruktiv mitgestaltet haben, bzw. in mühevoller Kleinarbeit Literaturdetails oder neue Grafiken gestaltet haben: Insbesondere haben sich an der Universität Münster Frau Dipl.-Kffr. Margarethe Frohs, Herr cand. rer. pol. Jens Reich, an der Universität Magdeburg Herr Dipl.-Kfm. Steffen Voigt, Frau cand. rer. pol. Franziska Rumpel und an der Universität Trier Herr Dr. Peter Billen, Herr Dipl.-Kfm. Henrik Fälsch sowie Herr Dipl.-Kfm. Stefan Zühlke besonders engagiert. Ihnen allen gilt unser herzlichster Dank für die geleisteten Unterstützungen. Besonderer Dank gilt Herrn Dipl.-Kfm. Maik Eisenbeiß, Universität Münster, der die gesamte Koordination der neuen Auflage betreut hat. Er hat dabei nicht nur die vielen formellen Details einer Neuauflage gemanagt, sondern auch an einer Reihe von Stellen inhaltliche Verbesserungsvorschläge eingebracht. Durch sein Engagement hat er wesentlich dazu beigetragen, dass die neue Auflage überhaupt in dieser kurzen Zeit auf den Markt gebracht werden konnte. Selbstverständlich gehen alle Mängel zu unserer Lasten.

Im Mai 2005

Klaus Backhaus, Münster und Berlin
Bernd Erichson, Magdeburg
Wulff Plinke, Berlin
Rolf Weiber, Trier

Inhaltsübersicht[*]

Zur Verwendung dieses Buches 1

1   Regressionsanalyse 45

2   Varianzanalyse 119

3   Diskriminanzanalyse 155

4   Kreuztabellierung und Kontingenzanalyse 229

5   Faktorenanalyse 259

6   Strukturgleichungsmodelle 337

7   Logistische Regression 425

8   Clusteranalyse 489

9   Conjoint-Measurement 557

10   Multidimensionale Skalierung 619

11   Korrespondenzanalyse 685

12   Neuronale Netze 749

Tabellenanhang 807

Stichwortverzeichnis 823

Bestellschein für Daten und Abbildungsvorlagen 831

[*] Ein ausführliches Inhaltsverzeichnis steht zu Beginn eines jeden Kapitels.

Zur Verwendung dieses Buches

1	Zielsetzung des Buches	2
2	Daten und Skalen	4
3	Einteilung multivariater Analysemethoden	7
3.1	Strukturen-prüfende Verfahren	8
3.2	Strukturen-entdeckende Verfahren	12
3.3	Zusammenfassende Betrachtung	15
4	Zur Verwendung von SPSS	15
4.1	Die Daten	16
4.1.1	Der Daten-Editor	18
4.1.2	Erstellung einer neuen Datendatei	19
4.2	Einfache Statistiken und Grafiken	24
4.3	Die Kommandosprache	31
4.3.1	Aufbau einer Syntaxdatei	31
4.3.2	Syntax der Kommandos	32
4.3.3	Kommandos zur Datendefinition	34
4.3.4	Prozedurkommandos	35
4.3.5	Hilfskommandos	35
4.3.6	Erstellen, Öffnen und Speichern einer Syntaxdatei	36
4.3.7	Ausführen der Syntaxdatei	40
4.4	Die Systeme von SPSS	41
5	Literaturhinweise	43

2   Zur Verwendung dieses Buches

1 Zielsetzung des Buches

Multivariate Analysemethoden sind heute eines der Fundamente der empirischen Forschung in den Realwissenschaften. Die Methoden sind immer noch in stürmischer Entwicklung. Es werden ständig neue methodische Varianten entwickelt, neue Anwendungsbereiche erschlossen und neue oder verbesserte Computer-Programme, ohne die eine praktische Anwendung der Verfahren nicht möglich ist, entwickelt.

Mancher Interessierte aber empfindet Zugangsbarrieren zur Anwendung der Methoden, die aus

- Vorbehalten gegenüber mathematischen Darstellungen,
- einer gewissen Scheu vor dem Einsatz des Computers und
- mangelnder Kenntnis der Methoden und ihrer Anwendungsmöglichkeiten

resultieren. Es ist eine Kluft zwischen interessierten Fachleuten und Methodenexperten festzustellen, die bisher nicht genügend durch das Angebot der Fachliteratur überbrückt wird.

Die Autoren dieses Buches haben sich deshalb das Ziel gesetzt, zur Überwindung dieser Kluft beizutragen. Daraus ist ein Text entstanden, der folgende Charakteristika besonders herausstellt:

1. Es ist größte Sorgfalt darauf verwendet worden, die Methoden *allgemeinverständlich* darzustellen. Der Zugang zum Verständnis durch den mathematisch ungeschulten Leser hat in allen Kapiteln Vorrang gegenüber dem methodischen Detail. Dennoch wird der rechnerische Gehalt der Methoden in den wesentlichen Grundzügen erklärt, damit sich der Leser, der sich in die Methoden einarbeitet, eine Vorstellung von der Funktionsweise, den Möglichkeiten und Grenzen der Methoden verschaffen kann.
2. Das Verständnis wird erleichtert durch die ausführliche Darstellung von *Beispielen*, die es erlauben, die Vorgehensweise der Methoden leicht nachzuvollziehen und zu verstehen.
3. Darüber hinaus wurde - soweit die Methoden das zulassen - ein Beispiel durchgehend für mehrere Methoden benutzt, um das Einarbeiten zu erleichtern und um die Ergebnisse der Methoden vergleichen zu können. Die Rohdaten der Beispiele können über den Bestellschein am Ende des Buches oder über die Internetadresse www.multivariate.de angefordert werden.

    Die Beispiele sind dem Marketing-Bereich entnommen. Die Darstellung ist jedoch so gehalten, daß jeder Leser die Fragestellung versteht und auf seine spezifischen Anwendungsprobleme in anderen Bereichen übertragen kann.
4. Der Umfang des zu verarbeitenden Datenmaterials ist in aller Regel so groß, daß die Rechenprozeduren der einzelnen Verfahren mit vertretbarem Aufwand nur computergestützt durchgeführt werden können. Deshalb erstreckt sich die Darstellung der Methoden sowohl auf die Grundkonzepte der Methoden als auch auf die *Nutzung geeigneter Computer-Programme* als Arbeitshilfe. Es existiert heute eine Reihe von Programmpaketen, die die Anwend-

ung multivariater Analysemethoden nicht nur dem Computer-Spezialisten erlauben. Insbesondere bedingt durch die zunehmende Verbreitung und Leistungsfähigkeit des PCs sowie die komfortablere Gestaltung von Benutzeroberflächen wird auch die Nutzung der Programme zunehmend erleichtert. Damit wird der Fachmann für das Sachproblem unabhängig vom Computer-Spezialisten.

Das Programmpaket bzw. Programmsystem, mit dem die meisten Beispiele durchgerechnet werden, ist *SPSS* (ursprünglich: *S*tatistical *P*ackage for the *S*ocial *S*ciences, jetzt: *S*tatistical *P*roduct and *S*ervice *S*olutions). Als Programmsystem wird dabei eine Sammlung von Programmen mit einer gemeinsamen Benutzeroberfläche bezeichnet. SPSS hat sehr weite Verbreitung gefunden, besonders im Hochschulbereich, aber auch in der Praxis. Es ist unter vielen Betriebssystemen auf Großrechnern, Workstations und PC verfügbar.

5. Das vorliegende Buch hat den Charakter eines *Arbeitsbuches*. Die Darstellungen sind so gewählt, daß der Leser in jedem Fall alle Schritte der Lösungsfindung nachvollziehen kann. Alle Ausgangsdaten, die den Beispielen zugrunde liegen, sind abgedruckt und können für die umfangreicheren Fallbeispiele über www.multivariate.de bestellt werden. Die Syntaxkommandos für die Computer-Programme werden im einzelnen aufgeführt, so daß der Leser durch eigenes Probieren sehr schnell erkennen kann, wie leicht letztlich der Zugang zur Anwendung der Methoden unter Einsatz des Computers ist, wobei er seine eigenen Ergebnisse gegen die im vorliegenden Buch ausgewiesenen kontrollieren kann.

6. Die Ergebnisse der computergestützten Rechnungen in den einzelnen Methoden werden jeweils anhand der betreffenden *Programmausdrucke* erläutert und kommentiert. Dadurch kann der Leser, der sich in die Handhabung der Methoden einarbeitet, schnell in den eigenen Ergebnissen eine Orientierung finden.

7. Besonderes Gewicht wurde auf die *inhaltliche Interpretation* der Ergebnisse der einzelnen Verfahren gelegt. Wir haben es uns dabei zur Aufgabe gemacht, die *Ansatzpunkte für Ergebnismanipulationen* in den Verfahren offenzulegen und die Gestaltungsspielräume aufzuzeigen, damit der Anwender der Methoden objektive und subjektive Bestimmungsfaktoren der Ergebnisse unterscheiden kann. Dies macht u.a. erforderlich, daß methodische Details offengelegt werden. Dabei wird auch deutlich, daß dem Anwender der Methoden eine Verantwortung für seine Interpretation der Ergebnisse zukommt.

Faßt man die genannten Merkmale des Buches zusammen, dann ergibt sich ein Konzept, das geeignet ist, sowohl dem Anfänger, der sich in die Handhabung der Methoden einarbeitet, als auch demjenigen, der mit den Ergebnissen dieser Methoden arbeiten muß, die erforderliche Hilfe zu geben. Die Konzeption läßt es dabei zu, daß *jede dargestellte Methode für sich verständlich* ist. Der Leser ist also an keine Reihenfolge der Kapitel gebunden.

Im folgenden wird ein knapper Überblick über die Verfahren der multivariaten Analysetechnik gegeben. Da sich die einzelnen Verfahren vor allem danach unterscheiden lassen, welche Anforderungen sie an das Datenmaterial stellen, seien

4   Zur Verwendung dieses Buches

hierzu einige Bemerkungen vorausgeschickt, die für Anfänger gedacht und deshalb betont knapp gehalten sind.[1]

2 Daten und Skalen

Das "Rohmaterial" für multivariate Analysen sind die (vorhandenen oder noch zu erhebenden) *Daten*. Die Qualität von Daten wird u.a. bestimmt durch die Art und Weise der *Messung*. Daten sind nämlich das Ergebnis von Meßvorgängen. Messen bedeutet, daß Eigenschaften von Objekten nach bestimmten Regeln in Zahlen ausgedrückt werden.

Im wesentlichen bestimmt die jeweils betrachtete Art einer Eigenschaft, wie gut man ihre Ausprägung messen, d.h. wie gut man sie in Zahlen ausdrücken kann. So wird z.B. die Körpergröße eines Menschen sehr leicht in Zahlen auszudrücken sein, seine Intelligenz, seine Motivation oder sein Gesundheitszustand dagegen sehr schwierig.

Die "Meßlatte", auf der die Ausprägungen einer Eigenschaft abgetragen werden, heißt *Skala*. Je nachdem, in welcher Art und Weise eine Eigenschaft eines Objektes in Zahlen ausgedrückt (gemessen) werden kann, unterscheidet man Skalen mit unterschiedlichem *Skalenniveau*:

1. Nominalskala
2. Ordinalskala
3. Intervallskala
4. Ratioskala.

Das Skalenniveau bedingt sowohl den *Informationsgehalt der Daten* wie auch die *Anwendbarkeit von Rechenoperationen*. Nachfolgend sollen die Skalentypen und ihre Eigenschaften kurz umrissen werden.

Die *Nominalskala* stellt die primitivste Grundlage des Messens dar. Beispiele für Nominalskalen sind

-    Geschlecht (männlich - weiblich)
-    Religion (katholisch - evangelisch - andere)
-    Farbe (rot - gelb - grün - blau ...)
-    Werbemedium (Fernsehen - Zeitungen - Plakattafeln).

Nominalskalen stellen also Klassifizierungen qualitativer Eigenschaftsausprägungen dar. Zwecks leichterer Verarbeitung mit Computern werden die Ausprägungen von Eigenschaften häufig durch Zahlen ausgedrückt. So lassen sich z.B. die Farben einer Verpackung wie folgt kodieren:

---

[1] Vgl. z.B. Bleymüller, J./Gehlert, G./Gülicher, H., 2002, Kapitel 1.5 oder Mayntz, R./ Holm, K./Hübner, P., 1978, Kap. 2.

rot = 1
gelb = 2
grün = 3

Die Zahlen hätten auch in anderer Weise zugeordnet werden können, solange diese Zuordnung eineindeutig ist, d.h. solange durch eine Zahl genau eine Farbe definiert ist. Mit derartigen Zahlen sind daher keine arithmetischen Operationen (wie Addition, Subtraktion, Multiplikation oder Division) erlaubt. Vielmehr lassen sich lediglich durch Zählen der Merkmalsausprägungen (bzw. der sie repräsentierenden Zahlen) Häufigkeiten ermitteln.

Eine *Ordinalskala* stellt das nächsthöhere Meßniveau dar. Die Ordinalskala erlaubt die Aufstellung einer Rangordnung mit Hilfe von Rangwerten (d.h. ordinalen Zahlen). Beispiele: Produkt A wird Produkt B vorgezogen, Herr M. ist tüchtiger als Herr N. Die Untersuchungsobjekte können immer nur in eine Rangordnung gebracht werden. Die Rangwerte 1., 2., 3. etc. sagen nichts über die Abstände zwischen den Objekten aus. Aus der Ordinalskala kann also nicht abgelesen werden, um wieviel das Produkt A besser eingeschätzt wird als das Produkt B. Daher dürfen auch ordinale Daten, ebenso wie nominale Daten, nicht arithmetischen Operationen unterzogen werden. Zulässige statistische Maße sind neben Häufigkeiten z.B. der Median oder Quantile.

Das wiederum nächsthöhere Meßniveau stellt die *Intervallskala* dar. Diese weist gleichgroße Skalenabschnitte aus. Ein typisches Beispiel ist die Celsius-Skala zur Temperaturmessung, bei der der Abstand zwischen Gefrierpunkt und Siedepunkt des Wassers in hundert gleichgroße Abschnitte eingeteilt wird. Bei intervallskalierten Daten besitzen auch die Differenzen zwischen den Daten Informationsgehalt (z.B. großer oder kleiner Temperaturunterschied), was bei nominalen oder ordinalen Daten nicht der Fall ist.

Oftmals werden - auch in dem vorliegenden Buch - Skalen benutzt, von denen man lediglich annimmt, sie seien intervallskaliert. Dies ist z.B. der Fall bei Ratingskalen: Eine Auskunftsperson ordnet einer Eigenschaft eines Objektes einen Zahlenwert auf einer Skala von 1 bis 7 (oder einer kürzeren oder längeren Skala) zu. Solange die Annahme gleicher Skalenabstände unbestätigt ist, handelt es sich allerdings strenggenommen um eine Ordinalskala.

Intervallskalierte Daten erlauben die arithmetischen Operationen der Addition und Subtraktion. Zulässige statistische Maße sind, zusätzlich zu den oben genannten, z.B. der Mittelwert (arithmetisches Mittel) und die Standardabweichung, nicht aber die Summe.

Die *Ratio- (oder Verhältnis)skala* stellt das höchste Meßniveau dar. Sie unterscheidet sich von der Invervallskala dadurch, daß zusätzlich ein natürlicher Nullpunkt existiert, der sich für das betreffende Merkmal im Sinne von "nicht vorhanden" interpretieren läßt. Das ist z.B. bei der Celsius-Skala oder der Kalenderzeit nicht der Fall, dagegen aber bei den meisten physikalischen Merkmalen (z.B. Länge, Gewicht, Geschwindigkeit) wie auch bei den meisten ökonomischen Merkmalen (z.B. Einkommen, Kosten, Preis). Bei verhältnisskalierten Daten besitzen nicht nur die Differenz, sondern, infolge der Fixierung des Nullpunktes, auch der Quotient bzw. das Verhältnis (Ratio) der Daten Informationsgehalt (daher der Name).

6   Zur Verwendung dieses Buches

Ratioskalierte Daten erlauben die Anwendung aller arithmetischen Operationen wie auch die Anwendung aller obigen statistischen Maße. Zusätzlich sind z.B. die Anwendung des geometrischen Mittels oder des Variationskoeffizienten erlaubt.

Nominalskala und Ordinalskala bezeichnet man als nichtmetrische oder auch kategoriale Skalen, Intervallskala und Ratioskala als metrische Skalen.

In Abbildung 1 sind noch einmal die vier Skalenniveaus mit ihren Merkmalen zusammengestellt.

Abbildung 1:   Skalenniveau

Skala		Merkmale	Mögliche rechnerische Handhabung
nicht-metrische Skalen	NOMINAL-SKALA	Klassifizierung qualitativer Eigenschaftsausprägungen	Bildung von Häufigkeiten
	ORDINAL-SKALA	Rangwert mit Ordinalzahlen	Median, Quantile
metrische Skalen	INTERVALL-SKALA	Skala mit gleichgroßen Abschnitten ohne natürlichen Nullpunkt	Subtraktion, Mittelwert
	RATIO-SKALA	Skala mit gleichgroßen Abschnitten und natürlichem Nullpunkt	Summe, Division, Multiplikation

Zusammenfassend läßt sich sagen: Je höher das Skalenniveau ist, desto größer ist auch der Informationsgehalt der betreffenden Daten und desto mehr Rechenoperationen und statistische Maße lassen sich auf die Daten anwenden.

Es ist generell möglich, Daten von einem höheren Skalenniveau auf ein niedrigeres Skalenniveau zu transformieren, nicht aber umgekehrt. Dies kann sinnvoll sein, um die Übersichtlichkeit der Daten zu erhöhen oder um ihre Analyse zu vereinfachen. So werden z.B. häufig Einkommensklassen oder Preisklassen gebildet. Dabei kann es sich um eine Transformation der ursprünglich ratio-skalierten Daten auf eine Intervall-, Ordinal- oder Nominal-Skala handeln. Mit der Transformation auf ein niedrigeres Skalenniveau ist natürlich immer auch ein Informationsverlust verbunden.

3 Einteilung multivariater Analysemethoden

In diesem Buch werden die nachfolgenden Verfahren behandelt:

Kapitel 1:   Regressionsanalyse
Kapitel 2:   Varianzanalyse
Kapitel 3:   Diskriminanzanalyse
Kapitel 4:   Kontingenzanalyse
Kapitel 5:   Faktorenanalyse
Kapitel 6:   Strukturgleichungsmodelle
Kapitel 7:   Logistische Regressionsanalyse
Kapitel 8:   Clusteranalyse
Kapitel 9:   Conjoint Measurement
Kapitel 10:   Multidimensionale Skalierung
Kapitel 11:   Korrespondenzanalyse
Kapitel 12:   Neuronale Netze

Im folgenden nehmen wir eine Einordnung dieser multivariaten Analysemethoden vor dem Hintergrund des Anwendungsbezuges vor. Dabei sei jedoch betont, daß eine *überschneidungsfreie Zuordnung* der Verfahren zu praktischen Fragestellungen nicht immer möglich ist, da sich die Zielsetzungen der Verfahren z.T. überlagern. Versucht man jedoch eine Einordnung der Verfahren nach anwendungsbezogenen Fragestellungen, so bietet sich eine Einteilung in primär *strukturen-entdeckende Verfahren* und primär *strukturen-prüfende Verfahren* an. Diese beiden Kriterien werden in diesem Zusammenhang wie folgt verstanden:

1. *Strukturen-prüfende Verfahren* sind solche multivariaten Verfahren, deren primäres Ziel in der *Überprüfung von Zusammenhängen* zwischen Variablen liegt. Der Anwender besitzt eine auf sachlogischen oder theoretischen Überlegungen basierende Vorstellung über die Zusammenhänge zwischen Variablen und möchte diese mit Hilfe multivariater Verfahren überprüfen.

    Verfahren, die diesem Bereich der multivariaten Datenanalyse zugeordnet werden können, sind die Regressionsanalyse, die Varianzanalyse, die Diskriminanzanalyse, die Kontingenzanalyse sowie die Logistische Regression, Strukturgleichungsmodelle und das Conjoint Measurement zur Analyse von Präferenzstrukturen.

2. *Strukturen-entdeckende Verfahren* sind solche multivariaten Verfahren, deren Ziel in der *Entdeckung von Zusammenhängen* zwischen Variablen oder wischen Objekten liegt. Der Anwender besitzt zu Beginn der Analyse noch keine Vorstellungen darüber, welche Beziehungszusammenhänge in einem Datensatz existieren.

    Verfahren, die primär eingesetzt werden, um mögliche Beziehungszusammenhänge aufzudecken, sind die Faktorenanalyse, die Clusteranalyse,

8   Zur Verwendung dieses Buches

die Multidimensionale Skalierung, die Korrespondenzanalyse und die Neuronalen Netze.

3.1   Strukturen-prüfende Verfahren

Die strukturen-prüfenden Verfahren werden primär zur Durchführung von *Kausalanalysen* eingesetzt, um herauszufinden, ob und wie stark sich z.B. das Wetter,
die Bodenbeschaffenheit sowie unterschiedliche Düngemittel und -mengen auf den
Ernteertrag auswirken oder wie stark die Nachfrage eines Produktes von dessen
Qualität, dem Preis, der Werbung und dem Einkommen der Konsumenten abhängt.

Voraussetzung für die Anwendung der entsprechenden Verfahren ist, daß der
Anwender *a priori (vorab)* eine sachlogisch möglichst gut fundierte Vorstellung
über den Kausalzusammenhang zwischen den Variablen entwickelt hat, d.h. er
weiß bereits oder vermutet, welche der Variablen auf andere Variablen einwirken.
Zur Überprüfung seiner (theoretischen) Vorstellungen werden die von ihm betrachteten Variablen i.d.R. in *abhängige* und *unabhängige* Variablen eingeteilt und
dann mit Hilfe von multivariaten Analysemethoden an den empirisch erhobenen
Daten überprüft. Nach dem Skalenniveau der Variablen lassen sich die grundlegenden strukturen-prüfenden Verfahren gemäß Abbildung 2 charakterisieren.

Abbildung 2:   Grundlegende strukturen-prüfende Verfahren

| | | UNABHÄNGIGE VARIABLE | |
		metrisches Skalenniveau	nominales Skalenniveau
ABHÄNGIGE VARIABLE	metrisches Skalennivau	Regressions-analyse	• Varianz-analyse, • Regression mit Dummies
	nominales Skalenniveau	• Diskriminanz-analyse, • Logistische Regression	Kontingenz-analyse

Regressionsanalyse

Die Regressionsanalyse ist ein außerordentlich vielseitiges und flexibles Analyseverfahren, das sowohl für die *Beschreibung* und *Erklärung von Zusammenhängen* als auch für die *Durchführung von Prognosen* große Bedeutung besitzt. Sie ist damit sicherlich das wichtigste und am häufigsten angewendete multivariate Analyseverfahren. Insbesondere kommt sie in Fällen zur Anwendung, wenn Wirkungsbeziehungen zwischen einer abhängigen und einer oder mehreren unabhängigen Variablen untersucht werden sollen. Mit Hilfe der Regressionsanalyse können derartige Beziehungen quantifiziert und damit weitgehend exakt beschrieben werden. Außerdem lassen sich mit ihrer Hilfe Hypothesen über Wirkungsbeziehungen prüfen und auch Prognosen erstellen.

Ein Beispiel bildet die Frage, ob und wie die Absatzmenge eines Produktes vom Preis, den Werbeausgaben, der Zahl der Verkaufsstätten und dem Volkseinkommen abhängt. Sind diese Zusammenhänge mit Hilfe der Regressionsanalyse quantifiziert und empirisch bestätigt worden, so lassen sich Prognosen (What-if-Analysen) erstellen, die beantworten, wie sich die Absatzmenge verändern wird, wenn z.B. der Preis oder die Werbeausgaben oder auch beide Variablen zusammen verändert werden.

Die Regressionsanalyse ist prinzipiell anwendbar, wenn sowohl die abhängige als auch die unabhängigen Variablen metrisches Skalenniveau besitzen. Dies ist der klassische Fall. Durch Anwendung der sog. *Dummy-Variablen-Technik* lassen sich aber auch qualitative (nominal skalierte) Variable in die Regressionsanalyse einbeziehen und deren Anwendungsbereich somit ausweiten. Dummy-Variable sind binäre Variable, die nur die Werte 0 oder 1 annehmen. Stellen wir uns vor, es sollen die Einflüsse verschiedener Produkteigenschaften auf das Kaufverhalten von Konsumenten untersucht werden. Die Dummy-Variable q_1 würde dann in allen Fällen, bei denen das Produkt eine rote Verpackung hat, den Wert 1 annehmen, und wenn dies nicht der Fall ist, den Wert 0.

$$q_1 = \begin{cases} 1 & \textit{falls Farbe} = \textit{rot} \\ 0 & \textit{sonst} \end{cases}$$

In analoger Weise lassen sich auch eine Dummy-Variable q_2 für die Farbe Gelb und eine Dummy-Variable q_3 für die Farbe Grün definieren. Wenn allerdings nur Verpackungen in den drei Farben Rot, Gelb und Grün vorkommen, so wäre eine der drei Dummies überflüssig. Denn wenn $q_1 = 0$ und $q_2 = 0$ gilt, so muß zwangsläufig $q_3 = 1$ gelten. Die drei Farben lassen sich also eindeutig mittels der zwei Dummies (q_1, q_2) beschreiben: rot = (1, 0), gelb = (0, 1), grün = (0, 0). Generell gilt, daß sich eine nominale Variable mit n Ausprägungen durch n-1 Dummy-Variablen ersetzen läßt.

Die Bedeutung von Dummy-Variablen liegt darin, daß sie sich wie metrische Variable behandeln lassen. Somit lassen sich mit ihrer Hilfe auch nominal skalierte Variable in eine Regressionsanalyse einbeziehen. Dies gilt aber generell nur für die unabhängigen Variablen und nicht für die abhängige Variable. Nachteilig ist, daß sich dadurch u.U. die Zahl der Variablen und der damit verbundene Kodierungs-

10 Zur Verwendung dieses Buches

und Rechenaufwand stark erhöht. Deshalb kann in solchen Fällen die Anwendung einer Varianzanalyse einfacher und übersichtlicher sein.

Varianzanalyse

Werden die unabhängigen Variablen auf nominalem Skalenniveau gemessen und die abhängigen Variablen auf metrischem Skalenniveau, so findet die Varianzanalyse Anwendung. Dieses Verfahren besitzt besondere Bedeutung für die *Analyse von Experimenten*, wobei die nominalen unabhängigen Variablen die experimentellen Einwirkungen repräsentieren. So kann z.B. in einem Experiment untersucht werden, welche Wirkung alternative Verpackungen eines Produktes oder dessen Plazierung im Geschäft auf die Absatzmenge haben.

Diskriminanzanalyse

Ist die abhängige Variable nominal skaliert, und besitzen die unabhängigen Variablen metrisches Skalenniveau, so findet die Diskriminanzanalyse Anwendung. Die Diskriminanzanalyse ist ein Verfahren zur *Analyse von Gruppenunterschieden*. Ein Beispiel bildet die Frage, ob und wie sich die Wähler der verschiedenen Parteien hinsichtlich soziodemografischer und psychografischer Merkmale unterscheiden. Die abhängige nominale Variable identifiziert die Gruppenzugehörigkeit, hier die gewählte Partei, und die unabhängigen Variablen beschreiben die Gruppenelemente, hier die Wähler.

Ein weiteres Anwendungsgebiet der Diskriminanzanalyse bildet die *Klassifizierung von Elementen*. Nachdem für eine gegebene Menge von Elementen die Zusammenhänge zwischen der Gruppenzugehörigkeit der Elemente und ihren Merkmalen analysiert wurden, läßt sich darauf aufbauend eine Prognose der Gruppenzugehörigkeit von neuen Elementen vornehmen. Derartige Anwendungen finden sich z.B. bei der Kreditwürdigkeitsprüfung (Einstufung von Kreditkunden einer Bank in Risikoklassen) oder bei der Personalbeurteilung (Einstufung von Außendienstmitarbeitern nach erwartetem Verkaufserfolg).

Kontingenzanalyse

Eine weitere Methodengruppe, die der Analyse von Beziehungen zwischen ausschließlich nominalen Variablen dient, wird als Kontingenzanalyse bezeichnet. Hier kann es z.B. darum gehen, die Frage nach dem Zusammenhang zwischen Rauchen (Raucher versus Nichtraucher) und Lungenerkrankung (ja, nein) statistisch zu überprüfen. Die Überprüfung erfolgt dabei auf der Basis von in Form einer Kreuztabelle (Kontingenztabelle) angeordneten Daten. Mit Hilfe weiterführender Verfahren, wie der sog. Logit-Analyse, läßt sich weiterhin auch die Abhängigkeit einer nominalen Variablen von mehreren nominalen Einflußgrößen untersuchen (vgl. hierzu auch das Verfahren der logistischen Regression).

Logistische Regression

Ganz ähnliche Fragestellungen, wie mit der Diskriminanzanalyse können auch mit dem Verfahren der logistischen Regression untersucht werden. Hier wird die *Wahrscheinlichkeit* der Zugehörigkeit zu einer Gruppe (einer Kategorie der abhängigen Variablen) in Abhängigkeit von einer oder mehrerer unabhängiger Variablen bestimmt. Dabei können die unabhängigen Variablen sowohl nominales als auch metrisches Skalenniveau aufweisen. Über die Analyse der Gruppenunterschiede hinaus kann z.b. auch das Herzinfarktrisiko von Patienten in Abhängigkeit von ihrem Alter und ihrem Cholesterin-Spiegel ermittelt werden. Da zur Schätzung der Eintrittswahrscheinlichkeiten der Kategorien der abhängigen Variabeln auf die (sförmige) logistische Funktion zurückgegriffen wird, gehört dieses Verfahren zu den *nicht-linearen Analyseverfahren*.

Strukturgleichungsmodelle
Die bisher betrachteten Analysemethoden gehen davon aus, daß alle Variablen in der Realität beobachtbar und gegebenenfalls auch meßbar sind. Bei vielen theoriegestützten Fragestellungen hat man es aber auch mit nicht beobachtbaren Variablen zu tun, sog. *hypothetischen Konstrukten* oder *latenten Variablen*. Beispiele hierfür sind psychologische Konstrukte wie Einstellung und Motivation oder soziologische Konstrukte wie Kultur und soziale Schicht. In solchen Fällen kann die Analyse von Strukturgleichungen zur Anwendung kommen.

Zur Behandlung von Strukturgleichungsmodellen wird in diesem Buch auf das Programmpaket AMOS (Analysis of Moment Structures) zurückgegriffen, das Datenmatrizen aus SPSS analysieren und Ergebnisse mit SPSS austauschen kann.[2] Mit Hilfe von AMOS lassen sich komplexe Kausalstrukturen überprüfen. Insbesondere können Beziehungen mit mehreren abhängigen Variablen, mehrstufigen Kausalbeziehungen und mit nicht beobachtbaren (latenten) Variablen überprüft werden. Der Benutzer muß, wenn er latente Variable in die Betrachtungen einbeziehen will, zwei Modelle spezifizieren:

- Das *Meßmodell*, das die Beziehungen zwischen den latenten Variablen und geeigneten Indikatoren vorgibt, mittels derer sich die latenten Variablen indirekt messen lassen.
- Das *Strukturmodell*, welches die Kausalbeziehungen zwischen den latenten Variablen vorgibt, die letztlich dann zu überprüfen sind.

Die Variablen des Strukturmodells können alle latent sein, müssen es aber nicht. Ein Beispiel, bei dem nur die unabhängigen Variablen latent sind, wäre die Abhängigkeit der Absatzmenge von der subjektiven Produktqualität und Servicequalität eines Anbieters.

Conjoint Measurement
Bei den bisher aufgezeigten Verfahren wurde nur zwischen metrischem und nominalem Skalenniveau der Variablen unterschieden. Ein Verfahren, bei dem die abhängige Variable häufig auf ordinalem Skalenniveau gemessen wird, ist das Conjoint Measurement. Insbesondere lassen sich mit Hilfe des Conjoint Measurement ordinal gemessene Präferenzen analysieren. Ziel ist es dabei, den *Beitrag einzelner Merkmale* von Produkten oder sonstigen Objekten *zum Gesamtnutzen* dieser Objekte herauszufinden. Einen wichtigen Anwendungsbereich bildet die Gestaltung

---

[2] Bis zur 9. Auflage wurde bei der Behandlung von Strukturgleichungsmodellen auf das Programm LISREL (LInear Structural RELationships) zurückgegriffen.

12   Zur Verwendung dieses Buches

neuer Produkte. Dazu ist es von Wichtigkeit, den Einfluß oder Beitrag alternativer Produktmerkmale, z.B. alternativer Materialien, Formen, Farben oder Preisstufen, auf die Nutzenbeurteilung zu kennen.

Beim Conjoint Measurement muß der Forscher vorab festlegen, welche Merkmale in welchen Ausprägungen berücksichtigt werden sollen. Hierauf basierend wird sodann ein Erhebungsdesign gebildet, im Rahmen dessen Präferenzen, z.B. bei potentiellen Käufern eines neuen Produktes, gemessen werden. Auf Basis dieser Daten erfolgt dann die Analyse zur Ermittlung der Nutzenbeiträge der berücksichtigten Merkmale und ihrer Ausprägungen. Das Conjoint Measurement bildet damit also eine *Kombination aus Erhebungs- und Analyseverfahren.*

3.2   Strukturen-entdeckende Verfahren

Die hier den strukturen-entdeckenden Verfahren zugeordneten Analysemethoden werden primär zur *Entdeckung von Zusammenhängen* zwischen Variablen oder zwischen Objekten eingesetzt. Es erfolgt daher vorab durch den Anwender *keine* Zweiteilung der Variablen in abhängige und unabhängige Variablen, wie es bei den strukturen-prüfenden Verfahren der Fall ist.

Faktorenanalyse
Die Faktorenanalyse findet insbesondere dann Anwendung, wenn im Rahmen einer Erhebung eine Vielzahl von Variablen zu einer bestimmten Fragestellung erhoben wurde, und der Anwender nun an einer Reduktion bzw. *Bündelung der Variablen* interessiert ist. Von Bedeutung ist die Frage, ob sich möglicherweise sehr zahlreiche Merkmale, die zu einem bestimmten Sachverhalt erhoben wurden, auf einige wenige "zentrale Faktoren" zurückführen lassen. Ein einfaches Beispiel hierzu bildet die Verdichtung der zahlreichen technischen Eigenschaften von Kraftfahrzeugen auf wenige Dimensionen, wie Größe, Leistung und Sicherheit.

Einen wichtigen Anwendungsbereich der Faktorenanalyse bilden *Positionierungsanalysen*. Dabei werden die subjektiven Eigenschaftsbeurteilungen von Objekten (z.B. Produktmarken, Unternehmen oder Politiker) mit Hilfe der Faktorenanalyse auf zugrundeliegende Beurteilungsdimensionen verdichtet. Ist eine Verdichtung auf zwei oder drei Dimensionen möglich, so lassen sich die Objekte im Raum dieser Dimensionen grafisch darstellen. Im Unterschied zu anderen Formen der Positionierungsanalyse spricht man hier von faktorieller Positionierung.

Clusteranalyse
Während die Faktorenanalyse eine Verdichtung oder Bündelung von Variablen vornimmt, wird mit der Clusteranalyse eine *Bündelung von Objekten* angestrebt. Das Ziel ist dabei, die Objekte so zu Gruppen (Clustern) zusammenzufassen, daß die Objekte in einer Gruppe möglichst ähnlich und die Gruppen untereinander möglichst unähnlich sind. Beispiele sind die Bildung von Persönlichkeitstypen auf

Basis der psychografischen Merkmale von Personen oder die Bildung von Marktsegmenten auf Basis nachfragerelevanter Merkmale von Käufern.

Zur Überprüfung der Ergebnisse einer Clusteranalyse kann die Diskriminanzanalyse herangezogen werden. Dabei wird untersucht, inwieweit bestimmte Variablen zur Unterscheidung zwischen den Gruppen, die mittels Clusteranalyse gefunden wurden, beitragen bzw. diese erklären.

Multidimensionale Skalierung

Den Hauptanwendungsbereich der Multidimensionalen Skalierung (MDS) bilden Positionierungsanalysen, d.h. die *Positionierung von Objekten im Wahrnehmungsraum* von Personen. Sie bildet somit eine Alternative zur faktoriellen Positionierung mit Hilfe der Faktorenanalyse.

Im Unterschied zur faktoriellen Positionierung werden bei Anwendung der MDS nicht die subjektiven Beurteilungen von Eigenschaften der untersuchten Objekte erhoben, sondern es werden nur wahrgenommene globale Ähnlichkeiten zwischen den Objekten erfragt. Mittels der MDS werden die diesen Ähnlichkeiten zugrundeliegenden Wahrnehmungsdimensionen abgeleitet. Wie schon bei der faktoriellen Positionierung lassen sich sodann die Objekte im Raum dieser Dimensionen positionieren und grafisch darstellen. Die MDS findet insbesondere dann Anwendung, wenn der Forscher keine oder nur vage Kenntnisse darüber hat, welche Eigenschaften für die subjektive Beurteilung von Objekten (z.B. Produktmarken, Unternehmen oder Politiker) von Relevanz sind.

Zwischen der Multidimensionalen Skalierung und dem Conjoint Measurement besteht sowohl inhaltlich wie auch methodisch eine enge Beziehung, obgleich wir sie hier unterschiedlich zum einen den strukturen-entdeckenden und zum anderen den strukturen-prüfenden Verfahren zugeordnet haben. Beide Verfahren befassen sich mit der Analyse psychischer Sachverhalte und bei beiden Verfahren können auch ordinale Daten analysiert werden, weshalb sie z.T. auch identische Algorithmen verwenden. Ein gewichtiger Unterschied besteht dagegen darin, daß der Forscher bei Anwendung des Conjoint Measurement bestimmte Merkmale auszuwählen hat.

Korrespondenzanalyse

Die Korrespondenzanalyse dient, wie auch die Faktorenanalyse und die Multidimensionale Skalierung (MDS), zur Visualisierung komplexer Daten. Sie wird daher in der Marktforschung ebenfalls zur Durchführung von Positionierungsanalysen verwendet. Insbesondere kann sie als ein Verfahren der multidimensionalen Skalierung von nominal skalierten Variablen charakterisiert werden. Sie ermöglicht es, die Zeilen und Spalten einer zweidimensionalen Kreuztabelle (Kontingenztabelle) grafisch in einem gemeinsamen Raum darzustellen.

Beispiel: Gegeben sei eine Häufigkeitstabelle, deren Zeilen Automarken betreffen und in deren Spalten wünschenswerte Merkmale von Autos (z.B. hohe Sicherheit, schönes Design) stehen. Die Zellen der Matrix sollen beinhalten, mit welcher Häufigkeit ein bestimmtes qualitatives Merkmal den verschiedenen Automarken im Rahmen einer Käuferbefragung zugeordnet wurde. Marken und Merkmale lassen sich sodann mit Hilfe der Korrespondenzanalyse in einem gemeinsamen Raum

14   Zur Verwendung dieses Buches

als Punkte darstellen. Dadurch läßt sich dann erkennen, wie die Automarken relativ zueinander und in bezug auf die Merkmale von den Käufern beurteilt werden. Für die Korrespondenzanalyse spielt es dabei *keine* Rolle (im Unterschied zur Faktorenanalyse), welche Elemente in den Zeilen und welche in den Spalten angeordnet werden.

Ein besonderer Vorteil der Korrespondenzanalyse liegt darin, daß sie kaum Ansprüche an das Skalenniveau der Daten stellt. Die Daten müssen lediglich nichtnegativ sein. Die Korrespondenzanalyse kann daher auch zur Quantifizierung qualitativer Daten verwendet werden. Da sich qualitative Daten leichter erheben lassen als quantitative Daten, kommt diesem Verfahren eine erhebliche praktische Bedeutung zu.

Neuronale Netze

Neuronale Netze werden heute in der Praxis in zunehmendem Maße sowohl ergänzend zu den klassischen multivariaten Methoden eingesetzt, als auch in den Fällen, in den die klassischen Methoden versagen. Anwendungsgebiete sind Klassifikationen von Objekten, Prognosen von Zuständen oder Probleme der Gruppenbildung. Insofern bestehen hinsichtlich der Aufgabenstellungen Ähnlichkeiten zur Diskriminanzanalyse und zur Clusteranalyse. Die Methodik neuronaler Netze lehnt sich an biologische Informationsverarbeitungsprozesse im Gehirn an (daher der Name). Es werden künstliche neuronale Netze gebildet, die in der Lage sind, selbständig aus Erfahrung zu lernen. Insbesondere vermögen sie, komplexe Muster in vorhandenen Daten (z.B. Finanzdaten, Verkaufsdaten) zu erkennen und eröffnen so eine sehr einfache Form der Datenanalyse. Besonders vorteilhaft lassen sie sich zur Behandlung von schlecht strukturierten Problemstellungen einsetzen.

Innerhalb neuronaler Netze werden künstliche Neuronen (Nervenzellen) als Grundelemente der Informationsverarbeitung in Schichten organisiert, wobei jedes Neuron mit denen der nachgelagerten Schicht verbunden ist. Dadurch lassen sich auch hochgradig nicht-lineare und komplexe Zusammenhänge ohne spezifisches Vorwissen über die etwaige Richtung und das Ausmaß der Wirkungsbeziehungen zwischen einer Vielzahl von Variablen modellieren.

Zum Erlernen von Strukturen wird das Netz zunächst in einer sog. *Trainingsphase* mit beobachteten Daten "gefüttert". Dabei wird unterschieden zwischen Lernprozessen, bei denen die richtigen Ergebnisse bekannt sind und diese durch das Netz reproduziert werden sollen (*überwachtes Lernen*), und solchen, bei denen die richtigen Ergebnisse nicht bekannt sind und lediglich ein konsistentes Verarbeitungsmuster erzeugt werden soll (*unüberwachtes Lernen*). Nach der Trainingsphase ist das Netz konfiguriert und kann für die Analyse neuer Daten eingesetzt werden.

3.3 Zusammenfassende Betrachtung

Die vorgenommene Zweiteilung der multivariaten Verfahren in strukturen-prüfende und strukturen-entdeckende Verfahren kann keinen Anspruch auf Allgemeingültigkeit erheben, sondern kennzeichnet nur den vorwiegenden Einsatzbereich der Verfahren. So kann und wird auch die Faktorenanalyse zur Überprüfung von hypothetisch gebildeten Strukturen eingesetzt, und viel zu häufig werden in der empirischen Praxis auch Regressions- und Diskriminanzanalyse im heuristischen Sinne zur Auffindung von Kausalstrukturen verwendet. Diese Vorgehensweise wird nicht zuletzt auch durch die Verfügbarkeit leistungsfähiger Rechner und Programme unterstützt. Der gedankenlose Einsatz von multivariaten Verfahren kann leicht zu einer Quelle von Fehlinterpretationen werden, da ein statistisch signifikanter Zusammenhang keine hinreichende Bedingung für das Vorliegen eines kausal bedingten Zusammenhangs bildet. ("Erst denken, dann rechnen!") Es sei daher generell empfohlen, die strukturen-prüfenden Verfahren auch in diesem Sinne, d. h. zur empirischen Überprüfung von theoretisch oder sachlogisch begründeten Hypothesen, einzusetzen. In Abbildung 3 sind die oben skizzierten multivariaten Verfahren noch einmal mit jeweils einem Anwendungsbeispiel zusammengefaßt.

4 Zur Verwendung von SPSS

Zur rechnerischen Durchführung der Analysen, die in diesem Buch behandelt werden, wurde vornehmlich das Programmsystem SPSS verwendet, da dieses in Wissenschaft und Praxis eine besonders große Verbreitung gefunden hat. Der Name 'SPSS' stand ursprünglich als Akronym für *Statistical Package for the Social Sciences*. Der Anwendungsbereich von SPSS reicht allerdings weit über den Bereich der Sozialwissenschaften hinaus und umfaßt auch verschiedene Systeme. Vermutlich deshalb steht heute SPSS für *Statistical Product and Service Solutions*.

In den einzelnen Kapiteln sind jeweils die erforderlichen Kommando-Sequenzen zum Nachvollzug der Analysen wiedergegeben. An dieser Stelle sollen in sehr kurzer Form einige allgemeine Hinweise zur Handhabung von SPSS angeführt werden. Bezüglich näherer Ausführungen muß auf die einschlägige Literatur verwiesen werden.[3]

---

[3] Vgl. hierzu insbesondere die Handbücher von Norusis, M.J./SPSS Inc., die im Literaturverzeichnis aufgeführt sind, sowie das deutschsprachige Handbuch von Bühl, A./Zöfel, P., 2000.

16   Zur Verwendung dieses Buches

Abbildung 3:   Synopsis der multivariaten Analyseverfahren

Verfahren	Beispiel
Regressionsanalyse	Abhängigkeit der Absatzmenge eines Produktes von Preis, Werbeausgaben und Einkommen.
Varianzanalyse	Wirkung alternativer Verpackungsgestaltungen auf die Absatzmenge eines Produktes.
Diskriminanzanalyse	Unterscheidung der Wähler der verschiedenen Parteien hinsichtlich soziodemografischer und psychografischer Merkmale.
Kontingenzanalyse	Zusammenhang zwischen Rauchen und Lungenerkrankung.
Faktorenanalyse	Verdichtung einer Vielzahl von Eigenschaftsbeurteilungen auf zugrundeliegende Beurteilungsdimensionen.
Strukturgleichungsmodelle	Abhängigkeit der Käufertreue von der subjektiven Produktqualität und Servicequalität eines Anbieters.
Logistische Regression	Ermittlung des Herzinfarktrisikos von Patienten in Abhängigkeit ihres Alters und ihres Cholesterin-Spiegels.
Clusteranalyse	Bildung von Persönlichkeitstypen auf Basis der psychografischen Merkmale von Personen.
Conjoint Measurement	Ableitung der Nutzenbeiträge alternativer Materialien, Formen u. Farben von Produkten zur Gesamtpräferenz.
Multidimensionale Skalierung	Positionierung von konkurrierenden Produktmarken im Wahrnehmungsraum der Konsumenten.
Korrespondenzanalyse	Darstellung von Produktmarken und Produktmerkmalen in einem gemeinsamen Raum.
Neuronale Netze	Untersuchung von Aktienkursen und möglichen Einflußfaktoren zwecks Prognose von Kursentwicklungen.

4.1   Die Daten

Die Datenanalyse mit SPSS setzt voraus, daß die Daten in Form einer *Matrix* angeordnet werden (vgl. Abbildung 4). SPSS erwartet, daß die *Spalten der Matrix* sich auf *Variablen* (variables), z.B. Eigenschaften, Merkmale, Dimensionen, beziehen.

Die *Zeilen der Matrix* bilden *Beobachtungen bzw. Fälle* (cases), die sich auf unterschiedliche Personen, Objekte oder Zeitpunkte beziehen können. Ein kleines Beispiel zeigt Abbildung 5.

Abbildung 4: Datenmatrix

Fälle k	Variablen 1	2	3	.....	J
1	x_{11}	x_{21}	x_{31}	.....	X_{J1}
2	x_{12}	x_{22}	x_{32}	.....	X_{J2}
.	.				.
.	.				.
.	.	Werte x_{jk}			.
.	.				.
.	.				.
K	x_{1K}	x_{2K}	x_{3K}	.....	x_{JK}

Abbildung 5: Beispiel einer Datenmatrix

Person	Geschlecht	Größe [cm]	Gewicht [kg]
1	1	178	68
2	0	166	50
3	1	183	75
4	0	168	52
5	1	195	100
6	1	175	73

18   Zur Verwendung dieses Buches

4.1.1 Der Daten-Editor

Der Daten-Editor dient der Eingabe der zu analysierenden Daten in SPSS. Neben der Erstellung neuer Datensätze können hier aber auch bereits bestehende Datensätze modifiziert werden. Abbildung 6 zeigt zunächst den Aufbau des Daten-Editors. Er besteht ähnlich einem Spreadsheet aus Zeilen und Spalten. Die einzelnen Zeilen entsprechen dabei den Beobachtungen bzw. Fällen (z.B. Personen, Marken) und die Spalten den Variablen (Merkmalen). In die einzelnen Felder sind für jeden Fall die jeweiligen Meßwerte der entsprechenden Variablen einzugeben. Die Größe des rechteckigen Daten-Tableaus wird folglich durch die Anzahl der Fälle und Variablen bestimmt. So liegen für das Beispiel aus Abbildung 5 für sechs Personen bezüglich der drei Variablen Geschlecht, Größe und Gewicht Meßwerte vor, die in den Daten-Editor eingegeben werden können. Neben dem Eingabefeld enthält der Daten-Editor auch eine Menüleiste mit den Optionen "Datei", "Bearbeiten", "Ansicht" etc. Auf deren Anwendung bzw. Nutzung wird innerhalb der einzelnen Analyseverfahren näher eingegangen.

Abbildung 6:   Der Daten-Editor

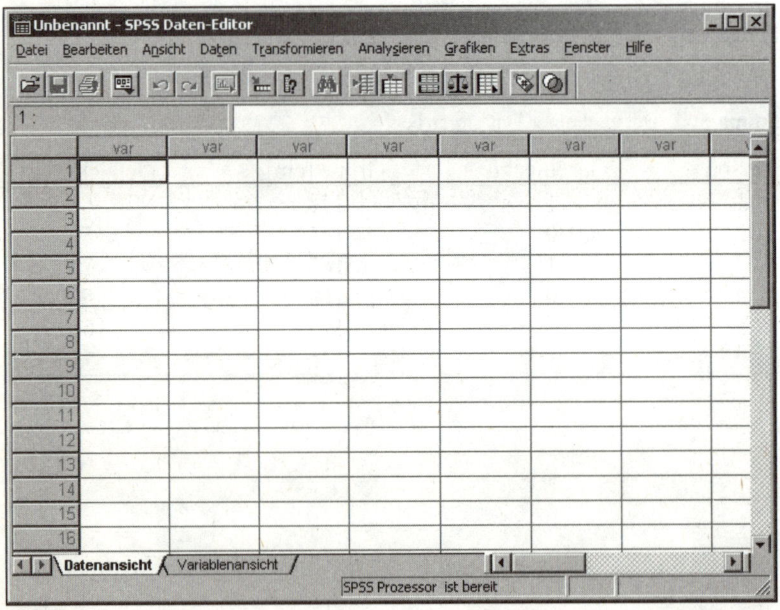

4.1.2 Erstellung einer neuen Datendatei

4.1.2.1 Variablen definieren

Bevor mit der Eingabe der zu analysierenden Daten in den Daten-Editor begonnen werden kann, ist es in einem ersten Schritt erforderlich, die relevanten Variablen (z.B. Geschlecht, Größe, Gewicht) zu definieren. Der Eintrag "var" in den jeweiligen Spaltenköpfen zeigt zunächst an, daß für die entsprechende Spalte noch keine Variable definiert wurde. Folgende Eigenschaften der Variablen können im Rahmen der Variablendefinition festgelegt werden: Variablenname, Variablentyp, Variablen- und Wertelabels, fehlende Werte, Spaltenformat und Meßniveau.

Um eine Variable zu definieren, stehen verschiedene Herangehensweisen alternativ zur Verfügung:

-   Aufruf der Option "Ansicht/ Variablen" aus der Menüleiste (oben),
-   Doppelklick auf einen mit "var" betitelten Spaltenkopf bzw. auf den entsprechenden Spaltenkopf bei Änderung einer bereits definierten Variable,
-   Klick auf die Registerkarte „Variablenansicht" (links unten).

Durch die alternativen Vorgehensweisen wird das in Abbildung 7 dargestellte Tableau „Variablenansicht" im SPSS-Daten-Editor geöffnet.

Abbildung 7:   Die Variablenansicht

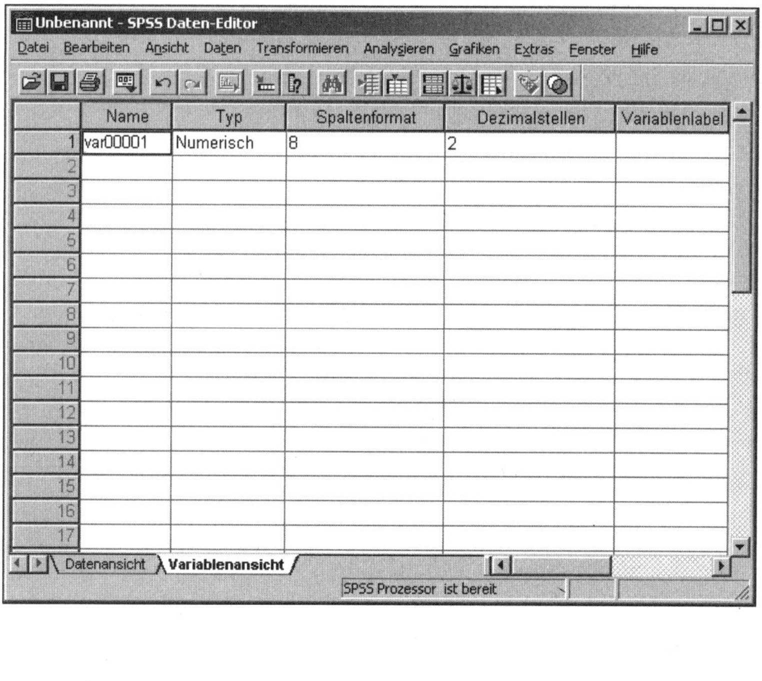

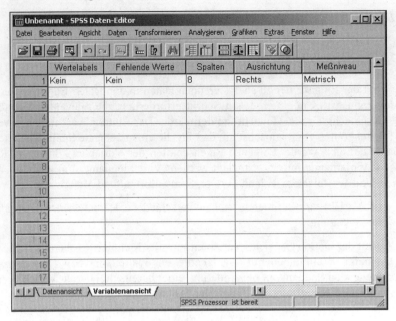

Zunächst werden in der Variablenansicht für eine Variable im Dateneditor die Voreinstellungen angezeigt, die sodann vom Benutzer verändert werden können. So kann im Eingabefeld "Variablenname" der Variablen ein Name zugewiesen werden. Hierbei sind jedoch einige Beschränkungen zu berücksichtigen, wie z.B.:

- Der Name muß mit einem Buchstaben beginnen.
- Der Name darf nicht länger als acht Zeichen sein.
- Der Name kann aus Buchstaben und Ziffern sowie einigen Sonderzeichen (_, ., $, @, #) gebildet werden.

Aufgrund der Beschränkung bei der Festlegung des Variablennamens ist es in SPSS möglich, jeder Variable noch ein sog. Label, d.h. eine nähere Beschreibung, die maximal 120 Zeichen umfassen kann, zuzuordnen. Diese kann in das Feld "Variablenlabels" eingegeben werden (vgl. Abbildung 7). Über das Feld "Wertelabels" ist es auch möglich, den einzelnen Werten einer Variablen Beschreibungen zuzuordnen. Dies ist insbesondere bei der numerisch kodierten Eingabe von nominalen Variablen nützlich, damit später nachvollzogen werden kann, wie die Kodierung erfolgte (z.B. Geschlecht: 1 = männlich, 2 = weiblich). Hierzu dient das Dialogfenster "Wertelabels definieren", das sich bei Anklicken des Feldes "Wertelabels" öffnet (Abbildung 8).

Abbildung 8: Dialogfenster "Wertelabels definieren:"

Zusätzlich läßt sich in der Variablenansicht (vgl. Abbildung 7) auch das "Meßniveau" der Variable (metrisch, ordinal und nominal) spezifizieren. Voreingestellt (default) ist das Skalenniveau "metrisch". So wäre zum Beispiel für die Variable Geschlecht der Variablenname "geschlec" möglich und als Meßniveau wäre "nominal" zu definieren. Die Variablen Größe ("groesse") und Gewicht ("gewicht") wurden dahingegen auf dem metrischen Skalenniveau gemessen.

Die zu analysierenden Daten weisen häufig sehr unterschiedliche *Variablentypen* auf. So können neben einfachen numerischen Werten z.B. auch Datums- und Währungsformate oder auch Stringformate[4] vorliegen. Klickt man auf die Schaltfläche "Typ...", wird das Dialogfenster "Variablentyp definieren:" (vgl. Abbildung 9) geöffnet. Hier wird es dem Nutzer ermöglicht, zwischen verschiedenen Variablentypen zu wählen. Je nach gewähltem Typ können für die Variable zusätzlich unterschiedliche Spezifikationen vorgenommen werden. So kann z.B. im Rahmen der Definition eines numerischen Variablentyps (Voreinstellung) zum einen die Anzahl der Zeichen (einschließlich Nachkommastellen und Dezimaltrennzeichen) angegeben werden, die die Werte der Variablen umfassen dürfen (Breite, maximal 40 Zeichen). Zum anderen ist es möglich, die Anzahl der Dezimalstellen (maximal 16) festzulegen. Ähnliche Einstellungen sind auch innerhalb der anderen Variablentypen möglich. Für die drei Variablen Geschlecht, Größe und Gewicht kann die Voreinstellung numerisch beibehalten werden. Lediglich die Anzahl der Dezimalstellen ließe sich hier auf Null herabsetzen (vgl. Daten in Abbildung 5).

---

[4] Stringvariablen arbeiten mit Zeichenketten. Gültige Werte umfassen Buchstaben, Ziffern und Sonderzeichen.

Abbildung 9: Dialogfenster "Variablentyp definieren:"

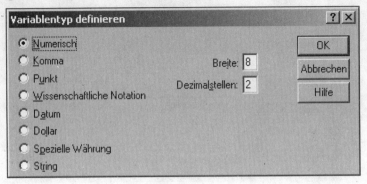

Ein Problem, das bei der praktischen Anwendung statistischer Methoden häufig auftritt, bilden *fehlende Werte (missing values)*. Hierbei handelt es sich um Variablenwerte, die von den Befragten entweder außerhalb des zulässigen Beantwortungsintervalls vergeben oder überhaupt nicht eingetragen wurden. So kann zum Beispiel eine "0" für das Gewicht einer Person bedeuten, daß der Wert nicht bekannt ist. Um eine Fehlinterpretation zu vermeiden, kann dies dem SPSS-Programm angezeigt werden. Zunächst kann zwischen zwei Arten von fehlenden Werte unterschieden werden. Werden die Felder im Daten-Editor, für die keine Angaben vorliegen leer gelassen bzw. entspricht der Eintrag nicht dem Variablenformat, erzeugt SPSS automatisch fehlende Werte. Diese werden als *systemdefinierte fehlende Werte* bezeichnet. Für den Nutzer werden diese Werte automatisch durch ein Komma in dem entsprechenden Feld kenntlich gemacht.[5] Es ist jedoch durch den Nutzer auch möglich, fehlende Werte selbst zu definieren. Zur Festlegung dieser *benutzerdefinierten fehlenden Werte* wird über die Schaltfläche "Fehlende Werte..." das Dialogfenster "Fehlende Werte definieren:" (vgl. Abbildung 10) aufgerufen. Für jede Variable stehen hier drei Optionen zur Festsetzung der fehlenden Werte zur Verfügung:

- keine fehlenden Werte (keine benutzerdefinierten fehlenden Werte),
- einzelne fehlende Werte (Eingabe von bis zu drei einzelnen Werten möglich, die als fehlende Werte behandelt werden sollen),
- Bereich und einzelner Wert (Eingabe eines Wertebereiches für fehlende Werte und eines einzelnen Wertes außerhalb dieses Bereiches, nur für numerische Variablen verfügbar).

---

[5] Allerdings gilt dies nicht für String-Variablen, da diese auch einen leeren Eintrag enthalten können.

Abbildung 10: Dialogfenster "Fehlende Werte definieren:"

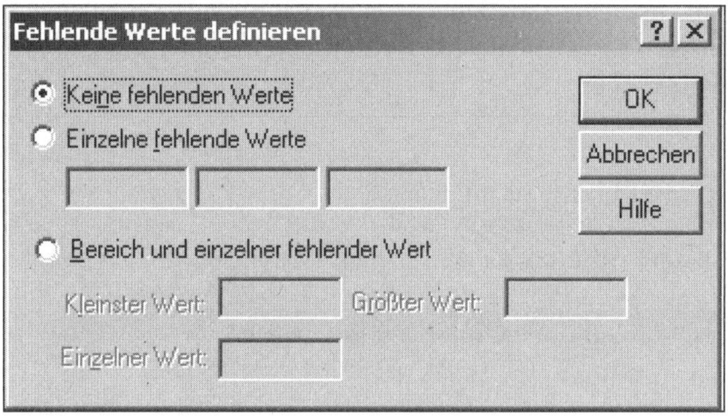

Die so definierten fehlenden Werte unterliegen im Rahmen der einzelnen Analyseverfahren automatisch einer speziellen Handhabung oder werden von vielen Berechnungen ausgeschlossen. Da in unserem Beispiel sämtliche Variablenwerte vorliegen, kann die Voreinstellung "Keine fehlenden Werte" beibehalten werden.[6]

Schließlich ist es über die Schaltfläche "Spalten" für jede Variable möglich, die Spaltenbreite und über die Schaltfläche "Ausrichtung" die Textausrichtung (Links, Rechts, Mitte) festzulegen.

Über die Schaltfläche "OK" werden die vorgenommenen Einstellungen bezüglich der einzelnen Variablen aktiviert.

4.1.2.2 Dateneingabe

Nachdem die Variablen definiert wurden, können die Daten direkt in den Daten-Editor eingegeben werden. Dabei kann man sowohl fall- als auch variablenweise vorgehen. Das jeweils aktive Feld, in das ein Wert eingegeben werden kann, ist durch eine starke Umrandung hervorgehoben. Die eingegebenen Daten werden allerdings zunächst in die Bearbeitungszeile geschrieben, die sich über den einzelnen Spalten befindet. Weist das aktive Feld bereits einen Eintrag auf, wird in der Bearbeitungszeile auch die entsprechende Zeilennummer und der Variablenname ausgewiesen (vgl. Abbildung 11). Bei der Eingabe der Daten ist jedoch zu beachten, daß nur Werte entsprechend des definierten Variablentyps eingegeben werden können. Das heißt, daß beispielsweise beim Variablentyp "numerisch" keine Buchstaben eingegeben werden können. Die Zulässigkeit überprüft SPSS bereits während der Eingabe, indem unzulässige Zeichen gar nicht erst aufgenommen werden.

Nachdem die neuen Daten in den Daten-Editor eingegeben oder eine bereits bestehende Datei geändert wurde, muß die Datei vor dem Schließen bzw. dem Beenden von SPSS gespeichert werden. Hierzu ist aus dem Menü der Befehl

---

[6] Mit dem SPSS-Modul Missing Value Analysis können Muster von fehlenden Daten beschrieben werden. Ebenfalls können Mittelwerte und andere statistische Größen geschätzt sowie Werte für fehlende Beobachtungen ersetzt werden.

24   Zur Verwendung dieses Buches

"Datei, Speichern unter…" auszuwählen. Es wird die Dialogbox "Daten speichern unter" geöffnet, über die die Datei unter Angabe eines Dateinamens gespeichert werden kann. Die für Datendateien erforderliche Erweiterung .sav wird von SPSS automatisch vorgegeben.

Abbildung 11:   Aufbau des Daten-Editors

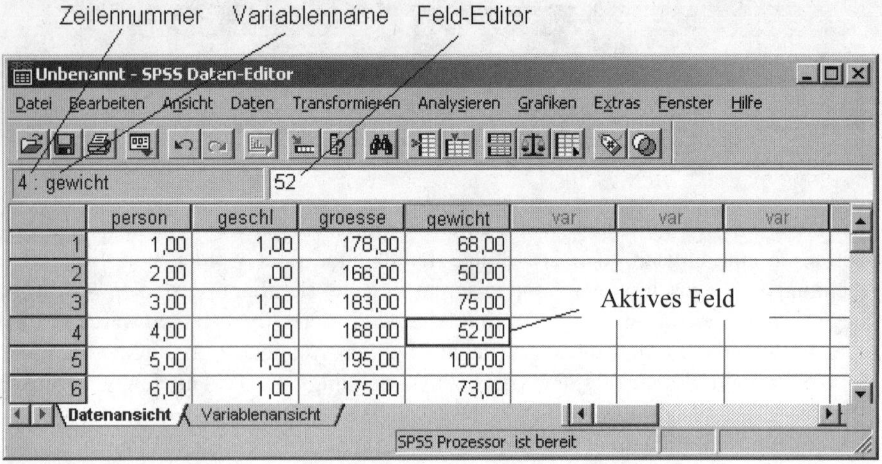

4.2   Einfache Statistiken und Grafiken

Wurden die Daten in den Daten-Editor eingegeben, ist es in der Regel sinnvoll, nicht sofort mit umfangreichen näheren Analysen zu beginnen, sondern zunächst die Daten selbst etwas ausführlicher zu betrachten. Somit erlangt man zum einen einen ersten Eindruck von den Daten selbst und kann zum zweiten mögliche Hypothesen über den Zusammenhang zwischen einzelnen Variablen aufstellen. SPSS bietet hier die Möglichkeit, die Daten z.B. durch entsprechende Kennzahlen (Mittelwert, Standardabweichung, Spannweite etc.) zu beschreiben oder ihre Verteilung zu überprüfen (z.B. Darstellung der Verteilung in Form eines Histogrammes, Berechnung von Kurtosis und Schiefe). Diese einfachen Analysen sind insbesondere auch für die Aufdeckung etwaiger Eingabefehler hilfreich. Mittels eines Streudiagrammes ist es beispielsweise aber auch möglich, zwei Variablen gegenüberzustellen, um so eine erste Vermutung über deren Zusammenhang zu erhalten. Im folgenden soll auf einige dieser einfachen Analysen eingegangen werden.

Zur Verwendung dieses Buches 25

Abbildung 12: Daten-Editor mit Auswahl der Option "Analysieren/Deskriptive Statistiken/Häufigkeiten"

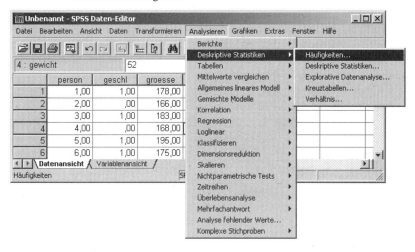

Abbildung 13: Dialogfenster "Häufigkeiten"

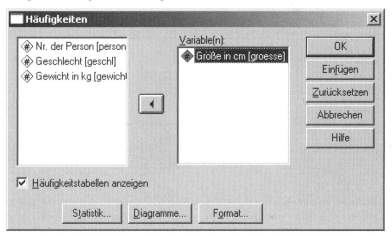

Unter dem Menüpunkt "Analysieren/ Deskriptive Statistiken/ Häufigkeiten" (vgl. Abbildung 12) ist es möglich, ein Dialogfenster aufzurufen, daß die Optionen bietet, zum einen verschiedene statistische Kennzahlen zu berechnen und zum anderen die Häufigkeitsverteilung tabellarisch und grafisch darzustellen.[7] Um diese

---

[7] Die statistischen Kennzahlen lassen sich aber auch unter den Menüoptionen "Deskriptive Statistiken" und "Explorative Datenanalyse" berechnen und unter dem Menüpunkt "Explorative Datenanalyse" ist es ebenso möglich, zur grafischen Veranschaulichung der Häufigkeitsverteilung das Histogramm zu wählen.

Auswertungen zu berechnen bzw. anzuzeigen, sind in dem Dialogfenster "Häufigkeiten" (vgl. Abbildung 13) zunächst aus der linken Quellvariablenliste die relevanten Variablen auszuwählen und über den Variablen-Selektionsschalter (kleine Pfeil-Schaltfläche) in die nebenstehende Wahlvariablenliste zu übertragen. Abbildung 13 verdeutlicht dies am Beispiel der Variable "Größe". Im folgenden Schritt können dann über die entsprechenden Schaltflächen "Statistik…" und "Diagramme…" weitere Dialogfenster aufgerufen werden, die es ermöglichen, die erforderlichen statistischen Kennzahlen bzw. grafischen Darstellungen für die selektierten Variablen optional auszuwählen. Nach Auswahl der gewünschten Optionen ist auf "OK" zu klicken.

Abbildung 14: Ausgabedatei

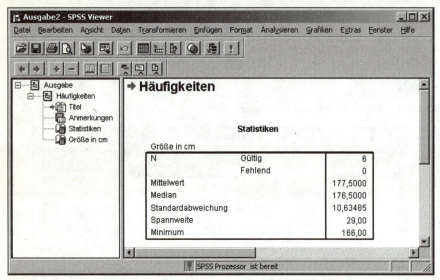

Die Ergebnisse dieser Analysen werden von SPSS automatisch in eine gesonderte Ausgabedatei (Viewer) geschrieben, die man bei Bedarf ausdrucken kann. Wie Abbildung 14 verdeutlicht, unterteilt sich diese Ausgabedatei in zwei Fenster. Das linke Fenster enthält einen Überblick über die Inhalte des Outputs und im rechten werden statistische Tabellen, Diagramme und sonstige Texte (z.B. auch Fehlermeldungen) ausgewiesen.

Abbildung 14 enthält bereits für die Variable "Größe" einige statistische Kennzahlen (Mittelwert, Median, Standardabweichung, Spannweite, Minimum), die nach der dargestellten Vorgehensweise optional ausgewählt wurden. Wie erwähnt, können neben diesen Statistiken aber auch Diagramme ausgegeben werden, wie zum Beispiel ein Histogramm für die Variable "Größe" (vgl. Abbildung 15). Diese Darstellung verdeutlicht, daß zwei Personen eine Größe im Bereich von 165 bis 174 cm aufweisen, drei Personen im Bereich von 175 bis 184 cm liegen und eine

Person zwischen 195 und 204 cm groß ist. Sämtliche Tabellen, Grafiken etc. lassen sich in der Ausgabedatei auch weiter bearbeiten. Die Ausgabedatei selbst kann unter der Erweiterung .spo abgespeichert werden.

Abbildung 15: Histogramm mit Normalverteilungskurve

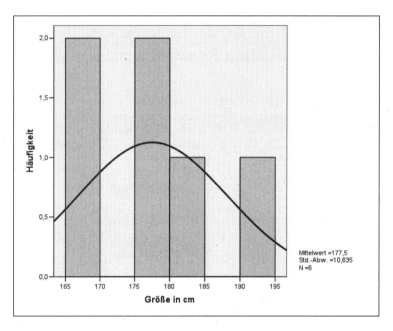

Um für zwei (oder drei) metrische Variablen die gemeinsame Verteilung darstellen und somit auch einen ersten Einblick in deren möglichen Zusammenhang zu erhalten, bietet es sich an, diese Variablen in einem Streudiagramm abzubilden. Hierzu ist aus dem Menü der Befehl "Grafik/Streudiagramm..." auszuwählen, wodurch das Dialogfenster "Streu-/Punktdiagramm" (vgl. Abbildung 16) geöffnet wird.[8]

---

[8] Dieser Befehl läßt sich sowohl im Daten-Editor als auch in der Ausgabedatei (Viewer) aufrufen.

28 Zur Verwendung dieses Buches

Abbildung 16: Dialogfenster "Streu-/Punktdiagramm"

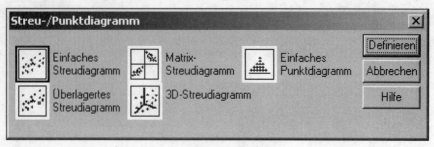

Abbildung 17: Dialogfenster "Einfaches Streudiagramm"

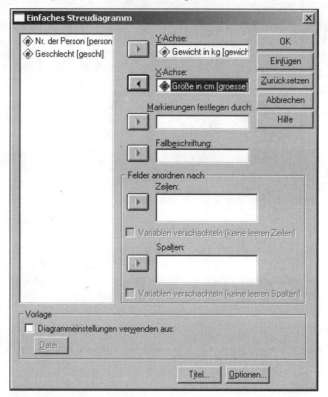

Um die gemeinsame Verteilung zweier Variablen darzustellen, ist das einfache Streudiagramm zu definieren. Hierzu sind aus der Variablenliste des Dialogfensters "Einfaches Streudiagramm" (vgl. Abbildung 17) die entsprechenden Variablen (hier z.B. Gewicht und Größe) auszuwählen und der Y- bzw. X-Achse zuzuordnen.

Im Ergebnis liefert SPSS in der Ausgabedatei ein Streudiagramm entsprechend Abbildung 18. Hier wird jedes Wertepaar durch ein Quadrat angezeigt.[9] Wie das Streudiagramm verdeutlicht, besteht zwischen den Variablen Gewicht und Größe scheinbar ein positiver Zusammenhang. Das heißt, daß mit zunehmender Größe auch das Gewicht zunimmt. Gestützt wird dieser vermutete Zusammenhang auch durch den Korrelationskoeffizienten, der sich durch SPSS ebenfalls leicht berechnen läßt (Menü: "Analysieren/ Korrelation..."). Dieser liegt in diesem Fall bei 0,975. Dieser Zusammenhang läßt sich noch deutlicher erkennen, wenn in die Grafik eine Regressionsgerade (siehe zur Regression ausführlich Kapitel 1) eingefügt wird. Dabei ist wie folgt vorzugehen: Durch einen Doppelklick auf das Streudiagramm wird ein neues Fenster geöffnet, der Diagramm-Editor. In diesem Editor ist es möglich, das Diagramm weiter zu bearbeiten.

Abbildung 18: Einfaches Streudiagramm für die Variablen Größe und Gewicht

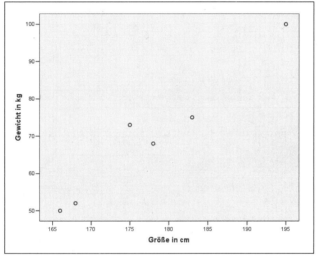

Zum Einfügen der Regressionsgeraden ist aus dem Menü der Befehl "Diagramme/ Optionen..." der Punkt "Bezugslinie aus Gleichung" zu wählen. Die dadurch in die Grafik eingefügte Regressionsgerade (vgl. Abbildung 20) bestätigt die Vermutung aus dem einfachen Scatterplot.

---

[9] Zusätzlich wäre es möglich, diese Markierungen zum Beispiel durch die Variable Geschlecht festzulegen (vgl. Abbildung 17). Im Output erscheint die Markierung dann je nach Ausprägung des Geschlechtes in einer anderen Farbe, so daß die einzelnen Wertepaare zugeordnet werden können.

Abbildung 19: Dialogfenster "Optionen für Streudiagramme"

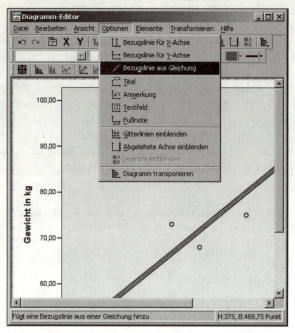

Die einzelnen Wertepaare weisen nur sehr geringe Abweichungen von der Geraden auf.

Abbildung 20: Einfaches Streudiagramm mit linearer Regressionskurve

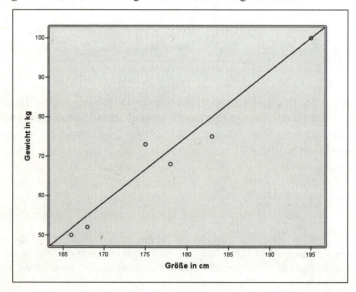

4.3 Die Kommandosprache

Das Programmsystem SPSS existiert in unterschiedlichen Versionen für PC und Großrechner. Allen Versionen liegt eine gemeinsame Kommandosprache zugrunde. Auf diese wird auch von der grafischen Benutzeroberfläche von SPSS für Windows zugegriffen, d.h. wenn der Benutzer über die Dialogfelder des Programmes Befehle auswählt, werden diese automatisch in die Kommandosprache übersetzt und in eine Syntaxdatei geschrieben. Es handelt sich dabei um eine einfache Textdatei, die gelesen und bearbeitet werden kann. Alternativ kann man aber auch direkt eine Syntaxdatei erstellen und damit den Programmablauf steuern.

Wenngleich sich mit *SPSS für Windows* auch ohne Kenntnis der Kommandosprache arbeiten läßt, so ist es doch vorteilhaft, einige Grundkenntnisse hierüber zu haben. Zum einen sind einige Funktionen von *SPSS für Windows* nur über die Kommandosprache zugänglich und zum anderen ist es bei komplexeren Problemen von Vorteil, mit Syntaxdateien zu arbeiten. Die Erstellung einer Syntaxdatei wird bei Verwendung der Windows-Version dem Anwender sehr erleichtert, indem ihm die beim Dialogbetrieb intern erzeugte Kommandosequenz über ein Dialogfenster zugänglich gemacht wird. Dort kann er sie wie einen Text weiterbearbeiten und sodann erneut starten. Bei Bedarf kann er sie in einer Datei abspeichern, auf die sich später wieder zugreifen läßt. Hierauf wird aber später noch etwas ausführlicher eingegangen.

4.3.1 Aufbau einer Syntaxdatei

Abbildung 21 zeigt ein Beispiel für eine Syntaxdatei. Neben den Syntaxkommandos enthält diese Datei auch den Datensatz aus Abbildung 5.

Die Syntaxdatei gliedert sich in zwei Teile:

- Datendefinition
- Prozedur (Datenanalyse).

Die Datendefinition beschreibt die Daten und kann auch, wie in der Syntaxdatei in Abbildung 21, die Daten selbst enthalten. Bei größeren Datensätzen kann es dagegen vorteilhaft sein, diese in einer separaten Datei abzulegen. In diesem Fall ist in der Datendefinition der Name der betreffenden Datendatei anzugeben.

Der Prozedurteil weist SPSS an, welche Analysen mit den Daten vorzunehmen sind. Das Kommando DESCRIPTIVES im Beispiel weist SPSS an, für die drei Variablen Geschlecht, Größe und Gewicht einfache Statistiken wie den arithmetischen Mittelwert und die Standardabweichung zu berechnen. Es können beliebig viele Prozedurkommandos folgen. Mittels FREQUENCIES werden die Häufigkeiten der Geschlechter ausgezählt.

32   Zur Verwendung dieses Buches

Abbildung 21:   Beispiel einer Syntaxdatei für SPSS

```
* MVA: Einführung

* Datendefinition

DATA LIST FREE
 /Person Geschl Groesse Gewicht.
VARIABLE LABELS  Person    "Nr. der Person"
          /Geschl    "Geschlecht"
          /Groesse   "Groesse in cm"
          /Gewicht   "Gewicht in kg".
VALUE LABELS Geschl 0 "weiblich"
          1 "maennlich".

BEGIN DATA
 1 1  178 68
 2 0  166 50
 3 1  183 75
 4 0  168 52
 5 1  195 100
 6 1  175 73
END DATA.

* Prozeduren

DESCRIPTIVES VARIABLES = Geschl Groesse Gewicht.

FREQUENCIES  VARIABLES = Geschl
 /HISTOGRAM.
```

4.3.2 Syntax der Kommandos

Die Kommandos entsprechen den Sätzen einer Sprache. Sie sind nach einfachen syntaktischen Regeln aufgebaut.

Ein *Kommando* besteht aus einem

- *Schlüsselwort* (keyword), das gleichzeitig auch den Namen des Kommandos bildet (z.B. TITLE, DATA LIST oder DESCRIPTIVES) und
- *Spezifikationen*, die zusätzliche Informationen enthalten.

Spezifikationen können folgende Elemente enthalten:

- Schlüsselwörter, z.B. FREE oder VARIABLES,
- Namen, z.B. Person oder Geschl,
- Zahlen, z.B. Daten oder Parameter,
- sonstige Zeichenketten (Strings), die durch Hochkommata oder Anführungszeichen eingeschlossen sein müssen, z.B. Titel oder Labels.

Beispiel: DATA LIST-Kommando

$$\underbrace{\text{DATA LIST}}_{\text{Kommando}} \underbrace{\text{FREE / Person Geschl Groesse Gewicht.}}_{\text{Spezifikation}}$$

Schlüsselwörter sind hier DATA LIST und FREE.

Spezifikationen bilden hier die Formatangabe FREE und die Variablenliste mit den Namen der Variablen. Mehrere Spezifikationen sind durch Schrägstrich (/) zu trennen.

Zur Unterscheidung von Namen und Strings werden hier Schlüsselwörter mit Großbuchstaben geschrieben. SPSS unterscheidet dagegen nicht zwischen Klein- und Großbuchstaben.

Ein Kommando kann auch *Unterkommandos* enthalten, die ebenso aufgebaut sind. Wie alle Kommandos beginnen auch Unterkommandos mit einem Schlüsselwort, das gleichzeitig dessen Namen bildet. Kommandos wie Unterkommandos können Spezifikationen enthalten, müssen es aber nicht. Z.B. ist HISTOGRAM ein Unterkommando des Kommandos FREQUENCIES. Es erzeugt eine Darstellung der Häufigkeitsverteilung, die durch FREQUENCIES ermittelt wird. Mehrere Unterkommandos sind durch Schrägstrich (/) zu trennen. Falls das Unterkommando Spezifikationen umfaßt, so sind diese durch das Gleichheitszeichen (=) vom Kommando-Schlüsselwort zu trennen (z.B. VARIABLES = Geschl).

Ein Kommando kann beliebig viele Zeilen umfassen. Es muß aber immer in einer neuen Zeile begonnen und durch einen Punkt (.) abgeschlossen werden. Alternativ kann auch eine Leerzeile angehängt werden. Leerzeichen innerhalb eines Kommandos werden vom Programm überlesen.

Neben den Kommandos kann eine Syntaxdatei auch Kommentarzeilen enthalten, die durch einen Stern (*) einzuleiten sind. Sie dienen der besseren Lesbarkeit der Syntaxdatei. Ein Kommentar kann auch mehrere Zeilen umfassen, wobei Fortsetzungszeilen ebenfalls durch einen Stern einzuleiten oder um wenigstens eine Spalte einzurücken sind.

Die *SPSS-Kommandos* lassen sich grob in drei Gruppen einteilen:

- Kommandos zur Datendefinition (z.B. DATA LIST, VALUE LABELS),
- Prozedurkommandos (z.B. DESCRIPTIVES, REGRESSION),
- Hilfskommandos (z.B. TITLE).

34   Zur Verwendung dieses Buches

4.3.3 Kommandos zur Datendefinition

Durch das Kommando DATA LIST wird dem SPSS-Programm mitgeteilt, wo die Eingabedaten stehen und wie sie formatiert sind. Falls die Eingabedaten nicht, wie hier im Beispiel, in der Syntaxdatei stehen, könnte hier der Name der Datendatei angegeben werden.

Der Parameter FREE besagt, daß die Eingabedaten formatfrei (freefield) zu lesen sind. Erforderlich ist hierfür, das die Zahlen durch Leerzeichen (blanks) oder Kommata voneinander getrennt stehen. Wenn den Variablen feste Spalten zugewiesen werden sollen, ist der Parameter FIXED zu verwenden. In diesem Fall ist kein Trennzeichen zwischen den Variablenwerten erforderlich.

Mittels der folgenden Liste von Variablennamen wird angezeigt, wieviele Variablen der Datensatz enthält. Ein Variablenname darf maximal 8 Zeichen umfassen, von denen das erste Zeichen ein Buchstabe sein muß. Falls das Datenformat FIXED spezifiziert wurde, muß hinter jedem Namen angegeben werden, welche Spalten die betreffende Variable belegt.

Mit dem Kommando VALUE LABELS können den Werten einer Variablen Beschreibungen zugeordnet werden, um so den Ausdruck besser lesbar zu machen. Die Labels sollten nicht mehr als 20 Zeichen umfassen und müssen durch Hochkommata oder Anführungsstriche eingeschlossen sein.

Ein ähnliches Kommando ist VARIABLE LABELS, mit dem den Variablen bei Bedarf erweiterte Bezeichnungen oder Beschreibungen (bis zu 120 Zeichen) zugeordnet werden können.

Die Kommandos BEGIN DATA und END DATA zeigen Beginn und Ende der Daten an. Sie müssen unmittelbar vor der ersten und nach der letzten Datenzeile stehen. Die Daten lassen sich auch als eine Spezifikation von BEGIN DATA auffassen.

Ein Problem, das bei der praktischen Anwendung statistischer Methoden häufig auftaucht, bilden *fehlende Werte*. So bedeutet im Beispiel die "0" für das Gewicht von Person 4, daß der Wert nicht bekannt ist. Um eine Fehlinterpretation zu vermeiden, kann dies dem Programm durch das folgende Kommando angezeigt werden:

MISSING VALUE Gewicht (0).

Der fehlende Wert, für den hier die "0" steht, wird dann bei den Durchführungen von Rechenoperationen gesondert behandelt.

Neben derartigen *vom Benutzer spezifizierten fehlenden Werten* (User-Missing Values) setzt SPSS auch *automatisch fehlende Werte* (System-Missing Values) ein, wenn im Datensatz anstelle einer Zahl ein Leerfeld oder eine sonstige Zeichenfolge steht. Automatisch fehlende Werte werden bei der Ausgabe durch einen Punkt (.) gekennzeichnet. Generell aber ist es von Vorteil, wenn der Benutzer fehlende Werte durch das MISSING VALUE-Kommando spezifiziert.

4.3.4 Prozedurkommandos

Prozedurkommandos sind im Sprachgebrauch von SPSS alle Kommandos, die "etwas mit den Daten machen", z.B. sie einlesen, verarbeiten oder ausgeben. Die Kommandos zur Datendefinition (oder auch Transformationen) werden erst dann wirksam, wenn ein Prozedurkommando das Einlesen der Daten auslöst. Der Großteil der Prozedurkommandos betrifft die statistischen Prozeduren von SPSS. Eine Ausnahme ist z.B. das Kommando LIST, mit dem sich die Daten in das Ausgabeprotokoll schreiben lassen.

Durch Prozedurkommandos wird SPSS mitgeteilt, welche statistischen Analysen mit den zuvor definierten Daten durchgeführt werden sollen. So lassen sich z.B. mit dem Kommando DESCRIPTIVES einfache Statistiken wie Mittelwert und Standardabweichung berechnen oder mit dem Kommando REGRESSION eine multiple Regressionsanalyse durchführen. Weitere Kommandos zur Durchführung multivariater Analysen sind z.B. ANOVA, DISCRIMINANT, FACTOR oder CLUSTER. Sie werden im Zusammenhang mit der Darstellung der Verfahren in den jeweiligen Kapiteln dieses Buches erläutert.

Eine Syntaxdatei kann beliebig viele Prozedurkommandos enthalten. Die Prozedurkommandos sind z.T. sehr komplex und können eine große Zahl von Unterkommandos (subcommands) umfassen.

Viele Kommandos wie auch Unterkommandos besitzen hinsichtlich ihrer möglichen Spezifikationen *Voreinstellungen* (*defaults*), die zur Anwendung kommen, wenn durch den Benutzer keine Spezifikation erfolgt. Die Voreinstellungen von Unterkommandos treten z.T. auch in Kraft, wenn das Unterkommando selbst nicht angegeben wird. So wurde hier bei den Prozeduren DESCRIPTIVES und FREQUENCIES jeweils auf Angabe des Unterkommandos STATISTICS verzichtet, mit Hilfe dessen sich steuern läßt, welche statistischen Maße berechnet und ausgegeben werden sollen.

4.3.5 Hilfskommandos

SPSS kennt eine Vielzahl weiterer Kommandos, die weder die Datendefinition noch die Datenanalyse betreffen und die hier der Einfachheit halber als Hilfskommandos bezeichnet werden. Hierunter fallen z.B. die Kommandos TITLE und SUBTITLE, mit denen sich Seitenüberschriften spezifizieren lassen. Weitere Hilfskommandos, die SPSS anbietet, dienen z.B. zur Steuerung der Ausgabe oder zur Selektion, Gewichtung, Sortierung und Transformation von Daten.

36   Zur Verwendung dieses Buches

4.3.6   Erstellen, Öffnen und Speichern einer Syntaxdatei

Um eine neue Syntaxdatei zu erstellen, stehen zwei alternative Vorgehensweisen
zur Verfügung. Zum einen kann eine neue leere Syntaxdatei nach dem Start von
SPSS geöffnet werden. Hierzu ist aus dem Menüpunkt "Datei/ Neu" die Option
"Syntax" zu wählen (vgl. Abbildung 22).

Abbildung 22:   Erstellung einer neuen Syntaxdatei nach dem Start von SPSS

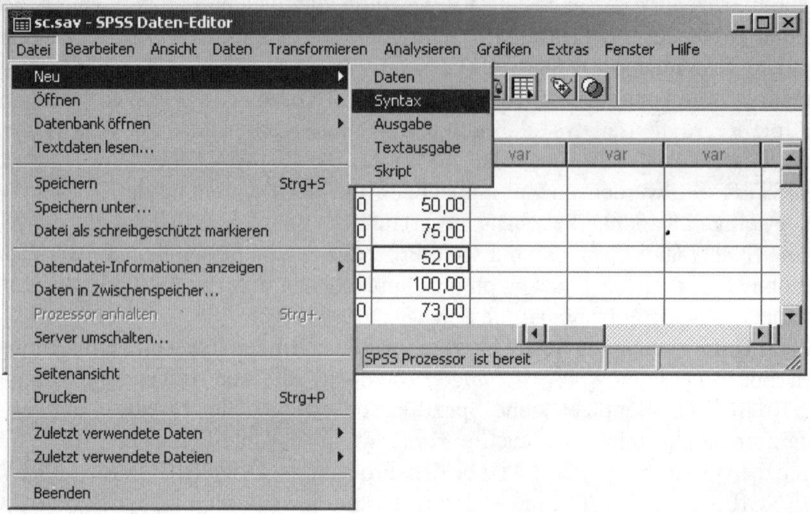

Andererseits ist es möglich festzulegen, daß bei jedem Programmstart von SPSS
automatisch eine neue Syntaxdatei geöffnet wird. Hierzu ist zunächst aus dem Menüpunkt "Bearbeiten" der Befehl "Optionen" aufzurufen. Aus dem nunmehr geöffneten Dialogfenster "Optionen" (vgl. Abbildung 23) ist im weiteren die Registerkarte "Allgemein" auszuwählen. Durch Aktivierung der Option "Syntax-Fenster
beim Start öffnen" wird bei jedem Start von SPSS automatisch eine neue Syntaxdatei erstellt.

Abbildung 23: Dialogfenster "Optionen/Allgemein"

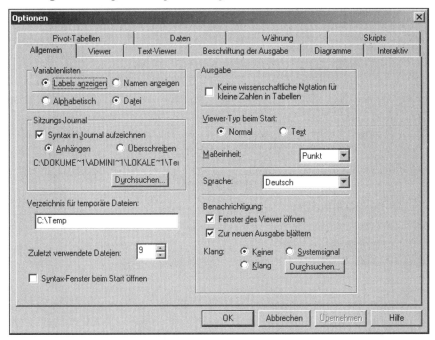

Neben der Erstellung neuer Syntaxdateien können natürlich auch bereits bestehende während einer SPSS-Sitzung geöffnet werden. Über den Menüpunkt "Datei/ Öffnen" wird hierzu das Dialogfenster "Datei öffnen" aufgerufen. In diesem kann dann die zu öffnende Syntaxdatei ausgewählt werden, wobei zu beachten ist, daß die Syntaxdateien standardmäßig mit der Extension ".sps" versehen sind. Der Inhalt der Syntaxdatei erscheint dann im Syntax-Editor (vgl. Abbildung 24). Beim Speichern einer Syntaxdatei (über den Menüpunkt "Datei/Speichern unter..." bzw. "Datei/ Speichern") wird die Extension .sps automatisch vergeben. Hier ist lediglich der bei einer neuen Syntaxdatei von SPSS automatisch gebildete Dateiname sinnvollerweise zu ändern bzw. bei Bedarf auch der Dateiname einer bestehenden Datei zu variieren.

38   Zur Verwendung dieses Buches

Abbildung 24:   Syntax-Editor von SPSS

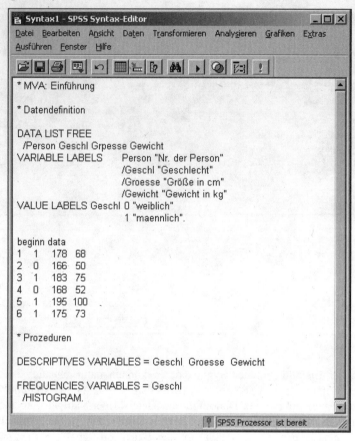

Neben der direkten Erstellung einer Syntaxdatei, d.h. der manuellen Eingabe der Kommandos durch den Nutzer, stehen auch die folgenden Methoden zur Verfügung, um automatisch eine Syntaxdatei zu erzeugen: Zum einen ist es möglich, die Syntax über die Dialogfenster der jeweils aktuellen Analyse in den Syntax-Editor einzufügen. Hierzu ist in dem jeweiligen Dialogfenster die Schaltfläche "Einfügen" zu aktivieren (vgl. Abbildung 25). Die Syntax wird dann automatisch in den geöffneten Syntax-Editor geschrieben, bzw. es wird automatisch ein neuer Syntax-Editor geöffnet, in den die jeweiligen der Analyse zugrundeliegenden Kommandos eingefügt werden.

Abbildung 25: Übertragung der Syntaxkommandos aus dem Dialogfenster

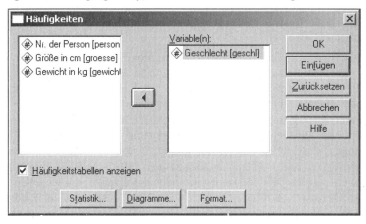

Eine zweite Möglichkeit besteht darin, die Syntax aus dem SPSS-Log der Ausgabedatei manuell in den Syntax-Editor zu kopieren. Damit sämtliche Befehle zunächst in den Log der Ausgabedatei geschrieben werden, ist es vor der Durchführung von Analysen erforderlich, die Option "Befehle im Log anzeigen" auszuwählen. Diese Option ist in der Registerkarte "Viewer" des Dialogfensters "Bearbeiten/Optionen" zu finden (vgl. Abbildung 26).

Abbildung 26: Dialogfenster "Optionen/Viewer"

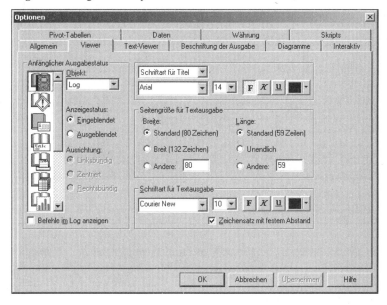

40   Zur Verwendung dieses Buches

Werden dann Analysen über die Dialogfenster durchgeführt, werden die entsprechenden SPSS-Kommandos automatisch zusammen mit dem Output im Ausgabefenster angezeigt. Von hier können dann die Kommandos in eine Syntaxdatei manuell kopiert werden.

Letztlich ist es möglich, sämtliche Kommandos in einer Journaldatei zu speichern. Hierbei handelt es sich ebenfalls um eine Textdatei, die auch bearbeitet
werden kann. Sie besitzt zwar die Extension .jnl, kann aber als Syntaxdatei (.sps)
gespeichert werden, die dann wiederholt zu Datenanalysen verwendet werden
kann. Damit das Sitzungsjournal erstellt wird, ist die Option "Befehlssyntax in
Journaldatei aufzeichnen" in der Karte "Allgemein" des Dialogfensters "Bearbei-
ten/ Optionen" zu aktivieren (vgl. Abbildung 27). Per Voreinstellung wird dieses
Journal im Verzeichnis C:\Temp\spss.jnl gespeichert. Diese Einstellung kann aber
auch variiert werden, d.h. es kann ein anderes Verzeichnis angegeben werden.
Hierzu ist über die Schaltfläche "Durchsuchen" ein entsprechender Pfad zu wählen. Je nach Einstellung wird die Journaldatei bei jeder SPSS-Sitzung erweitert
("Anhängen") oder überschrieben ("Überschreiben").

Abbildung 27:   Dialogfenster "Optionen/Allgemein"

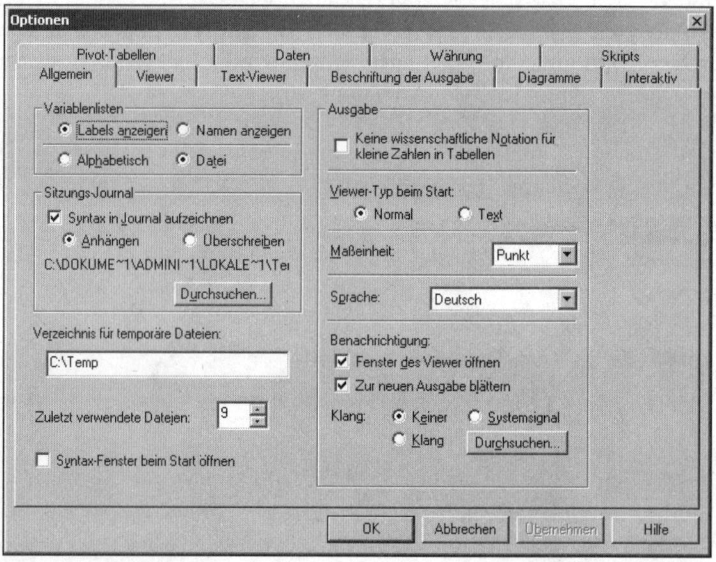

4.3.7 Ausführen der Syntaxdatei

Um eine Syntaxdatei zur Ausführung zu bringen, muß zunächst entsprechend der
bereits dargestellten Vorgehensweise nach dem Programmaufruf von SPSS die
Syntaxdatei geöffnet werden. Es lassen sich sodann entweder sämtliche Befehle
der Datei oder einzelne, unmittelbar aufeinander folgende Befehle ausführen.

Hierzu ist aus dem Menü des Syntax-Editors der Befehl "Ausführen" zu wählen, wobei dieser wie folgt spezifiziert werden kann (vgl. Abbildung 28):

- Alles (Alle Kommandos der Syntaxdatei werden ausgeführt.)
- Auswahl (Nur die markierten Kommandos werden ausgeführt.)
- Aktuellen Befehl (Es werden alle Kommandos ausgeführt, wo sich der Cursor befindet.)
- Bis Ende (Alle Kommandos zwischen der aktuellen Cursorposition und dem Ende der Syntaxdatei werden ausgeführt.)

Abbildung 28: Auswahl der Option "Ausführen" im Syntax-Editor

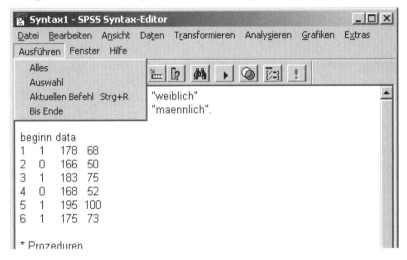

4.4 Die Systeme von SPSS

Die PC-Versionen von SPSS umfassen jeweils eine Reihe von Modulen oder Systemen, die separat gekauft werden können und für die jeweils getrennte Handbücher existieren. Von den Systemen von *SPSS für Windows* sind für die hier behandelten Verfahren die folgenden relevant:

Base System
Advanced Models
Regression Models
Conjoint
AMOS
Clementine

42   Zur Verwendung dieses Buches

Mit Ausnahme von AMOS und Clementine laufen alle Systeme unter einer gemeinsamen Benutzeroberfläche. Die folgende Aufstellung in Abbildung 29 zeigt, welche SPSS-Prozeduren für die hier behandelten Methoden benötigt werden und in welchen SPSS-Systemen diese zu finden sind.

Abbildung 29: Synopse der behandelten Methoden und der entsprechenden SPSS-Prozeduren

Methode	SPSS-Prozeduren	in SPSS-System
Regressionsanalyse	REGRESSION	Base
Varianzanalyse	UNIANOVA GLM	Base
Diskriminanzanalyse	DISCRIMINANT	Base
Kontingenzanalyse	CROSSTABS LOGLINEAR HILOGLINEAR	Base Advanced Models Advanced Models
Faktorenanalyse	FACTOR	Base
Strukturgleichungs-modelle		Amos*
Logistische Regression	LOGISTIC REGRESSION NOMREG	Regression Models
Clusteranalyse	CLUSTER QUICK CLUSTER	Base
Conjoint-Analyse	CONJOINT ORTHOPLAN PLANCARDS	Conjoint
Multidimensionale Skalierung	ALSCAL	Base
Korrespondenzanalyse	CORRESPONDENCE	Categories
Neuronale Netze		Clementine*

* Eigenständiges Programm

5 Literaturhinweise

Bleymüller, J./Gehlert, G./Gülicher, H. (2002): Statistik für Wirtschaftswissenschaftler, 13. Aufl., München.

Bühl, A./Zöfel, P. (2000): SPSS: Methoden für die Markt- und Meinungsforschung, München.

Bühl, A./Zöfel, P. (2005): SPSS 12: Einführung in die moderne Datenanalyse unter Windows, 9. Aufl., München.

Janssen, J./Laatz, W. (2005): Statistische Datenanalyse mit SPSS für Windows: eine anwendungsorientierte Einführung in das Basissystem und das Modul Exakte Tests, 5. Aufl., Berlin/Heidelberg/New York.

Mayntz, R./Holm, K./Hübner, P. (1978): Einführung in die Methoden der empirischen Soziologie, 5. Aufl., Opladen.

Norusis, M. J./SPSS Inc. (2002): SPSS 11.0 guide to data analysis, Chicago.

SPSS Inc. (1997): SPSS Conjoint 8.0, Chicago.

SPSS Inc. (1999): SPSS Base 9.0 User's Guide Package, Chicago.

SPSS Inc. (1999): SPSS Base 9.0 Applications Guide, Chicago.

SPSS Inc. (2001): SPSS Base 10 Syntax Reference Guide, Chicago.

SPSS Inc. (2001): SPSS Advanced Models 11.5, Chicago.

SPSS Inc. (2001): SPSS Regression Models 11.0, Chicago.

Wittenberg, R. (1998): Grundlagen computerunterstützte Datenanalyse, 2. Aufl., Stuttgart.

Wittenberg, R./Cramer, H. (2000): Datenanalyse mit SPSS für Windows: mit zahlreichen Tabellen, 2. Aufl., Stuttgart.

1 Regressionsanalyse

1.1	Problemstellung	46
1.2	Vorgehensweise	51
1.2.1	Modellformulierung	52
1.2.2	Die Schätzung der Regressionsfunktion	53
1.2.2.1	Einfache Regression	53
1.2.2.2	Multiple Regression	60
1.2.3	Prüfung der Regressionsfunktion	63
1.2.3.1	Bestimmtheitsmaß	64
1.2.3.2	F-Statistik	68
1.2.3.3	Standardfehler der Schätzung	73
1.2.4	Prüfung der Regressionskoeffizienten	73
1.2.4.1	t-Test des Regressionskoeffizienten	73
1.2.4.2	Konfidenzintervall des Regressionskoeffizienten	77
1.2.5	Prüfung der Modellprämissen	78
1.2.5.1	Nichtlinearität	80
1.2.5.2	Erwartungswert der Störgröße ungleich Null	83
1.2.5.3	Falsche Auswahl der Regressoren	84
1.2.5.4	Heteroskedastizität	85
1.2.5.5	Autokorrelation	88
1.2.5.6	Multikollinearität	89
1.2.5.7	Nicht-Normalverteilung der Störgrößen	92
1.3	Fallbeispiel	94
1.3.1	Blockweise Regressionsanalyse	94
1.3.2	Schrittweise Regressionsanalyse	105
1.3.3	SPSS-Kommandos	111
1.4	Anwendungsempfehlungen	113
1.5	Mathematischer Anhang	114
1.6	Literaturhinweise	117

46   Regressionsanalyse

1.1   Problemstellung

Die Regressionsanalyse bildet eines der flexibelsten und am häufigsten eingesetzten statistischen Analyseverfahren. Sie dient der Analyse von Beziehungen zwischen einer abhängigen Variablen und einer oder mehreren unabhängigen Variablen (Abbildung 1.1). Insbesondere wird sie eingesetzt, um

- Zusammenhänge quantitativ zu beschreiben und sie zu erklären,
- Werte der abhängigen Variablen zu schätzen bzw. zu prognostizieren.

Beispiel: Untersucht wird der Zusammenhang zwischen dem Absatz eines Produktes und seinem Preis sowie anderen den Absatz beeinflussenden Variablen, wie Werbung, Verkaufsförderung etc. Die Regressionsanalyse bietet in einem solchen Fall Hilfe bei z.B. folgenden Fragen: Wie wirkt der Preis auf die Absatzmenge? Welche Absatzmenge ist zu erwarten, wenn der Preis und gleichzeitig auch die Werbeausgaben um bestimmte Größen verändert werden? (Abbildung 1.2)

Abbildung 1.1:   Die Variablen der Regressionsanalyse

REGRESSIONSANALYSE	
eine ABHÄNGIGE VARIABLE metrisch	eine oder mehrere UNABHÄNGIGE VARIABLE(N) metrisch und nominal
Y	$X_1,\ X_2,...,\ X_j,...,\ X_J$

Abbildung 1.2:   Beispiel zur Regressionsanalyse

REGRESSIONSANALYSE	
Absatzmenge eines Produktes	Preis Werbung Verkaufsförderung etc.
Y	$X_1,\ X_2,...,\ X_j,...,\ X_J$

Der primäre Anwendungsbereich der Regressionsanalyse ist die Untersuchung von *Kausalbeziehungen* (Ursache-Wirkungs-Beziehungen), die wir auch als *Je-Desto-Beziehungen* bezeichnen können. Im einfachsten Fall läßt sich eine solche Beziehung zwischen zwei Variablen, der abhängigen Variablen Y und der unabhängigen Variablen X, wie folgt ausdrücken:

$$Y = f(X) \tag{1a}$$

Beispiel: Absatzmenge = f(Preis). Je niedriger der Preis, desto größer die abgesetzte Menge. Die Änderungen von Y sind Wirkungen der Änderungen von X (Ursache). Mit Hilfe der Regressionsanalyse läßt sich diese Beziehung quantifizieren und damit angeben, wie groß die Änderung der Absatzmenge bei einer bestimmten Preisänderung ist.

Bei vielen Problemstellungen liegt keine monokausale Beziehung vor, sondern die zu untersuchende Variable Y wird durch zahlreiche Größen beeinflußt. So wirken neben dem Preis auch andere Maßnahmen wie Werbung, Verkaufsförderung etc. auf die Absatzmenge. Dies läßt sich formal wie folgt ausdrücken:

$$Y = f(X_1, X_2,..., X_j,..., X_J) \tag{1b}$$

Probleme der Form (1a) lassen sich mittels *einfacher Regressionsanalyse* behandeln und Probleme der Form (1b) mittels *multipler Regressionsanalyse*. In jedem Fall muß der Untersucher vor Durchführung einer Regressionsanalyse entscheiden, welches die abhängige und welches die unabhängige(n) Variable(n) ist (sind). Diese Entscheidung liegt oft auf der Hand. So ist sicherlich der Absatz eines Eisverkäufers abhängig vom Wetter und nicht umgekehrt. Manchmal jedoch ist diese Entscheidung schwierig.

Beispiel: Zu untersuchen sind die Beziehungen zwischen dem Absatz eines Produktes und seinem Bekanntheitsgrad. Welche der beiden Variablen ist die abhängige, welche die unabhängige? Eine Erhöhung des Bekanntheitsgrades eines Produktes bewirkt i.d.R. auch eine Erhöhung der Absatzmenge. Umgekehrt aber wird der Absatz und die damit verbundene Verbreitung des Produktes auch eine Erhöhung des Bekanntheitsgrades bewirken. Ähnlich verhält es sich z.B. im Bereich der Volkswirtschaft zwischen Angebot und Nachfrage.

Derartige *interdependente Beziehungen* lassen sich nicht mehr mit einer einzigen Gleichung erfassen. Vielmehr sind hierfür Mehrgleichungsmodelle (simultane Gleichungssysteme) erforderlich, deren Behandlung den hier gegebenen Rahmen allerdings sprengen würde.[1] Wir beschränken uns hier auf Fragestellungen, in denen eine einseitige Wirkungsbeziehung unterstellt werden kann.

Die Bezeichnungen "abhängige" und "unabhängige" Variable dürfen nicht darüber hinwegtäuschen, daß es sich bei der in einer Regressionsanalyse unterstellten Kausalbeziehung oft nur um eine Hypothese handelt, d.h. eine Vermutung des Untersuchers. Eine derartige Hypothese muß immer auf ihre Plausibilität geprüft werden, und dazu bedarf es außerstatistischen Wissens, d.h. theoretischer und sachlogischer Überlegungen oder auch der Durchführung von Experimenten.[2]

---

[1] Siehe hierzu z.B. Schneeweiß, H., 1990, S. 242ff.; Kmenta, J., 1997, S. 651ff.; Greene, W.H., 2003, S. 378 ff.

[2] Siehe hierzu z.B. Hammann, P. / Erichson, B., 2000, S. 180ff.

48   Regressionsanalyse

Abbildung 1.3:   Typische Fragestellungen der Regressionsanalyse

Fragestellung	Abhängige Variable	Unabhängige Variable
1. Hängt die Höhe des Verkäuferumsatzes von der Zahl der Kundenbesuche ab?	Umsatz pro Verkäufer pro Periode	Zahl der Kundenbesuche pro Verkäufer pro Periode
2. Wie wird sich der Absatz ändern, wenn die Werbung verdoppelt wird?	Absatzmenge pro Periode	Ausgaben für Werbung pro Periode oder Sekunden Werbefunk oder Zahl der Inserate etc.
3. Reicht es aus, die Beziehung zwischen Absatz und Werbung zu untersuchen oder haben auch Preis und Zahl der Vertreterbesuche eine Bedeutung für den Absatz?	Absatzmenge pro Periode	Zahl der Vertreterbesuche, Preis pro Packung, Ausgaben für Werbung pro Periode
4. Wie läßt sich die Entwicklung des Absatzes in den nächsten Monaten schätzen?	Absatzmenge pro Monat t	Menge pro Monat t - k (k = 1, 2, ..., K)
5. Wie erfaßt man die Wirkungsverzögerung der Werbung?	Absatzmenge in Periode t	Werbung in Periode t, Werbung in Periode t - 1, Werbung in Periode t - 2 etc.
6. Wie wirkt eine Preiserhöhung von 10 % auf den Absatz, wenn gleichzeitig die Werbeausgaben um 10 % erhöht werden?	Absatzmenge pro Periode	Ausgaben für Werbung, Preis, Einstellung und kognitive Dissonanz
7. Sind das wahrgenommene Risiko, die Einstellung zu einer Marke und die Abneigung gegen kognitive Dissonanzen Faktoren, die die Markentreue von Konsumenten beeinflussen?	Anteile der Wiederholungskäufe einer Marke an allen Käufen eines bestimmten Produktes durch einen Käufer	Rating-Werte für empfundenes Risiko, Einstellung und kognitive Dissonanz

Es soll hier betont werden, daß sich weder mittels Regressionsanalyse noch sonstiger statistischer Verfahren Kausalitäten zweifelsfrei nachweisen lassen. Vielmehr vermag die Regressionsanalyse nur Korrelationen zwischen Variablen nachzuweisen. Dies ist zwar eine notwendige aber noch keine hinreichende Bedingung für

Kausalität. Im Gegensatz zu einer einfachen Korrelationsanalyse vermag die Regressionsanalyse allerdings sehr viel mehr zu leisten.

Typische Fragestellungen, die mit Hilfe der Regressionsanalyse untersucht werden, sowie mögliche Definitionen der jeweils abhängigen und unabhängigen Variablen zeigt Abbildung 1.3. Der Fall Nr. 4 in Abbildung 1.3 stellt einen Spezialfall der Regressionsanalyse dar, die *Zeitreihenanalyse*. Sie untersucht die Abhängigkeit einer Variablen von der Zeit. Formal beinhaltet sie die Schätzung einer Funktion $Y = f(t)$, wobei t einen Zeitindex bezeichnet. Bei Kenntnis dieser Funktion ist es möglich, die Werte der Variablen Y für zukünftige Perioden zu schätzen (prognostizieren). In das Gebiet der Zeitreihenanalyse fallen insbesondere Trendanalysen und -prognosen, aber auch die Analyse von saisonalen und konjunkturellen Schwankungen oder von Wachstums- und Sättigungsprozessen. Abbildung 1.4 faßt die in Abbildung 1.3 beispielhaft aufgeführten Fragestellungen zu den drei zentralen Anwendungsbereichen der Regressionsanalyse zusammen.

Abbildung 1.4:   Anwendungsbereiche der Regressionsanalyse

Ursachenanalysen	Wie stark ist der Einfluß der unabhängigen Variablen auf die abhängige Variable?
Wirkungsprognosen	Wie verändert sich die abhängige Variable bei einer Änderung der unabhängigen Variablen?
Zeitreihenanalysen	Wie verändert sich die abhängige Variable im Zeitablauf und somit ceteris paribus auch in der Zukunft?

Für die Variablen der Regressionsanalyse werden unterschiedliche Bezeichnungen verwendet, was oft verwirrend wirkt. Die Bezeichnungen "abhängige" und "unabhängige" Variable sind zwar die gebräuchlichsten, können aber, wie oben dargelegt, Anlaß zu Mißverständnissen geben. In Abbildung 1.5 finden sich vier weitere Bezeichnungen. Die Benennung der Variablen als Regressanden und Regressoren erscheinen am neutralsten und sind somit zur Vermeidung von Mißverständnissen besonders geeignet.

Der Begriff der "Regression" stammt von dem genialen englischen Wissenschaftler Sir Francis Galton (1822 - 1911), der die Abhängigkeit der Körpergröße von Söhnen in Abhängigkeit von der Körpergröße ihrer Väter untersuchte und dabei die Tendenz einer Rückkehr (regress) zur durchschnittlichen Körpergröße feststellte. D.h. z.B., daß die Söhne von extrem großen Vätern tendenziell weniger groß und die von extrem kleinen Vätern tendenziell weniger klein sind.

50 Regressionsanalyse

Abbildung 1.5: Alternative Bezeichnungen der Variablen in der Regressionsanalyse

Y	$X_1, X_2, ..., X_j, ..., X_J$
Regressand	Regressoren
abhängige Variable	unabhängige Variable
endogene Variable	exogene Variable
erklärte Variable	erklärende Variable
Prognosevariable	Prädiktorvariable

Die Regressionsanalyse ist immer anwendbar, wenn sowohl die abhängige als auch die unabhängige(n) Variable(n) metrisches Skalenniveau besitzen, es sich also um quantitative Variablen handelt. Dies ist der klassische Fall. Wir hatten aber bereits in der Einleitung darauf hingewiesen, daß sich durch Anwendung der Dummy-Variablen-Technik qualitative (nominalskalierte) Variablen in binäre Variablen umwandeln lassen, die dann wie metrische Variablen behandelt werden können. Allerdings steigt dadurch die Anzahl der Variablen, so daß diese Technik nur für die unabhängigen Variablen, deren Zahl zumindest prinzipiell nicht begrenzt ist, genutzt werden kann. Der Anwendungsbereich der Regressionsanalyse läßt sich damit ganz erheblich erweitern.

Es ist somit grundsätzlich möglich, alle Problemstellungen der Varianzanalyse mit Hilfe der Regressionsanalyse zu behandeln (wenngleich dies nicht immer zweckmäßig ist). Auch eine einzelne binäre Variable kann in der Regressionsanalyse als abhängige Variable fungieren, und es lassen sich so in beschränktem Umfang auch Probleme der Diskriminanzanalyse (Zwei-Gruppen-Fall) mittels der Regressionsanalyse behandeln. Eine Erweiterung der Regressionsanalyse für nominalskalierte abhängige Variable ist die Logistische Regression. Auch in anderen Analyseverfahren (z.B. Conjoint-Measurement, Pfadanalyse) findet die Regressionsanalyse vielfältige Anwendung.

Anwendungsbeispiel

Wir wollen die Grundgedanken der Regressionsanalyse zunächst an einem kleinen Beispiel demonstrieren. Der Verkaufsleiter eines Margarineherstellers ist mit dem mengenmäßigen Absatz seiner Marke nicht zufrieden. Er stellt zunächst fest, daß der Absatz zwischen seinen Verkaufsgebieten stark differiert. Er möchte wissen, warum die Werte so stark differieren und deshalb prüfen, von welchen Faktoren, die er beeinflussen kann, im wesentlichen der Absatz abhängt. Zu diesem Zweck nimmt er eine Stichprobe von Beobachtungen aus zehn etwa gleich großen Verkaufsgebieten. Er sammelt für die Untersuchungsperiode Daten über die abgesetzte Menge, den Preis, die Ausgaben für Verkaufsförderung sowie die Zahl der Vertreterbesuche. Folgendes Ergebnis zeigt sich (vgl. Abbildung 1.6). Die Rohdaten dieses Beispiels enthalten die Werte von vier Variablen, unter denen MENGE als abhängige und PREIS, AUSGABEN (für Verkaufsförderung) sowie (Zahl der Vertreter-) BESUCHE als unabhängige Variablen in Frage kommen. Der Verkaufsleiter hält diese Einflußgrößen für relevant.

Die Untersuchung soll nun Antwort auf die Frage geben, ob und wie die genannten Einflußgrößen sich auf die Absatzmenge auswirken. Wenn ein ursächlicher Zusammenhang zwischen z. B. Vertreterbesuchen und Absatzmenge gegeben wäre, dann müßten überdurchschnittliche oder unterdurchschnittliche Absatzmengen sich (auch) auf Unterschiede in der Zahl der Besuche zurückführen lassen, z. B.: je höher die Zahl der Vertreterbesuche, desto höher der Absatz.

Zum besseren Verständnis wird im folgenden zunächst eine *einfache Regressionsanalyse* dargestellt, wobei wir hier unter den Einflußgrößen die Variable BESUCHE herausgreifen.

Abbildung 1.6:   Ausgangsdaten des Rechenbeispiels

Nr.	Menge Kartons pro Periode (MENGE)	Preis pro Karton (PREIS)	Ausgaben für Verkaufs- förderung (AUSGABEN)	Zahl der Ver- treter- besuche (BESUCHE)
1	2.585	12,50	2.000	109
2	1.819	10,00	550	107
3	1.647	9,95	1.000	99
4	1.496	11,50	800	70
5	921	12,00	0	81
6	2.278	10,00	1.500	102
7	1.810	8,00	800	110
8	1.987	9,00	1.200	92
9	1.612	9,50	1.100	87
10	1.913	12,50	1.300	79

1.2   Vorgehensweise

Bei der Regressionsanalyse geht man regelmäßig in einer bestimmten, der Methode entsprechenden Schrittfolge vor. Zunächst geht es darum, das sachlich zugrunde liegende Ursache-Wirkungs-Modell in Form einer linearen Regressionsbeziehung zu bestimmen. Diese Regressionsfunktion ist sodann auf Basis von Daten empirisch zu schätzen. In folgenden Schritten muß die so geschätzte Funktion im Hinblick auf ihre Güte überprüft werden. Den Ablauf zeigt Abbildung 1.7.

52   Regressionsanalyse

Abbildung 1.7:   Ablaufschritte der Regressionsanalyse

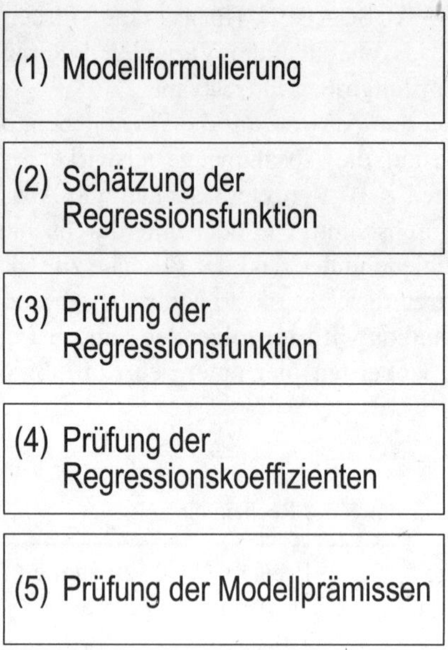

> (1) Modellformulierung

> (2) Schätzung der
>   Regressionsfunktion

> (3) Prüfung der
>   Regressionsfunktion

> (4) Prüfung der
>   Regressionskoeffizienten

> (5) Prüfung der Modellprämissen

1.2.1 Modellformulierung

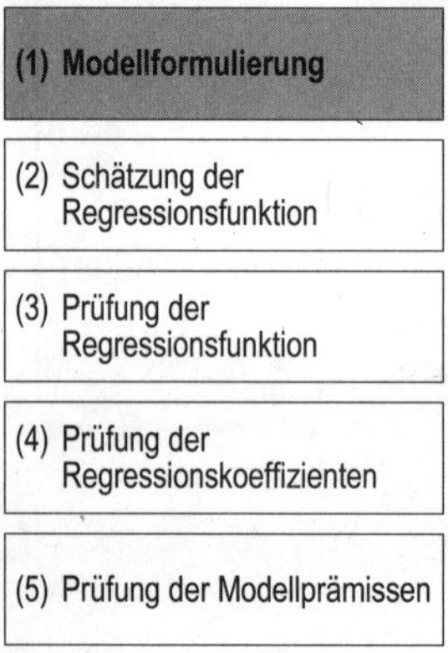

> (1) **Modellformulierung**
>
> (2) Schätzung der
>   Regressionsfunktion
>
> (3) Prüfung der
>   Regressionsfunktion
>
> (4) Prüfung der
>   Regressionskoeffizienten
>
> (5) Prüfung der Modellprämissen

Das zu untersuchende lineare Regressionsmodell muß aufgrund von Vorüberlegungen des Forschers entworfen werden. Dabei spielen ausschließlich fachliche Gesichtspunkte eine Rolle. Methodenanalytische Fragen treten in dieser Phase zunächst in den Hintergrund. Das Bemühen des Forschers sollte dahin gehen, daß ein Untersuchungsansatz gewählt wird, der die vermuteten Ursache-Wirkungs-Beziehungen möglichst vollständig enthält. Ein solches Modell ist der methodisch saubere Einstieg in die Regressionsanalyse.

In unserem Beispiel vermutet der Verkaufsleiter aufgrund seiner Erfahrungen bei der Einschätzung des Marktes, daß die Absatzmenge von der Zahl der Vertreterbesuche abhängig ist. Im einfachsten Fall sollte dieser Zusammenhang linear sein. Ob eine lineare Beziehung unterstellt werden kann, läßt sich eventuell (jeweils für zwei Variablen, die abhängige und je eine unabhängige) anhand eines Streudiagramms erkennen, in dem die Beobachtungswerte als Punkte eingezeichnet werden. Ein linearer Zusammenhang liegt vor, wenn die Punkte eng um eine gedachte Gerade streuen. Im betrachteten Beispiel ergibt sich das in Abbildung 1.8 wiedergegebene Diagramm. Die Punkte liegen zwar ziemlich verstreut, es ist jedoch ein gewisser Zusammenhang zu erkennen.

Abbildung 1.8: Streudiagramm der Beobachtungswerte von Absatzmenge und Zahl der Vertreterbesuche

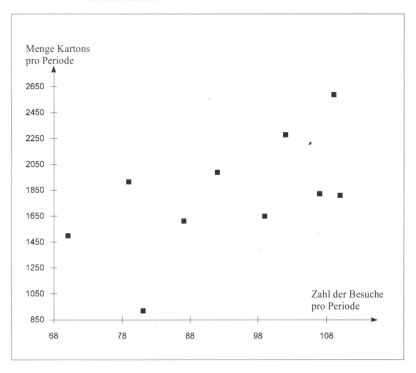

1.2.2 Die Schätzung der Regressionsfunktion

(1) Modellformulierung

(2) Schätzung der Regressionsfunktion

(3) Prüfung der Regressionsfunktion

(4) Prüfung der Regressionskoeffizienten

(5) Prüfung der Modellprämissen

1.2.2.1 Einfache Regression

Um das grundsätzliche Vorgehen der Regressionsanalyse zeigen zu können, gehen wir von der graphischen Darstellung einer empirischen Punkteverteilung in einem zweidimensionalen Koordinatensystem aus. Der Leser möge sich noch einmal die Fragestellung der Analyse vergegenwärtigen: Es geht um die Schätzung der Wirkung der Zahl der Vertreterbesuche auf die Absatzmenge. Gesucht wird also eine Schätzung der sich ergebenden Absatzmenge für beliebige Zahlen der Vertreterbesuche. Die Ermittlung dieser Beziehung soll aufgrund von beobachteten Wertepaaren der beiden Variablen erfolgen, die in Abbildung 1.8 grafisch dargestellt sind. In Abbildung 1.9 sind zwei Punkte (x_k, y_k), die Beobachtungen 6 und 9 mit den Werten (102, 2.278) und (87, 1.612), hervorgehoben.

Abbildung 1.9: Streudiagramm der Beobachtungswerte:
Punkte (x_k, y_k) für k = 6 und 9 hervorgehoben

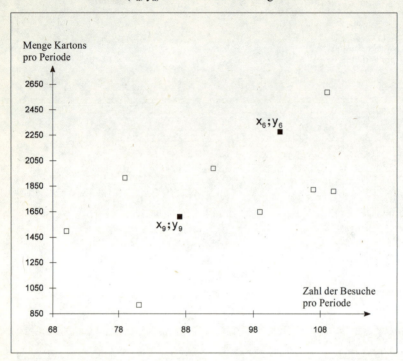

Zur Schätzung der abhängigen Variablen Y (Absatzmenge) spezifizieren wir folgende Funktion:

Regressionsfunktion

$$\hat{Y} = b_0 + b_1 X \tag{2}$$

mit

$\hat{Y}$ = Schätzung der abhängigen Variablen Y
b_0 = konstantes Glied
b_1 = Regressionskoeffizient
X = unabhängige Variable

Für einzelne Werte von $\hat{Y}$ und X schreiben wir:

$$\hat{y}_k = b_0 + b_1 x_k \qquad (k=1, 2, ..., K)$$

d.h. die Funktion (2) liefert für eine Beobachtung x_k den Schätzwert $\hat{y}_k$.

Die Funktion (2) bildet eine Gerade und wird daher auch als *Regressionsgerade* bezeichnet. Abbildung 1.10 zeigt den Verlauf der gesuchten Geraden.

Abbildung 1.10: Streudiagramm mit Regressionsgerade

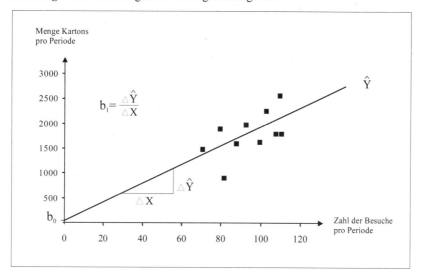

Eine Gerade ist generell durch zwei Parameter bestimmt, in diesem Fall durch

- das konstante Glied b_0
- den Regressionskoeffizienten b_1.

Das konstante Glied b_0, gibt den Wert von $\hat{Y}$ für X = 0 an und markiert somit den Schnittpunkt der Regressionsgeraden mit der Y-Achse (vertikale Achse bzw. Ordinate) des Koordinatensystems. Wie Abbildung 1.10 zeigt, schneidet die Regressionsgerade hier die Y-Achse nahe dem Koordinatenursprung und der Wert von b_0 beträgt etwa 40.

Geometrisch gesehen gibt der Regressionskoeffizient b_1 Steigung oder Neigung der Regressionsgeraden an. Es gilt:

$$b_1 = \frac{\Delta \hat{Y}}{\Delta X} \tag{3}$$

Darüber hinaus hat der Regressionskoeffizient ein wichtige inhaltliche Bedeutung, denn er gibt an, um wieviel Einheiten sich Y vermutlich ändert, wenn sich X um eine Einheit ändert. Er bildet somit ein Maß für die Wirkung von X auf Y. Dies ist die Information, die unseren Verkaufsleiter besonders interessiert.

Gilt z.B. $\Delta X = 10$ und $\Delta \hat{Y} = 200$, so erhält man $b_1 = 20$. Für $\Delta X = 1$ ergibt sich damit $\Delta \hat{Y} = 20$, d.h. jeder Vertreterbesuch erbringt im Durchschnitt einen Mehrabsatz in Höhe von 20 Kartons.

Nehmen wir also an, daß $b_0 = 40$ und $b_1 = 20$ sei, dann lautet die Regressionsfunktion

$$\hat{Y} = 40 + 20 X$$

56 Regressionsanalyse

Damit kann der Verkaufsleiter für jede mögliche Anzahl von Vertreterbesuchen die resultierende Absatzmenge berechnen. Für x = 100 Besuche erhält man z.B. die Menge

$\hat{y} = 40 + 20 \cdot 100 = 2040$

Aber noch ist nicht bekannt, wie man aufgrund der beobachteten Werte zu der gesuchten Regressionsgeraden kommt.

Abbildung 1.11 zeigt einen vergrößerten Ausschnitt aus dem Streudiagramm in Abbildung 1.10. Da die Achsen jetzt nicht mehr durch den Nullpunkt des Koordinatensystems verlaufen, schneidet die Regressionsgerade die Y-Achse auch nicht mehr in b_0.

Abbildung 1.11: Ausschnitt aus dem Streudiagramm mit Regressionsgerade

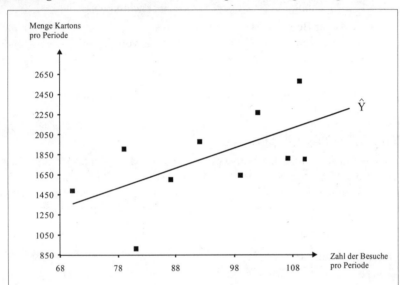

Eine Betrachtung von Abbildung 1.10 oder 1.11 macht deutlich, daß zwischen der Regressionsgeraden und den beobachteten Werten erhebliche Abweichungen bestehen. Es existiert keine Gerade, auf der alle beobachteten (x,y)-Kombinationen liegen. Vielmehr geht es bei der Regressionsanalyse darum, einen Verlauf der gesuchten Geraden zu finden, der sich der empirischen Punkteverteilung möglichst gut anpaßt, d.h. der die Abweichungen minimiert.

Ein Grund dafür, daß in diesem Beispiel die Punkte nicht auf einer Geraden liegen, sondern um diese streuen, liegt darin, daß neben der Zahl der Vertreterbesuche noch andere Einflußgrößen auf die Absatzmenge einwirken (z. B. Maßnahmen der Konkurrenz, Konjunktur etc.), die in der Regressionsgleichung nicht erfaßt sind. Andere Gründe für das Streuen der empirischen Werte können z. B. Beobachtungsfehler bzw. Meßfehler sein.

Die in einer vorgegebenen Regressionsgleichung nicht erfaßten Einflußgrößen der empirischen Y-Werte schlagen sich in Abweichungen von der Regressionsgeraden nieder. Diese Abweichungen lassen sich durch eine Variable e repräsentieren, deren Werte e_k als *Residuen* bezeichnet werden.[3]

Residualgröße

$$e_k = y_k - \hat{y}_k \qquad (k=1, 2, ..., K) \qquad (4)$$

mit

$y_k =$ Beobachtungswert der abhängigen Variablen Y für x_k

$\hat{y}_k =$ ermittelter Schätzwert von Y für x_k

$e_k =$ Abweichung des Schätzwertes von Beobachtungswert

$K =$ Zahl der Beobachtungen

Durch Umformung von (4) und unter Einbeziehung von (2) läßt sich folgende Funktion bilden:

$$Y = \hat{Y} + e$$
$$= b_0 + b_1 X + e \qquad (5)$$

Für die einzelnen Beobachtungen gilt:

$$y_k = b_0 + b_1 x_k + e_k \qquad (k=1, 2, ..., K)$$

Ein beobachteter Wert y_k der Absatzmenge setzt sich damit additiv zusammen aus einer systematischen Komponente, die sich linear mit der Zahl der Vertreterbesuche ändert, und der Residualgröße e_k, die durch die Regressionsfunktion bzw. die unabhängige Variable X nicht erklärt werden kann. Abbildung 1.12 veranschaulicht dieses grafisch.

---

[3] Auf das der Regressionsanalyse zugrundeliegende stochastische Modell wird im Abschnitt 1.2.3.2 eingegangen.

Abbildung 1.12: Systematische Komponente und Residualgröße

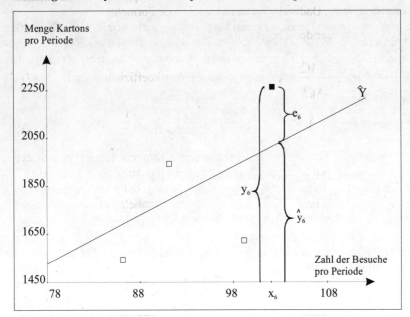

Die Zielsetzung der einfachen Regressionsanalyse kann jetzt wie folgt formuliert werden: Es ist eine lineare Funktion zu finden, für die die nicht erklärten Abweichungen möglichst klein sind. Grafisch gesehen ist dieses eine Gerade durch die Punktwolke im Streudiagramm, die so verläuft, daß die Punkte möglichst nahe an dieser Geraden liegen. Dieses Ziel läßt sich durch folgende Funktion präzisieren:

Zielfunktion der Regressionsanalyse

$$\sum_{k=1}^{K} e_k^2 = \sum_{k=1}^{K} [y_k - (b_0 + b_1 x_k)]^2 \to \min! \tag{6}$$

Das vorstehende Kriterium besagt, daß die unbekannten Parameter b_0 und b_1 so zu bestimmen sind, daß die Summe der quadrierten Residuen minimal wird. Diese Art der Schätzung wird als die *"Methode der kleinsten Quadrate"* (auch als Kleinst-Quadrate- oder kurz KQ-Schätzung) bezeichnet. Die KQ-Methode gehört zu den wichtigsten statistischen Schätzverfahren. Durch die Quadrierung der Abweichungen der Beobachtungswerte von den Schätzwerten werden größere Abweichungen stärker gewichtet und es wird vermieden, daß sich die positiven und negativen Abweichungen kompensieren.[4]

---

[4] Es sei bemerkt, daß es sich bei den Abweichungen im geometrischen Sinn um die senkrechten Abstände der Punkte zur Regressionsgeraden handelt.

Rechnerisch erhält man die gesuchten Schätzwerte durch partielle Differentiation von (6) nach b_0 und b_1. Dadurch ergeben sich folgende Formeln:

Ermittlung der Parameter der Regressionsfunktion:

$$b_1 = \frac{K(\sum x_k y_k) - (\sum x_k)(\sum y_k)}{K(\sum x_k^2) - (\sum x_k)^2} \qquad \text{Regressionskoeffizient} \qquad (7)$$

$$b_0 = \bar{y} - b_1 \bar{x} \qquad \text{Konstantes Glied} \qquad (8)$$

Die Herleitung dieser Formeln ist im Anhang dieses Kapitels dargestellt. Mit den beiden Parametern b_0 und b_1 ist die Regressionsgleichung vollständig bestimmt.

Das Beispiel soll im folgenden durchgerechnet werden, um die Vorgehensweise zu demonstrieren. Dazu ist es zweckmäßig, eine Arbeitstabelle anzulegen, wie sie Abbildung 1.13 zeigt.

Abbildung 1.13: Arbeitstabelle

Beobachtung	Menge	Besuche		
k	y_k	x_k	xy	x^2
1	2.585	109	281.765	11.881
2	1.819	107	194.633	11.449
3	1.647	99	163.053	9.801
4	1.496	70	104.720	4.900
5	921	81	74.601	6.561
6	2.278	102	232.356	10.404
7	1.810	110	199.100	12.100
8	1.987	92	182.804	8.464
9	1.612	87	140.244	7.569
10	1.913	79	151.127	6.241
$\sum$	18.068	936	1.724.403	89.370
	$\bar{y} = 1.806,8$	$\bar{x} = 93,6$		

Die Werte aus der Arbeitstabelle können nun unmittelbar in die Formeln (7) und (8) eingesetzt werden:

$$b_1 = \frac{10 \cdot 1.724.403 - 936 \cdot 18.068}{10 \cdot 89.370 - (936)^2} = 18,881$$

$$b_0 = 1.806,8 - 18,881 \cdot 93,6$$
$$= 39,5$$

60   Regressionsanalyse

Die geschätzte Regressionsgleichung lautet damit:

$\hat{y}_k = 39{,}5 + 18{,}881\, x_k$

Sie ist in Abbildung 1.10 dargestellt. Der Regressionskoeffizient $b_1 = 18{,}9$ besagt, daß eine Erhöhung der Absatzmenge um 18,9 Einheiten zu erwarten ist, wenn ein zusätzlicher Vertreterbesuch durchgeführt wird. Auf diese Weise kann der Regressionskoeffizient wichtige Hinweise für eine optimale Vertriebsgestaltung geben.

Mit Hilfe der gefundenen Regressionsgleichung ist man, wie schon gezeigt, in der Lage, für beliebige X-Werte die $\hat{Y}$-Werte zu schätzen.
Beispiel: Die Zahl der Vertreterbesuche für Beobachtung Nr. 6 beträgt 102. Wie hoch ist die geschätzte Absatzmenge?

$\hat{y}_6 = 39{,}5 + 18{,}881 \cdot 102$

$\quad = 1.965$

Beobachtet wurde dagegen eine Absatzmenge von 2.278 Kartons. Das Residuum beträgt demnach 2.278 - 1.965 = 313.

1.2.2.2   Multiple Regression

Für die meisten Untersuchungszwecke ist es erforderlich, mehr als eine unabhängige Variable in das Modell aufzunehmen. Der Regressionsansatz hat dann folgende Form:

$$\hat{Y} = b_0 + b_1 X_1 + b_2 X_2 + \dots + b_j X_j + \dots + b_J X_J \tag{9}$$

Die Ermittlung der Regressionsparameter $b_0, b_1, b_2, \dots, b_J$ erfolgt wie bei der einfachen Regressionsanalyse durch Minimierung der Summe der Abweichungsquadrate (KQ-Kriterium).

Zielfunktion der multiplen Regressionsfunktion

$$\sum_{k=1}^{K} e_k^2 = \sum_{k=1}^{K} \left[y_k - (b_0 + b_1 x_{1k} + b_2 x_{2k} + \dots + b_j x_{jk} + \dots + b_J x_{Jk}) \right]^2 \to \min \tag{10}$$

mit

e_k = Werte der Residualgröße (k=1, 2, ..., K)
y_k = Werte der abhängigen Variablen (k=1, 2, ..., K)
b_0 = konstantes Glied
b_j = Regressionskoeffizienten (j = 1, 2, ... , J)
x_{jk} = Werte der unabhängigen Variablen (j = 1, 2, ..., J; k = 1, 2, ..., K)
J   = Zahl der unabhängigen Variablen
K   = Zahl der Beobachtungen

Die Auffindung von Regressionsparametern, die das Zielkriterium (10) minimieren, erfordert die Lösung eines linearen Gleichungssystems, die mit erheblichem Rechenaufwand verbunden sein kann.[5]

Wir kommen zurück auf unser Beispiel mit den Daten in Abbildung 1.6. Angenommen, der Verkaufsleiter mißt allen drei unabhängigen Variablen (PREIS, AUSGABEN und BESUCHE) eine Relevanz für die Erklärung der Absatzmenge zu. Ihre Berücksichtigung führt dann zu einer multiplen Regressionsanalyse folgender Form:

$$\hat{Y} = b_0 + b_1 \cdot \text{BESUCHE} + b_2 \cdot \text{PREIS} + b_3 \cdot \text{AUSGABEN}$$

Die Durchführung der multiplen Regressionsanalyse unter Anwendung des KQ-Kriteriums in Formel (10) liefert dann folgende Regressionsfunktion:[6]

$$\hat{Y} = -6{,}9 + 11{,}085 \cdot \text{BESUCHE} + 9{,}927 \cdot \text{PREIS} + 0{,}655 \cdot \text{AUSGABEN}$$

Betrachten wir beispielsweise den Fall Nr. 6, indem wir die Daten aus Abbildung 1.6 in die erhaltene Regressionsfunktion einsetzen. Man erhält damit als Schätzung für die Absatzmenge:

$$\hat{Y} = -6{,}9 + 11{,}085 \cdot 102 + 9{,}927 \cdot 10 + 0{,}655 \cdot 1500 = 2.206$$

Da der beobachteten Wert 2.278 ist, beträgt die Residualgröße jetzt nur noch 72. Die Übereinstimmung zwischen beobachtetem und geschätztem Wert hat sich demnach gegenüber der einfachen Regression (Residuum = 313) deutlich verbessert. Die Tatsache, daß sich der Regressionskoeffizient b_1 für die erste unabhängige Variable (BESUCHE) verändert hat, ist auf die Einbeziehung weiterer unabhängiger Variablen zurückzuführen.

Bedeutung der Regressionskoeffizienten

Die Regressionskoeffizienten besitzen eine wichtige inhaltliche Bedeutung, da sie den marginalen Effekt der Änderung einer unabhängigen Variablen auf die abhängige Variable Y angeben. Für den Verkaufsleiter in unserem Beispiel liefern sie damit wichtige Informationen für seine Maßnahmenplanung. So sagt ihm z.B. der Regressionskoeffizient $b_3 = 0{,}655$ für die Variable AUSGABEN, daß er 65,5 Kartons mehr absetzen wird, wenn er die Ausgaben für Verkaufsförderung um 100 erhöht. Bei einem Preis von 10 ergibt dies einen Mehrerlös von 655. Unter Berücksichtigung seiner sonstigen Kosten kann er damit feststellen, ob sich eine Erhöhung der Ausgaben für Verkaufsförderung lohnt.

---

[5] Siehe hierzu die Ausführungen im Anhang dieses Kapitels oder die einschlägige Literatur, z.B. Bleymüller, J. / Gehlert, G. / Gülicher, H., 2004, S. 164-167; Greene, W.H., 2003, S. 19-21; Kmenta, J., 1997, S. 395-399; Schneeweiß, H., 1990, S. 94-97.

[6] Zur Durchführung der Regressionsanalyse existieren zahlreiche Computer-Programme. Wir werden nachfolgend für ein etwas umfangreicheres Fallbeispiel die Anwendung des Computer-Programms SPSS demonstrieren.

62   Regressionsanalyse

Die Größe eines Regressionskoeffizienten darf allerdings nicht als Maß für die Wichtigkeit der betreffenden Variablen angesehen werden. Die Werte verschiedener Regressionskoeffizienten lassen sich nur vergleichen, wenn die Variablen in gleichen Einheiten gemessen wurden, denn der numerische Wert b_j ist abhängig von der Skala, auf der die Variable X_j gemessen wurde. So vergrößert sich z.B. der Regressionskoeffizient für den Preis um den Faktor 100, wenn der Preis anstatt in Euro in Cent gemessen wird. Und die Skala für die Variable BESUCHE ist eine völlig andere als die für den Preis. Um sie vergleichbar zu machen, müßte man sie mit den Kosten pro Besuch in eine monetäre Skala umwandeln und könnte dann mit den so erhaltenen Werten eine erneute Regressionsanalyse durchführen.

Eine andere Möglichkeit, die Regressionskoeffizienten miteinander vergleichbar zu machen besteht darin, sie zu standardisieren. Die standardisierten Regressionskoeffizienenten, die auch als *Beta-Werte* bezeichnet werden, errechnen sich wie folgt:

$$\hat{b}_j = b_j \cdot \frac{\text{Standardabweichung von } X_j}{\text{Standardabweichung von } Y} \tag{11}$$

Durch die Standardisierung werden die unterschiedlichen Meßdimensionen der Variablen, die sich in den Regressionskoeffizienten niederschlagen, eliminiert. Letztere sind daher unabhängig von linearen Transformationen der Variablen und können so als Maß für deren Wichtigkeit verwendet werden. Bei Durchführung einer Regressionsanalyse mit standardisierten Variablen würde man die Beta-Werte als Regressionskoeffizienten erhalten.

In unserem Beispiel betragen die Standardabweichungen der Variablen Y und X_1 (BESUCHE):[7]

$S_{MENGE} = 449,23$

$S_{BESUCHE} = 13,99$

Damit erhält man den standardisierten Regressionskoeffizienten

$$\hat{b}_1 = 11,085 \cdot \frac{13,99}{449,23} = 0,345$$

Analog ergeben sich für die Variablen PREIS und AUSGABEN die folgenden Werte:

$S_{PREIS} = 1,55$ $\qquad\qquad \hat{b}_2 = 0,034$

$S_{AUSGABEN} = 544,29$ $\qquad \hat{b}_3 = 0,794$

---

[7]   Die Standardabweichung einer Variablen X berechnet sich durch:

$$s_x = \sqrt{\frac{\sum\limits_{k=1}^{K}(x_k - \overline{x})^2}{K-1}}$$

Vorgehensweise 63

Es zeigt sich hier, daß die Variable AUSGABEN, die den kleinsten Regressionskoeffizienten hat, den höchsten standardisierten Regressionskoeffizienten aufweist
und somit am stärksten auf die Absatzmenge wirkt.[8]
Durch Ermittlung der standardisierten Regressionskoeffizienten werden die nicht
standardisierten Regressionskoeffizienten allerdings nicht überflüssig. Da sie den
marginalen Effekt der Änderung einer unabhängigen Variablen angeben, haben sie
eine wichtige inhaltliche Bedeutung. Zur Durchführung von Wirkungsprognosen
sind also weiterhin die unstandardisierten Regressionskoeffizienten zu verwenden.

1.2.3   Prüfung der Regressionsfunktion

(1) Modellformulierung

(2) Schätzung der
Regressionsfunktion

(3) Prüfung der
Regressionsfunktion

(4) Prüfung der
Regressionskoeffizienten

(5) Prüfung der Modellprämissen

Nachdem die Regressionsfunktion geschätzt wurde, ist
deren Güte zu überprüfen, d.h. es ist zu klären, wie gut
sie als Modell der Realität geeignet ist. Die Überprüfung läßt sich in zwei Bereiche gliedern.

1. Globale Prüfung der Regressionsfunktion
    Hier geht es um die Prüfung der Regressions-
    funktion als Ganzes, d.h. ob und wie gut die
    abhängige Variable Y durch das Regressions-
    modell erklärt wird.
2. Prüfung der Regressionskoeffizienten
    Hier geht es um die Frage, ob und wie gut einzelne
    Variablen des Regressionsmodells zur Erklärung
der abhängigen Variablen Y beitragen.

Wenn sich aufgrund der Prüfung der Regressionskoeffizienten zeigt, daß eine Variable keinen Beitrag zur Erklärung leistet, so ist diese aus der Regressionsfunktion
zu entfernen. Zuvor aber ist die globale Güte zu überprüfen. Erweist sich das Modell insgesamt als unbrauchbar, so erübrigt sich eine Überprüfung der einzelnen
Regressionskoeffizienten.

Globale Gütemaße zur Prüfung der Regressionsfunktion sind

-   das Bestimmtheitsmaß (R^2),
-   die F-Statistik
-   der Standardfehler.

Maße zur Prüfung der Regressionskoeffizienten sind

-   der t-Wert
-   der Beta-Wert.

---

[8] Bei der Beurteilung der Wichtigkeit von unabhängigen Variablen mit Hilfe der Beta-
Werte ist allerdings Vorsicht geboten, da ihre Aussagekraft durch Multikollinearität
(Korrelation zwischen den unabhängigen Variablen) stark beeinträchtigt werden kann.

64   Regressionsanalyse

Nachfolgend soll zunächst auf die globalen Gütemaße und in Abschnitt 1.2.4 sodann auf die Maße zur Prüfung der Regressionskoeffizienten eingegangen werden.

1.2.3.1 Bestimmtheitsmaß

Das Bestimmtheitsmaß mißt die Güte der Anpassung der Regressionsfunktion an die empirischen Daten ("goodness of fit"). Die Basis hierfür bilden die Residualgrößen, d.h. die Abweichungen zwischen den Beobachtungswerten und den geschätzten Werten von Y.

Zur Illustration gehen wir auf die einfache Regressionsanalyse, die Beziehung zwischen Absatzmenge und Zahl der Vertreterbesuche, zurück. Aufgrund obiger Schätzung der Regressionsfunktion (gemäß Formel 7 und 8) erhält man die Werte in Abbildung 1.14.

Betrachtet sei beispielsweise für $k = 6$ der Beobachtungswert $y = 2.278$. Der zugehörige Schätzwert für $x = 102$ beträgt 1.965,4 Kartons. Mithin besteht eine Abweichung (Residuum) von rund 313 Einheiten. Ist das viel oder wenig? Um dieses beurteilen zu können, benötigt man eine Vergleichsgröße, zu der man die Abweichung in Relation setzen kann. Diese erhält man, wenn man die Gesamtabweichung der Beobachtung y_k vom Mittelwert $\bar{y}$ heranzieht. Diese läßt sich wie folgt zerlegen:

Gesamtabweichung = Erklärte Abweichung+ Residuum

$$y_k - \bar{y} \quad = \quad (\hat{y}_k - \bar{y}) \quad + \quad (y_k - \hat{y}_k)$$

Abbildung 1.14: Abweichungen der Beobachtungswerte von den Schätzwerten der Regressionsgleichung

Nr. k	Beobachtungswert y_k	Schätzwert $\hat{y}_k$	Residuum e_k
1	2.585	2.097,57	487,43
2	1.819	2.059,81	-240,81
3	1.647	1.908,76	-261,76
4	1.496	1.361,21	134,79
5	921	1.568,90	-647,90
6	2.278	1.965,40	312,60
7	1.810	2.116,45	-306,45
8	1.987	1.776,59	210,41
9	1.612	1.682,19	- 70,19
10	1.913	1.531,14	381,86

Die Schätzung von y_k ist offenbar um so besser, je größer der Anteil der durch die unabhängige Variable erklärten Abweichung an der Gesamtabweichung ist bzw. je geringer der Anteil der Restabweichung an der Gesamtabweichung ist. Abbildung 1.15 verdeutlicht den Gedanken der Abweichungszerlegung.

Betrachten wir zunächst das Wertepaar $(x_6; y_6)$. Die Gesamtabweichung des Stichprobenwertes y_6 vom Mittelwert $\bar{y}$ (vgl. Ziffer ③) läßt sich in zwei Abschnitte aufteilen. Der Abstand $\hat{y}_6 - \bar{y}$ wird durch die Regressionsgerade erklärt (vgl. Ziffer ①), und wir bezeichnen sie daher als "erklärte" Abweichung. Die Abweichung des Punktes $(x_6; y_6)$ von der Regressionsgeraden $(y_6 - \hat{y}_6)$ aber kann nicht durch das Modell erklärt werden, sondern ist möglicherweise durch unbekannte Einflüsse zustande gekommen. Sie bildet somit eine "nicht erklärte" Abweichung (vgl. Ziffer ②), die wir als Residuum bezeichnet haben.

Für den Mittelwert gilt hier $\bar{y} = 1.806{,}8$ (vgl. Abbildung 1.13). Damit ergibt sich für Beobachtung k = 6 folgende Zerlegung der Gesamtabweichung:

Gesamtabweichung = Erklärte Abweichung + Residuum

$y_6 - \bar{y}$ = $(\hat{y}_6 - \bar{y})$ + $(y_6 - \hat{y}_6)$

471,2 = 158,6 + 312,6

Die Restabweichung ist hier größer als die erklärte Abweichung und beträgt 66 % der Gesamtabweichung. Dies ist offenbar ein schlechtes Ergebnis.

Abbildung 1.15: Zerlegung der Gesamtabweichungen

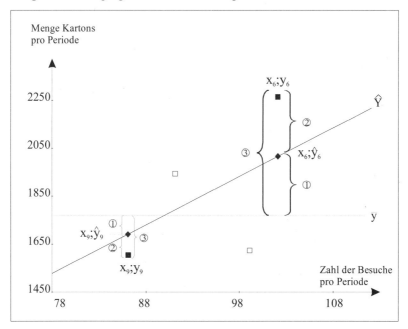

66   Regressionsanalyse

Analog sei der Punkt (x_9, y_9) in Abbildung 1.15 betrachtet. Hier möge der Leser selbst nachvollziehen, daß das Prinzip der Abweichungszerlegung stets in gleicher Weise angewendet wird. Es kann dabei vorkommen, daß sich erklärte und nicht erklärte Abweichung zum Teil kompensieren.

Im Unterschied zur Gesamtabweichung einer einzelnen Beobachtung y_k bezeichnen wir die Summe der quadrierten Gesamtabweichungen aller Beobachtungen als *Gesamtstreuung*. Analog zu der oben beschriebenen Zerlegung der Gesamtabweichung einer Beobachtung gilt folgende Zerlegung der Gesamtstreuung:[9]

Zerlegung der Gesamtstreuung

Gesamtstreuung = erklärte Streuung   +   nicht erklärte Streuung

$$\sum_{k=1}^{K} (y_k - \overline{y})^2 \quad = \quad \sum_{k=1}^{K} (\hat{y}_k - \overline{y})^2 \quad + \quad \sum_{k=1}^{K} (y_k - \hat{y}_k)^2 \tag{12}$$

Auf Basis der Sreuungszerlegung läßt sich das Bestimmtheitsmaß leicht berechnen. Es wird mit R^2 bezeichnet und ergibt sich aus dem Verhältnis von erklärter Streuung zur Gesamtstreuung:

Bestimmtheitsmaß

$$R^2 = \frac{\displaystyle\sum_{k=1}^{K} (\hat{y}_k - \overline{y})^2}{\displaystyle\sum_{k=1}^{K} (y_k - \overline{y})^2} = \frac{\text{erklärte Streuung}}{\text{Gesamtstreuung}} \tag{13a}$$

Das Bestimmtheitsmaß ist eine normierte Größe, dessen Wertebereich zwischen Null und Eins liegt. Es ist um so größer, je höher der Anteil der erklärten Streuung an der Gesamtstreuung ist. Im Extremfall, wenn die gesamte Streuung erklärt wird, ist $R^2 = 1$, im anderen Extremfall entsprechend $R^2 = 0$.

Man kann das Bestimmtheitsmaß auch durch Subtraktion des Verhältnisses der nicht erklärten Streuung zur Gesamtstreuung vom Maximalwert 1 ermitteln, was rechentechnisch von Vorteil ist, da die nicht erklärte Streuung leicht zu berechnen ist und meist ohnehin vorliegt:

---

[9] Während die Zerlegung einer einzelnen Gesamtabweichung trivial ist, gilt dies für die Zerlegung der Gesamtstreuung nicht. Die Streuungszerlegung gemäß (12) ergibt sich aufgrund der KQ-Schätzung und gilt nur für lineare Modelle.

$$R^2 = 1 - \frac{\sum\limits_{k=1}^{K}(y_k - \hat{y}_k)^2}{\sum\limits_{k=1}^{K}(y_k - \overline{y})^2} = 1 - \frac{\sum\limits_{k=1}^{K}e_k^2}{\sum\limits_{k=1}^{K}(y_k - \overline{y})^2} \qquad (13b)$$

$$= 1 - \frac{\text{nicht erklärte Streuung}}{\text{Gesamtstreuung}}$$

Aus der Formel wird deutlich, daß das Kleinstquadrate-Kriterium, das zur Schätzung der Regressionsbeziehung angewendet wird, gleichbedeutend mit der Maximierung des Bestimmtheitsmaßes ist.

Zur Demonstration der Berechnung soll wiederum das Beispiel dienen. Die Ausgangsdaten und bisherigen Ergebnisse werden wie in Abbildung 1.16 dargestellt aufbereitet.

Die Ergebnisse lassen sich in Formel (13b) eintragen:

$$R^2 = 1 - \frac{1.188.684,94}{1.816.255,60} = 0,3455$$

Das Ergebnis besagt, daß 34,55 % der gesamten Streuung durch die Variable BESUCHE erklärt werden, während 65,45 % unerklärt bleiben. Die Schwankungen der Absatzmenge Y sind also zu einem großen Anteil durch andere Einflüsse, die in der Regressionsgleichung nicht erfaßt wurden, zurückzuführen.

Abbildung 1.16: Aufbereitung der Daten für die Ermittlung des Bestimmtheitsmaßes

k	y_k	$\hat{y}_k$	$y_k - \hat{y}_k$	$(y_k - \hat{y}_k)^2$	$y_k - \overline{y}$	$(y_k - \overline{y})^2$
1	2.585	2.097,57	487,43	237.588,00	778,20	605.595,24
2	1.819	2.059,81	-240,81	57.989,46	12,20	148,84
3	1.647	1.908,76	-261,76	68.518,30	-159,80	25.536,04
4	1.496	1.361,21	134,79	18.168,34	-310,80	96.596,64
5	921	1.568,90	-647,90	419.774,41	-885,80	784.641,64
6	2.278	1.965,40	312,60	97.718,76	471,20	222.029,44
7	1.810	2.116,45	-306,45	93.911,60	3,20	10,24
8	1.987	1.776,59	210,41	44.272,37	180,20	32.472,04
9	1.612	1.682,19	-70,19	4.926,64	-194,80	37.947,04
10	1.913	1.531,14	381,86	145.817,06	106,20	11.278,44
$\overline{y}$	1.806,8					
Σ				1.188.684,94		1.816.255,60

Das Bestimmtheitsmaß läßt sich alternativ durch Streuungszerlegung (siehe Formel 13a) oder als Quadrat der Korrelation R zwischen den beobachteten und den

68   Regressionsanalyse

geschätzten Y-Werten berechnen (hieraus resultiert die Bezeichnung "R^2"). Es besteht in dieser Hinsicht kein Unterschied zwischen einfacher und multipler Regressionsanalyse. Da die geschätzte abhängige Variable aber im Falle der multiplen Regressionsanalyse durch lineare Verknüpfung von mehreren unabhängigen Variablen gebildet wird, bezeichnet man R auch als *multiplen Korrelationskoeffizienten*.

Das Bestimmtheitsmaß wird in seiner Höhe durch die Zahl der Regressoren beeinflußt. Bei gegebener Stichprobengröße wird mit jedem hinzukommenden Regressor ein mehr oder weniger großer Erklärungsanteil hinzugefügt, der möglicherweise nur zufällig bedingt ist. Der Wert des Bestimmtheitsmaßes kann also mit der Aufnahme von irrelevanten Regressoren zunehmen, aber nicht abnehmen. Insbesondere bei kleiner Zahl von Freiheitsgraden aber verschlechtern sich mit der Zahl der Regressoren die Schätzeigenschaften des Modells.

Das korrigierte Bestimmtheitsmaß (Formel 13c) berücksichtigt diesen Sachverhalt. Es vermindert das einfache Bestimmtheitsmaß um eine Korrekturgröße, die um so größer ist, je größer die Zahl der Regressoren und je kleiner die Zahl der Freiheitsgrade ist. Das korrigierte Bestimmtheitsmaß kann daher im Gegensatz zum einfachen Bestimmtheitsmaß durch die Aufnahme weiterer Regressoren auch abnehmen.[10]

Korrigiertes Bestimmtheitsmaß

$$R^2_{korr} = R^2 - \frac{J \cdot (1 - R^2)}{K - J - 1} \tag{13c}$$

mit

   K   = Zahl der Beobachtungswerte
   J   = Zahl der Regressoren
K - J - 1 = Zahl der Freiheitsgrade

1.2.3.2   F-Statistik

Das Bestimmtheitsmaß drückt aus, wie gut sich die Regressionsfunktion an die beobachteten Daten anpaßt. In empirischen Untersuchungen wird die Regressionsanalyse aber nicht nur deskriptiv zur Beschreibung vorliegender Daten eingesetzt. Vielmehr handelt es sich i.d.R. um Daten einer Stichprobe und es stellt sich die Frage, ob das geschätzte Modell auch über die Stichprobe hinaus für die Grundgesamtheit Gültigkeit besitzt. Ein hierfür geeignete Prüfkriterium bildet die F-Statistik, in deren Berechnung neben der obigen Streuungszerlegung zusätzlich auch der Umfang der Stichprobe eingeht. So bietet ein möglicherweise "phantastisches" Bestimmtheitsmaß wenig Gewähr für die Gültigkeit eines Modells, wenn dieses aufgrund nur weniger Beobachtungswerte geschätzt wurde.

---

[10] Vgl. z.B. Kmenta, J., 1997, S. 417.

Die geschätzte Regressionsfunktion (Regressionsfunktion der Stichprobe)

$$\hat{Y} = b_0 + b_1 X_1 + b_2 X_2 + ... + b_j X_j + ... + b_J X_J$$

läßt sich als Realisation einer "wahren" Funktion mit den unbekannten Parametern β_0, β_1, β_2, ..., β_J auffassen, die den Wirkungszusammenhang in der Grundgesamtheit wiedergibt. Da diese Funktion neben dem systematischen Einfluß der Variablen X_1, X_2, ..., X_J, die auf Y wirken, auch eine Zufallsgröße u (stochastische Komponente) enthält, bezeichnet man sie als das stochastische Modell der Regressionsanalyse.

Stochastisches Modell der Regressionsanalyse

$$Y = \beta_0 + \beta_1 X_1 + \beta_2 X_2 + ... + \beta_j X_j + ... + \beta_J X_J + u \qquad (14)$$

mit

Y = Abhängige Variable
β_0 = Konstantes Glied der Regressionsfunktion
β_j = Regressionskoeffizient (j=1, 2, ..., J)
X_j = Unabhängige Variable (j=1, 2, ..., J)
u = Störgröße

In der Größe u ist die Vielzahl zufälliger Einflüsse, die neben dem systematischen Einfluß der Variablen X_1, X_2, ..., X_J auf Y wirken, zusammengefaßt. Sie ist eine Zufallsvariable und wird als *Störgröße* bezeichnet, da sie den systematischen Einfluß überlagert und damit verschleiert. Die Störgröße u ist nicht beobachtbar, manifestiert sich aber in den Residuen e_k.

Da in der abhängigen Variablen Y die Störgröße u enthalten ist, bildet Y ebenfalls eine Zufallsvariable, und auch die Schätzwerte b_j für die Regressionsparameter, die aus Beobachtungen von Y gewonnen wurden, sind Realisationen von Zufallsvariablen. Bei wiederholten Stichproben schwanken diese um die wahren Werte β_j.

Wenn zwischen der abhängigen Variablen Y und den unabhängigen Variablen X_j ein kausaler Zusammenhang besteht, wie es hypothetisch postuliert wurde, so müssen die wahren Regressionskoeffizienten β_j ungleich Null sein. Zur Prüfung des Modells wird jetzt die Hypothese H_0 ("Nullhypothese") formuliert, die besagt, daß kein Zusammenhang besteht und somit in der Grundgesamtheit die Regressionskoeffizienten alle Null sind:

$$H_0: \beta_1 = \beta_2 = ... = \beta_J = 0$$

Zur Prüfung dieser Nullhypothese kann ein *F-Test* verwendet werden. Er besteht im Kern darin, daß ein empirischer F-Wert (F-Statistik) berechnet und mit einem kritischen Wert verglichen wird. Bei Gültigkeit der Nullhypothese ist zu erwarten, daß der F-Wert Null ist. Weicht er dagegen stark von Null ab und überschreitet einen kritischen Wert, so ist es unwahrscheinlich, daß die Nullhypothese richtig ist. Folglich ist diese zu verwerfen und zu folgern, daß in der Grundgesamtheit ein Zusammenhang existiert und somit nicht alle β_j Null sind.

70 Regressionsanalyse

In die Berechnung der F-Statistik gehen die Streuungskomponenten ein (wie in das Bestimmtheitsmaß) und zusätzlich der Stichprobenumfang K und die Zahl der Regressoren J. Sie berechnet sich wie folgt:

F-Statistik

$$F_{emp} = \frac{\sum\limits_{k=1}^{K}(\hat{y}_k - \overline{y})^2 / J}{\sum\limits_{k=1}^{K}(y_k - \hat{y}_k)^2 / (K - J - 1)} \qquad (15a)$$

$$= \frac{\text{erklärte Streuung} / J}{\text{nicht erklärte Streuung} / (K - J - 1)}$$

Zur Berechnung sind die erklärte und die nicht erklärte Streuung jeweils durch die Zahl ihrer *Freiheitsgrade* zu dividieren und ins Verhältnis zu setzen. Die Zahl der Freiheitsgrade der

- erklärten Streuung ist gleich der Zahl der unabhängigen Variablen: J
- nicht erklärten Streuung ist gleich der Zahl der Beobachtungen vermindert um die zu schätzenden Parameter in der Regressionsbeziehung: K-J-1.

Mit Hilfe von (13a) läßt sich die F-Statistik auch als Funktion des Bestimmtheitsmaßes formulieren:

$$F_{emp} = \frac{R^2 / J}{(1 - R^2) / (K - J - 1)} \qquad (15b)$$

Der **F-Test** läuft in folgenden Schritten ab:

1. Berechnung des empirischen F-Wertes
   Im Beispiel hatten wir für das Bestimmtheitsmaß den Wert $R^2 = 0{,}3455$ errechnet. Mittels Formel 15b erhält man:

$$F_{emp} = \frac{0{,}3455 / 1}{(1 - 0{,}3455) / (10 - 1 - 1)} = 4{,}223$$

Der Leser möge alternativ die Berechnung mittels Formel 15a durchführen.

2. Vorgabe eines Signifikanzniveaus
   Es ist, wie bei allen statistischen Tests, eine Wahrscheinlichkeit vorzugeben, die das Vertrauen in die Verläßlichkeit des Testergebnisses ausdrückt. Üblicherweise wird hierfür die *Vertrauenswahrscheinlichkeit* 0,95 (oder auch 0,99) gewählt. Das bedeutet: Mit einer Wahrscheinlichkeit von 95 Prozent kann man sich darauf verlassen, daß der Test zu einer Annahme der Nullhypothese führen wird, wenn diese korrekt ist, d.h. wenn kein Zusammenhang besteht.

Entsprechend beträgt die Wahrscheinlichkeit, daß die Nullhypothese abgelehnt wird, obgleich sie richtig ist, $\alpha = 1 - 0{,}95 = 5$ Prozent. α ist die *Irrtumswahrscheinlichkeit* des Tests und wird als *Signifikanzniveau* bezeichnet. Die Irrtumswahrscheinlichkeit bildet das Komplement der Vertrauenswahrscheinlichkeit $1-\alpha$.

3. Auffinden des theoretischen F-Wertes
   Als kritischer Wert zur Prüfung der Nullhypothese dient ein theoretischer F-Wert, mit dem der empirische F-Wert zu vergleichen ist. Dieser ergibt sich für das gewählte Signifikanzniveau aus der F-Verteilung und kann aus einer *F-Tabelle* entnommen werden. Abbildung 1.17 zeigt einen Ausschnitt aus der F-Tabelle für die Vertrauenswahrscheinlichkeit 0,95 (vgl. Anhang).
   Der gesuchte Wert ergibt sich durch die Zahl der Freiheitsgrade im Zähler und im Nenner von Formel 15 (a oder b). Die Zahl der Freiheitsgrade im Zähler (1) bestimmt die Spalte und die der Freiheitsgrade im Nenner (8) bestimmt die Zeile der Tabelle und man erhält den Wert 5,32.
   Der tabellierte Wert bildet das 95%-Quantil der F-Verteilung mit der betreffenden Zahl von Freiheitsgraden, d.h. Werte dieser Verteilung sind mit 95 % Wahrscheinlichkeit kleiner als der tabellierte Wert.

Abbildung 1.17:   F-Tabelle (95 % Vertrauenswahrscheinlichkeit; Ausschnitt)

K-J-1	J=1	J=2	J=3	J=4	J=5	J=6	J=7	J=8	J=9
1	161,00	200,00	216,00	225,00	230,00	234,00	237,00	129,00	241,00
2	18,50	19,00	19,20	19,20	19,30	19,30	19,40	19,40	19,40
3	10,10	9,55	9,28	9,12	9,01	8,94	8,89	8,85	8,81
4	7,71	6,94	6,59	6,39	6,26	6,16	6,09	6,04	6,00
5	6,61	5,79	5,41	5,19	5,05	4,95	4,88	4,82	4,77
6	5,99	5,14	4,76	4,53	4,39	4,28	4,21	4,15	4,10
7	5,59	4,74	4,35	4,12	3,97	3,87	3,79	3,73	3,68
8	5,32	4,46	4,07	3,84	3,69	3,58	3,50	3,44	3,39
9	5,12	4,26	3,86	3,63	3,48	3,37	3,29	3,23	3,18
10	4,96	4,10	3,71	3,48	3,33	3,22	3,14	3,07	3,02

Legende:

J	=	Zahl der erklärenden Variablen (Freiheitsgrade des Zählers);
K-J-1	=	Zahl der Freiheitsgrade des Nenners (K = Zahl der Beobachtungen)

72   Regressionsanalyse

4. Vergleich des empirischen mit dem theoretischen F-Wert

Das Entscheidungskriterium für den F-Test lautet:

- Ist der empirische F-Wert (F_{emp}) größer als der aus der Tabelle abgelesene theoretische F-Wert (F_{tab}), dann ist die Nullhypothese H_0 zu verwerfen. Es ist also zu folgern, daß nicht alle β_j Null sind. Der durch die Regressionsbeziehung hypothetisch postulierte Zusammenhang wird damit als signifikant erachtet.

- Ist dagegen der empirische F-Wert klein und übersteigt nicht den theoretischen Wert, so kann die Nullhypothese nicht verworfen werden. Die Regressionsbeziehung ist damit nicht signifikant (vgl. Abbildung 1.18).

Hier ergibt sich:

$$4,2 < 5,32 \qquad \rightarrow H_0 \text{ wird nicht verworfen}$$

Abbildung 1.18: F-Test

$$F_{emp} > \quad F_{tab} \quad \rightarrow H_0 \text{ wird verworfen} \quad \rightarrow \text{ Zusammenhang ist signifikant}$$
$$F_{emp} \leq \quad F_{tab} \quad \rightarrow H_0 \text{ wird nicht verworfen}$$

Da der empirische F-Wert hier kleiner ist als der Tabellenwert, kann die Nullhypothese nicht verworfen werden. Das bedeutet, daß der durch die Regressionsbeziehung postulierte Zusammenhang empirisch nicht bestätigt werden kann, d.h. er ist statistisch nicht signifikant.

Dies bedeutet allerdings nicht, daß kein Zusammenhang zwischen der Zahl der Vertreterbesuche und der Absatzmenge besteht. Möglicherweise ist dieser durch andere Einflüsse überlagert und wird damit infolge des geringen Stichprobenumfangs nicht deutlich. Oder er wird nicht deutlich, weil relevante Einflußgrößen (wie hier der Preis oder die Ausgaben für Verkaufsförderung) nicht berücksichtigt wurden und deshalb die nicht erklärte Streuung groß ist.

Prinzipiell kann die Annahme einer Nullhypothese nicht als Beweis für deren Richtigkeit angesehen werden. Sie ließe sich andernfalls immer beweisen, indem man den Stichprobenumfang klein macht und/oder die Vertrauenswahrscheinlichkeit hinreichend groß wählt. Nur umgekehrt kann die Ablehnung der Nullhypothese als Beweis dafür angesehen werden, daß diese falsch ist und somit ein Zusammenhang besteht. Damit wird auch deutlich, daß es keinen Sinn macht, die Vertrauenswahrscheinlichkeit zu groß (die Irrtumswahrscheinlichkeit zu klein) zu wählen, denn dies würde dazu führen, daß die Nullhypothese, auch wenn sie falsch ist, nicht abgelehnt wird und somit bestehende Zusammenhänge nicht erkannt werden. Man sagt dann, daß der Test an "Trennschärfe" verliert.

Die zweckmäßige Wahl der Vertrauenswahrscheinlichkeit sollte berücksichtigen, welches Maß an Unsicherheit im Untersuchungsbereich besteht. Und sie sollte auch berücksichtigen, welche Risiken mit der fälschlichen An- oder Ablehnung der Nullhypothese verbunden sind. So wird man beim Bau einer Brücke eine andere Vertrauenswahrscheinlichkeit wählen als bei der Untersuchung von Kaufverhalten. Letztlich aber ist die Wahl der Vertrauenswahrscheinlichkeit immer mit einem gewissen Maß an Willkür behaftet.

1.2.3.3 Standardfehler der Schätzung

Ein weiteres Gütemaß bildet der Standardfehler der Schätzung, der angibt, welcher mittlere Fehler bei Verwendung der Regressionsfunktion zur Schätzung der abhängigen Variablen Y gemacht wird. Er errechnet sich wie folgt:

$$s = \sqrt{\frac{\sum_{k} e_k^2}{K - J - 1}} \tag{16}$$

Im Beispiel ergibt sich mit dem Wert der nicht erklärten Streuung aus Abbildung 1.16:

$$s = \sqrt{\frac{1.188.685}{10 - 1 - 1}} = 385$$

Bezogen auf den Mittelwert $\overline{y} = 1.806,8$ beträgt der Standardfehler der Schätzung damit 21 %, was wiederum nicht als gut beurteilt werden kann.

1.2.4 Prüfung der Regressionskoeffizienten

(1) Modellformulierung

(2) Schätzung der Regressionsfunktion

(3) Prüfung der Regressionsfunktion

(4) Prüfung der Regressionskoeffizienten

(5) Prüfung der Modellprämissen

1.2.4.1 t-Test des Regressionskoeffizienten

Wenn die globale Prüfung der Regressionsfunktion durch den F-Test ergeben hat, daß nicht alle Regressionskoeffizienten β_j Null sind (und somit ein Zusammenhang in der Grundgesamtheit besteht), sind jetzt die Regressionskoeffizienten einzeln zu überprüfen. Üblicherweise wird auch hier wieder die Nullhypothese H_0: $\beta_j = 0$ getestet. Prinzipiell jedoch könnte auch jeder andere Wert getestet werden. Ein geeignetes Prüfkriterium hierfür ist die t-Statistik.

74   Regressionsanalyse

t - Statistik

$$t_{emp} = \frac{b_j - \beta_j}{s_{bj}} \qquad (17)$$

mit

t_{emp} = Empirischer t-Wert für den j-ten Regressor
β_j = Wahrer Regressionskoeffizient (unbekannt)
b_j = Regressionskoeffizient des j-ten Regressors
s_{bj} = Standardfehler von b_j

Wird die Nullhypothese H_0: $\beta_j = 0$ getestet, so vereinfacht sich (17) zu

$$t_{emp} = \frac{b_j}{s_{bj}} \qquad (17a)$$

Der t-Wert einer unabhängigen Variablen errechnet sich also sehr einfach, indem man ihren Regressionskoeffizienten durch dessen Standardfehler dividiert. Diese Größe wird in den gängigen Computer-Programmen für Regressionsanalysen standardmäßig angegeben.[11]

Unter der Nullhypothese folgt die t-Statistik einer t-Verteilung (Student-Verteilung) um den Mittelwert Null, die in tabellierter Form im Anhang wiedergeben ist (wir betrachten hier nur den zweiseitigen t-Test[12]). Einen Ausschnitt zeigt Abbildung 1.19. Wiederum gilt, daß bei Gültigkeit der Nullhypothese für die t-Statistik ein Wert von Null zu erwarten ist. Weicht der empirische t-Wert dagegen stark von Null ab, so ist es unwahrscheinlich, daß die Nullhypothese richtig ist. Folglich ist diese zu verwerfen und zu folgern, daß in der Grundgesamtheit ein Einfluß von X_j auf Y existiert und somit β_j ungleich Null ist.

---

[11] Zur Berechnung des Standardfehlers des Regressionskoeffizienten vgl. die Ausführungen im mathematischen Anhang dieses Kapitels.

[12] Zur Unterscheidung von *einseitigem* und *zweiseitigem t-Test* vgl. z.B. Bortz, J., 2005, S. 116ff.; Bleymüller , J. / Gehlert, G. / Gülicher, H., 2004, S. 101ff.

Abbildung 1.19: t-Verteilung (Ausschnitt)

Freiheitsgrade	Vertrauenswahrscheinlichkeit		
	0,90	0,95	0,99
1	6,314	12,706	63,657
2	2,920	4,303	9,925
3	2,353	3,182	5,841
4	2,132	2,776	4,604
5	2,015	2,571	4,032
6	1,943	2,447	3,707
7	1,895	2,365	3,499
8	1,860	2,306	3,355
9	1,833	2,262	3,250
10	1,812	2,228	3,169

Der t-Test verläuft analog zum F-Test in folgenden Schritten:

1. Berechnung des empirischen t-Wertes
   Für den Regressionskoeffizienten b_1 hatten wir den Wert 18,881 und für den Standardfehler des Regressionskoeffizienten s_{bj} erhält man in diesem Fall den Wert 9,187. Aus (17a) folgt damit

$$t_{emp} = \frac{18,881}{9,187} = 2,055$$

2. Vorgabe eines Signifikanzniveaus
   Wir wählen wiederum eine Vertrauenswahrscheinlichkeit von 95 Prozent bzw. $\alpha = 0,05$.

3. Auffinden des theoretischen t-Wertes
   Für die vorgegebene Vertrauenswahrscheinlichkeit von 95 Prozent und die Zahl der Freiheitsgrade (der nicht erklärten Streuung) K-J-1 = 10-1-1 = 8 erhält man aus Abbildung 1.14 den theoretischen t-Wert $t_{tab} = 2,306$.

4. Vergleich des empirischen mit dem theoretischen t-Wert
   Da der t-Wert auch negativ werden kann (im Gegensatz zum F-Wert), ist dessen Absolutbetrag mit dem theoretischen t-Wert zu vergleichen (zweiseitiger Test).
   - Ist der Absolutbetrag des empirischen t-Wertes (t_{emp}) größer als der aus der Tabelle abgelesene theoretische t-Wert (t_{tab}), dann ist die Nullhypothese H_0 zu verwerfen. Es ist also zu folgern, daß β_j ungleich Null ist. Der Einfluß von X_j auf Y wird damit als signifikant erachtet.

76   Regressionsanalyse

- Ist dagegen der Absolutbetrag des empirischen t-Wertes klein und übersteigt nicht den theoretischen Wert, so kann die Nullhypothese nicht verworfen werden. Der Einfluß von X_j ist damit nicht signifikant (vgl. Abbildung 1.20).

Hier ergibt sich

$$|2,005| < 2,306 \qquad \rightarrow H_0 \text{ wird nicht verworfen}$$

Abbildung 1.20:   t-Test

$|t_{emp}| > t_{tab} \rightarrow H_0$ wird verworfen $\qquad \rightarrow$ Einfluß ist signifikant

$|t_{emp}| \leq t_{tab} \rightarrow H_0$ wird nicht verworfen

---

Der Einfluß der unabhängigen Variablen (Zahl der Vertreterbesuche) erweist sich damit als nicht signifikant. Dieses Ergebnis wurde schon durch den F-Test vorweggenommen.

F-Test und t-Test

Bei nur einer unabhängigen Variablen ist der F-Test für das Modell (die Gesamtheit der Variablen) auch ein Test der einen Variablen, deren Einfluß hier durch den t-Test geprüft wurde. Im Fall der einfachen Regression reicht es daher aus, nur einen dieser beiden Tests durchzuführen, und wir haben hier nur aus didaktischen Gründen beide Tests durchgeführt.

Während der t-Test nur für die Prüfung einer einzelnen Variablen geeignet ist, kann der F-Test für die Prüfung einer Mehrzahl von Variablen verwendet werden. Wir behandeln hier nur den F-Test für die Gesamtheit der Variablen. Mit Hilfe des F-Tests kann jedoch in einem multiplen Regressionsmodell der Einfluß einer Untermenge der erklärenden Variablen getestet werden, was sehr nützlich sein kann.[13] Damit ist es natürlich auch immer möglich, mit dem F-Test eine einzelne Variable zu prüfen und ihn an Stelle eines t-Tests zu verwenden. In diesem Fall hat die F-Statistik nur einen Freiheitsgrad im Zähler und es gilt:

$$F = t^2$$

Man kann dies durch Vergleich der ersten Spalte einer F-Tabelle mit der t-Tabelle überprüfen. F-Test und t-Test kommen folglich in diesem Fall immer zu gleichen Aussagen.

Während also der F-Test für die Prüfung einer Mehrzahl von Variablen verwendet werden kann, ist für die Prüfung einer einzelnen Variablen die Anwendung des t-Tests einfacher. Überdies ermöglicht der t-Test auch die Durchführung von ein-

---

[13] Vgl. z.B. Kmenta, J., 1997, S. 416f.; Ramanathan, R., 1998, S. 169ff.

seitigen Tests. Zur Prüfung eines multiplen Regressionsmodells sollten daher beide Tests zur Anwendung kommen.

1.2.4.2 Konfidenzintervall des Regressionskoeffizienten

Durch den t-Test wurde die Frage überprüft, ob die unbekannten, wahren Regressionskoeffizienten β_j (j = 1, 2, ..., J) sich von Null unterscheiden. Hierfür wurde ein *Annahmebereich* für b_j bzw. die Transformation von b_j in einen t-Wert konstruiert. Eine andere Frage ist jetzt, welchen Wert die unbekannten, wahren Regressionskoeffizienten β_j mutmaßlich haben. Dazu ist ein *Konfidenzintervall* für β_j zu bilden.

Die beste Schätzung für den unbekannten Regressionskoeffizienten β_j liefert der geschätzte Regressionskoeffizient b_j. Als Konfidenzintervall ist daher ein Bereich um b_j zu wählen, in dem der unbekannte Wert β_j mit einer bestimmten Wahrscheinlichkeit liegen wird. Dazu ist wiederum die Vorgabe einer Vertrauenswahrscheinlichkeit erforderlich.

Für diese Vertrauenswahrscheinlichkeit und die Zahl der Freiheitsgrade der nicht erklärten Streuung (K-J-1) ist sodann der betreffende t-Wert zu bestimmen (aus der t-Tabelle für den zweiseitigen t-Test entnehmen).

Konfidenzintervall für den Regressionskoeffizienten

$$b_j - t \cdot s_{bj} \;\leq\; \beta_j \;\leq b_j + t \cdot s_{bj} \tag{18}$$

mit

β_j = Wahrer Regressionskoeffizient (unbekannt)
b_j = geschätzter Regressionskoeffizient
t = t-Wert aus der Student-Verteilung
s_{bj} = Standardfehler des Regressionskoeffizienten

Die benötigten Werte sind identisch mit denen, die wir im t-Test verwendet haben. Für den Regressionskoeffizienten in unserem Beispiel erhält man damit das folgende Konfidenzintervall:

$$18{,}881 - 2{,}306 \cdot 9{,}187 \;\leq\; \beta_1 \;\leq\; 18{,}881 + 2{,}306 \cdot 9{,}187$$

$$-\,2{,}304 \;\leq\; \beta_1 \;\leq\; 40{,}066$$

Das Ergebnis ist wie folgt zu interpretieren: Mit einer Vertrauenswahrscheinlichkeit von 0,95 liegt der wahre Regressionskoeffizient der Variablen BESUCHE zwischen den Werten -2,304 und 40,066. Je größer das Konfidenzintervall ist, desto unsicherer ist die Schätzung der Steigung der Regressionsgeraden in der Grundgesamtheit, m. a. W. desto unzuverlässiger ist die gefundene Regressionsfunktion bezüglich dieses Parameters. Dieses gilt insbesondere dann, wenn innerhalb des Konfidenzintervalls ein Vorzeichenwechsel liegt, die Richtung des vermuteten Einflusses sich also umkehren kann ("Je größer die Zahl der Besuche, desto kleiner die abgesetzte Menge").

1.2.5 Prüfung der Modellprämissen

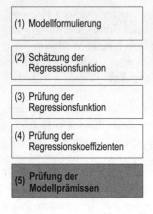

Die Güte der Schätzung für die Regressionsparameter, die sich mittels der oben beschriebenen Kleinstquadrate-Methode erzielen lassen, sowie auch die Anwendbarkeit der Tests zur Überprüfung der Güte hängen von gewissen Annahmen ab, die wir bislang stillschweigend unterstellt hatten. Dabei spielt die oben eingeführte Störgröße eine zentrale Rolle.

Die Störgröße wurde eingeführt, um der bestehenden Unsicherheit bei der Modellierung empirischer Sachverhalte Rechnung zu tragen. Da sich die Variation einer empirischen Variablen Y nie vollständig durch eine begrenzte Menge von beobachtbaren Variablen erklären läßt, hatten wir in (14) ein stochastisches Modell formuliert, das der Regressionsanalyse zugrunde gelegt wird.

Für die Existenz der Störgröße sind insbesondere folgende Ursachen zu nennen:

- Unberücksichtigte Einflußgrößen
- Fehler in den Daten: Meßfehler und Auswahlfehler.

Die Berücksichtigung aller möglichen Einflußgrößen von Y wäre mit einem unvertretbar großen Aufwand verbunden und würde das Modell unhandlich machen. Der Wert eines Modells resultiert daraus, daß es einfacher ist als die Realität und sich auf die Wiedergabe wichtiger struktureller Aspekte begrenzt.

Fehler in den Daten sind insbesondere Meßfehler, bedingt durch begrenzte Meßgenauigkeit, und Auswahlfehler, die entstehen, wenn die Daten aufgrund einer Teilauswahl (Stichprobe) gewonnen werden. Ein zufälliger Auswahlfehler ist bei Stichproben unvermeidbar.

Denkt man bei der zu erklärenden Variablen Y an Absatzdaten (Absatzmengen, Marktanteile, Käuferreichweiten, Markenbekanntheit etc.), so handelt es sich dabei meist um Stichprobendaten, die überdies auch nie frei von Meßfehlern sind. Als Einflußgrößen wirken neben den Maßnahmen des Anbieters auch die Maßnahmen der Konkurrenten und die des Handels. Hinzu können vielfältige gesamtwirtschaftliche, gesellschaftliche oder sonstige Umwelteinflüsse kommen. Und schließlich resultieren die einzelnen Käufe aus den Entscheidungen von Menschen, in deren Verhalten immer ein gewisses Maß an Zufälligkeit enthalten ist.

Es ist daher gerechtfertigt, die Störgröße als eine Zufallsgröße aufzufassen und der Regressionsanalyse ein stochastisches Modell zugrunde zu legen. Die beobachteten Daten lassen sich als Realisationen eines Prozesses auffassen, der durch dieses Modell generiert wird. Die Menge der Beobachtungen bildet damit eine *Stichprobe der möglichen Realisationen*.

Bei der Durchführung einer Regressionsanalyse werden eine Reihe von Annahmen gemacht, die das zugrunde gelegte stochastische Modell betreffen. Nachfolgend wollen wir auf die Bedeutung dieser Annahmen und die Konsequenzen ihrer Verletzung eingehen. Da wir uns hier auf die lineare Regressionsanalyse beschränken (mit der sich sehr wohl auch nichtlineare Probleme behandeln lassen), sprechen wir im folgenden vom klassischen oder *linearen Modell der Regressionsanalyse*.

Annahmen des linearen Regressionsmodells:

A1. $\quad y_k = \beta_0 + \sum\limits_{j=1}^{J} \beta_j \, x_{jk} + u_k \qquad$ mit $k = 1, 2, ..., K$ und $K > J+1$

Das Modell ist *richtig spezifiziert*, d.h.
- es ist linear in den Parametern β_0 und β_j,
- es enthält die relevanten erklärenden Variablen,
- die Zahl der zu schätzenden Parameter ($J+1$) ist kleiner als die Zahl der vorliegenden Beobachtungen (K).

A2. $\quad \mathrm{Erw}\,(u_k) = 0$

Die Störgrößen haben den Erwartungswert Null.

A3. $\quad \mathrm{Cov}\,(u_k, x_{jk}) = 0$

Es besteht keine Korrelation zwischen den erklärenden Variablen und der Störgröße.

A4. $\quad \mathrm{Var}(u_k) = \sigma^2$

Die Störgrößen haben eine konstante Varianz σ^2 (*Homoskedastizität*).

A5. $\quad \mathrm{Cov}(u_k, u_{k+r}) = 0 \qquad\qquad$ mit $r \neq 0$

Die Störgrößen sind unkorreliert (*keine Autokorrelation*).

A6. $\quad$ Zwischen den erklärenden Variablen X_j besteht keine lineare Abhängigkeit (*keine perfekte Multikollinearität*).

A7. $\quad$ Die Störgrößen u_k sind *normalverteilt*.

Unter den Annahmen 1 bis 6 liefert die KQ-Methode *lineare Schätzfunktionen* für die Regressionsparameter, die alle wünschenswerten Eigenschaften von Schätzern besitzen, d.h. sie sind *unverzerrt* (erwartungstreu) und *effizient*.[14] Effizienz bedeutet hier, daß sie unter allen linearen und unverzerrten Schätzern eine kleinstmögliche Varianz aufweisen. Im Englischen werden diese Eigenschaften als *BLUE* be-

---

[14] Dies ist das sog. Gauß-Markov-Theorem. Vgl. dazu z.B. Bleymüller , J. / Gehlert, G. / Gülicher, H., 2004, S. 150; Kmenta, J., 1997, S. 162.

80   Regressionsanalyse

zeichnet (Best Linear Unbiased Estimators), wobei mit "Best" die Effizienz gemeint ist.

Zur Durchführung von *Signifikanztests* ist außerdem Annahme 7 von Vorteil. Diese Annahme ist auch nicht unplausibel. Da die Störgröße, wie oben dargestellt, die gemeinsame Wirkung sehr vieler und im einzelnen relativ unbedeutender Einflußfaktoren repräsentiert, die voneinander weitgehend unabhängig sind, läßt sich die Annahme der Normalverteilung durch den "zentralen Grenzwertsatz" der Statistik stützen.[15]

1.2.5.1   Nichtlinearität

Nichtlinearität kann in vielen verschiedenen Formen auftreten. In Abbildung 1.22 sind Beispiele nichtlinearer Beziehungen dargestellt (b, c und d). Das lineare Regressionsmodell fordert lediglich, daß die Beziehung linear in den Parametern ist. In vielen Fällen ist es daher möglich, eine nichtlineare Beziehung durch Transformation der Variablen in eine lineare Beziehung zu überführen. Ein Beispiel zeigt Abbildung 1.22 b.

Derartige nichtlineare Beziehungen zwischen der abhängigen und einer unabhängigen Variablen können durch Wachstums- oder Sättigungsphänomene bedingt sein (z.B. abnehmende Ertragszuwächse der Werbeausgaben). Sie lassen sich oft leicht durch Betrachten des Punktediagramms entdecken. Die Folge von nicht entdeckter Nichtlinearität ist eine Verzerrung der Schätzwerte der Parameter, d.h. die Schätzwerte b_j streben mit wachsendem Stichprobenumfang nicht mehr gegen die wahren Werte β_j.

Generell läßt sich eine Variable X durch eine Variable $X' = f(X)$ ersetzen, wobei f eine beliebige nichtlineare Funktion bezeichnet. Folglich ist das Modell

$$Y = \beta_0 + \beta_1 X' + u \qquad\qquad \text{mit} \quad X' = f(X) \qquad\qquad (20)$$

linear in den Parametern β_0 und β_1 und in X', nicht aber in X. Durch Transformation von X in X' wird die Beziehung linearisiert und läßt sich mittels Regressionsanalyse schätzen.

In allgemeinerer Form läßt sich das lineare Regressionsmodell unter Berücksichtigung nichtlinearer Transformationen der Variablen auch in folgender Form schreiben:

$$f(Y) = \beta_0 + \sum_{j=1}^{J} \beta_j \; f_j(X_j) + u \qquad\qquad (21)$$

---

[15] Der zentrale Grenzwertsatz der Statistik besagt, daß die Summenvariable (oder der Mittelwert) von N unabhängigen und identisch verteilten Zufallsvariablen normalverteilt ist und zwar unabhängig von der Verteilung der Zufallsvariablen, wenn N hinreichend groß ist. In der Realität finden sich viele Zufallserscheinungen, die sich aus der Überlagerung zahlreicher zufälliger Effekte ergeben. Der zentrale Grenzwertsatz liefert die Rechtfertigung dafür, in diesen Fällen anzunehmen, daß zumindest angenähert eine Normalverteilung gegeben ist.

Abbildung 1.21 zeigt Beispiele für anwendbare nichtlineare Transformationen. Dabei ist jeweils der zulässige Wertebereich angegeben. Der Exponent c in der Potenzfunktion 9 muß vorgegeben werden.

Abbildung 1.21: Nichtlineare Transformationen

Nr.	Bezeichnung	Definition	Bereich
1	Logarithmus	$\ln(X)$	$X > 0$
2	Exponential	$\exp(X)$	
3	Arkussinus	$\sin^{-1}(X)$	$|X| \leq 1$
4	Arkustangens	$\tan^{-1}(X)$	
5	Logit	$\ln(X/(1-X))$	$0 < X < 1$
6	Reziprok	$1/X$	$X \neq 0$
7	Quadrat	X^2	
8	Wurzel	$X^{1/2}$	$X \geq 0$
10	Potenz	X^c	$X > 0$

Ein spezielles nichtlineares Modell bildet das *multiplikative Modell* der Form

$$Y = \beta_0 \cdot X_1^{\beta_1} \cdot X_2^{\beta_2} \cdot \ldots \cdot X_J^{\beta_J} \cdot u \qquad (22a)$$

Ein Beispiel für ein derartiges Modell ist die bekannte Cobb/Douglas-Produktionsfunktion. Die Exponenten β_j lassen sich als Elastizitäten interpretieren (d.h. die Beziehung zwischen Y und den Variablen X_j ist durch konstante Elastizitäten gekennzeichnet).

82 Regressionsanalyse

Abbildung 1.22: Lineare und nichtlineare Regressionsbeziehungen

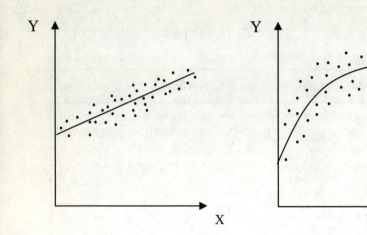

a) Regressionsgerade
   ($Y = \beta_0 + \beta_1 X$)

b) nichtlineare Regressionsbeziehung
   (z.B.: $Y = \beta_0 + \beta_1 X^{1/2}$)

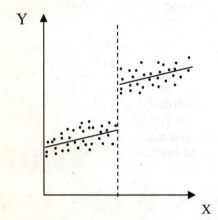
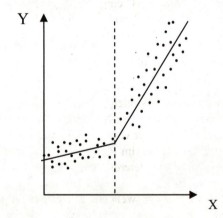

c) Strukturbruch:
   Niveauänderung

d) Strukturbruch:
   Trendänderung

Durch Logarithmieren aller Variablen läßt sich das multiplikative Modell in ein lineares Modell überführen und damit mittels Regressionsanalyse schätzen. Man erhält

$$\ln Y \;=\; \beta_0' \;+\; \beta_1 \cdot \ln X_1 \;+\; \beta_2 \cdot \ln X_2 \;+\; \ldots \;+\; \beta_J \cdot \ln X_J \;+\; u' \qquad (22b)$$

mit $\beta_0' = \ln \beta_0$ und $u' = \ln u$

Die Beziehungen in Abbildung 1.22 c und d weisen einen Strukturbruch auf. Derartige Strukturbrüche findet man häufig bei Zeitreihenanalysen, z.b. wenn durch Änderung der wirtschaftlichen Rahmenbedingungen eine Änderung in der zeitlichen Entwicklung einer betrachteten Variablen Y bewirkt wird. Strukturbrüche lassen sich durch eine Dummy-Variable berücksichtigen, deren Werte vor dem Strukturbruch in Periode k' Null sind und danach Eins (oder größer Eins) werden.

Niveauänderung:

$$y_k = \beta_0 + \beta_1\, x_k + \beta_2\, q + u_k \qquad \text{mit } q = \begin{cases} 0 \text{ für } k < k' \\ 1 \text{ für } k \geq k' \end{cases} \qquad (23)$$

Trendänderung:

$$y_k = \beta_0 + \beta_1\, x_k + \beta_2\, q + u_k \qquad \text{mit } q = \begin{cases} 0 & \text{für } k < k' \\ (k - k' + 1) & \text{für } k \geq k' \end{cases} \qquad (24)$$

Eine weitere Form von Nichtlinearität kann im Mehr-Variablen-Fall dadurch auftreten, daß sich die Wirkungen von unabhängigen Variablen nicht-additiv verknüpfen. So kann z. B. eine Preisänderung in Verbindung mit einer Verkaufsförderungsaktion anders wirken als ohne diese. Derartige *Interaktionseffekte* lassen sich wie folgt berücksichtigen:

$$Y \;=\; \beta_0 + \beta_1\, V + \beta_2\, P + \beta_3\, V \cdot P + u \qquad (25)$$

Dabei bezeichnet V die Verkaufsaktion und P den Preis. Das Produkt $V \cdot P$ wird als *Interaktionsterm* bezeichnet, dessen Wirkung der Koeffizient β_3 reflektiert.

Für die Aufdeckung von Nichtlinearität sind statistische *Testmöglichkeiten* vorhanden, auf die hier nur verwiesen werden kann.[16] Hinweise auf das Vorliegen von Nichtlinearität können im übrigen auch die nachfolgend beschriebenen Tests auf Autokorrelation und Heteroskedastizität geben.

1.2.5.2 Erwartungswert der Störgröße ungleich Null

Wenn im Regressionsmodell alle systematischen Einflußgrößen von Y explizit berücksichtigt werden, dann umfaßt die Störvariable u nur zufällige Effekte, die positive und negative Abweichungen zwischen beobachteten und geschätzten Werten verursachen. Das Regressionsmodell unterstellt (Annahme 2), daß der Erwar-

---

[16] Vgl. z. B. Kmenta, J., 1997, S. 517ff.; v. Auer, L, 2005, S. 290ff.

84   Regressionsanalyse

tungswert der Störvariable Null ist und sich die Schwankungen somit im Mittel ausgleichen.

Eine Verletzung dieser Annahme ergibt sich z.B., wenn die Werte von Y mit einem konstanten Fehler zu hoch oder zu niedrig gemessen werden. Wir sprechen dann von einem systematischen Meßfehler und die Störgröße enthält einen systematischen Effekt. Was ist die Folge? Durch die KQ-Schätzung der Regressionsparameter wird quasi erzwungen, daß der Mittelwert der Residuen Null wird (vgl. Gleichung A5 im Anhang). Der systematische Meßfehler geht dabei in den Schätzwert des konstanten Gliedes b_0 ein, so daß dieser nicht mehr unverzerrt ist. Werden die Werte von Y konstant überhöht gemessen, so wird auch b_0 zu groß ausfallen. In den meisten Anwendungen ist der Wert von b_0 nur von sekundärem oder gar keinem Interesse und eine Verzerrung wird daher wenig stören.

Es ist aber große Vorsicht geboten, wenn man ein Modell ohne konstantes Glied spezifiziert, da sich dann die Verzerrung auf die Regressionskoeffizienten auswirkt. Dies sollte daher nur in wohlbegründeten Ausnahmefällen geschehen.

1.2.5.3   Falsche Auswahl der Regressoren

Das korrekt spezifizierte Regressionsmodell sollte gemäß Annahme A1 alle relevanten Einflußgrößen von Y enthalten. Dies wird sich jedoch oft nicht realisieren lassen, sei es, daß die Erfassung technisch nicht möglich oder zu aufwendig wäre, oder sei es, daß gar nicht alle relevanten Einflußgrößen bekannt sind. Die Modellformulierung bleibt dann unvollständig, d.h. es fehlen erklärende Variablen, und eine mögliche Folge ist die Verzerrung der Schätzwerte.

Glücklicherweise muß dies nicht zwangsläufig die Folge sein, wenn Annahme A3 erfüllt ist, d.h. wenn keine Korrelation zwischen den im Modell berücksichtigten erklärenden Variablen und der Störgröße (die die unberücksichtigten Variablen enthält) besteht. Die Folge ist vielmehr die gleiche wie die eines konstanten Meßfehlers. Der Erwartungswert der Störgröße ist nicht mehr Null und es kommt zu einer Verzerrung von b_0.

Anders verhält es sich dagegen, wenn Cov $(x_{jk}, u_k) > 0$ gilt, also eine positive Korrelation zwischen der Variablen j und der Störgröße besteht. In diesem Fall würde die Schätzung für b_j zu groß ausfallen. Durch die KQ-Schätzung würde nämlich der Teil der Variation von Y, der von u kommt, fälschlich der Variable X_j zugeordnet werden.

Beispiel: Das korrekte Modell lautet:

$Y = ß_0 + ß_1 X_1 + ß_2 X_2 + v$

und wir spezifizieren fälschlich

$Y = ß_0 + ß_1 X_1 + u$

   mit $u = ß_2 X_2 + v$

Wenn X_1 und X_2 korreliert sind, dann sind auch X_1 und u korreliert und es liegt damit eine Verletzung von Annahme A3 vor, die zu einer Verzerrung von b_1

führt.[17] Ist dagegen die vernachlässigte Variable X_2 nicht mit X_1 korreliert, so tritt dieser Effekt nicht auf. Es wäre lediglich eine Verzerrung von b_0 möglich. Eine Ausnahme besteht wiederum bei einem Modell ohne konstanten Term: in diesem Fall ist auch eine Verzerrung von b_1 möglich.

Neben der Vernachlässigung relevanter Variablen (underfitting) kann es auch vorkommen, daß ein Modell zu viele erklärende Variable enthält (overfitting). Auch dies kann, wie die Vernachlässigung relevanter Variablen, eine Folge unvollständigen theoretischen Wissens und daraus resultierender Unsicherheit sein. Der Untersucher packt dann aus Sorge davor, relevante Variable zu übersehen, alle verfügbaren Variablen in das Modell, ohne sie einer sachlogischen Prüfung zu unterziehen. Solche Modelle werden auch als "kitchen sink models" bezeichnet. Diese Vorgehensweise führt zwar nicht zu verzerrten Schätzern für die Regressionskoeffizienten, wohl aber zu ineffizienten Schätzern (d.h. die Varianz der Schätzer ist nicht mehr minimal).[18] Wie in vielen Dingen gilt auch hier: Mehr ist nicht besser.

Je größer die Anzahl von Variablen in der Regressionsgleichung ist, desto eher kann es vorkommen, daß ein tatsächlicher Einflußfaktor nicht signifikant erscheint, weil seine Wirkung nicht mehr hinreichend präzise ermittelt werden kann. Umgekehrt wächst mit steigender Zahl der Regressoren auch die Gefahr, daß eine irrelevante Variable irrtümlich als statistisch signifikant erscheint, obgleich sie nur zufällig mit der abhängigen Variablen korreliert.

Es ist also sowohl möglich, dass sich eine irrelevante Variable als statistisch signifikant erweist, als auch, daß ein relevanter Einflußfaktor nicht signifikant erscheint. Letzteres sollte daher auch nicht dazu führen, eine sachlich begründete Hypothese zu verwerfen, solange man kein widersprüchliches Ergebnis erzielt hat. Das wäre z.B. der Fall, wenn ein signifikanter Koeffizient ein anderes Vorzeichen hat, als angenommen. In diesem Fall sollte man seine Hypothese verwerfen oder zumindest überdenken. Dies zeigt die Wichtigkeit theoretischer oder sachlogischer Überlegungen bei der Analyse kausaler Zusammenhänge.[19]

1.2.5.4 Heteroskedastizität

Wenn die Streuung der Residuen in einer Reihe von Werten der prognostizierten abhängigen Variablen nicht konstant ist, dann liegt Heteroskedastizität vor. Damit ist eine Prämisse des linearen Regressionsmodells verletzt, die verlangt, daß die Varianz der Fehlervariablen u für alle k homogen ist, m. a. W. die Störgröße darf nicht von den unabhängigen Variablen und von der Reihenfolge der Beobacht-

---

[17] Eine Alternative zur KQ-Schätzung liefert in diesem Fall die sog. Instrument-Variablen-Schätzung (IV-Schätzung). Siehe hierzu Greene, W.H., 2003, Kapitel 5; v. Auer, L., 2005, S. 441ff.

[18] Vgl. z.B. Kmenta, J., 1997, S. 446ff.

[19] Zu Verfahren, die die richtige Auswahl der Regressoren unterstützen können, vgl. z.B. v. Auer, L., 2005, S. 256ff. Ein solcher Test ist z.B. der RESET-Test (REgression Specification Error Test) von Ramsey (1969). Vgl. dazu auch Ramanathan, R., 1998, S. 294ff.

86 Regressionsanalyse

ungen abhängig sein Ein Beispiel für das Auftreten von Heteroskedastizität wäre eine zunehmende Störgröße in einer Reihe von Beobachtungen etwa aufgrund von Meßfehlern, die durch nachlassende Aufmerksamkeit der beobachtenden Person entstehen.

Heteroskedastizität führt zu Ineffizienz der Schätzung und verfälscht den Standardfehler des Regressionskoeffizienten. Damit wird auch die Schätzung des Konfidenzintervalls ungenau.

Zur Aufdeckung von Heteroskedastizität empfiehlt sich zunächst eine visuelle Inspektion der Residuen, indem man diese gegen die prognostizierten (geschätzten) Werte von Y plottet. Dabei ergibt sich bei Vorliegen von Heteroskedastizität meist ein Dreiecksmuster, wie in Abbildung 1.23 a oder b dargestellt.

Der bekannteste Test zur Aufdeckung von Heteroskedastizität bildet der *Goldfeld/Quandt-Test*, bei dem die Stichprobenvarianzen der Residuen in zwei Unterstichproben, z.B. der ersten und zweiten Hälfte einer Zeitreihe, verglichen und ins Verhältnis gesetzt werden.[20] Liegt perfekte Homoskedastizität vor, müssen die Varianzen identisch sein ($s_1^2 = s_2^2$), d.h. das Verhältnis der beiden Varianzen der Teilgruppen entspricht dem Wert Eins. Je weiter das Verhältnis von Eins abweicht, desto unsicherer wird die Annahme gleicher Varianz. Wenn die Residuen normalverteilt sind und die Annahme der Homoskedastizität zutrifft, folgt das Verhältnis der Varianzen einer F-Verteilung und kann daher als Teststatistik gegen die Nullhypothese gleicher Varianz $H_0 : \sigma_1^2 = \sigma_2^2$ getestet werden. Die F-Teststatistik berechnet sich wie folgt:

$$F_{emp} = \frac{s_1^2}{s_2^2} \qquad \text{mit} \qquad s_1^2 = \frac{\sum\limits_{k=1}^{K_1} e_k^2}{K_1 - J - 1} \quad \text{und} \quad s_2^2 = \frac{\sum\limits_{k=1}^{K_2} e_k^2}{K_2 - J - 1}$$

Dabei sind K_1 und K_2 die Fallzahlen in den beiden Teilgruppen und J bezeichnet die Anzahl der unabhängigen Variablen in der Regression. Die Gruppen sind dabei so anzuordnen, daß $s_1^2 \geq s_2^2$ gilt. Der ermittelte F-Wert ist bei vorgegebenem Signifikanzniveau gegen den theoretischen F-Wert für (K_1-J-1, K_2-J-1) Freiheitgrade zu testen.

---

[20] Zu dieser und anderen Testmöglichkeiten auf Heteroskedastizität vgl. Kmenta, J., z.B. 1997, S. 292ff.; Greene, W.H., 2003, S. 222ff.

Abbildung 1.23: Heteroskedastizität und Autokorrelation

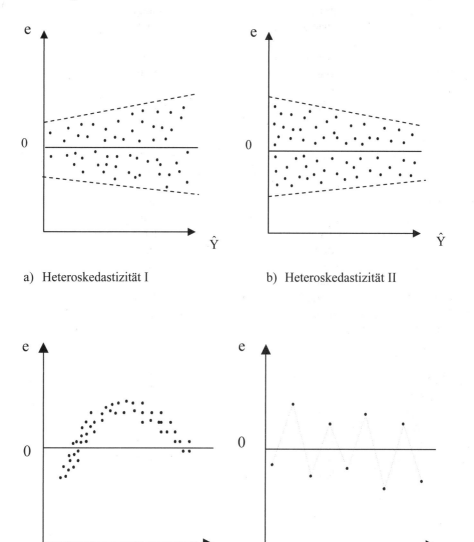

a) Heteroskedastizität I
b) Heteroskedastizität II
c) positive Autokorrelation
d) negative Autokorrelation

88   Regressionsanalyse

Eine andere Methode zur Aufdeckung von Heteroskedastizität bietet ein *Verfahren von Glesjer*, bei dem eine Regression der absoluten Residuen auf die Regressoren durchgeführt wird:[21]

$$|e_k| = b_0 + \sum_{j=1}^{J} b_j x_{jk}$$

Bei Homoskedastizität gilt die Nullhypothese $H_0 : b_j = 0$ ($j = 1, 2, \dots, J$). Wenn sich signifikant von Null abweichende Koeffizienten ergeben, so muß die Annahme der Homoskedastizität abgelehnt werden.

Zur Begegnung von Heteroskedastizität kann versucht werden, durch Transformation der abhängigen Variablen oder der gesamten Regressionsbeziehung Homoskedastizität der Störgrößen herzustellen.[22] Dies impliziert meist eine nichtlineare Transformation. Somit ist Heteroskedastizität meist auch ein Problem von Nichtlinearität und der Test auf Heteroskedastizität kann auch als ein Test auf Nichtlinearität aufgefaßt werden. Ähnliches gilt auch für das nachfolgend behandelte Problem der Autokorrelation.[23]

1.2.5.5   Autokorrelation

Das lineare Regressionsmodell basiert auf der Annahme, daß die Residuen in der Grundgesamtheit unkorreliert sind. Wenn diese Bedingung nicht gegeben ist, sprechen wir von Autokorrelation. Autokorrelation tritt vor allem bei Zeitreihen auf. Die Abweichungen von der Regressions(=Trend)geraden sind dann nicht mehr zufällig, sondern in ihrer Richtung von den Abweichungen, z. B. des vorangegangenen Beobachtungswertes, abhängig.

Autokorrelation führt zu Verzerrungen bei der Ermittlung des Standardfehlers der Regressionskoeffizienten und demzufolge auch bei der Bestimmung der Konfidenzintervalle für die Regressionskoeffizienten.

Zur Aufdeckung von Autokorrelation empfiehlt sich auch hier zunächst eine visuelle Inspektion der Residuen, indem man diese gegen die prognostizierten (geschätzten) Werte von Y plottet. Bei positiver Autokorrelation liegen aufeinander folgende Werte der Residuen nahe beieinander (vgl. Abbildung 1.23 c), bei negativer Autokorrelation dagegen schwanken sie stark (vgl. Abbildung 1.23 d).

---

[21] Vgl. Maddala, G., 2001, S. 202f. Ein anderer gebräuchlicher Test ist der White-Test von White (1980), der in einigen ökonometrischen Computer-Programmen angeboten wird. Vgl. dazu z.B. Kmenta, J., 1997, S. 295ff.; Greene, W.H., 2003, S. 222f; v. Auer, L., 2005, S. 367f.

[22] Vgl. Kockläuner, G., 1988, S. 88ff.

[23] Zur Erzielung konsistenter (asymptotisch erwartungstreuer) Schätzer bei Vorliegen von Heteroskedastizität werden anstelle der einfachen KQ-Methode, auch Ordinary Least Squares (OLS) genannt, erweiterte Verfahren wie Generalized Least Squares (GLS) oder Weighted Least Squares (WLS) verwendet. Vgl. hierzu Greene, 2003, S. 225ff.; Kmenta, J., 1997, S. 352ff.; Ramanathan, R., 1998, S. 392ff.

Die rechnerische Methode, eine Reihe von Beobachtungswerten auf Autokorrelation zu prüfen, stellt der *Durbin/Watson-Test* dar. Bei diesem Test wird die Reihenfolge der Residuen der Beobachtungswerte zum Gegenstand der Analyse gemacht. Der Durbin/Watson-Test prüft die Hypothese H_0, daß die Beobachtungswerte nicht autokorreliert sind.[24] Um diese Hypothese zu testen, wird ein empirischer Wert d ermittelt, der die Differenzen zwischen den Residuen von aufeinander folgenden Beobachtungswerten aggregiert.

Durbin/Watson-Formel

$$d = \frac{\sum\limits_{k=2}^{K}(e_k - e_{k-1})^2}{\sum\limits_{k=1}^{K}e_k^2} \qquad (19)$$

wobei

e_k = Residualgröße für den Beobachtungswert in der Periode k (k=1, 2, ..., K)
d = Indexwert für die Prüfung der Autokorrelation

Wenn nun die Residuen zweier aufeinander folgender Beobachtungswerte nahezu gleich sind, mithin einem Trend unterliegen, dann ist auch der Wert d klein. Niedrige Werte von d deuten auf eine positive Autokorrelation hin (vgl. Abbildung 1.23 c). Umgekehrt führen starke Sprünge in den Residuen zu hohen Werten von d und deuten damit auf die Existenz einer negativen Autokorrelation hin (vgl. Abbildung 1.23 d).

1.2.5.6 Multikollinearität

Das lineare Regressionsmodell basiert auf der Prämisse, daß die Regressoren nicht exakt linear abhängig sind. D.h. ein Regressor darf sich nicht als lineare Funktion der übrigen Regressoren darstellen lassen. In diesem Falle würde perfekte Multikollinearität bestehen und die Regressionsanalyse wäre rechnerisch nicht durchführbar.[25] Perfekte Multikollinearität wird selten vorkommen, und wenn, dann meist als Folge von Fehlspezifikationen, z.B. wenn man dieselbe Einflußgröße zweimal als unabhängige Variable in das Regressionsmodell aufnimmt. Die zweite Variable enthält dann keine zusätzliche Information und ist überflüssig.

Bei empirischen Daten besteht aber immer ein gewisser Grad an Multikollinearität, der nicht störend sein muß. Auch bei Vorliegen von Multikollinearität liefert die KQ-Methode Schätzer, die wir oben als BLUE bezeichnet haben. Ein hoher

---

[24] Strenggenommen wird die Hypothese geprüft, daß keine lineare Autokorrelation erster Ordnung (zwischen e_k und e_{k-1}) vorliegt. Selbst wenn also die Nullhypothese nicht verworfen wird, heißt das nicht, daß keine nichtlineare Autokorrelation oder daß keine lineare Autokorrelation r-ter Ordnung (also zwischen e_k und e_{k-r}) vorliegt.

[25] Vgl. hierzu Formel (A14) im Anhang zur Schätzung der Regressionskoeffizienten. Die Matrix X'X wird dann singulär und die Inverse existiert nicht.

Grad an Multikollinearität aber wird zum Problem, denn mit zunehmender Multikollinearität werden die Schätzungen der Regressionsparameter unzuverlässiger. Dies macht sich bemerkbar am Standardfehler der Regressionskoeffizienten, der größer wird.

Abbildung 1.24: Venn-Diagramm

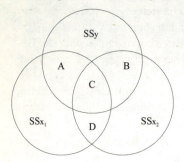

Bei Multikollinearität überschneiden sich die Streuungen der unabhängigen Variablen. Dies bedeutet zum einen Redundanz in den Daten und damit weniger Information. Zum anderen bedeutet es, daß sich die vorhandene Information nicht mehr eindeutig den Variablen zuordnen läßt. Dies kann grafisch mit Hilfe eines Venn-Diagramms veranschaulicht werden.[26] Abbildung 1.24 zeigt dies schematisch für eine Zweifachregression, wobei die Streuungen der abhängigen Variablen Y und der beiden Regressoren jeweils durch Kreise dargestellt sind.[27] Die Multikollinearität kommt in den Überschneidungsflächen C und D zum Ausdruck. Für die Schätzung von b_1 kann nur die Information in Fläche A genutzt werden und für die von b_2 die Information in Fläche B. Die Information in Fläche C dagegen kann den Regressoren nicht individuell zugeordnet werden und deshalb auch nicht für die Schätzung ihrer Koeffizienten genutzt werden. Sie ist deshalb aber nicht völlig verloren, denn sie vermindert den Standardfehler der Regression und erhöht damit das Bestimmtheitsmaß und die Genauigkeit von Prognosen.

Es kann daher infolge von Multikollinearität vorkommen, daß das Bestimmtheitsmaß R^2 der Regressionsfunktion signifikant ist, obgleich keiner der Koeffizienten in der Funktion signifikant ist. Eine andere Folge von Multikollinearität kann darin bestehen, daß sich die Regressionskoeffizienten erheblich verändern, wenn eine weitere Variable in die Funktion einbezogen oder eine enthaltene Variable aus ihr entfernt wird.

Um dem Problem der Multikollinearität zu begegnen, ist zunächst deren Aufdeckung erforderlich, d. h. es muß festgestellt werden, welche Variablen betroffen

---

[26] Vgl. hierzu v. Auer, L., 2005, S. 476f.
[27] Es sei $SS_Y = \sum(y_k - \bar{y})^2$ und $SS_{X_j} = \sum(x_{jk} - \bar{x}_j)^2$

sind und wie stark das Ausmaß der Multikollinearität ist. Einen ersten Anhaltspunkt kann die Betrachtung der *Korrelationsmatrix* liefern. Hohe Korrelationskoeffizienten ($|r|$ nahe 1) zwischen den unabhängigen Variablen bedeuten ernsthafte Multikollinearität. Die Korrelationskoeffizienten messen allerdings nur *paarweise* Abhängigkeiten. Es kann deshalb auch hochgradige Multikollinearität trotz durchgängig niedriger Werte für die Korrelationskoeffizienten der unabhängigen Variablen bestehen.

Zur Aufdeckung von Multikollinearität empfiehlt es sich daher, eine Regression jeder unabhängigen Variablen X_j auf die übrigen unabhängigen Variablen durchzuführen und so den zugehörigen multiplen Korrelationskoeffizienten oder das Bestimmtheitsmaß R_j^2 zu ermitteln. Ein Wert $R_j^2 = 1$ besagt, daß sich die Variable X_j durch eine Linearkombination der anderen unabhängigen Variablen erzeugen läßt und folglich überflüssig ist. Für Werte von R_j^2 nahe 1 gilt das gleiche in abgeschwächter Form. Ein hiermit verwandtes Maß zur Prüfung auf Multikollinearität ist die sog. *Toleranz*.

Toleranz der Variablen X_j

$$T_j = 1 - R_j^2 \tag{20}$$

mit R_j^2 = Bestimmtheitsmaß für Regression der unabhängigen Variablen X_j auf die übrigen unabhängigen Variablen in der Regressionsfunktion
$$X_j = f(X_1, ..., X_{j-1}, X_{j+1}, ..., X_J)$$

Der Kehrwert der Toleranz ist der sog. *Variance Inflation Factor*. Dieser ist um so größer, je größer die multiple Korrelation bzw. das Bestimmtheitsmaß eines Regressors in Bezug auf die übrigen Regressoren ist.

Variance Inflation Factor von Variable X_j

$$VIF_j = \frac{1}{1 - R_j^2} \tag{21}$$

Der Name "Variance Inflation Factor" resultiert daraus, daß sich mit zunehmender Multikollinearität die Varianzen der Regressionskoeffizienten um eben diesen Faktor vergrößern.[28] Damit wird deutlich, daß die Genauigkeit der Schätzwerte mit zunehmender Multikollinearität abnimmt.

Ein spezieller Fall von Multikollinearität liegt vor, wenn eine erklärende Variable für alle Beobachtungen konstant und damit ihre Streuung Null ist. Es besteht damit eine lineare Beziehung zum konstanten Glied der Regressionsfunktion. Es leuchtet ein, daß die mögliche Wirkung einer Variablen nicht festgestellt werden kann, wenn sie nicht variiert und damit keine Information enthält. Aber auch bei geringer Variation wird die Schätzung des Regressionskoeffizienten immer ungenau sein. Dies läßt sich aus der Formel (B1) für den Standardfehler des Regressi-

---

[28] Vgl. Belsley, D.A. / Kuh, E. / Welsch, R.E., 1980, S. 93.

92   Regressionsanalyse

onskoeffizienten im Anhang ersehen. Die Erzielung einer hinreichenden Variation ist ein Grund für die Durchführung von experimentellen Untersuchungen.

Eine Möglichkeit, hoher Multikollinearität zu begegnen, besteht darin, daß man eine oder mehrere Variable aus der Regressionsgleichung entfernt. Dies ist unproblematisch, wenn es sich dabei um eine für den Untersucher weniger wichtige Variable handelt (z. B. Einfluß des Wetters auf die Absatzmenge). Eventuell müssen auch mehrere Variable entfernt werden. Problematisch wird dieser Vorgang, wenn es sich bei der oder den betroffenen Variablen gerade um diejenigen handelt, deren Einfluß den Untersucher primär interessiert. Er steht dann oft vor dem Dilemma, entweder die Variable in der Gleichung zu belassen und damit die Folgen der Multikollinearität (unzuverlässige Schätzwerte) in Kauf zu nehmen, oder die Variable zu entfernen und damit möglicherweise den Zweck der Untersuchung in Frage zu stellen.

Ein Ausweg aus diesem Dilemma könnte darin bestehen, den Stichprobenumfang und somit die Informationsbasis zu vergrößern. Aus praktischen Gründen ist dies aber oft nicht möglich. Andere Maßnahmen zur Beseitigung oder Umgehung von Multikollinearität bilden z. B. Transformationen der Variablen oder Ersetzung der Variablen durch *Faktoren*, die mittels Faktorenanalyse gewonnen wurden.[29] Um die Wirkung der Multikollinearität besser abschätzen zu können, sollte der Untersucher in jedem Fall auch Alternativrechnungen mit verschiedenen Variablenkombinationen durchführen. Sein subjektives Urteil muß letztlich über die Einschätzung und Behandlung der Multikollinearität entscheiden.

1.2.5.7   Nicht-Normalverteilung der Störgrößen

Die letzte Annahme des linearen Regressionsmodells besagt, daß die Störgrößen normalverteilt sein sollen. Wir hatten darauf hingewiesen, daß diese Annahme für die Kleinstquadrate-Schätzung nicht benötigt wird, d.h. die KQ-Schätzer besitzen auch ohne diese Annahme die BLUE-Eigenschaft.[30]

Die Annahme der Normalverteilung der Störgrößen ist lediglich für die Durchführung statistischer Tests (t-test, F-test) von Bedeutung. Hierbei wird unterstellt, daß die zu testenden Schätzwerte der Regressionsparameter, also b_0 und b_j, normalverteilt sind. Wäre dies nicht der Fall, wären auch die Tests nicht gültig.

Wenn die Störgrößen normalverteilt sind, dann sind auch die Y-Werte, die die Störgrößen als additiven Term enthalten, normalverteilt. Und da die KQ-Schätzer

---

[29] Vgl. dazu das Kapitel 5 "Faktorenanalyse" in diesem Buch. Bei einem Ersatz der Regressoren durch Faktoren muß man sich allerdings vergegenwärtigen, daß dadurch womöglich der eigentliche Untersuchungszweck in Frage gestellt wird. Eine andere Methode zur Begegnung von Multikollinearität ist die sog. Ridge Regression, bei der man zugunsten einer starken Verringerung der Varianz eine kleine Verzerrung der Schätzwerte in Kauf nimmt. Vgl. dazu z.B. Kmenta, J., 1997, S. 440ff.; Belsley D.A. / Kuh, E. / Welsch, R.E., 1980, S. 219ff.

[30] Vgl. z.B. Kmenta, J., 1997, S. 261.

Linearkombinationen der Y-Werte bilden (vgl. Anhang), sind folglich auch b_0 und b_j normalverteilt.

Wir hatten oben ausgeführt, daß die Annahme angenähert normalverteilter Störgrößen in vielen Fällen plausibel ist, wenn diese durch Überlagerung zahlreicher und im einzelnen relativ unbedeutender und voneinander unabhängiger Zufallsgrößen zustande kommt. Eine Rechtfertigung hierfür liefert der zentrale Grenzwertsatz der Statistik. Allerdings kann man nicht davon ausgehen, daß dies generell so ist.

Abbildung 1.25:   Prämissenverletzungen des linearen Regressionsmodells

Prämisse	Prämissen-verletzung	Konsequenzen
Linearität in den Parametern	Nichtlinearität	Verzerrung der Schätzwerte
Vollständigkeit des Modells (Berücksichtigung aller relevanten Variablen)	Unvollständigkeit	Verzerrung der Schätzwerte
Homoskedastizität der Störgrößen	Heteroskedastizität	Ineffizienz
Unabhängigkeit der Störgrößen	Autokorrelation	Ineffizienz
Keine lineare Abhängigkeit zwischen den unabhängigen Variablen	Multikollinearität	Verminderte Präzision der Schätzwerte
Normalverteilung der Störgrößen	nicht normalverteilt	Ungültigkeit der Signifikanztests (F-Test und t-Test), wenn K klein ist

Sind die Störgrößen nicht normalverteilt, so können aber die KQ-Schätzer trotzdem normalverteilt sein. Auch dies folgt wiederum aus dem zentralen Grenzwertsatz und den obigen Ausführungen. Allerdings gilt dies nur asymptotisch mit wachsender Zahl der Beobachtungen K. Ist die Zahl der Beobachtungen groß (etwa K> 40), sind damit die Signifikanztests unabhängig von der Verteilung der Störgrößen gültig.[31]

---

[31] Zumindest unter sehr allgemeinen Bedingungen, nämlich daß die Störgrößen endliche Varianz besitzen und voneinander unabhängig sind. Vgl. hierzu Greene, W.H., 2003, S.

94 Regressionsanalyse

Abbildung 1.25 faßt die wichtigsten Prämissen des linearen Regressionsmodells und die Konsequenzen ihrer Verletzung zusammen. Aufgrund der Vielzahl der Annahmen, die der Regressionsanalyse zugrunde liegen, mag deren Anwendbarkeit sehr eingeschränkt erscheinen. Das aber ist nicht der Fall. Die Regressionsanalyse ist recht unempfindlich gegenüber kleineren Verletzungen der obigen Annahmen und bildet ein äußerst flexibles und vielseitig anwendbares Analyseverfahren.

1.3   Fallbeispiel

In einer Untersuchung über potentielle Ursachen von Veränderungen im Margarineabsatz erhebt der Verkaufsleiter eines Margarineherstellers Daten über potentielle, von ihm vermutete Einflußgrößen der Absatzveränderungen. Aufgrund seiner Erfahrung vermutet der Verkaufsleiter, daß die von ihm kontrollierten Größen Preis, Ausgaben für Verkaufsförderung sowie Zahl der Vertreterbesuche einen ursächlichen Einfluß auf den Margarineabsatz in seinen Verkaufsgebieten haben. Aus diesem Grunde erhebt er Daten über die Ausprägungen dieser Einflußgrößen in 37 Verkaufsgebieten, die zufällig ausgesucht werden. Er hofft, aufgrund dieser Stichprobe ein zuverlässiges Bild über die Wirkungsweise dieser Einflußgrößen auf den Margarineabsatz in allen Verkaufsgebieten zu gewinnen. Die Daten für den Erhebungszeitraum finden sich im Anhang.

1.3.1   Blockweise Regressionsanalyse

Mit einer blockweisen Regressionsanalyse, in SPSS als Methode "Einschluss" (Enter) bezeichnet, kann der Benutzer eine einzelne Variable oder Blöcke von Variablen in eine Regressionsgleichung einbeziehen. Um mittels des Programms SPSS ein Regressionsmodell unter Verwendung dieser Methode zu berechnen und zu überprüfen, ist zunächst die Prozedur "Regression" aus dem Menüpunkt "Analysieren" auszuwählen und sodann die Option "Linear" (vgl. Abbildung 1.26).

Im nunmehr geöffneten Dialogfenster "Lineare Regression" (vgl. Abbildung 1.27) werden zunächst die abhängige Variable (hier: MENGE) und eine oder mehrere unabhängige Variable (hier: PREIS, AUSGABEN, BESUCHE) aus der Variablenliste ausgewählt und mittels der Option "Einschluss" in die Regressionsfunktion einbezogen. Nach Anklicken von "OK" erhält man das Ergebnis der Analyse, das in Abbildung 1.28 wiedergegeben ist.

67ff; Kmenta, J., 1997, S. 262. Zum Testen auf Normalität ist es üblich, die Residuen zu plotten. Da die Normalverteilung symmetrisch ist, sollte dies auch für die Verteilung der Residuen gelten. Zu formalen Tests siehe Kmenta, J., 1997, S. 265ff.

Fallbeispiel 95

Abbildung 1.26: Daten-Editor mit Auswahl des Analyseverfahrens "Regression (Linear)"

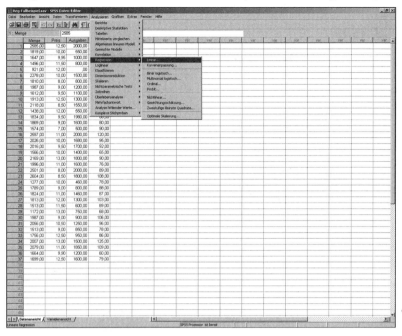

Abbildung 1.27: Dialogfenster "Lineare Regression"

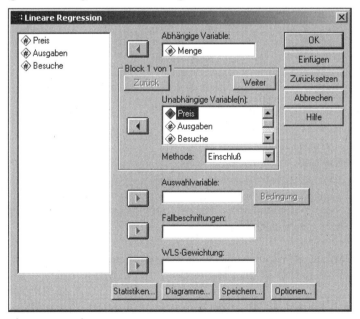

96   Regressionsanalyse

Abbildung 1.28:   SPSS-Output für die Regressionsanalyse

Regression

Aufgenommene/Entfernte Variablen [b]

Modell	Aufgenommene Variablen	Entfernte Variablen	Methode
1	BESUCHE, PREIS, AUSGABEN[a]	,	Eingeben

a. Alle gewünschten Variablen wurden aufgenommen.

b. Abhängige Variable: MENGE

Modellzusammenfassung

Modell	R	R-Quadrat	Korrigiertes R-Quadrat	Standardfehler des Schätzers	Durbin-Watson-Statistik
1	,920	,847	,833	155,3195	2,020

ANOVA

Modell		Quadratsumme	df	Mittel der Quadrate	F	Signifikanz
1	Regression	4395065,962	3	1465021,987	60,728	,000
	Residuen	796097,011	33	24124,152		
	Gesamt	5191162,973	36			

Koeffizienten

Modell		Nicht standardisierte Koeffizienten		Standardisierte Koeffizienten	T	Signifikanz
		B	Standard-fehler	Beta		
1	(Konstante)	763,650	223,946		3,410	,002
	PREIS	-45,177	16,102	-,191	-2,806	,008
	AUSGABEN	,551	,050	,753	10,925	,000
	BESUCHE	9,705	1,658	,404	5,854	,000

Das erste wichtige Ergebnis sind die Regressionskoeffizienten b_j für die drei unabhängigen Variablen BESUCHE, PREIS, AUSGABEN sowie das konstante Glied. Diese finden sich im unteren Bereich der Abbildung in der Tabelle "Koeffizienten" in der ersten mit "B" bezeichneten Spalte.

Die geschätzte Regressionsfunktion lautet damit:

MENGE = 763,65 + 9,71 · Besuche - 45,18 · Preis + 0,55 · Ausgaben.

Globale Gütemaße

In dem mit "Modellzusammenfassung" überschriebenen Abschnitt finden sich die globalen Gütemaße. Das Bestimmtheitsmaß (R-Quadrat) beträgt hier $R^2 = 0,85$ (Formel 13a). Die Größe R = 0,92 ist der multiple Korrelationskoeffizient (Wurzel aus R^2). Das korrigierte Bestimmtheitsmaß gemäß Formel (13c) beträgt 0,83. Mit "Standardfehler des Schätzers" ist die Standardabweichung der Residuen (Formel 16) gemeint, die hier 155,3 beträgt.

Der Wert für R^2, der besagt, daß 85% der Variation der Absatzmenge durch die drei Regressoren erklärt wird, ist für eine Marktuntersuchung dieser Art ein relativ hoher Wert. Allgemein gültige Aussagen, ab welcher Höhe ein R^2 als gut einzustufen ist, lassen sich jedoch nicht machen, da dies von der jeweiligen Problemstellung abhängig ist. Bei stark zufallsbehafteten Prozessen (z.B. Wetter, Börse) kann auch ein R^2 von 0,1 akzeptabel sein.

Der F-Test wird in dem mit "ANOVA" (Analysis of Variance) überschriebenen Abschnitt wiedergegeben (vgl. Formel 15a). In der mit "Regression" bezeichneten Zeile wird zunächst die durch das Regressionsmodell erklärte Streuung (Quadratsumme) ausgewiesen, daneben die Anzahl der Freiheitsgrade (df) und die erklärte Varianz (Mittel der Quadrate), die sich aus dem Quotient von Streuung und Freiheitsgraden ergibt. Analog kann man in der Zeile "Residuen" die nicht erklärte Streuung, die zugehörigen Freiheitsgrade und die nicht erklärte Varianz ablesen.

Die Anzahl der Freiheitsgrade (df) ergibt sich durch:

$df = J = 3$ für die erklärte Streuung

$df = K - J - 1 = 33$ für die nicht erklärte Streuung

Für die F- Statistik erhält man damit gemäß Formel (15a) oder (15b) den Wert

$F_{emp} = 60,7$.

Zum Testen der Nullhypothese, daß kein systematischer Zusammenhang besteht, ist dieser Wert mit einem theoretischen F-Wert für eine geforderte Irrtumswahrscheinlichkeit zu vergleichen. Nachfolgend sind die theoretischen F-Werte für verschiedene Irrtumswahrscheinlichkeiten, die man für die obigen Freiheitsgrade einem Tabellenwerk für die F-Verteilung entnehmen kann (siehe Anhang des Buches), wiedergegeben:

F = 2,9   für Irrtumswahrscheinlichkeit 0,05
F = 4,5   für Irrtumswahrscheinlichkeit 0,01
F = 5,2   für Irrtumswahrscheinlichkeit 0,005

Der hier erzielte F-Wert ist weit größer und damit hoch signifikant. Folglich kann die Nullhypothese abgelehnt werden.

98   Regressionsanalyse

Die Vorgabe einer Irrtumswahrscheinlichkeit (Signifikanzniveau), wie es beim
klassischen Hypothesentest gefordert wird, ist immer mit einer gewissen Willkür
verbunden. Eine bessere Vorgehensweise ist deshalb folgende: Man berechnet einfach die Irrtumswahrscheinlichkeit für den erhaltenen empirischen F-Wert. Das ist
die Wahrscheinlichkeit dafür, daß man unter der Nullhypothese per Zufall einen
noch größeren F-Wert als den empirischen F-Wert erhalten würde. Bei einem klassischen Test wäre der empirische F-Wert bei dieser Irrtumswahrscheinlichkeit gerade noch signifikant. Der Untersucher kann sodann entscheiden, ob er diese Irrtumswahrscheinlichkeit akzeptiert oder nicht. Damit kann man sich das Nachschlagen in F-Tabellen ersparen.

In SPSS wird diese Irrtumswahrscheinlichkeit, also das Signifikanzniveau des
empirischen F-Wertes, in der Spalte "Signifikanz" ausgewiesen. Der Wert beträgt
hier 0,000, womit sich die Frage nach der Akzeptanz erübrigt.

Prüfung der Regressionskoeffizienten

In der Tabelle "Koeffizienten", der wir schon die Regressionskoeffizienten entnommen hatten, finden sich in der zweiten Spalte die Standardfehler s_{bj} der Regressionskoeffizienten (vgl. Formel B4 im Anhang). Diese werden für die Ermittlung der t-Werte sowie der Konfidenzintervalle der Koeffizienten (vgl. Abbildung
1.30) benötigt.

Die folgende Spalte enthält die standardisierten Regressionskoeffizienten $\hat{b}_j$
(Beta-Werte). Wir erkennen, daß die Ausgaben den höchsten Beta-Wert annehmen. Daraus können wir schließen, daß diese den stärksten Einfluß auf die Absatzmenge haben.

Entsprechend ist auch der t-Wert für die Ausgaben am höchsten. Auch hier sind,
analog zum F-Test, die Signifikanzniveaus der Regressionsparameter angegeben.
Diese sind alle niedriger als das üblicherweise geforderte Signifikanzniveau von
0,05 bzw. 5%. Der Einfluß aller drei Regressoren kann damit als signifikant angesehen werden.

Als Faustregel läßt sich merken, daß ein Koeffizient signifikant ist mit 5% Irrtumswahrscheinlichkeit, wenn $t \geq 2$ gilt, also der zugehörige t-Wert größer Zwei
ist. Dies gilt allerdings nur für eine größere Anzahl von Beobachtungen, genaugenommen für $K \geq 60$, wie ein Blick in die t-Tabelle im Anhang zeigt.

Weitere Statistiken

Neben den durch das Programm SPSS standardmäßig ausgegebenen Statistiken
(Schätzer, Anpassungsgüte des Modells) können im Dialogfenster "Statistiken"
(vgl. Abbildung 1.29) weitere Statistiken ausgewählt werden. Hierzu gehören die
Konfidenzintervalle der Regressionskoeffizienten sowie Statistiken, die dazu dienen, die Einhaltung der Prämissen des linearen Regressionsmodells zu überprüfen.

Fallbeispiel   99

Abbildung 1.29:   Dialogfenster "Statistiken"

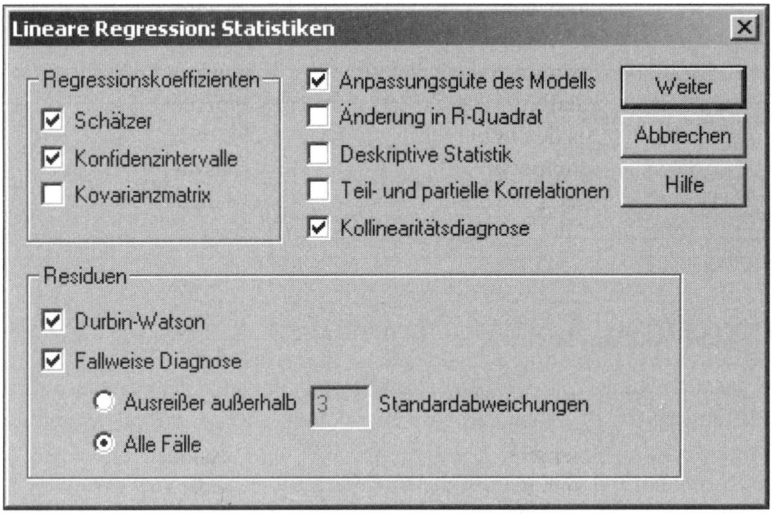

Abbildung 1.30 enthält die Konfidenzintervalle der drei Regressionskoeffizienten sowie des konstanten Gliedes (95%-Konfidenzintervall für B). Man sieht, daß der Koeffizient der Variablen PREIS das größte Konfidenzintervall unter den drei Regressionskoeffizienten besitzt und folglich dessen Schätzung am ungenauesten ist. Noch ungenauer ist allerdings der Schätzwert des konstanten Gliedes.

Abbildung 1.30:   Konfidenzintervalle und Kollinearitätsstatistik

Koeffizienten[a]

Modell		95%-Konfidenzintervall für B		Kollinearitätsstatistik	
		Untergrenze	Obergrenze	Toleranz	VIF
1	(Konstante)	308,029	1219,272		
	Preis	-77,936	-12,417	,998	1,002
	Ausgaben	,448	,654	,978	1,023
	Besuche	6,332	13,079	,976	1,024

a. Abhängige Variable: Menge

100 Regressionsanalyse

Abbildung 1.31: Korrelationsmatrix

Korrelationen

		MENGE	PREIS	AUSGABEN	BESUCHE
Korrelation nach	MENGE	1,000	-,164	,810	,507
Pearson	PREIS	-,164	1,000	,014	,043
	AUSGABEN	,810	,014	1,000	,148
	BESUCHE	,507	,043	,148	1,000

Prüfung auf Multikollinearität

Zwecks Aufdeckung von Multikollinearität soll hier in einem ersten Schritt die Korrelationsmatrix auf erkennbare Abhängigkeiten unter den Regressoren geprüft werden (vgl. Abbildung 1.31).

Starke Korrelationen unter den Regressoren liegen hier nicht vor, was jedoch noch keine Gewähr für das Fehlen von Multikollinearität bietet. Diese kann auch vorliegen, wenn alle paarweisen Korrelationen niedrig sind.

In Abbildung 1.30 sind neben den Konfidenzintervallen der Regressionsparameter auch deren Toleranzen und Variance Inflation Factors (VIF) angegeben (vgl. Formel 20 und 21). Die vorliegenden Werte lassen keine nennenswerte Multikollinearität erkennen.

Im Programm SPSS wird die Toleranz jeder unabhängigen Variablen vor Aufnahme in die Regressionsgleichung geprüft. Die Aufnahme unterbleibt, wenn der Toleranzwert unter einem Schwellenwert von 0,0001 liegt. Dieser Schwellenwert, der sich vom Benutzer auch ändern läßt, bietet allerdings keinen Schutz gegen Multikollinearität, sondern gewährleistet nur die rechnerische Durchführbarkeit der Regressionsanalyse. Eine exakte Grenze für "ernsthafte Multikollinearität" läßt sich nicht angeben.

Analyse der Residuen

Zwecks Prüfung der Prämissen des linearen Regressionsmodells, die die Verteilung der Störgrößen betreffen, muß man auf die Residuen zurückgreifen, da die Störgrößen nicht beobachtbar sind. Hierbei geht es z.B. um Prüfung auf Autokorrelation und Heteroskedastizität oder die Prüfung auf Normalverteilung der Residuen. In Abbildung 1.32 sind neben den beobachteten und geschätzten Werten der abhängigen Variablen MENGE, y_k und $\hat{y}_k$, auch die Residuen $e_k = \hat{y}_k - y_k$ aufgelistet. In der ersten Spalte sind außerdem die standardisierten Residuen ausgegeben, die man durch Division der Residuen durch ihre Standardabweichung (den Standardfehler s = 155,3) erhält. Abbildung 1.33 zeigt eine Zusammenstellung von Minima und Maxima sowie Mittelwert und Standardabweichung dieser Werte.

Abbildung 1.32: Y-Werte und Residuen

			Fallweise Diagnose [a]	
Fallnummer	Standardisierte Residuen	MENGE	Nichtstandar-disierter vorher-gesagter Wert	Nicht-standardisierte Residuen
1	1,455	2585,00	2359,0653	225,9347
2	1,066	1819,00	1653,4810	165,5190
3	-1,153	1647,00	1826,0974	-179,0974
4	,847	1496,00	1364,3922	131,6078
5	-,558	921,00	1007,6728	-86,6728
6	,962	2278,00	2128,5119	149,4881
7	-,649	1810,00	1910,7293	-100,7293
8	,487	1987,00	1911,2997	75,7003
9	-1,114	1612,00	1785,0727	-173,0727
10	1,486	1913,00	1682,1216	230,8784
11	1,006	2118,00	1961,7850	156,2150
12	-,743	1438,00	1553,4221	-115,4221
13	-1,495	1834,00	2066,2381	-232,2381
14	-,942	1869,00	2015,2797	-146,2797
15	-,145	1574,00	1596,4625	-22,4625
16	,408	2597,00	2533,5905	63,4095
17	-,861	2026,00	2159,7741	-133,7741
18	-,955	2016,00	2164,2683	-148,2683
19	-,955	1566,00	1714,2982	-148,2982
20	,819	2169,00	2041,8503	127,1497
21	,708	1996,00	1886,1044	109,8956
22	,855	2501,00	2368,2511	132,7489
23	1,186	2604,00	2419,8439	184,1561
24	-,292	1277,00	1322,4222	-45,4222
25	,882	1789,00	1652,0323	136,9677
26	-,590	1824,00	1915,7086	-91,7086
27	-,802	1813,00	1937,6411	-124,6411
28	,479	1513,00	1438,5733	74,4267
29	-,500	1172,00	1249,6605	-77,6605
30	,677	1987,00	1881,8421	105,1579
31	,941	2056,00	1909,9122	146,0878
32	-,448	1513,00	1582,5333	-69,5333
33	1,280	1756,00	1557,1700	198,8300
34	-1,347	2007,00	2216,2075	-209,2075
35	-1,707	2079,00	2344,1633	-265,1633
36	,669	1664,00	1560,0658	103,9342
37	-,956	1699,00	1847,4558	-148,4558

a. Abhängige Variable: MENGE

102   Regressionsanalyse

Abbildung 1.33:   Statistik der Schätzwerte und der Residuen

Residuenstatistik

	Minimum	Maximum	Mittelwert	Standard-abweichung	N
Nicht standardisierter vorhergesagter Wert	1007,6729	2533,5906	1852,0270	349,4069	37
Nicht standardisierte Residuen	-265,1633	230,8784	2,212E-13	148,7071	37
Standardisierter vorhergesagter Wert	-2,417	1,951	,000	1,000	37
Standardisierte Residuen	-1,707	1,486	,000	,957	37

Die Betrachtung der Residuen bietet hier keine Anhaltspunkte für die Vermutung von Prämissenverletzungen. Alle standardisierten Residuen liegen innerhalb eines Intervalls von ±2 Standardabweichungen um den Nullpunkt, d.h. es sind keine Ausreißer vorhanden.

Durbin/Watson-Test

Da es sich bei den Beobachtungen hier nicht um Zeitreihendaten handelt, sondern um Querschnittsdaten, deren Reihenfolge sich beliebig verändern läßt, macht eine Prüfung auf Vorliegen von Autokorrelation keinen Sinn. Um die Anwendung des Durbin/Watson-Testes zu demonstrieren, wollen wir dies jetzt ignorieren und so tun, als hätten wir Zeitreihendaten vorliegen. Der Wert der Durbin/Watson-Statistik, d = 2,02, wurde bereits in Abbildung 1.28 ausgewiesen. Abbildung 1.34 zeigt die Entscheidungsregeln für die Durchführung des Durbin-Watson-Tests.

Als Grenzwerte ergeben sich aufgrund der Durbin-Watson-Tabelle (vgl. Anhang) bei 37 Fällen und drei Regressoren (auf 95% - Niveau) im *zwei*seitigen Test[32] für $d_u^+ = 1,21$ und für $d_0^+ = 1,56$. Bei dem errechneten Wert von d = 2,02 besteht kein Anlaß zur Ablehnung der Nullhypothese[33], d. h. es gibt keinen Grund zu der Annahme, daß Autokorrelation besteht. Abbildung 1.35 beschreibt noch einmal grafisch den Annahmebereich sowie die Ablehnungs- und Unschärfebereiche des Durbin/Watson-Tests.

---

[32]   Die Durbin/Watson-Tabelle ist indifferent gegenüber der Frage, ob es sich um einen einseitigen oder zweiseitigen Test handelt. Im Falle des zweiseitigen Tests mit der Irrtumswahrscheinlichkeit α sind die Grenzwerte aus der Tabelle mit der Vertrauenswahrscheinlichkeit 1 - α/2 zu bestimmen.

[33]   Testtabellen, die bereits bei sechs Beobachtungswerten beginnen, finden sich bei Savin, N. E. / White, K. J., 1977, S. 1989-1996.

Abbildung 1.34: Entscheidungsregeln für den Durbin/Watson-Test[34]

Fragestellung: Test zum Niveau α von:
H_0: keine Autokorrelation gegen H_1: Autokorrelation gegeben

Teststatistik	Entscheidung
$d_o^+{}_{;\,\alpha/2} \leq d \leq 4 - d_o^+{}_{;\,\alpha/2}$	H_0
$d \leq d_u^+{}_{;\,\alpha/2}$ oder $d \geq 4 - d_u^+{}_{;\,\alpha/2}$	H_1
Unschärfebereich	Keine Entscheidung möglich

Legende:

d = empirischer Wert

$d_u^+{}_{;\,\alpha/2}$ = unterer Grenzwert aus der Tabelle zum Niveau α/2

$d_o^+{}_{;\,\alpha/2}$ = oberer Grenzwert aus der Tabelle zum Niveau α/2

Abbildung 1.35: Ablehnungs- und Unschärfebereich

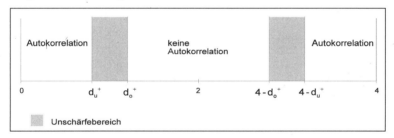

Prüfung auf Heteroskedastizität

Eine Prüfung auf Heteroskedastizität kann visuell durch Betrachtung der Residuen erfolgen. Abbildung 1.36 zeigt, wie hierfür mit SPSS ein Streudiagramm erstellt werden kann, das in Abbildung 1.37 dargestellt ist.

Das Diagramm ist wie folgt zu lesen. Auf der horizontalen Achse sind die standardisierten ŷ-Werte abgetragen, also die aufgrund der Regressionsgleichung geschätzten standardisierten Mengen (*ZPRED). Die vertikale Achse zeigt die standardisierten Residuen für die einzelnen Beobachtungswerte (*ZRESID). Durch die

---

[34] Es handelt sich in der dargestellten Form der Entscheidungsfindung im Durbin/ Watson-Test um den zweiseitigen Test. Für die Fragestellungen des einseitigen Tests vgl. Hartung, J., 2002, S. 740f.

Standardisierung ergibt sich jeweils ein Mittelwert von 0 und eine Standardabweichung von 1. Wenn nun Heteroskedastizität vorläge, dann müßten die Residuen einen erkennbaren Zusammenhang mit ŷ aufweisen, was hier nicht der Fall ist.

Abbildung 1.36: Dialogfenster "Diagramme"

Abbildung 1.37: Prüfung der Residuen auf Heteroskedastizität

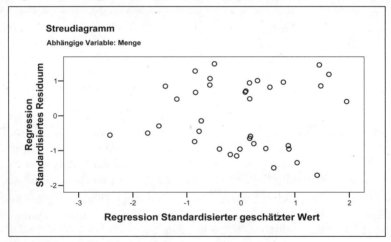

Die Analyse dieses Punktediagramms kann darüber hinaus Aufschlüsse geben, ob die Residuen in einer linearen oder nichtlinearen Beziehung zu $\hat{y}$ stehen. Generell kann man sagen, daß erkennbare Muster in den Residuen immer ein deutliches Indiz für eine Verletzung der Prämissen des Regressionsmodells darstellen.[35]

1.3.2 Schrittweise Regressionsanalyse

Das Programm SPSS bietet eine Reihe von Möglichkeiten, um aus einer Menge von unabhängigen Variablen unterschiedliche Kombinationen auszuwählen und somit unterschiedliche Regressionsmodelle zu formulieren. Mit den drei unabhängigen Variablen "PREIS", "AUSGABEN" und "BESUCHE" lassen sich insgesamt sieben verschiedene Modelle (Regressionsgleichungen) bilden: drei mit einer unabhängigen Variablen, drei mit zwei unabhängigen Variablen und eines mit drei unabhängigen Variablen. Die Anzahl der möglichen Kombinationen erreicht mit wachsender Anzahl der unabhängigen Variablen sehr schnell beträchtliche Größen. Es ist zwar möglich, alle Kombinationen durchrechnen zu lassen. Für den Untersucher verbleibt das Problem, die alternativen Modelle zu vergleichen und unter diesen auszuwählen. Weniger aufwendig sind die beiden folgenden Vorgehensweisen:

- Der Untersucher formuliert ein oder einige Modelle, die ihm aufgrund von theoretischen oder sachlogischen Überlegungen sinnvoll erscheinen und überprüft diese empirisch durch Anwendung der Regressionsanalyse (zur Auswahl der unabhängigen Variablen wird hierzu in SPSS die Methode „Einschluss" verwendet).
- Der Untersucher läßt sich vom Computer eine Auswahl von Modellen, die sein Datenmaterial gut abbilden (dies ist in SPSS mittels der Methode „Schrittweise" möglich), zeigen und versucht sodann, diese sinnvoll zu interpretieren.

Die zweite Alternative ist besonders verlockend und findet in der empirischen Forschung durch die Verfügbarkeit leistungsfähiger Computer-Programme zunehmende Verbreitung. Es besteht hierbei jedoch die Gefahr, daß sachlogische Überlegungen in den Hintergrund treten können, d. h. daß der Untersucher mehr dem Computer als seinem gesunden Menschenverstand vertraut. Der Computer kann nur nach statistischen Kriterien wählen, nicht aber erkennen, ob ein Modell auch inhaltlich sinnvoll ist.

Statistisch signifikante Zusammenhänge sollten vom Untersucher nur dann akzeptiert werden, wenn sie seinen sachlogischen Erwartungen entsprechen. Andererseits sollte der Untersucher bei Nichtsignifikanz eines Zusammenhanges nicht folgern, daß kein Zusammenhang besteht, wenn ansonsten das Ergebnis sachlich korrekt ist. Andernfalls sollte man bei widersprüchlichen Ergebnissen oder sachlo-

---

[35] Zu einer ausführlichen Darstellung der verschiedenen Möglichkeiten, Residuen zu im Hinblick auf Verletzung der Prämissen analysieren vgl. Draper, N.R. / Smith, H.: Kapitel 3.

106   Regressionsanalyse

gisch unbegründeten Einflußfaktoren nicht zögern, diese aus dem Regressionsmodell zu entfernen, auch wenn der Erklärungsanteil dadurch sinkt.

Nachdem wir gezeigt haben, wie in SPSS mit der Methode „Einschluss" die unabhängigen Variablen ausgewählt und blockweise in die Regressionsgleichung einbezogen werden, zeigen wir nun die schrittweise Regression, bei der die Auswahl der Variablen automatisch (durch einen Algorithmus gesteuert) erfolgt. In SPSS läßt sie sich durch die Anweisung „Schrittweise" (Stepwise) aufrufen (vgl. Abbildung 1.38). Bei der schrittweisen Regression werden die unabhängigen Variablen einzeln nacheinander in die Regressionsgleichung einbezogen, wobei jeweils diejenige Variable ausgewählt wird, die ein bestimmtes Gütekriterium maximiert. Im ersten Schritt wird eine einfache Regression mit derjenigen Variablen durchgeführt, die die höchste (positive oder negative) Korrelation mit der abhängigen Variablen aufweist. In den folgenden Schritten wird dann jeweils die Variable mit der höchsten partiellen Korrelation ausgewählt. Aus der Rangfolge der Aufnahme läßt sich die statistische Wichtigkeit der Variablen erkennen.

Abbildung 1.38:   Dialogfenster "Lineare Regression"

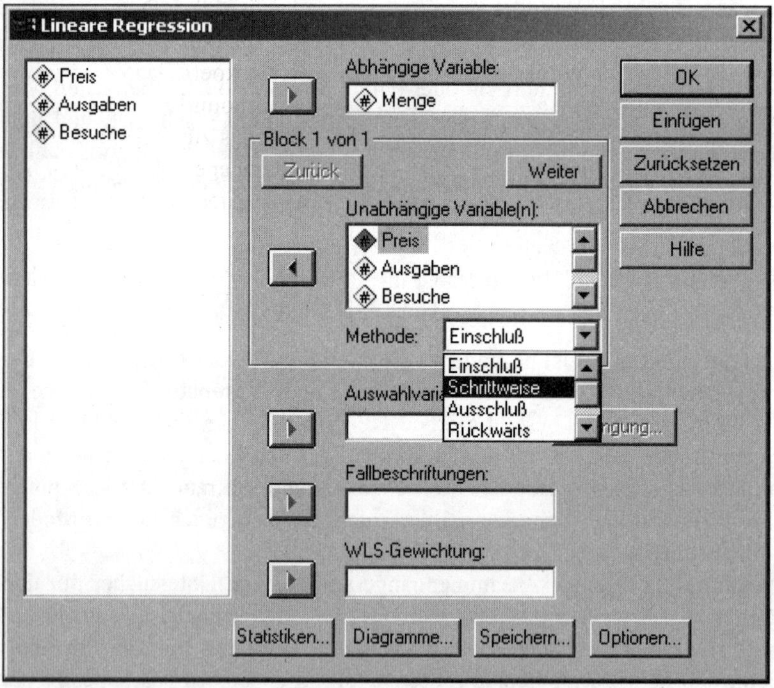

Die Anzahl der durchgeführten Analysen bei der schrittweisen Regression ist bedeutend geringer als die Anzahl der kombinatorisch möglichen Regressionsgleichungen. Bei 10 unabhängigen Variablen sind i. d. R. auch nur 10 Analysen gegenüber 1.023 möglichen Analysen durchzuführen. Die Zahl der durchgeführten Analysen kann allerdings schwanken. Einerseits kann sie sich verringern, wenn Variablen ein bestimmtes Aufnahmekriterium nicht erfüllen. Andererseits kann es vorkommen, daß eine bereits ausgewählte Variable wieder aus der Regressionsgleichung entfernt wird, weil sie durch die Aufnahme anderer Variablen an Bedeutung verloren hat und das Aufnahmekriterium nicht mehr erfüllt. Es besteht allerdings keine Gewähr, daß die schrittweise Regression immer zu einer optimalen Lösung führt.

Die folgende Abbildung 1.39 zeigt das Ergebnis der schrittweisen Regressionsanalyse für das Fallbeispiel. Dabei verweisen wir hinsichtlich der identischen Größen auf die Abbildung 1.28 mit den Ergebnissen der blockweisen Regressionsanalyse.

Im ersten Schritt wurde von der Prozedur die Variable AUSGABEN ausgewählt (Modell 1). Das Programm wählt für den ersten Schritt diejenige Variable aus, die mit der abhängigen Variablen den höchsten Korrelationskoeffizienten hat. Bei jedem Schritt wird für die noch unberücksichtigten Variablen ("Ausgeschlossene Variablen") der Beta-Wert (Beta In) angegeben, den die Variable nach einer eventuellen Aufnahme im folgenden Schritt erhalten würde. Die für die Auswahl verwendeten partiellen Korrelationskoeffizienten der Variablen sind hier ebenfalls ersichtlich. Als Kriterium für die Aufnahme oder Elimination einer unabhängigen Variablen dient der F-Wert des partiellen Korrelationskoeffizienten bzw. dessen Signifikanzniveau. Eine Variable wird nur dann aufgenommen, wenn ihr F-Wert einen vorgegebenen Wert (FIN) übersteigt oder wenn das zugehörige Signifikanzniveau (F-Wahrscheinlichkeit) kleiner als eine vorgegebene F-Wahrscheinlichkeit (PIN) ist. Umgekehrt wird eine Variable bei Unterschreiten der Grenze für die F-Prüfgröße (FOUT) oder bei Überschreiten des Grenzwertes für das Signifikanzniveau (POUT) eliminiert. Diese Werte können durch den Benutzer in dem Dialogfenster "Optionen" (vgl. Abbildung 1.40) variiert werden.

108   Regressionsanalyse

Abbildung 1.39:   SPSS-Output für die schrittweise Regressionsanalyse

Regression

Aufgenommene/Entfernte Variablen [a]

Modell	Aufgenommene Variablen	Entfernte Variablen	Methode
1	AUSGABEN	,	Schrittweise Auswahl (Kriterien: Wahrscheinlichkeit von F-Wert für Aufnahme <= ,050, Wahrscheinlichkeit von F-Wert für Ausschluß >= ,100).
2	BESUCHE	,	Schrittweise Auswahl (Kriterien: Wahrscheinlichkeit von F-Wert für Aufnahme <= ,050, Wahrscheinlichkeit von F-Wert für Ausschluß >= ,100).
3	PREIS	,	Schrittweise Auswahl (Kriterien: Wahrscheinlichkeit von F-Wert für Aufnahme <= ,050, Wahrscheinlichkeit von F-Wert für Ausschluß >= ,100).

[a.] Abhängige Variable: MENGE

Modellzusammenfassung

Modell	R	R-Quadrat	Korrigiertes R-Quadrat	Standardfehler des Schätzers
1	,810[a]	,657	,647	225,6197
2	,900[b]	,810	,799	170,2936
3	,920[c]	,847	,833	155,3195

[a.] Einflußvariablen : (Konstante), AUSGABEN

[b.] Einflußvariablen : (Konstante), AUSGABEN, BESUCHE

[c.] Einflußvariablen : (Konstante), AUSGABEN, BESUCHE, PREIS

Fallbeispiel 109

Abbildung 1.39: (Fortsetzung)

ANOVA

Modell		Quadrat-summe	df	Mittel der Quadrate	F	Signifikanz
1	Regression	3409514,944	1	3409514,944	66,979	,000[a]
	Residuen	1781648,029	35	50904,229		
	Gesamt	5191162,973	36			
2	Regression	4205165,941	2	2102582,970	72,503	,000[b]
	Residuen	985997,032	34	28999,913		
	Gesamt	5191162,973	36			
3	Regression	4395065,962	3	1465021,987	60,728	,000[c]
	Residuen	796097,011	33	24124,152		
	Gesamt	5191162,973	36			

[a.] Einflußvariablen : (Konstante), AUSGABEN

[b.] Einflußvariablen : (Konstante), AUSGABEN, BESUCHE

[c.] Einflußvariablen : (Konstante), AUSGABEN, BESUCHE, PREIS

Koeffizienten

Modell		Nicht standardisierte Koeffizienten		Standardisierte Koeffizienten	T	Signifikanz
		B	Standard-fehler	Beta		
1	(Konstante)	1116,669	97,207		11,488	,000
	AUSGABEN	,593	,072	,810	8,184	,000
2	(Konstante)	311,219	170,379		1,827	,077
	AUSGABEN	,550	,055	,752	9,945	,000
	BESUCHE	9,513	1,816	,396	5,238	,000
3	(Konstante)	763,650	223,946		3,410	,002
	AUSGABEN	,551	,050	,753	10,925	,000
	BESUCHE	9,705	1,658	,404	5,854	,000
	PREIS	-45,177	16,102	-,191	-2,806	,008

Abbildung 1.39: (Fortsetzung)

Ausgeschlossene Variablen

Modell		Beta In	T	Signifkanz	Partielle Korrelation	Kollinearitätsstatistik Toleranz
1	PREIS	-,175	-1,824	,077	-,299	1,000
	BESUCHE	,396	5,238	,000	,668	,978
2	PREIS	-,191	-2,806	,008	-,439	,998

Abbildung 1.40: Dialogfenster "Optionen"

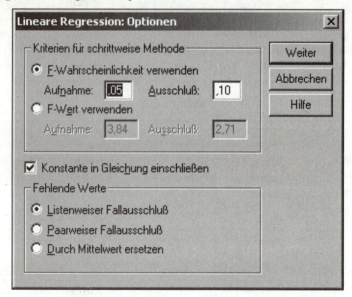

In unserem Beispiel haben wir die Grenzwerte mittels der F-Wahrscheinlichkeiten PIN (Aufnahme) und POUT (Ausschluß) festgelegt.

PIN: Schwellenwert für das Signifikanzniveau des F-Wertes bei der Aufnahme einer Variablen. Voreingestellt ist der Wert PIN = 0,05.

POUT: Schwellenwert für das Signifikanzniveau des F-Wertes bei der Elimination einer Variablen. Voreingestellt ist der Wert POUT = 0,1.

Alternativ kann anstelle des Signifikanzniveaus des F-Wertes auch der F-Wert selbst als Kriterium verwendet werden:

FIN: Schwellenwert für den F-Wert des partiellen Korrelationskoeffizienten (F-to-enter) bei der Aufnahme einer Variablen. Voreingestellt ist der Wert FIN = 3,84.

FOUT: Schwellenwert für den F-Wert des partiellen Korrelationskoeffizienten (F-to-remove) bei der Elimination einer Variablen. Voreingestellt ist der Wert FOUT = 2,71.

Die beiden Kriterien sind nicht völlig identisch, da das Signifikanzniveau des F-Wertes auch von der Anzahl der Variablen in der Regressionsgleichung abhängt.

Je größer FIN bzw. je kleiner PIN, desto mehr werden die Anforderungen für die Aufnahme einer Variablen verschärft. Entsprechend lassen sich auch ein FOUT und POUT für die Elimination von Variablen spezifizieren. Bei der schrittweisen Regressionsanalyse ist jeweils nur ein Kriterium für die Aufnahme und die Elimination zulässig. Es ist darauf zu achten, daß zwischen beiden Werten positive Differenzen (FOUT < FIN und POUT > PIN) bestehen.

Die Abbildung 1.39 zeigt auch die Ergebnisse der schrittweisen Regressionsanalyse für die sukzessive Aufnahme aller drei Regressoren in die Gleichung. So wurde in Modell 2 die zweite Variable BESUCHE und in Modell 3 die dritte Variable PREIS mit einbezogen. Alle drei Regressoren haben das voreingestellte Aufnahmekriterium erfüllt.

Die Ergebnisse der schrittweisen Regressionsanalyse stimmen mit denen der blockweisen Regressionsanalyse natürlich überein, wovon sich der Leser überzeugen sollte.[36] Die schrittweise Regressionsanalyse beendet die Iterationen, wenn keine weiteren unabhängigen Variablen aufgenommen werden können (in unserem Falle waren keine weiteren Variablen vorhanden) und keine der bereits aufgenommenen Variablen wieder entfernt werden muß.

1.3.3 SPSS-Kommandos

In Abbildung 1.41 ist abschließend die Syntaxdatei mit den SPSS-Kommandos für das Fallbeispiel wiedergegeben. Vergleiche hierzu die Ausführungen im einleitenden Kapitel diese Buches.

---

[36] Intern führt das Programm auch bei blockweiser Aufnahme der Variablen (Einschluss) eine schrittweise Regression durch (mit PIN=1). Im Output ist dann erkennbar, in welcher Reihenfolge das Programm die Variablen in die Gleichung aufgenommen hat.

112   Regressionsanalyse

Abbildung 1.41:   SPSS-Kommandos zur Regressionsanalyse

```
* MVA: Fallbeispiel zur Regressionsanalyse

* Datendefinition
* --------------.


DATA LIST FREE / MENGE PREIS AUSGABEN BESUCHE.
BEGIN DATA.
2585 12,5 2000 109
1819 10 550 107
................
1699 12,5 1600 79
END DATA.

* Prozedur
* --------.


*  Regressionsanalyse nach der Methode ENTER

REGRESSION /VARIABLES MENGE PREIS AUSGABEN BESUCHE
/STATISTICS R ANOVA COEFF CI TOL
/DESCRIPTIVES CORR
/DEPENDENT MENGE
/ENTER PREIS AUSGABEN BESUCHE
/CASEWISE DEPENDENT PRED RESID OUTLIERS (0)
/RESIDUALS DURBIN
/SCATTERPLOT (*RESID,*PRED).


*  Regressionsanalyse nach der Methode STEPWISE

REGRESSION /VARIABLES MENGE PREIS AUSGABEN BESUCHE
/CRITERIA PIN (0.05) POUT (0.1)
/DEPENDENT MENGE
/METHOD STEPWISE PREIS AUSGABEN BESUCHE.
```

1.4 Anwendungsempfehlungen

Für die praktische Anwendung der Regressionsanalyse sollen abschließend einige Empfehlungen gegeben werden, die rezeptartig formuliert sind und den schnellen Zugang zur Anwendung der Methode erleichtern sollen.

1. Das Problem, das es zu untersuchen gilt, muß genau definiert werden: Welche Größe soll erklärt werden? Die erklärende Variable sollte metrisches Skalenniveau haben.

2. Es ist viel Sachkenntnis und Überlegung einzubringen, um mögliche Einflußgrößen, die auf die zu erklärende Variable einwirken, zu erkennen und zu definieren. Die wichtigen Einflußgrößen sollten im Modell enthalten sein, aber mehr muß nicht besser sein. Eine Variable sollte nur dann berücksichtigt werden, wenn sachlogische Gründe hierfür bestehen.

3. Die Zahl der Beobachtungen muß genügend groß sein. Sie sollte möglichst doppelt so groß sein wie die Anzahl der Variablen in der Regressionsgleichung.

4. Vor Beginn der Rechnung sollten aufgrund der vorhandenen Sachkenntnis zunächst hypothetische Regressionsmodelle mit den vorhandenen Variablen formuliert werden. Dabei sollten auch die Art und Stärke der Wirkungen von berücksichtigten Variablen überlegt werden.

5. Nach Schätzung einer Regressionsfunktion ist zunächst das Bestimmtheitsmaß auf Signifikanz zu prüfen. Wenn kein signifikantes Testergebnis erreichbar ist, muß der ganze Regressionsansatz verworfen werden.

6. Anschließend sind die einzelnen Regressionskoeffizienten sachlogisch (auf Vorzeichen) und statistisch (auf Signifikanz) zu prüfen.

7. Die gefundene Regressionsgleichung ist auf Einhaltung der Prämissen des linearen Regressionsmodells zu prüfen.

8. Eventuell sind Variablen aus der Gleichung zu entfernen oder neue Variablen aufzunehmen. Die Modellbildung ist oft ein iterativer Prozeß, bei dem der Untersucher auf Basis von empirischen Ergebnissen neue Hypothesen formuliert und diese anschließend wieder überprüft.

9. Wenn die gefundene Regressionsgleichung alle Prämissen-Prüfungen überstanden hat, erfolgt die Überprüfung an der Realität.

114   Regressionsanalyse

1.5   Mathematischer Anhang

A. Schätzung der Regressionsfunktion

Ergänzend zum Text soll nachfolgend die Schätzung der Regressionsfunktion unter Anwendung der Kleinstquadrate-Methode dargestellt werden. Das KQ-Kriterium lautet in allgemeiner Form:

$$S = \sum_{k=1}^{K} e_k^2 \rightarrow \min! \tag{A1}$$

Einfache Regression

Im Fall der einfachen Regression erhält man dafür den Ausdruck

$$S = \sum_{k=1}^{K} (y_k - b_0 - b_1 x_k)^2 \rightarrow \min! \tag{A2}$$

mit den zu schätzenden Parametern b_0 und b_1. Durch partielle Differentiation nach b_0 und b_1 erhält man unter Weglassung von Index k an den Summenzeichen die folgenden Bedingungen erster Ordnung für das gesuchte Minimum:

$$\frac{\delta S}{\delta b_0} = 2 \sum (y_k - b_0 - b_1 x_k)(-1) = 0 \tag{A3}$$

$$\frac{\delta S}{\delta b_1} = 2 \sum (y_k - b_0 - b_1 x_k)(-x_k) = 0 \tag{A4}$$

Daraus folgt:

$$\sum (y_k - b_0 - b_1 x_k) = 0 \qquad \Rightarrow \quad \sum e_k = 0 \tag{A5}$$

$$\sum (y_k - b_0 - b_1 x_k) x_k = 0 \qquad \Rightarrow \quad \sum e_k x_k = 0 \tag{A6}$$

Durch Umformung erhält man hieraus die sog. *Normalgleichungen*:

$$\sum y_k = K b_0 + b_1 \sum x_k \tag{A7}$$

$$\sum y_k x_k = b_0 \sum x_k + b_1 \sum x_k^2 \tag{A8}$$

Durch Auflösen von (A7) nach b_0 erhält man

$$b_0 = \frac{1}{K} \sum y_k - b_1 \frac{1}{K} \sum x_k = \bar{y} - b_1 \bar{x} \tag{A9}$$

Dies entspricht Formel (8) zur Berechnung des konstanten Gliedes der Regressionsfunktion. Durch Einsetzen in (A8) erhält man:

$$\sum y_k x_k = \frac{1}{K} \sum y_k \sum x_k - b_1 \frac{1}{K} \left(\sum x_k \right) \left(\sum x_k \right) + b_1 \sum x_k^2$$

Durch Auflösen nach b_1 erhält man hieraus Formel (7)

$$b_1 = \frac{K \sum y_k x_k - \left(\sum y_k \right) \left(\sum x_k \right)}{K \sum x_k^2 - \left(\sum x_k \right)^2} \tag{A10}$$

Mit Hilfe der Mittelwerte der x- und y-Werte läßt sich diese Gleichung wie folgt vereinfachen:

$$b_1 = \frac{\sum (x_k - \bar{x}) \sum (y_k - \bar{y})}{\sum (x_k - \bar{x})^2} \tag{A11}$$

Multiple Regression

In Matrizenschreibweise läßt sich die multiple Regressionsfunktion wie folgt schreiben:

$$Y = b_0 + X b + e \tag{A12}$$

mit

Y: K-Vektor der Beobachtungswerte der abhängigen Variablen

X: (K x J) - Matrix der Beobachtungswerte der J Regressoren

b: J-Vektor der Regressionskoeffizienten

b_0: konstantes Glied bzw. K-Vektor, der K mal das konstante Glied enthält

e: K-Vektor der Residualgrößen

Weiterhin sei vereinbart, daß eine Variable durch einen Punkt gekennzeichnet wird, wenn ihre Werte um den Mittelwert reduziert wurden, z.B.

$\dot{Y}$ mit den Werten $\dot{y}_k = y_k - \bar{y}$

Die Summe der Werte von $\dot{Y}$ ist damit 0. Entsprechend sind alle Spaltensummen der Matrix $\dot{X}$, die die transformierten Regressoren enthält, gleich 0. Durch diese Transformation entfällt auch das konstante Glied in der Regressionsfunktion. Da die Summe der Residualgrößen zwangsläufig gleich 0 ist (siehe A5), wird e nicht besonders gekennzeichnet.

Das KQ-Kriterium lautet damit:

$$S = (\dot{Y} - \dot{X} b)' (\dot{Y} - \dot{X} b) \rightarrow \text{min!} \tag{A13}$$

Durch partielle Differentiation nach b_0 und b erhält man für die Schätzung der Regressionsparameter jetzt folgende Formeln:

116   Regressionsanalyse

$$b = (\dot{X}'\dot{X})^{-1}\dot{X}'\dot{Y} \tag{A14}$$

$$b_0 = \bar{y} - b_1\bar{x}_1 - b_2\bar{x}_2 - \ldots - b_J\bar{x}_J \tag{A15}$$

Verzichtet man auf ein konstantes Glied in der Regressionsbeziehung, so erhält man die Regressionsparameter durch

$$b = (X'X)^{-1}X'Y \tag{A16}$$

B. Schätzfehler der Parameter

Einfache Regression

Bezeichnet man mit s die Standardabweichung der Residualgrößen (Standardfehler), so erhält man für den Standardfehler des Regressionskoeffizienten b_1

$$s_{b_1} = s\sqrt{\frac{1}{\sum(x_k - \bar{x})^2}} \tag{B1}$$

und für den Standardfehler des konstanten Gliedes b_0

$$s_{b_0} = s\sqrt{\frac{1}{K} + \frac{\bar{x}^2}{\sum(x_k - \bar{x})^2}} \tag{B2}$$

Multiple Regression

Im Fall der multiplen Regression läßt sich die *Varianz-Kovarianz-Matrix* der Regressionskoeffizienten in Matrizenschreibweise wie folgt darstellen:

$$V = s^2(\dot{X}'\dot{X})^{-1} \tag{B3}$$

Es seien mit a_{jj} die Diagonalelemente der Inversen von $\dot{X}'\dot{X}$ bezeichnet:

$$a_{jj} = \left[(\dot{X}'\dot{X})^{-1}\right]_{jj}$$

Damit gilt für den *Standardfehler des Regressionskoeffizienten* b_j:

$$s_{b_j} = s\sqrt{a_{jj}} \qquad (j = 1, 2, \ldots, J) \tag{B4}$$

Der *Standardfehler des konstanten Gliedes* errechnet sich durch:

$$s_{b_0} = s\sqrt{\bar{X}'(\dot{X}'\dot{X})^{-1}\bar{X} + \frac{1}{K}} \tag{B5}$$

mit $\bar{X}$: J-Vektor der Mittelwerte der Regressoren.

1.6 Literaturhinweise

Auer, L. v. (2005): Ökonometrie: Eine Einführung, 3. Aufl., Berlin u.a.

Belsley, D.A. / Kuh, E. / Welsch, R.E. (1980): Regression Diagnostics, New York u. a.

Bleymüller J. / Gehlert G. / Gülicher H. (2002): Statistik für Wirtschaftswissenschaftler, 14. Aufl., München

Bortz, J. (2005): Statistik für Human- und Sozialwissenschaftler, 6. Aufl., Berlin et. al.

Bühl, A. / Zöfel, P. (2005): SPSS 12: Einführung in die moderne Datenanalyse unter Windows, 9. Aufl., München.

Chatterjee, S. / Hadi, A. (1988): Sensitivity Analysis in Linear Regression, New York.

Draper, N.R. / Smith, H. (1998): Applied Regression Analysis, 3rd ed., New York u. a.

Goldberger, A.S. (1964): Econometric Theory, New York.

Greene, W.H. (2003): Econometric Analysis, 5th ed., Upper Saddle River, New Jersey u. a.

Hammann, P. / Erichson, B. (2000): Marktforschung. 4. Aufl., Stuttgart.

Hanssens, D.M. / Parsons, L.J. / Schultz, R.L. (2001): Market Response Models. Econometric and Time Series Analysis, 2nd ed., Boston, Mass. u. a.

Hartung, J. / Elpelt, Bärbel / Klösener, Karl-Heinz (2002): Statistik: Lehr- und Handbuch der angewandten Statistik, 13. Aufl., München.

Janssen, J. / Laatz, W. (2005): Statistische Datenanalyse mit SPSS für Windows: eine anwendungsorientierte Einführung in das Basissystem und das Modul Exakte Tests, 5. Aufl., Berlin / Heidelberg / New York.

Kmenta, J. (1997): Elements of Econometrics, 2nd ed., New York.

Kockläuner, G. (1988): Angewandte Regressionsanalyse mit SPSS, Braunschweig u. a.

Maddala, G. (2001): Introduction to Econometrics, 3rd ed., New York.

Ramanathan, R. (1998): Introductory Econometrics with Applications, 4th ed., Fort Worth.

Sachs, L. (2004): Angewandte Statistik. Anwendung statistischer Methoden, 11. Aufl., Berlin.

Savin, N.E. / White, K.J. (1977): The Durbin-Watson Test for Serial Correlation with Extreme Sample Size or many Regressors, in: Econometrica, Jg. 45 Nr. 8.

Schneeweiß, H. (1990): Ökonometrie, 4. Aufl., Heidelberg.

Schönfeld, P. (1969): Methoden der Ökonometrie, Bd. 1, Berlin u. a.

SPSS Inc. (Hrsg) (2004): SPSS 13.0 Command Syntax Reference, Chicago.

Studenmund, A.H. (2001): Using Econometrics: A Practical Guide, 4th ed., Boston, Mass.

Wooldridge, J.M. (2005): Introductory Econometrics: A modern Approach, 3rd ed., Cincinnati, Ohio u. a.

Wonnacott, R.J. / Wonnacott, T.H. (1979): Econometrics, 2nd ed., New York.

Wonnacott, T.H. / Wonnacott, R.J. (1981): Regression. A Second Course in Statistics, Malabar.

2 Varianzanalyse

2.1	Problemstellung	120
2.2	Vorgehensweise	122
2.2.1	Einfaktorielle Varianzanalyse	122
2.2.1.1	Problemformulierung	122
2.2.1.2	Analyse der Abweichungsquadrate	124
2.2.1.3	Prüfung der statistischen Unabhängigkeit	128
2.2.2	Zweifaktorielle Varianzanalyse	130
2.2.2.1	Problemformulierung	130
2.2.2.2	Analyse der Abweichungsquadrate	132
2.2.2.3	Prüfung der statistischen Unabhängigkeit	139
2.2.3	Ausgewählte Erweiterungen der Varianzanalyse	140
2.3	Fallbeispiel	143
2.3.1	Problemstellung	143
2.3.2	Ergebnisse	146
2.3.3	SPSS-Kommandos	149
2.4	Anwendungsempfehlungen	150
2.5	Literaturhinweise	153

120   Varianzanalyse

2.1   Problemstellung

Die Varianzanalyse ist ein Verfahren, das die Wirkung einer (oder mehrerer) unabhängiger Variablen auf eine (oder mehrere) abhängige Variable untersucht. Für
die unabhängige Variable wird dabei lediglich Nominalskalierung verlangt, während die abhängige Variable metrisches Skalenniveau aufweisen muß. Die Varianzanalyse ist das wichtigste Analyseverfahren zur Auswertung von *Experimenten.* Typische Anwendungsbeispiele zeigt Abbildung 2.1.

Abbildung 2.1:   Anwendungsbeispiele

1. Welche Wirkung haben verschiedene Formen der Bekanntmachung eines
   Kinoprogramms (z. B. Plakate, Zeitungsinserate) auf die Besucherzahlen?
   Um dieses zu erfahren, wendet ein Kinobesitzer eine Zeit lang jeweils nur
   eine Form der Bekanntmachung an.
2. Welche Wirkung haben zwei Marketinginstrumente jeweils isoliert und
   gemeinsam auf die Zielvariable? Ein Konfitürenhersteller geht z. B. von
   der Vermutung aus, daß der Markenname und der Absatzweg einen wichtigen Einfluß auf den Absatz haben. Deshalb testet er drei verschiedene
   Markennamen in zwei verschiedenen Absatzwegen.
3. Es soll die Wahrnehmung von Konsumenten untersucht werden, die sie gegenüber zwei alternativen Verpackungsformen für die gleiche Seife emp-
   finden. Deshalb werden die Probanden gebeten, auf drei Ratingskalen die
   Attraktivität der Verpackung, die Gesamtbeurteilung des Produktes und ihre Kaufbereitschaft anzugeben.
4. Ein Landwirtschaftsbetrieb will die Wirksamkeit von drei verschiedenen
   Düngemitteln im Zusammenhang mit der Bodenbeschaffenheit überprüfen.
   Dazu werden der Ernteertrag und die Halmlänge bei gegebener Getreide-
   gattung auf Feldern verschiedener Bodenbeschaffung, die jeweils drei verschiedene Düngesegmente haben, untersucht.
5. In einer medizinischen Querschnittsuntersuchung wird der Einfluß unterschiedlicher Diäten auf das Körpergewicht festgestellt.
6. In mehreren Schulklassen der gleichen Ausbildungsstufe wird der Lerner-
   folg verschiedener Unterrichtsmethoden festgestellt.

Gemeinsam ist allen Beispielen, daß ihnen eine *Vermutung über die Wirkungsrichtung* der Variablen zugrunde liegt. Wie in der Regressionsanalyse, die einen Erklä-
rungszusammenhang der Art

$$Y = f(X_1, X_2, ...,X_j, ..., X_J)$$

über metrische Variable herstellt, formuliert auch die Varianzanalyse einen solchen
Zusammenhang, allein mit dem Unterschied, daß die Variablen X_1, X_2, ..., X_J

nominal skaliert sein dürfen. Die Beispiele verdeutlichen dieses. So nimmt man im ersten Beispiel an, daß die Werbung als unabhängige Variable mit den beiden Ausprägungen "Plakat" und "Zeitungsannonce" einen Einfluß auf die Zahl der Kinobesucher hat. Die Ausprägungen der unabhängigen Variablen beschreiben dabei stets alternative Zustände. Demgegenüber ist die abhängige Variable, hier die Zahl der Kinobesucher, metrisch skaliert.

Gemeinsam ist weiterhin allen Anwendungsbeispielen, daß sie experimentelle Situationen beschreiben: Feldexperimente im ersten und zweiten Beispiel, ein Laborexperiment im dritten Beispiel. Die Varianzanalyse ist das klassische Verfahren zur Analyse von Experimenten mit Variablen des bezeichneten Skalenniveaus.

Die genannten Beispiele unterscheiden sich durch die Zahl der Variablen. So wird im ersten Beispiel die Wirkung *einer* unabhängigen Variablen (Werbung) auf *eine* abhängige Variable (Besucherzahl) untersucht. Im zweiten Beispiel wird demgegenüber die Wirkung von *zwei* unabhängigen Variablen (Markenname und Absatzweg) auf *eine* abhängige Variable (Absatz) analysiert. Im dritten Beispiel gilt das Interesse schließlich der Wirkung *einer* unabhängigen Variablen (Verpackungsform) auf *drei* abhängige Variable (Attraktivität der Verpackung, Gesamtbeurteilung des Produktes und Kaufbereitschaft).

Die unabhängigen Variablen werden als *Faktoren* bezeichnet, die einzelnen Ausprägungen als *Faktorstufen*. Die Typen der Varianzanalyse lassen sich nach der Zahl der Faktoren differenzieren. Wenn *eine* abhängige Variable und eine unabhängige gegeben ist, spricht man von einfaktorieller, entsprechend bei zwei unabhängigen von zweifaktorieller Varianzanalyse usw. Bei mehr als einer abhängigen Variablen spricht man von mehrdimensionaler Varianzanalyse (vgl. Abbildung 2.2).

Abbildung 2.2: Typen der Varianzanalyse

Zahl der abhängigen Variablen	Zahl der unabhängigen Variablen	Bezeichnung des Verfahrens
1	1	Einfaktorielle Varianzanalyse
1	2	Zweifaktorielle Varianzanalyse
1	3	Dreifaktorielle Varianzanalyse
	usw.	
Mindestens 2	Eine oder mehrere	Mehrdimensionale Varianzanalyse

122   Varianzanalyse

2.2   Vorgehensweise

Das Grundprinzip der Varianzanalyse wird im folgenden zunächst am Beispiel mit einer abhängigen und einer unabhängigen Variablen (einfaktorielles Modell) verdeutlicht. Dabei folgen wir einer dreistufigen Vorgehensweise, die in Abbildung 2.3 dargestellt ist. Im zweiten Schritt erweitern wir unsere Überlegungen auf die zweifaktorielle Varianzanalyse (zwei unabhängige Variablen), wobei wir die Ablauflogik beibehalten. Abschließend werden ausgewählte Erweiterungen im Verfahren der Varianzanalyse besprochen.

Abbildung 2.3:   Ablaufschritte der Varianzanalyse

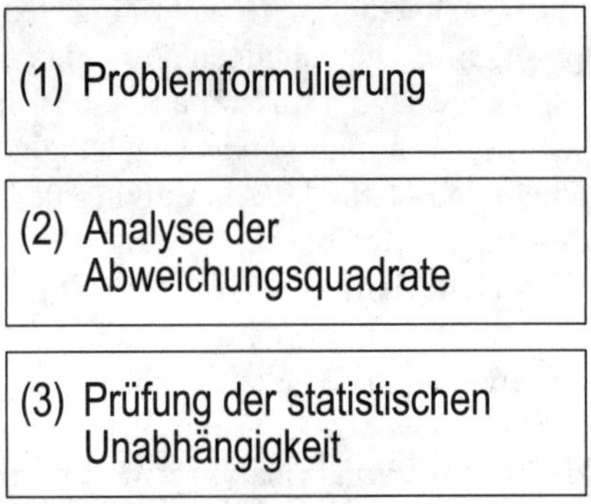

> **(1) Problemformulierung**

> **(2) Analyse der
>   Abweichungsquadrate**

> **(3) Prüfung der statistischen
>   Unabhängigkeit**

2.2.1   Einfaktorielle Varianzanalyse

2.2.1.1   Problemformulierung

(1) Problemformulierung
(2) Analyse der Abweichungsquadrate
(3) Prüfung der statistischen Unabhängigkeit

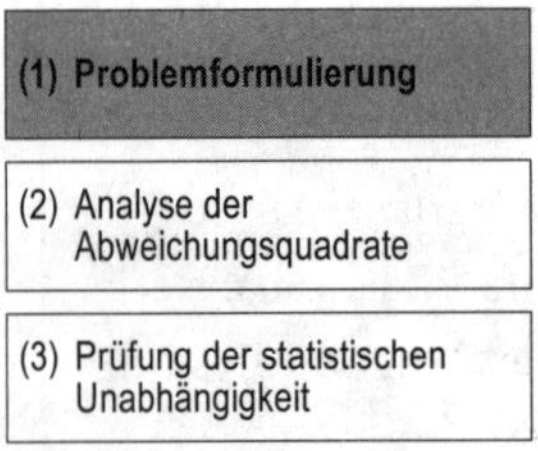

Um den Kern der Varianzanalyse herauszuarbeiten, betrachten wir zunächst die folgende Problemsituation: Der Leiter einer Supermarktkette will die Wirkung verschiedener Arten der Warenplazierung überprüfen. Er wählt dazu Margarine in der Becherverpackung aus, wobei ihm drei Möglichkeiten der Regalplazierung offen stehen:

1. Plazierung im Normalregal der Frischwarenabteilung
2. Plazierung im Normalregal der Frischwarenabteilung und Zweitplazierung im Fleischmarkt
3. Plazierung im Kühlregal der Frischwarenabteilung.

Anschließend wird folgendes experimentelle Design entworfen: Aus den insgesamt vorhandenen Supermärkten werden drei weitgehend vergleichbare Supermärkte des Unternehmens ausgewählt, die sich durch unterschiedliche Präsentation von Margarine unterscheiden. In einem Zeitraum von 5 Tagen wird in jedem der drei Supermärkte jeweils eine Form der Margarine-Präsentation durchgeführt. Die Auswirkungen der Maßnahmen werden jeweils in der Größe "kg Margarineabsatz pro 1.000 Kassenvorgänge" erfaßt. Abbildung 2.4 zeigt die Ergebnisse.

Abbildung 2.4: kg Margarineabsatz pro 1.000 Kassenvorgänge in drei Supermärkten in Abhängigkeit von der Plazierung

	Tag 1	Tag 2	Tag 3	Tag 4	Tag 5
Supermarkt 1 "Normalregal"	47	39	40	46	45
Supermarkt 2 "Zweitplazierung"	68	65	63	59	67
Supermarkt 3 "Kühlregal"	59	50	51	48	53

Wir erhalten drei Teilstichproben mit jeweils genau fünf Beobachtungswerten; die Teilstichproben haben also den gleichen Umfang. Es fällt ins Auge, daß die drei Supermärkte unterschiedliche Erfolge im Margarineabsatz aufweisen. Die Mittelwerte zeigt Abbildung 2.5.

Abbildung 2.5: Mittelwerte des Margarineabsatzes in drei Supermärkten

	Mittelwert pro Supermarkt
Supermarkt 1 "Normalregal"	$\overline{y}_1 = 43,4$
Supermarkt 2 "Zweitplazierung	$\overline{y}_2 = 64,4$
Supermarkt 3 "Kühlregal"	$\overline{y}_3 = 52,2$
Gesamtmittelwert	$\overline{y} = 53,\overline{3}$

Dabei führen wir folgende Notation ein:

y_{gk} = Beobachtungswert mit

g = Kennzeichnung einer Faktorstufe als Ausprägung einer unabhängigen Variablen ($g=1, 2, ..., G$)

k = Kennzeichnung des Beobachtungswertes innerhalb einer Faktorstufe ($k=1, 2, ..., K$)

$\overline{y}_g$ = Mittelwert der Beobachtungswerte einer Faktorstufe

$\overline{y}$ = Gesamtmittelwert aller Beobachtungswerte

Der Leiter des Unternehmens will nun wissen, ob die unterschiedlichen Absatzergebnisse in den drei Supermärkten auf die Variation der Warenplazierung zurückzuführen sind. Nehmen wir zur Vereinfachung an, daß keine Einflußgrößen "von außen" (d. h. außerhalb der experimentellen Anordnung, wie z. B. Preiseinflüsse,

124   Varianzanalyse

Konkurrenzeinflüsse, Standorteinflüsse) das Ergebnis mitbestimmt haben. Dann dürften, wenn kein Einfluß der Art der Warenplazierung auf den Absatz bestände, auch keine größeren Unterschiede zwischen den Mittelwerten der drei Supermärkte auftreten. Umgekehrt kann bei Vorliegen von Mittelwertunterschieden auf das Wirksamwerden der unterschiedlichen Warenplazierung geschlossen werden.

Nun zeigen die einzelnen Beobachtungswerte y_{gk}, daß sie deutlich um den Mittelwert je Supermarkt $\bar{y}_g$ streuen. Diese Streuung ist allein auf andere absatzwirksame Einflußgrößen als die Warenplazierung zurückzuführen. Strenggenommen müssen wir unsere vereinfachende Annahme "keine Einflußgrößen von außen" also genauer formulieren: Es gibt Einflüsse "von außen", jedoch geht die Varianzanalyse davon aus, daß diese Einflüsse bis auf zufällige Abweichungen in allen drei Supermärkten gleich sind.

Wenn wir nun der Frage nachgehen, ob die Warenplazierung einen signifikanten Einfluß auf den Absatz hat, dann müssen wir die im Modell nicht erfaßten Einflüsse von den im Modell erfaßten Einflüssen trennen. Wir tun dieses, indem wir fragen, ob sich ein bestimmter Beobachtungswert, z. B. der Wert $y_{11} = 47$, "zufällig" (d. h. nur durch nicht erfaßte äußere Einflüsse erklärt) oder "systematisch" (d. h. durch die Warenplazierung erklärt) vom Gesamtmittelwert $53,\overline{3}$ unterscheidet.

2.2.1.2   Analyse der Abweichungsquadrate

(1) Problemformulierung
(2) Analyse der Abweichungsquadrate
(3) Prüfung der statistischen Unabhängigkeit

Im Rahmen der vereinfachenden Annahmen des obigen Beispiel können wir nun mit folgender Überlegung weiterarbeiten. Wenn die im Modell nicht erfaßten Einflüsse sich in allen drei Supermärkten bis auf zufällige Abweichungen gleich stark auswirken, dann drückt sich in den Abweichungen der Mittelwerte je Supermarkt vom Gesamtmittelwert die untersuchte Einflußgröße "Warenplazierung" aus. Abbildung 2.6 verdeutlicht das Konzept.

Wir können die Abbildung auch so interpretieren: Der Prognosewert für den Margarineabsatz, wenn kein Einfluß der Warenplazierung vorhanden wäre, ist $\bar{y}$. Nimmt man einen Einfluß der Warenplazierung auf den Absatz an, dann ist der Prognosewert für den Margarineabsatz je nach Art der Plazierung $\bar{y}_1$, $\bar{y}_2$ oder $\bar{y}_3$. Die Abweichungen vom Prognosewert ($y_{gk} - \bar{y}_g$) sind auf zufällige äußere Einflüsse zurückzuführen und somit nicht erklärt. Die Gesamtabweichung läßt sich also in zwei Komponenten zerlegen (sog. Streuungszerlegung):

Gesamtabweichung = erklärte Abweichung + nicht erklärte Abweichung

Abbildung 2.6: Erklärte und nicht erklärte Abweichungen bei "Normalregal" und "Zweitplazierung" (y_{gk} aus Abbildung 2.4)

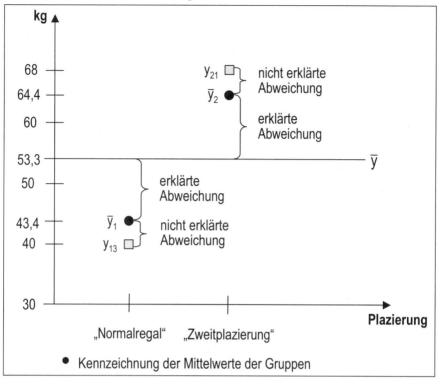

Diese Zerlegung der Gesamtabweichung je Beobachtung läßt sich in der Varianzanalyse auf die Summe der Gesamtabweichungen aller Beobachtungen übertragen (SS = "sum of squares"):

Gesamtabweichung	= Erklärte Abweichung	+ Nicht erklärte Abweichung
Summe der quadrierten Gesamtabweichungen	= Summe der quadrierten Abweichungen *zwischen* den Faktorstufen	+ Summe der quadrierten Abweichungen *innerhalb* der Faktorstufen
$\sum_{g=1}^{G}\sum_{k=1}^{K}(y_{gk}-\bar{y})^2$	$= \sum_{g=1}^{G} K(\bar{y}_g - \bar{y})^2$	$+ \sum_{g=1}^{G}\sum_{k=1}^{K}(y_{gk}-\bar{y}_g)^2$
$SS_{t(otal)}$	$= SS_{b(etween)}$	$+ SS_{w(ithin)}$

126   Varianzanalyse

Wir wenden diese Definition auf den Datensatz (Abbildung 2.4) an und erhalten das in Abbildung 2.7 dargestellte Ergebnis.

Die Quadratsumme der Abweichungen als Maß für die Streuung wird um so größer, je größer die Zahl der Einzelwerte ist. Um eine aussagefähigere Schätzgröße für die Streuung zu erhalten, teilen wir SS durch die Zahl der Einzelwerte vermindert um 1 und erhalten damit die *Varianz*, die unabhängig von der Zahl der Beobachtungswerte ist. Allgemein ist die (empirische) Varianz definiert als *mittlere quadratische Abweichung* ("mean sum of squares"):

$$\text{Varianz} \ = \ \frac{\text{SS}}{\text{Zahl der Beobachtungen} - 1}$$

Abbildung 2.7:   Ermittlung der Abweichungsquadrate

	SS_t $\sum\limits_{g=1}^{G}\sum\limits_{k=1}^{K}(y_{gk}-\overline{y})^2$	SS_b $\sum\limits_{g=1}^{G}K(\overline{y}_g-\overline{y})^2$	SS_w $\sum\limits_{g=1}^{G}\sum\limits_{k=1}^{K}(y_{gk}-\overline{y}_g)^2$
"Normal-regal"	$(47\text{-}53,\overline{3})^2=\ \ \ 40,11$ $+(39\text{-}53,\overline{3})^2=\ 205,44$ $+(40\text{-}53,\overline{3})^2=\ 177,78$ $+(46\text{-}53,\overline{3})^2=\ \ \ 53,78$ $+(45\text{-}53,\overline{3})^2=\ \ \ 69,44$	$(43,4\text{-}53,\overline{3})^2=\ 98,67$ $+(43,4\text{-}53,\overline{3})^2=\ 98,67$ $+(43,4\text{-}53,\overline{3})^2=\ 98,67$ $+(43,4\text{-}53,\overline{3})^2=\ 98,67$ $+(43,4\text{-}53,\overline{3})^2=\ 98,67$	$(47\text{-}43,4)^2=\ \ 12,96$ $(39\text{-}43,4)^2=\ \ 19,36$ $(40\text{-}43,4)^2=\ \ 11,56$ $(46\text{-}43,4)^2=\ \ \ \ 6,76$ $(45\text{-}43,4)^2=\ \ \ \ 2,56$
"Zweit-plazierung"	$+(68\text{-}53,\overline{3})^2=\ 215,11$ $+(65\text{-}53,\overline{3})^2=\ 136,11$ $+(63\text{-}53,\overline{3})^2=\ \ \ 93,44$ $+(59\text{-}53,\overline{3})^2=\ \ \ 32,11$ $+(67\text{-}53,\overline{3})^2=\ 186,78$	$+(64,4\text{-}53,\overline{3})^2=\ 122,47$ $+(64,4\text{-}53,\overline{3})^2=\ 122,47$ $+(64,4\text{-}53,\overline{3})^2=\ 122,47$ $+(64,4\text{-}53,\overline{3})^2=\ 122,47$ $+(64,4\text{-}53,\overline{3})^2=\ 122,47$	$(68\text{-}64,4)^2=\ \ 12,96$ $(65\text{-}64,4)^2=\ \ \ \ 0,36$ $(63\text{-}64,4)^2=\ \ \ \ 1,96$ $(59\text{-}64,4)^2=\ \ 29,16$ $(67\text{-}64,4)^2=\ \ \ \ 6,76$
"Kühlregal"	$+(59\text{-}53,\overline{3})^2=\ \ \ 32,11$ $+(50\text{-}53,\overline{3})^2=\ \ \ 11,11$ $+(51\text{-}53,\overline{3})^2=\ \ \ \ \ 5,44$ $+(48\text{-}53,\overline{3})^2=\ \ \ 28,44$ $+(53\text{-}53,\overline{3})^2=\ \ \ \ \ 0,11$	$+(52,2\text{-}53,\overline{3})^2=\ \ \ 1,28$ $+(52,2\text{-}53,\overline{3})^2=\ \ \ 1,28$ $+(52,2\text{-}53,\overline{3})^2=\ \ \ 1,28$ $+(52,2\text{-}53,\overline{3})^2=\ \ \ 1,28$ $+(52,2\text{-}53,\overline{3})^2=\ \ \ 1,28$	$(59\text{-}52,2)^2=\ \ 46,24$ $(50\text{-}52,2)^2=\ \ \ \ 4,84$ $(51\text{-}52,2)^2=\ \ \ \ 1,44$ $(48\text{-}52,2)^2=\ \ 17,64$ $(53\text{-}52,2)^2=\ \ \ \ 0,64$
	$SS_t\quad = 1287,33$	$SS_b\quad\quad\ = 1112,13$	$SS_w\quad\quad = 175,20$

Die Größe im Nenner ist die Zahl der *Freiheitsgrade* df (degrees of freedom). Der Wert ergibt sich aus der Zahl der Beobachtungswerte vermindert um 1, weil der Mittelwert, von dem die Abweichungen berechnet wurden, aus den Beobachtungswerten selbst errechnet wurde. Demnach läßt sich immer einer der Beobachtungswerte aus den anderen $G \cdot K - 1$ Beobachtungswerten *und* dem geschätzten Mittelwert errechnen, d. h. er ist nicht mehr "frei". So wie wir die Gesamtquadratsumme aufgeteilt haben in SS_b und SS_w können auch die Freiheitsgrade aufgeteilt werden. In unserem Beispiel haben wir 3 Faktorstufen mit je 5 Beobachtungen, d. h. 15 Beobachtungen insgesamt. df_t ist demnach 15 - 1 = 14. Da nun jede Faktorstufe 5 Beobachtungen enthält, von denen nur 5 - 1 frei variieren können, ergeben sich bei drei Faktorstufen $3 \cdot (5 - 1)$ Freiheitsgrade. Der Wert für df_w ist demnach 12. Bei 3 vorhandenen Faktorstufenmittelwerten können nur 3 - 1 frei variieren. Demnach ist $df_b = 2$.

Mit Hilfe der verschiedenen Freiheitsgrade sind wir in der Lage, die Varianzen zwischen den Faktorstufen und innerhalb der Faktorstufen sowie die Gesamtvarianz zu bestimmen.

Wir definieren:

Mittlere quadratische (Gesamt-)Abweichung

$$MS_t = \frac{SS_t}{G \cdot K - 1}$$

Mittlere quadratische Abweichung zwischen den Faktorstufen

$$MS_b = \frac{SS_b}{G - 1}$$

Mittlere quadratische Abweichung innerhalb der Faktorstufen

$$MS_w = \frac{SS_w}{G \cdot (K - 1)}$$

Bei Anwendung der Definition auf unseren Datensatz ergibt sich

$$MS_t = \frac{1\,287,33}{15 - 1} = 91,95$$

$$MS_b = \frac{1\,112,13}{3 - 1} = 556,07$$

$$MS_w = \frac{175,20}{3(5 - 1)} = 14,60.$$

Ausgehend von unseren bisher gesetzten vereinfachenden Annahmen über das Wirksamwerden von den im Modell erfaßten und von den im Modell nicht erfaßten Einflußgrößen können wir nun folgern, daß SS_b von der Warenplazierung und SS_w von den nicht erfaßten Einflüssen bestimmt wird.

Ein Vergleich beider Größen kann Auskunft über die Bedeutung der unabhängigen Variablen im Vergleich zu den nicht erfaßten Einflüssen geben. Wenn bei gegebener Gesamtvarianz MS_w null wäre, dann könnten wir folgern, daß MS_t allein durch die experimentelle Variable erklärt wird. Je größer MS_w ist, desto geringer muß gemäß dem Grundprinzip der Streuungszerlegung ($SS_t = SS_b + SS_w$) der Erklärungsanteil der experimentellen Variablen sein. Je größer demnach MS_b im Verhältnis zu MS_w ist, desto eher ist eine Wirkung der unabhängigen Variablen anzunehmen. In unserem Beispiel übersteigt $MS_b = 556,07$ den Wert für $MS_w = 14,6$ erheblich, so daß ein Einfluß der unabhängigen Variablen Warenplazierung

128 Varianzanalyse

vermutet werden kann. Abbildung 2.8 faßt die Rechenschritte zur Durchführung der Varianzanalyse zusammen.

Abbildung 2.8: Zusammenstellung der Ergebnisse der einfaktoriellen Varianzanalyse

Varianzquelle	SS	df	MS
zwischen den Faktor- stufen	$\sum\limits_{g=1}^{G} K(\overline{y}_g - \overline{y})^2 = 1112{,}13$	$G - 1 = 2$	$\dfrac{SS_b}{G-1} = 556{,}07$
innerhalb der Faktorstu- fen	$\sum\limits_{g=1}^{G} \sum\limits_{k=1}^{K} (y_{gk} - \overline{y}_g)^2 = 175{,}2$	$G(K-1) = 12$	$\dfrac{SS_w}{G(K-1)} = 14{,}6$
Gesamt	$\sum\limits_{g=1}^{G} \sum\limits_{k=1}^{K} (y_{gk} - \overline{y})^2 = 1287{,}33$	$G \cdot K - 1 = 14$	$\dfrac{SS_t}{G \cdot K - 1} = 91{,}95$

2.2.1.3 Prüfung der statistischen Unabhängigkeit

(1) Problemformulierung

(2) Analyse der Abweichungsquadrate

(3) Prüfung der statistischen Unabhängigkeit

Die im vorangegangenen Schritt dargestellte Analyse basierte auf dem folgenden Modell der einfaktoriellen Varianzanalyse.

$$y_{gk} = \mu + \alpha_g + \varepsilon_{gk}.$$

μ ist der Gesamtmittelwert der Grundgesamtheit, der durch $\overline{y}$ der Stichprobe geschätzt wird. α_g erfaßt die Wirkung der Stufe g des Faktors, die sich durch Abweichung vom Gesamtmittelwert der Grundgesamtheit bemerkbar macht. Sie wird durch $(\overline{y}_g - \overline{y})$, d.h. durch die Abweichung des Faktorstufenmittelwertes vom Gesamtmittelwert der Stichprobe geschätzt. ε_{gk} steht für den nicht erklärten Einfluß der Zufallsgrößen in der Grundgesamtheit. Wir kennen damit das Grundprinzip und können uns nun weiterführenden Überlegungen zuwenden.

Wir hatten die ermittelten mittleren quadratischen Abweichungen zwischen den und innerhalb der Faktorstufen dahingehend interpretiert, daß ein Einfluß des Faktors Warenplazierung vermutet werden kann. Um diese interpretierende Aussage über die Wirkung des Faktors statistisch prüfen zu können, werden MS_b und MS_w in folgende Beziehung gesetzt:

$$F_{emp} = \frac{MS_b}{MS_w}$$

mit F_{emp} = empirischer F-Wert

Im Beispiel (Abbildung 2.8) ergibt sich

$$F_{emp} = \frac{556,07}{14,6} = 38,09.$$

Den Maßstab zur Beurteilung des empirischen F-Wertes bildet die *theoretische F-Verteilung*. Ausgangspunkt der Prüfung ist die *Nullhypothese* (H_0): Es bestehen bezüglich des Margarineabsatzes *keine* Unterschiede in der Wirkung durch die Art der Warenplazierung. Die Alternativhypothese H_1 lautet: Es besteht bezüglich des Margarineabsatzes ein Unterschied in den Wirkungen alternativer Arten der Warenplazierung. Formal lautet die Fragestellung des F-Tests:

H_0: $\alpha_1 = \alpha_2 = \alpha_3 = 0$

H_1: mindestens ein α-Wert $\neq 0$

Die Prüfung erfolgt anhand eines Vergleichs des empirischen F-Wertes mit dem theoretischen F-Wert lt. Tabelle. Die Tabelle der theoretischen F-Werte zeigt für die jeweilige Vertrauenswahrscheinlichkeit einen Prüfwert. Seine Höhe hängt von der Zahl der Freiheitsgrade im Zähler (Spalten der Tabelle) und von der Zahl der Freiheitsgrade im Nenner (Zeilen der Tabelle) ab. Abbildung 2.9 zeigt einen Ausschnitt aus der F-Tabelle für die Vertrauenswahrscheinlichkeit von 99%. Die Ermittlung des theoretischen F-Wertes in unserem Beispiel führt zu df = 2 im Zähler und df = 12 im Nenner, d. h. zu dem theoretischen Wert 6,93.

Abbildung 2.9:   Ausschnitt aus der F-Werte-Tabelle (Signifikanzniveau 1 %)

Freiheits-grade des Nenners	Freiheitsgrade des Zählers				
	1	2	3	4	5
10	10,04	7,56	6,55	5,99	5,64
11	9,65	7,21	6,22	5,67	5,32
12	9,33	6,93	5,95	5,41	5,06
13	9,07	6,70	5,74	5,21	4,86
14	8,86	6,51	5,56	5,04	4,69

Empirischer und theoretischer F-Wert werden verglichen. Ist der empirische Wert größer als der theoretische, dann kann die Nullhypothese verworfen werden, d. h. es kann ein Einfluß des Faktors gefolgert werden. Theoretische F-Werte werden üblicherweise für Vertrauenswahrscheinlichkeiten von 90%, 95% und 99% in Tabellenform aufbereitet. Die materielle Bedeutung der Vertrauenswahrscheinlichkeiten ist die Erfassung der grundsätzlich verbleibenden Restunsicherheit, daß eine

Wirkung der unabhängigen Variablen angenommen wird, obwohl tatsächlich der Einfluß nur zufälliger Natur ist.

Im Beispiel überschreitet der empirische F-Wert von 38,09 den theoretischen von 6,93 erheblich, so daß im Rahmen der gesetzten Annahmen die Nullhypothese verworfen, d.h. (mit einer Vertrauenswahrscheinlichkeit von 99 %) der Schluß gezogen werden kann, daß die Plazierung Einfluß auf die Absatzmenge hat.

2.2.2 Zweifaktorielle Varianzanalyse

2.2.2.1 Problemformulierung

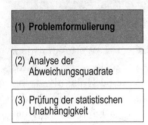

Während das bisher dargestellte Grundprinzip der Varianzanalyse von einer unabhängigen nichtmetrischen Variablen und einer abhängigen metrischen Variablen ausging, wollen wir nun eine Erweiterung der Perspektive vornehmen, ohne das dargestellte Grundprinzip zu verändern. Die Varianzanalyse läßt sich auch mit zwei oder mehr Faktoren und einer metrischen abhängigen Variablen durchführen. Die Untersuchungsanordnung heißt *Faktorielles Design*.

Wir kommen zu unserem Ausgangsbeispiel zurück und erweitern dieses. Der Supermarkt-Manager will nicht nur wissen, welchen Einfluß die Warenplazierung auf den Absatz hat, sondern auch, ob die Verpackungsart den Absatz mitbestimmt. Dazu wird das Experiment erweitert.

Bei drei Plazierungsarten und zwei Verpackungsarten ("Becher" und "Papier") ergeben sich genau 3 x 2 experimentelle Kombinationen der Faktorstufen. Wir sprechen auch von einem 3 x 2-faktoriellen Design. Die notwendige Zahl von Teilstichproben im Experiment erhöht sich also auf sechs. Demnach werden sechs annähernd gleiche Supermärkte ausgesucht und wiederum setzen wir die vereinfachende Annahme, daß mögliche äußere Einflüsse bis auf Zufallsabweichungen jeweils einen gleich starken Einfluß auf die 6 Teilstichproben haben. Zunächst zeigen wir die erweiterte Datenmatrix der Experimentergebnisse (kg Margarineabsatz pro 1000 Kassenvorgänge) in Abhängigkeit von der Warenplazierung und der Verpackungsart (vgl. Abbildung 2.10).

Die Fragestellung der Varianzanalyse ist im faktoriellen Design gegenüber der einfachen Varianzanalyse erweitert. Zunächst werden die beiden Faktoren betrachtet.

1. Hat die Warenplazierung Einfluß auf den Absatz?
2. Hat die Verpackung Einfluß auf den Absatz?

Falls für jede Kombination von Faktorausprägungen mehr als eine Beobachtung vorliegt (K>1)[1], erlaubt die zweifaktorielle Varianzanalyse gegenüber der einfaktoriellen zusätzlich die Erfassung des gleichzeitigen Wirksamwerdens zweier Faktoren, indem das Vorliegen von *Wechselwirkungen* (Interaktionen) zwischen den Faktoren getestet wird: So mag z. B. die Vermutung gerechtfertigt erscheinen, daß der durchschnittliche Absatz von Margarine in Becherform anders auf die Variation der Plazierung reagiert als die Papierverpackung, etwa, weil ein Weichwerden der Margarine im "Normalregal" eher auffällt als im Kühlregal. Eine weitere Fragestellung der Varianzanalyse im faktoriellen Design ist also:

3. Besteht eine Wechselwirkung zwischen Verpackung und Warenplazierung?

Eine einfache und sehr anschauliche Methode, das Vorhandensein von Interaktion zu prüfen, ist ein Plot der Faktorstufenmittelwerte. Abbildung 2.11 zeigt die Werte des Beispiels.

Abbildung 2.10: kg Margarineabsatz pro 1.000 Kassenvorgänge in sechs Supermärkten in Abhängigkeit von der Plazierung und der Verpackung

Plazierung		Verpackung	
		"'Becher"	"Papier"
"Normalregal"	Tag 1	47	40
	Tag 2	39	39
	Tag 3	40	35
	Tag 4	46	36
	Tag 5	45	37
"Zweit- plazierung"	Tag 1	68	59
	Tag 2	65	57
	Tag 3	63	54
	Tag 4	59	56
	Tag 5	67	53
"Kühlregal"	Tag 1	59	53
	Tag 2	50	47
	Tag 3	51	48
	Tag 4	48	50
	Tag 5	53	51

---

[1] Zur Analyse für den Fall mit nur einer Beobachtung pro Zelle vgl. Fahrmeir, L./ Hamerle, A./Tutz, G., 1996, S. 193 ff. oder Scheffé, H., 1959, S. 98 ff.

Abbildung 2.11: Graphische Analyse von Interaktionen (Werte entnommen aus Abbildung 2.13)

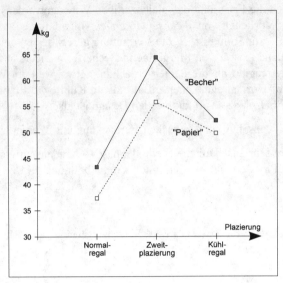

Keine Interaktionen liegen vor, wenn die Verbindungslinien der Mittelwerte (die hier nur zur Verdeutlichung eingezeichnet sind) parallel laufen. Nichtparallele Verläufe sind ein klares Indiz für das Vorhandensein und die Stärke von Interaktionen. Im vorliegenden Fall bietet sich ein Anhaltspunkt für eine schwache Interaktion von Verpackung und Plazierung, da der Wirkungsunterschied zwischen Becher und Papier im Kühlregal im Analyseergebnis nahezu verschwindet, möglicherweise, weil dort von den Käufern ein Unterschied nicht wahrgenommen wird.

2.2.2.2 Analyse der Abweichungsquadrate

(1) Problemformulierung

(2) Analyse der Abweichungsquadrate

(3) Prüfung der statistischen Unabhängigkeit

Dem Grundprinzip der Varianzanalyse (Streuungszerlegung) entsprechend gehen wir von folgendem Ansatz aus (vgl. Abbildung 2.12). Wir definieren einen Faktor A und einen Faktor B.

Abbildung 2.12: Aufteilung der Gesamtstreuung im faktoriellen Design mit 2 Faktoren

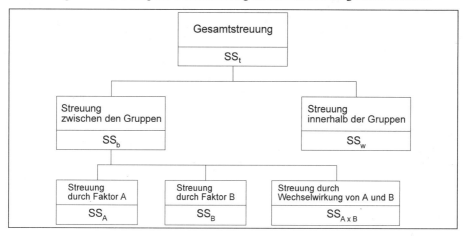

Es gilt nach Abbildung 2.12 folgende Beziehung:

$$SS_t = SS_A + SS_B + SS_{AxB} + SS_w$$

Wir können also jeden Wert für die Absatzmenge schätzen durch seinen Abstand vom Gesamtmittelwert, der bestimmt wird durch den Einfluß des Faktors A sowie des Faktors B, durch den Einfluß der Interaktion zwischen Faktoren A und B sowie durch den Zufallseffekt nicht kontrollierter Einflüsse. Das Modell der zweifaktoriellen Varianzanalyse mit Interaktionseffekten hat folgende Form:

$$y_{ghk} = \mu + \alpha_g + \beta_h + (\alpha\beta)_{gh} + \varepsilon_{ghk}$$

mit

y_{ghk}	=	Beobachtungswert
μ	=	Mittelwert der Grundgesamtheit
α_g	=	tatsächlicher Einfluß des Faktors 'Plazierung' (g=1, 2, 3)
β_h	=	tatsächlicher Einfluß des Faktors 'Verpackungsart' (h=1, 2)
$(\alpha\beta)_{gh}$	=	tatsächlicher Interaktionseffekt zwischen der g-ten Stufe von α (Plazierung) und der h-ten Stufe von β (Verpackungsart)
ε_{ghk}	=	Zufallseffekt durch nicht im Experiment kontrollierte Einflüsse

Die Berechnung der Abweichungsquadrate geschieht im zweifaktoriellen Design nach folgendem Schema.

134   Varianzanalyse

Abbildung 2.13: Ermittlung der Zeilen- und Spaltenmittelwerte

G \ H	h = 1	h = 2	$\sum_h\sum_k y_{ghk}$	
g = 1	47 39 40 43,4 46 45	40 39 35 37,4 36 37		$\bar{y}_{(g=1)} = \dfrac{404}{10}$ $= 40,4$
$\sum y_{1hk}$	(217)	(187)	404	
g = 2	68 65 63 64,4 59 67	59 57 54 55,8 56 53		$\bar{y}_{(g=2)} = \dfrac{601}{10}$ $= 60,1$
$\sum y_{2hk}$	(322)	(279)	601	
g = 3	59 50 51 52,2 48 53	53 47 48 49,8 50 51		$\bar{y}_{(g=3)} = \dfrac{510}{10}$ $= 51,0$
$\sum y_{3hk}$	(261)	(249)	510	
$\sum_g\sum_k y_{ghk}$	800	715	1.515	
	$\bar{y}_{(h=1)} = \dfrac{800}{15}$ $= 53,\overline{3}$	$\bar{y}_{(h=2)} = \dfrac{715}{15}$ $= 47,\overline{6}$	$\bar{y} = \dfrac{1.515}{30}$ $= 50,5$	

Die Tabelle beschreibt die erhobenen Werte für die Absatzmenge in sechs Zellen. Die Zeilen g=1 bis g=3 beschreiben die Ergebnisse getrennt nach der Plazierung, die Spalten h=1 und h=2 die Ergebnisse geordnet nach Verpackungsarten. Neben den jeweils fünf Einzelwerten je Zelle ist der Zellenmittelwert eingetragen. In den Differenzen der Spaltenmittelwerte drückt sich der Einfluß des Faktors 'Verpakkungsart', in den Differenzen der Zeilenmittelwerte der des Faktors 'Plazierung', in den Differenzen aus Zellenmittelwerten und Gesamtmittelwert schließlich der gemeinsame Einfluß von Plazierung und Verpackungsart auf den Absatz aus.

Die Schätzung für den Einfluß, den Verpackungsart *und* Warenplazierung auf die Absatzmenge haben, ist wie folgt aufzubauen. Jede Ausprägung der Variablen 'Plazierung' (Faktor A) und der Variablen 'Verpackungsart' (Faktor B) hat einen bestimmten Einfluß auf den Absatz. Es gibt also sechs verschiedene Wirkungskombinationen. Jede Wirkungskombination nennen wir eine Zelle. Die kombinierte Wirkung der Faktoren auf eine Zelle setzt sich zusammen aus dem Gesamtmittelwert μ, der Wirkung α_g, der Wirkung β_h sowie der Interaktionswirkung $\alpha\beta_{gh}$. Diese Werte werden nach Abbildung 2.14 wie folgt geschätzt:

Abbildung 2.14: Schätzung der Parameter

	Wahrer Wert	Schätzung
Gesamtmittelwert	μ	$\overline{y}$
Wirkung Faktor A	α_g	$(\overline{y}_g - \overline{y})$
Wirkung Faktor B	β_h	$(\overline{y}_h - \overline{y})$
Interaktionseffekt	$\alpha\beta_{gh}$	$\overline{y}_{gh} - (\overline{y} + (\overline{y}_g - \overline{y}) + (\overline{y}_h - \overline{y}))$
		$= \overline{y}_{gh} - \overline{y}_g - \overline{y}_h + \overline{y}$
		$= \overline{y}_{gh} - \hat{y}_{gh}$
		mit $\hat{y}_{gh} = \overline{y}_g + \overline{y}_h - \overline{y}$

Um den Einfluß der verschiedenen Effekte zu überprüfen, zerlegen wir analog zur einfaktoriellen Varianzanalyse die Gesamtstreuung in die durch die jeweiligen Effekte erklärte Streuung und die nicht erklärte Reststreuung.

Für die Gesamtstreuung ergibt sich in unserem Beispiel:

$$SS_t = \sum_{g=1}^{G} \sum_{h=1}^{H} \sum_{k=1}^{K} (y_{ghk} - \overline{y})^2 = 2.471,50$$

Die isolierten Effekte von Faktor A (Plazierung) und Faktor B (Verpackung), die man auch als Haupteffekte (main effects) bezeichnet, errechnen sich aus den Abweichungen der Zeilen- bzw. Spaltenmittelwerte vom Gesamtmittelwert (vgl. Abbildung 2.15).

Im Beispiel sind die Haupteffekte demnach:

$$SS_A = 2 \cdot 5 \cdot \left[(40,4 - 50,5)^2 + (60,1 - 50,5)^2 + (51,0 - 50,5)^2 \right] = 1.944,20$$

$$SS_B = 3 \cdot 5 \cdot \left[(53,\overline{3} - 50,5)^2 + (47,\overline{6} - 50,5)^2 \right] = 240,83$$

136   Varianzanalyse

Abbildung 2.15:   Haupteffekte im zweifaktoriellen Design

$$SS_A = H \cdot K \cdot \sum_{g=1}^{G} (\overline{y}_g - \overline{y})^2$$

$$SS_B = G \cdot K \cdot \sum_{h=1}^{H} (\overline{y}_h - \overline{y})^2$$

G	=	Zahl der Ausprägungen des Faktors A
H	=	Zahl der Ausprägungen des Faktors B
K	=	Zahl der Elemente in Zelle (g, h)
$\overline{y}_g$	=	Zeilenmittelwert
$\overline{y}_h$	=	Spaltenmittelwert

Der Interaktionseffekt zwischen den Faktoren Warenplazierung und Verpackungsart ist je Zelle zu ermitteln, um die Wirkung der Faktor*kombination* zu erfassen, die die Zelle bestimmt.

$$SS_{AxB} = K \cdot \sum_{g=1}^{G} \sum_{h=1}^{H} (\overline{y}_{gh} - \hat{y}_{gh})^2$$

mit

K	=	Zahl der Elemente in Zelle (g,h)
G	=	Zahl der Ausprägungen des Faktors A
H	=	Zahl der Ausprägungen des Faktors B
$\overline{y}_{gh}$	=	Mittelwert in Zelle (g,h) (Schätzwert mit Interaktion)
$\hat{y}_{gh}$	=	Schätzwert (ohne Interaktion) für Zelle (g,h)

Der Schätzwert $\hat{y}_{gh}$ ist derjenige Wert, der für die Zelle (g,h) zu erwarten wäre, wenn keine Interaktion vorläge. Der Schätzwert $\hat{y}_{gh}$ errechnet sich aus dem Gesamtmittel und den Gruppenmitteln wie folgt (vgl. Abbildung 2.14):

$$\hat{y}_{gh} = \overline{y}_g + \overline{y}_h - \overline{y}$$

Im einzelnen erhält man:

$\hat{y}_{11} = 40{,}4 + 53{,}\overline{3} - 50{,}5 = 43{,}2\overline{3}$

$\hat{y}_{12} = 40{,}4 + 47{,}\overline{6} - 50{,}5 = 37{,}5\overline{6}$

$\hat{y}_{21} = 60{,}1 + 53{,}\overline{3} - 50{,}5 = 62{,}9\overline{3}$

$\hat{y}_{22} = 60{,}1 + 47{,}\overline{6} - 50{,}5 = 57{,}2\overline{6}$

$\hat{y}_{31} = 51{,}0 + 53{,}\overline{3} - 50{,}5 = 53{,}8\overline{3}$

$\hat{y}_{32} = 51{,}0 + 47{,}\overline{6} - 50{,}5 = 48{,}1\overline{6}$

Die Abweichung des tatsächlich beobachteten Mittelwertes von diesem Schätzwert $\hat{y}_{gh}$ ergibt ein Maß für den Interaktionseffekt. Die Mittelwerte der Zellen sind aus Abbildung 2.13 zu entnehmen. Wir können nunmehr die Wechselwirkung endgültig berechnen.

$$\begin{aligned}
SS_{AxB} = 5 \cdot [&(43{,}4 - 43{,}2\overline{3})^2 + (37{,}4 - 37{,}5\overline{6})^2 \\
&+ (64{,}4 - 62{,}9\overline{3})^2 + (55{,}8 - 57{,}2\overline{6})^2 \\
&+ (52{,}2 - 53{,}8\overline{3})^2 + (49{,}8 - 48{,}1\overline{6})^2 \\
&= 48{,}47
\end{aligned}$$

Analog zu Abbildung 2.12 gilt:

$$SS_b = SS_A + SS_B + SS_{AxB}$$

Die Sum of Squares SS_b sind die Abweichungen zwischen den Gruppenmitteln und dem Gesamtmittel:

$$SS_b = K \cdot \sum_{g=1}^{G} \sum_{h=1}^{H} (\overline{y}_{gh} - \overline{y})^2$$

Zu unserem Beispiel ergibt sich:

$$\begin{aligned}
SS_b &= 5 \cdot \left\{ (43{,}4 - 50{,}5)^2 + \ldots + (49{,}8 - 50{,}5)^2 \right\} \\
&= 2.233{,}5
\end{aligned}$$

Die SS_{AxB} können nun auch bestimmt werden aus:

$$\begin{aligned}
SS_{AxB} &= SS_b - SS_A - SS_B \\
&= 2.233{,}5 - 240{,}83 - 1.944{,}20 \\
&= 48{,}47
\end{aligned}$$

Die Reststreuung, die sich als "Streuung innerhalb der Zellen" analog zu SS_W bei der einfachen Analyse manifestiert, ist definiert als

138   Varianzanalyse

$$SS_W = \sum_{g=1}^{G} \sum_{h=1}^{H} \sum_{k=1}^{K} (y_{ghk} - \bar{y}_{gh})^2$$

Sie ist die Streuung, die weder auf die beiden Faktoren noch auf Interaktionseffekte zurückzuführen ist, d. h. es handelt sich um zufällige Einflüsse auf die abhängige Variable. Die Beispielsrechnung ergibt (vgl. Abbildung 2.13):

$$SS_W = (47 - 43,4)^2 + ... + (45 - 43,4)^2$$
$$+ (40 - 37,4)^2 + ... + (37 - 37,4)^2$$
$$+ (68 - 64,4)^2 + ... + ...$$
$$+ (53 - 49,8)^2 + ... + (51 - 49,8)^2$$
$$= 238$$

In Analogie zu Abbildung 2.12 läßt sich die Reststreuung auch indirekt über die Zerlegung der Gesamtstreuung berechnen:

$$SS_W = SS_t - SS_A - SS_B - SS_{AxB} = SS_t - SS_b$$
$$= 2.471,5 - 2.233,5 = 238$$

Die Varianzen (MS) erhalten wir wiederum, indem wir die Streuungen durch die Zahl ihrer Freiheitsgrade dividieren. Letzteres wird nachfolgend zusammengestellt:

$$df_A \quad = \quad G - 1$$
$$df_B \quad = \quad H - 1$$
$$df_{AxB} = \quad (G - 1) \cdot (H - 1)$$
$$df_w \quad = \quad G \cdot H \cdot (K - 1)$$
$$df_t \quad = \quad G \cdot H \cdot K - 1$$

Abbildung 2.16 zeigt das Gesamtergebnis der zweifaktoriellen Varianzanalyse.

Abbildung 2.16:   Ergebnis der zweifaktoriellen Varianzanalyse

Varianzquelle	SS	df	MS
Haupteffekte			
Plazierung	1.944,2000	2	972,1000
Verpackung	240,8333	1	240,8333
Interaktion			
Plazierung/Verpackung	48,4667	2	24,2333
Reststreuung	238	24	9,9167
Total	2.471,50	29	85,224

2.2.2.3   Prüfung der statistischen Unabhängigkeit

(1) Problemformulierung

(2) Analyse der Abweichungsquadrate

(3) Prüfung der statistischen Unabhängigkeit

Im zweifaktoriellen Fall erfolgt die statistische Prüfung auf unterschiedliche Wirkungen der beiden Faktoren durch einen Vergleich der Mittelwerte in allen Zellen. Wenn alle Mittelwerte gleich sind, kann angenommen werden, daß die jeweiligen Stufen beider Faktoren keinen unterschiedllichen Einfluß auf die abhängige Variable haben (Nullhypothese). Andernfalls kann angenommen werden, daß zumindest eine Faktorstufe einen anderen Einfluß besitzt als die anderen (Alternativhypothese). Weitere Fragestellungen, die beantwortet werden können, betreffen die isolierte Analyse einzelner Faktoren bzw. Interaktionen. In diesen Fällen lautet die Nullhypothese: Es gibt keinen Unterschied in den Mittelwerten der Faktorstufen bzw. Interaktionsstufen.

Die Ermittlung der empirischen F-Werte erfolgt durch Division der Mean Squares der betrachteten Faktoren durch die Mean Squares der Reststreuung, vgl. Abbildung 2.16.

Mit einer Vertrauenswahrscheinlichkeit von 99% ergibt sich in unserem zweifaktoriellen Beispiel das Testergebnis in Abbildung 2.17.

140   Varianzanalyse

Abbildung 2.17:   F-Test im zweifaktoriellen Design

Quelle der Varianz	df(Zähler)	df(Nenner)	F_{tab}	F_{emp}
Verpackung	1	24	7,82	24,2856
Plazierung	2	24	5,61	98,0265
Interaktion Verpackung/Plazierung	2	24	5,61	2,4437

Übersteigt der empirische F-Wert den tabellierten F-Wert, kann die Nullhypothese verworfen werden, andernfalls nicht. In unserem Beispiel werden die Faktoren einzeln auf unterschiedliche Stufenwirkungen geprüft. Das Ergebnis zeigt, daß für beide Faktoren die jeweilige Nullhypothese verworfen werden kann, für die Interaktion dagegen nicht. Verpackung und Plazierung haben also isoliert betrachtet jeweils eine Wirkung auf den Absatz, eine gemeinsame Wirkung von Verpackung und Plazierung zeigt sich aufgrund des F-Tests als nicht signifikant. Dies muß nicht heißen, daß in Wirklichkeit kein Zusammenhang vorliegt, sondern nur, daß die Nullhypothese aufgrund der vorliegenden Ergebnisse nicht verworfen werden kann (vgl. die graphische Analyse der Interaktionen in Abbildung 2.11).

2.2.3   Ausgewählte Erweiterungen der Varianzanalyse

Mehrere Faktoren und ungleich besetzte Zellen
In der bisherigen Darstellung sind wir davon ausgegangen, daß jede Zelle mit einer gleich großen Zahl von Beobachtungswerten besetzt ist. Eine erste Erweiterung der Analyse liegt in der Einbeziehung von ungleich besetzten Zellen. Es ergibt sich eine Anpassung in den oben definierten Formeln zur Zerlegung der Streuung. Am Prinzip der Streuungszerlegung ändert sich allerdings nichts. Es kommt lediglich zu einer Gewichtung der einzelnen Beobachtungswerte.

Eine andere Erweiterung, die ebenfalls am Prinzip der Streuungszerlegung festhält, ist die Einbeziehung von mehr als zwei Faktoren in die Analyse. So ergeben sich beispielsweise bei der dreifaktoriellen Varianzanalyse prinzipiell keine Unterschiede zur zweifaktoriellen. Durch das Hinzutreten des dritten Faktors ergibt sich lediglich eine differenziertere Zerlegung der Streuung. Die Gesamtstreuung teilt sich nunmehr wie in Abbildung 2.18 dargestellt auf.

Abbildung 2.18: Aufteilung der Gesamtstreuung im dreifaktoriellen Design

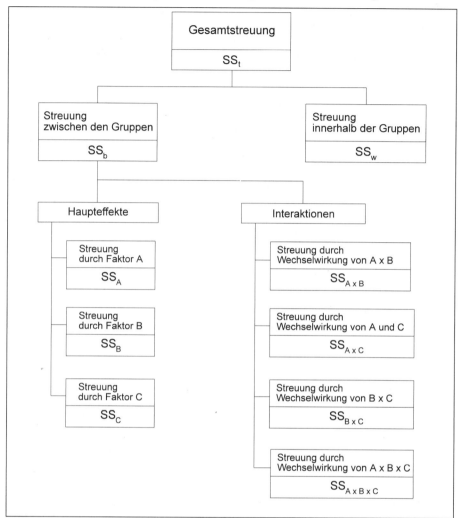

Die Besonderheit gegenüber der zweifaktoriellen Varianzanalyse liegt darin, daß jetzt zwei verschiedene Ebenen möglicher Wechselwirkungen entstehen: Es gibt die Wechselwirkung zwischen jeweils *zwei* Faktoren und zusätzlich die Wechselwirkung zwischen allen drei Faktoren. Werden mehr als drei Faktoren in die Analyse einbezogen, ergeben sich entsprechend mehr Ebenen der Analyse von Interaktionen zwischen den Faktoren. In diesen Fällen sind die Interaktionen jedoch kaum noch inhaltlich interpretierbar.

142   Varianzanalyse

Multiple Tests

Lehnt man mittels des F-Tests die Nullhypothese der gleichen Einflußstärke aller Faktorstufen ab, ergibt sich zwangsläufig die Frage, welche Faktorstufen voneinander abweichen. Auskunft hierüber erhält man mit Hilfe der sogenannten Multiplen (Mittelwert-)Tests. Diese bieten die Möglichkeit, einzelne Paare von Mittelwerten oder lineare Kombinationen von Mittelwerten zu vergleichen.[2]

Unvollständige Versuchspläne

In unserem Beispiel der Supermarktkette sind wir bisher stets davon ausgegangen, daß ein *vollständiger Versuchsplan* vorliegt, d.h. alle G · H Faktorstufenkombinationen sind besetzt und werden in die Analyse einbezogen. Dieses kann aus verschiedenen Gründen nicht möglich (z.B. fehlende Daten oder inhaltliche Gründe) oder nicht wünschenswert sein, da es zu unnötigen und daher kostspieligen Beobachtungen führt. So kann es z.B. unsinnig sein, bei weiteren Faktorstufen der Verpackung und der Plazierung Kombinationen wie "Lose Ware" und "Zweitplatzierung" zu bilden, da lose Ware allein in der Fachabteilung durch Bedienungspersonal verkauft werden kann. Wenn nicht alle Zellen besetzt sind, sind bestimmte Vorkehrungen hinsichtlich der Versuchsanordnung[3] und -auswertung[4] zu treffen.

Kovarianzanalyse

Eine Erweiterung der Varianzanalyse liegt in der Einbeziehung von Kovariaten in die Analyse. *Kovariate* sind metrisch skalierte unabhängige, d. h. erklärende Variablen in einem faktoriellen Design. Häufig ist dem Forscher bewußt, daß es außer den Faktoren Einflußgrößen auf die abhängige Variable gibt, deren Einbeziehung sinnvoll und notwendig sein kann. Wenn in unserem Margarine-Beispiel der Absatzpreis in den 6 Zellen der Erhebung unterschiedlich ist (z. B. aufgrund unterschiedlicher Preise je Verpackungsart oder aufgrund unterschiedlicher Preise für Zweitplatzierung), dann würde die Reststreuung nicht nur zufällige, sondern auch systematische Einflüsse enthalten. Indem der Preis als Kovariate eingeführt wird, kann ein Teil der Gesamtvarianz möglicherweise auf die Variation des Preises zurückgeführt werden, was sich bei Nichterfassung in einer erhöhten Reststreuung (SS_W) ausdrücken würde.

Üblicherweise geht die Varianzanalyse bei einem Untersuchungsdesign mit Kovariaten ("Kovarianzanalyse") so vor, daß zunächst der auf die Kovariaten entfallende Varianzanteil ermittelt wird. Dieses entspricht im Prinzip einer vorgeschalteten Regressionsanalyse. Die Beobachtungswerte der abhängigen Variablen werden um den durch die Regressionsanalyse ermittelten Einfluß korrigiert und

---

[2] Weiterführende Literatur siehe: Hochstädter, D./Kaiser, U., 1988, S. 35 ff. und Sonnemann, E., 1982, S. ff.

[3] Es handelt sich dabei um ein sog. reduziertes Design, vgl. auch Kapitel 9 Conjoint Measurement.

[4] Vgl. Hochstädter, D./Kaiser, U., 1988, S. 129 ff.

anschließend der Varianzanalyse unterzogen.[5] Dadurch wird rechnerisch der Einfluß der Kovariaten bereinigt. Andere Vorgehensweisen zur Berücksichtigung metrischer unabhängiger Variablen sind möglich.[6]

Mehrdimensionale Varianzanalyse

Die *mehrdimensionale Varianzanalyse* erlaubt ein Design mit mehr als einer abhängigen Variablen und mehreren Faktoren und Kovariaten. Diese Analyse führt zu einem allgemeinen linearen Modellansatz, der in der Lage ist, nicht nur die Varianzanalyse, sondern auch die Regressionsanalyse und weitere multivariate Verfahren auf ihren gemeinsamen (linearen) Kern zurückzuführen. Eine Darstellung des Algorithmus der mehrdimensionalen Varianzanalyse geht über eine Einführung weit hinaus, so daß hier auf Spezialliteratur verwiesen wird.[7]

2.3   Fallbeispiel

2.3.1   Problemstellung

Eine Supermarktkette untersucht den Einfluß von Verpackung und Regalplazierung auf den Margarineabsatz. Es wird vermutet, daß außer den Faktoren Verpackung (VERPACK) und Plazierung (REGAL) der Verkaufspreis (PREIS) sowie die durchschnittliche Temperatur im Supermarkt (TEMP) die nachgefragte Menge (MENGE) erklärt. Die bereits in Abschnitt 2.2.1 und 2.2.2 verwendete Datenmatrix wird um die Daten der Kovariaten PREIS und TEMP erweitert (vgl. Abbildung 2.19). Wir beginnen die Varianzanalyse mit der zweifaktoriellen Lösung ohne Kovariaten, wie sie aus dem oben gerechneten Beispiel bereits bekannt ist.

Zunächst wird in der Programmversion SPSS 13.0 aus dem Menüpunkt „Analysieren" der Unterpunkt „Allgemeines lineares Modell" und dort die Prozedur „Univariat" aufgerufen (vgl. Abbildung 2.20).

---

[5] Die beschriebene Vorgehensweise schildert nur das Grundprinzip der Kovarianzanalyse. Die Formeln zur Bestimmung der verschiedenen Bestandteile der Streuung (Streuungszerlegung) werden gegenüber der normalen Varianzanalyse aus statistischen Überlegungen heraus modifiziert. Vgl. dazu Diehl, J.M., 1983, Kapitel 10.

[6] Vgl. Schubö, W. /Uehlinger, H.-M./Perleth, C./Schröger, E./Sierwald, W., 1991, S. 278 ff.

[7] Vgl. zum Allgemeinen Linearen Modell Hartung, J./Elpelt, B., 1999, S. 655 ff., (zur multivariaten Varianzanalyse ebendort S. 667 ff.); Bortz, J., 1999; Fahrmeir, L./Hamerle, A./Tutz, G., 1996, S. 239 ff., (zur multivariaten Varianzanalyse ebendort S. 228 ff.).

Abbildung 2.19: Datenmatrix des Fallbeispiels

Plazierung	Verpackung	"Becher" Absatz	Preis	Temp.	"Papier" Absatz	Preis	Temp.
"Normal-Regal"	Tag 1	47	1,89	16	40	2,13	22
	Tag 2	39	1,89	21	39	2,13	24
	Tag 3	40	1,89	19	35	2,13	21
	Tag 4	46	1,84	24	36	2,09	21
	Tag 5	45	1,84	25	37	2,09	20
"Zweit-Regal"	Tag 1	68	2,09	18	59	2,09	18
	Tag 2	65	2,09	19	57	1,99	19
	Tag 3	63	1,99	21	54	1,99	18
	Tag 4	59	1,99	21	56	2,09	18
	Tag 5	67	1,99	19	53	2,09	18
"Kühl-Regal"	Tag 1	59	1,99	20	53	2,19	19
	Tag 2	50	1,98	21	47	2,19	20
	Tag 3	51	1,98	23	48	2,19	17
	Tag 4	48	1,89	24	50	2,13	18
	Tag 5	53	1,89	20	51	2,13	18

Abbildung 2.20: Daten-Editor mit Auswahl des Analyseverfahrens „Univariat"

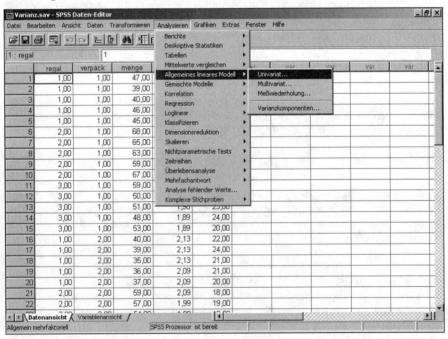

Im erscheinenden Dialogfeld „Univariat" werden die abhängige Variable (hier: Absatzmenge), die unabhängigen Variablen (Plazierung, Verpackungsart) aus der Liste ausgesucht und in die entsprechenden Felder übertragen (vgl. Abbildung 2.21).

Abbildung 2.21: Dialogfeld „Univariat"

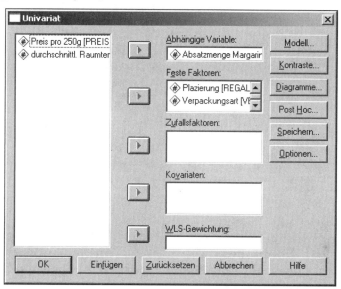

Um die Erklärungskraft der einzelnen unabhängigen Variablen sowie der Interaktionseffekte im Hinblick auf die abhängige Variable abschätzen zu können, wird zusätzlich die Eta-Statistik über die Option „Schätzer der Effektgröße" im Dialogfenster „Optionen" angefordert (vgl. Abbildung 2.22). Durch Anklicken von „OK" wird die Prozedur „Univariat" gestartet.

146   Varianzanalyse

Abbildung 2.22:   Dialogfeld „Univariat: Optionen"

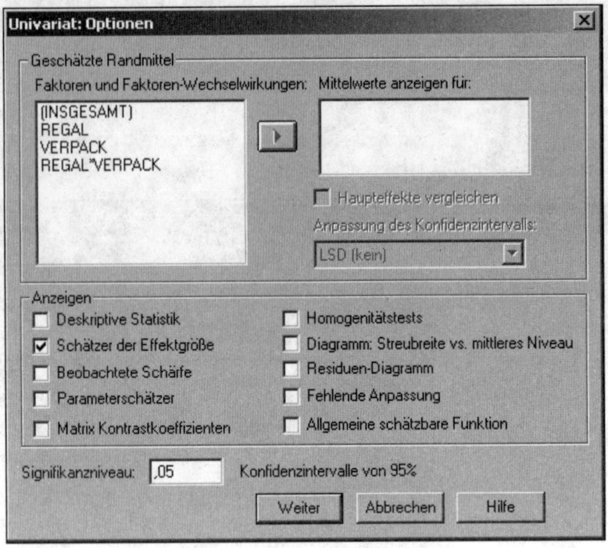

2.3.2   Ergebnisse

Abbildung 2.23 zeigt das Ergebnis der SPSS-Auswertung. Es ist sowohl im Aufbau als auch im materiellen Ergebnis eine identische Lösung im Vergleich zur Abbildung 2.16 und Abbildung 2.17.

Abbildung 2.23:   Zweifaktorielle Varianzanalyse mittels Prozedur UNIVARIAT

Tests der Zwischensubjekteffekte

Abhängige Variable: Absatzmenge Margarine

Quelle	Quadratsumme vom Typ III	df	Mittel der Quadrate	F	Signifikanz	Partielles Eta-Quadrat
Korrigiertes Modell	2233,500[a]	5	446,700	45,045	,000	,904
Konstanter Term	76507,500	1	76507,500	7715,042	,000	,997
REGAL	1944,200	2	972,100	98,027	,000	,891
VERPACK	240,833	1	240,833	24,286	,000	,503
REGAL * VERPACK	48,467	2	24,233	2,444	,108	,169
Fehler	238,000	24	9,917			
Gesamt	78979,000	30				
Korrigierte Gesamtvariation	2471,500	29				

a. R-Quadrat = ,904 (korrigiertes R-Quadrat = ,884)

Der Unterschied besteht lediglich darin, daß für den F-Test nicht nur der empirische F-Wert ausgewiesen wird, sondern zusätzlich die Größe „Signifikanz". Ist diese kleiner als das vorgegebene Testniveau (1 - Vertrauenswahrscheinlichkeit), so kann die Nullhypothese verworfen werden. Das Nachschlagen in einer Tabelle der F-Verteilung wird dem Benutzer so erspart.

Der Aufbau der Tabelle in Abbildung 2.23 spiegelt sehr deutlich das Grundprinzip der Varianzzerlegung wider. Es findet sich in der ersten Spalte (überschrieben mit „Quelle") die Gesamtstreuung (Korrigierte Gesamtvariation = SS_t) und ihre Zerlegung in die erklärte (Korrigiertes Modell = SS_b) und die nicht erklärte (Fehler = SS_w) Streuung. In der ersten Spalte wird ebenfalls die erklärte Streuung aufgegliedert in die durch die beiden Haupteffekte jeweils einzeln erklärte Streuung (REGAL, VERPACK) sowie die durch die Interaktionseffekte (REGAL*VERPACK) erklärte Streuung. Die übrigen Angaben lassen die Bildung der empirischen F-Statistik (F) nachvollziehen. Sie zeigen die jeweiligen Freiheitsgrade (df) sowie die mittleren quadratischen Abweichungen (Mittel der Quadrate). Die letzte Spalte weist die über die Option „Schätzer der Effektgröße" angeforderte Eta-Statistik aus, welche die Erklärungskraft der einzelnen Faktoren (REGAL, VERPACK) sowie des Interaktionseffektes (REGAL*VERPACK) im Hinblick auf die abhängige Variable angibt. Es handelt sich hierbei um sog. *partielle Eta²-Werte*, d.h., der berechnete Erklärungsanteil wird um die Einflüsse der übrigen im Modell enthaltenen Faktoren bereinigt. Für einen beliebigen Faktor i ergibt sich das Partielle Eta² nach der Formel:

$$\text{Partielles Eta}_i^2 = \frac{df_i \cdot F_i}{df_i \cdot F_i + df_{Fehler}}$$

Unter Rückgriff auf die in Abbildung 2.23 ausgewiesenen Freiheitsgrade (df) und F-Statistiken (F) können die einzelnen partiellen Eta²-Werte nun für die Faktoren REGAL und VERPACK sowie für den Interaktionsterm REGAL*VERPACK (R*V) nachvollzogen werden:

$$\text{Partielles Eta}_{REGAL}^2 = \frac{df_{REGAL} \cdot F_{REGAL}}{df_{REGAL} \cdot F_{REGAL} + df_{Fehler}} = \frac{2 \cdot 98{,}027}{2 \cdot 98{,}027 + 24} = 0{,}891$$

$$\text{Partielles Eta}_{VERPACK}^2 = \frac{df_{VERPACK} \cdot F_{VERPACK}}{df_{VERPACK} \cdot F_{VERPACK} + df_{Fehler}} = \frac{1 \cdot 24{,}286}{1 \cdot 24{,}286 + 24} = 0{,}503$$

$$\text{Partielles Eta}_{R*V}^2 = \frac{df_{R*V} \cdot F_{R*V}}{df_{R*V} \cdot F_{R*V} + df_{Fehler}} = \frac{2 \cdot 2{,}444}{2 \cdot 2{,}444 + 24} = 0{,}169$$

Die ermittelten partiellen Eta²-Werte verdeutlichen, daß der Faktor REGAL mit 89,1% einen größeren Varianzerklärungsanteil aufweist als der Faktor VERPACK

148   Varianzanalyse

(50,3%). Durch den Interaktionsterm REGAL*VERPACK können 16,9% der Varianz der abhängigen Variablen erklärt werden.[8]

Die Aufnahme der Kovariaten PREIS und TEMP in das Modell erfolgt wiederum im Dialogfeld „Univariat" durch Übertragen dieser Variablen in das Feld „Kovariate". Durch den erneuten Aufruf der Prozedur und eine neue Analyse zeigt sich folgendes Ergebnis (vgl. Abbildung 2.24).

Abbildung 2.24:   Zweifaktorielle Kovarianzanalyse mit 2 Kovariaten mittels Prozedur UNIVARIAT

Tests der Zwischensubjekteffekte

Abhängige Variable: Absatzmenge Margarine

Quelle	Quadratsumme vom Typ III	df	Mittel der Quadrate	F	Signifikanz	Partielles Eta-Quadrat
Korrigiertes Modell	2247,511[a]	7	321,073	31,536	,000	,909
Konstanter Term	8,815	1	8,815	,866	,362	,038
PREIS	5,010	1	5,010	,492	,490	,022
TEMP	4,884	1	4,884	,480	,496	,021
REGAL	1207,881	2	603,941	59,319	,000	,844
VERPACK	82,605	1	82,605	8,113	,009	,269
REGAL * VERPACK	13,220	2	6,610	,649	,532	,056
Fehler	223,989	22	10,181			
Gesamt	78979,000	30				
Korrigierte Gesamtvariation	2471,500	29				

a. R-Quadrat = ,909 (korrigiertes R-Quadrat = ,881)

Wiederum finden wir in der ersten Spalte der Tabelle die Zerlegung der Gesamtstreuung in die erklärte Streuung (Korrigiertes Modell) und in die Reststreuung (Fehler). Die mittleren Zeilen zeigen nunmehr in der ersten Spalte eine Aufteilung der durch die Kovariaten und durch die Faktoren erklärten Streuung (Korrigiertes Modell) in ihre jeweiligen Einzelbeiträge (PREIS, TEMP, REGAL, VERPACK, REGAL*VERPACK). Die übrigen Spalten enthalten wie oben die Freiheitsgrade (df), die empirischen F-Werte (F), das Signifikanzniveau der F-Statistik (Signifikanz) sowie die partiellen Eta^2-Werte (Partielles Eta-Quadrat). Der SPSS-Output verdeutlicht, daß für eine gegebene Vertrauenswahrscheinlichkeit von 95% der Einfluß der Kovariaten PREIS und TEMP auf die abhängige Variable als nicht signifikant einzustufen ist. D.h. die anfängliche Vermutung, daß die nachgefragte Menge zusätzlich durch diese Faktoren erklärt werden kann, läßt sich nicht bestätigen.

---

[8] Es sei angemerkt, daß der Interaktionsterm in der Spalte „Signifikanz" einen Wert von 0,108 aufweist. Das heißt, für eine Vertrauenswahrscheinlichkeit > 89,2% ist der Einfluß des Interaktionsterms als nicht signifikant einzustufen.

2.3.3 SPSS-Kommandos

Abbildung 2.25: SPSS-Kommandos

```
* Varianzanalyse

* DATENDEFINITION
* ---------------.

DATA LIST free
/REGAL VERPACK MENGE PREIS TEMP

VARIABLE LABELS
REGAL "Plazierung"
/VERPACK "Verpackungsart"
/MENGE "Absatzmenge Margarine"
/PREIS "Preis pro 250g"
/TEMP "durchschnittl. Raumtemperatur".

VALUE LABELS
REGAL 1 "Normalregal" 2 "Zweitplazierung" 3 "Kühlregal"
/VERPACK 1 "Becher" 2 "Papier".

BEGIN DATA.
1 1 47 1,89 16
1 1 39 1,89 21
   .
   .
   .
3 2 51 2,13 18
END DATA.

* PROZEDUR
* --------.


SUBTITLE "Zweifaktorielle Varianzanalyse".

UNIANOVA
MENGE BY REGAL VERPACK
/METHOD = SSTYPE(3)
/INTERCEPT = INCLUDE
/PRINT = ETASQ
/CRITERIA = ALPHA(.05)
/DESIGN = REGAL VERPACK REGAL*VERPACK.


SUBTITLE "Zweifaktorielle Varianzanalyse mit Kovariaten".

UNIANOVA
  MENGE BY REGAL VERPACK WITH PREIS TEMP
  /METHOD = SSTYPE(3)
  /INTERCEPT = INCLUDE
  /PRINT = ETASQ
  /CRITERIA = ALPHA(.05)
  /DESIGN = PREIS TEMP REGAL VERPACK REGAL*VERPACK.
```

150   Varianzanalyse

2.4   Anwendungsempfehlungen

Um das Instrument der Varianzanalyse anwenden zu können, müssen Voraussetzungen erfüllt sein, die sich sowohl auf die Eigenschaften der erhobenen Daten als auch auf die Auswertung der Daten beziehen. Aus wissenschaftstheoretischer Sicht ist es erforderlich, eine *Hypothese* über den Wirkungszusammenhang der unabhängigen Variablen (z. B. Plazierung) und der abhängigen Variablen (z. B. Absatzmenge) zu formulieren. Die theoretische Frage, die durch die Varianzanalyse beantwortet werden soll, darf sich nicht erst aus den Daten ergeben. Von der Qualität der Hypothese über den Wirkungszusammenhang hängt es ab, ob neben der *statistischen* Signifikanz des Ergebnisses auch eine inhaltlich relevante Aussage formuliert werden kann.

Die Methode stellt bestimmte Anforderungen an die *Auswahl der Daten*. Während unabhängige Variable mit jedem Skalenniveau (nominale, ordinale und metrische Skalierung) in die Untersuchung eingehen können, müssen die abhängigen Variablen metrisch skaliert sein.

Die Faktoren müssen sich eindeutig voneinander unterscheiden, d. h. sie müssen wirklich verschiedene Einflußgrößen der abhängigen Variablen darstellen. Wird nämlich unter zwei vermeintlich unterschiedlichen Faktoren *derselbe* Zusammenhang erhoben (z. B. wenn als Faktoren Verpackung und Markierung gewählt werden, der Käufer beide aber unlösbar gemeinsam wahrnimmt), so läßt sich die Variation der abhängigen Variablen nicht mehr eindeutig auf einen der beiden Faktoren zurückführen.

In dem angeführten Beispiel werden Absatzmengen für Margarine jeweils nach der Art der Verpackung ("Papier" oder "Becher") und/oder z. B. jeweils nach der Art der Plazierung ("Normal", "Zweitplazierung" oder "Kühlregal") in kg Absatz pro Periode eines Ladens ermittelt, wobei wir unterstellt haben, daß die anderen möglichen absatzbeeinflussenden Größen sich bis auf zufällige Schwankungen, die sich ausgleichen, in allen Stichprobenzellen gleich auswirken. Diese Voraussetzung wird auch als *Varianzhomogenität* bezeichnet.

Darüber hinaus muß dafür Sorge getragen werden, daß die in die Untersuchung gelangten Teilstichproben die gleiche Struktur der absatzbeeinflussenden Größen haben wie die Grundgesamtheit, auf die die Ergebnisse der Stichprobe ggf. angewendet werden sollen. Wesentlich für die Gültigkeit der Stichprobe in unserem Beispiel ist, daß nicht besondere Merkmale des ausgewählten Ladens die Absatzzahlen der Stichprobe systematisch beeinflussen, die nicht in der Grundgesamtheit gegeben sind.

Um die notwendige Strukturgleichheit sicherzustellen, muß die Anzahl der hinsichtlich ihrer Nachfrage nach Margarine untersuchten Kunden groß genug sein, damit die Stichprobe einen Rückschluß auf das Verhalten aller Kunden des untersuchten Ladens zuläßt. Darüber hinaus liegt der Varianzanalyse die Annahme zugrunde, daß die Werte in der Grundgesamtheit *normalverteilt* sind.

Eine weitere Voraussetzung des linearen Modellansatzes der Varianzanalyse ist die *Additivität* der Einflußgrößen. Dieses bedeutet, daß z. B. bei der einfaktoriellen

Anwendungsempfehlungen   151

Varianzanalyse der Einfluß des Faktors auf die Ergebnisvariable unabhängig ist von dem Einfluß der Störvariablen auf die Ergebnisvariable. Diese Bedingung wäre verletzt, wenn im genannten Beispiel derselbe Supermarkt unter zwei verschiedenen experimentellen Anordnungen in die Untersuchung aufgenommen würde und auf diese Weise z. B. die Konsumenten Lerneffekte zeigen würden. Die Bedingung der Additivität läßt sich sicherstellen durch eine strikte Zufallsauswahl bei der Zusammenstellung der Gesamtstichprobe (was in unserem Beispiel nicht der Fall ist!).

Sofern die Voraussetzung der Normalverteilung der Grundgesamtheit und/oder der Varianzhomogenität nicht gegeben ist/sind, bleibt die Varianzanalyse unter Beachtung bestimmter Bedingungen dennoch anwendbar.[9]

Insgesamt gilt die Faustregel, daß die Varianzanalyse bei Stichproben bzw. Experimenten mit gleichen Zellenbesetzungen verhältnismäßig robust gegenüber Verletzungen der Prämissen ihres linearen Grundansatzes ist. Da auch die materielle Aufgabe der Varianzanalyse lediglich darin besteht, die *Tatsache* des Vorliegens eines Zusammenhanges zu testen und nicht eine Aussage über die Stärke des Zusammenhanges zu machen, ist der Raum für Fehlinterpretationen verhältnismäßig klein.

Der Einstieg in die Varianzanalyse mit Hilfe des SPSS-Programms wird erleichtert, wenn der Anfänger nicht zu viele Faktoren und Kovariaten auf einmal in die Untersuchung einbezieht, da andernfalls die Interpretation der Ergebnisse erschwert wird. Das SPSS-Programm sieht über die Voreinstellungen (DEFAULT) der Prozedur hinaus eine Reihe von weiteren Optionen vor, die nur dann zur Anwendung kommen sollten, wenn der Anwender sich ein genaues Bild von der Wirkungsweise dieser Prozedur-Variationen gemacht hat.

Die Behandlung von Missing Values
Als fehlende Werte (MISSING VALUES) bezeichnet man Variablenwerte, die von den Befragten entweder außerhalb des zulässigen Beantwortungsintervalles vergeben wurden oder überhaupt nicht eingetragen wurden. Im Datensatz können fehlende Werte der Merkmalsvariablen beim Einlesen mit dem Format Fix als Leerzeichen kodiert werden. Sie werden dann vom Programm automatisch durch einen sog. *System-missing value* ersetzt.

Alternativ kann man die fehlenden Werte im Datensatz auch durch eine 0 (oder durch einen anderen Wert, der unter den beobachteten Werten nicht vorkommt), ersetzen. Mit Hilfe der Anweisung

MISSING VALUES Menge (0)
kann man dem Programm z.B. mitteilen, daß der Wert 0 bei der Variablen Menge für einen fehlenden Wert steht. Derartige vom Benutzer bestimmte fehlende Werte werden von SPSS als *User-missing values* bezeichnet. Für eine Variable lassen

---

[9] Zu den genauen Bedingungen und Prämissen des linearen Grundmodells der Varianzanalyse vgl. Diehl, J.M., 1983; Glaser, W., 1978, S. 102 ff.

152   Varianzanalyse

sich mehrere Missing Values angeben, z.B. 0 für "Ich weiß nicht" und 9 für "Antwort verweigert". Im Rahmen der hier aufgezeigten Varianzanalyse treten allerdings keine fehlenden Werte auf.

In der Voreinstellung werden alle Fälle, die einen fehlenden Wert bei einer oder
mehreren Variablen aufweisen, aus den Berechnungen ausgeschlossen (LIST-
WISE-Deletion). Durch Verwendung eines entsprechenden Befehls MISSING
können aber alle User-missing-values in die Berechnungen eingeschlossen werden.

2.5 Literaturhinweise

Ahrens, H./Läuter, J. (1981): Mehrdimensionale Varianzanalyse, 2. Aufl., Berlin.

Andrews, F./Morgan, J./Sonquist, J. (1973): Multiple Classification Analysis, 2nd ed., University of Michigan.

Banks, S. (1965): Experimentation in Marketing, New York u. a.

Bleymüller, J./Gehlert, G./Gülicher, H. (2004): Statistik für Wirtschaftswissenschaftler, 14. Aufl., München.

Bortz, J. (2005): Statistik für Human- und Sozialwissenschaftler, 6. Aufl., Berlin u. a.

Diehl, J. M. (1983): Varianzanalyse, Frankfurt/M.

Fahrmeir, L./Hamerle, A./Tutz, G. (1996): Multivariate statistische Verfahren, 2. Aufl., Berlin.

Glaser, W. (1978): Varianzanalyse, Stuttgart u. a.

Green, P.E./Tull, D.S. (1982): Methoden und Techniken der Marketingforschung, 4. Aufl., Stuttgart u. a.

Hartung, J./Elpelt, B. (1999): Multivariate Statistik, 6. Aufl., München u. a.

Hochstädter, D./Kaiser, U. (1988): Varianz- und Kovarianzanalyse, Frankfurt.

Janssen, J. / Laatz, W. (2005): Statistische Datenanalyse mit SPSS für Windows, 5. Aufl., Berlin/Heidelberg/New York.

Moosbrugger, H. (2002): Lineare Modelle, 3. Aufl., Bern.

Scheffé, H. (1959): The Analysis of Variance, New York.

Schubö, W./Uehlinger, H.-M./Perleth, C./Schröger, E./ Sierwald, W. (1991): SPSS Handbuch der Programmversionen 4.0 und SPSS-X 3.0, Stuttgart New York.

Sonnemann, E: (1982): Allgemeine Lösungen multipler Testprobleme, in: EDV in Medizin und Biologie, Jg. 13, Heft 4, S. 120-128.

SPSS Inc. (Hrsg) (2004): SPSS 13.0 Command Syntax Reference, Chicago.

Winer, B.J./Brown, D.R./Michels, K.M. (1991): Statistical Principles in Experimental Design, 3rd ed., New York u. a.

Wonnacott, T.H./Wonnacott, R.J. (1981): Regression. A Second Course in Statistics, Malabar.

3 Diskriminanzanalyse

3.1	Problemstellung	156
3.2	Vorgehensweise	159
3.2.1	Definition der Gruppen	160
3.2.2	Formulierung der Diskriminanzfunktion	161
3.2.3	Schätzung der Diskriminanzfunktion	164
3.2.3.1	Das Diskriminanzkriterium	164
3.2.3.2	Rechenbeispiel	167
3.2.3.3	Geometrische Ableitung	173
3.2.3.4	Normierung der Diskriminanzfunktion	176
3.2.3.5	Vergleich mit der Regressionsanalyse	177
3.2.3.6	Mehrfache Diskriminanzfunktionen	177
3.2.4.	Prüfung der Diskriminanzfunktion	179
3.2.4.1	Prüfung der Klassifikation	179
3.2.4.2	Prüfung des Diskriminanzkriteriums	181
3.2.5	Prüfung der Merkmalsvariablen	185
3.2.6	Klassifikation neuer Elemente	188
3.2.6.1	Klassifizierungsfunktionen	189
3.2.6.2	Das Distanzkonzept	191
3.2.6.3	Das Wahrscheinlichkeitskonzept	192
3.2.6.4	Berechnung der Klassifizierungswahrscheinlichkeiten	195
3.2.6.5	Überprüfung der Klassifizierung	197
3.3	Fallbeispiel	199
3.3.1	Problemstellung	199
3.3.2	Ergebnisse	201
3.3.3	Schrittweise Diskriminanzanalyse	216
3.3.4	SPSS-Kommandos	216
3.4	Anwendungsempfehlungen	218
3.5	Mathematischer Anhang	219
3.6	Literaturhinweise	227

156 Diskriminanzanalyse

3.1 Problemstellung

Die Diskriminanzanalyse ist ein multivariates Verfahren zur *Analyse von Gruppen-unterschieden*. Sie ermöglicht es, die Unterschiedlichkeit von zwei oder mehreren Gruppen hinsichtlich einer Mehrzahl von Variablen zu untersuchen[1], um Fragen folgender Art zu beantworten:

- *"Unterscheiden sich die Gruppen signifikant voneinander hinsichtlich der Variablen?"*
- *"Welche Variablen sind zur Unterscheidung zwischen den Gruppen geeignet bzw. ungeeignet?"*

Beispielsweise kann es sich bei den Gruppen um Käufer verschiedener Marken, Wähler verschiedener Parteien oder Patienten mit verschiedenen Symptomen handeln. Untersuchen läßt sich sodann mittels Diskriminanzanalyse, ob sich die jeweiligen Gruppen hinsichtlich soziodemographischer, psychographischer oder sonstiger Variablen unterscheiden und welche dieser Variablen zur Unterscheidung besonders geeignet oder ungeeignet sind.

Die Anwendung der Diskriminanzanalyse erfordert, daß Daten für die *Merkmalsvariablen* der Elemente (Personen, Objekte) und deren *Gruppenzugehörigkeit* vorliegen.

Die Diskriminanzanalyse gehört, wie z.B. auch die Regressionsanalyse oder die Varianzanalyse, zur Klasse der *strukturen-prüfenden Verfahren*. Während die Merkmalsvariablen der Elemente metrisch skaliert sein müssen, läßt sich die Gruppenzugehörigkeit durch eine nominal skalierte Variable (Gruppierungsvariable) ausdrücken. Die Diskriminanzanalyse läßt sich damit formal als ein Verfahren charakterisieren, mit dem die *Abhängigkeit einer nominal skalierten Variable* (der Gruppierungsvariable) *von metrisch skalierten Variablen* (den Merkmalsvariablen der Elemente) untersucht wird.

Während die Analyse von Gruppenunterschieden primär wissenschaftlichen Zwecken dient, ist ein weiteres Anwendungsgebiet der Diskriminanzanalyse von unmittelbarer praktischer Relevanz. Es handelt sich hierbei um die Bestimmung oder *Prognose der Gruppenzugehörigkeit* von Elementen (Klassifizierung). Die Fragestellung lautet:

"In welche Gruppe ist ein "neues" Element, dessen Gruppenzugehörigkeit nicht bekannt ist, aufgrund seiner Merkmalsausprägungen einzuordnen?"

Ein illustratives, wenn auch in der praktischen Durchführung nicht ganz unproblematisches *Anwendungsbeispiel* bildet die Kreditwürdigkeitsprüfung[2]. Die Kre-

---

[1] Soll geprüft werden, ob sich zwei Gruppen (Stichproben) hinsichtlich nur eines einzigen Merkmals signifikant unterscheiden, so kann dies durch einen t-Test, und bei mehr als zwei Gruppen mittels Varianzanalyse erfolgen (vgl. dazu Kapitel 2).

[2] Problematisch für die Anwendung der Diskriminanzanalyse bei der Kreditwürdigkeitsprüfung ist, daß die Datenbasis immer vorselektiert ist und daher in der Regel weit we-

ditkunden einer Bank lassen sich nach ihrem Zahlungsverhalten in "gute" und "schlechte" Fälle einteilen. Mit Hilfe der Diskriminanzanalyse kann sodann geprüft werden, hinsichtlich welcher Variablen (z.B. Alter, Familienstand, Einkommen, Dauer des gegenwärtigen Beschäftigungsverhältnisses oder der Anzahl bereits bestehender Kredite) sich die beiden Gruppen signifikant unterscheiden. Auf diese Weise läßt sich ein Katalog von relevanten (diskriminatorisch bedeutsamen) Merkmalen zusammenstellen. Die Diskriminanzanalyse ermöglicht es weiterhin, die Kreditwürdigkeit neuer Antragsteller zu überprüfen, wobei, wie noch zu zeigen ist, im Modell der Diskriminanzanalyse die Wahrscheinlichkeit einer *Fehlklassifikation* minimiert wird.

In jüngerer Zeit hat man versucht, alternativ zur Diskriminanzanalyse das Problem der Kreditwürdigkeitsprüfung mit Hilfe Neuronaler Netze (einer Methode der künstlichen Intelligenz) zu behandeln und hat damit der Diskriminanzanalyse vergleichbare Ergebnisse erzielt.[3]

Ein ganz ähnliches Problem, wie bei der Kreditwürdigkeitsprüfung, stellt sich z.B. auch dem Personalberater oder der Zulassungsbehörde, der (die) die Erfolgsaussichten von Bewerbern zu beurteilen hat; oder dem Arzt, der eine Frühdiagnose stellen muß; oder dem Archäologen, der einen Schädel gefunden hat und jetzt klären möchte, zu welchem Volksstamm sein Träger wohl gehört haben mag. In Abbildung 3.1 sind einige Anwendungsbeispiele der Diskriminanzanalyse mit Angabe der jeweiligen Gruppierungsvariable und den Merkmalsvariablen zusammengestellt.[4]

Die Diskriminanzanalyse unterscheidet sich hinsichtlich ihrer Problemstellung grundsätzlich von sog. taxonomischen (gruppierenden) Verfahren, wie der Clusteranalyse, die von ungruppierten Daten ausgehen. Durch die Clusteranalyse werden Gruppen *erzeugt*, durch die Diskriminanzanalyse dagegen werden vorgegebene Gruppen *untersucht*. Beide Verfahren können sich damit sehr gut ergänzen.

In beiden Problembereichen wird von Klassifizierung gesprochen, wobei der Begriff mit unterschiedlicher Bedeutung verwendet wird. Zum einen wird damit die *Bildung von Gruppen* (Taxonomie), zum anderen die *Einordnung von Elementen in vorgegebene Gruppen* gemeint. Im Rahmen der Diskriminanzanalyse findet er mit letzterer Bedeutung Verwendung.

---

niger "schlechte" als "gute" Fälle enthalten wird. Vgl. hierzu z.B.: Häußler, W.M., 1979, S. B191-B210.

[3] Vgl. dazu Erxleben, K./Baetge, J./Feidicker, M./Koch, H./Krause, C./Mertens, P., 1992, S. 1237-1262; Wilbert, R., 1991, S. 1377 ff.

[4] Auf zahlreiche Anwendungen der Diskriminanzanalyse verweist Lachenbruch, P.A., 1975. Eine Bibliographie zu Anwendungen der Diskriminanzanalyse im Marketing-Bereich findet sich in: Green, P.E./Tull, D.S./Albaum, G., 1988.

158   Diskriminanzanalyse

Abbildung 3.1:   Anwendungsbeispiele der Diskriminanzanalyse

Problemstellung	Gruppierung	Merkmalsvariablen
Prüfung der Kredit-würdigkeit	Risikoklasse: -hoch -niedrig	Soziodemographische Merkmale (Alter, Ein-kommen etc.), Anzahl weiterer Kredite, Beschäftigungsdauer etc.
Auswahl von Außendienst-mitarbeitern	Verkaufserfolg -hoch -niedrig	Ausbildung, Alter, Persönlichkeitsmerkmale, Körperliche Merkmale etc.
Analyse der Markenwahl beim Autokauf	Marke: -Mercedes -BMW -Audi etc.	Einstellung zu Eigenschaf-ten von Autos, z.B.: Aussehen, Straßenlage, Geschwindigkeit, Wirtschaftlichkeit etc.
Wähleranalyse	Partei: -CDU -SPD -FDP -Grüne	Einstellung zu politischen Themen wie Abrüstung, Atomenergie, Tempolimit, Besteuerung, Wehrdienst, Mitbestimmung etc.
Diagnose bei Atemnot von Neugeborenen	Überleben: -ja -nein	Geburtsgewicht, Geschlecht, postmenstruales Alter, pH-Wert des Blutes etc.
Erfolgsaussichten von neu-en Produkten	Wirtschaftlicher Erfolg: -Gewinn -Verlust	Neuigkeitsgrad des Pro-duktes, Marktkenntnis des Unternehmens, Preis/Leistungs-Verhältnis, technolog. Know-how etc.
Analyse der Diffusion von Innovationen	Adoptergruppen -Innovatoren -Imitatoren	Risikofreudigkeit, soziale Mobilität, Einkommen, Statusbewußtsein etc.

3.2 Vorgehensweise

Die Durchführung einer Diskriminanzanalyse läßt sich in sechs Teilschritte zerlegen, wie sie das folgende Ablaufdiagramm in Abbildung 3.2 darstellt.

Abbildung 3.2: Ablaufschritte der Diskriminanzanalyse

```
(1) Definition der Gruppen

(2) Formulierung der
    Diskriminanzfunktion

(3) Schätzung der
    Diskriminanzfunktion

(4) Prüfung der
    Diskriminanzfunktion

(5) Prüfung der
    Merkmalsvariablen

(6) Klassifikation neuer
    Elemente
```

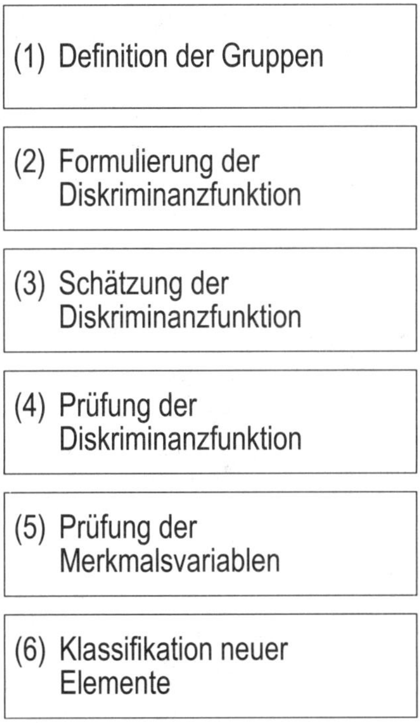

Gemäß den Stufen dieses Schemas behandeln wir nachfolgend die Diskriminanzanalyse. Zur Illustration wählen wir ein kleines *Beispiel*. Ein Hersteller von Margarine möchte wissen, ob und in welchem Maße die Merkmale "Streichfähigkeit" und "Haltbarkeit" bei der Wahl einer Margarinemarke von Bedeutung sind. Insbesondere möchte er herausfinden, ob sich die Stammkäufer der von ihm hergestellten Marke hinsichtlich der Beurteilung dieser Merkmale von den Stammkäufern anderer Marken unterscheiden.

3.2.1 Definition der Gruppen

(1) **Definition der Gruppen**
(2) Formulierung der Diskriminanzfunktion
(3) Schätzung der Diskriminanzfunktion
(4) Prüfung der Diskriminanzfunktion
(5) Prüfung der Merkmalsvariablen
(6) Klassifikation neuer Elemente

Die Durchführung einer Diskriminanzanalyse beginnt mit der Definition der Gruppen. Diese kann sich unmittelbar aus dem Anwendungsproblem ergeben (z.B. Gruppierung von Käufern nach Produktmarken oder von Wählern nach Parteien). Sie kann aber auch das Ergebnis einer vorgeschalteten Analyse sein. So lassen sich z.B. durch die Anwendung der Clusteranalyse Gruppen bilden, die sodann mit Hilfe der Diskriminanzanalyse untersucht werden.

Mit der Definition der Gruppen ist auch die Festlegung der Anzahl der Gruppen, die in einer Diskriminanzanalyse berücksichtigt werden sollen, verbunden. In unserem Beispiel könnte der Margarinehersteller z.B. für jede existierende Marke eine Gruppe bilden. Die Zahl der Gruppen wäre dann allerdings sehr groß und die Analyse sehr aufwendig.

Bei der Definition der Gruppen ist auch das verfügbare Datenmaterial zu berücksichtigen, da die Fallzahlen in den einzelnen Gruppen nicht zu klein werden dürfen. Außerdem sollte die Anzahl der Gruppen nicht größer sein als die Anzahl der Merkmalsvariablen. Unter Umständen kann es daher erforderlich werden, mehrere Gruppen zu einer Gruppe zusammenzufassen.

Den einfachsten Fall bildet die Analyse von zwei Gruppen, auf die wir uns hier zunächst beschränken wollen. So definiert im *Beispiel* unser Margarinehersteller zwei Gruppen A und B, eine Gruppe für die Stammkäufer der von ihm hergestellten Marke A und eine zweite Gruppe für die Stammkäufer der wichtigsten Konkurrenzmarke B. Alternativ hätte er in der zweiten Gruppe auch die Stammkäufer mehrerer oder aller Konkurrenzmarken zusammenfassen können.

Die Gruppen werden zweckmäßigerweise durch eine Gruppierungsvariable bzw. einen Gruppenindex g ($g = 1,2,...,G$) gekennzeichnet, wobei G die Zahl der Gruppen ist. Im Beispiel gilt damit $G = 2$ und $g = 1, 2$ bzw. hier $g = A, B$.

3.2.2 Formulierung der Diskriminanzfunktion

(1) Definition der Gruppen

(2) **Formulierung der Diskriminanzfunktion**

(3) Schätzung der Diskriminanzfunktion

(4) Prüfung der Diskriminanzfunktion

(5) Prüfung der Merkmalsvariablen

(6) Klassifikation neuer Elemente

Im Rahmen der Diskriminanzanalyse ist eine Diskriminanzfunktion (Trennfunktion) zu formulieren und zu schätzen, die sodann

- eine optimale Trennung zwischen den Gruppen und
- eine Prüfung der diskriminatorischen Bedeutung der Merkmalsvariablen

ermöglicht.

Die *Diskriminanzfunktion* hat allgemein die folgende Form:

$$Y = b_0 + b_1 X_1 + b_2 X_2 + ... + b_J X_J \qquad (1)$$

mit

Y = Diskriminanzvariable

X_j = Merkmalsvariable j (j = 1,2,...,J)

b_j = Diskriminanzkoeffizient für Merkmalsvariable j

b_0 = Konstantes Glied

Die Parameter b_0 und b_j (j = 1,2,...,J) sind auf Basis von Daten für die Merkmalsvariablen zu schätzen. Für jedes Element i (i = 1,...,I_g) einer Gruppe g (g = 1,...,G) mit den Merkmalswerten X_{jgi} (j = 1,...,J) liefert die Diskriminanzfunktion einen Diskriminanzwert Y_{gi}.

Die Diskriminanzfunktion wird auch als kanonische Diskriminanzfunktion und die Diskriminanzvariable Y als kanonische Variable bezeichnet. Der Ausdruck "*kanonisch*" kennzeichnet, daß eine *Linearkombination* von Variablen vorgenommen wird. Wir hatten oben die Diskriminanzanalyse als ein Verfahren charakterisiert, mit dem die Abhängigkeit einer nominal skalierten Variable (der Gruppierungsvariablen oder dem Gruppenindex) von metrisch skalierten Variablen untersucht wird. Die sich ergebende Diskriminanzvariable aber ist eine metrische Variable, da sie durch eine arithmetische Verknüpfung von metrischen Variablen gebildet wird.

Die Formulierung der Diskriminanzfunktion erfordert die *Auswahl von Merkmalsvariablen*. Diese erfolgt zunächst hypothetisch, d.h. aufgrund von theoretischen oder sachlogischen Überlegungen werden solche Variablen ausgewählt, die mutmaßlich zwischen den Gruppen differieren und somit zur Unterscheidung der Gruppen oder Erklärung der Gruppenunterschiede beitragen können. Nach Schätzung der Diskriminanzfunktion läßt sich sodann die diskriminatorische Eignung der Variablen überprüfen.

In unserem *Beispiel* beschränken wir uns auf den einfachsten Fall einer Diskriminanzanalyse, den mit zwei Gruppen und auch nur zwei Merkmalsvariablen. Der Margarinehersteller möchte wissen, ob und in welchem Maße die empfundene

162   Diskriminanzanalyse

Wichtigkeit von *Streichfähigkeit* und *Haltbarkeit* bei der Wahl einer Margarine-marke von Bedeutung ist. Insbesondere möchte er herausfinden, ob sich die Stammkäufer der von ihm hergestellten Marke A hinsichtlich der Beurteilung dieser Merkmale von den Stammkäufern der Konkurrenzmarke B unterscheiden. Es gilt damit:

Gruppen (g = A,B):

A = Stammkäufer von Marke A

B = Stammkäufer von Marke B

Diskriminanzfunktion:

$$Y = b_0 + b_1 X_1 + b_2 X_2$$

mit

X_1 = Wichtigkeit der Streichfähigkeit
X_2 = Wichtigkeit der Haltbarkeit

Jede Gruppe g läßt sich kompakt durch ihren mittleren Diskriminanzwert, der als *Centroid* (Schwerpunkt) bezeichnet wird, beschreiben:

$$\bar{Y}_g = \frac{1}{I_g} \sum_{i=1}^{I_g} Y_{gi} \tag{2}$$

Die *Unterschiedlichkeit zweier Gruppen* g = A,B läßt sich damit durch die Differenz

$$\left| \bar{Y}_A - \bar{Y}_B \right| \tag{3}$$

messen. Es wird später gezeigt, wie sich dieses Maß verfeinern und für die Messung der Unterschiedlichkeit von mehr als zwei Gruppen (Mehrgruppenfall) erweitern läßt.

Die Werte der Diskriminanzfunktion lassen sich auf einer sog. *Diskriminanzachse* abtragen. Einzelne Elemente sowie die Centroide der Gruppen lassen damit auf der Diskriminanzachse lokalisieren und die Unterschiede zwischen den Elementen und/oder Gruppen als *Distanzen* repräsentieren. In Abbildung 3.3 sind schematisch die Centroide der Gruppen A und B auf der Diskriminanzachse markiert.

Neben den Gruppen-Centroiden ist auf der Diskriminanachse in Abbildung 3.3 auch der *kritische Diskriminanzwert* Y^* markiert. Dieser ermöglicht eine Klassifizierung neuer Elemente. Die Einteilung eines Elementes i´ mit dem Diskriminanzwert $Y_{i'}$ läßt sich damit wie folgt durchführen:

Abbildung 3.3: Diskriminanzachse

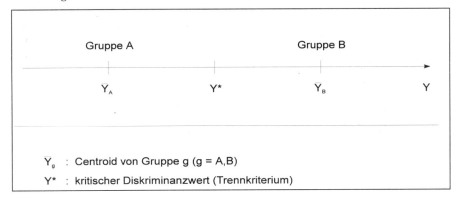

$$Y_{i'} < Y^* \rightarrow \text{Gruppe A}$$
$$Y_{i'} > Y^* \rightarrow \text{Gruppe B}$$
(4)

In unserem *Beispiel* könnte der Margarinehersteller auf Basis der Urteilswerte $X_{1i'}$ und $X_{2i'}$ eines Käufers i' prognostizieren, ob dieser Stammkäufer der Marke A oder B ist. Durch Einsetzen in die Diskriminanzfunktion erhält er den Diskriminanzwert $Y_{i'}$. Die Diskriminanzfunktion laute:

$$Y = -2 + 1,0\, X_1 - 0,5\, X_2$$

mit

$$Y^* = 0 \quad (\textit{kritischer Wert})$$

Für einen Käufer i' mit den Urteilswerten $X_{1i'} = 4$ und $X_{2i'} = 6$ erhält man den Diskriminanzwert $Y_{i'} = -1$. Folglich wäre zu prognostizieren, daß diese Person Stammkäufer der Marke A ist.

164   Diskriminanzanalyse

3.2.3 Schätzung der Diskriminanzfunktion

| (1) Definition der Gruppen |
| (2) Formulierung der Diskriminanzfunktion |
| **(3) Schätzung der Diskriminanzfunktion** |
| (4) Prüfung der Diskriminanzfunktion |
| (5) Prüfung der Merkmalsvariablen |
| (6) Klassifikation neuer Elemente |

Die Schätzung der Diskriminanzfunktion (1) oder genauer gesagt der unbekannten Koeffizienten b_j in der Diskriminanzfunktion soll so erfolgen, daß sie optimal zwischen den untersuchten Gruppen trennt. Dazu ist ein Kriterium erforderlich, welches die Unterschiedlichkeit der Gruppen mißt. Dieses Kriterium wird als Diskriminanzkriterium bezeichnet. Die Schätzung erfolgt dann so, daß das Diskriminanzkriterium maximiert wird.

3.2.3.1   Das Diskriminanzkriterium

Als Maß für die Unterschiedlichkeit von Gruppen wurde bereits die Distanz zwischen den Gruppencentroiden eingeführt. Dieses Maß muß jedoch noch verfeinert werden.

Die Unterscheidung zwischen zwei Gruppen ist zwar einerseits um so besser möglich, je größer die Distanz ihrer Centroide ist, andererseits aber wird sie erschwert, wenn die Gruppen stark streuen. Dies zeigt Abbildung 3.4, in der zwei Paare von Gruppen mit gleichem Abstand der Centroide als Verteilungen über der Diskriminanzachse dargestellt sind. Die beiden Gruppen in der unteren Hälfte überschneiden sich stärker, da sie breiter streuen, und lassen sich daher weniger gut unterscheiden.

Ein besseres Maß der Unterschiedlichkeit (Diskriminanz) erhält man deshalb, wenn auch die Streuung der Gruppen berücksichtigt wird. Wählt man die Standardabweichung s der Diskriminanzwerte als Maß für die Streuung einer Gruppe, so läßt sich das folgende Diskriminanzmaß für zwei Gruppen A und B bilden:

$$\frac{\left| \overline{Y}_A - \overline{Y}_B \right|}{s} \tag{5}$$

Dieses Diskriminanzmaß ist allerdings nur unter folgenden *Prämissen* anwendbar:

a)   nur zwei Gruppen
b)   annähernd gleiche Streuung s für beide Gruppen.

Abbildung 3.4: Gruppen (Verteilungen) mit unterschiedlicher Streuung

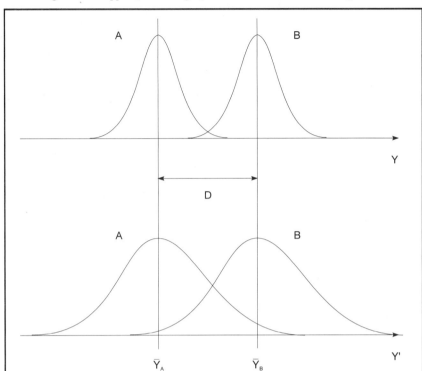

Diese Prämissen lassen sich aufheben, wenn man das folgende *Diskriminanzkriterium* verwendet:

$$\Gamma = \frac{\text{Streuung zwischen den Gruppen}}{\text{Streuung in den Gruppen}}$$

das sich wie folgt präzisieren läßt:

$$\Gamma = \frac{\sum_{g=1}^{G} I_g \left(\overline{Y}_g - \overline{Y}\right)^2}{\sum_{g=1}^{G} \sum_{i=1}^{I_g} \left(Y_{gi} - \overline{Y}_g\right)^2} = \frac{SS_b}{SS_w} \qquad (6)$$

Die *Streuung zwischen den Gruppen* wird durch die quadrierten Abweichungen der Gruppencentroide vom Gesamtmittel gemessen und kann so für beliebig viele Gruppen erfolgen. Um unterschiedliche Gruppengrößen zu berücksichtigen, werden die Abweichungen jeweils mit der Gruppengröße I_g multipliziert.

166   Diskriminanzanalyse

Die *Streuung in den Gruppen* wird durch die quadrierten Abweichungen der Gruppenelemente vom jeweiligen Gruppencentroid gemessen.

Die Streuung zwischen den Gruppen wird gewöhnlich durch SS_b (Sum of Squares *between*) und die Streuung in den Gruppen durch SS_w (Sum of Squares *within*) symbolisiert.

Die Streuung zwischen den Gruppen wird auch als (durch die Diskriminanzfunktion) *erklärte Streuung* und die Streuung in den Gruppen als *nicht erklärte Streuung* bezeichnet. Das Diskriminanzkriterium läßt sich damit auch als Verhältnis von erklärter zu nicht erklärter Streuung interpretieren.

Die *Gesamtstreuung* (Streuung aller Elemente um das Gesamtmittel) errechnet sich durch:

$$SS = \sum_{g=1}^{G} \sum_{i=1}^{I_g} \left(Y_{gi} - \overline{Y}\right)^2 \qquad (7)$$

Wie schon in vorherigen Kapiteln bei der Behandlung der Regressionsanalyse oder der Varianzanalyse ausgeführt, gilt folgende *Zerlegung der Gesamtstreuung*:

$$SS \quad = \quad SS_b \quad + \quad SS_w \qquad (8)$$

Gesamt-streuung	=	Streuung zwischen den Gruppen	+	Streuung in den Gruppen
	=	erklärte Streuung	+	nicht erklärte Streuung

Die Diskriminanzwerte selbst und damit auch deren Streuungen sind abhängig von den zu bestimmenden Koeffizienten b_j der Diskriminanzfunktion. Das konstante Glied b_0 spielt dabei keine Rolle. Es bewirkt lediglich eine Skalenverschiebung der Diskriminanzwerte, verändert aber nicht deren Streuung. Durch geeignete Wahl von b_0 kann man z.B. bewirken, daß der kritische Diskriminanzwert den Wert Null erhält.

Die Schätzung der Diskriminanzfunktion beinhaltet damit das folgende *Optimierungsproblem*:

$$\max_{b_1,\ldots,b_J} \quad \{\Gamma\} \qquad (9)$$

Wähle die Koeffizienten b_j ($j = 1,\ldots,J$) so, daß das Diskriminanzkriterium Γ maximal wird.

Die mathematische Lösung dieses Optimierungsproblems wird im Anhang (Teil A) dieses Kapitels ausgeführt[5].

3.2.3.2 Rechenbeispiel

Die Schätzung der Diskriminanzfunktion soll nachfolgend an einem kleinen Rechenbeispiel demonstriert werden. Unser Margarinehersteller, der herausfinden möchte, welche Bedeutung die Merkmale "Streichfähigkeit" und "Haltbarkeit" für die Markenwahl haben, läßt jeweils 12 Stammkäufer der Marken A und B befragen. Jede der 24 Personen wird gebeten, die empfundene Wichtigkeit der beiden Merkmale auf einer siebenstufigen Rating-Skala zu beurteilen. Die Daten sind in Abbildung 3.5 wiedergegeben.

Abbildung 3.5: Ausgangsdaten für das Rechenbeispiel (zwei Gruppen, zwei Variablen)

Stammkäufer von Marke A			Stammkäufer von Marke B		
Person i	Streichfähigkeit X_{1Ai}	Haltbarkeit X_{2Ai}	Person i	Streichfähigkeit X_{1Bi}	Haltbarkeit X_{2Bi}
1	2	3	13	5	4
2	3	4	14	4	3
3	6	5	15	7	5
4	4	4	16	3	3
5	3	2	17	4	4
6	4	7	18	5	2
7	3	5	19	4	2
8	2	4	20	5	5
9	5	6	21	6	7
10	3	6	22	5	3
11	3	3	23	6	4
12	4	5	24	6	6

In Abbildung 3.6 ist das Ergebnis der Befragung als Streudiagramm dargestellt. Jede der 24 befragten Personen ist entsprechend der abgegebenen Urteilswerte im Raum der beiden Variablen als Punkt repräsentiert. Dabei sind die Käufer von Marke A durch Quadrate und die der Marke B durch Sterne markiert.

In Abbildung 3.6 sind außerdem die Häufigkeitsverteilungen (Histogramme) der Urteilswerte bezüglich jeder der beiden Variablen neben bzw. unter dem Streudiagramm dargestellt. Man ersieht daraus, daß die Stammkäufer von Marke B die

---

[5] Zur Mathematik der Diskriminanzanalyse vgl. insbesondere Tatsuoka, M.M., 1988, S. 210 ff.; Cooley, W.W./Lohnes, P.R., 1971, S. 243 ff.

Abbildung 3.6: Streuung der Urteilswerte in den beiden Gruppen

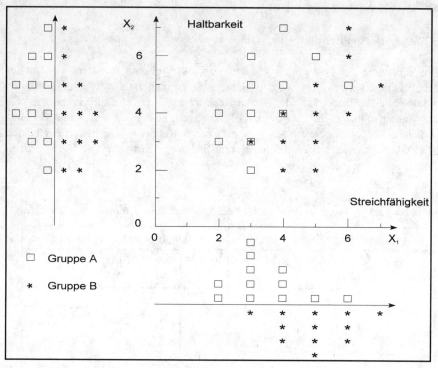

Wichtigkeit der Streichfähigkeit tendenziell höher einstufen als die Stammkäufer von Marke A. Dagegen ergeben sich für die Käufer der Marke A im Durchschnitt etwas höhere Werte bei der Einstufung der Haltbarkeit. Infolge der erheblichen Überschneidungen der Häufigkeitsverteilungen aber ermöglicht keine der beiden Variablen eine gute Trennung zwischen den Käufergruppen. Offenbar aber besitzt die "Streichfähigkeit" eine größere diskriminatorische Bedeutung.

Es soll jetzt geprüft werden, ob die Diskriminanzfunktion

$$Y = b_0 + b_1 X_1 + b_2 X_2$$

eine bessere Trennung zwischen den Gruppen ermöglicht.

Die Auswertungstabellen der Abbildungen 3.7 – 3.10 zeigen die Berechnung der Streuung der beiden Merkmalsvariablen in und zwischen den Gruppen. Mit diesen Werten läßt sich die *optimale Diskriminanzfunktion* berechnen (vgl. Anhang A). Sie lautet:

$$Y = -1{,}98 + 1{,}031 X_1 - 0{,}565 X_2 \tag{10}$$

Abbildung 3.7: Gruppenspezifische Maße der Merkmalsvariablen

$\overline{X}_{jg}$ = Mittelwert von Variable j in Gruppe g

SS_{jg} = Quadratsumme der Abweichungen vom Mittelwert
(Sum of Squares)

SC_{12} = Kreuzproduktsumme der Abweichungen
(Sum of Cross-Products)

Gruppe g:	Marke A		Marke B	
Variable j:	Streich-fähigkeit X_{1A}	Haltbar-barkeit X_{2A}	Streich-fähigkeit X_{1B}	Haltbar-barkeit X_{2B}
$\overline{X}_{jg} = \dfrac{1}{I_g} \sum\limits_{i=1}^{I_g} X_{jgi}$	3,5	4,5	5,0	4,0
$SS_{jg} = \sum\limits_{i=1}^{I_g} \left(X_{jgi} - \overline{X}_{jg}\right)^2$	15,0	23,0	14,0	26,0
$SC_{12g} = \sum\limits_{i=1}^{I_g} \left(X_{1gi} - \overline{X}_{1g}\right) \cdot \left(X_{2gi} - \overline{X}_{2g}\right)$	9,0		12,0	

Durch Einsetzen der Daten aus Abbildung 3.5 in die Diskriminanzfunktion (10) erhält man die Diskriminanzwerte in Abbildung 3.11. Beispielsweise ergibt sich für den ersten Stammkäufer der Marke A:

$$Y = -1,98 + 1,031 \cdot 2 - 0,565 \cdot 3 = -1,614$$

Mit diesen Werten und unter Anwendung der Formel (6) und (7) erhält man für das Diskriminanzkriterium Γ den Wert:

$$\Gamma = \frac{SS_b}{SS_w} = \frac{20,07}{22,0} = 0,912$$

170   Diskriminanzanalyse

Abbildung 3.8:   Innergruppen-Streuungsmaße der Merkmalsvariablen

$$W_{jj} \quad = \quad \text{Within Sum of Squares}$$

$$W_{12} \quad = \quad \text{Within Sum of Cross Products}$$

Variable j:	Streichfähigkeit X_1	Haltbarkeit X_2
$W_{jj} = \sum\limits_{g=1}^{G} \sum\limits_{i=1}^{I_g} \left(X_{jgi} - \bar{X}_{jg}\right)^2$ $= SS_{jA} + SS_{jB}$	$15 + 14 = 29$	$23 + 26 = 49$
$W_{12} = \sum\limits_{g=1}^{G} \sum\limits_{i=1}^{I_g} \left(X_{1gi} - \bar{X}_{1g}\right)\cdot\left(X_{2gi} - \bar{X}_{2g}\right)$ $= SC_{12A} + SC_{12B}$	$9 + 12 = 21$	

Abbildung 3.9:   Gesamtmittelwerte der Merkmalsvariablen

Variable j:	Streichfähigkeit X_1	Haltbarkeit X_2
$\bar{X} = \dfrac{1}{I} \sum\limits_{i=1}^{I} X_{ji}$	4,25	4,25

Zum Vergleich berechnen wir beispielhaft, welche Werte sich für das Diskriminanzkriterium mit anderen Werten der Koeffizienten ergeben würden. In Abbildung 3.12 sind einige Werte der Koeffizienten b_1 und b_2 mit dem jeweiligen Wert für das Diskriminanzkriterium zusammengestellt. Der Wert von b_0 hat keinen Einfluß auf das Diskriminanzkriterium und kann hier somit auch auf Null gesetzt werden. Die Koeffizienten in Abbildung 3.12 wurden zwecks besserer Übersicht so normiert, daß ihre Absolutwerte sich zu eins addieren:

$$|b_1| + |b_2| = 1$$

Vorgehensweise   171

Abbildung 3.10: Zwischengruppen-Streuungsmaße der Merkmalsvariablen

$$B_{jj} = \text{Between Sum of Squares}$$
$$B_{12} = \text{Between Sum of Cross Products}$$

Variable j:	Streichfähigkeit X_1	Haltbarkeit X_2
$B_{jj} = \sum\limits_{g=1}^{G} I_g \left(\overline{X}_{jg} - \overline{X}_j\right)^2$	$12\,(3{,}5\text{-}4{,}25)^2$ $+12\,(5{,}0\text{-}4{,}25)^2$ $=13{,}5$	$12\,(4{,}5\text{-}4{,}25)^2$ $+12\,(4{,}0\text{-}4{,}25)^2$ $=1{,}5$
$B_{12} = \sum\limits_{g=1}^{G} I_g (\overline{X}_{1g} - \overline{X}_1) \cdot (\overline{X}_{2g} - \overline{X}_2)$	$12\,(3{,}5\text{-}4{,}25)\,(4{,}5\text{-}4{,}25)$ $+12\,(5{,}0\text{-}4{,}25)\,(4{,}0\text{-}4{,}25)$ $= -4{,}5$	

Abbildung 3.12 verdeutlicht, daß sich keine Kombination von Koeffizienten finden läßt, die einen höheren Wert als 0,912 für das Diskriminanzkriterium liefert. Die Koeffizienten 0,646 und -0,354 sind proportional zu den Koeffizienten in (10), d.h. sie unterscheiden sich von diesen nur um einen konstanten Faktor:

$$\frac{1,031}{0,646} = \frac{-0,565}{-0,354} = 1,6$$

Sie liefern daher ebenfalls den maximalen Wert für das Diskriminanzkriterium.

Für die Werte $b_1 = 1$ und $b_2 = 0$ ist die Diskriminanzvariable identisch mit Variable 1 (Streichfähigkeit) und für die Werte $b_1 = 0$ und $b_2 = 1$ ist sie identisch mit Variable 2 (Haltbarkeit). Abbildung 3.12 zeigt also in den ersten beiden Zeilen die isolierte Diskriminanz der beiden Merkmalsvariablen. Wie schon aus Abbildung 3.6 ersichtlich, besitzt die Variable Streichfähigkeit eine erheblich größere Trennschärfe für die Markenwahl als die Variable Haltbarkeit. Bei optimaler Verknüpfung der beiden Variablen aber läßt sich die Trennschärfe fast verdoppeln.

Um die isolierte Diskriminanz der beiden Merkmalsvariablen zu bestimmen, kann auf die Auswertungstabellen der Abbildungen 3.7 - 3.10 zurückgegriffen werden. Abbildung 3.13 zeigt das Ergebnis.

Die Variable Haltbarkeit weist eine niedrige Streuung zwischen den Gruppen (erklärte Streuung) und eine hohe Streuung in den Gruppen (nichterklärte Streuung) auf. Ihre Diskriminanz ist daher mit 0,031 minimal.

172   Diskriminanzanalyse

Abbildung 3.11: Diskriminanzwerte der Markenbeurteilungen sowie deren Mittelwerte und Standardabweichungen

Person i	Marke A Y_{Ai}	Person i	Marke B Y_{Bi}
1	-1,614	13	0,914
2	-1,148	14	0,448
3	1,381	15	2,412
4	-0,117	16	-0,583
5	-0,018	17	-0,117
6	-1,810	18	2,044
7	-1,712	19	1,013
8	-2,179	20	0,350
9	-0,215	21	0,252
10	-2,277	22	1,479
11	-0,583	23	1,946
12	-0,681	24	0,816
$\overline{Y}_g$	-0,914	$\overline{Y}_g$	0,914
s_g	1,079	s_g	0,915

Abbildung 3.12: Werte des Diskriminanzkriteriums für unterschiedliche Werte der Diskriminanzkoeffizienten

Diskriminanzkoeffizienten		Diskriminanzkriterium
b_1	b_2	Γ
1	0	0,466
0	1	0,031
0,5	0,5	0,050
0,5	-0,5	0,667
0,6	-0,4	0,885
0,646	-0,354	0,912*
0,7	-0,3	0,882
0,8	-0,2	0,735
0,9	-0,1	0,582

Abbildung 3.13: Isolierte Diskriminanz der beiden Merkmalsvariablen

Streichfähigkeit X_1	Haltbarkeit X_2
$SS_b = B_{11} = 13,5$	$SS_b = B_{22} = 1,5$
$SS_w = W_{11} = 29,0$	$SS_w = W_{22} = 49,0$
$\Gamma_1 = \dfrac{13,5}{29,0} = 0,466$	$\Gamma_2 = \dfrac{1,5}{49,0} = 0,031$

3.2.3.3 Geometrische Ableitung

Die Diskriminanzfunktion bildet geometrisch gesehen eine Ebene (für J = 2) bzw. Hyperebene (für J > 2) *über* dem Raum, der durch die J Merkmalsvariablen gebildet wird. Sie läßt sich aber auch als eine Gerade *im* Raum (Koordinatensystem) der Merkmalsvariablen repräsentieren, die als *Diskriminanzachse* bezeichnet wird.

Für die Diskriminanzfunktion

$$Y = b_0 + b_1 X_1 + b_2 X_2$$

bildet die Diskriminanzachse eine Gerade der Form

$$X_2 = \frac{b_2}{b_1} \cdot X_1 \tag{11}$$

Sie verläuft durch den Nullpunkt des Koordinatensystems und ihre Steigung bzw. Neigung wird durch das Verhältnis der Diskriminanzkoeffizienten bestimmt. Die Diskriminanzachse ist so mit einer Skala zu versehen, daß die Projektion eines beliebigen Punktes (X_1, X_2) gerade den zugehörigen Diskriminanzwert Y liefert.

Abbildung 3.14 zeigt die der optimalen Diskriminanzfunktion (10) zugehörige Diskriminanzachse im Raum der beiden Merkmalsvariablen. Es sind außerdem die Häufigkeitsverteilungen der Diskriminanzwerte beider Gruppen dargestellt. Wie man sieht, weisen die Häufigkeitsverteilungen der Diskriminanzwerte eine geringere Überschneidung auf, als die Häufigkeitsverteilungen der Merkmalswerte in Abbildung 3.6, worin die höhere Trennschärfe der Diskriminanzfunktion zum Ausdruck kommt.

Die Diskriminanzwerte wurden durch Wahl von b_0 so skaliert, daß der kritische Diskriminanzwert gerade Null ist. Man sieht, daß nur ein Element von Gruppe A rechts vom kritischen Diskriminanzwert und zwei Elemente von Gruppe B links davon liegen. Insgesamt werden also nur noch drei Elemente falsch klassifiziert. Diese Elemente sind in Abbildung 3.11 mit einem Stern gekennzeichnet.

Die Diskriminanzachse läßt sich bei gegebener Diskriminanzfunktion sehr einfach konstruieren. Man braucht nur für einen beliebigen Wert z den Punkt

174   Diskriminanzanalyse

$(b_1 \cdot z, b_2 \cdot z)$ in das Koordinatensystem einzutragen und mit dem Nullpunkt zu verbinden. Die sich so ergebende Gerade bildet die Diskriminanzachse. Für $z = 4$ erhält man z.B. den Punkt

$$X_1 = 1,031 \cdot 4 = 4,12$$
$$X_2 = -0,565 \cdot 4 = -2,26$$

Dessen Koordinaten sind in Abbildung 3.15 durch Linien markiert. Die Diskriminanzfunktion (10) liefert für diesen Punkt den Wert $Y = 3,54$, der auf der Diskriminanzachse verzeichnet ist. Im Koordinatenursprung gilt $Y = b_0 = -1,98$. Durch diese beiden Werte ist die Skala auf der Diskriminanzachse determiniert.

Damit lassen sich die Diskriminanzwerte beliebiger Punkte durch Projektion auf die Diskriminanzachse ermitteln. Beispielsweise ergibt sich für Element 7 aus Gruppe B (Person 19) ein Wert nahe Eins. Der genaue Wert, der sich aus Abbildung 3.11 entnehmen läßt, beträgt 1,013.

Durch die Diskriminanzfunktion wird die Steigung bzw. Neigung der Diskriminanzachse bestimmt. Eine Veränderung des Quotienten der Diskriminanzkoeffizienten b_2/b_1 bewirkt somit eine Rotation der Diskriminanzachse um den Koordinatenursprung (vgl. Abbildung 3.16). Umgekehrt könnte man somit, zumindest angenähert, die optimale Diskriminanzfunktion auch geometrisch durch Rotation der Diskriminanzachse ermitteln.

In Abbildung 3.16 sind die Projektionen der Gruppencentroide auf die Diskriminanzachsen Y_2 und Y_4 eingezeichnet. An der größeren Distanz zwischen den Projektionspunkten ist zu erkennen, daß die Achse Y_2 besser diskriminiert als die Achse Y_4. Noch schlechter diskriminiert die Achse Y_3 und noch besser die Achse Y_1. Da die Diskriminanzachse Y_1 parallel zur Verbindungslinie der Gruppencentroide verläuft, wird auf ihr die Distanz der Projektionspunkte maximal. Sie bildet somit die optimale Diskriminanzachse.

Die geometrische Ermittlung der optimalen Diskriminanzfunktion ist allerdings nicht mehr durchführbar, wenn, was gewöhnlich der Fall ist, mehr als zwei Merkmalsvariablen vorliegen. Überdies ist die Distanz der Gruppencentroide nur dann ein geeignetes Diskriminanzkriterium, wenn nur zwei Gruppen mit annähernd gleicher Streuung betrachtet werden.

Abbildung 3.14: Darstellung der optimalen Diskriminanzachse

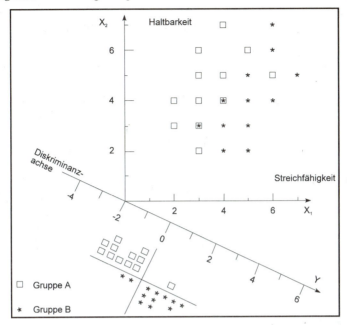

Abbildung 3.15: Konstruktion der Diskriminanzachse

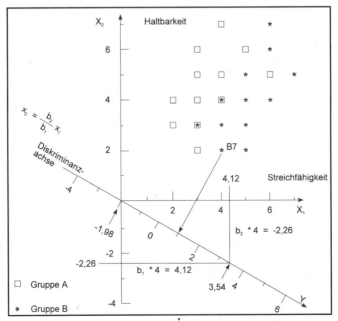

Abbildung 3.16: Rotation der Diskriminanzachse und Projektionen der Gruppencentroide

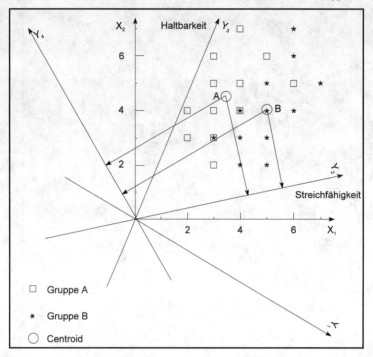

3.2.3.4 Normierung der Diskriminanzfunktion

Durch die Maximierung des Diskriminanzkriteriums wird nur das Verhältnis der Diskriminanzkoeffizienten b_2/b_1 bestimmt. Multipliziert man die Koeffizienten mit einem konstanten Faktor, so ändern sich dadurch zwar die Diskriminanzwerte und auch die Skaleneinheit auf der Diskriminanzachse, der Wert des Diskriminanzkriteriums wie auch die Lage der Diskriminanzachse aber ändern sich nicht. Die Werte der Koeffizienten sind also nicht eindeutig bestimmt.

Eine Veränderung des konstanten Gliedes b_0 bewirkt ebenfalls nur eine Veränderung der Diskriminanzwerte bzw. eine Verschiebung der Skala auf der Diskriminanzachse. Der Wert von b_0 bestimmt die Entfernung des Nullpunktes der Skala vom Nullpunkt des Koordinatensystems.

Zwecks Erzielung eindeutiger Werte für die Parameter der Diskriminanzfunktion ist daher eine *Normierung* erforderlich. Diese erfolgt mehr oder minder willkürlich nach Zweckmäßigkeitsgründen. Es existieren daher unterschiedliche Konventionen, unter denen sich die folgende durchgesetzt hat: Die Diskriminanzkoeffizienten werden so normiert, daß die *Innergruppen-Varianz* aller Diskriminanzwerte (pooled within-groups variance) Eins ergibt. Sie errechnet sich, indem man die Streuung in den Gruppen durch die Zahl der Freiheitsgrade dividiert:

$$s^2 = \frac{SS_w}{I - G} \tag{12}$$

Anschließend wird der Wert von b_0 so gewählt, daß der Gesamtmittelwert der Diskriminanzwerte Null wird. Dadurch erhält im Normalfall auch der kritische Diskriminanzwert Y^* für den Zwei-Gruppen-Fall den Wert Null[6].

3.2.3.5 Vergleich mit der Regressionsanalyse

Die Diskriminanzanalyse wurde oben formal als ein Verfahren charakterisiert, mittels dessen eine nominal skalierte Variable (die Gruppierungsvariable) durch eine Mehrzahl von metrisch skalierten Variablen (den Merkmalsvariablen) erklärt oder prognostiziert werden soll. Im Unterschied dazu, ist bei der Regressionsanalyse auch die abhängige Variable metrisch skaliert.

Da sich eine binäre Variable formal immer wie eine metrische Variable behandeln läßt, besteht im *Zwei-Gruppen-Fall* eine formale Übereinstimmung zwischen Diskriminanz- und Regressionsanalyse. Mit einer Gruppierungsvariablen, die für Elemente der Gruppe A den Wert 1 und für Elemente der Gruppe B den Wert 2 annimmt, erhält man die folgende *Regressionsfunktion*:

$$Y = 0{,}98 + 0{,}269\,X_1 - 0{,}147\,X_2 \qquad (R^2 = 0{,}477)$$

Das Bestimmtheitsmaß R^2 besagt, daß 47,7 % der Streuung der Gruppierungsvariable durch die Regressionsfunktion erklärt werden (vgl. Kapitel 1).

Multipliziert man die Regressionskoeffizienten mit dem Faktor 3,83, so erhält man die in (10) angegebenen Koeffizienten der optimalen Diskriminanzfunktion. Die erhaltene Regressionsfunktion ist also lediglich anders "normiert" als die Diskriminanzfunktion.

Trotz der formalen Ähnlichkeit bestehen gravierende *modelltheoretische Unterschiede* zwischen Regressionsanalyse und Diskriminanzanalyse. Die abhängige Variable des Regressionsmodells ist eine Zufallsvariable, während die unabhängigen Variablen fix sind. Im statistischen Modell der Diskriminanzanalyse, das auf R.A. Fisher zurückgeht[7], verhält es sich genau umgekehrt, d.h. die Gruppen sind fixiert und die Merkmale variieren zufällig (stochastisch). Bei der Durchführung statistischer Tests wird unterstellt, daß die Merkmalsvariablen multivariat normalverteilt sind.

3.2.3.6 Mehrfache Diskriminanzfunktionen

Im *Mehr-Gruppen-Fall*, d.h. bei mehr als zwei Gruppen, können mehr als eine Diskriminanzfunktion ermittelt werden. Bei G Gruppen lassen sich maximal G-1 Diskriminanzfunktionen, die jeweils orthogonal (rechtwinklig bzw. unkorreliert)

---

[6] Dieser Konvention wird auch im Programm SPSS gefolgt.

[7] Vgl. Fisher, R.A., 1936, S. 179 ff.

178   Diskriminanzanalyse

zueinander sind, bilden. Die Anzahl der Diskriminanzfunktionen kann allerdings nicht größer sein als die Anzahl J der Merkmalsvariablen, so daß die maximale Anzahl von Diskriminanzfunktionen durch Min{G-1, J} gegeben ist. Gewöhnlich wird man jedoch mehr Merkmalsvariablen als Gruppen haben. Ist das nicht der Fall, so sollte die Anzahl der Gruppen vermindert werden.

Auch im Mehr-Gruppen-Fall werden die Diskriminanzfunktionen durch Maximierung des Diskriminanzkriteriums

$$\Gamma = \frac{SS_b}{SS_w} = \frac{\text{erklärte Streuung}}{\text{nicht erklärte Streuung}}$$

ermittelt. Der Maximalwert des Diskriminanzkriteriums

$$\gamma = \text{Max}\{\Gamma\}$$

wird als Eigenwert bezeichnet, da er sich mathematisch durch Lösung eines sog. Eigenwertproblems auffinden läßt (vgl. Anhang A).

Zu jeder Diskriminanzfunktion gehört ein Eigenwert. Für die Folge der Eigenwerte gilt

$$\gamma_1 \geq \gamma_2 \geq \gamma_3 \geq .....$$

Eine zweite Diskriminanzfunktion wird so ermittelt, daß sie einen maximalen Anteil derjenigen Streuung erklärt, die nach Ermittlung der ersten Diskriminanzfunktion als Rest verbleibt. Da die erste Diskriminanzfunktion so ermittelt wurde, daß ihr Eigenwert und damit ihr Erklärungsanteil maximal wird, kann der Erklärungsanteil der zweiten Diskriminanzfunktion (bezogen auf die gesamte Streuung) nicht größer sein. Entsprechend wird jede weitere Diskriminanzfunktion so ermittelt, daß sie jeweils einen maximalen Anteil der verbleibenden Reststreuung erklärt.

Als Maß für die relative Wichtigkeit einer Diskriminanzfunktion wird der *Eigenwertanteil* (erklärter Varianzanteil)

$$EA_k = \frac{\gamma_k}{\gamma_1 + \gamma_2 + ... + \gamma_K} \tag{13}$$

verwendet. Er gibt die durch die k-te Diskriminanzfunktion erklärte Streuung als Anteil der Streuung an, die insgesamt durch die Menge der K möglichen Diskriminanzfunktionen erklärt wird. Die Eigenwertanteile summieren sich zu Eins, während die Eigenwerte selbst auch größer als Eins sein können. Auf die statistische Signifikanzprüfung von Diskriminanzfunktionen wird im folgenden Abschnitt eingegangen.

Die Wichtigkeit (diskriminatorische Bedeutung) der sukzessiv ermittelten Diskriminanzfunktionen nimmt in der Regel sehr schnell ab. Empirische Erfahrungen zeigen, daß man auch bei großer Anzahl von Gruppen und Merkmalsvariablen meist mit zwei Diskriminanzfunktionen auskommt[8]. Dies hat unter anderem den

---

[8] Vgl. Cooley, W.W./Lohnes, P.R., 1971, S. 244.

Vorteil, daß sich die Ergebnisse leichter interpretieren und auch graphisch darstellen lassen.

Bei zwei Diskriminanzfunktionen läßt sich (analog der Diskriminanzachse bei einer Diskriminanzfunktion) eine *Diskriminanzebene* bilden. Die Elemente der Gruppen, die geometrisch gesehen Punkte im J-dimensionalen Raum der Merkmalsvariablen bilden, lassen sich in der Diskriminanzebene graphisch darstellen. Desgleichen lassen sich auch die Merkmalsvariablen in der Diskriminanzebene als Vektoren darstellen. Die Diskriminanzanalyse kann somit auch, alternativ zur Faktorenanalyse oder zur Multidimensionalen Skalierung für Positionierungsanalysen Verwendung finden[9].

3.2.4. Prüfung der Diskriminanzfunktion

(1) Definition der Gruppen
(2) Formulierung der Diskriminanzfunktion
(3) Schätzung der Diskriminanzfunktion
(4) Prüfung der Diskriminanzfunktion
(5) Prüfung der Merkmalsvariablen
(6) Klassifikation neuer Elemente

Die Güte (Trennkraft) einer Diskriminanzfunktion läßt die Unterschiedlichkeit der Gruppen, wie sie sich in den Diskriminanzwerten widerspiegelt, messen. Zwecks Prüfung der Diskriminanzfunktion läßt sich daher auf das oben abgeleitete Diskriminanzkriterium zurückgreifen.

Eine zweite Möglichkeit zur Prüfung der Diskriminanzfunktion besteht darin, die durch die Diskriminanzfunktion bewirkte Klassifizierung der Untersuchungsobjekte mit deren tatsächlicher Gruppenzugehörigkeit zu vergleichen. Beide Möglichkeiten sind inhaltlich eng miteinander verknüpft und müssen somit zu ähnlichen Ergebnissen führen. Die zweite Möglichkeit soll hier zunächst behandelt werden.

3.2.4.1   Prüfung der Klassifikation

In Abbildung 3.11 wurden die Diskriminanzwerte aller 24 Käufer sowie die Mittelwerte und Standardabweichungen in den beiden Gruppen zusammengestellt. Die Mittelwerte kennzeichnen die Lage der Gruppenmittel (Centroide) auf der Diskriminanzachse (vgl. Abbildung 3.14). Für das Gesamtmittel und damit für den kritischen Diskriminanzwert ergibt sich gemäß der durchgeführten Normierung der Wert Null.

Die korrekt klassifizierten Elemente der Gruppe A müssen negative und die der Gruppe B positive Diskriminanzwerte haben. Aus Abbildung 3.11, wie auch aus Abbildung 3.14, ist ersichtlich, daß ein Element von Gruppe A und zwei Elemente

---

[9] Auf der Diskriminanzanalyse basiert z.B. das Programm "Adaptive Perceptual Mapping" (APM), das von der amerikanischen Firma Sawtooth Software (Ketchum, ID) kommerziell angeboten wird. Vgl. dazu Johnson, R.M., 1987, S. 143-158; Johnson, R.M., 1971, S. 13-18.

180   Diskriminanzanalyse

von Gruppe B falsch zugeordnet werden. Insgesamt werden somit 21 von 24 Beurteilungen korrekt klassifiziert und die "*Trefferquote*" beträgt 87,5%.

Die Häufigkeiten der korrekt und falsch klassifizierten Elemente für die verschiedenen Gruppen lassen sich übersichtlich in einer sog. *Klassifikationsmatrix* (auch Confusion-Matrix genannt) zusammenfassen. Abbildung 3.17 zeigt die Klassifikationsmatrix für das Beispiel. In der Hauptdiagonale stehen die Fallzahlen der korrekt klassifizierten Elemente jeder Gruppe und in den übrigen Feldern die der falsch klassifizierten Elemente. In Klammern sind jeweils die relativen Häufigkeiten angegeben. Die Klassifikationsmatrix läßt sich analog auch für mehr als zwei Gruppen erstellen.

Abbildung 3.17: Klassifikationsmatrix

Tatsächliche	Prognostizierte Gruppenzugehörigkeit	
Gruppenzugehörigkeit	Marke A	Marke B
Marke A	11 (91,7%)	1 (8,3%)
Marke B	2 (16,7%)	10 (83,3%)

Um die Klassifikationsfähigkeit einer Diskriminanzfunktion richtig beurteilen zu können, muß man deren Trefferquote mit derjenigen Trefferquote vergleichen, die man bei einer rein *zufälligen Zuordnung* der Elemente, z.B. durch Werfen einer Münze oder durch Würfeln, erreichen würde. Im vorliegenden Fall bei zwei Gruppen mit gleicher Größe wäre bei zufälliger Zuordnung bereits eine Trefferquote von 50% zu erwarten.

Die Trefferquote, die man durch zufällige Zuordnung erreichen kann, liegt noch höher bei ungleicher Größe der Gruppen. So kann bei einem Größenverhältnis von 80 zu 20 und rein zufälliger Zuordnung eine Trefferquote von 80% erwartet werden. Eine Diskriminanzfunktion kann nur dann von Nutzen sein, wenn sie eine höhere Trefferquote erzielt, als nach dem Zufallsprinzip zu erwarten ist.

Weiterhin ist zu berücksichtigen, daß die Trefferquote immer überhöht ist, wenn sie, wie allgemein üblich, auf Basis derselben Stichprobe berechnet wird, die auch für die Schätzung der Diskriminanzfunktion verwendet wurde. Da die Diskriminanzfunktion immer so ermittelt wird, daß die Trefferquote in der verwendeten Stichprobe maximal wird, ist bei Anwendung auf eine andere Stichprobe mit einer niedrigeren Trefferquote zu rechnen. Dieser *Stichprobeneffekt* vermindert sich allerdings mit zunehmendem Umfang der Stichprobe.

Eine *bereinigte Trefferquote* läßt sich gewinnen, indem man die verfügbare Stichprobe zufällig in zwei Unterstichproben aufteilt, eine Lernstichprobe und eine Kontrollstichprobe. Die Lernstichprobe wird zur Schätzung der Diskriminanzfunktion verwendet. Mit Hilfe dieser Diskriminanzfunktion werden sodann die Elemente der Kontrollstichprobe klassifiziert und hierfür die Trefferquote berechnet. Diese Vorgehensweise ist allerdings nur dann zweckmäßig, wenn eine hinreichend große Stichprobe zur Verfügung steht, da mit abnehmender Größe der Lernstichprobe die Zuverlässigkeit der geschätzten Diskriminanzkoeffizienten abnimmt. Außerdem wird die vorhandene Information nur unvollständig genutzt[10].

3.2.4.2 Prüfung des Diskriminanzkriteriums

Der Eigenwert (Maximalwert des Diskriminanzkriteriums)

$$\gamma = \frac{SS_b}{SS_w} = \frac{\text{erklärte Streuung}}{\text{nicht erklärte Streuung}}$$

bildet ein Maß für die Güte (Trennkraft) der Diskriminanzfunktion. Er besitzt jedoch den Nachteil, daß er nicht auf Werte zwischen Null und Eins normiert ist. Da SS_b und SS_w beliebige positive Werte annehmen können, kann der Eigenwert auch größer als Eins sein.

Im Gegensatz dazu sind die folgenden Quotienten auf Werte von Null bis Eins normiert:

$$\frac{\gamma}{1+\gamma} = \frac{SS_b}{SS_b + SS_w} = \frac{\text{erklärte Streuung}}{\text{Gesamtstreuung}} \qquad (14)$$

$$\frac{1}{1+\gamma} = \frac{SS_w}{SS_b + SS_w} = \frac{\text{nicht erklärte Streuung}}{\text{Gesamtstreuung}} \qquad (15)$$

Im Zwei-Gruppen-Fall, in dem sich, wie oben dargelegt, auch die Regressionsanalyse anwenden läßt, entspricht (14) dem Bestimmtheitsmaß $R^2 = 0,477$, das als Gütemaß bei der Regressionsanalyse üblich ist. In der Diskriminanzanalyse wird

---

[10] Ein effizienteres Verfahren besteht darin, die Stichprobe in eine Mehrzahl von k Unterstichproben aufzuteilen, von denen man k-1 Unterstichproben für die Schätzung einer Diskriminanzfunktion verwendet, mit welcher sodann die Elemente der k-ten Unterstichprobe klassifiziert werden. Dies läßt sich für jede Kombination von k-1 Unterstichproben wiederholen (Jackknife-Methode). Man erhält damit insgesamt k Diskriminanzfunktionen, deren Koeffizienten miteinander zu kombinieren sind. Ein Spezialfall dieser Vorgehensweise ergibt sich für k = N. Man klassifiziert jedes Element mit Hilfe einer Diskriminanzfunktion, die auf Basis der übrigen N-1 Elemente geschätzt wurde. Auf diese Art läßt sich unter vollständiger Nutzung der vorhandenen Information eine unverzerrte Schätzung der Trefferquote wie auch der Klassifikationsmatrix erzielen. Vgl. hierzu Melvin, R.C./Perreault, W.D., 1977, S. 60-68, sowie die dort angegebene Literatur.

182   Diskriminanzanalyse

üblicherweise die Wurzel von (14) als Gütemaß verwendet. Sie wird als kanonischer Korrelationskoeffizient bezeichnet[11].

Kanonischer Korrelationskoeffizient

$$c = \sqrt{\frac{\gamma}{1+\gamma}} = \sqrt{\frac{\text{erklärte Streuung}}{\text{Gesamtstreuung}}} \qquad (16)$$

Im Zwei-Gruppen-Fall ist die kanonische Korrelation identisch mit der (einfachen) Korrelation zwischen den geschätzten Diskriminanzwerten und der Gruppierungsvariable. Im Beispiel erhält man für den kanonischen Korrelationskoeffizienten den Wert

$$c = \sqrt{\frac{0,912}{1+0,912}} = 0,691$$

Das gebräuchlichste Kriterium zur Prüfung der Diskriminanz bildet Wilks' Lambda (auch als U-Statistik bezeichnet). Es entspricht dem Ausdruck in (15).

Wilks' Lambda

$$\Lambda = \frac{1}{1+\gamma} = \frac{\text{nicht erklärte Streuung}}{\text{Gesamtstreuung}} \qquad (17)$$

Wilks' Lambda ist ein "inverses" Gütemaß, d.h. kleinere Werte bedeuten höhere Trennkraft der Diskriminanzfunktion und umgekehrt.
  Im Beispiel erhält man für Wilks' Lambda den Wert

$$\Lambda = \frac{1}{1 + 0,912} = 0,523$$

Zwischen c und Λ besteht die folgende Beziehung

$$c^2 + \Lambda = 1$$

---

[11] Der Begriff stammt aus der kanononischen Korrelationsanalyse. Mit diesen Verfahren läßt sich die Beziehung zwischen zwei Mengen von jeweils metrisch skalierten Variablen untersuchen. Faßt man jede Menge mittels einer Linearkombination zu einer kanonischen Variablen zusammen, so ist der kanonische Korrelationskoeffizient der einfache Korrelationskoeffizient (nach Bravais/Pearson) zwischen den beiden kanonischen Variablen. Die Linearkombinationen werden bei der kanonischen Analyse so ermittelt, daß der kanonische Korrelationskoeffizient maximal wird.
  Die Diskriminanzanalyse läßt sich als Spezialfall einer kanonischen Analyse interpretieren. Jede nominal skalierte Variable mit G Stufen, und somit auch die Gruppierungsvariable einer Diskriminanzanalyse, läßt sich äquivalent durch G-1 binäre Variablen ersetzen. Die Diskriminanzanalyse bildet somit eine kanonische Analyse zwischen einer Menge von binären Variablen und einer Menge metrisch skalierten Merkmalsvariablen. Vgl. hierzu Tatsuoka, M.M., 1988, S. 235 ff.

Die Bedeutung von Wilks' Lambda liegt darin, daß es sich in eine probabilistische Variable transformieren läßt und damit Wahrscheinlichkeitsaussagen über die Unterschiedlichkeit von Gruppen erlaubt. Dadurch wird eine statistische *Signifikanzprüfung der Diskriminanzfunktion* möglich. Die Transformation

$$\chi^2 = -\left[N - \frac{J+G}{2} - 1\right] \ln \Lambda \tag{18}$$

mit

N : Anzahl der Fälle
J : Anzahl der Variablen
G : Anzahl der Gruppen
Λ : Wilks' Lambda
ln : natürlicher Logarithmus

liefert eine Variable, die angenähert wie χ^2 (Chi-quadrat) verteilt ist mit $J \cdot (G-1)$ Freiheitsgraden (degrees of freedom)[12]. Der χ^2-Wert wird mit kleinerem Λ größer. Höhere Werte bedeuten daher auch größere Unterschiedlichkeit der Gruppen.

Für das Beispiel erhält man:

$$\chi^2 = -\left[24 - \frac{2+2}{2} - 1\right] \ln 0{,}523 = 13{,}6$$

Für 2 Freiheitsgrade läßt sich damit aus der χ^2-Tabelle im Anhang dieses Buches ein Signifikanzniveau (Irrtumswahrscheinlichkeit) α von annähernd 0,001 entnehmen. Die ermittelte Diskriminanzfunktion ist also hoch signifikant.

Die Signifikanzprüfung beinhaltet einen Test der Nullhypothese H_0 gegen die Alternativhypothese H_1:

H_0 : Die beiden Gruppen unterscheiden sich nicht.
H_1 : Die beiden Gruppen unterscheiden sich.

Angewendet auf das Beispiel besagt die Nullhypothese, daß die beiden Gruppen von Stammkäufern sich hinsichtlich ihrer Einstellungen nicht unterscheiden. Unter dieser Hypothese ist hier für χ^2 der Wert 2 (= Zahl der Freiheitsgrade) zu erwarten. Tatsächlich aber ergibt sich $\chi^2 = 13{,}6$. Die Wahrscheinlichkeit, daß sich bei Richtigkeit von H_0 (und somit also rein zufallsbedingt) ein so großer oder größerer Wert für χ^2 ergibt, beträgt nur 0,1%. Damit ist es höchst unwahrscheinlich, daß H_0 richtig ist. H_0 ist folglich abzulehnen und damit H_1 anzunehmen. Mit der Irrtumswahrscheinlichkeit (Signifikanzniveau) von 0,1 % läßt sich also sagen, daß die beiden Gruppen sich unterscheiden.

In Abbildung 3.18 sind die Werte verschiedener Gütemaße zusammengestellt. Im *Mehr-Gruppen-Fall*, wenn sich K Diskriminanzfunktionen bilden lassen, kön-

---

[12] Die χ^2-Verteilung ergibt sich als Verteilung der Summe von quadrierten unabhängigen normalverteilten Variablen. Sie konvergiert, allerdings recht langsam, mit wachsender Zahl von Freiheitsgraden gegen die Normalverteilung.

184 Diskriminanzanalyse

nen diese einzeln mit Hilfe der obigen Maße beurteilt und miteinander verglichen werden. Um die *Unterschiedlichkeit der Gruppen* zu prüfen, müssen dagegen alle Diskriminanzfunktionen bzw. deren Eigenwerte gemeinsam berücksichtigt werden. Ein geeignetes Maß hierfür ist das multivariate Wilks' Lambda. Man erhält es durch Multiplikation der univariaten Lambdas.

Abbildung 3.18: Gütemaße der Diskriminanzfunktion

Variable	Diskriminanz (Eigenwert γ)	Wilks' Lambda Λ	Chi-quadrat χ^2	Signifikanz α
Y	0,912	0,523	13,6	0,001

Multivariates Wilks' Lambda:

$$\Lambda = \prod_{k=1}^{K} \frac{1}{1+\gamma_k} \tag{19}$$

mit

γ_k = Eigenwert der k-ten Diskriminanzfunktion

Zwecks Signifikanzprüfung der Unterschiedlichkeit der Gruppen bzw. der Gesamtheit der Diskriminanzfunktionen kann wiederum mittels der Transformation (18) eine χ^2-Variable gebildet werden.

Um zu entscheiden, ob nach Ermittlung der ersten k Diskriminanzfunktionen die restlichen K-k Diskriminanzfunktionen noch signifikant zur Unterscheidung der Gruppen beitragen können, ist es von Nutzen, Wilks' Lambda in folgender Form zu berechnen:

Wilks' Lambda für residuelle Diskriminanz
(nach Ermittlung von k Diskriminanzfunktionen)

$$\Lambda_k = \prod_{q=k+1}^{K} \frac{1}{1+\gamma_q} \qquad (k = 0, 1, ..., K-1) \tag{20}$$

mit

γ_q = Eigenwert der q-ten Diskriminanzfunktion

Die zugehörige χ^2-Variable, die man durch Einsetzen von Λ_k in (17) erhält, besitzt $(J-k)\cdot(G-k-1)$ Freiheitsgrade. Für k = 0 ist Formel (20) identisch mit (19).

Wird die residuelle Diskriminanz insignifikant, so kann man die Ermittlung weiterer Diskriminanzfunktionen abbrechen, da diese nicht signifikant zur Trennung der Gruppen beitragen können. Diese Vorgehensweise bietet allerdings keine Gewähr dafür, daß die bereits ermittelten k Diskriminanzfunktionen alle signifikant sind (ausgenommen bei k = 1), sondern stellt lediglich sicher, daß diese *in ihrer Gesamtheit* signifikant trennen. Ist die residuelle Diskriminanz bereits für k = 0 insignifikant, so bedeutet dies, daß die Nullhypothese nicht widerlegt werden kann. Es besteht dann kein empirischer Befund für einen systematischen Unterschied zwischen den Gruppen. Die Bildung von Diskriminanzfunktionen erscheint somit nutzlos.

Die statistische Signifikanz einer Diskriminanzfunktion besagt andererseits noch nicht, daß diese auch wirklich gut trennt, sondern lediglich, daß sich die Gruppen bezüglich dieser Diskriminanzfunktion signifikant unterscheiden. Wie bei allen statistischen Tests gilt auch hier, daß ein signifikanter Unterschied nicht auch "relevant" sein muß. Wenn nur der Stichprobenumfang hinreichend groß ist, so wird auch ein sehr kleiner Unterschied signifikant. Es sind daher auch die Unterschiede der Mittelwerte (vgl. Abbildung 3.7) sowie die Größe des kanonischen Korrelationskoeffizientes oder von Wilks' Lambda zu beachten.

Aus Gründen der Interpretierbarkeit und graphischen Darstellbarkeit kann es bei einer Mehrzahl von signifikanten Diskriminanzfunktionen sinnvoll sein, nicht alle signifikanten Diskriminanzfunktionen zu berücksichtigen, sondern sich mit nur zwei oder maximal drei Diskriminanzfunktionen zu begnügen.

3.2.5 Prüfung der Merkmalsvariablen

(1) Definition der Gruppen

(2) Formulierung der Diskriminanzfunktion

(3) Schätzung der Diskriminanzfunktion

(4) Prüfung der Diskriminanzfunktion

(5) **Prüfung der Merkmalsvariablen**

(6) Klassifikation neuer Elemente

Es ist aus zweierlei Gründen von Interesse, die Wichtigkeit der Merkmalsvariablen in der Diskriminanzfunktion beurteilen zu können. Zum einen, um die Unterschiedlichkeit der Gruppen zu *erklären*, und zum anderen, um unwichtige Variablen aus der Diskriminanzfunktion zu *entfernen*.

Die diskriminatorische Bedeutung der Merkmalsvariablen hatten wir bereits isoliert (univariat) betrachtet. Sie zeigt sich in der Unterschiedlichkeit ihrer Mittelwerte zwischen den Gruppen (vgl. Abbildung 3.7) oder besser noch am Wert des Diskriminanzkriteriums bei Anwendung auf die Merkmalsvariablen (vgl. Abbildung 3.12, Zeile 1 und 2). Diese Werte lassen sich vor Ermittlung der Diskriminanzfunktion berechnen.

Ebenfalls läßt sich auch mit Hilfe von Wilks' Lambda vor Durchführung einer Diskriminanzanalyse für jede Merkmalsvariable isoliert deren Trennfähigkeit überpüfen. Die Berechnung erfolgt in diesem Fall durch Streuungszerlegung gemäß Formel (15). Zur Signifikanzprüfung kann der allgemein übliche F-Test anstelle des χ^2-Tests verwendet werden. Das Ergebnis entspricht dann einer einfachen Varianzanalyse zwischen Gruppierungs- und Merkmalsvariable (vgl. Kapitel 2). Die Ergebnisse sind in Abbildung 3.19 wiedergegeben.

186   Diskriminanzanalyse

Abbildung 3.19:   Univariate Diskriminanzprüfung der Merkmalsvariablen

Variable	Diskriminanz	Wilks' Lambda	F-Wert	Signifikanz
X_1	0,466	0,682	10,24	0,004
X_2	0,031	0,970	0,67	0,421

Für die Diskriminanz von Variable 1 (Streichfähigkeit) ergibt sich ein Signifikanzniveau (Irrtumswahrscheinlichkeit) von 0,4 %, für Variable 2 (Haltbarkeit) dagegen von 42,1 %.

Infolge möglicher Interdependenz zwischen den Merkmalsvariablen ist eine univariate Prüfung der Diskriminanz nicht ausreichend. Obgleich Variable 2 allein nur eine minimale Diskriminanz besitzt, trägt sie doch in Kombination mit Variable 1 erheblich zur Erhöhung der Diskriminanz bei, wie sich durch einen Vergleich der Abbildung 3.18 und Abbildung 3.19 erkennen läßt (der Diskriminanzwert in Abbildung 3.18 ist bedeutend größer als die Summe der beiden Diskriminanzwerte in Abbildung 3.19).

Die Basis für die *multivariate Beurteilung der diskriminatorischen Bedeutung* einer Merkmalsvariablen, also ihre Bedeutung im Rahmen der Diskriminanzfunktion, bilden die Diskriminanzkoeffizienten. Diese repräsentieren den Einfluß einer Merkmalsvariablen auf die Diskriminanzvariable. Im Beispiel ergab sich:

$$b_1 = 1,031 \qquad b_2 = -0,565$$

Diese Werte sind allerdings noch zu modifizieren, da die Größe eines Diskriminanzkoeffizienten auch von eventuell willkürlichen Skalierungseffekten beeinflußt wird. Hat man z.B. eine Merkmalsvariable "Preis" und ändert deren Maßeinheit von [Cent] auf [€], so würde sich der zugehörige Diskriminanzkoeffizient um den Faktor 100 vergrößern. Auf die diskriminatorische Bedeutung hat die Skalentransformation keinen Einfluß.

Um derartige Effekte auszuschalten, muß man die Diskriminanzkoeffizienten *standardisieren*, indem man sie mit der Standardabweichung der betreffenden Merkmalsvariablen multipliziert[13].

---

[13] Die normierten Diskriminanzkoeffizienten stimmen mit den standardisierten Diskriminanzkoeffizienten dann überein, wenn die Merkmalsvariablen vor Durchführung der Diskriminanzanalyse so standardisiert werden, daß ihre Mittelwerte Null und ihre gepoolten Innergruppen-Standardabweichungen Eins ergeben.

Standardisierter Diskriminanzkoeffizient

$$b_j^* = b_j \cdot s_j \tag{21}$$

mit

b_j = Diskriminanzkoeffizient von Merkmalsvariable j

s_j = Standardabweichung von Merkmalsvariable j

Zweckmäßigerweise wird für die Standardisierung auf die Innergruppen-Streuung zurückgegriffen. Für die *Innergruppen-Varianz* der Merkmalsvariablen (pooled within-groups variance) gilt analog zu (12):

$$s_j = \sqrt{\frac{W_{jj}}{I - G}}$$

Mit den Werten aus Abbildung 3.3b ergibt sich:

$$s_1 = \sqrt{\frac{29}{24 - 2}} = 1,148$$

$$s_2 = \sqrt{\frac{49}{24 - 2}} = 1,492$$

Man erhält damit die standardisierten Diskriminanzkoeffizienten:

$$b_1^* = b_1 \cdot s_1 = 1,031 \cdot 1,148 = 1,184$$

$$b_2^* = b_2 \cdot s_2 = -0,565 \cdot 1,492 = -0,843$$

Für die Beurteilung der diskriminatorischen Bedeutung spielt das Vorzeichen der Koeffizienten keine Rolle. Wie schon zuvor gesehen, besitzt Variable 2 (Haltbarkeit) eine geringere Bedeutung als Variable 1 (Streichfähigkeit). Die Bedeutung von Variable 2 ist aber weit größer, als eine isolierte Betrachtung erkennen läßt.

Zur Unterscheidung von den standardisierten Diskriminanzkoeffizienten werden die (normierten) Koeffizenten in der Diskriminanzfunktion auch als *unstandardisierte Diskriminanzkoeffizienten* bezeichnet. Zur Berechnung von Diskriminanzwerten müssen immer die unstandardisierten Diskriminanzkoeffizienten verwendet werden.

Im Falle von mehrfachen Diskriminanzfunktionen existieren für jede Merkmalsvariable mehrere Diskriminanzkoeffizienten. Um die diskriminatorische Bedeutung einer Merkmalsvariablen bezüglich aller Diskriminanzfunktionen zu beurteilen, sind die mit den Eigenwertanteilen gemäß Formel (13) gewichteten absoluten Werte der Koeffizienten einer Merkmalsvariablen zu addieren.

188   Diskriminanzanalyse

Man erhält auf diese Weise die *mittleren Diskriminanzkoeffizienten*:

$$\bar{b}_j = \sum_{k=1}^{K} \left| b_{jk}^* \right| \cdot EA_k \tag{22}$$

mit

b_{jk}^* = Standardisierter Diskriminanzkoeffizient für Merkmalsvariable j
bezüglich Diskriminanzfunktion k
EA_k = Eigenwertanteil der Diskriminanzfunktion k

Bei Vorschaltung einer Clusteranalyse für die Gruppenbildung können bei der nachfolgenden Diskriminanzanalyse dieselben oder andere Variablen verwendet werden. Im ersten Fall will man die Eignung der Variablen für die Clusterbildung überprüfen, im zweiten Fall die durch die Clusteranalyse erzeugte Gruppierung erklären. Dabei bezeichnet man die für die Clusteranalyse verwendeten Variablen auch als "*aktive*" und die für die Diskriminanzanalyse verwendeten Variablen als "*passive*" Variablen. Beispiel: Gruppierung (Segmentierung) von Personen nach ihrem Kaufverhalten (aktiv) durch Clusteranalyse und Erklärung der Unterschiede im Kaufverhalten durch psychographische Variable (passiv) mittels Diskriminanzanalyse.

3.2.6 Klassifikation neuer Elemente

| (1) Definition der Gruppen |
| (2) Formulierung der Diskriminanzfunktion |
| (3) Schätzung der Diskriminanzfunktion |
| (4) Prüfung der Diskriminanzfunktion |
| (5) Prüfung der Merkmalsvariablen |
| **(6) Klassifikation neuer Elemente** |

Für die Klassifizierung von neuen Elementen lassen sich die folgenden Konzepte unterscheiden:

- Distanzkonzept
- Wahrscheinlichkeitskonzept ·
- Klassifizierungsfunktionen.

Das Distanzkonzept wurde oben bereits angesprochen. Danach wird ein Element i in diejenige Gruppe g eingeordnet, der es auf der Diskriminanzachse am nächsten liegt, d.h. bezüglich derer die Distanz zwischen Element und Gruppenmittel (Centroid) minimal wird. Dies ist äquivalent damit, ob das Element links oder rechts vom kritischen Diskriminanzwert liegt. Bei mehreren Diskriminanzfunktionen aber wird die Anwendung etwas schwieriger.

Auf dem Distanzkonzept basiert auch das Wahrscheinlichkeitskonzept, welches die Behandlung der Klassifizierung als ein statistisches Entscheidungsproblem ermöglicht. Es besitzt daher unter allen Konzepten die größte Flexibilität, ist aber, besonders für einen Nicht-Statistiker, auch schwerer verständlich. Wir behandeln es daher an letzter Stelle.

3.2.6.1 Klassifizierungsfunktionen

Die von R.A. Fisher entwickelten Klassifizierungsfunktionen bilden ein bequemes Hilfsmittel, um die Klassifizierung direkt auf Basis der Merkmalswerte (ohne Verwendung von Diskriminanzfunktionen) durchzuführen. Die Klassifizierungsfunktionen sind allerdings nur dann anwendbar, wenn gleiche Streuung in den Gruppen unterstellt werden kann, d.h. wenn die Kovarianzmatrizen der Gruppen annähernd gleich sind (s.u.). Da die Klassifizierungsfunktionen auch als (lineare) Diskriminanzfunktionen bezeichnet werden, können sich leicht Verwechslungen mit den (kanonischen) Diskriminanzfunktionen (vgl. 3.2.2) ergeben.

Für jede Gruppe g ist eine gesonderte Klassifizierungsfunktion zu bestimmen. Man erhält damit G Funktionen folgender Form:

Fischer's Klassifizierungsfunktionen

$$F_1 = b_{01} + b_{11} X_1 + b_{21} X_2 + \ldots + b_{J1} X_J$$

$$F_2 = b_{02} + b_{12} X_1 + b_{22} X_2 + \ldots + b_{J2} X_J$$

$$\cdot \tag{23}$$

$$\cdot$$

$$F_G = b_{0G} + b_{1G} X_1 + b_{2G} X_2 + \ldots + b_{JG} X_J$$

Zur Durchführung der Klassifizierung eines Elementes ist mit dessen Merkmalswerten für jede Gruppe g ein Funktionswert F_g zu berechnen. Das Element ist derjenigen Gruppe g zuzuordnen, für die der Funktionswert F_g maximal ist. Die Funktionswerte selbst haben keinen interpretatorischen Gehalt.

Für das *Beispiel* erhält man die folgenden zwei Klassifizierungsfunktionen (vgl. Anhang D):

$$F_A = -6,597 + 1,728 X_1 + 1,280 X_2$$
$$F_B = -10,22 + 3,614 X_1 + 0,247 X_2$$

Für die Merkmalswerte

$$X_1 = 6 \quad \text{und} \quad X_2 = 7$$

erhält man durch Einsetzen in die Klassifizierungsfunktionen die Funktionswerte:

$$F_A = 12,7$$
$$F_B = 13,2$$

Das Element ist also in die Gruppe B einzuordnen. Aus dieser Gruppe stammt auch Person 21 (vgl. Abbildung 3.2), die identische Merkmalswerte besitzt.

190   Diskriminanzanalyse

Die Klassifizierungsfunktionen ermöglichen auch die Einbeziehung von *A-priori-Wahrscheinlichkeiten*. Damit sind Wahrscheinlichkeiten gemeint, die a priori, d.h. vor Durchführung einer Diskriminanzanalyse hinsichtlich der Gruppenzugehörigkeit gegeben sind oder geschätzt werden können.

Mittels der A-priori-Wahrscheinlichkeiten läßt sich gegebenenfalls berücksichtigen, daß die betrachteten Gruppen mit unterschiedlicher Häufigkeit in der Realität vorkommen. A priori ist z.B. von einer Person eher zu erwarten, daß sie Wähler einer großen Partei oder Käufer einer Marke mit großem Marktanteil ist, als Wähler einer kleinen Partei oder Käufer einer kleinen Marke. Entsprechend den relativen Größen der Gruppen, soweit diese bekannt sind, können daher A-priori-Wahrscheinlichkeiten gebildet werden. Der Untersucher kann aber auch durch subjektive Schätzung der A-priori-Wahrscheinlichkeiten seine persönliche Meinung, die er unabhängig von den in die Diskriminanzfunktion eingehenden Informationen gebildet hat, in die Rechnung einbringen.

Die A-priori-Wahrscheinlichkeiten müssen sich über die Gruppen zu Eins addieren:

$$\sum_{g=1}^{G} P(g) = 1$$

Zur Berücksichtigung der A-priori-Wahrscheinlichkeit $P(g)$ sind die Klassifizierungsfunktionen wie folgt zu modifizieren:

$$F_g := F_g + \ln P(g) \qquad (g = 1, ..., G) \tag{24}$$

Bei der Durchführung einer Klassifizierung lassen sich auch individuelle A-priori-Wahrscheinlichkeiten $P_i(g)$ berücksichtigen. Werden nur gruppenspezifische A-priori-Wahrscheinlichkeiten $P(g)$ berücksichtigt, so lassen sich diese in die Berechnung des konstanten Gliedes b_{0g} einer Funktion F_g einbeziehen:

$$b_{0g} = a_g + \ln P(g)$$

Sind keine A-priori-Wahrscheinlichkeiten bekannt, so kann immer $P(g) = 1/G$ gesetzt werden. So wurden auch die konstanten Glieder in den obigen Funktionen wie folgt berechnet (vgl. auch Anhang D):

$$b_{0A} = -5,904 + \ln 0,5 = -6,597$$
$$b_{0B} = -9,529 + \ln 0,5 = -10,222$$

In dieser Form erhält man auch bei Anwendung von SPSS die Klassifizierungsfunktionen, wenn keine A-priori-Wahrscheinlichkeiten angegeben werden. Wenn die A-priori-Wahrscheinlichkeiten gleich sind, dann hat ihre Einbeziehung natürlich keinen Effekt auf das Ergebnis der Klassifizierung.

3.2.6.2 Das Distanzkonzept

Gemäß dem Distanzkonzept wird ein Element i in diejenige Gruppe g eingeordnet, der es am nächsten liegt, d.h. bezüglich derer die Distanz zwischen Element und Gruppenmittel (Centroid) minimal wird. Üblicherweise werden die *quadrierten Distanzen*

$$D_{ig}^2 = \left(Y_i - \overline{Y}_g\right)^2 \qquad (g = 1, ..., G) \tag{25}$$

verwendet. Bei einer Mehrzahl von K Diskriminanzfunktionen wird analog die quadrierte euklidische Distanz im K-dimensionalen Diskriminanzraum zwischen dem Element i und dem Centroid der Gruppe g herangezogen.

Quadrierte euklidische Distanz

$$D_{ig}^2 = \sum_{k=1}^{K} \left(Y_{ki} - \overline{Y}_{kg}\right)^2 \qquad (g = 1, ..., G) \tag{26}$$

mit

Y_{ki} = Diskriminanzwert von Element i bezüglich Diskriminanzfunktion k

$\overline{Y}_{kg}$ = Centroid von Gruppe g bezüglich Diskriminanzfunktion k

Die Anwendbarkeit der euklidischen Distanz ist zulässig infolge Orthogonalität und Normierung der Diskriminanzfunktionen. Alternativ lassen sich auch Distanzen im J-dimensionalen Raum der Merkmalsvariablen berechnen. Es müssen dabei jedoch die unterschiedlichen Maßeinheiten (Standardabweichungen) der Variablen wie auch die Korrelationen zwischen den Variablen berücksichtigt werden. Ein verallgemeinertes Distanzmaß, bei dem dies der Fall ist, ist die *Mahalanobis-Distanz*. Bei nur zwei Variablen errechnet sich die quadrierte Mahalanobis-Distanz wie folgt:

$$D_{ig}^2 = \frac{\left(X_{1i} - \overline{X}_{1g}\right)^2 s_2^2 + \left(X_{2i} - \overline{X}_{2g}\right)^2 s_1^2 - 2\left(X_{1i} - \overline{X}_{1g}\right)\left(X_{2i} - \overline{X}_{2g}\right)s_{12}}{s_1^2 s_2^2 - s_{12}^2}$$

Dabei sind durch s_1^2 bzw. s_2^2 die empirischen Varianzen und durch s_{12} die empirische Kovarianz der beiden Variablen bezeichnet. Die Mahalanobis-Distanz nimmt zu, wenn die Korrelation zwischen den Variablen (und damit s_{12}) abnimmt. Da die Standardabweichungen der Diskriminanzvariablen immer Eins und deren Korrelationen Null sind, sind folglich die euklidischen Distanzen im Diskriminanzraum zugleich auch Mahalanobis-Distanzen. (Vgl. hierzu auch die Ausführungen im Anhang B dieses Kapitels.)

Die Klassifizierung nach euklidischen Distanzen im Raum der Diskriminanzvariablen ist der Klassifizierung nach Mahalanobis-Distanzen im Raum der Merk-

192   Diskriminanzanalyse

malsvariablen äquivalent, wenn alle K möglichen Diskriminanzfunktionen berücksichtigt werden[14]. Liegen die Diskriminanzfunktionen vor, so bedeutet es eine erhebliche Erleichterung, wenn die Distanzen im Diskriminanzraum gebildet werden.

Es ist für die Durchführung der Klassifizierung nicht zwingend, alle mathematisch möglichen Diskriminanzfunktionen zu berücksichtigen. Vielmehr reicht es aus, sich auf die wichtigen oder die signifikanten Diskriminanzfunktionen zu beschränken, da sich dadurch bei nur unbedeutendem Informationsverlust die Berechnung wesentlich vereinfacht. Die Beschränkung auf die signifikanten Diskriminanzfunktionen kann überdies den Vorteil haben, daß Zufallsfehler in den Merkmalsvariablen herausgefiltert werden.

Die obigen Ausführungen unterstellen, daß die Streuungen in den Gruppen annähernd gleich sind. Wenn diese Annahme nicht aufrechterhalten werden kann, müssen modifizierte Distanzen verwendet werden, deren Berechnung im Anhang B gezeigt wird. Bei Verwendung von SPSS kann die Annahme gleicher Streuungen (Kovarianzmatrizen der Merkmalsvariablen) durch Berechnung von *Box's M* überprüft werden[15]. Mittels eines F-Tests läßt sich die Signifikanz dieser Annahme prüfen. Niedrige Signifikanzwerte deuten auf ungleiche Streuungen hin.

Die Klassifikation auf Basis des Distanzkonzeptes führt zum gleichen Ergebnis wie die Klassifikation mit Hilfe der Klassifizierungsfunktionen, wenn alle Diskriminanzfunktionen berücksichtigt und wenn gleiche Streuungen in den Gruppen unterstellt werden.

3.2.6.3   Das Wahrscheinlichkeitskonzept

Das Wahrscheinlichkeitskonzept, das auf dem Distanzkonzept aufbaut, ist das flexibelste Konzept zur Klassifizierung von Elementen. Insbesondere ermöglicht es, wie schon die Klassifizierungfunktionen, die Berücksichtigung von (ungleichen) *A-priori-Wahrscheinlichkeiten* (vgl. 3.2.7.1). Zusätzlich ermöglicht es auch die Berücksichtigung von (ungleichen) *"Kosten" der Fehlklassifikation*. Ohne diese Erweiterungen führt es zu den gleichen Ergebnissen, wie das Distanzkonzept. Abbildung 3.20 gibt einen Überblick über Möglichkeiten der drei Konzepte zur Klassifizierung.

Im Wahrscheinlichkeitskonzept kommt die nachfolgende *Klassifizierungsregel* zur Anwendung.

Ordne ein Element i derjenigen Gruppe g zu, für die

die Wahrscheinlichkeit $P(g|Y_i)$ maximal ist.

Dabei bezeichnet $P(g|Y_i)$ die Wahrscheinlichkeit für die Zugehörigkeit von Element i mit Diskriminanzwert Y_i zu Gruppe g (g=1,...,G).

---

[14] Vgl. dazu Tatsuoka, M.M., 1988, S. 232 ff.
[15] Vgl. dazu Cooley, W.W./Lohnes, P.R., 1971, S. 229.

In der Terminologie der statistischen Entscheidungstheorie werden die Klassifizierungswahrscheinlichkeiten als *A-posteriori-Wahrscheinlichkeiten* bezeichnet. Zu ihrer Berechnung wird das Bayes-Theorem angewendet.

Abbildung 3.20: Vergleich der Konzepte zur Klassifizierung

	Klassifiz.-Funktionen	Distanz-Konzept	Wahrsch.-Konzept
Unterschiedliche A-priori-Wahrscheinlichkeiten	ja	nein	ja
Unterschiedliche Kosten der Fehlklassifikation	nein	nein	ja
Berücksichtigung ungleicher Streuungen in den Gruppen	nein	ja	ja
Unterdrückung irrelevanter Diskriminanzfunktionen	nein	ja	ja

Bayes-Theorem

$$P(g|Y_i) = \frac{P(Y_i|g) \, P_i(g)}{\sum\limits_{g=1}^{G} P(Y_i|g) \, P_i(g)} \qquad (g = 1, ..., G) \qquad (27)$$

mit

$P(g|Y_i)$ = A-posteriori-Wahrscheinlichkeit

$P(Y_i|g)$ = Bedingte Wahrscheinlichkeit

$P_i(g)$ = A-priori-Wahrscheinlichkeit

Im Bayes-Theorem werden die a priori gegebenen Wahrscheinlichkeiten mit bedingten Wahrscheinlichkeiten, in denen die in den Merkmalsvariablen enthaltene Information zum Ausdruck kommt, verknüpft. Die bedingte Wahrscheinlichkeit $P(Y_i|g)$ gibt an, wie wahrscheinlich ein Diskriminanzwert Y_i für das Element i wäre, wenn dieses zu Gruppe g gehören würde. Sie läßt sich durch Transformation der Distanz D_{ig} ermitteln.

194   Diskriminanzanalyse

Bei Durchführung einer Klassifikation im Rahmen von konkreten Problemstellungen (Entscheidungsproblemen) ist es häufig der Fall, daß die Konsequenzen oder *"Kosten" der Fehlklassifikation* zwischen den Gruppen differieren. So ist z.B. in der medizinischen Diagnostik der Schaden, der dadurch entsteht, daß eine bösartige Krankheit nicht rechtzeitig erkannt wird, sicherlich größer, als die irrtümliche Diagnose einer bösartigen Krankheit. Das Beispiel macht gleichzeitig deutlich, daß die Bewertung der "Kosten" sehr schwierig sein kann. Eine ungenaue Bewertung aber ist i.d.R. besser als keine Bewertung und damit keine Berücksichtigung der unterschiedlichen Konsequenzen.

Die Berücksichtigung von ungleichen Kosten der Fehlklassifikation kann durch Anwendung der *Bayes'schen Entscheidungsregel* erfolgen, die auf dem Konzept des statistischen Erwartungswertes basiert[16]. Es ist dabei gleichgültig, ob der Erwartungswert eines Kosten- bzw. Verlustkriteriums minimiert oder eines Gewinn- bzw. Nutzenkriteriums maximiert wird.

Klassifizierung durch Anwendung der Bayes-Regel

Ordne ein Element i derjenigen Gruppe g zu, für die der Erwartungswert der Kosten

$$E_g(K) = \sum_{h=1}^{G} K_{gh} \; P(h|Y_i) \qquad (g = 1, ..., G) \tag{28}$$

minimal ist.

Dabei bezeichnet

$P(h|Y_i)$ = Wahrscheinlichkeit für die Zugehörigkeit von Element i mit Diskriminanzwert Y_i zu Gruppe h (h=1,...,G)

K_{gh} = Kosten der Einstufung in Gruppe g, wenn das Element zu Gruppe h gehört

Die Anwendung der Bayes-Regel soll an einem kleinen *Beispiel* verdeutlicht werden. Ein Bankkunde i möchte einen Kredit in Höhe von € 1.000 für ein Jahr zu einem Zinssatz von 10 % aufnehmen. Für die Bank stellt sich das Problem, den möglichen Zinsgewinn gegen das Risiko eines Kreditausfalls abzuwägen. Für den Kunden wurden folgende *Klassifizierungswahrscheinlichkeiten* ermittelt:

$P(1|Y_i)$ = 0,8 (Kreditrückzahlung)

$P(2|Y_i)$ = 0,2 (Kreditausfall)

Wenn die Einordnung in Gruppe 1 mit einer Vergabe des Kredites und die Einordnung in Gruppe 2 mit einer Ablehnung gekoppelt ist, so lassen sich die folgenden *Kosten einer Fehlklassifikation* angeben (Abbildung 3.21):

---

[16] Vgl. dazu z.B. Schneeweiss, H., 1967; Bamberg, G./Coenenberg, A.G., 1992.

Abbildung 3.21: Kosten einer Fehlkalkulation (Beispiel)

Einordnung in Gruppe g	tatsächliche Gruppenzugehörigkeit	
	Rückzahlung 1	Ausfall 2
1: Vergabe	-100	1.000
2: Ablehnung	100	0

Vergibt die Bank den Kredit, so erlangt sie bei ordnungsgemäßer Tilgung einen Gewinn (negative Kosten) in Höhe von € 100, während ihr bei Zahlungsunfähigkeit des Kunden ein Verlust in Höhe von € 1000 entsteht. Vergibt die Bank dagegen den Kredit nicht, so entstehen ihr eventuell Opportunitätskosten (durch entgangenen Gewinn) in Höhe von € 100.

Die *Erwartungswerte* der Kosten für die beiden Handlungsalternativen errechnen sich mit den obigen Wahrscheinlichkeiten wie folgt:

Vergabe: $E_1(K) = -100 \cdot 0{,}8 + 1.000 \cdot 0{,}2 = 120$

Ablehnung: $E_2(K) = 100 \cdot 0{,}8 + 0 \cdot 0{,}2 = 80$

Die erwarteten Kosten der zweiten Alternative sind niedriger. Folglich ist der Kreditantrag bei Anwendung der Bayes-Regel abzulehnen, obgleich die Wahrscheinlichkeit einer Kreditrückzahlung weit höher ist als die eines Kreditausfalls.

3.2.6.4 Berechnung der Klassifizierungswahrscheinlichkeiten

Die Klassifizierungswahrscheinlichkeiten lassen sich aus den Distanzen unter Anwendung des Bayes-Theorems wie folgt berechnen (vgl. Anhang C):

$$P\big(g|Y_i\big) = \frac{\exp\big(-D_{ig}^2/2\big) P_i(g)}{\sum\limits_{g=1}^{G} \exp\big(-D_{ig}^2/2\big) P_i(g)} \qquad (g = 1, ..., G) \qquad (29)$$

mit

D_{ig} = Distanz zwischen Element i und dem Centroid von Gruppe g

$P_i(g)$ = A-priori-Wahrscheinlichkeit für die Zugehörigkeit von Element i zu Gruppe g

Beispiel: Für ein Element i mit den Merkmalswerten

$X_{1i} = 6$ und $X_{2i} = 7$

196   Diskriminanzanalyse

erhält man durch Anwendung der oben ermittelten Diskriminanzfunktion den folgenden Diskriminanzwert:

$$Y_i = -1,98 + 1,031 \cdot 6 - 0,565 \cdot 7 = 0,252$$

Bezüglich der beiden Gruppen A und B erhält man gemäß (25) die *quadrierten Distanzen*:

$$D_{ig}^2 = \left(Y_i - \bar{Y}_g\right)^2$$

$$D_{iA}^2 = \left(0,252 - (-0,914)\right)^2 = 1,360$$

$$D_{iB}^2 = \left(0,252 - 0,914\right)^2 \quad = 0,438$$

Die Transformation der Distanzen liefert die Werte (Dichten):

$$f\left(Y_i \middle| g\right) = \exp\left(-D_{ig}^2 / 2\right)$$

$$f\left(Y_i \middle| A\right) = 0,507$$

$$f\left(Y_i \middle| B\right) = 0,803$$

Damit erhält man durch (29) unter Vernachlässigung von A-priori-Wahrscheinlichkeiten die gesuchten Klassifizierungswahrscheinlichkeiten:

$$P\left(g \middle| Y_i\right) = \frac{f\left(Y_i \middle| g\right)}{f\left(Y_i \middle| A\right) + f\left(Y_i \middle| B\right)}$$

$$P\left(A \middle| Y_i\right) = \frac{0,507}{0,507 + 0,803} = 0,39$$

$$P\left(B \middle| Y_i\right) = \frac{0,803}{0,507 + 0,803} = 0,61$$

Das Element i ist folglich in die Gruppe B einzuordnen. Dasselbe Ergebnis liefert auch das Distanzkonzept. Unterschiedliche Ergebnisse können sich nur bei Einbeziehung von unterschiedlichen A-priori-Wahrscheinlichkeiten ergeben.

Sind die *A-priori-Wahrscheinlichkeiten*

$$P_i(A) = 0,4 \quad \text{und} \quad P_i(B) = 0,6$$

gegeben und sollen diese in die Schätzung einbezogen werden, so erhält man stattdessen die folgenden Klassifizierungswahrscheinlichkeiten:

$$P\left(g \middle| Y_1\right) = \frac{f\left(Y_i \middle| g\right) P_i\left(g\right)}{f\left(Y_i \middle| A\right) P_i\left(A\right) + f\left(Y_i \middle| B\right) P_i\left(B\right)}$$

$$P(A|Y_i) = \frac{0,507 \cdot 0,4}{0,507 \cdot 0,4 + 0,803 \cdot 0,6} = 0,30$$

$$P(B|Y_i) = \frac{0,803 \cdot 0,6}{0,507 \cdot 0,4 + 0,803 \cdot 0,6} = 0,70$$

Da sich hier die in den Merkmalswerten enthaltene Information und die A-priori-Information gegenseitig bestärken, erhöht sich die relative Sicherheit für die Einordnung von Element i in Gruppe B.

Die obigen Berechnungen basieren auf der *Annahme gleicher Streuungen* (Kovarianzmatrizen) in den Gruppen. Die Überprüfung dieser Annahme mit Hilfe von Box's M liefert für das Beispiel ein Signifikanzniveau von über 95 %, welches die Annahme gleicher Streuungen rechtfertigt. Die Berechnung von Klassifizierungswahrscheinlichkeiten unter Berücksichtigung ungleicher Streuungen wird im Anhang C behandelt. Bei Anwendung von SPSS kann die Klassifizierung wahlweise unter der Annahme gleicher Streuungen (Voreinstellung) wie auch unter Berücksichtigung der individuellen Streuungen in den Gruppen durchgeführt werden.

3.2.6.5 Überprüfung der Klassifizierung

Die Summe der Klassifizierungswahrscheinlichkeiten, die man durch Anwendung des Bayes-Theorems erhält, ergibt immer Eins. Die Anwendung des Bayes-Theorems schließt also aus, daß ein zu klassifizierendes Element eventuell keiner der vorgegebenen Gruppen angehört. Die Klassifizierungswahrscheinlichkeiten erlauben deshalb auch keine Aussage darüber, ob und wie wahrscheinlich es ist, daß ein klassifiziertes Element überhaupt einer der betrachteten Gruppen angehört.

Aus diesem Grunde ist es zur Kontrolle der Klassifizierung zweckmäßig, für die gewählte Gruppe g (mit der höchsten Klassifizierungswahrscheinlichkeit) die bedingte Wahrscheinlichkeit $P(Y_i|g)$ zu überprüfen. In Formel (29) wurde die explizite Berechnung der bedingten Wahrscheinlichkeiten umgangen. Sie müssen daher bei Bedarf gesondert ermittelt werden.

Die bedingte Wahrscheinlichkeit ist in Abbildung 3.22 dargestellt. Je größer die Distanz D_{ig} wird, desto unwahrscheinlicher wird es, daß für ein Element von Gruppe g eine gleich große oder gar größere Distanz beobachtet wird, und desto geringer wird damit die Wahrscheinlichkeit der Hypothese "Element i gehört zu Gruppe g". Die bedingte Wahrscheinlichkeit $P(Y_i|g)$ ist die Wahrscheinlichkeit bzw. das Signifikanzniveau dieser Hypothese.

Abbildung 3.22: Darstellung der bedingten Wahrscheinlichkeit (schraffierte Fläche) unter der Dichtefunktion der standardisierten Normalverteilung

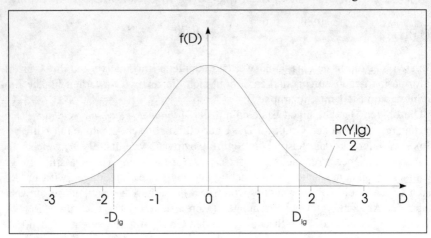

Im Gegensatz zu den A-priori- und A-posteriori-Wahrscheinlichkeiten müssen sich die bedingten Wahrscheinlichkeiten über die Gruppen nicht zu Eins addieren. Die bedingten Wahrscheinlichkeiten eines Elementes können daher bezüglich aller Gruppen beliebig klein sein. Da die bedingte Wahrscheinlichkeit für die Gruppe mit der höchsten Klassifizierungswahrscheinlichkeit am größten ist, braucht sie nur für diese Gruppe überprüft zu werden. Etwas anderes kann gelten, wenn A-priori-Wahrscheinlichkeiten berücksichtigt wurden.

Die bedingte Wahrscheinlichkeit läßt sich mit Hilfe einer Tabelle der standardisierten Normalverteilung leicht bestimmen. Für das oben betrachtete Element mit dem Diskriminanzwert $Y_i = 0{,}252$ und der minimalen Distanz $D^2_{iB} = 0{,}663$ ($=\sqrt{0{,}439}$) erhält man die bedingte Wahrscheinlichkeit

$$P(Y_i|B) = 0{,}51$$

Gut die Hälfte aller Elemente der Gruppe B ist also weiter entfernt vom Centroid, als das Element i. Das Element i fällt daher nicht durch ungewöhnliche Merkmalsausprägungen auf.

Im Vergleich dazu sei ein Element r mit den Merkmalswerten

$$X_{1r} = 1 \quad \text{und} \quad X_{2r} = 6$$

betrachtet. Für dieses Element erhält man den Diskriminanzwert $Y_r = -4{,}339$ und die Klassifizierungswahrscheinlichkeiten

$$P(A|Y_r) = 0{,}9996$$
$$P(B|Y_r) = 0{,}0004$$

Fallbeispiel   199

Das Element wäre also der Gruppe A zuzuordnen. Die Distanz zum Centroid von Gruppe A beträgt $D_{rA} = 3,42$. Damit ergibt sich bezüglich Gruppe A die bedingte Wahrscheinlichkeit

$$P(Y_r|A) = 0,0006$$

Die Wahrscheinlichkeit dafür, daß ein Element der Gruppe A eine so große Distanz aufweist, wie das Element r, ist also außerordentlich gering. Bezüglich Gruppe B wäre die bedingte Wahrscheinlichkeit natürlich noch geringer. Man muß sich daher fragen, ob dieses Element überhaupt einer der beiden Gruppen angehört.

3.3 Fallbeispiel

3.3.1 Problemstellung

Nachfolgend soll die Diskriminanzanalyse an einem Fallbeispiel unter Anwendung des Computer-Programms SPSS durchgeführt werden. Nachdem unser Margarinehersteller sich mit der Frage befaßt hat, welche Eigenschaften bei einer Margarine von Wichtigkeit sind, möchte er jetzt herausfinden, wie die Margarinemarken selbst wahrgenommen werden, d.h.

- ob signifikante Unterschiede in der Wahrnehmung verschiedener Marken bestehen und
- welche Eigenschaften für die unterschiedliche Wahrnehmung der Marken relevant sind.

Zu diesem Zweck wurde eine Befragung von 18 Personen durchgeführt, wobei diese veranlaßt wurden, 11 Butter- und Margarinemarken jeweils bezüglich 10 verschiedener Variablen auf einer siebenstufigen Rating-Skala zu beurteilen (vgl. Abbildung 3.23). Da nicht alle Personen alle Marken beurteilen konnten, umfaßt der Datensatz nur 127 Markenbeurteilungen anstelle der vollständigen Anzahl von 198 Markenbeurteilungen (18 Personen x 11 Marken). Eine Markenbeurteilung umfaßt dabei die Skalenwerte der 10 Merkmalsvariablen.

Von den 127 Markenbeurteilungen sind nur 92 vollständig, während die restlichen 35 Beurteilungen fehlende Werte, sog. Missing Values, enthalten. Missing Values bilden ein unvermeidliches Problem bei der Durchführung von Befragungen (z.B. weil Personen nicht antworten können oder wollen oder als Folge von Interviewerfehlern). Die unvollständigen Beurteilungen sollen zunächst in der Diskriminanzanalyse nicht berücksichtigt werden, so daß sich die Fallzahl auf 92 verringert. In SPSS existieren verschiedene Optionen zur Behandlung von Missing Values.

200   Diskriminanzanalyse

Abbildung 3.23: Untersuchte Marken und Variablen im Fallbeispiel

Emulsionsfette (Butter und Margarine)		Merkmalsvariablen (subjektive Beurteilungen)	
1	Becel	1	Streichfähigkeit
2	Du darfst	2	Preis
3	Rama	3	Haltbarkeit
4	Delicado	4	Anteil ungesättigter Fettsäuren
5	Holländische Markenbutter	5	Back- und Brateignung
6	Weihnachtsbutter	6	Geschmack
7	Homa	7	Kaloriengehalt
8	Flora Soft	8	Anteil tierischer Fette
9	SB	9	Vitamingehalt
10	Sanella	10	Natürlichkeit
11	Botteram		

Um die Zahl der Gruppen zu vermindern, wurden die 11 Marken zu drei Gruppen (Marktsegmenten) zusammengefaßt. Die Gruppenbildung wurde durch Anwendung einer Clusteranalyse vorgenommen (vgl. Kapitel 8). In Abbildung 3.24 ist die Zusammensetzung der Gruppen angegeben. Mittels Diskriminanzanalyse soll jetzt untersucht werden, ob und wie sich diese Gruppen unterscheiden.[17]

Eine weitergehende Problemstellung, der hier allerdings nicht nachgegangen werden soll, könnte in der Kontrolle der Marktpositionierung eines neuen Produktes bestehen. Mittels der oben behandelten Techniken der Klassifizierung ließe sich überprüfen, ob das Produkt sich bezüglich seiner Wahrnehmung durch die Konsumenten in das angestrebte Marktsegment einordnet.

---

[17] Da die Beurteilungen der verschiedenen Marken von denselben Personen vorgenommen werden, läßt sich gegen die Anwendung der Diskriminanzanalyse einwenden, daß die Stichproben der Gruppen (Markencluster) nicht unabhängig sind. Dieses inhaltliche Problem soll hier zugunsten der Demonstration von SPSS an einem größeren Datensatz zurückgestellt werden.

Abbildung 3.24: Definition der Gruppen

Marktsegmente (Gruppen)	Marken im Segment
A	Homa, Flora Soft
B	Becel, Du darfst, Rama, SB, Sanella, Botteram
C	Delicado, Holländische Markenbutter, Weihnachtsbutter

3.3.2 Ergebnisse

Im Folgenden wird einerseits gezeigt, wie mit SPSS die Diskriminanzanalyse durchgeführt wird. Andererseits werden die wichtigsten Ergebnisse des Programmausdrucks von SPSS wiedergegeben und kommentiert. Abbildung 3.25 zeigt zunächst, wie das relevante Analyseverfahren Diskriminanzanalyse aus dem Menüpunkt "Analysieren" als eines der klassifizierenden Prozeduren aufgerufen wird.

Abbildung 3.25: Daten-Editor mit Auswahl des Analyseverfahrens "Diskriminanzanalyse"

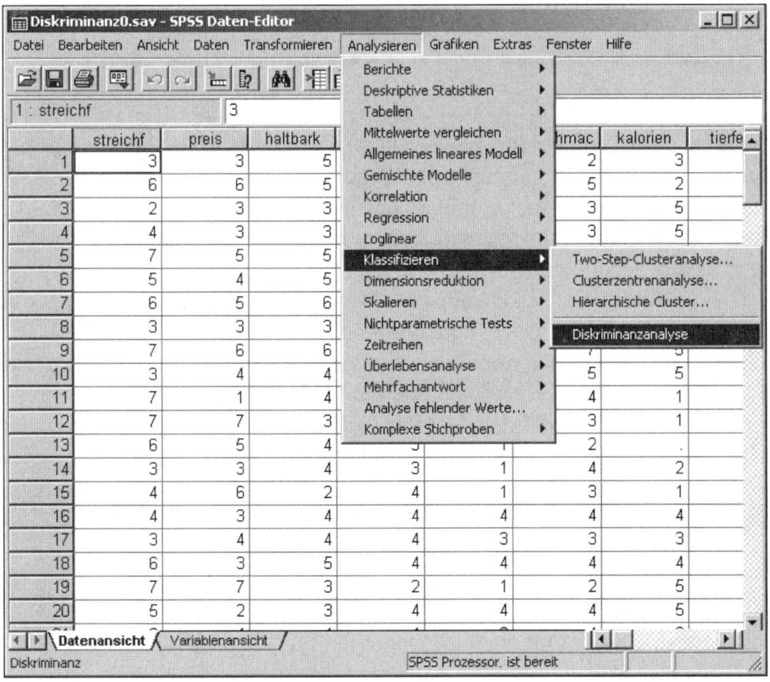

202 Diskriminanzanalyse

Nachdem die Diskriminanzanalyse als Verfahren ausgewählt wurde, wird das in Abbildung 3.26 wiedergegebene Dialogfenster geöffnet. In diesem Beispiel zur Diskriminanzanalyse soll untersucht werden, ob und wie sich die drei aus einer vorherigen Clusteranalyse resultierenden Gruppen unterscheiden. In der Variable "Segment" ist für jede Marke die Gruppenzugehörigkeit enthalten. Diese ist somit aus der linken Variablenliste auszuwählen und in das Feld "Gruppenvariable" zu verschieben. Die Festlegung der für die Analyse relevanten Gruppen erfolgt über die Schaltfläche "Bereich definieren" unterhalb der Gruppenvariable.

Abbildung 3.26: Dialogfenster "Diskriminanzanalyse"

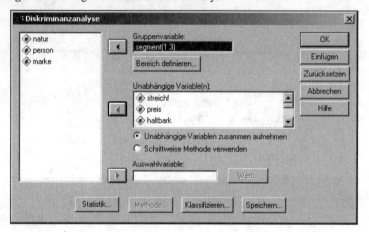

Als Methode der Diskriminanzanalyse ist die direkte Methode (hier: "Unabhängige Variablen zusammen aufnehmen") voreingestellt. Dies bedeutet, daß alle Merkmalsvariablen (ausgewählte "Unabhängige Variable") simultan in die Diskriminanzfunktion aufgenommen werden. Alternativ kann auch eine schrittweise Aufnahme erfolgen.

Zur Durchführung der Diskriminanzanalyse stehen noch weitere Optionen zur Verfügung, die entweder den Standardoutput (Voreinstellung) ergänzen oder ersetzen. Im Folgenden sollen die in der Analyse verwendeten Einstellungen und deren Ergebnisse wiedergegeben werden. Abbildung 3.27 zeigt zunächst zusätzliche Statistiken, die den Standardoutput der Diskriminanzanalyse ergänzen. Hierbei handelt es ich um "Deskriptive Statistiken", "Funktionskoeffizienten" und "Matrizen". Im vorliegenden Beispiel soll zum einen zur Prüfung der Diskriminanz eine "Univariate ANOVA" durchgeführt werden und zum anderen sollen die Koeffizienten der Diskriminanzfunktion nicht nur entsprechend der voreingestellten Output-Option in standardisierter Form, sondern auch unstandardisiert und die Koeffizienten der linearer Diskriminanzfunktion nach Fisher angegeben werden. Dementsprechend sind diese Optionen im Dialogfenster "Statistik" auszuwählen.

Fallbeispiel   203

Abbildung 3.27: Dialogfenster "Statistik"

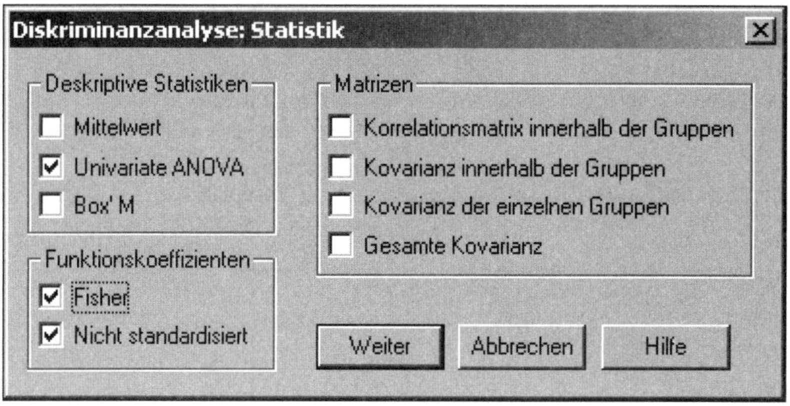

Abbildung 3.28 (Ergebniss der "Univariaten ANOVA") zeigt zunächst, wie gut die 10 Merkmalsvariablen jeweils isoliert zwischen den drei Gruppen trennen (vgl. dazu Abschnitt 3.2.5). Mit Ausnahme der Variablen "Haltbark", "Ungefett" und "Backeign" trennen alle Variablen signifikant mit einer Irrtumswahrscheinlichkeit unter 5 %. Am besten trennt die Variable "Natur".

Abbildung 3.28: Univariate Trennfähigkeit der Merkmalsvariablen

	Wilks-Lambda	F	df1	df2	Signifikanz
Gleichheitstest der Gruppenmittelwerte					
STREICHF	,798	11,246	2	89	,000
PREIS	,916	4,074	2	89	,020
HALTBARK	,952	2,264	2	89	,110
UNGEFETT	,993	,321	2	89	,726
BACKEIGN	,944	2,619	2	89	,078
GESCHMAC	,795	11,484	2	89	,000
KALORIEN	,836	8,703	2	89	,000
TIERFETT	,712	17,980	2	89	,000
VITAMIN	,885	5,806	2	89	,004
NATUR	,703	18,813	2	89	,000

Bei drei Gruppen lassen sich zwei *Diskriminanzfunktionen* bilden. In Abbildung 3.29 sind die geschätzten Parameter (unstandardisiert) dieser beiden Diskriminanz-

204　Diskriminanzanalyse

funktionen wiedergegeben. Außerdem sind im unteren Abschnitt die Centroide der drei Gruppen bezüglich der beiden Diskriminanzfunktionen angegeben.

Abbildung 3.29:　Parameter der beiden Diskriminanzfunktionen und Werte der Centroide

Kanonische Diskriminanzfunktionskoeffizienten

	Funktion	
	1	2
STREICHF	-,140	,408
PREIS	,223	-,127
HALTBARK	-,336	-,276
UNGEFETT	-,091	-,126
BACKEIGN	-,020	,131
GESCHMAC	,190	,372
KALORIEN	,268	-,102
TIERFETT	,189	,166
VITAMIN	-,180	,429
NATUR	,486	-,332
(Konstant)	-2,164	-2,322

Nicht-standardisierte Koeffizienten

Funktionen bei den Gruppen-Zentroiden

SEGMENT	Funktion	
	1	2
Segment A	-,773	,885
Segment B	-,613	-,349
Segment C	2,088	4,538E-02

Nicht-standardisierte kanonische Diskriminanzfunktionen, die bezüglich des Gruppen-Mittelwertes bewertet werden

Abbildung 3.30 (Standardoutput) enthält die in Abschnitt 3.2.4.2 behandelten *Gütemaße* zur Beurteilung der Diskriminanzfunktionen. Die Fußnote a in der zweiten Spalte des oberen Abschnitts der abgebildeten Tabelle zeigt an, daß beide Diskriminanzfunktionen bei der Klassifizierung berücksichtigt werden.

Aus Spalte 2 und 3 im oberen Teil ist ersichtlich, daß die relative Wichtigkeit der zweiten Diskriminanzfunktion mit 14,3 % Eigenwertanteil (Varianzanteil) wesentlich geringer ist als die der ersten Diskriminanzfunktion mit 85,7 % Eigenwertanteil (vgl. Abschnitt 3.2.3.6). Die kumulativen Eigenwertanteile in Spalte 4 erhält man durch Summierung der Eigenwertanteile. Für den letzten Wert (hier den zweiten) muß sich daher immer 100 ergeben. Die folgende Spalte enthält die kanonischen Korrelationskoeffizienten gemäß Formel (16).

Im unteren Teil der Abbildung findet man die Werte für das residuelle Wilks' Lambda (nach Bildung von 0 und 1 Diskriminanzfunktionen) gemäß Formel (20). Daneben sind die zugehörigen χ^2-Werte nebst Freiheitgraden und Signifikanzniveau angegeben. Sie zeigen, daß auch die zweite Diskriminanzfunktion noch signifikant (mit Irrtumswahrscheinlichkeit = 3,5 %) zur Trennung der Gruppen beiträgt.

Abbildung 3.30: Gütemaße der Diskriminanzfunktionen

Eigenwerte

Funktion	Eigenwert	% der Varianz	Kumulierte %	Kanonische Korrelation
1	1,420[a]	85,7	85,7	,766
2	,238[a]	14,3	100,0	,438

[a.] Die ersten 2 kanonischen Diskriminanzfunktionen werden in dieser Analyse verwendet.

Wilks' Lambda

Test der Funktion(en)	Wilks-Lambda	Chi-Quadrat	df	Signifikanz
1 bis 2	,334	92,718	20	,000
2	,808	18,029	9	,035

Die Abbildung 3.31 mit den *standardisierten Diskriminanzkoeffizienten* läßt die Wichtigkeit der Merkmalsvariablen innerhalb der beiden Diskriminanzfunktionen erkennen. Die größte diskriminatorische Bedeutung besitzt die Variable "Natur" für die Diskriminanzfunktion 1 und die Variable "Streichf " für die Diskriminanzfunktion 2.

206   Diskriminanzanalyse

Abbildung 3.31: Standardisierte Diskriminanzkoeffizienten

Standardisierte kanonische Diskriminanzfunktionskoeffizienten

	Funktion	
	1	2
STREICHF	-,206	,598
PREIS	,359	-,204
HALTBARK	-,396	-,325
UNGEFETT	-,130	-,180
BACKEIGN	-,032	,214
GESCHMAC	,243	,475
KALORIEN	,390	-,148
TIERFETT	,443	,389
VITAMIN	-,238	,566
NATUR	,620	-,423

Um die diskriminatorische Bedeutung einer Merkmalsvariablen bezüglich aller Diskriminanzfunktionen zu beurteilen, sind gemäß Formel (22) durch Gewichtung der absoluten Werte der Koeffizienten mit dem Eigenwertanteil der betreffenden Diskriminanzfunktion die *mittleren Diskriminanzkoeffizienten zu ermitteln*.

Es ergibt sich hier mit den Eigenwertanteilen aus Abbildung 3.16 für die Variable 5 = "Backeign" der niedrigste und für die Variable 10 = "Natur" der höchste Wert für den mittleren Diskriminanzkoeffizienten:

$$\overline{b}_5 = 0{,}032 \cdot 0{,}857 + \ 0{,}214 \cdot 0{,}143 = \ 0{,}058$$

$$\overline{b}_{10} = 0{,}620 \cdot 0{,}857 + \ 0{,}423 \cdot 0{,}143 = \ 0{,}592$$

Die Variable "Backeign" besitzt somit die geringste und die Variable "Natur" die größte diskriminatorische Bedeutung.

Abbildung 3.32 zeigt die geschätzten *Klassifizierungsfunktionen* (Koeffizienten der linearen Diskriminanzfunktion nach Fisher) für die drei Gruppen (vgl. Abschnitt 3.2.7.1).

Über das Dialogfenster "Klassifizieren" (vgl. Abbildung 3.33) ist es möglich, die A-priori-Wahrscheinlichkeiten sowie die Kovarianzen zur Klassifizierung der Gruppen festzulegen. Des weiteren können hier zusätzlich Auswertungen und Diagramme angefordert werden. Bezüglich der A-priori-Wahrscheinlichkeit und der Kovarianzmatrix wird hier die jeweilige Voreinstellung beibehalten. Es soll jedoch zusätzlich eine "Zusammenfassende Tabelle" (Klassifikationsmatrix) ausgegeben werden, in der zum einen die Häufigkeiten angegeben werden, mit denen die verschiedenen Kombinationen aus tatsächlicher und geschätzter Gruppenzugehörigkeit auftreten und zum anderen die Trefferquote.

Abbildung 3.32: Klassifizierungsfunktionen

Klassifizierungsfunktionskoeffizienten

	SEGMENT		
	Segment A	Segment B	Segment C
STREICHF	2,516	1,990	1,772
PREIS	,576	,768	1,320
HALTBARK	1,580	1,866	,850
UNGEFETT	1,714	1,855	1,559
BACKEIGN	,159	-5,396E-03	-6,699E-03
GESCHMAC	,351	-7,722E-02	,584
KALORIEN	,855	1,025	1,709
TIERFETT	1,122	,948	1,523
VITAMIN	-8,275E-02	-,641	-,958
NATUR	1,516	2,004	3,187
(Konstant)	-23,073	-20,111	-28,805

Lineare Diskriminanzfunktionen nach Fisher

Abbildung 3.33: Dialogfenster "Klassifizieren"

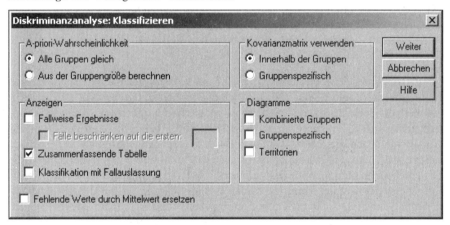

Abbildung 3.34 zeigt die *Klassifikationsmatrix* (vgl. Abschnitt 3.2.4.1). Die "Trefferquote" in der Untersuchungsstichprobe beträgt 75 %. Bei zufälliger Einordnung der Elemente (Beurteilungen) in die drei Gruppen wäre dagegen (unter Vernachlässigung der unterschiedlichen Gruppengrößen) eine Trefferquote von 33.3 % zu erwarten.

208   Diskriminanzanalyse

Abbildung 3.34: Klassifikationsmatrix

Klassifizierungsergebnisse [a]

		SEGMENT	Segment A	Segment B	Segment C	Gesamt
			Vorhergesagte Gruppenzugehörigkeit			
Original	Anzahl	Segment A	12	7	0	19
		Segment B	9	38	4	51
		Segment C	3	0	19	22
	%	Segment A	63,2	36,8	,0	100,0
		Segment B	17,6	74,5	7,8	100,0
		Segment C	13,6	,0	86,4	100,0

a. 75,0% der ursprünglich gruppierten Fälle wurden korrekt klassifiziert.

Zusammenfassung der Verarbeitung von Klassifizierungen

Verarbeitet		127
Ausgeschlossen	Fehlende oder außerhalb des Bereichs liegende Gruppencodes	0
	Wenigstens eine Diskriminanzvariable fehlt	35
In der Ausgabe verwendet		92

Die Zahlen unter der Matrix zeigen an, daß nur die 92 vollständigen Beurteilungen (ohne Missing Values) bei der Klassifizierung berücksichtigt wurden.

Innerhalb der SPSS-Datendatei ist es möglich, für jeden zur Analyse herangezogenen Fall die vorhergesagte Gruppenzugehörigkeit, den Wert der Diskriminanzfunktion und die Wahrscheinlichkeit der Gruppenzugehörigkeit zu berechnen und zu speichern. Hierzu ist es notwendig, wie in Abbildung 3.35 dargestellt, die entsprechenden Optionen im Dialogfenster "Neue Variablen speichern" auszuwählen. Die Werte werden dann, wenn man wie hier dargestellt mit der SPSS-Menüsteuerung arbeitet, nicht im Output ausgegeben, sondern nur im entsprechenden Dateneditor an den bestehenden Datensatz automatisch angehängt.

Fallbeispiel 209

Abbildung 3.35: Dialogfenster "Neue Variablen speichern"

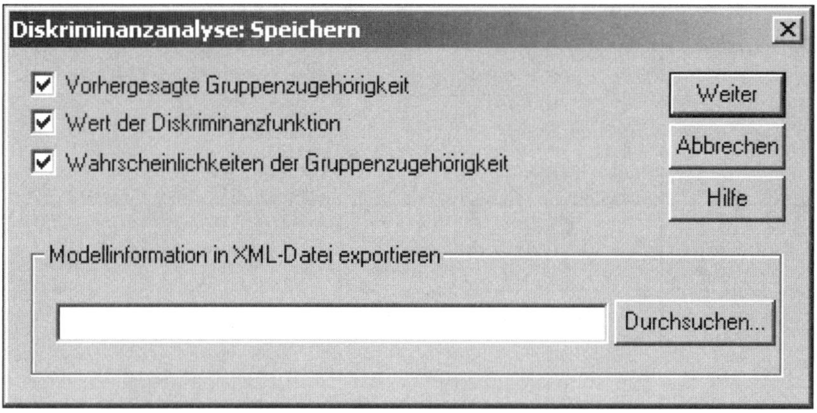

Abbildung 3.36: Individuelle Klassifizierungsergebnisse

Fallweise Statistiken

			Höchste Gruppe				
	Fall-nummer	Tatsächliche Gruppe	Vorhergesagte Gruppe	P(D>d | G=g)		P(G=g | D=d)	Quadrierter Mahalanobis-Abstand zum Zentroid
				p	df		
Original	1	2	3**	,901	2	,457	,208
	2	2	1**	,618	2	,429	,961
	3	2	3**	,543	2	,734	1,222
	4	2	2	,474	2	,444	1,493
	5	2	1**	,786	2	,585	,482
	6	2	1**	,908	2	,416	,192
	7	2	1**	,508	2	,534	1,355
	8	2	3**	,521	2	,523	1,304
	9	2	1**	,344	2	,596	2,133
	10	2	3**	,995	2	,621	,010
	11	2	1**	,030	2	,644	6,980
	12	2	2	,995	2	,432	,009
	13	2	1**	,970	2	,434	,061
	14	2	3**	,860	2	,491	,301
	15	2	3**	,701	2	,703	,709
	16	2	2	,847	2	,430	,332
	17	2	3**	,995	2	,621	,010
	18	2	1**	,782	2	,564	,492
	19	2	2	,995	2	,432	,009
	20	2	2	,216	2	,501	3,065

**. Falsch klassifizierter Fall

210 Diskriminanzanalyse

Fortsetzung Abbildung 3.36

Fallweise Statistiken

	Fall-nummer	Tatsächliche Gruppe	Zweithöchste Gruppe			Diskriminanzwerte	
			Gruppe	P(G=g | D=d)	Quadrierter Mahalanobis-Abstand zum Zentroid	Funktion 1	Funktion 2
Original	1	2	2	,332	,848	-,646	,243
	2	2	2	,385	1,179	,243	1,017
	3	2	2	,199	3,836	-1,523	-,961
	4	2	3	,300	2,276	-,213	-1,212
	5	2	2	,368	1,408	1,257	,508
	6	2	2	,413	,205	,306	,376
	7	2	2	,366	2,113	,713	1,298
	8	2	2	,331	2,219	-,868	-1,086
	9	2	2	,339	3,263	1,009	1,556
	10	2	2	,255	1,787	-1,116	-,038
	11	2	2	,349	8,206	2,583	-1,689
	12	2	1	,400	,162	,317	-,055
	13	2	2	,431	,075	,491	-,031
	14	2	2	,333	1,079	-,757	-,421
	15	2	2	,217	3,062	-1,401	-,727
	16	2	1	,298	1,064	-,102	-,547
	17	2	2	,255	1,787	-1,116	-,038
	18	2	2	,393	1,214	1,320	-,133
	19	2	1	,400	,162	,317	-,055
	20	2	1	,411	3,460	,802	-1,720

In Abbildung 3.36 sind die *individuellen Klassifizierungsergebnisse* zusammengestellt. Für jedes Element lassen sich die folgenden Angaben entnehmen:

- die tatsächliche Gruppenzugehörigkeit (SEGMENT),
- die geschätzte Gruppenzugehörigkeit (PREDICT),
- Klassifizierungswahrscheinlichkeiten P(G|D) für die drei Gruppen (PROB1 bis PROB3),
- Diskriminanzwerte bezüglich der beiden Diskriminanzfunktionen (SCORE1 und SCORE2).

(Vgl. hierzu die Abschnitte 3.2.7.3 bis 5.) Die Diskriminanzwerte SCORE1 und SCORE2 bilden die Koordinaten eines Elementes im Raum der Diskriminanzfunktionen (vgl. Abbildung 3.38).

Fallbeispiel 211

Abbildung 3.37: Dialogfenster "Klassifizieren"

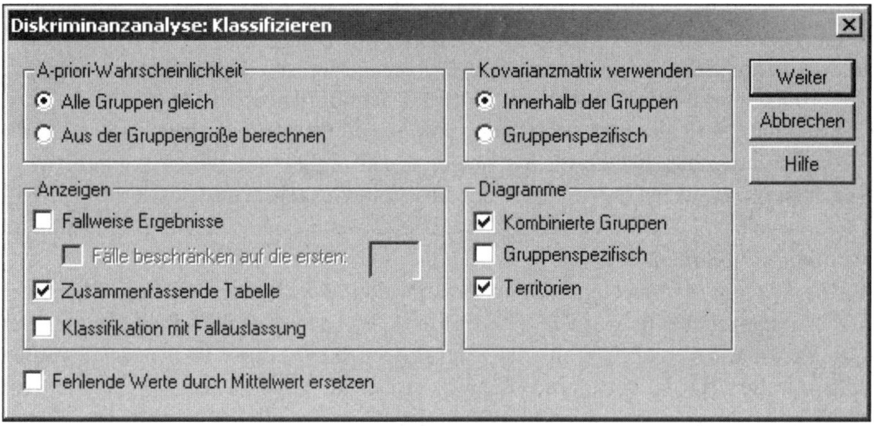

Abbildung 3.38: Darstellung der Gruppen im Diskriminanzraum

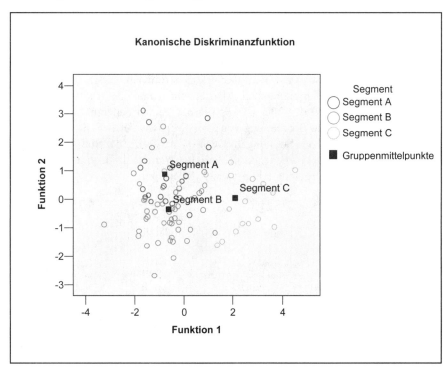

212 Diskriminanzanalyse

Wie bereits oben erwähnt, ist es möglich, die Analyseergebnisse auch grafisch durch Gegenüberstellung der Funktionswerte darzustellen. Wie Abbildung 3.37 zeigt, können hier die Diagramme "Kombinierte Gruppen", "Gruppenspezifisch" und "Territorien" ausgewählt werden. Bei unserer beispielhaften Betrachtung soll die gruppenspezifische Darstellung unberücksichtigt bleiben.

Abbildung 3.38 zeigt zunächst eine *kombinierte Darstellung der Gruppen in der Diskriminanzebene*, die durch die beiden Diskriminanzfunktionen gebildet wird. Die Diskriminanzebene entspricht der Diskriminanzachse im Zwei-Gruppen-Fall (bei nur einer Diskriminanzfunktion). Die Gruppencentroide sind ebenfalls in Abbildung 3.38 markiert.

Das *Klassifizierungsdiagramm* in der Abbildung 3.39 zeigt die Aufteilung der Diskriminanzebene in Gebiete (Territorien), die den Zugehörigkeitsbereich der Gruppen markieren. Innerhalb der Gebietsgrenzen ist die Klassifizierungswahrscheinlichkeit für die betreffende Gruppe größer als für die übrigen Gruppen. Auf den Gebietsgrenzen sind die Klassifizierungswahrscheinlichkeiten für die angrenzenden Gruppen identisch. Sie entsprechen dem kritischen Diskriminanzwert auf der Diskriminanzachse.

Die obigen Klassifizierungsergebnisse wie auch die Klassifizierungsfunktionen basieren auf der Annahme gleicher Streuungen der Merkmalsvariablen in den Gruppen. Durch Auswahl der Option "Box' M" im Dialogfenster "Statistik" (vgl. Abbildung 3.40) ist es möglich, einen Test auf Gleichheit der Streuungen durchzuführen. Das Ergebnis dieses Tests ist in Abbildung 3.41 zu sehen. Als Maß der Streuung einer Gruppe wird die logarithmierte Determinante der Kovarianzmatrix der 10 Merkmalsvariablen angegeben. Man ersieht daraus, daß die Streuung der zweiten Gruppe bedeutend größer ist, als die der beiden anderen Gruppen. Auf diesen Werten basiert die Berechnung von Box's M sowie der F-Test zur Überprüfung der Annahme gleicher Streuungen. Der F-Wert ist hier so groß, daß die Annahme gleicher Streuungen nicht aufrechterhalten werden kann und folglich die obigen Klassifizierungsergebnisse in Frage zu stellen sind.

Fallbeispiel   213

Abbildung 3.39: Klassifizierungsdiagramm (Gebietskarte der Gruppen)

```
                    Territorial Map  * indicates a group centroid
                    Canonical Discriminant Function 1
         -6,0       -4,0       -2,0        ,0        2,0        4,0        6,0
         +----------+----------+----------+----------+----------+----------+
C    6,0 +                                           13                    +
a        |                                           13                    |
n        |                                           13                    |
o        |                                           13                    |
n        |                                           13                    |
i        |                                           13                    |
c    4,0 +          +          +          +          13         +          +
a        |                                           13                    |
l        |                                           13                    |
         |                                           13                    |
D        |                                           13                    |
i        |                                           13                    |
s    2,0 +          +          +          +          13 +       +          +
c        |                                           13                    |
r        |                                           13                    |
i        |                               *           13                    |
m        |                                           13                    |
i        |                                   11111111113                   |
n     ,0 +              +1111111111111122222222223     *         +         +
a        |111111111111122222222222222    *      23                         |
n        |22222222222                            23                         |
t        |                                       23                         |
         |                                       23                         |
F        |                                       23                         |
u   -2,0 +          +          +          +      23 +          +           +
n        |                                       23                         |
c        |                                       23                         |
t        |                                       23                         |
i        |                                       23                         |
o        |                                       23                         |
n   -4,0 +          +          +          +      23 +          +           +
         |                                       23                         |
2        |                                       23                         |
         |                                       23                         |
         |                                       23                         |
         |                                       23                         |
    -6,0 +                                       23                         +
         +----------+----------+----------+----------+----------+----------+
         -6,0       -4,0       -2,0        ,0        2,0        4,0        6,0
```

Symbols used in territorial map

Symbol   Group   Label
------   -----   --------------------

  1 ·   1   Segment A
  2   2   Segment B
  3   · 3   Segment C
  *   Group centroids

214   Diskriminanzanalyse

Abbildung 3.40: Dialogfenster "Statistik"

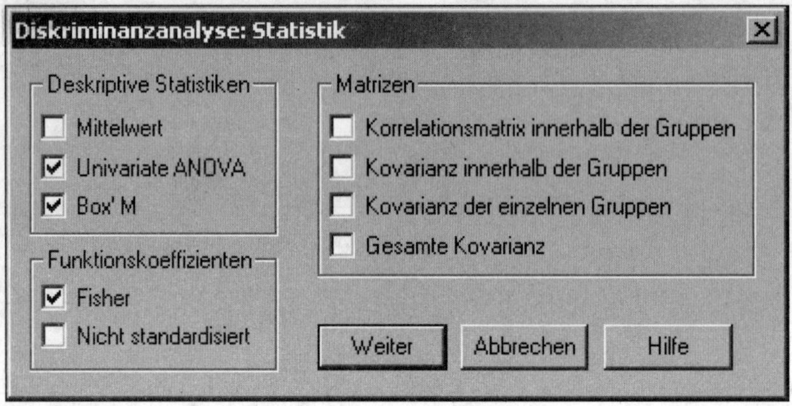

Abbildung 3.41: Test auf Gleichheit der Gruppen

Log-Determinanten

SEGMENT	Rang	Log-Determinante
Segment A	10	2,051
Segment B	10	4,600
Segment C	10	2,771
Gemeinsam innerhalb der Gruppen	10	5,822

Die Ränge und natürlichen Logarithmen der ausgegebenen Determinanten sind die der Gruppen-Kovarianz-Matrizen.

Textergebnisse

Box-M		192,994
F	Näherungswert	1,391
	df1	110
	df2	8657,069
	Signifikanz	,004

Testet die Null-Hypothese der Kovarianz-Matrizen gleicher Grundgesamtheit.

Es wurde daher eine zweite Analyse unter *Berücksichtigung der ungleichen Gruppenstreuungen* durchgeführt. Die Abbildung 3.42 zeigt das sich ergebende Klassifizierungsdiagramm, das leichte Änderungen aufweist.

Abbildung 3.42: Klassifizierungsdiagramm bei Berücksichtigung ungleicher Streuung der Gruppen

```
Territorial Map   * indicates a group centroid
                       Canonical Discriminant Function 1
            -6,0       -4,0      -2,0       ,0       2,0       4,0        6,0
            +-----+-----+-----+-----+-----+-----+-----+-----+-----+-----+-----+
C      6,0 +                                                    1133       +
a          |                                                     133       |
n          |1                                                    113       |
o          |1                                                    133       |
n          |31                                                  113        |
i          |31                                                 133         |
c      4,0 +31        +         +         +         +  113       +         +
a          |31                                             133            |
l          |31                                            113             |
           | 31                                          133              |
D          | 31                                        ´13               |
i          |31                                          13                |
s      2,0 +31        +         +         +        13  +          +        +
c          |31                                     13                     |
r          |31                                     13                     |
i          |1                                *      13                     |
m          |1                                      1113                    |
i          |                                  111111223                   |
n       ,0 +         +         111111222222  23    *          +           +
a          |              111111222222  *      23                         |
n          |          111111222222              23                        |
t          | 111111222222                       23                        |
           |1222222                             23                        |
F          |2                                   23                        |
u     -2,0 +         +         +         +      23  +          +          +
n          |                                    23                        |
c          |                                    23                        |
t          |                                   23                         |
i          |                                   23                         |
o          |                                   23                         |
n     -4,0 +         +         +         +     23+          +             +
           |                                   23                         |
2          |                                    23                        |
           |                                    23                        |
           |                                     23                       |
           |                                     23                       |
      -6,0 +                                     23                       +
            +-----+-----+-----+-----+-----+-----+-----+-----+-----+-----+-----+
            -6,0       -4,0      -2,0       ,0       2,0       4,0        6,0

Symbols used in territorial map

Symbol   Group   Label
------   -----   --------------------

   1        1    Segment A
   2        2    Segment B
   3        3    Segment C
   *             Group centroids
```

216   Diskriminanzanalyse

Man beachte, daß die Klassifizierungsfunktionen immer auf Basis der vereinten Innergruppen-Streuung der Merkmalsvariablen berechnet werden (vgl. Anhang D) und sich somit, im Gegensatz zu den Klassifizierungswahrscheinlichkeiten, nicht verändern. Die Anwendung der Klassifizierungsfunktionen ist daher nur bei annähernd gleichen Streuungen der Gruppen sinnvoll.

Abschließend ist in Abbildung 3.43 die SPSS-Kommandodatei, mit der sich ebenfalls die obigen Ergebnisse für das Fallbeispiel erzielen lassen, wiedergegeben.

3.3.3   Schrittweise Diskriminanzanalyse

Wir hatten oben unterstellt, daß zunächst alle vorhandenen Merkmalsvariablen in die Diskriminanzfunktion einbezogen werden und hatten gezeigt, wie sich durch Berechnung der standardisierten Diskriminanzkoeffizienten unwichtige Merkmalsvariablen erkennen lassen, die sodann aus der Diskriminanzfunktion eliminiert werden können. Insbesondere bei mehrfachen Diskriminanzfunktionen kann diese Vorgehensweise mühevoll sein.

Eine alternative und weit bequemere Vorgehensweise bietet die schrittweise Diskriminanzanalyse, bei der die Merkmalsvariablen einzeln nacheinander in die Diskriminanzfunktion einbezogen werden. Dabei wird jeweils diejenige Variable ausgewählt, die ein bestimmtes Gütemaß maximiert. Es wird also zunächst eine Diskriminanzanalyse mit einer Merkmalsvariablen, dann mit zwei Merkmalsvariablen und so fort durchgeführt.

Wird Wilks' Lambda als Gütemaß verwendet, so wird dieses, da es sich um ein inverses Gütemaß handelt, minimiert. Bei mehr als zwei Gruppen kommt hier das multivariate Wilks' Lambda gemäß Formel (19) zur Anwendung.

Bei Anwendung einer schrittweisen Diskriminanzanalyse werden nur Merkmalsvariablen in die Diskriminanzfunktion aufgenommen, die signifikant zur Verbesserung der Diskriminanz beitragen, wobei das Signifikanzniveau durch den Anwender vorgegeben werden kann. Der Algorithmus wählt dann automatisch aus der Menge der Merkmalsvariablen die wichtigsten aus. Aus der Rangfolge, mit der die Variablen in die Diskriminanzfunktion(en) aufgenommen werden, läßt sich deren relative Wichtigkeit erkennen.

Die prinzipielle Vorgehensweise der schrittweisen Diskriminanzanalyse ist identisch mit der schrittweisen Regressionsanalyse. Dort wurden auch Vorbehalte gegen die unkritische Anwendung dieser Methode geäußert. In Abschnitt 3.3 wird die Anwendung der schrittweisen Diskriminanzanalyse am Fallbeispiel demonstriert.

3.3.4   SPSS-Kommandos

Abbildung 3.43 zeigt abschließend die Syntaxdatei mit den SPSS-Kommandos für das Fallbeispiel.

Fallbeispiel   217

Abbildung 3.43: SPSS-Kommandodatei für das Fallbeispiel

```
* MVA: DISKRIMINANZANALYSE

* DATENDEFINITION
* ---------------.
DATA LIST FIXED
    /Streichf 8 Preis 10  Haltbark 12  Ungefett 14
    Backeign 16 Geschmac 18 Kalorien  20 Tierfett 22
    Vitamin 24  Natur 26  Person 27-29 Marke 30-32.

* DATENMODIFIKATION
* -----------------
* Definition der Segmente (Gruppen):
*    A: Homa, Flora
*    B: Becel, Du darfst, Rama, SB, Sanella, Botteram
*    C: Delicado, Hollaendische Butter, Weihnachtsbutter.

COMPUTE Segment    =   Marke.
RECODE  SEGMENT (7,8=1) (1,2,3,9,10,11=2) (4,5,6=3).
VALUE LABELS Segment   1 "Segment A"
                       2 "Segment B"
                       3 "Segment C".

BEGIN DATA
  1   3 3 5 4 1 2 3 1 3 4  1  1
  2   6 6 5 2 2 5 2 1 6 7  3  1
  3   2 3 3 3 2 3 5 1 3 2  4  1
  .
  .
  .
127   5 4 4 1 4 4 1 1 1 4 18 11
END DATA.


* PROZEDUR
* --------.
SUBTITLE "Diskriminanzanalyse fuer den Margarinemarkt".
DISCRIMINANT GROUPS = Segment (1,3)
      /VARIABLES   =   Streichf TO Natur
      /ANALYSIS    =   Streichf TO Natur
      /METHOD      =   DIRECT
      /PRIORS      =   EQUAL
      /SAVE           CLASS    =   predict
                      SCORES   =   score
                      PROBS=   prob
      /CLASSIFY    =   NONMISSING
      /STATISTICS  =   MEAN STDDEV UNIVF BOXM RAW COEFF TABLE
      /PLOT        =   COMBINED MAP.

SUBTITLE "Ausgabe der individuellen Klassifiz.Ergebnisse".
LIST VARIABLES  =   segment predict prob1 TO prob3 score1 TO score2.
```

218   Diskriminanzanalyse

3.4   Anwendungsempfehlungen

Nachfolgend seien einige Empfehlungen für die Durchführung einer Diskriminanzanalyse zusammengestellt. Dabei werden auch Hinweise für die Handhabung von SPSS gegeben, auf die im folgenden Abschnitt näher eingegangen wird.

Erhebung der Daten und Formulierung der Diskriminanzfunktion:

- Die Stichprobe darf keine Elemente enthalten, die gleichzeitig zu mehr als nur einer Gruppe gehören (z.B. Person mit zwei Berufen).
- Der Umfang der Stichprobe sollte wenigstens doppelt so groß sein wie die Anzahl der Merkmalsvariablen.
- Die Anzahl der Merkmalsvariablen sollte größer sein als die Anzahl der Gruppen.

Schätzung der Diskriminanzfunktion mit SPSS:

- Zunächst sollte die Schätzung (Optimierung) nach dem Kriterium WILKS erfolgen, entweder en bloc (METHOD = DIRECT) oder schrittweise (METHOD = WILKS). (Über die Schaltfläche "Methode", vgl. Abbildung 3.9.)
- Wenn Unsicherheit bezüglich der auszuwählenden Merkmalsvariablen besteht, sollte das Kriterium RAO angewendet werden.
- Soll insbesondere eine Unterscheidung der am schlechtesten trennbaren Gruppen erreicht werden, so sind die Kriterien MAHAL, MAXMINF oder MINRESID anzuwenden.
- Graphische Darstellungen erleichtern die Interpretation und können somit vor Fehlurteilen schützen. Eine Beschränkung auf zwei Diskriminanzfunktionen ist daher im Mehr-Gruppen-Fall von Vorteil.

Klassifizierung:

- Die Gleichheit der Gruppenstreuungen ist zu prüfen. Gegebenenfalls sind die individuellen Gruppenstreuungen zu berücksichtigen. Es entfällt damit die Anwendbarkeit von Klassifizierungsfunktionen.
- Im Mehr-Gruppen-Fall sollten nicht alle mathematisch möglichen, sondern nur die signifikanten bzw. wichtigsten Diskriminanzfunktionen für die Klassifizierung verwendet werden.
- Bei ungleichen Kosten einer Fehlklassifikation muß die Klassifizierung auf Basis des Wahrscheinlichkeitskonzeptes vorgenommen werden.

3.5 Mathematischer Anhang

A. Schätzung der Diskriminanzfunktion

Ergänzend zum Text wird nachfolgend die Methode zur Schätzung der Diskriminanzfunktion näher erläutert.

Anstelle der gesuchten normierten Diskriminanzfunktion (1) wird zunächst eine *nicht-normierte Diskriminanzfunktion* der Form

$$Y = v_1 X_1 + v_2 X_2 + \ldots + v_J X_J \qquad (A1)$$

ermittelt. Die Koeffizienten v_j seien proportional zu den Koeffizienten b_j und damit ebenfalls optimal im Sinne des Diskriminanzkriteriums. Nach Einsetzen von (A1) in das Diskriminanzkriterium gemäß Formel (6)

$$\Gamma = \frac{\sum\limits_{g=1}^{G} I_g \left(\overline{Y}_g - \overline{Y} \right)^2}{\sum\limits_{g=1}^{G} \sum\limits_{i=1}^{I_g} \left(Y_{gi} - \overline{Y}_g \right)^2}$$

erhält man in Matrizenschreibweise folgenden Ausdruck:

$$\Gamma = \frac{v' B v}{v' W v} \qquad (A2)$$

mit

v = Spaltenvektor der nicht-normierten Diskriminanzkoeffizienten v_j
  ($j = 1,\ldots,J$)
B = (JxJ)-Matrix für die Streuung der J Merkmalsvariablen *zwischen den Gruppen*
W = (JxJ)-Matrix für die Streuung der J Merkmalsvariablen *in den Gruppen*
Die Matrixelemente von B und W lauten:

$$B_{jr} = \sum\limits_{g=1}^{G} I_g \left(\overline{X}_{jg} - \overline{X}_j \right) \left(\overline{X}_{rg} - \overline{X}_r \right) \qquad (A3)$$

$$W_{jr} = \sum\limits_{g=1}^{G} \sum\limits_{i=1}^{I_g} \left(X_{jgi} - \overline{X}_{jg} \right) \left(X_{rgi} - \overline{X}_{rg} \right) \qquad (A4)$$

220 Diskriminanzanalyse

mit

X_{jgi} = Merkmalsausprägung von Element i in Gruppe g bezüglich Merkmalsvariable j (j, r = 1, ...,J)

$\overline{X}_{jg}$ = Mittelwert von Variable j in Gruppe g

I_g = Fallzahl in Gruppe g

G = Anzahl der Gruppen

Die Maximierung von Γ mittels vektorieller Differentiation nach v liefert für den Maximalwert γ von Γ die folgende Bedingung:

$$\frac{\delta\Gamma}{\delta v} = \frac{2\left[(Bv)(v'Wv) - (v'Bv)(Wv)\right]}{(v'Wv)^2} = 0 \tag{A5}$$

Dabei ist durch 0 ein Null-Vektor bezeichnet. Nach Division von Zähler und Nenner durch ($v'\,W\,v$) und unter Verwendung der Definition (A2) für γ erhält man

$$\frac{2\left[Bv - \gamma Wv\right]}{v'Wv} = 0 \tag{A6}$$

Dieser Ausdruck läßt sich umformen in

$$(B - \gamma W)v = 0 \tag{A7}$$

Falls W regulär ist (Rang J besitzt) und sich somit invertieren läßt, kann man (A7) weiter umformen in

$$(A - \gamma E)v = 0 \quad \text{mit} \quad A = W^{-1}B \tag{A8}$$

wobei durch E die Einheitsmatrix bezeichnet ist. Die Lösung von (A8) bildet ein klassisches *Eigenwertproblem*. Zu finden ist der größte Eigenwert γ der Matrix A. Der gesuchte Vektor v ist somit ein zugehöriger Eigenvektor.

Die gesuchten Diskriminanzkoeffizienten sollen die *Normierungsbedingung*

$$\frac{1}{I-G}b'Wb = 1 \quad \text{mit} \quad I = I_1 + I_2 + ... + I_G \tag{A9}$$

erfüllen, d.h. die "gepoolte" (vereinte) Innergruppen-Varianz der Diskriminanzwerte (pooled within-groups variance) in der Stichprobe vom Umfang I soll den Wert Eins erhalten. Die *normierten Diskriminanzkoeffizienten* erhält man somit durch folgende Transformation:

$$b = v\frac{1}{s} \quad \text{mit} \quad s^2 = \frac{1}{I-G}v'Wv \tag{A10}$$

Dabei ist s die gepoolte Innergruppen-Standardabweichung der Diskriminanzwerte, die man mit den nicht-normierten Diskriminanzkoeffizienten v erhalten würde. Mit Hilfe der normierten Diskriminanzkoeffizienten wird sodann das konstante Glied der Diskriminanzfunktion wie folgt berechnet:

$$b_0 = -\sum_{j=1}^{J} b_j \overline{X}_j \tag{A11}$$

Weitere Diskriminanzfunktionen lassen sich in analoger Weise ermitteln, indem man den jeweils nächstgrößten Eigenwert aufsucht. Jede so ermittelte Diskriminanzfunktion ist orthogonal zu den vorher ermittelten Funktionen und erklärt einen Teil der jeweils verbleibenden Reststreuung in den Gruppen. Das Rechenverfahren der Diskriminanzanalyse beinhaltet somit eine Hauptkomponentenanalyse der Matrix A. Die Anzahl der positiven Eigenwerte und damit der möglichen Diskriminanzfunktionen kann nicht größer sein als Min$\{G-1, J\}$.

Beispiel:
Als Beispiel dienen die Daten in Abbildung 3.5 für zwei Gruppen und zwei Variable. Bei zwei Merkmalsvariablen umfassen die Matrizen B und W in (A2) nur jeweils vier Elemente. Mit den Werten aus den Abbildungen 3.8 und 3.10 erhält man

$$B = \begin{bmatrix} B_{11} & B_{12} \\ B_{21} & B_{22} \end{bmatrix} = \begin{bmatrix} 13,5 & -4,5 \\ -4,5 & 1,5 \end{bmatrix}$$

und

$$W = \begin{bmatrix} W_{11} & W_{12} \\ W_{21} & W_{22} \end{bmatrix} = \begin{bmatrix} 29 & 21 \\ 21 & 49 \end{bmatrix}$$

Die Inversion von W ergibt:

$$W^{-1} = \begin{bmatrix} 0,05 & -0,02143 \\ -0,02143 & 0,02959 \end{bmatrix}$$

und die Multiplikation der Inversen mit B liefert die Matrix

$$A = W^{-1}B = \begin{bmatrix} 0,77143 & -0,25714 \\ -0,42245 & 0,14082 \end{bmatrix}$$

Durch Nullsetzen der Determinante

$$\begin{vmatrix} 0,77143-\gamma & -0,25714 \\ -0,42245 & 0,14082-\gamma \end{vmatrix}_{det}$$

222   Diskriminanzanalyse

erhält man schließlich die quadratische Gleichung

$$\gamma^2 - \gamma \cdot 0{,}91225 + 0 = 0$$

deren Nullstelle $\gamma = 0{,}91225$ der gesuchte Eigenwert der Matrix A ist (im Zwei-Gruppen-Fall existiert nur eine von 0 verschiedene Nullstelle).

Nach Subtraktion des Eigenwertes von den Diagonalelementen in A ergibt sich die reduzierte Matrix

$$R = A - \gamma E = \begin{bmatrix} -0{,}14082 & -0{,}25714 \\ -0{,}42245 & -0{,}77143 \end{bmatrix}$$

Der zugehörige Eigenvektor v läßt sich durch Lösung des Gleichungssystems

$$R v = 0$$

finden. Da die Zeilen der Matrix R proportional zueinander sind (sonst wäre das Gleichungssystem nicht lösbar), läßt sich unschwer erkennen, daß die beiden folgenden Vektoren Lösungsvektoren sind:

$$v = \begin{bmatrix} 0{,}77143 \\ -0{,}42245 \end{bmatrix} \quad \text{oder} \quad \begin{bmatrix} -0{,}25714 \\ 0{,}14082 \end{bmatrix}$$

Man erhält sie, indem man die Diagonalelemente von R vertauscht und ihre Vorzeichen ändert. Natürlich ist auch jede proportionale Transformation dieser Vektoren ein zulässiger Lösungsvektor.

Wählt man die Elemente des ersten Vektors als Diskriminanzkoeffizienten, so erhält man damit die *nicht-normierte Diskriminanzfunktion*

$$Y = 0{,}77143 X_1 - 0{,}42245 X_2$$

Unter Anwendung von (A10) erhält man den *Normierungsfaktor*

$$\frac{1}{s} = 1{,}33656$$

und nach Multiplikation mit v den Vektor der *normierten Diskriminanzkoeffizienten*

$$b = \begin{bmatrix} 1{,}03106 \\ -0{,}56463 \end{bmatrix}$$

Formel (A11) liefert damit für das konstante Glied

$$b_0 = -(1{,}03106 \cdot 4{,}25 - 0{,}56463 \cdot 4{,}25) = -1{,}9823$$

Die *normierte Diskriminanzfunktion* lautet somit:

$$Y = -1,9823 + 1,03106 X_1 - 0,56463 X_2$$

Die Koeffizienten der normierten Diskriminanzfunktion werden zur Unterscheidung von den standardisierten Diskriminanzkoeffizienten auch als unstandardisierte Diskriminanzkoeffizienten bezeichnet. Eine standardisierte Diskriminanzfunktion existiert dagegen i.d.R. nicht, es sei denn, daß jede Merkmalsvariable bereits so standardisiert wäre, daß ihr Gesamtmittel Null und ihre gepoolte Innergruppen-Varianz Eins ist. In diesem Falle wären die Koeffizienten der normierten Diskriminanzfunktion gleichzeitig standardisierte Diskriminanzkoeffizienten.

B. Berechnung von Distanzen

Auf Basis von J *Merkmalsvariablen* X_j läßt sich die Mahalanobis-Distanz (verallgemeinerte Distanz) zwischen einem Element i und dem Centroid der Gruppe g wie folgt berechnen:

$$D_{ig}^2 = \left(X_i - \bar{X}_g \right)' C^{-1} \left(X_i - \bar{X}_g \right) \tag{B1}$$

mit

$$X_i' = \left[X_{1i}, X_{2i}, ..., X_{Ji} \right]$$
$$\bar{X}'g = \left[\bar{X}_{1g}, \bar{X}_{2g}, ..., \bar{X}_{Jg} \right]$$

und

$$C = \frac{W}{I-G} \quad \left(\text{Kovarianzmatrix} \right) \tag{B2}$$

C ist die gepoolte Innergruppen-Kovarianzmatrix der Merkmalsvariablen, die man aus der Streuungsmatrix W gemäß (A4) nach Division durch die Anzahl der Freiheitsgrade erhält.

Die Kovarianzmatrix der Diskriminanzvariablen bildet unter der Annahme gleicher Streuungen eine Einheitsmatrix E. Die Berechnung der Mahalanobis-Distanz auf Basis von K Diskriminanzvariablen Y_k vereinfacht sich daher wie folgt:

$$
\begin{aligned}
D_{ig}^2 &= \left(Y_i - \bar{Y}_g \right)' E \left(Y_i - \bar{Y}_g \right) \\
&= \sum_{k=1}^{K} \left(Y_{ki} - \bar{Y}_{kg} \right)^2
\end{aligned}
\tag{B3}
$$

224   Diskriminanzanalyse

Bei Berücksichtigung ungleicher Streuungen in den Gruppen ist das folgende modifizierte Distanzmaß zu berechnen :

$$Q_{ig}^2 = \left(Y_i - \overline{Y}_g\right)' \; C_g^{-1} \; \left(Y_i - \overline{Y}_g\right) + \ln\left|C_g\right| \tag{B4}$$

mit

Cg = Kovarianzmatrix der Diskriminanzvariablen in Gruppe g
$|Cg|$ = Determinante der Kovarianzmatrix

Diese Distanzen können entweder direkt zur Klassifizierung (nach minimaler Distanz) oder zur Berechnung von Klassifizierungswahrscheinlichkeiten verwendet werden (vgl. hierzu Tatsuoka, 1988, S. 350 ff.).

C. Berechnung von Klassifizierungswahrscheinlichkeiten

Unter Bezugnahme auf den zentralen Grenzwertsatz der Statistik läßt sich unterstellen, daß die Diskriminanzwerte und damit die Distanzen der Elemente einer Gruppe g vom Centroid dieser Gruppe normalverteilt sind. Damit läßt sich für ein Element i mit Diskriminanzwert Y_i unter der der Hypothese "Element i gehört zu Gruppe g" die folgende *Dichte* angeben:

$$f\left(Y_i \mid g\right) = \frac{1}{\sqrt{2\,\pi}\,s_g} \; e^{-\left(D_{ig}^2\right)/2s_g^2} \tag{C1}$$

mit

$$D_{ig}^2 = \left(Y_i - \overline{Y}_g\right)^2$$

Besitzen alle Gruppen gleiche Streuung, so gilt infolge der Normierung der Diskriminanzfunktion für deren Standardabweichungen:

$$s_g = 1 \qquad \left(g = 1,...,G\right)$$

Die obige Dichtefunktion vereinfacht sich damit zu:

$$f\left(Y_i \mid g\right) = \frac{1}{\sqrt{2\pi}} \; e^{-\left(D_{ig}\right)^2/2} \tag{C2}$$

Die Verwendung einer stetigen Verteilung der Diskriminanzwerte erfordert, daß die übliche diskrete Formulierung des Bayes-Theorems gemäß (27) zwecks Berechnung von Klassifizierungswahrscheinlichkeiten modifiziert wird (vgl. hierzu Tatsuoka, 1988, S. 358 ff.). Setzt man anstelle der bedingten Wahrscheinlichkeiten $P(Y_i|g)$ die Dichten $f(Y_i|g)$ gemäß (C2) unter Weglassung des konstanten Terms

$$1/\sqrt{2\pi}$$

in die Bayes-Formel ein, so erhält man anstelle von (27) die folgende Formel zur Berechnung der *Klassifizierungswahrscheinlichkeiten*:

$$P\left(g|Y_i\right) = \frac{\exp\left(-D_{ig}^2/2\right) P_i\left(g\right)}{\sum\limits_{g=1}^{G} \exp\left(-D_{ig}^2/2\right) P_i\left(g\right)} \qquad (g = 1, ..., G) \qquad (C3)$$

Für die Anwendung dieser Formel macht es keinen Unterschied, ob die Klassifizierung auf Basis einer oder mehrerer Diskriminanzfunktionen erfolgen soll. Im zweiten Fall bilden die Diskriminanzwerte und Centroide jeweils Vektoren und die Distanzen sind gemäß (26) bzw. (B3) zu berechnen.

Bei wesentlich *unterschiedlicher Streuung* in den Gruppen kann die vereinfachte Dichtefunktion gemäß (C2) nicht länger verwendet werden, sondern es muß auf die Formel (C1) zurückgegriffen werden. Zwecks Vereinfachung der Berechnung läßt sich (C1) umformen in

$$f\left(Y_i|g\right) = \frac{1}{\sqrt{2\pi}} e^{-Q_{ig}^2/2} \qquad (C4)$$

mit

$$Q_{ig}^2 = \frac{\left(Y_i - \overline{Y}_g\right)^2}{s_g^2} + \ln s_g \qquad (C5)$$

Es sind also unter Berücksichtigung der individuellen Streuung der Gruppen *modifizierte Distanzen* zu berechnen.

Zur Berechnung der Klassifizierungswahrscheinlichkeiten ist damit die folgende Formel anzuwenden:

$$P\left(g|Y_i\right) = \frac{f\left(Y_{ig}|g\right) P_i\left(g\right)}{\sum\limits_{g=1}^{G} f\left(Y_{ig}|g\right) P_i\left(g\right)} \qquad (g = 1, ..., G) \qquad (C6)$$

Bei mehreren Diskriminanzfunktionen ist anstelle von (C5) die Formel (B4) anzuwenden.

226   Diskriminanzanalyse

Für das *Beispiel* sind in Abbildung 3.11 die folgenden empirischen Varianzen der Diskriminanzwerte in den beiden Gruppen angegeben:

$$s_A = 1{,}079 \quad \text{und} \quad s_B = 0{,}915$$

Man erhält damit die folgenden Klassifizierungswahrscheinlichkeiten

$$P\big(A\,|\,Y_i\big) = 0{,}381$$
$$P\big(B\,|\,Y_i\big) = 0{,}619$$

Diese unterscheiden sich hier nur geringfügig von den in Abschnitt 3.2.6.4. unter der Annahme gleicher Streuungen berechneten Klassifizierungswahrscheinlichkeiten. In kritischen Fällen aber sollte stets untersucht werden, ob sich durch Berücksichtigung der individuellen Streuungen das Ergebnis der Klassifizierung verändert.

D. Berechnung von Klassifizierungsfunktionen

Die Koeffizienten der Klassifizierungsfunktionen (23) werden auf Basis der Merkmalsvariablen wie folgt berechnet:

$$b_{jg} = (I-G) \sum_{r=1}^{J} W_{jr}^{-1}\, \overline{X}_{rg} \qquad (j = 1, ..., J;\ g = 1, ..., G) \qquad \text{(D1)}$$

wobei durch W_{jr} die Streuungsmaße der Merkmalsvariablen gemäß (A4) bezeichnet sind. Das konstante Glied der Funktion F_g berechnet sich unter Berücksichtigung der Apriori-Wahrscheinlichkeit P_g durch:

$$b_{0g} = -\frac{1}{2}\sum_{j=1}^{J} b_{jg}\, \overline{X}_{jg} + \ln P_g \qquad (g = 1, ..., G) \qquad \text{(D2)}$$

(Vgl. SPSS Statistical Algorithms, 1991, S. 81). Die zur Berechnung erforderlichen Werte können dem Beispiel im Teil A dieses Anhangs entnommen werden.

3.6 Literaturhinweise

Bamberg, G./Coenenberg, A.G. (1992): Betriebswirtschaftliche Entscheidungslehre, München.

Bühl, A./Zöfel, P. (2004): SPSS Version 12: Einführung in die moderne Datenanalyse unter Windows, 9. Aufl., München.

Cooley, W.F./Lohnes, P.R. (1971): Multivariate Data Analysis, New York.

Erxleben, K./Baetge, J. / Feidicker, M. / Koch, H. / Krause, C. / Mertens, P. (1992): Klassifikation von Unternehmen - Ein Vergleich von neuronalen Netzen und Diskriminanzanalyse, in: Zeitschrift für Betriebswirtschaft, H. 11, S. 1237-1262

Fisher, R.A. (1936): The use of multiple measurement in taxonomic problems, in: Annals of Eugenics, 7, S. 179-188.

Green, P.E./Tull, D.S./Albaum, G. (1988): Research for Marketing Decisions, 5th ed., Englewood Cliffs (NJ).

Häußler, W.M. (1979): Empirische Ergebnisse zu Diskriminationsverfahren bei Kreditscoringsystemen, in: Zeitschrift für Operations Research, Band 23, 1979, Seite B191-B210.

Hartung, J./Elpelt, B. (1999): Multivariate Statistik: Lehr- und Handbuch der angewandten Statistik, 6. Aufl., München, Wien.

Johnson, R.M. (1971): Market Segmentation - A Strategic Management Tool, in: Journal of Marketing Research, Vol. 8, Febr., S. 13-18.

Johnson, R.M. (1987): Adaptive Perceptual Mapping, Proceedings of the Sawtooth Software Conference on Perceptual Mapping, 1987, S. 143-158

Kendall, M. (1980): Multivariate Analysis, 2nd ed., London.

Klecka, W.R. (1993): Discriminant Analysis, 15th ed., Beverly Hills.

Lachenbruch, P.A. (1975): Discriminant Analysis, London.

Melvin, R.C./Perreault, W.D. (1977): Validation of Discriminant Analysis in Marketing Research, in: Journal of Marketing Research, Febr., S. 60-68.

Morrison, D.F. (1990): Multivariate Statistical Methods, 3nd ed., New York.

Morrison, D.F. (1981): On the Interpretation of Discriminant Analysis, in: Aaker, D.A., Belmont (ed.): Multivariate Analysis in Marketing: Theory and Applications, Palo Alto.

SPSS Inc. (2004): SPSS Base User´s Guide 13.0, Chicago.

Schneeweiss, H. (1967): Entscheidungskriterien bei Risiko, Berlin.

Tatsuoka, M.M. (1988): Multivariate Analysis - Techniques for Educational and Psychological Research, 2nd ed., New York.

Wilbert, R. (1991): Kreditwürdigkeitsprüfung im Konsumentenkreditgeschäft auf der Basis Neuronaler Netze, in: Zeitschrift für Betriebswirtschaft, H12, S. 1377-1393.

4 Kreuztabellierung und Kontingenzanalyse

4.1	Problemstellung	230
4.2	Vorgehensweise	234
4.2.1	Erstellung der Kreuztabelle	235
4.2.2	Ergebnisinterpretation	236
4.2.3	Prüfung der Zusammenhänge	240
4.2.3.1	Prüfung der statistischen Unabhängigkeit	240
4.2.3.2	Prüfung der Stärke des Zusammenhangs	243
4.3	Fallbeispiel	247
4.3.1	Problemstellung	247
4.3.2	Ergebnisse	251
4.3.3	SPSS-Kommandos	255
4.4	Anwendungsempfehlungen	256
4.5	Literaturhinweise	258

230   Kreuztabellierung und Kontingenzanalyse

4.1   Problemstellung

Kreuztabellierung und Kontingenzanalyse dienen dazu, Zusammenhänge[1] zwischen *nominal* skalierten Variablen aufzudecken und zu untersuchen. Typische Anwendungsbeispiele sind die Untersuchung von Zusammenhängen zwischen der Einkommensklasse, dem Beruf oder dem Geschlecht von Personen und ihrem Konsumverhalten oder die Überprüfung der Frage, ob der Bildungsstand oder die Zugehörigkeit zu einer sozialen Klasse einen Einfluß auf die Mitgliedschaft in einer bestimmten politischen Partei hat. Dabei auftretende Fragen können z.B. sein:

- Ist ein Zusammenhang zwischen den Variablen erkennbar und signifikant?
- Gibt es weitere Variablen, durch deren zusätzliche Betrachtung das vorherige Untersuchungsergebnis bestätigt, näher erläutert oder revidiert wird?
- Gibt es die Möglichkeit, eine Aussage über Stärke oder gar Richtung des Zusammenhangs zu treffen?

Das folgende fiktive Beispiel möge das verdeutlichen. Aus der Statistik der Todesursachen von Patienten eines Krankenhauses läßt sich folgende Aufgliederung entnehmen (vgl. Abbildung 4.1):

Abbildung 4.1:   Statistik der Todesursachen eines Krankenhauses (Auszug)

	Lungenkrebs	andere Ursachen	Σ
Raucher	12	55	67
Nichtraucher	8	60	68
Σ	20	115	135

Es fällt auf, daß der Tod von Nichtrauchern relativ seltener auf Lungenkrebs zurückzuführen ist als der von Rauchern. Kann man hieraus möglicherweise einen *nicht zufälligen* Zusammenhang ableiten? Eine Antwort auf diese Frage ergibt sich vielleicht aus einer weiteren Variablen, z.B. dem Wohnort oder dem Beruf der Patienten, die in diesem Beispiel nicht erfaßt sind. Aus sachlogischen Überlegungen könnte sich in Großstädten möglicherweise eine andere Verteilung ergeben als auf dem Lande.

Die Kreuztabellierung dient dazu, die Ergebnisse einer Erhebung tabellarisch darzustellen und auf diese Art und Weise einen möglichen Zusammenhang zwischen den Variablen zu erkennen. Dabei ist allerdings insbesondere auf eine durch den Sachverhalt begründete Auswahl der Variablen und ihrer Ausprägungen zu

---

[1] Zur unterschiedlichen Bedeutung des Begriffes "Zusammenhang" vgl. Lienert, G.A., 1973, S. 518.

Problemstellung 231

achten. Andernfalls besteht die Gefahr, Zusammenhänge willkürlich zu konstruieren oder tatsächlich existierende Abhängigkeiten zu verdecken.

Ist ein Zusammenhang aufgedeckt worden, kann mit Hilfe der Kontingenzanalyse der Frage nachgegangen werden, ob die Assoziation zufällig in der Stichprobe aufgetreten ist oder ob ein systematischer Zusammenhang zugrunde liegt. Das bekannteste Instrument hierzu ist der Chiquadrat-Test (χ^2-Test). In einem weiteren Schritt kann gegebenenfalls überprüft werden, wie stark diese Assoziation ist. Ein möglicher Indikator hierfür ist der Phi-Koeffizient (φ).[2]

Ein Grund für die häufige Anwendung der hier vorgestellten Verfahren liegt in der Möglichkeit, Variablen mit unterschiedlichem Skalenniveau in einer gemeinsamen Analyse zu betrachten, da Variablen höheren Skalenniveaus immer auf nominalen Niveaus herunter transformiert werden können. Diese Transformation ist allerdings mit einem gewissen Informationsverlust verbunden.

Werden mehr als zwei Variablen analysiert, entstehen statt zweidimensionaler mehrdimensionale Tabellen. Zur übersichtlichen Darstellung werden hieraus häufig mehrere zweidimensionale Tabellen gebildet, wobei innerhalb einer Tabelle die Merkmalsausprägung der dritten (oder weiterer Variablen) konstant gehalten wird.[3]

Kreuztabellierung und Kontingenzanalyse sind Analyseinstrumente, die streng genommen zur Untersuchung zweier unterschiedlicher Sachverhalte eingesetzt werden können. Je nach untersuchter Fragestellung und Methode der Stichprobenerhebung wird entweder eine Homogenitätsprüfung oder eine Abhängigkeits-(Kontingenz-)analyse zwischen den Variablen durchgeführt.[4]

Bei einer *Homogenitätsprüfung* wird untersucht, ob ein Merkmal in zwei oder mehreren Stichproben identisch verteilt ist.[5]

Beispiel: Um zu untersuchen, ob die Häufigkeit der Todesursache Lungenkrebs bei Rauchern und Nichtrauchern gleich hoch ist, werden aus den beiden Gruppen

---

[2] Sind die Variablen von ordinalem Niveau, sind sogar Aussagen über die Richtung des Zusammenhangs möglich. Diese Frage wird allerdings in diesem Kapitel nicht weiter verfolgt. Vgl. dazu Everitt, B.S., 1977, S. 61-66.

[3] Weitere Möglichkeiten sind die Bildung von Mittelwerten oder Verhältniszahlen. Vgl. Zeisel, H., 1970, Kap.V. Darüber hinaus wurden in den letzten Jahrzehnten weitere Verfahren zur Analyse von mehrdimensionalen Tabellen wie die loglinearen Modelle oder die Konfigurationsfrequenzanalyse entwickelt. Diese Ansätze bieten dem Forscher weitergehende Untersuchungsmöglichkeiten über die reine Unabhängigkeitshypothese hinaus, wie z.B. die Untersuchung des Einflusses einiger Variablen auf einige andere oder die Bestimmung der sogenannten second-order-Effekte. Eine Darstellung würde allerdings den hier gesetzten Rahmen sprengen. Vgl. den Literaturüberblick in Fahrmeier, L./ Hamerle, A., 1984, S. 473.

[4] Vgl. Lienert, G. A., 1978, S. 386-391; Hartung, J., 1991, S. 412; aber auch die Ausführungen zur Stichprobenerhebung und die Auswirkungen auf die Güte des Test bei Fleiss, J.L., 1981, S. 20-24 sowie S. 85; ähnlich Kendall, M./Stuart, A., 1979, S. 580-585.

[5] Diese Idee ist dem Leser von den χ^2-Anpassungstests vielleicht bekannt, bei denen eine empirische Verteilung auf Gleichheit mit einer theoretischen Verteilung getestet wird.

232 Kreuztabellierung und Kontingenzanalyse

jeweils 100 Sterbefälle eines Krankenhauses zufällig ausgewählt und anschließend
die Todesursache anhand der Aufzeichnungen festgestellt (vgl. Abbildung 4.2).
Die Analyse ermöglicht eine Aussage darüber, ob innerhalb der Merkmalsausprä-
gungen der Klassifikationsvariablen "Raucher/Nichtraucher" die Verteilung der
Beobachtungsvariablen "Tod durch Lungenkrebs" gleich, d.h. homogen ist (χ^2-
Homogenitätstest).

Abbildung 4.2:   Datensatz für Homogenitätsprüfung

	Lungenkrebs	andere Ursachen	Σ
Raucher	20	80	100
Nichtraucher	10	90	100
Σ	30	170	200

Bei der *Kontingenzanalyse* wird untersucht, ob die betrachteten Variablen statistisch unabhängig oder abhängig voneinander sind. Dazu werden zufällig aus einer
Grundgesamtheit Probanden ausgewählt und bei jedem Probanden jeweils zwei
oder mehr Merkmale erhoben. Beispiel: Es interessiert die Frage, ob zwischen der
Todesursache Lungenkrebs und dem Rauchen ein Zusammenhang vermutet werden kann. Die Stichprobe, wiederum bestehend aus 200 tödlich verlaufenen
Krankheitsgeschichten, wird zufällig aus der Statistik eines Krankenhauses gezogen. Bei jedem Fall werden dann zwei Merkmale gleichzeitig erhoben: das Rauch-
verhalten und die Todesursache des betreffenden Patienten (vgl. Abbildung 4.3).
Hier kann nun versucht werden, eine statistische Abhängigkeit der beiden Variablen nachzuweisen (χ^2 - Unabhängigkeitstest).

Abbildung 4.3:   Datensatz für eine Kontingenzanalyse

	Lungenkrebs	andere Ursachen	Σ
Raucher	18	63	81
Nichtraucher	12	107	119
Σ	30	170	200

Für die methodische Durchführung der Analyse mittels χ^2-Test ist der Unterschied
zwischen Homogenitätsprüfung und Kontingenzanalyse irrelevant, für die Intepre-

tation und Verallgemeinerung der Ergebnisse ist er allerdings grundlegend.[6] Abbildung 4.4 zeigt typische Anwendungsbeispiele der Kontingenzanalyse.

Abbildung 4.4:   Typische Anwendungsbeispiele der Kontingenzanalyse

	Fragestellung	Variable 1	Variable 2
1.	Gibt es einen Zusammenhang von Studienabbruch und Nebenerwerbstätigkeit von Studenten?	Studienabbruch: Abgang von der Hochschule ohne Abschluß	Berufstätigkeit: unter 15 Std. pro Woche, 15-30 Std. pro Woche, mehr als 30 Std. pro Woche
2.	Ist das Krankheitsbild der Depression bei Selbstmördern häufiger vorzufinden als bei anderen Todesursachen?	Selbstmord: ja/nein	Depression: nach ärztlichem Gutachten schwach ausgeprägt, mittel ausgeprägt, hoch ausgeprägt
3.	Sind einem Testmarkt unterzogene Produkte erfolgreicher als nicht getestete?	Erfolg der Markteinführung: Rücknahme des Produktes aus dem Markt innerhalb 6 Monaten nach Einführung	Testmarktdurchführung: ja/nein
4.	Haben international tätige Konzerne eine andere Organisationsstruktur als national tätige?	Konzernstruktur: divisional, funktional, Matrix	Internationale Tätigkeit: ja/nein
5.	Gibt es einen Zusammenhang zwischen Beruf und Herzinfarkt?	Angestellter, Arbeiter, Beamter, Selbständiger, Unternehmer	Herzinfarkt: ja/nein

---

[6] Nach Lienert, G.A., 1978, S. 449f. ist die Kontingenzanalyse in der beschriebenen Form völlig ungeeignet für den Nachweis von Ursache-Wirkungsbeziehungen. Auch die Wahl geeigneter Assoziationsmaße hängt u.a. von der Möglichkeit zur Unterteilung in abhängige und unabhängige Variable ab.

234 Kreuztabellierung und Kontingenzanalyse

4.2 Vorgehensweise

Im folgenden verdeutlichen wir das Grundprinzip der Kontingenzanalyse am Beispiel von zwei nominalskalierten Variablen mit jeweils mehreren Ausprägungen.
Dabei folgen wir einer dreistufigen Vorgehensweise, die in Abbildung 4.5 dargestellt ist.

Abbildung 4.5: Ablaufschritte der Kontingenzanalyse

(1) Erstellung der Kreuztabelle

(2) Ergebnisinterpretation

(3) Prüfung Zusammenhänge

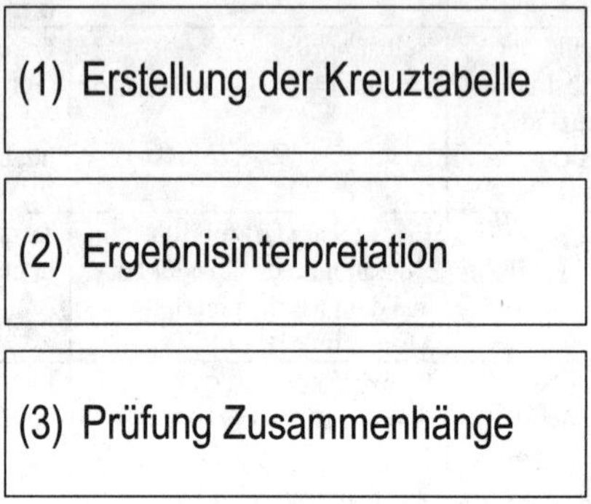

Die Methoden zur Untersuchung einer zweidimensionalen Kreuztabelle lassen sich
auch auf *mehrdimensionale Kontingenztafeln* übertragen. Auch im mehrdimensionalen Fall ist die statistische Abhängigkeit der Variablen durch eine sog. Chi-
Quadrat-Statistik prüfbar, die auf den Differenzen zwischen beobachteten und erwarteten Werten beruht. Jedoch sind zwischen den einzelnen Variablen unterschiedliche Abhängigkeiten denkbar. So könnte im Fall der dreidimensionalen Ta-
fel eine Variable unabhängig von zwei anderen sein, die voneinander abhängig
sind, oder die Abhängigkeit von zwei Variablen könnte sich in Abhängigkeit von
den Ausprägungen der dritten Variablen unterschiedlich darstellen. Da sich diese
Fragestellungen mit zum zweidimensionalen Fall analogen Überlegungen überprüfen lassen,[7] beschränken sich die nachfolgenden Betrachtungen auf die Untersuchung von zwei Variablen.

Es sei allerdings an dieser Stelle darauf hingewiesen, daß sich in den letzten Jahren andere Verfahren zur Untersuchung solcher Sachverhalte durchgesetzt haben.
Durch eine der Varianzanalyse ähnelnde Modelldarstellung, in der die Effekte der
einzelnen Merkmalsstufen additiv die beobachteten Zellhäufigkeiten erklären, sind
die sogenannten log-linearen Modelle[8] in der Lage, nicht nur die Frage einer Unabhängigkeit von mehreren nominal skalierten Variablen zu klären, sondern auch
Schätzer für die Stärke der Einzeleffekte zu bestimmen. Bei der Betrachtung der

---

[7] Siehe Everitt, B. S., 1977, S. 70-78.

[8] Siehe hierzu z.B. Agresti, A., 1996, Kapitel 6; Fahrmeier, L./Hamerle, A., 1984, Kapitel
10; Everitt, B. S., 1977, S. 80-107; Bishop, Y. M./Fienberg, S. E. / Holland, P. W.,
1978. Vgl. auch die SPSS-Prozeduren HILOGLINEAR; LOGLINEAR.

Vorgehensweise 235

Einflüsse von mehreren "unabhängigen" Variablen auf eine dichotome "abhängige" Variable können sog. Logit-Modelle[9] zur Analyse herangezogen werden (vgl. hierzu auch Kapitel 7 „Logistische Regressionsanalyse„ in diesem Buch). Eine weitere Methode zur Analyse von mehrdimensionalen Kontingenztafeln bietet die Korrespondenzanalyse (vgl. hierzu Kapitel 11 dieses Buches), die eine graphische Darstellung der Zusammenhänge zwischen den Variablen ermöglicht.

4.2.1 Erstellung der Kreuztabelle

(1) Erstellung der Kreuztabelle

(2) Ergebnisinterpretation

(3) Prüfung Zusammenhänge

Zur Untersuchung zweier nominalskalierter Variablen mit jeweils mehreren Ausprägungen wird zunächst eine zweidimensionale *Kreuztabelle* gebildet. Es wird die Gesamtzahl n_{ij} an Beobachtungen einer bestimmten Merkmalskombination (i-te Ausprägung der ersten Variablen (i=1,..,I) und j-te Ausprägung der zweiten Variablen (j=1,..,J)) bestimmt und in eine Tabelle eingetragen. Dabei bilden die I möglichen Merkmalsausprägungen der einen Variablen die verschiedenen Zeilen der Tabelle, die Ausprägungen der anderen Variablen die J verschiedenen Spalten. Aus der Anzahl der möglichen Merkmalskombinationen ergibt sich auch die Bezeichnung "IxJ - Kreuztabelle" (Abbildung 4.6).

Die Randsummen (Zeilen- oder Spaltensummen) geben jeweils die Gesamtzahl der Beobachtungen einer bestimmten Merkmalsausprägung an. n bezeichnet die Gesamtzahl aller Beobachtungen. Um die Kreuztabelle besser analysieren und interpretieren zu können, werden häufig statt absoluter Werte Prozentwerte, bezogen auf verschiedene Basen, in die Tabelle eingetragen.

Betrachten wir zunächst den einfachen Fall zweier Merkmale, die jeweils nur zwei Ausprägungen annehmen können (binäre Variable). Nehmen wir an, daß eine Handelskette für die Planung ihrer Logistik wissen will, ob die Wohnlage im Zusammenhang mit der Verwendung von Butter bzw. Margarine als bevorzugtem Brotaufstrich steht. Zur Klärung der Frage werden zufällig 181 Personen ausgewählt und nach ihrem bevorzugten Brotaufstrich und ihrem Wohnort gefragt. Zur Untersuchung und Darstellung des Befragungsergebnisses verwenden wir die einfachste aller Kreuztabellen, die 2x2- oder auch 4-Felder-Tafel (Vgl. Abbildung 4.7).

---

[9] Eine ausführliche Darstellung bietet Haberman, S. J., 1978, S. 292-353; kürzer Fahrmeier, L./Hamerle, A., 1984, S. 550-555.

236   Kreuztabellierung und Kontingenzanalyse

Abbildung 4.6:   IxJ-Kreuztabelle

IxJ Kreuz-tabelle	Merkmal 2					Zeilen- oder Randsumme
	Ausprägung					
Merkmal 1	1	2	..	..	J	
Ausprägung 1	n_{11}	n_{12}				$n_{1.}$
Ausprägung 2	n_{21}	n_{22}				$n_{2.}$
Ausprägung 3			...			
Ausprägung I	n_{I1}				n_{IJ}	$n_{I.}$
Spalten- oder Randsumme	$n_{.1}$	$n_{.2}$			$n_{.J}$	n

Abbildung 4.7:   Analyse der Produktpräferenzen (181 Einkaufsvorgänge)

Wohnort	Bevorzugter Brotaufstrich		Σ
	Margarine	Butter	
ländlich	23	45	68
städtisch	83	30	113
Σ	106	75	181

4.2.2   Ergebnisinterpretation

(1) Erstellung der Kreuztabelle

(2) Ergebnisinterpretation

(3) Prüfung Zusammenhänge

Zur besseren Übersichtlichkeit des obigen Sachverhaltes werden die absoluten Werte in Prozentzahlen transformiert. Üblicherweise finden drei verschiedene Darstellungen Verwendung. Die Wahl einer geeigneten Tabellierung kann in der Regel erst durch die konkrete Fragestellung entschieden werden. Man unterscheidet die Bildung von:

a) Zeilenprozenten (andere literaturübliche Bezeichnung: Quer- oder auch Horizontalprozentuierung)
b) Spaltenprozenten (Längs- oder Vertikalprozentuierung)
c) Totalprozenten

Die jeweiligen Ergebnisse zeigen die Abbildungen 4.8 bis 4.10. In Abbildung 4.8 beziehen sich die Prozentangaben auf die Spaltensumme, d.h. auf die Beobachtungsgesamtzahl einer Merkmalsausprägung der zweiten Variablen "Bevorzugter

Brotaufstrich" (Spaltenprozente). In Abbildung 4.9 bildet die Zeilensumme die Basis für die Prozentberechnung (Zeilenprozente) und in Abbildung 4.10 ist es die Gesamtzahl aller Beobachtungen (Totalprozente).

Abbildung 4.8: Analyse der Produktpräferenzen (181 Einkaufsvorgänge)
Darstellung mit Spaltenprozenten

Wohnort	Bevorzugter Brotaufstrich	
	Margarine	Butter
ländlich	21,7 %	60 %
städtisch	78,3 %	40 %
Σ	100 %	100 %

Abbildung 4.9: Analyse der Produktpräferenzen (181 Einkaufsvorgänge)
Darstellung mit Zeilenprozenten

Wohnort	Bevorzugter Brotaufstrich		
	Margarine	Butter	Σ
ländlich	33,8 %	66,2 %	100 %
städtisch	73,5 %	26,5 %	100 %

Abbildung 4.10: Analyse der Produktpräferenzen (181 Einkaufsvorgänge)
Darstellung mit Totalprozenten

Wohnort	Bevorzugter Brotaufstrich		
	Margarine	Butter	Σ
ländlich	12,7 %	24,9 %	37,6 %
städtisch	45,9 %	16,6 %	62,4 %
Σ	58,6 %	41,4 %	100 %

Jede dieser Darstellungen liefert andere Informationen. Daher ist die Auswahl der geeigneten Tabellierung immer abhängig von der konkreten Fragestellung.

Für unser Beispiel heißt das: Will die Handelskette verstärkt Margarine vertreiben und daher gezielt Filialen beliefern, so ist es für sie wichtig, welche Filialen überproportional viele Margarinekäufer haben, damit sie ihre Absatzbemühungen auf diese Filialen konzentrieren kann. Daher ist die Darstellung in Abbildung 4.8 aussagekräftig. Dort kann man erkennen, daß der weitaus größere Teil der Verwender von Margarine in der Stadt lebt.

238   Kreuztabellierung und Kontingenzanalyse

Für den Filialleiter eines Supermarktes ist hingegen die Fragestellung eine andere. Ihn dürfte interessieren, ob seine Kunden Unterschiede hinsichtlich der Nachfrage nach Butter bzw. Margarine aufweisen, um so für seinen Standort die entsprechende Sortimentspolitik zu planen. Daher wäre hier die Darstellung in Abbildung 4.9 interessant. Dort ist zu erkennen, daß z. B. Bewohner aus ländlichen Gegenden überwiegend Butter nachfragen. Die Darstellungsform in Abbildung 4.10 gibt einen generellen Überblick darüber, wie Wohnlage und Sortenpräferenz in der Stichprobe zusammenhängen.

Aus der Rohdatenbasis in Abbildung 4.7 ergeben sich auf den ersten Blick deutliche Hinweise darauf, daß die Wohngegend und die Bevorzugung eines Brotaufstrichs nicht voneinander unabhängig sind. So wohnt fast jede dritte befragte Person der Stichprobe auf dem Lande, während es bei den Butterliebhabern mindestens jede zweite war und bei den Margarineverwendern nur etwa jeder fünfte. Wären die Variablen unabhängig, würden wir eine ungefähr gleiche Verteilung der Merkmalsausprägungen in allen Spalten erwarten und ebenso eine gleiche Verteilung der Merkmalsausprägungen in allen Zeilen.

An dieser Stelle ist allerdings darauf hinzuweisen, daß ungleiche Verteilungen allein nicht ausreichen, um hieraus einen Zusammenhang zu folgern. So ist es durchaus möglich, daß durch die Einbeziehung einer dritten Variablen in die Untersuchung eine getroffene Beurteilung revidiert werden muß. Im Falle eines vermuteten Zusammenhangs kann dieser in seiner ursprünglichen Art bestätigt oder als andersartig erkannt, er kann allerdings auch als scheinbarer Zusammenhang aufgedeckt werden. Umgekehrt kann ein fehlender (nicht erkennbarer) Zusammenhang zweier Variabler durch Berücksichtigung einer dritten Variablen als nicht existierend bestätigt oder aber als lediglich bisher verdeckt entlarvt werden. Hierzu ein Beispiel: In Abbildung 4.11 ist das Untersuchungsergebnis einer weiteren Erhebung zur Auswirkung des Familienstandes auf den Kauf von Diätprodukten dargestellt. Bei der Untersuchung wurden 132 verheiratete und 158 ledige Personen danach befragt, ob sie Diätprodukte verwenden.

Abbildung 4.11:   Zusammenhang zwischen Familienstand und der Verwendung von Diätmargarine (n = 290)

	Verwendet Diätprodukte		Gesamt
Familienstand	ja	nein	
verheiratet	30 (23 %)	102 (77 %)	132 (100 %)
ledig	100 (63 %)	58 (37 %)	158 (100 %)

Die Darstellung erfolgt in absoluten Werten und zusätzlich in Zeilenprozenten (in Klammern), weil die vorrangige Fragestellung die nach Unterschieden im Kaufverhalten von ledigen und verheirateten Personen ist. Es ist ein Zusammenhang zwischen dem Kauf von Diätprodukten und dem Familienstand erkennbar; die

Vorgehensweise 239

Verhältnisse innerhalb der Merkmalsausprägungen "verheiratet" und "ledig" sind deutlich unterschiedlich. Verheiratete Personen scheinen Diätprodukten gegenüber skeptischer zu sein.
Wird die Stichprobe allerdings nach dem Alter in zwei Untergruppen aufgeteilt, entsteht das in den Abbildungen 4.11 und 4.12 aufgeführte Bild:

Abbildung 4.12: Untergruppe der unter 35-Jährigen (n = 123)

Familienstand	Verwendet Diätprodukte		Gesamt
	ja	nein	
verheiratet	10 (83 %)	2 (17 %)	12 (100 %)
ledig	90 (81 %)	21 (19 %)	111 (100 %)

Abbildung 4.13: Untergruppe der über 35-Jährigen (n = 167)

Familienstand	Verwendet Diätprodukte		Gesamt
	ja	Nein	
verheiratet	20 (13 %)	100 (83 %)	120 (100 %)
ledig	10 (21 %)	37 (79 %)	47 (100 %)

Jetzt ist jeweils in jeder Ausprägung der Variablen Familienstand das Verhältnis zwischen Verwendern und Nichtverwendern von Diätprodukten in etwa gleich. In unserer Experimentgruppe ist also das Alter eine Variable, die einen Einfluß auf die Diätproduktnachfrage hat. Jüngere Leute fragen offenbar verstärkt Diät-Produkte nach, ältere deutlich weniger. Da der Familienstand aber in der Regel mit dem Alter zusammenhängt, ist auf den ersten Blick der Eindruck entstanden, als ob der Familienstand ein Indikator dafür wäre, ob Personen Diätprodukte verwenden oder nicht. (Ende Beispiel)
Durch die Einbeziehung der dritten Variablen ist der erkannte Zusammenhang nicht widerlegt worden, sondern er wurde modifiziert und konnte so besser verstanden und erklärt werden. Grundsätzlich ist es möglich, durch die Einbeziehung einer dritten Variablen die bisherige Schlußfolgerung, sei es nun die der Existenz oder die des Nichtvorhandensein eines Zusammenhangs, zu bestätigen oder zu ändern.[10] Daher ist es für die verantwortungsvolle Interpretation einer Untersuchung äußerst wichtig, schon bei der Variablenauswahl darauf zu achten, mögliche weitere Einflußfaktoren zu berücksichtigen.

---

[10] Eine ausführliche Darstellung aller Möglichkeiten mit Beispielen findet sich bei Churchill, G. A., Jr., 1998 oder Böhler, H., 1992, S. 181.

240 Kreuztabellierung und Kontingenzanalyse

4.2.3 Prüfung der Zusammenhänge

(1) Erstellung der Kreuztabelle

(2) Ergebnisinterpretation

(3) Prüfung Zusammenhänge

Nachdem die Vermutung eines Zusammenhanges durch die Kreuztabellierung gestützt wird, kann mit Hilfe statistischer Verfahren (Tests) geprüft werden, ob dieser Tatbestand nur zufällig in der Stichprobe auftrat oder sich auf die Grundgesamtheit übertragen läßt. Die Methode, die dazu herangezogen wird, ist der χ^2-Test, der im folgenden einer genaueren Betrachtung unterzogen wird. Allerdings liefert der χ^2-Unabhängigkeitstest keine Anhaltspunkte zur *Stärke* des Zusammenhangs zwischen den Variablen. Hierzu können weitere statistische Maße herangezogen werden, die im zweiten Unterabschnitt behandelt werden.

4.2.3.1 Prüfung der statistischen Unabhängigkeit

Betrachten wir wieder das in Abbildung 4.7 dargestellte Untersuchungsergebnis und unterstellen, daß die Erkenntnisse durch die Einbeziehung weiterer Variablen der Vermutung eines Zusammenhangs zwischen Wohngegend und dem Kaufverhalten bzgl. Butter/Margarine nicht widersprechen. Folgende heuristische Überlegung kann eine erste Antwort auf die Frage bieten, ob die Bevorzugung von Butter oder Margarine unabhängig oder abhängig von der Wohngegend des Käufers ist. Aus Abbildung 4.7 ist zu entnehmen, daß 106 von 181 Befragten Margarine bevorzugen. Ebenso ist abzulesen, daß 68 Probanden in ländlicher Wohngegend leben. Gemäß der Annahme, daß beide Merkmale unabhängig voneinander sind, muß man erwarten, daß das Verhältnis von Landbewohner zu Stadtbewohner in der Gesamtstichprobe dem Verhältnis in den Untergruppen der Käufer bzw. Nichtkäufer von Margarine entspricht.

Überprüfen wir das: Aus Abbildung 4.10 wissen wir, daß 37,6% aller Befragten auf dem Lande leben. Bei unterstellter Unabhängigkeit[11] müßten also auch 37,6% der Margarineverwender, also etwa (0,376 · 106 =) 40 Personen, bzw. 37,6% der Butterverwender, also 28 (= 0,376 · 75) Personen auf dem Lande leben. In unserem Experiment haben wir jedoch völlig andere Zahlen erhalten. Dort beobachteten wir lediglich 23 anstatt nach obiger Überlegung erwarteten 40 Personen, die auf dem Lande leben und Margarine kaufen. Anstatt der erwarteten 28 Personen in unserer Stichprobe mit den Merkmalsausprägungen Butterverwender und Landbewohner beobachteten wir insgesamt 45. Analoge Berechnungen und Vergleiche kann man nun für alle auftretenden Kombinationen von Merkmalsausprägungen durchführen. Als Faustformel für die Berechnung der erwarteten absoluten Werte gilt dabei jeweils:

---

[11] Bei der stochastischen Unabhängigkeit zweier Ereignisse A und B gilt für die Bestimmung der Wahrscheinlichkeit des gemeinsamen Eintretens von A und B: $P(A \cap B) = P(A) \cdot P(B)$.

$$\text{Erwarteter Wert} = \frac{\text{Zeilensumme} \cdot \text{Spaltensumme}}{\text{Gesamtsumme}}$$

Insgesamt ergeben sich jeweils mehr oder minder große Abweichungen. Diese können wir als ein Maß zur Überprüfung der ausgangs unterstellten Hypothese der Unabhängigkeit der Merkmale auffassen. Nach diesem Prinzip arbeitet auch der χ^2-Test. Der χ^2-Test ist ein Test zur Überprüfung der Unabhängigkeit zweier Merkmale bzw. der Homogenität eines Merkmals in zwei Stichproben. Die statistischen Hypothesen lauten:

H_0:　X und Y sind voneinander unabhängig.

bzw. im Fall der Überprüfung der Verteilung eines Merkmals in zwei unabhängigen Stichproben:

H_0:　Der Anteil jeder Merkmalsausprägung der Variablen X ist in beiden Stichproben gleich.[12]

Wir können uns hier allerdings auf den Fall der Kontingenzanalyse beschränken, da die methodische Vorgehensweise zur Homogenitätsprüfung identisch ist.
Die Testgröße des χ^2-Tests leiten wir wie folgt ab. (Wir verwenden die Bezeichnungen aus der Abbildung 4.6).

Bei insgesamt beobachteten $n_{i.}$ Probanden mit i-ter Merkmalsausprägung der ersten Variablen und $n_{.j}$ Beobachtungen der Ausprägung j der zweiten Variablen erwarten wir unter der Nullhypothese, daß in unserer Stichprobe $e_{ij} = n_{i.} \cdot n_{.j}/n$ Personen gleichzeitig die j-te Ausprägung in der zweiten Variablen und i-te Ausprägung beim ersten Merkmal aufweisen. Die Differenz zwischen der erwarteten Anzahl e_{ij} und der beobachten Anzahl n_{ij} ist ein erster Hinweis darauf, ob die Merkmale unabhängig sind oder nicht. Je kleiner die Differenz, desto mehr spricht für die Unabhängigkeit; bzw. je größer die Differenz, desto eher scheint die Nullhypothese der Unabhängigkeit der Merkmale nicht zu stimmen. Die Testgröße des χ^2-Tests berücksichtigt alle Abweichungen, indem sie die Gesamtsumme bildet. Um zu verhindern, daß Abweichungen nach oben und unten sich gegenseitig aufheben, wird allerdings jedes Mal das Quadrat der Differenz verwendet. Die Division jedes Summanden durch die erwartete Anzahl hat zur Folge, daß gleiche Abweichungen in Abhängigkeit von der absoluten Größe der erwarteten Werte unterschiedlich gewichtet (normiert) werden. Die Teststatistik des χ^2-Test lautet demnach:

$$\chi^2 = \sum_{i=1}^{I} \sum_{j=1}^{J} \frac{\left(n_{ij} - e_{ij}\right)^2}{e_{ij}}$$

---

[12] Es ist bei 4-Felder-Tafeln auch möglich, einen Test durchzuführen, um zu überprüfen, ob der Anteil der Merkmalsträger in der einen Stichprobe größer (oder kleiner) als in der anderen Stichprobe ist. Zur Vorgehensweise bei solchen einseitigen Test vgl. Fleiss, J. L., 1981, S. 27.

242 Kreuztabellierung und Kontingenzanalyse

Führen wir den χ^2-Test für unser Beispiel durch. Wir überprüfen die Nullhypothese
H_0: Die bevorzugte Verwendung von Butter/Margarine und die Wohnlage
sind unabhängig.
Als Testniveau wählen wir 5%. Mit Hilfe der Abbildung 4.7 ergeben sich folgende
Rechenschritte:

$$e_{11}=n_{1.}\cdot n_{.1}/n \;=\; 68\cdot 106/181 \;=\; 39,8$$

$$e_{12}=n_{1.}\cdot n_{.2}/n \;=\; 68\cdot 75/181 \;\;\;= 28,2$$

$$e_{21}=n_{2.}\cdot n_{.1}/n = 113\cdot 106/181 = 66,2$$

$$e_{22}=n_{2.}\cdot n_{.2}/n = 113\cdot 75/181 \;\;= 46,8$$

Für die Testgröße erhält man damit:

$$\chi^2 = (23\text{-}39,8)^2/39,8 + (45\text{-}28,2)^2/28,2 + (83\text{-}66,2)^2/66,2 + (30\text{-}46,8)^2/46,8 = 27,4$$

Wie an den Beispielzahlen zu erkennen ist, gilt bei 4-Felder-Tafeln immer, daß die
Differenz zwischen beobachteten und erwarteten Werten gleich ist und daher nur
einmal berechnet werden muß. Durch einige Umformungen ist daher eine einfachere Möglichkeit zur Bestimmung der Größe χ^2 im 4-Felder-Fall (und nur dort)
möglich:

$$\chi^2 = n\cdot\left(n_{11}\cdot n_{22} - n_{12}\cdot n_{21}\right)^2 / \left(n_{1.}\cdot n_{.1}\cdot n_{2.}\cdot n_{.2}\right)$$

Durch Einsetzen ergibt sich (bis auf Rundungsfehler) das gleiche Ergebnis wie o-
ben:

$$\chi^2 = 181\cdot 9272025\,/\,61087800 = 27,47$$

Die Statistik χ^2 ist unter der Nullhypothese (approximativ) χ^2-verteilt mit
$(I\text{-}1)\cdot(J\text{-}1)$ Freiheitsgraden. Überschreitet die Teststatistik einen dem Signifikanzniveau entsprechenden Wert der χ^2-Tabelle (vgl. Anhang), so ist die Nullhypothese,
die Annahme der Unabhängigkeit der Merkmale, mit der vorher festgelegten Irrtumswahrscheinlichkeit zu verwerfen.

Anhand der χ^2-Tabelle im Anhang bestimmt sich bei einem vorgebenen Signifikanzniveau von 5% und $(I\text{-}1)\cdot(J\text{-}1)=1$ Freiheitsgraden der Vergleichswert als
3,84. Der Vergleich ergibt:

$$\chi^2 = 27,47 > 3,84$$

Daher kann die Nullhypothese mit einer Irrtumswahrscheinlichkeit von 5% abgelehnt werden.

Die Testgröße χ^2 ist unter H_0 strenggenommen nur approximativ χ^2-verteilt.[13]
Bei kleinen Stichprobenumfängen ist diese Approximation nicht befriedigend. Zur

---

[13] Sie besitzt eigentlich eine diskrete Verteilung (Multinomialverteilung).

Vorgehensweise   243

Verbesserung bietet sich zum einen die korrigierte Teststatistik nach Yates oder der exakte Fisher-Test an. Die Yates-Korrektur lautet:

$$\chi^2_{korr} = \frac{n\left(\left|n_{11}\cdot n_{22} - n_{12}\cdot n_{21}\right| - n/2\right)^2}{n_{1.}\cdot n_{.1}\cdot n_{2.}\cdot n_{.2}}$$

Der Wert der Teststatistik χ^2_{korr} ist ebenfalls mit dem kritischen Wert aus der χ^2-Verteilung zu vergleichen. Für unser Beispiel ergibt sich:

$$\chi^2_{korr} = \frac{181\cdot\left(\left|690 - 3735\right| - 90{,}5\right)^2}{68\cdot 113\cdot 75\cdot 106} = 25{,}86$$

und daher ebenfalls die Ablehnung der Nullhypothese. Die Ablehnung der Nullhypothese heißt, daß die Variablen *nicht* unabhängig sind (mit einer Irrtumswahrscheinlichkeit von kleiner als 5 %), und daher *nehmen wir an*, daß sie abhängig sind. Ein Beweis für die Abhängigkeit ist damit nicht erbracht.

Die Anwendung der Yates-Korrekturformel soll die Approximation für kleinere Stichproben verbessern und wird i.a. für Stichprobenumfänge zwischen 20 und 60 Einheiten empfohlen. Manche Autoren empfehlen ihre Anwendung generell. Mit zunehmendem Stichprobenumfang ergeben sich immer kleinere Unterschiede, da der Korrekturterm immer unbedeutender wird.[14]

Für Tests der Hypothese mit Stichprobenumfängen kleiner als 20 oder bei stark asymmetrischen Randverteilungen (starker Asymmetrie der Zeilen- und Spaltensumme) wird allgemein die Anwendung des exakten Fisher-Test empfohlen[15]. Die Bezeichnung "exakt" resultiert aus der Tatsache, daß für die dort verwendete Teststatistik die Verteilung bekannt und für kleine Stichproben berechnet und tabelliert ist.

Wir halten fest: Der χ^2-Test für unser Beispiel hat zum Ergebnis, daß wir eine Abhängigkeit zwischen der bevorzugten Verwendung von Butter bzw. Margarine und der Wohngegend annehmen können.

4.2.3.2   Prüfung der Stärke des Zusammenhangs

Nachdem ein χ^2-Test eine Abhängigkeit der Variablen anzeigt, wird nun versucht, weitere Informationen über die Art des Zusammenhanges, wie Stärke oder Richtung, zu bestimmen. Da χ^2 u.a. eine Funktion des Stichprobenumfanges ist, ist diese Größe als Indikator für die *Stärke* des Zusammenhangs nicht brauchbar. Der Leser kann dies selber überprüfen: So führt eine Verdoppelung aller Stichproben-

---

[14] Vgl. Hartung, J., 1991, S. 414; Fleiss, J. L., 1981, S. 27 (dort auch ein Überblick über die strittige Diskussion); Everitt, B. S., 1977, S.14; Büning, H./Trenkler, G.; 1978, S. 246 empfehlen die Verwendung des exakten Fisher-Tests für Stichprobenumfänge kleiner als 40.

[15] Vgl. Lienert, G. A., 1973, S.171 oder Hartung, J., 1991, S. 414-416.

244   Kreuztabellierung und Kontingenzanalyse

werte zur Verdoppelung der χ^2-Werte, obwohl die Stärke des Zusammenhangs davon nicht berührt wird.[16] Noch weniger Anhaltspunkte liefert die χ^2-Testgröße für eine Interpretation der *Richtung* der Abhängigkeit. Bei der Berechnung dieser Größe werden Abweichungen von den erwarteten Größen nach oben und unten durch die Quadrierung gleich bewertet.

Es gibt zwei Gruppen von Indikatoren für die Stärke des Zusammenhanges. Die erste Gruppe basiert trotz der Interpretationsschwierigkeiten auf der χ^2-Teststatistik. Das einfachste Maß ist der *Phi-Koeffizient (φ)*:

$$\varphi = \sqrt{\frac{\chi^2}{n}}$$

Je größer der Wert von φ ist, desto stärker ist der Zusammenhang. Als Faustformel wird angegeben, daß ein Wert größer als 0,3 eine Stärke der Abhängigkeit anzeigt, die mehr als trivial ist.[17] Der φ-Koeffizient besitzt allerdings eine Reihe von Nachteilen. Insbesondere ist zu beachten, daß die φ-Koeffizienten aus verschiedenen Untersuchungen sich nicht vergleichen lassen. Ebenso ist zu beachten, daß bei der Einteilung von stetigen Variablen in zwei Klassen, etwa bei der Transformation einer intervallskalierten Variablen auf eine ordinalskalierte Größe, die Wahl der Schnittlegung einen starken Einfluß auf die Testgröße φ besitzt.[18]

In unserem Beispiel bestimmen wir als Maßgröße:

$$\varphi = \sqrt{\frac{27,4}{181}} = 0,389$$

Wir können also nicht nur von der Tatsache eines Zusammenhang zwischen den Variablen unseres Beispiels ausgehen, sondern gemäß obiger Faustformel auch unterstellen, daß dieser Zusammenhang von Bedeutung ist.

Für die Untersuchung von Kreuztabellen mit Variablen mit mehr als zwei Ausprägungen kann φ Werte über 1 annehmen. In solchen Fällen wird die Verwendung des *Kontingenzkoeffizienten* empfohlen, der eine Modifikation von φ darstellt:

$$CC = \sqrt{\frac{\chi^2}{\chi^2 + n}}$$

Dieser Koeffizient nimmt nur Werte zwischen 0 und 1 an, kann allerdings nur selten den Maximalwert von 1 erreichen. Die obere Grenze ist eine Funktion der Anzahl der Spalten und Zeilen der Tabelle. Zur Beurteilung sollte daher der jeweilige

---

[16] Der Leser mache sich aber bewußt, daß die damit verbundene höhere Signifikanz des Testergebnisses als Folge des höheren Informationsgehaltes durch die "verdoppelte" Stichprobe sinnvoll ist.

[17] Vgl. Fleiss, J. L., 1981, S. 60.

[18] Vgl. Fleiss, J. L., 1981, S. 60.

theoretische Maximalwert mitbetrachtet werden. Die Tatsache unterschiedlicher Obergrenzen läßt auch einen Vergleich zweier Koeffizienten i.a. nicht zu. Die Obergrenze der anzunehmenden Werte von CC wird berechnet nach:

$$CC_{max} = \sqrt{(R-1)/R} \quad \text{mit} \quad R = \min(I, J)$$

Für unser Beispiel erhalten wir:

$$CC = 0{,}362 \quad \text{und} \quad CC_{max} = \sqrt{1/2} = 0{,}707$$

Ein anderes Maß, welches ebenfalls Werte zwischen 0 und 1 und auch unabhängig von der Anzahl der Dimensionen den Maximalwert 1 annehmen kann, ist Cramer's V:

$$\text{Cramer's V} = \sqrt{\frac{\chi^2}{n\,(R-1)}} \qquad \text{(mit R wie oben)}$$

Falls eine der untersuchten Variablen binär ist, sind φ und Cramer's V identisch.

Die Assoziationsmaße der ersten Gruppe, die sämtlich auf der χ^2-Statistik basieren, nehmen den Wert 0 an, falls keine Assoziation vorliegt und den maximalen Wert bei vollständiger Abhängigkeit. Probleme entstehen bei der Interpretation von Zwischenwerten und bei der Beurteilung, welche Art von Zusammenhang eigentlich vorliegt.

Neben den Assoziationsmaßen der ersten Gruppe gibt es Koeffizienten, die Aufschluß über die Stärke einer Assoziation zweier Variablen liefern, indem sie messen, inwieweit die Kenntnis der Ausprägung einer Variablen bei der Prognose der anderen Variablen hilft. Diese Koeffizienten sind die sogenannten tau-(τ-) und lambda- (λ-) Maße von Goodmann und Kruskal.

Die λ-Maße vergleichen die Wahrscheinlichkeit einer falschen Vorhersage der Ausprägung der ersten (abhängigen) Variablen bei Unkenntnis der Ausprägung der zweiten (unabhängigen) Variablen mit der Wahrscheinlichkeit einer falschen Vorhersage der Ausprägung der ersten Variablen bei Kenntnis der Ausprägung der zweiten Variablen.

Je nachdem, welche Variable als erste und welche als zweite Variable betrachtet wird, ergeben sich unterschiedliche Resultate. In unserem Beispiel sei zunächst die Fehlerreduktion betrachtet, die sich bei der Prognose des Wohnorts aus Kenntnis des bevorzugten Brotaufstrichs ergibt.

Ausgehend von den Werten in Abbildung 4.7 würden wir zur Prognose des Wohnortes eines beobachteten Kunden bei Unkenntnis des von der Person bevorzugten Brotaufstrichs am ehesten auf einen städtischen Wohnort tippen, da die meisten der Befragten aus dieser Kategorie stammen und wir damit die geringsten Fehlerwahrscheinlichkeit haben. Damit würden wir jedoch, wie aus Abbildung 4.10 ersichtlich, 37,6% der Personen falsch einschätzen. Sollte die Präferenz einer befragten Person für Margarine uns vor der Prognose ihres Wohnortes bekannt sein, würden wir in Anlehnung an Abbildung 4.7 wiederum auf einen städtischen Wohnort tippen, da unter der Gruppe der die Margarine bevorzugenden Personen

246 Kreuztabellierung und Kontingenzanalyse

die Städter in der Mehrheit sind. Lediglich 23 Personen oder 12,7 % aller Personen (vgl. Abbildung 4.10) würden unter diesen Umständen falsch eingeordnet. Anders wäre es, wenn wir von der Butter-Präferenz einer Person Kenntnis hätten. Aufgrund des höheren Anteils der Landbewohner in der entsprechenden Gruppe würden wir jetzt einen Landbewohner erwarten und in unserer Stichprobe auf diese Art und Weise 16,6% der Befragten falsch einschätzen.

Insgesamt würden wir bei Kenntnis des jeweils bevorzugten Brotaufstrichs 12,7% + 16,6% = 29,3% der Befragten falsch einschätzen. Im Vergleich zur Fehleinschätzung ohne diese Kenntnis (37,6 %) ergibt sich eine Reduktion um 8,3 Prozentpunkte.

Das λ_{Wohnort}-Maß bestimmt sich nun aus dem Verhältnis von Fehlerreduktion durch Kenntnis der zweiten Variablen (Brotaufstrich) zur Fehlprognosewahrscheinlichkeit bei Unkenntnis:

$$\lambda_{\text{Wohnort}} = \frac{8,3\%}{37,6\%} = 0,221$$

Analog kann man den Koeffizienten λ_{Sorte} bestimmen, welcher den Nutzen quantifiziert, der durch die Kenntnis des Wohnortes bei der Prognose der bevorzugten Sorte Brotaufstrich entsteht.

Allgemein bestimmen sich die beiden Koeffizienten für zwei Variablen 1 und 2 nach:

$$\lambda_1 = \frac{\sum\limits_{j} \max\limits_{i} n_{ij} - \max\limits_{i} n_{i.}}{n - \max\limits_{i} n_{i.}}$$

$$\lambda_2 = \frac{\sum\limits_{i} \max\limits_{j} n_{ij} - \max\limits_{j} n_{.j}}{n - \max\limits_{j} n_{.j}}$$

Die λ-Werte bewegen sich immer zwischen 0 und 1. Dabei bedeutet ein Wert nahe Null, daß die Kenntnis der zweiten Variablen für die Prognose der ersten keinen Nutzen stiftet, ein Wert bei Eins, daß die Kenntnis eine fehlerfreie Prognose ermöglicht. Bei der Interpretation ist allerdings zu beachten, daß ein Wert von Null nur bedeutet, daß ein möglicherweise vorhandener Zusammenhang nicht zur Vorhersage geeignet ist. Mit anderen Worten, die Koeffizienten messen nur eine bestimmte Art von Zusammenhang.

Für den Fall, daß die Bestimmung einer abhängigen (ersten) und unabhängigen (zweiten) Variablen aus dem Sachverhalt nicht einwandfrei möglich ist, kann das symmetrische λ verwendet werden. Dieses nimmt Werte zwischen den beiden obigen λ-Werten an und bestimmt sich nach:

$$\lambda_{sym} = \frac{\frac{1}{2}\left(\sum_i \max_j n_{ij} + \sum_j \max_i n_{ij}\right) - \frac{1}{2}\left(\max_j n_{.j} + \max_i n_{i.}\right)}{n - \frac{1}{2}\left(\max_j n_{.j} + \max_i n_{i.}\right)}$$

Während bei den λ-Maßen jeweils zur Prognose die Kategorie mit den jeweils meisten Beobachtungen gewählt wurde, bestimmen die τ-Maße ihre Prognose unter Berücksichtigung der gesamten Randverteilungen, d.h. unter Berücksichtigung der Häufigkeiten aller Ausprägungen der Variablen.[19]

4.3 Fallbeispiel

4.3.1 Problemstellung

Das in Abschnitt 4.2.1 dargestellte Beispiel soll nachfolgend mit dem Programm SPSS berechnet werden. Zur Durchführung einer Kontingenzanalyse dient die Prozedur CROSSTABS („Kreuztabellen").

Zunächst sind die Daten in geeigneter Form einzugeben, die von der in Abbildung 4.7 gezeigten Kreuztabelle abweicht. SPSS erwartet standardmäßig, daß die Spalten der Datenmatrix sich auf Variablen und die Zeilen auf die Beobachtungen dieser Variablen beziehen. Neben den beiden kategorialen Variablen „Wohnort" und „Brotaufstrichsorte" ist daher eine dritte Variable zu definieren, die die Beobachtungszahlen in den Zellen der Kreuztabelle enthält (siehe Abbildung 4.14). Die Spalten (Variablen) „wohnort" und „sorte" definieren die vier Zellen der Kreuztabelle und die Spalte (Variable) „anzahl" enthält die zugehörigen Beobachtungszahlen. Die Zuordnung der Beobachtungszahlen zu den Zellen erfolgt mit Hilfe des

---

[19] Zu einer genaueren Darstellung vgl. Hartung, J., 1991, S. 459ff. Untersuchungen von Variablen auf *ordinalem* Niveau können darüber hinaus mit Hilfe solcher Kennziffern wie Somers Dependenzmaß oder Kendalls tau-Statistik vorgenommen werden. Vgl. hierzu Everitt, B. S., 1977, Kap.3.7.3, S. 61.

Eine weitere Methode zur Untersuchung eines signifikanten χ^2-Wertes ist die Residual-Analyse. Hierbei werden die Abweichungen der beobachteten Häufigkeiten von den erwarteten Werten berechnet, um die Merkmalskombinationen zu bestimmen, die "aus dem Rahmen fallen". Vgl. Everitt, B. S., 1977, S. 47; Lienert, G. A., 1973, S. 538 oder Haberman, S. J., 1978, S.17-21.

In diesem Kapitel werden nur Kontingenzmaße für die Untersuchung eines signifikanten χ^2-Ergebnisses betrachtet. Für die Untersuchung eines signifikanten Ergebnisses des Tests auf Homogenität gegen Heterogenität zweier Verteilungen gibt es ebenfalls spezielle Maße wie die Anteilsdifferenz, das relative Risiko oder den Kreuzproduktquotienten, die für die 4-Felder-Tafel auch im SPSS-Programm abrufbar sind. Vgl. Lienert, G. A., 1978, S. 457-463.

248   Kreuztabellierung und Kontingenzanalyse

Menüpunktes *Daten* und der Option *Fälle gewichten*. Man gelang damit zum Dialogfenster in Abbildung 4.15, wo die gewünschten Spezifikationen vorgenommen werden können. Über *OK* wird dieses Dialogfenster wieder verlassen.

Im Anschluss daran erfolgt die Kontingenzanalyse mit dem Menüpunkt „Analysieren" und den Unterpunkten „Deskriptive Statistiken" und „Kreuztabellen" (vgl. Abbildung 4.16). Im geöffneten Dialogfeld „Kreuztabellen" werden die Variablen für die Zeilen (hier: Wohnort) und für die Spalten (hier: Brotaufstrichsorte) festgelegt und in die entsprechenden Felder übertragen (vgl. Abbildung 4.17). Durch Anklicken des Button „Statistik" öffnet sich ein Dialogfeld in dem verschiedene Teststatistiken ausgewählt werden können, wobei sich im folgenden auf die oben erklärten Tests beschränkt werden soll (vgl. Abbildung 4.18). Zunächst wird der Chi-Quadrat Test zur Überprüfung der Unabhängigkeit der Merkmale markiert. Da es sich bei den beiden Variablen „Wohnort" und „Brotaufstrichsorte" um nominal skalierte Merkmale handelt, werden desweiteren die entsprechenden Statistiken, „Kontingenzkoeffizient", „Phi und Cramer-V" sowie „Lambda" mit einem Häkchen versehen. Durch anklicken von „Weiter" gelangt man zurück zum Dialogfeld „Kreuztabellen".

Abbildung 4.14:   Daten-Editor (vergrößerte Darstellung)

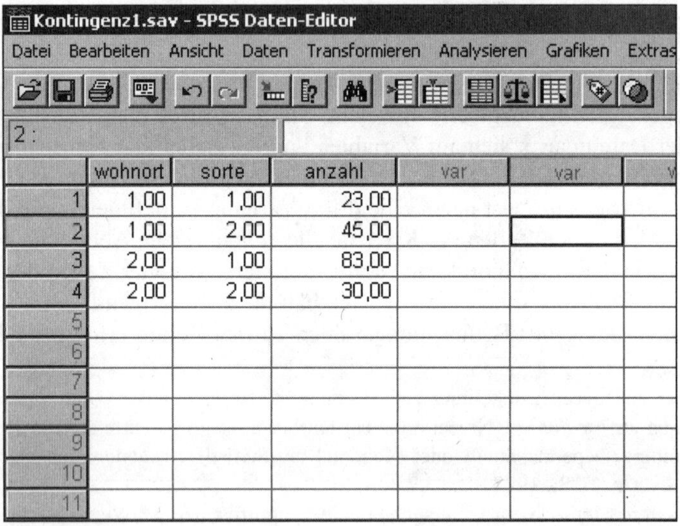

Fallbeispiel 249

Abbildung 4.15: Dialogfeld „Fälle gewichten"

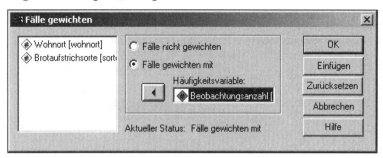

Abbildung 4.16: Daten-Editor mit Auswahl „Kreuztabellen"

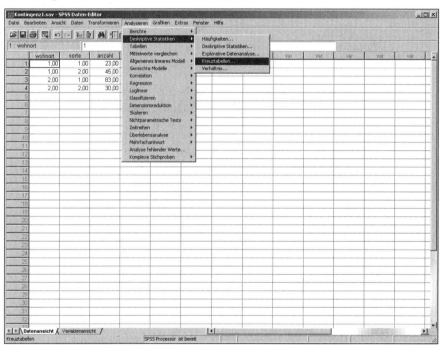

250 Kreuztabellierung und Kontingenzanalyse

Abbildung 4.17: Dialogfeld „Kreuztabellen"

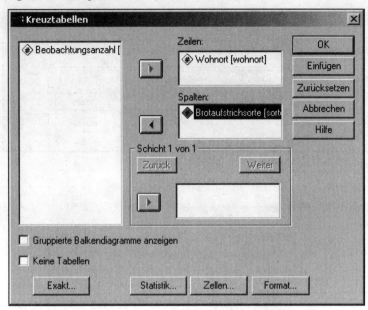

Abbildung 4.18: Dialogfeld „Statistiken"

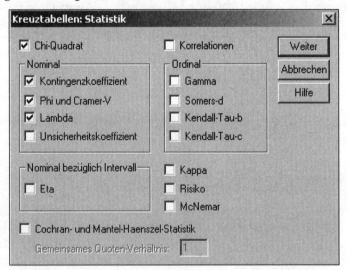

Der Button „Zellen" führt in ein entsprechendes Dialogfeld, indem die darzustellenden Parameter für die Vierfelder-Tafel einzustellen sind. Die damit zu generierende Tabelle dient zur Veranschaulichung der Ergebnisse der Kontingenzanalyse (vgl. Abbildung 4.19).

Abbildung 4.19: Dialogfeld „Zellen anzeigen"

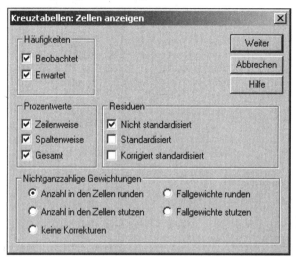

Dort wird festgelegt welche Häufigkeiten (Beobachtete, Erwartete) angezeigt werden sollen, welche Prozentwerte (Zeilenweise, Spaltenweise, Gesamt) sowie in welcher Form die Residuen zu berechnen sind. Letztere stellen die Differenz zwischen „beobachteten" und „erwarteten" Häufigkeiten dar. Durch anklicken des „Weiter" Buttons gelangt man wiederum zurück zum Dialogfeld „Kreuztabellen" und startet durch „OK" die Prozedur. Hierdurch ergeben sich die Berechnungen, welche bereits aus dem Abschnitt 4.2 bekannt sind (vgl. Abbildung 4.20).

4.3.2 Ergebnisse

Zunächst wird im Ausdruck die Vierfelder-Tafel dargestellt. Neben der Anzahl an Beobachtungen jeder Kombination von Merkmalsausprägungen (ANZAHL) in jeder Zelle, werden die Zeilen- (WOHNORT), die Spalten- (BROTAUFSTRICHSORTE) und Totalprozente (GESAMTZAHL) ausgedruckt. Diese Angaben sind identisch zu den Informationen in den Abbildungen 4.7 bis 4.10. Ebenfalls aufgelistet wird in der Darstellung die erwartete Anzahl jeder Merkmalskombination e_{ij} (ERWARTETE ANZAHL) sowie die Differenz zwischen beobachtetem und erwartetem Wert (RESIDUEN).

252 Kreuztabellierung und Kontingenzanalyse

Abbildung 4.20: Ergebnisse der Kontingenzanalyse (1. Teil)

| | | | Brotaufstrichsorte | | |
			MARGARINE	BUTTER	Gesamt
Wohnort	LÄNDLICH	Anzahl	23	45	68
		Erwartete Anzahl	39,8	28,2	68,0
		% von Wohnort	33,8%	66,2%	100,0%
		% von Brotaufstrichsorte	21,7%	60,0%	37,6%
		% der Gesamtzahl	12,7%	24,9%	37,6%
		Residuen	-16,8	16,8	
	STÄDTISCH	Anzahl	83	30	113
		Erwartete Anzahl	66,2	46,8	113,0
		% von Wohnort	73,5%	26,5%	100,0%
		% von Brotaufstrichsorte	78,3%	40,0%	62,4%
		% der Gesamtzahl	45,9%	16,6%	62,4%
		Residuen	16,8	-16,8	
Gesamt		Anzahl	106	75	181
		Erwartete Anzahl	106,0	75,0	181,0
		% von Wohnort	58,6%	41,4%	100,0%
		% von Brotaufstrichsorte	100,0%	100,0%	100,0%
		% der Gesamtzahl	58,6%	41,4%	100,0%

Wohnort * Brotaufstrichsorte Kreuztabelle

Im unteren Teil der Abbildung sind die Statistiken χ^2 (CHI-QUADRAT NACH PEARSON) und die Yates-Korrektur χ^2_{korr} (KONTINUITÄTSKORREKTUR) bestimmt. Die uns bereits bekannten Werte führen unter Berücksichtigung der Freiheitsgrade (DF) aufgrund der Vergleichsgröße (SIGNIFIKANZ) bei einem Testniveau von 5% in beiden Teststatistiken wieder zu einer Ablehnung der Nullhypothese.

Zusätzlich automatisch ausgedruckt werden die Mantel-Haenszel-Statistik (ZU-SAMMENHANG LINEAR MIT LINEAR) und die Likelihood-Statistik (LIKELIHOOD-QUOTIENT). Der Mantel-Haenszel-Test ist allerdings für Fragestellungen mit nominalskalierten Variablen nicht anwendbar und wird von uns daher nicht weiter beachtet.[20] Der auf der Likelihood-Statistik beruhende Test basiert auf dem Testprinzip der Maximum-Likelihood-Schätzung und führt bei großen Stichproben zu ähnlichen Ergebnissen wie der χ^2-Test.[21] Der Auszug in Abbildung 4.21 endet mit der Angabe der kleinsten erwarteten Anzahl pro Zelle (MINIMALE ERWARTETE HÄUFIGKEIT). Ist diese kleiner als fünf, so bestimmt SPSS anstelle der χ^2-Statistik den exakten Fisher-Test.

---

[20] Vgl. zur einer ausführlichen Darstellung Fleiss, J. L., 1981, S. 173 ff. oder Bishop, Y. M./Fienberg, S. E. / Holland, P. W., 1995.

[21] Eine Darstellung des zugrundeliegenden Modells und der Teststatistik sowie einem genauen Vergleich mit der Chi-Quadrat-Statistik findet der Leser bei Hartung, J., 1991, S. 435-439.

Fallbeispiel   253

Abbildung 4.21:   Ergebnisse der Kontingenzanalyse (2. Teil)

Chi-Quadrat-Tests

	Wert	df	Asymptotische Signifikanz (2-seitig)	Exakte Signifikanz (2-seitig)	Exakte Signifikanz (1-seitig)
Chi-Quadrat nach Pearson	27,473[b]	1	,000		
Kontinuitätskorrektur[a]	25,864	1	,000		
Likelihood-Quotient	27,773	1	,000		
Exakter Test nach Fisher				,000	,000
Zusammenhang linear-mit-linear	27,321	1	,000		
Anzahl der gültigen Fälle	181				

a. Wird nur für eine 2x2-Tabelle berechnet

b. 0 Zellen (,0%) haben eine erwartete Häufigkeit kleiner 5. Die minimale erwartete Häufigkeit ist 28,18.

In den Abbildung 4.22 und Abbildung 4.23 sind die verschiedenen Assoziations-maße aufgelistet:

Abbildung 4.22:   Ergebnisse der Kontingenzanalyse (3. Teil)

Symmetrische Maße

		Wert	Näherungsweise Signifikanz
Nominal- bzgl. Nominalmaß	Phi	-,390	,000
	Cramer-V	,390	,000
	Kontingenzkoeffizient	,363	,000
Anzahl der gültigen Fälle		181	

a. Die Null-Hyphothese wird nicht angenommen.

b. Unter Annahme der Null-Hyphothese wird der asymptotische Standardfehler verwendet.

254 Kreuztabellierung und Kontingenzanalyse

Abbildung 4.23: Ergebnisse der Kontingenzanalyse (4. Teil)

			Wert	Asymptotischer Standardfehler[a]	Näherungsweises T[b]	Näherungsweise Signifikanz
Nominal- bzgl. Nominalmaß	Lambda	Symmetrisch	,259	,095	2,464	,014
		Wohnort abhängig	,221	,112	1,747	,081
		Brotaufstrichsorte abhängig	,293	,092	2,722	,006
	Goodman-und-Kruskal-Tau	Wohnort abhängig	,152	,054		,000[c]
		Brotaufstrichsorte abhängig	,152	,054		,000[c]

Richtungsmaße

a. Die Null-Hyphothese wird nicht angenommen.

b. Unter Annahme der Null-Hyphothese wird der asymptotische Standardfehler verwendet.

c. Basierend auf Chi-Quadrat-Näherung

Die auf der χ^2 - Statistik beruhenden Maße sind zunächst angegeben: Der φ-Koeffizient (PHI), Cramer's V (CRAMER'S V) und der Kontingenzkoeffizient CC (KONTINGENZKOEFFIZIENT). Da die betrachteten Variablen binär sind, sollten φ und Cramer's V identisch sein. SPSS berechnet jedoch an dieser Stelle für 2x2-Tafeln den Korrelationskoeffizienten mit Vorzeichen.[22] In der jeweiligen Zeile ist unter SIGNIFIKANZ auch die Größe angegeben, mit der eine Testentscheidung bzgl. der Nullhypthese, daß das betrachtete Maß gleich Null sei, möglich ist. In unserem Fall können wir uns bei einem Testniveau von 5% in allen drei Fällen gegen die Nullhypothese entscheiden.

In der Abbildung 4.23 finden sich die Assoziationsmaße, welche die Stärke des Zusammenhangs über die Reduktion von Prognosefehlern messen. Zunächst sind dies die λ-Maße (LAMBDA), beginnend mit dem symmetrischen λ (SYMMETRISCH), danach das für den Fall der Variablen WOHNORT als zu prognostizierender (WOHNORT ABHÄNGIG) und abschließend das für den Fall der Variablen BROTAUFSTRICHSORTE als zu prognostizierender Variable (BROTAUFSTRICHSORTE ABHÄNGIG). Aus der Angabe des Standardfehlers der Statistik (ASYMPTOTISCHER STANDARDFEHLER) kann man ein Konfidenzintervall für die Statistik bilden.[23]

In den nächsten Zeilen befinden sich die Angaben zu den τ-Maßen (GOODMAN UND KRUSKAL TAU) mit jeweils einer der beiden Variablen als Prognosevariable. Hier wird zusätzlich zum Standardfehler der Statistik ein Test berechnet für die Nullhypothese, daß das betrachtete τ gleich Null ist.[24]

---

[22] Vgl. Base System User's Guide-Release 5.0, S. 202.

[23] Zur Bildung vgl. Hartung, J., 1991, S. 457-458.

[24] Zur Verteilung der Teststatistik vgl. Hartung, J., 1991, S. 461.

4.3.3 SPSS-Kommandos

Abbildung 4.24 gibt die Kommandodatei zum Fallbeispiel wieder.

Abbildung 4.24: Kommandodatei zum Fallbeispiel

```
* MVA: Kontingenzanalyse

* DATENDEFINITION

DATA LIST FREE/ wohnort  sorte  anzahl.

BEGIN DATA.
1  1  23
1  2  45
2  1  83
2  2  30
END  DATA.

VARIABLE LABELS
  SORTE      "Brotaufstrichsorte"
/ WOHNORT "Wohnort"
/ ANZAHL    "Beobachtungsanzahl".

VALUE LABELS
  WOHNORT  1 "Ländlich"       2 "Städtisch"
/ SORTE       1 "Margarine" 2 "Butter".

*PROZEDUR

WEIGHT BY anzahl.

SUBTITLE   "Kontingenzanalyse für den Margarinemarkt".

CROSSTABS
  /TABLES = wohnort  BY  sorte
  /FORMAT = AVALUE TABLES
  /STATISTIC = CHISQ CC PHI LAMBDA
  /CELLS = COUNT EXPECTED ROW COLUMN TOTAL RESID.
```

256 Kreuztabellierung und Kontingenzanalyse

4.4 Anwendungsempfehlungen

Aus der Diskussion im Abschnitt 4.2.1 ergibt sich, daß schon im Planungsprozeß mit dem gebotenen Sachverstand zu klären ist, welche Art von Untersuchung angemessen ist und welche Variablen zu erheben sind.

Jeglicher auf der Grundlage der Kontingenzanalyse ermittelte Zusammenhang kann nur ein statistischer Zusammenhang sein. Hieraus z. B. eine Kausalität zu begründen, kann zu erheblichen Irrtümern und Fehlschlüssen führen.

Im folgenden werden die wichtigsten Voraussetzungen des χ^2-Tests zusammengestellt:

1. Die einzelnen Beobachtungen müssen voneinander unabhängig sein.[25]

2. Jede Beobachtung muß eindeutig einer Kombination von Merkmalsausprägungen zugeordnet werden können.

3. Der Anteil der Zellen mit erwarteten Häufigkeiten, die kleiner als fünf sind, darf 20% nicht überschreiten (Faustformel). Keine dieser Häufigkeiten darf kleiner als eins sein.[26] Ein Zusammenfassen mehrerer Merkmalsklassen zu einer, um hierdurch größere zu erwartende Werte zu erreichen, ist nur unter ganz bestimmten Bedingungen zulässig und sollte sorgfältig überlegt sein.[27]

---

[25] Dies ist z. B. dann nicht gegeben, wenn die Merkmale zu unterschiedlichen Zeitpunkten an denselben Personen erhoben wurden. Bei diesen sog. verbundenen Stichproben muß auf den McNemar-Test oder Cochran-Test zurückgegriffen werden. Vgl. Bortz, J., 1985, S. 191-195 oder Büning, H./Trenkler, G., 1978, S. 226-228.

[26] Zu alternativen Auswertungsmöglichkeiten in den Fällen, in denen diese Voraussetzung nicht gegeben ist, vergleiche Lienert, G. A., 1978, S. 398 ff.. Everitt, B. S., 1977 S. 40 zitiert Arbeiten, nach denen obige Voraussetzungen zu restriktiv seien.

[27] Zu weiterer Information vgl. Everitt, B.S., 1977, S. 40 und Lienert, G.A., 1978, S. 398.

4. Im 4-Felder-Fall bei Stichproben mit einem Umfang von weniger als 60 Einheiten sollte der χ^2-Test nicht angewandt werden. Bei Stichprobenumfängen zwischen 20 und 60 bietet sich die Yates-Korrektur an, bei noch kleineren Umfängen sollte im 4-Felder-Fall auf den exakten Fisher-Test ausgewichen werden.[28]

---

[28] Zur Diskussion um die Empfehlung der ständigen Anwendung der Yates-Korrektur vgl. Fleiss, J. L., 1981, S.27 und Büning, H./Trenkler, G., 1978, S. 246.

4.5 Literaturhinweise

Agresti, A. (1996): An Introduction to Categorical Data Analysis, New York u.a.

Bishop, Y.M. / Fienberg, S.E. / Holland, P.W. (1978): Discrete Multivariate Analysis. Theory and Practice, 5th ed., Cambridge.

Bishop, Y.M. / Fienberg, S.E. / Holland, P.W. (1995): Discrete Multivariate Analysis. Theory and Practice, 12th ed., Cambridge.

Böhler, H. (1992): Marktforschung, 2. Aufl., Stuttgart u.a.

Bortz, J. / Lienert, G.A. / Boehnke, K. (2000): Verteilungsfreie Methoden in der Biostatik, 2. Aufl., Berlin u. a.

Büning, H. / Trenkler, G. (1978): Nichtparametrische statistische Methoden, Berlin u. a.

Churchill, G. A., Jr. (1998): Marketing Research: Methodological Foundations, 6th ed., Chicago.

Everitt, B. S. (1977): The Analysis of Contingency Tables, New York.

Fahrmeier, L. / Hamerle, A. (Hrsg.) (1984): Multivariate statistische Verfahren, Berlin u.a.

Fleiss, J. L. (1981): Statistical Methods for Rates and Proportions, 2nd ed., New York.

Haberman, S. J. (1978): Analysis of Qualitative Data. Vol. 1 Introductory Topics, New York u.a.

Hartung, J. (1991): Statistik: Lehr- und Handbuch der angewandten Statistik, 8. Auflage, München u.a.

Kendall, M. / Stuart, A. (1979): The advanced theory of statistics, Vol. 2, 4th ed., London u.a.

Lienert, G. A. (1973): Verteilungsfreie Methoden in der Biostatistik, Band I, Meisenheim.

SPSS Inc. (2004): SPSS Base User's Guide 13.0, Chicago.

Wickens, T. D. (1989): Multiway Contingency Tables Analysis for the Social Sciences, Hillsdale.

Zeisel, H. (1970): Die Sprache der Zahlen, Köln u.a.

5 Faktorenanalyse

5.1	Problemstellung	260
5.2	Vorgehensweise	269
5.2.1	Variablenauswahl und Errechnung der Korrelationsmatrix	269
5.2.1.1	Korrelationsanalyse zur Aufdeckung der Variablen-zusammenhänge	269
5.2.1.2	Eignung der Korrelationsmatrix	272
5.2.2	Extraktion der Faktoren	277
5.2.2.1	Das Fundamentaltheorem	278
5.2.2.2	Graphische Interpretation von Faktoren	279
5.2.2.3	Das Problem der Faktorextraktion	284
5.2.3	Bestimmung der Kommunalitäten	289
5.2.4	Zahl der Faktoren	295
5.2.5	Faktorinterpretation	298
5.2.6	Bestimmung der Faktorwerte	302
5.2.7	Zusammenfassende Darstellung der Faktorenanalyse	305
5.3	Fallbeispiel	308
5.3.1	Problemstellung	308
5.3.2	Ergebnisse	310
5.3.3	SPSS-Kommandos	324
5.4	Anwendungsempfehlungen	325
5.4.1	Probleme bei der Anwendung der Faktorenanalyse	325
5.4.1.1	Unvollständig beantwortete Fragebögen: Das Missing Value-Problem	325
5.4.1.2	Starke Streuung der Antworten: Das Problem der Durchschnittsbildung	326
5.4.1.3	Entdeckungs- oder Begründungszusammenhang: Exploratorische versus konfirmatorische Faktorenanalyse	330
5.4.2	Empfehlungen zur Durchführung einer Faktorenanalyse	330
5.5	Mathematischer Anhang	332
5.6	Literaturhinweise	336

260 Faktorenanalyse

5.1 Problemstellung

Für viele wissenschaftliche und praktische Fragestellungen geht es darum, den Wirkungszusammenhang zwischen zwei oder mehreren Variablen zu untersuchen. Methodisches Hilfsmittel dafür sind in der Regel die Regressions- und Korrelationsanalyse. Reicht eine relativ geringe Zahl von unabhängigen Variablen zur Erklärung einer abhängigen Variablen aus und lassen sich die unabhängigen Variablen relativ leicht ermitteln, so wirft diese Vorgehensweise kaum schwerwiegende Probleme auf.

In manchen - insbesondere naturwissenschaftlichen - Bereichen kommt man in der Tat häufig mit einer relativ kleinen Zahl von Variablen aus, um z.B. bestimmte physikalische Effekte erklären bzw. prognostizieren zu können.

In den Sozialwissenschaften ist die Situation jedoch anders: I. d. R. ist zur Erklärung menschlicher Verhaltensweisen oder allgemeiner sozialer Phänomene eine Vielzahl von Einflußfaktoren (Variablen) zu berücksichtigen. Je größer jedoch die Zahl der notwendigen Erklärungsvariablen wird, um so weniger ist gesichert, daß diese auch tatsächlich alle unabhängig voneinander zur Erklärung des Sachverhaltes notwendig sind. Bedingen sich die Erklärungsvariablen gegenseitig, dann führt die Einbeziehung aller Variablen zu unbefriedigenden Erklärungswerten.

Eines der Hauptprobleme sozialwissenschaftlicher Erklärungsansätze liegt daher darin, aus der Vielzahl möglicher Variablen die voneinander unabhängigen Einflußfaktoren herauszukristallisieren, die dann weiteren Analysen zugrunde gelegt werden können. Genau das macht sich die Faktorenanalyse zur Aufgabe. Im Gegensatz beispielsweise zur Regressionsanalyse versucht die Faktorenanalyse also, einen Beitrag zur *Entdeckung* von untereinander unabhängigen Beschreibungs- und Erklärungsvariablen zu finden.

Gelingt es tatsächlich, die Vielzahl möglicher Variablen auf wenige, wichtige Einflußfaktoren zurückzuführen (zu reduzieren), lassen sich für empirische Untersuchungen erhebliche Vorteile realisieren. So kann z.B. eine Vielzahl möglicher Einflußfaktoren getestet werden und es muß erst im nachhinein entschieden werden, welche Variablen oder Variablenbündel tatsächlich erklärungsrelevant sind. Darüber hinaus ermöglicht dieses Verfahren durch die Datenreduktion eine Erleichterung empirischer Forschungsarbeit.

In Abbildung 5.1 sind einige Anwendungsbeispiele der Faktorenanalyse zusammengestellt. Sie vermitteln einen Einblick in die Problemstellung, die Zahl und Art der Merkmale, die aus den Merkmalen extrahierten Faktoren sowie die jeweiligen Untersuchungseinheiten.

Problemstellung   261

Abbildung 5.1:   Anwendungsbeispiele der Faktorenanalyse

Problemstellung	Merkmale	Faktoren
Stadtanalyse[1]	Bevölkerungszahl, Beschäftigtenzahl, Dienstleistungsangebot, Schulbildung, Häuserwert.	Bevölkerungs- und Beschäftigtenfaktor, Ausbildungs- und Wirtschaftsfaktor.
Untersuchungen der kognitiven Fähigkeiten[2]	Streckenplanung, Gruppierung von Symbolen, Erkennung von Ähnlichkeiten, etc.	Bildliche Fähigkeit,
	Wortschatz, Schlußfolgerungseigenschaften, Satzbau, etc.	Verbale Fähigkeit.
Kostenanalyse[3]	18 Kostenarten differenziert nach jeweils 5 Kosteneigenschaften.	Beeinflußbarkeit, Deckungsdringlichkeit.
Blutdruckmessung[4]	1. SBDM, 2. bis 12 SBDM, 1. DBDM, 2. bis 12 DBDM.	Systolischer Blutdruck, Diastolischer Blutdruck.
(SBDM = Systolische Blutdruckmessung; DBDM = Diastolische Blutdruckmessung)		

Veranschaulichen wir uns die Problemstellung noch einmal anhand eines konkreten Beispiels. In einer Befragung seien Hausfrauen nach ihrer Einschätzung von Emulsionsfetten (Butter, Margarine) befragt worden. Dabei seien die Marken Rama, Sanella, Becel, Du darfst, Holländische Markenbutter und Weihnachtsbutter anhand der Variablen Anteil ungesättigter Fettsäuren, Kaloriengehalt, Vitamingehalt, Haltbarkeit und Preis auf einer siebenstufigen Skala von hoch bis niedrig beurteilt worden.

---

[1] Vgl. Harman, H. H., 1976, S. 13 ff.
[2] Vgl. Carroll, J. B., 1993.
[3] Vgl. Plinke, W., 1985, S. 118 ff.
[4] Vgl. Überla, K., 1977, S. 264 ff.

Die nachfolgende Abbildung 5.2 zeigt einen Ausschnitt aus dem entsprechenden Fragebogen.

Abbildung 5.2: Fragebogenausschnitt

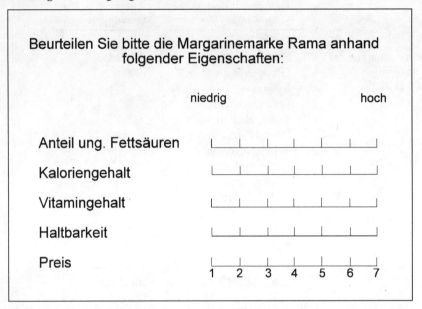

Die Beantwortung des obigen Fragebogenausschnitts durch die 30 befragten Probanden liefert subjektive Eigenschaftsurteile der fünf Variablen für die Margarinemarke Rama, so daß eine (30 x 5)-Matrix entsteht. Diese Matrix kann der weiteren Analyse zugrunde gelegt werden. Wir haben dann 5 Eigenschaften und 30 Fälle, wobei wir für unsere Analyse *unterstellen*, daß die Befragtenurteile *unabhängig* voneinander sind.

Will man jedoch die sechs Marken gleichzeitig analysieren, so werden häufig für jede Eigenschaft pro Marke Durchschnittswerte über alle 30 Befragten gebildet. Wir erhalten dann eine (6 x 5)-Matrix, wobei die Marken als Fälle interpretiert werden. Bei einer solchen Durchschnittsbildung muß man sich allerdings bewußt sein, daß man bestimmte Informationen (nämlich die über die Streuung der Ausprägung zwischen den Personen) verliert.

Je größer die Streuung der Stichprobenwerte ist, um so problematischer ist der Aussagewert bei einer solchen Vorgehensweise. Da in praktischen Fällen häufig dennoch so vorgegangen wird, beziehen sich auch die nachfolgenden Ausführungen auf die der (6 x 5)-Matrix zugrundeliegenden Durchschnittswerte über alle Personen. Im abschließenden Kapitel wird ein Lösungsvorschlag für eine Alternative zur Durchschnittsbildung vorgestellt.

Wir fassen zusammen: Unsere Befragung liefert uns folgende Daten:

Abbildung 5.3: Ausgangsdaten im Beispiel

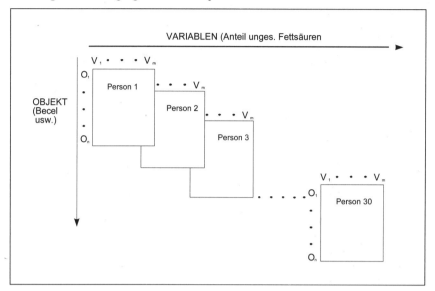

Es sei unterstellt, daß die ausgewählten Eigenschaften für die Beurteilung von Emulsionsfetten auch als relevant angesehen werden können. Für die folgenden Betrachtungen verdichten wir nun die Werte aus Abbildung 5.3 durch Bildung der arithmetischen Mittel für jede Objekt/Variablen-Kombination über alle 30 Befragten. Als Durchschnittswert der 30 befragten Probanden mögen sich bei dieser Befragung über alle Hausfrauen folgende Werte ergeben haben (Abbildung 5.4).

Mißt man den Informationsgehalt einer Datenstruktur an der in ihr enthaltenen Streuung (Varianz) der Befragungswerte, so verliert man durch die Durchschnittsbildung einen Teil der ursprünglichen Informationen (Streuungen), und der Informationsgehalt der Mittelwertmatrix in Abbildung 5.4 enthält jetzt nur noch die Streuung der durchschnittlichen Beurteilungen *über die verschiedenen Emulsionsfette.*

Ein erster Blick auf die Ausgangsdatenmatrix macht bereits deutlich, daß die Eigenschaften (Variablen) x_1 bis x_3 bei den Margarinemarken (Sanella, Becel und Du darfst; Ausnahme: Rama) tendenziell höher bewertet wurden als bei den Buttersorten (Holländische Butter und Weihnachtsbutter), während die Eigenschaften x_4 und x_5 primär bei den Buttersorten höher ausgeprägt sind. Die Ausgangsdaten geben damit in diesem Beispiel bereits einen Hinweis darauf, daß zwei Gruppen (x_1, x_2, x_3 und x_4, x_5) ähnlich beurteilter Variablen existieren, die sich in der Beurteilung untereinander aber unterscheiden. Damit läßt sich in diesem Beispiel bereits aus der *Datenstruktur* ein Beziehungszusammenhang vermuten. Will man diese Vermutung genauer überprüfen, so ist es erforderlich, auf ein statistisches Kriteri-

264   Faktorenanalyse

um zurückzugreifen, das die Quantifizierung von Beziehungen zwischen Variablen erlaubt. Ein solches statistisches Kriterium stellt der *Korrelationskoeffizient* dar. Durch die Berechnung von *Korrelationen* zwischen allen Variablen läßt sich die Stärke der Beziehungszusammenhänge zwischen allen Variablen berechnen.

Abbildung 5.4:   Mittelwertmatrix für das 6-Produkte-Beispiel

			Eigenschaften		
Marken	x_1	x_2	x_3	x_4	x_5
Rama	1	1	2	1	2
Sanella	2	6	3	3	4
Becel	4	5	4	4	5
Du darfst	5	6	6	2	3
Holländische Butter	2	3	3	5	7
Weihnachtsbutter	3	4	4	6	7

wobei:

x_1 = Anteil ungesättigter Fettsäuren
x_2 = Kaloriengehalt
x_3 = Vitamingehalt
x_4 = Haltbarkeit
x_5 = Preis

Dabei ist jedoch zu beachten, daß Korrelationen grundsätzlich auf *drei* verschiedene Arten *kausal interpretiert* werden können. Wir wollen dies an dem Beispiel der Variablen "Fettsäuren" und "Vitamingehalt" verdeutlichen:

1.   Die Korrelation zwischen "Fettsäuren" und "Vitamingehalt" resultiert daraus, daß sich durch die Erhöhung des Anteils ungesättigter Fettsäuren auch der Vitamingehalt erhöht.

2.   Die Korrelation zwischen "Fettsäuren" und "Vitamingehalt" resultiert daraus, daß durch eine Erhöhung des Vitamingehalts auch der Anteil ungesättigter Fettsäuren gesteigert wird.

3.   Für die Korrelation zwischen "Fettsäuren" und "Vitamingehalt" ist eine hinter diesen beiden Variablen stehende Größe kausal verantwortlich, d. h. diese hypothetische Größe stellt die Ursache für das Zustandekommen der Korrelation dar.

An dieser Stelle wird bereits deutlich, daß aus *inhaltlichen* Überlegungen heraus entschieden werden muß, welche der obigen drei Interpretationsmöglichkeiten in einer bestimmten Anwendungssituation Gültigkeit besitzt. Die Faktorenanalyse *unterstellt*, daß *immer* die *dritte* Interpretationsvariante zutrifft. Nur wenn dem aufgrund sachlogischer Überlegungen zugestimmt werden kann, darf eine Faktorenanalyse angewendet werden.

Verzichtet man zunächst auf die Berechnung von Korrelationen und unterstellt die Gültigkeit der o. g. dritten Interpretationsart, so können wir in obigem Beispiel von der plausiblen Vermutung ausgehen, daß x_1 bis x_3 sowie x_4 und x_5 lediglich Beschreibungen von zwei eigentlich "hinter diesen Variablen stehenden" Größen (Faktoren) darstellen.

Diese Vermutung läßt sich graphisch, wie in Abbildung 5.5 dargestellt, verdeutlichen.

Abbildung 5.5: Grundgedanke der Faktorenanalyse im Beispiel

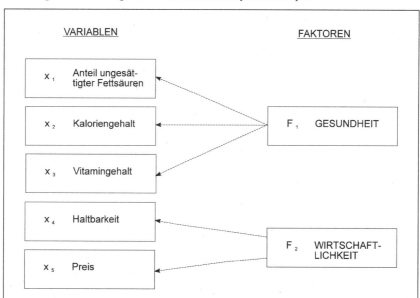

Ausgehend von den fünf Eigenschaften, die in der Befragung verwendet wurden, wird aufgrund der sich in den Daten manifestierenden Beziehungen zwischen x_1 bis x_3 bzw. x_4 und x_5 vermutet, daß eigentlich nur zwei unabhängige Beschreibungsdimensionen für die Aufstrichfette existieren (die die Variationen in den Variablen bedingen). x_1 bis x_3 könnten z.B. Ausdruck *eines* Faktors sein, den man etwa mit "Gesundheit" bezeichnen könnte, denn sowohl der Anteil ungesättigter Fettsäuren als auch Kaloriengehalt und Vitamingehalt haben "etwas mit der Gesundheit zu tun". Ebenso können die Variablen x_4 und x_5 (Haltbarkeit und Preis) Ausdruck für Wirtschaftlichkeitsüberlegungen sein. Man könnte also vermuten, daß sich die Variablen x_1 bis x_5 in diesem konkreten Fall auf zwei komplexere Variablenbündel verdichten lassen. Diese "Variablenbündel" bezeichnen wir im folgenden als *Faktoren*.

266   Faktorenanalyse

Werden die im Ausgang betrachteten Eigenschaften zu Faktoren zusammengefaßt, so ist unmittelbar einsichtig, daß gegenüber der Mittelwertmatrix in Abbildung 5.4 ein weiterer Informationsverlust entsteht, da i.d.R. weniger Faktoren als ursprüngliche Eigenschaften betrachtet werden. Dieser Informationsverlust ist darin zu sehen, daß zum einen die Faktoren in der Summe nur weniger Varianz erklären können als die fünf Ausgangsvariablen und zum anderen die Varianz einer jeden Ausgangsgröße in der Erhebungsgesamtheit ebenfalls durch die Faktoren i.d.R. nicht vollständig erklärt werden kann. Der Verlust an erklärter Varianz wird im Rahmen der Faktorenanalyse zugunsten der Variablenverdichtung bewußt in Kauf genommen. Allerdings muß sich der Anwender vorab überlegen, in welchem Ausmaß dieser Erklärungsverlust (im Sinne eines Varianzverlustes) bei den einzelnen Ausgangsvariablen toleriert bzw. wieviel Varianz durch die Faktoren bei einer bestimmten Variablen erklärt werden soll. Den Umfang an Varianzerklärung, den die Faktoren gemeinsam für eine Ausgangsvariable liefern, wird als *Kommunalität* bezeichnet. Die Art und Weise, mit der die Kommunalitäten bestimmt werden, ist unmittelbar an die Methode der Faktorenermittlung (*Faktorextraktionsmethode*) gekoppelt. Je nachdem, welche Überlegungen der Kommunalitätenbestimmung zugrunde liegen, werden unterschiedliche Faktorenanalyseverfahren relevant.

Ist eine Entscheidung über die Höhe der Kommunalitäten der einzelnen Ausgangsvariablen getroffen, so muß weiterhin über die *Anzahl der zu extrahierenden Faktoren* entschieden werden, da das Ziel der Faktorenanalyse gerade darin zu sehen ist, weniger Faktoren als ursprüngliche Variable zu erhalten. Hier steht der Anwender vor dem Zielkonflikt, daß mit einer geringen Faktorenzahl tendenziell ein großer Informationsverlust (im Sinne von nicht erklärter Varianz) verbunden ist und umgekehrt. In unserem Beispiel hatten wir uns aufgrund einer Plausibilitätsbetrachtung für zwei Faktoren entschieden.

Ist schließlich die Anzahl der Faktoren bestimmt, so ist es von besonderem Interesse, die Beziehungen zwischen den Ausgangsvariablen und den Faktoren zu kennen. Zu diesem Zweck werden "Korrelationen" berechnet, die ein Maß für die Stärke und die Richtung der Zusammenhänge zwischen Faktoren und ursprünglichen Variablen angeben. Diese Korrelationen werden als Faktorladungen bezeichnet und in der sog. *Faktorladungsmatrix* zusammengefaßt. Abschließend ist es dann von Interesse, wie die befragten Personen die Marken Rama, Sanella, Becel, Du darfst, Holländische Markenbutter und Weihnachtsbutter im Hinblick auf die beiden "künstlichen" Faktoren "Gesundheit" und "Wirtschaftlichkeit" beurteilen würden. Gesucht ist also die entsprechende Matrix zu Abbildung 5.4, die die Einschätzung der Marken bezüglich der beiden Faktoren "Gesundheit" und "Wirtschaftlichkeit" enthält. Diese "Einschätzungen" werden als *Faktorwerte* bezeichnet. Abbildung 5.6 zeigt die entsprechende Faktorwerte-Matrix für unser kleines Ausgangsbeispiel. Die Darstellung enthält standardisierte Werte, wobei die Ausprägungen als Abweichungen vom Mittelwert dargestellt sind.

Abbildung 5.6: Faktorwerte-Matrix

	Faktor 1	Faktor 2
Rama	-1,21136	-1,25027
Sanella	-0,48288	-0,26891
Becel	0,57050	0,19027
Du darfst	1,56374	-0,88742
Holl. Butter	-0,63529	0,94719
Weihnachtsbutter	0,19530	1,26914

Die Faktorwerte liefern nicht nur einen Anhaltspunkt für die Einschätzung der Margarinesorten bezüglich der gefundenen Faktoren, sondern erlauben darüber hinaus (im Fall einer 2- oder 3-Faktorlösung) eine *graphische Darstellung* der Faktorenergebnisse. Durch solche "Mappings" lassen sich besonders gut die Positionen von Objekten (hier: Margarinemarken) im Hinblick auf die gefundenen Faktoren visualisieren (vgl. Abbildung 5.7).

Abbildung 5.7: "Mapping" der Faktorwerte

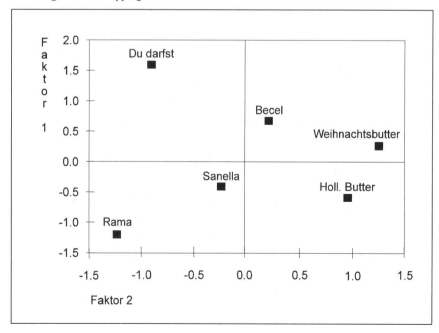

268   Faktorenanalyse

Dabei wird deutlich, daß es sich bei diesem "mapping" um eine "relative" Darstellung handelt: Die Faktorwerte werden als Abweichung von dem auf Null normierten Mittelwert dargestellt, so daß hohe positive Faktorwerte stark überdurchschnittliche, hohe negative Faktorwerte stark unterdurchschnittliche Ausprägungen kennzeichnen.

Das in Abbildung 5.8 dargestellte Ablaufdiagramm enthält die wesentlichen Teilschritte bei der Durchführung einer Faktorenanalyse. Entsprechend diesem Ablaufdiagramm sind die nachfolgenden Betrachtungen aufgebaut. Allerdings ist zu beachten, daß sich bei konkreten Anwendungen der Faktorenanalyse insbesondere die Schritte (2) und (3) gegenseitig bedingen und nur schwer voneinander trennen lassen. Aus didaktischen Gründen wurde hier aber eine Trennung vorgenommen.

Abbildung 5.8:   Ablauf einer Faktorenanalyse

(1) Variablenauswahl und Errechnung der Korrelationsmatrix

(2) Extraktion der Faktoren

(3) Bestimmung der Kommunalitäten

(4) Zahl der Faktoren

(5) Faktorinterpretation

(6) Bestimmung der Faktorwerte

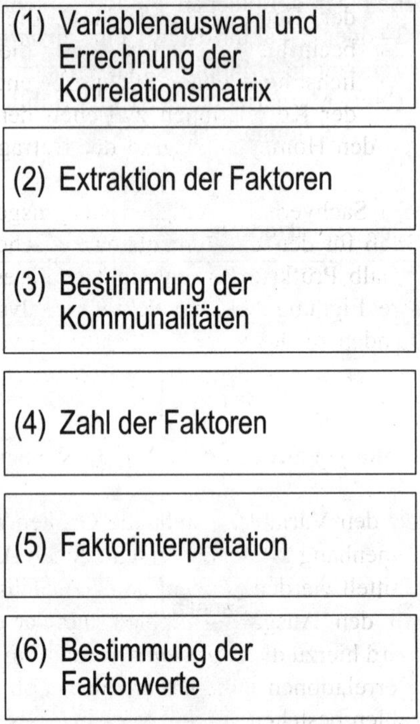

5.2 Vorgehensweise

5.2.1 Variablenauswahl und Errechnung der Korrelationsmatrix

(1) Variablenauswahl und Errechnung der Korrelationsmatrix
(2) Extraktion der Faktoren
(3) Bestimmung der Kommunalitäten
(4) Zahl der Faktoren
(5) Faktorinterpretation
(6) Bestimmung der Faktorwerte

Die Güte der Ergebnisse einer Faktorenanalyse ist von der Zuverlässigkeit der Ausgangsdaten abhängig. Es muß deshalb besondere Sorgfalt auf die Wahl der Untersuchungsmerkmale verwendet werden. Insbesondere ist darauf zu achten, daß die erhobenen Merkmale auch für den Untersuchungsgegenstand relevant sind. Irrelevante Merkmale sind vorab auszusortieren sowie als ähnlich erachtete Kriterien müssen zusammengefaßt werden. Insbesondere bei der Formulierung von Befragungsitems ist darauf zu achten, daß bereits die Wortwahl der Fragestellungen das Antwortverhalten der Befragten und damit die Streuung der Daten beeinflußt. Weiterhin sollten die Befragten einer möglichst homogenen Stichprobe entstammen, da die Höhe der Korrelationen zwischen den Untersuchungsmerkmalen (Variablen) durch den Homogenitätsgrad der Befragungsstichprobe beeinflußt wird.

Die oben aufgezeigten Sachverhalte schlagen sich insgesamt in den Korrelationen nieder, die als Maß für den Zusammenhang zwischen Variablen errechnet werden. Es wurden deshalb Prüfkriterien entwickelt, die es erlauben, Variablenzusammenhänge auf ihre Eignung für eine Faktorenanalyse zu überprüfen. Wir werden deshalb im folgenden zunächst auf die Ermittlung von Korrelationen näher eingehen und sodann ausgewählte (statistische) Prüfkriterien erläutern.

5.2.1.1 Korrelationsanalyse zur Aufdeckung der Variablenzusammenhänge

Faktoren, die als "hinter den Variablen" stehende Größen angesehen werden, repräsentieren den Zusammenhang zwischen verschiedenen Ausgangsvariablen. Bevor solche Faktoren ermittelt werden können, ist es zunächst erforderlich, die Zusammenhänge zwischen den Ausgangsvariablen meßbar zu machen. Als methodisches Hilfsmittel wird hierzu die *Korrelationsrechnung* herangezogen.

Bereits anhand der Korrelationen läßt sich erkennen, ob Zusammenhänge zwischen Paaren von Variablen bestehen, so daß Variablen als voneinander abhängig und damit als "bündelungsfähig" angesehen werden können.

Für die Mittelwertmatrix (Abbildung 5.4) in obigem Beispiel läßt sich z.B. die Korrelation zwischen x_1 (Anteil ungesättigter Fettsäuren) und x_2 (Kaloriengehalt) wie folgt berechnen:

270   Faktorenanalyse

Korrelationskoeffizient:

$$r_{x_1,x_2} = \frac{\sum\limits_{k=1}^{K}\left(x_{k1} - \bar{x}_1\right)\cdot\left(x_{k2} - \bar{x}_2\right)}{\sqrt{\sum\limits_{k=1}^{K}\left(x_{k1} - \bar{x}_1\right)^2 \cdot \sum\limits_{k=1}^{K}\left(x_{k2} - \bar{x}_2\right)^2}} \tag{1}$$

mit:

x_{k1} =   Ausprägung der Variablen 1 bei Objekt k (in unserem Beispiel läuft k von 1 bis 6 (6 Marken))

$\bar{x}_1$ =   Mittelwert der Ausprägung von Variable 1 über alle Objekte k

x_{k2} =   Ausprägung der Variablen 2 bei Objekt k

$\bar{x}_2$ =   Mittelwert der Ausprägung von Variable 2 über alle Objekte k

Setzt man in Formel (1) die entsprechenden Werte der Ausgangsdatenmatrix ein, so ergibt sich ein Korrelationskoeffizient von $r_{x_1,x_2} = 0{,}71176$. Um die im einzelnen notwendigen Rechenschritte zu erleichtern, bedient man sich zur Ermittlung der Korrelationskoeffizienten am besten der Hilfstabelle (Abbildung 5.9). Dabei stellt $\bar{x}_1$ den Mittelwert über alle Marken für die Eigenschaft "Ungesättigte Fettsäuren" $\left((1+2+4+5+2+3):6=2{,}83\right)$ und $\bar{x}_2$ für die Eigenschaft "Kaloriengehalt" $\left((1+6+5+6+3+4):6=4{,}17\right)$ dar.

Abbildung 5.9:   Hilfstabelle zur Berechnung eines Korrelationskoeffizienten

	$(x_{k1}-\bar{x}_1)$	$(x_{k2}-\bar{x}_2)$	$(x_{k1}-\bar{x}_1)^2$	$(x_{k2}-\bar{x}_2)^2$	$(x_{k1}-\bar{x}_1)\cdot(x_{k2}-\bar{x}_2)$
Rama	-1,83333	-3,16667	3,36110	10,02780	5,80555
Sanella	-0,83333	1,83333	0,69444	3,36110	-1,52777
Becel	1,16667	0,83333	1,36112	0,69444	0,97222
Du darfst	2,16667	1,83333	4,69446	3,36110	3,97222
Holl. Butter	-0,83333	-1,16667	0,69444	1,36111	0,97222
Weihnachtsbutter	0,16667	-0,16667	0,02778	0,02778	-0,02778
			10,83334	18,83333	10,16666
			$\sum\limits_{k=1}^{6}(x_{k1}-\bar{x}_1)^2$	$\sum\limits_{k=1}^{6}(x_{k2}-\bar{x}_2)^2$	$\sum\limits_{k=1}^{6}(x_{k1}-\bar{x}_1)\cdot(x_{k2}-\bar{x}_2)$

$$r_{x_1\cdot x_2} = \frac{10{,}16664}{\sqrt{10{,}83334 \cdot 18{,}83333}} = 0{,}71176$$

Berechnet man die Korrelationskoeffizienten über alle Eigenschaften, ergibt sich für die Mittelwertmatrix die in Abbildung 5.10 abgebildete Korrelationsmatrix.

Abbildung 5.10: Korrelationsmatrix für das 6-Produkte-Beispiel

	UNGEFETT	KALORIEN	VITAMIN	HALTBARK	PREIS
UNGEFETT	1.00000				
KALORIEN	**0.71176**	1.00000			
VITAMIN	0.96134	0.70397	1.00000		
HALTBARK	0.10894	0.13771	0.07825	1.00000	
PREIS	0.04385	0.06652	0.02362	0.98334	1.00000

In der Regel empfiehlt es sich, die Ausgangsdatenmatrix vorab zu standardisieren, da dadurch

- die Korrelationsrechnung und die im Rahmen der Faktorenanalyse erforderlichen Rechenschritte erleichtert werden;
- Interpretationserleichterungen erzielt werden;
- eine Vergleichbarkeit der Variablen ermöglicht wird, die in unterschiedlichen Maßeinheiten erhoben wurden (z.B. Einkommen gemessen in Euro und Verkauf von Gütern in Stck.).

Eine Standardisierung der Datenmatrix erfolgt durch die Bildung der Differenz zwischen dem Mittelwert und dem jeweiligen Beobachtungswert einer Variablen sowie der anschließenden Division durch die Standardabweichung. Dadurch wird sichergestellt, daß der neue Mittelwert gleich Null und die Standardabweichung einer Variablen gleich Eins ist. Die Werte einer standardisierten Datenmatrix bezeichnen wir im folgenden nicht mehr mit x, sondern mit z.

Standardisierte Variable

$$z_{kj} = \frac{x_{kj} - \overline{x}_j}{s_j}$$

mit:

x_{kj} = Beobachtungswert der j-ten Variablen bei Objekt k

$\overline{x}_j$ = Durchschnitt aller Beobachtungswerte der j-ten Variablen über alle Objekte

s_j = Standardabweichung der j-ten Variablen

z_{kj} = Standardisierter Beobachtungswert der j-ten Variablen bei Objekt k

Aus der standardisierten Datenmatrix ergibt sich auch eine einfachere Berechnung der Korrelationsmatrix R nach folgender Formel:

$$R = \frac{1}{K-1} \cdot Z' \cdot Z \qquad (2)$$

272   Faktorenanalyse

wobei Z' die transponierte Matrix der standardisierten Ausgangsdatenmatrix Z darstellt.

Der Leser möge selbst anhand des Beispiels die Gültigkeit der Formel überprüfen. Dabei wird klar werden, daß die Korrelationsmatrix auf *Basis der Ausgangsdaten identisch* ist mit der Korrelationsmatrix auf *Basis der standardisierten Daten*. Wird die Korrelationsmatrix aus *standardisierten* Daten errechnet, so sind in diesem Falle Varianz-Kovarianzmatrix und Korrelationsmatrix *identisch*. Für den Korrelationskoeffizienten läßt sich auch schreiben:

$$r_{x_1,x_2} = \frac{s_{x_1,x_2}}{s_{x_1}s_{x_2}} \text{ mit: } s_{x_1,x_2} = \frac{1}{K-1}\sum_k (x_{k1}-\overline{x}_1)(x_{k2}-\overline{x}_2)$$

Da wegen der Standardisierung die beiden Varianzen im Nenner 1 sind, folgt, daß Korrelationskoeffizient und Kovarianz (s_{x_1,x_2}) identisch sind.

Die Korrelationsmatrix zeigt dem Anwender auf, welche Variablen der Ausgangsbefragung offenbar mit welchen anderen Variablen dieser Befragung "irgendwie zusammenhängen". Sie zeigt ihm jedoch *nicht*, ob

1. die Variablen sich gegenseitig bedingen

   oder

2. das Zustandekommen der Korrelationswerte durch einen oder mehrere hinter den zusammenhängenden Variablen stehenden Faktoren bestimmt wird.

Angesichts der beiden klar trennbaren Blöcke der Korrelationsmatrix (vgl. die abgegrenzten Vierecke) läßt sich vermuten, daß die Variablen x_1 bis x_3 und x_4/x_5 durch zwei Faktoren "erklärt" werden könnten.

Ausgehend von dieser *Hypothese* stellt sich unmittelbar die Frage, mit welchem Gewicht denn die beiden Faktoren an der Beschreibung der beobachteten Zusammenhänge beteiligt sind. Es ist ja denkbar, daß der Faktor "Gesundheit" als alleiniger Beschreibungsfaktor für die Variablen x_1 bis x_3 fast für die gesamten Unterschiede in der Ausgangsbefragung verantwortlich ist. Es kann aber auch sein, daß er nur einen Teil der unterschiedlichen Beurteilungen in der Ausgangsbefragung erklärt. Die größere oder geringere Bedeutung beider Faktoren läßt sich in einer Gewichtszahl ausdrücken, die im Rahmen einer Faktorenanalyse auch als *Eigenwert* bezeichnet wird.

5.2.1.2   Eignung der Korrelationsmatrix

Zu Beginn des Abschnittes 5.2.1 hatten wir bereits darauf hingewiesen, daß sich die Eignung der Ausgangsdaten für faktoranalytische Zwecke in der Korrelationsmatrix widerspiegelt. Dabei liefern bereits die *Ausgangsdaten* selbst einen Anhaltspunkt zur Eignungsbeurteilung der Daten zum Zwecke der Faktorenanalyse, da die Höhe der Korrelationskoeffizienten durch die Verteilung der Variablen in der Erhebungsgesamtheit (Symmetrie, Schiefe und Wölbung der Verteilung) be-

Vorgehensweise   273

einflußt wird. Liegt einer Erhebung eine heterogene Datenstruktur zugrunde, so macht sich dies durch viele kleine Werte in der Korrelationsmatrix bemerkbar, womit eine sinnvolle Anwendung der Faktorenanalyse in Frage gestellt ist. Es ist deshalb *vorab* eine Prüfung der Variablen auf Normalverteilung, zumindest aber auf Gleichartigkeit der Verteilungen empfehlenswert, obwohl die Faktorenanalyse selbst keine Verteilungsannahmen setzt.

Bezogen auf unser 6-Produkte-Beispiel treten neben sehr hohen Werten ($> 0{,}7$) insbesondere im unteren Teil der Matrix kleine Korrelationen auf (vgl. Abbildung 5.10), so daß die Korrelationsmatrix selbst kein eindeutiges Urteil über die Eignung der Daten zur Faktorenanalyse zuläßt.

Es ist deshalb zweckmäßig, weitere Kriterien zur Prüfung heranzuziehen. Hierzu bieten sich insbesondere statistische Prüfkriterien an, die eine Überprüfung der Korrelationskoeffizienten auf Eignung zur Faktorenanalyse ermöglichen. Es ist durchaus empfehlenswert, mehr als ein Kriterium zur faktoranalytischen Eignung der Datenmatrix anzuwenden, da die verschiedenen Kriterien unterschiedliche Vor- und Nachteile haben. Im einzelnen werden durch SPSS folgende Kriterien bereitgestellt:

Signifikanzniveaus der Korrelationen

Ein Signifikanzniveau überprüft die Wahrscheinlichkeit, mit der eine zuvor formulierte Hypothese zutrifft oder nicht. Für alle Korrelationskoeffizienten lassen sich die Signifikanzniveaus anführen. Zuvor wird eine sogenannte H_0-Hypothese formuliert, die aussagt, daß kein Zusammenhang zwischen den Variablen besteht. Das Signifikanzniveau des Korrelationskoeffizienten berechnet anschließend, mit welcher *Irrtumswahrscheinlichkeit* eben diese H_0-Hypothese abgelehnt werden kann. Ein beispielhaftes Signifikanzniveau von 0,00 bedeutet, daß mit dieser *Irrtumswahrscheinlichkeit* die H_0-Hypothese abgelehnt werden kann, sprich zu 0,0% wird sich der Anwender täuschen, wenn er von einem Zusammenhang ungleich Null zwischen den Variablen ausgeht. Anders ausgedrückt: Mit einer Wahrscheinlichkeit von 100% wird sich die Korrelation von Null unterscheiden.

Abbildung 5.11:   Signifikanzniveaus der Korrelationskoeffizienten im 6-Produkte-Beispiel

Korrelationsmatrix					
		UNGEFETT	KALORIEN	VITAMIN	HALTBARK	PREIS
Signifikanz (1-seitig)	UNGEFETT		,05632	,00111	,41862	,46713
	KALORIEN	,05632		,05924	,39737	,45018
	VITAMIN	,00111	,05924		,44144	,48229
	HALTBARK	,41862	,39737	,44144		,00021
	PREIS	,46713	,45018	,48229	,00021	

Für unser Beispiel zeigt Abbildung 5.11, daß sich genau diejenigen Korrelationskoeffizienten signifikant von Null unterscheiden (niedrige Werte in Abbildung

274 Faktorenanalyse

5.11), die in Abbildung 5.10 hohe Werte (> 0,7) aufweisen, während die Korrelationskoeffizienten mit geringen Werten auch ein hohes Signifikanzniveau (Werte > 0,4) besitzen. Das bedeutet, daß sich z.B. die Korrelation zwischen den Variablen "Vitamingehalt" und "Haltbarkeit" nur mit einer Wahrscheinlichkeit von (1 – 0,44 =) 56% von Null unterscheidet.

Inverse der Korrelationsmatrix

Die Eignung einer Korrelationsmatrix für die Faktorenanalyse läßt sich weiterhin an der Struktur der Inversen der Korrelationsmatrix erkennen. Dabei wird davon ausgegangen, daß eine Eignung dann gegeben ist, wenn die *Inverse eine Diagonalmatrix* darstellt, d. h. die Nicht-diagonal-Elemente der inversen Korrelationsmatrix möglichst nahe bei Null liegen. Für das 6-Produkte-Beispiel zeigt Abbildung 5.12, daß insbesondere für die Werte der Variablen "Ungesättigte Fettsäuren" und "Vitamingehalt" sowie "Haltbarkeit" und "Preis" hohe Werte auftreten, während alle anderen Werte *relativ* nahe bei Null liegen. Es existiert allerdings kein allgemeingültiges Kriterium dafür, wie stark und wie häufig die Nicht-diagonal-Elemente von Null abweichen dürfen.

Abbildung 5.12: Inverse der Korrelationsmatrix im 6-Produkte-Beispiel

Inverse Korrelationsmatrix					
	UNGEFETT	KALORIEN	VITAMIN	HALTBARK	PREIS
UNGEFETT	14,49910	-,60678	-13,19772	-5,58018	5,20353
KALORIEN	-,60678	2,17944	-,82863	-2,18066	2,04555
VITAMIN	-13,19772	-,82863	14,00000	4,79257	-4,40959
HALTBARK	-5,58018	-2,18066	4,79257	38,17871	-37,26624
PREIS	5,20353	2,04555	-4,40959	-37,26624	37,38542

Bartlett-Test (test of sphericity)

Der Bartlett-Test überprüft die Hypothese, daß die Stichprobe aus einer Grundgesamtheit entstammt, in der die Variablen unkorreliert sind.[5]

Gleichbedeutend mit dieser Aussage ist die Frage, ob die Korrelationsmatrix nur zufällig von einer Einheitsmatrix abweicht, da im Falle der *Einheitsmatrix* alle Nicht-diagonal-Elemente Null sind, d. h. keine Korrelationen zwischen den Variablen vorliegen. Es werden folgende Hypothesen formuliert:

H_0: Die Variablen in der Erhebungsgesamtheit sind unkorreliert.

H_1: Die Variablen in der Erhebungsgesamtheit sind korreliert.

Der Bartlett-Test setzt voraus, daß die Variablen in der Erhebungsgesamtheit einer *Normalverteilung* folgen und die entsprechende Prüfgröße annähernd Chi-

---

[5] Vgl. Dziuban, C. D./Shirkey, E. C., 1974, S. 358 ff.

Quadrat-verteilt ist. Letzteres aber bedeutet, daß der Wert der Prüfgröße in hohem Maße durch die Größe der Stichprobe beeinflußt wird. Für unser Beispiel erbrachte der Bartlett-Test eine Prüfgröße von 17,371 bei einem Signifikanzniveau von 0,0665. Das bedeutet, daß mit einer Wahrscheinlichkeit von (1 − 0,0665 =) 93,35% davon auszugehen ist, daß die Variablen der Erhebungsgesamtheit korreliert sind. Setzt man als kritische Irrtumswahrscheinlichkeit einen Wert von 0,05 fest, so wäre für unser Beispiel die Nullhypothese anzunehmen und folglich die Korrelationsmatrix nur zufällig von der Einheitsmatrix verschieden. Das läßt dann den Schluß zu, daß die Ausgangsvariablen in unserem Fall unkorreliert sind.

Allerdings sei an dieser Stelle nochmals darauf hingewiesen, daß die Anwendung des Bartlett-Tests eine Prüfung der Ausgangsdaten auf Normalverteilung voraussetzt, die in unserem Fall noch erfolgen müßte.

Anti-Image-Kovarianz-Matrix

Der Begriff Anti-Image stammt aus der Image-Analyse von Guttmann.[6] Guttmann geht davon aus, daß sich die Varianz einer Variablen in zwei Teile zerlegen läßt: das Image und das Anti-Image.

Das *Image* beschreibt dabei den Anteil der Varianz, der durch die verbleibenden Variablen mit Hilfe einer multiplen Regressionsanalyse (vgl. Kapitel 1) erklärt werden kann, während das *Anti-Image* denjenigen Teil darstellt, der von den übrigen Variablen unabhängig ist. Da die Faktorenanalyse unterstellt, daß den Variablen gemeinsame Faktoren zugrunde liegen, ist es unmittelbar einsichtig, daß Variablen nur dann für eine Faktorenanalyse geeignet sind, wenn das Anti-Image der Variablen möglichst gering ausfällt. Das aber bedeutet, daß die Nicht-diagonal-Elemente der Anti-Image-Kovarianz-Matrix möglichst nahe bei Null liegen müssen bzw. diese Matrix eine *Diagonalmatrix* darstellen sollte. Für das 6-Produkte-Beispiel zeigt Abbildung 5.13, daß die Forderung nach einer Diagonalmatrix erfüllt ist.

Abbildung 5.13: Anti-Image-Kovarianz-Matrix im 6-Produkte-Beispiel

Anti-Image-Matrizen		UNGEFETT	KALORIEN	VITAMIN	HALTBARK	PREIS
Anti-Image-Kovarianz	UNGEFETT	,06897	-,01920	-,06502	-,01008	,00960
	KALORIEN	-,01920	,45883	-,02716	-,02621	,02511
	VITAMIN	-,06502	-,02716	,07143	,00897	-,00842
	HALTBARK	-,01008	-,02621	,00897	,02619	-,02611
	PREIS	,00960	,02511	-,00842	-,02611	,02675

Als Kriterium dafür, wann die Forderung nach einer Diagonalmatrix erfüllt ist, schlagen Dziuban und Shirkey vor, die Korrelationsmatrix dann als für die Faktorenanalyse ungeeignet anzusehen, wenn der Anteil der Nicht-diagonal-Elemente,

---

[6] Vgl. Guttmann, L., 1953, S. 277 ff.

276   Faktorenanalyse

die ungleich Null sind (> 0,09), in der Anti-Image-Kovarianzmatrix (AIC) 25%
oder mehr beträgt.[7] Das trifft in unserem Fall für keines der Nicht-diagonal-
Elemente der AIC-Matrix zu, womit nach diesem Kriterium die Korrelationsmatrix
für faktoranalytische Auswertungen geeignet ist.

Kaiser-Meyer-Olkin-Kriterium

Während die Überlegungen von Dziuban und Shirkey auf Plausibilität beruhen,
haben Kaiser, Meyer und Olkin versucht, eine geeignete Prüfgröße zu entwickeln
und diese zur Entscheidungsfindung heranzuziehen. Sie berechnen ihre Prüfgröße,
die als *"measure of sampling adequacy (MSA)"* bezeichnet wird, auf Basis der An-
ti-Image-Korrelationsmatrix. Das MSA-Kriterium zeigt an, in welchem Umfang
die Ausgangsvariablen zusammengehören und dient somit als Indikator dafür, ob
eine Faktorenanalyse sinnvoll erscheint oder nicht. Das MSA-Kriterium erlaubt
sowohl eine Beurteilung der Korrelationsmatrix insgesamt als auch einzelner Variablen; sein Wertebereich liegt zwischen 0 und 1. Kaiser und Rice schlagen folgende Beurteilungen vor:[8]

MSA $\geq$ 0,9	marvelous	("erstaunlich")
MSA $\geq$ 0,8	meritorious	("verdienstvoll")
MSA $\geq$ 0,7	middling	("ziemlich gut")
MSA $\geq$ 0,6	mediocre	("mittelmäßig")
MSA $\geq$ 0,5	miserable	("kläglich")
MSA < 0,5	unacceptable	("untragbar")

Sie vertreten die Meinung, daß sich eine Korrelationsmatrix mit MSA < 0,5 nicht
für eine Faktorenanalyse eignet.[9] Als wünschenswert sehen sie einen Wert von
MSA $\geq$ 0,8 an.[10] In der Literatur wird das MSA-Kriterium, das auch als Kaiser-
Meyer-Olkin-Kriterium (KMK) bezeichnet wird, als das beste zur Verfügung stehende Verfahren zur Prüfung der Korrelationsmatrix angesehen, weshalb seine
Anwendung vor der Durchführung einer Faktorenanalyse auf jeden Fall zu empfehlen ist.[11]

Bezogen auf unser 6-Produkte-Beispiel ergab sich für die Korrelationsmatrix
insgesamt ein MSA-Wert von 0,576, womit sich für unser Beispiel ein nur "klägli-
ches" Ergebnis ergibt. Darüber hinaus gibt SPSS in der Diagonalen der Anti-
Image-Korrelationsmatrix aber auch das MSA-Kriterium für die einzelnen Variablen an.

---

[7] Vgl. Dziuban, C. D./Shirkey, E. C., 1974, S. 359.
[8] Vgl. Kaiser, H. F./Rice, J., 1974, S. 111 ff.
[9] Vgl. Cureton, E. E./D'Agostino, R. B., 1983, S. 389 f.
[10] Vgl. Kaiser, H. F., 1970, S. 405.
[11] Vgl Stewart, D. W., 1981, S. 57 f.; Dziuban, C. D./Shirkey, E. C., 1974, S. 360 f.

Vorgehensweise   277

Abbildung 5.14:   Anti-Image-Korrelations-Matrix im 6-Produkte-Beispiel

Anti-Image-Matrizen						
		UNGEFETT	KALORIEN	VITAMIN	HALTBARK	PREIS
Anti-Image-Korrelation	UNGEFETT	,59680[a]	-,10794	-,92633	-,23717	,22350
	KALORIEN	-,10794	,87789[a]	-,15001	-,23906	,22661
	VITAMIN	-,92633	-,15001	,59755[a]	,20730	-,19274
	HALTBARK	-,23717	-,23906	,20730	,47060[a]	-,98640
	PREIS	,22350	,22661	-,19274	-,98640	,46701[a]

a. Maß der Stichprobeneignung

Abbildung 5.14 macht deutlich, daß lediglich die Variable "Kaloriengehalt" mit einem MSA-Wert von 0,87789 als "verdienstvoll" anzusehen ist, während alle übrigen Variablen eher "klägliche" oder "untragbare" Ergebnisse aufweisen. Die variablenspezifischen MSA-Werte liefern damit für den Anwender einen Anhaltspunkt dafür, welche Variablen aus der Analyse auszuschließen wären, wobei sich ein sukzessiver Ausschluß von Variablen mit jeweiliger Prüfung der vorgestellten Kriterien empfiehlt.

5.2.2 Extraktion der Faktoren

(1) Variablenauswahl und Errechnung der Korrelationsmatrix

(2) Extraktion der Faktoren

(3) Bestimmung der Kommunalitäten

(4) Zahl der Faktoren

(5) Faktorinterpretation

(6) Bestimmung der Faktorwerte

Die bisherigen Ausführungen haben verdeutlicht, daß bei Faktorenanalysen große Sorgfalt auf die Wahl der Untersuchungsmerkmale und -einheiten zu verwenden ist, da durch die Güte der Korrelationsmatrix, die den Startpunkt der Faktorenanalyse darstellt, alle Ergebnisse der Faktorenanalyse beeinflußt werden. Im folgenden ist nun zu fragen, wie denn nun die Faktoren rein rechnerisch aus den Variablen ermittelt werden können. Wir werden im folgenden zunächst das *Fundamentaltheorem der Faktorenanalyse* darstellen und anschließend die Extraktion auf graphischem Wege plausibel machen. Auf die Unterschiede zwischen konkreten (rechnerischen) Faktorextraktionsverfahren gehen wir dann im Zusammenhang mit der Bestimmung der Kommunalitäten (Abschnitt 5.2.3) ein.

278   Faktorenanalyse

5.2.2.1   Das Fundamentaltheorem

Während die bisherigen Überlegungen die Ausgangsdaten und ihre Eignung für faktoranalytische Zwecke betrafen, stellt sich nun die Frage, wie sich die Faktoren rechnerisch aus den Variablen ermitteln lassen. Zu diesem Zweck geht die Faktorenanalyse von folgender grundlegenden Annahme aus:

"Jeder Beobachtungswert einer Ausgangsvariablen x_j oder der standardisierten Variablen z_j läßt sich als eine Linearkombination mehrerer (hypothetischer) Faktoren beschreiben."

Mathematisch läßt sich dieser Zusammenhang wie folgt formulieren:

$$x_{kj} = a_{j1} \cdot p_{k1} + a_{j2} \cdot p_{k2} + ... + a_{jQ} \cdot p_{kQ} \tag{3a}$$

bzw. für standardisierte x-Werte

$$z_{kj} = a_{j1} \cdot p_{k1} + a_{j2} \cdot p_{k2} + ... + a_{jQ} \cdot p_{kQ} = \sum_{q=1}^{Q} a_{jq} \cdot p_{kq} \tag{3b}$$

Die obige Formel (3b) besagt für das 2-Faktorenbeispiel nichts anderes, als daß z.B. die standardisierten Beobachtungswerte für "Anteil ungesättigter Fettsäuren" und "Vitamingehalt" beschrieben werden durch die Faktoren p_1 und p_2, so wie sie im Hinblick auf Marke k gesehen wurden (p_{k1} bzw. p_{k2}), jeweils multipliziert mit ihren Gewichten bzw. Faktorenladungen beim Merkmal j, also für Faktor 1 a_{j1} und für Faktor 2 a_{j2}.

Die Faktorladung gibt dabei an, *wieviel* ein Faktor mit einer Ausgangsvariablen zu tun hat. Im mathematisch-statistischen Sinne sind Faktorladungen nichts anderes als eine *Maßgröße für den Zusammenhang zwischen Variablen und Faktor*, und das ist wiederum nichts anderes als ein *Korrelationskoeffizient zwischen Faktor und Variablen*.

Um die Notation zu verkürzen, schreibt man häufig den Ausdruck (3b) auch in Matrixschreibweise. Identisch mit Formel (3b) ist daher auch folgende Matrixschreibweise, die die *Grundgleichung der Faktorenanalyse* darstellt:

$$Z = P \cdot A' \tag{3c}$$

Aufbauend auf diesem Grundzusammenhang läßt sich dann auch eine *Rechenvorschrift* ableiten, die aufzeigt, wie aus den erhobenen Daten die vermuteten Faktoren mathematisch ermittelt werden können.

Wir hatten gezeigt, daß die Korrelationsmatrix R sich bei standardisierten Daten wie folgt aus der Datenmatrix Z ermitteln läßt:

$$R = \frac{1}{K-1} \cdot Z' \cdot Z \tag{2}$$

Da Z aber im Rahmen der Faktorenanalyse durch $P \cdot A'$ beschrieben wird ($Z = P \cdot A'$), ist in (2) Z durch Formel (3c) zu ersetzen, so daß sich folgende Formel ergibt:

$$R = \frac{1}{K-1} \cdot (P \cdot A')' \cdot (P \cdot A') \tag{4}$$

Nach Auflösung der Klammern ergibt sich nach den Regeln der Matrixmultiplikation:

$$R = \frac{1}{K-1} \cdot A \cdot P' \cdot P \cdot A' = A \cdot \overbrace{\frac{1}{K-1} \cdot P' \cdot P} \cdot A' \tag{5}$$

Da alle Daten standardisiert sind, läßt sich der $\overbrace{\frac{1}{K-1} \cdot P' \cdot P}$ Ausdruck in Formel (5) auch als *Korrelationsmatrix der Faktoren* (C) bezeichnen (vgl. Formel (2)), so daß sich schreiben läßt:

$$R = A \cdot C \cdot A' \tag{6}$$

Da die Faktoren als unkorreliert angenommen werden, entspricht C einer Einheitsmatrix (einer Matrix, die auf der Hauptdiagonalen nur Einsen und sonst Nullen enthält). Da die Multiplikation einer Matrix mit einer Einheitsmatrix aber wieder die Ausgangsmatrix ergibt, vereinfacht sich die Formel (6) zu:

$$R = A \cdot A' \tag{7}$$

Die Beziehungen (6) und (7) werden von Thurstone als das *Fundamentaltheorem der Faktorenanalyse* bezeichnet, da sie den Zusammenhang zwischen Korrelationsmatrix und Faktorladungsmatrix beschreiben.

Das Fundamentaltheorem der Faktorenanalyse besagt nicht anderes, als daß sich die Korrelationsmatrix durch die Faktorladungen (Matrix A) und die Korrelationen zwischen den Faktoren (Matrix C) reproduzieren läßt. Für den Fall, daß man von unabhängigen (orthogonalen) Faktoren ausgeht, reduziert sich das Fundamentaltheorem auf Formel (7). Dabei muß sich der Anwender allerdings bewußt sein, daß das Fundamentaltheorem der Faktorenanalyse nach Formel (7) stets nur unter der Prämisse einer Linearverknüpfung und Unabhängigkeit der Faktoren Gültigkeit besitzt.

5.2.2.2 Graphische Interpretation von Faktoren

Der Informationsgehalt einer Korrelationsmatrix läßt sich auch graphisch in einem Vektor-Diagramm darstellen, in dem die jeweiligen Korrelationskoeffizienten als Winkel zwischen zwei Vektoren dargestellt werden. Zwei Vektoren werden dann als linear unabhängig bezeichnet, wenn sie senkrecht (orthogonal) aufeinander stehen. Sind die beiden betrachteten Vektoren (Variablen) jedoch korreliert, ist der Korrelationskoeffizient also ≠ 0, z.B. 0,5, dann wird dies graphisch durch einen Winkel von 60° zwischen den beiden Vektoren dargestellt.

Es stellt sich die Frage: Warum entspricht ein Korrelationskoeffizient von 0,5 genau einem Winkel von 60°? Die Verbindung wird über den Cosinus des jeweiligen Winkels hergestellt.

Verdeutlichen wir uns dies anhand des Ausgangsbeispiels (Abbildung 5.15):
In Abbildung 5.15 repräsentieren die Vektoren $\overline{AC}$ und $\overline{AB}$ z.B. die beiden Variablen "Kaloriengehalt" und "Vitamingehalt". Zwischen den beiden Variablen möge eine Korrelation von 0,5 gemessen worden sein. Der Vektor $\overline{AC}$, der den Kaloriengehalt repräsentiert und der genau wie $\overline{AB}$ aufgrund der Standardisierung eine Länge von 1 hat, weist zu $\overline{AB}$ einen Winkel von 60° auf. Der Cosinus des Winkels 60°, der die Stellung der beiden Variablen zueinander (ihre Richtung) angibt, ist definiert als Quotient aus Ankathete und Hypothenuse, also als $\overline{AD}/\overline{AC}$. Da $\overline{AC}$ aber gleich 1 ist, ist der Korrelationskoeffizient identisch mit der Strecke $\overline{AD}$.

Wie Abbildung 5.16 ausschnitthaft zeigt, ist z.B. der Cosinus eines 60°-Winkels gleich 0,5. Entsprechend läßt sich jeder beliebige Korrelationskoeffizient zwischen zwei Variablen auch durch zwei Vektoren mit einem genau definierten Winkel zueinander darstellen. Verdeutlichen wir uns dies noch einmal anhand einer Korrelationsmatrix mit drei Variablen (Abbildung 5.17).

Abbildung 5.15: Vektordarstellung einer Korrelation zwischen zwei Variablen

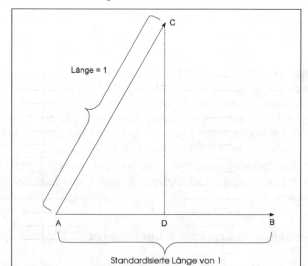

Abbildung 5.16: Werte für den Cosinus
(entnommen aus: Gellert, W./Küstner, H./Hellwich, M./Kästner, H.: Kleine Enzyklopädie Mathematik, Leipzig 1969, S. 799)

Grad	cos	Grad	cos
45	0,7071	**90**	**0,0000**
44	7193	89	0175
43	7314	88	0349
42	7431	87	0523
41	7547	86	0698
40	**0,7660**	85	0872
39	7771	84	1045
38	7880	83	1219
37	7986	82	1392
36	8090	81	1564
35	8192	**80**	**0,1736**
34	8290	79	1908
33	8387	78	2079
32	8480	77	2250
31	8572	76	2419
30	**0,8660**	75	2588
29	8746	74	2756
28	8829	73	2924
27	8910	72	3090
26	8988	71	3256
25	9063	**70**	**0,3420**
24	9135	69	3584
23	9205	68	3746
22	9272	67	3907
21	9336	66	4067
20	**0,9397**	65	4226
19	9455	64	4384
18	9511	63	4540
17	9563	62	4695
16	9613	61	4848
15	9659	**60**	**0,5000**
14	9703	59	5150
13	9744	58	5299
12	9781	57	5446
11	9816	56	5592
10	**0,9848**	55	5736
9	9877	54	5878
8	9903	53	6018
7	9925	52	6157
6	9945	51	6293
5	9962	**50**	**0,6428**
4	9976	49	6561
3	9986	48	6691
2	9994	47	6820
1	9998	46	6947
0	**1,0000**	45	7071

282 Faktorenanalyse

Abbildung 5.17: Korrelationsmatrix

$$R = \begin{pmatrix} 1 & & \\ 0{,}8660 & 1 & \\ 0{,}1736 & 0{,}6428 & 1 \end{pmatrix}$$

R läßt sich auch anders schreiben (vgl. Abbildung 5.18).

Abbildung 5.18: Korrelationsmatrix mit Winkelausdrücken

$$R = \begin{pmatrix} 0° & & \\ 30° & 0° & \\ 80° & 50° & 0° \end{pmatrix}$$

Der Leser möge die entsprechenden Werte selbst in einer Cosinus-Tabelle überprüfen.

Die der oben gezeigten Korrelationsmatrix zugrundeliegenden drei Variablen und ihre Beziehungen zueinander lassen sich relativ leicht in einem zweidimensionalen Raum darstellen (Abbildung 5.19).

Abbildung 5.19: Graphische Darstellung des 3-Variablen-Beispiels

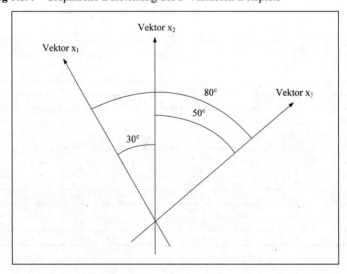

Je mehr Variable jedoch zu berücksichtigen sind, desto mehr Dimensionen werden benötigt, um die Vektoren in ihren entsprechenden Winkeln zueinander zu positionieren. Die Faktorenanalyse trachtet nun danach, das sich über die Korrelationskoeffizienten gemessene Verhältnis der Variablen zueinander *in einem möglichst gering dimensionierten Raum* zu reproduzieren. Die Zahl der benötigten Achsen gibt dann die entsprechende Zahl der Faktoren an.

Wenn man die Achsen als Faktoren ansieht, dann stellt sich unmittelbar die Frage: Wie werden diese Achsen (Faktoren) in ihrer Lage zu den jeweiligen Vektoren (Variablen) bestimmt?

Dazu vergegenwärtigt man sich am besten das Bild eines halboffenen Schirmes. Die Zacken des Schirmgestänges, die alle in eine bestimmte Richtung weisend die Variablen repräsentieren, lassen sich näherungsweise auch durch den Schirmstock darstellen. Vereinfacht man diese Überlegung aus Darstellungsgründen noch weiter auf den 2-Variablen-Fall wie in Abbildung 5.20, die einen Korrelationskoeffizienten von 0,5 für die durch die Vektoren $\overline{OA}$ und $\overline{OB}$ dargestellten Variablen repräsentiert, dann gibt der Vektor $\overline{OC}$ eine zusammenfassende (faktorielle) Beschreibung wieder. Die beiden Winkel von 30° zwischen Vektor I bzw. Vektor II und Faktor-Vektor geben wiederum an, inwieweit der gefundene Faktor mit Vektor (Variable) I bzw. II zusammenhängt. Sie repräsentieren ebenfalls Korrelationskoeffizienten, und zwar die zwischen den jeweiligen Variablen und dem Faktor. Diese Korrelationskoeffizienten hatten wir oben als *Faktorladungen* bezeichnet. Die Faktorladungen des 1. Faktors betragen also in bezug auf Variable I und Variable II: $\cos 30° = 0{,}8660$.

Abbildung 5.20: Faktorlösung bei 2 Variablen

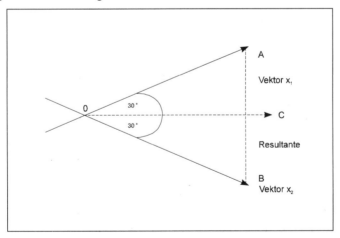

284   Faktorenanalyse

5.2.2.3   Das Problem der Faktorextraktion

Nachdem wir nun wissen, was eine *Faktorladung* inhaltlich bedeutet, ist zu fragen:
Wie findet man einen solchen Vektor (Faktor), der stellvertretend für mehrere zu-
sammenhängende Variable fungieren kann? Erinnern wir uns noch einmal des
Ausgangsbeispiels. Aufstrichfette waren nach den fünf Merkmalen

- Anteil ungesättigter Fettsäuren
- Kaloriengehalt
- Vitamingehalt
- Haltbarkeit
- Preis

bewertet worden[12]. Aus dieser Bewertung sei die Korrelationsmatrix in Abbildung
5.21 berechnet worden.

Abbildung 5.21:   Spiegelbildlich identische Korrelationsmatrix

	x_1	x_2	x_3	x_4	x_5
x_1		10°	70°	90°	100°
x_2	0,9848		60°	80°	90°
x_3	0,3420	0,5000		20°	30°
x_4	0,0000	0,1736	0,9397		10°
x_5	-0,1736	0,0	0,8660	0,9848	

Diese Korrelationsmatrix enthält in der unteren Dreiecks-Matrix die Korrelationswerte, in der oberen (spiegelbildlich identischen) Dreiecks-Matrix die entsprechenden Winkel. Graphisch ist der Inhalt dieser Matrix in Abbildung 5.22 dargestellt.

Das Beispiel wurde so gewählt, daß die Winkel zwischen den Faktoren in einer
zweidimensionalen Darstellung abgebildet werden können - ein Fall, der in der
Realität allerdings kaum relevant ist.

Wie findet man nun den 1. Faktor in dieser Vektordarstellung?

Bleiben wir zunächst bei der graphischen Darstellung, dann sucht man den
Schwerpunkt aus den fünf Vektoren.

Der Leser möge sich dazu folgendes verdeutlichen:

In Abbildung 5.22 ist der Faktor nichts anderes als die Resultante der fünf Vektoren. Würden die fünf Vektoren fünf Seile darstellen mit einem Gewicht in O, und
jeweils ein Mann würde mit gleicher Stärke an den Enden der Seile ziehen, dann
würde sich das Gewicht in eine bestimmte Richtung bewegen (vgl. die gestrichelte

---

[12] Es werden hier andere Werte als im Ausgangsbeispiel verwendet, um zunächst eine eindeutige graphische Lösung zu ermöglichen.

Linie in Abbildung 5.23). Diesen Vektor bezeichnen wir als Resultante. Er ist die graphische Repräsentation des 1. Faktors.

Abbildung 5.22: Graphische Darstellung des 5-Variablen-Beispiels

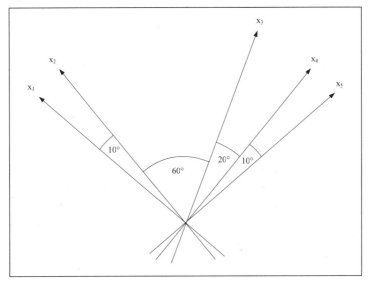

Abbildung 5.23: Graphische Darstellung des Schwerpunktes

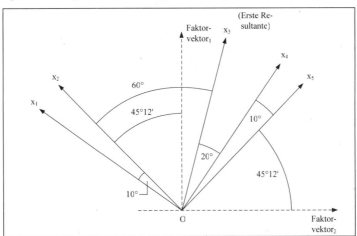

Betrachtet man nun die jetzt gebildeten Winkel zwischen dem 1. Faktor und den Ausgangsvektoren, dann hat man auch die gesuchten Faktorladungen gefunden.

286   Faktorenanalyse

Beispielsweise beträgt der Winkel zwischen 1. Faktor und 1. Variablen (Anteil ungesättigter Fettsäuren) 55° 12'. Dies entspricht einer Faktorladung von 0,5707. Der Leser möge die übrigen Winkel selbst ausmessen.

Schlägt er die Werte für den Cosinus der jeweiligen Winkel in einer Cosinus-Tabelle nach, so wird er feststellen, daß sich die in Abbildung 5.24 gezeigten übrigen Faktorladungen ergeben.

Ein zweiter Faktor, der ja vom 1. Faktor unabhängig sein soll, ergibt sich durch die Errichtung eines Vektors in O, der rechtwinklig zum 1. Faktor steht. Damit ergeben sich die in Abbildung 5.25 dargestellten Faktorladungen (der Leser möge die Werte selbst überprüfen).

Abbildung 5.24:   Einfaktorielle Ladungsmatrix

	Faktor
x_1	0,5707
x_2	0,7046
x_3	0,9668
x_4	0,8211
x_5	0,7096

Wir haben das Beispiel so gewählt, daß alle Korrelationskoeffizienten zwischen den Ausgangsvektoren (Variablen) im zweidimensionalen Raum darstellbar waren. Damit können die Variationen in den Korrelationskoeffizienten vollständig über zwei Faktoren erklärt werden. Mit anderen Worten: Es genügen zwei Faktoren, um die verschiedenen Ausprägungen der Ausgangsvariablen vollständig zu reproduzieren (deterministisches Modell).

Abbildung 5.25:   Zweifaktorielle Ladungsmatrix

	Faktor 1	Faktor 2
x_1	0,5707	-0,8211
x_2	0,7046	-0,7096
x_3	0,9668	0,2554
x_4	0,8211	0,5707
x_5	0,7096	0,7046

Die negativen Faktorladungen zeigen an, daß der jeweilige Faktor negativ mit der entsprechenden Variablen verknüpft ist et vice versa.

In einem solchen Fall, wenn die ermittelten (extrahierten) Faktoren die Unterschiede in den Beobachtungsdaten restlos erklären, muß die Summe der Ladungsquadrate für jede Variable gleich 1 sein. Warum?

1. Durch die Standardisierung der Ausgangsvariablen erzeugten wir einen Mittelwert von 0 und eine Standardabweichung von 1. Da die Varianz das Quadrat der Standardabweichung ist, ist auch die Varianz gleich 1:
$$s_j^2 = 1 \tag{8}$$

2. Die Varianz einer jeden Variablen j erscheint in der Korrelationsmatrix als Selbstkorrelation.

   Man kann diese Überlegung an der graphischen Darstellung in Abbildung 5.15 deutlich machen. Wir hatten gesagt, daß die Länge der Strecke $\overline{AD}$ den Korrelationskoeffizienten beschreibt, wenn $\overline{AC}$ standardisiert, also gleich 1 ist.

   Im Falle der Selbstkorrelation fallen $\overline{AC}$ und $\overline{AB}$ zusammen. Die Strecke $\overline{AB}$ bzw. $\overline{AC}$ mit der normierten Länge von 1 ergibt den (Selbst-) Korrelationskoeffizienten. Die Länge des Vektors $\overline{AB}$ bzw. $\overline{AC}$ gibt aber definitionsgemäß die Ausprägungs-Spannweite der Ausgangsvariablen, also die Standardabweichung wieder. Wegen der Standardisierung ist diese jedoch mit dem Wert 1 gleich der Varianz, so daß tatsächlich gilt:
$$s_j^2 = 1 = r_{jj} \tag{9}$$

3. Es läßt sich zeigen, daß auch die Summe der Ladungsquadrate der Faktoren gleich 1 ist, wenn eine komplette Reproduktion der Ausgangsvariablen durch die Faktoren erfolgt.

   Schauen wir uns dazu ein Beispiel an, bei dem zwei Variablen durch zwei Faktoren reproduziert werden (Abbildung 5.26).

Abbildung 5.26: Zwei Variablen-Zwei Faktor-Lösung

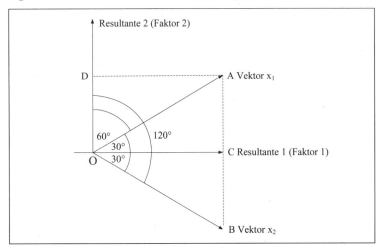

288   Faktorenanalyse

Die Faktorladungen werden durch den Cosinus der Winkel zwischen Ausgangsvektoren und Faktoren beschrieben. Das bedeutet für Variable 1 z.B.:

Ladung des 1. Faktors: cos Winkel $COA = \overline{OC}/\overline{OA}$

Ladung des 2. Faktors: cos Winkel $DOA = \overline{OD}/\overline{OA}$

Wenn obige Behauptung stimmt, müßte gelten:

$$\left(\frac{\overline{OC}}{\overline{OA}}\right)^2 + \left(\frac{\overline{OD}}{\overline{OA}}\right)^2 = 1 \tag{10a}$$

Überprüfung:

$$\frac{\overline{OC}^2}{\overline{OA}^2} + \frac{\overline{OD}^2}{\overline{OA}^2} = \frac{\overline{OC}^2 + \overline{OD}^2}{\overline{OA}^2} \tag{10b}$$

In Abbildung 5.26 in Verbindung mit dem Satz des Pythagoras gilt:

$$\overline{OA}^2 = \overline{OC}^2 + \overline{AC}^2 \tag{10c}$$

Da nach Abbildung 5.26 $\overline{AC} = \overline{OD}$, gilt auch:

$$\overline{OA}^2 = \overline{OC}^2 + \overline{OD}^2 \tag{10d}$$

(10d) eingesetzt in (10b) ergibt dann:

$$\frac{\overline{OC}^2 + \overline{OD}^2}{\overline{OC}^2 + \overline{OD}^2} = 1 \tag{10e}$$

4. Als Fazit läßt sich somit folgende wichtige Beziehung ableiten:

$$s_j^2 = r_{jj} = a_{j1}^2 + a_{j2}^2 + ... + a_{jQ}^2 = 1, \tag{11}$$

wobei a_{j1} bis a_{jQ} die Ladungen der Faktoren 1 bis Q auf die Variable j angeben. Das bedeutet nichts anderes, als daß durch Quadrierung der Faktorladungen in bezug auf eine Variable und deren anschließender Summation der durch die Faktoren wiedergegebene *Varianzerklärungsanteil der betrachteten Variablen* dargestellt wird: $\sum_q a_{jq}^2$ ist nichts anderes als das *Bestimmtheitsmaß* der Regressionsanalyse (vgl. Kapitel 1 in diesem Buch). Im Falle der Extraktion aller möglichen Faktoren ist der Wert des Bestimmtheitsmaßes gleich 1.

5.2.3 Bestimmung der Kommunalitäten

(1) Variablenauswahl und Errechnung der Korrelationsmatrix

(2) Extraktion der Faktoren

(3) Bestimmung der Kommunalitäten

(4) Zahl der Faktoren

(5) Faktorinterpretation

(6) Bestimmung der Faktorwerte

In einem konkreten Anwendungsfall, bei dem vor dem Hintergrund des Ziels der Faktorenanalyse die Zahl der Faktoren kleiner als die Zahl der Merkmale ist, kann es sein, daß die Summe der Ladungsquadrate (erklärte Varianz) kleiner als 1 ist. Dies ist dann der Fall, wenn aufgrund theoretischer Vorüberlegungen klar ist, daß nicht die gesamte Varianz durch die Faktoren bedingt ist. Dies ist das sog. Kommunalitätenproblem.

Beispielsweise könnten die auf den Wert von 1 normierten Varianzen der Variablen "Kaloriengehalt" und "Anteil ungesättigter Fettsäuren" nur zu 70 % auf den Faktor "Gesundheit" zurückzuführen sein. 30 % der Varianz sind nicht durch den gemeinsamen Faktor bedingt, sondern durch andere Faktoren oder durch Meßfehler (Restvarianz).

Abbildung 5.27 zeigt die Zusammenhänge noch einmal graphisch.

Werden statt eines Faktors zwei Faktoren extrahiert, so läßt sich naturgemäß mehr Gesamtvarianz durch die gemeinsamen Faktoren erklären, z.B. 80 % wie in Abbildung 5.28. Den Teil der Gesamtvarianz einer Variablen, der durch die gemeinsamen Faktoren erklärt werden soll, bezeichnet man als *Kommunalität* h_j^2. Da i. d. R. die gemeinsamen Faktoren nicht die Gesamtvarianz erklären, sind die Kommunalitäten meist kleiner als Eins.

Abbildung 5.27: Die Komponenten der Gesamtvarianz bei der 1-Faktorlösung

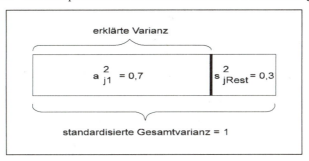

Abbildung 5.28: Die Komponenten der Gesamtvarianz bei einer 2-Faktorlösung

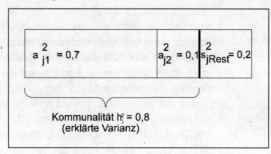

Das heißt aber nichts anderes, als daß für die Faktorenanalyse das Fundamentaltheorem in Gleichung (7) durch eine nicht erklärte Komponente zu ergänzen ist. Wählt man für diesen Restterm, der potentielle Meßfehler und die spezifische Varianz beschreibt, das Symbol U, dann ergibt sich für (7)

$$R = A \cdot A' + U \qquad (7a)$$

Die Korrelationsmatrix R in (7a) spiegelt ebenfalls in identischer Weise die aus den empirischen Daten errechneten Korrelationen wider, wobei im Gegensatz zu (7) hier eine explizite Unterscheidung zwischen *gemeinsamen Faktoren* (die sich in der Matrix A niederschlagen) und *spezifischen Faktoren* (die durch die Matrix U repräsentiert werden) vorgenommen wurde. Dabei umfassen die spezifischen Faktoren die spezifische Varianz einer Variablen sowie die jeweiligen Meßfehler. Spezifische Faktoren werden häufig auch als *Einzelrestfaktoren* bezeichnet.

Ein wichtiges Problem der Faktorenanalyse besteht nun darin, die Kommunalitäten zu schätzen, deren Werte der Anwender ja nicht kennt - er hat nur die Korrelationsmatrix und sucht erst die Faktorladungen. Hierbei handelt es sich um ein subjektives Vorab-Urteil des Forschers, mit dem er einer Vermutung Ausdruck gibt. Setzt er die Kommunalität beispielsweise auf 0,8, so legt er damit fest, daß *nach seiner Meinung* 80 % der Ausgangsvarianz durch gemeinsame Faktoren erklärbar sind. Um den Schätzcharakter deutlich zu machen, werden die Kommunalitäten häufig als Klammerwerte in die Haupt-Diagonale der Korrelationsmatrix eingesetzt. Die so modifizierte Korrelationsmatrix fungiert dann als Ausgangsbasis für die oben beschriebene Faktorenextraktion.

Hierbei läßt sich ein Zusammenhang zwischen der Anzahl verwendeter Variablen und der Bedeutung einer nahezu korrekten Einschätzung der Kommunalitäten aufstellen: Je größer die Zahl an Variablen ist, desto unwichtiger sind exakt geschätzte Kommunalitäten. Schließlich nimmt der prozentuale Anteil der diagonalen Elemente einer Matrix bei einer steigenden Anzahl an untersuchten Variablen ab. In einer 2x2-Matrix bilden die diagonalen Elemente noch 50 % aller Elemente, bei einer 10x10-Matrix sind dies nur noch 10 % (10 diagonale aus insgesamt 100 Elementen), bei einer 100x100-Matrix gerade einmal noch 1 %. Eine fehlerhafte Eintragung in einem von 100 Elementen für eine Variable (im Falle einer

100x100-Matrix) hat folglich eine deutlich geringer negative Auswirkung als im Falle einer 2x2-Matrix.[13]

In der Schätzung der Kommunalitäten ist der Anwender des Verfahrens nicht völlig frei. Vielmehr ergeben sich theoretische Ober- und Untergrenzen für die jeweiligen Werte, die aber hier im einzelnen nicht dargestellt werden sollen.[14] Innerhalb dieser Grenzen existiert jedoch keine eindeutige Lösung. Vielmehr ist eine Reihe von Schätzverfahren entwickelt worden, die aber zu unterschiedlichen Ergebnissen gelangen können.

Bei praktischen Anwendungen sind i. d. R. jedoch nur zwei Verfahren zur Kommunalitätenbestimmung von Bedeutung, die sich wie folgt beschreiben lassen:

1. Der Anwender geht von der Überlegung aus, daß die gesamte Varianz der Ausgangsvariablen durch die Faktorenanalyse erklärt werden soll und "setzt" somit die Kommunalitäten auf 1. Damit wird durch die Faktorenanalyse keine explizite Kommunalitätenschätzung vorgenommen.

2. Für die Kommunalität wird durch den Anwender aufgrund *inhaltlicher* Überlegungen ein bestimmter Schätzwert *vorgegeben*. In vielen Fällen wird dabei der höchste quadrierte Korrelationskoeffizient einer Variablen mit den anderen Variablen (das entspricht dem höchsten Korrelationskoeffizienten einer Zeile bzw. Spalte mit Ausnahme der Hauptdiagonal-Werte) als Vorgabewert herangezogen. Die Begründung hierfür ist darin zu sehen, daß die Faktoren gemeinsam (mindestens) den gleichen Erklärungsbeitrag liefern, wie die höchste Korrelation einer Variablen mit den verbleibenden Variablen ausmacht. Dieser Wert ist i. d. R. jedoch zu niedrig, da nicht die Beziehungen zu den weiteren Variablen berücksichtigt werden. Dies ist der Fall bei Anwendung des multiplen Bestimmtheitsmaßes. Als relevanter Wertebereich ergibt sich damit

$$1 \geq h_j^2 \geq R_j^2 \geq \max_k r_{jk}^2 \, .$$

Wir hatten bereits zu Beginn dieses Abschnittes erwähnt, daß die Bestimmung der Kommunalitäten eng mit Wahl des *Faktorextraktionsverfahrens* verbunden ist. Im Rahmen der Faktorenanalyse ist eine Vielzahl von Extraktionsverfahren entwickelt worden, wobei zwei Verfahren von besonderer Bedeutung sind, deren Unterscheidung eng mit der oben beschriebenen Vorgehensweise bei der Bestimmung der Kommunalitäten zusammenhängt: die Haupt*komponenten*analyse und die Haupt*achsen*analyse.

- Die *Hauptkomponentenanalyse* geht davon aus, daß die Varianz einer Ausgangsvariablen *vollständig* durch die Extraktion von Faktoren erklärt werden kann, d.h. sie *unterstellt*, daß *keine Einzelrestvarianz* (= spezifische Varianz + Meßfehlervarianz) in den Variablen existiert. Das bedeutet, daß als "Startwert" bei der Kommunalitätenschätzung immer der Wert 1 vorgegeben wird und die Kommunalität von 1 auch *immer* dann vollständig reproduziert wird, wenn ebenso viele Faktoren wie Variable extrahiert werden. Werden weniger Faktoren als Variable

---

[13] Vgl. Loehlin, J. C., 2004, S. 160 f.

[14] Vgl. Überla, K., 1972, S. 155 ff.

292   Faktorenanalyse

extrahiert, so ergeben sich auch bei der Hauptkomponentenanalyse im Ergebnis Kommunalitätenwerte von kleiner 1, wobei der "nicht erklärte" Varianzanteil (1 - Kommunalität) jedoch nicht als Einzelrestvarianz, sondern als durch die Faktoren nicht reproduzierter Varianzanteil und damit als (bewußt in Kauf genommener) Informationsverlust deklariert wird.

- Die *Hauptachsenanalyse* hingegen *unterstellt*, daß sich die Varianz einer Variablen immer in die Komponenten Kommunalität und Einzelrestvarianz aufteilt. Ziel der Hauptachsenanalyse ist es, lediglich die Varianzen der Variablen in Höhe der Kommunalitäten zu erklären. Das bedeutet, daß als "Startwert" bei der Kommunalitätenschätzung immer Werte kleiner 1 vorgegeben werden. Allerdings besitzt der Anwender hier eine *Eingriffsmöglichkeit*:

  Entweder besitzt der Anwender aufgrund *inhaltlicher Überlegungen* Informationen darüber, wie groß die "wahren" Werte der Kommunalität sind oder er überläßt es dem Iterationsprozeß der Hauptachsenanalyse, die "Endwerte" der Kommunalität zu schätzen, wobei als Kriterium "Konvergenz der Iterationen" herangezogen wird. Gibt der Anwender die Kommunalitätenwerte vor, so werden diese *immer* in identischer Weise erzeugt, wenn ebenso viele Faktoren wie Variablen extrahiert werden. Werden hingegen weniger Faktoren als Variable extrahiert, so ergeben sich auch bei Vorgabe der Kommunalitäten im Ergebnis Kommunalitätenwerte, die kleiner sind als die Vorgaben, wobei die *Differenz zu den Vorgaben* auch hier als nicht reproduzierter Varianzanteil und damit als Informationsverlust deklariert wird.[15]

Obwohl sich Hauptkomponenten- und Hauptachsenanalyse in ihrer *Rechentechnik* <u>nicht unterscheiden</u> (beides sind iterative Verfahren), sondern sogar als *identisch* zu bezeichnen sind, so machen die obigen Betrachtungen jedoch deutlich, daß beide Verfahren von vollkommen *unterschiedlichen theoretischen Modellen* ausgehen:

Das *Ziel der Hauptkomponentenanalyse* liegt in der möglichst umfassenden *Reproduktion* der Datenstruktur durch möglichst wenige Faktoren. Deshalb wird auch *keine* Unterscheidung zwischen Kommunalitäten und Einzelrestvarianz vorgenommen. Damit nimmt die Hauptkomponentenanalyse auch *keine kausale Interpretation* der Faktoren vor, wie sie in Abschnitt 5.1 als charakteristisch für die Faktorenanalyse aufgezeigt wurde. In vielen Lehrbüchern wird deshalb die Hauptkomponentenanalyse häufig auch als ein *eigenständiges Analyseverfahren* (neben der Faktorenanalyse) behandelt. Demgegenüber liegt das *Ziel der Hauptachsenanalyse* in der *Erklärung* der Varianz der Variablen durch hypothetische Größen (Faktoren), und es ist zwingend eine Unterscheidung zwischen Kommunalitäten und Einzelrestvarianz erforderlich; Korrelationen werden hier also kausal interpretiert. Diese Unterschiede schlagen sich *nicht* in der Rechentechnik, sondern in der *Interpretation der Faktoren* nieder:

---

[15] An dieser Stelle wird bereits deutlich, daß es sich bei der Hauptkomponenten- und der Hauptachsenanalyse um *identische* Verfahren handelt, da die Hauptachsenanalyse bei einer Vorgabe der Kommunalitätenwerte von 1 die Hauptkomponentenanalyse als Spezialfall enthält.

Bei der Haupt*komponenten*analyse lautet die Frage bei der Interpretation der Faktoren:

> *"Wie lassen sich die auf einen Faktor hoch ladenden Variablen*
> *durch einen <u>Sammelbegriff</u> (Komponente) zusammenfassen?"*

Bei der Haupt*achsen*analyse lautet die Frage bei der Interpretation der Faktoren:

> *"Wie läßt sich die <u>Ursache</u> bezeichnen, die für die hohen Ladungen*
> *der Variablen auf diesen Faktor verantwortlich ist?"*

Die Entscheidung darüber, ob eine Faktorenanalyse mit Hilfe der Hauptkomponenten- oder der Hauptachsenanalyse durchgeführt werden soll, wird damit *allein* durch *sach-inhaltliche* Überlegungen bestimmt. Wir unterstellen im folgenden, daß für unser Beispiel die Frage der "hypothetischen Erklärungsgrößen" beim Margarinekauf von Interesse ist und zeigen im folgenden die Vorgehensweise der Hauptachsenanalyse bei iterativer Kommunalitätenschätzung auf.

Kehren wir zu unserem Ausgangsbeispiel in Abbildung 5.4 und Abbildung 5.10 zurück, so zeigt Abbildung 5.29 die Anfangswerte der Kommunalitäten, die von SPSS im Rahmen der *Hauptachsenanalyse* (bei iterativer Kommunalitätenschätzung) als *Startwerte* vorgegeben werden.

Abbildung 5.29: Startwerte der Kommunalitäten im 6-Produkte-Beispiel

Kommunalitäten

	Anfänglich
UNGEFETT	,93103
KALORIEN	,54117
VITAMIN	,92857
HALTBARK	,97381
PREIS	,97325

Extraktionsmethode: Hauptachsen-Faktorenanalyse.

SPSS verwendet als Startwerte für die iterative Bestimmung der Kommunalitäten das multiple Bestimmtheitsmaß, das den gemeinsamen Varianzanteil einer Variablen mit allen übrigen Variablen angibt. Setzt man diese Werte in die Korrelationsmatrix der Abbildung 5.10 anstelle der Einsen in die Hauptdiagonale ein und führt auf dieser Basis eine Faktorextraktion mit Hilfe der Hauptachsenanalyse durch (auf die Darstellung der einzelnen Iterationsschritte sei hier verzichtet), so ergibt sich bei (zunächst willkürlicher) Vorgabe von zwei zu extrahierenden Faktoren die in Abbildung 5.30 dargestellte *Faktorladungsmatrix*.

294 Faktorenanalyse

Abbildung 5.30: Faktorladungen im 6-Produkte-Beispiel

Faktorenmatrix[a]

	Faktor	
	1	2
UNGEFETT	,94331	-,28039
KALORIEN	,70669	-,16156
VITAMIN	,92825	-,30210
HALTBARK	,38926	,91599
PREIS	,32320	,93608

Extraktionsmethode: Hauptachsen-Faktorenanalyse.

a. 2 Faktoren extrahiert. Es werden 7 Iterationen benötigt.

Multipliziert man die Faktorladungsmatrix mit ihrer Transponierten, so ergibt sich (gemäß dem Fundamentaltheorem der Faktorenanalyse in Formel (7)) die in dargestellte (reproduzierte) Korrelationsmatrix. Abbildung 5.31 enthält im oberen Teil mit der Überschrift "Reproduzierte Korrelation" in der Hauptdiagonalen die Endwerte der iterativ geschätzten Kommunalitäten bei zwei Faktoren. Die nicht-diagonal-Elemente geben die durch die Faktorenstruktur reproduzierten Korrelationen wieder. In der unteren Abbildung mit der Überschrift "Residuum" werden die Differenzwerte zwischen den ursprünglichen (Abbildung 5.10) und den reproduzierten Korrelationen ausgewiesen. Dabei wird deutlich, daß in unserem Beispiel keiner der Differenzwerte größer als 0,05 ist, so daß die auf der Basis der Faktorladungen ermittelte Korrelationsmatrix der ursprünglichen Korrelationsmatrix sehr ähnlich ist, sie also "sehr gut" reproduziert.

Abbildung 5.31: Die reproduzierte Korrelationsmatrix im 6-Produkte-Beispiel

Reproduzierte Korrelationen

		UNGEFETT	KALORIEN	VITAMIN	HALTBARK	PREIS
Reproduzierte Korrelation	UNGEFETT	,96845[b]	,71193	,96034	,11035	,04241
	KALORIEN	,71193	,52552[b]	,70480	,12709	,07717
	VITAMIN	,96034	,70480	,95292[b]	,08461	,01722
	HALTBARK	,11035	,12709	,08461	,99056[b]	,98325
	PREIS	,04241	,07717	,01722	,98325	,98070[b]
Residuum[a]	UNGEFETT		-,00017	,00101	-,00141	,00144
	KALORIEN	-,00017		-,00083	,01061	-,01065
	VITAMIN	,00101	-,00083		-,00636	,00640
	HALTBARK	-,00141	,01061	-,00636		,00010
	PREIS	,00144	-,01065	,00640	,00010	

Extraktionsmethode: Hauptachsen-Faktorenanalyse.

a. Residuen werden zwischen beobachteten und reproduzierten Korrelationen berechnet. Es gibt 0 (,0%) nichtredundante Residuen mit Absolutwerten > 0,05.

b. Reproduzierte Kommunalitäten

Das aber bedeutet nichts anderes, als daß sich die beiden gefundenen Faktoren ohne großen Informationsverlust zur Beschreibung der fünf Ausgangsvariablen eignen.

Wegen der unterstellten spezifischen Varianz und des damit verbundenen Problems der Kommunalitätenschätzung ist es klar, daß durch die Rechenregel R = A·A' die Ausgangs-Korrelationsmatrix R nicht identisch reproduziert werden kann. Dies gilt auch für die Kommunalitäten. Aus diesem Grunde kennzeichnen wir die reproduzierte Korrelationsmatrix als $\hat{R}$.

5.2.4 Zahl der Faktoren

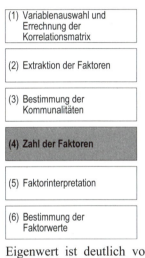

Im vorangegangenen Abschnitt hatten wir uns willkürlich für zwei Faktoren entschieden. Generell ist zu bemerken, daß zur Bestimmung der Faktorenzahl keine eindeutigen Vorschriften existieren, so daß hier der *subjektive Eingriff* des Anwenders erforderlich ist. Allerdings lassen sich auch statistische Kriterien heranziehen, von denen insbesondere die folgenden als bedeutsam anzusehen sind:

- *Kaiser-Kriterium.* Danach ist die Zahl der zu extrahierenden Faktoren gleich der Zahl der Faktoren mit Eigenwerten größer eins. Die Eigenwerte (Eigenvalues) werden berechnet als Summe der quadrierten Faktorladungen *eines* Faktors über alle Variablen. Sie sind ein Maßstab für die durch den jeweiligen Faktor erklärte Varianz der Beobachtungswerte. Der Begriff Eigenwert ist deutlich vom "erklärten Varianzanteil" zu trennen. Letzterer beschreibt den Varianzerklärungsanteil, der durch die Summe der quadrierten Ladungen *aller Faktoren* im Hinblick auf *eine Variable* erreicht wird (theoretischer oberer Grenzwert Kommunalität $\sum_q a_{jq}^2$), während der Eigenwert den Varianzbeitrag *eines Faktors* im Hinblick auf die Varianz *aller Variablen* beschreibt ($\sum_j a_{jq}^2$).

Abbildung 5.32 zeigt nochmals die Faktorladungsmatrix aus Abbildung 5.30 auf, wobei in Klammern jeweils die *quadrierten Faktorladungen* stehen. Addiert man die Ladungsquadrate je Zeile, so ergeben sich die *Kommunalitäten* der Variablen (vgl. Abbildung 5.33). Von der Eigenschaft "Anteil ungesättigter Fettsäure" werden folglich (0,8898 + 0,07786 = 0,9684) 96,84 % der Varianz durch die zwei extrahierten Faktoren erklärt. Die spaltenweise Summation erbringt die Eigenwerte der Faktoren, die in Abbildung 5.32 in der untersten Zeile abgebildet werden.

Die Begründung für die Verwendung des Kaiser-Kriteriums liegt darin, daß ein Faktor, dessen Varianzerklärungsanteil über alle Variablen kleiner als eins ist, weniger Varianz erklärt als eine einzelne Variable; denn die Varianz einer *standardisierten* Variable beträgt ja gerade 1. In unserem Beispiel führt das Kaiser-Kriteri-

296   Faktorenanalyse

um zu der Extraktion von zwei Faktoren, da bei der Extraktion eines dritten Faktors der entsprechende Eigenwert bereits kleiner 0,4 wäre.

Abbildung 5.32:   Bestimmung der Eigenwerte

Faktorenmatrix		
	Faktor	
	1	2
UNGEFETT	0,94331 (0,8898)	-0,28039 (0,0786)
KALORIEN	0,70669 (0,4994)	-0,16156 (0,0261)
VITAMIN	0,92825 (0,8616)	-0,30210 (0,0913)
HALTBARK	0,38926 (0,1515)	0,91599 (0,8390)
PREIS	0,32320 (0,1045)	0,93608 (0,8762)
Eigenwerte	2,5068	1,9112

Abbildung 5.33:   Kommunalitäten als erklärter Varianzanteil

Kommunalitäten	
	Extraktion
UNGEFETT	,9684
KALORIEN	,5255
VITAMIN	,9529
HALTBARK	,9906
PREIS	,9807

- *Scree-Test.* Beim Scree-Test werden die Eigenwerte in einem Koordinatensystem nach abnehmender Wertefolge angeordnet. Sodann werden die Punkte im Koordinatensystem durch Geraden verbunden. Ausgehend von den sich asymptotisch der Abzisse annähernden Punkten entsteht an der Stelle, an der die Differenz der Eigenwerte zwischen zwei Faktoren am größten ist, ein Knick (auch Elbow genannt). Der erste Punkt *links* von diesem Knick bestimmt die Anzahl der zu extrahierenden Faktoren. Der Hintergrund dieser Vorgehensweise ist darin zu sehen, daß die Faktoren mit den kleinsten Eigenwerten für Erklärungszwecke als unbrauchbar (Scree=Geröll) angesehen werden und deshalb auch nicht extrahiert werden. Das Verfahren liefert allerdings nicht immer eindeutige Lösungen, da Situationen denkbar sind, in denen sich aufgrund z.T. ähnlicher Differenzen der Eigenwerte kein eindeutiger Knick ermitteln läßt. Abbildung 5.34 zeigt den Scree-Test für das 6-Produkte-Beispiel, wonach hier zwei Faktoren zu extrahieren wären.

Obwohl es dem Forscher prinzipiell selbst überlassen bleibt, welches Kriterium er bei der Entscheidung über die Zahl zu extrahierender Faktoren zugrunde legt, kommt in empirischen Untersuchungen häufig das Kaiser-Kriterium zur Anwendung.

Abbildung 5.34: Scree-Test im 6-Produkte-Beispiel

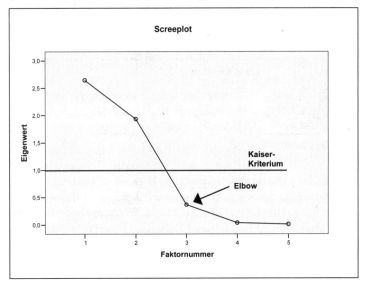

298   Faktorenanalyse

5.2.5 Faktorinterpretation

| (1) Variablenauswahl und Errechnung der Korrelationsmatrix |
| (2) Extraktion der Faktoren |
| (3) Bestimmung der Kommunalitäten |
| (4) Zahl der Faktoren |
| **(5) Faktorinterpretation** |
| (6) Bestimmung der Faktorwerte |

Ist die Zahl der Faktoren bestimmt, so muß anschließend versucht werden, die Faktoren, die zunächst rein abstrakte Größen (Vektoren) darstellen, zu interpretieren. Dazu bedient man sich als Interpretationshilfe der Faktorladungen, die für unser Beispiel *nochmals* in Abbildung 5.35 wiedergegeben sind (vgl. auch Abbildung 5.30):

Es zeigt sich, daß der Faktor 1 besonders stark mit den Größen

- Anteil ungesättigter Fettsäuren
- Kaloriengehalt
- Vitamingehalt

korreliert. Da hier eine *Hauptachsenanalyse* durchgeführt wurde, ist danach zu fragen, welche Ursache sich hinter diesem Zusammenhang verbirgt. Hier sei unterstellt, daß letztendlich der Gesundheitsaspekt für das Beurteilungsverhalten der Befragten verantwortlich war und damit die Faktorladungen bestimmt hat. Wir bezeichnen den ersten Faktor deshalb als "Gesundheit". Für die Variablen x_4 und x_5 sei unterstellt, daß der Wirtschaftlichkeitsaspekt bei der Beurteilung im Vordergrund stand, und der Faktor wird deshalb als "Wirtschaftlichkeit" charakterisiert. An dieser Stelle wird besonders deutlich, daß die Interpretation der Faktoren eine hohe Sachkenntnis des Anwenders bezüglich des konkreten Untersuchungsobjektes erfordert. Weiterhin sei nochmals darauf hingewiesen, daß im Gegensatz zur Hauptachsenanalyse bei Anwendung einer *Hauptkomponentenanalyse* die Interpretation der Faktoren der Suche nach einem "*Sammelbegriff*" für die auf einen Faktor hoch ladenden Variablen entspricht.

Abbildung 5.35:   Faktorladungen im 6-Produkte-Beispiel

	Faktor	
	1	2
Anteil ungesättigter Fettsäuren	,94331	-,28039
Vitamingehalt	,92825	-,30210
Kaloriengehalt	,70669	-,16156
Preis	,32320	,93608
Haltbarkeit	,38926	,91599
Extraktionsmethode: Hauptachsen-Faktorenanalyse.		

Die Faktorladungsmatrix in Abbildung 5.35 weist eine sogenannte *Einfachstruktur* auf, d. h. die Variablen laden immer nur auf *einem* Faktor hoch und auf allen anderen Faktoren (in diesem 2-Faktorfall jeweils auf dem anderen Faktor) niedrig.

Bei größeren Felduntersuchungen ist dies jedoch häufig nicht gegeben und es fällt dann nicht leicht, die jeweiligen Faktoren zu interpretieren. Hier besteht nur die Möglichkeit, das Faktormuster offenzulegen, so daß der jeweils interessierte Verwender der Analyseergebnisse Eigeninterpretationen vornehmen kann. Das bedeutet allerdings auch, daß gerade die Faktorinterpretation subjektive Beurteilungsspielräume offenläßt. Das gilt besonders dann, wenn eine Interpretation wegen der inhaltlich nicht konsistenten Ladungen schwierig ist.

Der Anwender muß dabei häufig entscheiden, ab welcher Ladungshöhe er eine Variable einem Faktor zuordnet. Dazu sind gewisse Regeln (Konventionen) entwickelt worden, wobei in der praktischen Anwendung "hohe" Ladungen ab 0,5 angenommen werden. Dabei ist allerdings darauf zu achten, daß eine Variable, wenn sie auf mehreren Faktoren Ladungen $\geq 0{,}5$ aufweist, bei *jedem* dieser Faktoren zur Interpretation herangezogen werden muß.

Laden mehrere Variable auf mehrere Faktoren gleich hoch, dann ist es häufig unmöglich, unmittelbar eine sinnvolle Faktorinterpretation zu erreichen (Abbildung 5.36).[16]

Abbildung 5.36: Unrotierte Faktorladungen

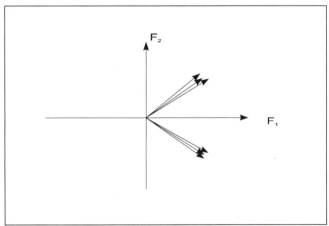

Es läßt sich mathematisch nachweisen, daß die Aussagekraft einer Hauptachsenanalyse durch Drehung (Rotation) des Koordinatenkreuzes in seinem Ursprung nicht verändert wird. Aus diesem Grunde wird zur Interpretationserleichterung häufig eine Rotation durchgeführt. Dreht man das Koordinatenkreuz in Abbildung

---

[16] Zur Beurteilung der Faktorladungsstruktur sowie der Faktorinterpretation vgl. Litfin, T./Teichmann, M.-H./Clement, M. 2000, S. 285 f.

5.36 in seinem Ursprung, so läßt sich beispielsweise die Konstellation aus Abbildung 5.37 erreichen. Jetzt lädt das obere Variablenbündel vor allem auf Faktor 2 und das untere auf Faktor 1. Damit wird die Interpretation erheblich erleichtert.

Abbildung 5.37: Rotierte Faktorladungen

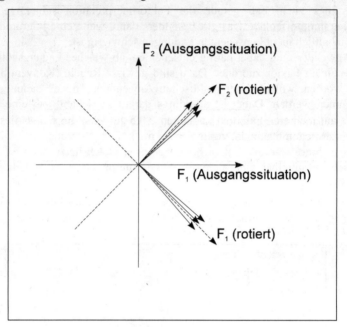

SPSS unterstützt verschiedene Möglichkeiten zur Rotation des Koordinatenkreuzes, wobei grundsätzlich zwei Kategorien unterschieden werden können.

1. Sofern angenommen werden kann, daß die Faktoren untereinander nicht korrelieren, verbleiben die Faktorachsen während der Drehung in einem rechten Winkel zueinander. Es handelt sich hierbei um Methoden der *orthogonalen (rechtwinkligen) Rotation*.

2. Die Achsen werden in einem schiefen Winkel zueinander rotiert, falls eine Korrelation zwischen den rotierten Achsen bzw. Faktoren angenommen wird. Hierbei spricht man von Methoden der *obliquen (schiefwinkligen) Rotation*. Da allerdings die Unabhängigkeitsprämisse der Faktoren (im statistischen Sinne) aufgegeben wird, wäre dann eine erneute Faktorenanalyse notwendig. Empirische Untersuchungen haben allerdings gezeigt, daß diese häufig zu kaum noch interpretierbaren Ergebnissen führen.

Abbildung 5.38 zeigt das Ergebnis der rechtwinkligen Varimax-Rotation für unser Beispiel. Hierbei handelt es sich um eine sehr häufig angewendete Methode. Die

Ergebnisse zeigen, daß die Faktorladungen auf die jeweiligen Faktoren jeweils noch höher geworden sind.

Abbildung 5.38: Rotierte Varimax-Faktorladungsmatrix im 6-Produkte-Beispiel

	Faktor	
	1	2
Anteil ungesättigter Fettsäuren	,98357	,03229
Vitamingehalt	,97615	,00694
Kaloriengehalt	,72152	,07020
Haltbarkeit	,07962	,99208
Preis	,01060	,99025

Extraktionsmethode: Hauptachsen-Faktorenanalyse.
Rotationsmethode: Varimax mit Kaiser-Normalisierung.

Um die Rotation nachvollziehen zu können, sollte sich der Leser die Formel für eine orthogonale Transformation um einen Winkel α *nach links* vergegenwärtigen:

$$A^* = A \cdot T, \text{ mit } T = \begin{bmatrix} \cos \alpha & -\sin \alpha \\ \sin \alpha & \cos \alpha \end{bmatrix}$$

Im obigen Beispiel handelt es sich um eine Rotation um 18,43° nach rechts bzw. um 341,57° nach links:

$$
\begin{array}{ccc}
A & T & A^* \\
\begin{bmatrix} 0,94331 & -0,28039 \\ 0,70669 & -0,16156 \\ 0,92825 & -0,30210 \\ 0,38926 & 0,91599 \\ 0,32320 & 0,93608 \end{bmatrix} & \cdot \begin{bmatrix} \cos 341,57° & -\sin 341,57 \\ \sin 341,57° & \cos 341,57 \end{bmatrix} = & \begin{bmatrix} 0,98357 & 0,03229 \\ 0,72152 & 0,07020 \\ 0,97615 & 0,00694 \\ 0,07962 & 0,99208 \\ 0,01060 & 0,99025 \end{bmatrix}
\end{array}
$$

Im SPSS-Output läßt sich der Rotationswinkel anhand der Faktor Transformationsmatrix bestimmen (vgl. Abbildung 5.39).

302 Faktorenanalyse

Abbildung 5.39: Faktor Transformationsmatrix

Faktor	1	2
1	,94868	,31622
2	-,31622	,94868

Extraktionsmethode: Hauptachsen-Faktorenanalyse.
Rotationsmethode: Varimax mit Kaiser-Normalisierung.

Für das Bogenmaß 0,94868 gilt für den Cosinus ein entsprechendes Winkelmaß von $\alpha=18,43°$.

5.2.6 Bestimmung der Faktorwerte

(1) Variablenauswahl und Errechnung der Korrelationsmatrix

(2) Extraktion der Faktoren

(3) Bestimmung der Kommunalitäten

(4) Zahl der Faktoren

(5) Faktorinterpretation

(6) Bestimmung der Faktorwerte

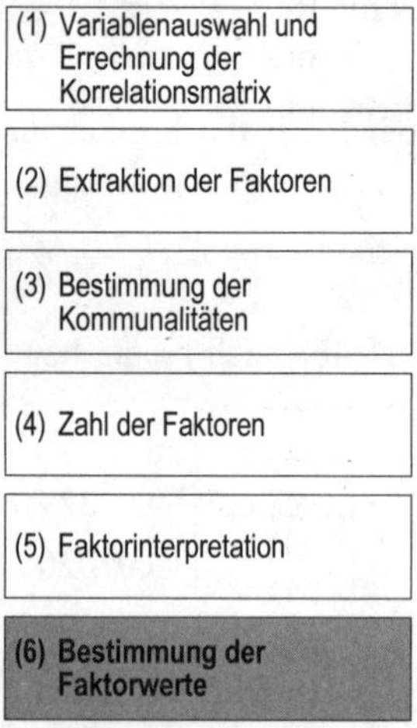

Für eine Vielzahl von Fragestellungen ist es von gro-ßem Interesse, nicht nur die Variablen auf eine gerin-gere Anzahl von Faktoren zu reduzieren, sondern da-nach zu erfahren, welche Werte die Objekte (Marken) nun hinsichtlich der extrahierten Faktoren annehmen. Man benötigt also nicht nur die Faktoren selbst, son-dern auch die Ausprägung der Faktoren bei den Objek-ten bzw. Personen. Dieses bezeichnet man als das Problem der Bestimmung der *Faktorwerte*.

Wie oben erläutert, ist es das Ziel der Faktoren-analyse, die standardisierte Ausgangsdatenmatrix Z als Linearkombination von Faktoren darzustellen. Es galt:

$$Z = P \cdot A' \tag{3c}$$

Wir haben uns bisher mit der Bestimmung von A (Fak-torladungen) beschäftigt. Da Z gegeben ist, ist die Gleichung (3c) nach den ge-suchten Faktorwerten P aufzulösen. Bei Auflösung nach P ergibt sich durch Multi-plikation von rechts mit der inversen Matrix $(A')^{-1}$:

$$Z \cdot (A')^{-1} = P \cdot A' \cdot (A')^{-1} \tag{12}$$

Da $A' \cdot (A')^{-1}$ definitionsgemäß die Einheitsmatrix E ergibt, folgt:

$$Z \cdot (A')^{-1} = P \cdot E \tag{13}$$

Da $P \cdot E = P$ ist, ergibt sich:

$$P = Z \cdot (A')^{-1} \tag{14}$$

Vorgehensweise 303

Für das in der Regel nicht quadratische Faktormuster A (es sollen ja gerade weniger Faktoren als Variable gefunden werden!) ist eine Inversion nicht möglich. Deshalb könnte in bestimmten Fällen folgende Vorgehensweise eine Lösung bieten:

(3c) wird von rechts mit A multipliziert:

$$Z \cdot A = P \cdot A' \cdot A \qquad (15)$$

Matrix $(A' \cdot A)$ ist definitionsgemäß quadratisch und somit invertierbar:

$$Z \cdot A \cdot (A' \cdot A)^{-1} = P \cdot (A' \cdot A) \cdot (A' \cdot A)^{-1} \qquad (16)$$

Da $(A' \cdot A) \cdot (A' \cdot A)^{-1}$ definitionsgemäß eine Einheitsmatrix ergibt, gilt:

$$P = Z \cdot A \cdot (A' \cdot A)^{-1} \qquad (17)$$

In bestimmten Fällen können sich bei der Lösung dieser Gleichung aber ebenfalls Schwierigkeiten ergeben. Man benötigt dann Schätzverfahren zur Lösung dieses Problems. Je nach Wahl des Schätzverfahrens kann daher die Lösung variieren.

In vielen Fällen wird zur Schätzung der Faktorwerte auf die Regressionsanalyse (vgl. Kapitel 1) zurückgegriffen. Für unser Beispiel ergab sich für den Term $A \cdot (A' \cdot A)^{-1}$ die in Abbildung 5.40 aufgeführte Koeffizientenmatrix der Faktorwerte.

Abbildung 5.40: Koeffizientenmatrix der Faktorwerte

	Faktor	
	1	2
Anteil ungesättigter Fettsäuren	,55098	-,04914
Kaloriengehalt	,01489	-,01014
Vitamingehalt	,42220	,00081
Haltbarkeit	,26113	,67344
Preis	-,28131	,33084

Extraktionsmethode: Hauptachsen-Faktorenanalyse.
Rotationsmethode: Varimax mit Kaiser-Normalisierung.
Methode für Faktorwerte: Regression.

Die standardisierte Ausgangsdatenmatrix Z multipliziert mit den Regressionskoeffizienten ergibt dann die in Abbildung 5.42 aufgeführten Faktorwerte. Die standardisierte Datenmatrix Z errechnet sich gemäß der Formel $z_{kj} = \dfrac{x_{kj} - \overline{x}_j}{s_j}$ in Kapitel 5.2.1.1 zu:

Abbildung 5.41: Standardisierte Ausgangsdatenmatrix Z

Faktoren-6Produkte.sav - SPSS Daten-Editor

Datei Bearbeiten Ansicht Daten Transformieren Analysieren Grafiken Extras Fenster

1 :

	marke	zungefet	zkalorie	zvitamin	zhaltbar	zpreis
1	RAMA	-1,24550	-1,63164	-1,21988	-1,33631	-1,29099
2	SANELLA	-,56614	,94463	-,48795	-,26726	-,32275
3	BECEL	,79259	,42938	,24398	,26726	,16137
4	DUDARFS	1,47196	,94463	1,70783	-,80178	-,80687
5	HOLLBUT	-,56614	-,60113	-,48795	,80178	1,12962
6	WEIHBUT	,11323	-,08588	,24398	1,33631	1,12962

Die Multiplikation der Matrix [6x5] in Abbildung 5.41 mit der Matrix [5x2] in Abbildung 5.40 ergibt sich zu der Faktorwerte-Matrix [6x2] in Abbildung 5.42.

Abbildung 5.42: Faktorwerte im 6-Produkte-Beispiel

Faktoren-6Produkte.sav - SPSS Daten-Editor

Datei Bearbeiten Ansicht Daten Transformieren

8 :

	marke	fac1_1	fac2_1
1	RAMA	-1,21136	-1,25027
2	SANELLA	-,48288	-,26891
3	BECEL	,57050	,19027
4	DUDARFS	1,56374	-,88742
5	HOLLBUT	-,63529	,94719
6	WEIHBUT	,19530	1,26914

Abbildung 5.43: Faktorwerte-Plot und rotierte Faktorladungen im 6-Produkte-Beispiel

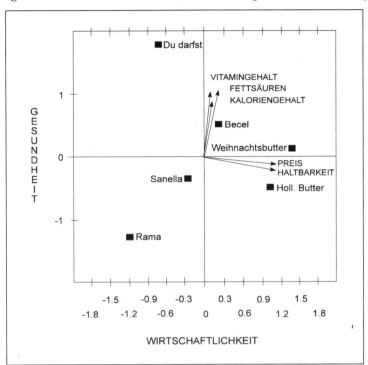

Die Faktorwerte lassen sich graphisch verdeutlichen und liefern damit eine Visualisierung der beurteilten Margarinemarken im zweidimensionalen Faktorenraum (Abbildung 5.43). Gleichzeitig lassen sich in diese Darstellung, unter Rückgriff auf die (rotierte) Faktorladungsmatrix (Abbildung 5.38), auch die Positionen der Faktoren übertragen. Damit erhält der Anwender gleichzeitig einen optischen Anhaltspunkt dafür, wie stark die Achsen des Koordinatensystems (Faktoren) mit den Variablen in Verbindung stehen.

5.2.7 Zusammenfassende Darstellung der Faktorenanalyse

Wie im einzelnen dargestellt, sind zur Durchführung einer Faktorenanalyse fünf grundlegende *Schritte* notwendig, um die Variablen einer Datenmatrix auf die den Daten zugrundeliegenden hypothetischen Faktoren zurückzuführen (Abbildung 5.44), wobei die Kantenlängen in Relation zueinander stehen: In der Ausgangsdatenmatrix X wird analog zum Beispiel davon ausgegangen, daß die Zahl der Variablen (5) kleiner ist als die Zahl der Objekte (6). Die Korrelationsmatrix ist dagegen definitionsgemäß quadratisch. Aus der Darstellung wird noch einmal deutlich, wel-

306   Faktorenanalyse

che Begriffe welchen Rechenoperationen bzw. Rechenergebnissen zuzuordnen sind.

Zusammenfassend läßt sich noch einmal festhalten: Bei der Ermittlung der Faktorenwerte aus den Ausgangsdaten sind zwei verschiedene Arten von Rechenschritten notwendig:

- solche, die eindeutig festgelegt sind (die Entwicklung der standardisierten Datenmatrix und der Korrelationsmatrix aus der Datenmatrix),
- solche, wo der Verwender des Verfahrens subjektiv eingreifen kann und muß, wo das Ergebnis also von seinen Entscheidungen abhängt (z.B. die Kommunalitätenschätzung).

Geht man davon aus, daß die erhobenen Daten das für die Korrelationsanalyse notwendige Skalenniveau besitzen, d. h. sind sie mindestens intervallskaliert, dann sind lediglich die *ersten beiden Schritte* von X nach Z und Z nach R *manipulationsfrei*. Alle anderen notwendigen Rechenschritte, die in Abbildung 5.44 durch Pfeile gekennzeichnet sind, sind subjektiven Maßnahmen des Untersuchenden zugänglich und erfordern die Eingriffe.

In den gängigen Computerprogrammen für die Durchführung einer Faktorenanalyse wird dieses Problem i. d. R. so gelöst, daß dem Anwender des Verfahrens für die einzelnen Entscheidungsprobleme "Standardlösungen" angeboten werden. Der Anwender muß nur eingreifen, wenn er eine andere Lösung anstrebt, beispielsweise statt des automatisch angewendeten Kaiser-Kriteriums eine bestimmte Anzahl an zu extrahierenden Faktoren vorgeben möchte.

Gerade diese Vorgehensweise ist jedoch immer dann höchst problematisch, wenn dem Anwender die Bedeutung der einzelnen Schritte im Verfahren nicht klar ist und er das ausgedruckte Ergebnis als "die" Lösung ansieht.

Um diesen Fehler vermeiden zu helfen und die Aussagekraft faktoranalytischer Untersuchungen beurteilen zu können, wird im folgenden eine Faktoranalyse anhand eines komplexeren konkreten Beispiels vorgestellt. Um die einzelnen Rechenschritte nachprüfen zu können, sind im Anhang die Ausgangsdatenmatrix sowie die Mittelwerte über die Befragten abgedruckt. Es werden verschiedene Lösungen bei den einzelnen Teilproblemen im Rechengang der Faktoranalyse vorgestellt und kommentiert, um so den möglichen Manipulationsspielraum bei der Verwendung des Verfahrens offenzulegen.

Abbildung 5.44: Die Rechenschritte der Faktorenanalyse

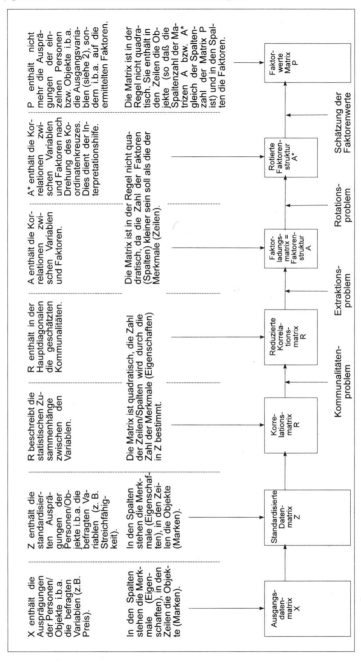

308 Faktorenanalyse

5.3 Fallbeispiel

5.3.1 Problemstellung

In einer empirischen Erhebung wurden elf Emulsionsfette (Butter und Margarine) im Hinblick auf bestimmte Eigenschaften beurteilt. Im einzelnen handelte es sich um die in Abbildung 5.45 angeführten Marken und Eigenschaften.

Abbildung 5.45: Variable und Objekte des Beispiels

Marken $M_k \left(k=1,...,11\right)$		Eigenschaften $x_j \left(j=1,...,10\right)$
1	Sanella	A	Streichfähigkeit
2	Homa	B	Preis
3	SB	C	Haltbarkeit
4	Delicado	D	Anteil ungesättigter Fettsäuren
5	Holl. Markenbutter	E	Back- und Brateignung
6	Weihnachtsbutter	F	Geschmack
7	Du darfst	G	Kaloriengehalt
8	Becel	H	Anteil tierischer Fette
9	Botteram	I	Vitamingehalt
10	Flora	K	Natürlichkeit
11	Rama		

Es wurden 18 Personen bezüglich ihrer Einschätzung der 11 Marken befragt und anschließend die Einzelurteile auf Markenebene über Mittelwertbildung verdichtet. Die durchschnittlichen Eigenschaftsurteile gehen pro Marke im folgenden als Datenmatrix in die Faktorenanalyse ein (vgl. die Datenmatix in Abbildung 5.46). Da die Probanden alle Marken beurteilt haben, kann *nicht* ausgeschlossen werden, daß die Beurteilung der Marken voneinander abhängen, obwohl dies für die weitere Analyse unterstellt wird. Bei empirischen Untersuchungen ist jedoch darauf zu achten, daß die Annahme unabhängiger Beurteilungen auch tatsächlich erfüllt ist.

Es sollte auf Basis dieser Befragung geprüft werden, ob die zehn *Eigenschaften* alle *unabhängig voneinander* zur (subjektiven) Beurteilung der Marken notwendig waren oder ob bestimmte komplexere Faktoren eine hinreichend genaue Beurteilung geben. In einem zweiten Schritt sollten die Marken entsprechend der Faktorenausprägung positioniert werden.Um mit Hilfe des Programmes SPSS eine Faktorenanalyse durchführen zu können, wurde zunächst das Verfahren der Faktorenanalyse aus dem Menüpunkt Dimensionsreduktion ausgewählt (vgl. Abbildung 5.46).

Die untersuchten Variablen aus der Quellvariablenliste wurden danach in das Feld "Variablen" übertragen (vgl. Abbildung 5.47) und ausgewählte Voreinstellungen des Programmes SPSS wurden verändert, um die Aussagekraft des Outputs zu steigern.

Der dabei anschließend erzeugte Ergebnisausdruck wird im folgenden entsprechend der Analyseschritte des Kapitels 5.2 nachvollzogen und kommentiert.

Abbildung 5.46: Dateneditor mit Auswahl des Analyseverfahrens "Faktorenanalyse"

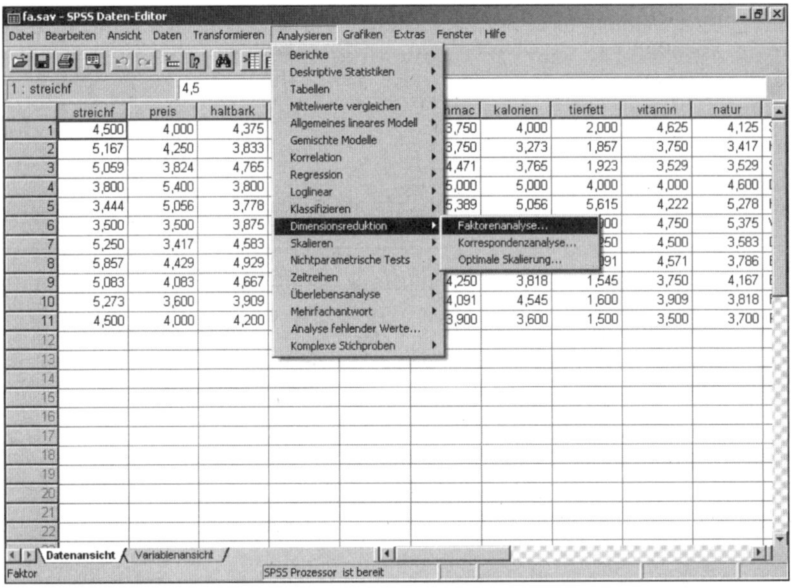

Abbildung 5.47: Dialogfeld "Faktorenanalyse"

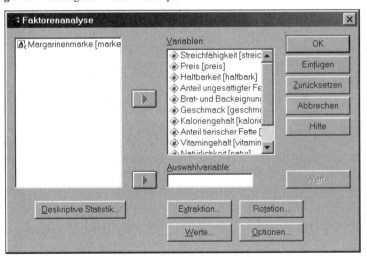

310   Faktorenanalyse

5.3.2 Ergebnisse

1. Variablenauswahl und Errechnung der Korrelationsmatrix:

Im ersten Schritt wird zunächst die Datenmatrix standardisiert und in eine Korrelationsmatrix überführt. Dieser Schritt erfolgt manipulationsfrei, d. h. es ist keine (subjektive) Entscheidung des Forschers erforderlich, und er besitzt somit auch keine Eingriffsmöglichkeit. Die Korrelationsmatrix der Margarinestudie ist in Abbildung 5.48 wiedergegeben.

Abbildung 5.48: Die Korrelationskoeffizienten

Korrelationsmatrix

	Streichfähig keit	Preis	Haltbarkeit	Anteil ungesättigter Fettsäuren	Brat- und Backeignung	Geschmack	Kalorien gehalt	Anteil tierischer Fette	Vitamin gehalt	Natürlichkeit
Streichfähigkeit	1,00000	-,38528	,67996	,33627	-,30914	-,47235	-,76286	-,79821	-,18589	-,86041
Preis	-,38528	1,00000	-,31859	-,69955	,08853	,40894	,04698	,26197	-,10843	,34815
Haltbarkeit	,67996	-,31859	1,00000	,21163	,08494	-,11325	-,58603	-,50281	,03207	-,50802
Anteil ungesättigter Fettsäuren	,33627	-,69955	,21163	1,00000	-,41754	-,30354	-,21686	-,20350	,18030	-,14506
Brat- und Backeignung	-,30914	,08853	,08494	-,41754	1,00000	,66559	,59178	,45295	,21888	,44121
Geschmack	-,47235	,40894	-,11325	-,30354	,66559	1,00000	,51782	,80040	,43373	,72025
Kaloriengehalt	-,76286	,04698	-,58603	-,21686	,59178	,51782	1,00000	,81204	,36565	,76014
Anteil tierischer Fette	-,79821	,26197	-,50281	-,20350	,45295	,80040	,81204	1,00000	,53309	,87546
Vitamingehalt	-,18589	-,10843	,03207	,18030	,21888	,43373	,36565	,53309	1,00000	,45577
Natürlichkeit	-,86041	,34815	-,50802	-,14506	,44121	,72025	,76014	,87546	,45577	1,00000

In Abschnitt 5.2.1.2 wurde ausführlich dargelegt, daß die Art und Weise der Befragung, die Struktur der Befragten sowie die Verteilungen der Variablen in der Erhebungsgesamtheit zu einer Verzerrung der Ergebnisse der Faktorenanalyse führen können. Diese Verzerrungen schlagen sich in der Korrelationsmatrix nieder, und folglich kann die Eignung der Daten anhand der Korrelationsmatrix überprüft werden. Bereits die Korrelationsmatrix macht deutlich, daß in der vorliegenden Studie relativ häufig geringe Korrelationswerte auftreten (vgl. z.B. die Variable "Ungesättigte Fettsäuren") und manche Korrelationen sogar nahe bei Null liegen (z.B. die Korrelation zwischen "Backeignung" und "Preis"). Bereits daraus läßt sich schließen, daß diese Variablen für faktoranalytische Zwecke wenig geeignet sind. Die in Abschnitt 5.2.1.2 behandelten Prüfkriterien bestätigen in der Summe diese Vermutung. Beispielhaft sei hier jedoch nur das Kaiser-Meyer-Olkin-Kriterium näher betrachtet, das für die Korrelationsmatrix insgesamt nur einen Wert von 0,437 erbrachte und damit die Korrelationsmatrix als "untragbar" für die Faktorenanalyse deklariert. Welche Variablen dabei für dieses Ergebnis verantwortlich sind, macht Abbildung 5.49 deutlich. Das variablenspezifische Kaiser-Meyer-Olkin-Kriterium (MSA-Kriterium) ist auf der Hauptdiagonalen der Anti-Image-Korrelations-Matrix abgetragen und weist nur die Variablen "Natürlichkeit" und "Haltbarkeit" als "kläglich" bzw. "ziemlich gut" für faktoranalytische Zwecke aus. Es ist deshalb angezeigt, Variable aus der Analyse sukzessive auszuschließen (beginnend mit der Variablen "Vitamingehalt"), bis alle variablespezifischen MSA-Kriterien größer als 0,5 sind. In unserem Fall würde dieser Prozeß dazu führen, daß insgesamt acht Variable aus der

Analyse herausgenommen werden müßten. Aus *didaktischen Gründen* wird hier jedoch auf den Ausschluß von Variablen verzichtet.

Abbildung 5.49: Anti-Image-Korrelations-Matrix der Margarinestudie

	Streichfähigkeit	Preis	Haltbarkeit	Anteil ungesättigter Fettsäuren	Brat- und Backeignung	Geschmack	Kaloriengehalt	Anteil tierischer Fette	Vitamingehalt	Natürlichkeit
Streichfähigkeit	,45777[a]	,33981	-,10512	-,11143	,61480	-,84225	-,62569	,83545	-,75416	,84396
Preis	,33981	,36966[a]	,08188	,76538	,61519	-,58983	-,29977	,55726	-,26705	-,02622
Haltbarkeit	-,10512	,08188	,74145[a]	-,10522	-,41957	,13870	,49891	-,14367	-,14926	-,03962
Anteil ungesättigter Fettsäuren	-,11143	,76538	-,10522	,48550[a]	,46223	-,22180	-,15505	,22193	,01675	-,41600
Brat- und Backeignung	,61480	,61519	-,41957	,46223	,28670[a]	-,88320	-,88693	,86260	-,44878	,37170
Geschmack	-,84225	-,58983	,13870	-,22180	-,88320	,36880[a]	,82444	-,97126	,66229	-,63532
Kaloriengehalt	-,62569	-,29977	,49891	-,15505	-,88693	,82444	,46496[a]	-,83898	,46026	-,52367
Anteil tierischer Fette	,83545	,55726	-,14367	,22193	,86260	-,97126	-,83898	,45227[a]	-,71028	,57640
Vitamingehalt	-,75416	-,26705	-,14926	,01675	-,44878	,66229	,46026	-,71028	,27807[a]	-,65216
Natürlichkeit	,84396	-,02622	-,03962	-,41600	,37170	-,63532	-,52367	,57640	-,65216	,58052[a]

a. Maß der Stichprobeneignung

Um im Rahmen der SPSS-Anwendung die beiden Eignungskriterien der Korrelationskoeffizienten und die Anti-Image-Matrix zu erhalten, sind im Dialogfeld Deskriptive Statistik die beiden Felder "Koeffizienten der Korrelation" und "Anti-Image-Matrix" auszuwählen. Neben den in dieser Fallstudie vorgestellten Anwendungsmöglichkeiten der deskriptiven Statistik können hier weitere Korrelationsauswertungen selektiert werden (vgl. Abbildung 5.50).

Abbildung 5.50: Dialogfeld "Deskriptive Statistik"

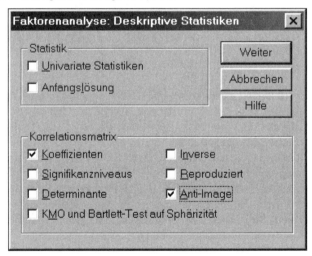

312 Faktorenanalyse

2. Bestimmung der Kommunalitäten:

Bei diesem Schritt erfolgt der erste Eingriff des Anwenders in den Ablauf der Faktorenanalyse, da eine Schätzung der Kommunalitäten, also des Anteils der durch die gemeinsamen Faktoren zu erklärenden Varianz der Variablen, vorgenommen werden muß. Wir wollen hier beide Verfahrensweisen, die in Abschnitt 5.2.3 vorgestellt wurden, vergleichen.

Das Ergebnis der zwei Schätzverfahren ist in Abbildung 5.51 dargestellt.Während bei der Hauptkomponentenanalyse die Startwerte der Kommunalitätenschätzung immer auf eins festgelegt werden, wird bei der Hauptachsenanalyse als Startwert immer das multiple Bestimmtheitsmaß der Variablen gewählt. Die Analysen führen, bei Extraktion von drei Faktoren, zu den ebenfalls in Abbildung 5.51 aufgeführten Ergebnissen (Endwerten). Es wird deutlich, daß die "Endwerte" zum Teil erheblich von den Startwerten abweichen.

Abbildung 5.51: Vergleich der geschätzten Kommunalitäten

Variable	Hauptkomponentenanalyse		Hauptachsenanalyse	
	Kommunali-tät (Startwerte)	Kommunali-tät (Endwerte)	Kommunali-tät (Startwerte)	Kommunali-tät (Endwerte)
STREICHF	1.00000	.88619	.97414	.85325
PREIS	1.00000	.76855	.89018	.55717
HALTBARK	1.00000	.89167	.79497	.85754
UNGEFETT	1.00000	.85324	.85847	.91075
BACKEIGN	1.00000	.76043	.96501	.55819
GESCHMAC	1.00000	.84012	.98810	.82330
KALORIEN	1.00000	.80223	.97132	.73903
TIERFETT	1.00000	.92668	.99166	.94796
VITAMIN	1.00000	.63297	.78019	.40402
NATUR	1.00000	.88786	.96445	.87851

Bei der Hauptkomponentenanalyse liegt das aber *nur* darin begründet, daß hier weniger Faktoren als Variable extrahiert wurden. Würde man bei diesen beiden Verfahren ebenfalls 10 Faktoren extrahieren, so würden die Start- und Endwerte der Kommunalitätenschätzung übereinstimmen. Bei der mit iterativer Kommunalitätenschätzung durchgeführten Hauptachsenanalyse sind die "wahren Endwerte" der Kommunalitätenschätzung unbekannt und werden aufgrund der Konvergenz des Iterationsprozesses (Konvergenzkriterium) bestimmt. Für die weiteren Betrachtungen sind die "Endwerte" der Kommunalitätenschätzung jedoch von entscheidender Bedeutung, da der Erklärungswert der gefundenen Faktoren immer auch im Hinblick auf die *zugrundeliegende Kommunalität* zu beurteilen ist.

3. Wahl der Extraktionsmethode:

Es wurde gezeigt, daß die beiden grundlegenden Faktoranalyseverfahren *Hauptkomponentenanalyse* und *Hauptachsenanalyse* auf unterschiedlichen theoretischen

Modellen basieren. Für die Margarinestudie sei unterstellt, daß als Zielsetzung die Suche nach den hinter den Variablen stehenden, hypothetischen Gründen formuliert wurde und damit die Korrelationen kausal interpretiert werden. Im folgenden wird deshalb eine *Hauptachsenanalyse* angewendet.

Hierfür ist eine Änderung der SPSS-Voreinstellungen erforderlich. In der Dialogbox "Faktorenanalyse: Extraktion" ist im Auswahlfenster "Methode" aus der sich öffnenden Liste "Hauptachsen-Faktorenanalyse" auszuwählen (vgl. Abbildung 5.52). Neben den hier diskutierten zwei Extraktionsmethoden bietet SPSS eine Reihe von Extraktionsverfahren zur Auswahl. Die Alternativen unterscheiden sich in dem verwendeten Gütekriterium, das sie benutzen, um mit Hilfe der extrahierten Fakoren einen möglichst hohen Varianzanteil der Ausgangsvariablen zu erklären.[17]

Abbildung 5.52: Dialogfeld "Extraktion"

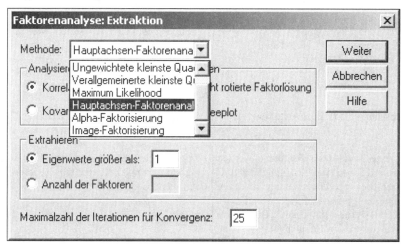

4. Zahl der Faktoren:

Die Zahl der maximal möglichen Faktoren entspricht der Zahl der Variablen: Dann entspricht *jeder* Faktor *einer* Variablen. Da aber gerade die Zahl der Faktoren kleiner als die der Variablen sein soll, ist zu entscheiden, wie viele Faktoren (Zahl der Faktoren < Zahl der Variablen) extrahiert werden sollen.

Wie bereits gezeigt, existieren zur Lösung dieses Problems verschiedene Vorschläge, ohne daß auf eine theoretisch befriedigende Alternative zurückgegriffen werden kann. Beispielhafte Alternativen, die von SPSS unterstützt werden, sind in Abbildung 5.53 aufgelistet.

Unabhängig davon, welches Kriterium man zur Extraktion der Faktoren verwendet, ist es zunächst sinnvoll, so viele Faktoren zu extrahieren, wie Variablen vor-

---

[17] Für eine Erläuterung sämtlicher Extraktionsmethoden, vgl. Janssen, J./Laatz, W., 2005, S. 507 f.

314   Faktorenanalyse

handen sind. Dies erfolgt bei Anwendung des Programmes SPSS automatisch. Hierbei wird allerdings unabhängig von der gewählten Extraktionsmethode die anfängliche Lösung und die Zahl der Faktoren nach der Haupt*komponenten*methode bestimmt. Die Anzahl der vorhandenen Variablen, die in einem korrelierten Verhältnis zueinander stehen, wird in diesem ersten Auswertungsschritt in eine gleich große Anzahl unkorrelierter Variablen umgewandelt. Die eigentliche Faktorenanalyse auf Basis der Hauptachsenmethode hat zu diesem Zeitpunkt folglich noch nicht stattgefunden. Abbildung 5.54 zeigt den entsprechenden SPSS-Ausdruck der automatisierten Hauptkomponentenanalyse. Nach der Faustregel (95% Varianzerklärung) würden sich fünf Faktoren ergeben.

Abbildung 5.53:   Ausgewählte Faktorextraktionskriterien

In der Literatur vorgeschlagene Kriterien zur Bestimmung der Faktoranzahl	Bei SPSS realisierte Alternativen
1. Extrahiere solange, bis X% (i. d. R. 95%) der Varianz erklärt sind.	Kann ex post manuell bestimmt werden.
2. Extrahiere nur Faktoren mit Eigenwerten größer 1 (Kaiser-Kriterium).	Vom Computer automatisch verwandt, wenn keine andere Spezifikation.
3. Extrahiere n (z.B. 3) Faktoren.	Anzahl kann im Dialogfeld "Extraktion" ex ante manuell eingegeben werden.
4. Scree-Test: Die Faktoren werden nach Eigenwerten in abfallender Reihenfolge geordnet. An die Faktoren mit den niedrigsten Eigenwerten wird eine Gerade angepaßt. Der letzte Punkt auf der Geraden bestimmt die Faktorenzahl.	Erforderlicher Screeplot kann im Dialogfeld "Extraktion" ebenfalls angefordert werden.
5. Zahl der Faktoren soll kleiner als die Hälfte der Zahl der Variablen sein.	Kann ex post manuell bestimmt werden, sofern im Dialogfeld "Extraktion" die eingetragene Zahl zu extrahierender Faktoren nicht kleiner als die Hälfte der Zahl der Variablen ist.
6. Extrahiere alle Faktoren, die nach der Rotation interpretierbar sind.	Kann nach Einstellung des erwüschten Rotationsprinzips ex post manuell bestimmt werden.

Abbildung 5.54: Extrahierte Faktoren mit Eigenwerten und Varianzerklärungsanteil

Erklärte Gesamtvarianz

Faktor	Anfängliche Eigenwerte Gesamt	% der Varianz	Kumulierte %
1	5,05188	50,51883	50,51883
2	1,77106	17,71061	68,22944
3	1,42700	14,27002	82,49946
4	,81935	8,19349	90,69295
5	,42961	4,29611	94,98905
6	,24709	2,47085	97,45991
7	,15928	1,59275	99,05266
8	,06190	,61902	99,67168
9	,02943	,29434	99,96602
10	,00340	,03398	100,00000

Abbildung 5.55 zeigt die entsprechende Zahl der Faktoren für das Kaiser-Kriterium und den Scree-Test. Während nach dem Kaiser-Kriterium drei Faktoren zu extrahieren wären, legt der Scree-Test eine Ein-Faktor-Lösung nahe. Wegen der unterschiedlichen Ergebnisse der drei Extraktionskriterien muß sich der Anwender *subjektiv* für eine der Lösungen entscheiden.

Abbildung 5.55: Scree-Test und Kaiser-Kriterium

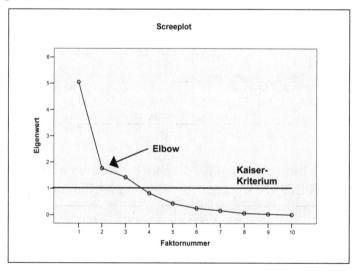

316   Faktorenanalyse

Im vorliegenden Fallbeispiel wird das Kaiser-Kriterium als Extraktionskriterium verwendet. Dies entspricht der Voreinstellung von SPSS.

Um die Güte der 3-Faktorenlösung zu bestimmen, sind weitere SPSS-Outputs näher zu betrachten (vgl. Abbildung 5.56 bis Abbildung 5.58). Da es sich hierbei um
keine anfängliche Lösung (automatisierte Hauptkomponentenmethode), sondern um
eine Lösung nach Durchführung zahlreicher Iterationsschritte handelt, ist die zuvor
ausgewählte Extraktionsmethode (Hauptachsenmethode) zur Anwendung gekommen.

Bei zehn Variablen beträgt die Gesamtvarianz wegen der Normierung jeder Ein-
zelvarianz auf den Wert von 1 gleich 10. Das bedeutet z.B. für den ersten Faktor in
Abbildung 5.56 mit einem Eigenwert von 4,86417 im Verhältnis zu 10 einen Erklärungsanteil von ca. 48,6 % der Gesamtvarianz. Insgesamt beträgt die Summe der drei
Eigenwerte 7,52971. Setzt man diese Summe ins Verhältnis zur Gesamtvarianz von
10, so ergibt sich ein durch die Faktoren erklärter Varianzanteil von 75,3 % (vgl.
Spalte "Kumulierte %" in Abbildung 5.56).

Die in der Übersicht ausgewiesenen Varianzerklärungsanteile (% der Varianz) geben also an, wieviel der jeweilige Faktor an Erklärunganteil in bezug auf *alle* Ausgangsvariablen besitzt. Diese drei Faktoren erklären zusammen 75,3 % der Ausgangsvarianz, wobei der 1. Faktor 48,6 %, der 2. Faktor 14,7 % und der 3. Faktor
12,0 % der Ausgangsvarianz erklären. Der Eigenwert der drei Faktoren (erklärter
Teil der Gesamtvarianz eines Faktors) kann in der Spalte "Gesamt" abgelesen werden.

Abbildung 5.56:   Eigenwerte und Anteile erklärter Varianz

Erklärte Gesamtvarianz

| Faktor | Summen von quadrierten Faktorladungen für Extraktion | | |
	Gesamt	% der Varianz	Kumulierte %
1	4,86417	48,64	48,64
2	1,46805	14,68	63,32
3	1,19749	11,97	75,30

Extraktionsmethode: Hauptachsen-Faktorenanalyse.

Abbildung 5.57 enthält die unrotierte Faktorladungsmatrix, wobei die Faktorladungen der extrahierten Faktoren nach ihrer Ladungsgröße sortiert wurden. Dabei wird
deutlich, daß die Variablen "Anteil tierischer Fette", "Natürlichkeit", "Streichfähigkeit", "Kaloriengehalt", "Geschmack" und "Backeignung" offenbar "viel mit Faktor
1 zu tun haben", während Faktor 2 offenbar mit den Variablen "Ungesättigte Fettsäuren", "Preis" und "Vitamingehalt" und Faktor 3 vor allem mit "Haltbarkeit" korreliert.

Abbildung 5.57: Faktorladungen

Faktorenmatrix

	Faktor 1	Faktor 2	Faktor 3
Anteil tierischer Fette	,94758	,22325	-,01469
Natürlichkeit	,91885	,16537	-,08292
Streichfähigkeit	-,86273	,10548	,31276
Kaloriengehalt	,83090	,18542	-,11935
Geschmack	,77638	,09144	,46062
Brat- und Backeignung	,54555	,04984	,50802
Anteil ungesättigter Fettsäuren	-,40207	,80846	-,30900
Preis	,40050	-,62446	,08261
Vitamingehalt	,38346	,48337	,15273
Haltbarkeit	-,56373	,23939	,69458

Extraktionsmethode: Hauptachsen-Faktorenanalyse.

Die iterativ geschätzten Kommunalitäten auf Basis der Hauptachsenanalyse werden in Abbildung 5.58 widergespiegelt (vgl. auch Abbildung 5.51). Auffällig ist dabei vor allem, daß offenbar die Varianzanteile der Variablen "Preis", "Backeignung" und "Vitamingehalt" nur zu einem sehr geringen Teil durch die gefundenen Faktoren erklärbar sind. Daraus ergibt sich die Konsequenz, daß diese Variablen tendenziell zu *Ergebnisverzerrungen* führen und von daher aus der Analyse ausgeschlossen werden sollten. Dabei handelt es sich aber gerade um diejenigen Variablen, die bereits nach dem Kaiser-Meyer-Olkin-Kriterium (vgl. Abbildung 5.49) aus der Analyse auszuschließen waren. Aus didaktischen Gründen wird hier allerdings wiederum auf den Ausschluß von Variablen verzichtet.

Abbildung 5.58: Kommunalitäten

Kommunalitäten

	Extraktion
Streichfähigkeit	,85325
Preis	,55717
Haltbarkeit	,85754
Anteil ungesättigter Fettsäuren	,91075
Brat- und Backeignung	,55819
Geschmack	,82330
Kaloriengehalt	,73903
Anteil tierischer Fette	,94796
Vitamingehalt	,40402
Natürlichkeit	,87851

Extraktionsmethode: Hauptachsen-Faktorenanalyse.

318 Faktorenanalyse

Um aus den unendlich vielen Möglichkeiten der Positionierung eines Koordinatenkreuzes die beste, d. h. interpretationsfähigste, bestimmen zu können, wird das oben ermittelte Faktorenmuster rotiert.

Die rechtwinklige Rotation kann im zwei-dimensionalen (wie im drei-dimensionalen) Fall grundsätzlich auch graphisch erfolgen, indem der Untersuchende versucht, das Koordinatenkreuz so zu drehen, daß möglichst viele Punkte im Koordinatenkreuz (Faktorladungen) auf einer der beiden Achsen liegen. Im Mehr-als-drei-Faktoren-Fall ist es allerdings notwendig, die Rotation analytisch vorzunehmen. SPSS stellt hierfür unterschiedliche Möglichkeiten der Rotation zur Verfügung, die bei Auswahl der Dialogbox "Rotation" erscheinen (vgl. Abbildung 5.59).

Bei der hier angewendeten Varimax-Rotationsmethode handelt es sich um eine orthogonale Rotation. Die Faktorachsen verbleiben folglich bei der Rotation in einem rechten Winkel zueinander, was unterstellt, daß die Achsen bzw. Faktoren nicht untereinander korrelieren. Da die Rotation der Faktoren zwar die Faktorladungen, nicht aber die Kommunalitäten des Modells verändert, ist die unrotierte Lösung primär für die Auswahl der Anzahl an Faktoren und für die Gütebeurteilung der Faktorlösung geeignet. Eine Interpretation der ermittelten Faktoren ist auf Basis eines unrotierten Modells allerdings nicht empfehlenswert, da sich durch Anwendung einer Rotationsmethode die Verteilung des erklärten Varianzanteils einer Variable auf die Faktoren verändert.

Abbildung 5.59:   Dialogfeld "Rotation"

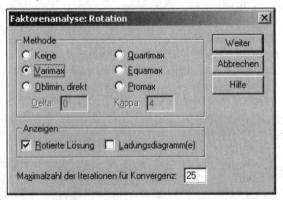

Die analytische Lösung von SPSS auf der Basis des Varimax-Kriteriums beim vorliegenden Beispiel zeigt Abbildung 5.60.

Abbildung 5.60: Varimax-rotierte Faktormatrix

Rotierte Faktorenmatrix [a]

	Faktor		
	1	2	3
Geschmack	,84729	,17468	-,27365
Anteil tierischer Fette	,73476	,63626	-,05711
Brat- und Backeignung	,69978	-,01333	-,26139
Vitamingehalt	,55369	,12349	,28669
Haltbarkeit	,12616	-,90249	,16474
Streichfähigkeit	-,36302	-,81410	,24230
Natürlichkeit	,65040	,67002	-,08109
Kaloriengehalt	,57633	,63728	-,02717
Anteil ungesättigter Fettsäuren	-,12951	-,07381	,94262
Preis	,06852	,23296	-,70584

Extraktionsmethode: Hauptachsen-Faktorenanalyse.
Rotationsmethode: Varimax mit Kaiser-Normalisierung.
a. Die Rotation ist in 7 Iterationen konvergiert.

Vergleicht man die Lösung der rotierten Faktorladungen mit den unrotierten (Abbildung 5.57), dann zeigt sich eine erhebliche Veränderung. Nach Rotation laden z.T. andere Variable auf bestimmte Faktoren im Vergleich zur nicht rotierten Faktorladungsmatrix.

5. Faktorinterpretation:

Welche Interpretation läßt diese Rotation zu? Dazu wurden die jeweils positiv oder negativ hochladenden Variablen auf die jeweiligen Faktoren unterstrichen. Zur Veranschaulichung ist es häufig sinnvoll, die hochladenden Variablen - wie in Abbildung 5.61 dargestellt - mit einem + oder - (positive oder negative Korrelation) in bezug auf den jeweiligen Faktor zu kennzeichnen.

Dabei wird deutlich, daß Faktor 2 durch hohe Ladungen der Variablen "Haltbarkeit", "Streichfähigkeit", "Natürlichkeit", "Kaloriengehalt" und "Tierfette" gekennzeichnet ist, wobei die beiden erst genannten Variablen *negativ* auf den Faktor laden. Versucht man nun, eine Interpretation des zweiten Faktors vorzunehmen, so muß man sich bewußt sein, daß hier eine Haupt*achsen*analyse vorgenommen wurde, d. h. es ist also nach "hinter den Variablen stehenden" Beurteilungsdimensionen gefragt. Die negativen und positiven Ladungen sind damit erklärbar, daß bei "natürlichen Produkten" meist der "Anteil tierischer Fette", der "Kaloriengehalt" und damit die "Natürlichkeit" in einem gegensetzlichen Verhältnis zu "Haltbarkeit" und "Streichfähigkeit" stehen. Das bedeutet, daß z.B. eine hohe "Haltbarkeit" und "Streichfähigkeit" meist mit geringem "Anteil tierischer Fette", "Kaloriengehalt" und damit "Natürlichkeit" einhergeht. Die Korrelationen zwischen diesen Variablen läßt sich deshalb auf die Beurteilungsdimension "*Naturbelassenheit*" zurückführen.

320   Faktorenanalyse

Abbildung 5.61:   Schematische Darstellung der rotierten Faktorladungen

	Faktor 1 Gesundheit	Faktor 2 Naturbelassenheit	Faktor 3 Preis-/Leistungs- verhältnis
Geschmack	+		
Tierfette	+	+	
Backeignung	+		
Vitamine	+		
Haltbarkeit		-	
Streichfähigkeit		-	
Natürlichkeit	+	+	
Kalorien	+	+	
Unges. Fettsäuren			+
Preis			-

Der Leser möge selber versuchen, unseren *Interpretationsvorschlag* für die beiden übrigen Faktoren nachzuvollziehen. Dabei wird schnell deutlich werden, welche Schwierigkeiten eine gewissenhafte und sorgfältige Interpretation (entsprechend dem theoretischen Modell des angewandten Verfahrens) bereiten kann.

Häufig ist es allerdings notwendig, die Daten detaillierter zu analysieren, um die Ergebnisse einer Rotation richtig zu deuten. Gerade beim Rotationsproblem eröffnen sich erhebliche Manipulationsspielräume. Damit eröffnet die Faktorenanalyse auch Spielräume für Mißbrauch.

6. Bestimmung der Faktorwerte:

Nach Extraktion der drei Faktoren interessiert häufig auch, wie die verschiedenen Marken anhand dieser drei Faktoren beurteilt wurden. Auf dieser Basis lassen sich beispielsweise Produktpositionierungen vornehmen. Auch dazu sind Schätzungen notwendig. Empirische Untersuchungen haben gezeigt, daß je nach verwendeter Schätzmethode die Ergebnisse erheblich variieren können. In der Regel erfolgt die Schätzung der Faktor*werte*, die streng von den Faktor*ladungen* zu trennen sind, - wie auch in SPSS - durch eine multiple Regressionsrechnung. SPSS bietet drei Verfahren zur Schätzung von Faktorwerten an, die zu unterschiedlichen Werten führen. Zur Einstellung der gewünschten Schätzmethode ist das Dialogfeld "Werte" auszuwählen (vgl. Abbildung 5.62).

Abbildung 5.62: Dialogfeld "Werte"

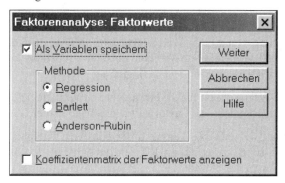

Abbildung 5.63: Die Faktorwerte in der Datenmatrix

	kalorien	tierfett	vitamin	natur	marke	fac1_1	fac2_1	fac3_1
1	4,000	2,000	4,625	4,125	SANELLA	-,72230	-,33569	-,19936
2	3,273	1,857	3,750	3,417	HOMA	-1,47749	,63800	,14345
3	3,765	1,923	3,529	3,529	SB	,18870	-1,96953	-1,80583
4	5,000	4,000	4,000	4,600	DELICAD	,36531	,83137	-2,24023
5	5,056	5,615	4,222	5,278	HOLLBUT	,88095	,90557	-,24468
6	5,500	6,000	4,750	5,375	WEIHBUT	1,54865	1,55885	,78783
7	4,667	3,250	4,500	3,583	DUDARFS	,70722	-,32404	1,68757
8	2,929	2,091	4,571	3,786	BECEL	,45323	-1,57839	-,13594
9	3,818	1,545	3,750	4,167	BOTTERA	,41452	-,20917	1,17437
10	4,545	1,600	3,909	3,818	FLORA	-,86477	-,27836	,05455
11	3,600	1,500	3,500	3,700	RAMA	-1,49402	,76139	,77828

Alle drei zur Verfügung stehenden Schätzverfahren führen zu standardisierten Faktorwerten, mit einem Mittelwert von 0 und einer Standardabweichung von 1. Durch die Auswahl der hier verwendeten Methode "Regression" können die zu ermittelnden Faktorwerte korrelieren, obwohl - wie im Fall der Hauptachsenanalyse - die Faktoren orthogonal geschätzt wurden. Die zur Ermittlung der Faktorwerte erforderlichen *Regressionskoeffizienten* werden bei SPSS unter der Überschrift "Koeffizientenmatrix der Faktorwerte" abgedruckt. Hierbei handelt es sich nicht um die Faktorwerte, sondern um die Gewichtungsfaktoren, die mit den standardisierten Ausgangsdaten multipliziert werden müssen, um die entgültigen Faktorwerte zu errechnen. Der Datenmatrix werden die Faktorwerte der einzelnen Fälle bei SPSS als neue Variablen (fac1_1, fac2_1 und fac3_1) angehängt (vgl. Abbildung 5.63).

Für den Fall, daß für bestimmte Variable einzelne Probanden keine Aussagen gemacht haben (Problem der missing values), gilt:

(1) Die Fallzahl verringert sich für die entsprechende Variable.
(2) Für diesen Fall können keine Faktorwerte berechnet werden.

Da in unsere Analyse nicht die Aussagen der einzelnen Probanden eingingen (vgl. dazu Kapitel 5.1), sondern für die elf Marken die Mittelwerte über alle Probanden, waren diese Effekte nicht relevant.

Stellt man die Faktorwerte der beiden ersten Faktoren graphisch dar (auf die Darstellung des 3. Faktors wird aus Anschauungsgründen verzichtet, da dies eine dreidimensionale Abbildung erfordern würde), so ergeben sich folgende *Produktpositionen* für die elf Aufstrichfette (Abbildung 5.64).

Abbildung 5.64: Graphische Darstellung der Faktorwerte

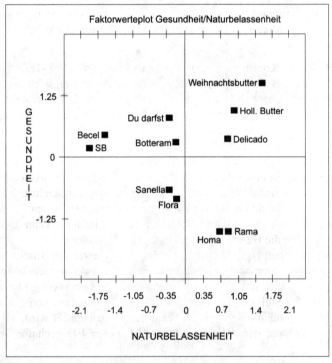

Die Achsen stellen in Abbildung 5.64 die beiden ersten extrahierten Faktoren dar und die Punkte im Koordinatenkreuz geben die jeweiligen Positionen der Marken in bezug auf die beiden Faktoren an (Faktorwerte). Produkt 3 (SB) hat beispielsweise die Koordinaten 0,189/-1,970 (vgl. die Werte in Abbildung 5.63). Bei einer 2-faktoriellen Lösung gibt diese Position an, daß offenbar die Befragten, welche die ursprünglichen zehn Variablen bewertet hatten, bei einer "Bündelung" der zehn Variablen zu zwei unabhängigen Faktoren Produkt 3 in bezug auf Faktor 1 (Gesundheit) positiv und Faktor 2 (Naturbelassenheit) relativ negativ bewerten. Entsprechendes gilt für die Bewertung (Positionierung) der übrigen zehn Marken.

Als Ergebnis zeigt sich, daß z.B. die Marken "HOMA" und "RAMA" ebenso wie die Buttersorten (Holl. Butter, Weihnachtsbutter und Delicado Sahnebutter) im Vergleich zu den übrigen Produkten eine Extremposition einnehmen.

Bei der inhaltlichen Interpretation der Faktorwerte ist darauf zu achten, daß sie aufgrund der Standardisierung der Ausgangsdatenmatrix ebenfalls standardisierte Größen darstellen, d. h. sie besitzen einen Mittelwert von 0 und eine Varianz von 1. Für die Interpretation der Faktorwerte bedeutet das folgendes:

- Ein negativer Faktorwert besagt, daß ein Produkt (Objekt) in bezug auf diesen Faktor *im Vergleich zu allen anderen* betrachteten Objekten unterdurchschnittlich ausgeprägt ist.
- Ein Faktorwert von 0 besagt, daß ein Produkt (Objekt) in bezug auf diesen Faktor eine *dem Durchschnitt entsprechende* Ausprägung besitzt.
- Ein positiver Faktorwert besagt, daß ein Produkt (Objekt) in bezug auf diesen Faktor *im Vergleich zu allen anderen* betrachteten Objekten überdurchschnittlich ausgeprägt ist.

Damit sind z.B. die Koordinatenwerte der Marke SB mit 0,189/-1,970 wie folgt zu interpretieren: Bei SB wird die Gesundheit (Faktor 1) im Vergleich zu den übrigen Marken als überdurchschnittlich stark ausgeprägt angesehen, während die Naturbelassenheit (Faktor 2) als nur unterdurchschnittlich stark ausgeprägt eingeschätzt wird. Dabei ist zu beachten, daß die Faktorwerte unter Verwendung *aller* Faktorladungen aus der rotierten Faktorladungsmatrix (Abbildung 5.60) berechnet werden. Somit haben auch kleine Faktorladungen einen Einfluß auf die Größe der Faktorwerte. Das bedeutet in unserem Beispiel, daß insbesondere die Faktorwerte bei Faktor 1, der einen *Generalfaktor* darstellt (d. h. durchgängig vergleichbar hohe Ladungen aufweist), *nicht nur* durch die in Abbildung 5.60 unterstrichenen Werte bestimmt werden, sondern auch *alle* anderen Variablen einen Einfluß - wenn z. T. auch nur einen geringen - auf die Bestimmung der Faktorwerte ausüben.

Solche Informationen lassen sich z.B. für Marktsegmentierungsstudien verwenden, indem durch die Faktorenanalyse Marktnischen aufgedeckt werden können. So findet sich z.B. im Bereich links unten (geringe Gesundheit und geringe Naturbelassenheit) kein Produkt. Stellt sich heraus, daß diese Kombination von Merkmalen für Emulsionsfette von ausreichend vielen Nachfragern gewünscht wird, so kann diese Marktnische durch ein neues Produkt mit eben diesen Eigenschaften geschlossen werden.

324   Faktorenanalyse

5.3.3 SPSS-Kommandos

Neben der Möglichkeit, die oben aufgezeigte explorative Faktorenanalyse menuge-
stützt durchzuführen, kann die Auswertung ebenfalls mit der nachfolgenden Syntaxdatei gerechnet werden. Die entsprechende Datei ist auf der Support-CD enthalten.

Abbildung 5.65:   SPSS-Kommandos zur Faktorenanalyse

```
* Faktorenanalyse

* DATENDEFINITION
* ----------------.

DATA LIST FIXED
   /Streichf Preis Haltbark Ungefett Backeign Geschmac Kalorien
    Tierfett Vitamin Natur 1-50(3) Marke 53-60(A).
BEGIN DATA
 4500 4000 4375 3875 3250 3750 4000 2000 4625 4125   SANELLA
 5167 4250 3833 3833 2167 3750 3273 1857 3750 3417   HOMA
 5059 3824 4765 3438 4235 4471 3765 1923 3529 3529   SB
 .
 .
 .
 4500 4000 4200 3900 3700 3900 3600 1500 3500 3700   RAMA
END DATA.

* PROZEDUR
* --------.

SUBTITLE "Hauptachsenanalyse (PA2) für den Margarinemarkt".
FACTOR variables = Streichf to Natur
   /ANALYSIS   = all
   /FORMAT     = sort
   /PRINT      = all
   /PLOT       = eigen rotation (1 2)
   /EXTRACTION = pa2
   /ROTATION   = varimax
   /SAVE REG (all,fakw).
SUBTITLE "Ausgabe der Faktorwerte für alle Margarinemarken.".
FORMATS fakw1 to fakw3 (f8.5).
LIST VARIABLES = fakw1 to fakw3 Marke.
```

5.4 Anwendungsempfehlungen

5.4.1 Probleme bei der Anwendung der Faktorenanalyse

5.4.1.1 Unvollständig beantwortete Fragebögen: Das Missing Value-Problem

Beim praktischen Einsatz der Faktorenanalyse steht der Anwender häufig vor dem Problem, daß die Fragebögen nicht alle vollständig ausgefüllt sind. Um die fehlenden Werte (missing values) im Programm handhaben zu können, bietet SPSS drei Optionen an. Zur Auswahl einer der Alternativen ist die Dialogbox "Optionen" zu öffnen (vgl. Abbildung 5.66).

Folgende Optionen stehen dem Anwender konkret zur Auswahl:

1. Die Werte werden *fallweise* ausgeschlossen ("*Listenweiser Fallausschluß*"), d.h. sobald ein fehlender Wert bei einer Variablen auftritt, wird der gesamte Fragebogen aus der weiteren Analyse ausgeschlossen. Dadurch wird die Fallzahl häufig erheblich reduziert!

Abbildung 5.66: Das Dialogfeld "Optionen"

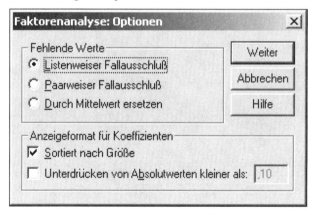

2. Die Werte werden *variablenweise* ausgeschlossen (*"Paarweiser Fallausschluß"*), d.h. bei Fehlen eines Wertes wird nicht der gesamte Fragebogen eliminiert, sondern lediglich die betroffene Variable. Dadurch wird zwar nicht die Fallzahl insgesamt reduziert, aber bei der Durchschnittsbildung liegen pro Variable unterschiedliche Fallzahlen vor. Dadurch kann es zu einer Ungleichgewichtung der Variablen kommen.
3. Es erfolgt überhaupt kein Ausschluß. Für die fehlenden Werte pro Variable werden *Durchschnittswerte* (*"Durch Mittelwert ersetzen"*) eingefügt.

Je nachdem, welches Verfahren der Anwender zugrunde legt, können unterschiedliche Ergebnisse resultieren, so daß hier ein weiterer Manipulationsspielraum vorliegt.

5.4.1.2 Starke Streuung der Antworten: Das Problem der Durchschnittsbildung

In unserem Fallbeispiel hatte die Befragung eine *dreidimensionale Matrix* ergeben (Abbildung 5.67).

18 Personen hatten 11 Objekte (Marken) anhand von 10 Eigenschaften beurteilt. Diese dreidimensionale Datenmatrix hatten wir durch Bildung der Durchschnitte über die 18 Personen auf eine zweidimensionale Objekte/Variablen-Matrix verdichtet. Diese Durchschnittsbildung verschenkt aber die Informationen über die personenbezogene Streuung der Daten. Ist diese Streuung groß, wird also auch viel Informationspotential verschenkt.

Eine Möglichkeit, die personenbezogene Streuung in den Daten mit in die Analyse einfließen zu lassen, besteht darin, die Beurteilung der jeweiligen Marke für jede Person aufrecht zu erhalten, indem jede einzelne Markenbeurteilung durch jede Person als *ein* Objekt betrachtet wird. Die dreidimensionale Matrix in Abbildung 5.67 wird dann zu einer vergrößerten zweidimensionalen Matrix (Abbildung 5.68).

Abbildung 5.67: Der "Datenquader"

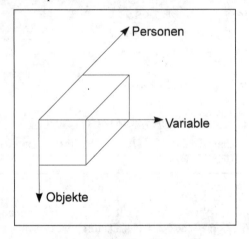

In diesem Falle werden aus den ursprünglich (durchschnittlich) bewerteten 11 Objekten (Marken) 11 x 18 = 198 Objekte (Da in unserem Fallbeispiel jedoch nicht alle Personen alle Marken beurteilt hatten, ergaben sich nur 127 Objekte).

Vergleicht man die Ergebnisse des "Durchschnittsverfahrens" mit dem "personenbezogenen Objektverfahren", dann können *erhebliche Unterschiede* in den Ergeb-

Anwendungsempfehlungen 327

nissen der Faktorenanalyse auftreten. Abbildung 5.69 stellt die Ergebnisse bei einer Zweifaktoren-Lösung gegenüber.

Abbildung 5.68: Die personenbezogene Objektmatrix

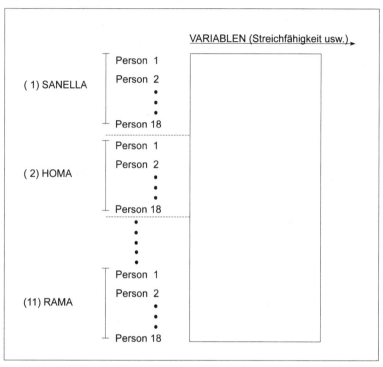

Abbildung 5.69: Die Faktorladungen im Vergleich

	Durchschnittsverfahren (N = 11)		Objektverfahren (N = 127)	
	FAKTOR 1	FAKTOR 2	FAKTOR 1	FAKTOR 2
STREICHF	-.77533	.35540	.29203	-.88490
PREIS	.15782	-.82054	.24729	-.00013
HALTBARK	-.43414	.29059	.50559	-.38055
UNGEFETT	-.13003	.80776	.15111	-.05290
BACKEIGN	.49826	-.15191	.58184	.11287
GESCHMAC	.71213	-.21740	.79836	.20807
KALORIEN	.86186	-.07113	.31326	.30129
TIERFETT	.98085	-.10660	.22904	.61220
VITAMIN	.51186	.30277	.62307	.03999
NATUR	.92891	-.15978	.53825	.36232

328 Faktorenanalyse

Dabei wird deutlich, daß sich die Faktorladungen z. T. erheblich verschoben haben. Unterschiede ergeben sich auch in den Positionierungen der Marken anhand der Faktorwerte. Abbildung 5.70 zeigt die Durchschnittspositionen der 11 Marken. Vergleicht man die Positionen von Rama und SB aus der Durchschnittspositionierung mit der personenbezogenen Positionierung in Abbildung 5.71, dann werden die Ergebnisunterschiede besonders deutlich.

Die Vielzahl unterdrückter Informationen bei der Mittelwertbildung führt über verschiedene Faktormuster letztlich auch zu recht heterogenen Faktorwertstrukturen und damit Positionen. Dadurch, daß sich bei den Analysen unterschiedliche Faktorenmuster ergeben, sind die Positionierungen in letzter Konsequenz nicht mehr vergleichbar.

Abbildung 5.70: Die zweidimensionale Positionierung beim Durchschnittsverfahren

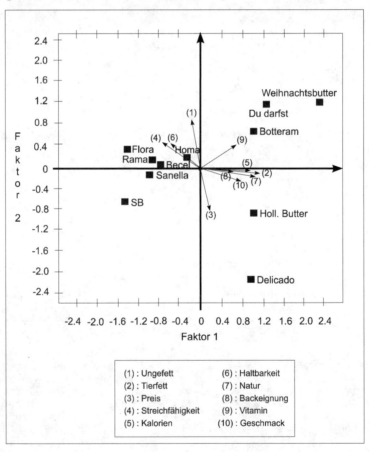

Anwendungsempfehlungen 329

Abbildung 5.71: Die zweidimensionale Positionierung beim Objektverfahren

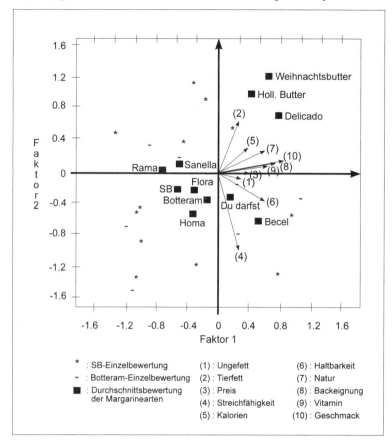

330   Faktorenanalyse

5.4.1.3   Entdeckungs- oder Begründungszusammenhang: Exploratorische versus konfirmatorische Faktorenanalyse

Bei einer Vielzahl wissenschaftlicher und praktischer Fragestellungen ist es von Interesse, Strukturen in einem empirischen Datensatz zu erkennen. Der Anwender hat keine konkreten Vorstellungen über den Zusammenhang zwischen Variablen, und es werden lediglich hypothetische Faktoren als verursachend für empirisch beobachtete Korrelationen zwischen den Variablen angesehen, ohne daß der Anwender genaue Kenntnisse über diese Faktoren besitzt. In einer solchen Situation bietet die in diesem Kapitel beschriebene Faktorenanalyse ein geeignetes Analyseinstrumentarium zur Aufdeckung unbekannter Strukturen. Die Faktorenanalyse ist damit im Hinblick auf den methodologischen Standort in den *Entdeckungszusammenhang* einzuordnen. Sie kann deshalb auch als *Hypothesengenerierungsinstrument* bezeichnet werden, und wir sprechen in diesem Fall von einer *explorativen Faktorenanalyse*.

Demgegenüber existieren bei vielen Anwendungsfällen aber bereits a priori konkrete Vorstellungen über mögliche hypothetische Faktoren, die hinter empirisch beobachteten Korrelationen zwischen Variablen zu vermuten sind. Aufgrund *theoretischer* Vorüberlegungen werden Hypothesen über die Beziehung zwischen direkt beobachtbaren Variablen und dahinter stehenden, nicht beobachtbaren Faktoren aufgestellt, und es ist von Interesse, diese Hypothesen an einem empirischen Datensatz zu prüfen. Hier kann die Faktorenanalyse zur *Hypothesenprüfung* herangezogen werden. Wir befinden uns damit im *Begründungszusammenhang*. In solchen Anwendungsfällen spricht man von einer *konfirmatorischen Faktorenanalyse*. Die konfirmatorische Faktorenanalyse basiert ebenfalls auf dem Fundamentaltheorem der Faktorenanalyse. Die Anwendung einer solchen Faktorenanalyse setzt allerdings voraus, daß der Anwender die Beziehungen zwischen beobachteten Variablen und Faktoren aufgrund intensiver theoretischer Überlegungen *vor* Anwendung der Faktorenanalyse festlegt. Die konfirmatorische Faktorenanalyse kann als *Spezialfall* von Stukturgleichungsanalysen angesehen werden, weshalb hier auf eine Darstellung dieser Analysemethode verzichtet und der interessierte Leser auf die entsprechenden Ausführungen in Kapitel 6 verwiesen wird.

5.4.2   Empfehlungen zur Durchführung einer Faktorenanalyse

Die obigen Ausführungen haben gezeigt, daß eine Faktorenanalyse bei gleichen Ausgangsdaten zu unterschiedlichen Ergebnissen führen kann, je nachdem, wie die subjektiv festzulegenden Einflußgrößen "eingestellt" werden. Gerade für denjenigen, der neu in diesem Gebiet tätig werden will, mögen einige Empfehlungen (Abbildung 5.72) für die vom Anwender subjektiv festzulegenden Größen eine erste Hilfestellung bedeuten. Die Vorschläge sind dabei daran orientiert, inwieweit sie sich bei der Fülle bereits durchgeführter Faktorenanalysen bewährt haben.

Abschließend sei nochmals betont, daß diese Empfehlungen lediglich an denjenigen gerichtet sind, der sich neu mit der Faktorenanalyse befaßt. Die Leser, die tiefer in die Materie eindringen möchten, seien vor allem auf das Buch von Überla verwiesen. Hier finden sich weitere ins Detail gehende Erläuterungen und Empfehlungen.[18]

Abbildung 5.72:   Empfehlungen zur Faktoranalyse

NOTWENDIGE SCHRITTE DER FAKTORENANALYSE	EMPFEHLUNGEN BZW. VORAUSSETZUNGEN
1. Ausgangserhebung	- Daten müssen metrisch skaliert sein (mindestens Intervallskala). - Fallzahl sollte mindestens der dreifachen Variablenzahl entsprechen, mindestens aber der Zahl der Variablen.
2. Erstellen der Ausgangsdatenmatrix	
3. Errechnen der Korrelationsmatrix	
4. Kommunalitätenschätzung	- Eigene Vorgaben - Iterative Schätzung
5. Faktorextraktion	- Hauptachsenanalyse - Hauptkomponentenanalyse
6. Bestimmung der Faktorenzahl	- Kaiser-Kriterium
7. Rotation	- Varimax-Kriterium
8. Interpretation	- Höchstens Faktorladungen > 0,5 verwenden (Konvention)
9. Bestimmung der Faktorwerte	- Regressionsschätzung

---

[18] Vgl. Überla, K., 1972.

332   Faktorenanalyse

5.5   Mathematischer Anhang

Für den mathematisch interessierten Leser soll nachfolgend die rechnerische Durchführung der Faktorenextraktion dargestellt werden. Wir beschränken uns dabei auf die Hauptkomponentenmethode.

Die Grundgleichung der Faktorenanalyse läßt sich wie folgt schreiben:

$$Z = A \cdot P$$

d.h. die Matrix der standardisierten Ausgangsdaten läßt sich zerlegen in das Muster der Faktorladungen A und der Faktorwerte P. Wegen der der Orthogonalität der Faktoren läßt sich diese Gleichung umformen in

$$P = A^{-1} \cdot Z$$
$$ = A' \cdot Z$$

bzw. $p_q = \sum_j a_{jq} \cdot z_j = a_q' \, z_j$

Da jeder Faktor q eine Linearkombination der Variablen z_j (j- 1, 2, ..., J) bildet, gilt für die Varianz eines Faktors q:

$$s_q{}^2 = \sum_{j=1}^{J} \sum_{l=1}^{J} a_{jq} \cdot a_{lq} \cdot r_{jl} = a_q' \, R \, a_q$$

Da die Korrelationsmatrix R vorgegeben ist, folgt: Die Varianz eines Faktors ist abhängig von seinen Ladungen. Da ein Faktor möglichst viel Varianz (Information) der Variablen aufnehmen soll, ergibt sich folgendes *Optimierungsproblem* zur Ermittlung der Faktoren:

$$\max_{a_q} \left\{ s_q{}^2 \right\} \qquad \text{unter der Nebenbedingung } a_q' \, a_q = 1$$

(Reparametrisierungsbedingung)

Zur Lösung dieses Optimierungsproblems für Faktor 1 läßt sich der folgende Lagrange-Ansatz verwenden:

$$\frac{\partial \left[s_1{}^2 + \lambda_1 \, (1 - a_1' \, a_1) \right]}{\partial a_1}$$
$$= \frac{\partial \left[a_1' \, R \, a_1 + \lambda_1 \, (1 - a_1' \, a_1) \right]}{\partial a_1}$$
$$= 2 \, (R - \lambda_1 E) \, a_1 = 0$$

Die gesuchten Ladungen von Faktor 1 sind damit bestimmt durch das homogene Gleichungssystem

$$(R - \lambda_1 E) \cdot a_1 = 0 \qquad \text{(Eigenwertproblem)}$$

$$\text{mit:} \quad \lambda_1 = \text{Eigenwert}$$

$$a_1 = \text{Eigenvektor}$$

Wegen $\qquad a_1' \cdot a_1 = 1$

gilt $\qquad \lambda_1 = a_1' \, R \, a_1 = s_1^2 \qquad$ Varianz von Faktor 1

Da s_1^2 maximiert werden soll, muß λ_1 der **größte Eigenwert von R** sein.

Der zugehörige Eigenvektor liefert die Ladungen von Faktor 1.

Analog liefert der zweitgrößte Eigenwert die Ladungen von Faktor 2, usw.

Allgemein gilt: Die Faktoren q (q = 1, ..., Q) sind bestimmt durch die Eigenwerte der Korrelationsmatrix R:

$$\lambda_1 \geq \lambda_2 \geq ... \geq \lambda_Q$$

Eigenwertprobleme

Die Lösung von Gleichungssystemen der Art

$$(R - \lambda E) \, a = 0 \qquad \text{mit:} \quad \lambda = \text{Eigenwert}$$

$$a = \text{Eigenvektor}$$

und $\qquad (R - \lambda E) = \begin{bmatrix} r_{11} - \lambda & r_{12} & . & . & . & r_{1J} \\ r_{21} & r_{22} - \lambda & . & . & . & r_{2J} \\ . & & & . & & . \\ . & & & & . & . \\ . & & & & & . \\ r_{J1} & r_{J2} & . & . & . & r_{JJ} - \lambda \end{bmatrix}$

nennt man ein Eigenwertproblem. Es bildet ein bildet ein klassisches Problem der Mathematik. Es gilt:

- Zu jedem Eigenwert $\lambda_q \neq 0$ existiert ein Eigenvektor a_q

- Die Anzahl der Q der von 0 verschiedenen Eigenwerte von R ist begrenzt durch den Rang von R (Ist R symmetrisch, so gilt Rg (R) = Q).

334   Faktorenanalyse

Berechnung der Eigenwerte

Da $(R - \lambda E)\, a = 0$ ein **homogenes Gleichungssystem** bildet, kann es nur für solche Werte von λ eine nichttriviale Lösung a besitzen, für die die Koeffizientendeterminante

$$|R - \lambda E|_{\text{det}} = 0$$

ist. Damit ist ein Weg zur Berechnung der Eigenwerte der Matrix R aufgezeigt.

Die Berechnung der Determinante von $(R - \lambda E)$ führt zur **charakteristischen Gleichung**

$$|R - \lambda E|_{\text{det}} = c_Q \lambda^Q + c_{Q-1} \lambda^{Q-1} + \ldots + c_1 \lambda + c_0 = 0$$

Als **Nullstellen** dieses Polynoms erhält man die Eigenwerte $\lambda_1, \ldots, \lambda_Q$ der Korrelationsmatrix R.

Beispiel:
$$R = \begin{bmatrix} 4 & 6 \\ 2 & 3 \end{bmatrix}$$

$$
\begin{aligned}
\begin{vmatrix} 4-\lambda & 6 \\ 2 & 3-\lambda \end{vmatrix}_{\text{det}}
&= (4-\lambda)(3-\lambda) - 6 \cdot 2 \\
&= \lambda^2 - 7 \cdot \lambda \\
&= \lambda\,(\lambda - 7) = 0
\end{aligned}
$$

$$\rightarrow \lambda_1 = 7, \ \lambda_2 = 0$$

Normierung der Faktorladungen

Nach der Extraktion sind die Faktorladungen geeignet zu normieren:

$$a_{jq} := a_{jq} \cdot \frac{\sqrt{\lambda_q}}{\sqrt{a_{1q}^2 + a_{2q}^2 + \ldots + a_{Jq}^2}}$$

Damit gilt:

$$\sum_{j=1}^{J} a_{jq}^2 = \lambda_q \qquad \text{Durch Faktor q erklärte Varianz}$$

$$\sum_{q=1}^{Q} a_{jq}^{2} = h_{j}^{2}$$ Durch die Faktoren erklärte Varianz von Variable j

Die Summation der Ladungsquadrate

- eines Faktors q über alle Variablen ergibt somit die durch den Faktor erklärte Varianz (Eigenwert),
- aller Faktoren für eine Variable ergibt deren erklärte Varianz (Kommunalität).

336   Faktorenanalyse

5.6   Literaturhinweise

Child, D. (1990): The Essentials of Factor Analysis, 2. Aufl., London u.a.

Carroll, J. B. (1993): Human Cognitive Abilities - A survey of factor-analytic studies, Cambridge.

Cureton, E. E./D'Agostino, R. B. (1983): Factor Analysis - An Applied Approach, Hillsdale, New Jersey.

Dziuban, C. D./Shirkey, E. C. (1974): When is a Correlation Matrix Appropriate for Factor Analysis?, in: Psychological Bulletin, Vol. 81(6), S. 358-361.

Guttmann, L. (1953): Image Theory for the Structure of Quantitative Variates, in: Psychometrika, 18, S. 277-296.

Harman, H. H. (1976): Modern Factor Analysis, 3. Aufl., Chicago.

Hofstätter, P. R. (1974): Faktorenanalyse, in: König R. (Hrsg.): Handbuch der empirischen Sozialforschung, Bd. 3 a, 3. Aufl, Stuttgart, S. 204-272.

Hüttner, M./Schwarting, K. (2000): Explorative Faktorenanalyse, in Herrmann, A./ Homburg, C. (Hrsg.): Marktforschung, 2. Aufl., Wiesbaden, S. 381-412.

Hüttner, M. (1979): Informationen für Marketing-Entscheidungen, München, S. 329-351.

Janssen, J./Laatz, W. (2005): Statistische Datenanalyse mit SPSS für Windows: eine anwendungsorientierte Einführung in das Basissystem und das Modul Exakte Tests, 5. Aufl, Berlin/Heidelberg/New York.

Kaiser, H. F. (1970): A Second Generation Little Jiffy, in: Psychometrika, 35, S. 401-415.

Kaiser, H. F./Rice, J. (1974): Little Jiffy, Mark IV, in: Educational and Psychological Measurement, 34, S. 111-117.

Kim, J.-O./Mueller, C. W. (1978): Introduction to Factor Analysis, Sage University Paper, Series Number 07-013, Beverly Hills, London.

Litfin, T./Teichmann, M.-H./Clement, M. (2000): Beurteilung der Güte von explorativen Faktorenanalysen im Marketing, in: Wirtschaftswissenschaftliches Studium (WiSt), 5 (2000), S. 283-286.

Loehlin, J. C. (2004): Latent variable models: factor, path, and structural equation analysis, 4. Aufl., New Jersey.

Norusis, M. J./SPSS Inc. (Hrsg.) (1993): SPSS for Windows, Professional Statistics, Release 6, Chicago.

Ost, F. (1984): Faktorenanalyse. In: Fahrmeir, L./ Hamerle, A./ Tutz, G. (Hrsg.): Multivariate statistische Verfahren, Berlin u.a., S. 575-662.

Plinke, W. (1985): Erlösplanung im industriellen Anlagengeschäft, Wiesbaden.

Revenstorf, D. (1976): Lehrbuch der Faktorenanalyse, Stuttgart.

Stewart, D.W. (1981): The Application and Misapplication of Factor Analysis in Marketing Research, in: Journal of Marketing Research, 18., S. 51-62.

Überla, K. (1971): Faktorenanalyse, 2. Aufl., Berlin u.a.

6 Strukturgleichungsmodelle

6.1	Problemstellung	338
6.1.1	Grundgedanke von Strukturgleichungsmodellen	338
6.1.2	Grundlegende Zusammenhänge der Kausalanalyse	344
6.1.2.1	Begriff der Kausalität: Kovarianz und Korrelation	344
6.1.2.2	Die Überprüfung kausaler Zusammenhänge im Rahmen von Strukturgleichungsmodellen mit latenten Variablen	348
6.1.3	Ablaufschritte eines Strukturgleichungsmodells	355
6.2	Vorgehensweise	358
6.2.1	Hypothesenbildung	358
6.2.2	Pfaddiagramm und Modellspezifikation	359
6.2.2.1	Erstellung eines Pfaddiagramms	359
6.2.2.2	Mathematische Spezifikation der Modellstruktur	362
6.2.2.3	Parameter und Annahmen in Strukturgleichungsmodellen	364
6.2.3	Identifizierbarkeit der Modellstruktur	366
6.2.4	Schätzung der Parameter	368
6.2.4.1	Spektrum iterativer Schätzverfahren	368
6.2.4.2	Berechnung der Parameterschätzer mit Hilfe des modelltheoretischen Mehrgleichungssystems	371
6.2.5	Beurteilung der Schätzergebnisse	376
6.2.5.1	Plausibilitätsbetrachtungen der Schätzungen	376
6.2.5.2	Statistische Testkriterien zur Prüfung der Zuverlässigkeit der Schätzungen	377
6.2.5.3	Die Beurteilung der Gesamtstruktur	379
6.2.5.4	Die Beurteilung der Teilstrukturen	383
6.2.6	Modifikation der Modellstruktur	384
6.2.6.1	Vereinfachung der Modellstruktur	385
6.2.6.2	Vergrößerung der Modellstruktur	386
6.3	Fallbeispiel	387
6.3.1	Problemstellung	387
6.3.1.1	Erstellung von Pfaddiagrammen mit Hilfe von AMOS und Einlesen der Rohdaten	389
6.3.1.2	Pfaddiagramm für das Fallbeispiel	392

338   Strukturgleichungsmodelle

6.3.1.3	Das Gleichungssystem für das Fallbeispiel	394
6.3.1.4	Festlegung der Parameter für das Fallbeispiel	395
6.3.1.5	Identifizierbarkeit im Fallbeispiel	398
6.3.2	Ergebnisse	398
6.3.2.1	Auswahl des Schätzverfahrens	398
6.3.2.2	Ergebnisse der Parameterschätzungen	400
6.3.2.3	Indirekte und totale Beeinflussungseffekte	406
6.3.2.4	Beurteilung der Gesamtstruktur	409
6.3.2.5	Beurteilung der Teilstrukturen	410
6.3.2.6	Modifikation der Modellstruktur	411
6.4	Anwendungsempfehlungen	414
6.4.1	Annahmen und Voraussetzungen von Strukturgleichungsmodellen	414
6.4.2	Empfehlung zur Durchführung von Kausalanalysen mit Strukturgleichungsmodellen	415
6.5	Mathematischer Anhang	417
6.6	Literaturhinweise	421

6.1 Problemstellung

6.1.1 Grundgedanke von Strukturgleichungsmodellen

Bei vielen Fragestellungen im praktischen und wissenschaftlichen Bereich geht es darum, *kausale Abhängigkeiten* zwischen bestimmten Merkmalen (Variablen) zu untersuchen. Werden mit Hilfe eines Datensatzes Kausalitäten überprüft, so wird allgemein von einer *Kausalanalyse* gesprochen. Im Rahmen der Kausalanalyse ist es von *besonderer* Wichtigkeit, daß der Anwender *vor* Anwendung eines statistischen Verfahrens intensive sachlogische Überlegungen über die Beziehungen zwischen den Variablen anstellt. Auf Basis eines *theoretisch fundierten* Hypothesensystems wird dann mit Hilfe der Kausalanalyse überprüft, ob die theoretisch aufgestellten Beziehungen mit dem empirisch gewonnenen Datenmaterial übereinstimmen. Die Kausalanalyse besitzt damit *konfirmatorischen Charakter*, d. h. sie ist den hypothesenprüfenden statistischen Verfahren zuzurechnen. Die Besonderheit von Strukturgleichungsmodellen im Rahmen von Kausalanalysen ist nun darin zu sehen, daß mit ihrer Hilfe auch Beziehungen zwischen *latenten, d. h. nicht direkt beobachtbaren Variablen* überprüft werden können.

Betrachten wir zur Verdeutlichung zwei einfache Beispiele:

Beispiel 1:
Hypothese: "Die Herstellungskosten eines Produktes beeinflussen den Kaufpreis dieses Produktes."
Bezeichnen wir die Kosten mit x_1 und den Preis mit x_2, so läßt sich die in dieser Hypothese formulierte kausale Abhängigkeit wie folgt grafisch darstellen:

Beispiel 2:
Hypothese: "Die Einstellung gegenüber einem Produkt bestimmt das Kaufverhalten des Kunden."
Bezeichnen wir die Einstellung mit ξ (lies: Ksi) und das Kaufverhalten mit η (lies: Eta), so läßt sich die in dieser Hypothese formulierte kausale Abhängigkeit wie folgt verdeutlichen:

Im ersten Beispiel wird eine Abhängigkeit zwischen zwei *direkt meßbaren* Größen angenommen. Wird unterstellt, daß beide Variable linear zusammenhängen, so läßt sich die Hypothese in Beispiel 1 auch mathematisch formulieren:

$x_2 = a + b \cdot x_1$

Werden im Rahmen einer Untersuchung empirische Werte für x_1 und x_2 erhoben, so können mit ihrer Hilfe die Koeffizienten a und b in der Gleichung bestimmt werden. (Vgl. hierzu Regressionsanalyse in Kapitel 1 dieses Buches)

Auch die im zweiten Beispiel unterstellte Abhängigkeit läßt sich formal in einer Gleichung ausdrücken:

$\eta = a + b \cdot \xi$

Der Unterschied zwischen beiden Beispielen liegt darin, daß sich im zweiten Beispiel die betrachteten Variablen einer direkten Meßbarkeit entziehen, d. h. sie stellen *latente Variable bzw. hypothetische Konstrukte* dar. Um diesen Unterschied zu verdeutlichen, wurden die Variablen im zweiten Beispiel mit griechischen Kleinbuchstaben bezeichnet und durch Kreise eingefaßt, während die direkt meßbaren Variablen im ersten Beispiel mit lateinischen Kleinbuchstaben bezeichnet und durch Rechtecke dargestellt wurden. *Hypothetische Konstrukte* sind durch abstrakte Inhalte gekennzeichnet, bei denen sich nicht unmittelbar entscheiden läßt, ob der gemeinte Sachverhalt in der Realität vorliegt oder nicht. Sie spielen in fast allen Wissenschaftsdisziplinen und bei vielen praktischen Anwendungen eine große Rolle. So stellen z. B. Begriffe wie psychosomatische Störungen, Sozialisation,

340   Strukturgleichungsmodelle

Einstellung, Verhaltensintention, Sozialstatus, Selbstverwirklichung, Motivation, Aggression, Frustration oder Image hypothetische Konstrukte dar. Häufig ist bei praktischen Fragestellungen das Zusammenwirken zwischen solchen latenten Variablen von Interesse.

Greifen wir nochmals auf Beispiel 2 zurück, so ist einsichtig, daß sich für die hypothetischen Konstrukte "Einstellung" und "Kaufverhalten" nicht direkt empirische Meßwerte erheben lassen und sich die unterstellte kausale Abhängigkeit ohne weitere Informationen nicht überprüfen läßt. Es ist deshalb notwendig, eine Operationalisierung der hypothetischen Konstrukte vorzunehmen, d. h. die hypothetischen Konstrukte sind zu definieren, und es ist nach (Meß-) Indikatoren zu suchen. "Indikatoren sind unmittelbar meßbare Sachverhalte, welche das Vorliegen der gemeinten, aber nicht direkt erfaßbaren Phänomene ... anzeigen".[1] In der Wissenschaftstheorie spricht man in diesem Zusammenhang von einer *theoretischen Sprache* und einer *Beobachtungssprache*. Die theoretische Sprache umfaßt dabei die hypothetischen Konstrukte, d. h. sie wird aus Begriffen gebildet, die auf nicht direkt meßbare Sachverhalte bezogen sind. Die Beobachtungssprache hingegen enthält Begriffe, die sich auf direkt beobachtete empirische Phänomene beziehen.[2] Die in Beispiel 1 formulierte Hypothese wäre allein dem Bereich der Beobachtungssprache und die Hypothese aus Beispiel 2 allein dem Bereich der theoretischen Sprache zuzurechnen. Neben der theoretischen Sprache und der Beobachtungssprache gibt es aber noch eine dritte Klasse von Aussagen, die sog. *Korrespondenzhypothesen*. Sie enthalten gemischte Sätze, die sowohl theoretische als auch beobachtbare Variable enthalten und schlagen damit eine Brücke zwischen der theoretischen Sprache und der Beobachtungssprache. Mit ihrer Hilfe können hypothetische Konstrukte operationalisiert werden. Um die Beziehungen zwischen den hypothetischen Konstrukten aus Beispiel 2 quantitativ erfassen zu können, muß jede latente Variable durch ein oder mehrere Indikatoren definiert werden. "Die Indikatoren stellen die empirische Repräsentation der nicht beobachtbaren, latenten Variablen dar. Die Zuordnung erfolgt mit Hilfe von Korrespondenzhypothesen, die die theoretischen Begriffe mit Begriffen der Beobachtungssprache verbinden."[3]

Strukturgleichungsmodelle basieren auf diesen Überlegungen. In einem sog. *Strukturmodell* werden die aufgrund theoretischer bzw. sachlogischer Überlegungen aufgestellten Beziehungen zwischen *hypothetischen Konstrukten* abgebildet.

Dabei werden die abhängigen latenten Variablen als endogene Größen und die unabhängigen latenten Variablen als exogene Größen bezeichnet und formal durch griechische Kleinbuchstaben dargestellt. (Auf eine genauere Unterscheidung zwischen endogenen und exogenen Variablen wird später noch eingegangen; vgl. Abschnitt 6.1.2.2). Beispiel 2 stellt somit ein einfaches Strukturmodell mit einer endogenen (η) und einer exogenen (ξ) Variable dar.

---

[1] Kroeber-Riel, W./Weinberg, P., 2003, S. 31.

[2] Vgl. Hempel, C.G., 1974, S. 72 f.

[3] Hodapp, V., 1984, S. 47.

In einem zweiten Schritt werden *ein Meßmodell für die latenten endogenen Variablen* und *ein Meßmodell für die latenten exogenen Variablen* formuliert. Diese Meßmodelle enthalten empirische Indikatoren für die latenten Größen und sollen die nicht beobachtbaren latenten Variablen möglichst gut abbilden. Wir wollen für unser Beispiel 2 vereinfacht unterstellen, daß

- die latente endogene Variable "Kaufverhalten" durch den direkt beobachtbaren Indikator "Zahl der Käufe" (y_1) erfaßt werden kann;
- die latente exogene Variable "Einstellung" durch zwei verschiedene Einstellungs-Meßmodelle erfaßt werden kann, die metrische Einstellungswerte liefern.

Das Strukturmodell aus Beispiel 2 läßt sich jetzt durch "Anhängen" der obigen Meßmodelle zu einem *vollständigen Strukturgleichungsmodell* ausbauen, das sich wie folgt darstellen läßt:

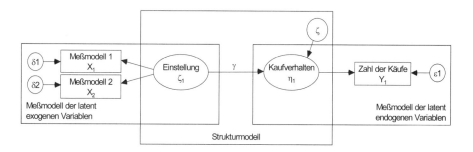

Auf der Basis der Indikatorvariablen x_1, x_2 und y_1 ist es nun möglich, Kovarianzen oder Korrelationen *zwischen den Indikatorvariablen* zu berechnen.[4] Diese Kovarianzen oder Korrelationen dienen im Rahmen der Strukturgleichungsmodelle zur Bestimmung der Beziehungen

- zwischen latenten Variablen und ihren Indikatorvariablen, wodurch sich z. B. auch die Validität der Indikatoren zur Messung eines hypothetischen Konstruktes bestimmen läßt;
- zwischen den latenten endogenen und exogenen Variablen.

Da die Beziehungen zwischen den hypothetischen Konstrukten in einem vollständigen Strukturgleichungsmodell aus den Kovarianzen oder Korrelationen zwischen den Indikatorvariablen errechnet werden, findet sich in diesem Zusammenhang auch der Begriff *Kovarianzstrukturanalyse*. Den Ausgangspunkt der Kovarianzstrukturanalyse bildet somit nicht die erhobene Rohdatenmatrix, sondern die aus

---

[4] Die Kovarianz beschreibt die Stärke des Zusammenhangs zwischen zwei Variablen entsprechend dem Ausmaß ihrer gleichartig verlaufenden (kovariierenden) Beobachtungswerte. Von Korrelationen wird gesprochen, wenn die Beobachtungswerte anschließend einer Standardisierung unterzogen werden; in diesem Falle sind Kovarianzen und Korrelationen identisch.

342 Strukturgleichungsmodelle

einem empirischen Datensatz errechnete Kovarianzmatrix oder die Korrelationsmatrix. Es läßt sich somit sagen, daß Strukturgleichungsmodelle eine Analyse auf
der Ebene von aggregierten Daten (Kovarianz- oder Korrelationsdaten) darstellen
und ein gegebenes *Hypothesensystem* in seiner Gesamtheit überprüfen. Der Leser
sei an dieser Stelle nochmals darauf hingewiesen, daß die Anwendung eines Strukturgleichungsmodells als *Hypothesenprüfinstrument* nur dann sinnvoll ist, wenn
die Hypothesenbildung auf Basis intensiver und sorgfältig durchgeführter sachli-
cher Überlegungen erfolgt ist. Das gilt um so mehr, je komplexer das zu prüfende
System von Hypothesen wird.

Typische Fragestellungen aus unterschiedlichen Wissenschaftsgebieten, die mit
Hilfe eines Strukturgleichungsmodells untersucht werden können sowie die dazugehörigen Einteilungen der Variablen zeigt Abbildung 6.1.

Bevor wir eine genauere Betrachtung des Analyseinstrumentariums vornehmen,
wollen wir zunächst grundlegende Begriffe der Kausalanalyse klären sowie die
Elemente eines vollständigen Strukturgleichungsmodells genauer betrachten und
die allgemeine Vorgehensweise anschließend an einem Rechenbeispiel erläutern.
Es sei an dieser Stelle bereits darauf hingewiesen, daß zum Verständnis grundlegende Kenntnisse der Regressions- und der Faktorenanalyse erforderlich sind.
Dem mit diesen Methoden nicht vertrauten Leser sei deshalb empfohlen, sich die
Grundzüge dieser Methoden (Kapitel 1 und 5 dieses Buches) anzueignen, bevor er
sich mit dem vorliegenden Kapitel intensiver auseinandersetzt.

Abbildung 6.1:   Typische Fragestellungen von Strukturgleichungsmodellen

FRAGESTELLUNG	LATENTE VARIABLE(N)		INDIKATOREN
Welche Auswirkungen besit-zen Familie und Schule auf die Schulleistungen eines Kindes?[5]	Familie Schule	} Exogene Variabeln	Beruf des Vaters Schulbildung des Vaters Schulbildung der Mutter Ausmaß der Nachhilfe Ausbildungsniveau des Lehrers
	Schulleistung → Endogene Variable		Wissenstest Interessenstest

---

[5] Vgl. Noonan, R./Wold, H., 1977, S. 33 ff.

Frage	Variablen	Variablentyp	Indikatoren/Modelle
Beeinflussen Einstellungen und Bezugsgruppen die Verhaltensintentionen gegenüber Zeitschriften?[6]	Einstellung Bezugsgruppe	Exogene Variabeln	Einstellungsmodelle: - Ideal-Konzept-Modell - Meßmodell der Einstellung zum Handeln - Erwartungs-x-Wert-Modell
	Verhaltensintention →	Endogene Variabeln	Kollegeneinfluß Freundeseinfluß Wahrscheinlichkeit eine Zeitschrift zu lesen Wahrscheinlichkeit eine Zeitschrift zu kaufen
Inwieweit ist die Berücksichtigung von Warentestinformationen bei produktpolitischen Marketing-Entscheidungen abhängig von der Branchenzugehörigkeit, der Organisationsgröße und der Konkurrenzintensität eines Industrieunternehmens?[7]	Branchenzugehörigkeit Organisationsgröße Konkurrenzintensität	Exogene Variabeln	Branche (Nominalskala) Jahresumsatz, Anzahl der Beschäftigten, Wahrgenommener Wettbewerbsdruck
	Produktentwicklung mit Testkriterien Produktänderung aufgrund von Testkriterien	Endogene Variabeln	Häufigkeit der Berücksichtigung von Testkriterien Ausmaß der Berücksichtigung von Testkriterien Ausmaß, in dem Testkriterien zu Produktänderungen beitragen
Hindernisfaktoren im Electronic Business zur Erzielung von Wettbewerbserfolgen[8]	Marktunsicherheit Auswahlprobleme Ressourcenrestriktionen …	Insg. 9 exogene Variabeln	Verwendung von insgesamt 37 Indikatoren wie z. B. unzureichende Nachfragerzahl, Budgetbegrenzung, Einhaltung von Zeitvorgaben, Nutzensteigerung durch IT, Kostensenkung durch IT
	Effektivitätshemmnis Effizienzhemmnis … Wettbewerbserfolg	Insg. 5 endogene Variabeln	
Wie beeinflussen bestimmte Rahmenbedingungen das Interaktionsverhalten bei Verhandlungsprozessen im Investitionsgüter-Marketing?[9]	Kaufsituation Unternehmensgröße	Exogene Variabeln	Konjunktur, Produktwert, Konkurrenzgrad Größe, Technikerzahl
	Buying Center-Struktur Geschäftsbeziehungen Transaktionsprozeß	Endogene Variabeln	BC-Größe, Promotoren, Hierarchiestufe Umsatz, Aufträge, Angebote usw. Verhandlungsdauer, Telefonkontakt, Messe usw.

---

[6] Vgl. Hildebrandt, L.,1984, S. 45 ff.

[7] Vgl. Fritz, W., 1984, S. 279 ff; Fritz, W., u.a., 1984, S. 27 ff.

[8] Vgl. Weiber, R./ Adler, J. 2002, S. 10ff.

[9] Vgl. Kern, E., 1990, S. 158.

344   Strukturgleichungsmodelle

Welchen Einfluss hat die Preiszufriedenheit auf die Kundenbindung[10]	Verständlichkeit Preiswürdigkeit Zusatzkosten ...	Insg. 7 exoge-ne Variabeln	Preisdarstellung, Berechnung des Reisepreises, Preis-/Leistungsverhältnis, Kostentransparenz usw.
	Referenzbereitschaft Cross Buying-Wahrscheinlichkeit Wiederkaufabsicht	Endogene Variabeln	(uneingeschränkte) Weiterempfehlung, Hotel-, Flug- und Urlaubsbuchung, Auswahl usw.

6.1.2   Grundlegende Zusammenhänge der Kausalanalyse

6.1.2.1   Begriff der Kausalität: Kovarianz und Korrelation

Gegenstand dieses Kapitels sind Kausalmodelle. Es ist deshalb erforderlich, daß wir uns auf ein bestimmtes Verständnis des Kausalbegriffs einigen. Wir wollen hier jedoch *nicht* näher auf die Diskussion eingehen, was unter Kausalität zu verstehen ist, sondern eine hier verwendete Arbeitsdefinition aufstellen.[11]

Mit Blalock wird im folgenden davon ausgegangen, daß eine Variable X nur dann eine direkte Ursache der Variablen Y (geschrieben als: X → Y) darstellt, wenn eine Veränderung von Y durch eine Veränderung von X hervorgerufen wird und alle anderen Variablen, die nicht kausal von Y abhängen, in einem Kausalmodell konstant gehalten werden.[12] Von einer Kausalität kann somit gesprochen werden, wenn Variationen der Variable X Variationen der Variablen Y hervorrufen.

Es stellt sich die Frage, wie eine Kausalitätsbeziehung formal erfaßt werden kann. Zu diesem Zweck greifen wir auf die Definition der Kovarianz und der Korrelation zwischen zwei Variablen zurück. Die empirische Kovarianz $s(x_1, x_2)$ zwischen zwei Variablen x_1 und x_2 ist wie folgt definiert:

Empirische Kovarianz

$$s(x_1, x_2) = \frac{1}{K-1} \sum_k \left(x_{k1} - \overline{x_1} \right) \cdot \left(x_{k2} - \overline{x_2} \right) \tag{1}$$

---

[10] Vgl. Pohl, A., 2004, S. 195ff.

[11] Vgl. zur Diskussion des Kausalbegriffs: Hodapp, V., 1984, S. 10 ff.

[12] Vgl. Blalock, H., 1985, S.24 f.

Legende:

x_{k1} = Ausprägungen der Variablen 1 bei Objekt k

  (Objekte sind z. B. die befragten Personen)

$\overline{x_1}$ = Mittelwert der Ausprägungen von Variable 1 über alle Objekte (k = 1,...,K)

x_{k2} = Ausprägung der Variable 2 bei Objekt k

$\overline{x_2}$ = Mittelwert der Ausprägungen von Variable 2 über alle Objekte

Wird auf Basis empirischer Werte für die Kovarianz ein Wert nahe Null ermittelt, so kann davon ausgegangen werden, daß keine lineare Beziehung zwischen beiden Variablen besteht, d. h. sie werden nicht häufiger zusammen angetroffen als dies dem (statistischen) Zufall entspricht. Ergeben sich hingegen für die Kovarianz Werte größer oder kleiner als Null, so bedeutet das, daß sich die Werte beider Variablen in die gleiche Richtung (positiv) oder in entgegen gesetzter Richtung (negativ) entwickeln, und zwar häufiger, als dies bei zufälligem Auftreten zu erwarten wäre.

Für die Kovarianz zwischen zwei Variablen läßt sich jedoch kein bestimmtes Definitionsintervall angeben, d. h. es läßt sich vorab nicht festlegen, in welcher Spannbreite der Wert der Kovarianz liegen muß. Somit gibt der absolute Wert einer Kovarianz noch keine Auskunft darüber, wie *stark* die Beziehung zwischen zwei Variablen ist. Es ist deshalb sinnvoll, die Kovarianz auf ein Intervall zu normieren, mit dessen Hilfe eine eindeutige Aussage über die Stärke des Zusammenhangs zwischen zwei Variablen getroffen werden kann. Eine solche Normierung ist zu erreichen, indem die Kovarianz durch die Standardabweichung (= Streuung der Beobachtungswerte um den jeweiligen Mittelwert) der jeweiligen Variablen dividiert wird. Diese Normierung beschreibt der *Korrelationskoeffizient* zwischen zwei Variablen.

Korrelationskoeffizient

$$r_{x_1,x_2} = \frac{s(x_1,x_2)}{s_{x_1} \cdot s_{x_2}} \tag{2}$$

Legende:

$s(x_1,x_2)$ = Kovarianz zwischen den Variablen x_1 und x_2

$$s_{x_1} = \sqrt{\frac{1}{K-1}\sum_k \left(x_{k1} - \overline{x_1}\right)^2} = \text{Standardabweichung der Variablen } x_1$$

$$s_{x_2} = \sqrt{\frac{1}{K-1}\sum_k \left(x_{k2} - \overline{x_2}\right)^2} = \text{Standardabweichung der Variablen } x_2$$

Der Korrelationskoeffizient kann Werte zwischen -1 und +1 annehmen. Je mehr sich sein Wert *absolut* der Größe 1 nähert, desto größer ist die Abhängigkeit zwischen den Variablen anzusehen. Ein Korrelationskoeffizient von Null spiegelt lineare Unabhängigkeit der Variablen wider.

Der Korrelationskoeffizient läßt jedoch *keine* Aussage darüber zu, welche Variable als *verursachend* für eine andere Variable anzusehen ist.

Es sind vielmehr vier grundsätzliche Interpretationsmöglichkeiten einer Korrelation denkbar:

1. Die Variable x_1 ist verursachend für den Wert der Variablen x_2:

$$x_1 \rightarrow x_2$$

Wir sprechen in diesem Fall von einer *kausal interpretierten Korrelation,* da eine eindeutige Wirkungsrichtung von x_1 auf x_2 unterstellt wird.

2. Die Variable x_2 ist verursachend für den Wert der Variable x_1:

$$x_2 \rightarrow x_1$$

Auch hier sprechen wir, ebenso wie in Fall A, von einer *kausal interpretierten Korrelation.*

3. Die Abhängigkeit der Variablen x_1 und x_2 ist teilweise bedingt durch den Einfluß einer exogenen (hypothetischen) Größe ξ (lies: Ksi), die hinter diesen Variablen steht:

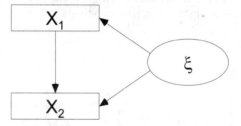

In diesem Fall kann die errechnete Korrelation nur zum Teil kausal interpretiert werden, da x_2 nicht nur *direkt* von x_1 beeinflußt wird, sondern auch von der hypothetischen Größe ξ, die die Variable x_2 sowohl direkt als auch indirekt (nämlich über x_1) beeinflußt. Hier ist noch eine weitere Interpretationsmöglichkeit denkbar, wenn wir den Pfeil von x_2 auf x_1 gehen lassen.

4. Der Zusammenhang zwischen den Variablen x_1 und x_2 resultiert allein aus einer exogenen (hypothetischen) Größe ξ, die hinter den Variablen steht:

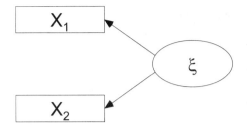

In diesem Fall sprechen wir von einer *kausal nicht interpretierten Korrelation* zwischen x_1 und x_2, da die Korrelation zwischen beiden Variablen *allein* aus dem Einfluß der (hypothetischen) Größe ξ resultiert. Wird *unterstellt*, daß die Korrelation zwischen zwei Variablen allein auf eine hypothetische Größe zurückgeführt werden kann, die hinter diesen Variablen zu vermuten ist, so folgt man damit dem Denkansatz der *Faktorenanalyse*.[13] Die Faktorenanalyse ermöglicht dann eine Aussage darüber, wie stark die Variablen x_1 und x_2 von der hypothetischen Größe beeinflußt werden.[14] Die Interpretationsmöglichkeit D läßt sich wie folgt überprüfen:

Wir gehen davon aus, daß sich für die Variablen x_1, x_2 und ξ drei Korrelationen berechnen lassen. Ist allein ξ für die Korrelation zwischen x_1 und x_2 verantwortlich, so muß die Korrelation zwischen x_1 und x_2 gleich Null sein, wenn die Variable ξ *konstant* gehalten wird, d. h. wenn der Einfluß von ξ eliminiert wird. Dieser Sachverhalt läßt sich mit Hilfe des *partiellen Korrelationskoeffizienten* überprüfen, der sich wie folgt berechnen läßt:[15]

Partieller Korrelationskoeffizient:

$$r_{x_1,x_2 \cdot \xi} = \frac{r_{x_1,x_2} - r_{x_1,\xi} \cdot r_{x_2,\xi}}{\sqrt{\left(1 - r_{x_1,\xi}^2\right) \cdot \left(1 - r_{x_2,\xi}^2\right)}} \qquad (3)$$

wobei:

$r_{x_1,x_2 \cdot \xi}$ = partieller Korrelationskoeffizient zwischen x_1 und x_2, wenn der Einfluß ξ eliminiert (konstant gehalten) wird
r_{x_1,x_2} = Korrelationskoeffizient zwischen x_1 und x_2
$r_{x_1,\xi}$ = Korrelationskoeffizient zwischen x_1 und ξ
$r_{x_2,\xi}$ = Korrelationskoeffizient zwischen x_2 und ξ

---

[13] Vgl. zur Faktorenanalyse Kap. 5 dieses Buches.
[14] In der Faktoranalyse werden statistisch ermittelte Variablen als Faktoren bezeichnet. Ein Unterschied zur Bezeichnung latente Variable existiert nicht. Vgl. Reinecke, J. 2005, S. 10.
[15] Vgl. Duncan, O.D., et al., 1975, S. 10.

348 Strukturgleichungsmodelle

Die Variable ξ ist dann als allein verantwortlich für die Korrelation zwischen x_1 und x_2 anzusehen, wenn der partielle Korrelationskoeffizient in (3) gleich Null wird. Das ist genau dann der Fall, wenn

$$r_{x_1,x_2} = r_{x_1,\xi} \cdot r_{x_2,\xi}$$

gilt. Nach dieser Beziehung ergibt sich die Korrelation zwischen x_1 und x_2 in diesem Fall allein durch Multiplikation der Korrelationen zwischen x_1,ξ und x_2,ξ.

Die vorangegangenen Ausführungen haben gezeigt, daß auf Basis einer errechneten Korrelation zwischen zwei Variablen vier grundsätzliche Interpretationsmöglichkeiten denkbar sind, die alle von unterschiedlichen Annahmen über die Kausalität zwischen den Variablen ausgehen. Alle genannten Interpretationsmöglichkeiten finden im Rahmen von Strukturgleichungsmodellen Anwendung, je nachdem welche Beziehungen zwischen den Variablen *vorab* postuliert wurden.

6.1.2.2 Die Überprüfung kausaler Zusammenhänge im Rahmen von Strukturgleichungsmodellen mit latenten Variablen

Bei den bisherigen Überlegungen handelte es sich bei den betrachteten Variablen um direkt beobachtbare Größen. Im Einführungsabschnitt hatten wir jedoch herausgestellt, daß Strukturgleichungsmodelle inbesondere in der Lage sind, die Beziehungen zwischen hypothetischen Konstrukten, d. h. nicht direkt beobachtbaren Variablen, abzuschätzen und zu überprüfen. Eine Überprüfung kausaler Abhängigkeiten zwischen hypothetischen Konstrukten ist jedoch nur möglich, wenn die hypothetischen Konstrukte durch empirisch beobachtbare Indikatoren operationalisiert worden sind. Daher ist es notwendig, daß alle in einem Hypothesensystem enthaltenen hypothetischen Konstrukte durch eine oder mehrere *Indikatorvariablen* beschrieben werden. Alle Indikatorvariablen der exogenen latenten Variablen werden dabei mit X bezeichnet, und alle Indikatorvariablen, die sich auf endogene latente Variable beziehen, werden mit Y bezeichnet. Zur Unterscheidung der Indikatorvariablen von den latenten Variablen werden die endogenen latenten Variablen mit dem griechischen Kleinbuchstaben eta (η) und die exogenen latenten Variablen mit dem griechischen Kleinbuchstaben Ksi (ξ) bezeichnet.

Diese Notation hat sich auch in der Literatur weitgehend durchgesetzt. Abbildung 6.2 gibt dem Leser einen Überblick über die *Variablen in einem vollständigen Strukturgleichungsmodell* sowie über deren Bedeutungen und Abkürzungen:

Problemstellung 349

Abbildung 6.2: Variablen in einem vollständigen Strukturgleichungsmodell

Abkürzung	Sprechweise	Bedeutung
η	Eta	latente endogene Variable, die im Modell erklärt wird
ξ	Ksi	latente exogene Variable, die im Modell *nicht* erklärt wird
y	--	Indikator-(Meß-) Variable für eine latente endogene Variable
x	--	Indikator-(Meß-) Variable für eine latente exogene Variable
ε	Epsilon	Residualvariable für eine Indikatorvariable y
δ	Delta	Residualvariable für eine Indikatorvariable x
ζ	Zeta	Residualvariable für eine latente endogene Variable

Wir wollen im folgenden davon ausgehen, daß es sich bei den Variablen aus unserem Beispiel in Abschnitt 6.1.2.1 um latente Variable handelt. Das Strukturmodell würde sich dann wie folgt verändern:

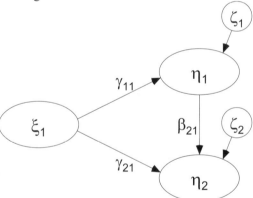

In diesem Pfaddiagramm wurden die Residualvariablen im Gegensatz zur Bezeichnung in der Regressionsanalyse mit griechischen Kleinbuchstaben Zeta (ζ_1; ζ_2) bezeichnet, um deutlich zu machen, daß es sich um Residualgrößen in einem System latenter Variablen handelt. Entsprechend sehen die Strukturgleichungen wie folgt aus:

(1) $\eta_1 = \gamma_{11} \cdot \xi_1 + \zeta_1$
(2) $\eta_2 = \beta_{21} \cdot \eta_1 + \gamma_{21} \cdot \xi_1 + \zeta_2$

Auch hier wird unterstellt, daß die latenten Variablen standardisiert (oder zumindest zentriert) wurden und entsprechend die Koeffizienten standardisierte Pfadkoeffizienten darstellen, wobei die standardisierten Pfadkoeffizienten zwischen latenten endogenen Variablen durch den griechischen Kleinbuchstaben Beta (β) und die zwischen latenten endogenen und exogenen Variablen durch den griechischen Kleinbuchstaben Gamma (γ) gekennzeichnet werden. Das Strukturmodell der latenten Variablen kann statt in zwei Gleichungen auch wie folgt in Matrixschreibweise dargestellt werden:

$$\begin{bmatrix} \eta_1 \\ \eta_2 \end{bmatrix} = \begin{bmatrix} 0 & 0 \\ \beta_{21} & 0 \end{bmatrix} \cdot \begin{bmatrix} \eta_1 \\ \eta_2 \end{bmatrix} + \begin{bmatrix} \gamma_{11} \\ \gamma_{21} \end{bmatrix} \cdot \xi_1 + \begin{bmatrix} \zeta_1 \\ \zeta_2 \end{bmatrix}$$

oder allgemein:

$$\eta = B \cdot \eta + \Gamma \cdot \xi + \zeta$$

Bei der Bestimmung der Koeffizientenmatrizen B und Γ stoßen wir auf die Schwierigkeit, daß die Korrelationen zwischen den latenten Variablen nicht bekannt sind, da keine empirischen Beobachtungswerte hierfür vorliegen. Wir wollen deshalb unterstellen, daß in diesem Beispiel alle latenten Variablen durch je zwei Indikatorvariablen beschrieben werden können. Für die *latente exogene Variable* ergibt sich damit folgendes Pfaddiagramm:

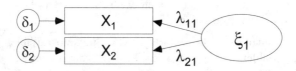

Wir bezeichnen ein solches Modell als *Meßmodell der (latenten) exogenen Variablen*, da wir davon ausgehen, daß die latente Größe Ksi durch zwei direkt beobachtbare Indikatorvariable beschrieben werden kann. Das Meßmodell läßt sich ebenfalls durch Regressionsgleichungen darstellen:

$$x_1 = \lambda_{11} \cdot \xi_1 + \delta_1$$
$$x_2 = \lambda_{21} \cdot \xi_1 + \delta_2$$

Auch im Meßmodell wird unterstellt, daß alle Variablen standardisiert (oder zumindest zentriert) sind, wodurch der konstante Term in den Gleichungen wegfällt. Die Gleichungen lassen sich in *Matrixschreibweise* wie folgt zusammenfassen:

$$\begin{bmatrix} x_1 \\ x_2 \end{bmatrix} = \begin{bmatrix} \lambda_{11} \\ \lambda_{21} \end{bmatrix} \cdot \xi_1 + \begin{bmatrix} \delta_1 \\ \delta_2 \end{bmatrix}$$

oder allgemein:

$$X = \Lambda_x \cdot \xi + \delta$$

Dabei stellt Λ_X die Matrix der Pfadkoeffizienten dar, und δ sind die Residuen und ξ der Vektor der exogenen Variablen. Im Meßmodell wird unterstellt, daß sich die Korrelationen zwischen den direkt beobachtbaren Variablen auf den Einfluß der latenten Variablen zurückführen lassen, d. h. die Korrelationen werden *nicht* kausal interpretiert. Die latente Variable bestimmt damit als verursachende Variable den Beobachtungswert der Indikatorvariablen. Aus diesem Grund zeigt die Pfeilspitze in obigem Pfaddiagramm auf die jeweilige Indikatorvariable. Mit dieser Überlegung folgen wir dem Denkansatz der *Faktorenanalyse* (genauer: der Hauptachsenanalyse), und das Meßmodell stellt nichts anderes als ein faktoranalytisches Modell dar.[16] Nach dem *Fundamentaltheorem der Faktorenanalyse* läßt sich die Korrelationsmatrix R_x, die die Korrelationen zwischen den X-Variablen enthält, wie folgt reproduzieren:[17]

$$R_x = \Lambda_x \cdot \Phi \cdot \Lambda_x' + \Theta_\delta$$

Dabei ist Λ_x' die Transponierte der Λ_x-Matrix, und die Matrix Φ enthält die Korrelationen zwischen den Faktoren, d. h. in diesem Fall die Korrelationen zwischen den exogenen latenten Variablen. Wird unterstellt, daß die exogenen Variablen untereinander *nicht* korrelieren, so vereinfacht sich das Fundamentaltheorem der Faktorenanalyse zu:

$$R_x = \Lambda_x \cdot \Lambda_x' + \Theta_\delta$$

Die Matrix Λ_x enthält die *Faktorenladungen* der Indikatorvariablen auf die latenten exogenen Variablen und Θ_δ stellt die Kovarianzmatrix der Residualgrößen δ dar. Die Faktorladungen sind nichts anderes als die Regressionen der Indikatoren auf die latenten exogenen Variablen, wobei im Fall *standardisierter Variablen* (von dem wir hier ausgehen) die Regressionskoeffizienten den Pfadkoeffizienten entsprechen, die im Rahmen der Faktorenanalyse als Faktorladungen bezeichnet werden. Wird weiterhin davon ausgegangen, daß die latenten exogenen Variablen voneinander unabhängig sind, so entsprechen die Faktorladungen gleichzeitig den Korrelationen zwischen Indikatorvariablen und hypothetischen Konstrukten.

Neben den latenten exogenen Variablen sollen aber auch die latenten endogenen Variablen (in unserem Beispiel η_1 und η_2) durch jeweils zwei Indikatorvariable operationalisiert werden. Analog zu den vorangegangenen Ausführungen erhalten wir damit folgendes *Meßmodell der (latenten) endogenen Variablen:*

---

[16] Vgl. zur Faktorenanalyse Kap. 5 dieses Buches.
[17] Vgl. zur gewählten Notation Abbildung 6.3.

352 Strukturgleichungsmodelle

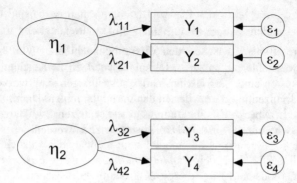

Eine mathematische Formulierung des Meßmodells erhalten wir analog zu oben durch folgende Matrizengleichung:

$$\begin{bmatrix} y_1 \\ y_2 \\ y_3 \\ y_4 \end{bmatrix} = \begin{bmatrix} \lambda_{11} & 0 \\ \lambda_{21} & 0 \\ 0 & \lambda_{32} \\ 0 & \lambda_{42} \end{bmatrix} \cdot \begin{bmatrix} \eta_1 \\ \eta_2 \end{bmatrix} + \begin{bmatrix} \varepsilon_1 \\ \varepsilon_2 \\ \varepsilon_3 \\ \varepsilon_4 \end{bmatrix}$$

oder allgemein:

$$Y = \Lambda_y \cdot \eta + \varepsilon$$

In dieser Matrizengleichung enthält Λ_y die Faktorladungen der Meßvariablen Y_1 bis Y_4 auf die latenten Variablen η_1 und η_2, und ε ist der Vektor der Residuen. Auch das Meßmodell der endogenen Variablen stellt ein Faktorenmodell dar, und die Korrelationen zwischen den empirischen Indikatorvariablen lassen sich ebenfalls auf faktoranalytischem Wege reproduzieren.

$$R_y = \Lambda_y \cdot \Lambda_y' + \Theta_\varepsilon$$

Allerdings verkomplizieren sich die Rechenoperationen dadurch, daß zwischen den endogenen Variablen direkte kausale Abhängigkeiten zugelassen werden. So besitzt in unserem Beispiel die endogene Größe η_1 einen direkten Effekt auf die endogene Größe η_2 (vgl. auch das Strukturmodell am Anfang dieses Abschnittes).

Die Notation der einzelnen Parametermatrizen eines vollständigen Strukturgleichungsmodells wird in Abbildung 6.3 nochmals zusammengefaßt. Zur mathematischen Spezifikation eines Strukturgleichungsmodells muß in *allen acht Parametermatrizen* der Abbildung 6.3 bestimmt werden, welche Elemente zu schätzen sind. Dabei entsprechen die Matrizen Λ_y, Λ_x, B und Γ den Matrizen in obigen Gleichungen, und sie enthalten die in den Hypothesen postulierten kausalen Beziehungen.

Durch die Φ-Matrix werden Kovarianzen bzw. Korrelationen (wenn die latenten Größen standardisiert wurden) zwischen den latenten exogenen Variablen geschätzt und durch die Matrix Ψ die der Residualgrößen in den Strukturgleichungen. Die ζ -Variablen spiegeln den Anteil nichterklärter Varianz in den latenten endogenen Konstrukten wider. Die Matrizen Θ_δ und Θ_ε sind die Kovarianzmatrizen der Meßfehler. In unserem Beispiel ist jedoch zu beachten, daß wir im Ausgangspunkt von einer Korrelationsmatrix ausgegangen sind, wodurch Informationen über Varianzen und Kovarianzen der Variablen fehlen. Damit dürften streng genommen die in Abschnitt 6.3.1.3 dargestellten Matrizen Psi, Theta-Epsilon und Theta-Delta jedoch nur als *Spaltenvektoren* geschrieben werden.

Abbildung 6.3:   Die acht Parametermatrizen eines vollständigen
Strukturgleichungsmodells

Abkürzung	Sprechweise	Bedeutung
Λ_y	Lambda-y	ist eine (p x m)-Matrix und repräsentiert die Koeffizienten der Pfade zwischen y und η-Variablen
Λ_x	Lambda-x	ist eine (q x n)-Matrix und repräsentiert die Koeffizienten der Pfade zwischen x und ξ-Variablen
B	Beta	ist eine (m x m)-Matrix und repräsentiert die postulierten kausalen Beziehungen zwischen η-Variablen
Γ	Gamma	ist eine (m x n)-Matrix und repräsentiert die postulierten Beziehungen zwischen den ξ und η-Variablen
Φ	Phi	ist eine (n x n)-Matrix und enthält die Kovarianzen zwischen den ξ-Variablen
Ψ	Psi	ist eine (m x m)-Matrix und enthält die Kovarianzen zwischen den ζ-Variablen
Θ_ε	Theta-Epsilon	ist eine (p x p)-Matrix und enthält die Kovarianzen zwischen den ε-Variablen
Θ_δ	Theta-Delta	ist eine (q x q)-Matrix und enthält die Kovarianzen zwischen den δ-Variablen

354 Strukturgleichungsmodelle

Obige Ausführungen machen deutlich, daß Strukturgleichungsmodelle explizit zwischen Fehlern in den postulierten Kausalbeziehungen durch die Größen ζ und Fehlern in den durchgeführten Messungen (über die Größen δ und ε) unterscheiden. Sind durch die acht Parametermatrizen die in den Ausgangshypothesen formulierten kausalen Beziehungen mathematisch spezifiziert, so kann die Schätzung der einzelnen Parameter erfolgen.

Fassen wir die bisherigen Schritte noch einmal zusammen: Strukturgleichungsmodelle sind in der Lage, kausale Abhängigkeiten zwischen latenten Variablen zu überprüfen. Alle in einem Kausalmodell betrachteten Variablen werden standardisiert (oder zentriert), d. h. sie gehen als Abweichungswerte von ihrem Mittelwert in die Analyse ein. Zu diesem Zweck werden

- die Beziehungen zwischen den latenten Variablen in einem *Strukturmodell* abgebildet, das dem *regressionsanalytischen Denkansatz* entspricht.
- die latenten Variablen durch direkt beobachtbare Indikatorvariable operationalisiert, wobei für endogene und exogene Variable getrennte *Meßmodelle* aufgestellt werden, die dem *Denkmodell der konfirmatorischen Faktorenanalyse* entsprechen.

Die Beziehungen zwischen latenten Variablen und Indikatorvariablen können mit Hilfe der Faktorenanalyse bestimmt werden, während die Schätzung der Beziehungen zwischen den latenten Größen mit Hilfe der Regressionsanalyse erfolgt. Wie die Berechnung der Pfadkoeffizienten im Strukturmodell erfolgt, wird deutlich, wenn wir die bisher betrachteten Teilmodelle zusammenfügen. Wir "hängen" zu diesem Zweck das Meßmodell der exogenen Variablen an die linke Seite des Strukturmodells und das Meßmodell der endogenen Variablen an die rechte Seite des Strukturmodells. Auf diese Weise erhalten wir für unser Beispiel nachfolgendes Pfaddiagramm eines *vollständigen Strukturgleichungsmodells:*

Abbildung 6.4: Pfaddiagramm eines vollständigen Strukturgleichungsmodells

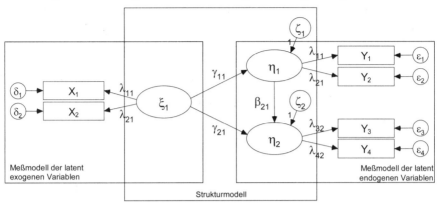

In diesem Pfaddiagramm sind nur die X- und Y-Variablen direkt empirisch beobachtbare Größen, zwischen denen empirische Korrelationen berechnet werden können. Wir haben gezeigt, daß sich aus den Korrelationen zwischen den X-Variablen die Beziehungen im Meßmodell der exogenen Variablen bestimmen lassen, und die Korrelationen zwischen den Y-Variablen die Beziehungen im Meßmodell der endogenen Variablen bestimmen. Die Korrelationen zwischen den X- und Y-Variablen schlagen quasi eine Brücke zwischen beiden Meßmodellen, und mit ihrer Hilfe ist es möglich, die Beziehungen im Strukturmodell auf regressionsanalytischem Wege zu bestimmen.

6.1.3 Ablaufschritte eines Strukturgleichungsmodells

Die bisherigen Ausführungen haben deutlich gemacht, daß Strukturgleichungsmodelle aus drei Teilmodellen besteht:

1. Das *Strukturmodell* bildet die theoretisch vermuteten Zusammenhänge zwischen den *latenten* Variablen ab. Dabei werden die endogenen Variablen durch die im Modell unterstellten kausalen Beziehungen erklärt, wobei die exogenen Variablen als erklärende Größen dienen, die selbst aber durch das Kausalmodell *nicht* erklärt werden.
2. Das *Meßmodell der latenten exogenen Variablen* enthält empirische Indikatoren, die zur Operationalisierung der exogenen Variablen dienen und spiegelt die vermuteten Zusammenhänge zwischen diesen Indikatoren und den exogenen Größen wider.
3. Das *Meßmodell der latenten endogenen Variablen* enthält empirische Indikatoren, die zur Operationalisierung der endogenen Variablen dienen und spiegelt die vermuteten Zusammenhänge zwischen diesen Indikatoren und den endogenen Größen wider.

356   Strukturgleichungsmodelle

Die Parameter des Strukturgleichungsmodells werden auf Basis der empirisch gewonnenen Korrelationen bzw. Kovarianzen geschätzt. Zur Überprüfung eines aufgrund *theoretischer Überlegungen* aufgestellten Hypothesensystems mit Hilfe eines Strukturgleichungsmodells lassen sich nun folgende *Ablaufschritte* festhalten:

1. Schritt: Hypothesenbildung. Das Ziel der Kausalanalyse besteht vorrangig in der Überprüfung eines aufgrund theoretischer Überlegungen aufgestellten Hypothesensystems mit Hilfe empirischer Daten. Es ist deshalb in einem ersten Schritt erforderlich, intensive fachliche Überlegungen darüber anzustellen, welche Variablen in einem Strukturgleichungsmodell Berücksichtigung finden sollen und wie die Beziehungen zwischen diesen Variablen aus theoretischer bzw. sachlogischer Sicht aussehen sollen (Festlegung der Vorzeichen).

2. Schritt: Erstellung eines Pfaddiagramms und Spezifikation der Modellstruktur. Da Hypothesensysteme sehr häufig komplexe Ursache-Wirkungs-Zusammenhänge enthalten, ist es empfehlenswert, diese Beziehungszusammen-hänge in einem Pfaddiagramm graphisch zu verdeutlichen. Das hier zur Schätzung der Modellparameter verwendete Programmpaket AMOS 5.0 unterstützt die Abbildung der Modellstruktur in Form der Zeichnung eines Pfaddiagramms. In diesem Programm ist es daher nicht notwendig, die im Pfaddiagramm graphisch dargestellten Beziehungszusammenhänge vorab in ein mathematisches Gleichungssystem zu überführen.

3. Schritt: Identifikation der Modellstruktur. Sind die Hypothesen in Matrizengleichungen formuliert, so muß geprüft werden, ob das sich ergebende Gleichungssystem lösbar ist. Im Rahmen dieses Schrittes wird von AMOS geprüft, ob die Informationen, die aus den empirischen Daten bereitgestellt werden, ausreichen, um die unbekannten Parameter in eindeutiger Weise bestimmen zu können.

4. Schritt: Parameterschätzungen. Gilt ein Strukturgleichungsmodell als identifiziert, so kann eine Schätzung der einzelnen Modell-Parameter erfolgen. Das Programmpaket AMOS 5.0 stellt dem Anwender dafür mehrere Methoden zur Verfügung, die von unterschiedlichen Annahmen ausgehen.

5. Schritt: Beurteilung der Schätzergebnisse. Sind die Modell-Parameter geschätzt, so läßt sich abschließend prüfen, wie gut sich die Modellstruktur an den empirischen Datensatz anpaßt. AMOS stellt zu diesem Zweck Prüfkriterien zur Verfügung, die sich zum einen auf die Prüfung der Modellstruktur als Ganzes beziehen und zum anderen eine Prüfung von Teilstrukturen ermöglichen.

6. Schritt: Modifikation der Modellstruktur. Aus den Ergebnissen der Beurteilung der Parameterschätzungen lassen sich auch Anhaltspunkte darüber gewinnen, wie die Modellstruktur verändert werden muß, damit sich die ermittelten Prüfkriterien verbessern. Werden die Prüfkriterien jedoch zu einer Veränderung der Modellstruktur herangezogen, dann verliert die Analyse ihren konfirmatorischen Charakter und wird zu einem *explorativen* Datenanalyseinstrument, da eine Veränderung der Modellstruktur immer neue bzw. modifizierte Hypothesen beinhaltet. Diese modifizierten Hypothesen sind aber nicht aufgrund theoretischer Überlegungen entstanden, sondern sind das Resultat der empirischen Untersuchung und eine theoretische Begründung kann von daher nur im nachhinein erfolgen.

Problemstellung   357

Die obigen Schritte zur Analyse eines Strukturgleichungsmodells lassen sich in einem Ablaufdiagramm wie folgt zusammenfassen und dienen den nachfolgenden Betrachtungen als Gliederungskriterium.

Abbildung 6.5:   Ablaufschritte einer Kausalanalyse

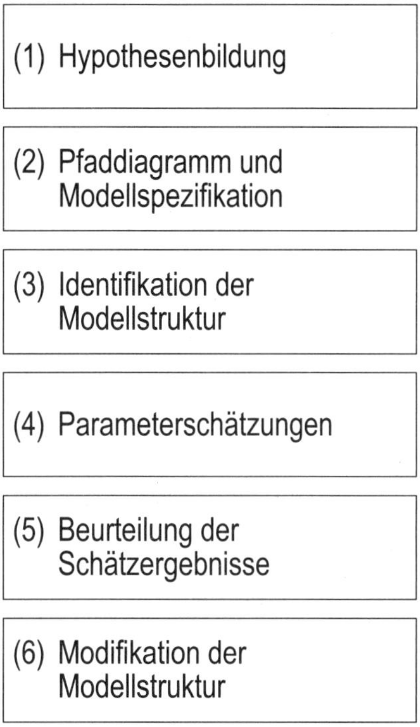

(1) Hypothesenbildung

(2) Pfaddiagramm und Modellspezifikation

(3) Identifikation der Modellstruktur

(4) Parameterschätzungen

(5) Beurteilung der Schätzergebnisse

(6) Modifikation der Modellstruktur

358   Strukturgleichungsmodelle

6.2 Vorgehensweise

6.2.1 Hypothesenbildung

(1) Hypothesenbildung
(2) Pfaddiagramm und Modellspezifikation
(3) Identifikation der Modellstruktur
(4) Parameterschätzungen
(5) Beurteilung der Schätzergebnisse
(6) Modifikation der Modellstruktur

Voraussetzung für die Anwendung eines Strukturgleichungsmodells sind explizite Hypothesen über die Beziehungen in einem empirischen Datensatz, die aufgrund *intensiver sachlogischer Überlegungen* aufgestellt werden müssen.

Die *Besonderheit* von Strukturgleichungsmodellen ist darin zu sehen, daß theoretisch unterstellte Beziehungen zwischen latenten Variablen überprüft werden können. Wir wollen im folgenden zeigen, wie die Beziehung zwischen einer latenten exogenen und einer latenten endogenen Variablen überprüft werden kann. Wir greifen zu diesem Zweck auf das Beispiel im ersten Abschnitt zurück. Wir hatten dort beispielhaft folgende Hypothesen aufgestellt:

1.   Die Einstellung gegenüber einem Produkt bestimmt das Kaufverhalten des Kunden.
2.   Das Kaufverhalten ist durch die Zahl der Käufe eindeutig erfaßbar.
3.   Die Einstellung wird durch zwei verschiedene Meßmodelle operationalisiert.

Wir wollen diese Hypothesen noch um folgende erweitern:

4.   Durch eine positive Einstellung gegenüber dem Produkt, wird auch das Kaufverhalten positiv beeinflußt.
5.   Die Erfassung des Kaufverhaltens durch die Zahl der Käufe ist ohne Meßfehler möglich.[18]
6.   Je größer die Einstellungswerte der beiden Meßmodelle sind, desto positiver ist auch die Einstellung gegenüber dem Produkt.

Durch die letzten drei Hypothesen werden aufgrund theoretischer Überlegungen die *Vorzeichen* der Koeffizienten in unserem Kausalmodell bestimmt. Solche Hypothesen sind notwendig, da mit Hilfe von Strukturgleichungsmodellen die Größe der Koeffizienten aus dem empirischen Datenmaterial geschätzt wird. Diese Schätzung stellt letztendlich aber *keine Hypothesenprüfung* dar, sondern nur eine Anpassung an empirische Daten. Stimmen aber die Vorzeichen der geschätzten Koeffizienten mit den theoretisch überlegten Vorzeichen überein, so kann zumindest in diesem Zusammenhang von einer Hypothesenprüfung gesprochen werden. Eine "echte Hypothesenprüfung" würde dann erreicht, wenn man nicht nur die

---

[18] Damit wird die Residualgröße gleich Null und das Vorzeichen positiv bestimmt (siehe auch Abschnitt 6.4.2)

Vorzeichen der Koeffizienten, sondern auch deren Größe aufgrund theoretischer Überlegungen (entweder absolut oder in einem Intervall) festlegt und diese Festsetzung mit den Schätzungen vergleicht.

An dieser Stelle wird nochmals deutlich, daß *jedes Strukturgleichungsmodell mit der Theorie* beginnen muß! Das Ziel ist die Hypothesenprüfung, das um so besser erreicht wird, je mehr *Informationen aufgrund theoretischer Vorabüberlegungen* in das Modell eingehen. Diese Informationen beziehen sich sowohl auf *Richtung und Stärke der Beziehungen*, als auch auf die *Zahl möglicher latenter Variablen und Indikatoren*.

6.2.2 Pfaddiagramm und Modellspezifikation

6.2.2.1 Erstellung eines Pfaddiagramms

(1) Hypothesenbildung

(2) Pfaddiagramm und Modellspezifikation

(3) Identifikation der Modellstruktur

(4) Parameterschätzungen

(5) Beurteilung der Schätzergebnisse

(6) Modifikation der Modellstruktur

Strukturgleichungsmodelle werden durch die Formulierung verbaler Hypothesen sowie deren Umsetzung in graphische und mathematische Strukturen spezifiziert.

Für die Erstellung eines Pfaddiagramms haben sich in der Forschungspraxis bestimmte Konventionen herausgebildet. Die Abbildung 6.15 basiert auf diesen Konventionen und faßt Empfehlungen zur Erstellung eines Pfaddiagramms zusammen.[19]

Wird unterstellt, daß das Hypothesensystem aus Abschnitt 6.1.1 den Zusammenhang zwischen Einstellung und Kaufabsicht theoretisch fundiert erklären könnte, so lassen sich die Hypothesen durch folgendes Pfaddiagramm abbilden:

---

[19] Vgl. Heise, D.-R., 1975, S. 38 ff. und S. 115.

Abbildung 6.6: Pfaddiagramm mit Parameterspezifikationen

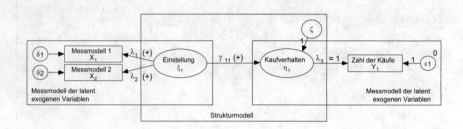

Das Pfaddiagramm spiegelt den einfachsten Fall eines Strukturgleichungsmodells - mit einer latenten exogenen und einer latenten endogenen Variablen wider. Die in Klammern stehenden Vorzeichen geben die theoretisch begründeten Vorzeichen der Koeffizienten an, und der Koeffizient λ_3 wurde auf 1 gesetzt, da wir unterstellen, daß die Kaufabsicht *eindeutig* durch die Zahl der Käufe operationalisiert werden kann. Folglich kann die Varianz der Residualvariable ε_1 in diesem Fall a priori als Null angenommen werden.

Abbildung 6.7:   Empfehlungen zur Erstellung eines Pfaddiagramms

---

Allgemeine Konstruktionsregeln

(1) Direkt beobachtbare (Meß-) Variable (x und y) werden in Kästchen ($\square$) dargestellt, latente Variable und Meßfehlervariable werden durch Kreise ($\bigcirc$) gekennzeichnet.

(2) Eine *kausale Beziehung* zwischen zwei Variablen wird immer durch einen geraden Pfeil (=Pfad) dargestellt. ($\rightarrow$).

(3) Die Endpunkte eines Pfeils bilden also immer zwei kausal verbundene Variable. Ein Pfeil hat seinen Ursprung immer bei der verursachenden (unabhängigen) Variablen und seinen Endpunkt immer bei der abhängigen Variablen.

(4) Ein Pfeil hat immer nur *eine* Variable als Ursprung und *eine* Variable als Endpunkt.

(5) Je-desto-Hypothesen beschreiben kausale Beziehungen zwischen latenten Variablen, wobei die zu Anfang genannte Größe *immer* die verursachende (ξ, η) und die zuletzt genannte Größe *immer* die kausal abhängige (η) Größe darstellt.

(6) Der Einfluß von Residualvariablen (Meßfehlervariablen) wird ebenfalls durch Pfeile dargestellt, wobei der Ursprung eines Pfeils immer von der Residualvariablen ausgeht.

(7) Nicht kausal interpretierte *Beziehungen* werden immer durch gekrümmte Doppelpfeile dargestellt und sind *nur* zwischen latenten exogenen Variablen (ξ-Variable) oder zwischen den Meßfehlervariablen (δ, ε, ζ) zulässig. ($\leftrightarrow$)

(8) Ein vollständiges Strukturgleichungsmodell besteht *immer* aus *zwei* Meßmodellen und *einem* Strukturmodell.

(9) Ein Pfaddiagramm ist üblicherweise wie folgt aufgebaut:
- Links steht das *Meßmodell der latenten exogenen Variablen*. Es besteht aus x- und ξ-Variablen und den Beziehungen zwischen diesen Variablen.
- In der Mitte wird das *Strukturmodell* abgebildet. Es besteht aus ξ- und η-Variablen und den Beziehungen zwischen diesen Variablen.
- Rechts steht das *Meßmodell der latenten endogenen Variablen*. Es besteht aus y- und η-Variablen und den Beziehungen zwischen diesen Variablen.

362   Strukturgleichungsmodelle

6.2.2.2   Mathematische Spezifikation der Modellstruktur

Die im Pfaddiagramm dargestellten Strukturen können auch in ein lineares Glei-chungssystem überführt werden. Wir bedienen uns dabei der in Abbildung 6.8 dar-gestellten Regeln.[20]

Das sich damit ergebende Gleichungssystem wird in einem zweiten Schritt in Matrizenschreibweise dargestellt, wodurch eine größere Übersichtlichkeit erreicht wird. Während durch das Programmpaket AMOS das mathematische Gleichungs-system auf Basis des vom Anwender erstellten Pfaddiagramms automatisch gene-riert wird, verlangen andere Programmpakete explizit die Spezifikation eines Kau-salmodells in Matrizenschreibweise. In diesen Fällen kann auf die in Abbildung 6.9 zusammengestellten Regeln zurückgegriffen werden.

Abbildung 6.8:   Empfehlungen zur mathematischen Formulierung des Pfaddiagramms in einem Gleichungssystem

---

Erstellung der Gleichungssysteme

(1)   Für jede abhängige (x, y und η) Variable läßt sich genau eine Gleichung for-mulieren.

(2)   Abhängige Variable sind solche Variable, auf die im Pfaddiagramm ein Pfeil hinzeigt.

(3)   Variable, auf die ein Pfeil hinzeigt, stehen links vom Gleichheitszeichen und Variable, von denen ein Pfeil ausgeht, stehen rechts vom Gleichheitszeichen.

(4)   Die Pfeile des Pfaddiagramms werden mathematisch durch Pfadkoeffizienten repräsentiert, deren Größe die Stärke des jeweiligen Zusammenhangs angibt.

(5)   Werden abhängige Variable (x, y, η) von mehreren unabhängigen Variablen beeinflußt, so werden die unabhängigen Variablen linear additiv verknüpft.

---

[20] Vgl. Heise, D.-R., 1975, S. 49 ff.

Vorgehensweise   363

Abbildung 6.9:   Empfehlungen zur Formulierung des Pfaddiagramms in Matrizenschreibweise

---

Erstellung der Matrizen-Gleichungen

(1)   Ein vollständiges Strukturgleichungsmodell besteht immer aus drei Matrizen-Gleichungen: Zwei für die Meßmodelle und eine für das Strukturmodell.

(2)   Die Koeffizienten zwischen je zwei Variablengruppen (λ_x und λ_y für die
Meßmodelle sowie γ für das Strukturmodell) werden in einer Matrix zusammengefaßt, wobei alle Matrizen durch griechische Großbuchstaben
entsprechend den Bezeichnungen der Koeffizienten gekennzeichnet werden.

(3)   Die Variablen selbst werden als *Spaltenvektoren* aufgefaßt und zur Kennzeichnung werden die *griechischen Kleinbuchstaben beibehalten.*

Gehen wir davon aus, daß die Indikatorvariablen an K Objekten gemessen und *alle*
im Modell enthaltenen Variablen *standardisiert* wurden, so läßt sich das Pfaddiagramm in unserem Beispiel durch folgende Gleichungen abbilden:

Gleichungssystem:

(A) $\eta_{k1} = \Gamma \cdot \xi_{k1} + \zeta_{k1}$ "Strukturmodell"

(B) $y_{k1} = \lambda_3 \cdot \eta_{k1} + \varepsilon_{k1}$ "Meßmodell der latenten endogenen Variablen"

(C) $\left. \begin{array}{l} x_{k1} = \lambda_1 \cdot \xi_{k1} + \delta_{k1} \\ x_{k2} = \lambda_2 \cdot \xi_{k1} + \delta_{k2} \end{array} \right\}$ "Meßmodell der latenten exogenen Variable"

Der Index k deutet dabei an, daß es sich bei der entsprechenden Variablen um den
Beobachtungswert bei Objekt k handelt, wobei auch die latenten Variablen eine
objektspezifische Ausprägung besitzen, die allerdings nicht beobachtbar ist.

Für die Indikatorvariablen sollen sich folgende Korrelationen aus der empirischen
Erhebung ergeben haben:

$$R = \begin{bmatrix} r_{y_1,y_1} & & \\ r_{y_1,x_1} & r_{x_1,x_1} & \\ r_{y_1,x_2} & r_{x_1,x_2} & r_{x_2,x_2} \end{bmatrix} = \begin{bmatrix} 1 & & \\ 0{,}72 & 1 & \\ 0{,}48 & 0{,}54 & 1 \end{bmatrix}$$

Im folgenden wird gezeigt, wie sich mit Hilfe der empirischen Korrelationen die
Parameter im Gleichungssystem bestimmen lassen.

364   Strukturgleichungsmodelle

6.2.2.3   Parameter und Annahmen in Strukturgleichungsmodellen

Strukturgleichungsmodelle gehen üblicherweise bei der Lösung der Matrizengleichungen von bestimmten Annahmen aus, die in nachfolgender Box zusammengestellt und kurz erläutert sind.

Annahmen bei Strukturgleichungsmodellen

(a) ζ ist unkorreliert mit ξ

(b) ε ist unkorreliert mit η

(c) δ ist unkorreliert mit ξ

(d) δ, ε und ζ korrelieren nicht miteinander

Die Annahmen, daß die *Meßfehlervariablen* nicht mit den hypothetischen Konstrukten und
auch nicht untereinander korrelieren dürfen, lassen sich wie folgt erklären:

Würde z. B. eine Residualvariable δ mit einer unabhängigen Variablen korrelieren, so ist
zu vermuten, daß in δ mindestens eine Variable enthalten ist, die sowohl eine Auswirkung
auf ξ besitzt als auch auf die zu erklärende Variable x. Damit wäre das unterstellte Meßmodell (C) falsch, da es (mindestens) eine unabhängige Variable zu wenig enthält. Weiterhin ist denkbar, daß bei einer Korrelation zwischen δ und ξ in δ eine "Drittvariable" als
die Korrelation verursachende Größe enthalten ist. In diesem Fall könnte die vorhandene
Korrelation zwischen Residualvariable und unabhängiger Variable nur durch Eliminierung
der Drittvariable beseitigt werden, d. h. neben der korrelierten unabhängigen Variable muß
noch eine (theoretische) Drittvariable in das Modell aufgenommen werden. Die Überlegung
ist auch der Grund für die Annahme (d). Bei der Schätzung der Parameter ist es u. a. möglich, etwaige Korrelationen zwischen den Residualvariablen zu bestimmen. Diese Korrelati-
onen werden für die δ-Variablen in der Matrix Θ_δ, für die ε-Variablen in der Matrix Θ_ε
und für die ζ-Variablen in der Matrix Ψ erfaßt. Treten zwischen den Meßfehlern hohe Kor-
relationen auf (z. B. zwischen den δ-Variablen), so ist damit Annahme (d) verletzt. Eine
Begründung hierfür liegt z. B. darin, daß bei der Messung ein systematischer Fehler aufgetreten ist, der *alle* δ-Variablen beeinflußt oder daß gleichartige Drittvariableneffekte relevant sind. Ein solcher Umstand läßt sich dadurch beheben, daß man eine weitere hypothetische Größe einführt (also in diesem Fall eine ξ-Variable), die als verursachende Variable
auf *alle* x-Variablen wirkt, bei denen die entsprechenden δ-Variablen korrelieren. Eine solche Größe wird dann als *Methodenfaktor* bezeichnet. Nach Einführung des Methodenfak-
tors, der in diesem Fall in kausaler Abhängigkeit mit allen x-Variablen steht, müßten die
Korrelationen zwischen den δ-Variablen verschwunden sein. Strukturgleichungsmodelle
gehen üblicherweise davon aus, daß Drittvariableneffekte *nicht* relevant sind, da bei deren
Vorliegen die Parameter im Modell falsch geschätzt würden. Die Matrizen Θ_δ, Θ_ε und Ψ
dienen zur Überprüfung dieser Annahme. Man spricht deshalb bei Strukturgleichungsmo-
dellen auch *nicht von Residualvariablen,* sondern stattdessen *nur von Meßfehlervariablen.*

Neben den sachlogischen Überlegungen zum Hypothesensystem können weitere
Überlegungen zu den Beziehungen zwischen den Variablen in Form von Aussagen
über die Art der zu schätzenden Parameter einfließen. Diese Vermutungen schla-

gen sich in Aussagen zu den Werten der zu schätzenden Parameter nieder, wobei einzelne Elemente in den Matrizen

- *Nullwerte* aufweisen, wenn zwischen zwei Variablen aufgrund theoretischer Überlegungen *kein* Beziehungszusammenhang vermutet wird;
- durch *gleich große Werte* geschätzt werden sollen. Das ist immer dann der Fall, wenn aufgrund sachlogischer Überlegungen *vorab* festgelegt werden kann, daß die Stärke der Beziehungen bei mehreren Variablen als gleichgroß anzusehen ist.

Diesem Sachverhalt wird im Rahmen von Strukturgleichungsmodellen durch drei verschiedene Arten von Parametern Rechnung getragen, wobei der Forscher aus Anwendersicht *vorab* bestimmen muß, welche Parameter in seinem Hypothesensystem auftreten. Im einzelnen werden folgende Parameter unterschieden:

1. *Feste Parameter* – Parameter, denen a priori ein bestimmter konstanter Wert zugewiesen wird, heißen feste Parameter. Dieser Fall tritt vor allem dann auf, wenn aufgrund der theoretischen Überlegungen davon ausgegangen wird, daß keine kausalen Beziehungen zwischen bestimmten Variablen bestehen. In diesem Fall werden die entsprechenden Parameter auf Null gesetzt und nicht im Modell geschätzt.

   Feste Parameter können aber auch durch Werte größer Null belegt werden, wenn aufgrund von a priori Überlegungen eine kausale Beziehung zwischen zwei Variablen numerisch genau abgeschätzt werden kann. Auch in diesem Fall wird der entsprechende Parameter nicht mehr im Modell geschätzt, sondern geht mit dem zugewiesenen Wert in die Lösung ein.

2. *Restringierte Parameter* – Parameter, die im Modell geschätzt werden sollen, deren Wert aber genau dem Wert eines oder mehrerer anderer Parameter entsprechen soll, heißen restringierte Parameter. Es kann z. B. aufgrund theoretischer Überlegungen sein, daß der Einfluß von zwei unabhängigen Variablen auf eine abhängige Variable als gleich groß angesehen wird oder daß die Werte von Meßfehlervarianzen gleich groß sind. Werden zwei Parameter als restringiert festgelegt, so ist zur Schätzung der Modellstruktur nur ein Parameter notwendig, da mit der Schätzung dieses Parameters auch automatisch der andere Parameter bestimmt ist. Die Zahl der zu schätzenden Parameter wird dadurch also verringert.

3. *Freie Parameter* – Parameter, deren Werte als unbekannt gelten und erst aus den empirischen Daten geschätzt werden sollen, heißen freie Parameter. Sie spiegeln die postulierten kausalen Beziehungen und zu schätzenden Meßfehlergrößen sowie die Kovarianzen zwischen den Variablen wider. Bevor eine Schätzung der einzelnen Parameter möglich ist, muß geklärt werden, ob die empirischen Daten eine ausreichende Informationsmenge zur Schätzung der Parameter bereitstellen können.

366   Strukturgleichungsmodelle

6.2.3   Identifizierbarkeit der Modellstruktur

(1) Hypothesenbildung

(2) Pfaddiagramm und Modellspezifikation

(3) Identifikation der Modellstruktur

(4) Parameterschätzungen

(5) Beurteilung der Schätzergebnisse

(6) Modifikation der Modellstruktur

Das Problem der Identifizierbarkeit besteht aus der Frage, ob ein Gleichungssystem *eindeutig* lösbar ist, d. h. es muß geprüft werden, ob die Informationen, die aus den empirischen Daten bereitgestellt werden können, ausreichen, die aufgestellten Gleichungen zu "identifizieren".[21] Ein Strukturgleichungsmodell stellt immer ein *Mehrgleichungssystem* dar, das nur dann lösbar ist, wenn die Zahl der Gleichungen *mindestens* der Zahl der zu schätzenden Parameter entspricht. Die Zahl der Gleichungen entspricht immer der Anzahl der unterschiedlichen Elemente in der modelltheoretischen Korrelationsmatrix ($\hat{\Sigma}$). Werden n *Indikatorvariable* erhoben, so lassen sich $\frac{n(n+1)}{2}$ Korrelationskoeffizien-

ten berechnen, und diese Zahl entspricht gleichzeitig der Zahl der unterschiedlichen Elemente in der modelltheoretischen Korrelationmatrix. In unserem Rechenbeispiel werden z. B. drei Indikatorvariable erhoben

und es ergeben sich somit $\frac{3(3+1)}{2} = 6$ Gleichungen, denen aber im ersten Schritt 7

unbekannte Parameter ($\lambda_1, \lambda_2, \lambda_3, \delta_1, \delta_2, \varepsilon_1$ und ζ_1) gegenüberstehen. Wird jetzt die Differenz s-t gebildet, wobei s die Anzahl der Gleichungen und t der Anzahl der unbekannten Parameter entspricht, so ergibt sich daraus die *Zahl der Freiheitsgrade* (=degress of freedom; kurz: d.f.) eines Gleichungssystems.[22] In unserem Rechenbeispiel ergeben sich 6-7 = -1 d.f., und ein solches Modell ist nicht identifiziert, d. h. nicht lösbar, da die aus dem empirischen Datenmaterial zur Verfügung stehenden Informationen zur Berechnung der Parameter *nicht* ausreichen. Entspricht hingegen die Zahl der Gleichungen der Zahl der unbekannten Parameter, so ergeben sich 0 d.f., und das Gleichungssystem ist eindeutig lösbar. Allerdings werden in einem solchen Fall alle "empirischen Informationen" zur Berechnung der Parameter benötigt, und es stehen keine Informationen mehr zur Verfügung, um z. B. die Modellstruktur zu testen. Somit kann ein solcher Fall nicht als sinnvoll angesehen werden, da die Modellparameter lediglich aus den empirischen Daten berechnet werden. Es ist deshalb empfehlenswert, bei der empirischen Erhebung sicherzustellen, daß mindestens so viele Indikatorvariable erhoben werden,

---

[21] Das Problem der Identifizierbarkeit von Strukturgleichungsmodellen ist letztendlich noch nicht gelöst, da sie eine Kombination aus Regressionsanalyse und Faktorenanalyse darstellen und die sich daraus ergebende komplexe Modellstruktur in ihrer Gesamtheit nicht eindeutig auf Identifizierbarkeit überprüft werden kann. Es existiert jedoch eine Reihe von Hilfskriterien, von denen im folgenden zwei dargestellt werden, mit denen die Identifizierbarkeit eines Strukturgleichungsmodells überprüft werden kann. Zu weiteren Hilfskriterien vgl. Hildebrandt, L., 1983, S. 76 ff.

[22] Vgl. zum Konzept der Freiheitsgrade auch die Ausführungen in Kap. 2 im Rahmen der Varianzanalyse.

wie erforderlich sind, um eine *positive* Zahl von Freiheitsgraden zu erreichen. Als *Faustregel* gilt, daß die *Zahl der Freiheitsgrade der Zahl der zu schätzenden Parameter entsprechen sollte.* Für die Lösbarkeit eines Strukturgleichungsmodells ist es somit unbedingt erforderlich *(notwendige Bedingung),* daß die Zahl der Freiheitsgrade größer oder gleich Null ist.

Bezeichnen wir die Zahl der y-Variablen mit p und die der x-Variablen mit q, so ergibt sich die Anzahl der zur Verfügung stehenden empirischen Korrelationen

gemäß $\frac{1}{2}(p+q)\cdot(p+q+1)$. Damit läßt sich eine notwendige Bedingung für Iden-

tifizierbarkeit wie folgt formulieren, wobei t die Zahl der zu schätzenden Parameter angibt:

$$t \le \frac{1}{2}(p+q)\cdot(p+q+1) \qquad (8)$$

Diese Bedingung reicht i. d. R. jedoch nicht aus, um die Identifizierbarkeit einer Modellstruktur mit Sicherheit überprüfen zu können. Es ist deshalb notwendig, weitere Kriterien zur Überprüfung der Identifizierbarkeit heranzuziehen.

Eine nützliche Hilfestellung zur Erkennung *nicht* identifizierter Strukturgleichungsmodelle bietet das Programmpaket AMOS selbst. Die Identifizierbarkeit einer Modellstruktur setzt voraus, daß die zu schätzenden Gleichungen *linear unabhängig* sind. Von linearer Unabhängigkeit kann dann ausgegangen werden, wenn das Programm die zur Schätzung notwendigen Matrizeninversionen vornehmen kann. Ist dies nicht der Fall, so liefert das Programm entsprechende Meldungen darüber, welche Matrizen nicht positiv definit, d. h. nicht invertierbar sind. Außerdem druckt das Programm Warnmeldungen bezüglich nicht identifizierter Parameter aus. Damit in Strukturgleichungsmodellen überhaupt eine Schätzung der Parameter möglich ist, muß vor allem die verwendete empirische Korrelationsmatrix positiv definit (invertierbar) sein. Eine notwendige Bedingung dafür ist, daß die *Zahl der untersuchten Objekte größer ist als die Zahl der erhobenen Indikatorvariablen.* Kann ein Modell als identifiziert angesehen werden, so ist eine eindeutige Schätzung der gesuchten Parameter möglich.

368   Strukturgleichungsmodelle

6.2.4   Schätzung der Parameter

6.2.4.1   Spektrum iterativer Schätzverfahren

(1) Hypothesenbildung
(2) Pfaddiagramm und Modellspezifikation
(3) Identifikation der Modellstruktur
(4) Parameterschätzungen
(5) Beurteilung der Schätzergebnisse
(6) Modifikation der Modellstruktur

Durch die Spezifikation der Hypothesen mit Hilfe des Pfaddiagramms bzw. in Matrizengleichungen ist festgelegt, welche Parameter im Rahmen der Analyse zu schätzen sind. Diese Schätzungen erfolgen auf Basis eines empirischen Datensatzes.

Ziel der Parameterschätzung ist es nun, die Differenz zwischen der modelltheoretischen Varianz-Kovarianzmatrix (Σ) und der empirischen Varianz-Kovarianzmatrix der Stichprobe (S) zu minimieren.[23] Zur Abbildung dieser Differenz werden je nach verwendetem Schätzalgorithmus unterschiedliche *Diskrepanzfunktionen (discrepancy functions)* verwendet.[24] D. h., die einzelnen Schätzalgorithmen unterscheiden sich u.a. in der Form der zu minimierenden Diskrepanz-Funktion.

Im Programmpaket AMOS 5.0 hat der Anwender die Wahl zwischen folgenden iterativen Schätzverfahren:[25]

1. *Maximum-Likelihood-Methode (ML)*
2. Methode der *ungewichteten kleinsten Quadrate* (unweighted least-squares; ULS)
3. Methode der *verallgemeinerten kleinsten Quadrate* (generalized least-squares; GLS)
4. Methode der *skalenunabhängigen kleinsten Quadrate* (scale free least-squares; SLS)
5. Methode des *asymptotisch verteilungsfreien Schätzer* (asymptotically distribution-free; ADF)

Die jeweils zu minimierenden Diskrepanz-Funktionen C für den Fall einer Gruppe und ohne Mittelwerte ergibt sich aus C = (n - 1) F. Die Funktion F für die unterschiedlichen Schätzalgorithmen ist in Abbildung 6.10 zusammengestellt.[26]

---

[23] Die Varianz-Kovarianzmatrix ist eine quadratische und symmetrische Matrix, in der die Varianzen der manifesten Variablen in der Diagonalen und deren Kovarianzen unter- bzw. oberhalb der Diagonalen stehen.

[24] Vgl. Browne, M.-W., 1982, S. 72 ff.; Browne, M.-W., 1984, S. 62 ff.

[25] Vgl. Bentler, P.-M./Bonett, D.-G., 1980, S. 590 ff.; Jöreskog, K.-G, 1978, S. 446 f.; Arbuckle, J.-L., 1997, S. 547 ff.

[26] Vgl. Arbuckle, J.-L., 1997, S. 547 ff.

Abbildung 6.10: Diskrepanzfunktionen unterschiedlicher iterativer Schätzalgorithmen

Algorithmus	zu minimierende Diskrepanzfunktion
ML	$F_{ML} = \log\lvert\Sigma\rvert + tr\left(S\Sigma^{-1}\right) - \log\lvert S\rvert - (p+q)$
ULS	$F_{ULS} = \dfrac{1}{2}tr(S-\Sigma)^2$
GLS	$F_{GLS} = \dfrac{1}{2}tr\left[S^{-1}(S-\Sigma)\right]^2$
SLS	$F_{SLS} = \dfrac{1}{2}tr\left[D^{-1}(S-\Sigma)\right]^2 \; mit \quad D = diag(S)$
ADF	$F_{ADF} = \left[vec(S) - vec(\Sigma(\pi))\right]' U^{-1}\left[vec(S) - vec(\Sigma(\pi))\right]$

wobei:

p: Anzahl der manifesten Variablen
q: Anzahl der zu schätzenden Parameter
π: Parametervektor mit Länge q
Σ: modelltheoretische Kovarianzmatrix
S: empirische Kovarianzmatrix
tr: Summe der Diagonalelemente (Trace) einer quadratischen Martix
vec: Matrixelemente werden als einspaltiger Vektor geschrieben
diag: Diagonalelemente einer quadratischen Matrix

Die Auswahl des für den jeweiligen Anwendungsfall geeigneten Schätzalgorithmus orientiert sich aus praktischer Sicht an den folgenden Kriterien:[27]

1. Multinormalverteilung der manifesten Variablen[28],
2. Skaleninvarianz der Fitfunktion,
3. erforderliche Stichprobengröße und
4. Verfügbarkeit von Inferenzstatistiken, insbesondere χ^2.

Das erste entscheidende Kriterium für die Auswahl des zu verwendenden Schätzalgorithmus stellt die geforderte *Verteilung der manifesten Variablen* dar. Die Maximum Likelihood-Methode (ML) und die Methode der Generalized Least Square (GLS) setzen Meßvariablen voraus, die aus einer normalverteilten Grundgesamt-

---

[27] Vgl. Adler, J., 1996, S. 191 ff.
[28] Der Begriff *manifest* kann Synonym für *gemessen* verwendet werden. So wie *latent* für *nicht gemessen* steht.

370 Strukturgleichungsmodelle

heit stammen. Die anderen in AMOS verfügbaren iterativen Schätzverfahren können auch eingesetzt werden, wenn die Meßindikatoren nicht multinormalverteilt sind. Das zweite Kriterium betrifft die *Skaleninvarianz* der Diskrepanzfunktion. Eine Schätzmethode ist skaleninvariant, wenn das Minimum der Diskrepanzfunktion von der Skalierung der Variablen unabhängig ist.[29] Das bedeutet, daß sich bei einer Änderung der Skalierung der Meßvariablen, z. B. von EURO in Cents, die Ergebnisse der Parameterschätzungen nur insofern ändern, als daß sie die Änderung in der Skalierung der analysierten Meßvariablen widerspiegeln. Bei dem genannten Beispiel würden alle Parameterschätzungen gleichermaßen um den Faktor 100 erhöht. Bei skalenabhängigen Schätzmethoden, wie die Methode der Unweighted Least Square (ULS), führt eine Änderung der Skalierung zu verschiedenen Minima der Diskrepanzfunktion, wobei diese dann nicht nur die Änderung der Skalierung widerspiegeln. Daher wird empfohlen, bei Verwendung des ULS-Schätzers die Meßvariablen vor Berechnung der Kovarianzmatrix zunächst zu standardisieren.[30] Als drittes Kriterium für die Auswahl des zu verwendenden Schätzalgorithmus ist der notwendige *Stichprobenumfang* zu berücksichtigen. Üblicherweise wird zur Parameterschätzung in der Literatur ein Stichprobenumfang von $n \geq 100$, manchmal auch $n \geq 200$ und/oder $n \geq 5 \cdot q$, wobei q gleich der Anzahl der zu schätzenden Parameter ist, als ausreichend angesehen.[31] Andere Empfehlungen gehen davon aus, daß von einem ausreichenden Stichprobenumfang dann ausgegangen werden kann, wenn $n - q > 50$ ist.[32] Bei Verwendung asymptotisch verteilungsfreier Schätzmethoden, wie der ADF-Methode, liegen die erforderlichen Stichprobengrößen jedoch noch wesentlich höher. Für eine zuverlässige Berechnung der asymptotischen Kovarianzmatrix, die die Schätzung von Momenten vierter Ordnung voraussetzt, ist ein Stichprobenumfang von mindestens $n \geq 1,5 \cdot p(p+1)$ erforderlich.[33] Das letzte Auswahlkriterium betrifft die *Verfügbarkeit von Inferenzstatistiken*, insbesondere von χ^2, mit dessen Hilfe die Nullhypothese geprüft werden kann, daß die empirische der modelltheoretischen Varianz-Kovarianzmatrix entspricht. Die mit AMOS errechneten χ^2-Werte sind für die Schätzverfahren ML, GLS, ULS und SLS nur dann korrekt, wenn die manifesten Variablen einer Multinormalverteilung folgen. Bei Verwendung des ADF-Schätzers sind asymptotisch effiziente Parameterschätzungen und Inferenzstatistiken auch bei nicht normalverteilten Ausgangsvariablen verfügbar. Die folgende tabellarische Übersicht faßt die Anforderungen und Eigenschaften der einzelnen iterativen Schätzverfahren nochmals zusammen.

---

[29] Vgl. Jöreskog, K.-G., 1978, S. 446; Jöreskog, K.-G./Sörbom, D., 1989b, S. 46 f.

[30] Vgl. Long, J.-S., 1983, S. 77 ff.

[31] Vgl. Loehlin, J.-C., 1987, S. 60 f.; Boomsma, A., 1983, S. 113; Bagozzi, R.-P./Yi, Y.; 1988, S. 80.; Bentler, P.-M., 1985, S. 3.

[32] Vgl. Bagozzi, R.-P., 1981, S. 380.

[33] Dies gilt für den Fall von $p \geq 12$ manifester Variablen. Bei $p < 12$ genügt ein Stichprobenumfang von $n \geq 200$. Darüber hinaus dürfen bei den Variablen keine Fälle mit sog. Missing values auftreten. Dadurch sind diese Schätzmethoden nur bei fallweisem Ausschluß fehlender Werte anwendbar. Vgl. Jöreskog, K.-G./Sörbom, D., 1989a, S. 21.

Abbildung 6.11: Anforderungen und Eigenschaften verschiedener iterativer Schätzverfahren

Kriterium	ML	GLS	ULS	SLS	ADF
Annahme einer Multinormalverteilung	ja	ja	nein	nein	nein
Skaleninvarianz	ja	ja	nein	ja	ja
Stichprobengröße	>100	>100	>100	>100	$1,5 \cdot p(p+1)$
Inferenzstatistiken (χ^2)	ja	ja	nein	nein	ja

Ist die Annahme der Multinormalverteilung erfüllt, so liefert die ML-Methode bei großem Stichprobenumfang die präzisesten Schätzer.

6.2.4.2 Berechnung der Parameterschätzer mit Hilfe des modelltheoretischen Mehrgleichungssystems

Mit Hilfe eines Strukturgleichungsmodelles werden die in Abschnitt 6.2.1 aufgestellten Hypothesen an den aus dem empirischen Datenmaterial errechneten Korrelationen überprüft. Die Hypothesenprüfung erfolgt dabei wie folgt: Mit Hilfe der Parameter aus dem Rechenbeispiel wird eine modelltheoretische Korrelationsmatrix $\hat{\Sigma}$ errechnet und möglichst gut an die empirische Korrelationsmatrix R angepaßt. Wir wollen in einem ersten Schritt überlegen, wie sich die modelltheoretische Korrelationsmatrix durch eine Kombination der Parameter (sprich Pfadkoeffizienten) bestimmen läßt.

Wir haben unterstellt, daß *alle* Variablen *standardisiert* sind. Zwischen zwei standardisierten Variablen Z läßt sich der Korrelationskoeffizient gemäß wie folgt berechnen:

$$r_{z_1, z_2} = \frac{1}{K-1} \sum_k z_{k1} \cdot z_{k2}$$

Wir benutzen diese Beziehungen nun zur Errechnung der Korrelationen zwischen den *standardisierten* Indikatorvariablen, wobei wir das Gleichungssystem im vorangegangenen Abschnitt zur Berechnung heranziehen.

Das Ziel eines Strukturgleichungsmodells besteht nun darin, die modelltheoretische Korrelationsmatrix $\hat{\Sigma}$ möglichst gut an die empirische Korrelationsmatrix R anzupassen. Es muß also die Differenz

$$R - \hat{\Sigma}$$

372   Strukturgleichungsmodelle

minimiert werden. Wir setzen zu diesem Zweck die Elemente der modelltheoretischen Korrelationsmatrix[34] gleich den Korrelationswerten aus der empirischen Korrelationsmatrix unseres Beispiels und erhalten folgendes Gleichungssystem:

(1) $r_{x_1,x_2} = \lambda_1 \cdot \lambda_2 = 0,54$

(2) $r_{y_1,x_1} = \lambda_1 \cdot \lambda_3 \cdot \gamma = 0,72$

(3) $r_{y_1,x_2} = \lambda_2 \cdot \lambda_3 \cdot \gamma = 0,48$

(4) $r_{x_1,x_1} = \lambda_1^2 + \delta_1^2 = 1$

(5) $r_{x_2,x_2} = \lambda_2^2 + \delta_2^2 = 1$

(6) $r_{y_1,y_1} = \lambda_3^2 + \varepsilon_1^2 = 1$

Diesen sechs Gleichungen stehen die sieben zu schätzenden Modellparameter $\lambda_1, \lambda_2, \lambda_3, \gamma, \delta_1, \delta_2$ und ε_1 gegenüber, wodurch das Gleichungssystem in dieser Weise noch nicht lösbar ist. Wir hatten jedoch in Hypothese 5 unterstellt, daß die latente Variable "Kaufverhalten" *ohne* Meßfehler erfaßt werden kann, d. h. ε_1 ist gleich Null und somit ist $\lambda_3 = 1$. Damit entfällt Gleichung (6) und den verbleibenden fünf Gleichungen stehen jetzt genau fünf Unbekannte gegenüber. Damit ist das Gleichungssystem wie folgt eindeutig lösbar:

Wir dividieren zunächst (2) durch (3) und erhalten:

$$\frac{\lambda_1 \cdot \gamma}{\lambda_2 \cdot \gamma} = \frac{0,72}{0,48}$$

$$\frac{\lambda_1}{\lambda_2} = \frac{0,72}{0,48}$$

$$\lambda_1 = 1,5 \cdot \lambda_2$$

Diese Beziehung setzen wir in (1) ein, und es folgt:

$$1,5 \cdot \lambda_2 \cdot \lambda_2 = 0,54$$

$$\lambda_2^2 = 0,36$$

$$\lambda_2 = 0,6$$

---

[34] Vgl. die Berechnung der modelltheoretischen Korrelationsmatrix im Anhang.

Jetzt ergeben sich die übrigen Parameterwerte unmittelbar wie folgt:

$$\lambda_1 = \frac{0,54}{0,6} = 0,9 \quad \text{aus (1)}$$

$$\gamma = \frac{0,72}{0,9 \cdot 1} = 0,8 \quad \text{aus (1,2)}$$

$$\delta_1^2 = 0,19 \qquad \text{aus (4)}$$

$$\delta_2^2 = 0,64 \qquad \text{aus (5)}$$

$$\varepsilon_1 = 0 \qquad \text{gemäß Hypothese 5}$$

Wir konnten in diesem Beispiel alle Modellparameter mit Hilfe der empirischen Korrelationswerte eindeutig bestimmen. Es zeigt sich, daß die postulierten Vorzeichen der Parameter mit allen Vorzeichen der errechneten Parameter übereinstimmen. Unsere Hypothesen können deshalb im Kontext des Modells nicht abgelehnt werden, woraus sich aus sachlogischer Sicht auf die Gültigkeit der postulierten kausalen Beziehungen schließen läßt.

Bei praktischen Anwendungen stehen im Regelfall aber mehr empirische Korrelationswerte zur Verfügung als Parameter zu schätzen sind. Das sich in solchen Fällen ergebende Gleichungssystem ist dann nicht mehr eindeutig lösbar. Aus diesem Grund werden zunächst für alle zu schätzenden Parameter Näherungswerte (*Startwerte*) vorgegeben. Die Matrix $\hat{\Sigma}$ wird dann iterativ so geschätzt, daß sie sich möglichst gut an die empirische Korrelationsmatrix R annähert. Die Zielfunktion zur Schätzung der Parameter lautet in diesem Fall

$$(R - \hat{\Sigma}) \rightarrow \text{Min!}$$

Stehen mehr empirische Korrelationswerte zur Verfügung als Parameter im Modell zu schätzen sind, so spricht man von einem *überidentifizierten Modell* mit einer positiven Anzahl von Freiheitsgraden. Solche Modelle bieten den Vorteil, daß neben der Schätzung der Modellparameter auch Teststatistiken berechnet werden können, die eine Aussage darüber zulassen, wie gut sich die modelltheoretische Korrelationsmatrix an die empirische Korrelationsmatrix anpaßt. Es lassen sich also Gütekriterien für die Modellschätzung entwickeln, auf die wir in Abschnitt 6.2.5 noch näher eingehen werden. Bei dem hier betrachteten Beispiel können solche Teststatistiken nicht berechnet werden, da *alle* zur Verfügung stehenden empirischen Korrelationswerte bereits zur Berechnung der Modellparameter benötigt wurden. In diesem Fall spricht man von einem *genau identifizierten Modell* mit Null Freiheitsgraden.

Wir konnten in den vorangegangenen Ausführungen alle Parameter des Kausalmodells mit Hilfe der empirischen Korrelationswerte bestimmen. Tragen wir diese Parameterwerte in unser Pfaddiagramm ein, so ergibt sich folgendes Bild:

374 Strukturgleichungsmodelle

Abbildung 6.12: Ergebnisse der Parameterschätzer

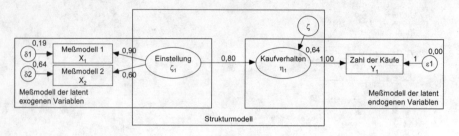

Da die endogene Variable "Kaufverhalten" eindeutig durch den Indikator "Zahl der Käufer" operationalisiert werden kann (das wurde in unserer Hypothese 5 *unterstellt*), beträgt der standardisierte Pfadkoeffizient in diesem Fall 1 und die Meßfehlergröße 0. Für die standardisierten Pfadkoeffizienten zwischen der exogenen Variablen "Einstellung" und den beiden Indikatorvariablen ergeben sich Koeffizienten von 0,9 und 0,6. Wir hatten gezeigt, daß diese Koeffizienten den Korrelationen zwischen exogener Variable und Indikatorvariablen entsprechen. Folglich beträgt die Korrelation zwischen "Einstellung" und "Meßmodell I" 0,9 und die Korrelation zwischen "Einstellung" und "Meßmodell II" 0,6. Der standardisierte Pfadkoeffizient zwischen der "Einstellung" und dem "Kaufverhalten" in Höhe von 0,8 entspricht dem Anteil der Standardabweichung der Variablen "Kaufverhalten" (η_1), der durch die exogene Variable "Einstellung" (ξ_1) erklärt werden kann, korrigiert um den Einfluß anderer Variablen, die auf die Einstellung und das Kaufverhalten wirken bzw. die mit diesen Variablen korrelieren. Da in unserem Beispiel keine weiteren Variablen betrachtet wurden, die auf die Einstellung und das Kaufverhalten einwirken, kann auch dieser Pfadkoeffizient als Korrelationskoeffizient zwischen den latenten Variablen interpretiert werden. Es sei allerdings betont, daß eine solche Interpretation nur möglich ist, wenn nur zwei latente Variablen in einem direkten kausalen Verhältnis stehen. Ansonsten spiegeln die standardisierten Pfadkoeffizienten im Strukturmodell immer den Anteil der Standardabweichung einer endogenen Variablen wider, der durch die exogene Variable erklärt wird, korrigiert um den Einfluß anderer Variablen, die auf die beiden latenten Größen wirken.

Wir hatten weiterhin gesehen, daß die Selbstkorrelationen der Indikatorvariablen ebenfalls durch Kombinationen der Modellparameter dargestellt werden können. Da wir standardisierte Variable betrachtet haben, entspricht die Selbstkorrelation in Höhe von 1 gleichzeitig auch der Varianz der entsprechenden Indikatorvariablen, die im Fall *standardisierter* Größen ebenfalls 1 beträgt. Die Varianz läßt sich in diesem Fall in zwei Komponenten zerlegen:

1 = Erklärter Varianzanteil + Nicht erklärter Varianzanteil

Der *erklärte Varianzanteil* einer Indikatorvariablen entspricht dem Quadrat des entsprechenden Pfadkoeffizienten zwischen Indikatorvariablen und latenten Variablen. Somit ergibt sich im Fall der Indikatorvariablen "Meßmodell I" ein durch die latente Variable "Einstellung" erklärter Varianzanteil in Höhe von $0,9^2 = 0,81$. Entsprechend beträgt der erklärte Varianzanteil der Indikatorvariablen "Meßmodell II" $0,6^2 = 0,36$.

Werden die erklärten Varianzanteile von der Gesamtvarianz der jeweiligen Indikatorvariablen in Höhe von 1 subtrahiert, so ergeben sich die *nicht erklärten Varianzanteile* der Indikatorvariablen. Damit zeigt sich für die Indikatorvariable "Meßmodell I", daß 1 - 0,81 = 19% der Varianz dieser Indikatorgröße durch die im Modell unterstellten Kausalbeziehungen *nicht* erklärt werden kann. Ebenso erhalten wir für die Indikatorvariable "Meßmodell II", daß 1 - 0,36 = 64% der Varianz von x_2 unerklärt bleiben und auf Meßfehler oder Drittvariableneffekte zurückzuführen sind. Da auch die latenten Variablen als standardisierte Größen betrachtet wurden, beträgt auch ihre Varianz 1. Folglich entspricht das Quadrat des standardisierten Pfadkoeffizienten zwischen "Einstellung" und "Kaufverhalten" dem Varianzanteil des Kaufverhaltens, der durch die latente Variable "Einstellung" erklärt werden kann. In unserem Beispiel ergibt sich somit ein Wert von $0,8^2 = 0,64$. Somit wird durch die latente Größe "Einstellung" 64% der Varianz der latenten Variable "Kaufverhalten" erklärt. Bilden wir die Differenz 1 - 0,64 = 0,36, so ergibt sich in diesem Beispiel, daß 36% (ζ_1) der Varianz des Kaufverhaltens durch die unterstellten Kausalbeziehungen nicht erklärt werden können.

Mit Hilfe der gewonnenen Ergebnisse läßt sich weiterhin verdeutlichen, daß Strukturgleichungsmodelle unterschiedliche Interpretationsmöglichkeiten eines Korrelationskoeffizienten verwenden, wie wir sie in Abschnitt 6.1.2.1 besprochen hatten. Da wir in diesem Beispiel nur eine exogene und eine endogene Variable betrachten, entspricht der Pfadkoeffizient $\gamma = 0,8$ dem Korrelationskoeffizienten zwischen den latenten Variablen. Diese Korrelation wird *kausal interpretiert*, da die exogene Variable allein als verursachende Variable deklariert wird. Bei der Korrelation zwischen x_1 und x_2 ($r_{x_1,x_2} = 0,54$) hingegen liegt der Fall einer *kausal nicht interpretierten Korrelation* vor. Es wird in den Meßmodellen unterstellt, daß die Korrelationen zwischen den Indikatorvariablen durch eine hinter diesen Variablen stehende latente Größe verursacht werden. Stimmt diese Interpretation, so müßte die Korrelation zwischen x_1 und x_2 gleich Null werden, wenn der Einfluß der Variablen "Einstellung" eliminiert wird. Da die Faktorladungen im Meßmodell der latenten exogenen Variablen den Korrelationen zwischen Indikatoren und latenter Variable entsprechen, läßt sich diese Interpretation mit Hilfe des partiellen Korrelationskoeffizienten überprüfen:

$$r_{x_1,x_2 \cdot \xi_1} = \frac{r_{x_1,x_2} - r_{x_1,\xi_1} \cdot r_{x_2,\xi_1}}{\sqrt{\left(1 - r_{x_1,\xi_1}{}^2\right) \cdot \left(1 - r_{x_2,\xi_1}{}^2\right)}}$$

Wird der partielle Korrelationskoeffizient Null, so bedeutet das, daß zwischen x_1 und x_2 keine kausale Abhängigkeit besteht, wenn man den Einfluß der latenten Größe eliminiert. In unserem Beispiel sind alle benötigten Korrelationen bekannt:

376 Strukturgleichungsmodelle

$$r_{x_1,x_2} = 0,54$$
$$r_{x_1,\xi_2} = 0,9$$
$$r_{x_2,\xi_1} = 0,6$$

Damit ergibt sich für den partiellen Korrelationskoeffizienten:

$$r_{x_1,x_2 \cdot \xi_1} = \frac{0,54 - 0,9 \cdot 0,6}{\sqrt{\left(1 - 0,9^2\right) \cdot \left(1 - 0,6^2\right)}} = 0$$

Da der partielle Korrelationskoeffizient Null ist, kann in unserem Beispiel davon ausgegangen werden, daß die empirische Korrelation zwischen Meßmodell I und Meßmodell II allein durch den Einfluß der latenten Variable "Einstellung" verursacht wird.

6.2.5 Beurteilung der Schätzergebnisse

6.2.5.1 Plausibilitätsbetrachtungen der Schätzungen

(1) Hypothesenbildung

(2) Pfaddiagramm und Modellspezifikation

(3) Identifikation der Modellstruktur

(4) Parameterschätzungen

(5) **Beurteilung der Schätzergebnisse**

(6) Modifikation der Modellstruktur

Die iterative Schätzung der Parameter erfolgte mit der Zielsetzung, die mit Hilfe der geschätzten Parameter berechenbare modelltheoretische Korrelationsmatrix möglichst gut an die empirische Korrelationsmatrix anzupassen. Es stellt sich somit im nächsten Schritt die Frage, wie gut diese Anpassung durch die Parameterschätzungen gelungen ist.

Bevor auf einzelne Gütekriterien im Detail eingegangen wird, soll vorab noch eine Plausibilitätsbetrachtung der Schätzungen vorgenommen werden, die Aufschluß darüber gibt, ob die im Modell geschätzten Parameter auch keine logisch oder theoretisch unplausiblen Werte aufweisen und damit *Fehlspezifikationen* im Modell vorliegen. Treten theoretisch unplausible Werte auf, so ist das aufgestellte Modell entweder falsch oder die Daten können die benötigten Informationen nicht bereitstellen. Solche Werte liefern einen Hinweis dafür, daß Fehlspezifikationen im Modell vorgenommen wurden oder daß das Modell in Teilen nicht identifizierbar ist. Parameterschätzungen sind z. B. dann als unplausibel anzusehen, wenn die Matrix Phi als Korrelationsmatrix der exogenen Konstrukte spezifiziert wurde (durch Fixierung der Varianzen der latent exogenen Variablen auf 1 stehen nur Einsen in der Hauptdiagonalen), die Lambda-x-Matrix aber absolute Werte größer als 1 aufweist. Ein weiterer Indikator sind *negative Varianzen* sowie Kovarianz- oder Korrelationsmatrizen, die nicht positiv definit, d. h. nicht invertierbar sind. Im letzten Fall wird eine entsprechende Warnmeldung vom betreffenden Anwendungsprogramm ausgegeben.

Weiterhin können die Ergebnisse der Parameterschätzer im Rahmen des Programmpakets AMOS mit Hilfe statistischer Kriterien überprüft werden. Das Programmpaket stellt zu diesem Zweck bestimmte Gütekriterien bereit, die

- die Zuverlässigkeit der Parameterschätzungen überprüfen;
- zur Beurteilung dafür dienen, wie gut die in den Hypothesen aufgestellten Beziehungen *insgesamt* durch die empirischen Daten wiedergegeben werden;
- die Güte einzelner Teilstrukturen überprüfen.[35]

6.2.5.2 Statistische Testkriterien zur Prüfung der Zuverlässigkeit der Schätzungen

Die Zuverlässigkeit der Parameterschätzungen kann mit Hilfe statistischer Kriterien überprüft werden. Dabei wird primär auf folgende Gütekriterien zurückgegriffen:

1. Standardfehler der Schätzung
Die Schätzungen der einzelnen Parameter stellen sog. Punktschätzungen dar, d. h. für jeden Parameter wird nur ein konkreter Wert berechnet. Da das betrachtete Datenmaterial aber im Regelfall eine Stichprobe aus der Grundgesamtheit darstellt, können diese Schätzungen je nach Stichprobe variieren. Für alle geschätzten Parameter werden deshalb die Standardfehler (S.E.) berechnet, die angeben, mit welcher Streuung bei den jeweiligen Parameterschätzungen zu rechnen ist. Sind die Standardfehler sehr groß, so ist dies ein Indiz dafür, daß die Parameter (Koeffizienten) im Modell nicht sehr zuverlässig sind.

2. Quadrierte multiple Korrelationskoeffizienten
Wie zuverlässig die Messung der *latenten Variablen* in einem Modell ist, läßt sich durch die sog. *Reliabilität* ausdrücken. Die Reliabilität einer Variablen spiegelt den Grad wider, mit dem eine Messung frei von zufälligen Meßfehlern ist, d. h. mit dem unabhängige, aber vergleichbare Messungen ein und derselben Variablen übereinstimmen.[36] Allgemein ergibt sich die Reliabilität aus der Beziehung:

$$\text{Reliabilität} = 1 - \frac{\text{Fehlervarianz}}{\text{Gesamtvarianz}}$$

Diese Koeffizienten können zwischen 0 und 1 liegen, und je näher sich ihr Wert an 1 annähert, desto zuverlässiger sind die Messungen im Modell. Ergeben sich hier z. B. Werte größer als 1, so ist das ebenfalls ein Hinweis darauf, daß eine Fehlspezifikation im Modell vorliegt. Die Reliabilitätskoeffizienten geben Auskunft, wie gut die Messungen der Indikatorvariablen und der latenten endogenen Variablen gelungen sind.

Diese Reliabilität wird in AMOS durch quadrierte multiple Korrelationskoeffizienten für jede beobachtete Variable und auch für die latenten endogenen Variablen berechnet. In Bezug auf die beobachteten Variablen geben die multiplen Kor-

---

[35] Vgl. Homburg, C., 1992 S. 504.
[36] Vgl. Hildebrandt, L., 1984, S. 45 ff.

378   Strukturgleichungsmodelle

relationskoeffizienten an, wie gut die jeweiligen Meßvariablen einzeln zur Messung der latenten Größen dienen. Die quadrierten multiplen Korrelationskoeffizienten für die endogenen Konstrukte (latente endogene Variable) sind ein Maß für die Stärke der Kausalbeziehungen in den Strukturgleichungen.

Für die einzelnen Indikatoren der Meßmodelle berechnet sich die Reliabilität nach der Formel:

$$rel(x_i) = \frac{\lambda_{ij}^2 \phi_{jj}}{\lambda_{ij}^2 \phi_{ij} + \theta_{ii}}$$

wobei λ_{ij} der geschätzte Regressionskoeffizient, ϕ_{jj} die Varianz der latenten Variable und θ_{ii} die geschätzte Varianz des zugehörigen Meßfehlers ist.

Die obige Formel läßt sich insofern vereinfachen, indem die latenten Variablen standardisiert werden und somit Varianzen von $\phi_{jj} = 1$ aufweisen. Darüber hinaus gilt $\lambda_{ij}^2 + \theta_{ii} = 1$, woraus sich *die Indikatorreliabilität als Quadrat der jeweiligen Faktorladung* (rel $(x_i) = \lambda_{ij}^2$) ergibt. Als Grenzwert für die Indikatorreliabilität werden üblicherweise 0,4 oder 0,5 angegeben.[37] Das bedeutet inhaltlich, daß mindestens 40 bzw. 50 Prozent der Varianz einer Meßvariablen durch den dahinterstehenden Faktor erklärt werden soll.

3. Korrelation zwischen den Parameterschätzungen

Ist eine Korrelation zwischen zwei Parametern sehr hoch, so sollte einer der Parameter aus der Modellstruktur entfernt werden, da in einem solchen Fall die entsprechenden Parameter identische Sachverhalte messen und somit einer als redundant angesehen werden kann. Als sehr hoch werden bei praktischen Anwendungen nur solche Korrelationen angesehen, die Werte von absolut größer als 0,9 aufweisen.

---

[37] Vgl. Homburg, C./Baumgartner, H., 1995, S. 170.

Vorgehensweise   379

6.2.5.3   Die Beurteilung der Gesamtstruktur

Die folgenden Kriterien liefern ein Maß für die Anpassungsgüte der theoretischen Modellstruktur an die empirischen Daten. Im einzelnen wollen wir sechs verschiedene *Gütekriterien* zur Beurteilung eines Meßmodells *in seiner Gesamtheit* betrachten, die im Rahmen praktischer Anwendungen besondere Relevanz erlangten:

- Chi-Quadrat-Wert
- Goodness-of-Fit-Index (GFI)
- Adjusted-Goodness-of-Fit-Index (AGFI)
- Normed Fit Index
- Comparative Fit Index
- Root-Mean-Square-Error of Approximation (RMSEA)

Diese statistischen Kriterien geben die Gesamtanpassungsgüte eines Modells an, und es wird in diesem Zusammenhang auch von dem *Fit eines Modells* gesprochen.

1. Der Chi-Quadrat-Wert: Die *Validität* eines Modells kann mit Hilfe eines Likelihood-Ratio-Tests überprüft werden. Dieser Test stellt im Prinzip einen Chi-Quadrat-Anpassungstest dar und es wird die Nullhypothese H_0 gegen die Alternativhypothese H_1 geprüft:

H_0: Die empirische Kovarianz-Matrix entspricht der modelltheoretischen Kovarianz-Matrix.

H_1: Die empirische Kovarianz-Matrix entspricht einer beliebig positiv definiten Matrix A.

Die sich ergebende Prüfgröße ist Chi-Quadrat-verteilt mit $\frac{1}{2}(p+q)(p+q+1)$-t Freiheitsgaden (df).

Bei *praktischen Anwendungen* ist es weit verbreitet, ein Modell dann anzunehmen, wenn der Chi-Quadrat-Wert im Verhältnis zu den Freiheitsgraden (χ^2/df) möglichst klein wird, d. h. er sollte kleiner oder gleich der Anzahl der Freiheitsgrade sein. Von einem guten Modellfit kann dann ausgegangen werden, wenn dieses Verhältnis $\leq 2,5$ ist.[38] Weiterhin wird die Wahrscheinlichkeit (p) dafür berechnet, daß die *Ablehnung* der Nullhypothese eine Fehlentscheidung darstellen würde, d. h. 1-p entspricht der Irrtumswahrscheinlichkeit (Fehler 1. Art) der klassischen Testtheorie. In der Praxis werden Modelle häufig dann verworfen, wenn p kleiner als 0,1 ist.[39]

Die Berechnung des Chi-Quadrat-Wertes ist jedoch an eine Reihe von *Voraussetzungen* geknüpft, und er ist nur dann eine geeignete Teststatistik, wenn

- alle beobachteten Variablen Normalverteilung besitzen,
- die durchgeführte Schätzung auf einer Stichproben-Kovarianz-Matrix basiert,
- ein "ausreichend großer" Stichprobenumfang vorliegt.

---

[38] Vgl. Homburg, C./Baumgartner, H., 1995, S. 172.
[39] Vgl. Bagozzi, R.-P., 1980b, S. 105.

380   Strukturgleichungsmodelle

Diese Voraussetzungen sind bei praktischen Anwendungen jedoch nur selten erfüllt. Außerdem reagiert der Chi-Quadrat-Wert äußerst sensitiv auf eine Veränderung des Stichprobenumfangs und Abweichungen von der Normalverteilungsannahme. So steigen z. B. die Chancen, daß ein Modell angenommen wird mit kleiner werdendem Stichprobenumfang und umgekehrt. Die Frage des "ausreichenden" Stichprobenumfangs spielt deshalb eine zentrale Rolle bei der Anwendung der Chi-Quadrat-Teststatistik (vgl. hierzu Abschnitt 6.4.2).[40]

Weiterhin ist die Chi-Quadrat-Teststatistik nicht in der Lage, eine Abschätzung des Fehlers 2. Art vorzunehmen, d. h. es läßt sich keine Wahrscheinlichkeit dafür angeben, daß eine falsche Modellstruktur als wahr angenommen wird.[41] Der Chi-Quadrat-Wert ist also mit Vorsicht zu interpretieren. Das gilt insbesondere vor dem Hintergrund, daß er ein Maß für die Anpassungsgüte des *gesamten Modells* darstellt; also auch dann hohe Werte annimmt, wenn komplexe Modelle nur in Teilen von der empirischen Kovarianz-Matrix abweichen.

Vor diesem Hintergrund sind weitere Kriterien zur Beurteilung der Gesamtgüte eines Modells entwickelt, die unabhängig vom Stichprobenumfang und relativ robust gegenüber Verletzungen der Multinormalverteilungsannahme sind.

2. Der Goodness-of-Fit-Index (GFI): Der Goodness-of-Fit-Index mißt die relative Menge an Varianz und Kovarianz, der das Modell insgesamt Rechnung trägt und entspricht dem Bestimmtheitsmaß im Rahmen der Regressionsanalyse. GFI kann Werte zwischen 0 und 1 annehmen, und für GFI = 1 können alle empirischen Varianzen und Kovarianzen durch das Modell exakt wiedergegeben werden (perfekter Modellfit). Die Berechnung von GFI erfolgt nach der Formel:

$$GFI = 1 - \frac{\hat{F}}{\hat{F}_{\Sigma=0}}$$

wobei $\hat{F}$ der Minimalwert der Diskrepanzfunktion des betrachteten Modells und $\hat{F}_{\Sigma=0}$ der Wert der Diskrepanzfunktion für den Fall, daß die modelltheoretische Kovarianzmatrix gleich Null gesetzt wird.

3. Der Adjusted-Goodness-of-Fit-Index (AGFI): Der AGFI-Wert ist ebenfalls ein Maß für die im Modell erklärte Varianz, das aber zusätzlich noch die Modellkomplexität in Form der Zahl der Freiheitsgrade berücksichtigt. Er läßt sich wie folgt berechnen:

---

[40] Bezüglich der Sensitivität des Chi-Quadrat-Wertes im Hinblick auf den Stichprobenumfang sind eine Reihe von Simulationsstudien durchgeführt worden. Vgl. Boomsma, A., 1982, S. 149 ff.; Bearden, W.-O./Sharma, S./Teel, J.-E., 1982, S. 425 ff.

[41] Vgl. Förster, F./Fritz, W./Silberer, G./Raffée, H., 1984, S. 357 ff.; Jöreskog, K.-G., 1978, S. 447 f., Jöreskog, K.-G./Sörbom, D., 1989a, S. 25 ff.

$$AGFI = 1 - \frac{k(k+1)}{2 \cdot df}(1 - GFI)$$

mit:

k = Anzahl der y- und x-Variablen
df = Zahl der Freiheitsgrade

Auch AGFI liegt zwischen 0 und 1, und je mehr sich AGFI an 1 annähert, desto besser ist der Fit des Modells anzusehen.

4. Normed Fit Index (NFI): Der von *Bentler* und *Bonnet* entwickelte Normed Fit Index vergleicht den Minimalwert der Diskrepanzfunktion des aktuellen Modells mit dem eines Basismodells.[42] Als Basismodell fungiert das besonders schlecht fittende „Independence model", in dem alle manifesten Variablen als unkorreliert angenommen werden. Im Gegensatz dazu weist das sog. saturierte Modell, in dem alle überhaupt möglichen Parameter geschätzt werden, einen perfekten Fit von 1 auf. Der NFI berechnet sich wie folgt:

$$NFI = 1 - \frac{\hat{C}}{\hat{C}_b} = 1 - \frac{\hat{F}}{\hat{F}_b}$$

Die Güte eines bestimmten Modells (default model) liegt also immer zwischen dem schlechten Fit des Unabhängigkeitsmodells und dem perfekten Fit des saturierten Modells. Der NFI gibt nun an, ob das betrachtete Modell näher am Unabhängigkeits- oder saturierten Modell liegt. Bei einem guten Modellfit sollte der Wert des NFI größer als 0.9 sein.

5. Comparative Fit Index (CFI): Der Comparative Fit Index von *Bentler* berücksichtigt im Vergleich zum NFI zusätzlich die Zahl der Freiheitsgrade.[43]

$$CFI = 1 - \frac{\max\left(\hat{C} - df; 0\right)}{\max\left(\hat{C}_b - df_b; 0\right)}$$

Werte von größer als 0.9 deuten auch beim CFI auf einen guten Modellfit hin.

6. Root Mean Square Error of Approximation (RMSEA). Mit dem RMSEA von *Brown* und *Cudeck* wird geprüft, ob das Modell die Realität hinreichend gut approximiert. Er ist die Wurzel aus dem um die Modellkomplexität bereinigten, geschätzten Minimum der Diskrepanzfunktion in der Grundgesamtheit, was sich formal wie folgt darstellt:

$$RMSEA = \sqrt{\frac{\hat{C} - df}{(n - g) \cdot df}} \, ,$$

---

[42] Vgl. Bentler, P.-M./Bonnet, D.-G., 1980, S. 588 ff.
[43] Vgl. Bentler, P.-M., 1990, S. 238 ff.

382   Strukturgleichungsmodelle

wobei n der Stichprobenumfang und g die Anzahl der Gruppen, die im Normalfall g = 1 beträgt. Nach *Brown* und *Cudeck* lassen sich die Werte für den RMSEA wie folgt interpretieren:[44]

-   RMSEA ≤ 0.05: guter („close") Modellfit
-   RMSEA ≤ 0.08: akzeptablen („reasonable") Modellfit
-   RMSEA ≥ 0.10: inakzeptabler Modellfit

Im Programm AMOS gibt zudem *PCLOSE* die Irrtumswahrscheinlichkeit für die Nullhypothese an, daß der RMSEA ≤ 0.05 ist. Ist dieser Wert kleiner als eine vorgegebene Irrtumswahrscheinlichkeit (z.B. $\alpha = 0.05$) kann auf einen guten Modellfit geschlossen werden. Eine zusammenfassende Übersicht über die Kriterien zur Beurteilung der Güte des Gesamtmodells mit ihren jeweiligen Grenzwerten findet sich in Abbildung 6.13.

Abbildung 6.13:   Anforderungen globaler Gütemaße

Anpassungsmaß	Anforderung
χ^2/d.f.	≤ 2,5
GFI	≥ 0,9
AGFI	≥ 0,9
NFI	≥ 0,9
CFI	≥ 0,9
RMSEA	≤ 0,05

Quelle: In Anlehnung an Homburg/Baumgartner (1985), S. 172.

In unserem Beispiel weisen alle Kriterien zur Beurteilung der Gesamtstruktur auf einen sehr guten Fit des Modells hin. Die Kriterien zur Überprüfung des globalen Fits eines Modells können *keine* Auskunft über die Anpassungsgüte von *Teilstrukturen im Modell* (z. B. die Güte der Abbildung eines Meßmodells) geben. So kann es z. B. sein, daß die Anpassungsgüte des Gesamtmodells gut ist, während die Anpassung von Teilstrukturen durchaus zu wünschen übrig läßt.

---

[44] Vgl. Browne, M.-W./Cudeck, R., 1993, S. 136 ff.

6.2.5.4 Die Beurteilung der Teilstrukturen

Außerdem gibt ein schlechter Fit des Gesamtmodells *keine* Auskunft darüber, welche Teile im Modell falsch spezifiziert wurden oder für die schlechte Anpassungsgüte des Gesamtmodells verantwortlich sind. Im folgenden werden deshalb Gütekriterien für die Beurteilung von Teilstrukturen eines Modells diskutiert. Wie gut die Schätzung einzelner Parameter ist, und welche Werte für einen schlechten Fit des Gesamtmodells verantwortlich sind, läßt sich z. B. mit Hilfe der folgenden Kriterien ermitteln:

- Beurteilung der Residuen
- Betrachtung der standardisierten Residuen
- Critical Ratio (C.R.)

1. *Beurteilung der Residuen*: Mit Hilfe der geschätzten Parameter läßt sich die modelltheoretische Kovarianz-Matrix $\hat{\Sigma}$ berechnen. Wird nun die Differenz $(S-\hat{\Sigma})$, gebildet, wobei S die empirische Kovarianz-Matrix darstellt, so ergeben sich die Residuen, die im Modell *nicht* erklärt werden können. Diese Differenzmatrix wird in AMOS unter der Überschrift „Residual Covariances" ausgedruckt. Je näher ein Residualwert an Null liegt, desto geringer ist der Kovarianz- bzw. Korrelationsanteil der entsprechenden Variable, der durch die Modellstruktur nicht erklärt werden kann. Bei praktischen Anwendungen geht man häufig dann von „guten" Modellen aus, wenn die Werte der Residuen 0,1 nicht übersteigen.

2. *Die Betrachtung standardisierter Residuen*: Bei der Beurteilung der „Residual Covariances" ist darauf zu achten, daß die Höhe der Residuen durch die Skalierung der Variablen beeinflußt wird. Eine Veränderung der Skalierung führt immer zu einer Veränderung der Kovarianzen und Varianzen und somit zu einer Veränderung der Höhe der Residuals. Daher ist es zweckmäßig, die residuellen Kovarianzen zu standardisieren. Zu diesem Zweck werden alle betrachteten Residuen durch ihre *geschätzte* Standardabweichung dividiert, und man erhält damit die *standardisierten residuellen Kovarianzen*.

3. *Betrachtung der Critical Ratio*: Für alle *im Modell geschätzten Parameter* wird die sog. Critical Ratio wird für jeden der Parameter wie folgt errechnet.

$$C.R._i = \frac{\hat{\pi}_i}{\hat{s}_i}$$

mit:

$\hat{\pi}_i$ = geschätzter unstandardisierter Parameterwert

$\hat{s}_i$ = Standardfehler der Schätzung des Parameters i

Mit Hilfe der C.R. als Prüfgröße kann unter der Annahme einer Multinormalverteilung der Ausgangsvariablen durch einen t-Test die Nullhypothese geprüft werden, daß die geschätzten Werte sich nicht signifikant von Null unterscheiden. Liegt der Wert von C.R. absolut über 1,96 so kann diese Nullhypothese mit einer Irrtumswahrscheinlichkeit von 5% verworfen werden.[45] Werte über 1,96 sind dann ein Indiz dafür, daß die entsprechenden Parameter einen gewichtigen Beitrag zur Bildung der Modellstruktur liefern.

6.2.6 Modifikation der Modellstruktur

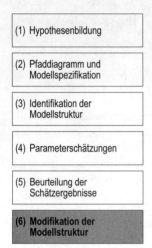

Mit der Beurteilung der Güte der Parameterschätzungen ist die Analyse im Rahmen von Strukturgleichungsmodellen zunächst einmal abgeschlossen. Häufig stellt sich abschließend aber die Frage, welche Maßnahmen ergriffen werden können, wenn die Gütekriterien eine schlechte Anpassung der modelltheoretischen Korrelationsmatrix an die empirischen Daten erbracht haben. In einem solchen Fall wäre zunächst einmal die Konsequenz zu ziehen, daß die im Hypothesensystem aufgestellte Theorie nicht mit den erhobenen Daten übereinstimmt und somit aus empirischer Sicht zu verwerfen ist, wenn die Repräsentativität der empirischen Erhebung unterstellt werden kann.

Es kann aber auch versucht werden, aus dem verwendeten Datenmaterial Anregungen zur Modifikation der aufgestellten Hypothesen zu erhalten. Für diese Zwecke können ebenfalls die besprochenen Gütekriterien herangezogen werden. Dabei ist aber streng zu beachten, daß die Analyse von Strukturgleichungsmodellen damit zu einem *explorativen* Datenanalyseinstrument wird und ihren konfirmatorischen Charakter verliert.

Gehen wir von einem gegebenen Modell aus, so lassen sich mit Hilfe der bisher verwendeten Gütekriterien auch Informationen darüber gewinnen, wie ein Modell zu modifizieren ist, damit eine bessere Anpassungsgüte erreicht werden kann. Je nach Beurteilungskriterium läßt sich ermitteln, ob zur Verbesserung einer gegebenen Modellstruktur neue Parameter aufzunehmen sind oder enthaltene Parameter ausgeschlossen werden sollen. Einen Überblick über Möglichkeiten zur Modellmodifikation gibt Abbildung 6.14.

---

[45] Vgl. Arbuckle, J.-L., 1997, S. 317 f.

Abbildung 6.14: Ablaufschema zur Modifikation einer gegebenen Modellstruktur

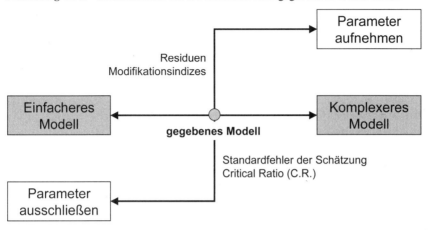

6.2.6.1 Vereinfachung der Modellstruktur

Eine gegebene Modellstruktur läßt sich dadurch vereinfachen, daß bisher spezifizierte Parameter wieder aus dem Modell ausgeschlossen werden, wenn damit eine Verbesserung der Anpassungsgüte des Modells erreicht werden kann. Hinweise darauf, welche Parameter *keine* "Erklärungsmächtigkeit" besitzen, liefern insbesondere folgende Teststatistiken:

- Standardfehler der Schätzung,
- Critical Ratio.

Werden aufgrund dieser Werte Parameter aus dem Modell ausgeschlossen, so wird dadurch auch die Schätzung der übrigen Parameter beeinflußt, was zu einer Verbesserung des Fits eines Modells führen kann.

Für jeden geschätzten Parameter werden die *Standardfehler der Schätzung* berechnet, die Auskunft darüber geben, wie "sicher" eine vorgenommene Schätzung ist, bzw. mit welchen Abweichungen in den Schätzwerten gerechnet werden muß. Treten hier hohe Werte auf, so muß der entsprechende Parameter mit äußerster Vorsicht interpretiert werden und stellt nur unter großer Unsicherheit eine valide Schätzung für den Parameter dar. Parameter mit großen Standardfehlern sollten deshalb aus dem Modell herausgenommen werden.

Auf Basis der Standardfehler werden für jeden Parameter *C.R.-Werte* berechnet, die Auskunft darüber geben, ob die geschätzten Werte signifikant von Null verschieden sind (vgl. Abschnitt 6.2.5.4). Sind die Werte für einen Parameter absolut kleiner als 1,96, so muß davon ausgegangen werden, daß sich der entsprechende Parameter nicht signifikant von Null unterscheidet. Das bedeutet aber, daß er keinen großen Beitrag zur Erklärung der Beziehungsstrukturen liefert bzw. daß seine Erklärungskraft nur unter starken Vorbehalten anzuerkennen ist. Es ist deshalb ratsam, Parameter mit C.R.-Werten absolut kleiner als 1,96 auf Null zu fixieren und somit aus dem Beziehungsgefüge des Modells auszuschließen.

386 Strukturgleichungsmodelle

6.2.6.2 Vergrößerung der Modellstruktur

Die Anpassungsgüte eines Modells kann auch durch Aufnahme bisher als fest deklarierter Parameter (Parameter mit Null-Pfaden) verbessert werden. Dies geschieht in der Weise, daß die entsprechenden festen Parameter zu freien Parametern werden und damit im Modell geschätzt werden. Welche Parameter in ein Modell aufgenommen werden sollen, läßt sich durch folgende Kriterien herausfinden:

- einfache und standardisierte Residuen,
- Modifikations-Index.

Die *einfachen Residuen* ergeben sich aus der Differenz der Elemente der empirischen und der modelltheoretischen Korrelationsmatrix. Treten hier hohe Werte auf, so ist dies ein Indiz dafür, daß die entsprechende Korrelation in der Ausgangsmatrix nicht in ausreichendem Maße reproduziert werden konnte. Daraus läßt sich schließen, daß zusätzliche Pfade in die Modellbeziehung aufzunehmen sind, um eine Verbesserung der Ergebnisse zu erreichen. Wir hatten aber darauf hingewiesen, daß auch die Residualgrößen durch die Varianzen der Parameter beeinflußt werden und deshalb mit ihrer Standardabweichung zu korrigieren sind, woraus sich die *standardisierten Residuen* ergeben.

Ein weiteres Kriterium zur Ermittlung evtl. freizusetzender Parameter ist der sog. *Modifikations-Index*.[46] Der Modifikations-Index (M.I.) schätzt für jeden als *fest* spezifizierten Parameter ab, um wie viel der Chi-Quadrat-Wert sinken würde, wenn dieser Parameter freigesetzt wird. Dabei wird *unterstellt*, daß alle übrigen Parameter ihre bisher geschätzten Werte beibehalten. Er bezieht sich damit nur auf solche Parameter, die bisher *nicht* in die Beziehungsstrukturen des Modells aufgenommen waren.

Unter der Überschrift „Par Change" in der Rubrik „Modification Indices" wird weiterhin angegeben, in welchem Ausmaß sich die jeweiligen Parameterwerte näherungsweise verändern würden, wenn die entsprechenden Parameter tatsächlich freigesetzt werden. Eine Freisetzung von Parametern beeinflußt jedoch auch die Schätzungen der übrigen Parameter, so daß bei Aufnahme eines entsprechenden Parameters i. d. R. der Chi-Quadrat-Wert um mehr sinkt, als der Modifikations-Index berechnet hat. Bei besonders "schlechten" Modellen kann die Aufnahme eines Parameters aber auch zu einer Vergrößerung des Chi-Quadrat-Wertes führen. Es ist deshalb ratsam, den Modifikations-Index *nicht "blind" zu benutzen,* sondern *vor dem Hintergrund theoretischer Überlegungen* zu entscheiden, ob die Aufnahme eines Parameters sinnvoll ist. Der Modifikations-Index ist für alle bereits im Modell als frei spezifizierten Parameter Null, ebenso wie für solche Parameter, die bei Freisetzung nicht identifiziert werden können.

---

[46] Vgl. Arbuckle, J.-L., 1997, S. 232.

Werden Modelle auf die bisher beschriebene Weise modifiziert, so muß sich der Anwender darüber im klaren sein, daß

- eine solche Vorgehensweise nur dann sinnvoll ist, wenn aufgrund *theoretischer Überlegungen* die Aufnahme eines Parameters plausibel erscheint;
- ein langer Suchprozeß irgendwann in den meisten Fällen zu einem *Modell* führt, *das zu den Daten paßt;*
- modifizierte Modelle auch lediglich *Charakteristika eines bestimmten Datensatzes widerspiegeln* können und von daher nicht die Allgemeingültigkeit einer Theorie stützen;
- durch eine solche Anwendung der *konfirmatorische* Gehalt der Analyse von Strukturgleichungsmodellen stark herabgesetzt wird und die Analyse eher dem Bereich der *explorativen* Datenanalyse zuzuordnen ist;
- für die Überprüfung einer auf diesem Wege gewonnenen Theorie ein *neuer Datensatz* erforderlich ist.

6.3 Fallbeispiel

6.3.1 Problemstellung

Wir gehen im folgenden von einem *fiktiven Fallbeispiel* aus, wobei unterstellt wird, daß beim Kauf von Margarine („Kaufabsicht") die Verbraucher insbesondere auf den „Gesundheitsgrad" die „Verwendungsbreite", das „Preisniveau" und die „Attraktivität" der Margarine achten. Die „Attraktivität" soll dabei durch den „Gesundheitsgrad" und die „Verwendungsbreite" der Margarine bestimmt werden. Die „Kaufabsicht" für Margarine hängt damit von dem „Gesundheitsgrad", der „Verwendungsbreite", dem „Preisniveau" und der „Attraktivität" der Margarine ab. Wir gehen von folgenden Hypothesen über die Beziehung zwischen diesen fünf latenten Variablen aus:

H_1: Je höher ein Verbraucher den Gesundheitsgrad einer Margarine ansieht, desto höher wird ihre Attraktivität eingeschätzt.

H_2: Je höher ein Verbraucher den Gesundheitsgrad einer Margarine einschätzt, desto höher ist seine Kaufabsicht.

H_3: Mit zunehmender Verwendungsbreite einer Margarine wird auch der Margarinekauf in den Augen der Konsumenten immer attraktiver.

H_4: Je größer die Verwendungsbreite einer Margarine eingeschätzt wird, desto eher wird der Verbraucher sie kaufen.

H_5: Je attraktiver der Verbraucher eine Margarine beurteilt, desto höher ist seine Kaufabsicht für diese Marke.

H_6: Je höher das wahrgenommene Preisniveau der Margarine beurteilt wird, desto geringer ist die Kaufabsicht.

388 Strukturgleichungsmodelle

Des weiteren wird nicht ausgeschlossen, daß zwischen den latenten Größen Gesundheitsgrad, Verwendungsbreite und Preisniveau Korrelationen bestehen. Außerdem sollen auch mögliche Meßfehler geschätzt werden.

Die hier genannten Größen, die für den Kauf einer Margarine verantwortlich sein sollen, stellen *hypothetische Konstrukte* dar, die sich einer direkten Meßbarkeit entziehen. Es müssen deshalb aufgrund theoretischer Überlegungen direkt meßbare Größen gefunden werden, die eine Operationalisierung der hypothetischen Konstrukte ermöglichen. Bei der Wahl der Meßgrößen ist darauf zu achten, daß die hypothetischen Konstrukte als "hinter diesen Meßgrößen stehend" angesehen werden können, d. h. die Meßvariablen sind so zu wählen, daß sich aus theoretischer Sicht die Korrelationen zwischen den Indikatoren durch die jeweilige hypothetische (latente) Größe erklären lassen. Wir wollen hier unterstellen, daß dieser Sachverhalt für die Meßvariablen in Abbildung 6.15 Gültigkeit besitzt. Die für die Meßvariablen empirisch erhobenen metrischen Werte sind dabei eine Einschätzung der befragten Personen (=Objekte) bezüglich dieser Indikatoren bei Margarine. Die Beziehungen zwischen den Meßvariablen und den hypothetischen Konstrukten stellen ebenfalls *Hypothesen* dar, die aufgrund *sachlogischer Überlegungen* zum Kaufverhalten bei Margarine aufgestellt wurden. Dabei wird unterstellt, daß zwischen Indikatorvariablen und hypothetischen Konstrukten jeweils positive Beziehungen bestehen.

Die in den Hypothesen 1 bis 6 vermuteten Zusammenhänge beim Kauf von Margarine werden nun unter Verwendung der Indikatorvariablen in Abbildung 6.15 anhand eines fiktiven Datensatzes überprüft. Die konkreten Messitems finden sich im Kapitel 5 Faktorenanalyse.[47] Die darüber hinaus erhobenen Indikatoren zur Kaufabsicht von Margarine wurden durch folgende Fragen erhoben: „Wie stark ist Ihre Neigung, die Marke x kaufen zu wollen?" sowie „Wie hoch schätzen Sie die Wahrscheinlichkeit, daß Sie die Marke x kaufen?"

---

[47] Da die durchgeführte Befragung nicht auf Basis einer Theorie über das Kaufverhalten bei Margarine vorgenommen wurde, wurde eigens für dieses Kapitel ein fiktiver Datensatz generiert, der auf einfachen Annahmen über das Kaufverhalten bei Margarine beruht.

Fallbeispiel   389

Abbildung 6.15:   Operationalisierung der latenten Variablen durch Indikatoren

Latente Variable	Meßvariable (Indikatoren)
Exogene Variable (ξ):	
ξ_1: Gesundheitsgrad	x_1: Vitamingehalt
	x_2: Kaloriengehalt
	x_3: Anteil ungesättigter Fettsäuren
ξ_2: Verwendungsbreite	x_4: Streichfähigkeit
	x_5: Brat- und Backeigenschaften
ξ_3: wahrgenommenes Preisniveau	x_6: Preis
Endogene Variable (η):	
η_1: Attraktivität	y_1: Geschmack
	y_2: Natürlichkeit
η_2: Kaufabsicht	y_3: Kaufabsicht 1: Kaufneigung
	y_4: Kaufabsicht 2: Kaufwahrschein-
	lichkeit

6.3.1.1   Erstellung von Pfaddiagrammen mit Hilfe von AMOS und Einlesen der Rohdaten

Die Spezifikation der Modellstruktur erfolgt in AMOS 5.0 (Analysis of Moment Structures) mit Hilfe des Pfaddiagramms. Dem Anwender wird durch AMOS GRAPHICS eine Grafikoberfläche mit bestimmten Zeichenwerkzeugen zur Verfügung gestellt, mit deren Hilfe sich das Pfaddiagramm relativ einfach erstellen läßt. Die Grafikoberfläche, die nach Aufruf des Programms erscheint, ist in Abbildung 6.16 wiedergegeben.

390 Strukturgleichungsmodelle

Abbildung 6.16: Grafikoberfläche und Toolbox in AMOS 5.0

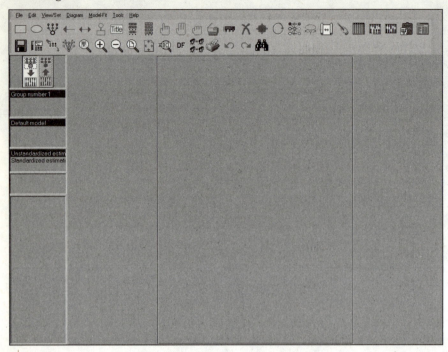

Auf die leere Fläche werden nun die einzelnen Elemente des Pfaddiagramms entsprechend der vorab aufgestellten Hypothesen mit Hilfe der jeweils geeigneten Werkzeuge gezeichnet. Zur Erstellung des Pfaddiagramms und zur Parameterschätzung stehen dem Anwender u.a. folgende Zeichenwerkzeuge und Schaltflächen zur Verfügung:

Abbildung 6.17: Ausgewählte Zeichenwerkzeuge zur Erstellung des Pfaddiagramms

⬜	manifeste Variable zeichnen	✋	Markierung löschen
⬭	latente Variable zeichnen	📋	Kopieren
⚲	Indikator mit Meßfehler zeichnen	🚚	Verschieben
←	Kausalpfeil zeichnen	✕	Löschen
↔	Kovarianz zeichnen	✛	Form einer Variablen oder eines (Doppel-)Pfeils verändern
⚲	Meßfehler zeichnen	↻	Rotieren
👆	ein Element markieren	🖐	Zauberstab: Kausalpfeile und Kovariate an der manifesten oder latenten Variablen ausrichten
🖐	alle Elemente markieren		

Abbildung 6.18: Schaltflächen zur Definition, zum Start und zur Ausgabe der Parameterschätzungen

▦	Rohdatendatei festlegen	▤	Textausgabe der Schätzergebnisse anzeigen
🎹	Analyse-Eigenschaften festlegen	🎹	Berechnung starten

Bei der Erstellung des Pfaddiagramms sollte mit dem Einzeichnen der latenten Variablen begonnen werden. Anschließend können durch Verwendung des Zeichenwerkzeuges ⚲ beliebig viele Indikatoren mit entsprechenden Meßfehlern hinzugefügt werden, indem so oft auf den Kreis der betreffenden latenten Variable geklickt wird, wie Meßindikatoren benötigt werden. Die richtige Position dieser Indikatoren kann durch Rotation um die latente Variable mit Hilfe des Werkzeuges ↻ erreicht werden. Die Residualvariablen der latent endogenen Variablen lassen sich durch das Werkzeug ⚲ ebenfalls durch einmaliges Anklicken der Kreisflächen einfügen. Im Anschluß daran können dann die Kausalpfeile und die Kovarianzen eingezeichnet werden. Zum Abschluß ist jede der eingezeichneten Variablen mit einer Bezeichnung zu versehen. Dies erfolgt durch Doppelkick auf die jeweilige Variable, woraufhin sich ein entsprechendes Dialogfenster öffnet. Dabei ist zu beachten, daß die Bezeichnungen der manifesten Variablen genau den Variablenbezeichnungen in der SPSS-Rohdatenmatrix entsprechen.

Die Zuweisung der SPSS-Rohdaten zu einem Pfaddiagramm erfolgt durch die Menüauswahl File ⇨ Data Files... oder durch Anklicken des Symbols ▦ (Rohdatendatei festlegen). In dem sich daraufhin öffnenden Dialogfenster (vgl. Abbildung 6.19) ist dann die Auswahl der entsprechenden Rohdatendatei durch Klick auf den Button „File Name" möglich. Neben SPSS werden auch die Formate Excel, Foxpro, Lotus, MS Access und Text unterstützt.

Abbildung 6.19: Dialogbox zur Auswahl der Rohdatendatei

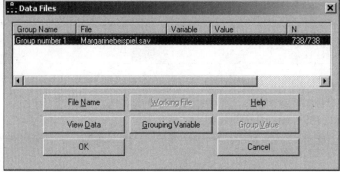

6.3.1.2 Pfaddiagramm für das Fallbeispiel

Mit Hilfe der in Abbildung 6.7 aufgestellten Regeln lassen sich nun die Hypothesen zum Kaufverhalten bei Margarine wie folgt in ein Pfaddiagramm überführen:

- Gemäß Abbildung 6.7 stellen die Variablen x_1 bis x_6 Meßvariable für latente exogene Variable dar und sind nach Regel (1) als Kästchen links im Pfaddiagramm (Regel 9) darzustellen.
- Die Größen y_1 bis y_4 sind Meßvariable für latente endogene Variable und sind gemäß den Regeln (1) und (9) als Kästchen rechts im Pfaddiagramm darzustellen. Die Verbindungen zwischen den Meßvariablen und den latenten Variablen werden gemäß Regel (2) durch Pfeile dargestellt.
- Die latenten Größen Gesundheitsgrad, Verwendungsbreite und Preisniveau sind gemäß Regel (5) ξ-Variable und Attraktivität und Kaufabsicht sind η-Variable. Sie sind nach Regel (1) als Kreise darzustellen.
- Die in den Hypothesen unterstellten kausalen Beziehungen sind nach den Regeln (2) bis (4) als Pfeile darzustellen.
- Die unterstellten nicht kausal interpretierten Beziehungen zwischen den ξ-Variablen sind gemäß Regel (7) durch gekrümmte Doppelpfeile darzustellen.

- Die Wirkungsrichtungen zwischen den betrachteten Variablen werden entsprechend der aufgestellten Hypothesen (gekennzeichnet durch + oder -) in das Pfaddiagramm aufgenommen.
- Da wir davon ausgehen müssen, daß bei der empirischen Erhebung *Meßfehler* auftreten, werden alle Residualvariablen in das Pfaddiagramm eingezeichnet.

Wir erhalten damit in einem ersten Schritt das in Abbildung 6.20 dargestellte Pfaddiagramm. Es enthält alle Informationen, die bisher in den Hypothesen zum Kaufverhalten bei Margarine aufgestellt wurden. Wir wollen im folgenden jedoch noch weitere Informationen bei der Schätzung unseres Strukturgleichungsmodells berücksichtigen, die aus sachlogischen Überlegungen resultieren. Da wir diese Überlegungen jedoch erst an späterer Stelle anstellen, muß das Pfaddiagramm in Abbildung 6.20 zunächst einmal als vorläufig bezeichnet werden.

Abbildung 6.20: (Vorläufiges) Pfaddiagramm für das Kaufverhalten bei Margarine

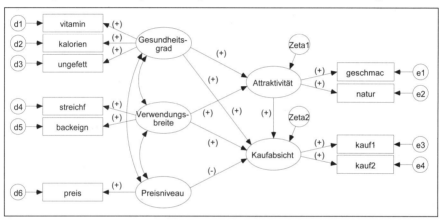

394 Strukturgleichungsmodelle

6.3.1.3 Das Gleichungssystem für das Fallbeispiel

Die Erstellung des Gleichungssystems für unser Margarinebeispiel erfolgt auf Basis des Pfaddiagramms in Abbildung 6.20. Mit Hilfe der Regeln in Abbildung 6.9 lassen sich im ersten Schritt die folgenden Gleichungen ableiten:

(A) Gleichungen im Strukturmodell

$(1)\, \eta_1 = \gamma_{11} \cdot \xi_1 + \gamma_{12} \cdot \xi_2 + \zeta_1$

$(2)\, \eta_2 = \beta_{21} \cdot \eta_1 + \gamma_{12} \cdot \xi_1 + \gamma_{22} \cdot \xi_2 + \gamma_{23} \cdot \xi_3 + \zeta_2$

(B) Gleichungen im Meßmodell der latenten endogenen Variablen

$(3)\, y_1 = \lambda_{11} \cdot \eta_1 + \varepsilon_1$

$(4)\, y_2 = \lambda_{21} \cdot \eta_1 + \varepsilon_2$

$(5)\, y_3 = \lambda_{32} \cdot \eta_2 + \varepsilon_3$

$(6)\, y_4 = \lambda_{42} \cdot \eta_2 + \varepsilon_4$

(C) Gleichungen im Meßmodell der latenten exogenen Variablen

$(7)\, x_1 = \lambda_{11} \cdot \xi_1 + \delta_1$

$(8)\, x_2 = \lambda_{21} \cdot \xi_1 + \delta_2$

$(9)\, x_3 = \lambda_{31} \cdot \xi_1 + \delta_3$

$(10)\, x_4 = \lambda_{42} \cdot \xi_2 + \delta_4$

$(11)\, x_5 = \lambda_{52} \cdot \xi_2 + \delta_5$

$(12)\, x_6 = \lambda_{63} \cdot \xi_3 + \delta_6$

Diese Gleichungen lassen sich mit Hilfe der Regeln aus Abbildung 6.9 in Matrizen-Schreibweise wie folgt zusammenfassen:

$$(A)\quad \begin{bmatrix} \eta_1 \\ \eta_2 \end{bmatrix} = \begin{bmatrix} 0 & 0 \\ \beta_{21} & 0 \end{bmatrix} \cdot \begin{bmatrix} \eta_1 \\ \eta_2 \end{bmatrix} + \begin{bmatrix} \gamma_{11} & \gamma_{12} & 0 \\ \gamma_{12} & \gamma_{22} & \gamma_{23} \end{bmatrix} \cdot \begin{bmatrix} \xi_1 \\ \xi_2 \\ \xi_3 \end{bmatrix} + \begin{bmatrix} \zeta_1 \\ \zeta_2 \end{bmatrix}$$

$$(B)\quad \begin{bmatrix} y_1 \\ y_2 \\ y_3 \\ y_4 \end{bmatrix} = \begin{bmatrix} \lambda_{11} & 0 \\ \lambda_{21} & 0 \\ 0 & \lambda_{32} \\ 0 & \lambda_{42} \end{bmatrix} \cdot \begin{bmatrix} \eta_1 \\ \eta_2 \end{bmatrix} + \begin{bmatrix} \varepsilon_1 \\ \varepsilon_2 \\ \varepsilon_3 \\ \varepsilon_4 \end{bmatrix}$$

$$
\text{(C)} \begin{bmatrix} x_1 \\ x_2 \\ x_3 \\ x_4 \\ x_5 \\ x_6 \end{bmatrix} = \begin{bmatrix} \lambda_{11} & 0 & 0 \\ \lambda_{21} & 0 & 0 \\ \lambda_{31} & 0 & 0 \\ 0 & \lambda_{42} & 0 \\ 0 & \lambda_{52} & 0 \\ 0 & 0 & \lambda_{63} \end{bmatrix} \cdot \begin{bmatrix} \xi_1 \\ \xi_2 \\ \xi_3 \end{bmatrix} + \begin{bmatrix} \delta_1 \\ \delta_2 \\ \delta_3 \\ \delta_4 \\ \delta_5 \\ \delta_6 \end{bmatrix}
$$

Durch das obige lineare Gleichungssystem sind die Beziehungen im Pfaddiagramm eindeutig abgebildet, wobei sich die aufgestellten Matrizen noch wie folgt verkürzen lassen:[48]

(A) Strukturgleichungsmodell

$$
\eta = B \cdot \eta + \Gamma \cdot \xi + \zeta
$$

(B) Meßmodell der latenten endogenen Variablen

$$
y = \Lambda_y \cdot \eta + \varepsilon
$$

(C) Meßmodell der latenten exogenen Variablen

$$
x = \Lambda_x \cdot \xi + \delta
$$

Anzumerken ist an dieser Stelle, daß die Aufstellung eines Gleichungssystems für die Berechnung eines Strukturgleichungsmodells mit AMOS nicht erforderlich ist. Die Darstellung dient hier nur zur Verdeutlichung der Überlegungen aus dem ersten Teil.

6.3.1.4   Festlegung der Parameter für das Fallbeispiel

Zur Verdeutlichung der Handhabung der unterschiedlichen Typen von Parametern in einem Strukturgleichungsmodell wollen wir für unser Beispiel die Parameter in den Gleichungen (A), (B) und (C) in Abschnitt 6.3.1.3 wie folgt festlegen (vgl. auch das Pfaddiagramm in Abbildung 6.20):

1. Feste Parameter: Die latente exogene Variable „Preisniveau" wird durch die Indikatorvariable "Preis" erhoben (vgl. Abbildung 6.15). Wir gehen davon aus, daß die Indikatorvariable die latenten Variablen in eindeutiger Weise repräsentieren, so daß wir den Pfad λ_{63} zwischen „Preisniveau" und Preis auf 1 festsetzen. Außerdem sollen diese Meßvariable ohne Meßfehler erhoben worden sein, so daß

---

[48] Aus rechentechnischen Gründen ist in der Matrix B die Hauptdiagonale mit Nullen besetzt und die Differenzmatrix (I-B) muß invertierbar sein, damit das Gleichungssystem lösbar ist. Die Matrix I stellt dabei die Einheitsmatrix dar.

396 Strukturgleichungsmodelle

wir die Varianz des Meßfehlers δ_6 auf 0 fixieren können. Weiterhin muß zur Schätzung der Parameter mindestens ein Pfad jeder latenten Größe zu einer ihrer Meßvariablen auf 1 fixiert werden. Dies ist deshalb notwendig, um jeder latenten Größe eine Skala zuzuweisen.

2. Restringierte Parameter: Wir wollen unterstellen, daß *theoretische Überlegungen* gezeigt haben, daß der Einfluß der latenten Variablen „Gesundheitsgrad" auf die Meßvariablen "Kaloriengehalt" und "Anteil ungesättigter Fettsäuren" als *gleich stark anzusehen* ist. Damit können die Pfade λ_{21} und λ_{31} der Lambda-X-Matrix als restringiert angesehen werden.

3. Freie Parameter: Alle übrigen zu schätzenden Parameter werden in der in Abbildung 6.20 spezifizierten Form beibehalten und stellen *freie Parameter* dar.

Sollen im Pfaddiagramm einzelne Parameter festgesetzt oder restringiert werden, erfolgt dies ebenfalls über einen Doppelklick auf die entsprechenden Pfeile (Regressionsgewichte) bzw. manifesten oder latenten Variablen (Varianzen). Zur Fixierung von Parametern auf einen bestimmten Wert, können in der sich öffnenden Dialogbox die gewünschten Regressionsgewichte oder Varianzen eingetragen werden. Ein Gleichsetzen von bestimmten Parametern erfolgt dadurch, daß statt einer Zahl (z. B. 1) bei den gleichzusetzenden Parametern jeweils der gleiche Buchstabe (z. B a, b, c etc.) eingetragen wird.

Abbildung 6.21: Dialogfelder zur Festlegung von Regressionsgewichten und Varianzen

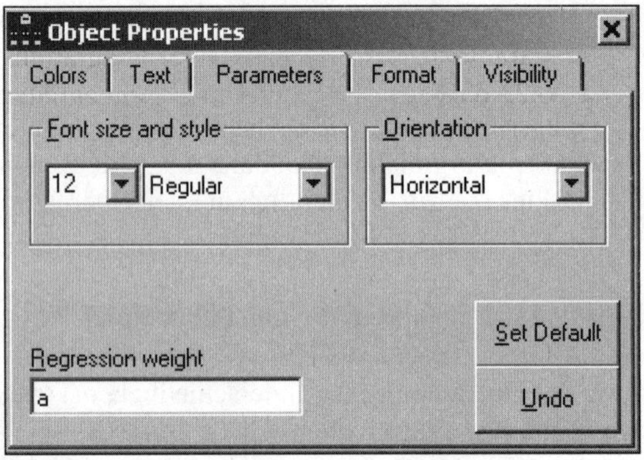

Die obigen Überlegungen zur Bestimmung der Parameter in einem Hypothesensystem müssen bei praktischen Anwendungen *immer* aufgrund theoretischer Überlegungen *vorab* im Rahmen der Hypothesenformulierung aufgestellt werden. Wir haben hier lediglich aus didaktischen Gründen eine Trennung zwischen der Festlegung der Beziehungen in einem Hypothesensystem und der *vorab* bereits festlegbaren Stärke einzelner Beziehungen vorgenommen. Die Bestimmung der einzelnen Parameterarten hat auch einen Einfluß auf das Pfaddiagramm. Deshalb wurde das Pfaddiagramm in Abbildung 6.20 als "vorläufig" bezeichnet.

Die obigen Festsetzungen einzelner Parameter führen nun auch zu einer Veränderung der Gleichungen (A), (B) und (C) in Abschnitt 6.3.1.3. In Gleichung (B) werden λ_{11} und λ_{32} auf 1 gesetzt, und in Gleichung (C) werden λ_{11}, λ_{42} und λ_{63} auf 1 gesetzt, δ_{66} dagegen auf 0. Für die restringierten Parameter wird in Gleichung (C) λ_{21} und λ_{32} = a vorgegeben. Damit ergibt sich die Zahl der im Modell zu schätzenden Parameter wie folgt:

- In Gleichung (A) sind zu schätzen:

β_{21}; γ_{11}; γ_{12}; γ_{21}; γ_{22}; γ_{23}; ζ_{11}; ζ_{22} = 8 Parameter

- In Gleichung (B) sind zu schätzen:

λ_{21}; λ_{42}; ε_{11}; ε_{22}; ε_{33}; ε_{44} = 6 Parameter

- In Gleichung (C) sind zu schätzen:

$\lambda_{21}(=\lambda_{31})$; λ_{52}; δ_{11}; δ_{22}; δ_{33}; δ_{44}; δ_{55} = 7 Parameter

- Weiterhin sollen die Korrelationen zwischen den latenten exogenen Variablen sowie deren Varianzen (Φ_{11}; Φ_{21}; Φ_{22}; Φ_{31}; Φ_{32}; Φ_{33}) in der Phi-Matrix geschätzt werden   = 6 Parameter

Damit enthält der zu schätzende Parametervektor π für unser Modell insgesamt 27 zu schätzende Parameter. Gleichzeitig ändert sich durch die getroffenen Vereinbarungen bezüglich der Parameterarten auch unser Pfaddiagramm. Wir erhalten damit das in Abbildung 6.22 dargestellte "endgültige Pfaddiagramm", das bei praktischen Anwendungen direkt im 2. Schritt der Analyse aufgestellt wird.

Abbildung 6.22: Pfaddiagramm mit entsprechenden Parameterrestriktionen

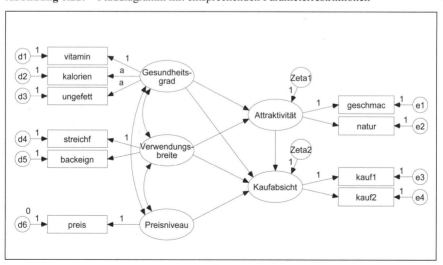

398 Strukturgleichungsmodelle

6.3.1.5 Identifizierbarkeit im Fallbeispiel

In unserem Fallbeispiel zum Margarinemarkt hatten wir in Abschnitt 6.3.1.4 insgesamt 27 zu schätzende Parameter ermittelt. Die Anzahl der zur Verfügung stehenden empirischen Korrelationen entspricht in unserem Beispiel

$\frac{1}{2}(4+6)\cdot(4+6+1) = 55$, da 4 y-Variable und 6 x-Variable empirisch erhoben

wurden. Somit beträgt die Anzahl der Freiheitsgrade 55 - 27 = 28, wodurch die notwendige Bedingung der Identifizierbarkeit erfüllt ist. Außerdem waren im Rechenlauf alle Matrizen positiv definit, und es wurden keine Warnmeldungen über nicht identifizierte Parameter ausgegeben.

Mit Abschluß dieses Schrittes im Rahmen von Strukturgleichungsmodellen sind nun weitgehend alle Punkte abgeschlossen, die direkt *durch den Anwender vorzunehmen* sind. Im einzelnen haben wir bisher

- Hypothesen zum Kaufverhalten bei Margarine aufgestellt,
- die Beziehungen im Hypothesensystem in ein Pfaddiagramm übertragen,
- eine mathematische Formulierung der Hypothesen vorgenommen,
- die notwendige Bedingung für Identifizierbarkeit des Modells geprüft.

6.3.2   Ergebnisse

6.3.2.1   Auswahl des Schätzverfahrens

Die Kovarianzmatrix Σ der manifesten Variablen läßt sich durch die entsprechend dem obigen Pfaddiagramm spezifizierten acht Parametermatrizen B, Γ, Λ_y, Λ_x, Φ, Ψ, Θ_δ und Θ_ε (vgl. Abbildung 6.3) ausdrücken:

$\Sigma = \Sigma(B, \Gamma, \Lambda_y, \Lambda_x, \Phi, \Psi, \Theta_\delta, \Theta_\varepsilon)$.

Diese Spezifikation der Parametermatrizen führt im Ergebnis zu dem unbekannten Parametervektor π, so daß gilt:

$\Sigma = \Sigma(\pi)$

Die Schätzung der unbekannten Parameter erfolgt nun mit dem Ziel, daß die modelltheoretische Kovarianzmatrix $\hat{\Sigma} = \Sigma(\hat{\pi})$ der empirischen Kovarianzmatrix S möglichst ähnlich wird. Die geschieht durch Minimierung der Diskrepanzfunktion C. Wie in Abschnitt 6.2.4.1 bereits erläutert, existieren zur Ermittlung der Parameter unterschiedliche iterative Schätzverfahren. Die Auswahl des entsprechenden Schätzalgorithmus erfolgt über den Menüpunkt View/Set $\Rightarrow$ Analysis Properties oder über einen Klick auf das Werkzeug ▥. Auf der Karte Estimation läßt sich das gewünschte Schätzverfahren auswählen (vgl. Abbildung 6.23). In unserem Fall verwenden wir die Maximum Likelihood-Methode, da diese das in der Praxis am häufigsten angewendete Verfahren zur Schätzung einer theoretischen Modellstruktur ist. Die ML-Methode maximiert die Wahrscheinlichkeit dafür, daß die modelltheoretische Kovarianz- bzw. Korrelationsmatrix die betreffende empirische Kovarianz- bzw. Korrelationsmatrix erzeugt hat.

Abbildung 6.23: Dialogfenster „Estimation"

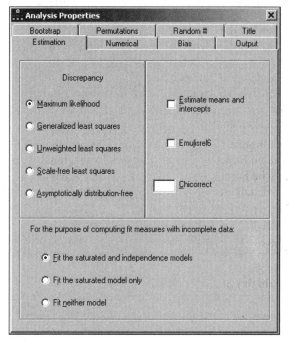

Neben der Wahl des Schätzalgorithmus ist insbesondere noch die Spezifizierung der gewünschten Informationen, die als Ergebnis der Analyse ausgegeben werden sollen, von Bedeutung. Diese lassen sich auf der Karte Output spezifizieren.

Abbildung 6.24: Dialogfenster „Output"

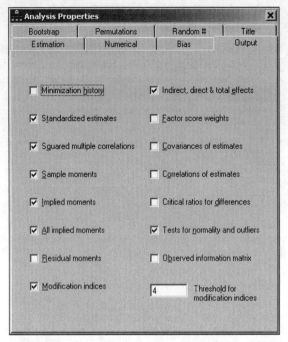

Sind alle gewünschten Analyseoptionen ausgewählt, kann die Schätzung der Parameter des Strukturgleichungsmodells durch einen Klick auf ▦ (Berechnen) gestartet werden.

Neben der soeben dargestellten Vorgehensweise, das Modell im Graphics Modul von AMOS zu spezifizieren, besteht darüber hinaus auch die Möglichkeit, das Strukturgleichungsmodell in Form von Gleichungen in AMOS Basic zu programmieren. Hierauf soll an dieser Stelle jedoch nicht weiter eingegangen werden.[49]

6.3.2.2 Ergebnisse der Parameterschätzungen

Nach erfolgter Parameterschätzung lassen sich die gewünschten Ergebnisse auf verschiedene Weise anzeigen. Die Parameterschätzer können durch einen Klick auf die zweite rechteckige Box oben links in Abbildung 6.16 direkt auf dem Pfaddiagramm angezeigt werden. Hier besteht die Wahl zwischen den unstandardisierten und den standardisierten Parameterschätzern. Die *standardisierte Lösung* hat den Vorteil, daß sie leichter interpretiert werden kann, da deren Werte betragsmäßig auf das Intervall von 0 bis 1 fixiert sind. Dadurch können auch die Lambda-X- und Lambda-Y-Matrizen als Faktorladungsmatrizen interpretiert werden.

---

[49] Zur Darstellung der Programmierung von Strukturgleichungsmodellen in AMOS Basic vgl. Arbuckle, J. L., 1997, S. 35ff.

Alle weiteren angeforderten Informationen können in der Textausgabe abgerufen werden. Hierzu ist das Symbol ▦ (Textausgabe) anzuklicken.

Im folgenden sollen die Ergebnisse der Modellschätzung für das Kaufverhalten bei Margarine mit Hilfe der ML-Methode ausführlich besprochen werden. Zunächst sind in der Outputdatei nochmals die Informationen über die im Rahmen der Modellspezifikation verwendeten Variablen sowie die Berechnung der Freiheitsgrade zusammengestellt (vgl. Abbildung 6.25).

Abbildung 6.25: Modellspezifikation und Berechnung der Freiheitsgrade

```
Your model contains the following variables

                backeign                observed  endogenous
                streichf                observed  endogenous
                preis                   observed  endogenous
                kauf1                   observed  endogenous
                kauf2                   observed  endogenous
                vitamin                 observed  endogenous
                geschmac                observed  endogenous
                kalorien                observed  endogenous
                ungefett                observed  endogenous
                natur                   observed  endogenous

                Kaufabsicht             unobserved endogenous
                Attraktivität           unobserved endogenous

                d5                      unobserved exogenous
                d4                      unobserved exogenous
                Preisniveau             unobserved exogenous
                d6                      unobserved exogenous
                e3                      unobserved exogenous
                e4                      unobserved exogenous
                d1                      unobserved exogenous
                e1                      unobserved exogenous
                Gesundheitsgrad         unobserved exogenous
                Zeta2                   unobserved exogenous
                Zeta1                   unobserved exogenous
                d2                      unobserved exogenous
                d3                      unobserved exogenous
                Verwendungsbreite       unobserved exogenous
                e2                      unobserved exogenous

              Number of variables in your model:    27
              Number of observed variables:         10
              Number of unobserved variables:       17
              Number of exogenous variables:        15
              Number of endogenous variables:       12

Computation of degrees of freedom

              Number of distinct sample moments:           55
    Number of distinct parameters to be estimated:         27
                                                   -----------------
                               Degrees of freedom:         28
```

402　Strukturgleichungsmodelle

Darüber hinaus werden dem Anwender unter der Überschrift Sample Covariances und Sample Correlations die aus den Stichprobendaten errechneten empirischen Kovarianz- und Korrelationsmatrizen angezeigt.

Abbildung 6.26: Empirische Kovarianz- und Korrelationsmatrizen

```
Sample Covariances

             natur    ungefett  kalorien  geschmac  vitamin   kauf2     kauf1
            --------  --------  --------  --------  --------  --------  --------
natur        1,885
ungefett     0,812     1,452
kalorien     0,614     0,892     1,492
geschmac     1,974     1,053     0,795     3,374
vitamin      0,876     1,207     1,064     1,137     1,786
kauf2        1,267     1,199     0,942     1,846     1,291     2,439
kauf1        1,034     1,121     0,916     1,438     1,246     1,601     2,397
preis       -0,545    -0,710    -0,567    -0,731    -0,722    -0,955    -0,844
streichf     1,166     0,950     0,723     1,563     1,074     1,648     1,360
backeign     1,207     1,202     0,914     1,727     1,318     1,945     1,633

             preis    streichf  backeign
            --------  --------  --------
preis        0,978
streichf    -0,628     3,179
backeign    -0,871     2,095     2,885

Sample Correlations

             natur    ungefett  kalorien  geschmac  vitamin   kauf2     kauf1
            --------  --------  --------  --------  --------  --------  --------
natur        1,000
ungefett     0,491     1,000
kalorien     0,366     0,606     1,000
geschmac     0,783     0,476     0,354     1,000
vitamin      0,478     0,749     0,652     0,463     1,000
kauf2        0,591     0,637     0,494     0,644     0,619     1,000
kauf1        0,486     0,601     0,484     0,506     0,602     0,662     1,000
preis       -0,402    -0,596    -0,470    -0,403    -0,546    -0,618    -0,551
streichf     0,476     0,442     0,332     0,477     0,451     0,592     0,493
backeign     0,518     0,587     0,441     0,553     0,581     0,733     0,621

             preis    streichf  backeign
            --------  --------  --------
preis        1,000
streichf    -0,356     1,000
backeign    -0,519     0,692     1,000
```

Unter Verwendung der ML-Methode wurden die einzelnen Parameter des Modells wie in Abbildung 6.27 gezeigt, geschätzt. Hierbei finden sich unter der Überschrift „Estimates" die unstandardisierten Parameterschätzer. Die Spalte S.E. enthält die Standardfehler der Schätzung.

Fallbeispiel 403

Abbildung 6.27: Ergebnisse der Parameterschätzung mit Hilfe der ML-Methode

```
Maximum Likelihood Estimates
----------------------------

Regression Weights:                       Estimate    S.E.     C.R.     Label
-------------------                       --------   -------  -------   -------

Attraktivität <---- Gesundheitsgrad        0,385     0,077     5,004
Attraktivität <--- Verwendungsbreit        0,597     0,070     8,570
Kaufabsicht <----------- Preisniveau      -0,226     0,035    -6,445
Kaufabsicht <-------- Attraktivität        0,166     0,025     6,728
Kaufabsicht <--- Verwendungsbreite         0,404     0,041     9,882
Kaufabsicht <----- Gesundheitsgrad         0,255     0,043     5,953
preis <---------------- Preisniveau        1,000
kauf1 <---------------- Kaufabsicht         1,000
geschmac <----------- Attraktivität        1,000
kauf2 <---------------- Kaufabsicht         1,161     0,046    25,219
backeign <------ Verwendungsbreite         1,179     0,051    23,019
streichf <------ Verwendungsbreite         1,000
vitamin <--------- Gesundheitsgrad         1,000
kalorien <-------- Gesundheitsgrad         0,838     0,027    31,502      a
ungefett <-------- Gesundheitsgrad         0,838     0,027    31,502      a
natur <------------- Attraktivität         0,704     0,027    26,242


Standardized Regression Weights:          Estimate
--------------------------------          --------

Attraktivität <-- Gesundheitsgrad          0,269
Attraktivität <- Verwendungsbreit          0,475
Kaufabsicht <----------- Preisniveau      -0,190
Kaufabsicht <-------- Attraktivität        0,237
Kaufabsicht <--- Verwendungsbreite         0,459
Kaufabsicht <----- Gesundheitsgrad         0,254
preis <---------------- Preisniveau        1,000
kauf1 <---------------- Kaufabsicht         0,758
geschmac <----------- Attraktivität        0,911
kauf2 <---------------- Kaufabsicht         0,873
backeign <------ Verwendungsbreite         0,925
streichf <------ Verwendungsbreite         0,747
vitamin <--------- Gesundheitsgrad         0,875
kalorien <-------- Gesundheitsgrad         0,759
ungefett <-------- Gesundheitsgrad         0,842
natur <------------- Attraktivität         0,859


Covariances:                              Estimate    S.E.     C.R.     Label
------------                              --------   -------  -------   -------

Preisniveau <----> Gesundheitsgrad        -0,758     0,055   -13,796
Gesundheitsgrad <> Verwendungsbreite       1,104     0,089    12,454
Preisniveau <--> Verwendungsbreite        -0,721     0,064   -11,340


Correlations:                             Estimate
-------------                             --------

Preisniveau <----> Gesundheitsgrad        -0,655
Gesundheitsgrad <> Verwendungsbreite       0,708
Preisniveau <--> Verwendungsbreite        -0,547
```

404   Strukturgleichungsmodelle

Abbildung 6.28: Ergebnisse der Parameterschätzung mit Hilfe der ML-Methode (Fortsetzung)

```
Variances:                        Estimate     S.E.      C.R.      Label
----------                        --------    -------   -------   -------

              Preisniveau          0,978       0,051    19,196
          Gesundheitsgrad          1,368       0,095    14,432
       Verwendungsbreite           1,776       0,157    11,346
                   Zeta1           1,459       0,118    12,389
                   Zeta2           0,070       0,031     2,276
                      d6           0,000
                      d5           0,416       0,072     5,797
                      d4           1,403       0,088    15,918
                      e3           1,019       0,061    16,787
                      e4           0,581       0,050    11,629
                      d1           0,419       0,036    11,730
                      e1           0,571       0,084     6,780
                      d2           0,707       0,043    16,401
                      d3           0,394       0,028    13,853
                      e2           0,494       0,047    10,548


Squared Multiple Correlations:    Estimate
------------------------------    --------

            Attraktivität          0,479
             Kaufabsicht           0,949
                   natur           0,738
                 ungefett          0,709
                 kalorien          0,576
                 geschmac          0,831
                  vitamin          0,766
                   kauf2           0,762
                   kauf1           0,575
                   preis           1,000
                 streichf          0,559
                 backeign          0,856
```

Diese Werte stellen Schätzgrößen für die Parameter unseres Modells dar. Mit ihrer Hilfe lassen sich die im endgültigen Pfaddiagramm eingezeichneten Parameter (vgl. Abbildung 6.4) quantifizieren. Die Ausgabe dieser Parameterschätzer in der standardisierten Lösung direkt auf dem Pfaddiagramm ist in Abbildung 6.29 wiedergegeben.

Abbildung 6.29: Pfaddiagramm mit Schätzergebnissen der standardisierten Lösung

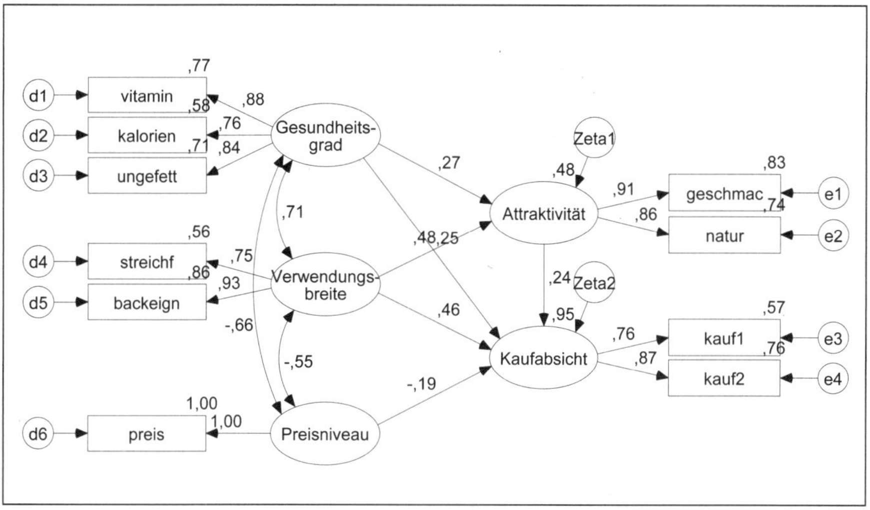

In der hier nicht dargestellten *unstandardisierten Lösung*, stellen die Parametermatrizen des Meßmodells *keine* Faktorladungsmatrizen dar. Dort sind lediglich die Regressionskoeffizienten zwischen den Meßvariablen und den latenten Variablen enthalten. Darüber hinaus sind die Varianzen der einzelnen manifesten und latenten Variablen in der unstandardisierten Lösung nicht auf 1 fixiert. Weiterhin werden die Beziehungen zwischen den latent exogenen Größen als Kovarianzen und nicht als Korrelationen angezeigt. Die Angaben der unstandardisierten Lösung lassen sich aus Abbildung 6.27 ablesen. Dort ist auch zu erkennen, daß die Werte der von uns als restringiert festgelegten Parameter ($\lambda_{21} = \lambda_{31} = a$) durch das Programm mit jeweils 0,838 gleich groß geschätzt wurden (vgl. Kasten).

Demgegenüber sind in der *standardisierten Lösung* die Varianzen aller latenten und manifesten Variablen auf 1 fixiert. Daher geben die standardisierten Regressionskoeffizienten (Standardized Regression Weights) Auskunft darüber, wie stark die Indikatorvariablen mit den hypothetischen exogenen Konstrukten korrelieren. Setzt man diese Faktorladungen ins Quadrat, so erhalten wir den erklärten Varianzanteil einer manifesten Variablen (Indikatorreliabilität), die unter der Überschrift „Squared Multiple Correlations" in Abbildung 6.28 abgedruckt sind. Diese Angaben werden von AMOS im Pfaddiagramm der standardisierten Lösung jeweils rechts über den manifesten Variablen angezeigt. So erklärt z. B. das Konstrukt „Gesundheitsgrad" $0,88^2 = 0,77$ der Varianz der Variablen "Vitamingehalt". Folglich bleibt ein Varianzanteil von $1 - 0,77 = 0,23$ unerklärt. D. h. lediglich 23% der Einheitsvarianz der Variablen „Vitamingehalt" sind auf Meßfehler und evtl. nicht berücksichtige Variableneffekte zurückzuführen. Entsprechend sind auch die übrigen Werte zu interpretieren. Bei der Betrachtung der Variablen „Preis", die einen Varianzerklärungsanteil von 100% aufweist, wird nochmals deutlich, daß wir a priori *unterstellt* hatten, daß keine Meßfehler auftreten.

406 Strukturgleichungsmodelle

In der standardisierten Lösung werden außerdem die Beziehungen zwischen den latent exogenen Variablen (Phi-Matrix) als Korrelationen dargestellt. Hierbei ist u. a. zu erkennen, daß die höchste Korrelation mit 0,71 zwischen „Gesundheitsgrad" und „Verwendungsbreite" besteht.

Durch die Standardisierung ändern sich im Vergleich zur unstandardisierten Lösung ebenfalls die Koeffizienten in den Matrizen des Strukturmodells (Beta, Gamma und Psi).

Betrachten wir nun die *Koeffizienten des Strukturmodells:* Aus der Tabelle der Quadrierten Multiplen Korrelationskoeffizienten wird deutlich, daß die latenten Variablen zusammen 47,9% der Varianz des Konstruktes „Attraktivität" und 94,9% der Varianz der „Kaufabsicht" erklären können. Diese Angaben finden sich auch im Pfaddiagramm links über den latent exogenen Variablen. Die direkten Effekte, die von den exogenen Konstrukten auf die endogenen Konstrukte wirken, lassen sich im ersten Teil der Tabelle „Standardized Regression Weights" oder direkt an den entsprechenden Kausalpfeilen im Pfaddiagramm ablesen. Die Vorzeichen der Koeffizienten in der Gamma- und Beta-Matrix entsprechen genau den unterstellten Richtungszusammenhängen in den Hypothesen H_1 bis H_5 (vgl. Abschnitt 6.3.1). Am stärksten wird die „Attraktivität" und die „Kaufabsicht" von der „Verwendungsbreite" beeinflußt. Als zweitwichtige Einflußfaktoren auf die Kaufabsicht stellen sich der „Gesundheitsgrad" (0,26) gefolgt von der „Attraktivität (0,24) und dem „Preisniveau" (-0,19) heraus.

6.3.2.3 Indirekte und totale Beeinflussungseffekte

Neben den bisher beschriebenen *direkten Beeinflussungseffekten* zwischen den Variablen lassen sich aber auch *indirekte Effekte* zwischen den Variablen erfassen, die dadurch entstehen, daß eine Variable über eine oder mehrere Zwischenvariable auf eine andere wirkt. Direkte und indirekte Effekte ergeben zusammen den *totalen Beeinflussungseffekt.* Zur Bestimmung dieser Effekte wird die *unstandardisierte Lösung* der Modellschätzung (vgl. Abbildung 6.27) herangezogen. Wir wollen hier zur Verdeutlichung die im *Strukturmodell* wirkenden Effekte näher betrachten. Abbildung 6.30 verdeutlicht nochmals die Ergebnisse der Parameterschätzungen gem. der unstandardisierten Lösung und faßt die im Strukturmodell vorhandenen *direkten Beeinflussungseffekte* zusammen.

Die totalen Beeinflussungseffekte zwischen den Variablen lassen sich nun wie folgt berechnen:

Totaler Effekt = direkt kausaler Effekt + indirekt kausaler Effekt

Indirekte kausale Effekte ergeben sich immer dann, wenn sich im Pfaddiagramm die Beziehung zwischen zwei Variablen über ein oder mehrere *zwischengeschaltete Variablen* finden läßt. Die indirekten Effekte lassen sich einfach durch Multiplikation der entsprechenden Koeffizienten ermitteln.

So besteht z. B. ein *indirekter kausaler Effekt* zwischen „Gesundheitsgrad" (ξ_1) und „Kaufabsicht"(η_2), da der Gesundheitsgrad über die endogene Variable „Attraktivität" auf die „Kaufabsicht" einwirkt (vgl. die verstärkt gezeichneten Pfeile in Abbildung 6.30).

Abbildung 6.30: Direkte kausale Effekte in der unstandardisierten Lösung

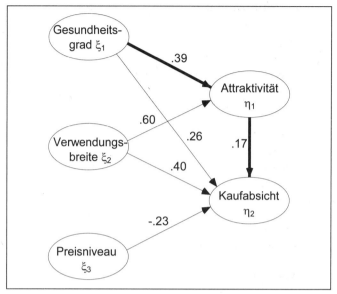

Dieser indirekte Effekt errechnet sich wie folgt:

Indirekter Effekt (ξ_1, η_2) = 0,385 * 0,166 = 0,06391

Neben diesem indirekten Effekt besteht auch noch ein direkter Effekt der latent exogenen Variablen „Gesundheitsgrad" auf die latente endogene Variable „Kaufabsicht". Der direkte kausale Effekt beträgt 0,255. Der totale kausale Effekt zwischen „Gesundheitsgrad und „Kaufabsicht" errechnet sich damit wie folgt:

Total (ξ_1, η_2) = 0,06391 + 0,255 = 0,319

Insgesamt wird also die „Kaufabsicht" einer Margarine durch den „Gesundheitsgrad" positiv beeinflußt.

Außer den bisher aufgezeigten Effekten besteht im Strukturmodell ein weiterer indirekter Effekt der Variablen „Verwendungsbreite" über die Größe „Attraktivität" auf die „Kaufabsicht". Durch das Programm AMOS werden automatisch auf Basis der *unstandardisierten Lösung* die in Abbildung 6.31 dargestellten indirekten und totalen Beeinflussungseffekte ausgegeben, wobei hier auf die Wiedergabe der jeweiligen standardisierten Effekte verzichtet wurde.

Abbildung 6.31: Totale und indirekte kausale Effekte im Margarinebeispiel

```
Total Effects

            Verwendu Gesundhe Preisniv Attrakti Kaufabsi
            -------- -------- -------- -------- --------
Attraktiv    0,597    0,385    0,000    0,000    0,000
Kaufabsic    0,503    0,319   -0,226    0,166    0,000
natur        0,421    0,271    0,000    0,704    0,000
ungefett     0,000    0,838    0,000    0,000    0,000
kalorien     0,000    0,838    0,000    0,000    0,000
geschmac     0,597    0,385    0,000    1,000    0,000
vitamin      0,000    1,000    0,000    0,000    0,000
kauf2        0,585    0,371   -0,262    0,193    1,161
kauf1        0,503    0,319   -0,226    0,166    1,000
preis        0,000    0,000    1,000    0,000    0,000
streichf     1,000    0,000    0,000    0,000    0,000
backeign     1,179    0,000    0,000    0,000    0,000


Direct Effects

            Verwendu Gesundhe Preisniv Attrakti Kaufabsi
            -------- -------- -------- -------- --------
Attraktiv    0,597    0,385    0,000    0,000    0,000
Kaufabsic    0,404    0,255   -0,226    0,166    0,000
natur        0,000    0,000    0,000    0,704    0,000
ungefett     0,000    0,838    0,000    0,000    0,000
kalorien     0,000    0,838    0,000    0,000    0,000
geschmac     0,000    0,000    0,000    1,000    0,000
vitamin      0,000    1,000    0,000    0,000    0,000
kauf2        0,000    0,000    0,000    0,000    1,161
kauf1        0,000    0,000    0,000    0,000    1,000
preis        0,000    0,000    1,000    0,000    0,000
streichf     1,000    0,000    0,000    0,000    0,000
backeign     1,179    0,000    0,000    0,000    0,000


Indirect Effects

            Verwendu Gesundhe Preisniv Attrakti Kaufabsi
            -------- -------- -------- -------- --------
Attraktiv    0,000    0,000    0,000    0,000    0,000
Kaufabsic    0,099    0,064    0,000    0,000    0,000
natur        0,421    0,271    0,000    0,000    0,000
ungefett     0,000    0,000    0,000    0,000    0,000
kalorien     0,000    0,000    0,000    0,000    0,000
geschmac     0,597    0,385    0,000    0,000    0,000
vitamin      0,000    0,000    0,000    0,000    0,000
kauf2        0,585    0,371   -0,262    0,193    0,000
kauf1        0,503    0,319   -0,226    0,166    0,000
preis        0,000    0,000    0,000    0,000    0,000
streichf     0,000    0,000    0,000    0,000    0,000
backeign     0,000    0,000    0,000    0,000    0,000
```

6.3.2.4 Beurteilung der Gesamtstruktur

Mit Hilfe der Gütemaße läßt sich eine Beurteilung des Fits des Gesamtmodells vornehmen. Wie in Abschnitt 6.2.5.3 dargelegt, konzentrieren wir uns zur Beurteilung der Modellgüte nur auf einige ausgesuchte Größen. Die Ergebnisse sind in Abbildung 6.32 zusammengestellt, wobei die Gütekriterien jeweils für die hier festgestellte Modellstruktur (default model), das saturierte Modell (alle möglichen Parameter sind freigesetzt) und das Independence Modell (alle Variablen sind unkorreliert) ausgegeben werden. Der Vergleich der Gütekriterien zwischen diesen Modellen gibt zusätzliche Hinweise auf die Güte des Modells, da das Independence Modell i.d.R. die schlechtesten Fitmaße erbringt, weil keinerlei Abhängigkeit zugelassen werden, während das saturierte Modell als Referenz für einen perfekten Fit verwendet wird.

Abbildung 6.32: Kriterien zur Beurteilung der Güte des Gesamtmodells

```
Summary of models
-----------------
             Model   NPAR        CMIN     DF           P    CMIN/DF
-----------------   ----   ---------     --   ---------   ---------
      Default model    27      83,355     28       0,000       2,977
    Saturated model    55       0,000      0
 Independence model    10    4845,572     45       0,000     107,679

             Model    RMR         GFI        AGFI        PGFI
-----------------   ---------   ---------   ---------   ---------
      Default model  0,079       0,978       0,956       0,498
    Saturated model  0,000       1,000
 Independence model  1,093       0,270       0,108       0,221

                     DELTA1        RHO1      DELTA2        RHO2
             Model      NFI         RFI         IFI         TLI         CFI
-----------------   ---------   ---------   ---------   ---------   ---------
      Default model  0,983       0,972       0,989       0,981       0,988
    Saturated model  1,000                   1,000                   1,000
 Independence model  0,000       0,000       0,000       0,000       0,000

             Model  PRATIO        PNFI        PCFI
-----------------   ---------   ---------   ---------
      Default model  0,622       0,612       0,615
    Saturated model  0,000       0,000       0,000
 Independence model  1,000       0,000       0,000

             Model     NCP       LO 90       HI 90
-----------------   ---------   ---------   ---------
      Default model  55,355      31,686      86,655
    Saturated model   0,000       0,000       0,000
 Independence model 4800,572    4575,622    5032,172

             Model    FMIN          F0       LO 90       HI 90
-----------------   ---------   ---------   ---------   ---------
      Default model  0,113       0,075       0,043       0,118
    Saturated model  0,000       0,000       0,000       0,000
 Independence model  6,575       6,514       6,208       6,828
```

Model	RMSEA	LO 90	HI 90	PCLOSE
Default model	**0,052**	0,039	0,065	**0,387**
Independence model	**0,380**	0,371	0,390	**0,000**

Model	AIC	BCC	BIC	CAIC
Default model	137,355	138,173	323,831	288,662
Saturated model	110,000	111,667	489,859	418,217
Independence model	4865,572	4865,875	4934,637	4921,611

Model	ECVI	LO 90	HI 90	MECVI
Default model	0,186	0,154	0,229	0,187
Saturated model	0,149	0,149	0,149	0,152
Independence model	6,602	6,297	6,916	6,602

Model	HOELTER .05	HOELTER .01
Default model	366	427
Independence model	10	11

In unserem Modell wurden 28 Freiheitsgrade errechnet, und der Chi-Quadrat-Wert entspricht 83,355. Die Nullhypothese, daß die empirische der modelltheoretischen Kovarianzmatrix entspricht, kann mit 100% Sicherheit (p = 0,000) abgelehnt werden. Zu beachten ist in diesem Fall allerdings, daß der Chi-Quadrat-Test mit steigendem Stichprobenumfang (hier: n = 738) immer zu einer Ablehnung der Nullhypothese führt. Aussagekräftiger ist das Verhältnis zwischen dem Chi-Quadrat-Wert und den Freiheitsgraden. In unserem Fall beträgt es CMIN/DF = 2,997, was über dem Grenzwert von 2,5 liegt, so daß auf Basis dieses Indikators auf eine nicht ganz optimale Modellanpassung zu schließen ist.

Dagegen beträgt in unserem Beispiel der GFI = 0,978, d. h. die Modellstruktur erklärt 97,8% der gesamten Ausgangsvarianz. Auch die Werte für den AGFI = 0,956, für den NFI = 0,983 und den CFI = 0,988 weisen mit Werten von deutlich über 0,90 auf einen sehr guten Modellfit hin. Der RMSEA mit einem Wert von 0,052 ist ebenfalls als seht gut zu bezeichnen. Eine Überprüfung der Nullhypothese, daß dieser Wert größer als 0,05 ist kann mit einer Wahrscheinlichkeit von 1 – 0,387 = 61,3% (PCLOSE) abgelehnt werden.

6.3.2.5 Beurteilung der Teilstrukturen

Die Differenz zwischen empirischer und modelltheoretischer Kovarianzmatrix wird von AMOS unter der Überschrift „Residual Covariances" ausgegeben. Im vorliegenden Fall zeigt sich, daß einige der Residuen den Grenzwert von 0,1 übersteigen, so daß hier Hinweise für eine unzureichende Modellanpassung vorliegen (vgl. Abbildung 6.33). Die dort ebenfalls ausgegebenen standardisierten Residuen sind entsprechend um Skalierungseffekte der einzelnen Variablen bereinigt.

Abbildung 6.33: Residuelle Kovarianz- und Korrelationsmatrix

```
Residual Covariances

              natur    ungefett kalorien geschmac vitamin  kauf2    kauf1
            -------- -------- -------- -------- -------- -------- --------
natur         0,000
ungefett      0,112    0,098
kalorien     -0,086   -0,068   -0,176
geschmac      0,000    0,060   -0,198    0,000
vitamin       0,041    0,061   -0,082   -0,049   -0,000
kauf2         0,014    0,068   -0,189    0,067   -0,059    0,002
kauf1        -0,045    0,146   -0,058   -0,094    0,083    0,002    0,001
preis        -0,036   -0,075    0,067   -0,009    0,036    0,004   -0,018
streichf      0,120    0,025   -0,202    0,077   -0,030    0,012   -0,049
backeign     -0,027    0,112   -0,176   -0,025    0,016    0,016   -0,028


              preis    streichf backeign
            -------- -------- --------
preis        -0,000
streichf      0,093   -0,000
backeign     -0,021    0,001    0,000



Standardized Residual Covariances

              natur    ungefett kalorien geschmac vitamin  kauf2    kauf1
            -------- -------- -------- -------- -------- -------- --------
natur         0,000
ungefett      1,751    1,389
kalorien     -1,219   -1,035   -2,024
geschmac      0,000    0,689   -2,094    0,000
vitamin       0,552    0,858   -1,076   -0,486   -0,000
kauf2         0,150    0,858   -2,224    0,542   -0,649    0,016
kauf1        -0,513    1,942   -0,713   -0,791    0,950    0,016    0,012
preis        -0,683   -1,554    1,284   -0,124    0,636    0,052   -0,284
streichf      1,220    0,295   -2,206    0,582   -0,310    0,099   -0,428
backeign     -0,277    1,345   -1,954   -0,190    0,168    0,128   -0,248

              preis    streichf backeign
            -------- -------- --------
preis        -0,000
streichf      1,326   -0,000
backeign     -0,296    0,007    0,000
```

Eine Überprüfung der Parameterschätzer kann weiterhin durch eine Überprüfung der Nullhypothese erfolgen, daß die geschätzten Parameter gleich Null sind. Die hierbei zur Beurteilung heranzuziehenden Werte für die Critical Ratio finden sich neben den Regressionskoeffizienten, Varianzen und Kovarianzen der unstandardisierten Lösung (vgl. Abbildung 6.27). Es ist zu erkennen, daß alle entsprechenden C.R.-Werte über 1,96 liegen, mithin alle geschätzten Parameter als von Null verschieden angenommen werden können.

6.3.2.6 Modifikation der Modellstruktur

Im vorliegenden Beispiel lagen *alle* Standardfehler unter 0,2 (vgl. Abbildung 6.27), so daß aufgrund der Standardfehler davon ausgegangen werden kann, daß

412   Strukturgleichungsmodelle

alle ML-Schätzungen valide sind und somit keiner der ursprünglich spezifizierten Parameter aus dem Modell auszuschließen ist.

Im vorliegenden Beispiel weisen die C.R.-Werte immer Werte betragsmäßig größer 2 auf und auch von daher können alle bisher spezifizierten Parameter im Modell beibehalten werden.

Für das vorliegende Beispiel läßt sich also aufgrund der bisher betrachteten Gütekriterien *keine Vereinfachung* der Modellstruktur erreichen.

Indikatoren für eine Vergrößerung der Modellstruktur stellen insbesondere die sog. Modifikationsindizes dar. Wie in Abschnitt 0 erläutert, geben sie die Veränderung des Chi-Quadrat-Wertes an, wenn der betreffende Parameter frei gesetzt wird. Abbildung 6.34 zeigt, daß der Modifikations-Index mit 16,073 für den Parameter λ_{22} am größten ist, d. h. daß zwischen „Verwendungsbreite" und dem Indikator Kaloriengehalt ein Pfad freigegeben werden sollte. Wird dieser Pfad in die Analyse aufgenommen, so kann der Chi-Quadrat-Wert um 16,073 verringert werden, wenn alle übrigen Parameter mit gleichen Werten geschätzt würden. Zur Verbesserung des Chi-Quadrat-Wertes könnten analog weitere Pfade freigegeben werden. Zur (explorativen) Modellverbesserung sollte sich jedoch neben der Höhe der Modifikationsindizes auch an inhaltlichen Überlegungen orientiert werden.

Fallbeispiel   413

Abbildung 6.34:   Modifikationsindizes

```
Modification Indices
--------------------


Covariances:                                   M.I.      Par Change
                                             ---------   ----------

d3 <---------------------> Preisniveau         7,165      -0,054
d2 <----------------> Verwendungsbreite        6,646      -0,092
d1 <---------------------> Preisniveau         6,424       0,055
e4 <------------------------------> e1          7,468       0,091
e3 <----------------> Verwendungsbreite        4,899      -0,093
e3 <------------------> Gesundheitsgrad        7,833       0,096
e3 <--------------------------> Zeta1          4,683      -0,117
d6 <------------------------------> d3          5,969      -0,047
d6 <------------------------------> d1          5,597       0,049
d4 <---------------------> Preisniveau         6,309       0,089
d4 <--------------------------> Zeta1          5,744       0,154
d4 <------------------------------> e2          5,270       0,089
d4 <------------------------------> d6          6,255       0,084


Variances:                                     M.I.      Par Change
                                             ---------   ----------


Regression Weights:                            M.I.      Par Change
                                             ---------   ----------

ungefett <------------ Verwendungsbreite       9,720       0,065
ungefett <-------------- Gesundheitsgrad       6,648       0,061
ungefett <------------------ Preisniveau      14,344      -0,102
ungefett <---------------- Attraktivität       8,279       0,048
ungefett <------------------ Kaufabsicht      12,353       0,082
ungefett <----------------------- natur        9,015       0,058
ungefett <--------------------- geschmac       5,190       0,033
ungefett <---------------------- vitamin       5,170       0,045
ungefett <----------------------- kauf2        8,679       0,050
ungefett <----------------------- kauf1        9,564       0,053
ungefett <--------------------- preis         14,344      -0,102
ungefett <-------------------- backeign        9,076       0,047
kalorien <------------ Verwendungsbreite      **16,073**   -0,105
kalorien <-------------- Gesundheitsgrad      10,620      -0,097
kalorien <------------------ Preisniveau       5,614       0,080
kalorien <---------------- Attraktivität      12,642      -0,075
kalorien <------------------ Kaufabsicht      15,536      -0,116
kalorien <----------------------- natur        8,507      -0,071
kalorien <--------------------- ungefett      12,203      -0,100
kalorien <--------------------- geschmac      10,856      -0,060
kalorien <---------------------- vitamin       4,560      -0,053
kalorien <----------------------- kauf2       13,445      -0,078
kalorien <----------------------- kauf1        5,954      -0,053
kalorien <----------------------- preis        5,614       0,080
kalorien <--------------------- streichf      10,419      -0,060
kalorien <-------------------- backeign       14,379      -0,074
streichf <------------------ Preisniveau       5,299       0,108
streichf <----------------------- natur        4,338       0,071
streichf <----------------------- preis        5,299       0,108
```

Eine Freisetzung des Pfadkoeffizienten zwischen "Verwendungsbreite" und "Kaloriengehalt" zeigt, daß dadurch der Gesamtfit des Modells tatsächlich verbessert werden kann (vgl. Abbildung 6.35). So liegt nun auch das Verhältnis CMIN/DF unter dem Grenzwert von 2,5. Alle Beurteilungskriterien in Abbildung 6.28 für den Gesamtfit des Modells konnten durch die Freisetzung des Parameters λ_{22} verbessert werden, so daß das Modell nun als "sehr gut" bezeichnet werden kann.

414 Strukturgleichungsmodelle

Abbildung 6.35: Fitmaße für das Gesamtmodell nach Freisetzung des Parameters λ_{22}

```
          Model  NPAR      CMIN    DF              P    CMIN/DF
-----------------  ----  --------  --    ---------  ---------
    Default model    28    62.709  27       0.000      2.323
  Saturated model    55     0.000   0
Independence model   10  4845.572  45       0.000    107.679


                                                       DELTA1
          Model      RMR       GFI       AGFI           NFI        CFI
-----------------  --------  --------  --------    ---------  ---------
    Default model    0.043     0.983     0.966        0.987      0.993
  Saturated model    0.000     1.000                  1.000      1.000
Independence model   1.093     0.270     0.108        0.000      0.000


          Model     RMSEA     LO 90     HI 90       PCLOSE
-----------------  --------  --------  --------    ---------
    Default model    0.042     0.029     0.056        0.808
Independence model   0.380     0.371     0.390        0.000
```

6.4 Anwendungsempfehlungen

6.4.1 Annahmen und Voraussetzungen von Strukturgleichungsmodellen

Strukturgleichungsmodelle stellen eine Analyse auf Aggregationsniveau dar. Die Analyse basiert auf einer Reihe von Annahmen und Voraussetzungen, die sich wie folgt zusammenfassen lassen:

1. Die Maximum Likelihood-Methode und das GLS-Verfahren setzen voraus, daß die beobachteten Variablen x und y einer Multi-Normalverteilung folgen. Diese Annahme ist dann nicht erforderlich, wenn als Schätzverfahren das ULS-, das SLS- oder das ADF-Verfahren herangezogen wird. Beim ULS-Verfahren ist aber zu beachten, daß Standardfehler, C.R.-Werte, standardisierte Residuen und der Chi-Quadrat-Test nur dann zur Interpretation herangezogen werden dürfen, wenn die Normalverteilungsannahme erfüllt ist.

2. Die Meßmodelle entsprechen dem Grundmodell der Faktorenanalyse und den in Abschnitt 6.2.2.3 getroffenen Annahmen.

3. Dem Strukturmodell liegt die Annahme zugrunde, daß die Residuen nicht mit den exogenen latenten Variablen korrelieren und die Erwartungswerte der Residuen Null sind.

4. Es besteht keine Korrelation zwischen Meßfehlern und den Residuen der Strukturgleichungen oder anderen Konstrukten.

5. Es wird Linearität und Additivität der Konstrukte und Meßhypothesen unterstellt.

6. Damit die Parameterwerte geschätzt werden können, muß die modelltheoretische Kovarianz-Matrix positiv definit, d. h. invertierbar sein und das Modell muß identifizierbar sein.

Anwendungsempfehlungen   415

Neben diesen statistischen Kriterien stellen Strukturgleichungsmodelle aber auch bestimmte inhaltliche Anforderungen an das zu analysierende Datenmaterial. Diese können ihrem *konfirmatorischen Charakter* nur dann gerecht werden, wenn

- eine gesicherte *Theorie* über die Zusammenhänge zwischen den Variablen vorliegt,
- möglichst *viele Informationen* (z. B. in Form von Variablen) in die Analyse eingehen, wobei diese Informationen aus theoretischen oder vorausgegangenen explorativen Analysen gewonnen werden können.

6.4.2 Empfehlung zur Durchführung von Kausalanalysen mit Strukturgleichungsmodellen

Neben dem Programmpaket AMOS existieren weitere Software-Programme zur Schätzung von Strukturgleichungsmodellen, die auf der Analyse von Kovarianzstrukturen beruhen. Zu nennen sind hier insbesondere der LISREL-Ansatz (Linear Structural Relationships) sowie das von Bentler entwickelte EQS-Verfahren (EQuations based Structural program).[50] Demgegenüber versucht der von Wold entwickelte PLS-Ansatz (Partial Least Square) Fallwerte der Rohdatenmatrix mit Hilfe einer Kleinst-Quadrate-Schätzung, die auf der Hauptkomponentenanalyse und der kanonischen Korrelationsanalyse aufbaut, möglichst genau zu prognostizieren.[51]

Gemeinsames Element dieser Programme ist, daß Strukturgleichungsmodelle von der *Grundidee* her ein *konfirmatorisches* Datenanalyseinstrument darstellen, d. h. eine aufgrund von a priori angestellten *theoretischen Überlegungen gewonnene Theorie* soll anhand eines empirischen Datensatzes überprüft werden. Bei ihrer Anwendung zur Hypothesenprüfung sollten insbesondere folgende Punkte beachtet werden:

1. Operationalisierung der hypothetischen Konstrukte. Zur Operationalisierung der latenten Variablen setzen die meisten Programmpakete zur Analyse von Strukturgleichungsmodellen voraus, daß die Meßindikatoren *reflektiv* sind. Das Hauptmerkmal reflektiver Indikatoren besteht darin, daß eine Veränderung der latenten Größe eine Veränderung aller Indikatorvariablen bedingt, da die latente Variable als Ursache hinter ihren Meßvariablen steht. (vgl. Abbildung 6.36) Dabei werden die Indikatoren als (fehlerbehaftete) Messung des jeweiligen Konstruktes aufgefaßt. Die Varianz jedes Indikators bestimmt sich als lineare Funktion der dahinter stehenden latenten Größe und des zugehörigen Meßfehlers.

Im Gegensatz dazu spricht man von *formativen Indikatoren*, wenn die direkt beobachtbaren Variablen die Ursache für die latente Größe darstellen. Die latente Variable wird demnach als lineare Funktion ihrer Meßindikatoren aufgefaßt. Im Pfaddiagramm wird dies dadurch angedeutet, daß die Pfeilspitzen in Richtung der latenten Variable zeigen.

---

[50] Vgl. Homburg, C./Sütterlein, S., 1990, S. 181 ff.

[51] Vgl. Wold, H., 1982, S. 325 ff. Ein auf dem PLS-Ansatz basierendes Programmsystem ist LVPLS.; vgl. Lohmöller, J.-B., 1984, S. 44 ff.

Abbildung 6.36: Reflektive und formative Indikatoren

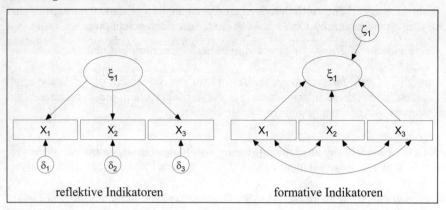

2. *Zahl der Meßvariablen und Skalenniveau.* Je mehr Informationen in ein Strukturgleichungsmodell eingehen, desto besser kann ein gegebenes Hypothesensystem überprüft werden. Das gilt auch für die Zahl der zu analysierenden Meßvariablen, die theoretisch unbegrenzt ist.

Bezüglich des Skalenniveaus der Meßvariablen ist AMOS nur in der Lage, *metrische Daten* zu verarbeiten. Darüber hinaus kann mit Hilfe der Option Test for Normality auf der Karte Output der Analyse-Optionen die Normalvrteilungsannahme der Ausgangsdaten überprüft werden.

3. *Identifizierbarkeit eines Modells.* Notwendige Voraussetzung für die Identifizierbarkeit eines Modells ist die Existenz einer positiven Anzahl von Freiheitsgraden. Hinweise auf nicht identifizierte Modelle geben *Parametermatrizen,* die vom Programm als nicht positiv definit bezeichnet wurden und entsprechende Warnmeldungen über nicht identifizierte Parameter. In solchen Fällen kann der Anwender versuchen, durch Festsetzung oder Gleichsetzung von Parametern in den jeweiligen Parametermatrizen, eine Identifizierbarkeit zu erreichen.

4. *Wahl des Schätzverfahrens.* Bei der Durchführung einer Analyse besitzt der Anwender, im Vergleich zu explorativen Datenanalyseverfahren, einen nur geringen Manipulationsspielraum. Eingriffsmöglichkeiten bestehen nur bei der Wahl des Schätzverfahrens und der Gütekriterien zur Beurteilung einer geschätzten Modellstruktur.

Bei der Auswahl der iterativen Schätzverfahren sind folgenden Anwendungsbedingungen zu beachten:

- Ist die Annahme der Multinormalverteilung der Ausgangsdaten erfüllt, so empfiehlt sich die Anwendung der Maximum-Likelihood-Methode (ML) oder des GLS-Verfahrens (generalized least-squares).
- Ist die Annahme der Multinormalverteilung der Ausgangsdaten *nicht* erfüllt, so empfiehlt sich die Anwendung der Schätzverfahren ULS (unweighted least-squares), SLS (scale free least-squares) und bei genügend großer Stichprobe insbesondere das ADF-Verfahren (asymptotically distribution-free), das unter weit allgemeineren Bedingungen konsistente Schätzungen liefern.

5. Stichprobenumfang. Der Stichprobenumfang spielt eine entscheidende Rolle zur Sicherstellung ausreichender Informationen für die Parameterschätzung und bei der Anwendung der Chi-Quadrat-Teststatistik. Bei praktischen Anwendungen wird häufig davon ausgegangen, daß ein *ausreichender Stichprobenumfang* dann vorliegt, wenn die Stichprobengröße über 100 liegt.[52]

6. Modellbeurteilung. Bei der Beurteilung der Anpassungsgüte (Fit) eines Modells sollte der Anwender darauf achten, daß er neben den Kriterien zur Beurteilung der Anpassungsgüte eines Gesamtmodells auch Detailkriterien zur Überprüfung des Fits heranzieht. Ein *"sehr gutes"* Modell liegt dann vor, wenn *alle* Gütekriterien zufriedenstellende Ergebnisse liefern.

7. Modellmodifikation. Wird aufgrund einer Analyse eine gegebene Theorie modifiziert, so verläßt man damit den "Pfad" der konfirmatorischen Datenanalyse, und die Analyse der Strukturgleichungsmodelle erhält *exploratorischen Charakter.* Der Manipulationsspielraum nimmt in diesem Moment *rapide* zu, da sich nahezu jedes Modell auf die Spezifika eines gegebenen Datensatzes ausrichten läßt. In letzter Konsequenz ist eine solche Vorgehensweise nur dann zulässig, wenn das gefundene "neue" Modell an einem zweiten Datensatz überprüft werden kann.

6.5 Mathematischer Anhang

Für die Minimierung der Differenz aus modelltheoretischer und empirischer Korrelationsmatrix ist zunächst die Bestimmung der modelltheoretischen Korrelationsmatrix notwendig. Diese läßt sich mit Hilfe der folgenden Berechnungen bestimmen:

Für die Korrelation zwischen den standardisierten Indikatoren x_1 und x_2 folgt:

$$r_{x_1, x_2} = \frac{1}{K-1} \sum_k x_{k1} \cdot x_{k2}$$

Setzen wir für x_{k1} und x_{k2} die Gleichungen aus unserem Gleichungssystem ein, so ergibt sich:

$$r_{x_1, x_2} = \frac{1}{K-1} \sum_k (\lambda_1 \xi_{k1} + \delta_{k1})(\lambda_2 \xi_{k1} + \delta_{k2})$$

$$= \frac{1}{K-1} \sum_k (\lambda_1 \lambda_2 \xi_{k1}^2 + \lambda_1 \xi_{k1} \delta_{k2} + \lambda_2 \xi_{k1} \delta_{k1} + \delta_{k1} \delta_{k2})$$

$$= \lambda_1 \lambda_2 \underbrace{\frac{\sum \xi_{k1}^2}{K-1}}_{1} + \lambda_1 \underbrace{\frac{\sum \xi_{k1} \delta_{k2}}{K-1}}_{0} + \lambda_2 \underbrace{\frac{\sum \xi_{k1} \delta_{k1}}{K-1}}_{0} + \underbrace{\frac{\sum \delta_{k1} \delta_{k2}}{K-1}}_{0}$$

---

[52] Vgl. hierzu die Diskussion in Abschnitt 6.2.4.1.

418   Strukturgleichungsmodelle

Da alle Variablen standardisiert sind, stellen die Ausdrücke über den geschweiften Klammern Korrelationen dar. Der erste Ausdruck ist die Korrelation der exogenen latenten Variable Ksi mit sich selbst; diese Korrelation ist immer 1. Die beiden nächsten Ausdrücke geben die Korrelationen zwischen der exogenen latenten Variable Ksi und den Residualvariablen an. Ist ein Hypothesensystem aus theoretischer Sicht aber als vollständig zu bezeichnen, so müssen diese Korrelationen Null sein. Wir setzen also die Annahme, daß determinierende Variable und Residualvariable nicht korrelieren. Diese Annahme ist bei linearen Modellen, wie sie hier betrachtet werden, *äquivalent* mit der Annahme, daß auch die Residualvariablen miteinander *nicht* korrelieren.[53] Folglich ist auch die im letzten Ausdruck stehende Korrelation zwischen den Residualvariablen δ_1 und δ_2 gleich Null. Für die Korrelation zwischen den Indikatoren x_1 und x_2 ergibt sich damit:

$$r_{x_1, x_2} = \lambda_1 \cdot \lambda_2$$

Die empirische Korrelation zwischen x_1 und x_2 läßt sich also durch Multiplikation der Parameter λ_1 und λ_2 reproduzieren. Analog zu dieser Vorgehensweise lassen sich auch die Korrelationen zwischen y_1 und x_2 sowie zwischen y_1 und x_1 durch eine Kombination der Modellparameter ausdrücken:

$$
\begin{aligned}
r_{y_1, x_2} &= \frac{1}{K-1} \sum_k y_{k1} \cdot x_{k2} \\[2mm]
&= \frac{1}{K-1} \sum_k (\lambda_3 \eta_{k1} + \varepsilon_{k1})(\lambda_2 \xi_{k1} + \delta_{k2}) \\[2mm]
&= \frac{1}{K-1} \sum_k (\lambda_2 \lambda_3 \eta_{k1} \xi_{k1} + \lambda_3 \eta_{k1} \delta_{k2} + \lambda_2 \xi_{k1} \varepsilon_{k1} + \varepsilon_{k1} \delta_{k2)} \\[2mm]
&= \lambda_2 \lambda_3 \underbrace{\frac{\sum \eta_{k1} \xi_{k1}}{K-1}}_{r_{\eta_1 \xi_1}} + \lambda_3 \underbrace{\frac{\sum \eta_{k1} \delta_{k2}}{K-1}}_{0} + \lambda_2 \underbrace{\frac{\sum \xi_{k1} \varepsilon_{k1}}{K-1}}_{0} + \underbrace{\frac{\sum \varepsilon_{k1} \delta_{k2}}{K-1}}_{0}
\end{aligned}
$$

$$r_{y_1, x_2} = \lambda_2 \lambda_3 r_{\eta_1 \xi_1}$$

---

[53] Vgl. Opp, K.-D./Schmidt, P., 1976, S. 139.

$$r_{y_1,x_1} = \frac{1}{K-1} \sum_k y_{k1} \cdot x_{k1}$$

$$= \frac{1}{K-1} \sum_k (\lambda_3 \eta_{k1} + \varepsilon_{k1})(\lambda_1 \xi_{k1} + \delta_{k1})$$

$$= \frac{1}{K-1} \sum_k (\lambda_1 \lambda_3 \eta_{k1} \xi_{k1} + \lambda_3 \eta_{k1} \delta_{k1} + \lambda_1 \xi_{k1} \varepsilon_{k1} + \varepsilon_{k1} \delta_{k1})$$

$$= \lambda_1 \lambda_3 \underbrace{\frac{\sum \eta_{k1} \xi_{k1}}{K-1}}_{r_{\eta_1 \xi_1}} + \lambda_3 \underbrace{\frac{\sum \eta_{k1} \delta_{k1}}{K-1}}_{0} + \lambda_1 \underbrace{\frac{\sum \xi_{k1} \varepsilon_{k1}}{K-1}}_{0} + \underbrace{\frac{\sum \varepsilon_{k1} \delta_{k1}}{K-1}}_{0}$$

$$r_{y_1,x_1} = \lambda_1 \lambda_3 r_{\eta_1 \xi_1}$$

Die beiden zuletzt berechneten Korrelationen zwischen den Indikatoren y_1, x_1 und x_2 enthalten auf der rechten Seite noch jeweils die Korrelation zwischen den latenten Größen Eta und Ksi. Wir müssen uns deshalb überlegen, wie sich diese Korrelation berechnen läßt, da hierfür *keine* empirischen Beobachtungswerte zur Verfügung stehen. Die Strukturgleichung der latenten Variablen hat in unserem Beispiel folgendes Aussehen:

$$\eta_{k1} = \gamma \cdot \xi_{k1} + \zeta_{k1}$$

Da die latenten Variablen ebenfalls als *standardisiert* angenommen wurden, erhält man die Korrelation zwischen η_1 und ξ_1, indem man zunächst obige Strukturgleichung mit der determinierenden Variablen ξ_1 multipliziert und anschließend die Summe über alle Objekte k bildet und dieses Ergebnis durch K-1 dividiert. Es folgt:

$$\frac{\sum\limits_k \eta_{k1} \cdot \xi_{k1}}{K-1} = \gamma \cdot \underbrace{\frac{\sum\limits_k \xi_{k1} \cdot \xi_{k1}}{K-1}}_{1} + \underbrace{\frac{\sum\limits_k \zeta_{k1} \cdot \xi_{k1}}{K-1}}_{0}$$

Dafür läßt sich auch schreiben:

$$r_{\eta_1, \xi_1} = \gamma$$

Auch hier haben wir unterstellt, daß determinierende Variable (ξ_1) und Residualvariable (ζ_1) nicht korrelieren. Diese Beziehung können wir nun bei der Berechnung der Korrelationen zwischen den Indikatoren benutzen. Damit ergibt sich für die einzelnen Korrelationskoeffizienten das folgende Ergebnis:

$$r_{x_1,x_2} = \lambda_1 \cdot \lambda_2$$

$$r_{y_1,x_1} = \lambda_1 \cdot \lambda_3 \cdot \gamma$$

$$r_{y_1,x_2} = \lambda_2 \cdot \lambda_3 \cdot \gamma$$

420 Strukturgleichungsmodelle

Es zeigt sich, daß sich alle empirischen Korrelationskoeffizienten durch eine Kombination der Modellparameter bestimmen lassen. Mit Hilfe dieser Beziehungen läßt sich nun die folgende *modelltheoretische Korrelationsmatrix* $\hat{\Sigma}$ bestimmen:

$$
\hat{\Sigma} = \begin{bmatrix} \hat{r}_{y_1,y_1} & & \\ \hat{r}_{y_1,x_1} & \hat{r}_{x_1,x_1} & \\ \hat{r}_{y_1,x_2} & \hat{r}_{x_1,x_2} & \hat{r}_{x_2,x_2} \end{bmatrix} = \begin{bmatrix} \lambda_3^2 + \varepsilon_1 & & \\ \lambda_1 \cdot \lambda_3 \cdot \gamma & \lambda_1^2 + \delta_1 & \\ \lambda_2 \cdot \lambda_3 \cdot \gamma & \lambda_1 \cdot \lambda_2 & \lambda_2^2 + \delta_2 \end{bmatrix}
$$

Das "Dach" über den Korrelationen soll deutlich machen, daß es sich bei diesen Korrelationskoeffizienten *nicht* um die empirischen Korrelationen, sondern um die modelltheoretisch errechenbaren Korrelationen handelt. Daß für die Selbstkorrelationen der Indikatoren (Hauptdiagonale von $\hat{\Sigma}$) die obigen Beziehungen gelten, sollte der Leser selbst überprüfen. Die Korrelation r_{y_1,y_1} ergibt sich z. B. durch

$\frac{1}{K-1} \sum_k y_{k1} \cdot y_{k1}$, wobei für y_{k1} die Beziehung aus dem Gleichungssystem unseres Beispiels zu verwenden ist.

Literaturhinweise 421

6.6 Literaturhinweise

Adler, Jost (1996): Informationsökonomische Fundierung von Austauschprozessen, Wiesbaden 1996

Arbuckle, James L. (1997): Amos Users´ Gude, Version 3.6, Chicago 1997.

Bagozzi, Richard P (1980a): The Nature and Causes of Self Esteem, Performance and Satisfaction in the Sales Force: A Structural Equation Approach, in: Journal of Business, 53 (1980), S. 315-331.

Bagozzi, Richard P (1980b).: Causal Models in Marketing, New York 1980.

Bagozzi, Richard P. (1981): Evaluating Structural Equation Models With Unobservable Variables and Measurement Error: A Comment, in: Journal of Marketing Research, Vol. XVIII, S. 375-381.

Bagozzi, Richard P./Yi, Youjae (1988), On the evaluation of Structural Equation Models, in: Journal of the Academy of Marketing Science, 16 (1988), Nr. 1, S. 74-94.

Bearden, William O./Sharma, Subhash/Teel, Jesse E. (1982): Sample Size Effects on Chi Square and Other Statistics Used in Evaluating Causal Models, in: Journal of Marketing Research, Vol. XIX (1982), S. 425-430

Bentler, Peter M. (1985): Theory and Implementation of EQS: A Structural Equations Program, Los Angeles 1985.

Bentler, Peter M. (1990):Comparative Fit Indexes in Structural Models; in: Pschological Bulletin, 107(1990), S. 238-246.

Bentler, Peter M./Bonett, Douglas G. (1980): Significance Test and Goodness of Fit in the Analysis of Covariance Structure, in: Psychological Bulletin, Vol. 88 (1980), S. 588-606.

Blalock, Hubert M., Jr. (ed.): Causal models in the social sciences, 2nd ed., Chicago 1985.

Boomsma, Anne (1982): The Robustness of LISREL against Small Sample Sizes in Factor Analysis Models, in: Jöreskog, Karl G./Wold, Herman (Hrsg.): Systems under indirect observations, Part 1, Amsterdam New York Oxford 1982, S. 149-173.

Boomsma, Anne (1983): On the Robustness of LISREL (Maximum Likelihood Estimation) Against Small Sample Size and Non Normality, Haren 1983.

Browne, Michael W.(1982): Covariance structures, in: Hawkins, D.M. (Hrsg.): Topics in applied multivariate analysis, Cambridge 1982, S. 72-141.

Browne, Michael W. (1984): Asymptotically distributon-free methds for the analysis of covariance structures, in: British Journal of Mathematical and Statistical Psychology, Vol 37, S. 62-83.

Browne, Michael./Cudeck, Robert (1993), Alternative Ways of Assessing Equation Model Fit, in: Bollen, Kenneth A./Long, J. Scott (Hrsg.) Testing Structural Equation Models, Newbury Park 1993, S. 136-162.

Duncan, Otis Dudley et al. (1975): Introduction to Structural Equation Models. New York San Francisco London 1975.

Förster, Friedrich/Fritz, Wolfgang/Silberer, Günter/Raffée, Hans (1984): Der LISREL-Ansatz der Kausalanalyse und seine Bedeutung für die Marketing-Forschung, in: Zeitschrift für Betriebswirtschaft (ZfB) 54, S. 346-367.

Fritz, Wolfgang (1984): Warentest und Konsumgüter-Marketing. Forschungskonzeption und empirische Ergebnisse, Wiesbaden 1984.

Fritz, Wolfgang. u.a. (1984): Testnutzung und Testwirkungen im Bereich der Konsumgüterindustrie, in: Raffée, Hans/Silberer, Günter (Hrsg.): Warentest und Unternehmen, Frankfurt am Main 1984, S. 27-114.

Heise, David R. (1975): Causal Analysis, New York, London, Sydney, Toronto 1975.

422 Strukturgleichungsmodelle

Hempel, Carl G.: Grundzüge der Begriffsbildung in der empirischen Wissenschaft, Düsseldorf 1974.

Hildebrandt Lutz (1983): Konfirmatorische Analysen von Modellen des Konsumentenverhaltens, Berlin 1983.

Hildebrandt, Lutz (1984): Kausalanalytische Validierung in der Marketingforschung, in: Marketing ZFP, Heft 1, (1984), S. 41-51.

Hodapp, Volker (1984): Analyse linearer Kausalmodelle, Bern Stuttgart Toronto 1984.

Homburg, Christian (1989): Exploratorische Ansätze der Kausalanalyse als Instrument der Marketingplanung, Frankfurt 1989.

Homburg, Christian (1992): Die Kausalanalyse, in: WiSt, 21(1992), Heft 10, S. 499-508.

Homburg, Christian/Baumgartner, Hans (1995): Beurteilung von Kausalmodellen; in : Marketing ZFP, 17(1995), S. 162-176.

Homburg, Christian/Pflesser, Christian (1999): Strukturgleichungsmodelle mit latenten Variablen: Kausalanalyse, in: Herrmann, Andreas/Homburg, Christian (Hrsg.), Marktforschung, Wiesbaden, S. 633-660

Homburg, Christian/Pflesser, Christian (1999): Konfirmatorische Faktorenanalyse, in: Herrmann, Andreas/Homburg, Christian (Hrsg.),Marktforschung, Wiesbaden, S. 413-433.

Homburg, Christian/Sütterlein, Stefan (1990): Kausalmodell in der Marketingforschung - EQS als Alternative zu LISREL 7?, in: Marketing ZFP, 12 (1990), Heft 3, S. 181ff

Jöreskog, Karl G. (1978): Structural Analysis of Covariance and Correlation Matrices, in: Psychometrika, Vol. 43 (1978), S. 443-477.

Jöreskog, Karl G./Sörbom, Dag (1982): Recent Developments in Structural Equation Modeling, in: Journal of Marketing research, Vol. XIX, S. 404-416.

Jöreskog, Karl G./Sörbom, Dag (1988): PRELIS - A Program for Multivariate Data Screening and Data Summerization, 2. Aufl. Mooresville.

Jöreskog, Karl G./Sörbom, Dag (1989a): LISREL 7- User's Reference Guide, Mooresville 1989.

Jöreskog, Karl G./Sörbom, Dag (1989b): LISREL 7: A Guide to the Program and Applications, Chicago 1989

Kern, Egbert (1990): Der Interaktionsansatz im Investitionsgütermarketing, Berlin 1990

Kroeber-Riel, Werner/Weinberg, Peter (2003): Konsumentenverhalten, 8. Aufl. München 2003.

Loehlin, John C. (1987): Latent Variable Models, Hillsdale, NJ 1987.

Lohmöller, Jan-Bernd (1984): Das Programmsystem LVPLS für Pfadmodelle mit latenten Variablen, in: ZA-Information, Heft 14 (1984), S. 44-51.

Long, J. Scott (1983): Confirmatory Factor Analysis: A Preface to LISREL, Beverly Hills u. a. 1983.

Noonan, Richard B./Wold, Herman (1977): Nipals path modelling with latent variables: Analysing school survey data using Nonlinear Iterative Partial Least Squares, in: Scandinavian Journal of Educational Research, 21 (1977), S. 33 ff.

Opp, Karl-Dieter/Schmidt, Peter (1976), Einführung in die Mehrvariablenanalyse, Hamburg 1976.

Pfeifer, Andreas/Schmidt, Peter (1987): Die Analyse komplexer Strukturgleichungsmodelle, Stuttgart 1987.

Pohl, Alexander (2004): Preiszufriedenheit bei Innovationen – Eine nachfragerorientierte Analyse am Beispiel der Tourismus- und Airlinebranche, Wiesbaden 2004.

Reinecke, Jost (2005): Strukturgleichungsmodelle in den Sozialwissenschaften, München 2005.

Weiber, R./ Adler, J. (2002): Hemmnisfaktoren im Electronic Business: Ansatzpunkte einer theoretischen Systematisierung und empirische Evidenz, in: Marketing ZFP-Spezialausgabe „E-Marketing", 24 Jg. 2002, S. 5-17.

Wold, Hermann (1982): Systems under Indirect Observation using PLS, in: Fornell, C. (Hrsg.): A Second Generation of Multivariate Analysis, Bd. 1, New York 1982, S. 325-347.

7 Logistische Regression

7.1	Problemstellung	426
7.1.1	Grundgedanke der logistischen Regression	426
7.1.2	Formulierung des logistischen Regressionsansatzes	428
7.2	Vorgehensweise	433
7.2.1	Modellformulierung	434
7.2.2	Schätzung der logistischen Regressionsfunktion	436
7.2.3	Interpretation der Regressionskoeffizienten	439
7.2.4	Prüfung des Gesamtmodells	445
7.2.4.1	Gütemaße für den Regressionsansatz	445
7.2.4.2	Ausreißerdiagnostik	457
7.2.5	Prüfung der Merkmalsvariablen	459
7.3	Fallbeispiel	461
7.3.1	Problemstellung	461
7.3.2	Ergebnisse	463
7.3.3	SPSS-Kommandos	478
7.4	Anwendungsempfehlungen	480
7.5	Mathematischer Anhang	481
7.6	Literaturhinweise	487

426 Logistische Regression

7.1 Problemstellung

7.1.1 Grundgedanke der logistischen Regression

Bei vielen praktischen Problemstellungen steht die Frage im Vordergrund, mit welcher Wahrscheinlichkeit bestimmte Ereignisse eintreten und welche Einflußgrößen diese Wahrscheinlichkeit bestimmen. Im einfachsten Fall werden dabei sog. 0/1-Ereignisse oder auch Komplementärereignisse betrachtet, deren Eintrittswahrscheinlichkeiten sich in der Summe zu 1 ergänzen. Beispiele für solche 0/1-Ereignisse sind etwa Kauf oder Nichtkauf eines Produktes, Tod oder Überleben einer schweren Krankheit, Kreditwürdigkeit oder Kreditunwürdigkeit eines Bankkunden, Treue oder Wechsel von Stammkunden, Herzinfarktgefährdung vorhanden oder nicht vorhanden. Werden die Ereignisse als *binäre* (dichotome oder zweiwertige) abhängige Variable (Y) mit den Ausprägungen 1 (z. B. für Produktkauf) und 0 (z. B. für Nichtkauf) betrachtet, so stehen die Eintrittswahrscheinlichkeiten P der Ereignisse in folgender Beziehung:

$$P(y=0) + P(y=1) = 1$$
$$\text{und es gilt:} \quad P(y=0) \qquad = 1 - P(y=1)$$

Die *logistische Regression* versucht nun über einen Regressionsansatz zu bestimmen, mit welcher *Wahrscheinlichkeit* z. B. der Kauf einer Margarine in Abhängigkeit von verschiedenen Einflußgrößen (z. B. der Haltbarkeit und der Verpackungsform der Margarine) zu erwarten ist. Bereits an dieser Stelle wird die Verwandtschaft der logistischen Regression mit der Diskriminanzanalyse (vgl. Kapitel 4) und der Regressionsanalyse (vgl. Kapitel 1) deutlich.

Mit Blick auf die *Diskriminanzanalyse* besteht die Ähnlichkeit der logistischen Regression darin, daß ein 0/1-Ereignis auch als Zwei-Gruppen-Fall interpretiert werden kann und dementsprechend die Frage gestellt wird, anhand welcher Einflußgrößen die beiden Gruppen (z. B. Käufer und Nichtkäufer) besonders gut unterschieden werden können und mit welcher Wahrscheinlichkeit ein Beobachtungsfall in der Realität der Gruppe der Käufer oder der Nichtkäufer zuzurechnen ist. Demgegenüber liegt der zentrale Unterschied zur Diskriminanzanalyse darin begründet, daß die logistische Regression als wesentlich robuster angesehen werden kann, da sie an weniger strenge Prämissen geknüpft ist. So setzt die Diskriminanzanalyse z. B. multinormalverteilt unabhängige Variablen sowie gleiche Varianz-Kovarianzmatrizen in den betrachteten Gruppen voraus, während die logistische Regression diese Voraussetzungen nicht benötigt.

Im Hinblick auf die *Regressionsanalyse* besteht die Ähnlichkeit darin, daß über einen Regressionsansatz die Gewichte bestimmt werden, mit denen die betrachteten Einflußgrößen (z. B. Haltbarkeit und Verpackungsform einer Margarine) als unabhängige Variable die *Wahrscheinlichkeit* dafür beeinflussen, daß ein realer Beobachtungsfall zur Gruppe der Käufer gehört. Damit ist dann unmittelbar auch die Wahrscheinlichkeit für den Nichtkauf bestimmt (Nichtkaufwahrscheinlichkeit = 1 - Kaufwahrscheinlichkeit). Gleichzeitig wird in dieser Fragestellung aber auch der zentrale *Unterschied* zur Regressionsanalyse deutlich, daß nämlich die abhängige Variable kein metrisches Skalenniveau aufweist, sondern eine kategoriale

Variable mit nominalem Skalenniveau darstellt. Während die klassische Regressionsanalyse unmittelbar versuchen würde, den empirischen Beobachtungswert „Kauf" (z. B. gemessen über eine Ratingskala zur Beurteilung der „Kaufbereitschaft" von 1 = gering bis 6 = hoch) zu erheben, zielt die logistische Regression auf die *Ableitung einer Eintrittswahrscheinlichkeit* für das empirisch beobachtete Ereignis „Kauf" ab.

Abbildung 7.1:   Anwendungsbeispiele der logistischen Regression

Problemstellung	Abhängige Variable	Unabhängige Variablen
Anbieterwechsel im Mobilfunkbereich[1]	2 Gruppen: Verbleib beim Anbieter; Wechsel zur Konkurrenz	4 Variable: Nettonutzendifferenz, Amortisation spezifischer Investitionen, direkte Wechselkosten, Unsicherheitsdifferenz
Wahl der Absatzform [2]	2 Gruppen: Vertreter- vs. Handelsreisendeneinsatz	19 Variablen, u.a.: Kundenzahl je Mitarbeiter, Substituierbarkeit der Produkte, Anzahl Hotelübernachtungen, Anzahl Besuche bis Abschluß, Produktspezifische Kenntnisse
Ausbildungsadäquate Beschäftigung von Berufsanfängern mit Hochschulabschluß[3]	2 Gruppen: rund ½ Jahr nach Abschluß ausbildungsadäquat beschäftigt vs. inadäquat beschäftigt oder arbeitslos	15 Variablen u.a.: Geschlecht, Ausbildungsdauer (kurz/lang), Wohnstatus (Eltern: ja/nein), Fachrichtung, Berufsausbildung (ja/nein), Nebenerwerbstätigkeit (ja/nein)
Wahlverhalten von Bürgern[4]	3 Gruppen: CDU-Wähler vs. SPD-Wähler vs. Wähler anderer Parteien	Politische Einstellung, Demokratie-Zufriedenheit, Gewerkschaftsmitgliedschaft, Konfession etc.
Welche Faktoren haben Einfluß auf die Sterbewahrscheinlichkeit auf Intensivstationen? [5]	2 Gruppen: lebendig vs. verstorben	21 Variablen, u.a.: Alter, Geschlecht, Rasse, Krebserkrankung (ja/nein), chronische Nierenerkrankung (ja/nein), Blutdruck (mm HG), Pulsschlag (Schläge/min)
Einflußfaktoren auf das Geburtsgewicht von Babys[6]	2 Gruppen: normalgewichtige vs. untergewichtige Babys	Alter, Gewicht der Mutter bei der letzten Menstruation, Rasse, Anzahl der Arztbesuche in den ersten 3 Monaten der Schwangerschaft

---

[1] Vgl. Weiber, R./Adler, J., 2003, S. 88 ff.

[2] Vgl. Krafft, M., 1997, S. 625 ff.

[3] Vgl. Büchel, F./Matiaske, W., 1996, S. 53 ff.

[4] Vgl. Urban, D., 1993, S. 75 ff.

[5] Vgl. Hosmer, D.W./Lemeshow, S., 2000, S. 23 ff.

[6] Vgl. ebenda, S. 25 ff.

428 Logistische Regression

Wie die Diskriminanz- und die Regressionsanalyse gehört auch die logistische Regression zur Klasse der *strukturen-prüfenden Verfahren*. Abbildung 7.1 zeigt einige Anwendungsbeispiele der logistischen Regression mit Angabe der Anzahl der Kategorien der abhängigen Variablen und den die Eintrittswahrscheinlichkeit dieser Kategorien beeinflussenden unabhängigen Variablen. Die Beispiele machen bereits deutlich, daß die logistische Regression mit unterschiedlichen Skalenniveaus arbeiten kann: Als *unabhängige Variablen* können sowohl kategorial als auch metrisch skalierte Variablen in die Analyse einbezogen werden. Die kategorialen Variablen werden dabei letztlich in binäre Variable zerlegt, und für jede dieser sog. *Dummy-Variablen* ist ein eigenständiger Koeffizient zu schätzen, der die Stärke des Einflusses auf die abhängige Variable angibt. Bei einer metrisch skalierten unabhängigen Variablen ist dagegen nur ein einziger Koeffizient zu schätzen. Es wird der Zusammenhang zwischen der Veränderung der kontinuierlichen unabhängigen Variablen auf der einen Seite und der Wahrscheinlichkeit der Zugehörigkeit zu einer betrachteten Kategorie (der abhängigen Variablen) auf der anderen Seite ermittelt. Metrische unabhängige Variable werden (historisch bedingt) manchmal auch als *Kovariaten* bezeichnet. Bei „gemischten" Skalenniveaus heißen die unabhängigen Variablen in SPSS Faktoren. Im Rahmen dieses einführenden Textes werden jedoch nur metrisch skalierte unabhängige Variable betrachtet. Die Ergebnisse sind jedoch leicht auf kategoriale Variable übertragbar.

Bei der logistischen Regression kann die abhängige Variable sowohl binär (zwei Ausprägungen) als auch multinominal (mehr als zwei Ausprägungen) sein. Dabei unterscheidet sich die jeweilige Methodik im Grunde nicht. Jedoch treten Unterschiede bei einigen Gütemaßen auf und auch sonst sind kleinere Unterschiede zu vermerken. Zur Verdeutlichung der Unterschiede wählen wir im folgenden ein zweigeteiltes Vorgehen: Zunächst erläutern wir das Grundprinzip der logistischen Regression an einem binären Fall, während wir in dem sich anschließenden Fallbeispiel einen Datensatz betrachten, bei dem die abhängige Variable drei Ausprägungen aufweist (= multinominaler Fall).

7.1.2   Formulierung des logistischen Regressionsansatzes

Zur Erläuterung des logistischen Regressionsansatzes betrachten wir folgendes Beispiel: In einem Supermarkt möchte der Verkaufsleiter wissen, ob der Kauf einer neuen Premium-Buttersorte von der Einkommenshöhe der Kunden abhängt. Zu diesem Zweck läßt er für 12 ausgewählte Kunden prüfen, ob sie die Buttersorte gekauft (kodiert als y=1) oder nicht gekauft (kodiert als y=0) haben und gleichzeitig das monatliche Nettoeinkommen (x) erheben. Im Ergebnis wurde festgestellt, daß sich unter den 12 befragten Kunden 7 Käufer und 5 Nicht-Käufer befanden. Abbildung 7.2 zeigt das zugehörige Streudiagramm.

Abbildung 7.2: Streudiagramm im Kaufbeispiel

Wertetabelle	
Ereignis	Einkommen
1	4.000
1	4.200
1	6.000
1	5.200
1	5.500
1	5.100
1	4.800
0	2.700
0	1.800
0	3.200
0	2.500
0	2.600

mit:
1 = Kauf
0 = Nichtkauf

Die Analyse der Beobachtungswerte für die binäre Variable „Butterkauf" und der zugehörigen metrischen Einkommenswerte mit Hilfe einer *linearen Einfachregression* würde folgende Regressionsgerade ergeben:+

BUTTERKAUF = -0,749 + 0,0003358 · EINKOMMEN

Das Ergebnis macht folgendes deutlich: Während die beobachteten Y-Werte (Input) binäre Daten darstellen, sind die geschätzten Y-Werte (Output, hier BUTTERKAUF) metrisch skaliert. Man könnte sie damit als Wahrscheinlichkeiten für den Kauf von Butter interpretieren. Problematisch ist jedoch, daß Wahrscheinlichkeiten nur Werte zwischen 0 und 1 annehmen können. Wie sich aber ersehen läßt, erzeugt die obige Regressionsgerade auch negative Ergebnisse, nämlich wenn ein Einkommen von (0,749/0,0003358=) 2.230,49 Euro nicht erreicht wird. Ebenso ergeben sich für Einkommen von über ((1+0,749)/0,0003358=) 5.208,46 Euro auch Kaufwerte von größer 1. Das lineare Regressionsmodell ist somit also *nicht* geeignet, Wahrscheinlichkeiten zu schätzen. Vielmehr ist ein modifiziertes Modell erforderlich, das logisch konsistente Schätzwerte liefert. Ein solches Modell beinhaltet der logistische Regressionsansatz.

Durch die Kodierung der Kaufvariable als 0/1-Variable spiegelt der Mittelwert dieser Variablen den Anteil der Fälle (Prozentsatz) wider, der dem mit Eins kodierten Ereignis (hier: Kauf) zuzurechnen ist. Da in unserem Beispiel sieben Käufe und fünf Nichtkäufe festgestellt wurden, beträgt der Mittelwert (7/12=) 0,5833, d. h. der Anteil der Käufer liegt bei 58,33%. Entsprechend können die mit Hilfe der Regressionsgleichung berechneten Werte für die abhängige Variable auch als „*empirische Wahrscheinlichkeiten*" interpretiert werden, daß ein Kunde der höherwertig kodierten Kategorie der abhängigen Variablen (hier: y=1) zuzurechnen ist, also ein Käufer darstellt. Wird eine solche Wahrscheinlichkeits-Interpretation der Kaufvariablen vorgenommen, so sind allerdings die mit Hilfe der linearen Einfachregression erzeugten Ergebnisse in mehrfacher Hinsicht nicht plausibel und die

430   Logistische Regression

Anwendung der linearen Einfachregression auch nicht zulässig(!), was vor allem durch die folgenden drei Aspekte verdeutlicht werden kann:

1. Dichotome Ausprägung der abhängigen Variable:

    Das Streudiagramm in Abbildung 7.2 zeigt, daß die beobachteten Einkommenswerte für das Ereignis Kauf auf der Höhe des Kodierungswertes y=1 aufgereiht sind, während sie sich für den Nichtkauf bei der Kodierung y=0 abtragen. Damit können aber über den klassischen Regressionsansatz

    $$y_k = \beta_0 + \sum_{j=1}^{J} \beta_j \cdot x_{jk} + u_k \qquad (1)$$

    in Abhängigkeit der Erklärungsgrößen X_{jk} keine unterschiedlichen y_k erzeugt werden, da nur die beiden Ausprägungen 0 und 1 möglich sind. Da die klassische Regressionsanalyse normalerweise eine im Intervall $[-\infty;+\infty]$ streuende kontinuierliche Variable unterstellt, kann eine 0/1-kodierte abhängige Variable *keine* hinreichende Streuung in ihren Beobachtungswerten erzielen.

2. Verletzung der Normalverteilungsannahme der linearen Einfachregression:

    Das lineare Regressionsmodell setzt voraus, daß die Residualgrößen u_k normalverteilt sind. Auch hier ist durch die binäre abhängige Variable diese fundamentale Annahme verletzt, da offensichtlich bei einer zweiwertigen Variablen (0;1) die Residualwerte nicht normalverteilt sein können. Die Anwendung der linearen Einfachregression – so wie oben zu Illustrationszwecken erfolgt – ist somit *nicht* zulässig.

3. Unplausible Werte bei den Schätzergebnissen:

    Die mit Hilfe der linearen Einfachregression erzeugten Schätzwerte sind teilweise unplausibel, da sowohl negative Werte als auch Werte größer 1 auftreten können, wie das obige Beispiel gezeigt hat. Da Wahrscheinlichkeiten aber definitionsgemäß nur Werte im Intervall [0;+1] annehmen dürfen, ist auch die Interpretation der Schätzergebnisse als Wahrscheinlichkeiten *nicht* zulässig.

Wird allerdings der Idee gefolgt, nicht die beobachteten Ereignisse Kauf (y=1) und Nicht-Kauf (y=0) zu betrachten, sondern die Eintrittswahrscheinlichkeiten dieser beiden komplementären Ereignisse[7] zu analysieren, so lassen sich die obigen Problemkreise durch folgende Änderungen in der Betrachtungsweise beheben:

Im Gegensatz zur linearen Einfachregression versucht die logistische Regression *nicht*, Schätzungen für die Beobachtungen der binären abhängigen Variablen vorzunehmen, sondern die *Eintrittswahrscheinlichkeiten* dieser Beobachtungswerte abzuleiten. Dabei wird die Ausprägung y=1 allgemein als „Ereignis y tritt ein" und die Ausprägung y=0 als „Ereignis y tritt nicht ein" interpretiert. Um die Wahrscheinlichkeit für das Eintreten von y=1 [allgemein bezeichnet als P(y=1)] bestimmen zu können, wird unterstellt, daß eine *nicht* empirisch beobachtete latente Variable „Z" existiert, die die binäre Ausprägung der abhängigen Variablen (Y) in

---

[7] Ereignisse werden dann als komplementär bezeichnet, wenn sich ihre Eintrittswahrscheinlichkeiten zu 1 ergänzen. Für unser Beispiel ist diese Voraussetzung erfüllt, da die Kaufwahrscheinlichkeit [P(Kauf)] und die Nichtkauf-Wahrscheinlichkeit [P(Nichtkauf)] in der Summe 1 ergeben. Gleichzeitig gilt: P(Kauf) = 1 – P(Nichtkauf).

Abhängigkeit der Ausprägungen der unabhängigen Variablen X_j erzeugen kann. Dieser Zusammenhang läßt sich formal für einen Beobachtungsfall k wie folgt formulieren:

$$y_k = \begin{cases} 1 \; \textit{falls } z_k > 0 \\ 0 \; \textit{falls } z_k \leq 0 \end{cases} \tag{2}$$

$$\text{mit: } z_k = \beta_0 + \sum_{j=1}^{J} \beta_j \cdot x_{jk} + u_k$$

Durch die latente Variable Z wird die Verbindung zwischen der binären abhängigen Variablen und den beobachteten unabhängigen Variablen X_j hergestellt. Dabei kann die Variable Z als aggregierte Einflußstärke der verschiedenen unabhängigen Variablen interpretiert werden, die das Ereignis Kauf herbeiführen. Weiterhin wird unterstellt, daß die verschiedenen Einflußgrößen X_j durch eine *Linearkombination* die (latente) Variable Z erzeugen. Eine Wahrscheinlichkeitsaussage im eigentlichen Sinne ist damit allerdings noch nicht erreicht. Hierzu bedarf es einer *Wahrscheinlichkeitsfunktion*, die dann nach Maßgabe der aggregierten Einflußstärke Z das Ereignis y=1 oder aber y=0 erzeugt. Die logistische Regression greift zu diesem Zweck auf die sog. *logistische Funktion* zurück, die wie folgt definiert ist:

Logistische Funktion (p):

$$p = \frac{e^z}{1+e^z} \; \text{ bzw. } \; p = \frac{1}{1+e^{-z}} \tag{3}$$

mit: e = 2,71828183 (Eulersche Zahl)

Der logistische Regressionsansatz berechnet nun die Wahrscheinlichkeit für das Eintreten des Ereignisses y=1 unter Verwendung der *logistischen Funktion*. Dabei spiegeln der Parameter ß$_0$ und die Regressionskoeffizienten ß$_j$ – letztere werden häufig auch als *Logit-Koeffizienten* bezeichnet – die Einflußstärke der jeweils betrachteten unabhängigen Variablen X_j auf die Höhe der Eintrittswahrscheinlichkeit P(y=1) wider. Die logistische Funktion stellt somit eine Wahrscheinlichkeitsbeziehung zwischen dem Ereignis y=1 und den unabhängigen Variablen X_j her, weshalb sie auch als *Linking-Function* bezeichnet wird. Der logistische Regressionsansatz läßt sich unter Beachtung der durch die Gleichungen (2) und (3) formulierten Zusammenhänge wie folgt definieren:

Logistische Regressionsgleichung:

$$p_k(y=1) = \frac{1}{1+e^{-z_k}} \tag{4}$$

$$\text{mit: } z_k = \beta_0 + \sum_{j=1}^{J} \beta_j \cdot x_{jk} + u_k$$

wobei die z-Werte auch als *Logits* bezeichnet werden.

432 Logistische Regression

Die mit Hilfe der logistischen Funktion erzeugte Wahrscheinlichkeitsverteilung für das Ereignis y=1 weist einen s-förmigen Verlauf auf und hat die Eigenschaft, daß sich selbst für unendlich kleine oder auch große Werte des Prädikators Z(X) die Wahrscheinlichkeit für das Ereignis y=1 immer innerhalb des Intervalls [0,1] bewegt. Weiterhin ist die logistische Funktion immer symmetrisch um den Wendepunkt P(y=1) = 0,5. Abbildung 7.3 zeigt den Verlauf der logistischen Funktion für z-Werte im Intervall [-6;+6].

Abbildung 7.3: Verlauf der logistischen Funktion

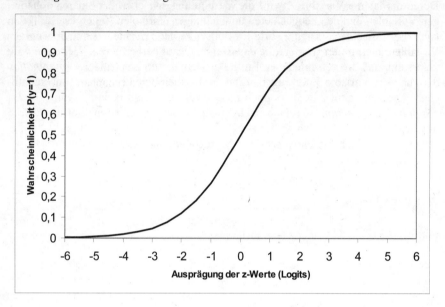

Die logistische Regressionsfunktion unterstellt damit einen *nicht-linearen Zusammenhang* zwischen der Eintrittswahrscheinlichkeit der binären, abhängigen Variablen [P(y=1)] und den unabhängigen Variablen als *Modellprämisse*. Demgegenüber wird aber das Zustandekommen der aggregierten Einflußstärke Z im Exponenten der Linking-Function als *linear* unterstellt (vgl. Gleichung (4)).

7.2 Vorgehensweise

Die Durchführung der logistischen Regressionsanalyse wird im folgenden in fünf Ablaufschritte untergliedert, die in Abbildung 7.4 graphisch verdeutlicht sind:

Zunächst muß aufgrund *sachlogischer Überlegungen* eine Modellformulierung vorgenommen werden, bei der vor allem die zu betrachtenden Ausprägungen der (kategorialen) abhängigen Variablen und die möglichen Einflußgrößen (unabhängige Variable) auf die Eintrittswahrscheinlichkeit der abhängigen Modellvariablen zu bestimmen sind. Anschließend erfolgt die Schätzung der Parameter der logistischen Regressionsfunktion. Aufgrund der erschwerten inhaltlichen Interpretation der gewonnenen Ergebnisse wird hier die Interpretation der Regressionsfunktion als eigenständiger Ablaufschritt definiert und Ansatzpunkte zur Interpretationserleichterung aufgezeigt. Die anschließenden Schritte 4 und 5 beziehen sich auf die Güteprüfung der Schätzergebnisse, wobei wir zwischen der Güteprüfung des Gesamtmodells und der Prüfung einzelner Merkmalsvariablen (unabhängiger Variablen) differenzieren.

Abbildung 7.4:   Ablaufschritte der logistischen Regressionsanalyse

(1) Modellformulierung

(2) Schätzung der logistischen Regressionsfunktion

(3) Interpretation der Regressionskoeffizienten

(4) Prüfung des Gesamtmodells

(5) Prüfung der Merkmalsvariablen

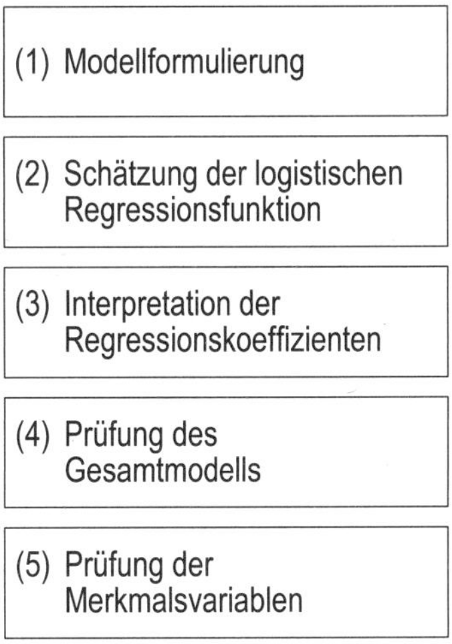

Zur Verdeutlichung der nachfolgenden Überlegungen greifen wir auf dieselben Datensätze wie im Kapitel 4 (Diskriminanzanalyse) zurück. Dabei betrachten wir im nachfolgenden einfachen Rechenbeispiel zunächst eine binäre abhängige Variable (Margarinekauf versus Nichtkauf) und zwei metrisch-skalierte unabhängige Variable (Streichfähigkeit und Haltbarkeit), während wir im Rahmen des Fallbeispiels die Betrachtungen auf einen Drei-Gruppenfall mit 10 unabhängigen Variablen erweitern und ebenfalls – wie bei der Diskriminanzanalyse – die Wahrscheinlichkeit der Zugehörigkeit von Nachfragern zu drei Segmenten von Margarinekäufern analysieren.

7.2.1 Modellformulierung

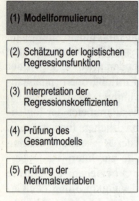

Wie bei allen strukturen-prüfenden Verfahren, so setzt auch die logistische Regressionsanalyse voraus, daß der Anwender zunächst aus *sachlogischer Sicht* entscheidet, welche Ereignisse als mögliche Kategorien der abhängigen Variablen betrachtet werden sollen und welche Einflußgrößen die Eintrittswahrscheinlichkeiten dieser Ereigniskategorien bestimmen. Weiterhin sind Hypothesen über den vermuteten Zusammenhang zwischen den unabhängigen Variablen und der abhängigen Variablen ebenfalls theoretisch – zumindest aber sachlogisch – aufzustellen. Im Unterschied zur linearen Einfachregression werden hier allerdings *keine* Jedesto-Hypothesen unmittelbar zwischen den unabhängigen Variablen und der unabhängigen Variablen formuliert, sondern zwischen den unabhängigen Variablen und der Eintrittswahrscheinlichkeit für das Ereignis y=1. Für das Margarinebeispiel könnte z. B. postuliert werden: „Je besser die Streichfähigkeit der Margarine, desto höher ist auch die Kaufwahrscheinlichkeit". Auch ist zu beachten, daß die in diesen Hypothesen angenommenen Wirkungsbeziehungen *keinen* linearen Charakter besitzen, sondern von nicht-linearer Natur sind, da durch die logistische Funktion eine s-förmig verlaufende Wahrscheinlichkeitsverteilung aufgenommen wird. Abbildung 7.5 verdeutlicht die zwischen den einzelnen Größen der logistischen Regressionsanalyse unterstellten Zusammenhänge.

Abbildung 7.5: Grundlegende Zusammenhänge zwischen den Betrachtungsgrößen der logistischen Regression

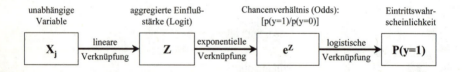

Im einfachsten Fall wird die abhängige Variable binär kodiert, d. h. sie weist nur die Ausprägungen 0 und 1 auf. In diesem Fall wird eine sog. *Binär-logistische Regressionsanalyse* durchgeführt. Darüber hinaus können aber auch mehr als zwei Kategorien betrachtet werden, wobei in diesen Fällen eine *Multinomial-logistische Regressionsanalyse* gerechnet wird.

Die unabhängigen Variablen, die auch als *Kovariaten* bezeichnet werden, können sowohl mit metrischem als auch mit nicht-metrischem Skalenniveau in die Analyse eingehen, wobei diese auch „gemischt" in einer Analyse auftreten können. Bei dem folgenden Rechenbeispiel gehen wir davon aus, daß ein Hersteller von Margarine wissen möchte, mit welcher Wahrscheinlichkeit ein Kauf bei einer

Margarine (y=1) zu erwarten ist und in welchem Ausmaß die Kaufwahrscheinlichkeit für Margarine [P(y=1)] durch die Merkmale „Streichfähigkeit" und „Haltbarkeit" beeinflußt wird. Die Bedeutung dieser beiden Merkmale für den Kauf wurde auf einer von 1 (= geringe Kaufbedeutung) bis 7 (= hohe Kaufbedeutung) reichenden Ratingskala bei insgesamt 24 Befragten (12 Margarinekäufer und 12 Nichtkäufer) erhoben, wobei diese Beurteilungswerte als metrisch skaliert interpretiert werden. Die Daten des Rechenbeispiels sind in Abbildung 7.6 aufgelistet.

Abbildung 7.6:   Ausgangsdaten für das Rechenbeispiel

Käufer von Margarine (y=1)			Nichtkäufer von Margarine (y=0)		
Person k	Streich-fähigkeit X_{1k}	Haltbar-keit X_{2k}	Person k	Streich-fähigkeit X_{1k}	Haltbar-keit X_{2k}
1	2	3	13	5	4
2	3	4	14	4	3
3	6	5	15	7	5
4	4	4	16	3	3
5	3	2	17	4	4
6	4	7	18	5	2
7	3	5	19	4	2
8	2	4	20	5	5
9	5	6	21	6	7
10	3	6	22	5	3
11	3	3	23	6	4
12	4	5	24	6	6

436   Logistische Regression

7.2.2   Schätzung der logistischen Regressionsfunktion

(1) Modellformulierung

(2) Schätzung der logistischen Regressionsfunktion

(3) Interpretation der Regressionskoeffizienten

(4) Prüfung des Gesamtmodells

(5) Prüfung der Merkmalsvariablen

Bei der logistischen Regression werden die Modellparameter üblicherweise mit Hilfe der *Maximum Likelihood-Methode* geschätzt. Ziel dieses Schätzverfahrens ist es, die Parameter b_j des logistischen Regressionsmodells, die die Einflußgewichte der unabhängigen Variablen widerspiegeln, so zu bestimmen, daß die Wahrscheinlichkeit (Likelihood), die beobachteten Erhebungsdaten zu erhalten, maximiert wird. Im Rahmen einer empirischen Erhebung ergibt sich für jede Person entweder die Beobachtung y=1 oder y=0. Das bedeutet, daß die Parameterschätzung für die jeweils betrachtete Person entweder die Wahrscheinlichkeit P(y=1) oder P(y=0) erbringen sollte. Das ist genau dann der Fall, wenn für jeden Beobachtungsfall k folgende Beziehung betrachtet wird:

$$p_k(y) = \begin{cases} \left(\dfrac{1}{1+e^{-z_k}} \right) & \textit{für } y_k = 1 \\[4mm] \left(1 - \dfrac{1}{1+e^{-z_k}} \right) & \textit{für } y_k = 0 \end{cases} \tag{5a}$$

Diese Beziehung kann auch zusammengefaßt und in einer Gleichung wie folgt ausgedrückt werden:

$$p_k(y) = \underbrace{\left(\frac{1}{1+e^{-z_k}} \right)^{y_k}}_{\text{Faktor A}} \cdot \underbrace{\left(1 - \frac{1}{1+e^{-z_k}} \right)^{1-y_k}}_{\text{Faktor B}} \tag{5b}$$

Je nach Ausprägung der empirischen Beobachtungen y_k wird für einen konkreten Fall k in Gleichung (5b) entweder Faktor A oder Faktor B gleich 1. Für $y_k=0$ wird Faktor A gleich 1 und es ergibt sich das Ergebnis $p_k(y=0)$, während für $y_k=1$ der Faktor B zu 1 wird und $p_k(y=1)$ folgt (vgl. auch 5a). Die Parameter b_j des logistischen Regressionsmodells sind nun so zu schätzen, daß die Wahrscheinlichkeit (Likelihood) maximiert wird, die empirischen Beobachtungswerte (y=1 bzw. y=0) für möglichst alle erhobenen Fälle zu erhalten. Dabei ist zu beachten, daß die Zuweisung eines Falls zu einer bestimmten Kategorie der abhängigen Variablen einer Zuordnungsvorschrift bedarf. I. d. R. wird hier ein Wahrscheinlichkeitswert von 0,5 verwendet und für $p_k > 0,5$ eine Zuordnung zum Ereignis y=1 und für $p_k < 0,5$ zu y=0 vorgenommen (vgl. auch Abbildung 7.8).

Um die obige Wahrscheinlichkeit für alle Beobachtungsfälle gleichzeitig zu maximieren, ist der Wahrscheinlichkeitssatz für unabhängige Ereignisse anzuwenden.

Er besagt, daß sich für unabhängige Ereignisse (hier die Beobachtungswerte der abhängigen Variablen) die Wahrscheinlichkeit des *gleichzeitigen* Eintretens der Ereignisse durch Multiplikation der Einzelereignisse ergibt.[8] Damit ist als Zielfunktion das Produkt (Π) der in (5b) wiedergegebenen Wahrscheinlichkeit über alle Befragten k=1, ..., K zu maximieren, was durch die sog. Likelihood-Funktion in (6) zum Ausdruck gebracht wird:[9]

$$L = \prod_{k=1}^{K} \left(\frac{1}{1+e^{-z_k}} \right)^{y_k} \cdot \left(1 - \frac{1}{1+e^{-z_k}} \right)^{1-y_k} \rightarrow \text{max!} \tag{6}$$

Eine Vereinfachung des Maximierungsproblems kann dadurch erreicht werden, daß an Stelle des Produktes (Π) in Gleichung (6) der Logarithmus naturalis (ln) der Likelihoodfunktion betrachtet wird. Durch Logarithmierung von (6) ergibt sich die LogLikelihood-Funktion (LL):

$$LL = \sum_{k=1}^{K} \left[y_k \cdot \ln \left(\frac{1}{1+e^{-z_k}} \right) \right] + \left[(1-y_k) \cdot \ln \left(1 - \frac{1}{1+e^{-z_k}} \right) \right] \tag{7}$$

Parameterschätzungen, die die Gleichung (6) maximieren, maximieren gleichzeitig auch die logarithmierte Likelihoodfunktion (LL) in Gleichung (7). Die *Likelihood-Funktion* wird in statistischen Programmpaketen – so auch in SPSS - i. d. R. mit Hilfe des *Newton-Raphson-Algorithmus* maximiert.[10] Der Ablauf des Schätzalgorithmus läßt sich wie folgt charakterisieren und verdeutlichen:

1. Im Ausgangspunkt werden zunächst Schätzwerte für die Logit-Koeffizienten angenommen, wobei diese sog. Startwerte z. B. über eine Kleinste-Quadrate-Schätzung ermittelt werden können.

2. Für einen beliebigen Beobachtungsfall k wird mit Hilfe der in Schritt 1 gewonnenen Logit-Koeffizienten nach Maßgabe von Gleichung (4) der Logit berechnet und mit seiner Hilfe die Wahrscheinlichkeit $p_k(y=1)$ bestimmt.

3. Für den gewählten Fall wird der LogLikelihood-Wert gem. Gleichung (7) berechnet.

4. Die Schritte 2 und 3 werden für alle Beobachtungsfälle durchgeführt, um so die Gesamt-LogLikelihood-Funktion zu bestimmen.

5. Die Schritte 2 bis 4 werden mit anderen Werten von b_j wiederholt.

6. Die Gesamt-LogLikelihood-Funktionen der verschiedenen Koeffizientenstupel werden verglichen und die Regressionskoeffizienten nun so lange durch Durchlaufen des obigen Prozesses verändert, bis keine deutliche Steigerung der Gesamt-LogLikelihood-Funktion mehr möglich ist.

---

[8] Für zwei beliebige Ereignisse A und B berechnet sich die Wahrscheinlichkeit des gleichzeitigen Eintretens dieser Ereignisse [p(A∩B)] wie folgt: p(A∩B) = p(A) · p(B).

[9] Vgl. Hosmer, D.W./Lemeshow, S., 2000, S. 8 ff.

[10] Vgl. SPSS Inc., 1991, S. 139.

438   Logistische Regression

Durch den *Newton-Raphson-Algorithmus* werden somit in einem iterativen Prozeß die Parameterschätzungen so lange verändert, bis im Ergebnis die gemäß den Parameterschätzungen gewichteten Beobachtungswerte der unabhängigen Variablen die Wahrscheinlichkeit für das Ereignis y=1 maximieren. Für unser Rechenbeispiel ergibt sich bei Durchführung einer Binär-logistischen Regressionsanalyse mit Hilfe der Maximum Likelihood-Methode nach 6 Iterationsschritten folgendes Schätzergebnis:[11]

Abbildung 7.7:   Iterationsprotokoll der Parameterschätzung im Rechenbeispiel

Iterationsprotokoll[a,b,c,d]

Iteration		-2 Log-Likelihood	Koeffizienten		
			Konstante	STREICHF	HALTBARK
Schritt 1	1	20,357	2,068	-1,076	,589
	2	18,799	3,001	-1,609	,906
	3	18,597	3,436	-1,882	1,080
	4	18,591	3,524	-1,941	1,118
	5	18,591	3,528	-1,943	1,119
	6	18,591	3,528	-1,943	1,119

a. Methode: Einschluß

b. Konstante in das Modell einbezogen.

c. Anfängliche -2 Log-Likelihood: 33,271

d. Schätzung beendet bei Iteration Nummer 6, weil die Parameterschätzer sich um weniger als ,001 änderten.

Damit ergibt sich im Ergebnis folgende Regressionsgleichung zur Bestimmung der z_k-Werte (Logits):

$$z_k = 3,528 - 1,943 \cdot STREICHF_k + 1,119 \cdot HALTBAR_k$$

Mit Hilfe der Regressionsschätzung lassen sich im ersten Schritt unter Verwendung der Erhebungsdaten aus Abbildung 7.6 die aggregierten Einflußgrößen (z-Werte bzw. Logits) für alle 24 Befragten berechnen. Mit Hilfe der z-Werte können

---

[11] Das hier behandelte Rechenbeispiel wurde mit der in SPSS 13.0 enthaltenen Prozedur „Regression → Binär logistisch" durchgeführt. Diese Prozedur wählt immer die mit Null kodierte Kategorie der unabhängigen Variablen als sog. Referenzgruppe. In der Prozedur „Regression → Multinomial logistisch" kann die Referenzgruppe frei festgelegt werden. Die Verwendung der Gruppe mit der *höchsten* Ordnungszahl („Letzte") als Referenzgruppe führt dazu, daß eine Schätzung unseres Rechenbeispiels mit Hilfe der multinomial logistischen Regression Parameterwerte mit umgekehrtem Vorzeichen erbringt. Für das Rechenbeispiel ergäbe sich damit:
$z_k = -3,528 + 1,943 \cdot STREICHF_k - 1,119 \cdot HALTBAR_k$

dann unter Verwendung der logistischen Funktion (Gleichung (3)) die personenbezogenen Wahrscheinlichkeiten für das Ereignis „Margarinekauf" (y=1) bestimmt werden. Für unser Rechenbeispiel ergibt sich die in Abbildung 7.8 dargestellte Wahrscheinlichkeitsverteilung.

Abbildung 7.8: Wahrscheinlichkeitsverteilung im Rechenbeispiel

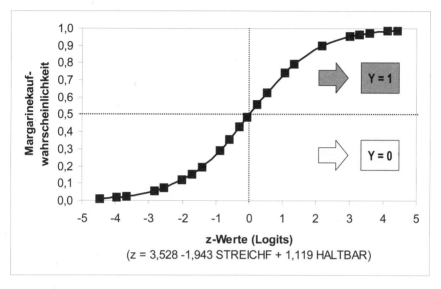

7.2.3 Interpretation der Regressionskoeffizienten

(1) Modellformulierung

(2) Schätzung der logistischen Regressionsfunktion

(3) Interpretation der Regressionskoeffizienten

(4) Prüfung des Gesamtmodells

(5) Prüfung der Merkmalsvariablen

Die im vorangegangenen Schritt erbrachte Regressionsschätzung bereitet bei der inhaltlichen Interpretation einige Schwierigkeiten, da kein *linearer Zusammenhang* zwischen den unabhängigen Variablen X_j und den über die logistische Funktion bestimmten Wahrscheinlichkeiten $p_k(y=1)$ existiert. Da die unabhängigen Variablen den Exponenten der e-Funktion bestimmen, nehmen sie zum einen nur *indirekt* (über die Wahrscheinlichkeitsberechnung) und zum anderen in *nicht-linearer Form* (durch die unterstellte logistische Funktion) Einfluß auf die Bestimmung der Eintrittswahrscheinlichkeit für das Ereignis y=1. Das hat zur Konsequenz, daß weder die Regressionskoeffizienten untereinander vergleichbar sind, noch die Wirkung der unabhängigen Variablen über die gesamte Breite ihrer Ausprägungen konstant ist. Damit ist auch eine (lineare) Interpretation der Schätzergebnisse der logistischen Regressionsanalyse z. B. in der Form „Eine Verbesserung der Streichfähigkeit um eine Einheit erhöht die Eintrittswahrscheinlichkeit des Margarinekaufs nach Maßgabe des Regressionskoeffizienten" – so wie bei der linearen Einfachregression - *NICHT* möglich!

Eine lineare Verknüpfung wird lediglich für die aggregierte Einflußstärke in Form des z-Wertes unterstellt. Dadurch, daß die unabhängigen Variablen X_j als *Linearkombination* angenommen werden, der Zusammenhang zwischen der Eintrittswahrscheinlichkeit und dem Ereignis y=1 aber *nicht-linear* ist, folgt unmittelbar das oben genannte *Interpretationsproblem*.

Durch die Betrachtung der logistischen Funktion ($1/1+e^{-z}$) als Wahrscheinlichkeitsverteilung wird ein Sättigungseffekt abgebildet (hier: maximale Eintrittswahrscheinlichkeit von 1), der dazu führt, daß Änderungen in den Extrembereichen der latenten Variablen Z nicht mehr zu wesentlichen Änderungen der Eintrittswahrscheinlichkeit führen. Die Beispiele in Abbildung 7.9 für alternative Parameterschätzungen machen deutlich, daß der Parameter b_0 lediglich die Lage der logistischen Funktion in der Horizontalen beeinflußt. Für positive b_0 (hier: b_0=+3) verschiebt sie sich nach links, während für negative b_0 (hier: b_0=-3) eine Rechtsverschiebung stattfindet.

Abbildung 7.9: Verlauf der logistischen Funktion bei alternativen Parameterschätzungen

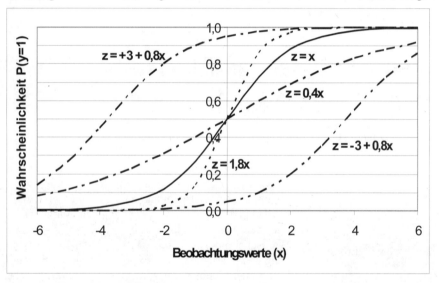

Demgegenüber beeinflussen die Regressionskoeffizienten b_j den *Verlauf* der logistischen Funktion in der Weise, daß sich die Wahrscheinlichkeitswerte für große b_j (z. B. $b_j > 1$) sehr schnell den Randbereichen der logistischen Funktion (0 und 1) annähern, während die Wahrscheinlichkeitswerte für kleine b_j ($0 < b_j < 1$) in Abhängigkeit von X nur sehr langsam ansteigen. Bei einem Regressionskoeffizienten von b_j=0 liegen die sich ergebenden Wahrscheinlichkeiten für alle Beobachtungen der unabhängigen Variablen X_j bei 0,5 (da e^0=1 und somit $1/(1+e^0)$=0,5). Während für positive Regressionskoeffizienten b_j die Wahrscheinlichkeiten mit größer werdenden Beobachtungswerten ebenfalls – wenn auch nicht linear – ansteigen, bewirken negative Regressionskoeffizienten ein Absinken der Wahrscheinlichkeit P(y=1) mit ansteigenden Beobachtungswerten der unabhängigen Variablen. Abbildung 7.10 zeigt hierzu entsprechende Beispiele, wobei unterstellt wurde, daß die Beobachtungswerte im Intervall [–5; +5] liegen können und für die Regressionskoeffizienten (b_j) alternativ die Werte –0,8 und +0,8 sowie 0 gesetzt wurden; in allen Fällen wurde der konstante Term (b_0) als Null angenommen.

Abbildung 7.10: Verlauf der logistischen Funktion bei positiven und negativen Logit-Koeffizienten

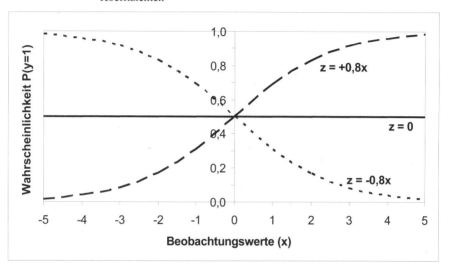

Insgesamt kann damit festgehalten werden, daß sich gleiche Veränderungen in den Beobachtungswerten der unabhängigen Variablen X_j in verschiedenen Bereichen der logistischen Funktion *unterschiedlich* auf die Eintrittswahrscheinlichkeiten P(y=1) auswirken. Das bedeutet, daß eine Änderung in der Ausprägung einer Variablen X z. B. von 1 auf 2 eine andere Wahrscheinlichkeitswirkung nach sich zieht als etwa eine Erhöhung von 3 auf 4, obwohl die Veränderung von X in beiden Fällen ΔX=1 beträgt. Aufgrund dieser nicht-linearen Zusammenhänge können die Schätzungen der Parameter b_j auch *nicht* – wie bei der linearen Einfachregression – als *globales* Maß für die Einflußstärke der X_j auf die p_k gewertet werden.

Entsprechend der oben aufgezeigten Zusammenhänge kann zusammenfassend festgehalten werden, daß aufgrund des logistischen Funktionsverlaufs ohne weitere Mühe nur die *Richtung des Einflusses* der unabhängigen Variablen erkennbar ist: Negative Regressionskoeffizienten führen bei steigenden X-Werten zu einer kleineren Wahrscheinlichkeit für die Ausprägung y=1, während positive Regressionskoeffizienten bei entsprechender Entwicklung von X einen Anstieg der Wahrscheinlichkeit für Ereignis y=1 bedeuten. Ein negatives b_j führt ceteris paribus dazu, daß der Wert der Linearkombination $z_k = b_0+b_1x_{1k}+...+b_Jx_{Jk}$ bei steigenden

442 Logistische Regression

Ausprägungen der Variablen X_j kleiner wird. Demnach weist eine hohe Ausprägung der unabhängigen Variablen darauf hin, daß der Befragte k eher der Gruppe der Nichtkäufer (y=0) angehört. Genau umgekehrt verhält es sich bei einem positiven b_j-Wert. Abbildung 7.11 verdeutlicht nochmals diese Wirkungsrichtung.

Abbildung 7.11: Wahrscheinlichkeitswirkung der Logit-Koeffizienten

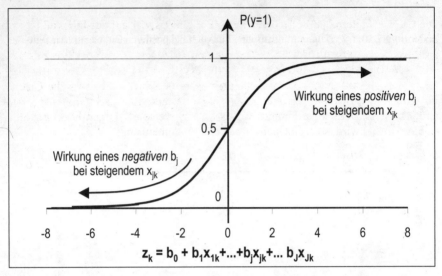

Eine Interpretationserleichterung kann nun dadurch erreicht werden, daß *nicht* die Eintrittswahrscheinlichkeit P(y=1) selbst, sondern ihr Verhältnis zur Gegenwahrscheinlichkeit P(y=0) bzw. 1 - P(y=1) betrachtet wird. Dieses *Wahrscheinlichkeitsverhältnis* spiegelt die Chance (*Odd*) wider, das Ereignis y=1 im Vergleich zum Ereignis y=0 zu erhalten:

Odds der logistischen Regression:

$$\text{Odds}(y=1) = \frac{p(y=1)}{1 - p(y=1)} \tag{8a}$$

Die Odds entwickeln sich entsprechend der e-Funktion mit dem Exponenten Z (= $b_0 + \Sigma b_j^* x_{jk}$). Dieser Zusammenhang läßt sich relativ leicht verdeutlichen, indem im Ausgangspunkt die durch die logistische Funktion beschriebene Eintrittswahrscheinlichkeit P(y=1) betrachtet (vgl. Gleichung (3)) und wie folgt umgeformt wird:

$$p(y=1) = \frac{e^z}{1+e^z}$$

$$\Rightarrow p(y=1) \cdot (1+e^z) = e^z$$

$$\Rightarrow p(y=1) + p(y=1) \cdot e^z = e^z$$

$$\Rightarrow p(y=1) \qquad\qquad = e^z - p(y=1) \cdot e^z$$

$$\Rightarrow p(y=1) \qquad\qquad = e^z (1 - p(y=1))$$

$$\Rightarrow \text{Odds}: \frac{p(y=1)}{1 - p(y=1)} = e^z \tag{8b}$$

Die Odds erweitern den Wertebereich des Ereignisses y=1 auf das Intervall $[0;+\infty]$ und entsprechen z. B. den Wettquoten beim Pferderennen. So korrespondiert beispielsweise mit P(y=1) = 0,8 eine Chance von 4 (=0,8/0,2), daß das Ereignis y=1 eintritt, während das Chancenverhältnis für P(y=1) = 0,4 nur bei 0,66 (=0,4/0,6) liegt. Bezogen auf unser Margarinebeispiel wäre bei einer Odd von 4 die Chance für einen Margarinekauf vier mal höher als der Nichtkauf. Werden in einem zweiten Schritt die Odds logarithmiert, wobei üblicherweise der Logarithmus naturalis (ln) verwendet wird, so ergibt sich folgender Zusammenhang:[12]

Logits der logistischen Regression:

$$\ln\left\{\frac{p(y=1)}{1 - p(y=1)}\right\} = z \ln(e)$$

$$\Rightarrow \ln\left\{\frac{p(y=1)}{1 - p(y=1)}\right\} = \beta_0 + \sum_{j=1}^{J} \beta_j \cdot x_{jk} + u_k \tag{9}$$

Die logarithmierten Odds werden üblicherweise als *Logits* bezeichnet und entsprechen gleichzeitig der aggregierten Einflußstärke Z (vgl. Gleichungen (2) und (4)). Sie stellen eine Linearkombination der unabhängigen Variablen dar und erlauben damit eine Interpretation analog zur linearen Regressionsanalyse. Außerdem ist der Wertebereich der Logits auf das Intervall $[-\infty;+\infty]$ ausgedehnt, da der Logarithmus naturalis für Werte zwischen 0 und 1 negativ wird.

Die Überlegungen machen deutlich, daß die durch die Regressionskoeffizienten bestimmte aggregierte Einflußstärke auf die Eintrittswahrscheinlichkeiten des Ereignisses y=1 (z-Werte), die Logits und die Odds *exakt* den gleichen Sachverhalt beschreiben. Sie stellen lediglich verschiedene Möglichkeiten der Ergebnisinterpretation der logistischen Regression dar, so daß die Beziehung gilt:

$$Z = \text{Logit} = \ln(\text{Odds}).$$

Übertragen wir die obigen Überlegungen auf unser Rechenbeispiel, so ist eine Interpretation der Parameterschätzungen der logistischen Regression wie folgt möglich:
Für die Variable „Streichfähigkeit" wurde ein Regressionskoeffizient von $-1,943$ ermittelt, womit diese Variable – aufgrund des negativen Vorzeichens des Koeffi-

---

[12] Bei der Logarithmierung von Gleichung (8b) ist zu beachten, daß der Logarithmus naturalis der e-Funktion 1 beträgt [ln(e) = 1].

zienten – die Kaufwahrscheinlichkeit P(y=1) für Margarine reduziert. Demgegenüber beeinflußt die Variable „Haltbarkeit" mit einem Regressionskoeffizienten von +1,119 die Margarine-Kaufwahrscheinlichkeit positiv. Neben diesen Tendenzaussagen ist eine genauere Aussage über die Höhe der Einflußstärken der beiden Variablen auf die Eintrittswahrscheinlichkeit mit Hilfe der Odds über die sog. „*odds ratio*" erzielbar, die auch als *Effekt-Koeffizienten* bezeichnet werden:

Erhöht sich eine unabhängige Variable um eine Einheit (also: $x_j + 1$), so vergrößert sich das Chancenverhältnis zu Gunsten des Ereignisses y=1 (Odds) um den Faktor e^{b_j}. Die Wirkung des Effekt-Koeffizienten e^{b_j} bei Erhöhung der Variablen x_j um eine Einheit (x_j+1) läßt sich anhand der Odds ($=e^Z$) wie folgt verdeutlichen:

$$e^{b_0+b_1\cdot(x+1)} = e^{b_0} \cdot e^{b_1\cdot x} \cdot e^{b_1}$$
$$= (e^{b_0+b_1\cdot x}) \cdot e^{b_1}$$
$$= Odds \cdot e^{b_1}$$

Bezogen auf unser Rechenbeispiel steigert somit die Erhöhung der Haltbarkeit um eine Einheit die Odds um den Faktor 3,062 (= $e^{1,119}$), während eine Erhöhung der Streichfähigkeit die Odds nur um den Faktor 0,143 (= $e^{-1,943}$) verändern kann. Die allgemeine Wirkung der odds ratio bzw. des Effekt-Koeffizienten ist in Abbildung 7.12 dargestellt, wobei deutlich wird, daß der Effekt-Koeffizient nur Werte zwischen 0 und +∞ annehmen kann.

Abbildung 7.12: Entwicklung der odds ratio bzw. des Effekt-Koeffizienten

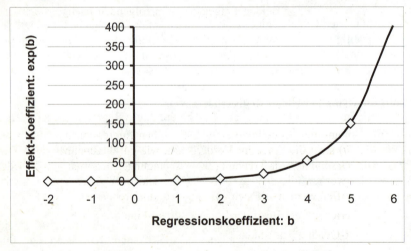

Der Zusammenhang zwischen den verschiedenen hier vorgestellten Interpretationsmöglichkeiten ist in Abbildung 7.13 nochmals zusammenfassend dargestellt.

Vorgehensweise   445

Abbildung 7.13:   Auswirkungen positiver und negativer Regressionskoeffizienten auf die Eintrittswahrscheinlichkeit des Ereignisses y=1

b	Effekt-Koeff. exp(b)	Logit (z)	Odds [P(y=1)/P(y=0)]	P(y=1)
b > 0	e^b > 1	steigt um b	steigt um e^b	**steigt**
b < 0	e^b < 1	sinkt um b	sinkt um e^b	**fällt**

7.2.4   Prüfung des Gesamtmodells

(1) Modellformulierung

(2) Schätzung der logistischen Regressionsfunktion

(3) Interpretation der Regressionskoeffizienten

(4) Prüfung des Gesamtmodells

(5) Prüfung der Merkmalsvariablen

Bei der Prüfung des Gesamtmodells stehen zwei Fragen im Vordergrund:

(1) Wie gut können die Parameterschätzungen in ihrer Gesamtheit das definierte Regressionsmodell abbilden?

(2) Liegen extreme Beobachtungsfälle vor, die als Ausreißer anzusehen sind und eine Eliminierung oder aber aufgrund ihres gehäuften Auftretens ggf. eine Modellveränderung erfordern?

Beiden Fragen wird im folgenden nachgegangen. Zunächst werden ausgewählte Gütemaße behandelt, die Auskunft über den Gesamtfit des analysierten Modells geben, und anschließend wird eine Ausreißerdiagnostik durchgeführt.

7.2.4.1   Gütemaße für den Regressionsansatz

Bei der Beurteilung der Modellgüte eines logistischen Regressionsansatzes insgesamt (*Gesamtfit*) steht die Frage im Vordergrund, wie gut die unabhängigen Variablen in ihrer *Gesamtheit* zur Trennung der Ausprägungskategorien von Y beitragen. Zur Beantwortung dieser Frage kann auf verschiedene Arten von Gütekriterien zurückgegriffen werden, die sich wie folgt strukturieren lassen:

(1)   Gütekriterien auf der Basis der LogLikelihood-Funktion

(2)   Pseudo R-Quadrat-Statistiken

(3)   Beurteilung der Klassifikationsergebnisse

(1) Gütekriterien auf der Basis der LogLikelihood-Funktion (LL-Funktion)

a) Analyse der Devianz bzw. des –2 LogLikelihood-Wertes

Der Likelihood spiegelt die Wahrscheinlichkeit wider, unter den gegebenen Parameterschätzungen die empirischen erhobenen Beobachtungswerte zu erhalten.

446   Logistische Regression

Wird an Stelle des Likelihood das -2-fache des logarithmierten Likelihood (-2LL) betrachtet (vgl. Gleichungen (6) und (7)), so läßt sich zeigen, daß diese Größe approximativ einer *Chi-Quadrat-Verteilung* mit (K-J-1) Freiheitsgraden folgt, wobei K die Zahl der Beobachtungen und J die Anzahl der Parameter darstellt. Die Größe $-2LL$ wird auch als *Devianz* (Abweichung vom Idealwert) bezeichnet und kann inhaltlich mit der Fehlerquadratsumme der klassischen Regressionsanalyse verglichen werden. Sie dient weiterhin als Gütemaß zur Überprüfung des Modellfits, wobei ein perfekter Modellfit einen Likelihood von 1 aufweist und die Devianz (-2 LogLikelihood) in diesem Fall Null beträgt.[13] Mit Hilfe der Devianz kann folgende Hypothese getestet werden:

H_0: Das Modell besitzt eine perfekte Anpassung

H_1: Das Modell besitzt *keine* perfekte Anpassung

Weist die Devianz einen geringen Wert auf, so kann die Nullhypothese *nicht* abgelehnt werden und es kann auf eine *gute* Anpassung geschlossen werden. Entsprechend impliziert eine hohe Irrtumswahrscheinlichkeit die Ablehnung der Nullhypothese (hohes Signifikanzniveau) und spricht damit für eine schlechte Anpassung des Gesamtmodells. Für das hier betrachtet Rechenbeispiel ergibt sich ein $-2LL$-Wert bzw. eine Devianz von 18,591. Verglichen mit dem tabellierten χ^2-Wert von 31,41 bei einer Irrtumswahrscheinlichkeit von 5% (vgl. Tabelle im Anhang) kann damit die Nullhypothese nicht verworfen werden, d. h. unser Modell weist in der vorliegenden Form eine sehr gute Anpassung auf.

Die Devianz ist als Gütemaß in der Literatur jedoch umstritten: Ihr Problem liegt in der Nichtberücksichtigung der Verteilung der Beobachtungen auf die Gruppen. Daß die Häufigkeit des Auftretens der jeweiligen Kategorien eine Rolle spielt, wird sofort klar, wenn im Extrem ein Datensatz mit 100 Beobachtungen betrachtet wird, von denen 99 einer Gruppe y=1 angehören. Stellen wir uns nun ein Modell vor, in dem *keine* unabhängige Variable berücksichtigt wird, das also nur aus dem Absolutterm b_0 besteht, so ergibt sich ein LL-Wert nahe dem absoluten Maximum von Null (LL $= 99 \cdot \ln 0,99 + 1 \cdot \ln 0,01 = -5,60$). Liegt hingegen bei gleicher Beobachtungszahl (100) eine Gleichverteilung der zwei Kategorien vor (50:50), haben wir einen LL-Wert von $-69,31$ ($= 50 \cdot \ln 0,50 + 50 \cdot \ln 0,50$).

Es wird offensichtlich, daß der Abstand des LL-Wertes von Null auf zwei Einflüsse zurückzuführen ist: Zum einen wird er bestimmt von der Trennfähigkeit der Variablen, zum anderen beeinflußt ihn aber auch die Verteilung der Beobachtungen auf die Kategorien der abhängigen Variablen. Für die Devianz als Gütekriterium hat das zur Konsequenz, daß ein Modell auf Basis eines Datensatzes mit einer sehr schiefen Verteilung zwischen den Gruppen in der Tendenz besser bewertet wird, als ein Modell mit nahezu gleich großer Gruppenstärke. Die Devianz reagiert insoweit nicht ausschließlich auf die Trennfähigkeit der betrachteten unabhängigen Variablen.

---

[13] Vgl. Krafft, M., 1997, S. 245; Aldrich, J. H./Nelson, F.D., 1984, S. 59; Hosmer, D.W./Lemeshow, S., 2000, S. 146 f.

b) Likelihood Ratio-Test

Die mit der Devianz verbundenen Probleme versucht der sog. Likelihood-Ratio-Test (auch „Modell Chi-Quadrat-Test" genannt) zu beheben, indem er den maximierten LL-Wert nicht mit Null, sondern mit demjenigen LL-Wert vergleicht, der sich ergibt, wenn alle Regressionskoeffizienten der unabhängigen Variablen auf Null gesetzt werden und nur noch der konstante Term betrachtet wird. Wir sprechen in diesem Fall vom sog. *Null-Modell*. Die Devianz des Null-Modells wird dann mit der des *vollständigen Modells* (alle unabhängigen Variablen werden berücksichtigt) verglichen. Ist die absolute Differenz zwischen der Devianz des Null-Modells und der des vollständigen Modells klein, so tragen die unabhängigen Variablen anscheinend nur wenig zur Unterscheidung der y-Zustände bei. Ist diese Differenz hingegen groß, so können wir von einer hohen Erklärungskraft der unabhängigen Variablen ausgehen. Durch den Bezug auf das Null-Modell wird der Effekt der Gruppengröße neutralisiert. Abbildung 7.14 verdeutlicht den Zusammenhang in einer Prinzipdarstellung.

Abbildung 7.14: Zusammenhang zwischen den verschiedenen LogLikelihood-Werten

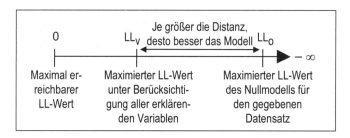

Entsprechend den obigen Überlegungen testet der *Likelihood Ratio-Test* (LR-Test) folgende Nullhypothese:

H_0: Alle Regressionskoeffizienten sind gleich Null ($b_1 = b_2 = ... = b_J = 0$)

H_1: Alle Regressionskoeffizienten sind *ungleich* Null ($b_1, b_2, ..., b_J \neq 0$)

Als Testgröße wird die absolute Differenz zwischen dem Null-Modell und dem vollständigen Modell betrachtet, die mit J Freiheitsgraden (J = Zahl der unabhängigen Variablen) asymptotisch χ^2-verteilt ist. Verglichen mit dem Referenzwert aus der χ^2-Tabelle kann die Signifikanz des Modells beurteilt werden. Die unabhängigen Variablen haben dann einen bedeutenden Einfluß, wenn der LR-Wert größer als der tabellierte χ^2-Wert ist.

448   Logistische Regression

In unserem Beispiel beträgt LL_0 = 30,498 und LL_V = 15,818, womit sich ein Chi-Quadrat-Wert von (30,498-15,818=) 14,680 ergibt.[14] Verglichen mit dem Wert der Chi-Quadrat-Tabelle von 5,99 (Irrtumswahrscheinlichkeit 5% bei 2 Freiheitsgraden) ist somit die Nullhypothese abzulehnen, womit darauf geschlossen werden kann, daß das im Rechenbeispiel betrachtete Modell für die erhobene Datenreihe signifikant ist. Der LR-Test ist mit dem F-Test der multiplen linearen Regression vergleichbar.

(2) Pseudo-R-Quadrat-Statistiken

Die sog. Pseudo-R^2-Statistiken versuchen, den Anteil der erklärten „Variation" des logistischen Regressionsmodells zu quantifizieren. Sie sind deshalb vergleichbar mit dem Bestimmtheitsmaß R^2 der linearen Regressionsanalyse, wobei jedoch zu beachten ist, daß die Variation der logistischen Regressionsanalyse anders definiert werden muß. Auch bei den Pseudo-R^2-Statistiken wird auf das Verhältnis zwischen dem Likelihood des Nullmodells LL_0 und dem Likelihood des vollständigen Modells LL_V zur Beurteilung der Güte zurückgegriffen. Üblicherweise werden die in Abbildung 7.15 auch für unser Rechenbeispiel bestimmten Pseudo-R^2-Statistiken berechnet:

Abbildung 7.15:   Pseudo-R-Quadrat-Statistiken im Rechenbeispiel

	Modellzusammenfassung		
Schritt	-2 Log-Likelihood	Cox & Snell R-Quadrat	Nagelkerkes R-Quadrat
1	18,591[a]	,458	,610

a. Schätzung beendet bei Iteration Nummer 6, weil die Parameterschätzer sich um weniger als ,001 änderten.

(a) McFaddens-R²

Wie der LR-Test, so beruht auch *McFaddens-R²* (McF-R²) auf der Gegenüberstellung der LL-Werte des vollständigen und des Null-Modells und ist wie folgt definiert:

$$McFaddens - R^2 = 1 - \frac{LL_V}{LL_0} \tag{10}$$

wobei:

LL_0 : LogLikelihood des Nullmodells (ausschließlich mit Konstante)

LL_v : LogLikelihood des vollständigen Modells

---

[14] Der Likelihood-Ratio-Test ist in SPSS 13.0 nur in der Prozedur „Regression → Multinomial logistisch" enthalten. Allerdings kommt es hier aufgrund des veränderten Vorgehens im Mehr-Gruppen-Fall an einigen Stellen zu leicht veränderten Ergebnissen. Auf die Unterschiede dieser Prozedur im Vergleich zur Prozedur „Regression → Binär logistisch" wird im Anhang eingegangen.

Bei einem geringen Unterschied zwischen den beiden Modellen ist der Quotient nahe Eins und McF-R² folglich nahe Null. Bei einem großen Unterschied ist es genau umgekehrt, wobei das Erreichen der Eins aufgrund der Konstruktion der Statistik (bei realen Datensätzen) nahezu unmöglich ist. Als Regel wird bereits bei Werten ab 0,2 bzw. 0,4 von einer guten Modellanpassung gesprochen.[15] Für unser Beispiel kann mit McF-R² = 0,441 auf einen guten Modellfit geschlossen werden. Während der LR-Test eine Antwort auf die Frage nach der Signifikanz des Modells und damit nach der Übertragbarkeit der Ergebnisse auf die Grundgesamtheit liefert, stellt McF-R² ein Maß dar, mit dem die Trennkraft der unabhängigen Variablen insgesamt mit einem Wert benannt und damit vergleichbar (zwischen verschiedenen Modellen) gemacht werden kann.[16]

(b) Cox und Snell-R²

Cox und Snell-R² kann nur Werte kleiner 1 annehmen, d. h. es kann den Maximalwert von 1 nie erreichen und berechnet sich wie folgt:

$$Cox \& Snell - R^2 = 1 - \left[\frac{L_0}{L_v}\right]^{\frac{2}{K}} \tag{11}$$

wobei:

L_0: Likelihood des Nullmodells (ausschließlich mit Konstante)

L_v: Likelihood des vollständigen Modells

K: Stichprobenumfang.

(c) Nagelkerke-R²

Nagelkerke-R² ist so definiert, daß auch der Maximalwert von 1 erreicht werden kann, wodurch es – im Gegensatz zu *Cox&Snell-R²* – eine eindeutige inhaltliche Interpretation erlaubt. Dementsprechend ist diesem Gütekriterium bei der Beurteilung der Güte eines Modells der Vorzug zu geben.

$$Nagelkerke\text{-}R^2 = \frac{R^2}{R^2_{max}} \tag{12}$$

wobei $R^2_{max} = 1 - (L_0)^{\frac{2}{K}}$

L_0: Likelihood des Nullmodells (ausschließlich mit Konstante)

Wird als Vergleichsmaßstab zur Beurteilung der vorliegenden Werte der Grenzwert des Bestimmtheitsmaßes der linearen Regression herangezogen, so lassen sich

---

[15] Vgl. Urban, D., 1993, S. 62.

[16] SPSS 13.0 weist McF-R² nur noch für multinominale Fälle aus.

450   Logistische Regression

Werte von über 0,5 noch als sehr gut interpretieren.[17] Die für unser Rechenbeispiel in Abbildung 7.15 wiedergegebenen Werte der R^2-Statistiken liegen alle oberhalb der jeweils akzeptablen Bereiche, so daß diese Indikatoren insgesamt auf eine gute Erklärungskraft des in unserem Rechenbeispiel verwendeten Modells hindeuten.

(3) Beurteilung der Klassifikationsergebnisse

Eine weitere Möglichkeit den Modellfit zu beurteilen, bietet die Beurteilung der Klassifikationsergebnisse. Zu diesem Zweck werden die empirisch beobachteten Gruppenzuordnungen, gekennzeichnet durch die Ausprägungen 0 und 1 der unabhängigen Variablen, mit den durch die Regressionsgleichung erzeugten Wahrscheinlichkeiten verglichen. Als Trennwert für die Zuordnung (*cut value*) wird standardmäßig eine Eintrittswahrscheinlichkeit von p(y)=0,5 verwendet und eine Zuordnung wie folgt vorgenommen:

$$y_k = \begin{cases} \text{Gruppe } y = 1 & \text{falls } p_k\,(y=1) > 0,5 \\ \text{Gruppe } y = 0 & \text{falls } p_k\,(y=1) < 0,5 \end{cases} \tag{13}$$

Gemäß der Kodierung y=1 (→ Margarinekauf) und y=0 (→ Nichtkauf) werden Fälle mit einer Eintrittswahrscheinlichkeit von $p_k(y=1) > 0,5$ den Margarinekäufern (M) zugerechnet und sonst den Nichtkäufern (N). Abbildung 7.16 zeigt zunächst die Eintrittswahrscheinlichkeiten für alle 24 Befragten, die mit Hilfe der Ausgangsdaten (vgl. Abbildung 7.6) und der geschätzten Regressionsfunktion (vgl. Abbildung 7.7) errechnet wurden. Die sich auf Basis der Eintrittswahrscheinlichkeiten ergebenden Zuordnungen führen in vier Fällen zu Fehlklassifikationen, d. h. auf Basis der Schätzergebnisse erfolgt eine andere Zuordnung als auf Basis der empirischen Beobachtungswerte y_k. Im vorliegenden Rechenbeispiel handelt es sich um die mit (**) gekennzeichneten Fälle 3, 5, 16 und 17.

---

[17] Die Grenzziehung bei 0,5 kann damit begründet werden, daß in diesem Fall mindestens die Hälfte der Varianz der abhängigen Variablen durch die unabhängigen Größen erklärt werden kann.

Abbildung 7.16: Fallklassifikationen und Residualwerte im Rechenbeispiel

Fallweise Liste

Fall	Ausgewählter Status[a]	Beobachtet Kaufereignis	Vorhergesagt	Vorhergesagte Gruppe	Temporäre Variable Resid	ZResid
1	S	M	,953	M	,047	,223
2	S	M	,898	M	,102	,337
3	S	M**	,074	N	,926	3,546
4	S	M	,558	M	,442	,889
5	S	M**	,485	N	,515	1,031
6	S	M	,973	M	,027	,166
7	S	M	,964	M	,036	,192
8	S	M	,984	M	,016	,127
9	S	M	,630	M	,370	,767
10	S	M	,988	M	,012	,110
11	S	M	,742	M	,258	,589
12	S	M	,795	M	,205	,508
13	S	N	,153	N	-,153	-,426
14	S	N	,292	N	-,292	-,642
15	S	N	,011	N	-,011	-,107
16	S	N**	,742	M	-,742	-1,697
17	S	N**	,558	M	-,558	-1,124
18	S	N	,019	N	-,019	-,139
19	S	N	,119	N	-,119	-,367
20	S	N	,357	N	-,357	-,745
21	S	N	,427	N	-,427	-,864
22	S	N	,056	N	-,056	-,243
23	S	N	,025	N	-,025	-,161
24	S	N	,196	N	-,196	-,494

a. S = Ausgewählte, U = Nicht ausgewählte Fälle und ** = Falsch klassifizierte Fälle.

Die durch die Regressionsbeziehung vorhergesagten Eintrittswahrscheinlichkeiten sind in Abbildung 7.17 mit Hilfe eines Histogramms auch graphisch verdeutlicht, wobei die Margarinekäufer mit „M" und die Nichtkäufer mit „N" gekennzeichnet wurden. Die absoluten Häufigkeiten des Auftretens der Eintrittswahrscheinlichkeiten (Frequency) lassen dabei deutlich die Häufungen der Margarinekäufer bei $p(y=1) > 0,5$ und die der Nichtkäufer für Werte von $p(y=1) < 0,5$ erkennen.

452 Logistische Regression

Abbildung 7.17: Histogramm der vorhergesagten Wahrscheinlichkeiten

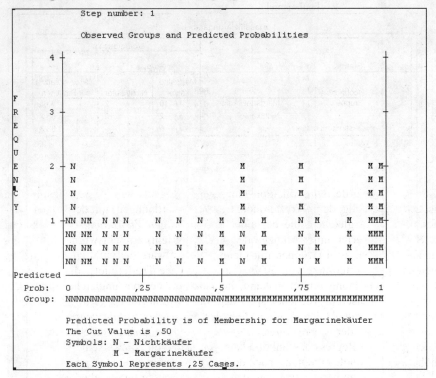

Die Häufigkeiten der in den beiden Gruppen korrekt und falsch klassifizierten Fälle lassen sich übersichtlich in einer sog. *Klassifikationsmatrix* (auch Confusion-Matrix genannt) zusammenfassen. Abbildung 7.18 zeigt die Klassifikationsmatrix für unser Beispiel. In der Hauptdiagonalen stehen die Fallzahlen der korrekt klassifizierten Elemente jeder Gruppe und in den übrigen Feldern die der falsch klassifizierten Elemente. Insgesamt werden 20 von 24 Beurteilungen korrekt klassifiziert und die "*Trefferquote*" (hit ratio) beträgt somit (20/24=) 83,3%. Die Klassifikationsmatrix läßt sich analog auch für mehr als zwei Gruppen erstellen.

Abbildung 7.18: Klassifikationsmatrix der logistischen Regression im Rechenbeispiel

Klassifizierungstabelle[a]

			Vorhergesagt		
			Gruppe		
	Beobachtet		Margarinekäufer	Nichtkäufer	Prozentsatz der Richtigen
Schritt 1	Gruppe	Margarinekäufer	10	2	83,3
		Nichtkäufer	2	10	83,3
	Gesamtprozentsatz				83,3

a. Der Trennwert lautet ,500

Zur Beurteilung der Klassifikationsfähigkeit der logistischen Regressionsfunktion ist es zweckmäßig, deren Trefferquote (richtige Zuordnungen) mit derjenigen Trefferquote zu vergleichen, die bei einer rein *zufälligen Zuordnung* der Elemente, z. B. durch Werfen einer Münze oder durch Würfeln, erreicht würde. Im vorliegenden Fall bei zwei Gruppen mit gleicher Größe wäre bei zufälliger Zuordnung bereits eine Trefferquote von 50% zu erwarten. Die Trefferquote, die man durch zufällige Zuordnung erreichen kann, liegt noch höher bei ungleicher Größe der Gruppen. In unserem Rechenbeispiel liegt der Prozentsatz der richtig klassifizierten Elemente mit 83,3% deutlich über der *maximalen Zufallswahrscheinlichkeit* von 50% sowie der *proportionalen Zufallswahrscheinlichkeit* von ebenfalls 50%.[18] Die logistische Regressionsfunktion kann nur dann von Nutzen sein, wenn sie eine höhere Trefferquote erzielt, als nach dem Zufallsprinzip zu erwarten ist.

Weiterhin ist zu berücksichtigen, daß die Trefferquote immer überhöht ist, wenn sie, wie allgemein üblich, auf Basis derselben Stichprobe berechnet wird, die auch für die Schätzung der logistischen Regressionsfunktion verwendet wurde.[19] Da die logistische Regressionsfunktion immer so ermittelt wird, daß die Trefferquote in der verwendeten Stichprobe maximal wird, ist bei Anwendung auf eine andere Stichprobe mit einer niedrigeren Trefferquote zu rechnen. Dieser *Stichprobeneffekt* vermindert sich allerdings mit zunehmendem Umfang der Stichprobe. Eine *bereinigte Trefferquote* läßt sich gewinnen, indem die verfügbare Stichprobe zufällig in zwei Unterstichproben aufgeteilt wird und zwar in eine Lernstichprobe und eine Kontrollstichprobe (*Holdout-Sample*). Die Lernstichprobe wird zur Schätzung der logistischen Regressionsfunktion verwendet, mit deren Hilfe sodann die Elemente der Kontrollstichprobe klassifiziert werden und hierfür die Trefferquote berechnet wird. Diese Vorgehensweise ist allerdings nur dann zweckmäßig, wenn eine hinreichend große Stichprobe zur Verfügung steht, da sich mit abnehmender Größe

---

[18] Die maximale Zufallswahrscheinlichkeit entspricht dem Anteil der größten Gruppe an der gesamten Stichprobe. Im Vergleich dazu berechnet sich die *proportionale Zufallswahrscheinlichkeit* nach der Formel $a^2 + (1 - a)^2$, wobei a der Anteil einer der zwei Gruppen an der Gesamtzahl der Beobachtungen ist. Vgl. hierzu Morrison, D.F., 1969, S. 158. Zur Berechnung der proportionalen Zufallswahrscheinlichkeit im *Mehr-Gruppen-Fall* vgl. Gleichung (19) im Fallbeispiel.

[19] Vgl. Morrison, D.F., 1969, S. 158.

454   Logistische Regression

der Lernstichprobe die Zuverlässigkeit der geschätzten logistischen Regressionsfunktion reduziert. Außerdem wird die vorhandene Information nur unvollständig
genutzt.[20]

(a) Press's Q-Test

Neben der Analyse der Klassifikationsmatrix kann zur Klassifikationsprüfung auch
ein Test herangezogen werden. Der sog. Press's Q-Tests wird üblicherweise zur
Kreuzvalidierung von Klassifikationsergebnissen eingesetzt.[21] Die Prüfgröße folgt
einer Chi-Quadrat-Verteilung mit einem Freiheitsgrad und berechnet sich wie
folgt:

$$\text{Press's } Q = \frac{[K - (K \cdot G \cdot a)]^2}{K \cdot (G-1)} \tag{14}$$

wobei:

K: Stichprobenumfang
G: Anzahl der Gruppen
a: Anteil der korrekt klassifizierten Elemente

Im vorliegenden Fall beträgt Press's $Q = 10,67$ ($=[24-(24 \cdot 2 \cdot 0,8333)]^2/24 \cdot (2-1)$)
und liegt damit deutlich über dem kritischen Wert von 3,84 ($\alpha = 0,05$). Damit er-
weisen sich die Klassifikationsergebnisse als signifikant von einer zufälligen Zuordnung verschieden.

(b) Hosmer-Lemeshow-Test

Der Hosmer-Lemeshow-Test prüft die Nullhypothese, daß die Differenz zwischen
den vorhergesagten und den beobachteten Werten gleich Null ist:

H_0: y_k – (Zuordnungsgruppe gemäß p_k) = 0
H_1: y_k – (Zuordnungsgruppe gemäß p_k) ≠ 0

Zu diesem Zweck werden die Beobachtungsfälle aufgrund ihrer geschätzten Wahrscheinlichkeiten $P(y=1)$ in 10 ungefähr gleich große Gruppen unterteilt. Anschließend wird mit Hilfe eines Chi Quadrat-Tests geprüft, inwieweit sich die beobachteten und die erwarteten Häufigkeiten für das Ereignis $y=1$ in den jeweiligen Grup-

---

[20] Ein effizienteres Verfahren besteht darin, die Stichprobe in eine Mehrzahl von k Unterstichproben aufzuteilen, von denen man k-1 Unterstichproben für die Schätzung der logistischen Regressionsfunktion verwendet, mit welcher sodann die Elemente der k-ten
Unterstichprobe klassifiziert werden. Dies läßt sich für jede Kombination von k-1 Unterstichproben wiederholen (sog. *Jackknife-Methode*). Man erhält damit insgesamt k logistische Regressionsfunktionen, deren Koeffizienten miteinander zu kombinieren sind.
Ein Spezialfall dieser Vorgehensweise ergibt sich für k = N. Man klassifiziert jedes
Element mit Hilfe derjenigen logistischen Regressionsfunktion, die auf Basis der übrigen N-1 Elemente geschätzt wurde. Auf diese Art läßt sich unter vollständiger Nutzung
der vorhandenen Information eine unverzerrte Schätzung der Trefferquote wie auch der
Klassifikationsmatrix erzielen. Vgl. hierzu Melvin, R.C./Perreault, W.D., 1977, S. 60-
68, sowie die dort angegebene Literatur.

[21] Vgl. Hair, J.F. Jr. et al., 1998, S. 230 f.

pen unterscheiden. Abbildung 7.19 zeigt die Häufigkeits- bzw. Kontingenztabelle zum Hosmer-Lemeshow-Test für unser Rechenbeispiel. Für die Chi Quadrat-Prüfgröße ergibt sich ein Wert von 5,818 bei einem Signifikanzniveau von 0,668. Aufgrund dieser Ergebnisse kann die Nullhypothese *nicht* abgelehnt werden, d. h. es ist davon auszugehen, daß Abweichungen zwischen den empirisch beobachteten und den errechneten Häufigkeiten für das Ereignis y=1 nicht häufiger als dem Zufall entsprechend auftreten.

Abbildung 7.19:   Ergebnisse des Hosmer-Lemeshow-Test im Rechenbeispiel

		Kaufereignis = Nichtkauf		Kaufereignis = Margarinekauf		Gesamt
		Beobachtet	Erwartet	Beobachtet	Erwartet	
Schritt 1	1	2	1,970	0	,030	2
	2	2	1,919	0	,081	2
	3	1	1,808	1	,192	2
	4	2	1,651	0	,349	2
	5	2	1,351	0	,649	2
	6	1	1,088	1	,912	2
	7	1	,883	1	1,117	2
	8	1	,886	2	2,114	3
	9	0	,307	2	1,693	2
	10	0	,138	5	4,862	5

Kontingenztabelle für Hosmer-Lemeshow-Test

Häufig zur Beurteilung des Modellfits herangezogenen Gütemaße sind zusammenfassend nochmals in Abbildung 7.20 beschrieben.

456   Logistische Regression

Abbildung 7.20:   Zusammenfassende Darstellung zentraler Gütemaße zur
Beurteilung des Modellfits

Arten von Gütekriterien	Akzeptable Wertebereiche	Beschreibung	Besonderheiten
Gütekriterien auf Basis der LogLikelihood-Funktion (Güte der Anpassung)			
Devianz (-2LL-Wert)	• -2LL nahe 0 • Sig.niveau nahe 1	Abweichung vom „Idealfall"	Berücksichtigt keine Verteilung der Beobachtungen auf die Gruppen
Likelihood Ratio-Test	• Möglichst hoher Chi Quadrat-Wert • Sig.niveau < 5%	Betrachtet Signifikanz des Modells; Übertragbarkeit der Ergebnisse auf Grundgesamtheit	Vergleich zwischen der Devianz des Null-Modells mit der des vollständigen Modells
Pseudo-R-Quadrat-Statistiken (Güte des Gesamtmodells)			
McFaddens-R^2	Akzeptabel, ab Werte größer 0,2; gut ab 0,4	Maß zur Quantifizierung der Trennkraft der unabhängigen Variablen	Nachteil: erreicht fast nie den Wert von 1
Cox und Snell-R^2	Akzeptabel, ab Werte größer 0,2; gut ab 0,4	Gegenüberstellung von Likelihood-Werten; Gewichtung über den Stichprobenumfang	Nachteil: erreicht nur Werte < 1
Nagelkerke-R^2	Akzeptabel, ab Werte größer 0,2; gut ab 0,4; sehr gut ab 0,5	Anteil der Varianzerklärung der abhängigen Variablen durch die unabhängigen Variablen	Vorteil: kann den Maximalwert von 1 erreichen
Beurteilung der Klassifikationsergebnisse (Güte der Anpassung)			
Analyse der Klassifikationsergebnisse	Höher als proportionale Zufallswahrscheinlichkeit	Vergleich der Trefferquote der log. Regression mit der bei rein zufälliger Zuordnung der Elemente	Überhöhte Trefferquote bei Verwendung derselben Stichprobe wie zur Schätzung der log. Regressionsfunktion

Vorgehensweise 457

Abbildung 7.20 (Fortsetzung)

Hosmer-Lemeshow-Test	• möglichst kleiner Chi Quadrat-Wert • Sign.niveau > 70%,	Prüft Differenz zwischen den vorhergesagten und den beobachteten Werten	Überprüfung mit Chi Quadrat-Prüfgröße
Press's Q-Test	• möglichst hoher Chi Quadrat-Wert • Sign.niveau <5%	Überprüfung mit Chi Quadrat-Prüfgröße	Einsatz üblicherweise zur Kreuzvalidierung

7.2.4.2 Ausreißerdiagnostik

Neben einer Aussage zum Gesamtfit eines logistischen Regressionsansatzes ist weiterhin von Interesse, welchen Effekt einzelne Beobachtungen auf die Gesamtgüte des Modells ausüben. Eine schlechte Anpassung der erhobenen Daten an die sachlogisch erwarteten Modellzusammenhänge kann dabei grundsätzlich aus zwei Gründen vorliegen:

1. Das Modell ist unpassend, d. h. die unabhängigen Variablen beeinflussen das Zustandekommen der y-Ausprägungen nicht.
2. Es gibt eine Anzahl von Fällen (Beobachtungen), die den vom Modell beschriebenen Zusammenhang nicht aufweisen und durch ihre besondere Variablenausprägung das Ergebnis deutlich verzerren.

Der erste Fall kann nur aufgrund sachlogischer Überlegungen entschieden werden, die ggf. zu einer Neuformulierung des Modells führen. Demgegenüber ist der zweite Fall dann gegeben, wenn zwischen den empirischen Beobachtungen (y-Werte) und den über das Modell geschätzten Wahrscheinlichkeiten $[(p(y)]$ große Diskrepanzen auftreten. Auskunft darüber, ob in diesem Sinne „Ausreißer" in den Beobachtungen vorliegen, geben z. B. die für jeden Fall (jede befragte Person) bestimmbaren individuellen Residuen (Resid), die sich für jeden Fall k wie folgt berechnen:

$$RESID_k = y_k - p_k(y) \tag{15}$$

Während die abhängige Variable y im binären Fall nur die Beobachtungswerte 0 oder 1 annehmen kann, bewegen sich die geschätzten Wahrscheinlichkeitswerte $p_k(y)$ im Intervall $[0,1]$. Entsprechend liegen auch die Resid-Werte immer zwischen -1 und $+1$. Die Entscheidung, ob und welche Residuen nun einen verzerrenden Einfluß auf die Modellbildung ausüben, kann allerdings nicht durch allgemeine statistische Maße gestützt werden. Jedoch zeigen die diesbezüglichen Diskussionen in der Literatur, daß die Residuen i. d. R. dann auf Ausreißerfälle hinweisen und Klassifikationsfehler bewirken, wenn sie (im Zwei-Gruppen-Fall) Werte von absolut größer 0,5 annehmen. Um solche Ausreißer besser erkennen zu können, werden die Residuen einer *Gewichtung* unterzogen. Eine Gewichtungsmöglichkeit liefern dabei die sog. *standardisierten Residuen* (ZResid; auch *Pearson-Residuen* genannt), die sich wie folgt berechnen:[22]

$$ZResid_k = \frac{y_k - p(y_k = 1)}{\sqrt{p(y_k = 1) \cdot (1 - p(y_k = 1))}} \tag{16}$$

Je größer der Fehler im Zähler (bei Werten über 0,5), desto kleiner wird der Nenner, was insgesamt zu einem hohen ZResid-Wert führt. Für unser Rechenbeispiel sind die Resid- und ZResid-Werte für alle befragten Personen in Abbildung 7.16 aufgelistet. Eine entsprechende graphische Verdeutlichung der ZResid-Werte für alle befragten Personen liefert das in Abbildung 7.21 dargestellte Streudiagramm.

Abbildung 7.21: Streudiagramm der ZResid im Rechenbeispiel

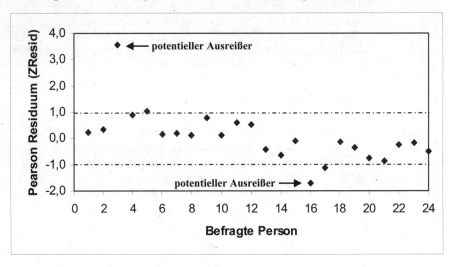

Betrachten wir exemplarisch den Befragten Nr. 3, so wurde bei ihm ein Margarinekauf beobachtet (y=1). Aufgrund seiner Bewertungen (STREICHF = 6 und HALTBAR = 5; vgl. Abbildung 7.6) errechnet sich mit Hilfe der Parameterschätzungen aus Abbildung 7.7 ein Wert für die Kaufwahrscheinlichkeit in Höhe von 0,073 [Logit = 3,528 - 1,943 STREICHF + 1,119 HALTBAR]. Damit folgt für diese Person ein ZResid-Wert von 3,552.[23]

Für Person 3 führen die Parameterschätzungen somit zu einer deutlichen Fehlklassifikation. Gleiches gilt für Befragten Nr. 16, der mit einem ZResid-Wert von −1,696 ebenfalls ein Ausreißer darstellt.

---

[22] Vgl. SPSS Inc., 1991, S. 145.

[23] Dieser ZRedsid-Wert wird berechnet durch $\left[= \frac{1 - 0,073}{\sqrt{0,073 \cdot ((1 - 0,073)}} \right]$.

Ausreißer-Fälle müssen vom Anwender eingehend analysiert werden, um die Ursache für die extremen Positionen zu ergründen. Prinzipiell sind zwei Ursachen denkbar:

1. Die befragten Personen sind tatsächlich atypisch in ihrem Antwortverhalten. Trifft diese Vermutung zu und treten solche Fälle nur selten auf, sollten sie aus der Analyse ausgeschlossen werden.
2. Die hohen Residuen weisen auf eine schlechte Spezifikation des Modells hin. In diesem Fall ist davon auszugehen, daß wichtige Einflußgrößen bei der Modellspezifikation nicht berücksichtigt wurden und somit eine Erweiterung oder Modifikation des Modells vorgenommen werden muß.

Abschließend sei noch darauf hingewiesen, daß die Residuen der logistischen Regression *nicht* mit den Residuen u_k im Rahmen der linearen Einfachregression verwechselt werden dürfen. Der zentrale Unterschied besteht darin, daß die lineare Einfachregression unmittelbar zu Schätzwerten für die empirischen Beobachtungswerte y führt, während die logistische Regression nicht die empirischen Beobachtungswerte, sondern deren Eintrittswahrscheinlichkeiten [P(y)] schätzt.

7.2.5   Prüfung der Merkmalsvariablen

(1) Modellformulierung

(2) Schätzung der logistischen Regressionsfunktion

(3) Interpretation der Regressionskoeffizienten

(4) Prüfung des Gesamtmodells

(5) Prüfung der Merkmalsvariablen

Das Wissen um die Trennfähigkeit der einzelnen Variablen gibt vor allem Aufschluß über ein mögliches *Modell-Overfitting* (zu viele erklärende Variable). Zur Überprüfung kann hier zum einen auf den Likelihood-Quotienten-Test, der eine Erweiterung des Likelihood-Ratio-Tests (LR-Test) darstellt, und auf die sog. Wald-Statistik zurück gegriffen werden. Beide Testmöglichkeiten werden im folgenden behandelt.

(a) Likelihood-Quotienten-Test

Es wurde bereits verdeutlicht, daß der *LR-Test* das sog. Null-Modell gegen das vollständige Modell (LL_V = alle spezifizierten unabhängigen Variablen sind im Modell enthalten) kontrastiert. Neben dem globalen Vergleich zum vollständigen Modell kann der LR-Test aber auch im Vergleich zu *reduzierten Modellen* betrachtet werden. Dabei werden unterschiedliche reduzierte Modelle gebildet, bei denen jeweils ein Regressionskoeffizient auf Null gesetzt wird und die Differenz der -2 Log-Likelihoods (-2LL) zwischen dem vollständigen Modell (LL_V) und einem reduzierten Modell (LL_R) gebildet wird. Das reduzierte Modell wird berechnet, indem ein Effekt aus dem endgültigen Modell weggelassen wird. Dem Likelihood-Quotienten-Test liegt folgende Nullhypothese zugrunde:

H_0: Die Effekte des Regressionskoeffizienten bj sind Null   ($b_J = 0$)

H_1: Die Effekte von bj sind *ungleich* Null   ($b_J \neq 0$)

460   Logistische Regression

Eine Signifikanzprüfung der Testgröße (= LL_R - LL_V) ist auch hier über die X^2-Verteilung möglich. Die Freiheitsgrade ergeben sich dabei aus der Differenz der Parameter beider Modelle. Wird nur eine Variable getestet, ergibt sich ein Freiheitsgrad von Eins. Die sich für unser Rechenbeispiel ergebenden Werte zeigt Abbildung 7.22, wobei das vollständige Modell mit einem Wert von LL_V = 15,818 berechnet wurde. Es zeigt sich, daß sowohl für die Variable „Streichfähigkeit" als auch für die Variable „Haltbarkeit" auf einen signifikanten Einfluß auf die Modellzusammenhänge geschlossen werden kann.

Abbildung 7.22:   Likelihood-Quotienten-Test für reduzierte Modelle im Rechenbeispiel

Effekt	-2 Log-Likelihood für reduziertes Modell	Chi-Quadrat	Freiheitsgrade	Signifikanz
Konstanter Term	18,506	2,688	1	,101
STREICHF	29,778	13,960	1	,000
HALTBAR	21,744	5,926	1	,015

(b) Wald-Statistik

Das Funktionsprinzip der *Wald-Statistik* ist eng an die Überprüfung der Signifikanz einzelner Koeffizienten innerhalb der linearen Regressionsanalyse (t-Test) angelehnt. Auch hier wird die Null-Hypothese getestet, daß ein bestimmtes b_j Null ist, d. h. die zugehörige unabhängige Variable keinen Einfluß auf die Trennung der Gruppen hat. Die Formel der Wald-Teststatistik W lautet:

$$W = \left(\frac{b_j}{s_{b_j}}\right)^2 \qquad (17)$$

mit: s_{b_j} = Standardfehler von b_j (j=0, 1, 2, ..., J)[24]

Die Prüfgröße W ist wiederum asymptotisch X^2-verteilt. Insoweit erfolgt der Test gegen die tabellierte X^2-Verteilung bei einem Freiheitsgrad von Eins. Die Ergebnisse der Wald-Statistik sind für unser Rechenbeispiel in Abbildung 7.23 zusammen gefasst:

---

[24] Zur Schätzung des Standardfehlers von b_j vgl. Hosmer, D.W./Lemeshow, 2000, S. 35.

Fallbeispiel   461

Abbildung 7.23:   Ergebnisse der Wald-Statistik für das Rechenbeispiel

	Regressions-koeffizient B	Standard-fehler	Wald	df	Sig.
STREICHF	-1,943	,798	5,924	1	,015
HALTBAR	ˋ1,119	,586	3,645	1	,056
Konstante	3,528	2,338	2,276	1	,131

Bei einer Irrtumswahrscheinlichkeit von 5% beträgt der tabellierte χ^2-Wert 3,84. Somit ist b_1 (Streichfähigkeit) signifikant von Null verschieden, d. h. es läßt sich schlußfolgern, daß die Streichfähigkeit einen signifikanten Einfluß auf die Kaufentscheidung für Margarine besitzt. Demgegenüber hätte die Haltbarkeit keinen signifikanten Einfluß auf die Kaufwahrscheinlichkeit, falls eine Irrtumswahrscheinlichkeit von 5,6% nicht mehr akzeptiert wird.

7.3   Fallbeispiel

7.3.1   Problemstellung

Nachfolgend wird die Logistische Regression an dem bekannten Fallbeispiel zum Margarinemarkt mit Hilfe des Computer-Programms SPSS 13.0 erläutert. Wir verwenden dabei den gleichen Datensatz wie bei der Diskriminanzanalyse, um so Gemeinsamkeiten und Unterschiede zwischen beiden Verfahren besser verdeutlichen zu können. Wir unterstellen, daß unser Margarinehersteller an folgenden Fragen interessiert ist:

- Mit welcher Wahrscheinlichkeit wird eine bestimmte Margarinemarke gekauft?
- Welche Einfluß haben die Eigenschaftswahrnehmungen der Margarinesorten auf die Kaufwahrscheinlichkeiten?
- Existieren signifikante Unterschiede in der Wahrnehmung der verschiedenen Margarinemarken?

Zur Beantwortung der Fragen wurde eine Befragung von 18 Personen durchgeführt, wobei diese gebeten wurden, 11 Butter- und Margarinemarken jeweils bezüglich 10 verschiedener Variablen auf einer siebenstufigen Rating-Skala zu beurteilen (vgl. Abbildung 7.24). Da nicht alle Personen alle Marken beurteilen konnten, umfaßt der Datensatz nur 127 Markenbeurteilungen anstelle der vollständigen Anzahl von 198 Markenbeurteilungen (18 Personen x 11 Marken). Die Markenbeurteilung durch eine Person umfaßt dabei die Skalenwerte der 10 Merkmalsvariablen und wird im Rahmen der logistischen Regression auch als *Kovariatenmuster* bezeichnet.

462   Logistische Regression

Abbildung 7.24:   Untersuchte Marken und Variable im Fallbeispiel

Emulsionsfette (Butter- und Margarinemarken)		Merkmalsvariablen (subjektive Beurteilungen)	
1	Becel	1	Streichfähigkeit
2	Du darfst	2	Preis
3	Rama	3	Haltbarkeit
4	Delicado	4	Anteil ungesättigter Fettsäuren
5	Holländische Markenbutter	5	Back- und Brateignung
6	Weihnachtsbutter	6	Geschmack
7	Homa	7	Kaloriengehalt
8	Flora Soft	8	Anteil tierischer Fette
9	SB	9	Vitamingehalt
10	Sanella	10	Natürlichkeit
11	Botteram		

Von den 127 Markenbeurteilungen sind nur 92 vollständig, während die restlichen 35 Beurteilungen fehlende Werte, sog. Missing Values, enthalten. Missing Values bilden ein unvermeidliches Problem bei der Durchführung von Befragungen (z. B. weil Personen nicht antworten können oder wollen oder als Folge von Interviewerfehlern). Die unvollständigen Beurteilungen sollen in der logistischen Regression nicht berücksichtigt werden, so daß sich die Fallzahl auf 92 verringert. Zu den verschiedenen Optionen zur Behandlung von Missing Values in SPSS sei hier auf Abschnitt 3.4 im Kapitel 3 „Diskriminanzanalyse" und die einschlägige Literatur verwiesen. Um die Zahl der Marken (Gruppen) zu vermindern, wurden die 11 Marken mit Hilfe der Clusteranalyse (vgl. Kapitel 8) zu drei Gruppen (Marktsegmenten) zusammengefaßt. Abbildung 7.25 zeigt die Zusammensetzung der drei Gruppen.

Abbildung 7.25:   Definition der Gruppen

Marktsegmente (Gruppen)	Marken im Segment
1	Homa, Flora Soft
2	Becel, Du darfst, Rama, SB, Sanella, Botteram
3	Delicado, Holländische Markenbutter, Weihnachtsbutter

Mittels logistischer Regression wird nun untersucht, wie groß die Kaufwahrscheinlichkeiten für die drei Marktsegmente sind und ob Unterschiede in der Einflußstärke der wahrgenommenen Margarineeigenschaften auf die segmentspezifischen Kaufwahrscheinlichkeiten und damit Unterschiede im Wettbewerb existieren.[25] Weiterhin kann auf Basis des Wissens um die odd ratios untersucht werden, inwieweit sich die Wettbewerbsverhältnisse zwischen den Segmenten ändern, wenn die Ausprägung einzelner Variable verändert wird. Damit können sowohl wettbewerbsverschärfende Maßnahmen beurteilt als auch Differenzierungsspielräume ausgelotet werden.

7.3.2 Ergebnisse

Im Folgenden wird einerseits gezeigt, wie mit SPSS eine multinomiale logistische Regressionsanalyse durchgeführt wird. Andererseits werden die wichtigsten Ergebnisse des Programmausdrucks von SPSS wiedergegeben und kommentiert. Abbildung 7.26 zeigt zunächst, wie die multinomiale logistische Regression aus dem Menüpunkt "Analysieren" als eine der möglichen Regressionsprozeduren aufgerufen wird. Das Untermenü zu „Regression" zeigt gleichzeitig auch die Auswahlmöglichkeit „Binär logistische Regression", die im Rechenbeispiel des vorangegangenen Abschnitts 7.2 zur Erklärung der Vorgehensweise verwendet wurde. Während die binär logistische Regression nur eine binäre unabhängige Variable (0/1-Variable) analysieren kann, ist die multinomiale logistische Regression in der Lage, unabhängige Variable mit mehr als zwei Ausprägungskategorien zu untersuchen.[26]

---

[25] Da die Beurteilungen der verschiedenen Marken von denselben Personen vorgenommen werden, läßt sich gegen die Anwendung der logistischen Regression einwenden, daß die Stichproben der Gruppen (Marken-Cluster) nicht unabhängig sind. Dieses inhaltliche Problem soll hier zugunsten der Demonstration von SPSS an einem größeren Datensatz zurückgestellt werden.

[26] Weitere Unterschiede zwischen beiden Prozeduren werden im Anhang diskutiert.

464   Logistische Regression

Abbildung 7.26:   Daten-Editor mit Auswahl des Analyseverfahrens „Multinomiale logistische Regression"

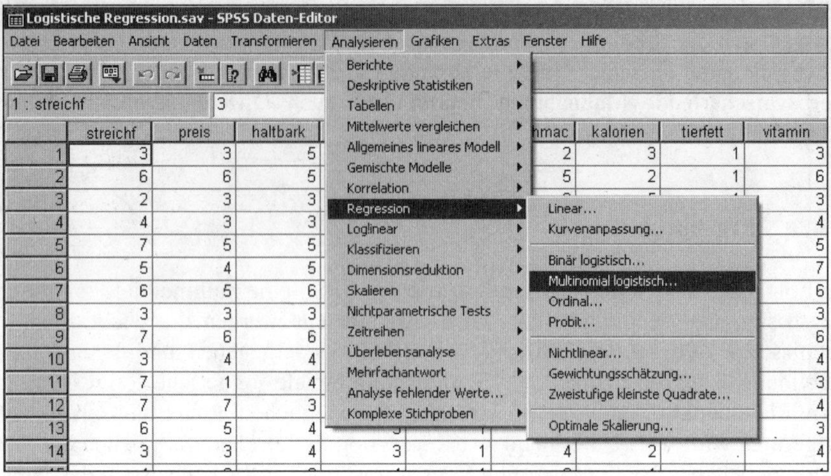

Nachdem die multinomiale logistische Regression als Verfahren ausgewählt wurde, wird das in Abbildung 7.27 wiedergegebene Dialogfenster geöffnet. In unserem Beispiel sollen die Kaufwahrscheinlichkeiten für die drei Marktsegmente analysiert werden. In der Variablen "segment" ist für jede Marke die Gruppenzugehörigkeit zu einem der drei Segmente enthalten. Diese ist somit aus der linken Variablenliste auszuwählen und in das Feld "Abhängige Variable" zu verschieben. Die Bezeichnung „letzter" deutet darauf hin, dass die letzte Kategorie als Referenzgruppe ausgewählt wurde. Ebenso werden die zu betrachtenden unabhängigen Variablen in das Feld „Kovariate(n)" verschoben. Demgegenüber ist das Feld mit der Bezeichnung 'Faktor(en)' für alle nicht metrischen unabhängigen Variablen reserviert. In unserem Fallbeispiel wird unterstellt, daß die betrachteten Merkmalseigenschaften alle auf metrischem Skalenniveau erhoben wurden, so daß dieses Feld hier frei bleibt.

Abbildung 7.27: Dialogfenster „Multinomiale logistische Regression"

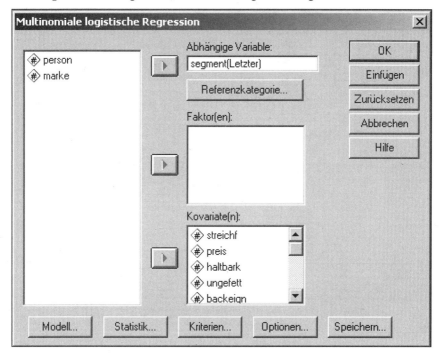

Die Einstellungen zum Modell und zum Output werden über die Schaltflächen 'Modell', 'Statistik', 'Kriterien', 'Optionen' und 'Speichern' kontrolliert. Mit dem Schaltknopf 'Modell' kann das zu schätzende Modell spezifiziert werden (Abbildung 7.28).

Das ‚Modell' stellt drei Optionen zur Verfügung: Wird der Menüpunkt 'Haupteffekte' ausgewählt, so gehen tatsächlich nur die im Hauptmenü vorab ausgewählten Variablen - wie sie im Fenster 'Faktoren und Kovariaten' aufgeführt wurden - in das Modell ein. Wird hingegen der Menüpunkt 'Gesättigtes Modell' gewählt, werden auch alle möglichen Kreuzeffekte zwischen den ursprünglich bestimmten Variablen in das Modell einbezogen. Die Option 'Anpassen' eröffnet dem Benutzer schließlich die Möglichkeit, das Modell nach seinen Wünschen zu spezifizieren. So können z. B. interessierende Kreuzeffekte zwischen Variablen zusätzlich in das Modell eingebracht werden ohne jedoch ein gesättigtes Modell zu rechnen. Am unteren Rand kann schließlich noch gewählt werden, ob der konstante Term (b_0) im Modell enthalten sein soll oder nicht. Mit der Schaltfläche 'Weiter' kommt man wieder in das Hauptmenü zurück.

Abbildung 7.28: Dialogfenster „Modell"

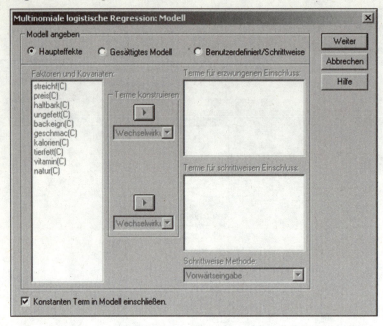

Das Dialogfenster 'Statistik' (Abbildung 7.29) ermöglicht dem Benutzer die Wahl der Auswertungen und Gütemaße für den letztendlichen Output.

Der erste Menüpunkt 'Zusammenfassung der Fallverarbeitung' liefert Informationen über die angegebenen kategorialen Variablen. Der nächste Punkt errechnet die Pseudo R-Quadrat-Statistiken von McFaddens, Cox und Snells sowie Nagelkerke. Die Option 'Test für Likelihood-Quotienten' entspricht dem Likelihood-Ratio-Test für jeweils eine unabhängige Variable. Insoweit wird hier über den Einfluß der einzelnen Variablen zur Trennung der Gruppen informiert. Im Bereich 'Parameter' lässt sich eine Tabelle erzeugen, in der die geschätzten Regressionskoeffizienten mit den zugehörenden Standardfehlern, die Werte für die Wald-Teststatistik inklusive der Signifikanzen sowie die odd ratios mit entsprechenden Konfidenzintervallen angegeben werden (wobei die Vertrauenswahrscheinlichkeit für das Konfidenzintervall frei bestimmt werden kann). Die Menüpunkte 'Asymptotische Korrelation der Parameterschätzer' und 'Asymptotische Kovarianz der Parameterschätzer' produzieren jeweils eine Matrix, in der die Korrelations- bzw. Kovarianzwerte zwischen den geschätzten Parametern dargestellt werden.

Abbildung 7.29: Dialogfenster „Statistik"

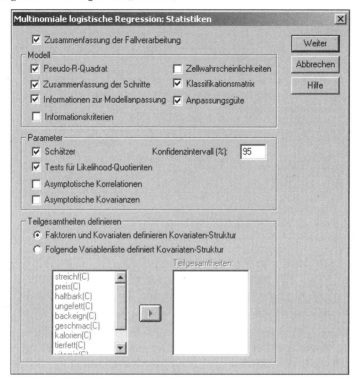

Die Menüoption 'Zellwahrscheinlichkeiten' erzeugt eine Übersicht, in der die vorhergesagten und tatsächlich beobachteten Häufigkeiten pro Gruppe pro Kovariatenmuster (absolut und relativ) gegenübergestellt werden. Zudem wird jeweils das von Hosmer und Lemeshow vorgeschlagene Pearson-Residuum berechnet.[27] Wird der Menüpunkt 'Klassifikationsmatrix' ausgewählt, so wird eine Tabelle mit den beobachteten und den (durch das Modell) vorhergesagte Zugehörigkeit der Beobachtungen zu den jeweiligen Gruppen erstellt. Schließlich kann die Chi-Quadrat-Statistik für Anpassungsgüte mit dem Menüpunkt 'Anpassungsgüte' ausgewählt werden. Hier werden das sogenannte Pearson-χ^2 und die Devianz errechnet und jeweils auf Basis der χ^2-Verteilung ihre Signifikanz bestimmt.

---

[27] Vgl. hierzu auch die Diskussion dieser Größen im Anhang.

468   Logistische Regression

Abbildung 7.30:   Dialogfenster „Kriterien"

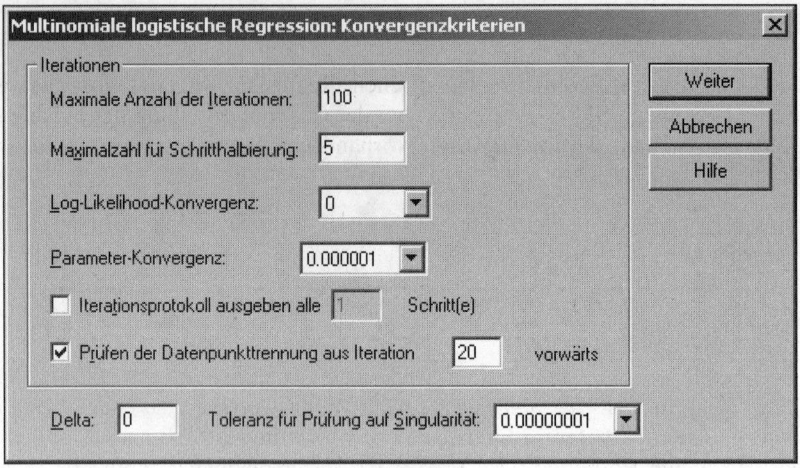

Das in Abbildung 7.30 dargestellte Dialogfenster 'Kriterien' gestattet es dem Benutzer, die Einstellungen für den Iterationsprozeß bei der Schätzung der Regressionskoeffizienten zu bestimmen und ein Iterationsprotokoll auszugeben.

Der in Abbildung 7.27 enthaltene Punkt ‚Optionen' beinhaltet Funktionen für fortgeschrittene Benutzer. Dort kann der Skalierungswert für die Streuung angegeben werden, mit dem der Schätzer der Parameter-Kovarianzmatrix korrigiert wird. Darüber hinaus stehen verschiedene Optionen zur Erstellung eines Modells mit schrittweisen Methoden zur Verfügung.

Abbildung 7.31:   Dialogfenster „Speichern"

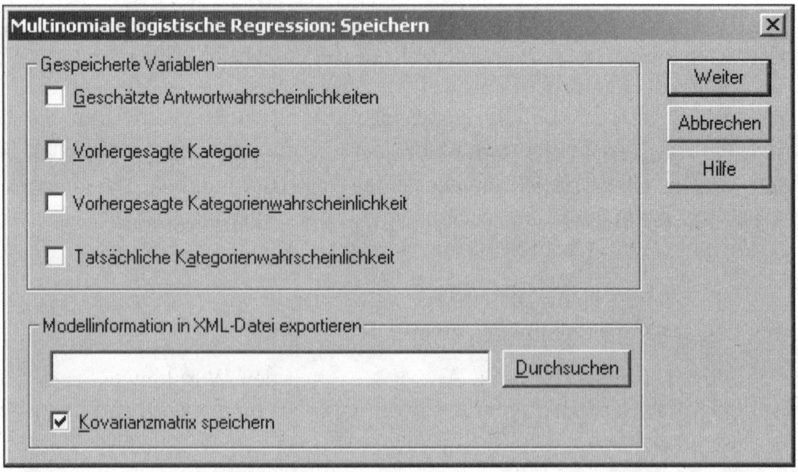

Fallbeispiel   469

Schließlich erlaubt es das Dialogfenster ‚Speichern', ausgewählte Ergebnisse der Analyse als neue Variable zu speichern, um auf diese z. B. bei folgenden Analysen zurückgreifen zu können (vgl. Abbildung 7.31).

Der Output der multinomialen logistischen Regression erzeugt zunächst eine *Warnmeldung*, wenn SPSS leere Zellen bei der Gegenüberstellung der abhängigen Variablenstufen und den im Datensatz vorhandenen Kovariatenmustern feststellt (vgl. Abbildung 7.32).

Abbildung 7.32:   Warnungen

> Es gibt 178 (66,7%) Zellen (d.h. Niveaus der abhängigen Variablen für Teilgesamtheiten) mit der Häufigkeit Null.

Dabei umfaßt ein *Kovariatenmuster* die Beurteilungswerte, die zu einem bestimmten Fall gehören. In unserem Fallbeispiel sind das die 10 Merkmalsvariablen für einen bestimmten Befragten. Das Kovariatenmuster beinhaltet somit die Ausprägungen jeder unabhängigen Variablen $(x_{1k},...,x_{jk},...,x_{Jk})$ für einen bestimmten Fall k. Eine Zelle ist nun definiert durch eine Antwortkombination (Kovariatenmuster) und eine bestimmte Kategorie der abhängigen Variablen. Bei I Kategorien und K Beobachtungen ergeben sich I x K mögliche Zellen. Bezogen auf unser Fallbeispiel entspricht das 3 x 92 = 276 Zellen. Abbildung 7.33 verdeutlicht den Zusammenhang in Form einer Tabelle.

Abbildung 7.33:   Kovariatenmuster und Zellen der logistischen Regression

Kovariatenmuster	Abhängige Variable		
	Gruppe 1	Gruppe 2	Gruppe 3
Muster 1	Zelle 1	Zelle 2	Zelle 3
Muster 2	Zelle 4	Zelle 5	Zelle 6
Muster ...	...	...	...

Die Notwendigkeit eines Warnhinweises liegt nun darin begründet, daß die logistische Regression grundsätzlich davon ausgeht, daß alle möglichen Zellen besetzt sein sollten, d. h. Beobachtungen enthalten sollten. Allerdings ist diese Annahme für die meisten Datensätze nicht erfüllt, da

1. die Zahl der Beobachtungen meist zu gering ist,
2. die Zahl der Kovariatenmuster zu groß ist.

In beiden Fällen macht SPSS den Anwender durch den Warnhinweis darauf aufmerksam, daß eine Grundanforderung des Verfahrens nicht erfüllt ist und insoweit bei einigen Statistiken oder Auswertungen unzutreffende Ergebnisse entstehen können. Mehr zu diesem Problem und den Konsequenzen, die sich für die logisti-

470   Logistische Regression

sche Regression daraus ergeben, können in den Anwendungsempfehlungen und im Anhang nachgelesen werden.

Für das Fallbeispiel kann festgestellt werden, daß die Warnung auf 178 leere Zellen hinweist. Bei den hier 92 gültigen Beobachtungen müßten 184 Zellen (=2 x 92) leer sein; wenn jede Beobachtung ein *eigenes* Kovariatenmuster darstellen würde. Vor diesem Hintergrund weist die Zahl 178 darauf hin, daß es nur sehr wenige Beobachtungen mit gleichem Kovariatenmuster gibt, die dabei zu unterschiedlichen Gruppen gehören. Insoweit muß hier festgestellt werden, daß die Forderung nach Belegung aller möglichen Antwortzellen in unserem Datensatz deutlich verletzt wird. Das gebietet Vorsicht bei einigen Maßzahlen und Statistiken.

Abbildung 7.34:   Verarbeitete Fälle

Verarbeitete Fälle

		Anzahl	Rand-Prozentsatz
segment	Segment A	19	20,7%
	Segment B	51	55,4%
	Segment C	22	23,9%
Gültig		92	100,0%
Fehlend		35	
Gesamt		127	
Teilgesamtheit		89[a]	

a. Die abhängige Variable hat nur einen in 89 (100,0%) Teilgesamtheiten beobachteten Wert.

Im zweiten Schritt weist SPSS die in Abbildung 7.34 gezeigte Aufstellung zu den *verarbeiteten Fällen* aus. Diese enthält Informationen zur Zahl der akzeptierten Beobachtungen und zur Verteilung eben dieser auf die Kategorien der abhängigen Variablen. Bei unserem Datensatz wurden 35 Fälle als fehlend erkannt und 92 Fälle von insgesamt 127 als gültig erklärt. Diese verteilen sich im Verhältnis 19:51:22 auf die Segmente A, B und C. Im nächsten Schritt werden sodann ,*Informationen zur Modellanpassung*' aufgeführt. Abbildung 7.35 zeigt die entsprechende Tabelle, die folgende Angaben beinhaltet:

- den mit –2 multiplizierten LL-Wert des Null-Modells (183,068)
- den mit –2 multiplizierten LL-Wert des vollständigen Modells (96,684)
- den Chi-Quadrat-Wert des Likelihood-Ratio-Test (86,384), der sich aus der Differenz der beiden vorhergehenden Werte ergibt

Mit einem Signifikanzniveau von 0,000 kann die Nullhypothese des LR-Tests abgelehnt werden und somit geschlossen werden, daß das Modell insgesamt eine gute Trennkraft für die Unterscheidung der Gruppen aufweist.

Abbildung 7.35: Informationen zur Modellanpassung

	Informationen zur Modellanpassung			
	Kriterien für die Modellanpassung	Likelihood-Quotienten-Tests		
Modell	-2 Log-Likelihood	Chi-Quadrat	Freiheitsgrade	Signifikanz
Nur konstanter Term	183,068			
Endgültig	96,684	86,384	20	,000

Auf den ersten Blick verwirren könnte die Zahl der Freiheitsgrade. Sie wird jedoch verständlich, wenn beachtet wird, in welcher Art und Weise die Schätzung erfolgt: Dadurch, daß die abhängige Variable mehr als zwei Ausprägungskategorien besitzt, wird nicht mehr nur ein einziger Wahrscheinlichkeitsübergang von einer Ausprägung auf die andere geschätzt. Bei drei Gruppen – wie es in unserem Beispiel der Fall ist – gibt es vielmehr drei Wahrscheinlichkeitsübergänge zwischen jeweils zwei Gruppen, die zu beachten sind. Insofern müssen statt eines Logits (wie in der binären logistischen Regression) drei Logits bestimmt werden.

In Abbildung 7.36 ist der Zusammenhang zwischen den verschiedenen logarithmierten Odds graphisch verdeutlicht. Dabei wird bereits deutlich, daß trotz des Drei-Gruppen-Falls die Schätzung der b-Werte von nur zwei Logits hinreichend ist, was sich auch aus folgendem Zusammenhang ergibt:

$$\ln\left(\frac{p\,(\text{Gruppe 1})}{p\,(\text{Gruppe 2})}\right) = \ln\left(\frac{p\,(\text{Gruppe 1})}{p\,(\text{Gruppe 3})}\right) - \ln\left(\frac{p\,(\text{Gruppe 2})}{p\,(\text{Gruppe 3})}\right) \tag{18}$$

Abbildung 7.36: Der Ansatz der multinomialen logistischen Regression am Beispiel von drei Gruppen

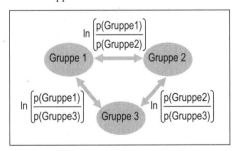

472   Logistische Regression

Im Drei-Gruppen-Fall läßt sich ein Logit aus den beiden anderen herleiten. Insoweit schätzt SPSS nur die b-Werte der Logits einer *Referenzgruppe*. Im Fall der multinomialen logistischen Regression wählt SPSS immer die Gruppe mit der höchsten Ordnungszahl (hier also die 3).[28]

Kehren wir nun wieder zur Frage nach der Anzahl der Freiheitsgrade zurück, so ergibt sich vor obigem Hintergrund folgende Überlegung: Für unser Beispiel von zehn unabhängigen Variablen und drei Gruppen müssen 22 Regressionskoeffizienten geschätzt werden (inklusive zwei b_0). Die Zahl 20 bei den Freiheitsgraden ergibt sich nun daraus, daß die mitgeschätzten b_0 nicht zählen, da der LR-Wert durch die Subtraktion der zwei LL-Werte quasi vom b_0-Effekt befreit ist.

Unter dem Titel ‚*Güte der Anpassung*' werden die Pearson χ^2-Statistik ($\rightarrow$ Pearson = 161,69) und die Devianz ($\rightarrow$ Abweichung = 96,684) ausgewiesen:

Abbildung 7.37:   Güte der Anpassung

	Chi-Quadrat	Freiheitsgrade	Signifikanz
Pearson	161,690	156	,361
Abweichung	96,684	156	1,000

Da beide Statistiken einer χ^2-Verteilung folgen, sind des weiteren die Freiheitsgrade (jeweils 156) und die zugehörenden Signifikanzen angegeben. Die Zahl der Freiheitsgrade ergibt sich hier aus der Zahl der im Datensatz vorhandenen 89 Kovariatenmuster multipliziert mit 2 Schätzungen (Gruppe 3 vs. 1 und 3 vs. 2) abzüglich der geschätzten 22 Parameter ($2 \cdot 10$ b-Werte für die unabhängigen Variablen plus 2 b_0).[29] Die Signifikanzen weisen im Fall des Pearson-Maßes auf eine schlechte Anpassung des Modells hin (0,361) während die Devianz eine gute suggeriert. Jedoch: Für unseren Datensatz ist bei beiden Gütemaßen Vorsicht geboten. Voraussetzung eines χ^2-Anpassungstests ist, daß die Zahl der Kovariatenmuster deutlich geringer ist als die Zahl der Beobachtungen, d. h. es wird gefordert, daß viele Befragte das gleiche Antwortenmuster aufweisen. Ansonsten führt ein χ^2-Test zu falschen Aussagen.

---

[28] Im Unterschied hierzu wählt die SPSS-Prozedur ‚Binär logistische Regression' die *kleinste* Ordnungszahl (0) als Referenzgruppe. Vgl. hierzu auch die Anmerkungen in Abschnitt 7.2.2.

[29] An dieser Stelle wird deutlich, daß das Pearson-Maß und die Devianz in dieser Prozedur nicht auf Basis der einzelnen Beobachtungen (wie bei der Prozedur zur binären logistischen Regression) berechnet werden, sondern auf Basis der beobachteten Kovariatenmuster, was durchaus zu unterschiedlichen Ergebnissen führt. (Vgl. hierzu auch die Ausführungen im Anhang).

Fallbeispiel   473

Wie oben gezeigt werden konnte, ist die Voraussetzung eines χ^2-Tests für das Pearson-Maß und auch die Devianz bei dem vorliegenden Datensatz keinesfalls gegeben: Die Zahl der Kovariatenmuster ist fast so groß wie die Zahl der Beobachtungen (was zu einer Explosion der Freiheitsgrade führt). Entsprechend helfen die hier gegebenen Informationen *nicht* zur Beurteilung der Güte des Modells.

Im nächsten Schritt werden zur Beurteilung der Modellgüte die *Pseudo-R-Quadrat-Statistiken* von McFadden, Cox und Snell sowie von Nagelkerke ausgewiesen. Sie sind für unser Fallbeispiel in Abbildung 7.38 wiedergegeben.[30]

Abbildung 7.38:   Pseudo R-Quadrat-Statistiken

Cox und Snell	,609
Nagelkerke	,705
McFadden	,472

Wie in Abschnitt 7.2.4.1 erläutert, weisen alle drei Statistiken sehr gute Gütewerte aus und gem. Nagelkerkes-R^2 läßt sich im Fallbeispiel 70,5% der Varianz bezüglich der Gruppenzugehörigkeit auf die zehn Variablen zurückführen.

Eine Gütebeurteilung auf Variablenebene ist mit Hilfe des *Likelihood Quotienten-Tests* möglich, dessen Ergebnisse für unser Fallbeispiel in Abbildung 7.39 abgedruckt sind. Für jede Variable wird in Spalte 2 der –2·LL-Wert des reduzierten Modells ausgewiesen und in Spalte 3 der zugehörige Chi-Quadrat-Wert, der sich als Differenz zum –2·LL-Wert des vollständigen Modells ergibt. Der –2LL-Wert des vollständigen Modells beträgt hier 96,684 und kann aus Abbildung 7.37 ent-

---

[30] Zur Berechnung der Pseudo-R^2-Statistiken können nicht die in den SPSS-Ausdrucken der Prozedur NOMREG standardmäßig ausgegebenen Likelihoodwerte verwendet werden. Was als Standardoption der Prozedur NOMREG in SPSS als -2 Log Likelihood bezeichnet wird, ist genau das -2 fache des natürlichen Logarithmus der Likelihoodfunktion des angepaßten Modells. Dieser logarithmierte Likelihood beinhaltet eine Komponente, die lediglich eine Funktion der Stichprobengröße und der Verteilung der abhängigen Variable ist und demnach über die Modelle konstant ist. Daher wird üblicherweise diese Komponente weggelassen und lediglich der sog. Kernel des (Log) Likelihood betrachtet, der dieselben Parameterschätzer, jedoch mit einem einfacheren Ausdruck liefert. Daher gilt in SPSS die Beziehung: NOMREG Log-Likelihood = Konstante + Kernel. Zur Berechnung der R^2-Statistiken wie McFaddens-R^2 wird der Kernel der Likelihoodfunktion verwendet. Um die entsprechende Berechnung durch Ausgabe des Kernels im SPSS-Ausdruck nachvollziehen zu können, muß in der Syntax der Befehl PRINT = KERNEL ergänzt werden. In diesem Fall gibt dann SPSS NOMREG den mit -2 multiplizierten Kernel der (Log) Likelihoodfunktion aus. Vgl. Adler, J., 2003, S. 147.

474 Logistische Regression

nommen werden. Weiterhin wird noch die Zahl der Freiheitsgrade[31] (Spalte 4) und
die Signifikanz angegeben (Spalte 5). Ist die Diskrepanz zwischen den jeweiligen
reduzierten Modellen und dem vollständigen Modell groß, so liegt ein hoher Erklärungsanteil der betrachteten Variablen vor. Entsprechend ist die errechnete Signifikanz nahe Null, d. h. die Nullhypothese, nach der die betrachtete Variable *keinen*
Einfluß auf die Gruppentrennung hat, kann verworfen werden.

Abbildung 7.39: Likelihood-Quotienten-Test

	Kriterien für die Modellanpassung	Likelihood-Quotienten-Tests		
Effekt	-2 Log-Likelihood für reduziertes Modell	Chi-Quadrat	Freiheits grade	Signifikanz
Konstanter Term	106,258	9,573	2	,008
streichf	101,116	4,432	2	,109
preis	97,841	1,157	2	,561
haltbark	105,520	8,836	2	,012
ungefett	100,707	4,022	2	,134
backeign	97,339	,655	2	,721
geschmac	99,971	3,286	2	,193
kalorien	103,822	7,138	2	,028
tierfett	97,900	1,216	2	,544
vitamin	100,392	3,708	2	,157
natur	109,235	12,551	2	,002

Likelihood-Quotienten-Tests

Die Chi-Quadrat-Statistik stellt die Differenz der -2 Log-Likelihoods zwischen
dem endgültigen Modell und einem reduziertem Modell dar. Das reduzierte
Modell wird berechnet, indem ein Effekt aus dem endgültigen Modell
weggelassen wird. Hierbei liegt die Nullhypothese zugrunde, nach der alle
Parameter dieses Effekts 0 betragen.

Wird z. B. die Variable NATUR betrachtet, wird der Effekt offensichtlich: Die
Diskrepanz zwischen den zwei Modellen ist mit 12,551 relativ groß, die Signifikanz mit 0,002 entsprechend gering. Umgekehrt wird offensichtlich, daß die Variable BACKEIGN nur einen sehr geringen Beitrag zur Trennung der Gruppen
leistet. Die Diskrepanz zwischen dem Vollmodell und dem reduzierten Modell ist
mit 0,655 gering, die Signifikanz mit 0,721 entsprechend hoch. Hier kann die Nullhypothese nicht abgelehnt werden, d. h. die BACKEIGN liefert keine Erklärung
zur Trennung der Gruppen.

---

[31] Sie ergibt sich als Differenz der Anzahl der geschätzten Parameter zwischen dem vollständigen und dem reduzierten Modell, in diesem Fall = 2.

Die Tabelle '*Parameterschätzer*' (vgl. Abbildung 7.40) führt die geschätzten Regressionskoeffizienten (Spalte 2) mit den zugehörenden Standardfehlern (Spalte 3), die Werte für die Wald-Teststatistik (Spalte 4) inklusive der Signifikanzen (Spalte 6) sowie die odd ratios (Spalte 7) mit entsprechenden Konfidenzintervallen (Spalte 8 u. 9) auf. Die zwei Blöcke „Segment A" und „Segment B" repräsentieren die zwei Schätzungen der Referenzgruppe 3 gegen die Gruppe 1 (Block 1) bzw. gegen die Gruppe 2 (Block 2). Aus dieser Tabelle können die Wirkungsrichtung und die Wirkungsstärke der Variablen abgelesen werden:

So bedeutet der Regressionskoeffizient von −1,861 für die Variable NATUR im ersten Block, daß ein hoher Skalenwert von z. B. sechs darauf hindeutet, daß die Beobachtung eher der Referenzgruppe 3 angehört. Umgekehrt weist z. B. der positive B-Wert von 1,214 bei der Variable HALTBARK darauf hin, daß eine Beobachtung mit einem hohen Beurteilungswert eher der Gruppe 1 angehört. Ein B-Schätzer nahe Null signalisiert, daß die Variable – z. B. BACKEIGN für den Gruppenvergleich 3 gegen 1 – keine Trennung erlaubt. In beiden Gruppen treten sowohl hohe als auch niedrige Skalenwerte für BACKEIGN auf.

Abbildung 7.40: Parameterschätzer

segment[a]		B	Standardf ehler	Wald	Freiheitsg rade	Signifikanz	Exp(B)	95% Konfidenzintervall für Exp(B)	
								Untergrenze	Obergrenze
Segment A	Konstanter Term	4,606	3,704	1,547	1	,214			
	streichf	,708	,515	1,887	1	,169	2,030	,739	5,571
	preis	-,469	,452	1,079	1	,299	,625	,258	1,516
	haltbark	1,214	,678	3,202	1	,074	3,367	,891	12,728
	ungefett	,523	,473	1,225	1	,268	1,687	,668	4,260
	backeign	,118	,386	,094	1	,759	1,125	,528	2,397
	geschmac	-,773	,746	1,073	1	,300	,462	,107	1,993
	kalorien	-,979	,410	5,686	1	,017	,376	,168	,840
	tierfett	-,095	,245	,150	1	,698	,909	,563	1,470
	vitamin	,743	,570	1,697	1	,193	2,102	,688	6,427
	natur	-1,861	,645	8,329	1	,004	,156	,044	,550
Segment B	Konstanter Term	8,238	3,395	5,890	1	,015			
	streichf	,109	,451	,058	1	,810	1,115	,461	2,699
	preis	-,331	,420	,619	1	,431	,719	,315	1,637
	haltbark	1,537	,628	5,996	1	,014	4,651	1,359	15,917
	ungefett	,761	,444	2,940	1	,086	2,140	,897	5,107
	backeign	-,096	,342	,078	1	,779	,909	,465	1,777
	geschmac	-1,080	,707	2,330	1	,127	,340	,085	1,359
	kalorien	-,820	,399	4,231	1	,040	,440	,202	,962
	tierfett	-,214	,227	,882	1	,348	,808	,517	1,261
	vitamin	,206	,521	,156	1	,693	1,229	,442	3,414
	natur	-1,413	,599	5,562	1	,018	,243	,075	,788

a. Die Referenzkategorie lautet: Segment C.

Ob aus den Schätzergebnissen tatsächlich auf die Trennkraft der Variablen geschlossen werden darf, hängt auch von der Streuung der geschätzten Parameter ab. Diese Information können wir dem Wald-Test entnehmen. Für die Variable NATUR erhalten wir einen Wald-Wert von 8,329 und damit eine Signifikanz von 0,004. Das bedeutet, daß mit einer Wahrscheinlichkeit von 99,6% die Nullhypothese verworfen werden kann, daß die Variable NATUR keinen Einfluß auf die Trennung der Gruppen 3 und 1 hat. Ein ähnliches Ergebnis finden wir für die Variable

476 Logistische Regression

HALTBARK bei einem Wald-Wert von 3,202 und einer Signifikanz von 0,074. Die Variable BACKEIGN weist hingegen einen Signifikanzwert von 0,759 auf. Das ist ein deutliches Signal für die geringe Trennfähigkeit dieser Variable.

Wirkungsrichtung und -stärke der Variablen offenbaren sich vor allem in den odd ratios bzw. den Effekt-Koeffizienten (Exp (B)). Ein Wert von 0,156 für die Variable NATUR besagt, daß sich bei Erhöhung des x-Wertes um eine Einheit das Chancenverhältnis p(Gruppe 1)/(p(Gruppe 3) um eben diesen Faktor verändert. War es vorher 1:1, ist es dann 0,156:1. Erhöht sich der Score in der Variable NATUR um einen weiteren Wert, verändert sich das Chancenverhältnis zu $(0,156)^2$:1. Umgekehrt sieht es im Fall der Variable HALTBARK aus. Die odd ratio von 3,367 signalisiert, daß sich das Chancenverhältnis bei einem Anstieg des Skalenwertes um Eins in etwa um das 3,4 fache zugunsten der Gruppe 1 verändert. Für die Variable BACKEIGN ergibt sich ein Effektkoeffizient von 1,125. Das weist darauf hin, daß sich das Chancenverhältnis in Abhängigkeit von der Ausprägung der Variablen kaum ändert.

Die jeweiligen Konfidenzintervalle der Effektkoeffizienten geben den Wertebereich an, in dem sich bei gegebener Vertrauenswahrscheinlichkeit die odd ratios tatsächlich bewegen. Für die Variable NATUR zeigt sich, daß beide Grenzen unter Eins liegen. Insoweit ist der negative Einfluß auf das Chancenverhältnis mit großer Wahrscheinlichkeit zu erwarten. Nicht so gut sieht es bei der Variablen HALTBARK aus. Das Konfidenzintervall schließt auch Werte unter Eins ein. Es kann nicht mit 95%iger Vertrauenswahrscheinlichkeit gesagt werden, daß der angezeigte positive Effekt tatsächlich eintritt. Für die Variable BAECKEIGN liegt das Konfidenzintervall mit seiner Obergrenze deutlich über und der Untergrenze deutlich unter Eins. Auch hieraus ergibt sich der Hinweis auf die geringe Bedeutung der Variablen.

Werden die Ergebnisse des Blockes 1 (Gruppe 3:1) mit denen des Blockes 2 (Gruppe 3:2) verglichen, so kann festgestellt werden, daß bei allen Variablen (abgesehen von BACKEIGN) die Wirkungsrichtung gleich ist, häufig finden sich sogar Parameter mit ähnlichen Werten. Die größte Differenz ergibt sich bezüglich STREICHF. Das kann als Hinweis darauf gedeutet werden, daß sich vor allem bezüglich dieser Variablen die Gruppen 1 und 2 trennen lassen. Um dies zu überprüfen, müssen die B-Werte für den Wahrscheinlichkeitsübergang von Gruppe 1 zu Gruppe 2 bestimmt werden. Dies erfolgt in Anlehnung an Gleichung (18) durch Subtraktion der bereits bekannten B-Schätzer nach der Formel:

$$b_j(2 \text{ vs. } 1) = b_j(3 \text{ vs. } 1) - b_j(3 \text{ vs. } 2).$$

Für die Variable STREICHF bedeutet das ein $b_j(2$ vs. 1) von 0,599 (= 0,708 – 0,109). Ein einfacher Weg zur Bestimmung der b-Werte der nicht betrachteten Gruppenkombination besteht in einer Umkodierung der Gruppenbezeichnung. Wird die Kodierung von Gruppe 2 mit der von Gruppe 3 getauscht, wird nunmehr die alte Gruppe 2 von SPSS als Referenz der Schätzung benutzt. Insoweit erhalten wir die Schätzergebnisse 2(alt) vs. 1 und 2(alt) vs. 3 (alt). Der Vorteil dieser Vorgehensweise ist darin zu sehen, daß zugleich die Signifikanzen angegeben werden (und nicht 'per Hand' berechnet werden müssen). Für die Streichfähigkeit ergibt sich im Fall 2(alt) vs. 1 ein W-Wert von 3,499 und eine Signifikanz von 0,061.

Unsere Vermutung bezüglich des Einflusses auf die Trennung der betrachteten Gruppen kann bestätigt werden.

Abschließend sei zur Beurteilung der Gesamtgüte des Modells noch auf die *Klassifikationsergebnisse* eingegangen, die für das Fallbeispiel in Abbildung 7.41 wiedergegeben sind. Hier werden pro Gruppe in den Zeilen die beobachtete und in den Spalten die geschätzte Gruppenzugehörigkeit abgetragen.[32] Entsprechend stehen die korrekt klassifizierten Fälle auf der Hauptdiagonalen. Die verbleibenden Zellen offenbaren die Fehlklassifikationen. Hieraus werden in den Zeilen Trefferquoten errechnet. Für unser Beispiel können wir erkennen, daß 31,6% der tatsächlich zur Gruppe 1 gehörenden Beobachtungen korrekt klassifiziert wurden. Für die Gruppe 2 ergibt sich eine Erfolgsquote von 88,2%, für die Gruppe 3 eine solche von 86,4%. Insgesamt sind damit 76,1% der Beobachtungen korrekt klassifiziert worden. Dieser Wert kann verglichen werden mit derjenigen Trefferquote, die bei zufälliger Zuordnung der Beobachtungen unter Beachtung der Gruppenstärken zu erwarten ist. Ausgehend von einer Verteilung der Beobachtungen auf die Gruppen von 19:51:22 ist eine Trefferquote von 55,4% (= 51/92) zu erwarten. Daß die Trefferquote auf Basis unseres Modells deutlich höher ausgefallen ist, können wir als weiteren Hinweis für die Modellgüte ansehen.

Abbildung 7.41:   Klassifikationsmatrix

Beobachtet	Vorhergesagt			
	Segment A	Segment B	Segment C	Prozent richtig
Segment A	6	12	1	31,6%
Segment B	4	45	2	88,2%
Segment C	1	2	19	86,4%
Prozent insgesamt	12,0%	64,1%	23,9%	76,1%

Schließlich kann auch noch ein Vergleich mit der *Proportionalen Zufallswahrscheinlichkeit* (PZW) durchgeführt werden, die sich für den Mehrgruppenfall wie folgt berechnet:[33]

---

[32] Die Bestimmung der Gruppenzugehörigkeit auf Basis der Schätzung erfolgt derart, daß eine Beobachtung immer der Gruppe zugeordnet wird, für die sich die größte Wahrscheinlichkeit ergibt. Vgl. zur Berechnung Urban, D., 1993, S. 77.

[33] Vgl. Sharma, S., 1996, S. 260.

478   Logistische Regression

$$PZW = \sum_{g=1}^{G} \left(\frac{n_g}{n} \right)^2 = \sum_{g=1}^{G} a_g^2 \qquad (19)$$

mit:

n_g: Anzahl der Elemente in Gruppe g (g = 1, ..., G)

a_g: Anteilswert der Gruppe g (g = 1, ..., G) an der Gesamtstichprobe n

G: Anzahl der Gruppen.

Unter Verwendung der in Abbildung 7.34 ausgegebenen Rand-Prozentsätze pro Segment (a_g) ergibt sich für unser Fallbeispiel eine proportionale Zufallswahrscheinlichkeit von ($0,207^2+0,554^2+0,239^2=$) 40,69%. Somit liegt die im Fallbeispiel erzielte *hit ratio* von 76,1% auch deutlich über der PZW.

Zusammenfassend kann somit festgestellt werden, daß die drei Margarinesegmente klare Unterschiede aufweisen. Als trennende Kriterien zwischen den Gruppen 1 und 3 bzw. 2 und 3 haben sich vor allem die Variablen HALTBARK, KALORIEN und NATUR herauskristallisiert. Für die Trennung der Gruppen 1 und 2 sind vor allem die Variablen STREICHF und VITAMIN verantwortlich. Auch ist offensichtlich geworden, daß die Gruppe 3 von den anderen zwei Gruppen deutlich besser getrennt ist, als die Gruppen 1 und 2.

7.3.3   SPSS-Kommandos

In Abbildung 7.42 ist abschließend die Syntaxdatei mit den SPSS-Kommandos für das Fallbeispiel wiedergegeben. Die entsprechende Datei ist auch auf der Support-CD zu diesem Buch enthalten.[34]

---

[34] Vergleiche zur SPSS-Syntax auch Ausführungen im einleitenden Kapitel dieses Buches. Die Support-CD kann mit Hilfe des Vordrucks am Ende des Buches bestellt werden.

Fallbeispiel 479

Abbildung 7.42: SPSS-Kommandodatei für das Fallbeispiel

```
* Fallbeispiel Logistische Regressionsanalyse

* Datendefinition
* ---------------
DATA LIST FIXED
          /Streichf 8 Preis 10  Haltbark 12  Ungefett 14
          Backeign 16  Geschmac 18 Kalorien  20  Tierfett 22
          Vitamin 24  Natur 26  Person 27-29 Marke 30-32.

* DATENMODIFIKATION
* -----------------
* Definition der Segmente (Gruppen):
*          A: Homa, Flora
*          B: Becel, Du darfst, Rama, SB, Sanella, Botteram
*          C: Delicado, Hollaendische Butter, Weihnachtsbutter.

COMPUTE Segment        =        Marke.
RECODE  SEGMENT (7,8=1) (1,2,3,9,10,11=2) (4,5,6=3).
VALUE LABELS Segment    1 "Segment A"
                        2 "Segment B"
                        3 "Segment C".

BEGIN DATA
 1   3 3 5 4 1 2 3 1 3 4  1  1
 2   6 6 5 2 2 5 2 1 6 7  3  1
 3   2 3 3 3 2 3 5 1 3 2  4  1
 .
 .
 .
127  5 4 4 1 4 4 1 1 1 4 18 11
END DATA.

* PROZEDUR
* -----------------
SUBTITLE "Logistische Regression fuer den Margarinemarkt".
NOMREG
  segment (BASE=LAST ORDER=ASCENDING) WITH streichf preis haltbark
  ungefett backeign geschmac kalorien tierfett vitamin natur
  /CRITERIA = CIN(95) DELTA(0) MXITER(100) MXSTEP(5)CHKSEP(20) LCONVERGE(0)
  PCONVERGE(1.0E-6) SINGULAR(1.0E-8)
  /MODEL
  /INTERCEPT = INCLUDE
  /PRINT = CLASSTABLE FIT PARAMETER SUMMARY LRT.
```

480   Logistische Regression

7.4   Anwendungsempfehlungen

Nachfolgend werden einige Empfehlungen für die Durchführung einer logistischen Regression zusammengestellt, die nach den Aspekten Anforderungen an das Datenmaterial, Schätzung der Regressionskoeffizienten und Gütemaße differenziert sind.

Anforderungen an das Datenmaterial

– Die Fallzahl sollte pro Gruppe (= eine Ausprägung der abhängigen Variablen) nicht kleiner als 25 sein.
– Eine größere Zahl an unabhängigen Variablen verlangt auch nach höheren Beobachtungszahlen pro Gruppe.
– Die unabhängigen Variablen sollten weitgehend frei von Multikollinearität sein. (keine linearen Abhängigkeiten, vgl. Kapitel 1)
– Es sollte keine Autokorrelation vorliegen, das heißt, die Beobachtungen y_i sollten unabhängig voneinander sein. (vgl. Kapitel 1)
– Der logistische Wahrscheinlichkeitsverlauf sollte für die Fragestellung auch auf seine Plausibilität geprüft werden.

Schätzung der Regressionskoeffizienten

– Um im multinomialen Fall auch die b-Schätzer inklusive der zugehörenden Signifikanzen der von SPSS nicht geschätzten Logits zu erhalten, wird eine Umkodierung der Gruppenbezeichnung empfohlen.
– Es ist zu beachten, daß bei einer Kodierung der Ausprägungen der abhängigen Variablen mit Null und Eins die Prozedur zur binären logistischen Regression die Gruppe Null als Referenzkategorie wählt, während jene zur multinomialen logistischen Regression stets die Gruppe mit der höchsten Kodierung – hier die Gruppe Eins – als Referenz setzt. Insoweit unterscheiden sich die geschätzten Parameter in ihrem Vorzeichen, jedoch nicht in ihrem Betrag.

Gütemaße

– Der Likelihood-Ratio-Test zur Beurteilung der Signifikanz des Gesamtmodells ist unabhängig von der Struktur des Datensatzes immer geeignet.
– Die Devianz und die Pearson χ^2-Statistik zur Beurteilung der Güte des Gesamtmodells sind nur unter bestimmten Voraussetzungen zulässig und auf eine bestimmte Art und Weise zu ermitteln (die Erklärung hierfür findet sich im Anhang):
    – Unabhängig davon, ob die abhängige Variable zwei oder mehr Ausprägungen aufweist, sollten die beiden Maße nur mit der multinomialen Prozedur ermittelt werden.
    – Nur wenn die Zahl der Kovariatenmuster deutlich kleiner ist als die Zahl der Beobachtungen, ist für die Devianz und das Pearson-χ^2 ein Signifikanztest auf Basis der χ^2-Verteilung zulässig.

Mathematischer Anhang   481

– Ist die Zahl der Kovariatenmuster in etwa gleich groß wie die Zahl der Beobachtungen, sollte das von Hosmer und Lemeshow vorgeschlagene modifizierte Pearson χ^2-Maß $\hat{C}$ berechnet und die Signifikanz bestimmt werden. Für den Fall eines multinomialen Modells setzt das eine Zerlegung in mehrere binäre Modelle voraus, da die $\hat{C}$-Statistik von SPSS nur in der binären Prozedur angeboten wird.

– Generell wird eine Ausreißerdiagnostik auf Basis der Pearson-Residuen pro Beobachtung empfohlen. Im Fall eines multinomialen Modells muß wiederum eine Zerlegung in mehrere binäre Modelle erfolgen, da SPSS 13.0 die Bestimmung der Residuen pro Beobachtung nur in der binären Prozedur zur Verfügung stellt.

7.5   Mathematischer Anhang

Bereits zu Beginn dieses Kapitels wurde darauf hingewiesen, daß SPSS 13.0 in seiner binären und seiner multinomialen Prozedur zum Teil andere Vorgehensweisen wählt und damit z. T. unterschiedliche Ergebnisse produziert. Das ist insoweit irritierend, als die binäre logistische Regression lediglich einen Spezialfall der multinomialen logistischen Regression darstellt. Aus diesem Grunde werden im folgenden die Ursachen für die Unterschiede genauer erläutert:

Jede Beobachtung k innerhalb eines Datensatzes ist charakterisiert durch eine bestimmte Kombination von Ausprägungen (Kovariatenmuster) der betrachteten unabhängigen Variablen $x_{1k}, x_{2k}, ..., x_{Jk}$. Da es durchaus möglich ist, daß mehrere Befragte bezüglich aller Items dieselbe Antwort gegeben haben, kann in einem Datensatz ein Kovariatenmuster auch mehrmals vertreten sein. Im Fall weniger kategorialer unabhängiger Variablen und einer großen Beobachtungszahl wird dies eintreten. Ist I die Anzahl der unterschiedlichen Kovariatenmuster und K die Anzahl der Beobachtungen, so gilt $I \leq K$.

Während die Prozedur zur binären logistischen Regression bei der Berechnung bestimmter Gütemaße die einzelnen Beobachtungen zugrunde legt, werden von der Prozedur zur multinomialen logistischen Regression Beobachtungen mit demselben Kovariatenmuster *gemeinsam* betrachtet, d. h. Basis der Berechnung sind nicht mehr die Beobachtungen, sondern die Kovariatenmuster.

Deutlich wird dieser Unterschied, wenn wir die sog. Pearson χ^2-Statistik betrachten.[35] Basierend auf den einzelnen Beobachtungen ist sie definiert als die Summe über alle quadrierten Pearson-Residuen $r(y_i, p(y_i=1))$, i=1, ..., I, d. h.

$$X^2 = \sum_{i=1}^{I} r(y_i, p(y_i=1))^2 = \sum_{i=1}^{I} \frac{(y_i - p(y_i = 1))^2}{p(y_i = 1) \cdot (1 - p(y_i = 1))} \tag{20}$$

---

[35] In der Literatur findet sich dieses Maß z. B. bei Krafft, M., 1997, S. 630.

482 Logistische Regression

X^2 folgt näherungsweise einer χ^2-Verteilung mit I-K-1 Freiheitsgraden. Dabei weisen große Summanden auf große Fehler hin. Gibt es nun viele Beobachtungen, bei denen ein großer Fehler auftritt, nimmt X^2 einen hohen Wert an. Insoweit signalisieren hohe X^2-Werte eine schlechte und niedrige Werte eine gute Modellanpassung.

Zur Definition der Pearson χ^2-Statistik auf Basis der Kovariatenmuster ist die Einführung weiterer Variablen erforderlich. Es seien im folgenden m_j (j=1, ..., J) die Anzahl aller Beobachtungen, die durch ein bestimmtes Kovariatenmuster j gekennzeichnet sind, sowie t_j (j=1, ..., J) die Anzahl der Beobachtungen mit dem Kovariatenmuster j und y=1. Weiterhin sei p_j die Wahrscheinlichkeit, daß die abhängige Variable y für das Kovariatenmuster j den Wert 1 aufweist. Das Pearson-Residuum bezüglich eines Kovariatenmusters j ist dann wie folgt definiert:[36]

$$\tilde{r}(t_j, p_j) = \frac{t_j - m_j \cdot p_j}{\sqrt{m_j \cdot p_j \cdot (1 - p_j)}} \tag{21}$$

Demzufolge berechnet sich die Pearson χ^2-Statistik auf Basis der Kovariatenmuster gemäß

$$\tilde{X}^2 = \sum_{j=1}^{J} \tilde{r}(t_j, p_j)^2 = \sum_{j=1}^{J} \frac{(t_j - m_j \cdot p_j)^2}{m_j \cdot p_j \cdot (1 - p_j)} \tag{22}$$

$\tilde{X}^2$ ist asymptotisch χ^2-verteilt mit J-k-1 Freiheitsgraden. Genau wie bei X^2 weisen große Werte für $\tilde{X}^2$ auf eine schlechte und kleine Werte auf eine gute Modellanpassung hin. Zur Verdeutlichung wird folgende beispielhafte Datenmatrix betrachtet, wobei die grau hinterlegten Felder die Margarine-Käufer hervorheben:

Abbildung 7.43: Beurteilung der Haltbarkeit von Margarine in Supermärkten

Kunden	1	2	3	4	5	6	7	8	9	10
Käufer	0	0	0	0	0	1	1	1	1	1
Haltbarkeit:										
Supermarkt A	1	2	1	2	1	4	5	4	5	4
Supermarkt B	2	3	2	3	2	2	3	2	3	2
Supermarkt C	1	2	4	2	1	5	4	2	4	5

Abbildung 7.44 zeigt die Berechnung von $r(y_i, p(y_i=1))$ und Abbildung 7.45 diejenige von $\tilde{r}(t_j, p_j)$ für Supermarkt C:

---

[36] Vgl. Hosmer, D.W./Lemeshow, S., 2000, S. 145.

Abbildung 7.44: Berechnung von $r(y_i, p(y_i=1))$

I	1	2	3	4	5	6	7	8	9	10
x_{i1}	1	2	4	2	1	5	4	2	4	5
y_i	0	0	0	0	0	1	1	1	1	1
$p(y_i=1)$	0,08	0,23	0,77	0,23	0,08	0,92	0,77	0,23	0,77	0,92
$r(y_i,p(y_i=1))$	-0,29	-0,54	-1,84	-0,54	-0,29	0,29	0,54	1,84	0,54	0,29

Abbildung 7.45: Berechnung von $\tilde{r}(t_j, p_j)$

j	$x_1=1$	$x_1=2$	$x_1=4$	$x_1=5$
m_j	2	3	3	2
t_j	0	1	2	2
p_j	0,08	0,23	0,77	0,92
$r(t_j,y_j)$	-0,42	0,44	-0,44	0,42

Damit ergibt sich für X^2 ein Wert von 8,32 bei 8 Freiheitsgraden und ein Signifikanzniveau von 0,40. $\tilde{X}^2$ weist einen Wert von 0,73 bei 2 Freiheitsgraden und ein Signifikanzniveau von 0,69 auf. Insoweit deutet $\tilde{X}^2$ auf eine bessere Anpassung des Modells hin als X^2.

Zur Beurteilung der beiden Vorgehensweisen ist es nützlich, sich eine zentrale Anforderung an eine χ^2-Statistik vor Augen zu führen. Damit von einer χ^2-Verteilung der Teststatistik ausgegangen werden kann, muß die Anzahl der erwarteten absoluten Häufigkeiten einer jeden Zelle 'groß' sein. Eine Zelle ist bei X^2 definiert durch eine Beobachtung, bei $\tilde{X}^2$ dagegen durch ein Kovariatenmuster. Demnach kann diese Anforderung von X^2 niemals und von $\tilde{X}^2$ lediglich dann erfüllt werden, wenn die Anzahl der Beobachtungen I deutlich größer ist als die Anzahl der verschiedenen Kovariatenmuster J (und auf jedes Kovariatenmuster auch tatsächlich mehrere Beobachtungen entfallen).

Aus diesem Grund sind bei Verletzung dieser Forderung die aus der entsprechenden χ^2-Verteilung abgeleiteten Signifikanzniveaus mit großer Vorsicht zu interpretieren. Ist $J \approx I$, d.h. jedes Kovariatenmuster ist nahezu ein Unikat, so erfüllt auch $\tilde{X}^2$ nicht mehr die Anforderung – wie bei X^2 explodiert die Anzahl der Freiheitsgrade.

Generell schlagen Hosmer und Lemeshow für den Fall $J \approx I$ ein modifiziertes Pearson χ^2-Maß $\hat{C}$ vor.[37] Sie betrachten nicht mehr jede Beobachtung bzw. jedes Kovariatenmuster für sich. Vielmehr werden die Beobachtungen entlang ihrer geschätzten Wahrscheinlichkeitswerte in zehn gleich große Gruppen unterteilt. Die Abweichung zwischen den beobachteten y-Ausprägungen und den errechneten Wahrscheinlichkeiten (für das Eintreten der tatsächlichen Ausprägung) wird gruppenweise bestimmt (wobei der gleiche Gewichtungsmechanismus wie bei der

---

[37] Vgl. Hosmer, D.W./Lemeshow, S., 2000, S. 147 ff.

484   Logistische Regression

Pearson χ^2-Statistik zum Einsatz kommt[38]). Die zehn Ergebnisse werden sodann zu einem Wert aufaddiert (vgl. Gleichung (23)).[39]

$$\hat{C} = \sum_{g=1}^{h} \frac{(o_g - n_g \cdot \bar{p}_g)^2}{n_g \cdot \bar{p}_g \cdot (1 - \bar{p}_g)} \tag{23}$$

mit:

g = Laufindex für die Gruppen (g=1, 2, ..., h)
n_g = Zahl der Mitglieder in Gruppe g
o_g = Zahl der Mitglieder in Gruppe g mit dem Wert 1 der abhängigen Variable
$\bar{p}_g$ = Mittelwert der geschätzten Wahrscheinlichkeit $p(y_i=1)$ über die Mitglieder

   der Gruppe g

Die Verteilung der Teststatistik folgt näherungsweise einer χ^2-Verteilung mit h-2 Freiheitsgraden (h = 10 = Anzahl der Gruppen). Nach Hosmer und Lemeshow wird ein derart modifiziertes Pearson-Maß $\hat{C}$ zu einem echten Prüfstein für die Güte des Modells. Dabei sagen sie selbst, daß bereits Signifikanzwerte von z.B. 0,7 als gut zu bezeichnen sind. Für unser Supermarktbeispiel ist ihr Maß jedoch nicht sinnvoll anwendbar. Der Grund liegt in unserer geringen Zahl von zehn Beobachtungen. Die zehn zu bildenden Gruppen wären jeweils nur mit einer Beobachtung besetzt. Das widerspricht (wie beschrieben) der Basisannahme einer χ^2-Statistik.

Die Auswahl der Prozedur zur logistischen Regression hat jedoch nicht nur Konsequenzen für das Pearson χ^2-Maß, sondern auch für die Devianz. Auf Basis der Kovariatenmuster ist diese wie folgt definiert:[40]

$$D = \sum_{j=1}^{J} d(t_j, p_j)^2 \tag{24}$$

mit:

$$d(t_j, p_j) = \pm \left[2 \cdot \left[t_j \cdot \ln\left(\frac{t_j}{m_j \cdot p_j} \right) + (m_j - t_j) \cdot \ln\left(\frac{m_j - t_j}{m_j \cdot (1 - p_j)} \right) \right] \right]^{\frac{1}{2}} \tag{25}$$

D ist wie $\tilde{X}^2$ asymptotisch χ^2-verteilt mit J-k-1 Freiheitsgraden. Für die Datenreihe C unseres Supermarktbeispiels beträgt die Devianz 1,015 bei 2 Freiheitsgraden und einem Signifikanzniveau von 0,602.[41]

---

[38] Vgl. zur Erklärung des Gewichtungsmechanismus die Ausführungen zu den Pearson-Residuen bzw. ZResid in Abschnitt 7.2.4.2 sowie Gleichung (16).

[39] Das Maß $\hat{C}$ von Hosmer und Lemeshow steht in SPSS nur im Rahmen der Prozedur zur binären logistischen Regression zur Verfügung.

[40] Vgl. Hosmer, D.W./Lemeshow, S., 2000, S. 146.

[41] Die Einwände gegen die Verwendung der Pearson χ^2-Statistik gelten für die Devianz analog.

Wird dagegen jede Beobachtung einzeln betrachtet, ist die Devianz gleich -2·LL. Dieser Zusammenhang zwischen Gleichung (24) und dem maximierten LogLikelihoodwert LL läßt sich zeigen, indem wir annehmen, daß jedes Kovariatenmuster genau einmal auftritt. Dann ist J = I und man betrachtet implizit jede Beobachtung einzeln. In diesem Fall ist $m_j = 1$ und t_j entweder 0 oder 1. Für $t_j = 0$ ist

$$d(t_j, p_j) = -\left[2 \cdot \ln\left(\frac{1}{1 - p_j}\right)\right]^{\frac{1}{2}}$$

und für $t_j = 1$ ist

$$d(t_j, p_j) = +\left[2 \cdot \ln\left(\frac{1}{p_j}\right)\right]^{\frac{1}{2}}$$

Da jedes Kovariatenmuster genau einer Beobachtung zuzuordnen ist, können $p_j = p(y_i=1)$ und $t_j = y_i$ für j = i gesetzt werden. D.h. für $y_i = 0$ ist

$$d(t_j, p_j)^2 = d(y_i, p(y_i = 1))^2 = 2 \cdot \ln\left(\frac{1}{1 - p(y_i = 1)}\right) = -2 \cdot \ln(1 - p(y_i = 1))$$

und für $y_i = 1$ ist

$$d(t_j, p_j)^2 = d(y_i, p(y_i = 1))^2 = 2 \cdot \ln\left(\frac{1}{p(y_i = 1)}\right) = -2 \cdot \ln(p(y_i = 1))$$

Demzufolge ergibt sich für die Devianz bei J = I:

$$D = \sum_{j=1}^{J} d(t_j, p_j)^2 = \sum_{i=1}^{I} d(y_i, p(y_i = 1))^2$$

$$= \sum_{y_i=1} -2 \cdot \ln(p(y_i = 1)) + \sum_{y_i=0} -2 \cdot \ln(1 - p(y_i = 1))$$

$$= -2 \cdot \left(\sum_{y_i=1} \ln(p(y_i = 1)) + \sum_{y_i=0} \ln(1 - p(y_i = 1))\right)$$

$$= -2 \cdot LL$$

Des weiteren läßt sich zeigen, daß auch für J < I die Devianz gleich −2·LL ist, wenn alle Beobachtungen mit gleichem Kovariatenmuster dieselbe Ausprägung der abhängigen Variablen aufweisen, d.h. es muß gelten $t_j = 0$ oder $t_j = m_j$ für alle j. Die Konsequenz dieser Erkenntnis ist, daß sich bei gleichen Devianz-Werten ein Widerspruch in der Zahl der Freiheitsgrade ergibt: (J–k–1) < (I–k–1). Dies dürfte

486   Logistische Regression

der Grund dafür sein, daß in SPSS 13.0 bei der Prozedur 'binäre logistische Regression' auf die Bestimmung der Signifikanz von -2·LL verzichtet wird.[42]

Ein weiterer Unterschied der beiden Prozeduren offenbart sich beim Vergleich der Werte für -2·LL. Die LogLikelihood-Funktion innerhalb der Prozedur zur multinomialen logistischen Regression enthält im Gegensatz zu der Prozedur bei der binären logistischen Regression eine zusätzliche, von den zu schätzenden Parametern unabhängige Konstante.[43] Wenn die Anzahl der Kovariatenmuster gleich der Anzahl der Beobachtungen ist ($J = I$), ist diese Konstante Null und man erhält bei der Anwendung beider Prozeduren für $-2 \cdot LL$ dieselben Werte. Diese Konstante hat jedoch weder Auswirkungen auf die Schätzung der Parameter noch auf die Gütemaße, die durch die Differenz der LL-Werte respektive den Quotienten der Werte der Likelihoodfunktion zweier unterschiedlicher Modelle bestimmt werden.

---

[42] Unter den hier beschriebenen Voraussetzungen der Identität von Devianz und $-2(LL$ sind auch die Werte für X^2 und $\tilde{X}^2$ gleich.

[43] Vgl. Norusis, M.J./SPSS Inc. (Hrsg.), 1999, S. 45 u. S. 72.

7.6 Literaturhinweise

Adler, J. (2003): Anbieter- und Vertragstypenwechsel. Eine nachfrageorientierte Analyse auf der Basis der Neuen Institutionenökonomie, Wiesbaden.

Aldrich, J. H./Nelson, F. D. (1984): Linear Probability, Logit, and Probit Models; Newbury Park, CA.

Ben-Akiva, M./Lerman, S.R. (1985): Discrete Choice Analysis, Cambridge, MASS/London, England.

Büchel, F./Matiaske, W. (1996): Ausbildungsadäquanz bei Berufsanfängern mit Hochschulabschluß, in: Konjunkturpolitik, Jg. 42, S. 53-83.

Hosmer, D.W./Lemeshow, S. (2000): Applied Logistic Regression, 2nd ed., New York u.a.

Judge, G.G./Griffiths, W.E./ Hill, R.C./ Lütkepohl, H./ Lee, T.-C. (1985): The Theory and Practice of Econometrics, 2nd ed., New York u.a.

Krafft, M. (1997): Der Ansatz der Logistischen Regression, in: Zeitschrift für Betriebswirtschaft, 67. Jg., H. 5/6, S. 636-641.

Morrison, D.F. (1969): On the Interpretation of Discriminant Analysis, in: Journal of Marketing Research, 6. Jg., S. 156-163.

Melvin, R.C./Perreault, W.D. (1977): Validation of Discriminant Analysis in Marketing Research, in: Journal of Marketing Research, Vol. 14, S. 60-68.

Menard, S. (1995): Applied Logistic Regression Analysis, Sage-University Paper Nr. 106, Thousand Oaks u.a.

Norusis, M.J./SPSS Inc. (1999): SPSS Regression Models 10.0, Chicago.

Rese, M./Bierend, A. (1999): Logistische Regression: Eine anwendungsorientierte Darstellung, in: WiSt, 28. Jg., H. 5, S. 235-240.

Sharma, S. (1996): Applied Multivariate Techniques, New York u.a.

Steinberg, D./Colla, P. (1997): Logistic Regression, in: New Statistics, Software Documentation SYSTAT 7.0, USA.

SPSS Inc. (1991): Statistical Algorithms, 2nd ed., Chicago.

Urban, D. (1993): Logit-Analyse. Statistische Verfahren zur Analyse von Modellen mit qualitativen Response-Variablen, Stuttgart, Jena, New York.

Weiber, R./ Adler, J. (2003): Der Wechsel von Geschäftsbeziehungen beim Kauf von Nutzungsgütern: Das Beispiel Telekommunikation, in: Rese, M./Söllner, A./Utzig, B. (Hrsg.): Relationship Marketing – Standortbestimmung und Perspektiven, Berlin u.a., S. 71-103.

8 Clusteranalyse

8.1	Problemstellung	490
8.2	Vorgehensweise	492
8.2.1	Bestimmung der Ähnlichkeiten	493
8.2.1.1	Ähnlichkeitsermittlung bei binärer Variablenstruktur	494
8.2.1.2	Ähnlichkeitsermittlung mittels Tanimoto-, RR- und M-Koeffizient	496
8.2.1.3	Ähnlichkeitsermittlung bei metrischer Variablenstruktur	502
8.2.1.4	Ähnlichkeitsermittlung bei gemischt skalierter Variablenstruktur	507
8.2.2	Auswahl des Fusionierungsalgorithmus	510
8.2.2.1	Partitionierende Verfahren	512
8.2.2.2	Hierarchische Verfahren	514
8.2.2.2.1	Ablauf der agglomerativen Verfahren	514
8.2.2.2.2	Vorgehensweise der Verfahren "Single-Linkage", "Complete-Linkage" und "Ward"	517
8.2.2.3	Fusionierungseigenschaften ausgewählter Clusterverfahren	527
8.2.3	Bestimmung der Clusterzahl	534
8.3	Fallbeispiel	537
8.3.1	Problemstellung	537
8.3.2	Ergebnisse	538
8.3.3	SPSS-Kommandos	548
8.4	Anwendungsempfehlungen	549
8.4.1	Vorüberlegungen bei der Clusteranalyse	549
8.4.2	Empfehlungen zur Durchführung einer Clusteranalyse	551
8.5	Literaturhinweise	555

490 Clusteranalyse

8.1 Problemstellung

Unter dem Begriff Clusteranalyse werden unterschiedliche Verfahren zur Gruppenbildung zusammengefaßt. Das durch sie zu verarbeitende Datenmaterial besteht im allgemeinen aus einer Vielzahl von *Personen bzw. Objekten.* Beispielhaft seien die 20.000 eingeschriebenen Studenten einer Universität genannt, von denen einige Eigenschaften ermittelt wurden. In unserem Fall mögen dies das Geschlecht, das Studienfach, die Semesterzahl, der Studienwohnort, die Nationalität und der Familienstand sein. Ausgehend von diesen Daten besteht die Zielsetzung der Clusteranalyse in der *Zusammenfassung* der Studenten zu *Gruppen.* Die Mitglieder einer Gruppe sollen dabei eine weitgehend verwandte Eigenschaftsstruktur aufweisen; d. h. sich möglichst ähnlich sein. Zwischen den Gruppen sollen demgegenüber (so gut wie) keine Ähnlichkeiten bestehen. Ein wesentliches Charakteristikum der Clusteranalyse ist die gleichzeitige Heranziehung *aller* vorliegenden Eigenschaften zur Gruppenbildung.

In Abbildung 8.1 sind einige *Anwendungsbeispiele* der Clusteranalyse aus dem Bereich der Wirtschaftswissenschaften zusammengestellt. Sie vermitteln einen Einblick in die Problemstellung, die Zahl und Art der Merkmale, die Zahl und Art der Untersuchungseinheiten und die ermittelte Gruppenzahl. Weitere Wissenschaftsgebiete, in denen die Clusteranalyse angewendet wird, sind u. a. die Medizin, die Archäologie, die Soziologie, die Linguistik und die Biologie.

Bei allen Problemstellungen, die mit Hilfe der Clusteranalyse gelöst werden können, geht es immer um die Analyse einer *heterogenen Gesamtheit von Objekten* (z. B. Personen, Unternehmen), mit dem Ziel, *homogene Teilmengen von Objekten* aus der Objektgesamtheit zu identifizieren.

Abbildung 8.1: Anwendungsbeispiele der Clusteranalyse

Problemstellung	Zahl und Art der Merkmale	Zahl der Untersuchungseinheiten	Ermittelte Gruppenzahl
Segmentierung von Bahnkunden[1]	5 Merkmale: Komfort; Reisezeit; Ausstattung; Preis; Aspekte des sozialen Nutzens	4.500 Bahnkunden	3
Segmentierung von Internetusern[2]	4 Merkmale zur Interneterfahrung, z. B.: Selbsteinschätzung der User	86 Studierende	4
Typologie von Bestellungen[3]	Bestellverhalten, d.h. gewählte Ausstattungsoptionen	300 Pkw-Bestellungen	7
Anbietersegmentierung[4]	Faktoren Unsicherheitsreduktion, Anwendungsbezug, Technik	10 Unternehmen	4
Gruppierung von spezialisierten Marktfruchtunternehmen[5]	3 Merkmale: Betriebsaufwand; Reinertrag; Naturalertrag	24 landwirtschaftliche Betriebe	8

[1] Vgl. Perrey, J., 1998, S. 170 ff.
[2] Vgl. Meyer, J., 2004, S. 188 ff.
[3] Vgl. Dichtl, E. et al., 1983, S. S. 174 ff.
[4] Vgl. Backhaus, K./Weiber, R., 1989, S. 123 ff.
[5] Vgl. Herink, M./Petersen, V., 2004, S. 290 ff.

492   Clusteranalyse

8.2   Vorgehensweise

Die Ablaufschritte einer Clusteranalyse werden teilweise durch das gewählte Clusterverfahren bestimmt, wobei hier zwischen partitionierenden und hierarchischen Verfahren unterschieden werden kann (vgl. Abschnitt 8.2.2). Da letztere Verfahrensgruppe bei praktischen Anwendungen die größte Verbreitung gefunden hat, steht diese auch im Vordergrund der nachfolgenden Betrachtungen. Es lassen sich folgende grundlegende Ablaufschritte unterscheiden:

Abbildung 8.2:   Ablaufschritte der Clusteranalyse

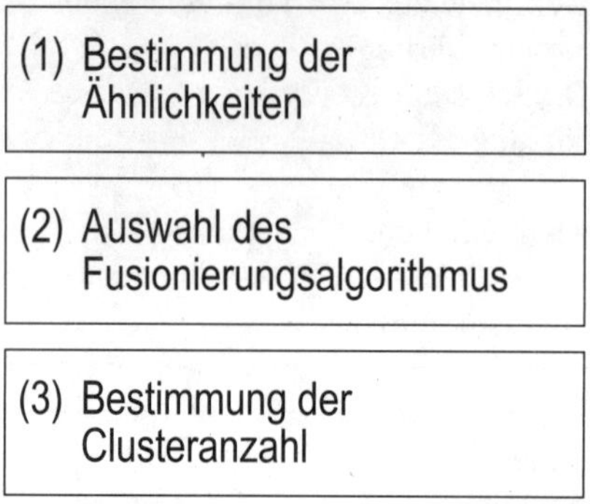

```
┌─────────────────────────────────┐
│ (1) Bestimmung der              │
│     Ähnlichkeiten               │
└─────────────────────────────────┘

┌─────────────────────────────────┐
│ (2) Auswahl des                 │
│     Fusionierungsalgorithmus    │
└─────────────────────────────────┘

┌─────────────────────────────────┐
│ (3) Bestimmung der              │
│     Clusteranzahl               │
└─────────────────────────────────┘
```

1. Schritt: Bestimmung der Ähnlichkeiten
Für jeweils zwei Personen werden die Ausprägungen der Beschreibungsmerkmale geprüft und die Unterschiede bzw. Übereinstimmungen durch einen Zahlenwert (Proximitätsmaß) gemessen.

2. Schritt: Auswahl des Fusionierungsalgorithmus
Aufgrund der Ähnlichkeitswerte werden die Fälle so zu Gruppen zusammengefaßt, daß sich diejenigen Objekte oder Personen mit weitgehend übereinstimmend ausgeprägten Beschreibungsmerkmalen in einer Gruppe wiederfinden. Entsprechend der Vorschriften des Fusionierungsalgorithmus faßt die (agglomerative) Clusteranalyse die betrachteten Fälle solange zusammen, bis am Ende alle Fälle in einer einzigen Gruppe enthalten sind.

3. Schritt: Bestimmung der Clusterzahl
Anschließend ist zu entscheiden, welche Anzahl an Clustern die „beste" Lösung darstellt und im Ergebnis verwendet werden soll. Hier gilt es vor allem den Zielkonflikt zwischen Handhabbarkeit (geringe Clusterzahl) und Homogenitätsanforderung (große Clusterzahl) zu lösen.

Diesen Schritten entsprechend sind die nachfolgenden Überlegungen aufgebaut. Da unter dem Begriff Clusteranalyse sehr unterschiedliche Verfahren zur Gruppenbildung zusammengefaßt sind, wird im Rahmen der obigen Schritte nicht nur ein Verfahren der Clusteranalyse behandelt, sondern es werden jeweils unterschiedliche Verfahrensvarianten zur Bestimmung der Ähnlichkeiten sowie zur Fusionierung von Fällen besprochen.

8.2.1 Bestimmung der Ähnlichkeiten

| (1) **Bestimmung der Ähnlichkeiten** |
| (2) Auswahl des Fusionierungsalgorithmus |
| (3) Bestimmung der Clusteranzahl |

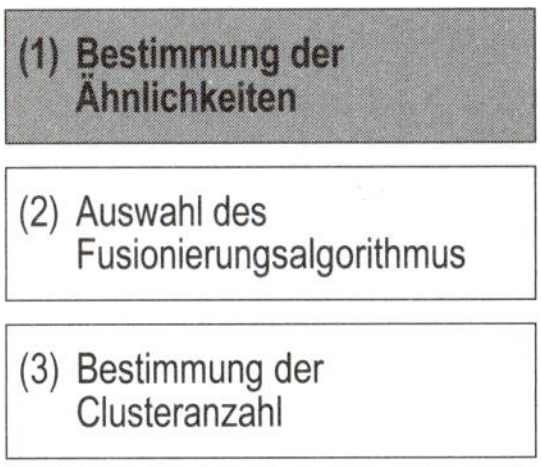

Den Ausgangspunkt der Clusteranalyse bildet eine *Rohdatenmatrix* mit K Objekten (z. B. Personen, Unternehmen), die durch J Variable beschrieben werden und deren Aufbau Abbildung 8.3 verdeutlicht. Im Inneren dieser Matrix stehen die objektbezogenen metrischen und/oder nicht metrischen Variablenwerte. Im ersten Schritt geht es zunächst um die *Quantifizierung der Ähnlichkeit* zwischen den Objekten durch eine statistische Maßzahl. Zu diesem Zweck wird die Rohdatenmatrix in eine *Distanz- oder Ähnlichkeitsmatrix* (Abbildung 8.4) überführt, die immer eine quadratische (KxK)-Matrix darstellt.

Abbildung 8.3:   Aufbau der Rohdatenmatrix

	Variable 1	Variable 2	....	Variable J
Objekt 1				
Objekt 2				
-				
-				
-				
Objekt K				

Abbildung 8.4:   Aufbau einer Distanz oder Ähnlichkeitsmatrix

	Objekt 1	Objekt 2	....	Objekt K
Objekt 1				
Objekt 2				
-				
-				
-				
Objekt K				

Diese Matrix enthält die Ähnlichkeits- oder Unähnlichkeitswerte (Distanzwerte) zwischen den betrachteten Objekten, die unter Verwendung der objektbezogenen Variablenwerte aus der Rohdatenmatrix berechnet werden. Maße, die eine Quantifizierung der Ähnlichkeit oder Distanz zwischen den Objekten ermöglichen, werden allgemein als *Proximitätsmaße* bezeichnet. Es lassen sich zwei Arten von Proximitätsmaßen unterscheiden:

- *Ähnlichkeitsmaße* spiegeln die Ähnlichkeit zwischen zwei Objekten wider: Je größer der Wert eines Ähnlichkeitsmaßes wird, desto ähnlicher sind sich zwei Objekte.
- *Distanzmaße* messen die Unähnlichkeit zwischen zwei Objekten: Je größer die Distanz wird, desto unähnlicher sind sich zwei Objekte.

In Abhängigkeit des Skalenniveaus der betrachteten Merkmale ist eine Vielzahl von Proximitätsmaßen entwickelt worden. Beispiele für mögliche Proximitätsmaße zeigt die Abbildung 8.5, und wir wollen im folgenden entsprechend dem Skalenniveau der Ausgangsdaten jeweils drei Maße näher betrachten.

Abbildung 8.5: Überblick über ausgewählte Proximitätsmaße

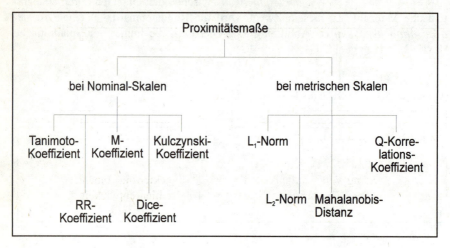

8.2.1.1 Ähnlichkeitsermittlung bei binärer Variablenstruktur

Nominale Merkmale, die mehr als zwei mögliche Merkmalsausprägungen aufweisen, werden in binäre (Hilfs-)Variable zerlegt, und jeder Merkmalsausprägung (Kategorie) wird entweder der Wert 1 (Eigenschaft vorhanden) oder der Wert 0 (Eigenschaft nicht vorhanden) zugewiesen. Damit lassen sich mehrkategoriale Merkmale in Binärvariable (0/1-Variable) zerlegen, und wir können im folgenden Ähnlichkeitsmaße für binäre Variable als Spezialfall nominaler Merkmale behandeln. Dabei ist aber zu berücksichtigen, daß bei großer und unterschiedlich großer Anzahl von Kategorien solche Ähnlichkeitsmaße zu starken Verzerrungen führen können, die den gemeinsamen Nichtbesitz einer Eigenschaft als Übereinstimmung von Objekten betrachten (z. B. RR- und M-Koeffizient).

Bei der Ermittlung der Ähnlichkeit zwischen zwei Objekten wird immer von einem Paarvergleich ausgegangen, d. h. für jeweils zwei Objekte werden alle Eigenschaftsausprägungen miteinander verglichen. Wie man Abbildung 8.6 entnehmen kann, lassen sich im Fall binärer Merkmale beim Vergleich zweier Objekte bezüglich einer Eigenschaft vier Fälle unterscheiden:

- bei beiden Objekten ist die Eigenschaft vorhanden (Feld a)
- nur Objekt 2 weist die Eigenschaft auf (Feld b)
- nur Objekt 1 weist die Eigenschaft auf (Feld c)
- bei beiden Objekten ist die Eigenschaft nicht vorhanden (Feld d)

Abbildung 8.6:   Kombinationsmöglichkeiten binärer Variablen

Objekt 1	Objekt 2		Zeilensumme
	Eigenschaft vorhanden (1)	Eigenschaft nicht vorhanden (0)	
Eigenschaft vorhanden (1)	a	c	a + c
Eigenschaft nicht vorhanden (0)	b	d	b + d
Spaltensumme	a + b	c + d	m

Für die Ermittlung von Ähnlichkeiten zwischen Objekten mit binärer Variablenstruktur ist in der Literatur eine Vielzahl von Maßzahlen entwickelt worden, die sich größtenteils auf folgende allgemeine Ähnlichkeitsfunktionen zurückführen lassen:[6]

$$S_{ij} = \frac{a + \delta \cdot d}{a + \delta \cdot d + \lambda(b + c)} \qquad (1)$$

mit:

S_{ij}:   Ähnlichkeit zwischen den Objekten i und j

δ, λ: mögliche (konstante) Gewichtungsfaktoren

Dabei entsprechen die Variablen a, b, c und d den Kennungen in Abbildung 8.6, wobei z. B. die Variable a der Anzahl der Eigenschaften entspricht, die bei beiden Objekten (1 und 2) vorhanden ist. Je nach Wahl der Gewichtungsfaktoren δ und λ erhält man unterschiedliche Ähnlichkeitsmaße für Objekte mit binären Variablen. Abbildung 8.7 gibt einen Überblick:[7]

---

[6] Vgl. Steinhausen, D./Langer, K., 1977, S. 54.

[7] Eine Darstellung weiterer Ähnlichkeitskoeffizienten findet man u.a. bei Bacher, J., 1994, S. 203 ff., Steinhausen, D./ Langer, K., 1977, S. 53 ff.

496   Clusteranalyse

Abbildung 8.7:   Definition ausgewählter Ähnlichkeitsmaße bei binären Variablen

Name des Koeffizienten	Gewichtungsfaktoren		Definition
	δ	λ	
Tanimoto (Jaccard)	0	1	$\dfrac{a}{a+b+c}$
Simple Matching (M)	1	1	$\dfrac{a+d}{m}$
Russel & Rao (RR)	-	-	$\dfrac{a}{m}$
Dice	0	½	$\dfrac{2a}{2a+(b+c)}$
Kulczynski	-	-	$\dfrac{a}{b+c}$

8.2.1.2   Ähnlichkeitsermittlung mittels Tanimoto-, RR- und M-Koeffizient

Zur Verdeutlichung der Darstellung wird das in Abbildung 8.8 enthaltene Beispiel herangezogen, das elf Butter- und Margarinemarken mit jeweils zehn Eigenschaften enthält. Bezüglich der Merkmale wird angegeben, ob ein Produkt die jeweilige Eigenschaft aufweist (1) oder nicht (0).

Wir wollen nun die Berechnung der Ähnlichkeit zwischen den Objekten mit Hilfe des Tanimoto-, RR- und M-Koeffizienten näher betrachten.

Der *Tanimoto- bzw. Jaccard-Koeffizient* mißt den relativen Anteil gemeinsamer Eigenschaften bezogen auf die Variablen, die mindestens eine 1 aufweisen. Zunächst wird festgestellt, wie viele Eigenschaften beide Produkte übereinstimmend aufweisen. In unserem Beispiel sind dies bei den Margarinemarken "Becel" und "Du darfst" drei Merkmale ("Lagerzeit mehr als 1 Monat", "Diätprodukt" und "Becherverpackung").

Abbildung 8.8: Ausgangsdatenmatrix zur Darstellung von Ähnlichkeitskoeffizienten bei binären Variablen

Eigenschaften / Emulsionsfette	Lagerzeit mehr als 1 Monat	Diätprodukt	Nationale Werbung	Becher-verpackung	Pfundgröße	Verkaufshilfen	Eignung für Sonderangebote	Direktbezug vom Hersteller	Handelsspanne mehr als 20 %	Beanstandungen im letzten Jahr
Becel	1	1	1	1	0	0	1	0	0	0
Du darfst	1	1	0	1	0	1	0	1	0	1
Rama	1	0	1	1	1	1	1	1	1	0
Delicado Sahnebutter	0	0	1	1	0	0	1	0	1	0
Holländische Butter	0	0	0	0	0	1	0	0	0	0
Weihnachtsbutter	0	0	0	0	1	0	1	0	0	1
Homa	1	0	0	1	1	1	0	1	0	1
Flora	1	1	1	1	1	0	1	0	1	0
SB	1	1	0	1	1	1	0	0	1	0
Sanella	1	0	1	1	1	0	1	1	1	0
Botteram	0	0	1	1	1	1	0	0	0	1

Anschließend werden die Eigenschaften gezählt, die lediglich bei einem Produkt vorhanden sind. In unserem Beispiel lassen sich fünf Attribute finden ("Nationale Werbung", "Verkaufshilfen", "Eignung für Sonderangebote", "Direktbezug vom Hersteller" und "Beanstandungen im letzten Jahr"). Setzt man die Anzahl der Eigenschaften, die bei beiden Produkten vorhanden sind, in den Zähler ($a=3$) und addiert hierzu für den Nenner die Anzahl der Eigenschaften, die nur bei einem Produkt vorhanden sind ($b+c=5$), so beträgt der Tanimoto- (Jaccard)-Koeffizient für die Produkte "Becel" und "Du darfst" $3/8 = 0,375$.

Auf dem gleichen Weg werden für alle anderen Objektpaare die entsprechenden Ähnlichkeiten berechnet. Abbildung 8.9 gibt die Ergebnisse wieder.

Bezüglich der dargestellten Matrix ist auf zwei Dinge hinzuweisen:

- Die Ähnlichkeit zweier Objekte wird nicht durch ihre Reihenfolge beim Vergleich beeinflußt; d. h. es ist unerheblich, ob die Ähnlichkeit zwischen "Becel" und "Du darfst" oder zwischen "Du darfst" und "Becel" gemessen wird (Symmetrie-Eigenschaft). Damit ist auch zu erklären, daß die Ähnlichkeit der Produkte in Abbildung 8.9 nur durch die untere Dreiecksmatrix wiedergegeben wird.

498 Clusteranalyse

Abbildung 8.9:   Tanimoto- bzw. Jaccard-Koeffizient

	Becel	Du darfst	Rama	Delicado Sahnebutter	Holländische Butter	Weihnachtsbutter	Homa	Flora	SB	Sanella	Botteram
Becel	1										
Du darfst	0,375	1									
Rama	0,444	0,4	1								
Delicado Sahnebutter	0,5	0,111	0,5	1							
Holländische Butter	0	0,167	0,125	0	1						
Weihnachtsbutter	0,143	0,125	0,222	0,167	0	1					
Homa	0,222	0,714	0,556	0,111	0,167	0,286	1				
Flora	0,714	0,3	0,667	0,571	0	0,25	0,3	1			
SB	0,375	0,5	0,556	0,25	0,167	0,125	0,5	0,625	1		
Sanella	0,5	0,3	0,875	0,571	0	0,25	0,444	0,75	0,444	1	
Botteram	0,25	0,375	0,444	0,286	0,2	0,333	0,571	0,333	0,375	0,333	1

- Die Werte der Ähnlichkeitsmessung liegen zwischen 0 ("totale Unähnlichkeit",
  a=0) und 1 ("totale Ähnlichkeit", b=c=0). Wird die Übereinstimmung der Merkmale bei einem Produkt geprüft, so gelangt man zum Ergebnis der vollständigen
  Übereinstimmung. Somit ist auch verständlich, daß man in der Diagonalen der
  Matrix lediglich die Zahl 1 vorfindet.

Die Erläuterungen setzen uns nunmehr in die Lage, das ähnlichste und das un-
ähnlichste Paar zu ermitteln. Die größte Übereinstimmung weisen die Margarinesorten "Rama" und "Sanella" auf (Tanimoto-Koeffizient=0,875). Als völlig unähnlich werden fünf Paare bezeichnet: "Holländische Butter" - "Becel", "Holländische Butter" - "Delicado Sahnebutter", "Weihnachtsbutter" - "Holländische
Butter", "Flora" - "Holländische Butter" und "Sanella" - "Holländische Butter"
(Tanimoto-Koeffizient=0, da a=0).

Auf eine etwas andere Art und Weise wird die Ähnlichkeit der Objektpaare beim
RR-Koeffizienten (Russel & Rao-Koeffizient) gemessen. Der Unterschied zum
Tanimoto-Koeffizienten besteht darin, daß nunmehr im Nenner auch die Fälle, bei
denen beide Objekte das Merkmal nicht aufweisen (d), mit aufgenommen werden.
Somit finden sich alle in der jeweiligen Untersuchung berücksichtigten Eigenschaften im Nenner des Ähnlichkeitsmaßes wieder. Abgesehen von den Extrem-
werten (0 und 1) ergeben sich in unserem Beispiel nur "Zehntel-Brüche" als RR-
Koeffizient. Existiert beim Paarvergleich der Fall, daß wenigstens eine Eigenschaft
bei beiden Objekten nicht vorhanden ist, so weist der RR-Koeffizient einen kleineren Ähnlichkeitswert auf als der Tanimoto- bzw. Jaccard-Koeffizient. Dieser Fall
ist beim Produktpaar "Becel" - "Du darfst" zu verzeichnen. Beide Margarinemarken weisen nicht die Eigenschaften "Pfundgröße" und "Handelsspanne mehr als

20%" auf. Somit "sinkt" ihr Ähnlichkeitswert im Vergleich zum Tanimoto-Koeffizienten auf 0,3. Besteht kein gleichzeitiges Fehlen einer Eigenschaft (d=0), gelangen beide Ähnlichkeitsmaße zum gleichen Ergebnis. Die einzelnen Werte für den RR-Koeffizienten enthält Abbildung 8.10:

Abbildung 8.10:   RR-Koeffizient

	Becel	Du darfst	Rama	Delicado Sahnebutter	Holländische Butter	Weihnachtsbutter	Homa	Flora	SB	Sanella	Botteram
Becel	1										
Du darfst	0,3	1									
Rama	0,4	0,4	1								
Delicado Sahnebutter	0,3	0,1	0,4	1							
Holländische Butter	0,0	0,1	0,1	0,0	1						
Weihnachtsbutter	0,1	0,1	0,2	0,1	0,0	1					
Homa	0,2	0,5	0,5	0,1	0,1	0,2	1				
Flora	0,5	0,3	0,6	0,4	0,0	0,2	0,3	1			
SB	0,3	0,4	0,5	0,2	0,1	0,1	0,4	0,5	1		
Sanella	0,4	0,3	0,7	0,4	0,0	0,2	0,4	0,6	0,4	1	
Botteram	0,2	0,3	0,4	0,2	0,1	0,2	0,4	0,3	0,3	0,3	1

Abschließend sei noch aus der Vielzahl der in der Literatur diskutierten Ähnlichkeitsmaße der M-Koeffizient (auch Simple-Matching-Koeffizient genannt) erwähnt. Gegenüber dem vorher behandelten Maß werden hier im Zähler alle übereinstimmenden Komponenten erfaßt. Zu den bereits oben genannten Merkmalen kommen daher beim Vergleich von "Becel" und "Du darfst" noch die beiden Eigenschaften "Pfundgröße" und "Handelsspanne mehr als 20%" hinzu. Die Ähnlichkeit, die sich entsprechend des Bruchs ($\frac{a+d}{m}$) berechnet, hat für das genannte Produktpaar folglich einen Wert von 0,5. Die Werte für die anderen Objektpaare kann man Abbildung 8.11 entnehmen.

Alle drei genannten Ähnlichkeitsmaße gelangen zum gleichen Ergebnis, wenn keine Eigenschaft beim Paarvergleich gleichzeitig fehlt: d. h. wenn d=0 ist. Ist dies jedoch nicht gegeben, so weist grundsätzlich der RR-Koeffizient den geringsten und der M-Koeffizient den höchsten Ähnlichkeitswert auf. Eine Mittelposition nimmt das Tanimoto-Ähnlichkeitsmaß ein. Tanimoto- und M-Koeffizient kommen jedoch dann zum gleichen Ergebnis, wenn lediglich die Fälle (a) und (d) existieren, d. h. nur ein gleichzeitiges Vorhandensein bzw. Fehlen von Eigenschaften beim Paarvergleich zu verzeichnen ist.

500 Clusteranalyse

Abbildung 8.11: Simple-Matching (M)-Koeffizient

	Becel	Du darfst	Rama	Delicado Sahnebutter	Holländische Butter	Weihnachtsbutter	Homa	Flora	SB	Sanella	Botteram
Becel	1										
Du darfst	0,5	1									
Rama	0,5	0,4	1								
Delicado Sahnebutter	0,7	0,2	0,6	1							
Holländische Butter	0,4	0,5	0,3	0,5	1						
Weihnachtsbutter	0,2	0,3	0,3	0,5	0,6	1					
Homa	0,3	0,8	0,6	0,2	0,5	0,5	1				
Flora	0,8	0,3	0,7	0,7	0,2	0,4	0,3	1			
SB	0,5	0,6	0,6	0,4	0,5	0,2	0,6	0,7	1		
Sanella	0,6	0,3	0,9	0,7	0,2	0,4	0,5	0,8	0,5	1	
Botteram	0,4	0,5	0,5	0,5	0,6	0,6	0,7	0,4	0,5	0,4	1

An dieser Stelle kann nicht ausführlich auf alle *Unterschiede der Ähnlichkeits-rangfolge* in unserem Beispiel eingegangen werden, die sich aufgrund der drei vorgestellten Koeffizienten ergeben. Es sei jedoch kurz auf einige Differenzen hingewiesen:

- Die Objektpaare "SB" und "Rama" bzw. "Homa" und "Rama" belegen z. B. beim RR-Koeffizienten den dritten Rang in der Ähnlichkeitsreihenfolge. Bei den beiden anderen Ähnlichkeitsmaßen sind die Produkte nicht unter den ersten neun ähnlichsten Paaren zu finden.
- Während "Weihnachtsbutter" und "Holländische Butter" nach dem Tanimoto- und RR-Koeffizienten keinerlei Ähnlichkeit aufweisen, beläuft sich ihr Ähnlichkeitswert nach dem M-Koeffizienten auf 0,6.

Welches Ähnlichkeitsmaß im Rahmen einer empirischen Analyse vorzuziehen ist, läßt sich nicht allgemeingültig sagen. Eine große Bedeutung bei dieser nur im Einzelfall zu treffenden Entscheidung hat die Frage, ob das Nichtvorhandensein eines Merkmals für die Problemstellung die gleiche Bedeutung bzw. Aussagekraft besitzt wie das Vorhandensein der Eigenschaft. Machen wir uns diesen Sachverhalt am Beispiel der eingangs erwähnten Studenten-Untersuchung klar. Beim Merkmal "Geschlecht" kommt z. B. dem Vorhandensein der Eigenschaftsausprägung "männlich" die gleiche Aussagekraft zu wie dem Nichtvorhandensein. Dies gilt nicht für das Merkmal "Nationalität" mit den Ausprägungen "Deutscher" und "Nicht-Deutscher"; denn durch die Aussage "Nicht-Deutscher" läßt sich die genaue Nationalität, die möglicherweise von Interesse ist, nicht bestimmen. Wenn also das Vorhandensein einer Eigenschaft (eines Merkmals) dieselbe Aussagekraft für die Gruppierung besitzt wie das Nichtvorhandensein, so ist Ähnlichkeitsmaßen, die im Zähler alle Übereinstimmungen berücksichtigen (z. B. M-Koeffizient) der Vorzug zu gewähren. Umgekehrt ist es ratsam, den Tanimoto- bzw. Jaccard-Koeffizienten oder mit ihm verwandte Proximitätsmaße heranzuziehen.

Bisher wurden lediglich binäre Variable betrachtet. Wir wollen nun den Fall mehrkategorialer Merkmale etwas genauer analysieren. Die dargestellten Ähnlichkeitsmaße lassen sich in diesem Fall erst dann verwenden, nachdem eine Transformation in binäre Merkmale durchgeführt wurde. Dies soll an einem Beispiel verdeutlicht werden. Bei der Eigenschaft "Beanstandungen im letzten Jahr" sei nicht mehr danach unterschieden, ob im letzten Jahr Mängel bei der Lieferung aufgetreten sind oder nicht; es sollen vielmehr die in Abbildung 8.12 gezeigten Beanstandungsklassen gebildet werden.

Aus Abbildung 8.12 läßt sich neben den Beanstandungsstufen gleichzeitig entnehmen, wie man eine Transformation durchführen kann, wobei durch die Abstufungen keine Rangordnung zum Ausdruck gebracht werden soll.

Abbildung 8.12: Beispiel einer Datentransformation

Zahl der Beanstandungen	Stufe	Transformation in mehrere binäre Merkmale
0	1	1000
1-5	2	0100
6-10	3	0010
mehr als 10	4	0001

Die Zahl der Abstufungen bestimmt dabei die Länge des aus Nullen und Einsen bestehenden Feldes. In unserem Fall umfaßt das Feld somit vier Stellen. Für jede Beanstandungsklasse ist jeweils eine Spalte vorgesehen, die bei Gültigkeit mit einer Eins versehen wird. Treten beispielsweise sieben Beanstandungen auf, so wird die für diese Klasse vorgesehene dritte Spalte mit einer Eins versehen und die restlichen Spalten erhalten jeweils eine Null. Bezüglich der Verwendung der Ähnlichkeitskoeffizienten bei mehrstufigen Variablen ist darauf hinzuweisen, daß bei großer und/oder unterschiedlicher Stufenzahl der Merkmale die Maße, die den gemeinsamen Nicht-Besitz als Übereinstimmung interpretieren (d. h. der Wert wird mit in den Zähler genommen), wegen der Verzerrungsgefahr möglichst keine Berücksichtigung finden sollten (vgl. hierzu auch Abschnitt 8.4). Würden wir beispielsweise die Ähnlichkeit zweier Objekte bezüglich der Zahl der Beanstandungen überprüfen, so ergäbe sich im obigen Beispiel dem M-Koeffizienten entsprechend - unabhängig von der Wahl der beiden differierenden Beanstandungsstufen - immer ein Ähnlichkeitswert von 0,5. Daß dieses Ergebnis wenig sinnvoll ist, bedarf keiner besonderen Erläuterung.

502   Clusteranalyse

8.2.1.3   Ähnlichkeitsermittlung bei metrischer Variablenstruktur

Wir betrachten nun eine weitere Gruppe von Proximitätsmaßen, die der Klassifikation von Objekten dient, die Eigenschaften mit metrischem Skalenniveau aufweisen. Zur Bestimmung der Beziehung zwischen den Objekten zieht man i. d. R. ihre *Distanz* heran. Zwei Objekte bezeichnet man als sehr ähnlich, wenn ihre Distanz sehr klein ist. Eine große Distanz weist umgekehrt auf eine geringe Ähnlichkeit der Objekte hin. Sind zwei Objekte als vollkommen identisch anzusehen, so ergibt sich eine Distanz von Null.

Zur Erläuterung von Proximitätsmaßen bei metrischem Skalenniveau der Beschreibungsmerkmale der Objekte soll im folgenden auf ein konkretes Beispiel zurückgegriffen werden. In einer Befragung seien Hausfrauen nach ihrer Einschätzung von Emulsionsfetten (Butter, Margarine) befragt worden. Dabei seien die Marken Rama, Homa, Flora, SB und Weihnachtsbutter anhand der Variablen Kaloriengehalt, Preis und Vitamingehalt auf einer siebenstufigen Skala von hoch bis niedrig beurteilt worden. Die Abbildung 8.13 enthält die durchschnittlichen subjektiven Beurteilungswerte der 30 befragten Hausfrauen für die entsprechenden Emulsionsfette.

Abbildung 8.13:   Ausgangsdatenmatrix für das 5-Produkte-Beispiel

Eigenschaften Marken	Kalorien- gehalt	Preis	Vitamin- gehalt
Rama	1	2	1
Homa	2	3	3
Flora	3	2	1
SB	5	4	7
Weihnachtsbutter	6	7	6

Mit Hilfe des in Abbildung 8.13 dargestellten Beispiels wollen wir im folgenden drei Proximitätsmaße zur Bestimmung der Unähnlichkeit bzw. Ähnlichkeit zwischen Objekten mit *metrischem* Skalenniveau der Beschreibungsmerkmale näher betrachten.

In der praktischen Anwendung stellen die sog. *Minkowski-Metriken* oder *L-Normen* weit verbreitete Distanzmaße dar, die sich wie folgt berechnen lassen:

Vorgehensweise   503

Minkowski-Metrik:

$$d_{k,l} = \left[\sum_{j=1}^{J} \left| x_{kj} - x_{lj} \right|^r \right]^{\frac{1}{r}} \tag{2}$$

mit:

$d_{k,l}$:   Distanz der Objekte k und l
x_{kj}, x_{lj}: Wert der Variablen j bei Objekt k, l (j=1,2,...J)
$r \geq 1$:   Minkowski-Konstante

Dabei stellt r eine positive Konstante dar. Für r=1 erhält man die *City-Block-Metrik* (L_1-Norm) und für r=2 die *Euklidische Distanz* (L_2-Norm). Die *City-Block-Metrik* (auch Manhattan- oder Taxifahrer-Metrik genannt) spielt bei praktischen Anwendungen vor allem bei der Clusterung von Standorten eine bedeutende Rolle. Sie wird berechnet, indem man die Differenz bei jeder Eigenschaft für ein Objektpaar bildet und die sich ergebenden absoluten Differenzwerte addiert. Die Berechnung dieser Distanz (d) sei beispielhaft für das Objektpaar "Rama" und "Homa" (vgl. Abbildung 8.13) durchgeführt, wobei die erste Zahl bei der Differenzbildung jeweils den Eigenschaftswert von "Rama" darstellt.

$$d_{\text{Rama, Homa}} = |1 - 2| + |2 - 3| + |1 - 3|$$
$$= 1 + 1 + 2$$
$$= 4$$

Zwischen den Produkten "Rama" und "Homa" ergibt sich somit aufgrund der L_1-Norm eine Distanz von 4. In der gleichen Weise werden für alle anderen Objektpaare die Abstände ermittelt. Das Ergebnis der Berechnungen zeigt Abbildung 8.14.

Abbildung 8.14:   Distanzmatrix entsprechend der L1-Norm (City-Block-Metrik)

	Rama	Homa	Flora	SB	Weihnachts-butter
Rama	0				
Homa	4	0			
Flora	2	4	0		
SB	12	8	10	0	
Weihnachtsbutter	15	11	13	5	0

Da ein Objekt zu sich selbst immer eine Distanz von Null besitzt, besteht die Hauptdiagonale einer Distanzmatrix immer aus Nullen. Aus diesem Grund wollen wir im folgenden bei der Aufstellung einer Distanzmatrix die Hauptdiagonalwerte jeweils vernachlässigen, d. h. die erste Zeile und die letzte Spalte der Distanzmatrix in Abbildung 8.14 können eliminiert werden.

504   Clusteranalyse

Diese Abbildung macht deutlich, daß mit einem Abstandswert von 2 das Produktpaar "Flora" und "Rama" die größte Ähnlichkeit aufweist. Die geringste Ähnlichkeit besteht demgegenüber zwischen "Weihnachtsbutter" und der Margarinemarke "Rama". Hier beträgt die Differenz 15.

Ebenfalls ausgehend von den Differenzwerten bei jeder Eigenschaft für ein Objektpaar läßt sich die Berechnung der Euklidischen Distanz erläutern. Die quadrierten Differenzwerte werden addiert und aus der Summe wird die Quadratwurzel gezogen. Basierend auf den oben berechneten Differenzwerten gelangt man für das Produktpaar "Rama" und "Homa" zunächst wie folgt zur *quadrierten Euklidischen Distanz*:

$$d^2_{\text{Rama, Homa}} = 1^2 + 1^2 + 2^2$$
$$= 1 + 1 + 4$$
$$= 6$$

Durch die Quadrierung werden große Differenzwerte bei der Berechnung der Distanz stärker berücksichtigt, während geringen Differenzwerten ein kleineres Gewicht zukommt. Sowohl die quadrierte Euklidische Distanz als auch die Euklidische Distanz können als Maß für die Unähnlichkeit zwischen Objekten herangezogen werden. Da eine Reihe von Algorithmen auf der quadrierten Euklidischen Distanz aufbaut, wollen wir im folgenden unsere Betrachtungen ebenfalls auf die quadrierte Euklidische Distanz stützen. Die Abbildung 8.15 faßt die quadrierten Euklidischen Distanzen für unser 5-Produkte-Beispiel zusammen.

Abbildung 8.15:   Distanzmatrix nach der quadrierten Euklidischen Distanz

	Rama	Homa	Flora	SB
Homa	6			
Flora	4	6		
SB	56	26	44	
Weihnachtsbutter	75	41	59	11

Bezüglich des ähnlichsten und des unähnlichsten Paares gelangt man bei der quadrierten Euklidischen Distanz zur gleichen Aussage wie bei der City-Block-Metrik. Faßt man die Reihenfolge der Ähnlichkeiten nach beiden Metriken in einer Tabelle zusammen (Abbildung 8.16), so wird deutlich, daß sich bei den Produktpaaren "SB" und "Flora" sowie "Weihnachtsbutter" und "Homa" eine Verschiebung der Reihenfolge der Ähnlichkeiten ergeben hat. Die Wahl des Distanzmaßes beeinflußt somit die Ähnlichkeitsreihenfolge der Untersuchungsobjekte.

Abbildung 8.16: Reihenfolge der Ähnlichkeiten entsprechend der quadrierten Euklidischen Distanz (Klammerwerte der Tabelle) sowie der L_1-Norm

	Rama	Homa	Flora	SB
Homa	2 (2)			
Flora	1 (1)	2 (2)		
SB	7 (7)	4 (4)	5 (6)	
Weihnachtsbutter	9 (9)	6 (5)	8 (8)	3 (3)

Die unterschiedlichen Ergebnisse sind auf die abweichende Behandlung der Differenzen zurückzuführen, da bei der L_1-Norm alle Differenzwerte gleichgewichtig in die Berechnung eingehen.

Bei der Anwendung der *Minkowski-Metriken* ist allerdings darauf zu achten, daß *vergleichbare Maßeinheiten* zugrunde liegen. Das ist in unserem Beispiel erfüllt, da alle Eigenschaftsmerkmale der Margarinemarken auf einer von 1 bis 7 gehenden Ratingskala erhoben wurden. Ist diese Voraussetzung *nicht* erfüllt, so müssen die Ausgangsdaten zuerst z. B. mit Hilfe einer *Standardisierung* vergleichbar gemacht werden (vgl. Abschnitt 8.4).

Neben den bisher besprochenen Distanzmaßen kann zur Bestimmung der Proximität zwischen Objekten aber auch ein Ähnlichkeitsmaß herangezogen werden. Ein solches Ähnlichkeitsmaß ist z. B. der *Q-Korrelationskoeffizient*, der sich wie folgt berechnen läßt:

$$r_{k,\,l} = \frac{\sum\limits_{j=1}^{J} (x_{jk} - \overline{x}_k) \cdot (x_{jl} - \overline{x}_l)}{\left\{ \sum\limits_{j=1}^{J} (x_{jk} - \overline{x}_k)^2 \cdot \sum\limits_{j=1}^{J} (x_{jl} - \overline{x}_l)^2 \right\}^{\frac{1}{2}}} \tag{3}$$

mit:

x_{jk}: Ausprägung der Eigenschaft j bei Objekt (Cluster) k (bzw. 1), wobei: j= 1, 2, ..., J

$\overline{x}_k$: Durchschnittswert aller Eigenschaften bei Objekt (Cluster) k (bzw. 1)

Der Q-Korrelationskoeffizient berechnet die Ähnlichkeit zwischen zwei Objekten k und l unter Berücksichtigung aller Variablen eines Objektes. So ergibt sich z. B. für "Rama" ein Variablendurchschnitt von (1+2+1)/3 = 4/3 (= $\overline{x}_k$) und für "Homa" ein Variablendurchschnitt von (2+3+3)/3 = 8/3 (=$\overline{x}_l$). Mit Hilfe dieser Variablendurchschnitte läßt sich die Ähnlichkeit zwischen "Rama" und "Homa" unter Verwendung der Ausgangsdaten aus Abbildung 8.13 wie folgt bestimmen):

506 Clusteranalyse

Abbildung 8.17: Berechnungstabelle zur Bestimmung des Q-Korrelationskoeffizienten

$x_{jk} - \bar{x}_k$	$x_{jl} - \bar{x}_l$	$\left(x_{jk} - \bar{x}_k\right)\left(x_{jl} - \bar{x}_l\right)$	$\left(x_{jk} - \bar{x}_k\right)^2$	$\left(x_{jl} - \bar{x}_l\right)^2$
-1/3	-2/3	2/9	1/9	4/9
2/3	1/3	2/9	4/9	1/9
-1/3	1/3	-1/9	1/9	1/9
		3/9	6/9	6/9

$$r_{k,l} = \frac{3/9}{\sqrt{6/9 \cdot 6/9}} = 0,5$$

mit :

k = Rama; l = Homa

Führt man diese Berechnung für alle Produktpaare durch, so ergibt sich für unser Beispiel die in Abbildung 8.18 dargestellte Ähnlichkeitsmatrix auf Basis des Q-Korrelationskoeffizienten:

Abbildung 8.18: Ähnlichkeitsmatrix entsprechend dem Q-Korrelationskoeffizienten

	Rama	Homa	Flora	SB	Weihnachts-butter
Rama	1,000				
Homa	0,500	1,000			
Flora	0,000	-0,866	1,000		
SB	-0,756	0,189	-0,655	1,000	
Weihnachtsbutter	1,000	0,500	0,000	-0,756	1,000

Vergleicht man diese Ähnlichkeitswerte mit den Distanzwerten aus Abbildung 8.15, so wird deutlich, daß sich die Beziehungen zwischen den Objekten stark verschoben haben. Nach der quadrierten Euklidischen Distanz sind sich "Weihnachtsbutter" und "Rama" am unähnlichsten, während sie nach dem Q-Korrelationskoeffizienten als das ähnlichste Markenpaar erkannt werden. Ebenso sind nach Euklid "Flora" und "Rama" mit einer Distanz von 4 sehr ähnlich, während sie mit einer Korrelation von 0 in Abbildung 8.18 als vollkommen unähnlich gelten. Diese Vergleiche machen deutlich, daß bei der Wahl des Proximitätsmaßes vor allem inhaltliche Überlegungen eine Rolle spielen. Betrachten wir zu diesem Zweck einmal die Profilverläufe von "Rama" und "Weihnachtsbutter" entsprechend den Ausgangsdaten in unserem Beispiel (Abbildung 8.19):

Abbildung 8.19: Profilverläufe von "Rama" und "Weihnachtsbutter"

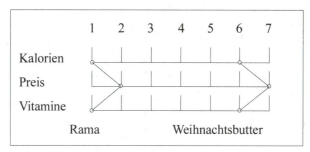

Die Profilverläufe zeigen, daß "Rama" und "Weihnachtsbutter" zwar sehr weit voneinander entfernt liegen, der Verlauf ihrer Profile aber vollkommen gleich ist. Von daher läßt sich erklären, warum sie bei Verwendung eines Distanzmaßes als vollkommen unähnlich und bei Verwendung des Q-Korrelationskoeffizienten als vollkommen ähnlich erkannt werden. Allgemein läßt sich somit festhalten:

Zur Messung der Ähnlichkeit zwischen Objekten sind

- *Distanzmaße* immer dann geeignet, wenn der absolute Abstand zwischen Objekten von Interesse ist und die Unähnlichkeit dann als um so größer anzusehen ist, wenn zwei Objekte weit entfernt voneinander liegen;
- *Ähnlichkeitsmaße* immer dann geeignet, wenn der primäre Ähnlichkeitsaspekt im Gleichlauf zweier Profile zu sehen ist, unabhängig davon, auf welchem Niveau die Objekte liegen.

Betrachten wir hierzu ein Beispiel: Eine Reihe von Unternehmen wird durch die Umsätze eines bestimmten Produktes im Ablauf von fünf Jahren (= Variable) beschrieben. Mit Hilfe der Clusteranalyse sollen solche Unternehmen zusammengefaßt werden, die

1. im Zeitablauf ähnliche *Umsatzgrößen* mit diesem Produkt erzielt haben.
2. im Zeitablauf ähnliche *Umsatzentwicklungen* bei diesem Produkt aufweisen.

Im ersten Fall ist für die Clusterung die *Umsatzhöhe* von Bedeutung. Folglich muß die Proximität zwischen den Unternehmen mit Hilfe eines *Distanzmaßes* ermittelt werden. Im zweiten Fall hingegen spielt die Umsatzhöhe keine Rolle, sondern die *Umsatzentwicklung*, und ein Ähnlichkeitsmaß (Korrelationskoeffizient) ist das geeignete Proximitätsmaß.

8.2.1.4 Ähnlichkeitsermittlung bei gemischt skalierter Variablenstruktur

Durch die bisherige Darstellung wurde deutlich, daß die clusteranalytischen Verfahren kein spezielles Skalenniveau der Merkmale verlangen. Dieser Vorteil der allgemeinen Verwendbarkeit ist allerdings mit dem Problem der Behandlung *gemischter Variabler* verbunden; denn man verzeichnet in empirischen Studien sehr

508   Clusteranalyse

häufig sowohl metrische als auch nicht-metrische Eigenschaften der zu klassifizierenden Objekte. Ist dies der Fall, so muß man eine Antwort auf die Frage finden,
wie Variable mit unterschiedlichem Skalenniveau gemeinsam Berücksichtigung
finden können. Im folgenden sollen einige Wege der Problemlösung aufgezeigt
werden.[8] Es ergeben sich grundsätzlich *zwei mögliche Verfahrensweisen.*

Im ersten Fall werden für die metrischen und die nicht-metrischen Variablen *getrennt die Ähnlichkeitskoeffizienten bzw. Distanzen berechnet.* Die Gesamtähn-
lichkeit ermittelt man als ungewichteten oder gewichteten Mittelwert der im vorherigen Schritt berechneten Größen. Verdeutlichen wir uns den Vorgang am Beispiel
der Produkte "Rama" und "Flora". Die Ähnlichkeit der Produkte soll anhand der
nominalen (Abbildung 8.7) und der metrischen Eigenschaften (Abbildung 8.15)
bestimmt werden. Als M-Koeffizient für diese beiden Produkte hatten wir einen
Wert von 0,7 ermittelt (vgl. Abbildung 8.11). Die sich daraus ergebende Distanz
der beiden Margarinesorten beläuft sich auf 0,3. Man erhält sie, indem man den
Wert für die Ähnlichkeit von der Zahl 1 subtrahiert. Bei den metrischen Eigenschaften hatten wir für die beiden Produkte eine quadrierte euklidische Distanz
von 4 (Abbildung 8.15) berechnet. Verwendet man nun das *ungewichtete arithmetische Mittel* als gemeinsames Distanzmaß, so erhalten wir in unserem Beispiel einen Wert von 2,15. Zu einer anderen Distanz kann man bei Anwendung des *gewichteten arithmetischen Mittels* gelangen. Hier besteht einmal die Möglichkeit,
mehr oder weniger willkürlich extern Gewichte für den metrischen und den nicht-
metrischen Abstand vorzugeben. Zum anderen kann man auch den jeweiligen Anteil der Variablen an der Gesamt-Variablenzahl als Gewichtungsfaktor heranziehen. Würde man den letzteren Weg beschreiten, so ergäben sich in unserem Beispiel keine Veränderungen gegenüber der Verwendung des ungewichteten arithmetischen Mittels, wenn wir sowohl zehn nominale als auch zehn metrische
Merkmale zur Klassifikation benutzt hätten.

Der zweite Lösungsweg besteht in der *Transformation von einem höheren auf
ein niedrigeres Skalenniveau.* Welche Möglichkeiten sich in dieser Hinsicht ergeben, wollen wir am Beispiel des Merkmals "Preis" verdeutlichen. Für die betrachteten 5 Emulsionsfette im "metrischen Fall" habe man die nachstehenden
durchschnittlichen Verkaufspreise ermittelt (bezogen auf eine 250-Gramm-Pak-
kung).

Weihnachtsbutter	2,05 EURO
Rama	1,75 EURO
Flora	1,65 EURO
SB	1,59 EURO
Homa	1,35 EURO

Eine Möglichkeit zur Umwandlung der vorliegenden Verhältnisskalen in binäre
Skalen besteht in der *Dichotomisierung.* Hierbei hat man eine Schnittstelle festzulegen, die zu einer Trennung der niedrig- und hochpreisigen Emulsionsfette führt.

---

[8] Vgl. Kaufmann, H./Pape, H., 1996, S. 452 f.; Bock, H.-H., 1974, S. 74 f.; Vogel, F.,
1975, S. 73 ff.

Cut-off-Wert

Würde man diese Grenze bei 1,60 EURO annehmen, so erhielten die Preisausprägungen bis zu 1,59 EURO als Schlüssel eine Null und die darüber hinausgehenden Preise eine Eins. Vorteilhaft an dem dargestellten Vorgehen ist seine Einfachheit sowie seine rasche Anwendungsmöglichkeit. Als problematisch ist demgegenüber der hohe Informationsverlust zu bezeichnen; denn "Flora" stünde in preislicher Hinsicht mit "Weihnachtsbutter" auf einer Stufe, obwohl die letztgenannte Marke wesentlich teurer ist. Ein weiterer Problemaspekt besteht in der Festlegung der Schnittstelle. Ihre willkürliche Bestimmung kann leicht zu Verzerrungen der realen Gegebenheiten führen, dies hat wiederum einen Einfluß auf das Gruppierungsergebnis.

Der Informationsverlust läßt sich verringern, wenn man *Preisintervalle* bildet und jedes Intervall binär derart kodiert, daß, wenn der Preis für ein Produkt in das Intervall fällt, eine Eins und ansonsten eine Null vergeben wird. Diese Vorgehensweise wurde bereits in Abschnitt 8.2.1.2.2 ausführlich dargestellt.

Abschließend sei eine dritte Möglichkeit genannt, die ebenfalls auf einer Einteilung in Preisklassen beruht. In unserem Beispiel gehen wir von vier Intervallen (vgl. Abbildung 8.20) aus. Zur Verschlüsselung benötigen wir dann drei binäre Merkmale. Die Kodierung einer Null bzw. einer Eins erfolgt entsprechend der Antwort auf die nachfolgenden Fragen:

Merkmal 1: Preis gleich oder größer als 1,40 EURO?
           nein=0 ja=1
Merkmal 2: Preis gleich oder größer als 1,70 EURO?
           nein=0 ja=1
Merkmal 3: Preis gleich oder größer als 2,00 EURO?
           nein=0 ja=1

Das erste Preisintervall verschlüsselt man somit durch drei Nullen, da jede Frage mit nein beantwortet wird. Geht man auch bei den anderen Klassen in der beschriebenen Weise vor, so ergibt sich die in Abbildung 8.20 enthaltene Kodierung. Wird nun die erhaltene Binärkombination z. B. zur Verschlüsselung von "Rama" verwendet, so erhalten wir für dieses Produkt die Zahlenfolge "1 1 0". Abbildung 8.21 enthält die weiteren Verschlüsselungen der Emulsionsfette.

Abbildung 8.20:   Kodierung von Preisklassen

PREIS	Binäres Merkmal		
	1	2	3
bis 1,40 EURO	0	0	0
1,41-1,69 EURO	1	0	0
1,70-1,99 EURO	1	1	0
2,00-2,30 EURO	1	1	1

510 Clusteranalyse

Abbildung 8.21:   Verschlüsselung der Emulsionsfette

Produkte	Binär-Schlüssel		
Weihnachtsbutter	1	1	1
Rama	1	1	0
Flora	1	0	0
SB	1	0	0
Homa	0	0	0

Der besondere Vorteil des Verfahrens liegt in seinem geringen Informationsverlust, der um so geringer ausfällt, je kleiner die jeweilige Klassenspanne ist. Bei sieben Preisklassen könnte man beispielsweise zu einer Halbierung der Spannweite und damit zu einer besseren Wiedergabe der tätsächlichen Preisunterschiede gelangen. Ein Nachteil einer derartigen Verschlüsselung ist in der Zunahme des Gewichts der betreffenden Eigenschaft zu sehen. Gehen wir nämlich davon aus, daß in unserer Studie neben dem Merkmal "Preis" nur noch Eigenschaften mit zwei Ausprägungen existieren, so läßt sich erkennen, daß dem Preis bei fünf Preisklassen ein vierfaches Gewicht zukommt. Eine Halbierung der Spannweiten führt dann zu einem achtfachen Gewicht. Inwieweit eine stärkere Berücksichtigung eines einzelnen Merkmals erwünscht ist, muß man im Einzelfall klären.

8.2.2   Auswahl des Fusionierungsalgorithmus

(1) Bestimmung der Ähnlichkeiten

(2) **Auswahl des Fusionierungsalgorithmus**

(3) Bestimmung der Clusteranzahl

Die bisherigen Ausführungen haben gezeigt, wie sich mit Hilfe von Proximitätsmaßen eine Distanz- oder Ähnlichkeitsmatrix aus den Ausgangsdaten ermitteln läßt. Die gewonnene Distanz- oder Ähnlichkeitsmatrix bildet nun den Ausgangspunkt der Clusteralgorithmen, die eine Zusammenfassung der Objekte zum Ziel haben. Die Clusteranalyse bietet dem Anwender ein breites Methodenspektrum an Algorithmen zur Gruppierung einer gegebenen Objektmenge. Nach der Zahl der Variablen, die beim Fusionierungsprozeß Berücksichtigung finden, lassen sich *monothetische und polythetische* Verfahren unterscheiden. Monothetische Verfahren sind dadurch gekennzeichnet, daß sie zur Gruppierung jeweils nur eine Variable heranziehen. Der große Vorteil der Clusteranalyse liegt aber gerade darin, simultan alle relevanten Beschreibungsmerkmale (Variable) zur Gruppierung der Objekte heranzuziehen. Da dieser Zielsetzung aber nur polythetische Verfahren entsprechen, sollen auch nur diese im folgenden betrachtet werden. Eine weitere Einteilung der Clusteralgorithmen läßt sich entsprechend der Vorgehensweise im Fusionierungsprozeß vornehmen. Die Abbildung 8.22 gibt einen entsprechenden Überblick.

Abbildung 8.22: Überblick über ausgewählte Cluster-Algorithmen

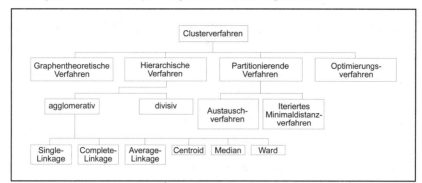

Aus der Vielzahl existierender Verfahren soll der Ablauf bei partitionierenden und hierarchischen Verfahren beispielhaft dargestellt werden:

- Die *partitionierenden Verfahren* gehen von einer gegebenen Gruppierung der Objekte (Startpartition) aus und ordnen die einzelnen Elemente mit Hilfe eines Austauschalgorithmus zwischen den Gruppen so lange um, bis eine gegebene Zielfunktion ein Optimum erreicht. Während bei den hierarchischen Verfahren eine einmal gebildete Gruppe im Analyseprozeß nicht mehr aufgelöst werden kann, haben die partitionierenden Verfahren den Vorteil, daß während des Fusionierungsprozesses Elemente zwischen den Gruppen getauscht werden können.
- Bei den *hierarchischen Verfahren* unterscheidet man zwischen agglomerativen und divisiven Algorithmen. Während man bei den agglomerativen Verfahren von der feinsten Partition (sie entspricht der Anzahl der Untersuchungsobjekte) ausgeht, bildet die gröbste Partition (alle Untersuchungsobjekte befinden sich in einer Gruppe) den Ausgangspunkt der divisiven Algorithmen. Somit läßt sich der Ablauf der ersten Verfahrensart durch die *Zusammenfassung* von Gruppen und der der zweiten Verfahrensart durch die *Aufteilung* einer Gesamtheit in Gruppen charakterisieren.

Wir stellen im folgenden die grundsätzliche Vorgehensweise dieser beiden Gruppen von Cluster-Algorithmen dar. Dabei liegt der Schwerpunkt der Betrachtungen auf den agglomerativen Verfahren, da ihnen in der Praxis die größte Bedeutung zukommt. Demgegenüber werden die divisiven Verfahren wegen ihrer geringen Bedeutsamkeit nicht weiter betrachtet.

512   Clusteranalyse

8.2.2.1   Partitionierende Verfahren

Die Gemeinsamkeit partitionierender Verfahren besteht darin, daß man, ausgehend von einer vorgegebenen Gruppeneinteilung, durch Verlagerung der Objekte in andere Gruppen versucht, zu einer besseren Lösung zu gelangen.[9] Die in diesem Bereich existierenden Verfahren unterscheiden sich in zweierlei Hinsicht. Erstens ist in diesem Zusammenhang auf die Art und Weise, wie die Verbesserung der Clusterbildung gemessen wird, hinzuweisen. Ein zweiter Unterschied besteht in der Regelung des Austausches der Objekte zwischen den Gruppen.

Im Rahmen unserer Darstellung wollen wir beispielhaft das Austauschverfahren kurz erläutern. Die Verbesserung einer Gruppenbildung soll durch das Varianzkriterium gemessen werden (vgl. Abschnitt 8.2.2.3.2). Wie das Austauschverfahren im einzelnen abläuft, wird anhand von Abbildung 8.23 deutlich, die folgende Ablaufschritte beinhaltet:

1. Schritt: Man gibt eine Anfangspartition vor.
2. Schritt: Pro Gruppe wird je Eigenschaft das arithmetische Mittel berechnet.
3. Schritt: Man ermittelt für die jeweils gültige Gruppenzuordnung die Fehlerquadratsumme.
4. Schritt: Die Objekte werden daraufhin untersucht, ob durch eine Verlagerung das Varianzkriterium vermindert werden kann.
5. Schritt: Das Objekt, das zu einer maximalen Verringerung führt, wird in die entsprechende Gruppe verlagert.
6. Schritt: Für die empfangende und die abgebende Gruppe müssen die neuen Mittelwerte berechnet werden.

Das Verfahren setzt den nächsten Durchlauf mit dem 3. Schritt fort. Beendet wird die Clusterung, wenn alle Objekte bezüglich ihrer Verlagerung untersucht wurden und sich keine Verbesserung des Varianzkriteriums mehr erreichen läßt. Der Abbruch an dieser Stelle muß erfolgen, da nicht alle grundsätzlich möglichen Gruppenbildungen auf ihren Zielfunktionswert hin untersucht werden können. Diese Aussage läßt sich leicht dadurch erklären, daß für m Objekte und g Gruppen g^m Einteilungsmöglichkeiten existieren. Gehen wir beispielsweise von 10 Objekten und drei Gruppen aus, so existieren bereits 3^{10}=59.049 Möglichkeiten zur Clusterbildung. Bereits diese Zahlen verdeutlichen, daß auch bei heutigen EDV-Anlagen eine vollständige Enumeration nicht wirtschaftlich realisierbar ist. Man gelangt folglich nur zu lokalen und nicht zu globalen Optima. Daher ist es bei den partitionierenden Verfahren erforderlich, zu einer Verbesserung der Lösung durch eine Veränderung der Startpartition zu gelangen. Inwieweit hierdurch eine homogenere Gruppenbildung erzielt wird, läßt sich anhand des Varianzkriteriums ablesen. Ist der Zielfunktionswert gesunken, so ist man dem Vorhaben der Zusammenfassung gleichartiger Objekte nähergekommen.

---

[9] Vgl. zu den partitionierenden Verfahren auch: Späth, H., 1977, S. 35 ff.

Abbildung 8.23: Ablauf des Austauschverfahrens

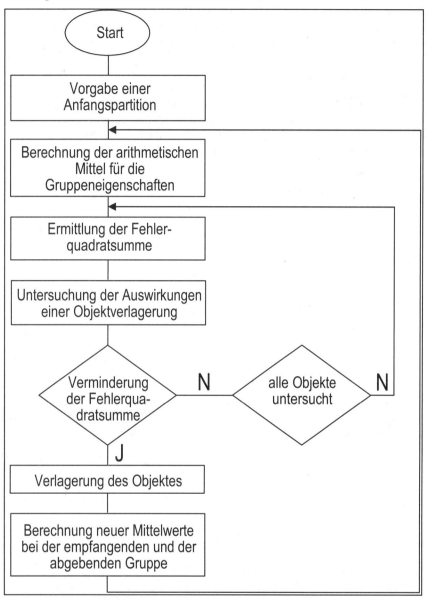

Hinter der einfachen Feststellung "Veränderung der Startpartition" verbergen sich zwei Entscheidungsprobleme. Erstens muß man festlegen, auf wie viele Gruppen die Objekte verteilt werden sollen. Zweitens ist festzulegen, nach welchem Modus die Untersuchungsobjekte auf die Startgruppen zu verteilen sind. Hierzu kann man beispielsweise eine Zufallszahlentabelle heranziehen. Eine andere Möglichkeit be-

514   Clusteranalyse

steht darin, daß man die Objekte entsprechend der Reihenfolge ihrer Numerierung den Gruppen 1,2, ..., g_1; 1,2, ..., g_2; usw. zuordnet. Weiterhin lassen sich auch die Ergebnisse hierarchischer Verfahren für die Festlegung der Startpartition heranziehen.

Vergleicht man die agglomerativen hierarchischen und die partitionierenden Verfahren, so ergibt sich ein zentraler Unterscheidungspunkt. Während bei den erstgenannten Verfahren sich ein einmal konstruiertes Cluster in der Analyse nicht mehr auflösen läßt, kann bei den partitionierenden Verfahren jedes Element von Cluster zu Cluster beliebig verschoben werden. Die partitionierenden Verfahren zeichnen sich somit durch eine größere Variabilität aus. Sie haben jedoch bei praktischen Anwendungen eine deutlich geringere Verbreitung gefunden. Dieser Umstand ist vor allem durch folgende Punkte begründet:

- Die Ergebnisse der partitionierenden Verfahren werden verstärkt durch die der "Umordnung" der Objekte zugrunde liegenden Zielfunktion beeinflußt.
- Die Wahl der Startpartition ist häufig subjektiv begründet und kann ebenfalls die Ergebnisse des Clusterprozesses beeinflussen.
- Man gelangt bei partitionierenden Verfahren häufig nur zu lokalen und nicht zu globalen Optima, da selbst bei modernen EDV-Anlagen die Durchführung einer vollständigen Enumeration nicht wirtschaftlich möglich ist.

8.2.2.2   Hierarchische Verfahren

8.2.2.2.1 Ablauf der agglomerativen Verfahren

Die in der Praxis häufig zur Anwendung kommenden *agglomerativen Algorithmen* sind die in Abbildung 8.22 dargestellten sechs Verfahren. Der Ablauf dieser Verfahren verdeutlicht Abbildung 8.24, die folgende Ablaufschritte enthält:

1. Schritt: Man startet mit der feinsten Partition; d. h. jedes Objekt stellt ein Cluster dar. In unserem Beispiel aus Abbildung 8.13 gehen wir somit von fünf Gruppen aus.

2. Schritt: Man berechnet für alle in die Untersuchung eingeschlossenen Objekte die Distanz. In unserem Fall erhalten wir somit $\binom{5}{2} = 10$ Distanzen.

    Für den weiteren Verlauf gehen wir von den in Abbildung 8.15 enthaltenen quadrierten Euklidischen Distanzen aus.

3. Schritt: Es werden die beiden Cluster mit der geringsten Distanz zueinander gesucht. Im ersten Durchlauf weisen die beiden Margarinemarken "Rama" und "Flora" den geringsten Abstand auf $\left(d^2 = 4\right)$.

4. Schritt: Die beiden Gruppen mit der größten Ähnlichkeit faßt man zu einem neuen Cluster zusammen. Die Zahl der Gruppen nimmt somit um 1 ab. Zum Ende des ersten Durchgangs existieren in unserem Beispiel noch vier Gruppen.

5. Schritt: Man berechnet die Abstände zwischen den neuen und den übrigen Gruppen und gelangt so zu einer *reduzierten* Distanzmatrix. Die Unterschiede zwischen den agglomerativen Verfahren ergeben sich nur daraus, wie die Distanz zwischen einem Objekt (Cluster) R und dem neuen Cluster (P+Q) ermittelt wird.

Abbildung 8.24: Ablaufschritte der agglomerativen hierarchischen Clusterverfahren

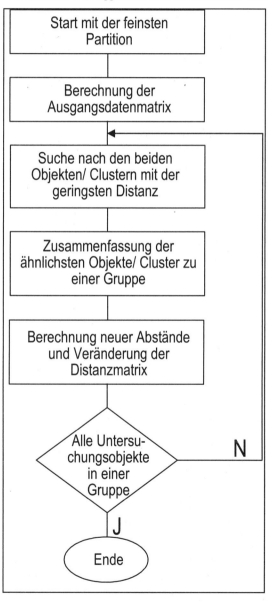

516   Clusteranalyse

Sind zwei Objekte (Gruppen) P und Q zu vereinigen, so erhält man die Distanz D(R;P+Q) zwischen irgendeiner Gruppe R und der neuen Gruppe (P+Q) durch folgende Transformation:[10]

$$D(R,P+Q) = A \cdot D(R,P) + B \cdot D(R,Q) + E \cdot D(P,Q) + G \cdot |D(R,P)-D(R,Q)| \qquad (4)$$

mit:

D(R,P):   Distanz zwischen den Gruppen R und P
D(R,Q):   Distanz zwischen den Gruppen R und Q
D(P,Q):   Distanz zwischen den Gruppen P und Q

Die Größen A, B, E und G sind Konstante, die je nach verwendetem Algorithmus variieren. Die in Abbildung 8.25 dargestellten agglomerativen Verfahren erhält man durch Zuweisung entsprechender Werte für die Konstanten in Gleichung (4). Die Abbildung 8.25 zeigt die jeweiligen Wertzuweisungen und die sich damit ergebenden Distanzberechnungen bei ausgewählten agglomerativen Verfahren.[11]

Während bei den ersten vier Verfahren grundsätzlich alle möglichen Proximitätsmaße verwendet werden können, ist die Anwendung der Verfahren "Centroid", "Median" und "Ward" nur sinnvoll bei Verwendung eines Distanzmaßes. Bezüglich des Skalenniveaus der Ausgangsdaten läßt sich festhalten, daß die Verfahren sowohl bei metrischen als auch bei nicht-metrischen Ausgangsdaten angewandt werden können. Entscheidend ist hier nur, daß die verwendeten Proximitätsmaße auf das Skalenniveau der Daten abgestimmt sind; denn nicht-metrische Proximitätsmaße stellen relative Häufigkeiten dar, die im Ergebnis metrisch interpretiert werden können.

---

[10] Vgl. Steinhausen, D./Langer, K., 1977, S. 76.
[11] Vgl. Steinhausen, D./Langer, K., 1977, S. 77.

Vorgehensweise   517

Abbildung 8.25:   Distanzberechnung bei ausgewählten agglomerativen Verfahren

Verfahren	Konstante				Distanzberechnung $(D(R;P+Q))$ nach Gleichung (4):
	A	B	E	G	
Single Linkage	0,5	0,5	0	-0,5	$0,5 \cdot \{D(R, P)+D(R,Q)- |D(R,P)-D(R, Q)|\}$
Complete Linkage	0,5	0,5	0	0,5	$0,5 \cdot \{D(R, P)+D(R,Q)+ |D(R,P)-D(R, Q)|\}$
Average Linkage (ungewichtet)	0,5	0,5	0	0	$0,5 \cdot \{D(R, P)+D(R,Q)\}$
Average Linkage (gewichtet)	$\dfrac{NP}{NP + NQ}$	$\dfrac{NQ}{NP + NQ}$	0	0	$\dfrac{1}{NP+NQ}\{NP \cdot D(R,P)+NQ \cdot D(R,Q)\}$
Centroid	$\dfrac{NP}{NP + NQ}$	$\dfrac{NQ}{NP + NQ}$	$-\dfrac{NP \cdot NQ}{(NP+NQ)^2}$	0	$\dfrac{1}{NP + NQ}\{NP \cdot D(R, P) + NQ \cdot D(R, Q)\}$ $-\dfrac{NP \cdot NQ}{(NP+NQ)^2} \cdot D(P,Q)$
Median	0,5	0,5	-0,25	0	$0,5(D(R, P) + D(R, Q)) - 0,25 \cdot D(P,Q)$
Ward	$\dfrac{NR + NP}{NR + NP + NQ}$	$\dfrac{NR + NQ}{NR + NP + NQ}$	$-\dfrac{NR}{NR + NP + NQ}$	0	$\dfrac{1}{NR + NP + NQ}\{(NR + NP) \cdot D(R,P) + (NR + NQ) \cdot D(R,Q) - NR \cdot D(P,Q)\}$

mit: NR: Zahl der Objekte in Gruppe R
NP: Zahl der Objekte in Gruppe P
NQ: Zahl der Objekte in Gruppe Q

8.2.2.2.2   Vorgehensweise der Verfahren "Single-Linkage", "Complete-Linkage" und "Ward"

Das *Single-Linkage-Verfahren* vereinigt im ersten Schritt die Objekte, die gemäß der Distanzmatrix aus Abbildung 8.15 die *kleinste* Distanz aufweisen, d. h. die Objekte, die sich am ähnlichsten sind. Somit werden im ersten Durchlauf die Objekte "Rama" und "Flora" mit einer Distanz von 4 vereinigt. Da "Rama" und "Flora" nun eine eigenständige Gruppe bilden, muß im nächsten Schritt der Abstand dieser Gruppe zu allen übrigen Objekten bestimmt werden. Als Distanz zwischen der neuen Gruppe "Rama, Flora" und einem Objekt (Gruppe) R wird nun der *kleinste* Wert der Einzeldistanzen zwischen "Rama" und R bzw. "Flora" und R herangezogen, so daß sich die neue Distanz gemäß Formel (4) wie folgt bestimmt (vgl. Abbildung 8.25):

518   Clusteranalyse

$$D(R;P+Q) = 0,5 \{D(R,P) + D(R,Q) - |D(R,P) - D(R,Q)|\} \qquad (5)$$

Vereinfacht ergibt sich diese Distanz auch aus der Beziehung:

$$D(R;P+Q) = min \{D(R,P);D(R,Q)\}$$

Das Single-Linkage-Verfahren weist somit einer neu gebildeten Gruppe die kleinste Distanz zu, die sich aus den alten Distanzen der in der Gruppe vereinigten Objekte zu einem bestimmten anderen Objekt ergibt. Man bezeichnet diese Methode deshalb auch als *"Nearest-Neighbour-Verfahren"*. Verdeutlichen wir uns dieses Vorgehen beispielhaft an der Distanzbestimmung zwischen der Gruppe "Rama, Flora" und der Marke "SB". Zur Berechnung der neuen Distanz sind die Abstände zwischen "Rama" und "SB" sowie zwischen "Flora" und "SB" heranzuziehen. Aus der Ausgangsdistanzmatrix (Abbildung 8.15) ersieht man, daß die erstgenannte Distanz 56 und die zweitgenannte Distanz 44 beträgt. Somit wird für den zweiten Durchlauf als Distanz zwischen der Gruppe "Rama, Flora" und der Marke "SB" eine Distanz von 44 zugrunde gelegt. Abbildung 8.26 faßt die Vorgehensweise noch einmal graphisch zusammen. Der "Kreis" um "Rama" und "Flora" soll verdeutlichen, daß sich die beiden Produkte bereits in einem Cluster befinden.

Formal lassen sich diese Distanzen auch mit Hilfe von Formel (5) bestimmen. Dabei ist P+Q die Gruppe "Flora (P) und Rama (Q)", und R stellt jeweils ein verbleibendes Objekt dar. Die neuen Distanzen zwischen "Flora, Rama" und den übrigen Objekten ergeben sich in unserem Beispiel dann wie folgt (vgl. die Werte in Abbildung 8.15):

$$D \text{ (Homa; Flora + Rama)} = 0,5 \cdot \{(6+6) - |6-6|\} = 6$$

$$D \text{ (SB; Flora + Rama)} = 0,5 \cdot \{(44+56) - |44-56|\} = 44$$

$$D \text{ (W.butter; Flora + Rama)} = 0,5 \cdot \{(59+75) - |59-75|\} = 59$$

Abbildung 8.26: Berechnung der neuen Distanz beim Single-Linkage-Verfahren

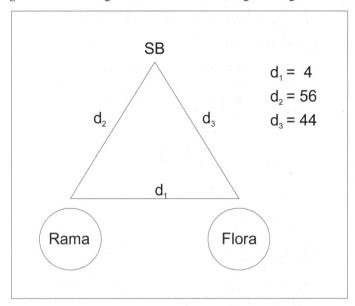

Damit erhält man die reduzierte Distanzmatrix, indem man die Zeilen und Spalten der fusionierten Cluster aus der für den betrachteten Durchgang gültigen Distanzmatrix entfernt und dafür eine neue Spalte und Zeile für die gerade gebildete Gruppe einfügt. Am Ende des ersten Durchgangs ergibt sich eine reduzierte Distanzmatrix (Abbildung 8.27), die im zweiten Schritt Verwendung findet.

Abbildung 8.27: Distanzmatrix nach dem ersten Durchlauf beim Single-Linkage-Verfahren

	Flora, Rama	Homa	SB
Homa	6		
SB	44	26	
Weihnachtsbutter	59	41	11

Entsprechend der reduzierten Distanzmatrix werden im nächsten Schritt die Objekte (Cluster) vereinigt, die die geringste Distanz aufweisen. Im vorliegenden Fall wird "Homa" in die Gruppe "Flora, Rama" aufgenommen, da hier die Distanz (d=6) am kleinsten ist. Für die reduzierte Distanzmatrix im zweiten Durchlauf errechnen sich dann die Abstände der Gruppe "Flora, Rama, Homa" zu SB bzw. Weihnachtsbutter wie folgt:

520 Clusteranalyse

$$D(SB; Flora + Rama + Homa) = 0,5 \cdot \{(44+26) - |44-26|\} = 26$$
$$D(Wb.; Flora + Rama + Homa) = 0,5 \cdot \{(59+41) - |59-41|\} = 41$$

Damit ergibt sich die reduzierte Distanzmatrix im zweiten Schritt gemäß Abbildung 8.28.

Abbildung 8.28: Distanzmatrix nach dem zweiten Durchlauf beim Single-Linkage Verfahren

	Flora, Rama, Homa	SB
SB	26	
Weihnachtsbutter	41	11

Den Werten in Abbildung 8.28 entsprechend werden im nächsten Schritt die Marken "SB" und "Weihnachtsbutter" zu einer eigenständigen Gruppe zusammengefaßt. Die Distanz zwischen den verbleibenden Gruppen "Flora, Rama, Homa" und "SB, Weihnachtsbutter" ergibt sich dann auf Basis von Abbildung 8.28 wie folgt:

$$D(Flora, Rama, Homa; SB, Weihnb.) = 0,5 \cdot \{(26+41) - |26-41|\} = 26$$

Das Ergebnis der Cluster-Analyse nach dem Single-Linkage-Verfahren läßt sich graphisch durch das in Abbildung 8.29 dargestellte Dendrogramm verdeutlichen.

Abbildung 8.29: Dendrogramm für das Single-Linkage-Verfahren

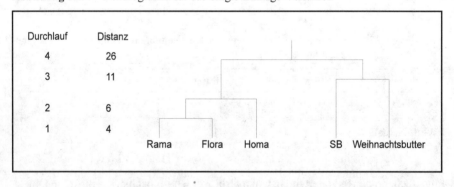

Dadurch, daß das Single-Linkage-Verfahren als neue Distanz zwischen zwei Gruppen immer den kleinsten Wert der Einzeldistanzen heranzieht, ist es geeignet, "Ausreißer" in einer Objektmenge zu erkennen. Da das Single-Linkage-Verfahren dazu neigt, viele kleine und wenige große Gruppen zu bilden (kontrahierendes Verfahren), bilden die kleinen Gruppen einen Anhaltspunkt für die Identifikation von "Ausreißern" in der Objektmenge. Das Verfahren hat dadurch aber den Nachteil, daß es aufgrund der großen Gruppen zur Kettenbildung neigt, wodurch "schlecht" getrennte Gruppen nicht aufgedeckt werden.[12]

Der Unterschied zwischen dem gerade erläuterten Algorithmus und dem *Complete-Linkage-Verfahren* besteht in der Vorgehensweise bei der neuen Distanzbildung im vierten Schritt. Diese berechnet sich gemäß Formel (4) wie folgt (vgl. Abbildung 8.25):

$$D(R;P+Q) = 0,5 \cdot \{D(R,P) + D(R,Q) + |D(R,P) - D(R,Q)|\} \qquad (6)$$

Es werden also nicht die geringsten Abstände als neue Distanz herangezogen - wie beim Single-Linkage-Verfahren -, sondern die größten Abstände, so daß sich für (6) auch schreiben läßt:

$$D(R;P+Q) = \max \{D(R,P); D(R,Q)\}$$

Man bezeichnet dieses Verfahren deshalb auch als *"Furthest-Neighbour-Verfahren"*. Ausgehend von der Distanzmatrix in Abbildung 8.15 werden im ersten Schritt auch hier die Objekte "Rama" und "Flora" vereinigt. Der Abstand dieser Gruppe zu z. B. "SB" entspricht aber jetzt in der reduzierten Distanzmatrix dem größten Einzelabstand, der entsprechend Abbildung 8.26 jetzt 56 beträgt. Formal ergeben sich die Einzelabstände gemäß (6) wie folgt:

$$D \,(\text{Homa; Flora} + \text{Rama}) = 0,5 \cdot \{(6 + 6) + |6 - 6|\} = 6$$

$$D \,(\text{SB; Flora} + \text{Rama}) = 0,5 \cdot \{(44 + 56) + |44 - 56|\} = 56$$

$$D \,(\text{W.butter; Flora} + \text{Rama}) = 0,5 \cdot \{(59 + 75) + |59 - 75|\} = 75$$

Damit erhalten wir die in Abbildung 8.30 dargestellte reduzierte Distanzmatrix.

Abbildung 8.30: Reduzierte Distanzmatrix nach dem ersten Durchlauf beim Complete-Linkage-Verfahren

	Flora, Rama	Homa	SB
Homa	6		
SB	56	26	
Weihnachtsbutter	75	41	11

Im nächsten Durchlauf wird auch hier die Marke "Homa" in die Gruppe "Rama, Flora" aufgenommen, da entsprechend Abbildung 8.30 hier die kleinste Distanz mit d=6 auftritt. Der Prozeß setzt sich nun ebenso wie beim Single-Linkage-Verfahren fort, wobei die jeweiligen Distanzen immer nach Formel (6) bestimmt werden. Hier sei nur das Endergebnis anhand eines Dendrogramms aufgezeigt (Abbildung 8.31).

---

[12] Vgl. hierzu die Ausführungen im Abschnitt 8.2.2.3.

Abbildung 8.31: Dendrogramm für das Complete-Linkage-Verfahren

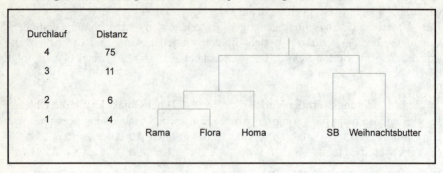

Obwohl in diesem Beispiel der Fusionierungsprozeß beim Single- und Complete-Linkage-Verfahren nahezu identisch verläuft, tendiert das Complete-Linkage-Verfahren eher zur Bildung kleiner Gruppen. Das liegt darin begründet, daß als neue Distanz jeweils der größte Wert der Einzeldistanzen herangezogen wird. Von daher ist das Complete-Linkage-Verfahren, im Gegensatz zum Single-Linkage-Verfahren, nicht dazu geeignet, "Ausreißer" in einer Objektgesamtheit zu entdecken. Diese führen beim Complete-Linkage-Verfahren eher zu einer Verzerrung des Gruppierungsprozesses und sollten daher vor Anwendung dieses Verfahrens (etwa mit Hilfe des Single-Linkage-Verfahrens) eliminiert werden.[13]

Als letzter hierarchischer Cluster-Algorithmus wird noch das *Ward-Verfahren* dargestellt, das in der Praxis eine weitere Verbreitung gefunden hat. Es unterscheidet sich von den vorhergehenden nicht nur durch die Art der neuen Distanzbildung, sondern auch durch die Vorgehensweise bei der Fusion von Gruppen. Der Abstand zwischen dem zuletzt gebildeten Cluster und den anderen Gruppen wird wie folgt berechnet (vgl. Abbildung 8.25):

$$D(R;P+Q) = \frac{1}{NR+NP+NQ} \{(NR+NP) \cdot D(R,P) + (NR+NQ) \cdot D(R,Q) - NR \cdot D(P,Q)\} \quad (7)$$

Das Ward-Verfahren unterscheidet sich von den bisher dargestellten Linkage-Verfahren insbesondere dadurch, daß nicht diejenigen Gruppen zusammengefaßt werden, die die geringste Distanz aufweisen, sondern es werden die Objekte (Gruppen) vereinigt, die ein vorgegebenes *Heterogenitätsmaß* am wenigsten vergrößern. Das Ziel des Ward-Verfahrens besteht darin, jeweils diejenigen Objekte (Gruppen) zu vereinigen, die die Streuung (Varianz) in einer Gruppe möglichst wenig erhöhen. Dadurch werden möglichst homogene Cluster gebildet. Als Heterogenitätsmaß wird das *Varianzkriterium* verwendet, das auch als Fehlerquadratsumme bezeichnet wird.

---

[13] Vgl. hierzu auch die Ausführungen in Abschnitt 8.2.2.3.

Die *Fehlerquadratsumme* (Varianzkriterium) errechnet sich für eine Gruppe g wie folgt:

$$V_g = \sum_{k=1}^{K_g} \sum_{j=1}^{J} (x_{kjg} - \overline{x}_{jg})^2 \tag{8}$$

mit

x_{kjg} : Beobachtungswert der Variablen j (j = 1,...,J) bei Objekt k (für alle Objekte

k = 1, ...,K_g in Gruppe g)

$\overline{x}_{jg}$: Mittelwert über die Beobachtungswerte der Variablen j in Gruppe g

$$\left(= 1/K_g \sum_{k=1}^{K_g} x_{kjg} \right)$$

Wird dem Ward-Verfahren als Proximitätsmaß die quadrierte Euklidische Distanz zugrunde gelegt, so werden auch hier im ersten Schritt die quadrierten Euklidischen Distanzen zwischen allen Objekten berechnet. Somit hat auch das Ward-Verfahren für unser 5-Produkte-Beispiel die in Abbildung 8.15 berechnete Distanzmatrix als Ausgangspunkt. Da in Abbildung 8.15 noch keine Objekte vereinigt wurden, besitzt die Fehlerquadratsumme im ersten Schritt einen Wert von Null; d. h. jedes Objekt ist eine "eigenständige Gruppe", und folglich tritt auch bei den Variablenwerten dieser Objekte noch keine Streuung auf. Das Zielkriterium beim Ward-Verfahren für die Zusammenfassung von Objekten (Gruppen) lautet nun:

"Vereinige diejenigen Objekte (Gruppen), die die
Fehlerquadratsumme am wenigsten erhöhen."

Es läßt ich nun zeigen, daß die Werte der Distanzmatrix in Abbildung 8.15 (quadrierte Euklidische Distanzen) bzw. die mit Hilfe von Gleichung (7) berechneten Distanzen genau der *doppelten Zunahme der Fehlerquadratsumme* gemäß Gleichung (8) bei Fusionierung zweier Objekte (Gruppen) entsprechen.

Dieser Zusammenhang läßt sich für das vorliegende Beispiel wie folgt verdeutlichen: Entsprechend Abbildung 8.15 sind im ersten Schritt die Objekte mit der kleinsten quadrierten Euklidischen Distanz zu vereinigen. Das sind in unserem Beispiel die Produkte "Rama" und "Flora", die eine quadrierte Euklidischen Distanz von 4 besitzen. Entsprechend des oben formulierten Zusammenhangs muß dieser Wert der doppelten Zunahme der Fehlerquadratsumme entsprechen bzw. die *Zunahme* der Fehlerquadratsumme beträgt nach Vereinigung dieser Produkte 1/2·4 = 2. Da die Fehlerquadratsumme im Ausgang Null war (es wurden zwei Objekte vereinigt), beträgt sie nach Vereinigung der Produkte Rama und Flora für diese neue Gruppe ebenfalls 2. Abbildung 8.32 verdeutlicht diesen Zusammenhang für unser Beispiel.

Abbildung 8.32: Zusammenhang zwischen quadrierter Euklidischer Distanz und Fehlerquadratsumme

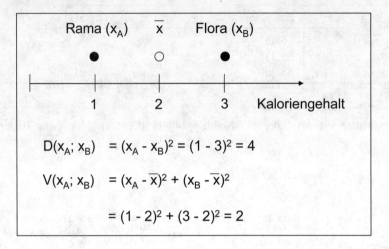

Dabei ist zu beachten, daß die Ausgangswerte für die Variablen "Preis" und "Vitamingehalt" bei Rama und Flora identisch sind (vgl. Abbildung 8.13), so daß sich die quadrierte Euklidische Distanz zwischen diesen beiden Objekten allein aufgrund der unterschiedlichen Werte der Variablen "Kaloriengehalt" bestimmt. Für die quadrierte Euklidische Distanz folgt damit:

$$D(\text{Rama, Flora}) = (1-3)^2 = 4$$

Berücksichtigt man, daß der Mittelwert der Variablen "Kaloriengehalt" $(1+3)/2 = 2$ beträgt, so ergibt sich für die Fehlerquadratsumme der Wert:

$$V(\text{Rama, Flora}) = (1-2)^2 + (3-2)^2 = 2$$

Im zweiten Schritt müssen nun die Distanzen zwischen der Gruppe "Rama, Flora" und den verbleibenden Objekten gemäß Gleichung (7) bestimmt werden. Wir verwenden zu diesem Zweck die Distanzen aus Abbildung 8.15:

$$D(\text{Homa; Rama + Flora}) = \frac{1}{3}\{(1+1)\cdot 6 + (1+1)\cdot 6 - 1\cdot 4\} = 6{,}667$$

$$D(\text{SB; Rama + Flora}) = \frac{1}{3}\{(1+1)\cdot 56 + (1+1)\cdot 44 - 1\cdot 4\} = 65{,}333$$

$$D(\text{Wb.; Rama + Flora}) = \frac{1}{3}\{(1+1)\cdot 75 + (1+1)\cdot 59 - 1\cdot 4\} = 88{,}000$$

Wir erhalten damit im zweiten Schritt die reduzierte Distanzmatrix im Ward-Verfahren, die ebenfalls die doppelte Zunahme der Fehlerquadratsumme bei Fusionierung zweier Objekte (Gruppen) enthält (Abbildung 8.33).

Vorgehensweise   525

Abbildung 8.33: Matrix der doppelten Heterogenitätszuwächse nach dem ersten Durchlauf beim Ward-Verfahren

	Rama, Flora	Homa	SB
Homa	6,667		
SB	65,333	26	
Weihnachtsbutter	88,000	41	11

Die doppelte Zunahme der Fehlerquadratsumme ist bei Hinzunahme von "Homa" in die Gruppe "Rama, Flora" am geringsten. In diesem Fall wird die Fehlerquadratsumme nur um $1/2 \cdot 6,667 = 3,333$ erhöht. Die gesamte Fehlerquadratsumme beträgt nach diesem Schritt:

$$V_g = 2 + 3,333 = 5,333;$$

wobei der Wert 2 die Zunahme der Fehlerquadratsumme aus dem ersten Schritt darstellt. Nach Abschluß dieser Fusionierung sind die Produkte "Rama", "Flora" und "Homa" in einer Gruppe, und die Fehlerquadratsumme beträgt 5,333.

Dieser Wert läßt sich auch mit Hilfe von Gleichung (8) unter Verwendung der Ausgangsdaten in Abbildung 8.13 berechnen:

Wir müssen zu diesem Zweck zunächst die Mittelwerte für die Variablen "Kaloriengehalt" (x_1), "Preis" (x_2) und "Vitamingehalt" (x_3) über die Objekte "Rama, Homa, Flora" berechnen. Wir erhalten aus Abbildung 8.13:

$$\overline{X}_1 = 2; \qquad \overline{X}_2 = 2\tfrac{1}{3}; \qquad \overline{X}_3 = 1\tfrac{2}{3};$$

Nun bilden wir gemäß Formel (8) die quadrierten Differenzen zwischen den Beobachtungswerten (x_{kj}) einer jeden Variablen bei jedem Produkt und summieren diese Werte. Es folgt:

$$V_g = \underbrace{(1-2)^2 + (2-2\tfrac{1}{3})^2 + (1-1\tfrac{2}{3})^2}_{\text{Rama}} + \underbrace{(2-2)^2 + (3-2\tfrac{1}{3})^2 + (3-1\tfrac{2}{3})^2}_{\text{Homa}}$$

$$+\underbrace{(3-2)^2 + (2-2\tfrac{1}{3})^2 + (1-1\tfrac{2}{3})^2}_{\text{Flora}}$$

$$= (-1)^2 + \left(-\tfrac{1}{3}\right)^2 + \left(-\tfrac{2}{3}\right)^2 + (0)^2 + \left(\tfrac{2}{3}\right)^2 + \left(1\tfrac{1}{3}\right)^2 + 1^2 + \left(-\tfrac{1}{3}\right)^2 + \left(-\tfrac{2}{3}\right)^2$$

$$= 1 + \tfrac{1}{9} + \tfrac{4}{9} + 0 + \tfrac{4}{9} + \tfrac{16}{9} + 1 + \tfrac{1}{9} + \tfrac{4}{9} = 5\tfrac{3}{9}$$

$$= 5,333$$

526   Clusteranalyse

Im nächsten Schritt müssen nun die Distanzen zwischen der Gruppe "Rama, Flora, Homa" und den verbleibenden Produkten bestimmt werden. Wir verwenden hierzu wiederum Gleichung (7) und die Ergebnisse aus Abbildung 8.33 des ersten Durchlaufs:

$$D \text{ (SB; Rama + Flora + Homa)} = \frac{1}{4}\{(1+2)\cdot 65{,}333 + (1+1)\cdot 26 - 1\cdot 6{,}667\} = 60{,}333$$

$$D \text{ (Wb; Rama + Flora + Homa)} = \frac{1}{4}\{(1+2)\cdot 88{,}000 + (1+1)\cdot 41 - 1\cdot 6{,}667\} = 84{,}833$$

Damit erhalten wir folgendes Ergebnis im zweiten Durchlauf beim Ward-Verfahren (Abbildung 8.34).

Abbildung 8.34: Matrix der doppelten Heterogenitätszuwächse nach dem zweiten Durchlauf beim Ward-Verfahren

	Rama, Flora, Homa	SB
SB	60,333	
Weihnachtsbutter	84,833	11

Die Abbildung 8.34 zeigt, daß die doppelte Zunahme in der Fehlerquadratsumme dann am kleinsten ist, wenn wir im nächsten Schritt die Objekte "SB" und "Weihnachtsbutter" vereinigen. Die Fehlerquadratsumme erhöht sich dann nur um $1/2\cdot 11$ = 5,5 und beträgt nach dieser Fusionierung:

$$V_g = 5{,}333 + 5{,}5 = 10{,}833$$

Der Wert 10,833 spiegelt dabei die Höhe der Fehlerquadratsumme nach Abschluß des dritten Fusionierungsschrittes wider. Entsprechend Formel (8) splittet sich der Gesamtwert korrekt in folgende zwei Einzelwerte auf: V(Rama, Flora, Homa) = 5,333 und V(SB, Weihnachtsbutter) = 5,5.
Werden im letzten Schritt die Gruppen "Rama, Flora, Homa" und "SB, Weihnachtsbutter" vereinigt, so bedeutet das eine doppelte Zunahme der Fehlerquadratsumme um:

$$D \text{ (Rama, Flora, Homa; Wb., SB)} = \frac{1}{5}\{(3+1)\cdot 84{,}833 + (3+1)\cdot 60{,}333 - 3\cdot 11\} = 109{,}533$$

Nach diesem Schritt sind *alle* Objekte in einem Cluster vereinigt, wobei das Varianzkriterium im letzten Schritt nochmals um $1/2\cdot 109{,}533$ = 54,767 erhöht wurde. Die Gesamtfehlerquadratsumme beträgt somit im Endzustand 10,833 + 54,767 = 65,6.
   Der Fusionierungsprozeß entsprechend dem Ward-Verfahren läßt sich zusammenfassend durch ein Dendrogramm wiedergeben, wobei nach jedem Schritt die Fehlerquadratsumme aufgeführt ist (Abbildung 8.35).

Abbildung 8.35: Dendrogramm für das Ward-Verfahren

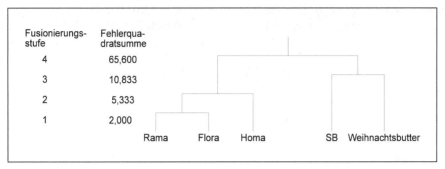

8.2.2.3 Fusionierungseigenschaften ausgewählter Clusterverfahren

Die bisher betrachteten Clusterverfahren lassen sich bezüglich ihrer Fusionierungseigenschaften allgemein in dilatierende, kontrahierende und konservative Verfahren unterteilen.[14] *Dilatierende Verfahren* neigen dazu, die Objekte verstärkt in einzelne etwa gleich große Gruppen zusammenzufassen, während *kontrahierende Algorithmen* dazu tendieren, zunächst wenige große Gruppen zu bilden, denen viele kleine gegenüberstehen. Kontrahierende Verfahren sind damit geeignet, insbesondere "Ausreißer" in einem Objektraum zu identifizieren. Weist ein Verfahren weder Tendenzen zur Dilatation noch zur Kontraktion auf, so wird es als *konservativ* bezeichnet. Daneben lassen sich Verfahren auch danach beurteilen, ob sie zur Kettenbildung neigen, d. h. ob sie im Fusionierungsprozeß primär einzelne Objekte aneinanderreihen und damit große Gruppen erzeugen. Schließlich kann noch danach gefragt werden, ob mit zunehmender Fusionierung das verwendete Heterogenitätsmaß monoton ansteigt oder ob auch ein Absinken des Heterogenitätsmaßes möglich ist. Betrachtet man die obigen Kriterien, so lassen sich die hier besprochenen Verfahren wie in Abbildung 8.36 gezeigt charakterisieren.

---

[14] Vgl. zu dieser Unterscheidung: Steinhausen, D./Langer, K., 1977, S. 75 ff.

528　Clusteranalyse

Abbildung 8.36:　Charakterisierung agglomerativer Clusterverfahren

Verfahren	Eigenschaft	Monoton?	Proximitätsmaße	Bemerkungen
Single-Linkage	kontrahierend	ja	Alle	neigt zur Kettenbildung
Complete-Linkage	dilatierend	ja	alle	neigt zu kleinen Gruppen
Average-Linkage	konservativ	ja	alle	-
Centroid	konservativ	nein	Distanzmaße	-
Median	konservativ	nein	Distanzmaße	-
Ward	konservativ	ja	Distanzmaße	bildet etwa gleich große Gruppen

Bezüglich des *Ward-Verfahrens* sei noch darauf hingewiesen, daß eine Untersuchung von Bergs gezeigt hat, daß das Ward-Verfahren im Vergleich zu anderen Algorithmen in den meisten Fällen *sehr gute Partitionen* findet und die Elemente "*richtig*" den Gruppen zuordnet.[15] Das Ward-Verfahren kann somit als *sehr guter Fusionierungsalgorithmus* angesehen werden, wenn

- die Verwendung eines Distanzmaßes ein (inhaltlich) sinnvolles Kriterium zur Ähnlichkeitsbestimmung darstellt;
- alle Variablen auf metrischem Skalenniveau gemessen wurden;
- keine Ausreißer in einer Objektmenge enthalten sind bzw. vorher eliminiert wurden;
- die Variablen unkorreliert sind;
- zu erwarten ist, daß die Elementzahl in jeder Gruppe ungefähr gleich groß ist;
- die Gruppen in etwa die gleiche Ausdehnung besitzen.

Die drei letztgenannten Voraussetzungen beziehen sich auf die Anwendbarkeit des im Rahmen des Ward-Verfahrens verwendeten Varianzkriteriums (auch "Spur-W-Kriterium" genannt). Allerdings neigt das Ward-Verfahren dazu, möglichst *gleich große Cluster* zu bilden und ist *nicht* in der Lage, langgestreckte Gruppen oder solche mit kleiner Elementzahl zu erkennen.

Für die Verfahren "Single-Linkage", "Complete-Linkage" und "Ward" sollen abschließend deren zentrale Fusionierungseigenschaften anhand eines *fiktiven Beispiels* verdeutlicht werden:

---

[15] Vgl. Bergs, S., 1981, S. 96 f.

Es werden 56 Fälle betrachtet, die jeweils durch zwei Variable beschrieben werden und in Abbildung 8.37 graphisch verdeutlicht sind. Die *Beispieldaten* wurden so gewählt, daß bereits optisch drei Gruppen erkennbar sind: Gruppe A besteht aus 15 Fällen, Gruppe B aus 20 Fällen und Gruppe C aus 15 Fällen. Darüber hinaus treten sechs Ausreißer auf, die jeweils durch einen Stern markiert wurden. Wird auf die Beispieldaten in Abbildung 8.37 zunächst das *Single-Linkage-Verfahren* angewendet, so läßt das entsprechende Dendrogramm in Abbildung 8.38 deutlich die Neigung dieses Verfahrens zur Kettenbildung erkennen. Während die Objekte der drei Gruppen quasi auf der gleichen Stufe zusammengefaßt werden, werden die als Ausreißer gekennzeichneten Objekte erst am Ende des Prozesses fusioniert. Damit ist auch klar erkennbar, daß sich das Single-Linkage-Verfahren in besonderem Maße dazu eignet, "Ausreißer" in einer Objektmenge zu erkennen. Wendet man hingegen auf die Daten aus Abbildung 8.37 das Complete-Linkage- und das Ward-Verfahren an, so sind im Vergleich zum Single-Linkage-Verfahren deutlich unterschiedliche Fusionierungsverläufe erkennbar. Abbildung 8.39 läßt für das *Complete-Linkage-Verfahren* zwar eine klare 3-Cluster-Lösung erkennen, jedoch wird nur die Gruppe C exakt isoliert, während die Gruppe B nur teilweise separiert und die überwiegende Zahl der Elemente aus B mit den Objekten aus Gruppe A zusammengefaßt wird. Das Complete-Linkage-Verfahren ist damit nicht in der Lage, die "wahre Gruppierung" entsprechend Abbildung 8.37 zu reproduzieren.

Abbildung 8.37: Beispieldaten zur Verdeutlichung der Fusionierungseigenschaften

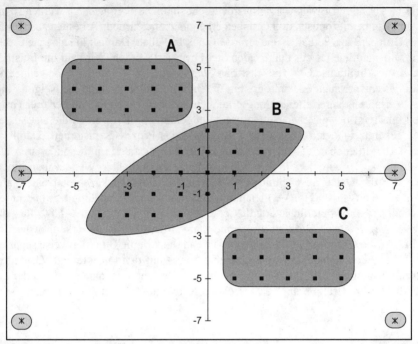

Demgegenüber zeigt das Dendrogramm in Abbildung 8.40, daß das *Ward-Verfahren* die "wahre Gruppierung" gemäß Abbildung 8.37 erzeugen kann, wobei sich die Ausreißer auf die 4-Cluster-Lösung verteilen. Damit werden auch die Untersuchungen von Bergs bestätigt, wonach das Ward-Verfahren sehr gut in der Lage ist, Objekte zu den "wahren Gruppen" zusammenzufassen.

Aus den dargestellten Zusammenhängen läßt sich abschließend die Empfehlung ableiten, daß bei praktischen Anwendungen eine Objektmenge zunächst mit Hilfe des Single-Linkage-Verfahrens auf Ausreißer untersucht werden sollte. Anschließend sind die gefundenen "Ausreißer-Objekte" zu eliminieren, und die reduzierte Objektmenge ist dann mit Hilfe eines anderen agglomerativen Verfahrens zu gruppieren, wobei die Auswahl des Verfahrens vor dem Hintergrund der jeweiligen Anwendungssituation zu erfolgen hat.

Vorgehensweise 531

Abbildung 8.38: Dendrogramm des Single-Linkage-Verfahrens zur Verdeutlichung der Fusionierungseigenschaften

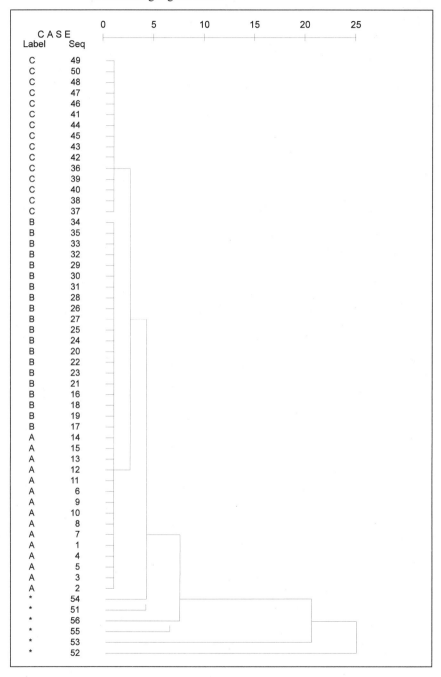

Abbildung 8.39: Dendrogramm des Complete-Linkage-Verfahrens zur Verdeutlichung der Fusionierungseigenschaften

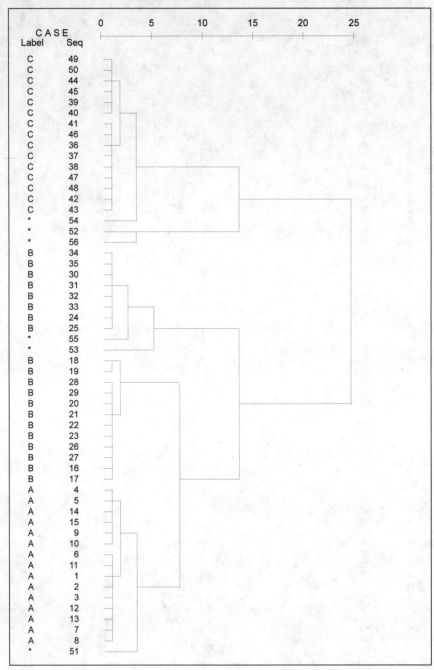

Abbildung 8.40: Dendrogramm des Ward-Verfahrens zur Verdeutlichung der Fusionierungseigenschaften

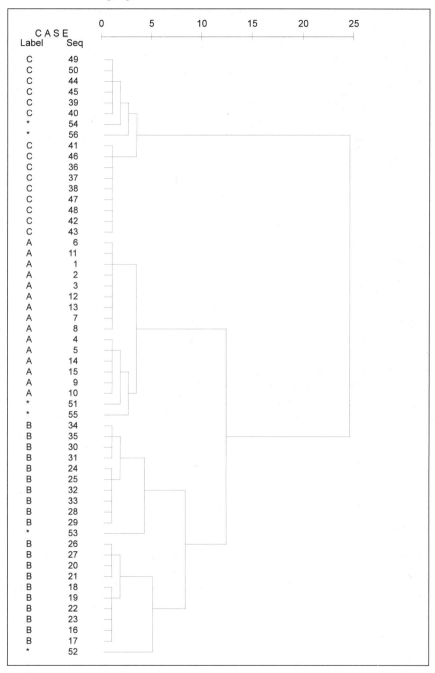

534   Clusteranalyse

8.2.3 Bestimmung der Clusterzahl

| (1) Bestimmung der Ähnlichkeiten |
| (2) Auswahl des Fusionierungsalgorithmus |
| **(3) Bestimmung der Clusteranzahl** |

Die bisherigen Ausführungen haben gezeigt, nach welchen Kriterien verschiedene Clusteranalysealgorithmen eine Fusionierung von Einzelobjekten zu Gruppen vornehmen. Dabei gehen alle *agglomerativen Verfahren* von der feinsten Partition (alle Objekte bilden jeweils ein eigenständiges Cluster) aus und enden mit einer Zusammenfassung aller Objekte in einer großen Gruppe. Der Anwender muß deshalb im dritten Schritt entscheiden, welche Anzahl von Gruppen (Clusterlösung) als die "beste" anzusehen ist. I.d.R. hat der Anwender keine sachlogisch begründbaren Vorstellungen zur Gruppierung der Untersuchungsobjekte und versucht deshalb mit Hilfe der Clusteranalyse eine den Daten inhärente Gruppierung aufzudecken. Vor diesem Hintergrund sollte sich auch die Bestimmung der Clusterzahl an *statistische Kriterien* orientieren und *nicht* sachlogisch (im Hinblick auf den Gruppen zugeordneten Fällen) begründet werden. Zur Unterstützung der Entscheidung kann die Entwicklung des Heterogenitätsmaßes betrachtet werden, die für unsere Beispieldaten des vorangegangenen Abschnitts in Abbildung 8.35 dargestellt ist.

Die Zuordnungsübersicht zeigt für die insgesamt 56 Fälle auf welcher Fusionierungsstufe (Spalte 1 ‚Schritt') welche Fälle bzw. Cluster (Spalte 2 ‚Zusammengeführte Cluster') durch das Ward-Verfahren bei welchem Heterogenitätsmaß zusammengefaßt wurden. Als Heterogenitätsmaß dient dem Ward-Verfahren dabei die Fehlerquadratsumme, deren Entwicklung in der Spalte ‚Koeffizienten' aufgezeigt ist. Eine graphische Verdeutlichung des Fusionierungsprozesses liefert auch das zugehörige *Dendrogramm*, das für die Beispieldaten und das Ward-Verfahren bereits in Abbildung 8.40 dargestellt wurde. SPSS normiert im Dendrogramm die Heterogenitätsentwicklung immer auf eine Skala von 0 bis 25, wobei dem Endstadium des Fusionierungsprozesses (alle Fälle befinden sich in einem Cluster) der Heterogenitätswert von 25 zugewiesen wird. Aus dem so erstellten Dendrogramm lassen sich dann bereits optisch sinnvolle Gruppentrennungen erkennen. So macht z. B. das Dendrogramm in Abbildung 8.40 deutlich, daß sich bei einem normierten Heterogenitätsmaß von 5 eine Vier-Cluster-Lösung und bei einem Heterogenitätsmaß von ca. 8 eine Drei-Cluster-Lösung herausbildet. Die Zwei-Cluster-Lösung entsteht erst bei einer Clusterdistanz von ca. 12.

Darüber hinaus ist es aber auch hilfreich, die in der Zuordnungsübersicht aufgezeigte Heterogenitätsentwicklung gegen die zugehöriger Clusterzahl in einem Koordinatensystem abzutragen. Zeigt sich in diesem Diagramm ein „*Ellbogen*" (Elbow), in der Entwicklung des Heterogenitätsmaßes, so kann dieser als Entscheidungskriterium für die zu wählende Clusteranzahl verwendet werden. Wir sprechen in diesem Fall auch von sog. *Elbow-Kriterium* als Entscheidungshilfe.

Vorgehensweise   535

Abbildung 8.41:   Zuordnungsübersicht des Ward-Verfahrens für die Beispieldaten

Zuordnungsübersicht

Schritt	Zusammengeführte Cluster		Koeffizienten	Erstes Vorkommen des Clusters		Nächster Schritt
	Cluster 1	Cluster 2		Cluster 1	Cluster 2	
1	9	56	,500	0	0	39
2	53	54	1,000	0	0	31
3	51	52	1,500	0	0	32
4	49	50	2,000	0	0	33
5	47	48	2,500	0	0	34
6	45	46	3,000	0	0	33
7	43	44	3,500	0	0	34
8	41	42	4,000	0	0	31
9	39	40	4,500	0	0	32
10	37	38	5,000	0	0	44
11	35	36	5,500	0	0	38
12	33	34	6,000	0	0	26
13	31	32	6,500	0	0	27
14	25	30	7,000	0	0	30
15	28	29	7,500	0	0	26
16	26	27	8,000	0	0	27
17	23	24	8,500	0	0	36
18	21	22	9,000	0	0	37
19	18	19	9,500	0	0	28
20	16	17	10,000	0	0	29
21	10	15	10,500	0	0	35
22	13	14	11,000	0	0	28
23	11	12	11,500	0	0	29
24	7	8	12,000	0	0	39
25	5	6	12,500	0	0	35
26	28	33	13,500	15	12	36
27	26	31	14,500	16	13	37
28	13	18	15,500	22	19	42
29	11	16	16,500	23	20	40
30	20	25	18,000	0	14	41
31	41	53	20,000	8	2	45
32	39	51	22,000	9	3	38
33	45	49	24,000	6	4	43
34	43	47	26,000	7	5	45
35	5	10	28,500	25	21	40
36	23	28	31,500	17	26	46
37	21	26	34,500	18	27	41
38	35	39	37,833	11	32	44
39	7	9	41,833	24	1	42
40	5	11	46,083	35	29	47
41	20	21	50,583	30	37	49
42	7	13	55,083	39	28	50
43	45	55	60,083	33	0	48
44	35	37	65,750	38	10	51
45	41	43	73,750	31	34	48
46	4	23	86,821	0	36	49
47	1	5	102,849	0	40	50
48	41	45	122,080	45	43	52
49	4	20	154,946	46	41	55
50	1	7	191,668	47	42	54
51	3	35	250,446	0	44	53
52	2	41	310,430	0	48	53
53	2	3	458,655	52	51	54
54	1	2	690,613	50	53	55
55	1	4	1377,536	54	49	0

Für die Beispieldaten des vorangegangenen Abschnitts ergibt sich das in Abbildung 8.42 dargestellte Diagramm. Dementsprechend wäre in diesem Fall nach dem Elbow-Kriterium eine Vier-Cluster-Lösung zu wählen. Da das Elbow-Kriterium auch eine optische Unterstützung bei der Clusterentscheidung liefert, sollte bei der Konstruktion des entsprechenden Diagramms die Ein-Cluster-Lösung *nicht* berücksichtigt werden. Der Grund für diese Empfehlung ist darin zu sehen, daß beim Übergang von der Zwei- zur Ein-Cluster-Lösung immer der größte Heterogenitätssprung zu verzeichnen ist und sich bei dessen Berücksichtigung bei nahezu allen Anwendungsfällen ein Elbow herausbildet.

Abbildung 8.42: Elbow-Kriterium zur Bestimmung der Clusteranzahl

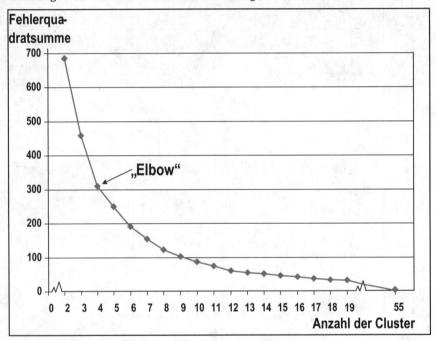

Bei der Entscheidung über die Clusterzahl besteht immer ein Konflikt zwischen der „Homogenitätsanforderung an die Clusterlösung" und der „Handhabbarkeit der Clusterlösung". Zur Lösung dieses Konflikts können auch sachlogische Überlegungen herangezogen werden, die sich allerdings nur auf die Anzahl der zu wählenden Cluster beziehen sollten und *nicht* an den in den Clustern zusammengefaßten Fällen ausgerichtet sein sollten.

8.3 Fallbeispiel

8.3.1 Problemstellung

Nachfolgend wird die Clusteranalyse an einem Fallbeispiel unter Anwendung des Computer-Programms SPSS durchgeführt. Wir gehen davon aus, daß unser Margarinehersteller an den Konsumentenbeurteilungen von elf Emulsionsfette (Butter und Margarine) im Hinblick auf bestimmte Eigenschaften interessiert ist. Im einzelnen handelte es sich um die in Abbildung 8.43 aufgeführten Marken und Eigenschaften.

Abbildung 8.43: Untersuchte Marken und Variablen im Fallbeispiel

Emulsionsfette (Butter und Margarine) M_k (k=1, ...,11)		Merkmalsvariable: x_j (j=1, ...,10) (subjektive Beurteilungen)	
1	Sanella	1	Streichfähigkeit
2	Homa	2	Preis
3	SB	3	Haltbarkeit
4	Delicado	4	Anteil ungesättigter Fettsäuren
5	Holländische Markenbutter	5	Back- und Brateignung
6	Weihnachtsbutter	6	Geschmack
7	Du darfst	7	Kaloriengehalt
8	Becel	8	Anteil tierischer Fette
9	Botteram	9	Vitamingehalt
10	Flora	10	Natürlichkeit
11	Rama		

Die Eigenschaftsbeurteilung erfolgte durch 32 *Probanden*, die gebeten wurden, jede Marke einzeln nach diesen Eigenschaften auf einer siebenstufigen Intervallskala zu beurteilen. Man erhielt somit eine dreidimensionale Matrix (32 x 11 x 10) mit 3.520 metrischen Eigenschaftsurteilen. Da die Algorithmen der Clusteranalyse lediglich *zweidimensionale Matrizen* verarbeiten können, wurde aus den 32 Urteilen pro Eigenschaft das *arithmetische Mittel* berechnet, so daß wir für die nachfolgenden Betrachtungen eine 11x10-Matrix heranziehen, mit den 11 Emulsionsfetten als Fälle und den 10 Eigenschaftsurteilen als Variablen. Bei einer solchen Durchschnittsbildung muß man sich allerdings bewußt sein, daß bestimm-

538   Clusteranalyse

te Informationen (nämlich die über die Streuung der Ausprägungen zwischen den Personen) verloren gehen.

Bei den meisten Anwendungen im Rahmen der Clusteranalyse wird jedoch *keine* Durchschnittsbildung vorgenommen und im Ausgang die Rohdatenmatrix betrachtet. Dabei können Probleme insbesondere dadurch entstehen, daß einzelnen Variablen bei bestimmten Fällen kein Wert zugewiesen wurde (*Problem der missing values*). Das vorliegende Beispiel zum Margarinemarkt wurde mit Hilfe der Prozedur "Cluster" im Rahmen des Programmpakets SPSS analysiert.

8.3.2 Ergebnisse

Die Marken und Eigenschaften in Abbildung 8.43 wurden mit Hilfe der im vorangegangenen Abschnitt besprochenen Clusteranalysealgorithmen untersucht. Dabei wurde jedem Verfahren die *quadrierte Euklidische Distanz* als Proximitätsmaß zugrunde gelegt. Um mit Hilfe des Programms SPSS eine Clusteranalyse durchführen zu können, ist zunächst das Verfahren der „Hierarchischen Clusteranalyse" aus dem Menüpunkt Klassifizieren auszuwählen (vgl. Abbildung 8.44).

Abbildung 8.44: Daten-Editor mit Auswahl des Analyseverfahrens
„Hierarchische Clusteranalyse"

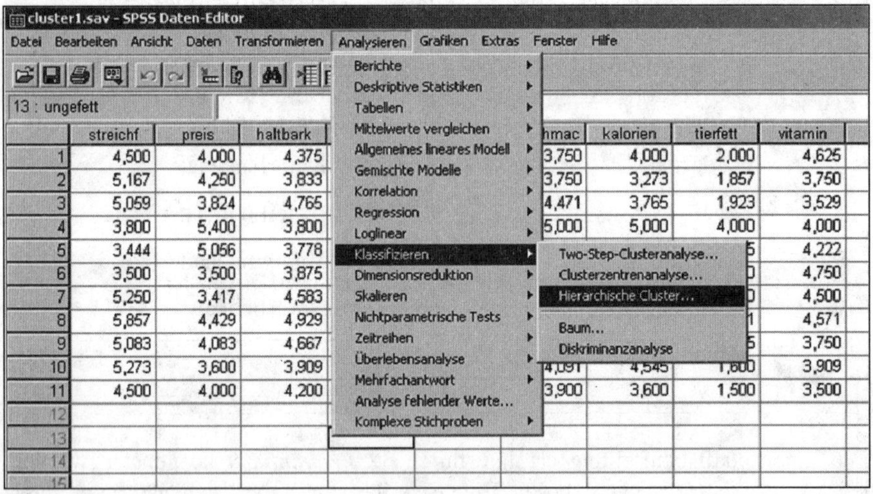

Fallbeispiel 539

Abbildung 8.45: Dialogfeld der Prozedur „Hierarchische Clusteranalyse"

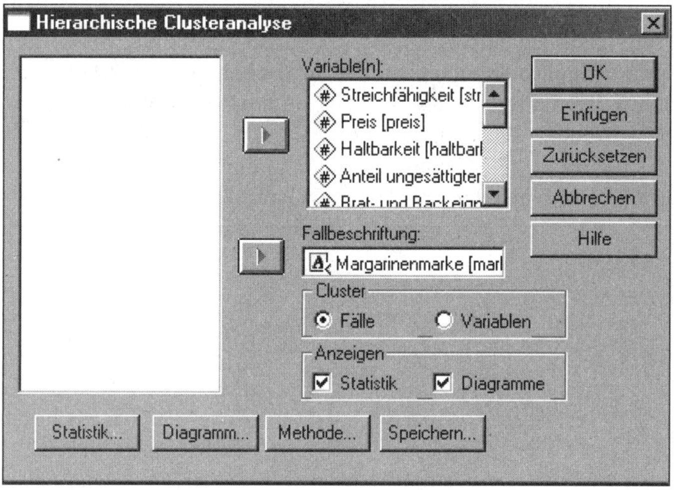

Nach Aufruf dieser Prozedur öffnet sich das Dialogfeld der Clusteranalyse, das die Spezifikation der zu untersuchenden Variablen und Fälle erlaubt (vgl. Abbildung 8.45). In dem Untermenü „Methode" können dann die gewünschten Proximitätsmaße und Fusionierungsverfahren (Cluster-Methode) spezifiziert werden.

Im folgenden werden die Cluster-Methoden *Single-Linkage (Nächstgelegener Nachbar)* und *Ward* jeweils mit dem Proximitätsmaß „Quadrierter Euklidischer Abstand" durchgeführt. Im ersten Schritt wurde hier mit Hilfe des *Single-Linkage-Verfahrens* (Nächstgelegener Nachbar) geprüft, ob in der Objektmenge sog. Ausreißer enthalten sind. Es ergibt sich dabei die in Abbildung 8.46 dargestellte Distanzmatrix der elf Emulsionsfette.

Abbildung 8.46: Distanzmatrix der quadrierten Euklidischen Distanz für die elf Emulsionsfette

Näherungsmatrix

Fall	1:SANELLA	2:HOMA	3:SB	4:DELICADO	5:HOLLBUTT	6:WEIHBUTT	7:DUDARFST	8:BECEL	9:BOTTERAM	10:FLORA	11:RAMA
1:SANELLA		3,792	3,794	15,198	21,442	25,484	4,882	6,025	2,268	2,909	2,112
2:HOMA	3,792		6,322	23,871	30,458	38,621	10,881	8,063	5,325	6,194	3,396
3:SB	3,794	6,322		14,151	24,971	28,933	3,998	3,471	1,099	2,361	1,725
4:DELICADO	15,198	23,871	14,151		6,496	11,882	11,692	18,362	15,929	16,520	17,030
5:HOLLBUTT	21,442	30,458	24,971	6,496		3,606	16,410	26,957	25,334	25,906	26,768
6:WEIHBUTT	25,484	38,621	28,933	11,882	3,606		15,887	32,336	29,999	28,195	32,272
7:DUDARFST	4,882	10,881	3,998	11,692	16,410	15,887		6,422	5,156	3,825	6,932
8:BECEL	6,025	8,063	3,471	18,362	26,957	32,336	6,422		3,395	6,376	6,022
9:BOTTERAM	2,268	5,325	1,099	15,929	25,334	29,999	5,156	3,395		1,564	1,118
10:FLORA	2,909	6,194	2,361	16,520	25,906	28,195	3,825	6,376	1,564		2,152
11:RAMA	2,112	3,396	1,725	17,030	26,768	32,272	6,932	6,022	1,118	2,152	

Dies ist eine Unähnlichkeitsmatrix

Quadriertes euklidisches Distanzmaß

Es wird deutlich, daß die größte Distanz zwischen "Homa" (2) und "Weihnachtsbutter" (6) besteht. Die geringste Distanz hingegen weisen "SB" (3) und "Botteram" (9) auf. Das zugehörige Dendrogramm in Abbildung 8.47 macht deutlich, daß die Marke "Delicado" als Ausreißer bezeichnet werden kann und deshalb im folgenden aus dem Clusterungsprozeß ausgeschlossen wird.

Abbildung 8.47: Dendrogramm für das Single-Linkage-Verfahren

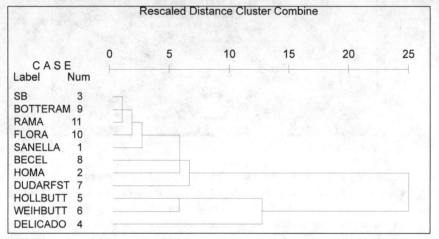

Nach Ausschluß der Marke "Delicado" wurden die verbleibenden 10 Marken mit Hilfe des Ward-Verfahrens analysiert. Zu diesem Zweck werden im Untermenü „Methode" zur Cluster-Prozedur Ward als Cluster-Methode und die Quadrierte Euklidische Distanz als (Abstands-)Maß eingestellt (vgl. Abbildung 8.48).

Der Verlauf des Fusionierungsprozesses kann durch eine sog. Zuordnungsübersicht verdeutlicht werden, die sich über das Untermenü „Statistik" im Dialogfeld der Cluster-Prozedur anfordern läßt. Der sich im Rahmen des Ward-Verfahrens ergebende Fusionierungsverlauf ist in Abbildung 8.49 wiedergegeben, wobei die Tabelle wie folgt zu lesen ist:

In der Spalte "Schritt" wird der jeweilige *Fusionierungsschritt* angegeben. Es gibt insgesamt immer genau einen Schritt weniger als Objekte existieren. Die Spalte "Zusammengeführte Cluster" gibt unter den Überschriften "Cluster 1" und "Cluster 2" die Nummer der im jeweiligen Schritt fusionierten Objekte bzw. Cluster an, und in der Spalte "Koeffizienten" steht der jeweilige *Wert des verwendeten Heterogenitätsmaßes* (hier: Varianzkriterium) am Ende eines Fusionierungsschrittes. Die zu einem Cluster zusammengefaßten Objekte bzw. Cluster erhalten als neue Identifikation immer die Nummer des zuerst genannten Objektes (Clusters). In der Spalte "Erstes Vorkommen des Clusters" wird jeweils der Fusionierungsschritt angegeben, bei dem das jeweilige Objekt (Cluster) *erstmals* in dieser Form zur Fusionierung herangezogen wurde. Die Spalte "Nächster Schritt" zeigt schließlich an, auf welcher Stufe die gebildete Gruppe zum *nächstenmal* in den Fusionierungsprozeß einbezogen wird.

Abbildung 8.48: Dialogfenster „Methode"

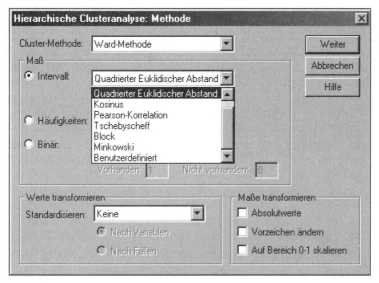

So wird z. B. im 7. Schritt das Cluster 1, das in dieser Form bereits im vierten Schritt gebildet wurde, mit dem Objekt 2 bei einem Heterogenitätsmaß von 12,702 vereinigt. Die sich dabei ergebende Gruppe erhält die Kennung "1" und wird im 8. Schritt wieder zur Fusionierung herangezogen.

Abbildung 8.49: Entwicklung der Fehlerquadratsumme beim Ward-Verfahren

	Zuordnungsübersicht					
	Zusammengeführte Cluster			Erstes Vorkommen des Clusters		Nächster
Schritt	Cluster 1	Cluster 2	Koeffizienten	Cluster 1	Cluster 2	Schritt
1	3	8	,549	0	0	2
2	3	10	1,314	1	0	3
3	3	9	2,505	2	0	4
4	1	3	4,220	0	3	7
5	4	5	6,023	0	0	9
6	6	7	9,234	0	0	8
7	1	2	12,702	4	0	8
8	1	6	17,000	7	6	9
9	1	4	55,516	8	5	0

542   Clusteranalyse

Insgesamt macht Abbildung 8.49 deutlich, daß bei den ersten vier Fusionierungsschritten die Marken "SB (3), Botteram (8), Rama (10), Flora (9) und Sanella (1)" vereinigt werden, wobei die Fehlerquadratsumme nach der vierten Stufe 4,220 beträgt, d. h., daß die Varianz der Variablenwerte in dieser Gruppe also noch relativ gering ist.

Mit Hilfe der Werte in Abbildung 8.49 läßt sich nun entscheiden, wie viele Cluster als endgültige Lösung heranzuziehen sind. Eine graphische Verdeutlichung der Entwicklung des Varianz-Kriteriums im Rahmen des Fusionierungsprozesses beim Ward-Verfahren gibt aber auch das in Abbildung 8.50 dargestellte Dendrogramm, das über das Untermenü „Diagramm" im Dialogfeld der Cluster-Prozedur angefordert werden kann.

Abbildung 8.50:   Dendrogramm für das Ward-Verfahren

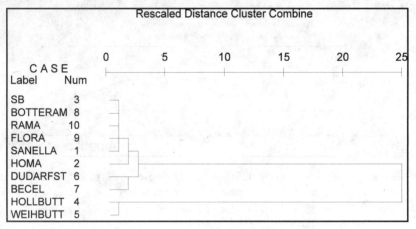

Zur Unterstützung unserer Entscheidung tragen wir zunächst die Fehlerquadratsumme gegen die entsprechende Clusterzahl in einem Koordinatensystem ab, wobei wir den Übergang von der Zwei- zur Ein-Cluster-Lösung nicht berücksichtigen, da hier immer der größte Sprung in der Heterogenitätsentwicklung liegt. Das in Abbildung 8.51 dargestellte Diagramm zeigt allerdings für unser Fallbeispiel *keinen* eindeutigen „Elbow". Wir wählen deshalb die *Zwei-Cluster-Lösung*, da wir uns im vorliegenden Fall zugunsten der Handhabbarkeit der Lösung entscheiden wollen.

Abbildung 8.51: Entwicklung des Heterogenitätsmaßes im Fallbeispiel

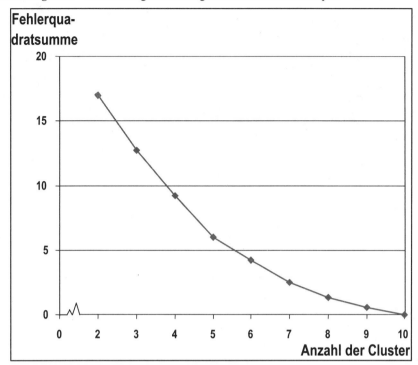

Abschließend läßt sich mit Hilfe von Abbildung 8.52 erkennen, welches Objekt sich in welchem Cluster befindet. Für unser Beispiel wurden die Clusterzuordnungen für die 2-, 3-, 4- und 5-Cluster-Lösung angegeben. Es ist erkennbar, daß bei der 2-Cluster-Lösung die Objekte "Holländische Butter" und "Weihnachtsbutter" (*Butter-Cluster*) in der zweiten Gruppe zusammengefaßt sind, während alle übrigen Objekte zu Cluster 1 (*Margarine-Cluster*) gehören.

544   Clusteranalyse

Abbildung 8.52:   Clusterzuordnungen im Margarine-Beispiel

Cluster-Zugehörigkeit

Fall	5 Cluster	4 Cluster	3 Cluster	2 Cluster
1:SANELLA	1	1	1	1
2:HOMA	2	2	1	1
3:SB	1	1	1	1
4:HOLLBUTT	3	3	2	2
5:WEIHBUTT	3	3	2	2
6:DUDARFST	4	4	3	1
7:BECEL	5	4	3	1
8:BOTTERAM	1	1	1	1
9:FLORA	1	1	1	1
10:RAMA	1	1	1	1

Zum Vergleich der agglomerativen Verfahren wurde das bisher betrachtete Beispiel auch mit den Verfahren "Complete-Linkage", "Average-Linkage", "Centroid" und "Median" analysiert. Als zentraler Unterschied zum Ward-Verfahren ist hier vor allem zu nennen, daß diese Verfahren in der Spalte "Koeffizienten" der "Zuordnungsübersicht" (vgl. Abbildung 8.49) *nicht* den Zuwachs der Fehlerquadratsumme, sondern die Distanzen bzw. Ähnlichkeiten der jeweils zusammengefaßten Objekte oder Gruppen enthalten. Allerdings führten im vorliegenden Fall alle Verfahren zu identischen Lösungen im 2-Cluster-Fall. Es ergab sich immer ein "Butter-Cluster" und ein "Margarine-Cluster".

Abschließend sei die 2-Cluster-Lösung unseres Fallbeispiel noch einer näheren Betrachtung unterzogen: Im ersten Cluster sind die Produkte "Holländische Butter" und "Weihnachtsbutter" zusammengefaßt, und wir bezeichnen dieses Cluster deshalb als "*Butter-Cluster*". Das zweite Cluster enthält alle Margarinesorten, und es wird deshalb als "*Margarine-Cluster*" bezeichnet. Zur Beurteilung der beiden Gruppen lassen sich die Mittelwerte und Varianzen der 10 Eigenschaftsurteile über die zehn betrachteten Marken (ohne die Marke "Delicado Sahnebutter") sowie die entsprechenden Mittelwerte und Varianzen der Variablen in dem jeweiligen Cluster heranziehen. Diese Kennzahlen wurden für die Erhebungsgesamtheit (10 Marken) mit Hilfe der SPSS-Prozedur HÄUFIGKEIT: STATISTIK berechnet und Abbildung 8.53 abgedruckt.

Fallbeispiel   545

Abbildung 8.53: Mittelwerte und Varianzen der Eigenschaftsurteile über die zehn betrachteten Marken (Erhebungsgesamtheit)

Deskriptive Statistik

	N	Mittelwert	Varianz
Streichfähigkeit	10	4,76330	,613
Preis	10	4,01590	,239
Haltbarkeit	10	4,29140	,185
Anteil ungesättigter Fettsäuren	10	3,86760	,032
Brat- und Backeignung	10	3,84160	,482
Geschmack	10	4,43390	,373
Kaloriengehalt	10	4,11530	,655
Anteil tierischer Fette	10	2,73810	2,870
Vitamingehalt	10	4,11060	,229
Natürlichkeit	10	4,07780	,490
Gültige Werte (Listenweise)	10		

Ein erstes Kriterium zur Beurteilung der *Homogenität einer gefundenen Gruppe* stellt der F-Wert dar, der sich für jede Variable in einer Gruppe wie folgt berechnet:

$$F = \frac{V(J,G)}{V(J)}$$

mit: V(J,G):   Varianz der Variable J in Gruppe G
            V(J):   Varianz der Variable J in der Erhebungsgesamtheit

Je kleiner ein F-Wert ist, desto geringer ist die Streuung dieser Variable in einer Gruppe im Vergleich zur Erhebungsgesamtheit. Der F-Wert sollte 1 nicht übersteigen, da in diesem Fall die entsprechende Variable in der Gruppe eine größere Streuung aufweist als in der Erhebungsgesamtheit.

Für die Variable "Streichfähigkeit" im "Butter-Cluster" ergibt sich beispielsweise eine Varianz von 0,00157, womit sich der entsprechende F-Wert wie folgt berechnet:

$$F = \frac{0,00157}{0,6134} = 0,00256$$

Die F-Werte sind nun für *alle* Variablen in beiden Clustern zu berechnen. Ein Cluster ist dann als *vollkommen homogen* anzusehen, wenn alle F-Werte kleiner als 1 sind.

546   Clusteranalyse

Ein weiteres Kriterium, das allerdings primär Anhaltspunkte zur Interpretation der
Cluster liefern soll, stellt der t-Wert dar. Er berechnet sich für jede Variable in einer Gruppe wie folgt:

$$t = \frac{\overline{X}(J,G) - \overline{X}(J)}{S(J)}$$

mit :

$\overline{X}(J,G)$ = Mittelwert der Variable J über die Objekte in Gruppe G

$\overline{X}(J)$ = Gesamtmittelwert der Variable J in der Erhebungsgesamtheit

$S(J)$ = Standardabweichung der Variable J in der Erhebungsgesamtheit

Die t-Werte stellen normierte Werte dar, wobei

- negative t-Werte anzeigen, daß eine Variable in der betrachten Gruppe im Vergleich zur Erhebungsgesamtheit unterrepräsentiert ist;
- positive t-Werte anzeigen, daß eine Variable in der betrachten Gruppe im Vergleich zur Erhebungsgesamtheit überrepräsentiert ist.

Somit dienen diese Werte nicht zur Beurteilung der Güte einer Clusterlösung, sondern können zur *Charakterisierung der jeweiligen Cluster* herangezogen werden.
Für die Variable "Streichfähigkeit" im "Butter-Cluster" ergibt sich ein Mittelwert
von 3,472. Der t-Wert errechnet sich somit wie folgt:

$$t = \frac{3,472 - 4,7633}{\sqrt{0,6134}} = -1,6487$$

In Abbildung 8.54 sind die F- und t-Werte für beide Cluster zusammengefaßt. Da
SPSS zu den Clusterlösungen keine Statistiken ausdruckt, empfiehlt es sich, mittels der SPSS-Prozedur AGGREGATE („Berechnen") zunächst die Gruppenmittelwerte und -streuungen zu bestimmen. Daran anschließend lassen sich die F- und
t-Werte am einfachsten berechnen, indem die Gruppenmittelwerte und -streuungen
in ein Excel-Diagramm übertragen werden. In Excel lassen sich Ergebniszeilen
bzw. -spalten festlegen, die durch bestimmte Rechenfunktionen determiniert werden. Als solche lassen sich hier die Formeln zur Berechnung der F- und t-Werte
bezeichnen.

Abbildung 8.54: F- und t-Werte für die 2-Cluster-Lösung

	F - WERTE		t - WERTE	
	MARGARINE CLUSTER	BUTTER CLUSTER	MARGARINE CLUSTER	BUTTER CLUSTER
Streichfähigkeit	0,31450	0,00256	0,41219	-1,64875
Preis	0,45789	5,07480	-0,13416	0,53664
Haltbarkeit	0,86499	0,02542	0,27017	-1,08067
Ungesättgte Fettsäuren	1,15860	0,87227	-0,02094	0,08374
Back- und Brateignung	1,07148	0,48145	-0,15955	0,63819
Geschmack	0,53122	0,02589	-0,36248	1,44990
Kaloriengehalt	0,52749	0,15041	-0,35907	1,43627
Anteil tierischer Fette	0,10985	0,02582	-0,45291	1,81165
Vitamingehalt	0,97901	0,60863	-0,19611	0,78442
Natürlichkeit	0,14823	0,00960	-0,44589	1,78357

Es wird deutlich, daß bei den F-Werten nur die Variablen "Ungesättigte Fettsäuren" sowie "Back- und Brateignung" im Margarine-Cluster und die Variable "Preis" im Butter-Cluster Werte größer 1 aufweisen. Das bedeutet, daß diese Variablen in den Gruppen eine größere Heterogenität aufweisen als in der Erhebungsgesamtheit. Ansonsten sind beide Cluster durch eine relativ homogene Variablenstruktur gekennzeichnet.

Bezüglich der t-Werte zeigt sich für das "Margarine-Cluster", daß die Variablen "Streichfähigkeit" und "Haltbarkeit" positive Werte aufweisen, d. h. überrepräsentiert sind. Im "Butter-Cluster" hingegen sind genau diese Variablen unterrepräsentiert, denn sie weisen dort negative t-Werte auf.

Alle übrigen Variablen zeigen die umgekehrte Tendenz; sie sind im "Margarine-Cluster" unterrepräsentiert (negative t-Werte) und im "Butter-Cluster" überrepräsentiert (positive t-Werte). Somit sind die Marken im "Margarine-Cluster" vor allem durch eine hohe "Streichfähigkeit" sowie "Haltbarkeit" gekennzeichnet. Andererseits werden z. B. "Geschmack", "Kaloriengehalt" und "Natürlichkeit" der Margarinemarken eher als gering angesehen.

Das "Butter-Cluster" hingegen ist durch z. B. hohe Werte bei "Geschmack", "Kaloriengehalt" und "Natürlichkeit" gekennzeichnet, während "Streichfähigkeit" und "Haltbarkeit" bei den Buttermarken nur gering ausgeprägt sind.

Eine weitere Möglichkeit zur Feststellung der Trennschärfe zwischen den gefundenen Clustern bietet auch die Anwendung einer Diskriminanzanalyse im Anschluß an die Clusteranalyse. In diesem Fall werden die gefundenen Cluster als Gruppen vorgegeben und die Eigenschaftsurteile als unabhängige Variable betrachtet. Mit Hilfe einer schrittweisen Diskriminanzanalyse lassen sich dann diejenigen Eigenschaftsurteile ermitteln, die besonders zur Trennung der gefundenen Cluster beitragen.[16]

---

[16] Vgl. zur Diskriminanzanalyse Kap. 3 in diesem Buch.

548   Clusteranalyse

8.3.3 SPSS-Kommandos

In Abbildung 8.55 ist abschließend die Syntaxdatei mit den SPSS-Kommandos für das Fallbeispiel wiedergegeben. Die entsprechende Datei ist auch auf der Support-CD enthalten.[17]

Abbildung 8.55:   SPSS-Kommandos zur Clusteranalyse

```
* Fallbeispiel Clusteranalyse.

* DATENDEFINITION
* ---------------.

DATA LIST fixed
   /Streichf Preis Haltbark Ungefett Backeign Geschmac Kalorien
     Tierfett Vitamin Natur 1-50(3) Marke 53-60(A).

BEGIN DATA.
4500 4000 4375 3875 3250 3750 4000 2000 4625 4125   SANELLA
5167 4250 3833 3833 2167 3750 3273 1857 3750 3417   HOMA
5059 3824 4765 3438 4235 4471 3765 1923 3529 3529   SB
  .
  .
  .
4500 4000 4200 3900 3700 3900 3600 1500 3500 3700   RAMA
END DATA.

*PROZEDUR.
* --------.

SUBTITLE "Clusteranalyse für den Margarinemarkt (WARD)".

CLUSTER streichf to natur
  /METHOD WARD
  /MEASURE= SEUCLID
  /ID=marke
  /PRINT SCHEDULE CLUSTER(2,5)
  /PRINT DISTANCE
  /PLOT DENDROGRAM.
```

---

[17] Vergleiche zur SPSS-Syntax auch die Ausführungen im Kapitel „Zur Verwendung dieses Buches".

8.4 Anwendungsempfehlungen

8.4.1 Vorüberlegungen bei der Clusteranalyse

Bevor eine Clusteranalyse durchgeführt wird, sollte der Anwender einige Überlegungen zur Auswahl und Aufbereitung der Ausgangsdaten anstellen. Im einzelnen sollten insbesondere folgende Punkte Beachtung finden:[18]

1. Anzahl der Objekte
2. Problem der Ausreißer
3. Anzahl zu betrachtender Merkmale (Variable)
4. Gewichtung der Merkmale
5. Vergleichbarkeit der Merkmale

Wurde eine *Clusteranalyse auf Basis einer Stichprobe* durchgeführt und sollen aufgrund der gefundenen Gruppierung Rückschlüsse auf die Grundgesamtheit gezogen werden, so muß sichergestellt werden, daß auch genügend Elemente in den einzelnen Gruppen enthalten sind, um die entsprechenden Teilgesamtheiten in der Grundgesamtheit zu repräsentieren. Da man i. d. R. im voraus aber nicht weiß, welche Gruppen in einer Erhebungsgesamtheit vertreten sind, - denn das Auffinden solcher Gruppen ist ja gerade das Ziel der Clusteranalyse - sollte man insbesondere sog. Ausreißer aus einer gegebenen Objektmenge herausnehmen. *Ausreißer* sind Objekte, die im Vergleich zu den übrigen Objekten eine vollkommen anders gelagerte Kombination der Merkmalsausprägungen aufweisen und dadurch von allen anderen Objekten weit entfernt liegen. Sie führen dazu, daß der Fusionierungsprozeß der übrigen Objekte stark beeinflußt wird und damit das Erkennen der Zusammenhänge zwischen den übrigen Objekten erschwert wird und Verzerrungen auftreten. Eine Möglichkeit zum Auffinden solcher Ausreißer bietet z. B. das Single-Linkage-Verfahren (vgl. Abschnitt 8.2.2.3). Mit seiner Hilfe können Ausreißer erkannt und dann aus der Untersuchung ausgeschlossen werden.

Ebenso wie für die Anzahl der zu betrachtenden Objekte gibt es auch für die Zahl der in einer Clusteranalyse heranzuziehenden Variablen keine eindeutigen Vorschriften. Der Anwender sollte darauf achten, daß nur solche Merkmale im Gruppierungsprozeß Berücksichtigung finden, die aus theoretischen Überlegungen als *relevant* für den zu untersuchenden Sachverhalt anzusehen sind. Merkmale, die für den Untersuchungszusammenhang bedeutungslos sind, müssen aus dem Gruppierungsprozeß herausgenommen werden.

Weiterhin läßt sich im voraus i. d. R. nicht bestimmen, ob die betrachteten Merkmale mit unterschiedlichem Gewicht zur Gruppenbildung beitragen sollen, so daß in praktischen Anwendungen weitgehend eine *Gleichgewichtung der Merkmale* unterstellt wird. Hierbei ist darauf zu achten, daß insbesondere durch hoch korrelierende Merkmale bei der Fusionierung der Objekte bestimmte Aspekte überbetont werden, was wiederum zu einer Verzerrung der Ergebnisse führen kann. Will

---

[18] Vgl. zu diesen Problemkreisen auch: Bergs, S., 1981, S. 51 ff.

550   Clusteranalyse

man eine Gleichgewichtung der Merkmale sicherstellen und liegen *korrelierte Ausgangsdaten* vor, so bieten sich vor allem folgende Lösungsmöglichkeiten an:

- Vorschalten einer explorativen Faktorenanalyse:
Das Ziel der explorativen Faktorenanalyse (vgl. Kapitel 5 in diesem Buch) liegt vor allem in der Reduktion hoch korrelierter Variablen auf unabhängige Faktoren. Werden die Ausgangsvariablen mit Hilfe einer Faktorenanalyse auf solche Faktoren verdichtet, so kann auf Basis der Faktorwerte, zwischen denen keine Korrelationen mehr auftreten, eine Clusteranalyse durchgeführt werden. Dabei ist aber darauf zu achten, daß die Faktoren und damit auch die Faktorwerte i. d. R. Interpretationsschwierigkeiten aufweisen und nur einen Teil der Ausgangsinformation widerspiegeln.

- Verwendung der Mahalanobis-Distanz:
Verwendet man zur Ermittlung der Unterschiede zwischen den Objekten die Mahalanobis-Distanz, so lassen sich dadurch bereits im Rahmen der Distanzberechnung zwischen den Objekten etwaige Korrelationen zwischen den Variablen ausschließen. Die Mahalanobis-Distanz stellt allerdings bestimmte Voraussetzungen an das Datenmaterial (z. B. einheitliche Mittelwerte der Variablen in allen Gruppen), die gerade bei Clusteranalyseproblemen häufig nicht erfüllt sind.[19]

- Ausschluß korrelierter Variable:
Weisen zwei Merkmale hohe Korrelationen (>0,9) auf, so gilt es zu überlegen, ob eines der Merkmale nicht aus den Ausgangsdaten auszuschließen ist. Die Informationen, die eine hoch korrelierte Variable liefert, werden größtenteils durch die andere Variable mit erfaßt und können von daher als redundant angesehen werden. Der Ausschluß korrelierter Merkmale aus der Ausgangsdatenmatrix ist u. E. die sinnvollste Möglichkeit, eine Gleichgewichtung der Daten sicherzustellen.[20]

Schließlich sollte der Anwender darauf achten, daß in den Ausgangsdaten *keine konstanten Merkmale*, d. h. Merkmale, die bei allen Objekten dieselbe Ausprägung besitzen, auftreten, da sie zu einer Nivellierung der Unterschiede zwischen den Objekten beitragen und somit Verzerrungen bei der Fusionierung hervorrufen können. Konstante Merkmale sind nicht trennungswirksam und können von daher aus der Analyse herausgenommen werden (das gilt besonders für Merkmale, die fast überall Null-Werte aufweisen).

Ebenfalls zu einer (impliziten) Gewichtung kann es dann kommen, wenn die Ausgangsdaten auf *unterschiedlichem Skalenniveau* erhoben wurden. So kommt es allein dadurch zu einer Vergrößerung der Differenzen zwischen den Merkmalsausprägungen, wenn ein Merkmal auf einer sehr fein dimensionierten (d. h. breiten) Skala erhoben wurde. Um eine Vergleichbarkeit zwischen den Variablen

---

[19] Vgl. hierzu: Bock, H.-H., 1974, S. 40 ff.; Steinhausen, D./Langer, K., 1977, S. 89 ff.
[20] Vgl. auch Vogel, F., 1975, S. 92.

herzustellen, empfiehlt es sich, zu Beginn der Analyse z. B. eine Standardisierung der Daten vorzunehmen.[21] Durch die Transformation

$$z_{kj} = \frac{x_{kj} - \bar{x}_j}{S_j}$$

mit:

x_{kj}: Ausprägung von Merkmal j bei Objekt k
$\bar{x}_j$: Mittelwert von Merkmal j
S_j: Standardabweichung von Merkmal j

wird erreicht, daß alle Variable einen Mittelwert von Null und eine Varianz von Eins besitzen (sog. standardisierte oder normierte Variable).

8.4.2 Empfehlungen zur Durchführung einer Clusteranalyse

Erst nach den im vorangegangenen Abschnitt vorgetragenen Überlegungen beginnt die eigentliche Aufgabe der Clusteranalyse. Der Anwender muß nun entscheiden, welches Proximitätsmaß und welcher Fusionierungsalgorithmus verwendet werden soll. Diese Entscheidungen können letztlich nur vor dem Hintergrund einer konkreten Anwendungssituation getroffen werden, wobei die in Abschnitt 8.2.2.3 diskutierten Fusionierungseigenschaften der alternativen agglomerativen Clusterverfahren als Entscheidungshilfe dienen können. Dabei ist besonders das Ward-Verfahren hervorzuheben, da eine Simulationsstudie von Bergs gezeigt hat, daß nur das Ward-Verfahren "gleichzeitig sehr gute Partitionen findet und meistens die richtige Clusterzahl signalisiert"[22]. Zur „Absicherung" der Clusteranalyse können die Ergebnisse z. B. des Ward-Verfahrens anschließend auch durch die Anwendung anderer Algorithmen überprüft werden. Dabei sollten aber die unterschiedlichen Fusionierungseigenschaften der einzelnen Algorithmen beachtet werden (vgl. Abbildung 8.36).

Die agglomerativen Verfahren führen allerdings insbesondere bei einer großen Fallzahl zu Berechnungsproblemen, da sie für jeden Fusionierungsschritt die Berechnung der Distanzmatrix zwischen allen Fällen erfordern. Bei einer *großen Anzahl von Fällen* empfiehlt sich deshalb die Verwendung eines partitionierenden Clusteralgorithmus, wie er in SPSS in Form der Clusterzentrenanalyse (Menüfolge: Analysieren → Klassifizieren → Clusterzentrenanalyse) implementiert ist. Das Verfahren erfordert vorab die Festlegung der gewünschten Clusterzahl und ordnet dann die Fälle entsprechend der zur Clusterung herangezogenen metrisch skalierten Variablen den Gruppen zu. Die Clusterzentrenanalyse minimiert die Streuungsquadratsumme innerhalb der Cluster mit Hilfe der einfachen euklidischen Di-

---

[21] Weitere Möglichkeiten zur Sicherstellung der Vergleichbarkeit von Merkmalen zeigt Bergs, S., 1981, S. 59 f.

[22] Vgl. Bergs, S., 1981, S. 97.

552 Clusteranalyse

stanz, wodurch eine optimale Zuordnung der Objekte zu den Clustern erfolgt. Im Ergebnis liefert das Verfahren eine Zuordnung der Fälle zu der vorgegebenen Clusterzahl und es kann eine F-Statistik zur Varianzanalyse (ANOVA-Tabelle) angefordert werden. Aus der relativen Größe dieser Statistik lassen sich dann auch – ähnlich einer Diskriminanzanalyse - Informationen über den Beitrag jeder Variablen zu der Trennung der Gruppen gewinnen.

Zur abschließenden Verdeutlichung der durchzuführenden Tätigkeiten im Rahmen einer Clusteranalyse sei auf Abbildung 8.56 verwiesen. Sie enthält auf der linken Seite die acht wesentlichen Arbeitsschritte eines Gruppierungsprozesses. Die einzelnen Schritte bedürfen nunmehr keiner weiteren Erläuterung, es soll allerdings vermerkt werden, daß die Analyse und Interpretation der Ergebnisse zu einem wiederholten Durchlauf einzelner Stufen führen kann. Dies wird immer dann der Fall sein, wenn die Ergebnisse keine sinnvolle Interpretation gestatten. Eine weitere Begründung für die Wiederholung erkennt man bei Betrachtung der rechten Seite der Abbildung. Dort sind für jeden Ablaufschritt beispielhaft Problemstellungen in Form von Fragen genannt, auf die bei Durchführung einer Studie Antwort gefunden werden muß. Die Überprüfung der Auswirkungen einer anderen Antwortalternative auf die Gruppierungsergebnisse kann somit ebenfalls zu einem wiederholten Durchlauf einzelner Stufen führen.

Abschließend sei noch darauf hingewiesen, dass die genannten Fragen nur die zentralen Entscheidungsprobleme einer Clusteranalyse betreffen und auf viele dieser Fragen mehr als zwei Antwortalternativen existieren. Vor diesem Hintergrund wird deutlich, daß der Anwender bei der Clusteranalyse über einen breiten Manövrier- und Einflußraum verfügt. Diese Tatsache hat zwar den *Vorteil*, daß sich hierdurch ein breites Anwendungsgebiet der Clusterverfahren ergibt. Auf der anderen Seite steht der Anwender in der *Gefahr*, die Daten der Untersuchung so zu manipulieren, daß sich die gewünschten Ergebnisse einstellen. Um Dritten einen Einblick in das Vorgehen im Rahmen der Analyse zu geben, sollte der jeweilige Anwender deshalb bei Darstellung seiner Ergebnisse wenigstens die nachstehenden Fragen begründet und eindeutig beantworten.

Abbildung 8.56: Ablaufschritte und Entscheidungsprobleme der Clusteranalyse

1. Welches Ähnlichkeitsmaß und welcher Algorithmus wurden gewählt?
2. Was waren die Gründe für die Wahl?
3. Wie stabil sind die Ergebnisse bei
   - Veränderung des Ähnlichkeitsmaßes
   - Wechsel des Algorithmus
   - Veränderung der Gruppenzahl?

Die Behandlung von Missing Values

Als fehlende Werte (MISSING VALUES) werden Variablenwerte bezeichnet, die von den Befragten entweder außerhalb des zulässigen Beantwortungsintervalls vergeben oder überhaupt nicht eingetragen wurden. Im Datensatz können fehlende Werte der Merkmalsvariablen als Leerzeichen kodiert werden. Sie werden dann vom Programm automatisch durch einen sog. System-missing-value ersetzt.

Alternativ kann man die fehlenden Werte im Datensatz auch durch eine 0 (oder durch einen anderen Wert, der unter den beobachteten Werten nicht vorkommt), ersetzen. Mit Hilfe der Anweisung

MISSING VALUES streichf to natur (00000)

554 Clusteranalyse

kann man dem Programm sodann mitteilen, daß der Wert 00000 für einen fehlenden Wert steht. Derartige vom Benutzer bestimmte fehlende Werte werden von
SPSS als User-missing-values bezeichnet. Für eine Variable lassen sich mehrere
Missing Values angeben, z. B. 0 für "Ich weiß nicht" und 9 für "Antwort verweigert". Im Rahmen der hier aufgezeigten Clusteranalyse treten allerdings keine fehlenden Werte auf.

Die Clusteranalyse selbst verfügt über keine Optionen zur Behandlung von fehlenden Werten. Allerdings stellt SPSS vor allem im Modul „SPSS Missing Value
Analysis" spezielle Verfahren zur Analyse fehlender Werte zur Verfügung. Da die
Clusteranalyse „vollständige Datensätze" voraussetzt, empfiehlt es sich, den Datensatz zunächst um fehlende Werte zu bereinigen. Dabei sei hier vor allem auf die
folgenden Möglichkeiten hingewiesen:

- Variable mit großer Anzahl fehlender Werte aus der Analyse ausschließen.

- Fälle mit fehlenden Werten für Variablen vollständig aus der weiteren Analyse
  ausschließen (sog. Listenweiser Fallausschluß). Problem: Reduktion der Fallzahl

- Fehlende Werte z. B. durch den Mittelwert der Ausprägungen einer Variablen
  bei den gültigen Fällen ersetzt. Problem: Ergebnisverzerrung bei zu häufigem
  Auftreten von fehlenden Werten bei einer Variablen.

8.5   Literaturhinweise

Bacher, J. (1994): Clusteranalyse. Anwendungsorientierte Einführung, München Wien.

Backhaus, K./Weiber, R. (1989): Entwicklung einer Marketing-Konzeption mit SPSS/PC+, Berlin usw.

Baumann, U. (1971): Psychologische Taxonomie, Bern Stuttgart Wien.

Bergs, S. (1981): Optimalität bei Cluster-Analysen, Diss. Münster.

Bock, H.-H. (1974): Automatische Klassifikation, Göttingen.

Dichtl, E. et al. (1983): Faktisches Bestellverhalten als Grundlage einer optimalen Ausstattungspolitik bei Pkw-Modellen, in: zfbf, 35. Jg., S. 173-196.

Herink, M./Petersen, V. (2004): Kurzbeitrag – Clusteranalyse als Instrument zur Gruppierung von spezialisierten Marktfruchtunternehmen, in: Agrarwirtschaft, 53. Jg., H. 2, S. 289-294.

Kaufmann, H./Pape, H. (1996): Clusteranalyse, in: Fahrmeir, L./Hamerle, A./Tutz, G. (Hrsg.): Multivariate statistische Verfahren, 2. Aufl., Berlin New York.

Meyer, J. (2004): Mundpropaganda im Internet. Bezugsrahmen und empirische Fundierung des Einsatzes von Virtual Communities im Marketing, Hamburg.

Norusis M.J./ SPSS Inc. (Hrsg.) (1999): SPSS for Windows, Professional Statistics, SPSS 9.0, Chicago.

Perrey, J. (1998): Nutzenorientierte Marktsegmentierung. Ein integrativer Ansatz zum Zielgruppenmarketing im Verkehrsdienstleistungsbereich, Wiesbaden.

Späth, H. (1977): Cluster-Analyse-Algorithmen zur Objektklassifizierung und Datenreduktion, 2. Aufl., München, Wien.

Steinhausen, D./Langer K. (1977): Clusteranalyse, Berlin, New York.

Vogel, F. (1975): Probleme und Verfahren der numerischen Klassifikation, Göttingen.

9 Conjoint-Measurement

9.1	Problemstellung	558
9.2	Vorgehensweise	562
9.2.1	Eigenschaften und Eigenschaftsausprägungen	562
9.2.2	Erhebungsdesign	564
9.2.2.1	Definition der Stimuli	564
9.2.2.2	Zahl der Stimuli	566
9.2.3	Bewertung der Stimuli	570
9.2.4	Schätzung der Nutzenwerte	571
9.2.4.1	Metrische Lösung	572
9.2.4.2	Nichtmetrische Lösung	574
9.2.4.3	Monotone Regression	577
9.2.4.4	Fehlende Rangdaten	579
9.2.5	Aggregation der Nutzenwerte	580
9.3	Fallbeispiel	583
9.3.1	Problemstellung	583
9.3.2	Ergebnisse	589
9.3.2.1	Individuelle Ergebnisse	589
9.3.2.2	Aggregierte Ergebnisse	599
9.3.2.2.1	Aggregation der Individualanalysen	599
9.3.2.2.2	Gemeinsame Conjoint-Analyse	600
9.3.3	SPSS-Kommandos	601
9.4	Anwendungsempfehlungen	609
9.4.1	Durchführung einer klassischen Conjoint-Analyse	609
9.4.2	Anwendung alternativer conjointanalytischer Verfahren	610
9.5	Mathematischer Anhang	615
9.6	Literaturhinweise	617

558   Conjoint-Measurement

9.1   Problemstellung

Bei der Gestaltung von Objekten (z. B. Produkten, Parteiprogrammen) ist es wichtig zu wissen, welchen Beitrag verschiedene Komponenten zum Gesamtnutzen eines Objektes leisten. So kann es z. B. für einen Margarinehersteller nützlich sein zu wissen, ob eine Änderung der Verpackung oder eine Änderung der Substanz des Produktes einen größeren Beitrag zum empfundenen Gesamtnutzen des Konsumenten stiftet. Ebenso kann es bei der Gestaltung von Parteiprogrammen von entscheidender Bedeutung sein, ob die Wähler einer stärkeren Umweltorientierung den Vorzug vor einer stärkeren Sozialorientierung geben. Die Conjoint-Analyse ist ein Verfahren, das auf Basis empirisch erhobener Gesamtnutzenwerte versucht, den Beitrag einzelner Komponenten zum Gesamtnutzen zu ermitteln.[1] Die Conjoint-Analyse läßt sich damit als ein *dekompositionelles Verfahren* charakterisieren. In der Regel wird dabei unterstellt, daß sich der Gesamtnutzen *additiv* aus den Nutzen der Komponenten (Teilnutzenwerte) zusammensetzt. Die Datenbasis der Conjoint-Analyse bilden Gesamtnutzenurteile (Präferenzurteile) von befragten Personen.

Eines der wichtigsten Anwendungsgebiete der Conjoint-Analyse bildet im Rahmen der Neuproduktplanung die Frage, wie ein neues Produkt (oder eine Dienstleistung) in Hinsicht auf die Bedürfnisse des Marktes optimal zu gestalten ist. Dabei muß vom Untersucher vorab festgelegt werden, welche Objekteigenschaften und welche Ausprägungen dieser Eigenschaften für das Neuprodukt relevant sind und in die Untersuchung einbezogen werden sollen. Dies sei an einem Beispiel verdeutlicht.

Ein Hersteller von Margarine plant die Neueinführung eines Produktes, das sich in zwei Eigenschaften von bestehenden Produkten abheben soll: Kaloriengehalt und Verpackung. Als Eigenschaftsausprägung betrachtet er:

- Kaloriengehalt: hoch/niedrig
- Verpackung: Becher/Papier

Durch die Festlegung von zwei Eigenschaften, mit jeweils zwei Eigenschaftsausprägungen, können vier Kombinationen von Eigenschaftsausprägungen, d. h. vier fiktive Produkte, gebildet werden:

Produkt I	*Produkt II*	*Produkt III*	*Produkt IV*
wenig Kalorien	wenig Kalorien	viel Kalorien	viel Kalorien
im Becher	in Papier	im Becher	in Papier

Diese vier fiktiven Produkte werden einer Auskunftsperson zur Beurteilung vorgelegt, um deren Nutzenstruktur zu ermitteln. Hierbei ist man allerdings nicht auf eine rein verbale Beschreibung der Eigenschaften und ihrer Ausprägungen be-

---

[1] Die Begriffe "Conjoint-Analyse" und "Conjoint-Measurement" werden hier synonym verwendet. In der Literatur findet man zum Teil auch die Begriffe Verbundmessung und konjunkte Analyse. Vgl. zu einer entsprechenden Begriffsdiskussion Schweikl, H., 1985, S. 39.

schränkt, wie es bei der Beschreibung der alternativen Produkte mittels sog. Produktkarten der Fall ist. Es lassen sich vielmehr auch reale Darstellungen oder Computeranimationen in das Erhebungsdesign integrieren. So können die verschiedenen Verpackungsformen in obigem Beispiel durchaus mittels realer Verpackungen dargestellt werden. Die Auskunftsperson wird dabei aufgefordert, über die Produkte entsprechend ihrer subjektiven Nutzenvorstellung eine Rangordnung zu bilden. Beispielsweise möge sich folgende Rangordnung ergeben haben:

Rang	Produkt	Eigenschaftsausprägungen
1	III	viel Kalorien, im Becher
2	IV	viel Kalorien, in Papier
3	I	wenig Kalorien, im Becher
4	II	wenig Kalorien, in Papier

Diese Rangreihe bildet die Grundlage zur Ableitung von Teilnutzenwerten für die einzelnen Eigenschaftsausprägungen. Die Auskunftsperson gibt also *ordinale Gesamtnutzenurteile* ab, aus denen durch die Conjoint-Analyse *metrische Teilnutzenwerte* abgeleitet werden. Damit wird es außerdem möglich, durch Addition der Teilnutzenwerte auch metrische Gesamtnutzenwerte zu ermitteln.

Eine Besonderheit der Conjoint-Analyse besteht darin, daß die Befragten realitätsnahe Entscheidungen treffen müssen, da sie zur Bewertung der verschiedenen fiktiven Produkte als Ganzes aufgefordert werden. Produkte werden daher im Zusammenhang mit der Conjoint-Analyse oftmals als gebündelte Menge von Eigenschaftsausprägungen aufgefaßt. Die Objekteigenschaften stellen im Rahmen der Conjoint-Analyse die unabhängigen Variablen dar. Die Eigenschaftsausprägungen sind dann konkrete Werte der unabhängigen Variable. Die abhängige Variable ist die Präferenz der Auskunftsperson für die fiktiven Produkte. In Abbildung 9.1 sind einige Anwendungsbeispiele der Conjoint-Analyse zusammengestellt. Sie vermitteln einen Einblick in die Problemstellung, die Zahl und Art der Eigenschaften sowie die betrachteten Eigenschaftsausprägungen.

Die Conjoint-Analyse ist in ihrem Kern eine Analyse *individueller* Nutzenvorstellungen. Häufig interessiert darüber hinaus die Nutzenstruktur einer Mehrzahl von Personen. So möchte z. B. der Margarinehersteller nicht primär die Nutzenstruktur eines einzelnen Konsumenten ermitteln, sondern die seiner Käufer insgesamt. Zu diesem Zwecke ist eine Aggregation der individuellen Ergebnisse notwendig.

560   Conjoint-Measurement

Abbildung 9.1:   Anwendungsbeispiele der Conjoint-Analyse

Problemstellung	Eigenschaften	Eigenschaftsausprägungen
Dehnungspotential einer Dachmarke[2]	Leistungskonzept	allg. Erfahrungen, aus Modulen, individuelle Lösungsstrategie
	vergleichbare Referenzprojekte	keine, wenige, viele
	Leistungsniveau	Abweichung bei max. 2 Kriterien, alle Kriterien erfüllt, auch künftig alle Kriterien erfüllt
	Servicegrad	bis 90%, ca. 95%, über 98%
	Marke	Einzelmarke, Dachmarke, Konkurrenzmarke 1, Konkurrenzmarke 2
Entwicklung einer Servicestrategie für technische Konsumgüter[3]	Händler	A, B, C, D, E, F
	Marke	Hersteller-, Eigenmarke
	Preis	5 Preissprünge von x DM - y DM
	Produktqualität	durchschnittliche Lebensdauer, besonders langlebig
	Beratung beim Kauf	Selbstbedienung, Intensive Beratung, Lieferung und Anschluß, Fremde, Serviceorganisation, Händler
	Reparaturservice	Händler, Hersteller, Fremde Serviceorganisation
	Garantiedauer	6 Monate, 1 Jahr, 2 Jahre
Einfluß von Kindern auf die Produktpräferenz ihrer Mütter[4]	Fahrradtyp	Typ A, Typ B, Typ C
	Gangschaltung	3-Gang-Nabenschaltung, Mehrgang Kettenschaltung usw.
	Rahmenart	24 Zoll-Rahmen, 26 Zoll-Rahmen
	Reifen	Normalreifen, Sonderreifen usw.
	Beleuchtung	einfache Beleuchtung, Breitstrahler usw.
	Bremse	Rücktrittbremse, 2 Felgenbremse usw.
	Kettenschutz	geschlossener Kettenkasten, einfacher Kettenschutz
Nachfragerpräferenzen im Güterfernverkehr[5]	Transportmedium	Wagenladungsverkehr, LKW, zwei kombinierte Verkehrsarten
	Vertriebsweg	Spediteur, Bahn
	Preis	unterschiedliche Preisstufen
	Lieferservice	marktüblicher Service, stundengenauer Transport, just in time
Glaubwürdigkeit von Produktvorankündigungen[6]	Innovationsgrad	revolutionär, Weiterentwicklung
	Detaillierungsgrad	detailliert, undetailliert
	Zeithorizont	4 Monate, 1 Jahr
	Unternehmen	Marktführer, mittelgroßer Anbieter

---

[2] Vgl. Weiber, R./Billen, P., 2004, S. 82 ff.

[3] Vgl. Theuerkauf, I., 1989, S. 1179 ff.

[4] Vgl. Thomas, L., 1983.

[5] Vgl. Backhaus K,./Ewers, H.-J./Büschken, J./Fonger, M., 1992.

[6] Vgl. Schirm, K., 1995.

Die Planung und Durchführung einer Conjoint-Analyse erfordert die in Abbildung 9.2 dargestellten Ablaufschritte.

Abbildung 9.2:   Ablaufschritte der Conjoint-Analyse

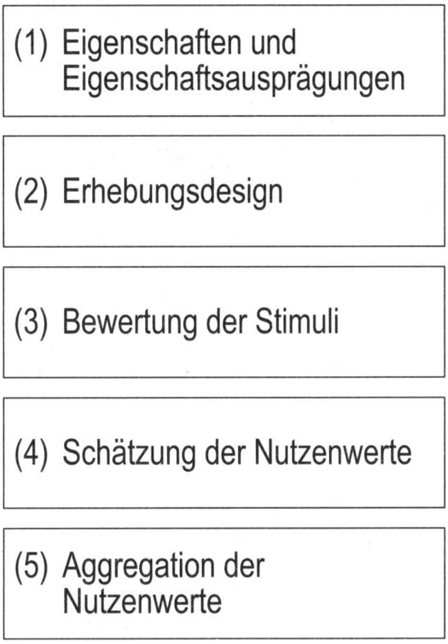

(1) Eigenschaften und Eigenschaftsausprägungen

(2) Erhebungsdesign

(3) Bewertung der Stimuli

(4) Schätzung der Nutzenwerte

(5) Aggregation der Nutzenwerte

Zunächst müssen vom Untersucher die Eigenschaften und Eigenschaftsausprägungen ausgewählt und sodann ein Erhebungsdesign entwickelt werden. Im dritten Schritt erfolgt die Erhebung der Daten durch Befragung, wobei die fiktiven Produkte (Stimuli) von den Auskunftspersonen bewertet werden. Aus diesen Daten werden mit Hilfe der Conjoint-Analyse die Teilnutzenwerte geschätzt. Evtl. wird anschließend eine Aggregation der individuellen Nutzenwerte vorgenommen. Während die ersten drei Schritte die *Datenerhebung* betreffen, beziehen sich die Schritte vier und fünf auf die *Datenauswertung*. Die nachfolgenden Betrachtungen sind entsprechend der Darstellung in Abbildung 9.2 aufgebaut.

562   Conjoint-Measurement

9.2   Vorgehensweise

9.2.1   Eigenschaften und Eigenschaftsausprägungen

| (1) Eigenschaften und Eigenschaftsausprägungen |
| (2) Erhebungsdesign |
| (3) Bewertung der Stimuli |
| (4) Schätzung der Nutzenwerte |
| (5) Aggregation der Nutzenwerte |

Die durch die Conjoint-Analyse zu ermittelnden Teilnutzenwerte beziehen sich auf einzelne Ausprägungen von Eigenschaften, die der Untersucher für die Analyse vorgeben muß. Bei der Auswahl der Eigenschaften bzw. Eigenschaftsausprägungen sollten folgende Gesichtspunkte beachtet werden:

1. Die Eigenschaften müssen *relevant* sein.
   Das bedeutet, daß der Untersucher größte Sorgfalt darauf verwenden muß, nur solche Eigenschaften auszuwählen, von denen zu vermuten ist, daß sie für die Gesamtnutzenbewertung der Befragten von Bedeutung sind und auf die Kaufentscheidung Einfluß nehmen.

2. Die Eigenschaften müssen durch den Hersteller *beeinflußbar* sein.
   Wenn die Ergebnisse der Conjoint-Analyse für Produktentscheidungen nutzbar gemacht werden sollen, muß die Variation der betreffenden Eigenschaften Parameter der Produktgestaltung sein.

3. Die ausgewählten Eigenschaften sollten *unabhängig* sein.
   Eine Verletzung dieser Bedingung widerspricht dem additiven Modell der Conjoint-Analyse. Unabhängigkeit der Eigenschaften bedeutet, daß der empfundene Nutzen einer Eigenschaftsausprägung nicht durch die Ausprägungen anderer Eigenschaften beeinflußt wird.

4. Die Eigenschaftsausprägungen müssen *realisierbar* sein.
   Die Nutzbarkeit der Ergebnisse für die Produktgestaltung erfordert, daß die untersuchten Eigenschaftsausprägungen vom Hersteller technisch durchführbar sind.

5. Die einzelnen Eigenschaftsausprägungen müssen in einer *kompensatorischen Beziehung* zueinander stehen.
   Kompensatorische Conjoint-Modelle gehen von der Annahme aus, daß sich die Gesamtbeurteilung eines Objektes durch Summation aller Einzelurteile der als gegenseitig substituierbar angesehenen Eigenschaftsausprägungen ergibt. Das bedeutet, daß in der subjektiven Wahrnehmung der Befragten z. B. eine Verringerung des Kaloriengehaltes einer Margarine durch eine Verbesserung des Geschmacks kompensiert werden kann. Damit wird ein einstufiger Entscheidungsprozeß unterstellt, bei dem alle Eigenschaftsausprägungen simultan in die Beurteilung eingehen.[7]

---

[7] Darüber hinaus existieren auch nicht-kompensatorische-Conjoint-Modelle, die eine Kompensation einer negativ beurteilten Eigenschaftsausprägung durch eine positive Bewertung einer anderen Ausprägung nicht zulassen. Da den kompensatorischen Mo-

Vorgehensweise   563

6. Die betrachteten Eigenschaften bzw. Eigenschaftsausprägungen dürfen *keine Ausschlußkriterien* (K.O.-Kriterien) darstellen.
   Ausschlußkriterien liegen vor, wenn bestimmte Eigenschaftsausprägungen für die Auskunftspersonen auf jeden Fall gegeben sein müssen. Im Fall des Vorhandenseins von K.O.-Kriterien wäre das kompensatorische Verhältnis der Eigenschaftsausprägungen untereinander nicht mehr gegeben.
7. Die Anzahl der Eigenschaften und ihrer Ausprägungen müssen *begrenzt* werden.
   Der Befragungsaufwand wächst exponentiell mit der Zahl der Eigenschaftsausprägungen. Deshalb ist es aus erhebungstechnischen Gründen notwendig, sich auf relativ wenige Eigenschaften und je Eigenschaft auf wenige Ausprägungen zu beschränken.

In Erweiterung des Ausgangsbeispiels gehen wir im folgenden davon aus, daß sich der Margarinehersteller für die in Abbildung 9.3 dargestellten Eigenschaften und Eigenschaftsausprägungen entschieden hat, wobei er vermutet, daß die gewählten Eigenschaften obige Kriterien erfüllen.

Abbildung 9.3:   Eigenschaften und Eigenschaftsausprägungen

Eigenschaften	*Eigenschaftsausprägungen*
A: Verwendung	1: Brotaufstrich
	2: Kochen, Backen, Braten
	3: universell
B: Kaloriengehalt	1: kalorienarm
	2: normaler Kaloriengehalt
C: Verpackung	1: Becherverpackung
	2: Papierverpackung

---

dellen in der Praxis jedoch die größere Bedeutung zukommt, beschränken sich die Betrachtungen im folgenden auf diesen Modelltyp. Vgl. auch Shocker, A.D./Srinivasan, V., 1979, S. 169 ff.

9.2.2 Erhebungsdesign

(1) Eigenschaften und Eigenschaftsausprägungen

(2) Erhebungsdesign

(3) Bewertung der Stimuli

(4) Schätzung der Nutzenwerte

(5) Aggregation der Nutzenwerte

Im Rahmen der Festlegung des Erhebungsdesigns sind zwei Entscheidungen zu treffen:

1. Definition der Stimuli: Profil- oder Zwei-Faktor-Methode?
2. Zahl der Stimuli: Vollständiges oder reduziertes Design?

9.2.2.1 Definition der Stimuli

Als Stimulus wird eine Kombination von Eigenschaftsausprägungen verstanden, die den Auskunftspersonen zur Beurteilung vorgelegt wird. Bei der *Profilmethode* besteht ein Stimulus aus der Kombination je einer Ausprägung aller Eigenschaften. Dadurch können sich in unserem Beispiel in Abbildung 9.3 für die drei Eigenschaften mit jeweils zwei bzw. drei Ausprägungen maximal (2 x 2 x 3 =) 12 Stimuli ergeben, die in Abbildung 9.4 als Übersicht dargestellt sind.

Abbildung 9.4: Stimuli nach der Profilmethode

Margarine I kalorienarm Becherverpackung als Brotaufstrich geeignet	Margarine II kalorienarm Becherverpackung zum Kochen, Backen, Braten	Margarine III kalorienarm Becherverpackung universell verwendbar
Margarine IV normale Kalorien Becherverpackung als Brotaufstrich geeignet	Margarine V normale Kalorien Becherverpackung zum Kochen, Backen, Braten	Margarine VI normale Kalorien Becherverpackung universell verwendbar
Margarine VII kalorienarm Papierverpackung als Brotaufstrich geeignet	Margarine Viii kalorienarm Papierverpackung zum Kochen, Backen, Braten	Margarine IX kalorienarm Papierverpackung universell verwendbar
Margarine X normale Kalorien Papierverpackung als Brotaufstrich geeignet	Margarine XI normale Kalorien Papierverpackung zum Kochen, Backen, Braten	Margarine XII normale Kalorien Papierverpackung universell verwendbar

Bei der *Zwei-Faktor-Methode*, die auch als Trade-Off-Analyse bezeichnet wird, werden zur Bildung eines Stimulus jeweils nur zwei Eigenschaften (Faktoren) herangezogen.[8] Für jedes mögliche Paar von Eigenschaften wird eine Trade-Off-Matrix gebildet. Diese enthält die Kombinationen der Ausprägungen der beiden Eigenschaften. Man erhält damit bei n Eigenschaften insgesamt $\binom{n}{2}$ Trade-Off-Matrizen. In unserem Beispiel ergeben sich damit $\binom{3}{2}$, also 3 Trade-Off-Matrizen, die in Abbildung 9.5 wiedergegeben sind. Jede Zelle einer Trade-Off-Matrix bildet damit einen Stimulus. Die Wahl zwischen Profil- und Zwei-Faktor-Methode sollte im Hinblick auf folgende drei Gesichtspunkte erfolgen:

Abbildung 9.5: Trade-Off-Matrizen

A: Verwendung	*B: Kaloriengehalt*	
	1: kalorienarm	2: normaler Kaloriengehalt
1: Brotaufstrich	A1B1	A1B2
2: Kochen, Backen, Braten	A2B1	A2B2
3: universell	A3B1	A3B2

A: Verwendung	*C: Verpackung*	
	1: Becherverpackung	2: Papierverpackung
1: Brotaufstrich	A1C1	A1C2
2: Kochen, Backen, Braten	A2C1	A2C2
3: universell	A3C1	A3C2

B: Kaloriengehalt	*C: Verpackung*	
	1: Becherverpackung	2: Papierverpackung
1: kalorienarm	B1C1	B1C2
2: normaler Kaloriengehalt	B2C1	B2C2

1. *Ansprüche an die Auskunftsperson:* Da bei der Zwei-Faktor-Methode die Auskunftsperson nur jeweils zwei Faktoren gleichzeitig betrachten und gegeneinander abwägen muß ("trade off"), besteht gegenüber der Profilmethode eine leichter zu bewältigende Bewertungsaufgabe. Die Zwei-Faktor-Methode kann daher auch ohne Interviewereinsatz (z. B. in Form einer schriftlichen Befragung) angewendet werden, während der mit der Profilmethode verbundene Erklärungsaufwand nur äußerst schwer in einem Fragebogen umsetzbar ist.
2. *Realitätsbezug:* Da beim realen Beurteilungsprozeß i. d. R. komplette Produkte und nicht isolierte Eigenschaften miteinander verglichen werden, liefert die Profilmethode ein realitätsnäheres Design. Außerdem können die Stimuli nicht nur in schriftlicher Form, sondern auch als anschauliche Abbildungen oder Objekte vorgegeben werden.
3. *Zeitaufwand:* Mit zunehmender Anzahl der Eigenschaften und ihrer Ausprägungen steigt die Zahl möglicher Stimuli bei der Profilmethode wesentlich

---

[8] Die Zwei-Faktor-Methode geht zurück auf Johnson, R.M., 1974, S. 121 ff.

566   Conjoint-Measurement

schneller als bei der Zwei-Faktor-Methode, wodurch eine sinnvolle Bewertung aller Stimuli durch die Auskunftsperson u. U. unmöglich werden kann.

In der Regel steht bei Anwendungen der Conjoint-Analyse der Realitätsbezug im Vordergrund, so daß meist der Profilmethode der Vorzug gegeben wird. Der Gesichtspunkt des Zeitaufwandes, der tendenziell für die Zwei-Faktor-Methode spricht, wird allerdings durch die Tatsache relativiert, daß die Möglichkeit existiert, bei der Profilmethode aus allen möglichen Stimuli eine repräsentative Teilmenge auszuwählen, wodurch sich der Zeitaufwand bei der Profilmethode wesentlich reduzieren läßt. Im folgenden steht daher die Profilmethode im Vordergrund der Betrachtungen.

9.2.2.2   Zahl der Stimuli

In vielen empirischen Untersuchungen besteht der Wunsch, mehr Eigenschaften und/oder Ausprägungen zu analysieren als erhebungstechnisch realisierbar sind. Dies ist insbesondere bei der Profilmethode der Fall. Bereits bei sechs Eigenschaften mit jeweils nur drei Ausprägungen ergeben sich ($3^6 =$) 729 Stimuli, was erhebungstechnisch nicht mehr zu bewältigen ist. Daraus erwächst die Notwendigkeit, aus der Menge der theoretisch möglichen Stimuli (*vollständiges Design*) eine zweckmäßige Teilmenge (*reduziertes Design*) auszuwählen.

Die Grundidee eines reduzierten Designs besteht darin, eine Teilmenge von Stimuli zu finden, die das vollständige Design möglichst gut repräsentiert. Beispielsweise könnte eine Zufallsstichprobe gezogen werden. Davon wird jedoch in der Regel nicht Gebrauch gemacht, sondern es wird eine systematische Auswahl der Stimuli vorgenommen. In der experimentellen Forschung ist eine Reihe von Verfahren entwickelt worden, die zur Lösung dieses Problems herangezogen werden kann. Dabei wird zwischen symmetrischen und asymmetrischen Designs unterschieden:

Ein *symmetrisches Design* liegt vor, wenn alle Eigenschaften die gleiche Anzahl von Ausprägungen aufweisen. Ein spezielles reduziertes symmetrisches Design ist das *Lateinische Quadrat*. Seine Anwendung ist auf den Fall von genau drei Eigenschaften beschränkt. Das vollständige Design, das dem lateinischen Quadrat zugrunde liegt, umfaßt z. B. im Fall von drei Ausprägungen je Eigenschaft (3 x 3 x 3 =) 27 Stimuli, die in Abbildung 9.6 dargestellt sind.

Abbildung 9.6: Vollständiges faktorielles Design

A1B1C1	A2B1C1	A3B1C1
A1B2C1	A2B2C1	A3B2C1
A1B3C1	A2B3C1	A3B3C1
A1B1C2	A2B1C2	A3B1C2
A1B2C2	A2B2C2	A3B2C2
A1B3C2	A2B3C2	A3B3C2
A1B1C3	A2B1C3	A3B1C3
A1B2C3	A2B2C3	A3B2C3
A1B3C3	A2B3C3	A3B3C3

Von den 27 Stimuli des vollständigen Designs werden 9 derart ausgewählt, daß jede Ausprägung einer Eigenschaft genau einmal mit jeder Ausprägung einer anderen Eigenschaft vorkommt. Damit ergibt sich, daß jede Eigenschaftsausprägung genau dreimal (statt neunmal) im Design vertreten ist. Abbildung 9.7 zeigt das entsprechende Design.

Abbildung 9.7: Lateinisches Quadrat

	A1	*A2*	*A3*
B1	A1 B1 C1	A2 B1 C2	A3 B1 C3
B2	A1 B2 C2	A2 B2 C3	A3 B2 C1
B3	A1 B3 C3	A2 B3 C1	A3 B3 C2

Wesentlich komplizierter ist die Reduzierung *asymmetrischer Designs,* in denen die verschiedenen Eigenschaften eine unterschiedliche Anzahl von Ausprägungen aufweisen, wie das (2 x 2 x 3)-faktorielle Design des Margarinebeispiels. Auch hier wurden Pläne zur Konstruktion reduzierter Designs entwickelt. Reduzierte asymmetrische Designs werden gewöhnlich wie folgt konstruiert:

- Im ersten Schritt wird ein reduziertes Design für den entsprechenden *symmetrischen Fall* erstellt. Liegt beispielsweise ein (3 x 3 x 2 x 2)-Designs vor, so wird zunächst ein (3 x 3 x 3 x 3)-Design erzeugt. Block 1 in Abbildung 9.8 zeigt ein reduziertes (3 x 3 x 3 x 3)-Design mit 9 Kombinationen (Stimuli). Dieses reduzierte Design enthält pro Eigenschaft eine Spalte, bezogen auf obiges Beispiel also vier Spalten. In jeder Spalte sind die Ziffern 1, 2 und 3, die die Eigenschaftsausprägungen repräsentieren, systematisch in 3er Gruppen angeordnet. In den 9 Zeilen stehen dann jeweils unterschiedliche Kombinationen von Eigenschaftsausprägungen, die die neun (fiktiven) Produkte des reduzierten Designs repräsentieren.
- Mittels einer eindeutigen Transformation wird im zweiten Schritt für eine oder mehrere Eigenschaften die Zahl der Ausprägungen reduziert.

568 Conjoint-Measurement

Abbildung 9.8: Basic plan 2 von Addelman

			Block A			Block B		
		1	*2*	*3*	*4*	*1*	*2*	*3*	*4*
	1	1	1	1	1	1	1	1	1
	2	1	2	2	3	1	2	2	1
	3	1	3	3	2	1	1	1	2
Zeile	*4*	2	1	2	2	2	1	2	2
	5	2	2	3	1	2	2	1	1
	6	2	3	1	3	2	1	1	1
	7	3	1	3	3	1	1	1	1
	8	3	2	1	2	1	2	1	2
	9	3	3	2	1	1	1	2	1

(Spalte über Block A und Block B)

Im Beispiel muß für die Eigenschaften C und D die Anzahl der Ausprägungen von 3 auf 2 reduziert werden. Eine geeignete Transformation ist z. B. die folgende:

$1 \to 1$

$2 \to 2$

$3 \to 1$

Wendet man diese Transformation auf die Spalten in Block 1 an, so erhält man den Block 2 in Abbildung 9.8. Block 2 bildet ein reduziertes (2 x 2 x 2 x 2)-Design.

Die Abbildung 9.8 mit den Blöcken 1 und 2 bildet einen von mehreren Basisplänen (basic plans), die von Addelman entwickelt wurden, um die Bildung reduzierter Designs zu erleichtern.[9] Es lassen sich aus dem Basic plan 2 sehr einfach reduzierte Designs mit maximal 4 Eigenschaften und maximal 3 Ausprägungen bilden, so z. B. für die Fälle (3 x 3 x 3 x 2), (3 x 3 x 2 x 2) und (3 x 2 x 2 x 2). Es sind zu diesem Zweck lediglich die benötigten Spalten aus den Blöcken 1 und 2 auszuwählen.

In unserem Beispiel eines (3 x 3 x 2 x 2)-Designs werden für die beiden Eigenschaften A und B mit jeweils drei Ausprägungen die Spalten 1 und 2 aus Block 1 und für die Eigenschaften C und D mit jeweils zwei Ausprägungen die Spalten 3 und 4 aus Block 2 ausgewählt. Damit ergibt sich das in Abbildung 9.9 formulierte reduzierte Erhebungsdesign.

---

[9] Vgl. Addelman, S., 1962, S. 21 ff. Addelman hat nachgewiesen, daß die "Bedingung proportionaler Häufigkeiten" hinreichend für die Erlangung von unkorrelierten Schätzungen ist. In einem vollständigen Design dagegen kommt jede Ausprägung einer Eigenschaft gleich häufig mit jeder Ausprägung der übrigen Eigenschaften vor.

Abbildung 9.9: Reduziertes Design

ausge-wählte Stimuli	Eigenschaft			
	A	B	C	D
	Anzahl der Ausprägungen			
	3	3	2	2
1	1	1	1	1
2	1	2	2	1
3	1	3	1	2
4	2	1	2	2
5	2	2	1	1
6	2	3	1	1
7	3	1	1	1
8	3	2	1	2
9	3	3	2	1

Abbildung 9.9 ist wie folgt zu interpretieren: Die erste Zeile entspricht dem fiktiven Produkt I (Stimulus I) und ist durch folgende Eigenschaftsausprägungen gekennzeichnet:

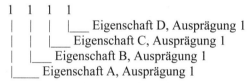

Da im folgenden die konkreten Rechenschritte der Conjoint-Analyse im einzelnen aufgezeigt werden sollen, nehmen wir nochmals eine Modifikation unseres Margarinebeispiels vor und beschränken die nachfolgenden Betrachtungen auf die Eigenschaften "Verwendung" und "Kaloriengehalt" aus Abbildung 9.3. Durch Kombination aller Eigenschaftsausprägungen erhält man dann die folgenden sechs Stimuli (fiktiven Produkte):

Abbildung 9.10: Stimuli im vollständigen Design für das Margarinebeispiel

I	A1, B1	Brotaufstrich	kalorienarm
II	A1, B2	Brotaufstrich	normaler Kaloriengehalt
III	A2, B1	Kochen, Backen, Braten	kalorienarm
IV	A2, B2	Kochen, Backen, Braten	normaler Kaloriengehalt
V	A3, B1	universell verwendbar	kalorienarm
VI	A3, B2	universell verwendbar	normaler Kaloriengehalt

Die obigen sechs fiktiven Produkte bilden ein vollständiges Design, wodurch auf eine Reduktion dieses Designs verzichtet werden kann, da davon auszugehen ist, daß sechs Stimuli von den Auskunftspersonen ohne Probleme in eine Präferenzrangfolge gebracht werden können. Damit folgt ein vollständiges, zweistufiges Untersuchungsdesign, das in Abbildung 9.11 dargestellt ist.

Abbildung 9.11: Vollständiges Untersuchungsdesign für das Beispiel

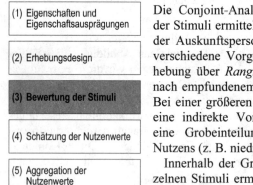

Durch p sind dabei die empirischen Rangwerte der jeweiligen Stimuli bezeichnet, die im Rahmen der Untersuchung erhoben werden müssen.

9.2.3 Bewertung der Stimuli

(1) Eigenschaften und Eigenschaftsausprägungen

(2) Erhebungsdesign

(3) **Bewertung der Stimuli**

(4) Schätzung der Nutzenwerte

(5) Aggregation der Nutzenwerte

Die Conjoint-Analyse erfordert, daß eine Rangfolge der Stimuli ermittelt wird, die die Nutzenvorstellungen der Auskunftsperson widerspiegelt. Dazu bieten sich verschiedene Vorgehensweisen an. Üblich ist die Erhebung über *Rangreihung*. Dabei werden die Stimuli nach empfundenem Nutzen mit Rangwerten versehen. Bei einer größeren Anzahl von Stimuli empfiehlt sich eine indirekte Vorgehensweise. Es erfolgt zunächst eine Grobeinteilung in Gruppen unterschiedlichen Nutzens (z. B. niedriger, mittlerer, hoher Nutzen). Innerhalb der Gruppen werden Rangfolgen der einzelnen Stimuli ermittelt, die dann zur Gesamtrangordnung zusammengefaßt werden. Weitere Möglichkeiten bestehen darin, die Rangwerte über Rating-Skalen oder Paarvergleiche abzufragen.[10]

Für unser Beispiel (vgl. Abbildung 9.10) wurde eine Person gebeten, die sechs möglichen Margarinesorten mit Rangwerten von 1 bis 6 zu versehen, wobei 1 der am wenigsten und 6 der am stärksten präferierte Stimulus sein sollte. Das Ergebnis der Rangreihung zeigt Abbildung 9.12:

---

[10] Die Vorgehensweise der Ermittlung einer Rangfolge durch Paarvergleiche findet insbesondere im Rahmen verschiedener computergestützte Conjointanalyseverfahren Anwendung. Eine ausführliche Darstellung der verschiedenen Möglichkeiten der Abfrage der Rangfolge geben Green, P.E./Srinivasan, V., 1978, S. 111 ff. und Schweikl, H., 1985, S. 56 ff.

Abbildung 9.12: Rangwerte für eine Auskunftsperson im Beispiel

		Eigenschaft B	
		1	2
Eigen-	1	2	1
schaft A	2	3	4
	3	6	5

9.2.4 Schätzung der Nutzenwerte

(1) Eigenschaften und Eigenschaftsausprägungen

(2) Erhebungsdesign

(3) Bewertung der Stimuli

(4) Schätzung der Nutzenwerte

(5) Aggregation der Nutzenwerte

Auf Basis der empirisch ermittelten Rangdaten einer Menge von Stimuli werden mit Hilfe der Conjoint-Analyse zunächst *Teilnutzenwerte* (partworths) für alle Eigenschaftsausprägungen ermittelt. Aus diesen Teilnutzenwerten lassen sich dann folgende Größen ableiten:

- metrische *Gesamtnutzenwerte* für alle Stimuli
- relative *Wichtigkeiten* für die einzelnen Eigenschaften

Die Schätzung der Teilnutzenwerte wird nachfolgend anhand unseres Beispiels aus Abbildung 9.10 dargestellt. Den Berechnungen legen wir die Beurteilungen der Auskunftsperson entsprechend Abbildung 9.12 zugrunde.

Für jede der insgesamt fünf Eigenschaftsausprägungen ist jetzt ein Teilnutzenwert β zu schätzen. Aus der Verknüpfung der Teilnutzenwerte ergibt sich dann der Gesamtnutzenwert y eines Stimulus. Im einfachsten Fall wird daher das folgende additive Modell zugrunde gelegt:

$$y = \beta_A + \beta_B \tag{1}$$

In allgemeiner Form läßt sich das *additive Modell der Conjoint-Analyse* wie folgt formulieren:

$$y_k = \sum_{j=1}^{J} \sum_{m=1}^{M_j} \beta_{jm} \cdot x_{jm} \tag{1a}$$

mit:

y_k : geschätzter Gesamtnutzenwert für Stimulus k

β_{jm} : Teilnutzenwert für Ausprägung m von Eigenschaft j

$x_{jm} = \begin{cases} 1 & \text{falls bei Stimulus k die Eigenschaft j in Ausprägung m vorliegt} \\ 0 & \text{sonst} \end{cases}$

572   Conjoint-Measurement

Das additive Modell, das in der Conjoint-Analyse vornehmlich Anwendung findet, besagt, daß die Summe der Teilnutzen den Gesamtnutzen ergibt.[11] Durch Anwendung dieses Modells ergeben sich im Beispiel die folgenden Gesamtnutzenwerte (vgl. Abbildung 9.11):

$$y_I = \beta_{A1} + \beta_{B1}$$
$$y_{II} = \beta_{A1} + \beta_{B2}$$
$$y_{III} = \beta_{A2} + \beta_{B1}$$
$$y_{IV} = \beta_{A2} + \beta_{B2}$$
$$y_V = \beta_{A3} + \beta_{B1}$$
$$y_{VI} = \beta_{A3} + \beta_{B2}$$

Das zur Bestimmung der Teilnutzenwerte verwendete *Zielkriterium* läßt sich wie folgt formulieren:

Die Teilnutzenwerte β_{jm} sollen so bestimmt werden, daß die resultierenden Gesamtnutzenwerte y_k "möglichst gut" den empirischen Rangwerten p_k entsprechen. Das Zielkriterium wird im folgenden noch näher spezifiziert.

Das zur Ermittlung der Teilnutzenwerte üblicherweise verwendete Rechenverfahren wird als monotone Varianzanalyse bezeichnet. Es bildet eine Weiterentwicklung der gewöhnlichen (metrischen) Varianzanalyse, die in Kapitel 2 dieses Buches behandelt wird.

9.2.4.1   Metrische Lösung

Das Problem der Conjoint-Analyse soll zunächst durch Anwendung der metrischen Varianzanalyse gelöst werden. Dabei wird unterstellt, daß die Befragten die Abstände zwischen den vergebenen Rangwerten jeweils als gleich groß (äquidistant) einschätzen, womit die empirisch ermittelten p-Werte nicht mehr ordinales Skalenniveau besitzen, sondern metrisch interpretiert werden können. Das Modell (1) muß dabei durch Einbeziehung eines konstanten Terms μ wie folgt modifiziert werden:

$$y = \mu + \beta_A + \beta_B \tag{1b}$$

Die Konstante μ spiegelt dabei den "Durchschnittsrang" über alle vergebenen (metrischen) Rangwerte wider. Die Konstante μ kann auch als Basisnutzen interpretiert werden, von dem sich die Eigenschaftsausprägungen positiv oder negativ abheben. Für unser Beispiel ergibt sich als Summe über alle sechs empirischen Rangdaten (vgl. Abbildung 9.12) 1+2+3+4+5+6 = 21 und damit ein "Durchschnittsrang" von 21/6 = 3,5. Zur Bestimmung der einzelnen Teilnutzenwerte wird im zweiten Schritt für jede Eigenschaftsausprägung der durchschnittliche empirische Rangwert ermittelt. Zu diesem Zweck wird für jede Eigenschaftsausprägung geprüft, welche Rangdaten der Befragte in Verbindung mit dieser Eigenschaft vergeben hat und daraus der Durchschnitt gebildet. Betrachtet man Abbildung 9.12 so hat die Auskunftsperson z. B. bei Eigenschaftsausprägung A1 die Rangwerte 2 und 1 verge-

---

[11] Vgl. Young, F.W., 1973, S. 28 ff.

ben, woraus sich eine Durchschnittseinschätzung von 3/2 = 1,5 ergibt. Damit bleibt die durchschnittliche Einschätzung der Eigenschaftsausprägung A1 aber hinter dem "Durchschnittsrang" von 3,5 zurück, d. h. sie liefert einen geringeren Teilnutzenwert als der Durchschnitt. Das Ausmaß, in dem Eigenschaftsausprägung A1 hinter dem Durchschnittsrang zurückbleibt, ergibt sich durch einfache Differenzbildung und beträgt (1,5-3,5) = -2,0. Dieser Differenzwert stellt den Teilnutzenwert der Eigenschaftsausprägung A1 dar. Entsprechend wird mit allen anderen Eigenschaftsausprägungen verfahren. Abbildung 9.13 zeigt das entsprechende Berechnungstableau auf.

Abbildung 9.13: Berechnungstableau der metrischen Varianzanalyse

| | | Eigenschaft B | | $\overline{p}_A$ | $\overline{p}_A - \overline{p}$ |
		1	2		
Eigenschaft A	1	2	1	1,5	-2,0
	2	3	4	3,5	0,0
	3	6	5	5,5	2,0
$\overline{p}_B$		3,6667	3,3333	3,5	
$\overline{p}_B - \overline{p}$		0,1667	-0,1667		

Anmerkung: Ein Teilnutzenwert ergibt sich allgemein durch $\beta_j = \overline{p}_j - \overline{p}$, wobei $\overline{p}_j$ den Mittelwert einer Zeile oder Spalte und $\overline{p}$ das Gesamtmittel der p-Werte bezeichnet.

Abbildung 9.13 enthält in der letzten Spalte und Zeile die empirischen Schätzwerte (Teilnutzenwerte), die nachfolgend nochmals zusammengefaßt sind.

$$\mu = 3,5 \qquad \beta_{A1} = -2,000 \qquad \beta_{B1} = 0,1667$$
$$\beta_{A2} = 0,000 \qquad \beta_{B2} = -0,1667$$
$$\beta_{A3} = 2,000$$

Damit ergibt sich beispielsweise für Stimulus I ein Gesamtnutzenwert von:

$$y_I = 3,5 + (-2,0) + 0,1667 = 1,667$$

In Abbildung 9.14 sind die empirischen und geschätzten Nutzenwerte sowie deren einfache und quadrierte Abweichungen zusammengefaßt:

574   Conjoint-Measurement

Abbildung 9.14: Ermittlung der quadratischen Abweichungen zwischen den empirischen und geschätzten Nutzenwerten

Stimulus	p	y	p-y	$(p\text{-}y)^2$
I	2	1,6667	0,333	0,1111
II	1	1,3333	- 0,333	0,1111
III	3	3,6667	- 0,667	0,4444
IV	4	3,3333	0,667	0,4444
V	6	5,6667	0,333	0,1111
VI	5	5,3333	- 0,333	0,1111
	21	21,0000	0,0000	1,3333

Die durch Anwendung der Varianzanalyse ermittelten Teilnutzenwerte β sind Kleinst-Quadrate-Schätzungen, d. h. sie wurden so ermittelt, daß die Summe der quadratischen Abweichungen zwischen den empirischen und geschätzten Nutzenwerten minimal ist:

$$Min_{\beta} \sum_{k=1}^{K} (p_k - y_k)^2 \tag{2}$$

Zu der gleichen Lösung gelangt man auch durch Anwendung einer Regressionsanalyse (vgl. Kapitel 1 in diesem Buch) der p-Werte auf die 0/1-Variablen (Dummy-Variablen) x_{jm} in Formel (1a). Eine derartige Dummy-Regression wird im Rahmen der Conjoint-Analyse häufig angewendet.[12]

9.2.4.2   Nichtmetrische Lösung

Läßt man die Annahme metrisch skalierter Ausgangswerte fallen und beschränkt sich auf die Annahme ordinal skalierter p-Werte, so gewinnt man größeren Spielraum für die Lösung des Problems einer optimalen Schätzung der Teilnutzenwerte. Dieser Spielraum kann durch Anwendung der *monotonen Varianzanalyse* genutzt werden. Die Art der Ergebnisse und deren Interpretation ändern sich dabei nicht.

Die von Kruskal entwickelte monotone Varianzanalyse bildet ein iteratives Verfahren und ist somit bedeutend rechenaufwendiger als die metrische Varianzanalyse.[13] Die metrische Lösung kann als Ausgangspunkt für den Iterationsprozeß verwendet werden.[14] Das Prinzip der *monotonen Varianzanalyse* läßt sich wie folgt darstellen:

---

[12] Vgl. dazu auch die Ausführungen in den Anwendungsempfehlungen dieses Kapitels.

[13] Zur monotonen Varianzanalyse, die auch der in Kapitel 10 behandelten Multidimensionalen Skalierung zugrundeliegt, vgl. insbesondere Kruskal, J.B., 1965, S. 251 ff. und Kruskal, J.-B./Carmone, F.-J., (o.J.).

[14] Da das Verfahren gegen suboptimale Lösungen (lokale Optima) konvergieren kann, ist es von Vorteil, den Iterationsprozeß wiederholt mit verschiedenen Ausgangslösungen zu

Vorgehensweise   575

Monotone Varianzanalyse

$$p_k \xrightarrow{\ f_M\ } z_k \cong y_k = \sum_{j=1}^{J} \sum_{m=1}^{M_j} \beta_{jm} \cdot x_{jm} \tag{3}$$

mit:

p_k : empirische Rangwerte der Stimuli (k=1,...,K)

z_k : monoton angepaßte Rangwerte

y_k : metrische Gesamtnutzenwerte, die durch das additive Modell (1a) gewonnen wurden.

f_M : monotone Transformation zur Anpassung der z-Werte an die y- Werte

$\cong$: bedeutet möglichst gute Anpassung im Sinne des Kleinst-Quadrate-Kriteriums

Die monotone Varianzanalyse unterscheidet sich von der metrischen Varianzanalyse dadurch, daß die Anpassung der y-Werte (durch Schätzung der Teilnutzenwerte β) nicht direkt an die empirischen p-Werte erfolgt, sondern indirekt über die z-Werte. Diese müssen der nachstehenden Monotoniebedingung folgen:

$$z_k \leq z_{k'} \quad \text{für } p_k < p_{k'} \text{ (schwache Monotonie)} \tag{4}$$

Das Zielkriterium der monotonen Varianzanalyse beinhaltet daher im Unterschied zu Formel (2) eine Minimierung der Abweichungen zwischen z und y. Es lautet wie folgt:

Zielkriterium der monotonen Varianzanalyse (STRESS-Maß)

$$\underset{f_M \quad \beta}{Min\ Min}\ STRESS = \underset{f_M \quad \beta}{Min\ Min}\ \sqrt{\dfrac{\sum\limits_{k=1}^{K}(z_k - y_k)^2}{\sum\limits_{k=1}^{K}(y_k - \bar{y})^2}} \tag{5}$$

Das Zentrum des STRESS-Maßes bildet das Kleinst-Quadrate-Kriterium im Zähler der Wurzel. Der Nenner dient lediglich als Skalierungsfaktor und bewirkt, daß lineare Transformationen der z-Werte (und damit der angepaßten y-Werte) keinen Einfluß auf die Größe "STRESS" haben. Die Wurzel selbst soll nur der besseren Interpretation dienen und hat keinen Einfluß auf die Lösung.

Das Zielkriterium erfordert eine zweifache Optimierung, nämlich über die Transformation f_m, die die Bedingung in Formel (4) erfüllen muß und über die Teilnutzenwerte β. Es kommen daher auch zwei verschiedene Rechenverfahren zur Anwendung.

---

starten. Während das Programm MONANOVA mit einer metrischen Ausgangslösung beginnt, enthält das Programm UNICON eine Option zur Generierung von unterschiedlichen Ausgangslösungen durch einen Zufallsgenerator.

Wechselseitig erfolgt für eine

- gegebene Transformation f_M:
  Anpassung von y an z durch Auffindung von Teilnutzenwerten β (*Gradientenverfahren*).
- gegebene Menge von β-Werten:
  Anpassung von z an y durch Auffinden einer monotonen Transformation f_M (*monotone Regression*).

Das zur Optimierung über β herangezogene Gradientenverfahren (Methode des steilsten Anstiegs) ist ein iteratives Verfahren.[15] Bei jedem Schritt dieses Verfahrens werden für die gefundenen Teilnutzenwerte β die resultierenden Gesamtnutzenwerte y_k berechnet und sodann die Werte z_k durch monotone Regression (von p auf y) optimal angepaßt. Abbildung 9.15 veranschaulicht den Ablauf.

Abbildung 9.15: Ablauf der monotonen Varianzanalyse

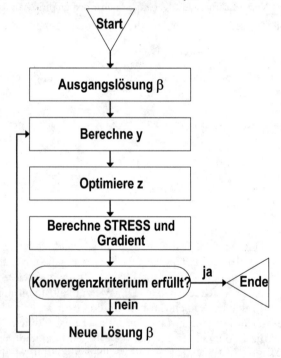

---

[15] Vgl. Kruskal, J.B., 1965, S. 261 f.; Kruskal, J.B., 1964, S. 119 ff.

9.2.4.3 Monotone Regression

Unter dem Begriff der monotonen Regression, die als Baustein der monotonen Varianzanalyse dient, verbirgt sich ein im Prinzip sehr einfaches Verfahren.[16] Die Abbildung 9.16 und Abbildung 9.17 dienen zur Veranschaulichung.
In Abbildung 9.16 sind die in Abschnitt 9.2.4.1 durch metrische Varianzanalyse ermittelten Gesamtnutzenwerte y_k über den empirischen Rangwerten der sechs Stimuli eingetragen (vgl. Abbildung 9.14).
Wie man sieht, ist der sich ergebende Verlauf nicht monoton. Die y-Werte für Stimulus III und IV verletzen die Monotoniebedingung in Formel (4); denn es gilt:

$y_{III} > y_{IV}$ aber $p_{III} < p_{IV}$

Durch monotone Regression von y über p werden jetzt monoton angepaßte Werte z, die optimal im Sinne des Kleinst-Quadrate-Kriteriums sind, wie folgt angepaßt:

Abbildung 9.16: Verlauf der geschätzten y-Werte über den empirischen Rangdaten

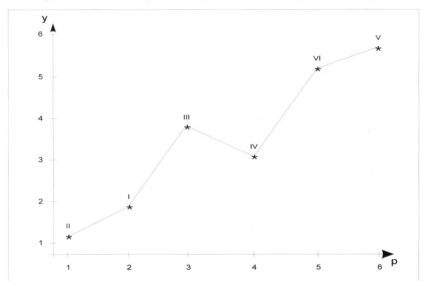

- Es wird $z_k = y_k$ gesetzt, wenn y_k die Monotoniebedingung (bezüglich aller übrigen y-Werte) erfüllt.
- Verletzten zwei Werte y_k und $y_{k'}$ die Monotoniebedingung, so wird deren Mittelwert gebildet und den z-Werten zugeordnet:

---

[16] Vgl. Kruskal, J.B., 1964, S. 126 ff.; Young, F.W., 1973, S. 42 ff.

$$z_k = z_{k'} = \frac{y_k + y_{k'}}{2}$$

Analog wird verfahren, wenn mehr als zwei y-Werte die Monotoniebedingung verletzen.

Abbildung 9.17 zeigt das Ergebnis der monotonen Regression. Die erhaltenen z-Werte sind nicht nur optimal im Sinne des Kleinst-Quadrate-Kriteriums, sondern sie minimieren auch das STRESS-Maß in Formel (5), da der Nenner unter der Wurzel bei der monotonen Anpassung konstant bleibt. Wenn alle y-Werte die Monotoniebedingung erfüllen, ergibt sich für den STRESS der Wert Null ("perfekte Lösung"). In diesem Fall erübrigt sich eine monotone Regression.

Abbildung 9.17: Verlauf der monoton angepaßten z-Werte über den empirischen Rangdaten

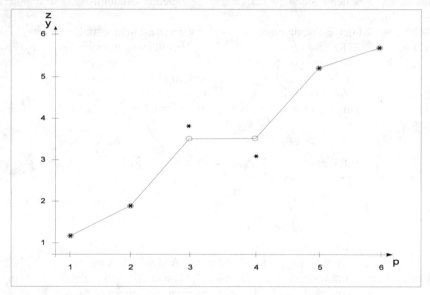

Wenn sogenannte *Ties* unter den empirischen Rangwerten auftreten, d. h. wenn gleiche Rangwerte mehr als einmal vorkommen, sind bei der monotonen Regression zwei alternative Vorgehensweisen möglich.[17]

- *Primary Approach:*
  Aus $p_k = p_{k'}$ folgt keine Einschränkung für z_k und $z_{k'}$.
- *Secondary Approach:*
  Aus $p_k = p_{k'}$ folgt die Bedingung $z_k = z_{k'}$.

---

[17] Vgl. Kruskal, J.B., 1964, S. 21 ff.

Kruskal, von dem diese Einteilung stammt, erscheint der Primary Approach als die geeignetere Vorgehensweise.

9.2.4.4 Fehlende Rangdaten

Es wurde bereits darauf hingewiesen, daß bei größerer Anzahl von Eigenschaften und Eigenschaftsausprägungen *unvollständige (reduzierte) Untersuchungsdesigns* angewendet werden müssen, um den Erhebungsaufwand in Grenzen zu halten und eine Überforderung der Versuchspersonen zu vermeiden. Bei unvollständigen Untersuchungsdesigns werden nur für eine systematisch gebildete Teilmenge aus der Gesamtmenge der Stimuli des vollständigen Designs Rangdaten erhoben.

Bei empirischen Untersuchungen ist es weiterhin unvermeidbar, daß ungewollt fehlende Daten, sog. *Missing Values* auftreten, z. B. als Folge von Erhebungsfehlern oder weil die Auskunftspersonen nicht antworten können oder wollen. Auch aus diesen Gründen können bei der Durchführung einer Conjoint-Analyse Rangdaten fehlen.

Das Prinzip der Behandlung fehlender Rangdaten ist sehr einfach: Bei der Berechnung der STRESS-Formel, wie auch bei Durchführung der monotonen Regression, werden nur diejenigen Stimuli berücksichtigt, für die empirische Rangdaten vorliegen. Daher ist es gleichgültig, ob die Rangdaten als Missing Values oder infolge eines unvollständigen Designs fehlen.

Bei der Dateneingabe in ein Programm müssen für fehlende Daten *Füllwerte* eingegeben werden.

Beispiel:
  vollständige Rangdaten: 2, 1, 3, 4, 6, 5
  unvollständige Rangdaten: 2, 0, 3, 4, 0, 5

Die fehlenden Daten werden jeweils durch eine Null ersetzt. Die Null kann dabei als Füllwert durch das Programm vorgegeben oder vom Benutzer (durch Spezifizierung eines Cut-off-Wertes) gewählt werden.

Natürlich dürfen nicht zuviele Rangdaten fehlen, damit eine Ermittlung der zugrundeliegenden Nutzenstruktur möglich ist. Andernfalls kann es sein, daß das Verfahren "zusammenbricht" (degeneriert). Man erhält dann einen minimalen STRESS-Wert von Null, obgleich die ermittelten Teilnutzenwerte bedeutungslos sind.

580   Conjoint-Measurement

9.2.5   Aggregation der Nutzenwerte

(1) Eigenschaften und Eigenschaftsausprägungen

(2) Erhebungsdesign

(3) Bewertung der Stimuli

(4) Schätzung der Nutzenwerte

(5) Aggregation der Nutzenwerte

Die bisherigen Betrachtungen haben verdeutlicht, wie sich mit Hilfe der Conjoint-Analyse die Nutzenstruktur einer einzelnen Person analysieren läßt. Sollen jedoch die Individualanalysen der einzelnen Auskunftspersonen miteinander verglichen werden, so ist dies nur möglich, wenn zunächst über eine entsprechende *Normierung* eine Vergleichbarkeit herbeigeführt wird. Durch die Normierung muß sichergestellt werden, daß die errechneten Teilnutzenwerte für alle Befragten jeweils auf dem gleichen "Nullpunkt" und gleichen Skaleneinheiten basieren.

Bezüglich des Nullpunktes ist es sinnvoll, diejenige Eigenschaftsausprägung, die den geringsten Nutzenbeitrag liefert, auf Null zu setzen.

Für die Normierungsvorschrift folgt daraus, daß im ersten Schritt jeweils die Differenz zwischen den einzelnen Teilnutzenwerten und dem kleinsten Teilnutzenwert der entsprechenden Eigenschaft zu bilden ist, was sich formal durch folgende Transformation beschreiben läßt.

$$\beta_{jm}^* = \beta_{jm} - \beta_j^{Min} \tag{6}$$

mit:

β_{jm} : Teilnutzenwert für Ausprägung m von Eigenschaft j

β_j^{Min} : minimaler Teilnutzenwert bei Eigenschaft j

Für die in unserem Beispiel errechneten Werte (vgl. Abschnitt 9.2.4.1) ergeben sich damit folgende transformierte Teilnutzenwerte:

$$\beta_{A1}^* = (-2{,}000 - (-2{,}000)) = 0{,}000 \qquad \beta_{B1}^* = (0{,}1667 - (-0{,}1667)) = 0{,}3334$$
$$\beta_{A2}^* = (0{,}000 - (-2{,}000)) = 2{,}000 \qquad \beta_{B2}^* = (-0{,}1667 - (-0{,}1667)) = 0{,}0000$$
$$\beta_{A3}^* = (2{,}000 - (-2{,}000)) = 4{,}000$$

Für die *Justierung der Skaleneinheit* ist entscheidend, welche Größe den Maximalwert des Wertebereichs beschreiben soll. Da die Conjoint-Analyse je Eigenschaft versucht, die Nutzenbeiträge der einzelnen, sich gegenseitig ausschließenden Eigenschaftsausprägungen zu schätzen, ergibt sich für einen Befragten der am stärksten präferierte Stimulus aus der Summe der höchsten Teilnutzenwerte je Eigenschaft. Die Summe der maximalen Teilnutzenwerte je Eigenschaft ist damit gleich dem Maximalwert des Wertebereichs. Alle anderen Kombinationen von Eigenschaftsausprägungen (Stimuli) führen zu kleineren Gesamtnutzenwerten. Es ist deshalb zweckmäßig, den Gesamtnutzenwert des am stärksten präferierten Stimulus bei allen Auskunftspersonen auf 1 zu setzen. Damit ergeben sich die *normierten Teilnutzenwerte* wie folgt.

$$\hat{\beta}_{jm} = \frac{\beta^*_{jm}}{\sum_{j=1}^{J} \max_m \left\{ \beta^*_{jm} \right\}} \tag{7}$$

Für das Margarinebeispiel ergeben sich folgende normierte Teilnutzenwerte:

$\hat{\beta}_{A1} = 0{,}000 / 4{,}3334 = 0{,}000$ $\hat{\beta}_{B1} = 0{,}3334 / 4{,}3334 = 0{,}077$

$\hat{\beta}_{A2} = 2{,}000 / 4{,}3334 = 0{,}462$ $\hat{\beta}_{B2} = 0{,}0000 / 4{,}3334 = 0{,}000$

$\hat{\beta}_{A3} = 4{,}000 / 4{,}3334 = 0{,}923$

Es wird deutlich, daß das am stärksten präferierte Produkt einen Gesamtnutzenwert von 1 erhält und hier in der Kombination aus universeller Verwendbarkeit (A3) und armem Kaloriengehalt (B1) besteht, was Stimulus V aus Abbildung 9.10 entspricht.

An dieser Stelle sei darauf hingewiesen, daß sich aus der absoluten Höhe der Teilnutzenwerte zwar auf die Bedeutsamkeit einer Eigenschaftsausprägung für den Gesamtnutzenwert eines Stimulus schließen läßt, *nicht* aber auf die *relative Wichtigkeit* einer Eigenschaft zur Präferenz*veränderung*. Hat beispielsweise eine Eigenschaft im Vergleich zu einer anderen durchgängig hohe Teilnutzenwerte für alle Eigenschaftsausprägungen, dann läßt sich daraus *nicht* schließen, daß diese Eigenschaft für die Präferenz*veränderung* wichtiger ist als die andere. Es gehen zwar hohe Nutzenwerte in den Gesamtnutzenwert ein, jedoch tragen diese hohen Werte *für jede Eigenschaftsausprägung gleichermaßen* zum Gesamtnutzenwert bei, so daß eine Variation der Ausprägung dieser Eigenschaft keinen bedeutsamen Einfluß auf die Höhe des Gesamtnutzenwertes ausübt. Entscheidend für die Bedeutung einer Eigenschaft zur Präferenz*veränderung* ist vielmehr die *Spannweite*, d. h. die Differenz zwischen dem höchsten und dem niedrigsten Teilnutzenwert der verschiedenen Ausprägungen jeweils einer Eigenschaft. Ist die Spannweite groß, dann kann durch eine Variation der betreffenden Eigenschaft eine bedeutsame Veränderung des Gesamtnutzenwertes erfolgen. Gewichtet man die Spannweite einzelner Eigenschaften an der Summe der Spannweiten, so erhält man die Bedeutung einzelner Eigenschaften für die Präferenzvariation. Die *relative Wichtigkeit* einer Eigenschaft läßt sich damit entsprechend Formel (8) bestimmen:

$$w_j = \frac{\max_m \left\{ \beta_{jm} \right\} - \min_m \left\{ \beta_{jm} \right\}}{\sum_{j=1}^{J} \left(\max_m \left\{ \beta_{jm} \right\} - \min_m \left\{ \beta_{jm} \right\} \right)} \tag{8}$$

Wird Formel (8) bei *normierten* Teilnutzenwerten verwendet (vgl. Formel (7)), so ist der Ausdruck $\min_m \left\{ \beta_{jm} \right\}$ in Zähler und Nenner der Formel (8) *immer* gleich Null. In diesem Fall sind Formel (7) und (8) mithin identisch. Damit liefern die *größten normierten* Teilnutzenwerte je Eigenschaft gleichzeitig auch eine Aussage über die relative Wichtigkeit der Eigenschaften. Für die in unserem Beispiel be-

582   Conjoint-Measurement

trachtete Auskunftsperson besitzt die Eigenschaft A (Verwendbarkeit) mit 92,3% gegenüber der Eigenschaft B (Kaloriengehalt) mit nur 7,7% ein weit stärkeres Gewicht für die Präferenzbildung.

Durch die Normierung gemäß Formel (7) ist nun auch eine *Vergleichbarkeit* der Ergebnisse aus verschiedenen Individualanalysen sichergestellt. In vielen Fällen interessieren den Untersucher nämlich vor allem die aggregierten Nutzenwerte für eine Mehrzahl von Individuen. So ist es z. B. für einen Anbieter in der Regel ausreichend, wenn er die mittlere Nutzenstruktur seiner potentiellen Käufer oder für Segmente von Käufern kennt. Es existieren zwei grundsätzliche Möglichkeiten, aggregierte Ergebnisse der Conjoint-Analyse zu gewinnen:

- Durchführung von *Individualanalysen* für jede Auskunftsperson und anschließende Aggregation der gewonnenen Teilnutzenwerte.
- Durchführung einer *gemeinsamen Conjoint-Analyse* für eine Mehrzahl von Auskunftspersonen, die aggregierte Teilnutzenwerte liefert.

Wird für jede Auskunftsperson eine *Individualanalyse* durchgeführt, so lassen sich anschließend die individuellen Teilnutzenwerte je Eigenschaftsausprägung durch *Mittelwertbildung* über die Personen aggregieren. Voraussetzung ist dabei, daß zuvor eine Normierung der Teilnutzenwerte für jede Person entsprechend Formel (7) vorgenommen wurde.

Eine *gemeinsame Conjoint-Analyse* über eine Mehrzahl von Auskunftspersonen läßt sich durchführen, indem die Auskunftspersonen als Wiederholungen (Replikationen) des Untersuchungsdesigns aufgefaßt werden. Die in Abschnitt 9.2.4 vorgestellten Berechnungsformeln können dabei unverändert übernommen werden, wenn man die Bedeutung des Laufindex k, der zur Identifizierung der Stimuli diente, verändert. Betrachtet man anstelle der Stimuli jetzt Punkte (wie in Abbildung 9.16 und Abbildung 9.17 dargestellt), so vervielfacht sich bei einer Gesamtanalyse die Anzahl der Punkte entsprechend der Anzahl der Personen. Bei N Personen erhält man

K = N · Anzahl der Stimuli

$$K = N \cdot \prod_{J=1}^{J} M_j \tag{9}$$

Punkte, wobei J wiederum die Anzahl der Eigenschaften und M_j die Anzahl der Ausprägungen von Eigenschaft j bezeichnet. Da die aggregierten Teilnutzenwerte die empirischen Rangdaten jeder einzelnen Person nicht mehr so gut reproduzieren können, wie es bei Individualanalysen der Fall ist, fällt der STRESS-Wert der Gesamtanalysen tendenziell höher aus.

Die Durchführung von Einzelanalysen ist bei großer Anzahl von Auskunftspersonen sehr mühselig, wenn der Ablauf nicht automatisiert wird, indem man zuvor etwas Programmieraufwand investiert. Bei einer Gesamtanalyse müssen lediglich die empirischen Rangdaten nacheinander, Person für Person, in das verwendete Computerprogramm eingegeben werden. Da der Speicherbedarf der Programme aber proportional mit der Anzahl der Punkte und somit mit der Anzahl der Personen wächst, kann man recht schnell an technische Grenzen stoßen.

Jede Aggregation ist objektiv mit einem Verlust an Informationen verbunden. Es muß daher geprüft werden, ob die aggregierten Nutzenstrukturen nicht allzu *heterogen* sind, da ansonsten wesentliche Informationen durch die Aggregation verloren gehen würden. Bei starker Heterogenität lassen sich durch Anwendung einer *Clusteranalyse* (vgl. dazu Kapitel 8 in diesem Buch) homogene(re) Teilgruppen bilden.

Die Clusterung kann auf Basis der empirischen Rangdaten wie auch auf Basis der durch die Einzelanalysen gewonnenen *normierten* Teilnutzenwerte vorgenommen werden. Dabei ist jedoch zu beachten, daß bei der Durchführung einer Clusteranalyse als Proximitätsmaß immer ein *Ähnlichkeitsmaß* (Korrelationskoeffizient) verwendet wird. Der Grund hierfür ist darin zu sehen, daß es bei der Conjoint-Analyse *nicht* darauf ankommt, Niveauunterschiede zwischen den Befragten aufzudecken, sondern die Entwicklung der Teilnutzenwerte in ihrer Relation zu betrachten. Das bedeutet, daß es bei einem Vergleich von Teilnutzenwerten zwischen verschiedenen Personen nicht auf deren *absolute* Höhe ankommt, sondern darauf, wie diese Personen die Eigenschaftsausprägungen in Relation gesehen haben; denn erst durch die relative Betrachtung läßt sich feststellen, ob zwei Personen einer bestimmten Eigenschaftsausprägung im Vergleich zu einer anderen (oder allen anderen) Ausprägung(en) einen höheren bzw. geringeren Nutzenbeitrag beimessen. Soll dennoch ein Distanzmaß als Proximitätsmaß verwendet werden, weil der Anwender z. B. das Ward-Verfahren zur Clusterung heranziehen möchte, so müßte in diesem Fall auch der konstante Term (μ) der Individualanalysen als eigenständige Variable in die Clusteranalyse einbezogen werden, da in der Größe μ gerade der Niveauunterschied in der Beurteilung der einzelnen Auskunftspersonen zum Ausdruck kommt.

9.3 Fallbeispiel

9.3.1 Problemstellung

Im Rahmen einer empirischen Erhebung wurden 40 Personen gebeten, insgesamt 11 Margarinebeschreibungen entsprechend ihrer individuellen Präferenzen in eine Rangordnung zu bringen. Den Margarinebeschreibungen lagen folgende vier Margarine-Eigenschaften zugrunde:

A : Preis
B : Verwendung
C : Geschmack
D : Kaloriengehalt

Dabei wurde unterstellt, daß diese Eigenschaften *voneinander unabhängig* sind und für die Kaufentscheidung als *relevant* angesehen werden können. Für die vier Eigenschaften wurde von den in Abbildung 9.18 dargestellten Eigenschaftsausprägungen ausgegangen.

584   Conjoint-Measurement

Abbildung 9.18:   Eigenschaften und Eigenschaftsausprägungen in der Margarinestudie

Eigenschaften	Eigenschaftsausprägungen
A: Preis	1: 2,50 € – 3,00 €
	2: 2,00 € – 2,49 €
	3: 1,50 € – 1,99 €
B: Verwendung	1: als Brotaufstrich geeignet
	2: zum Kochen, Backen, Braten geeignet
	3: universell verwendbar
C: Geschmack	1: nach Butter schmeckend
	2: pflanzlich schmeckend
D:Kaloriengehalt	1: kalorienarm (400 kcal/100 g)
	2: normaler Kaloriengehalt (700 kcal/100 g)

Da für die Eigenschaften A und B die Zahl der Ausprägungen drei und für die Eigenschaften C und D nur zwei beträgt, liegt hier ein *asymmetrisches* (3 x 3 x 2 x 2)-Design vor. Das Erhebungsdesign wird nach der Profilmethode erstellt. Bei einem vollständigen Design, d. h. bei Berücksichtigung aller möglichen Kombinationen der Eigenschaftsausprägungen würden wir (3 x 3 x 2 x 2 =) 36 fiktive Produkte (Stimuli) erhalten. Allerdings dürfte die Bewertung dieser 36 Alternativen eine Überforderung für die Auskunftspersonen bedeuten, so daß hier ein *reduziertes Design* gebildet wird. Wir können dabei auf die Ausführungen in Kapitel 9.2.2.2 zurückgreifen und uns an dem Basic plan 2 von Addelman in Abbildung 9.8 orientieren. Für unser Fallbeispiel ergibt sich damit ein reduziertes Design wie in Abbildung 9.9 dargestellt. Gemäß dieser Tabelle läßt sich für unser Fallbeispiel Stimulus I als Produktkarte wie folgt formulieren:

> Preis: 2,50 € – 3,00 €
> als Brotaufstrich geeignet
> nach Butter schmeckend
> Kalorienarm (400 kcal/100 g)

Mit SPSS können durch die Prozedur ORTHOPLAN reduzierte Designs (Orthogonal arrays) erstellt werden. ORTHOPLAN arbeitet dabei entsprechend den in Kapitel 9.2.2.2 beschriebenen Addelman-Plans. Die Prozedur ORTHOPLAN ist – im Gegensatz zur eigentlichen Conjoint-Analyse – in die Menüstruktur von SPSS integriert und kann folgendermaßen erreicht werden:

Abbildung 9.19: Aufruf der Prozedur ORTHOPLAN

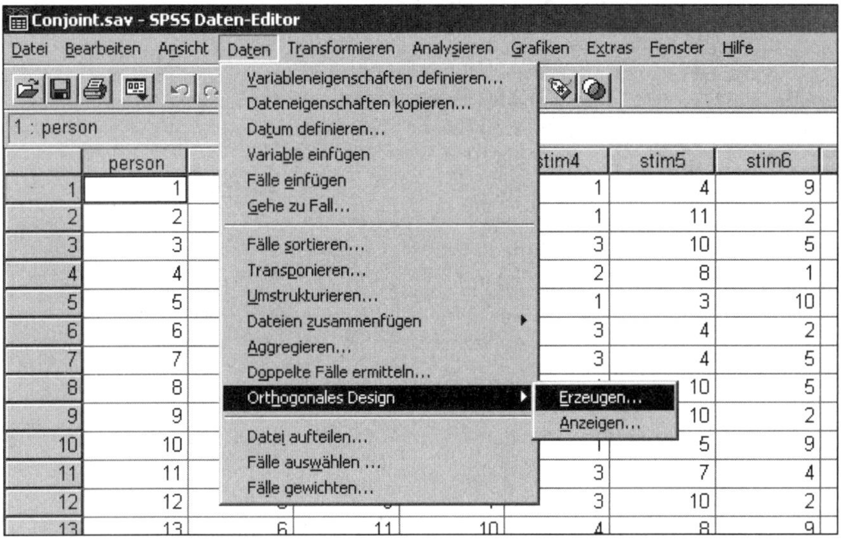

Nach dem Aufruf erscheint das Fenster "Orthogonales Design erzeugen". Hier muß für jeden Faktor (Eigenschaft) in der Analyse ein (maximal 8 Zeichen langer) Faktorname und ein dazugehöriges Faktorlabel eingegeben werden. Der Faktor ist jeweils durch anklicken der Taste "Hinzufügen" zum Design der Conjoint-Analyse hinzuzufügen. In einem nächsten Schritt sind im Fenster "Design erzeugen: Werte definieren" die Werte und Wert-Labels der jeweiligen Variable zu vergeben. Diese Prozedur ist für jede Variable in der Analyse zu wiederholen (vgl. Abbildung 9.19). Anschließend kann im Fenster "Orthogonales Design erzeugen" die Taste OK angeklickt werden und durch SPSS wird ein passendes orthogonales Design erzeugt, welches im Daten-Editor angezeigt wird.

Abbildung 9.20: Erzeugung eines orthogonalen Designs mit SPPS

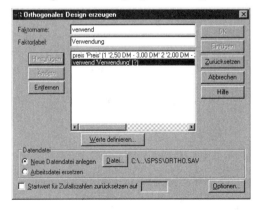

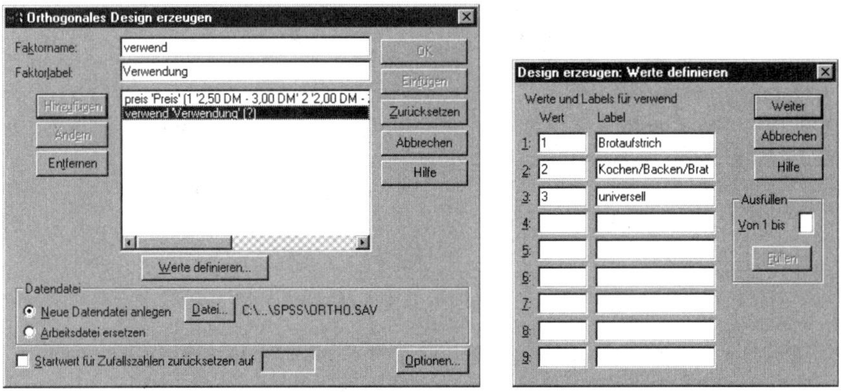

586   Conjoint-Measurement

Das von ORTHOPLAN erzeugte reduzierte Design für die Margarinestudie ist nachfolgend in Abbildung 9.21 gezeigt.[18]

Abbildung 9.21:   Mit ORTHOPLAN erzeugtes reduziertes Design der Margarinestudie

```
   PREIS   VERWEND GESCHMAC KALORIEN   STATUS_      CARD_


   1,00     3,00     1,00     2,00      ,00        1,00
   1,00     2,00     2,00     1,00      ,00        2,00
   2,00     1,00     2,00     2,00      ,00        3,00
   3,00     1,00     1,00     1,00      ,00        4,00
   1,00     1,00     1,00     1,00      ,00        5,00
   3,00     3,00     2,00     1,00      ,00        6,00
   2,00     2,00     1,00     1,00      ,00        7,00
   2,00     3,00     1,00     1,00      ,00        8,00
   3,00     2,00     1,00     2,00      ,00        9,00
   2,00     3,00     1,00     2,00     1,00       10,00
   1,00     1,00     1,00     2,00     1,00       11,00
   3,00     3,00     2,00     2,00     2,00        1,00
   1,00     2,00     1,00     1,00     2,00        2,00


   Number of cases read:  13      Number of cases listed:   13
```

In Abbildung 9.21 sind in den ersten vier Spalten die jeweilige Ausprägung der vier Variablen aufgeführt. Darüber hinaus existieren zwei weitere Spalten, die mit "STATUS_" und "CARD_" überschrieben sind. Die Spalte "CARD_" enthält dabei die *Numerierung* der Karten.

In der Spalte "STATUS_" sind ausschließlich die Ziffern 0, 1 und 2 vorhanden. Dabei werden die Stimuli, die dem *reduzierten Design* angehören, von SPSS mit einem STATUS_ von 0 versehen. In Abbildung 9.21 gehören mithin die ersten neun Stimuli zum reduzierten Design. Diese stimmen genau mit den Stimuli aus Abbildung 9.9 überein, wobei allerdings die Reihenfolge verändert ist. Ein STATUS_ von 1 zeigt die sog. *Holdout-Karten* ("holdout cards") an. Holdout-Karten – oder Prüffälle – sind ebenfalls Stimuli, die den Auskunftspersonen zur Beurteilung vorgelegt werden. Sie werden allerdings *nicht* von SPSS zur Schätzung der Nutzenwerte verwendet, sondern zur Validitätsprüfung herangezogen. Sie werden mit den Stimuli des reduzierten Designs durchnumeriert (vgl. Spalte CARD_), um direkt erkennen zu können, wieviele Stimuli den Auskunftspersonen *insgesamt* zur Beurteilung vorgelegt werden müssen. In unserem Beispiel sind zwei Holdout-Karten vorhanden. Die vom Experimentator gewünschte Zahl an Prüffällen kann im Fenster "Orthogonales Design erzeugen" im Unterpunkt "Optionen" festgelegt

---

[18] SPSS läßt auch reduzierte Designs zu, die durch den Anwender vorgegeben werden. In diesem Fall ist die Prozedur ORTHOPLAN überflüssig.

Fallbeispiel   587

werden. Diese Prüffalle bekommen in der Spalte CARD_ die Nummern 10 und 11. Insgesamt sind mithin elf Stimuli von den Befragten in eine Rangfolge zu bringen.

Ein STATUS_ von 2 bedeutet, daß es sich um eine sog. *Simulations-Karte* ("simulation card") handelt. Diese werden den Auskunftspersonen nicht zur Bewertung vorgelegt (die Numerierung beginnt wieder bei 1). SPSS errechnet mittels der auf Basis der Rangreihung der Stimuli geschätzten Teilnutzenwerte die Gesamtnutzenwerte der Simulations-Karten. Im vorliegenden Beispiel sind zwei Simulations-Karten vorhanden, die im Gegensatz zu den Stimuli des reduzierten Designs und den Holdout-Karten, vom Anwender selbst vorgegeben werden können. Bei der Wahl der Simulations-Karten ist es dem Anwender z.B. möglich, fiktive Produkte festzulegen, die für ihn von besonderem Interesse sind. Für diese Produkte werden dann ebenfalls Gesamtnutzenwerte berechnet sowie die Wahrscheinlichkeit ermittelt, daß ein Befragter einen durch die Simulationskarte dargestellten Stimulus präferiert.

Im nächsten Schritt kann den erstellten Stimuli, die bisher nur als Zahlenkombinationen zum Ausdruck kommen, die jeweils *inhaltliche Bedeutung* zugeordnet werden. Durch die Prozedur PLANCARDS bietet SPSS die Möglichkeit, sog. Produktkarten zu erzeugen. Beispielsweise bedeutet Stimulus 1 mit der Zahlenkombination (1,3,1,2), daß es sich um eine (fiktive) Margarine mit folgenden Eigenschaftsausprägungen handelt:

```
Preis: 2,50 € – 3,00 €
universell verwendbar
nach Butter schmeckend
normaler Kaloriengehalt (700 kcal/100 g)
```

Abbildung 9.22 zeigt den entsprechenden Computer-Ausdruck, wobei die Karten 1 bis 9 den Stimuli des reduzierten Designs entsprechen und die Karten 10 und 11 die Holdout-Karten repräsentieren.

588   Conjoint-Measurement

Abbildung 9.22:   Durch PLANCARDS erzeugte Produktkarten der Margarinestudie

```
Margarine 1                         Margarine 7

Preis  2,50 € - 3,00 €              Preis  2,00 € - 2,49 €
Verwendung  universell             Verwendung  Kochen/Backen/Braten
Geschmack  Buttergeschmack         Geschmack  Buttergeschmack
Kaloriengehalt  normale Kalorien   Kaloriengehalt  kalorienarm


Margarine 2                         Margarine 8

Preis  2,50 € - 3,00 €              Preis  2,00 € - 2,49 €
Verwendung  Kochen/Backen/Braten   Verwendung  universell
Geschmack  pflanzlich schmeckend   Geschmack  Buttergeschmack
Kaloriengehalt  kalorienarm        Kaloriengehalt  kalorienarm


Margarine 3                         Margarine 9

Preis  2,00 € - 2,49 €              Preis  1,50 € - 1,99 €
Verwendung  Brotaufstrich          Verwendung  Kochen/Backen/Braten
Geschmack  pflanzlich schmeckend   Geschmack  Buttergeschmack
Kaloriengehalt  normale Kalorien   Kaloriengehalt  normale Kalorien


Margarine 4                         Margarine 10

Preis  1,50 € - 1,99 €              Preis  2,00 € - 2,49 €
Verwendung  Brotaufstrich          Verwendung  universell
Geschmack  Buttergeschmack         Geschmack  Buttergeschmack
Kaloriengehalt  kalorienarm        Kaloriengehalt  normale Kalorien


Margarine 5                         Margarine 11

Preis  2,50 € - 3,00 €              Preis  2,50 € - 3,00 €
Verwendung  Brotaufstrich          Verwendung  Brotaufstrich
Geschmack  Buttergeschmack         Geschmack  Buttergeschmack
Kaloriengehalt  kalorienarm        Kaloriengehalt  normale Kalorien


Margarine 6

Preis  1,50 € - 1,99 €
Verwendung  universell
Geschmack  pflanzlich schmeckend
Kaloriengehalt  kalorienarm
```

Die Produktkarten aus Abbildung 9.22 können nun zur Befragung verwendet werden. Die Präferenzeinschätzung durch die Befragten kann dabei über verschiedene Wege erfolgen:

- Bei der *Methode der Rangverteilung* werden die Befragten gebeten, jede Produktkarte mit einem Rangwert zu versehen, wobei die Rangwerte die Produktpräferenzen der Befragten widerspiegeln. Je kleiner der Rangwert, desto größer ist die Präferenz des Befragten für die jeweilige Produktkarte.
- Bei der *Präferenzwertmethode* wird jede einzelne Produktkarte z. B. mit Hilfe einer Likert-Skala durch einen (metrischen) Präferenzwert beurteilt. Je größer der Präferenzwert, desto größer ist auch die Präferenz des Befragten für diese Produktkarte.

Fallbeispiel 589

- Bei der *Methode des Rangordnens* müssen die Befragten die Produktkarten nach ihrer Präferenz sortieren, und eine Beurteilung in Form von Rang- oder Präferenzwerten wird nicht vorgenommen.

Im Rahmen der Margarinestudie wurden die befragten Personen gebeten, entsprechend der *Methode der Rangverteilung*, den jeweiligen Produktkarten Rangwerte von 1 bis 11 zuzuordnen. Nach der "Eignung für den persönlichen Bedarf" sollten die elf Produktkarten mit Rang 1, für die "am stärksten präferierte Produktalternative", bis Rang 11, für die "am wenigsten präferierte Produktalternative", versehen werden. Die Rangverteilungen der Auskunftspersonen bilden die Basis für die Datenauswertung.

9.3.2 Ergebnisse

9.3.2.1 Individuelle Ergebnisse

Aufgrund der Befragungsergebnisse ist es nun möglich, eine Conjoint-Analyse durchzuführen. Vorab muß jedoch durch den Anwender festgelegt werden, ob und ggf. welche Zusammenhänge zwischen den Eigenschaften (Variablen) und den erhobenen Rangdaten bestehen. Insbesondere folgende Beziehungszusammenhänge sind von Bedeutung:

- Die Rangdaten stehen in einer *linearen Beziehung* zu den Variablen. Bei linearen Beziehungen ist weiterhin die Richtung des Zusammenhangs entscheidend. Diese konkretisiert sich darin, ob mit steigender Ausprägungsnummer der einzelnen Eigenschaftskategorien einer Variablen eine wachsende oder eine fallende Präferenz zu vermuten ist.
- Die Rangdaten stehen in einer *negativ quadratischen Beziehung* zu den Variablen. Dabei wird unterstellt, daß eine ideale Eigenschaftsausprägung einer Variablen existiert und zunehmende Abweichungen von diesem "Idealwert" zu immer stärker werdenden Präferenzeinbußen führen.
- Die Rangdaten stehen in einer *positiv quadratischen Beziehung* zu den Variablen. Dabei wird unterstellt, daß eine "schlechteste" Eigenschaftsausprägung einer Variablen existiert und zunehmende Abweichungen von diesem "Antiideal" zu immer stärker werdenden Präferenzen führen.

Im Rahmen der vorliegenden Margarinestudie wurden bezüglich der Variablen "Verwendung" und "Geschmack" keine Annahmen über Zusammenhänge zwischen diesen beiden Variablen und den Rangdaten getroffen. Bei den Variablen "Preis" und "Kaloriengehalt" hingegen wurde eine lineare Beziehung derart unterstellt, daß mit einem geringeren Preis und einem geringeren Kaloriengehalt tendenziell höhere Präferenzen für eine Produktalternative entstehen (negativer Zusammenhang).

An dieser Stelle muß streng auf die *Kodierung* (Definition) der Variablenausprägungen geachtet werden (vgl. Abbildung 9.18). Bei der Variablen "Kaloriengehalt" sind die Eigenschaftsausprägungen aufsteigend sortiert. Damit ist gemeint, daß die

590   Conjoint-Measurement

Ausprägung Nr. 2 einen höheren Kaloriengehalt anzeigt als Ausprägung Nr. 1. Gemäß der Linearitätsannahme ist davon auszugehen, daß die kleinere Eigenschaftsausprägung eine höhere Präferenz erzeugt. Dies muß in SPSS durch die Angabe "LESS" gekennzeichnet werden. Beim Preis hingegen sind die Ausprägungen absteigend sortiert. Damit werden bei höheren Variablenausprägungen auch höhere Präferenzen und umgekehrt vermutet, was in SPSS durch den Zusatz "MORE" deutlich gemacht werden muß (vgl. auch Abschnitt 9.3.3; Abbildung 9.35).

Nach diesen Festsetzungen werden im ersten Schritt die in der Befragung gewonnenen Rangwerte für die neun fiktiven Produkte des reduzierten Designs für jede Auskunftsperson isoliert ausgewertet. Beispielhaft sei im folgenden das Ergebnis der Individualanalyse für Auskunftsperson 33 betrachtet, das in Abbildung 9.23 dargestellt ist. Zunächst wird in der ersten Zeile kenntlich gemacht, daß es sich um die individuelle Auswertung der Daten von Auskunftsperson 33 handelt (SUBJECT NAME: 33). Die *geschätzten Teilnutzenwerte* für jede Eigenschaftsausprägung werden mit ihren jeweiligen *Standardfehlern* (standard error=s.e.) in der Spalte "Utility(s.e.)" ausgegeben. Die Spalte "Factor" soll dem Anwender eine Interpretationserleichterung bieten, indem die positiven und negativen Teilnutzenwerte *graphisch* abgetragen werden. Dabei ist allerdings zu beachten, daß bei SPSS für die graphische Darstellung eines Teilnutzenwertes bestimmte "Schwellenwerte" existieren. Rechts von der Spalte "Factor" befinden sich die Kennungen für die vier Eigenschaften und ihre jeweiligen Eigenschaftsausprägungen. Betrachtet man die geschätzten Teilnutzenwerte, so betragen diese beispielsweise für die Eigenschaft "Verwendung":

-1,6667   (Ausprägung: als Brotaufstrich geeignet)
 0,6667   (Ausprägung: zum Kochen, Backen, Braten geeignet)
 1,0000   (Ausprägung: universell verwendbar)

Der Standardfehler beträgt bei allen drei Eigenschaftsausprägungen 0,5984. Er liefert einen ersten Anhaltspunkt für die Güte der Conjoint-Ergebnisse. Je geringer die Standardfehler, desto eher läßt sich die empirische Rangfolge durch die ermittelten Rangwerte abbilden. Entsprechend sind die übrigen Werte dieser Spalte zu interpretieren.

Hingewiesen sei an dieser Stelle auf das Ergebnis, daß die Teilnutzenwerte für die Ausprägungen der Eigenschaft "Preis" positive Werte aufweisen, d. h. der Preis wirkt nutzensteigernd. Eine Analyse der Ergebnisse für alle befragten Personen zeigt, daß sich für fast alle Befragten positive Teilnutzenwerte bei der Eigenschaft "Preis" ergeben. Daraus kann geschlossen werden, daß dem Preis im vorliegenden Anwendungsfall die Rolle eines Qualitätsindikators zukommt.

Die Teilnutzenwerte ermöglichen die Berechnung von *metrischen Gesamtnutzenwerten* für beliebig konstruierbare Produkte, wobei sich die Gesamtnutzenwerte für unser Beispiel nach Maßgabe von Formel (10) berechnen:

$$G_k = \mu + \beta_{Am} + \beta_{Bm} + \beta_{Cm} + \beta_{Dm} \tag{10}$$

mit:

Gk   : Gesamtnutzenwert für Stimulus k

μ : konstanter Term der Nutzenschätzung
β_{Am} : Teilnutzenwert für die Ausprägung m der Eigenschaft A
β_{Bm} : Teilnutzenwert für die Ausprägung m der Eigenschaft B
β_{Cm}   Teilnutzenwert für die Ausprägung m der Eigenschaft C
β_{Dm} : Teilnutzenwert für die Ausprägung m der Eigenschaft D

Abbildung 9.23: Ergebnisse der individuellen Conjoint-Analyse

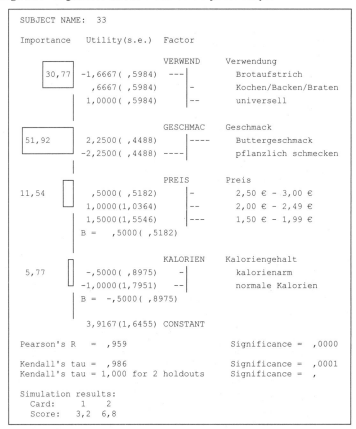

Die Konstante μ kann dabei als Basisnutzen interpretiert werden, von dem sich die übrigen Eigenschaftsausprägungen positiv oder negativ abheben. Beispielhaft für Stimulus 1 (Margarine 1 in Abbildung 9.22), bei dem es sich um eine normal kalorienhaltige, nach Butter schmeckende Margarine mit einem Preis von 2,50 € - 3,00 € und universeller Verwendungsmöglichkeit handelt, läßt sich der Gesamtnutzenwert wie folgt berechnen:

$G_1 = 3{,}9167 + 1{,}0000 + 2{,}2500 + 0{,}5000 + (-1{,}0000) = 6{,}6667$

592   Conjoint-Measurement

Entsprechend können die Gesamtnutzenwerte für die Stimuli des reduzierten Designs und für die Holdout-Karten berechnet werden (vgl. Abbildung 9.24).

Abbildung 9.24:   Gesamtnutzenwert, Rang und tatsächlicher Rang der
Auskunftsperson 33

Stimulus	Gesamt-nutzenwert	resultierender Rang	tatsächlicher Rang
1	6,67	5	5
2	2,33	10	10
3	0,00	11	11
4	5,50	6	6
5	4,50	7	8
6	3,67	9	9
7	7,33	2a	2
8	7,67	1	1
9	7,33	2b	3
10	7,17	4	4
11	4,00	8	7

Aus Abbildung 9.24 wird deutlich, daß die tatsächlichen Rangwerte (Spalte 4) der Auskunftsperson 33 sehr gut durch die aus den metrischen Gesamtnutzenwerten resultierenden Rangwerte (Spalte 3) reproduziert werden. Bei den Stimuli 1-8 stimmen die abgeleiteten Rangwerte genau mit den tatsächlichen überein. Auch die Stimuli 5, 7 und 8, für die gleich hohe Gesamtnutzenwerte geschätzt wurden, wurden von der Auskunftsperson in aufeinanderfolgender Reihenfolge sortiert. Für Stimulus 9 und die erste Holdout-Karte werden die empirischen Rangwerte nicht korrekt abgebildet. Ein Maß für die Güte der Abbildung der empirischen Rangdaten auf die aus den Gesamtnutzenwerten reultierenden Ränge liefern die in Abbildung 9.23 am Ende ausgegebenen Korrelationskoeffizienten. Während der *Pearson'sche Korrelationskoeffizient* die Korrelationen zwischen den metrischen Gesamtnutzenwerten und den tatsächlichen (empirischen) Rängen berechnet, mißt *Kendall's Tau* die Korrelation zwischen tatsächlichen und aus den Conjoint-Ergebnissen resultierenden Rängen. Je mehr sich die Korrelationskoeffizienten absolut dem Wert 1 nähern, desto besser können die empirischen Daten durch die Conjoint-Ergebnisse abgebildet werden. Allerdings ist zu beachten, daß im Falle von Pearson's R die empirischen Rangdaten als metrisch skaliert unterstellt werden müssen, was nur dann der Fall ist, wenn bei der Befragung die Präferenzwertmethode zur Anwendung kam. Darüber hinaus werden Pearson's R und Kendall's Tau auch für die Holdout-Karten berechnet und beziehen sich in diesem Fall auf die tatsächliche und geschätzte Rangfolge dieser Karten. Da Holdout-Karten bei der Schätzung der Teilnutzenwerte nicht berücksichtigt, real aber abgefragt wurden,

Fallbeispiel   593

stellen die auf die Holdout-Karten bezogenen Korrelationskoeffizienten ein Maß
für die Validität der Ergebnisse dar.

Mit Hilfe der Teilnutzenwerte aus Abbildung 9.23 lassen sich für Person 33 nun
auch die Gesamtnutzenwerte für das *vollständige Design* berechnen, obwohl in der
Befragung nur ein *reduziertes Design* erhoben wurde. Abbildung 9.25 zeigt unter
der Überschrift "Gesamtnutzenwerte" die einzelnen Gesamtnutzenwerte auf. Mit
Hilfe der "Stimuli-Anordnungen" lassen sich die Positionen der einzelnen Gesamtnutzenwerte identifizieren. So entspricht z. B. der fett gedruckte Gesamtnutzenwert
dem Stimulus P3311, wobei die Ziffernreihenfolge hinter dem P der Eigenschafts-
reihenfolge "Preis", "Verwendung", "Geschmack", "Kaloriengehalt" entspricht und
die Ziffern selber die jeweilige Eigenschaftsausprägungen entsprechend Abbildung
9.13 angeben.

Abbildung 9.25:   Gesamtnutzenwert des vollständigen Designs für Auskunftsperson 33

```
Stimulus-Anordnung (Gesamtnutzenwert

P1111 (4,5000)   P1121 (0,0000)   P1211 (6,8334)   P1221 (2,3334)   P1311 (7,1667)   P1321 (2,6667)

P1112 (4,0000)   P1122 (-0,5000)  P1212 (6,3334)   P1222 (1,8334)   P1312 (6,6667)   P1322 (2,1667)

P2111 (5,0000)   P2121 (0,5000)   P2211 (7,3334)   P2221 (2,8334)   P2311 (7,6667)   P2321 (3,1667)

P2112 (4,5000)   P2122 (0,0000)   P2212 (6,8334)   P2222 (2,3334)   P2312 (7,1667)   P2322 (2,6667)

P3111 (5,5000)   P3121 (1,0000)   P3211 (7,8334)   P3221 (3,3334)   P3311 (8,1667)   P3321 (3,6667)

P3112 (5,0000)   P3122 (0,5000)   P3212 (7,3334)   P3222 (2,8334)   P3312 (7,6667)   P3322 (3,1667)
```

Die in Abbildung 9.25 unterstrichenen Werte kennzeichnen die Gesamtnutzenwerte der *Produktalternativen* im reduzierten Design. Allerdings wird deutlich, daß die
am stärksten präferierte Produktalternative (vgl. den fett gesetzten Wert) in der
Befragung selbst nicht erhoben wurde. Damit ist die Conjoint-Analyse in der Lage,
Gesamtnutzenwerte für alle Produktalternativen zu ermitteln, auch wenn der Befragung nur ein reduziertes Design zugrunde lag.

Die bisherigen Ausführungen bezogen sich jeweils auf den Nutzenbeitrag einzelner Eigenschaftsausprägungen. Der Spalte 1 in Abbildung 9.23 (Importance)
läßt sich aber darüber hinaus noch entnehmen, welche Bedeutung den *einzelnen
Eigenschaften* bei der Präferenzbildung von Person 33 zukommt. Diese Prozentwerte spiegeln die *relativen Wichtigkeiten* der einzelnen Eigenschaften wider. An
dieser Stelle sei nochmals daran erinnert, daß sich die relative Wichtigkeit einer
Eigenschaft auf die Wichtigkeit zur Präferenzveränderung bezieht, die sich *nicht*
aus den absoluten Werten der Teilnutzenwerte ableiten läßt. Für die relative Wichtigkeit ist die Spannweite der Teilnutzenwerte je Eigenschaft entscheidend (vgl.
Abschnitt 9.2.5). Zur Verdeutlichung ist in Abbildung 9.26 die Berechnung der
relativen Wichtigkeiten der Eigenschaften für Person 33 gem. Formel (8) aufgezeigt:

594   Conjoint-Measurement

Abbildung 9.26:   Berechnung der relativen Wichtigkeiten je Eigenschaft

Eigenschaft	Spannweite	relative Wichtigkeit
Verwendung	1,0000 - (-1,6667) = 2,67	2,67 : 8,67 = **0,31**
Geschmack	2,2500 - (-2,2500) = 4,50	4,5 : 8,67 = **0,52**
Preis	1,5000 - (0,5000) = 1,00	1,00 : 8,67 = **0,12**
Kaloriengehalt	-0,5000 - (-1,0000) = 0,50	0,50 : 8,67 = **0,06**
	Summe: 8,67	Summe: 1,00

Die in Abbildung 9.26 fett hervorgehobenen Anteilswerte entsprechen den in Abbildung 9.23 abgedruckten Prozentwerten in der Spalte "Importance". Es wird deutlich, daß der Geschmack der Margarine die Gesamtpräferenz der Auskunftsperson 33 am stärksten beeinflußt (51,93%). Danach folgen Verwendung und Preis. Der Eigenschaft Kalorien kommt mit 5,77% die geringste Bedeutung zur Präferenzveränderung zu. Die relative Wichtigkeit der einzelnen Eigenschaften, die sich gem. der Spalte "Importance" ergeben, sind zusammenfassend für alle Befragten in Abbildung 9.27 dargestellt.

Abbildung 9.27: Relative Wichtigkeiten für alle Befragte

PERSON	VERWENDUNG	GESCHMACK	PREIS	KALORIEN
1	,2745	,5294	,0784	,1176
2	,1818	,0545	,5455	,2182
3	,2353	,1765	,5882	,0000
4	,1509	,0566	,6792	,1132
5	,3600	,5400	,0400	,0600
6	,3704	,0000	,1852	,4444
7	,1200	,3000	,0400	,5400
8	,1961	,1765	,6275	,0000
9	,6000	,0000	,4000	,0000
10	,1071	,4821	,3571	,0536
11	,3492	,0952	,4127	,1429
12	,1923	,0577	,6923	,0577
13	,1569	,5294	,3137	,0000
14	,1961	,4706	,2745	,0588
15	,4815	,0000	,1852	,3333
16	,1455	,4909	,2545	,1091
17	,5085	,0508	,2373	,2034
18	,1667	,2500	,4583	,1250
19	,2456	,2105	,0702	,4737
20	,3158	,1053	,1053	,4737
21	,4800	,3600	,0400	,1200
22	,4255	,5745	,0000	,0000
23	,6182	,1091	,2182	,0545
24	,5714	,0536	,1071	,2679
25	,2143	,1071	,4643	,2143
26	,5185	,0556	,3704	,0556
27	,1091	,4909	,1818	,2182
28	,0714	,4821	,1786	,2679
29	,5614	,2632	,0702	,1053
30	,1404	,2105	,5965	,0526
31	,3704	,1111	,5185	,0000
32	,1404	,4737	,1754	,2105
33	,3077	,5192	,1154	,0577
34	,1270	,1905	,3492	,3333
35	,1053	,3158	,5263	,0526
36	,6154	,2885	,0385	,0577
37	,1071	,0536	,3571	,4821
38	,3600	,5400	,0400	,0600
39	,3051	,2542	,2373	,2034
40	,2034	,2034	,1356	,4576

Zu Beginn dieses Abschnittes hatten wir darauf hingewiesen, daß für die Eigenschaften "Preis" und "Kaloriengehalt" bestimmte Beziehungszusammenhänge zwischen Eigenschaftsausprägungen und empirischen Rangdaten unterstellt wurden. Dabei sind wir davon ausgegangen, daß mit geringer werdendem Preis und sinkendem Kaloriengehalt der Nutzen steigen wird. Diese Vermutung schlägt sich in Abbildung 9.23 darin nieder, daß die Eigenschaften nicht in der ermittelten Reihenfolge des reduzierten Designs (vgl. Abbildung 9.21) aufgelistet werden. Statt dessen werden diejenigen Eigenschaften, bei denen keine Vermutungen über mögliche Beziehungszusammenhänge vorliegen, als erstes aufgeführt. Die aufgestellten Vermutungen zu den Wirkungsbeziehungen der Variablen "Preis" und "Kalorien"

596   Conjoint-Measurement

schlagen sich darin nieder, daß für diese Variablen der lineare Regressionskoeffizient B jeweils unterhalb der Teilnutzenwerte ausgewiesen wird.

Die Teilnutzenwerte ergeben sich in diesen Fällen durch das Produkt aus der Nummer der Eigenschaftsausprägung (also 1 für die erste Ausprägung, 2 für die zweite Ausprägung usw.) und dem Regressionskoeffizienten. Für die Eigenschaft "Kalorien" läßt sich die Höhe der Teilnutzenwerte beispielsweise wie folgt berechnen:

Erster Teilnutzenwert   (B=-0,5): $1 \cdot (-0,5) = -0,5$
Zweiter Teilnutzenwert (B=-1): $2 \cdot (-1) = -1$

Wird ein vermuteter Zusammenhang *nicht* bestätigt, bekommen also beispielsweise bei einer Auskunftsperson geringe Preise auch geringere Teilnutzenwerte als hohe Preise, so wird eine *Verletzung der getroffenen Annahme* als *Reversal* bezeichnet. Reversals werden durch zwei Sterne (**) bei der jeweiligen Variablen deutlich gemacht. Im Kopf des Ausdrucks findet sich dann ebenfalls die Meldung "** Reversed" und dahinter die Anzahl der sog. Reversals. In unserem Beispiel können pro Person maximal zwei Reversals entstehen, da nur bei zwei Eigenschaften Annahmen über die Beziehung zwischen Eigenschaftsausprägungen und Rangdaten getroffen wurden. Eine Übersicht der vorhandenen Reversals wird durch SPSS am Ende der Analyse ausgegeben. Abbildung 9.28 zeigt das Ergebnis.

Aus Abbildung 9.28 läßt sich unter der Bezeichnung "Reversals by factor" erkennen, bei welchen *Eigenschaften* wieviele Reversals aufgetreten sind. Bei der Eigenschaft "Kalorien" traten sechs und bei der Eigenschaft "Preis" vier Reversals auf. Bei den Eigenschaften "Geschmack" und "Verwendung" können keine Reversals auftreten, da bei diesen keine Vermutungen über Richtungszusammenhänge zwischen tatsächlichen Rangwerten und aus den Gesamtnutzenwerten abgeleiteten Rangwerten eingebracht wurden. Aus der Anzahl der Reversals können Hinweise abgeleitet werden, inwieweit sich obige Vermutungen bestätigt haben. Der "Reversal index" zeigt an, bei welchen Personen wieviele Reversals aufgetreten sind. Dabei wird gleichzeitig eine Seitenangabe (Page) gemacht, wo sich die *Individualanalyse* der entsprechenden Person (Subject) im Computerausdruck befindet. Eine Zusammenfassung des "Reversal index" liefert die "Reversal summary". Im vorliegenden Beispiel traten bei insgesamt 8 Personen Reversals auf, wobei 2 Personen zwei Reversals und 6 Personen jeweils ein Reversal aufwiesen. Hieraus lassen sich Konzentrationen von Reversals auf bestimmte Personen erkennen.

Abbildung 9.28: Reversals in der Margarinestudie

```
Reversal Summary:

    2 subjects had  2 reversals
    6 subjects had  1 reversals

Reversals by factor:

    KALORIEN   6
    PREIS      4
    GESCHMAC   0
    VERWEND    0

Reversal index:


   Page  Reversals  Subject      Page  Reversals  Subject
    1        0        1           21       0        21
    2        0        2           22       0        22
    3        0        3           23       0        23
    4        0        4           24       2        24
    5        1        5           25       0        25
    6        0        6           26       0        26
    7        0        7           27       0        27
    8        0        8           28       0        28
    9        0        9           29       0        29
   10        0       10           30       0        30
   11        0       11           31       0        31
   12        1       12           32       1        32
   13        0       13           33       0        33
   14        0       14           34       0        34
   15        0       15           35       0        35
   16        1       16           36       1        36
   17        1       17           37       0        37
   18        0       18           38       0        38
   19        0       19           39       2        39
   20        0       20           40       0        40
```

Abschließend sei noch darauf hingewiesen, daß am Ende der Abbildung 9.23 die Gesamtnutzenwerte der Simulations-Karten aufgeführt werden. Simulations-Karten stellen für den Untersucher besonders wichtige Stimuli dar, und er kann damit deren Gesamtnutzenwerte bei einer bestimmten Auskunftsperson unmittelbar aus dem Ergebnisausdruck entnehmen. Auch für die Simulations-Karten weist SPSS am Ende der Conjoint-Analyse eine zusammenfassende Statistik aus, die in Abbildung 9.29 wiedergegeben ist.

Abbildung 9.29: Zusammenfassende Statistik der Conjoint-Analyse

```
Simulation Summary  (40 subjects/ 40 subjects with non-negative scores)

  Card     Max Utility*       BTL        Logit
   1         48,75%          50,70%      51,36%
   2         51,25           49,30       48,64

   * Includes tied simulations
```

Die "Simulation Summary" enthält die Wahrscheinlichkeiten dafür, daß die Simulationskarten von den Befragten mit der höchsten Präferenz versehen und folglich von diesen ausgewählt werden. Dabei werden Wahlwahrscheinlichkeiten für die Simulationskarten nach drei verschiedenen Modellen (probability-of-choice models) berechnet:

598   Conjoint-Measurement

- Das *Max Utility-Modell* weist pro Person der Simulationskarte mit dem höchsten Gesamtnutzen eine Wahlwahrscheinlichkeit von 1 zu, während alle anderen Simulationskarten eine Wahlwahrscheinlichkeit von 0 erhalten. In der "Simulation Summary" wird unter "Max Utility" der Durchschnittswert dieser Wahrscheinlichkeiten über alle Personen ausgewiesen.

  Falls der höchste Gesamtnutzenwert für mehrere Simulationskarten identisch ist, so wird die Wahrscheinlichkeit von 1 auf die entsprechenden Simulationskarten gleich verteilt.

- Das *BTL-Modell* geht auf die Überlegungen von Bradley, Terry und Luce zurück und errechnet pro Person die Wahlwahrscheinlichkeit für eine bestimmte Simulationskarte, indem es den Gesamtnutzenwert dieser Simulationskarte durch die Summe der Gesamtnutzenwerte aller Simulationskarten dividiert. In der "Simulation Summary" wird unter "BTL" der Durchschnittswert dieser Wahrscheinlichkeiten über alle Personen ausgewiesen.

  Besitzt eine Simulationskarte für eine bestimmte Person einen negativen oder Null-Gesamtnutzenwert, so wird für diese Person keine BTL-Wahlwahrscheinlichkeit berechnet.

- Das *Logit-Modell* verfährt analog zum BTL-Modell, wobei jedoch nicht die absoluten Gesamtnutzenwerte betrachtet werden, sondern für jede Simulations-Karte die Euler'sche Zahl in die Potenz entsprechend des errechneten Gesamtnutzenwertes erhoben wird. Die Wahlwahrscheinlichkeit für eine bestimmte Simulations-Karte errechnet sich damit wie folgt:

$$P_{Si} = \frac{e^{G_i}}{\sum_{i=1}^{I} e^{G_i}} \tag{11}$$

mit:

P_{Si} : Wahlwahrscheinlichkeit für Simulations-Karte i
G_i : Gesamtnutzenwert der Simulations-Karte i
e : Euler'sche Zahl (e = 2,71828…)

In der "Simulation Summary" wird unter "Logit" der Durchschnittswert dieser Wahrscheinlichkeiten über alle Personen ausgewiesen. Besitzt eine Simulationskarte für eine bestimmte Person einen negativen oder Null-Gesamtnutzenwert, so wird für diese Person keine Logit-Wahlwahrscheinlichkeit berechnet.

Abbildung 9.29 macht deutlich, daß für die Margarinestudie alle drei Wahrscheinlichkeits-Modelle zu nahezu identischen Ergebnissen führen. Im vorliegenden Fall muß der Anwender davon ausgehen, daß die Wahlwahrscheinlichkeit für beide in den Simulationskarten vorgegebenen Margarinesorten im Durchschnitt bei nur 50% liegt. Damit ist keine eindeutige Präferenz der Befragten für eine der Simulationskarten erkennbar.

9.3.2.2 Aggregierte Ergebnisse

Für die Neuprodukteinführung einer Margarinemarke sind die individuellen Auswertungen im Vergleich zu einer aggregierten Auswertung nur von untergeordnetem Interesse. In vielen Fällen möchte der Anbieter einer Margarine vor allem wissen, ob es *Gruppen von potentiellen Nachfragern* gibt, die in bezug auf die *Teilnutzenbewertungen* ähnliche *Präferenzen* besitzen und welche *Produkteigenschaften* insgesamt als besonders *präferenzrelevant* eingestuft werden müssen. Zu diesem Zweck ist es notwendig, eine *Aggregation der individuellen Daten* vorzunehmen. Dies kann auf zwei Wegen erfolgen:

- Aggregation der Individualanalysen
- Durchführung einer gemeinsamen Conjoint-Analyse

9.3.2.2.1 Aggregation der Individualanalysen

Eine Aggregation der Individualanalysen ist nur möglich, wenn zuvor eine *Normierung der ermittelten Teilnutzenwerte* vorgenommen wird. Zu diesem Zweck greifen wir auf die Normierungsvorschrift aus Abschnitt 9.2.4 zurück. Mit Hilfe von Formel (7) lassen sich aus den Teilnutzenwerten der Individualanalysen normierte Teilnutzenwerte errechnen, die eine Vergleichbarkeit der einzelnen Individualanalysen ermöglichen. Normierte Teilnutzenwerte werden durch SPSS nicht automatisch bereitgestellt und müssen mit Hilfe von COMPUTE-Befehlen errechnet werden. Mit Hilfe der SPSS-Prozedur DESCRIPTIVES lassen sich dann durchschnittliche normierte Teilnutzenwerte über alle Befragten ermitteln. Abbildung 9.30 zeigt die entsprechenden Ergebnisse für die Margarinestudie, wobei die relativen Gewichte der Eigenschaften gem. Formel (8) berechnet wurden.

Abbildung 9.30: Durchschnittlich normierte Teilnutzenwerte in der Margarinestudie

	Mittelwert	*Standard-abweichung*
Verwendung (Gewicht: 29,26%)		
als Brotaufstrich	0,1586	0,1867
Kochen, Backen, Braten	0,1005	0,1479
universell verwendbar	0,2099	0,1887
Geschmack (Gewicht: 25,58%)		
Buttergeschmack	0,2263	0,1990
pflanzlich schmeckend	0,0367	0,1218
Preis (Gewicht: 28,16%)		
2,50 - 3,00 €	0,0131	0,0516
2,00 - 2,49 €	0,1443	0,1009
1,50 - 1,99 €	0,2756	0,2127
Kaloriengehalt (Gewicht: 16,99%)		
kalorienarm	0,1436	0,1666
normale Kalorien	0,0332	0,0880

600   Conjoint-Measurement

Die Durchschnittswerte der normierten Teilnutzenwerte in Abbildung 9.30 sind analog zu den individuellen Teilnutzenwerten der Auskunftspersonen zu interpretieren. Es wird deutlich, daß die Befragten im Durchschnitt eine kalorienarme, nach Butter schmeckende und universell verwendbare Margarine zu einem Preis zwischen 1,50 € und 1,99 € präferieren. Allerdings ist zu beachten, daß im vorliegenden Beispiel unterschiedlich große *Streuungsbreiten* der Teilnutzenwerte auftreten. Die Streuungen (Standardabweichungen in Abbildung 9.30) sind dafür verantwortlich, daß trotz der Betrachtung normierter Teilnutzenwerte der Gesamtnutzen der am meisten präferierten Margarine nicht mehr genau 1 beträgt, sondern in unserem Fall nur noch $(0,2756 + 0,2099 + 0,2263 + 0,1436 =)$ $0,86$. Bei der Aggregation der Individualanalysen muß sich der Anwender deshalb bewußt sein, daß ihm bei der Errechnung von Gesamtnutzenwerten für die fiktiven Produkte die Informationen über die Streuungen verloren gehen.

Ein solcher Informationsverlust wird vermieden, wenn statt der Mittelwertbildung auf der Basis der normierten Teilnutzenwerte eine Clusteranalyse (vgl. Kapitel 8) durchgeführt wird, die Gruppen von Personen mit ähnlichen Teilnutzenprofilen ermittelt. Dabei ist allerdings zu beachten, daß als Proximitätsmaß ein *Ähnlichkeitsmaß* (z. B. der Korrelationskoeffizient) zugrunde gelegt wird (vgl. Abschnitt 9.2.5). Im Gegensatz zur Mittelwertbildung liefert die Clusteranalyse jedoch keinen Repräsentativwert für alle Personen. Es kann davon ausgegangen werden, daß die Durchschnittswerte der normierten Teilnutzenwerte je Cluster eine geringere Streuung als in der Erhebungsgesamtheit aufweisen.

9.3.2.2.2 Gemeinsame Conjoint-Analyse

Bei der Durchführung einer gemeinsamen Conjoint-Analyse werden die Befragten als Replikationen in die Analyse einbezogen, wodurch alle Befragungswerte der Auskunftspersonen *gleichzeitig* zur Schätzung der Teilnutzenwerte herangezogen werden (vgl. Abschnitt 9.2.5). Dadurch bleiben die in den Streuungen enthaltenen Informationen erhalten, wodurch ein geringerer Informationsverlust als bei der Durchschnittsbildung entsteht. Durch SPSS wird am Ende der Analyse eine sog. "Subfile Summary" ausgegeben, die die Ergebnisse der gemeinsamen Conjoint-Analyse enthält und für die Margarinestudie in Abbildung 9.31 dargestellt ist.

Die Ergebnisse der gemeinsamen Conjoint-Analyse können analog zu den Ausführungen in Abschnitt 9.3.2.1 interpretiert werden.

Vergleicht man die Ergebnisse der aggregierten (Abbildung 9.30) mit denen der gemeinsamen Conjoint-Analyse (Abbildung 9.31), so wird deutlich, daß die ermittelten Teilnutzenwerte zwar stark unterschiedlich ausgeprägt sind, jedoch die relativen Wichtigkeiten der einzelnen Eigenschaften um maximal nur einen halben Prozentpunkt differieren. Nur diese sind aber letztendlich für eine aggregierte Betrachtung von Bedeutung. Damit ist auch nach der gemeinsamen Conjoint-Analyse das fiktive Produkt mit dem höchsten Gesamtnutzen eine kalorienarme, nach Butter schmeckende, universell verwendbare Margarine, die zu einem Preis zwischen 1,50 € und 1,99 € erworben werden kann.

Abbildung 9.31: Ergebnisse der gemeinsamen Conjoint-Analyse

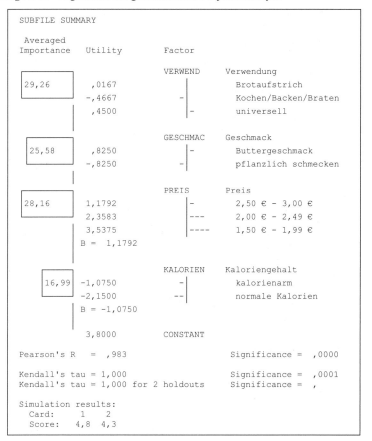

9.3.3 SPSS-Kommandos

Bei der Durchführung einer Conjoint-Analyse mit SPSS empfiehlt es sich, ebenfalls nach den Schritten "Datenerhebung" und "Datenauswertung" zu unterscheiden. Die Prozeduren ORTHOPLAN und PLANCARDS lassen sich dabei der Phase der Datenerhebung und die Prozedur CONJOINT der Phase der Datenauswertung zuordnen (vgl. Abbildung 9.32):

Abbildung 9.32: Zusammenwirken der SPSS-Prozeduren im Rahmen der Conjoint-Analyse

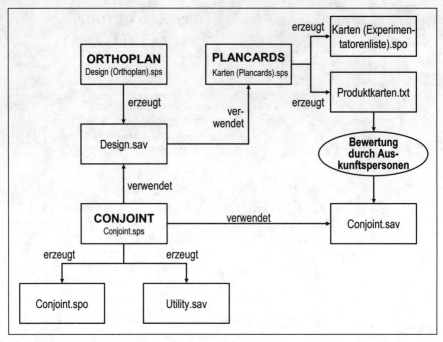

Im folgenden werden alle in Abbildung 9.32 aufgeführten Prozeduren im Zusammenhang mit den für das Fallbeispiel verwendeten SPSS-Jobs besprochen.

Datenerhebung

Erstellung reduzierter Designs mit Hilfe der Prozedur ORTHOPLAN

Es wurde der in Abbildung 9.33 dargestellte SPSS-Job zur Erstellung des reduzierten Designs verwendet.

Abbildung 9.33: SPSS-Job zur Erstellung eines reduzierten Designs

```
TITLE "MVA: Conjoint Measurement".

SUBTITLE "Erstellung des reduzierten Designs für die Margarinestudie".

DATA LIST Free /Preis Verwend Geschmac Kalorien.

VARIABLE LABELS  Preis "Preis"
   /Verwend  "Verwendung"
   /Geschmac "Geschmack"
   /Kalorien "Kaloriengehalt".

VALUE LABELS
    Preis 1 "2,50 € - 3,00 €" 2 "2,00 € - 2,49 €" 3 "1,50 € - 1,99 €"
   /Verwend 1 "Brotaufstrich" 2 "Kochen/Backen/Braten" 3 "universell"
   /Geschmac 1 "Buttergeschmack" 2 "pflanzlich schmeckend"
   /Kalorien 1 "kalorienarm"    2 "normale Kalorien".

BEGIN DATA.
3 3 2 2
1 2 1 1
END DATA.

ORTHOPLAN  holdout = 2.

LIST VARIABLES = ALL.

SAVE OUTFILE = "a:\Conjoint\Design_1.sav".
```

Durch die Prozedur ORTHOPLAN werden zur Vorbereitung der Conjoint-Analyse reduzierte Erhebungsdesigns (orthogonal arrays) ermittelt.[19] ORTHOPLAN benötigt dabei keinen Datensatz. Auf Basis der spezifizierten Variablen errechnet ORTHOPLAN das reduzierte Erhebungsdesign und liefert im Ergebnis eine Aufstellung der notwendigen Anzahl der fiktiven Produkte (als Fälle) mit den jeweiligen Ausprägungen der Eigenschaften (als Variable). Durch den Unterbefehl MINIMUM kann die Anzahl der Stimuli angegeben werden, die durch ORTHOPLAN mindestens erzeugt werden sollen. Wird dieser Befehl nicht verwendet, erstellt ORTHOPLAN zumindest soviele Stimuli, wie sie für ein reduziertes Design benötigt werden.

Vor der Ausführung von ORTHOPLAN sollten noch die den Untersucher besonders interessierenden Eigenschaftskombinationen als Simulationskarten spezifiziert werden. In unserem Beispiel wurden zwei Simulationskarten gewählt, die durch die Befehle BEGIN DATA und END DATA eingeschlossen sind. Die An-

---

[19] Vgl. SPSS Inc. (Hrsg), 1990, S. B-5 ff. und C-22 ff.

604   Conjoint-Measurement

zahl der gewünschten Holdout-Karten, die ebenfalls von ORTHOPLAN erzeugt werden, kann mit Hilfe des Unterbefehls HOLDOUT angegeben werden. Durch die Prozedur LIST wird in obigem SPSS-Job das Ergebnis abschließend angezeigt und mit Hilfe des Befehls SAVE OUTFILE in der Systemdatei DESIGN_1.SAV hinterlegt.[20]

Generierung von Produktkarten mit Hilfe der Prozedur PLANCARDS

Abbildung 9.34 zeigt den verwendeten SPSS-Job zur Generierung der Produktkarten.

Abbildung 9.34:   SPSS-Job zur Erstellung der Produktkarten

```
TITLE "MVA: Conjoint Measurement".

SUBTITLE "Erstellung der Produktkarten aus dem reduzierten Design".

get file    = "a:\Conjoint\Design.sav".

PLANCARDS
    /factor   = preis verwend geschmac kalorien
    /format both
    /paginate
    /title    = "Margarine )CARD"
    /outfile  = "A:\Conjoint\Produktkarten.txt".
```

Die Prozedur PLANCARDS verwendet das Ergebnis der Prozedur ORTHOPLAN zur Erstellung von Produktkarten, die dann in der Befragung eingesetzt werden können.[21] Da das Ergebnis der Prozedur ORTHOPLAN in der Systemdatei DESIGN.SAV abgespeichert wurde, wird dieses Ergebnis durch den Befehl GET FILE in den Job eingelesen. Mit Hilfe des Unterbefehls FORMAT kann festgelegt werden, ob die Produktkarten in einer Liste (LIST), als einzelne Karten (CARDS) oder als Liste und Karten (BOTH) ausgegeben werden sollen.

Darüber hinaus können die Produktkarten mit Hilfe des Unterbefehls TITLE mit Kopfzeilen und mit Hilfe des Unterbefehls FOOTER mit Fußzeilen versehen werden. Produktkarten können mit PLANCARDS aber auch unabhängig von der Prozedur ORTHOPLAN erstellt werden, indem der Benutzer selbst das reduzierte Design für die Produktkarten im Rahmen der SPSS-Datendefinitionen bestimmt. Mit dem Unterbefehl OUTFILE wird die Datei spezifiziert, in die das Ergebnis der Prozedur PLANCARDS geschrieben werden soll.

---

[20] Bei den folgenden Prozeduren wird auf die Datei DESIGN.SAV zurückgegriffen, um die zufallsbedingten Änderungen im reduzierten Design auszuschließen. Die entsprechenden Daten- und Programmdateien können mit der Bestellkarte am Ende dieses Buches angefordert werden.

[21] Vgl. SPSS Inc. (Hrsg.), 1990, S. B-11 ff. und C-33 ff.

Datenauswertung mit Hilfe der Prozedur CONJOINT

Das für unser Beispiel verwendete Programm zur Durchführung der Conjoint-Analyse mit Hilfe der Prozedur CONJOINT ist in Abbildung 9.35 dargestellt.

Abbildung 9.35: SPSS-Job zur Conjoint-Analyse

```
TITLE "MVA: Conjoint Measurement".

SUBTITLE "Conjoint-Analyse für den Margarinemarkt".

CONJOINT
    plan    = "A:\Conjoint\Design.sav"
    /data    = "A:\Conjoint\Conjoint.sav"
    /factors = Preis (LINEAR MORE) Verwend (DISCRETE)
              Geschmac (DISCRETE) Kalorien (LINEAR LESS)
    /subject = Person
    /rank    = Stim1 to Stim9 Hold1 Hold2
    /print   = all
    /utility = "A:\Conjoint\Utility.sav".

SUBTITLE "Auflistung der Gesamtnutzenwerte".

get file "A:\Conjoint\Utility.sav".

LIST.
```

Die eigentliche Conjoint-Analyse wird durch die Prozedur CONJOINT durchgeführt. Zuvor wurde mit dem TITLE-Befehl noch eine Überschrift für die aktuelle Prozedur eingeführt. Mit dem Unterbefehl PLAN wird der Prozedur CONJOINT mitgeteilt, welche Datei die Daten für das *reduzierte Erhebungsdesign* enthält. In unserem Fall ist das die Datei DESIGN.SAV, die zuvor mit Hilfe der Prozedur ORTHOPLAN erzeugt wurde.

Jeder weitere Unterbefehl der Prozedur CONJOINT wird durch einen Schrägstrich (/) eingeleitet. In der vorliegenden Conjoint-Analyse wurden die folgenden Unterbefehle verwendet:[22]

- Der Unterbefehl DATA
  Die in diesem Beispiel verwendeten *Präferenzwerte der Befragten* wurden im SPSS-Datendokument CONJOINT.SAV hinterlegt. Auf dieses Datendokument kann nun im DATA-Unterbefehl der Prozedur CONJOINT zurückgegriffen werden. Alternativ können die Daten auch im Datendefinitionsteil eingegeben werden und sind damit bereits im ACTIVE-FILE (Spezifikation *) enthalten.

- Der Unterbefehl FACTORS:
  Der Unterbefehl FACTORS bestimmt, welche Beziehung die Faktoren zu den Präferenzwerten der Befragten aufweisen. Vier Modelle stehen zur Verfügung, die bei den verschiedenen Eigenschaften verwendet werden können (vgl. Abschnitt 9.3.2.1):

---

[22] Vgl. SPSS Inc. (Hrsg.), 1990, S. B-15 ff. und C-9 ff.

606   Conjoint-Measurement

- DISCRETE: Es liegen kategoriale Variable vor, und es werden keinerlei Annahmen über die Beziehung zwischen Variablen und Rangwerten gemacht.
- LINEAR: Die Rangwerte stehen in einer linearen Beziehung zu den Variablen.
- IDEAL: Die Rangwerte stehen in einer quadratischen Beziehung zu den Variablen, wobei mit zunehmender Abweichung von einem "Idealwert" die Präferenz immer geringer wird.
- ANTIIDEAL: Die Rangwerte stehen in einer quadratischen Beziehung zu den Variablen, wobei mit zunehmender Abweichung von einem "schlechtesten Wert" die Präferenz immer größer wird.

- Der Unterbefehl SUBJECT:
Durch den Unterbefehl SUBJECT wird eine Identifikationsvariable für die Befragten bestimmt. In unserem Fall ist das die Variable "PERSON", die die Personen-Nummer enthält. Wird keine Identifikationsvariable bestimmt, so gibt die Prozedur CONJOINT keine Einzelanalyse, sondern nur eine Gesamtanalyse aus.

- Die Unterbefehle RANK, SCORE und SEQUENCE:
Zur Analyse der Präferenzdaten läßt CONJOINT alternativ drei Arten der Datenkodierung zu (vgl. Abschnitt 9.3.1):
- RANK: (Methode der Rangverteilung)
  Dabei muß die Kodierung der Daten so erfolgen, daß die Reihenfolge der Variablen der Reihenfolge der Produktkarten entspricht. In unserem Fall entspricht die Variable "STIM1" der Produktkarte Nr. 1, die Variable "STIM2" der Produktkarte Nr. 2 usw. Beispielsweise hat der Datensatz für Auskunftsperson 33 folgende Form:

      33   5   10   11   6   8   9   2   1   3   4   7

  Nach der laufenden Nummer für die Personen folgen die Rangwerte für die elf Stimuli. Die Auskunftsperson hat dem Stimulus 1 (STIM1) den Rang 5, dem Stimulus 2 (STIM2) den Rang 10 vergeben usw. Die letzten beiden Ziffern 4 und 7 entsprechen den Rangwerten für die Holdout-Karten. Die Ziffern stehen für die Rangwerte der sortierten Stimuli.
- SCORE: (Präferenzwertmethode)
  Dabei muß die Kodierung der Daten so erfolgen, daß die Reihenfolge der Variablen wiederum der Reihenfolge der Produktkarten entspricht.
- SEQUENCE: (Methode des Rangordnens)
  Eine Beurteilung in Form von Rang- oder Präferenzwerten ist nicht erfolgt. Die Kodierung der Daten muß hier allerdings so erfolgen, daß die Produktkarte mit der höchsten Präferenz als erste Variable und diejenige mit der kleinsten Präferenz als letzte Variable kodiert wird. Für Auskunftsperson 33hätte der Datensatz bei der Methode des Rangordnens wie folgt ausgesehen:

      33   8   7   9   10   1   4   11   5   6   2   3

  Stimulus Nr. 8 bekam die höchste Präferenz, Stimulus Nr. 7 die zweithöchste Präferenz usw. zugeordnet. Die Ziffern stehen für die Nummer des jeweiligen Stimulus.

- Der Unterbefehl PRINT:
Der PRINT-Unterbefehl steuert die Druckausgabe der Prozedur CONJOINT.

Fallbeispiel   607

- Der Unterbefehl UTILITY:
  Durch den Unterbefehl UTILITY wird ein Systemfile unter dem Namen UTIL.SYS erzeugt, in dem für jede Person folgende Informationen abgespeichert sind.
  • Personenkennung (Variable "PERSON")
  • Konstanter Term der Conjoint-Schätzung (Variable "CONSTANT")
  • Teilnutzenwerte (Variable "VERWEN1" bis "KALORI_L")
  • Gesamtnutzenwerte des reduzierten Designs (Variable "SCORE1" bis "SCORE9")
  • Gesamtnutzenwerte der Holdout-Karten (Variable "SCORE10" und "SCORE11")
  • Gesamtnutzenwerte der Simulations-Karten (Variable "SIMUL01" und "SIMUL02")

Abbildung 9.36 zeigt den Inhalt der UTIL-Datei für Person 33. Dabei ist jedoch zu beachten, daß bei den Eigenschaften "Preis" und "Kaloriengehalt" nur der Wert des Regressionskoeffizienten B angegeben wird, da mit seiner Hilfe, wie in Abschnitt 9.3.2.1 beschrieben, auf die Teilnutzenwerte geschlossen werden kann.

Abbildung 9.36:   Auszug aus dem Systemfile UTIL.SYS für Person 33

```
The variables are listed in the following order:

LINE    1: PERSON CONSTANT VERWEN1 VERWEN2 VERWEN3 GESCHM1 GESCHM2
LINE    2: PREIS_L KALORI_L SCORE1 SCORE2 SCORE3 SCORE4 SCORE5
LINE    3: SCORE6 SCORE7 SCORE8 SCORE9 SCORE10 SCORE11 SIMUL01
LINE    4: SIMUL02
.
. Ausdruck für Person 1 bis 32

  PERSON:     33,00      3,92     -1,67       ,67     1,00     2,25    -2,25
  PREIS_L:      ,50      -,50      6,67      2,33      ,00     5,50     4,50
  SCORE6:      3,67      7,33      7,67      7,33     7,17     4,00     3,17
  SIMUL02:     6,83
.
. Ausdruck für Person 34 bis 40
.
Number of cases read:   40    Number of cases listed:   40
```

Entscheidend ist dabei die Angabe der Teilnutzenwerte (VERWEN1 bis KALORI_L), da sich mit ihrer Hilfe die Gesamtnutzenwerte aller Stimuli errechnen lassen und sie durch andere Prozeduren (wie z. B. durch die Clusteranalyse) eingelesen werden können. Darüber hinaus lassen sich durch den File UTIL.SYS unmittelbar die Gesamtnutzenwerte der Stimuli des reduzierten Designs und der Holdout-Karten ablesen, die im Ausdruck der Individualanalysen (vgl. Abbildung 9.23) nicht enthalten sind.
Abschließend sei noch darauf hingewiesen, daß die Prozedur ORTHOPLAN jeweils nach einem Zufallsprinzip reduzierte Designs erstellt, wodurch mit jedem ORTHOPLAN-Aufruf jeweils unterschiedliche reduzierte Designs erzeugt werden. Die Prozedur CONJOINT läßt aber auch die *Vorgabe eines reduzierten Designs*

608   Conjoint-Measurement

durch den Anwender zu. Möchte man z. B. auf das in diesem Kapitel verwendete reduzierte Design zurückgreifen, so zeigt Abbildung 9.37 den entsprechenden SPSS-Job zur Durchführung der Conjoint-Analyse.

Die Behandlung von Missing Values

Als fehlende Werte (MISSING VALUES) bezeichnet man Variablenwerte, die von den Befragten entweder außerhalb des zulässigen Beantwortungsintervalls vergeben wurden oder überhaupt nicht eingetragen wurden. Die Prozedur CONJOINT ist nicht in der Lage, solche fehlenden Werte zu handhaben. Sobald fehlende Werte bei den Rang- oder Präferenzwerten auftreten, wird der entsprechende Fall aus der Analyse ausgeschlossen.

Abbildung 9.37:   SPSS-Job zur Conjoint-Analyse mit vorgegebenem reduzierten Design

```
DATA LIST free /PREIS VERWEND GESCHMAC KALORIEN STATUS_ CARD_.

VARIABLE LABELS  Preis "Preis"
   /Verwend  "Verwendung"
   /Geschmac "Geschmack"
   /Kalorien "Kaloriengehalt".

VALUE LABELS
    Preis 1 "2,50DM - 3,00DM" 2 "2,00DM - 2,49DM" 3 "1,50DM - 1,99DM"
   /Verwend 1 "Brotaufstrich" 2 "Kochen/Backen/Braten" 3 "universell"
   /Geschmac 1 "nach Butter" 2 "pflanzlich"
   /Kalorien 1 "kalorienarm"     2 "normale Kalorien".

BEGIN DATA.
1.00    3.00    1.00    2.00        0      1
1.00    2.00    2.00    1.00        0      2
2.00    1.00    2.00    2.00        0      3
3.00    1.00    1.00    1.00        0      4
1.00    1.00    1.00    1.00        0      5
3.00    3.00    2.00    1.00        0      6
2.00    2.00    1.00    1.00        0      7
2.00    3.00    1.00    1.00        0      8
3.00    2.00    1.00    2.00        0      9
2.00    3.00    1.00    2.00        1      10
1.00    1.00    1.00    2.00        1      11
3.00    3.00    2.00    2.00        2      1
1.00    2.00    1.00    1.00        2      2
END DATA.

* PROZEDUR
* --------.

SUBTITLE "Conjoint-Analyse für den Margarinemarkt".
CONJOINT plan = *
   /data    = "CONJOINT.SYS"
   /factors = Preis (LINEAR MORE) Verwend (DISCRETE)
              Geschmac (DISCRETE) Kalorien (LINEAR LESS)
   /subject = Person
   /rank    = Stim1 to Stim9 Hold1 Hold2
   /print   = all
   /utility = "UTIL.SYS".

SUBTITLE "Auflistung der Gesamtnutzenwerte".
get file "UTIL.SYS".
LIST.
```

Anwendungsempfehlungen 609

9.4 Anwendungsempfehlungen

9.4.1 Durchführung einer klassischen Conjoint-Analyse

Zusammenfassend lassen sich für den Einstieg in eine Conjoint-Analyse folgende Empfehlungen geben:

1. Eigenschaften und Eigenschaftsausprägungen:
   Die Zahl der Eigenschaften und Eigenschaftsausprägungen ist möglichst gering zu halten. Weiterhin ist darauf zu achten, daß es sich um voneinander unabhängige Eigenschaften handelt, die für die Untersuchung relevant sein müssen. Ebenso müssen die Eigenschaftsausprägungen bei der Produktgestaltung konkret umsetzbar sein.
2. Erhebungsdesign:
   Nach Möglichkeit sollten im Erhebungsdesign nicht mehr als maximal 20 fiktive Produkte enthalten sein. Wird diese Zahl im vollständigen Design überschritten, so sollte ein reduziertes Design unter Verwendung der Profilmethode erstellt werden.[23]
3. Bewertung der Stimuli:
   Die Befragungsmethode kann jeweils nur in Abhängigkeit von der konkreten Fragestellung festgelegt werden.
4. Schätzung der Nutzenwerte:
   Der Schätzung sollte ein additives Nutzenmodell zugrunde liegen. Bei schlechten STRESS-Werten, die eine mangelnde Anpassungsgüte signalisieren, kann über die Wahl einer veränderten Ausgangskonfiguration evtl. eine Verbesserung der Lösung erreicht werden.
5. Aggregation der Nutzenwerte:
   Die gemeinsame Conjoint-Analyse kann zu einer größeren Differenzierung der Teilnutzenwerte einzelner Eigenschaften und damit zu besser interpretierbaren Werten führen. Wenn die Anzahl der Daten nicht zu groß ist, ist die gemeinsame Conjoint-Analyse der Aggregation der Einzelanalysen vorzuziehen.
6. Segmentierung:
   Eine Aggregation (oder gemeinsame Analyse) über alle Personen ist nur bei hinreichender Homogenität der individuellen Teilnutzenwerte gerechtfertigt. Dies sollte mit Hilfe einer Clusteranalyse (vgl. Kapitel 8) überprüft werden. Bei ausgeprägter Heterogenität sind segmentspezifische Analysen durchzuführen.

---

[23] Vgl. Green, P.E., 1974, S. 61 ff.; Green, P.E./Caroll/Carmone (1978), S. 99 ff.; Addelman, S., 1962, S. 21 ff.

610   Conjoint-Measurement

9.4.2   Anwendung alternativer conjointanalytischer Verfahren

Die Conjoint-Analyse hat in jüngster Zeit weite Verbreitung in der empirischen Forschung gefunden. Entsprechend breit sind auch die existierenden Verfahrensvarianten der Conjoint-Analyse. Die nachfolgend differenzierten Ansätze (vgl. Abbildung 9.38) der Conjoint-Analyse unterscheiden sich vor allem im Hinblick auf die Erhebung der Präferenzurteile. Dabei ist jedoch zu beachten, daß innerhalb der jeweiligen Verfahren noch eine Vielzahl von Optionen zur Verfügung steht, wie z. B. Art der Erhebung, Wahl des Schätzalgorithmus, Art der verwendeten Skala, die entweder in einem oder aber auch in mehreren Verfahren Anwendung finden können.[24] Aufgrund ihrer in der Praxis und Literatur erlangten Bedeutung und der Verfügbarkeit entsprechender Softwareprodukte werden im folgenden aber nur die in Abbildung 9.38 grau hinterlegten conjointanalytischen Verfahren einer kurzen Betrachtung unterzogen:

Die *klassischen Untersuchungsansätze* der Trade-off- und der Profilmethode wurden bereits in Abschnitt 9.2.2 dieses Kapitels behandelt, so daß an dieser Stelle lediglich darauf hingewiesen werden soll, daß insbesondere die Profilmethode Gegenstand einer Reihe von Erweiterungen und Verbesserungen geworden ist. Zum einen wurde die traditionelle Teilnutzenwert-Modellierung um eine Mischung aus linearen und quadratischen Teilnutzen-Parametern erweitert.[25] Zum anderen wurde eine Verbesserung von Validität und Reliabilität durch "Constrained Attribute Levels", um die Monotonie innerhalb der Attribute sicherzustellen, sowie durch die Verwendung unterschiedlicher partialer Aggregationsmethoden erreicht.[26]

---

[24] Vgl. zu den nachfolgenden Ausführungen insb. Weiber, R./Rosendahl, T., 1997, S. 107 ff. sowie Voeth, M. 2000, S. 77 ff.

[25] Vgl. Pekelman, D./Sen, S.L., 1979, S. 801 ff.

[26] Vgl. Green, P.E./DeSarbo, W.-S., 1979, S. 33 ff.; Kamakura, W., 1988, S. 157 ff.; Srinivasan, V./Jain, A.K./Malhorta, N.K., 1983, S. 433 ff.

Abbildung 9.38: Alternative Untersuchungsansätze der Conjoint-Analyse
(in Anlehnung an: Carroll/Green (1995), S. 386.)

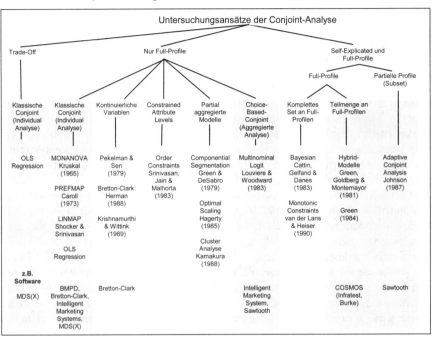

Die *Choice-Based-Conjoint-Analyse*, häufig auch als *Discrete-Choice-Analyse* bezeichnet, unterscheidet sich nicht nur bei der Bewertung der Stimuli von den vorher genannten Verfahren, sondern auch bezüglich ihrer theoretischen Grundlagen.[27] Im Gegensatz zu den zuvor erläuterten Untersuchungsansätzen werden im Rahmen der Choice-Based-Conjoint-Analyse von den Auskunftspersonen Präferenzurteile in Form von *Auswahlentscheidungen* verlangt. Die "Bewertung" der Stimuli erfolgt dabei durch einmalige oder wiederholte Auswahl eines Stimulus aus einem Alternativen-Set. Im Gegensatz zu allen anderen Methoden kann damit auch eine *Nichtwahl-Möglichkeit* im Alternativen-Set berücksichtigt werden. Theoretische Grundlage der Choice-Based-Conjoint-Analyse ist die Zufallsnutzentheorie.[28] Gemäß der Hypothese der Zufallsnutzenmaximierung wird diejenige Alternative ausgewählt, für die der Nutzen maximal ist. Dabei läßt sich der als Zufallsvariable zu verstehende Nutzen U einer Alternativen a durch eine deterministische und eine probabilistische Komponente beschreiben. Während der deterministische Term die Charakteristika einer Alternative widerspiegelt, werden die übrigen auf die Auswahlentscheidung wirkenden Einflußfaktoren durch den probabilistischen Term der Nutzenfunktion modelliert. Mit Hilfe eines multinominalen Logit-

---

[27] Vgl. Louviere, J.J./Woodworth, G., 1983, S. 352 ff.
[28] Vgl. McFadden, D., 1973, S. 105 ff.

612   Conjoint-Measurement

Modells lassen sich auf Basis der aggregierten Auswahlentscheidungen die relevanten Parameter berechnen.

Die Choice-Based-Conjoint-Analyse darf somit *nicht* als Individualanalyse bezeichnet werden, da aufgrund der geringen Anzahl von Auswahlentscheidungen je Proband keine Berechnung individueller Nutzenwerte möglich ist. Demgegenüber liegt der Vorteil dieses Ansatzes in dem Aspekt, "echte" Auswahlentscheidungen abbilden zu können, da die mit Hilfe der übrigen conjointanalytischen Untersuchungsansätze ermittelten Präferenzdaten zunächst keine Informationen über die tatsächlichen Auswahlentscheidungen enthalten. Bei ihnen sind weitere Annahmen über das Entscheidungsverhalten erforderlich. Einschränkend ist allenfalls zu vermerken, daß bei der Choice-Based-Conjoint-Analyse keine realen Wahlakte abgefragt werden, sondern diese durch die wiederholte Präsentation der Stimuli simulativ ermittelt werden, wodurch verzerrende Effekte bei der Datenerhebung nicht ausgeschlossen werden können.

Um umfangreich fraktionierte Conjoint-Designs auf mehrere Personen verteilen zu können, wird im Rahmen der *Hybrid-Conjoint-Analyse* die Verknüpfung eines Punktbewertungsmodells (Self-Explicated-Modell) mit einem Conjoint-Ansatz vorgenommen. Mit Hilfe des Punktbewertungsmodells werden zunächst die individuellen Wichtigkeiten aller relevanten Merkmale sowie die Erwünschtheit ihrer Merkmalsausprägungen individuell erfragt und die hier gewonnenen Beurteilungswerte zur Bildung von Personengruppen mit homogenen Beurteilungsstrukturen verwendet.[29] Darauf aufbauend wird das für eine Auskunftsperson zu große Master-Design in Teilblöcke zerlegt, und jedes der Gruppenmitglieder beurteilt nur noch *einen Teilblock*. Damit lassen sich zunächst Nutzenwerte auf Gruppenebene ermitteln. Zur Bestimmung der individuellen Nutzenwerte werden im Unterschied zur klassischen Conjoint-Analyse zusätzlich zu den empirischen Präferenzurteilen auch die Daten des Self-Explicated-Models herangezogen. Dadurch ergibt sich die für hybride Modelle typische Verknüpfung eines dekompositionellen mit einem kompositionellen Ansatz.[30] Allerdings ist zu beachten, daß im Gegensatz zur klassischen Conjoint-Analyse keine "rein" individuellen Nutzenfunktionen berechnet werden können, da die aus den Schätzergebnissen "quasi-individuell" hergeleiteten Teilnutzenbeträge immer noch von den Parametern des aggregierten Conjoint-Modells beeinflußt sind. Dies liegt darin begründet, daß die Schätzung der Funktionsparameter nur auf Gruppenniveau erfolgen kann, da die Bewertungen aller Stimuli des fraktionierten Designs in die Schätzung einzubeziehen sind und diese vollständig nur auf Gruppenebene vorliegen. Weiterhin ist zu beachten, daß bei praktischen Anwendungen eine ausreichend große Stichprobe an Auskunftspersonen verfügbar sein muß.

Auch die *Adaptive-Conjoint-Analyse* stellt ein hybrides Modell dar, da die ganzheitlich zu beurteilenden Alternativkonzepte (dekompositioneller Teil) aufgrund der vorher *individuell erfragten Relevanz* und *Wichtigkeit* der Merkmale und Merkmalsausprägungen (kompositioneller Teil) erzeugt werden. Allgemein umfaßt die Adaptive-Conjoint-Analyse folgende Ablaufschritte:

---

[29] Vgl. Green, P.E., 1984, S. 156 ff.

[30] Vgl. Green, P.E./Srinivasan, V., 1990, Heft 4, S. 9.

1. Bewertung der individuell relevanten Eigenschaftsausprägungen. In diesem Schritt können auch durch den Befragten völlig unakzeptable Ausprägungen eliminiert werden.
2. Bestimmung der Wichtigkeit jeder Eigenschaft anhand der zuvor festgelegten besten und schlechtesten Eigenschaftsausprägung.
3. Paarweise Präferenzbestimmung bei Teilprofilen mit maximal fünf Eigenschaften. Hierbei wird eine Annäherung von einfachen zu realistischeren Konzepten empfohlen, wobei sich Teilprofile mit drei Eigenschaften bewährt haben.
4. Präferenzbestimmung anhand kalibrierter Einzelkonzepte.
Abbildung 9.39 zeigt ein solches Einzelkonzept am Beispiel einer Telefonanlage.

Abbildung 9.39: Präferenzbestimmung durch kalibrierte Einzelkonzepte

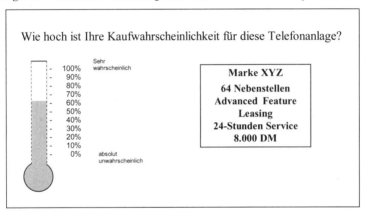

Der gesamte Befragungsablauf erfolgt dabei computergestützt und orientiert sich am Beurteilungsverhalten jeder einzelnen Auskunftsperson. Da bei der adaptiven Conjoint-Analyse tatsächlich spezifische Erhebungsdesigns für jede Auskunftsperson erstellt werden, kann hier von einer *echten Individualanalyse* gesprochen werden. Durch diesen zentralen Vorteil können Studien mit einer großen Anzahl von Eigenschaften (bis max. 30) und Eigenschaftsausprägungen (bis max. 9) durchgeführt werden.[31]

Abschließend seien hier durch die nachfolgende Abbildung Empfehlungen für den Einsatz der oben skizzierten Verfahrensvarianten der Conjoint-Analyse gegeben, wobei die Beurteilungskategorien nach Erhebungsart sowie Erhebungs-, Anwendungs- und Auswertungssituation unterschieden sind.

---

[31] Vgl. Schubert, B., 1995, Sp. 380.

614   Conjoint-Measurement

Abbildung 9.40:   Vergleichende Bewertung alternativer conjointanalytischer Untersuchungsansätze

Beurteilungskriterien	Klassische Ansätze	Choice-Based-CA	Hybrid-CA	Adaptive CA
Erhebungsart: persönlich, schriftlich	++	+	++	--
persönlich, computergestützt	∅	++	∅	++
postalisch, schriftlich	∅	∅	∅	--
postalisch, computergestützt	-	++	-	++
telefonisch	∅	(+)	-	+
Erhebungssituation: Große Merkmalsanzahl	--	--	++	++
Individualanalyse	++	--	+	++
individuelle Erhebungsprofile	-	-	--	++
Anwendungssituation: Auswahlentscheidungen	∅	++	∅	∅
Berücksichtigung der Simularität	-	++	-	-
Bestimmung von Marktreaktionen	∅	++	∅	∅
Marktsegmentierung	++	(∅)	-	(+)
Auswertungssituation: Inferenzstatistik	-	++	-	-

Legende:
Eignung: ++ = sehr gut   + = gut   φ = durchschnittlich   - = gering   -- = ungeeignet

Bezüglich der Auswertungssituation ist hier noch anzumerken, daß lediglich bei der Choice-Based-Conjoint-Analyse Inferenzstatistiken berechnet werden können, während die nicht-metrischen Verfahren nur Fitmaße bereitstellen können. Weiterhin ist darauf hinzuweisen, daß die in Abbildung 9.40 gemachten Empfehlungen nur Grundsatzaussagen darstellen können, die in der konkreten Anwendungssituation einer geeigneten Relativierung bedürfen und kritisch zu hinterfragen sind.[32]

---

[32] Vgl. Weiber, R./Rosendahl, T., 1997, S. 113 ff.

9.5 Mathematischer Anhang

Berechnung der Teilnutzenwerte durch Regressionsanalyse
Bei Durchführung einer Regression der p-Werte auf die Dummy-Variablen ist darauf zu achten, daß von den M_j Dummy-Variablen einer Eigenschaft j nur $(M_j - 1)$ Variablen linear unabhängig sind. Je Eigenschaft ist daher eine der Dummy-Variablen zu eliminieren, so daß insgesamt nur

$$Q = \sum_{j=1}^{J} M_j - K \qquad (B1)$$

Dummy-Variablen zu berücksichtigen sind. Im Beispiel ergibt sich $Q = 3$. Die der eliminierten Dummy-Variable zugehörige Merkmalsausprägung wird als Basisausprägung der betreffenden Eigenschaft betrachtet. Geschätzt werden sodann die Abweichungen von den jeweiligen Basisausprägungen. Wählt man jeweils die letzte Ausprägung einer Eigenschaft als Basisausprägung, so gelangt man zu folgender Datenmatrix:

Empirische Werte	Dummies			Geschätzte Werte
p_k	X_{A1}	X_{A2}	X_{B1}	y_k
2	1	0	1	1,6667
1	1	0	0	1,3333
3	0	1	1	3,6667
4	0	1	0	3,3333
6	0	0	1	5,6667
5	0	0	0	5,3333

Die zu schätzende Regressionsgleichung lautet allgemein:

$$y_k = a + \sum_{j=1}^{J} \sum_{m=1}^{M_j-1} b_{jm} \cdot x_{jm} \qquad (B2)$$

Für das Beispiel ergibt sich:

$$y_k = 5,3333 - 4,0 \cdot x_{A1} - 2,0 \cdot x_{A2} - 0,3333 \cdot x_{B1} \qquad (R^2 = 0,924)$$

Diese Gleichung liefert dieselben Gesamtnutzenwerte y_k, die man auch bei Anwendung der Varianzanalyse erhält. Die Teilnutzenwerte b_{jm} sind gegenüber den zuvor erhaltenen Werten β_{jm} andersartig skaliert. Die β_{jm} sind für jede Eigenschaft j um den Nullpunkt zentriert, und man erhält sie durch folgende Transformation:

$$\beta_{jm} = b_{jm} - \bar{b}_j \qquad (B3)$$

616   Conjoint-Measurement

Die Differenzen zwischen den Teilnutzenwerte für die Eigenschaft j sind dagegen identisch, wie sich leicht nachprüfen läßt. Damit liefern beide Verfahren auch gleiche Wichtigkeiten der Eigenschaften.

9.6 Literaturhinweise

Addelman, S. (1962): Orthogonal Main-Effect Plans for Factorial Experiments, in: Technometrics, S. 21 ff.

Carroll, D.J./Green, P.E. (1995): Psychometric Methods in Marketing Research: Part I, Conjoint Analysis, in: Journal of Marketing Research, Vol. 32, S. 385-391.

Green, P.E. (1984): Hybrid Models for Conjoint Analysis: An Expository Review, in: Journal of Marketing Research, Vol. 21, S 155-169.

Green, P.E./DeSarbo, W.S. (1979): Componential Segmentation in the Analysis of Consumer Tradeoffs, in: Journal of Marketing, Vol. 43, S. 33-41.

Green, P.E./Srinivasan, V. (1990): Conjoint Analysis in Marketing: New Developments with Implications for Research and Practice, in: Journal of Marketing, Vol. 54, H. 4, S. 3-19.

Green, P.E./Srinivasan, V. (1978): Conjoint Analysis in Consumer Research, in: The Journal of Consumer Research, Vol. 5, S 103-122.

Johnson, R.M. (1974): Trade-Off-Analysis of Consumer Values, in: Journal of Marketing Research, Vol. 11, S. 121ff.

Kamakura, W. (1988): A Least Squares Procedure for Benefit Segmentation with Conjoint Experiments, in: Journal of Marketing Research, Vol. 25, S. 157-167.

Kruskal, J.B. (1965): Analysis of factorial experiments by estimating a monotone transformation of data, in: Journal of Royal Statistical Society, Series B, S. 251-263.

Kruskal, J.B. (1964a): Multidimensional Scaling by Optimizing Goodnes of Fit to a Nonmetric Hypothesis, in: Psychometrika, Vol. 29, No. 1, S. 1-27.

Kruskal, J.B. (1964b): Nonmetric Multidimensional Scaling: A Numerical Method, in: Psychometrika, Vol. 29, No. 2, S. 115-129.

Kruskal, J.B./Carmone, F.J. (o.J.): Use and Theory of MONANOVA, a Program to Analysze Factorial Experiments by Estimation Monotone Transformations of the Data, Bell Telephone Laboratories, Murray Hill (N.J.).

Louviere, J.J./Woodworth, G. (1983): Design and Analysis of Simulated Consumer Choice or Allocation Experiments: An Approach Based on Aggregate Data, in: Journal of Marketing Research, Vol. 20, S. 350-367.

McFadden, D. (1973): Conditional logit analysis of qualitive choice behavior, in: Zarembka P. (Hrsg.), Frontiers in Economics, New York, S. 105-142.

Pekelman, D./Sen, S.L. (1979): Improving Prediction in Conjoint Analysis, in: Journal of the American Statistical Association, Vol. 75, S. 801-816.

Schirm, K. (1995): Die Glaubwürdigkeit von Produktvorankündigungen, Wiesbaden.

Schweikl, H. (1985): Computergestützte Präferenzanalyse mit individuell wichtigen Produktmerkmalen, Berlin.

Schubert, B. (1995): Conjoint-Analyse, in: Tietz B./Köhler, R./Zentes J. (Hrsg.): Handwörterbuch des Marketing, 2. Aufl., Stuttgart, Sp. 376-389.

Shocker, A.D./Srinivasan, V. (1979): Multiattribute Approaches for Product Concept Evaluation and Generation: A Critical Review, in: Journal of Marketing Research, Vol. 16, S. 159-180.

Srinivasan, V./Jain, A.K./Malhorta, N.K. (1983): Improving the Predictive Power of Conjoint Analysis by Constrained Parameter Estimation, in: Journal of Marketing Research, 20(1983), S. 433-438.

Teichert, T. (1999): Conjoint-Analyse, in: Herrmann A., Homburg C. (Hrsg.) Marktforschung, Wiesbaden, S. 471-511.

Thomas, L. (1983): Der Einfluß von Kindern auf die Produktpräferenzen ihrer Mütter, Berlin.

618   Conjoint-Measurement

Voeth, M. (2000): Nutzenmessung in der Kaufverhaltensforschung. Die Hierarchische Individualisierte Limit Conjoint-Analyse (HILCA), Wiesbaden.

Weiber, R./Billen, P. (2004): Das Markenspannen-Portfolio zur Bestimmung des Dehnungspotentials einer Dachmarke: Theoretische Analyse und empirische Belege, in: Boltz, D.-M./Leven, W. (Hrsg.): Effizienz in der Markenführung, Hamburg, S. 72-91.

Weiber, R./Rosendahl, T. (1997): Anwendungsprobleme der Conjoint-Analyse: Die Eignung conjointanalytischer Untersuchungsansätze zur Abbildung realer Entscheidungsprozesse, in: Marketing ZFP, 19 Jg., H. 2, S. 107-118.

Young, F.W. (1973): Conjoint Scaling, The L. L. Thurstone Psychometric Laboratory, University of North Carolina.

10 Multidimensionale Skalierung

10.1	Problemstellung	620
10.2	Aufbau und Ablauf einer MDS	627
10.2.1	Messung von Ähnlichkeiten	627
10.2.1.1	Die Methode der Rangreihung	627
10.2.1.2	Die Ankerpunktmethode	628
10.2.1.3	Das Ratingverfahren	629
10.2.1.4	Vergleich der Erhebungsverfahren	630
10.2.2	Wahl des Distanzmodells	630
10.2.2.1	Euklidische Metrik	630
10.2.2.2	City-Block-Metrik	632
10.2.2.3	Minkowski-Metrik	633
10.2.3	Ermittlung der Konfiguration	634
10.2.4	Zahl und Interpretation der Dimensionen	645
10.2.5	Aggregation von Personen	647
10.2.6	Fallbeispiel	648
10.3	Einbeziehung von Präferenzurteilen	653
10.3.1	Externe Präferenzanalyse	653
10.3.1.1	Messung von Präferenzen	654
10.3.1.2	Nutzenmodelle	654
10.3.1.3	Rechnerische Durchführung	658
10.3.1.4	Ablauf von PREFMAP	662
10.3.1.5	Fallbeispiel	664
10.3.2	Interne Präferenzanalyse	668
10.4	Einbeziehung von Eigenschaftsurteilen	668
10.5	Anwendungsempfehlungen	670
10.5.1	POLYCON-Kommandos	671
10.5.2	PREFMAP-Kommandos	674
10.5.3	Multidimensionale Skalierung mit SPSS	677
10.6	Literaturhinweise	684

10.1 Problemstellung

Für viele Bereiche der sozialwissenschaftlichen Forschung ist es von großer Bedeutung, die subjektive Wahrnehmung von Objekten durch Personen (z.B. Wahrnehmung von Produkten durch Konsumenten, von Politikern durch Wähler, von Universitäten durch Studenten) zu bestimmen. Man geht davon aus, daß Objekte eine Position im Wahrnehmungsraum einer Person haben. Der Wahrnehmungsraum einer Person ist in der Regel mehrdimensional, d.h. Objekte werden von Personen im Hinblick auf verschiedene Dimensionen beurteilt (z.B. ein Auto nach Komfort, Sportlichkeit, Prestige). Die Gesamtheit der Positionen der Objekte im Wahrnehmungsraum in ihrer relativen Lage zueinander wird Konfiguration genannt. Abbildung 10.1 zeigt beispielhaft eine Konfiguration verschiedener Automarken für eine Person.

Abbildung 10.1: Konfiguration von wahrgenommenen Automarken

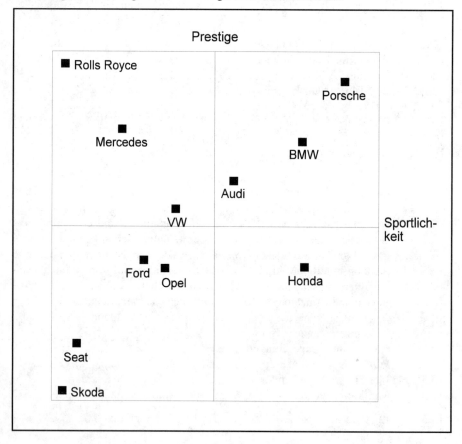

Um die Positionen von Objekten im Wahrnehmungsraum einer Person bestimmen zu können, stehen grundsätzlich zwei Wege zur Verfügung, nämlich auf Basis von:

- Eigenschaftsbeurteilungen der Objekte,
- Beurteilung der Ähnlichkeiten zwischen den Objekten.

Im ersten Fall ist eine Menge *relevanter Eigenschaften* festzulegen und die Auskunftsperson muß jedes Objekt bezüglich aller Eigenschaften beurteilen (z.B. durch Einstufung auf einer Ratingskala). Mittels Methoden der *Faktorenanalyse* ist es sodann möglich, die Dimensionen abzuleiten und die Objekte zu positionieren (vgl. Kapitel 5). Die Zahl der Dimensionen ist i.d.R. sehr viel kleiner als die Zahl der relevanten Eigenschaften. In Ausnahmefällen (z.B. in Expertenbefragungen) ist es auch möglich, die Dimensionen selbst vorzugeben und die Objekte hinsichtlich dieser Dimensionen beurteilen zu lassen.

Im zweiten Fall muß die Auskunftsperson lediglich die subjektiv empfundene Ähnlichkeit oder Unähnlichkeit zwischen den Objekten einschätzen. Aus diesen Ähnlichkeitsurteilen läßt sich mit Methoden der *Multidimensionalen Skalierung* (MDS) die Konfiguration der Objekte im Wahrnehmungsraum der Person ableiten.

Als *Vorteile der MDS* gegenüber Verfahren, die sich auf Eigenschaftsbeurteilungen stützen, sind zu nennen:

- Die relevanten Eigenschaften können unbekannt sein.
- Es erfolgt keine Beeinflussung des Ergebnisses durch die Auswahl der Eigenschaften und deren Verbalisierung.

Nachteilig ist, daß die Ergebnisse einer MDS schwieriger zu interpretieren sind, da der Bezug zwischen den gefundenen Dimensionen des Wahrnehmungsraumes und den empirisch erhobenen Eigenschaften der Objekte nicht besteht, wie es bei der Faktorenanalyse der Fall ist. Dadurch wird auch die konkrete Umsetzung von Positionierungsstrategien (wie sie im Marketing üblich sind) erschwert. Durch Anwendung ergänzender Methoden, auf die wir noch eingehen werden, ist es aber möglich, diese Nachteile zu beheben.

Das methodische Konzept der MDS läßt sich sehr gut anhand eines Beispiels verdeutlichen, in dem der Leser das Ergebnis der Analyse schon kennt. Man will die Skizze einer Landkarte erstellen, die die Lage von zehn Städten abbildet, d.h. man sucht die Konfiguration von 10 Städten. Die verfügbaren Informationen seien lediglich die Entfernungsangaben in einer Kilometertabelle, wie sie in jedem Autoatlas zu finden sind. Eine solche Tabelle gibt nicht die geographische Lage der Städte an, sondern lediglich die *paarweisen Distanzen*. Abbildung 10.2 zeigt die paarweisen Distanzen von zehn Städten.

622   Multidimensionale Skalierung

Abbildung 10.2:   Entfernungen zwischen 10 Städten in Kilometern

	Basel	Berlin	Frankfurt	Hamburg	Hannover	Kassel	Köln	München	Nürnberg	Stuttgart
Basel	---									
Berlin	874	---								
Frankfurt	337	555	---							
Hamburg	820	294	495	---						
Hannover	677	282	352	154	---					
Kassel	517	378	193	307	164	---				
Köln	496	569	189	422	287	243	---			
München	438	584	400	782	639	482	578	---		
Nürnberg	437	437	228	609	466	309	405	167	---	
Stuttgart	268	634	217	668	526	366	376	220	207	---

Abbildung 10.3:   Rangwerte der Entfernungen (1: geringste Entfernung)

	Basel	Berlin	Frankfurt	Hamburg	Hannover	Kassel	Köln	München	Nürnberg	Stuttgart
Basel	---									
Berlin	45	---								
Frankfurt	17	34	---							
Hamburg	44	14	30	---						
Hannover	42	12	18	1	---					
Kassel	32	21	5	15	2	---				
Köln	31	35	4	24	13	10	---			
München	27	37	22	43	40	29	36	---		
Nürnberg	25	25	9	38	28	16	23	3	---	
Stuttgart	11	39	7	41	33	19	20	8	6	---

Mit Hilfe der MDS soll nun das Problem gelöst werden, aus den vorhandenen paarweisen Distanzen die *relative Lage* aller Orte zueinander, d.h. die Konfiguration der zehn Städte zu ermitteln. Dies wird in Abbildung 10.4 zunächst für die ersten drei Werte aus Abbildung 10.2 (874, 337, 555) gezeigt. Die größte Distanz liegt zwischen den Städten Basel und Berlin, die willkürlich als Ausgangspunkte der Lösung gewählt werden. Die Position der dritten Stadt, Frankfurt, liegt 337 km von Basel entfernt (gezeichnet als Radius um Basel) und 555 km von Berlin (Radius um Berlin). Man erhält bei zweidimensionaler Darstellung und verkleinertem Maßstab die Konfiguration in Abbildung 10.4.

Es ergeben sich zwei mögliche Konfigurationen mit alternativen Lagen des dritten Ortes (Berlin-Frankfurt-Basel und Berlin-Frankfurt-Basel). Für den Aussagegehalt der MDS ist es nicht von Belang, welche der beiden Lösungen gewählt wird, da die beiden Lösungen spiegelbildlich identisch sind.

Abbildung 10.4: Positionierung von drei Städten

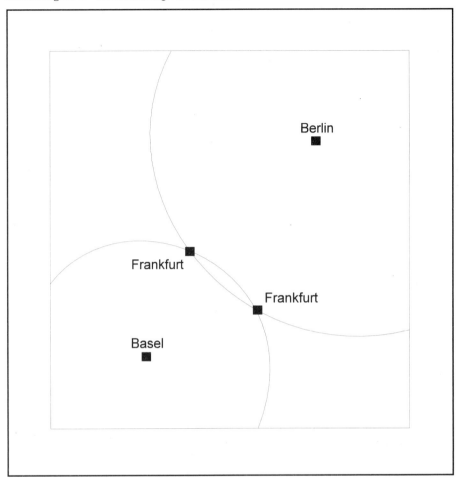

Bei der MDS geht es vielmehr nur darum, die relative Position der Objekte zueinander adäquat abzubilden: Diese Konfiguration ist unabhängig von Spiegelung und Drehung (Rotation).

Abbildung 10.5 zeigt die Konfiguration, die aus den paarweisen Distanzen aller zehn Städte abgeleitet wurde.

Das Bild mag zunächst verwirren. Jedoch durch bloße Rotation der Konfiguration und Spiegelung an der Nord-Süd-Achse erhält man die Darstellung in Abbildung 10.6. Kleine Ungenauigkeiten ergeben sich daraus, daß die verwendeten Distanzen nicht die Luftlinie, sondern die Straßenentfernung betreffen.

Abbildung 10.5: Durch MDS gewonnene Konfiguration von 10 Städten (vor Rotation und Spiegelung)

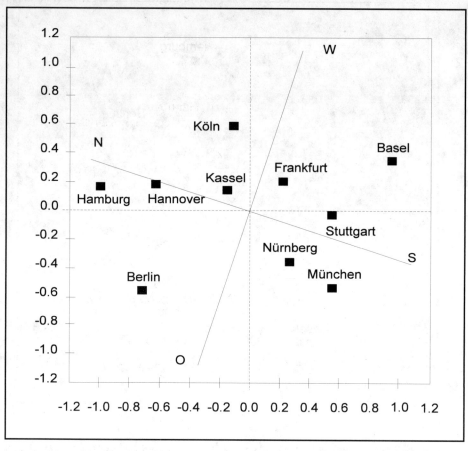

Das Beispiel macht deutlich, daß die Interpretation des Ergebnisses der MDS ein schwieriges Problem sein kann, das aufgrund von Sachkenntnis des untersuchten Problems gelöst werden muß. Neben der Interpretation der Dimensionen tritt bei empirischen Untersuchungen i.d.R. die Frage nach der Zahl der Dimensionen auf. Während in dem geographischen Beispiel die Zahl der Dimensionen von vornherein feststand, ist bei Konfigurationen in einem subjektiven Wahrnehmungsraum die Zahl der Dimensionen unbekannt und muß durch den Forscher bestimmt werden.

Zur Ableitung einer Konfiguration benötigt die MDS nicht unbedingt metrische Distanzangaben, sondern Rangwerte der Distanzen sind bereits ausreichend. Abbildung 10.3 zeigt die Rangwerte der Distanzen zwischen den 10 Städten, wobei hier 1 die niedrigste Distanz angibt. Die *nichtmetrische MDS*, mit der wir uns

Abbildung 10.6: Konfiguration der Städte nach Rotation und Spiegelung

hier befassen, liefert auf Basis dieser Rangwerte dasselbe Ergebnis wie auf Basis der Distanzen.[1] Auch eine beliebige monotone Transformation der Rangwerte (z.B. der Quadrierung oder Logarithmierung) würde am Ergebnis nichts ändern. Entscheidend ist lediglich, daß die Reihenfolge der Distanzen erhalten bleibt. Dies ist von erheblicher Bedeutung für die Wahrnehmungsmessung.

---

[1] Mit MDS werden wir im folgenden immer die nichtmetrische Multidimensionale Skalierung meinen. Dabei bezieht sich "nichtmetrisch" nur auf die Input-Daten, während die Ergebnisse immer metrisch sind. Die nichtmetrische MDS besitzt größere Bedeutung als die metrische MDS, da häufig nur Rangdaten vorliegen. Überdies können auch metrische Daten mit nichtmetrischer MDS verarbeitet werden, wie im Städtebeispiel gezeigt wurde.
Die metrische MDS beinhaltet eine Faktorenanalyse der Distanzen. In nichtmetrischen MDS-Programmen wird sie meist herangezogen, um eine Ausgangslösung zu finden, die anschließend mit nichtmetrischen Verfahren verbessert wird.

626   Multidimensionale Skalierung

Die Aufgabe der MDS ist es nicht, bekannte Positionen von Objekten zu rekonstruieren, sondern unbekannte Positionen aufzufinden, insbesondere die Positionen von Objekten im psychologischen Wahrnehmungsraum von Personen. Dies ist möglich, wenn man die Distanzen der Objekte im Wahrnehmungsraum als Ähnlichkeiten oder, genauer gesagt, als Unähnlichkeiten interpretiert. Je dichter zwei Objekte im Wahrnehmungsraum beieinander liegen, desto ähnlicher werden sie empfunden, und je weiter sie voneinander entfernt liegen, desto unähnlicher werden sie empfunden. So werden in Abbildung 10.1 die Produkte "Opel" und "Ford" als relativ ähnlich, die Marken "VW" und "Rolls-Royce" als sehr unähnlich empfunden. Ziel der MDS ist es also letztlich, die subjektive Wahrnehmung von Objekten (Meinungsgegenständen) räumlich abzubilden. Erforderlich ist dazu lediglich, daß die Rangfolge der Ähnlichkeiten bekannt ist. Sie muß durch Befragung von Personen ermittelt werden.

Abbildung 10.7:   Ablauf einer MDS-Analyse

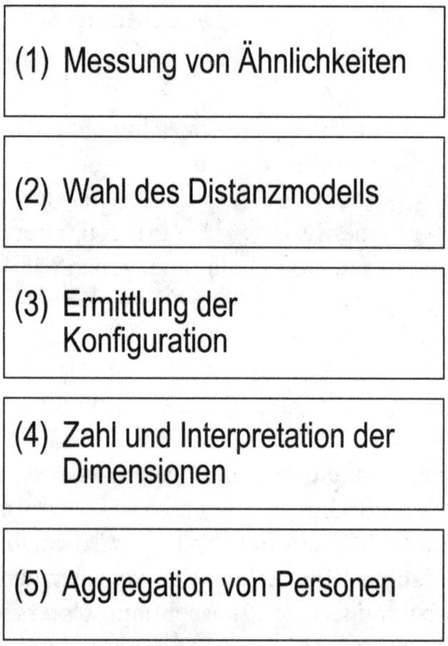

> (1) Messung von Ähnlichkeiten

> (2) Wahl des Distanzmodells

> (3) Ermittlung der
>   Konfiguration

> (4) Zahl und Interpretation der
>   Dimensionen

> (5) Aggregation von Personen

Die Schritte einer MDS sind in Abbildung 10.7 zusammengefaßt. Sie werden nachfolgend im einzelnen dargestellt.

10.2 Aufbau und Ablauf einer MDS

10.2.1 Messung von Ähnlichkeiten

(1) **Messung von Ähnlichkeiten**

(2) Wahl des Distanzmodells

(3) Ermittlung der Konfiguration

(4) Zahl und Interpretation der Dimensionen

(5) Aggregation von Personen

Für die Durchführung einer MDS muß zunächst die subjektive Wahrnehmung der Ähnlichkeit von Objekten (z.B. Marken einer Produktklasse) gemessen werden. Dazu sind *Ähnlichkeitsurteile* von Personen (z.B. potentielle Käufer einer Produktklasse) zu erfragen. Ähnlichkeitsurteile beziehen sich nicht isoliert auf einzelne Objekte, sondern immer auf *Paare von Objekten*.

In der Literatur werden zahlreiche Methoden zur Erhebung von Ähnlichkeitsurteilen dargestellt[2]. Im folgenden werden die drei wichtigsten beschrieben.

10.2.1.1 Die Methode der Rangreihung

Das klassische Verfahren zur Erhebung von Ähnlichkeitsurteilen ist die Methode der Rangreihung. Dabei wird eine Auskunftsperson veranlaßt, die Objektpaare nach ihrer empfundenen Ähnlichkeit zu ordnen, d.h. sie nach aufsteigender oder abfallender Ähnlichkeit in eine Rangfolge zu bringen. Hierzu werden ihr Kärtchen vorgelegt, auf denen jeweils ein Objektpaar angegeben ist.

Bei K Objekten ergeben sich $K(K-1)/2$ Paare (Kärtchen), die zu ordnen sind. Die Zahl der Paare nimmt also überproportional mit der Zahl der Objekte zu. Um bei größerer Anzahl von Objekten die Aufgabe zu erleichtern, läßt man daher die Auskunftsperson zunächst zwei Gruppen bilden: "ähnliche Paare" und "unähnliche Paare", welche im zweiten Schritt jeweils wieder in zwei Untergruppen wie "ähnlichere Paare" und "weniger ähnliche Paare" geteilt werden usw., bis letztlich eine vollständige Rangordnung vorliegt.

Für die Anwendung von MDS-Algorithmen sind die Objektpaare entsprechend ihrer Reihenfolge mit Zahlen (Rangwerten) zu versehen. Dies muß nicht die Auskunftsperson selbst tun, sondern kann auch von Untersuchenden übernommen werden. Bei K = 10 Objekten ergeben sich 45 Paare, denen die Ränge 1 bis 45 zuzuordnen sind. Dies kann alternativ so erfolgen, daß man Ähnlichkeits- oder Unähnlichkeitsdaten (similarities and dissimilarities) erhält:

Ähnlichkeitsdaten:	1 =	unähnlichstes Paar
	45 =	ähnlichstes Paar
Unähnlichkeitsdaten:	1 =	ähnlichstes Paar
	45 =	unähnlichstes Paar

---

[2] Vgl. z. B. Green, P.E./Carmone, F./Smith, S.M., 1989, S. 56 ff.; Torgerson, W.S., 1958, S. 262 ff.; Sixtl, F., 1967, S. 316 ff.

628   Multidimensionale Skalierung

Üblich ist die zweite Alternative, d.h. *mit Rangdaten sind üblicherweise Unähn-lichkeitsdaten* gemeint, wie es auch in Abbildung 10.3 der Fall ist. Bei der Auswertung mit Computer-Programmen sind prinzipiell beide Alternativen zulässig; es muß nur dem Programm korrekt mitgeteilt werden, wie die Daten kodiert wurden, da man andernfalls unsinnige Ergebnisse erhält. Wie in Abbildung 10.3 sind die Rangdaten in einer Dreiecksmatrix zusammenzufassen.

10.2.1.2   Die Ankerpunktmethode

Bei der Ankerpunktmethode dient jedes Objekt genau einmal als Vergleichsobjekt, d.h. als Ankerpunkt für alle restlichen Objekte, um diese gemäß ihrer Ähnlichkeit zum Ankerpunkt in eine Rangfolge zu bringen. Zur näheren Erläuterung soll ein Beispiel herangezogen werden, bei dem elf Margarine- und Buttermarken betrachtet werden (Abbildung 10.8). Die Marke "Becel" bildet den ersten Ankerpunkt; die restlichen zehn Marken sind nach dem Grad der Ähnlichkeit zur Marke "Becel" mit einem Rangwert zu versehen, wobei eine fortlaufende Rangordnung zu bilden ist (Rang 1 beschreibt dabei die größte Ähnlichkeit, Rang 10 die geringste).

Entsprechend werden die anderen zehn Marken als Ankerpunkt vorgegeben. Für K Marken erhält man insgesamt K(K-1) Paarvergleiche oder Rangwerte. Während bei der Methode der Rangreihung die Person eine Rangordnung über 55 Paare erstellen muß, ist hier das Problem der Rangreihung in eine Reihe von Teilaufgaben zerlegt. Für jede der elf Marken sind 10 Ähnlichkeitsvergleiche durchzuführen und in eine Rangordnung zu bringen, in unserem Beispiel mit 11 Marken also 110 Werte. Diese Rangwerte lassen sich in einer quadratischen Datenmatrix zusammenfassen (vgl. Abbildung 10.9).

Abbildung 10.8:   Datenerhebung mittels Ankerpunktmethode (Beispiel)

1. Ankerpunkt: Becel		
Marke		Rangwert
2	Du darfst	1
3	Rama	7
4	Delicado Sahnebutter	10
5	Holländische Markenbutter	8
6	Weihnachtsbutter	9
7	Homa	3
8	Flora Soft	2
9	SB	4
10	Sanella	6
11	Botteram	5

Abbildung 10.9: Matrix der Ähnlichkeitsdaten (Ankerpunktmethode)

Anker- punkt	\multicolumn{11}{c}{Marke}
	1	2	3	4	5	6	7	8	9	10	11
1	-	1	7	10	8	9	3	2	4	6	5
2	1	-	9	7	2	8	3	5	4	6	10
3	10	9	-	8	7	6	3	5	4	2	1
4	7	6	8	-	1	2	4	9	10	5	3
5	10	9	8	1	-	2	7	3	5	6	4
6	10	9	3	1	2	-	8	7	5	6	4
7	8	7	2	5	6	10	-	3	4	1	9
8	8	9	4	10	5	6	2	-	3	7	1
9	9	8	3	10	7	6	4	5	-	1	2
10	9	10	1	8	6	7	2	5	3	-	4
11	9	10	1	5	8	6	7	2	3	4	-

Die Datenmatrix, die man mit Hilfe der Ankerpunktmethode erhält, ist i.d.R. a-symmetrisch, d.h. beim Vergleich einer Marke A mit Ankerpunkt B kann sich ein anderer Rang ergeben als beim Vergleich von Marke B mit Ankerpunkt A. Es handelt sich also um bedingte (konditionale) Daten, für welche die Werte in der Matrix nur zeilenweise für jeweils einen Ankerpunkt vergleichbar sind, so daß alle rechnerischen Transformationen streng getrennt für jede Zeile der Datenmatrix durchzuführen sind. Mittels geeigneter Verfahren ist es möglich, die asymmetrische Matrix in eine Dreiecksmatrix zu überführen, wie man sie bei der Rangreihung erhält[3]. Manche MDS-Programme (wie POLYCON oder ALSCAL) gestatten aber auch die direkte Eingabe von Ankerpunkt-Daten.

10.2.1.3 Das Ratingverfahren

Eine dritte Möglichkeit zur Gewinnung von Un/Ähnlichkeitsdaten bildet die Anwendung von *Ratingverfahren*. Dabei werden die Objektpaare jeweils einzeln auf einer Ähnlichkeits- oder Unähnlichkeitsskala eingestuft, z.B.:

Die Marken "Becel" und "Du darfst" sind

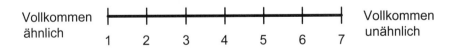

---

[3] Vgl. Carmone, F.J./Green, P.E./Robinson, P.J., 1968, S. 219ff. Mittels des Verfahrens der Triangularisation kann man die asymmetrische Datenmatrix in eine symmetrische Matrix umformen.

630   Multidimensionale Skalierung

Die Person soll jeweils den ihrer Meinung nach zutreffenden Punkt auf der Skala ankreuzen. Üblich sind 7- oder 9-stufige Skalen.

Da Ähnlichkeit und Unähnlichkeit (wie auch Nähe und Distanz) symmetrische Konstrukte sind, d.h. die Ähnlichkeit zwischen A und B ist gleich der Ähnlichkeit zwischen B und A, wird jedes Paar nur einmal beurteilt. Insgesamt sind so für K Marken $K(K-1)/2$ Paare zu beurteilen. In unserem Beispiel mit elf Marken sind 55 Urteile (Ratings) abzugeben. Man erhält damit halb so viele Werte wie bei der Ankerpunktmethode und ebenso viele Werte wie bei der Rangreihung, die sich wiederum in einer Dreiecksmatrix zusammenfassen lassen.

Das Ratingverfahren läßt sich von den Auskunftspersonen am schnellsten durchführen, da jedes Objektpaar isoliert beurteilt wird und nicht mit den anderen Paaren verglichen werden muß. Bei großer Anzahl von Objekten bzw. geringer Belastbarkeit der Auskunftspersonen ist es daher vorzuziehen. Es liefert aber auch die ungenauesten Daten, da zwangsläufig, wenn z.B. 55 Paare auf einer 7-stufigen Ratingskala beurteilt werden, verschiedene Paare gleiche Ähnlichkeitswerte (Ties) erhalten. Je größer die Zahl der Objekte und je geringer die Stufigkeit der Ratingskala, desto mehr derartiger Ties treten auf.

10.2.1.4 Vergleich der Erhebungsverfahren

Das Problem der Ties tritt hauptsächlich bei der Ankerpunktmethode und bei der Anwendung von Ratingverfahren auf. Die Stabilität der Lösung wird dadurch verringert. Um dem Problem zu begegnen, werden die Ähnlichkeitsdaten gewöhnlich über die Personen (oder Gruppen von Personen) aggregiert, z.B. durch Bildung von Medianen oder Mittelwerten. Für individuelle Analysen ist daher die Methode der Rangreihung besser geeignet, da sie detailliertere Daten liefert. Für aggregierte Analysen dagegen sind Ankerpunktmethode und Ratingverfahren von Vorteil, da sie die Datenerhebung erleichtern.

10.2.2 Wahl des Distanzmodells

(1) Messung von Ähnlichkeiten

(2) Wahl des Distanzmodells

(3) Ermittlung der Konfiguration

(4) Zahl und Interpretation der Dimensionen

(5) Aggregation von Personen

Die Abbildung von Objekten in einem psychologischen Wahrnehmungsraum bedeutet die Darstellung von Ähnlichkeiten in Form von Distanzen, d.h. ähnliche Objekte liegen dicht beieinander (geringe Distanzen), unähnliche Objekte liegen weit auseinander (große Distanzen). Folglich ist es für die Durchführung der MDS von Bedeutung, ein Distanzmaß zu bestimmen. Dafür stehen dem Forscher verschiedene Ansätze zur Verfügung.

10.2.2.1 Euklidische Metrik

Bei der Euklidischen Metrik wird die Distanz zweier Punkte nach ihrer kürzesten Entfernung zueinander ("Luftweg") beschrieben.

Euklidische Metrik

$$d_{kl} = \left[\sum_{r=1}^{R} (x_{kr} - x_{lr})^2\right]^{\frac{1}{2}} \tag{1}$$

mit

d_{kl} : Distanz der Punkte k, l
x_{kr}, x_{lr} : Koordinaten der Punkte k, l auf der r-ten Dimension
(r = 1,2,...R)

Ein Beispiel soll die Berechnung verdeutlichen (vgl. Abbildung 10.10).

Abbildung 10.10: Euklidische Distanz

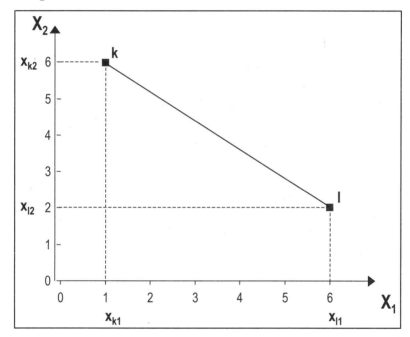

Die Distanz der Punkte k mit den Koordinaten (1,6) und l mit den Koordinaten (6,2) beträgt:

$$d_{kl} = \sqrt{(1-6)^2 + (6-2)^2} = \sqrt{25+16} = 6,4$$

10.2.2.2 City-Block-Metrik

Bei der City-Block-Metrik wird die Distanz zweier Punkte als Summe der absoluten Abstände zwischen den Punkten ermittelt.

City-Block-Metrik

$$d_{kl} = \sum_{r=1}^{R} |x_{kr} - x_{lr}| \qquad (2)$$

mit

d_{kl} : Distanz der Punkte k, l
x_{kr}, x_{lr} : Koordinaten der Punkte k, l auf der r-ten Dimension
(r=1,2,...R)

Die Idee der City-Block-Metrik läßt sich vergleichen mit einer nach dem Schachbrettmuster aufgebauten Stadt (z.B. Manhattan), in der die Entfernung zwischen zwei Punkten durch das Abschreiten rechtwinkliger Blöcke gemessen wird. Ein Beispiel verdeutlicht dies für die Entfernung zwischen den Punkten k und l (Abbildung 10.11).

Abbildung 10.11: City-Block-Distanz

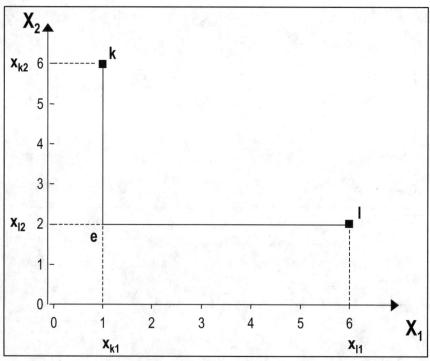

Aufbau und Ablauf einer MDS   633

Die Distanz der Punkte k mit den Koordinaten (1,6) und l mit den Koordinaten (6,2) beträgt hier:

$$\text{Strecke von k nach e:} \quad d_{ke} = |6 - 2| = 4$$

$$+ \quad \text{Strecke von e nach l:} \quad d_{el} = |1 - 6| = 5$$

$$= \quad \text{Strecke von k nach l:} \quad d_{kl} = |4 + 5| = 9$$

was man auch durch Einsetzen der Werte in Formel (2) erhält.

10.2.2.3 Minkowski-Metrik

Eine Verallgemeinerung der beiden obigen Metriken bildet die Minkowski-Metrik. Für zwei Punkte k, l wird die Distanz als Differenz der Koordinatenwerte über alle Dimensionen berechnet. Diese Differenzen werden mit einem konstanten Faktor c potenziert und anschließend summiert. Durch Potenzierung der Gesamtsumme mit dem Faktor 1/c erhält man die gesuchte Distanz d_{kl}:

Minkowski-Metrik

$$d_{kl} = \left[\sum_{r=1}^{R} |x_{kr} - x_{lr}|^c \right]^{1/c} \tag{3}$$

mit

d_k : Distanz der Punkte k und l

x_{kr}, x_{lr} : Koordinaten der Punkte k, l auf der r-ten Dimension (r=1,2,...R)

$c \geq 1$: Minkowski-Konstante

Für c=1 ergibt sich die City-Block-Metrik und für c=2 die Euklidische Metrik.

10.2.3 Ermittlung der Konfiguration

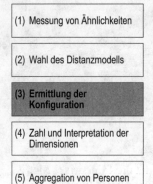

Das Verfahren der MDS läßt sich wie folgt umreißen: Aus vorgegebenen Ähnlichkeiten bzw. Unähnlichkeiten u_{kl} (für Objekte k und l) ist in einem Raum mit möglichst geringer Dimensionalität eine Konfiguration zu ermitteln, deren Distanzen d_{kl} möglichst gut die folgende *Monotoniebedingung* erfüllen sollten:

$$\text{Wenn } u_{kl} > u_{ij}, \text{ dann } d_{kl} > d_{ij} \qquad (4)$$

In der gesuchten Konfiguration sollte also die Rangfolge der Distanzen zwischen den Objekten *möglichst gut* die Rangfolge der vorgegebenen Unähnlichkeiten wiedergeben. Eine perfekte Erfüllung der Monotoniebedingung ist i.d.R. nicht möglich (und sollte auch, wie unten noch erläutert wird, nicht möglich sein).

Um die Konfiguration zu finden, geht man iterativ vor. Man startet mit einer Ausgangskonfiguration und versucht, diese schrittweise zu verbessern. Wir betrachten dazu ein kleines Beispiel mit 4 Objekten, für die in Abbildung 10.12 die Matrix der Unähnlichkeiten u_{kl} wiedergegeben ist. Je größer der Wert u_{kl} ist, desto unähnlicher werden die Objekte k und l wahrgenommen und desto weiter sollen sie in der gesuchten Konfiguration voneinander entfernt liegen.

Abbildung 10.12: Unähnlichkeitsdaten u_{kl}

k		1 Rama	2 Homa	3 Becel	4 Butter
1	Rama	-			
2	Homa	3	-		
3	Becel	2	1	-	
4	Butter	5	4	6	-

Für den Wahrnehmungsraum legen wir fest, daß er zwei Dimensionen habe und die Euklidische Metrik zugrunde liege.

Als Startkonfiguration für das Beispiel seien beliebige Koordinatenwerte vorgegeben (vgl. Abbildung 10.13). Die entsprechende Konfiguration ist in Abbildung 10.14 dargestellt. Wie man sieht, besteht keine Übereinstimmung zwischen der Rangfolge der Distanzen und der Rangfolge der Unähnlichkeiten. So ist z.B. die Unähnlichkeit u_{23} zwischen den Objekten 2 und 3 am geringsten, während in Abbildung 10.14 die Distanz d_{13} zwischen den Objekten 1 und 3 am geringsten ist.

Abbildung 10.13: Koordinaten der Startkonfiguration

Objekt k	Koordinaten	
	x_{k1}	x_{k2}
1 (Rama)	3	2
2 (Homa)	2	7
3 (Becel)	1	3
4 (Butter)	10	4

Abbildung 10.14: Startkonfiguration für das Handbeispiel

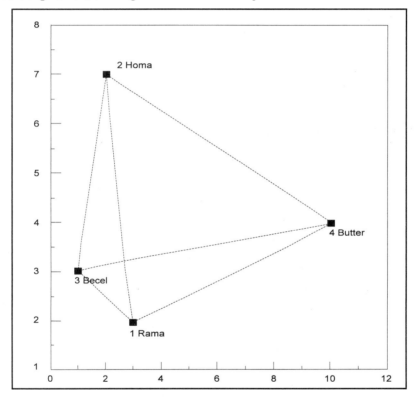

636   Multidimensionale Skalierung

In Abbildung 10.15 werden die Distanzen d_{kl} berechnet. In Klammern sind jeweils die Rangzahlen der ermittelten Distanzen angegeben (vorletzte Spalte). Diesen sind die Unähnlichkeitsdaten u_{kl} gegenübergestellt (letzte Spalte). Wie man sieht, stimmen die beiden Rangreihen nur für das erste Paar (1,2) und das letzte Paar (3,4) überein.

Abbildung 10.15: Berechnung der euklidischen Distanzen d_{kl}

Punkte k,l	$\left\lvert x_{k1} - x_{l1} \right\rvert$	$\left\lvert x_{k2} - x_{l2} \right\rvert$	$\sum_r \left\lvert x_{kr} - x_{lr} \right\rvert^2$	d_{kl}		u_{kl}
1, 2	| 3-2 | = 1	| 2-7 | = 5	1+25 = 26	5,1	(3)	3
1, 3	| 3-1 | = 2	| 2-3 | = 1	4 + 1 = 5	2,2	(1)	2
1, 4	|3-10| = 7	| 2-4 | = 2	49+ 4 = 53	7,3	(4)	5
2, 3	| 2-1 | = 1	| 7-3 | = 4	1+16 = 17	4,1	(2)	1
2, 4	|2-10| = 8	| 7-4 | = 3	64+ 9 = 73	8,5	(5)	4
3, 4	|1-10| = 9	| 3-4 | = 1	81+ 1 = 82	9,1	(6)	6

Um die Güte der Übereinstimmung zwischen den Distanzen in der Konfiguration und den wahrgenommenen Unähnlichkeiten zu veranschaulichen, sind in Abbildung 10.16 die Unähnlichkeiten auf der Abszisse, und die Distanzen auf der Ordinate abgetragen. Diese Darstellung wird auch als *Shepard-Diagramm* bezeichnet.

Wenn die Rangfolge der Distanzen der Rangfolge der Unähnlichkeiten entspricht, entsteht durch Verbindung der Punkte ein monoton steigender Verlauf. Das ist in Abbildung 10.16 nicht der Fall. Wie schon aus Abbildung 10.15 ersichtlich, ist die Monotoniebedingung nur für die Objektpaare (1,2) und (3,4) erfüllt. Eine Verbesserung läßt sich möglicherweise durch eine Veränderung der Ausgangskonfiguration erreichen.

Abbildung 10.16: Beziehung zwischen Unähnlichkeiten und Distanzen (Shepard-Diagramm)

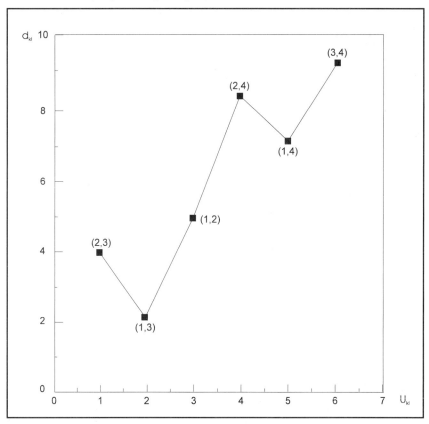

Neben den Unähnlichkeiten u_{kl} und den Distanzen d_{kl} wird im Rahmen der MDS noch eine dritte Gruppe von Größen, die sog. *Disparitäten* $\hat{d}_{kl}$, eingeführt. Es handelt sich dabei um Zahlen, die von den Distanzen möglichst wenig abweichen sollen (im Sinne des Kleinstquadratekriteriums) und die die folgende Bedingung erfüllen müssen:

Wenn $u_{kl} > u_{ij}$, dann $\hat{d}_{kl} \geq \hat{d}_{ij}$

Die Disparitäten bilden also schwach monotone Transformationen der Unähnlichkeiten. Ein rechnerischer Weg zur Ermittlung der Disparitäten ist die Mittelwertbildung zwischen den Distanzen der nichtmonotonen Objektpaare. Im Beispiel für die Objektpaare 1,3 und 2,3 ergibt sich:

$$\hat{d}_{1,3} = \hat{d}_{2,3} = \frac{d_{1,3} + d_{2,3}}{2} = \frac{2{,}2 + 4{,}1}{2} = 3{,}15$$

Trägt man die Disparitäten im Shepard-Diagramm über den Unähnlichkeiten ab und verbindet die entsprechenden Punkte, so erhält man den in Abbildung 10.17 darstellten monotonen Funktionsverlauf.

Aus Abbildung 10.17 kann man erkennen, daß sich die angestrebte Monotonie dadurch herstellen läßt, daß man für die abweichenden Objektpaare (1,3), (2,3), (1,4) und (2,4) die Distanzen verändert. Zum Beispiel könnte das Objekt 3 in der Konfiguration so verschoben werden, daß die Distanz zum Objekt 2 kleiner wird und gleichzeitig zum Objekt 1 vergrößert wird. Dabei muß jedoch beachtet werden, daß von dieser Verschiebung auch die Distanz zwischen Objekt 3 und 4 betroffen ist.

Abbildung 10.17: Beziehung zwischen Unähnlichkeiten und Disparitäten (Shepard-Diagramm)

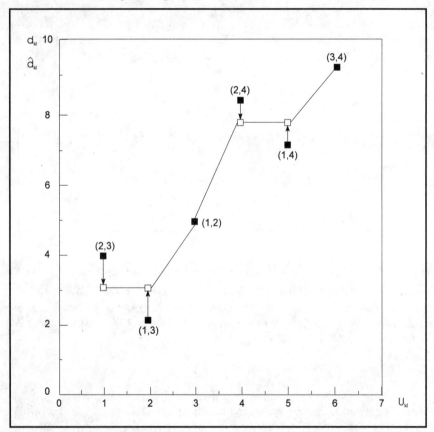

Zur Lösung dieses Problems wurde erstmals von J.B. Kruskal ein Algorithmus vorgeschlagen, der unter Nutzung der Disparitäten neue, verbesserte Koordinatenwerte ermittelt[4]. Als Maß für die Güte einer Konfiguration und damit als Zielkriterium für deren Optimierung wird dabei das sog. *STRESS-Maß* verwendet:

$$STRESS = \sqrt{\frac{\sum_k \sum_l (d_{kl} - \hat{d}_{kl})^2}{Faktor}} \qquad (5)$$

mit

d_{kl} : Distanz zwischen Objekten k und l

$\hat{d}_{kl}$: Disparitäten für Objekte k und l

Das STRESS-Maß mißt, wie gut (genauer gesagt, wie schlecht) eine Konfiguration die Monotoniebedingung (4) erfüllt. Je größer der STRESS ausfällt, desto schlechter ist die Anpassung der Distanzen an die Ähnlichkeiten (badness of fit).

Die Größe des STRESS-Maßes wird bestimmt durch die Differenzen $(d_{kl} - \hat{d}_{kl})$ zwischen Distanzen und Disparitäten. Sie sind in Abbildung 10.17 durch die vertikalen Pfeile dargestellt. Da positive wie negative Differenzen gleichermaßen unerwünscht sind, werden sie quadriert. Im Fall einer exakten monotonen Anpassung entsprechen alle Distanzen den Disparitäten und der STRESS nimmt den Wert 0 an.

Der Faktor im Nenner von (5) dient lediglich nur zur Normierung des STRESS-Maßes auf Werte zwischen 0 und 1. Hier existieren unterschiedliche Varianten. Besonders gebräuchlich sind die *STRESS-Formeln 1 und 2* von Kruskal:

$$STRESS\,1 = \sqrt{\frac{\sum_k \sum_l (d_{kl} - \hat{d}_{kl})^2}{\sum_k \sum_l d_{kl}^2}} \qquad (5a)$$

$$STRESS\,2 = \sqrt{\frac{\sum_k \sum_l (d_{kl} - \hat{d}_{kl})^2}{\sum_k \sum_l (d_{kl} - \bar{d})^2}} \qquad (5b)$$

mit

$\bar{d}$: Mittelwert der Distanzen

Die obigen STRESS-Formeln finden in bedeutenden Computer-Programmen für die MDS (z.B. MDSCAL, KYST, POLYCON) wie auch in Programmen zum Conjoint Measurement (z.B. MONANOVA) Verwendung. Da die Werte der beiden STRESS-Maße sich stark unterscheiden (Formel 2 liefert etwa doppelt so große Werte wie Formel 1), ist beim Vergleich von Ergebnissen, die mit verschiedenen Programmen erzielt wurden, darauf zu achten, welche Formel verwendet wurde.

---

[4] Kruskal, J.B., 1964a, S. 1ff. sowie Kruskal, J.B., 1964b, S. 115ff..

640   Multidimensionale Skalierung

Ein weiteres Stress-Maß ist *S-Stress* von Takane/Young/de Leeuw, das in dem Programm ALSCAL als Zielkriterium verwendet wird.[5] Im Programmpaket SPSS ist ALSCAL verfügbar, nicht aber POLYCON. Im Ausdruck von ALSCAL wird als Gütemaß neben S-STRESS auch STRESS 1 angegeben.

Für das Handbeispiel zeigt Abbildung 10.18 die Berechnung des STRESS-Maßes.

Abbildung 10.18: Ermittlung des STRESS (Beispiel)

Objektpaar k, l	u_{kl}	d_{kl}	$\hat{d}_{kl}$	$(d_{kl} - \hat{d}_{kl})^2$	d_{kl}^2	$(d_{kl}-\bar{d})^2$
2, 3	1	4,1		0,9	16,8	3,8
			3,15			
1, 3	2	2,2		0,9	4,8	14,8
1, 2	3	5,1	5,10	0,0	26,0	0,9
2, 4	4	8,5		0,4	72,3	6,0
			7,90			
1, 4	5	7,3		0,4	53,3	1,6
3, 4	6	9,1	9,10	0	82,8	9,3
Σ		36,3		2,6	256,0	36,4

$$\bar{d} = 36,3/6 = 6,05 \qquad \text{STRESS}\,1 = \sqrt{2,6/256} = 0,10$$

$$\text{STRESS}\,2 = \sqrt{2,6/36,4} = 0,27$$

Bei dem von Kruskal vorgeschlagenen Algorithmus zum Auffinden einer optimalen Konfiguration handelt es sich methodisch um ein iteratives Optimierungsverfahren, das auf dem Prinzip des steilsten Anstiegs (Gradientenverfahren) basiert. Die jeweils gefundene Konfiguration wird iterativ so lange weiter verbessert, bis ein minimaler STRESS erreicht ist oder eine vorgegebene Zahl von Iterationen überschritten wird.

---

[5] Vgl. z.B. Schiffman, S.S./Reynolds, M.L./Young, F.W., 1981, S. 354.

Aufbau und Ablauf einer MDS   641

Mittels folgender Formel läßt sich für den Koordinatenwert x_{kr} von Objekt k auf Dimension r iterativ ein "neuer" Koordinatenwert berechnen, der die Position von Objekt k relativ zu Objekt l verbessert:

$$x_{kr}^{+}(l) = x_{kr} + \alpha \left(1 - \frac{\hat{d}_{kl}}{d_{kl}} \right) (x_{lr} - x_{kr}) \qquad (k \neq l, \ r = 1,...,R) \qquad (6)$$

Dabei bezeichnet α die Schrittweite der Iteration. Eine Veränderung des Koordinatenwertes ergibt sich nur, wenn eine Differenz zwischen Disparität $\hat{d}_{kl}$ und Distanz d_{kl} besteht.

Durch (6) wird der Koordinatenwert lediglich bezüglich *einem* anderen Objekt l verändert. Um eine Verbesserung bezüglich aller K-1 übrigen Objekte zu erzielen, ist die Formel wie folgt zu erweitern:

$$x_{kr}^{+} = x_{kr} + \frac{\alpha}{K-1} \sum_{l=1}^{K} \left(1 - \frac{\hat{d}_{kl}}{d_{kl}} \right) \cdot (x_{lr} - x_{kr}) \qquad (r = 1,...,R) \qquad (7)$$

Durch (7) wird ein Vektor zur Verschiebung des Objektes k erzeugt, dessen Richtung von den Koordinaten aller Objekte und den Disparitäten bezüglich k abhängig ist. Die Länge dieses Vektors kann durch die Schrittweite α variiert werden. Diese darf weder zu klein sein, da sonst der Iterationsprozeß sehr lange dauern würde, noch darf sie zu groß sein, da man sonst über das Optimum hinausschießt und so eine Verschlechterung bewirkt werden kann. Diese Problematik wird als *Schrittweitenproblem* bezeichnet. Als Startwert schlägt Kruskal z.B. 0,2 vor. Überdies variieren die gängigen Algorithmen die Schrittweite in Abhängigkeit vom jeweiligen STRESS-Wert, d.h. je kleiner der STRESS-Wert wird und je mehr man folglich dem Optimum nähert, desto kleiner wird die Schrittweite gewählt.

Beispielhaft berechnen wir neue Koordinatenwerte für Objekt k = 3. Aus Abbildung 10.14 wie auch aus Abbildung 10.17 ist ersichtlich, daß die Position von Objekt 3 so verändert werden muß, daß die Distanz zu Objekt 2 verringert und die zu Objekt 1 vergrößert wird. Um eine deutliche Veränderung zu erhalten, wählen wir hier, entgegen obigen Ausführungen, mit $\alpha = 3$ eine extrem große Schrittweite. Man erhält dann mittels Formel (7) die folgenden verbesserten Koordinatenwerte.

642   Multidimensionale Skalierung

Dimension 1:

$$x_{31}^{+} = 1 + \frac{3}{4-1} \cdot \sum_{l=1,l\neq 3}^{4} \left(1 - \frac{\hat{d}_{31}}{d_{31}}\right) \cdot (x_{11}-1)$$

$$= 1 + \quad \left(1 - \frac{3,15}{2,20}\right) \cdot (3-1)$$

$$+ \quad \left(1 - \frac{3,15}{4,10}\right) \cdot (2-1)$$

$$+ \quad \left(1 - \frac{9,10}{9,10}\right) \cdot (10-1)$$

$$= 1 - 0,86 + 0,23 + 0$$

$$= 1 - 0,63$$

$$= 0,37$$

Dimension 2:

$$x_{32}^{+} = 3 + \frac{3}{4-1} \cdot \sum_{l=1,l\neq 3}^{4} \left(1 - \frac{\hat{d}_{31}}{d_{31}}\right) \cdot (x_{l2}-3)$$

$$= 3 + \quad \left(1 - \frac{3,15}{2,20}\right) \cdot (2-3)$$

$$+ \quad \left(1 - \frac{3,15}{4,10}\right) \cdot (7-3)$$

$$+ \quad \left(1 - \frac{9,10}{9,10}\right) \cdot (4-3)$$

$$= 3 + 0,43 + 0,93 + 0$$

$$= 3 + 1,36$$

$$= 4,36$$

In Abbildung 10.20 ist durch einen Pfeil die sich ergebende Veränderung der Position von Objekt 3 markiert. Wie gewünscht wird die Distanz zu Objekt 2 verringert und die zu Objekt 1 vergrößert. Analog lassen sich neue Positionen für die übrigen Objekte berechnen. Das Endergebnis nach zwei Iterationen ist in Abbildung 10.20 dargestellt. Betrachtet man jetzt die Distanzen zwischen den neuen Positionen der Objekte, so zeigt sich, daß diese die Monotoniebedingung exakt erfüllen, d.h. sie stimmen hinsichtlich ihrer Rangfolge mit den vorgegebenen Unähnlichkei-

Aufbau und Ablauf einer MDS   643

ten genau überein. Das STRESS-Maß wird damit Null und eine weitere Verbesserung durch den Algorithmus ist nicht möglich.

Bemerkt sei, daß immer dann, wenn der STRESS null wird, auch weitere Lösungen existieren, die ebenfalls die Monotoniebedingung erfüllen. Eine eindeutige Lösung ist in derartigen Fällen also nicht möglich. Hierauf wird im folgenden Abschnitt näher eingegangen.

Ist eine streßminimale Lösung gefunden und ist der STRESS größer null, so hilft Abbildung 10.19 bei der Beurteilung der Anpassungsgüte. Kruskal hat diese Erfahrungswerte als Anhaltspunkte zur Beurteilung des STRESS-Maßes vorgeschlagen[6].

Abbildung 10.19: Anhaltswerte zur Beurteilung des STRESS

Anpassungsgüte	STRESS 1	STRESS 2
gering	0,2	0,4
ausreichend	0,1	0,2
gut	0,05	0,1
ausgezeichnet	0,025	0,05
perfekt	0	0

Im anfangs vorgestellten Städtebeispiel ergab sich mit STRESS 1 = 0,0118 bzw. STRESS 2 = 0,03 eine nahezu perfekte Anpassung.

Wir haben hier nur die Lösung im 2-dimensionalen Raum betrachtet. Das Verfahren gilt aber analog auch für Räume mit mehr als 2 Dimensionen. Lediglich die Berechnung der Distanzen in Abbildung 10.15 verändert sich dadurch. Auf die Frage nach der Anzahl der Dimensionen des Wahrnehmungsraumes gehen wir nachfolgend ein.

---

[6] Kruskal, J.B./Carmone, F.J., 1973.

Abbildung 10.20: Veränderung der Startkonfiguration

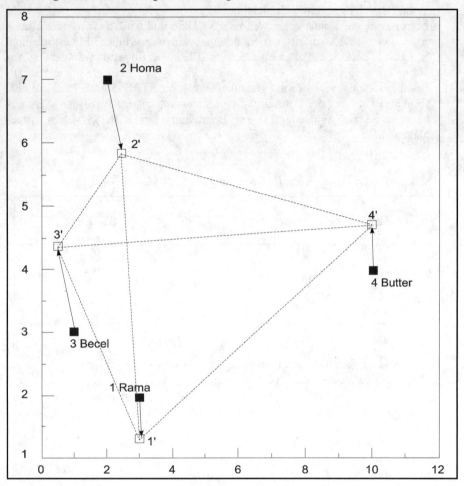

10.2.4 Zahl und Interpretation der Dimensionen

(1) Messung von Ähnlichkeiten

(2) Wahl des Distanzmodells

(3) Ermittlung der Konfiguration

(4) Zahl und Interpretation der Dimensionen

(5) Aggregation von Personen

Ein Wahrnehmungsraum wird neben der *Metrik* auch durch die *Zahl der Dimensionen* bestimmt. Beides muß vom Anwender einer MDS festgelegt werden.

Die Zahl der Dimensionen sollte der "wahren" Dimensionalität der Wahrnehmung entsprechen. Da diese aber i.d.R. unbekannt ist und oft durch die MDS erst aufgedeckt werden soll, entsteht ein schwieriges Problem. Dieses Problem wird aber dadurch gemildert, daß der Spielraum für die Zahl der Dimension sehr eng ist.

Aus praktischen Erwägungen wird man sich meist auf zwei oder drei Dimensionen beschränken, um eine grafische Darstellung der Ergebnisse zu ermöglichen und so die inhaltliche Interpretation zu erleichtern. Da sich unsere räumliche Erfahrung und Vorstellung auf maximal drei Dimensionen beschränkt, wird zum Teil argumentiert, daß dies generell auch für Wahrnehmungsräume der Fall ist.

Ob zwei oder drei Dimensionen zu wählen sind, kann inhaltlich danach entschieden werden, welche Lösung eine bessere Interpretation der Konfiguration wie auch der Dimensionen ermöglicht. Auch eine einzige Dimension kann ausreichend sein.

Wenngleich eine Interpretation der Dimensionen (der Achsen des Koordinatensystems) nicht immer möglich oder notwendig ist, so erhöht die Interpretierbarkeit der Dimensionen doch die Anschaulichkeit und bestärkt die Validität der gefundenen Lösung. Zwecks besserer Interpretierbarkeit ist es oft notwendig, die Achsen geeignet zu rotieren. Dabei wird meist das *Varimaxkriterium* angewendet, bei dem die Achsen so gelegt werden, daß die Objekte sich möglichst entlang der Achsen verteilen, nicht aber in diagonaler Richtung. Auf diese Weise wird eine sog. Einfachstruktur bewirkt (vgl. Kapitel 5: Faktorenanalyse). Damit lassen sich Unterschiede zwischen den Objekten mit den Achsen in Verbindung bringen.

Als formales Kriterium zur Bestimmung der Zahl der Dimensionen kann das STRESS-Maß herangezogen werden. Der STRESS einer Lösung sollte möglichst niedrig sein. Dabei ist aber zu beachten, daß generell der STRESS abnimmt, wenn die Zahl der Dimensionen erhöht wird. Bei nur geringfügiger Änderung des STRESS sollte daher die Lösung mit geringerer Anzahl von Dimensionen vorgezogen werden. Zur Unterstützung der Entscheidung kann das Elbow-Kriterium herangezogen werden (vgl. Kapitel 8: Cluster-Analyse).

Vorsicht ist geboten, wenn der STRESS null oder sehr klein wird (z.B. $< 0{,}01$), da dies ein Indiz für eine *degenerierte Lösung* sein kann. Die Objekte klumpen sich dann meist im Mittelpunkt des Koordinatensystems. Ein gewisses Mindestmaß an STRESS ist deshalb bei der MDS immer notwendig, um eine eindeutige Lösung zu erhalten.

Bei der MDS erfolgt eine *Gewinnung von metrischen Ergebnissen aus ordinalen Daten*, also eine Anhebung des Skalenniveaus. Dies ist nur durch Verdichtung der ordinalen Daten möglich. Hierin kommt ein wichtiges Prinzip der Skalierung zum Ausdruck. Eine nützliche Kennziffer bildet der *Datenverdichtungskoeffizient Q*:

646   Multidimensionale Skalierung

$$Q = \frac{K(K-1)/2}{K \cdot R} = \frac{\text{Zahl der Ähnlichkeiten}}{\text{Zahl der Koordinaten}} \qquad (8)$$

mit

K	:	Anzahl der Objekte
R	:	Anzahl der Dimensionen
$K \cdot (K-1)/2$	:	Anzahl der Un/Ähnlichkeiten: Input-Daten
$K \cdot R$	:	Anzahl der Koordinaten: Output-Daten

Abbildung 10.21: Werte des Datenverdichtungskoeffizienten Q für unterschiedliche Anzahl von Objekten und Dimensionen

Zahl der Objekte K	Dimensionen	
	R=2	R=3
7	1,50	1,00
8	1,75	1,17
9	2,00	1,33
10	2,25	1,50
11	2,50	1,67
12	2,75	1,83
13	3,00	2,00

Damit eine Anhebung des Skalenniveaus möglich ist, muß die Zahl der Input-Daten größer als die Zahl der Output-Daten und somit Q größer als 1 sein. Die Verdichtung ist umso höher, je größer die Anzahl der Objekte ist, und umso niedriger, je höher die Anzahl der Dimensionen ist. Als *Faustregel* zur Erzielung einer stabilen Lösung kann $Q \geq 2$ gelten. Dabei sind gegebenenfalls auch Ties oder fehlende Werte (missing values) zu berücksichtigen, die den Wert von Q verringern.

In Abbildung 10.21 sind Werte von Q für verschiedene Werte von K und R aufgelistet.

Die Zahl der Dimensionen wird, wie man sieht, auch durch die Zahl der Objekte begrenzt. Bei 13 Objekten sind entsprechend obiger Faustregel maximal 3 Dimensionen und bei 9 Objekten maximal 2 Dimensionen zulässig. Anders gesehen wäre damit 9 die minimale Anzahl von Objekten für eine MDS.

Als Kriterien für die Zahl der Dimensionen bieten sich damit

- der *Verdichtungskoeffizient*, der eine obere Grenze liefert,
- der *STRESS-Wert*, der möglichst klein sein sollte (im Sinne des Elbow-Kriteriums),
- die *Interpretierbarkeit* der Ergebnisse, die letztlich das wichtigste Kriterium bildet.

Aufbau und Ablauf einer MDS   647

Weiterhin wurde aus der Behandlung des Datenverdichtungskoeffizienten deutlich, daß eine Mindestzahl von etwa 9 Objekten für die Anwendung der MDS erforderlich ist. Hier offenbart sich ein gewisses *Dilemma der MDS*, da mit der Zahl der Objekte einerseits die Präzision des Verfahrens zunimmt, andererseits sich aber auch die Schwierigkeit der Datengewinnung erhöht.

10.2.5 Aggregation von Personen

(1) Messung von Ähnlichkeiten

(2) Wahl des Distanzmodells

(3) Ermittlung der Konfiguration

(4) Zahl und Interpretation der Dimensionen

(5) Aggregation von Personen

Wir haben bisher die MDS zur Ermittlung des Wahrnehmungsraumes einer Person verwendet. Diese Art der MDS wird auch als klassische MDS bezeichnet. Bei vielen Anwendungsfragestellungen interessieren jedoch nicht individuelle Wahrnehmungen, sondern diejenigen von Gruppen, z.B. bei der Analyse der Markenwahrnehmung durch Käufergruppen.

Grundsätzlich bieten sich drei Möglichkeiten zur Lösung des Aggregationsproblems an:

1. Es werden vor der Durchführung der MDS die Ähnlichkeitsdaten durch Bildung von Mittelwerten oder Medianen aggregiert. Auf die so aggregierten Daten wird dann eine klassische MDS angewendet.

2. Es wird eine klassische MDS für jede Person durchgeführt und anschließend werden die Ergebnisse aggregiert. Da die Ergebnisse immer metrisch sind im Gegensatz zu den empirischen Ähnlichkeitsdaten, erscheint diese Vorgehensweise adäquater. Sie ist allerdings sehr aufwendig und infolge von Ties und fehlenden Werten nicht immer möglich.

3. Einige Computer-Programme, wie POLYCON, KYST oder ALSCAL, erlauben eine gemeinsame Analyse der Ähnlichkeitsdaten einer Mehrzahl von Personen, für die dann eine gemeinsame Konfiguration ermittelt wird. Man bezeichnet diese Art der MDS auch als RMDS (replicated MDS).[7]

Beim Vergleich einer MDS auf Basis von aggregierten Ähnlichkeitsdaten und einer RMDS ist zu berücksichtigen, daß letztere zwangsläufig höhere STRESS-Werte liefert. Daraus darf nicht der Fehlschluß gezogen werden, daß die extern aggregierten Daten eine bessere Abbildung der Objekte im Wahrnehmungsraum liefern.[8]

Grundsätzlich ist bei der Aggregation über Personen zu prüfen, ob hinreichende Homogenität der Personen vorliegt. Andernfalls ist z.B. mit Hilfe der Cluster-Analyse (vgl. Kapitel 8) zuvor eine Segmentierung vorzunehmen, d.h. es sind möglichst homogene Cluster zu bilden, innerhalb derer eine Aggregation zulässig ist.

---

[7] Vgl. Schiffman, S.S./Reynolds, M.L./Young, F.W., 1981, S. 56 ff.

[8] Vgl. Schiffman, S.S./Reynolds, M.L./Young, F.W., 1981, S. 119.

648   Multidimensionale Skalierung

Nützlich für die Prüfung der Homogenität und eventuelle Segmentierung ist die Anwendung von Verfahren der MDS, die individuelle Differenzen berücksichtigen. Dies erfolgt durch Berechnung individueller Gewichtungen der Dimensionen. Man spricht daher auch von WMDS (weighted MDS). Geeignete Programme sind z.B. INDSCAL und ALSCAL.[9]

10.2.6   Fallbeispiel

Bei 32 Personen wurden Unähnlichkeiten zwischen 11 Margarine- und Buttermarken abgefragt. Die 55 Markenpaare wurden jeweils mittels einer 7-stufigen Ratingskala beurteilt, wie sie in Abschnitt 10.2.1.3 dargestellt wurde.

Auf Basis der so ermittelten beispielhaften Daten sollen die 11 Marken mittels MDS im Wahrnehmungsraum positioniert werden. Hierzu wird das Computer-Programm POLYCON von F.W. Young verwendet.[10] Es soll eine aggregierte Lösung über alle 32 Personen erstellt werden (replicated MDS). Als Metrik wird die euklidische Metrik vorgegeben, und die Zahl der Dimensionen wird auf 2 festgelegt.

Output von Polycon

Abbildung 10.22 zeigt einen Ausschnitt des Computer-Ausdrucks von POLY-CON, den wir von oben nach unten gehend erläutern.

(1) Bei einer Lösung in 2 Dimensionen sind für die 11 Punkte (Marken) 22 Koordinaten zu berechnen. Von den maximal 55 x 32 = 1.760 Unähnlichkeitsdaten stehen hier nur 1.351 Daten zur Verfügung, da die Auskunftspersonen Paare mit unbekannten Marken nicht beurteilt haben. Für die 409 fehlenden Werte wurde im Datensatz jeweils eine '0' eingesetzt, die von POLYCON als 'missing value' behandelt wird.

(2) Es wird angezeigt, daß PHASE 1 durchlaufen wurde (hier erfolgt die Anwendung eines metrischen Verfahrens nach Young und Housholder) und eine Lösung mit minimalem STRESS-Wert gefunden wurde.

(3) Es wird angezeigt, daß PHASE 2 durchlaufen wurde (hier erfolgt die weitere Verbesserung der Lösung mittels nicht-metrischer Optimierung) und daß ein minimaler STRESS-Wert gefunden wurde. Die optimale Lösung wurde hier bereits nach 2 Iterationen gefunden (siehe unten).

(4) Unter der Überschrift "BEST ITERATION" werden für die optimale Lösung die Kennziffern für jede Person angegeben. Dabei betrifft die erste Zeile die feh-

---

[9] Einen Überblick über diese und weitere Programme geben Green, P.E./Carmone, F./Smith, S.M., 1989 bzw. Schiffman, S.S./Reynolds, M.L./Young, F.W., 1981.

[10] Siehe hierzu Young, F.W., 1973, S. 66 ff.; Schiffman, S.S./Reynolds, M.L./Young, F.W., 1981, S. 103 ff.

Aufbau und Ablauf einer MDS   649

lenden Werte und die letzte Zeile die aggregierte Lösung. Insbesondere bezeichnet
z.B.:

ITER	Zahl der Iterationen, die zur Erreichung des Optimums benötigt wurden.
P	Nummer der Personen
NP	Anzahl der vorliegenden Unähnlichkeitsdaten für Person P
DIST M	Mittelwert der Distanzen für Person P
DISP M	Mittelwert der Disparitäten für Person P
DIST V	Varianz der Distanzen
DISP V	Varianz der Disparitäten
DIST SQ	Summe der quadrierten Distanzen
DIFF SQ	Summe der quadrierten Differenzen zwischen Disparitäten und Distanzen

In den letzten zwei Spalten stehen beide oben erläuterten STRESS-Maße.

(5) Für die aggregierte Lösung wird ein STRESS-Wert von 0,596 erzielt. Dieser
Wert weist auf eine recht geringe Anpassungsgüte hin, die bei empirischen Untersuchungen aber leider häufig vorkommt.

(6) Unter der Überschrift "DERIVED CONFIGURATION" sind für jede Marke
die Koordinaten der optimalen Lösung im 2-dimensionalen Wahrnehmungsraum
angegeben. Hiermit erhält man die Konfiguration in Abbildung 10.23.

650   Multidimensionale Skalierung

Abbildung 10.22: Output der MDS mit POLYCON

```
        MDS für den Margarinemarkt

(1)     SOLUTION IN 2 DIMENSIONS FOR  22 COORDINATES FROM  409 PASSIVE AND
        1351 ACTIVE DATA ELEMENTS PARTITIONED INTO  32 SUBSETS.


(2)     P H A S E   1

        MINIMUM STRESS FOUND


(3)     P H A S E   2

        MINIMUM STRESS FOUND


(4)     B E S T   I T E R A T I O N
        ITER P    NP    DIST M   DISP M    DIST V    DISP V   DIST SQ  DIFF SQ STRESS 1 STRESS 2
          2  0   409   1.1719   1.1719   97.1713   97.1713  658.8941   0.0000   0.0000   0.0000
          2  1    54   0.9137   0.9137   11.9531    6.7550   57.0363   5.1981   0.3019   0.6594
          2  2    28   0.6980   0.6980    5.7762    5.1867   19.4164   0.5895   0.1742   0.3195
          2  3    45   0.8289   0.8289    8.2951    6.9005   39.2168   1.3946   0.1886   0.4100
          2  4    36   0.8372   0.8372    6.9142    5.3906   32.1460   1.5236   0.2177   0.4694
          2  5    43   0.8489   0.8489    9.4165    1.9635   40.4007   7.4529   0.4295   0.8897
          2  6    54   0.9137   0.9137   11.9531    0.5632   57.0364  11.3899   0.4469   0.9762
          2  7    36   0.7663   0.7663    6.5428    4.1381   27.6801   2.4048   0.2947   0.6063
          2  8    27   0.8662   0.8662    5.2365    2.9833   25.4957   2.2532   0.2973   0.6560
          2  9    54   0.9137   0.9137   11.9531    3.1710   57.0364   8.7821   0.3924   0.8572
          2 10    46   0.8434   0.8434    8.7297    1.7106   41.4532   7.0191   0.4115   0.8967
             .
             .
             .
          2 30    52   0.8801   0.8801   10.3465    6.9585   50.6282   3.3880   0.2587   0.5722
          2 31    28   0.7280   0.7280    5.5155    2.6373   20.3533   2.8782   0.3760   0.7224
          2 32    44   0.8574   0.8574    9.5556    5.5577   41.9041   3.9978   0.3089   0.6468
          2       1760                           376.0461 242.50281936.0010 133.5434   0.2626   0.5959


(5)     S T R E S S ( 2 )   =   0.596


(6)     D E R I V E D   C O N F I G U R A T I O N
                           1          2          3          4          5          6
                         Becel       Duda       Rama       Deli      HollB      WeihnB
        DIMENSION 1      0.264      0.414      0.162     -1.184     -0.724     -0.768
        DIMENSION 2      0.665      0.839     -0.512     -0.181      0.238      0.129
        CONTINUED MATRIX
                           7          8          9         10         11
                         Homa       Flora        SB      Sanella   Botteram
        DIMENSION 1      0.286      0.208      0.673      0.406      0.263
        DIMENSION 2     -0.458     -0.326     -0.065     -0.253     -0.076
```

Grafische Darstellung und Interpretation

In Abbildung 10.23 ist die ermittelte Konfiguration der 11 Marken grafisch dargestellt. Es lassen sich drei Gruppen (Cluster) erkennen: Oben die Diät-Margarinen 'Becel' und 'Du darfst' (Cluster A), links die drei Buttermarken (Cluster B) und schließlich die übrigen Margarinemarken (Cluster C). In Abbildung 10.24 sind die drei Cluster markiert.

Abbildung 10.23: Konfiguration der Marken im Wahrnehmungsraum (POLYCON)

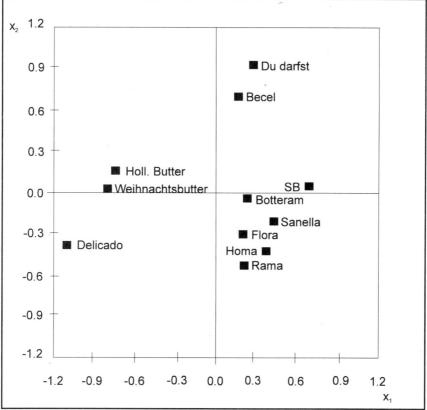

Die Darstellung von Marken im Wahrnehmungsraum der Konsumenten vermag folgende Erkenntnisse zu liefern:

- Sie zeigt, wie eine Marke relativ zu konkurrierenden Marken wahrgenommen wird.
- Sie läßt erkennen, welche Marken ähnlich wahrgenommen werden und somit in einer engen Konkurrenzbeziehung stehen.
- Sie kann Hinweise liefern, wo eventuell Marktlücken für neue Produkte bestehen.

Aus dem Vorteil der MDS, daß sie ohne Vorgabe von Eigenschaften und deren Verbalisierung auskommt, ergibt sich eine besondere Schwierigkeit für die *Interpretation der Dimensionen*. Sie ist nur indirekt über die Lage der Marken in bezug auf die Dimensionen möglich.

Abbildung 10.24: Konfiguration und Clusterung der Marken

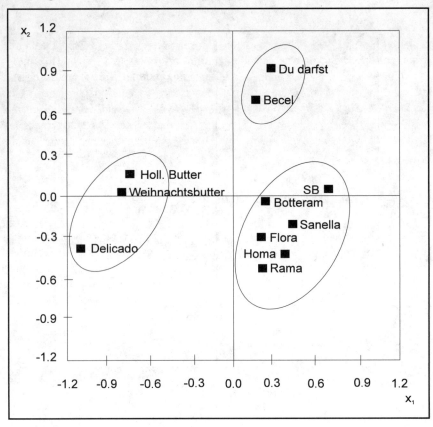

Gewöhnlich rotiert man die Dimensionen, um die Interpretation zu erleichtern. Im vorliegenden Fall aber ist bereits eine "Einfachstruktur" gegeben, so daß die Anwendung einer *Varimax-Rotation* hier keine nennenswerten Änderungen bringt.

Auf der Dimension 1 (Abzisse) unterscheidet sich das Butter-Cluster B primär von den beiden Margarine-Clustern A und C. Man könnte sie daher mit der Bezeichnung "Geschmack" versehen. Auf der Dimension 2 (Ordinate) unterscheidet sich das Diät-Cluster A von den beiden anderen Clustern, weshalb man sie mit der Bezeichnung "gesunde Ernährung" umschreiben könnte.

Gegebenenfalls ist es durch Hinzuziehung weiterer Daten und Analysen möglich, Hilfestellung für die Interpretation zu erlangen. Dies wird z.B. durch die Methode des *Property Fitting* ermöglicht, auf die wir in Abschnitt 10.4 eingehen. Mittels dieser Methode werden separat erhobene Eigenschaftsbeurteilungen der Objekte nachträglich in den Wahrnehmungsraum einbezogen. Dabei zeigt sich, daß die Dimensionen des Wahrnehmungsraumes oft komplexer Natur sind, die sich nur unzulänglich mit einem einzigen Begriff umreißen lassen.

Einbeziehung von Präferenzurteilen   653

10.3   Einbeziehung von Präferenzurteilen

Ähnlichkeitsurteile beinhalten keinerlei Information über die Präferenzen einer Person bezüglich der Objekte. Liegen derartige Informationen vor, so ist es möglich, die MDS zu erweitern, d.h. neben den Objekten auch die Präferenzen von Personen in den Wahrnehmungsraum (perceptual space) einzubeziehen. Man spricht in diesem Fall auch von *Joint-space-Analyse*.[11] Hierbei unterscheidet man zwei Ansätze, die interne und die externe Präferenzanalyse. Wir befassen uns zunächst mit der *externen Präferenzanalyse* und werden anschließend kurz auf die weniger bedeutsame *interne Präferenzanalyse* eingehen.[12]

10.3.1   Externe Präferenzanalyse

Die externe Präferenzanalyse (auch externe oder indirekte Präferenzskalierung) geht von einer *gegebenen Konfiguration* (Darstellung der Objekte im Wahrnehmungsraum) aus. Diese Konfiguration ist i.d.R. das Ergebnis einer aggregierten Analyse für eine Mehrzahl von Personen, d.h. die Punkte der Konfiguration repräsentieren deren durchschnittliche Wahrnehmung. Formal ist es dabei unerheblich, ob die Konfiguration mittels

- *multidimensionaler Skalierung* (MDS) auf Basis von Ähnlichkeitsdaten oder
- *Faktorenanalyse* auf Basis von Eigenschaftsbeurteilungen

ermittelt wurde. Inhaltlich ist allerdings von Wichtigkeit, daß die Dimensionen des Raumes die *für die Präferenzbildung relevanten Eigenschaften der Objekte repräsentieren.*

Mit Hilfe von Methoden der externen Präferenzanalyse ist es jetzt möglich, auch die Personen in dem gegebenen Wahrnehmungsraum darzustellen. Dies sollten nach Möglichkeit dieselben Personen sein, für die auch die Konfiguration der Objekte ermittelt wurde. Benötigt werden dazu *Präferenzwerte* der Personen.

Wir behandeln zunächst die *Messung von Präferenzen* und sodann alternative *Nutzenmodelle*, die bei der Einbeziehung von Präferenzen zugrunde gelegt werden. Die Begriffe Nutzen und Präferenz können wir dabei als synonym auffassen.[13]

---

[11] Der Begriff des Joint Space wurde von Coombs im Rahmen seiner Unfolding-Analyse eingeführt. Vgl. Coombs, C.H., 1950, S. 145 ff. sowie derselbe: A Theory of Data, New York u.a.

[12] Vgl. Carroll, J.D., 1972, S. 105 ff.

[13] In der normativen Entscheidungstheorie bezieht sich der Begriff Nutzen auf bestimmte Objekte oder Zustände, der Begriff Präferenz dagegen auf Handlungsalternativen, mittels derer sich die betreffenden Objekte oder Zustände erreichen lassen. Im Fall der Sicherheit besteht eine deterministische Beziehung zwischen Handlung und Ergebnis der Handlung und die Begriffe Präferenz und Nutzen sind somit austauschbar. Dies gilt nicht mehr im Fall von Unsicherheit, bei der eine Handlungsalternative unterschiedliche

654   Multidimensionale Skalierung

Insbesondere definieren wir hier *Präferenz* als eine eindimensionale psychische Variable, die die empfundene relative Vorteilhaftigkeit von Alternativen zum Ausdruck bringt. Die Alternativen können z.B. Objekte oder Zustände betreffen.

10.3.1.1 Messung von Präferenzen

Zur Messung von Präferenzen lassen sich, wie auch zur Messung von Ähnlichkeiten, die *Rangreihung* und das *Ratingverfahren* heranziehen.

Im vorliegenden Fallbeispiel wurde die Rangreihung verwendet, d.h. die Personen wurden wie folgt gebeten, die 11 Margarine- und Buttermarken entsprechend ihrer Präferenz zu ordnen:

"Bitte geben Sie an, welche Marke Ihnen am besten,
welche am zweitbesten usw. gefällt!"

Der meistpräferierten Marke wurde hier der Wert 1, der zweitpräferierten der Wert 2 usw. zugewiesen. In Abbildung 10.25 sind beispielhaft die Präferenzdaten von drei Personen wiedergegeben.

Die Messung von Präferenzen gestaltet sich sehr viel einfacher als die Messung von Ähnlichkeiten, da nur die K Objekte selbst zu ordnen sind, während bei der Ähnlichkeitmessung die K(K-1)/2 Paare von Objekten zu ordnen sind.

Abbildung 10.25: Matrix der Präferenzdaten von drei Personen

Person	Marke										
	1	2	3	4	5	6	7	8	9	10	11
1	10	11	2	4	5	6	1	8	3	7	9
2	6	7	8	5	4	1	10	9	11	2	3
3	11	10	3	9	2	8	7	1	5	4	6

10.3.1.2 Nutzenmodelle

Während die Objekte immer durch Punkte im Wahrnehmungsraum dargestellt werden, hängt die Darstellungsart der Personen von dem verwendeten Nutzenmodell ab. Dabei kommen zwei verschiedene Nutzenmodelle zur Anwendung: *Idealpunkt-Modell* und *Vektor-Modell*. Welches Modell adäquat ist, hängt ab vom Typ der relevanten Eigenschaften der Objekte bzw. der sie repräsentierenden Dimensionen. Nach der Art des Nutzenverlaufs in Abhängigkeit von der Ausprägung einer Eigenschaft unterscheiden wir:[14]

Ergebnisse mit unterschiedlichem Nutzen nach sich ziehen kann. Die Problematik von Unsicherheit soll hier jedoch unberücksichtigt bleiben.

[14] Ein dritter Typ von Nutzenmodellen ist das Teilnutzenwert-Modell (part-worth model), das insbesondere für qualitative Merkmale dient, bei entsprechender Diskretisierung

Einbeziehung von Präferenzurteilen   655

1. "Es gibt eine optimale Ausprägung": *Idealpunkt-Modell* (vgl. Abbildung 10.26 a)

2. "Je mehr, desto besser": *Vektor-Modell* (vgl. Abbildung 10.26 b).

Beispiele für Eigenschaften von Typ 1 wären z.B. bei einer Tasse Kaffee: Süße, Stärke, Temperatur. Zuviel oder zuwenig ist jeweils von Nachteil, zumindest für die Mehrzahl der Kaffeetrinker. Beispiele für Eigenschaften von Typ 2 wären bei einem Auto: Leistung, Sicherheit, Komfort. Mehr ist immer besser. Die Annahme eines linearen Verlaufs bildet dabei allerdings eine Vereinfachung, die nur in einem begrenzten Bereich zulässig ist.

Unter Anwendung des *Idealpunkt-Modells* lassen sich Personen im Wahrnehmungsraum, gemeinsam mit der Konfiguration der Objekte (*Realpunkte*), als *Idealpunkte* darstellen. Der Idealpunkt markiert die von einer Person als ideal empfundene Kombination von Eigenschaften (Ausprägungen der Wahrnehmungsdimensionen). Die Nutzen- oder Präferenzfunktion über dem Wahrnehmungsraum nimmt in diesem Punkt ihr Maximum an. Abbildung 10.27 veranschaulicht dies im Falle eines zwei-dimensionalen Wahrnehmungsraumes.

Die Gesamtheit aller Punkte gleicher Präferenz ergibt die *Iso-Präferenz-Linie*. Gewöhnlich wird eine Nutzenfunktion mit kreisförmiger Iso-Präferenz-Linie unterstellt. Ebenso sind aber auch elliptische oder andere Formen denkbar. Im Falle kreisförmiger Iso-Präferenz-Linien gilt: Je geringer die Distanz eines Objektes zum Idealpunkt ist, desto höher ist die Präferenz der betreffenden Person für dieses Objekt. In Abbildung 10.27 ergibt sich für die 5 dargestellten Objekte folgende Präferenzfolge:

C≻B≻A≻D≻E

Bei Anwendung des *Vektor-Modells* wird eine Person im Wahrnehmungsraum durch einen Vektor, ihren Präferenzvektor, repräsentiert. Der Präferenz-Vektor zeigt an, in welcher Richtung sich die Präferenz einer Person erhöht (vgl. Abbildung 10.28).

---

aber auch für quantitative Merkmale verwendet werden kann. Dieses Modell findet z. B. beim Conjoint Measurement Verwendung (vgl. Kapitel 9). Dem Vorteil des Teilnutzenwert-Modells, daß es sehr flexibel ist, steht der Nachteil gegenüber, daß bei seiner Anwendung viele Parameter (einer je Teilwert) zu schätzen sind.

Abbildung 10.26: Typen von Nutzenverläufen: Idealpunkt-Modell (oben) und Vektor-Modell (unten)

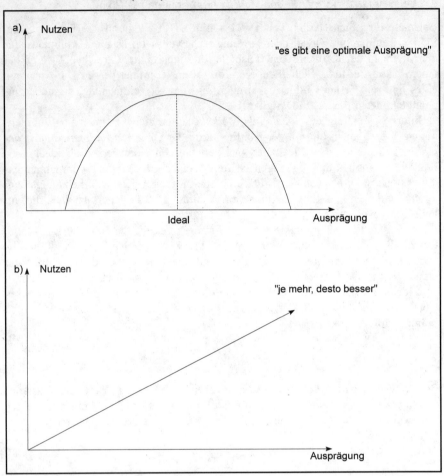

Im Unterschied zum Idealpunkt-Modell bilden die Iso-Präferenz-Linien im Vektor-Modell Geraden. Damit läßt sich durch Projektion eines Realpunktes auf den Präferenzvektor dessen Präferenz geometrisch ermitteln. In Abbildung 10.28 ergibt sich für die dargestellten Objekte folgende Präferenzfolge:

B ≻ E ≻ C ≻ A ≻ D

Einbeziehung von Präferenzurteilen   657

Abbildung 10.27: Idealpunkt-Modell der Präferenz: Präferenz-Vektor und Iso-Präferenz-Linien im Idealpunktmodell

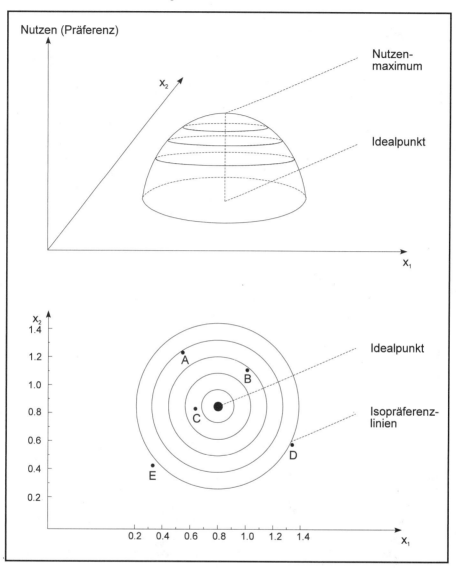

Das Vektor-Modell läßt sich auch als ein Spezialfall des Idealpunkt-Modells auffassen. Bewegt man den Idealpunkt aus der Konfiguration der Realpunkte heraus, so werden mit zunehmender Distanz die Iso-Präferenz-Kreise größer und damit im Bereich der Konfiguration flacher, d.h. sie nähern sich dort den Geraden an. Das Vektor-Modell ergibt sich damit aus dem Idealpunkt-Modell im Fall eines unendlich weit entfernten Idealpunktes.

Abbildung 10.28: Vektormodell der Präferenz: Präferenz-Vektor und Iso-Präferenz-Linien

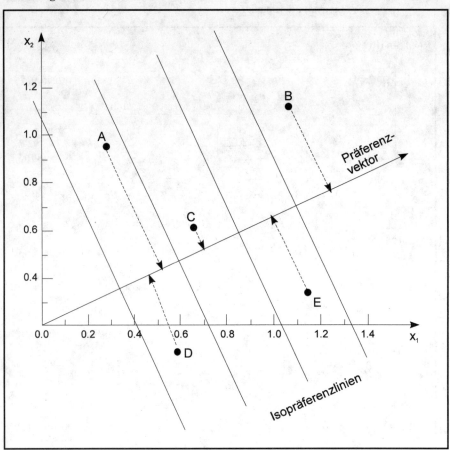

Im Rahmen der Präferenzanalyse wird meist auf individueller Ebene gearbeitet. D.h. es werden die Idealpunkte separat für die Personen einer Stichprobe ermittelt. Die Realpunkte werden dagegen, da die Wahrnehmung über die Personen meist weniger variiert als deren Präferenzen, auf aggregierter Ebene ermittelt. Durch Clusteranalyse können sodann die individuellen Idealpunkte zu einer oder mehreren Gruppe(n) (Marktsegmenten) zusammengefaßt werden. Damit lassen sich Hinweise für die Positionierung existierender oder neuer Produkte gewinnen.

10.3.1.3 Rechnerische Durchführung

Die Durchführung von externen Präferenzanalysen ist mit Standardverfahren der Regressionsanalyse möglich. Von Vorteil ist aber die Verwendung spezieller Programme, wie z.B. PREFMAP von J.J. Chang und J.D. Carroll. Der Begriff der ex-

Einbeziehung von Präferenzurteilen   659

ternen Präferenzanalyse stammt von Carroll, der auch die theoretischen Grundlagen zu PREFMAP gelegt hat.[15]

Im Kern beinhaltet die externe Präferenzanalyse eine *Präferenzregression*, d.h. die Regression der Präferenz auf die Dimensionen des Wahrnehmungsraumes (vgl. dazu Kapitel 1: Regressionsanalyse).

Vektor-Modell

Bei Anwendung des Vektor-Modells lautet das Regressionsmodell wie folgt:

$$y_k = a + \sum_{r=1}^{R} b_r \cdot x_{rk} \qquad (k = 1, ..., K) \qquad (9)$$

mit

y_k : geschätzter Präferenzwert einer Person bezüglich Objekt k

x_{rk} : Koordinate von Objekt k auf Dimension r (r = 1,...,R)

a, b_r : zu schätzende Parameter

Das konstante Glied a ist dabei ohne Bedeutung. Die Schätzung der Parameter auf Basis der empirischen Präferenzränge p_k kann alternativ durch metrische oder nichtmetrische (monotone) Regression erfolgen.

Bei der *metrischen Regression* werden die Präferenzränge p_k wie metrische Daten behandelt. Die Parameter werden so bestimmt, daß das folgende Zielkriterium (Kleinstquadratekriterium) minimiert wird:

$$\underset{a, b_r}{\text{Min}} \sum_{k=1}^{K} (p_k - y_k)^2 \qquad (10)$$

Bei der *nichtmetrischen Regression* wird dagegen folgendes Zielkriterium minimiert:

$$\underset{f_m}{\text{Min}} \underset{a, b_r}{\text{Min}} \sum_{k=1}^{K} (z_k - y_k)^2 \qquad (11)$$

mit

z_k : monoton transformierte Präferenzränge, für die gelten muß:

$z_k \leq z_k$ für $p_k < p_k$

f_m: monotone Transformation

Bei der nichtmetrischen bzw. monotonen Regression erfolgt also eine Anpassung der geschätzten Präferenzwerte y_k an monotone Transformationen z_k der empirischen Präferenzränge p_k. Mittels eines iterativen Verfahrens werden alternierend die y_k durch Kleinstquadrateschätzung und die z_k durch monotone Transformation

---

[15] Vgl. Carroll, J.D., 1972, S. 105 ff.

660   Multidimensionale Skalierung

optimal angepaßt und so die Summe der quadrierten Abweichungen sukzessiv ver-
kleinert, bis ein Konvergenzkriterium erreicht ist. Ein analoges Vorgehen erfolgt
bei der Minimierung des STRESS-Maßes.

I.d.R. unterscheiden sich die Ergebnisse einer metrischen Regression nur wenig
von denen einer monotonen Regression.[16] Nur wenn die Präferenzränge deutliche
Sprünge aufweisen, wird daher die sehr viel aufwendigere monotone Regression
erforderlich.

Die Lage des Präferenzvektors im Wahrnehmungsraum läßt sich grafisch mit
Hilfe der Regressionskoeffizienten b_r ($r = 1,...,R$) bestimmen (siehe nachfolgendes
Beispiel). Mittels der Beta-Werte der Regressionskoeffizienten läßt sich aussagen,
welche unterschiedliche Wichtigkeit die Dimensionen des Wahrnehmungsraumes
für die Präferenzbildung der betreffenden Person haben.

Beispiel:

Für die 5 Objekte in Abbildung 10.28 sind in Abbildung 10.29 die Präferenzränge
und Koordinaten aufgeführt.

Abbildung 10.29: Präferenzränge und Koordinaten von 5 Objekten (vgl. Abbildung 10.16)

Objekt k	Präferenzrang p_k	Koordinaten x_{1k}	x_{2k}
A	4	0,23	0,92
B	1	1,06	1,08
C	3	0,68	0,58
D	5	0,60	-0,30
E	2	1,16	0,28

Die Regression der Präferenz auf die beiden Eigenschaften liefert:

$$y_k = 6,4 - 3,34\,x_{1k} - 1,80\,x_{2k}$$

Da es sich hier bei den Präferenzdaten um Rangdaten handelt, bei denen der niedrigste Wert die höchste Präferenz bedeutet, sind die Vorzeichen umzudrehen. Danach erhält man:

$$y_k = -6,4 + 3,34\,x_{1k} + 1,80\,x_{2k}$$

Dieses Ergebnis würde man auch bei Durchführung einer metrischen Analyse mit
PREFMAP erhalten. Die Lage des Präferenzvektors im Wahrnehmungsraum erhält
man, indem man den Punkt mit den Koordinaten $x_1 = b_1 = 3,34$ und $x_2 = b_2 = 1,80$

---

[16] Vgl. hierzu Cattin, Ph./Wittink, D.R., 1976.

Einbeziehung von Präferenzurteilen   661

sucht und diesen mit dem Ursprung (Nullpunkt) des Wahrnehmungsraumes verbindet (vgl. Abbildung 10.28). Die Steigung des Präferenzvektors beträgt somit b_2/b_1.

Idealpunkt-Modell

Bei Anwendung des Idealpunkt-Modells wird eine modifizierte Präferenzregression durchgeführt. Das Modell lautet:[17]

$$y_k = a + \sum_{r=1}^{R} b_r \cdot x_{rk} + b_{R+1} \cdot q_k \tag{12}$$

mit

$$q_k = \sum_{r=1}^{R} x_{rk}^2 \qquad (k = 1, ..., K)$$

Die Regressionsgleichung wird also um eine Dummy-Variable q erweitert, deren Werte sich aus der Summe der quadrierten Koordinaten eines Objektes k (k = 1,...,K) ergeben. Die Koordinaten des Idealpunktes erhält man durch

$$x_r^* = \frac{-b_r}{2\,b_{R+1}} \qquad (r = 1, ..., R) \tag{13}$$

Beispiel:

Für das Regressionsmodell (12) erhält man mit den Daten in Abbildung 10.30 und nach Umkehrung der Vorzeichen:

$$y_k = 13,7 - 15,03\,x_{1k} - 16,28\,x_{2k} + 9,43\,q_k$$

Für die Koordinaten des Idealpunktes der betreffenden Person erhält man gemäß (13):

$$x_1^* = 0,80, \quad x_2^* = 0,86 \quad .$$

Bei Anwendung von PREFMAP erhält man neben den Koordinaten des Idealpunktes auch Gewichte für die Dimensionen. Während deren Werte hier nicht interessieren, so sind doch deren Vorzeichen zu beachten. Diese sind normalerweise positiv. Negative Vorzeichen dagegen zeigen an, daß es sich um einen *Anti-Idealpunkt* handelt, d.h. mit zunehmender Entfernung von diesem Punkt nimmt die Präferenz der betreffenden Person zu. Ein Beispiel mag die Temperatur von Tee (in einem gewissen Bereich) sein: Kalter wie auch heißer Tee werden möglicherweise einem lauwarmen Tee vorgezogen. Unterscheiden sich die Vorzeichen der

---

[17] Vgl. Carroll, J.D., 1972, S. 135, sowie Schiffman, S.S./Reynolds, M.L./Young, F.W., 1981, S. 266.

662   Multidimensionale Skalierung

Gewichte, so liegt ein *Sattelpunkt* vor. Generell bereitet die Interpretation von Anti-Idealpunkten und erst recht die von Sattelpunkten Schwierigkeiten.

Abbildung 10.30: Präferenzränge und Koordinaten von 5 Objekten (vgl. Abbildung 10.26)

Objekt k	Präferenzrang p_k	Koordinaten	
		x_{1k}	x_{2k}
A	3	0,57	1,30
B	2	0,99	1,21
C	1	0,62	0,80
D	4	1,30	0,55
E	5	0,37	0,33

10.3.1.4 Ablauf von PREFMAP

PREFMAP umfaßt neben dem Vektor-Modell und dem Idealpunkt-Modell mit kreisförmigen Iso-Präferenz-Linien zwei weitere Idealpunkt-Modelle, ein elliptisches Modell und ein rotiertes elliptisches Modell (vgl. Abbildung 10.31). Entsprechend diesen Modellen läuft PREFMAP in 4 Phasen ab:

Phase	Modell
1	elliptisches Idealpunkt-Modell mit Rotation
2	elliptisches Idealpunkt-Modell
3	kreisförmiges Idealpunkt-Modell
4	Vektor-Modell

Abbildung 10.31: Die drei Idealpunkt-Modelle von PREFMAP

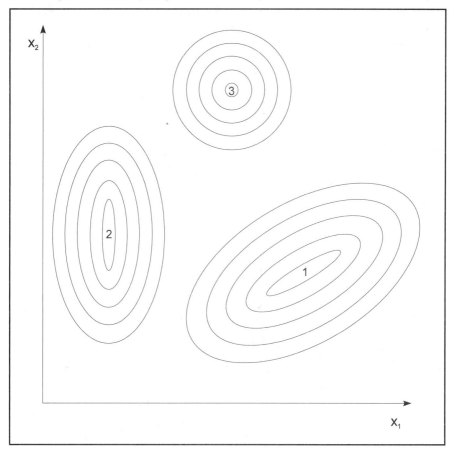

Die Modelle werden in obiger Reihenfolge durchlaufen, d.h. zuerst das allgemeinste und komplexeste Modell und zuletzt das einfachste Modell, das Vektor-Modell. Der Benutzer kann aber angeben, in welcher Phase er beginnen will. Bei Wahl von Phase 1 oder 2 ändern sich auch die Ergebnisse der nachfolgenden Phasen.

Für den Benutzer stellt sich die Frage, welches Modell er anwenden soll. Generell sollte er am Anfang nur das einfache (kreisförmige) Idealpunkt-Modell oder das Vektor-Modell anwenden, also mit Phase 3 oder 4 beginnen. Für die Wahl zwischen Idealpunkt- und Vektor-Modell können sowohl inhaltliche wie auch statistische Kriterien herangezogen werden. Im Zweifelsfall sollte dem einfacheren Modell, dem Vektor-Modell, der Vorzug gegeben werden.

Das Idealpunkt-Modell sollte nur dann angewendet werden, wenn dieses auch sinnvoll interpretierbar ist, also wenn die Variablen bzw. Dimensionen nicht vom Typ "Je mehr, desto besser" sind. Dies gilt erst recht für Anti-Idealpunkte, die meist nur schwer interpretierbar sind. Überdies ist die Anwendung des Idealpunkt-

664   Multidimensionale Skalierung

Modells nur dann zwingend, wenn der Idealpunkt innerhalb der Konfiguration der Objekte liegt. Bei (weit) außerhalb liegenden Idealpunkten ist daher ebenfalls das Vektor-Modell vorzuziehen.

Ein statistisches Kriterium bildet die Prüfung des Regressionskoeffizienten b_{R+1} für die Dummy-Variable im Regressionsansatz (12). Nur wenn dieser signifikant ist (was mit einem t-Test festgestellt werden kann), ist das komplexere Idealpunkt-Modell gerechtfertigt.

PREFMAP liefert für jedes Modell weitere statistische Gütemaße, wie den multiplen Korrelationskoeffizienten und zugehörigen F-Wert. Zwangsläufig aber liefert ein komplexeres Modell immer auch eine bessere Anpassung an die Daten und damit einen höheren Wert für den Korrelationskoeffizienten bzw. das Bestimmtheitsmaß. Nützlich ist daher eine weitere Testgröße, die PREFMAP bietet, der F-Wert für den Unterschied zwischen zwei Phasen. Dieser F-Wert wird für alle Paare von durchlaufenen Phasen berechnet. Der F-Test ist allerdings, wie auch der t-Test, nur bei metrischer Analyse gültig.

Abschließend sei bemerkt, daß PREFMAP, wenn Präferenzdaten für mehrere Personen eingegeben werden, alle Analysen separat für jede Person wie auch aggregiert (für eine durchschnittliche Person) ausführt.

10.3.1.5   Fallbeispiel

Mit den Präferenzdaten aller 36 Personen des Beispiels wurde eine externe Präferenzanalyse mit PREFMAP durchgeführt. Der Job hierfür ist in Abschnitt 10.7 wiedergegeben und wird dort erläutert.

Es wurden nur die Phasen 3 und 4, also das kreisförmige Idealpunkt-Modell und das Vektor-Modell, angewendet und eine metrische Analyse durchgeführt. In Abbildung 10.32 ist die Summary-Tabelle von PREFMAP, die sich jeweils am Ende des Ausdrucks findet, in verkürzter Form wiedergegeben. Sie gliedert sich in drei Teile.

Oberer Teil: Korrelationen und F-Werte
Für jede durchlaufene Phase werden

- die Korrelationen zwischen den Präferenzdaten und den geschätzten Präferenzwerten und
- die jeweiligen F-Werte der Korrelationskoeffizienten

für jede Person und für die "durchschnittliche Person" angegeben (in Abbildung 10.32 werden nur die Werte der ersten drei und der letzten Person wiedergegeben). Das Idealpunkt-Modell liefert infolge seiner höheren Komplexität auch höhere Korrelationen als das Vektor-Modell. Dagegen sind die zugehörigen F-Werte beim Vektor-Modell mit einer Ausnahme höher. Bei einer Irrtumswahrscheinlichkeit (Signifikanzniveau) von 5 % gelten folgende theoretischen F-Werte (vgl. F-Tabelle im Anhang):

Einbeziehung von Präferenzurteilen   665

Abbildung 10.32: Summary-Tabelle von PREFMAP (verkürzt)

```
           CORRELATION (PHASE)                F RATIO (PHASE)

       ...   R3        R4             ...  F3        F4

DF                                    ...  3 7       2 8
SUBJ
  1    ...  .777      .740            ...  3.565     4.841
  2    ...  .696      .542            ...  2.192     1.668
  3    ...  .831      .824            ...  5.204     8.446
  .
  .
  .
 36    ...  .938      .929            ... 17.049    25.259
AVG    ...  .850      .849            ...  6.062    10.315

        F RATIO (BETWEEN PHASE)
        F12       F13       F14       F23       F24       F34
DF      1 5       2 5       3 5       1 6       2 6       1 7
SUBJ
  1    .000      .000      .000      .000      .000     1.007
  2    .000      .000      .000      .000      .000     2.580
  3    .000      .000      .000      .000      .000      .268
  .
  .
  .
 36    .000      .000      .000      .000      .000      .949
AVG    .000      .000      .000      .000      .000      .038

ROOT MEAN SQUARE
PHASE
  1    .000
  2    .000
  3    .755
  4    .694
```

- Phase 3 (3 und 7 Freiheitsgrade): F = 4,35
- Phase 4 (2 und 8 Freiheitsgrade): F = 4,46

Folglich ist unter den hier betrachteten Fällen das Idealpunkt-Modell für Person 1 und 2 nicht signifikant, während das Vektor-Modell nur für Person 2 nicht signifikant ist.

Mittlerer Teil: Zwischen-Phasen-F-Werte

Genaueren Aufschluß darüber, ob ein komplexeres Modell gegenüber einem einfacheren Modell eine signifikante Verbesserung bringt und seine Anwendung somit gerechtfertigt ist, geben die Zwischen-Phasen-F-Werte. Wenn alle vier Modelle durchlaufen werden, lassen sich jeweils sechs Zwischen-Phasen-F-Werte berechnen. Da hier nur die Phasen 3 und 4 durchlaufen wurden, ist nur der F-Wert F_{34} relevant. Er indiziert die Verbesserung, die das Idealpunkt-Modell gegenüber dem Vektor-Modell bringt. Der theoretische F-Wert bei einer Irrtumswahrschein-

666 Multidimensionale Skalierung

lichkeit (Signifikanzniveau) von 5 % beträgt F = 5,59. Er wird unter den 36 Personen nur bei drei Personen überschritten.

Abbildung 10.33: Marken und Präferenzvektoren im Wahrnehmungsraum (externe Präferenzskalierung)

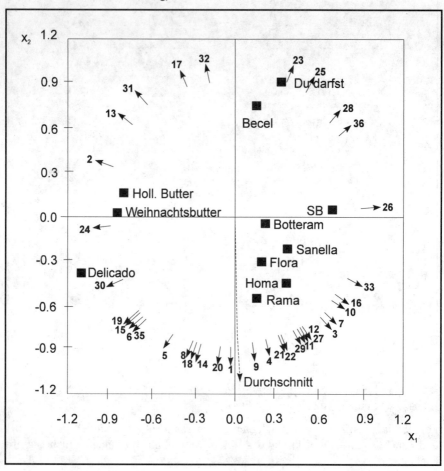

Unterer Teil: Mittlere Korrelationen
Hier ist für jede durchlaufene Phase das geometrische Mittel der individuellen Korrelationskoeffizienten angegeben.

Aufgrund der obigen Prüfmaße wird hier das Vektor-Modell ausgewählt. In Abbildung 10.33 sind die ermittelten Präferenzvektoren der 36 Personen im Wahrnehmungsraum zusammen mit der Konfiguration der Produkte dargestellt. Aus Gründen der Übersichtlichkeit wurden nur die Spitzen der Präferenzvektoren eingezeichnet. Der gestrichelte Pfeil dagegen zeigt die aggregierte Lösung (durchschnittlicher Präferenzvektor).

Abbildung 10.34: Marken und Cluster der Präferenzvektoren im Wahrnehmungsraum

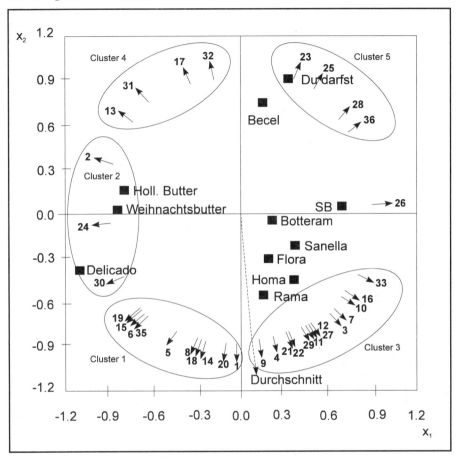

Eine Cluster-Analyse auf Basis der Präferenzvektoren ergab die dargestellten 5 Cluster in Abbildung 10.34. Bemerkenswert ist, daß das zweitstärkste Cluster Nr. 1, aber auch das Cluster Nr. 4, in Bereichen liegen, die durch keine existierenden Produkte abgedeckt werden. Dies könnten Hinweise auf bestehende Marktlücken sein.

668   Multidimensionale Skalierung

10.3.2   Interne Präferenzanalyse

Der Begriff der internen Präferenzanalyse (direkte Präferenzskalierung) beinhaltet, daß gemeinsam mit den Objekten (Stimuli) auch ein fiktives Ideal beurteilt und skaliert wird. Methodisch ergeben sich dabei keinerlei Unterschiede gegenüber einer "normalen" multidimensionalen Skalierung. Im Unterschied zur externen Präferenzanalyse, bei der zwei Mengen von Daten (Koordinaten der Objekte und Präferenzen der Personen) verarbeitet werden, wird bei der internen Präferenzanalyse nur eine Menge von Daten verarbeitet:

- Ähnlichkeiten bei Anwendung der nichtmetrischen multidimensionalen Skalierung,
- Eigenschaftsbeurteilungen bei Anwendung der Faktorenanalyse.

Bei Anwendung der MDS auf Basis von Ähnlichkeitsdaten wird davon Gebrauch gemacht, daß sich Präferenz auch als eine spezielle Ähnlichkeit interpretieren läßt, nämlich als Ähnlichkeit zwischen einem realen Objekt und dem Ideal. Die Auswahl der Paarvergleiche, die für die praktische Anwendung der MDS eine kritische Größe bildet, erhöht sich dadurch allerdings erheblich, z.B. bei 11 realen Objekten von 55 auf 66, oder allgemein bei K Objekten um K Paarvergleiche.

Weitere Nachteile, die sowohl bei Anwendung der MDS wie auch der Faktorenanalyse gelten, sind:

- Es kann nur das Idealpunkt-Modell zur Anwendung kommen, nicht aber das Vektor-Modell, da das Ideal wie alle realen Objekte behandelt und somit als Punkt dargestellt wird.
- Die Beurteilung eines fiktiven Ideals mag dem Befragten realitätsfremd erscheinen und somit Schwierigkeiten bereiten.

Eine weitere Form der internen Präferenzanalyse, die hier erwähnt sei, bildet das Unfolding von Coombs, das später von Bennett und Hays zum multidimensionalen Unfolding weiterentwickelt wurde.[18] Bei diesem Verfahren werden allein auf Basis von Präferenzdaten Objekte und Personen in einem gemeinsamen Wahrnehmungsraum skaliert.

10.4   Einbeziehung von Eigenschaftsurteilen

Ähnlichkeitsurteile beinhalten weder Information über die Präferenzen einer Person bezüglich der Objekte, noch darüber, wie sie bestimmte Eigenschaften der Objekte beurteilt. Analog zur Einbeziehung von Präferenzen mittels externer Präferenzanalyse ist es auch möglich, Eigenschaftsbeurteilungen in den Wahrnehmungsraum einzubeziehen, was auch als *Property Fitting* bezeichnet wird.

---

[18] Vgl. Coombs, C.H., 1965, S. 80ff.; Bennet, J.F./Hays, W.L., 1960, S. 27 ff.

Einbeziehung von Eigenschaftsurteilen   669

Methodisch besteht zwischen dem Property Fitting und der externen Präferenzanalyse kein Unterschied. Es werden i.d.R. die über die Personen aggregierten
Eigenschaftsbeurteilungen herangezogen, da erfahrungsgemäß die Wahrnehmung
von Personen weniger individuelle Differenzen aufweist als deren Präferenzen.

Um die formale Übereinstimmung zu verdeutlichen, sind nachfolgend die Datensätze für die externe Präferenzanalyse und für das Property Fitting schematisch
gegenüber gestellt.

Datensatz für die Präferenzanalyse:

   Person 1: Präferenzen für die K Objekte
   .
   .
   .
   Person I: Präferenzen für die K Objekte

Datensatz für das Property Fitting:

   Eigenschaft 1: Beurteilungen der K Objekte
   .
   .
   .
   Eigenschaft J: Beurteilungen der K Objekte

Zusätzlich werden (jeweils identisch) die Daten für die vorgegebene Konfiguration
der Objekte benötigt.

Jede Eigenschaft läßt sich wie zuvor jede Person als Punkt oder als Vektor im
Wahrnehmungsraum darstellen (je nach Modellwahl). Das Ergebnis für unser Fallbeispiel zeigt Abbildung 10.35. Damit steht eine zusätzliche Interpretationshilfe
für die Dimensionen des Wahrnehmungsraumes zur Verfügung.

Abbildung 10.35: Marken und Eigenschaften im Wahrnehmungsraum (Property Fitting)

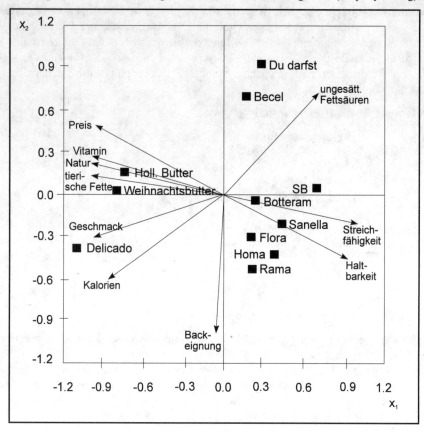

10.5 Anwendungsempfehlungen

Folgende Empfehlungen sollen dem Anfänger den Einstieg bei der Anwendung der MDS erleichtern.

1. Die Zahl der Objekte sollte nicht zu klein sein (möglichst mehr als acht).
2. Die Erhebung der Ähnlichkeitsdaten wird durch Anwendung des Ratingverfahrens erleichtert. Für individuelle Analysen aber sind i.d.R. Rangdaten erforderlich.
3. Bei der Wahl des Distanzmodells sollte die Euklidische Metrik bevorzugt werden.
4. Es sollten nicht mehr als zwei oder drei Dimensionen vorgegeben werden.

Anwendungsempfehlungen   671

5. Für aggregierte Analysen ist ein Verfahren mit Replikationen zu bevorzugen.
6. Zur Erleichterung der Interpretation sollten die Achsen geeignet rotiert werden (z.B. Varimax-Kriterium).
7. Eine vernünftige Interpretation der Lösung ist nicht ohne fundierte Sachkenntnis des untersuchten Problems möglich.

Bei zusätzlicher Durchführung einer externen Präferenzanalyse oder eines Property-Fittings wird weiterhin empfohlen:

1. Während bei Wahrnehmungsdaten eine aggregierte Analyse meist zweckmäßig und oft auch notwendig ist, sollten Präferenzdaten immer individuell analysiert werden.
2. Bei Anwendung von PREFMAP sollte man nicht mit Phase 1, sondern besser erst mit Phase 3 (kreisförmiges Idealpunkt-Modell) oder Phase 4 (Vektor-Modell) beginnen.
3. Es sollte mit einer metrischen Analyse begonnen werden, da die statistischen Testkriterien bei der monotonen Analyse nicht gültig sind.
4. Das Idealpunkt-Modell sollte nur dann angewendet werden, wenn es auch sinnvoll interpretierbar ist (also nicht, wenn die Dimensionen vom Typ "Je mehr, desto besser" sind).
5. Die Anwendung des Idealpunkt-Modells ist nur dann zwingend, wenn der Idealpunkt innerhalb der Konfiguration der Objekte liegt.
6. Im Zweifelsfall sollte dem einfacheren Modell, dem Vektor-Modell, der Vorzug gegeben werden.

10.5.1 POLYCON-Kommandos

In Abbildung 10.36 sind die Kommandos zur Durchführung der MDS mit POLYCON (vgl. Abschnitt 10.2.6) wiedergegeben.[19] In den Spalten 1-10 steht jeweils der Kommando-Name und in den Spalten 11-72 folgen dessen Spezifikationen (Parameter), soweit diese erforderlich sind.

Durch das Kommando *START* wird ein Job eingeleitet und mittels *TITLE* läßt sich ein Titel angeben.

Durch das Kommando *LABEL* können den Variablen Namen mit jeweils 8 Zeichen zugeordnet werden.

Das *INPUT*-Kommando dient zur Beschreibung der Daten:

INPUT   DATA MATRIX, TRIANGULAR(11), NO DIAGONAL,
             REPLICATIONS(32), FORMAT(10F1.0).

---

[19] Bezüglich näherer Ausführungen zur Verwendung von POLYCON siehe Schiffman, S.S./Reynolds, M.L./Young, F.W., 1981, S. 103ff. sowie Young, F.W., 1973, S. 66 ff. Zur Durchführung der MDS wurde hier eine PC-Version von POLYCON verwendet. Diese kann von den Autoren dieses Buches bezogen werden.
Eine Beschreibung der mathematischen Grundlagen von POLYCON liefert Young, F.W., 1973, S. 69 ff.

672 Multidimensionale Skalierung

DATA MATRIX besagt, daß (Ähnlichkeits- bzw. Unähnlichkeits-)Daten folgen. Alternative Spezifikationen sind INITIAL CONFIGURATION zur Eingabe einer Startkonfiguration oder TARGET CONFIGURATION zur Eingabe einer Zielkonfiguration für die Rotation der gefundenen Konfiguration.

TRIANGULAR(11) besagt, daß die Datensätze in Form einer unteren Dreiecksmatrix angeordnet sind und daß es sich hier um die Daten von 11 Objekten handelt. Alternative Spezifikationen sind SQUARE(n) für quadratische und RECTANGULAR(n) für rechteckige Matrizen.

NO DIAGONAL besagt, daß die Diagonale der vollständigen Matrix fehlt.

REPLICATIONS(32) besagt, daß es sich um die Daten von 32 Personen handelt und somit hier 32 Dreiecksmatrizen folgen.

FORMAT(10F1.0) gibt das Format der Daten in FORTRAN-Notation an (hier: maximal 10 Zahlen pro Zeile, wobei jede Zahl nur eine Stelle umfaßt und somit 0 Stellen hinter dem Dezimalpunkt besitzt).

Die Kommandos *PRINT* und *PLOT* dienen zur Steuerung der Ausgabe. Wenn diese Kommandos fehlen, wird nur die Standardinformation ausgegeben.

Durch das *ANALYSIS*-Kommando wird die Art der Analyse spezifiziert:

ANALYSIS   EUCLIDIAN, ITERATIONS(10,30),
             ASCENDING REGRESSION, SECONDARY,
             DIMENSIONS(3,2).

EUCLIDEAN besagt, daß als Distanzmaß die euklidische Distanz verwendet wird. Alternativ kann MINKOWSKI(c) spezifiziert werden, wobei MINKOWSKI(2) identisch mit EUCLIDEAN ist und MINKOWSKI(1) die City-Block-Metrik ergibt.

ITERATIONS(10,30) besagt, daß maximal 10 Iterationen in Phase 1 und maximal 30 Iterationen in Phase 2 erfolgen sollen.

Durch ASCENDING REGRESSION wird angezeigt, daß es sich hier um Unähnlichkeitsdaten handelt und folglich mit deren Größe auch die Werte der gesuchten Distanzen ansteigen sollten. Für Ähnlichkeitsdaten ist DESCENDING REGRESSION anzugeben.

SECONDARY besagt, daß Ties in den Daten (Gleichheit von Unähnlichkeiten) erhalten bleiben sollen, d.h. daß auch die entsprechenden Disparitäten gleich gesetzt werden (Secondary Approach). Alternativ bedeutet PRIMARY, daß Ties aufgelöst werden, d.h. bei Gleichheit der Unähnlichkeiten ergeben sich daraus keine Anforderungen an die Disparitäten. Dadurch kann der STRESS-Wert wesentlich niedriger ausfallen. SECONDARY ist die Voreinstellung bei POLYCON. Bei Anwendung des Primary Approach vermindert sich im Fallbeispiel STRESS 1 von 0,263 auf 0,185 und STRESS 2 von 0,596 auf 0,448.

DIMENSIONS(3,2) besagt, daß zunächst eine Lösung in drei Dimensionen und sodann in zwei Dimensionen gesucht werden soll. In Abschnitt 10.2.6 wurden nur die Ergebnisse der Lösung in zwei Dimensionen wiedergegeben.

Anwendungsempfehlungen   673

Abbildung 10.36: Kommandos zur MDS mit POLYCON

```
START
TITLE       MDS für den Margarinemarkt
LABEL       Becel,Duda,Rama,Deli,HollB,WeihnB,Homa
            ,Flora,SB,Sanella,Botteram.
INPUT       DATA MATRIX,
            TRIANGULAR(11),
            NO DIAGONAL,
            REPLICATIONS(32),
            FORMAT(10F1.0).
2
65
765
7642
76323
651454
5536442
65204323
661544141
6613433222
0
00
000
0040
00603
001054
0020652
00304522
001055221
0020542321
1
.
.
.
0340702633
PLOT        ROTATED CONFIGURATION,
            GOODNESS OF FIT.
PRINT       DATA MATRIX,
            DISTANCES MATRIX,
            ROTATED CONFIGURATION.
ANALYSIS    EUCLIDEAN,
            ITERATIONS(10,30),
            ASCENDING REGRESSION,
            SECONDARY,
            DIMENSIONS(3,2).
COMPUTE
STOP
```

Durch *COMPUTE* wird die Durchführung einer Analyse ausgelöst. Es können weitere ANALYSIS-Kommandos, jeweils gefolgt von COMPUTE, in einem Job folgen. Durch das Kommando *STOP* wird ein Job beendet.

674   Multidimensionale Skalierung

10.5.2 PREFMAP-Kommandos

Abbildung 10.37 zeigt die Steuerdatei (Job), mit Hilfe derer die externe Präferenzanalyse in Abschnitt 10.3.1 durchgeführt wurde.[20]

Die erste Zeile der Steuerdatei enthält die Werte der Steuerparameter. Es folgen zwei Datenblöcke, die Koordinaten der Konfiguration und die Präferenzdaten. Den beiden Datenblöcken ist jeweils eine Formatangabe in FORTRAN-Notation vorangestellt.

In Abbildung 10.38 sind die Parametereinstellungen in Verbindung mit den Symbolen der Steuerparameter dargestellt.

Abbildung 10.39 gibt eine vollständige Übersicht der Steuerparameter von PREFMAP mit ihren jeweiligen Ausprägungen. Empfehlenswerte Einstellungen, mit denen man bei der Anwendung beginnen sollte, sind durch (*) gekennzeichnet.[21]

Mittels Parameter LFITSW läßt sich zwischen metrischer und nicht-metrischer (monotoner) Analyse wählen. Wenn sog. Ties (gleiche Präferenzränge p_k für verschiedene Objekte) vorkommen, so kann bei der monotonen Analyse weiterhin zwischen dem Primary Approach (die Ties werden aufgelöst) und dem Secondary Approach (die Ties bleiben erhalten) gewählt werden.

In Abbildung 10.40 ist die Steuerdatei zum Property Fitting (vgl. Abschnitt 10.4) wiedergegeben. Sie enthält anstelle der Präferenzdaten der 36 Personen die 10 Eigenschaftsbeurteilungen der Objekte. Ansonsten ist sie analog aufgebaut. Da hier nur das Vektormodell angewendet werden soll, wird mit Phase 4 gestartet (IPS = 4).

---

[20] Es wurde hier die PC-Version von PREFMAP aus der Serie PC-MDS von S.M. Smith (Brigham Young University, Provo, Utah 84602, USA) verwendet. Dieses Programm ist auch auf der Diskette zum Buch von Green, P.E./Carmone, F./Smith, S.M., 1989 enthalten.

[21] Vgl. hierzu: Green, P.E./Carmone, F./Smith, S.M., 1989, S. 303 ff.; Schiffman, S.S./Reynolds, M.L./Young, F.W., 1981, S. 253 ff.; Chang, J.J./Carroll, J.D., o.J.

Anwendungsempfehlungen   675

Abbildung 10.37: Steuerdatei zur Präferenzanalyse mit PREFMAP

```
11    2  36    0   1   0   3   4   0   0   0  15   0   0   1
(3X,2F7.3)
01   0.162   0.697
02   0.285   0.891
03   0.236  -0.482
04  -1.144  -0.355
05  -0.752   0.127
06  -0.778   0.013
07   0.351  -0.410
08   0.254  -0.292
09   0.676   0.036
10   0.439  -0.189
11   0.272  -0.036
(11F3.0)
10 11   2   4   5   6   1   8   3   7   9
 6  7   8   5   4   1  10   9  11   2   3
 7 11   4   8   9  10   6   5   3   1   2
 .
 .
 .
 2  1   6  11   9  10   8   4   3   5   7
```

Abbildung 10.38: Benutzte Parametereinstellung für die Präferenzanalyse

```
11    2  36    0   1   0   3   4   0   0   0  15   0   0   1
N     K   ³ ISV  ³ IRX IPS  ³   ³   ³ IAV   ³   ³   ³ CRIT
          ³       ³          IPE   ³   ³   MAXIT  ³   ³
      NSUB     NORS          IWRT   ³       ISHAT   ³
                             LFITSW         IPLOT
```

676   Multidimensionale Skalierung

Abbildung 10.39: Steuerparameter von PREFMAP

Symbol	Spalte	Erläuterung
N	1- 4	Anzahl der Objekte bzw. Stimuli (im Text K)
K	5- 8	Anzahl der Dimensionen (im Text R)
NSUB	9-12	Anzahl der Personen (im Text I) oder der Eigenschaften (im Text J)
ISV	13-16	0 = kleinerer Wert bedeutet größere Präferenz (*) 1 = größerer Wert bedeutet größere Präferenz
NORS	17-20	Normalisierung der Skalenwerte für jede Person: 1 = ja (*), 0 = nein
IRX	21-24	Eingabeform der Koordinaten für Konfiguration: 0 = Objekte in Zeilen, Dimensionen in Spalten (*) 1 = Objekte in Spalten, Dimensionen in Zeilen
IPS	25-28	Angabe der Start-Phase: 1, 2, 3 oder 4 (*: 3 oder 4)
IPE	28-32	Angabe der letzten Phase: IPS ≤ IPE ≤ 4)
IRWT	33-36	Vorgabe unterschiedlicher Gewichte für Dimensionen: 0 = nein (*), 1 = ja
LFITSW	37-40	Art der Analyse 0 = metrisch (*) 1 = monoton, keine ties 2 = monoton, primary approach für ties 3 = monoton, secondary approach für ties
IAV	41-44	Berechnung der durchschnittlichen Skalenwerte: 0 = einmalig in Startphase (*) 1 = erneut in jeder Phase (irrelevant für metrische Analyse)
MAXIT	45-48	Maximale Anzahl von Iterationen (*: 15)
ISHAT	49-52	0 = Benutze Skalenwerte von vorhergehender Phase (*) 1 = Berechnung neuer Skalenwerte in jeder Phase
IPLOT	53-56	Plot-Optionen für Phase 1 und 2: 0 = Idealpunkt für durchschnittliche Person 1 = zusätzlich Funktionsplot für jede Person 2 = zusätzlich Idealpunkt für jede Person
CRIT	57-60	Konvergenz-Kriterium für Iteration (*: 0001)

Abbildung 10.40: Steuerdatei zum Property Fitting mit PREFMAP

```
 11   2  10   0   1   0   4   4   0   0   0  15   0   0   1
(3X,2F7.3)
01  0.162  0.697
02  0.285  0.891
03  0.236 -0.482
04 -1.144 -0.355
05 -0.752  0.127
06 -0.778  0.013
07  0.351 -0.410
08  0.254 -0.292
09  0.676  0.036
10  0.439 -0.189
11  0.272 -0.036
(11F5.2)
4.68 4.90 4.97 3.71 3.58 3.67 5.00 5.48 4.70 4.68 4.38  Streichf.
4.74 4.60 4.13 5.79 5.23 3.30 3.86 4.36 3.97 3.79 3.65  Preis
4.37 4.05 4.75 3.43 3.71 3.40 4.64 4.77 4.67 4.52 4.10  Haltbark.
4.37 3.80 3.71 3.14 3.87 3.62 3.86 3.93 3.90 3.97 3.64  Ungefett
3.63 2.35 4.34 4.00 4.26 4.03 4.29 4.03 3.97 4.45 3.79  Backeign.
4.26 3.90 4.34 5.29 5.55 4.57 4.32 4.52 4.31 4.26 3.83  Geschmack
3.37 2.84 4.06 5.00 5.29 4.93 3.89 3.61 3.86 4.19 3.62  Kalorien
2.13 2.29 1.78 4.82 5.91 5.64 2.09 1.78 1.54 2.00 2.00  Tierfett
4.47 3.85 3.94 4.21 4.23 3.86 4.25 4.32 3.73 3.77 3.31  Vitamin
4.53 3.50 3.78 4.64 5.23 4.53 3.75 3.97 3.87 3.71 3.62  Natur
```

10.5.3 Multidimensionale Skalierung mit SPSS

Im Programmpaket SPSS ist für die Multidimensionale Skalierung das Programm ALSCAL von Young und Lewyckyj,[22] das allerdings etwas andere Ergebnisse liefert als POLYCON. Es soll hier kurz die Analyse des Fallbeispiels mit ALSCAL unter SPSS gezeigt werden.[23]

Abbildung 10.41 zeigt die Steuerdatei zur MDS mit SPSS. Der Aufbau ist der Steuerdatei von POLYCON sehr ähnlich. Bei der Dateneingabe ist zu beachten, daß, anders als bei POLYCON oder auch bei der Original-Version von ALSCAL, bei der Eingabe einer unteren Dreiecksmatrix auch die Diagonale vorhanden sein muß. Da sie nicht gelesen wird, reicht es aus, wenn lediglich der Platz dafür vorhanden ist, was darauf hinausläuft, daß vor jeder Dreiecksmatrix eine Leerzeile einzufügen ist.

Durch LEVEL=ORDINAL (UNTIE) wird spezifiziert, daß eine nicht-metrische Analyse durchgeführt werden soll und daß der Primary Approach anzuwenden ist (siehe oben). Alternativ zu UNTIE kann mittels SIMILAR der Secondary Approach angewendet werden, bei dem die Ties erhalten bleiben. In diesem Fall aber konnte die Prozedur ALSCAL keine Lösung für das Fallbeispiel erbringen.

---

[22] Vgl. Young, F.W./Lewyckyj, R., 1979; Takane, Y./Young, F.W./De Leeuw, J., 1977, S. 7 ff.

[23] Bezüglich näherer Erläuterungen siehe Norusis, M.J., 1999.

678   Multidimensionale Skalierung

Abbildung 10.42 zeigt auszugsweise das Ergebnis der MDS. In ALSCAL wird abweichend von den meisten MDS-Programmen nicht STRESS sondern S-STRESS als Zielkriterium der Optimierung verwendet. Im Unterschied zu (5) berechnet es sich wie folgt:

$$S-STRESS = \sqrt{\frac{\sum_k \sum_l (d_{kl}^2 - \hat{d}_{kl}^2)^2}{\sum_k \sum_l \hat{d}_{kl}^4}} \tag{14}$$

Im Output von ALSCAL wird neben S-SRESS auch STRESS 1 für jede Person sowie als Mittel über die Personen angegeben. Der mittlere Wert für STRESS 1 beträgt hier 0,2998. Er liegt damit etwas höher als bei POLYCON mit 0,2626. Der Wert für STRESS 1 bei POLYCON aber vermindert sich weiter auf 0,1848, wenn wie hier der Primary Approach gewählt wird.

RSQ bezeichnet die quadrierte Korrelation zwischen den Disparitäten und den Distanzen. Im Gegensatz zum STRESS-Maß (badness of fit) handelt es sich hierbei um ein "Güte"-Maß (goodness of fit), das mit dem Bestimmtheitsmaß der Regressionsanalyse vergleichbar ist.

Ein Vorteil von ALSCAL unter SPSS ist, daß der Benutzer sofort eine High-Resolution-Darstellung der ermittelten Konfiguration erhält. Sie ist für das Fallbeispiel in Abbildung 10.43 wiedergegeben.

Abbildung 10.41: Kommandos zur MDS mit SPSS (ALSCAL)

```
* MDS fuer den Margarinemarkt
DATA LIST
 /Becel Duda Rama Deli HollB WeihnB Homa
  Flora SB Sanella Botteram 1-11.
BEGIN DATA

2
65
765
7642
76323
651454
5536442
65204323
661544141
6613433222

0
00
000
0040
00603
001054
0020652
00304522
001055221
0020542321

1
.
.
.
2026543333
END DATA.

ALSCAL
  VARIABLES= Becel TO Botteram
  /SHAPE=SYMMETRIC
  /LEVEL=ORDINAL (UNTIE)
  /CONDITION=MATRIX
  /MODEL=EUCLID
  /CRITERIA=CONVERGE(.001) STRESSMIN(.005) ITER(30) CUTOFF(0)
   DIMENS(2,2)
  /PLOT=DEFAULT
  /PRINT=DATA HEADER.
```

680   Multidimensionale Skalierung

Abbildung 10.42: Output der MDS mit SPSS (ALSCAL)

```
Iteration history for the 2 dimensional solution (in squared dis-
tances)

                 Young's S-stress formula 1 is used.

              Iteration     S-stress      Improvement

                  1          ,43187
                  2          ,40737          ,02450
                  3          ,39816          ,00921
                  4          ,39546          ,00270
                  5          ,39480          ,00065


                    Iterations stopped because
               S-stress improvement is less than    ,001000


          Stress and squared correlation (RSQ) in distances

RSQ values are the proportion of variance of the scaled data (dispari-
ties)
           in the partition (row, matrix, or entire data) which
           is accounted for by their corresponding distances.
             Stress values are Kruskal's stress formula 1.

        Matrix     Stress      RSQ    Matrix     Stress      RSQ
          1         ,270      ,561      2         ,302      ,438
          3         ,270      ,554      4         ,297      ,456
          5         ,345      ,274      6         ,375      ,147
          7         ,270      ,551      8         ,237      ,653
          9         ,321      ,389     10         ,355      ,243
         11         ,270      ,547     12         ,292      ,477
         13         ,310      ,410     14         ,279      ,523
         15         ,261      ,587     16         ,317      ,390
         17         ,338      ,302     18         ,285      ,497
         19         ,320      ,375     20         ,346      ,262
         21         ,313      ,405     22         ,260      ,588
         23         ,307      ,439     24         ,338      ,302
         25         ,243      ,642     26         ,310      ,414
         27         ,247      ,621     28         ,215      ,721
         29         ,270      ,549     30         ,321      ,377
         31         ,314      ,393     32         ,323      ,367


        Averaged (rms) over  matrices
     Stress =   ,29983      RSQ =  ,45172
```

Anwendungsempfehlungen 681

Abbildung 10.43: SPSS-Darstellung der ermittelten Konfiguration

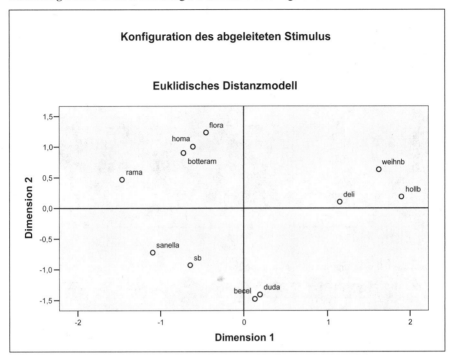

Die Version SPSS 13.0 bietet auch die Möglichkeit, eine Multidimensionale Skalierung menügeleitet durchzuführen. Die nachfolgenden Abbildungen (Abbildung 10.44 bis Abbildung 10.48) zeigen die Durchführung für unser Fallbeispiel. Die Ergebnisse sind den Abbildungen 10.42 und 10.43 zu entnehmen.

682 Multidimensionale Skalierung

Abbildung 10.44: Daten-Editor mit Auswahl "Multidimensionale Skalierung"

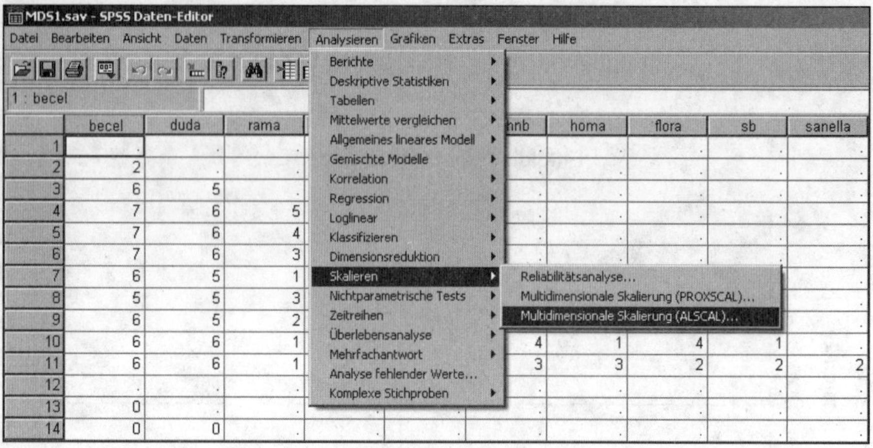

Abbildung 10.45: Dialogfeld "Multidimensionale Skalierung"

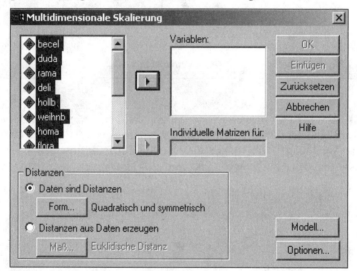

Abbildung 10.46: Dialogfeld "Form der Daten"

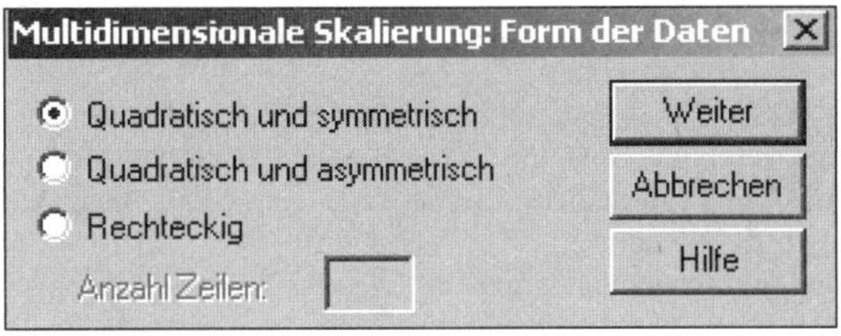

Abbildung 10.47: Dialogfeld "Modell"

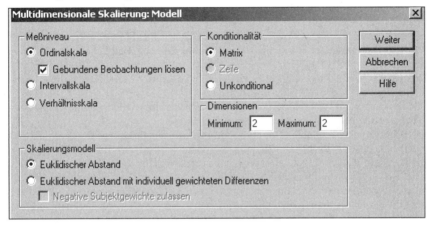

Abbildung 10.48: Dialogfeld "Optionen"

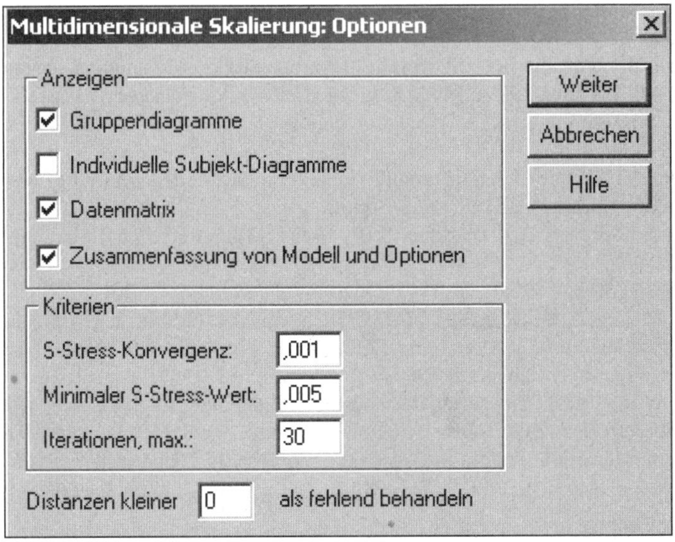

684   Multidimensionale Skalierung

10.6   Literaturhinweise

Bennet, J.F./Hays, W.L. (1960): Multidimensional Unfolding: Determining the Dimensionality of Ranked Preference Data, in: Psychometric monographes, S. 27-43.

Borg, I. (1981): Anwendungsorientierte Multidimensionale Skalierung, Berlin u.a.

Carmone, F.J./Green, P.E./Robinson, P.J. (1968): TRICON - An IBM 360/65 FORTRAN IV Program for the Triangularisation of Conjoint Data. In: Journal of Marketing Research, Vol. 5, S. 219 - 220.

Carroll, J.D. (1972): Individual Differences and Multidimensional Scaling, in: Shepard, B.N./Romney, A.W./Nerlove, S.B. (1972): Multidimensional Scaling, S. 105-155.

Cattin, Ph./Wittink, D.R. (1976): A Monte-Carlo Study of Metric and Nonmetric Estimation Methods for Multiattribute Models, Research Paper No. 341, Graduate School of Business, Stanford University.

Chang, J.J./Carroll J.D. (o.J.) How to Use PREFMAP and PREFMAP2 - Programs which Relate Preference Data to Multidimensional Scaling Solution, Bell Laboratories, Murray Hill, N.J.

Coombs, C.H. (1950): Psychological Scaling without a Unit of Measurement, in: Psychological Review, Vol. 57, 1950, S. 145-158

Dichtl, E./Schobert, R. (1979): Mehrdimensionale Skalierung - Methodische Grundlagen und betriebswirtschaftliche Anwendungen, München.

Green, P.E./Carmone, F./Smith, S.M. (1989): Multidimensional Scaling: Concepts and Applications, Boston/London u.a.

Green, P.E./Rao, V.R. (1972): Applied Multidimensional Scaling, New York u.a.

Kruskal, J.B. (1964a): Multidimensional Scaling by Optimizing Goodness of Fit to a Nonmetric Hypothesis, in: Psychometric monographes, Vol. 29, März 1964, S. 1 – 27.

Kruskal, J.B. (1964b): Nonmetric Multidimensional Scaling: A Numerical Method, in: Psychometric monographes, Vol. 29, Juni 1964, S. 115 - 129.

Kruskal, J.B./Carmone, F. J.(1973): How to Use MDSCAL, A Program to do Multidimensional Scaling and Multidimensional Unfolding (Version 5M), Bell Laboratories, Murray Hill New York (vervielfältigtes Manual).

Kruskal, J.B./Wish, M. (1994): Multidimensional Scaling, 20. printing, Newbury Park, Calif. u.a.

Norusis, M.J./SPSS Inc. (1999): SPSS Base 9.0 Syntax Reference Guide, Chicago.

Norusis, M.J./SPSS Inc. (1999): SPSS Base 9.0 User's Guide Package, Chicago.

Schiffman, S.S./Reynolds, M.L./Young, F.W. (1981): Introduction to Multidimensional Scaling, Orlando u.a.

Schobert, R. (1979): Die Dynamisierung komplexer Marktmodelle mit Hilfe von Verfahren der Mehrdimensionalen Skalierung, Berlin.

Shepard, R.N./Romney, A.K./Nerlove, S.B. (1972): Multidimensional Scaling, New York u.a.

Sixtl, F. (1967): Meßmethoden der Psychologie, Weinheim.

Takane, Y./Young, F.W./De Leeuw, J. (1977): Nonmetric Individual Differences Multidimensional Scaling: An Alternating Least Squares Method with Optimal Scaling Features, in: Psychometrika, 42, S. 7-67.

Torgerson, W.S. (1958): Theory and Methods of Scaling, New York.

Young, F.W. (1973): POLYCON - Conjoint Scaling, The L.L. Thurstone Psychometric Laboratory, University of North Carolina, Report No. 118, Chapel Hill, S. 66-92.

Young, F.W./Lewyckyj, R. (1979): ALSCAL User's Guide, 3rd Ed., University of North Carolina, Chapel Hill.

11 Korrespondenzanalyse

11.1	Problemstellung	686
11.1.1	Beispiel	686
11.1.2	Entstehung und Einordnung der Korrespondenzanalyse	688
11.1.3	Anwendungsbereiche der Korrespondenzanalyse	690
11.2	Vorgehensweise	692
11.2.1	Vorbereitende Schritte	693
11.2.1.1	Erstellung einer Kontingenztabelle	693
11.2.1.2	Erstellung von Zeilen- und Spaltenprofilen	695
11.2.1.3	Ermittlung der Streuung in den Daten	699
11.2.2	Standardisierung der Daten	704
11.2.3	Extraktion der Dimensionen	707
11.2.4	Normalisierung der Koordinaten	710
11.2.4.1	Symmetrische Normalisierung	710
11.2.4.2	Varianten der Normalisierung	715
11.2.5	Interpretation	720
11.3	Fallbeispiel	725
11.3.1	Problemstellung	725
11.3.2	Ergebnisse	728
11.4	Anwendungsempfehlungen	734
11.5	Mathematischer Anhang	742
11.6	Literaturhinweise	746

686   Korrespondenzanalyse

11.1   Problemstellung

Die *Korrespondenzanalyse* ist ein Verfahren zur Visualisierung von Datentabellen, insbesondere von Tabellen mit Häufigkeiten qualitativer Merkmale. Sie dient damit der Vereinfachung und Veranschaulichung komplexer Sachverhalte. Die Häufigkeiten qualitativer Merkmale, man spricht hier auch von *qualitativen Daten,* werden oft in Form einer Kreuztabelle angeordnet, nämlich wenn man die gemeinsamen Häufigkeiten für zwei Gruppen von Merkmalen bzw. Merkmalskategorien vorliegen hat und etwas über deren Zusammenhänge herausfinden möchte (vgl. Abbildung 11.1).

Mit derartigen Kreuztabellen (Kontingenztabellen) befaßt sich auch die *Kontingenzanalyse*, die in Kapitel 4 dieses Buches behandelt wird. Während aber die Kontingenzanalyse die Daten statistisch analysiert, um die Signifikanz von Zusammenhängen zu prüfen, bezweckt die Korrespondenzanalyse die grafische Darstellung der Daten. Die Korrespondenzanalyse ist also ein Verfahren der *multidimensionalen Skalierung,* das insbesondere für qualitative Daten geeignet ist.

Durch Anwendung der Korrespondenzanalyse werden die Daten einer möglicherweise umfangreichen Kreuztabelle überschaubar gemacht, und es lassen sich Zusammenhänge erkennen, die ansonsten aus der Masse der Daten nicht oder nur schwer ersichtlich wären. Sie gehört damit zu einer Gruppe von Verfahren, die der Vereinfachung komplexer Sachverhalte dienen und die in einer immer komplexer werdenden Welt von großer Wichtigkeit sind. Da sich außerdem qualitative Daten leichter erheben lassen als quantitative Daten, kommt der Korrespondenzanalyse eine besondere praktische Bedeutung zu.

11.1.1   Beispiel

Die Korrespondenzanalyse soll hier zunächst an einem sehr vereinfachten aber allseits vertrauten und praxisrelevanten Beispiel erläutert werden, nämlich der Beurteilung von Automarken durch Konsumenten.

Abbildung 11.1: Kreuztabelle für das Autobeispiel

Automarken	Merkmale		
	Sicherheit	Sportlichkeit	Komfort
Mercedes	9	3	6
BMW	3	6	3
Opel	1	1	2
Audi	2	5	4

Problemstellung 687

Den Ausgangspunkt einer Korrespondenzanalyse bildet eine Kreuztabelle, wie sie Abbildung 11.1 zeigt. Die Zeilen betreffen vier bekannte Automarken und die Spalten drei wichtige Merkmale von Autos.

Zur Gewinnung der Daten wurden 15 zufällig ausgewählte Studierende wie folgt befragt:

"Bitte beurteilen Sie einige Automarken bezüglich folgender Merkmale:
1. besonders hohe Sicherheit,
2. besonders hohe Sportlichkeit,
3. besonders hoher Komfort."

Für jedes der drei Merkmale lautete sodann die Frage:

"Welcher der folgenden Automarken würden Sie dieses Merkmal am ehesten zuordnen ?"
1. Mercedes
2. BMW
3. Opel
4. Audi

Das Ergebnis dieser kleinen Befragung soll und kann keinerlei Anspruch auf Repräsentanz erheben, sondern lediglich zur Illustration der hier behandelten Methode dienen. Im Fallbeispiel im Abschnitt 11.3 dieses Kapitels wird dagegen eine umfassendere Studie des deutschen Margarine-Marktes behandelt.

Das Merkmal "Sicherheit" wurde hier von neun Befragten der Marke Mercedes als am ehesten passend zugeordnet, drei Befragte ordneten es dagegen der Marke BMW, zwei der Marke Audi und nur eine Person ordnete es der Marke Opel zu. Insgesamt sieht man, daß Mercedes stark mit "Sicherheit" assoziiert wird, aber auch mit "Komfort". BMW und Audi werden dagegen als besonders sportlich angesehen, während Opel im Vergleich dazu nur wenige Zuordnungen erhält und als unprofiliert erscheint. Während hier jedes Merkmal von jeder Person genau einer Marke zugeordnet wurde, hätten auch Mehrfachzuordnungen erfolgen können, wie es in der Marktforschung häufig praktiziert wird.

Das Ergebnis der Standarddurchführung einer Korrespondenzanalyse für das Autobeispiel zeigt Abbildung 11.2. Jede der vier Zeilen (Automarken) und drei Spalten (Merkmale) ist in dieser Abbildung als Punkt in einem gemeinsamen Raum (joint space) dargestellt.

Aus der Lage der Punkte läßt sich erkennen, daß BMW und Audi als ähnlich wahrgenommen werden, da die betreffenden Punkte relativ dicht beieinander liegen, während Mercedes und Opel als unähnlich zueinander wie auch zu BMW und Audi empfunden werden, da sie relativ isolierte Positionen einnehmen. Da auch die drei Merkmale durch Punkte in demselben Raum repräsentiert werden, erkennt man weiterhin, daß die Position von Mercedes sehr nahe bei dem Merkmal "Sicherheit" liegt, während BMW und Audi in der Nähe des Merkmals "Sportlichkeit" positioniert sind.

Bevor wir im folgenden Abschnitt die Vorgehensweise der Korrespondenzanalyse und die Interpretation ihrer Ergebnisse eingehender behandeln, wollen wir zunächst kurz auf die Entstehung und Einordnung der Korrespondenzanalyse sowie ihre Anwendungsbereiche eingehen.

Abbildung 11.2: Korrespondenzanalyse für das Autobeispiel

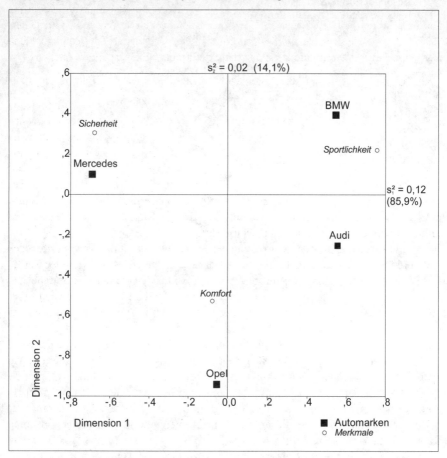

11.1.2 Entstehung und Einordnung der Korrespondenzanalyse

Jede der beiden Merkmalsgruppen (soweit man Automarke als Merkmal bezeichnet) läßt sich als eine *kategoriale Variable* auffassen, wobei die Gruppe der Zeilen (Automarken) vier Kategorien umfaßt und die Gruppe der Spalten (Merkmale von Autos) drei Kategorien. Die Korrespondenzanalyse wird daher auch als ein Verfahren zur Visualisierung kategorialer Variablen bezeichnet. Kategoriale Variablen können sowohl nominale Kategorien (Skalenniveau) besitzen (wie es hier der Fall ist), oder ordinale Kategorien (z.B. die Preiskategorien "niedrig", "mittel" und "hoch") umfassen. Ordinale Kategorien werden in der Korrespondenzanalyse wie nominale Kategorien behandelt.

Die Korrespondenzanalyse ist als ein Verfahren zur Skalierung von multivariaten Daten eng verwandt mit der Faktorenanalyse, die in Kapitel 5 dieses Buches behandelt wird, und der Multidimensionalen Skalierung (MDS), die in Kapitel 10 behandelt wird. Wie diese Verfahren ist auch die Korrespondenzanalyse ein strukturen-entdeckendes Verfahren, das zur Beschreibung und Exploration von Daten bestimmt ist. Alle drei Verfahren ermöglichen die Visualisierung komplexer Datenmengen und unterstützen die Aufdeckung von zugrundeliegenden latenten Dimensionen.

Die Faktorenanalyse wird primär für *metrische* Daten, die MDS für *ordinale* Daten und die Korrespondenzanalyse für *nominale* Daten (und z.T. auch ordinale Daten) angewendet. Da die Erhebung von Daten auf nominalem Skalenniveau prinzipiell einfacher bzw. leichter ist als auf metrischem Niveau, kommt der Korrespondenzanalyse große praktische Bedeutung zu. Ihre Anwendung hat daher in der jüngeren Vergangenheit stark zugenommen. Während Faktorenanalyse und MDS vorwiegend im angloamerikanischen Raum entwickelt wurden und dort breite Anwendung gefunden haben, hat sich die Korrespondenzanalyse parallel und lange unbemerkt in Frankreich entwickelt, insbesondere auf Betreiben des französischen Linguisten und Analytikers Jean-Paul Benzécri. In den frühen 60er Jahren untersuchte er im Bereich der Linguistik die Häufigkeiten des Auftretens bestimmter Kombinationen von Vokalen und Konsonanten (Benzécri, 1963).[1] Da seine Veröffentlichungen mit einer Ausnahme (Benzécri, 1969) in Französisch erfolgten, fanden sie außerhalb der Grenzen Frankreichs bis in die 70er Jahre nur geringe Beachtung, und die von ihm entwickelte Korrespondenzanalyse wurde daher auch als "vernachlässigte multivariate Methode" charakterisiert.[2]

Die von Benzécri verwendete Bezeichnung "Analyse des Correspondances", wobei mit dem französischen Begriff *correspondance* ein System von Assoziationen, nämlich zwischen den Elementen zweier Gruppen, gemeint war, wurde sehr direkt und leicht mißverständlich in "correspondence analysis" bzw. "Korrespondenzanalyse" übersetzt. Aufgrund ihrer Ähnlichkeit mit der Faktorenanalyse bzw. deren spezieller Form der Hauptkomponentenanalyse wird die Korrespondenzanalyse auch als "Hauptkomponentenanalyse mit kategorialen Daten" oder als "L´Analyse Factorielle des Correspondances" bezeichnet.[3]

Ein weiterer Grund für die schleppende Akzeptanz der Korrespondenzanalyse, auf den Greenacre (1984) verweist, bildete die recht eigenwillige wissenschaftstheoretische Auffassung von J.-P. Benzécri, die nicht dazu beitrug, die Sympathie

---

[1] Vgl. Greenacre, M. J., 1984, der ein Schüler von J.-P. Benzécri war und auf dessen ausführliche Darstellung wir hier primär zurückgreifen, oder Nishisato, S., 1980, S. 21 ff., Lebart, L., et al., 1984, S. 30 ff., Blasius, J., 2001, S. 2 ff.

[2] Vgl. Hill, M. O., 1974, zitiert bei Greenacre, M. J., 1984, S. 9.

[3] Vgl. Blasius, J., 2001, S. 6, 83.

690   Korrespondenzanalyse

seiner "Zunft" zu gewinnen. Dem in der modernen Wissenschaft verbreiteten modelltheoretischen Denken, welches Modelle als Repräsentationen der Realität oder gar als Gesetze der Natur ansieht, stand er weitgehend ablehnend gegenüber. Benzécri vertrat vielmehr die Philosophie, daß Datenanalyse streng induktiv ausgerichtet sein muß. Das Primat bildeten für ihn die Daten und nicht die Modelle, was er wie folgt ausgedrückte: "The model must fit the data, not vice versa"[4].

Ein dritter Grund für die auch heute noch relativ geringe Verbreitung der Korrespondenzanalyse in der Praxis ist in dem Verfahren selbst zu sehen. Die Ergebnisse sind oft schwieriger zu interpretieren als die vergleichbarer Verfahren und bergen die Gefahr von Fehlinterpretationen. Überdies existiert eine verwirrende Vielfalt von Varianten der Korrespondenzanalyse.

Während die Korrespondenzanalyse ein grafisch orientiertes Verfahren ist, wurden die mathematischen Grundlagen bereits sehr viel früher durch den deutschen Mathematiker H. O. Hirschfeld (1935), aber auch durch P. Horst (1935) sowie Eckart und Young (1936) begründet und im Bereich der Biometrie durch R. A. Fischer (1940) bzw. im Bereich der Psychologie durch P. Horst (1935), der die Bezeichnung *Reciprocal Averaging* vorschlug, und L. Guttman (1941) angewendet und weiterentwickelt. Mathematisch mit der Korrespondenzanalyse weitgehend identische Verfahren bilden die von S. Nishisato (1980) entwickelte Methode des *Dual Scaling* (auch *Optimal Scaling*) sowie die Methode *Biplot* von K. R. Gabriel (1971).

11.1.3   Anwendungsbereiche der Korrespondenzanalyse

Zur Verbreitung der Korrespondenzanalyse in der Praxis haben besonders die Bücher von M. Greenacre (1984, 1993), der ein Schüler von J.-P. Benzécri war, beigetragen. Inzwischen existieren auch im deutschsprachigen Raum ausführliche Abhandlungen zur Korrespondenzanalyse von J. Blasius (2001) und G. Kockläuner (1994). Frühe Anwendungen im Marketingbereich erfolgten durch Hoffman/Franke (1986) und Backhaus/Meyer (1988).

Es sei an dieser Stelle noch einmal zusammengefaßt, daß die Aufgabe der Korrespondenzanalyse darin besteht, zwei Gruppen von qualitativen Merkmalen (bzw. Merkmalskategorien), deren Häufigkeiten sich in einer Kreuztabelle anordnen lassen, in einem gemeinsamen Raum (joint space) grafisch darzustellen. Dabei ist es unerheblich, welche der beiden Merkmalsgruppen die Zeilen und welche die Spalten der Kreuztabelle bildet. Beispiele für mögliche Anwendungsbereiche der Korrespondenzanalyse zeigt Abbildung 11.3.

---

[4] Vgl. Greenacre, M. J., 1984, S. 10. Bezüglich einer kritischen Stellungnahme siehe Gifi, A., 1981, S. 23.

Abbildung 11.3: Anwendungsbeispiele der Korrespondenzanalyse

Anwendungsbereich	Merkmalsgruppe 1	Merkmalsgruppe 2
Linguistik	Vokale	Konsonanten
Biometrik	Augenfarben	Haarfarben
Wahlforschung	Wählertypen, Berufsgruppen	Parteien
Marktforschung	Produkte, Marken, Unternehmen	Merkmale, Beurteilungen, Käufertypen
Sozialwissenschaft	Berufsgruppen, Nationalitäten	Verhaltensweisen, Lebensstile
Medizin	Krankheiten, Erreger	Symptome
Psychologie	Persönlichkeitstypen	Verhaltensweisen, Einstellungen
Multidimensionale Zeitreihenanalyse	Objekte (z.B. Produktgruppen, Unternehmen, Länder)	Perioden

11.2 Vorgehensweise

Nachfolgend soll anhand des oben eingeführten kleinen Autobeispiels die Methodik und rechnerische Durchführung der Korrespondenzanalyse erläutert werden.

Abbildung 11.4: Ablaufschritte der Korrespondenzanalyse

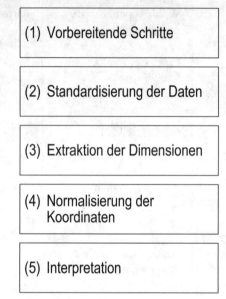

Die rechnerische Durchführung der Ermittlung einer grafischen Darstellung im Rahmen der Korrespondenzanalyse läßt sich in drei Schritte gliedern, nämlich die

- Standardisierung der Daten,
- Extraktion der Dimensionen,
- Normalisierung der Koordinaten.

Im folgenden sollen diese Schritte sukzessiv behandelt werden. Zuvor aber wollen wir uns mit einigen Grundlagen befassen, die zur Vorbereitung einer Korrespondenzanalyse sowie zu deren Verständnis unerläßlich sind. Die eigentliche Korrespondenzanalyse beginnt dann auf Stufe (2) des Ablaufschemas in Abbildung 11.4.

11.2.1 Vorbereitende Schritte

(1) Vorbereitende Schritte
(2) Standardisierung der Daten
(3) Extraktion der Dimensionen
(4) Normalisierung der Koordinaten
(5) Interpretation

11.2.1.1 Erstellung einer Kontingenztabelle

Die Zusammenstellung der gemeinsamen Häufigkeiten von zwei Gruppen von Merkmalskategorien zu einer Kreuztabelle bildet gewöhnlich den ersten Schritt einer Korrespondenzanalyse wie auch einer Kontingenzanalyse. Wir wollen diese als Kontingenztabelle bezeichnen, wenn neben den gemeinsamen Häufigkeiten auch die marginalen Häufigkeiten (Zeilen- und Spaltensummen) enthalten sind. Generell hat eine Kontingenztabelle die in Abbildung 11.5 dargestellte Form.

Abbildung 11.5: Kontingenztabelle

		Spalten					Zeilen-summen
		1	$\cdots$	j	$\cdots$	J	
Zeilen	1	n_{11}	$\cdots$	n_{1j}	$\cdots$	n_{1J}	$n_{1.}$
	.	.		.		.	.
	.	.		.		.	.
	.	.		.		.	.
	i	n_{i1}	$\cdots$	n_{ij}	$\cdots$	n_{iJ}	$n_{i.}$
	.	.		.		.	.
	.	.		.		.	.
	.	.		.		.	.
	I	n_{I1}	$\cdots$	n_{Ij}	$\cdots$	n_{IJ}	$n_{I.}$
Spalten-summen		$n_{.1}$	$\cdots$	$n_{.j}$	$\cdots$	$n_{.J}$	n

Es gelte folgende Notation:

n_{ij} = Häufigkeit der Merkmalskombination i, j

mit $\quad$ i = 1, ... , I (Zeilen) und j = 1, ... , J (Spalten)

$$n_{i.} = \sum_{j=1}^{J} n_{ij} \qquad \text{Zeilensumme i (Häufigkeit von Merkmal i)}$$

694 Korrespondenzanalyse

$$n_{.j} = \sum_{i=1}^{I} n_{ij} \qquad \text{Spaltensumme j (Häufigkeit von Merkmal j)}$$

$$n = \sum_{i=1}^{I} \sum_{j=1}^{J} n_{ij} \qquad \text{Gesamthäufigkeit (Fallzahl)}$$

Mit den Werten in Abbildung 11.1 erhält man für unser Beispiel die Kontingenztabelle in Abbildung 11.6. Wir wollen im folgenden die beiden Arten von Merkmalskategorien kurz als "Automarken" und als "Merkmale" bezeichnen. Beispielsweise beträgt die marginale Häufigkeit für die Automarke Mercedes $n_1. = 18$ (Zeilensumme), d.h. insgesamt 18 Mal wurde der Marke Mercedes ein Merkmal zugeordnet. Für das Merkmal "Sicherheit" beträgt die marginale Häufigkeit $n_{.1} = 15$ (Spaltensumme), denn jedes Merkmal wurde 15 Mal (einmal von jeder Person) zugeordnet.

Daß hier die drei Spaltensummen identisch sind, ist keineswegs notwendig für die Korrespondenzanalyse. Üblicherweise werden in der Marktforschung Mehrfachzuordnungen zugelassen (pick-any-method), d.h. die Befragten können ein Merkmal beliebig vielen Produkten oder Marken zuordnen. Daher ergeben sich bei derartigen Anwendungen gewöhnlich ungleiche Spaltensummen.

Abbildung 11.6: Kontingenztabelle (Autobeispiel)

Automarken	Merkmale			Summe
	Sicherheit	Sportlichkeit	Komfort	
Mercedes	9	3	6	18
BMW	3	6	3	12
Opel	1	1	2	4
Audi	2	5	4	11
Summe	15	15	15	45

Die Gesamthäufigkeit, die hier $n = 45$ beträgt, bezeichnet die Anzahl der Beobachtungen (Fallzahl). Jede(r) der 15 Studierenden mußte die drei Merkmale jeweils einer Automarke zuordnen, so daß sich insgesamt 45 Urteile ergaben.

Bevor wir auf Stufe (2) mit den Rechenschritten der eigentlichen Korrespondenzanalyse beginnen, wollen wir uns zunächst mit zwei Formen der Auswertung von Kontingenztabellen befassen, die grundlegend für das Verständnis der Korrespondenzanalyse sind, nämlich der

- Erstellung von Spalten- und Zeilenprofilen,
- Ermittlung der Streuung in den Daten.

Es sei hier noch einmal bemerkt, daß die Korrespondenzanalyse Zeilen und Spalten in gleicher Weise behandelt (anders als z.B. die Faktorenanalyse). Das Ergebnis einer Korrespondenzanalyse ändert sich also nicht, wenn man Zeilen und Spalten vertauscht, also im Beispiel die Automarken in den Spalten und die Merkmale in den Zeilen anordnet.

11.2.1.2 Erstellung von Zeilen- und Spaltenprofilen

Eine einfache grafische Beschreibung der Daten einer Kontingenztabelle bildet die Erstellung von Zeilen- und Spaltenprofilen. Ein *Profil* einer Menge von Häufigkeiten erhält man, wenn man die Häufigkeiten durch ihre Summe dividiert.

Zur Erstellung der *Zeilenprofile* werden die Häufigkeiten einer Zeile durch die zugehörige Zeilensumme dividiert. Dadurch werden die Zeilensummen jeweils auf Eins normiert und die Häufigkeitsverteilungen in den Zeilen besser vergleichbar. Die Werte in einer Zeile geben jetzt an, wie sich die Gesamtzahl der Zuordnungen, die eine Marke erhielt, auf die drei Merkmale aufteilt.

Zeilenprofil i: $\{n_{ij} / n_{i.}\}$ $\qquad$ (i = 1, ..., I)

Analog erhält man die *Spaltenprofile*, indem man jede Spalte durch die zugehörige Spaltensumme dividiert:

Spaltenprofil j: $\{n_{ij} / n_{.j}\}$ $\qquad$ (j = 1, ..., J)

Für das Autobeispiel zeigt Abbildung 11.7 die vier Zeilenprofile für die Automarken, die in Abbildung 11.8 grafisch in Form von Balkendiagrammen dargestellt sind. Jedes der vier Zeilenprofile ist im Projektionsraum der Korrespondenzanalyse (Korrespondenzraum) in Abbildung 11.2 durch einen Punkt repräsentiert. Das Problem, das mit Hilfe der Korrespondenzanalyse gelöst werden soll, ist es, die Lage dieser Punkte zu bestimmen.

Abbildung 11.7: Zeilenprofile für die Automarken

Automarken	Merkmale			Summe
	Sicherheit	Sportlichkeit	Komfort	
Mercedes	0,500	0,167	0,333	1,000
BMW	0,250	0,500	0,250	1,000
Opel	0,250	0,250	0,500	1,000
Audi	0,182	0,455	0,364	1,000
Mittelwert	0,333	0,333	0,333	1,000

Abbildung 11.8: Darstellung der Zeilenprofile für das Autobeispiel

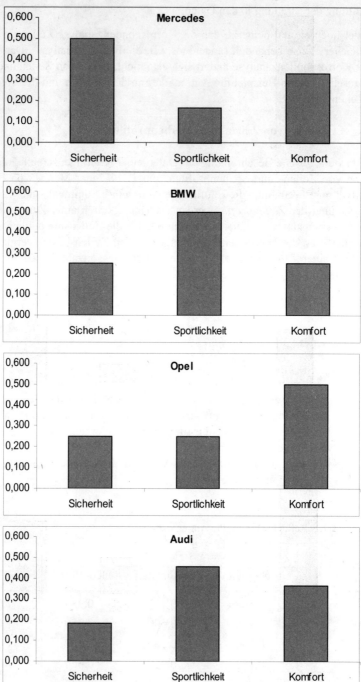

Abbildung 11.9: Darstellung der Spaltenprofile für das Autobeispiel

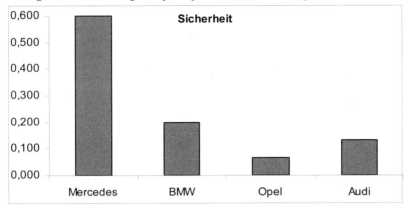
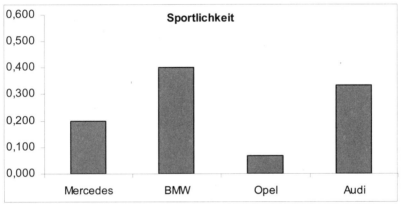
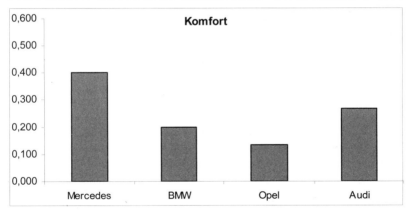

698   Korrespondenzanalyse

Die Tabelle in Abbildung 11.10 zeigt die drei Spaltenprofile für die Auto-
merkmale, die in Abbildung 11.9 grafisch dargestellt sind. Jedes der drei Spaltenprofile für die Merkmale ist wiederum in Abbildung 11.2 als Punkt repräsentiert.

Abbildung 11.10: Spaltenprofile für die Merkmale

Automarken	Merkmale			Mittelwert
	Sicherheit	Sportlichkeit	Komfort	
Mercedes	0,600	0,200	0,400	0,400
BMW	0,200	0,400	0,200	0,267
Opel	0,067	0,067	0,133	0,089
Audi	0,133	0,333	0,267	0,244
Summe	1,000	1,000	1,000	1,000

In den Tabellen in Abbildung 11.7 und 11.10 sind jeweils auch die aus den Mittelwerten bestehenden Durchschnittsprofile angegeben, die sich durch Division der
Randsummen durch die Gesamthäufigkeit ergeben. Ihre Elemente werden in der
Korrespondenzanalyse als *Massen* bezeichnet und spielen hier eine wichtige Rolle.
Die Massen geben jeweils den Anteil einer Zeile oder Spalte an der Gesamthäufigkeit an. Sie werden bei Ermittlung der Konfiguration der Zeilen- und Spaltenpunkte zur Gewichtung verwendet und beeinflussen damit die Lage der Punkte
im Korrespondenzraum.

Die Massen der Zeilen bilden das Durchschnittsprofil der Spalten (rechte Spalte
in Abbildung 11.10), und es gilt:

$p_{i.} = n_{i.} / n$ Masse von Zeile i

Die Massen der Spalten bilden das Durchschnittsprofil der Zeilen (unterste Zeile in
Abbildung 11.7), und es gilt:

$p_{.j} = n_{.j} / n$ Masse von Spalte j

Beispielsweise ergibt sich für Mercedes mit 0,400 die größte Masse unter den Zeilen, da auf diese Marke die meisten Zuordnungen, nämlich 18, entfielen, während
Opel mit 4 Zuordnungen nur eine Masse von 0,089 besitzt. Die Massen der Spalten sind dagegen alle 0,333 und damit identisch, da jedes Merkmal von jeder befragten Person genau einmal und damit insgesamt gleich oft zugeordnet wurde.

Die Massen bzw. Durchschnittsprofile sind in Abbildung 11.11 dargestellt.

Abbildung 11.11: Massen der Zeilen (Durchschnittsprofil der Spalten) und Massen der Spalten (Durchschnittsprofil der Zeilen)

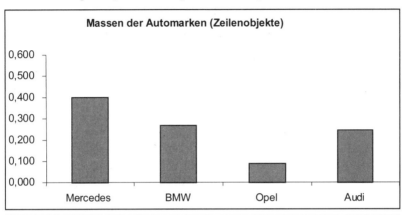

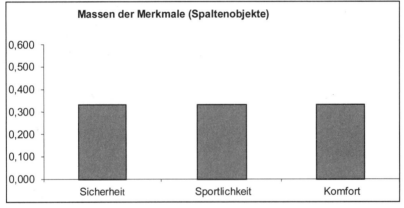

Das Durchschnittsprofil der Zeilen wird auch als *Centroid* (Schwerpunkt) der Zeilen(punkte) bezeichnet und analog das Durchschnittsprofil der Spalten als Centroid der Spalten(punkte). Geometrisch bildet das Centroid der Zeilen einen Punkt, der im Mittelpunkt der gesuchten Konfiguration der Zeilenpunkte liegt. Analoges gilt für das Centroid der Spalten. Die Konfigurationen der Zeilen- und Spaltenpunkte werden im gemeinsamen Korrespondenzraum so angeordnet, das ihre Centroide jeweils in den Koordinatenursprung fallen und damit deckungsgleich sind.

11.2.1.3 Ermittlung der Streuung in den Daten

Eine elementare statistische Größe, die für die Kontingenzanalyse wie auch für die Korrespondenzanalyse zentrale Bedeutung besitzt, ist *Chi-Quadrat* (χ^2). In der

700   Korrespondenzanalyse

Kontingenzanalyse wird die Chi-Quadrat-Statistik zur Überprüfung der Abhängigkeit (Assoziation) zwischen Zeilen und Spalten einer Kreuztabelle verwendet (vgl. Kapitel 4). Sie berechnet sich aus den Abweichungen zwischen beobachteten und erwarteten Häufigkeiten.

Chi-Quadrat

$$\chi^2 = \sum \frac{(\text{beobachtete Häufigkeit - erwartete Häufigkeit})^2}{\text{erwartete Häufigkeit}}$$

oder in obiger Notation:

$$\chi^2 = \sum_{i=1}^{I} \sum_{j=1}^{J} \frac{(n_{ij} - e_{ij})^2}{e_{ij}} \tag{1}$$

mit $e_{ij} = \dfrac{n_{i.} \cdot n_{.j}}{n}$

Dabei ist e_{ij} die theoretische Häufigkeit einer Kombination (i, j), die bei Unabhängigkeit zwischen Zeilen- und Spaltenmerkmalen zu erwarten wäre. Sie errechnet sich durch Multiplikation der betreffenden marginalen Häufigkeiten (Randsummen) und Division durch die Gesamthäufigkeit. Man erhält z.B. für Mercedes bezüglich des Merkmals Sicherheit die erwartete Häufigkeit

$$e_{11} = \frac{18 \cdot 15}{45} = 6$$

In der Kontingenztabelle in Abbildung 11.12 sind für das Autobeispiel neben den beobachteten Häufigkeiten jeweils die erwarteten Häufigkeiten in Klammern angegeben.

Abbildung 11.12: Beobachtete und erwartete Häufigkeiten

Automarken	Merkmale			Summe
	Sicherheit	Sportlichkeit	Komfort	
Mercedes	9 (6,00)	3 (6,00)	6 (6,00)	18
BMW	3 (4,00)	6 (4,00)	3 (4,00)	12
Opel	1 (1,33)	1 (1,33)	2 (1,33)	4
Audi	2 (3,67)	5 (3,67)	4 (3,67)	11
Summe	15	15	15	45

Die beobachtete Häufigkeit von 9 für Mercedes bezüglich Sicherheit weicht erheblich von der erwarteten Häufigkeit von 6 ab. Gemäß (1) erhält man die Chi-Quadrat-Abweichung

$$\frac{(9-6)^2}{6} = 1,5$$

In Abbildung 11.13 sind die Chi-Quadrat-Abweichungen für alle Kombinationen angegeben.

Abbildung 11.13: Chi-Quadrat-Abweichungen

Automarken	Merkmale			Summe
	Sicherheit	Sportlichkeit	Komfort	
Mercedes	1,500	1,500	0,000	3,000
BMW	0,250	1,000	0,250	1,500
Opel	0,083	0,083	0,333	0,500
Audi	0,758	0,485	0,030	1,273
Summe	2,591	3,068	0,614	6,273

Den Wert der Chi-Quadrat-Statistik erhält man damit gemäß Formel (1) durch Summation aller Chi-Quadrat-Abweichungen:

$$
\begin{aligned}
\chi^2 &= \frac{(9-6)^2}{6} + \frac{(3-6)^2}{6} + \frac{(6-6)^2}{6} + \frac{(3-4)^2}{4} + \ldots\ldots + \frac{(4-3,67)^2}{3,67} \\
&= 1,5 + 1,5 + 0 + 0,25 + \ldots\ldots + 0,03 \\
&= 6,27
\end{aligned}
$$

Je stärker die beobachteten Häufigkeiten von den erwarteten Häufigkeiten abweichen, desto größer wird Chi-Quadrat. Es wird daher in der Kontingenzanalyse als Maß für die Abhängigkeit zwischen Zeilen und Spalten verwendet. Unter der Nullhypothese, daß Zeilen und Spalten voneinander unabhängig sind, ist die Chi-Quadrat-Statistik annähernd chi-quadrat-verteilt und kann damit als statistische Testgröße zur Signifikanzprüfung der Abhängigkeit bzw. Assoziation zwischen Zeilen und Spalten dienen (vgl. Kap. 5 zur Kontingenzanalyse).

In der Korrespondenzanalyse wird Chi-Quadrat als ein Maß für die Streuung der beobachteten Werte um die erwarteten Werte und somit als Maß für die in ihnen enthaltene Streuung oder auch Information angesehen werden. Weichen die beobachteten Werte nicht von den erwarteten Werten ab, so enthalten sie auch keine Information, denn sie könnten dann auch aus den marginalen Häufigkeiten (Randsummen der Kontingenztabelle) berechnet werden. Damit sind dann auch die Zei-

702   Korrespondenzanalyse

len- und Spaltenprofile jeweils identisch. Chi-Quadrat wird in diesem Fall gleich Null.

Ein Nachteil von Chi-Quadrat als Maß für die Streuung ist, daß es von der Höhe der Fallzahl abhängig ist, d.h. man erhält auch hohe Werte für Chi-Quadrat bei Daten mit niedriger Streuung, wenn nur die Zahl der Daten hinreichend groß ist. In der Kontingenzanalyse dividiert man daher Chi-Quadrat durch die Gesamthäufigkeit n und erhält so die sog. *mittlere quadratische Kontingenz*. Diese Größe, die unabhängig von der Fallzahl der Daten ist, wird als *totale Inertia* (Trägheit bzw. auch Gesamtträgheitsmoment) oder einfach auch nur als Inertia einer Kreuztabelle bezeichnet. Die Inertia bildet einen zentralen Begriff der Korrespondenzanalyse.

Totale Inertia

$$T = \frac{1}{n} \sum_{i=1}^{I} \sum_{j=1}^{J} \frac{\left(n_{ij} - e_{ij}\right)^2}{e_{ij}} = \frac{\chi^2}{n} \tag{2}$$

Die totale Inertia läßt sich zerlegen in die Trägheitsgewichte der Zeilen

$$T_i = \frac{1}{n} \sum_{j} \frac{\left(n_{ij} - e_{ij}\right)^2}{e_{ij}} \tag{3a}$$

oder in die Trägheitsgewichte der Spalten

$$T_j = \frac{1}{n} \sum_{i} \frac{\left(n_{ij} - e_{ij}\right)^2}{e_{ij}} \tag{3b}$$

Für unser Beispiel erhält man für die totale Inertia:

$$T = \frac{6,27}{45} = 0,139$$

Der Wertebereich der Inertia ist begrenzt durch die Anzahl der Zeilen und Spalten einer Kreuztabelle. Genauer gesagt ergibt sich der maximale Wert aus dem Minimum von Zeilen und Spalten vermindert um Eins. Es gilt damit für den *Wertebereich der Inertia* einer (I x J)-Kreuztabelle:

$$0 \leq T \leq \text{Min}\{I, J\} - 1$$

Für eine (4 x 3)-Kreuztabelle, wie in unserem Beispiel, beträgt die maximale Inertia damit 2. Praktisch ist der Wert der Inertia meist viel kleiner als der Maximalwert. Ein Beispiel für eine Kreuztabelle mit maximaler Inertia zeigt Abbildung 11.14. Wie sich leicht errechnen läßt, sind hier alle erwarteten Häufigkeiten 5, und die angegebenen "beobachteten Häufigkeiten" weichen stark davon ab.

Vorgehensweise   703

Abbildung 11.14: (3×3) – Kreuztabelle mit maximaler Streuung: Totale Inertia = 2

	Y1	Y2	Y3
X1	15	0	0
X2	0	15	0
X3	0	0	15

Dagegen sind in der Kreuztabelle in Abbildung 11.15 die Zeilen und Spalten jeweils proportional zueinander und somit die Zeilen- und Spaltenprofile jeweils identisch. Die erwarteten Häufigkeiten e_{ij}, die sich gemäß (1) berechnen lassen, stimmen mit den beobachteten n_{ij} Häufigkeiten überein und die Inertia ist folglich Null.

Abbildung 11.15: (3×3) – Kreuztabelle ohne Streuung: Totale Inertia = 0

	Y1	Y2	Y3
X1	1	2	4
X2	2	4	8
X3	3	6	12

Die Aufgabe der Korrespondenzanalyse kann jetzt formuliert werden als die Gewinnung einer Darstellung der Zeilen- und Spaltenprofile in einem gemeinsamen Raum (Korrespondenzraum) mit möglichst geringer Dimensionalität, und zwar so, daß die in den Daten enthaltene Streuung (Information) möglichst weitgehend erhalten bleibt. Dabei muß meist die Sparsamkeit einer Darstellung in wenigen Dimensionen gegen den Verlust an Information abgewogen werden. In der Regel wird man zwecks guter Anschaulichkeit eine Darstellung im zweidimensionalen Raum anstreben.

Für unser kleines Beispiel ist nur eine Darstellung in einem Raum mit maximal zwei Dimensionen möglich, da die Datenmatrix nur drei Spalten besitzt. Deshalb beträgt auch die maximale Inertia nur 2, während die tatsächliche Inertia sogar nur 0,139 beträgt. Eine zweidimensionale Darstellung, wie sie Abbildung 11.2 zeigt, ist daher ohne Informationsverlust möglich.

704   Korrespondenzanalyse

11.2.2   Standardisierung der Daten

(1) Vorbereitende Schritte

| **(2) Standardisierung der Daten** |

| (3) Extraktion der Dimensionen |

| (4) Normalisierung der Koordinaten |

| (5) Interpretation |

Den ersten Schritt zur Gewinnung der gesuchten Konfiguration der Zeilen- und Spaltenelemente im Korrespondenzraum bildet die Standardisierung der Daten. Diese wollen wir aus Gründen der Anschaulichkeit in zwei Teilschritte untergliedern.

Im *ersten Teilschritt* werden die absoluten Häufigkeiten der Kreuz- oder Kontingenztabelle in *relative Häufigkeiten* (proportions) umgewandelt, indem sie durch die Gesamthäufigkeit n dividiert werden:

$$p_{ij} = n_{ij}/n$$

Die so erhaltene Tabelle, die Abbildung 11.16 zeigt, wird als *Korrespondenztabelle* bezeichnet. Im Gegensatz zur Kreuz- bzw. Kontingenztabelle ist die Korrespondenztabelle fallzahlunabhängig. Die Randsummen der Zeilen ergeben jetzt die Massen der Zeilen und die Randsummen der Spalten ergeben die Massen der Spalten. Wir haben damit die Massen der Zeilen und Spalten in einer Tabelle vereint. Die Massen der Zeilen bilden wiederum das Durchschnittsprofil der Spalten und die Massen der Spalten das Durchschnittsprofil der Zeilen.

Abbildung 11.16: Korrespondenztabelle mit relativen Häufigkeiten

Automarken	Merkmale			Summe
	Sicherheit	Sportlichkeit	Komfort	
Mercedes	0,200	0,067	0,133	0,400
BMW	0,067	0,133	0,067	0,267
Opel	0,022	0,022	0,044	0,089
Audi	0,044	0,111	0,089	0,244
Summe	0,333	0,333	0,333	1,000

Die Chi-Quadrat-Statistik läßt sich auch auf Basis der relativen Häufigkeiten der Korrespondenztabelle errechnen, und man erhält analog zu Formel (1) den folgenden Ausdruck:

$$\chi^2 = n \sum_{i=1}^{I} \sum_{j=1}^{J} \frac{\left(p_{ij} - \hat{e}_{ij}\right)^2}{\hat{e}_{ij}} \tag{4}$$

mit $\hat{e}_{ij} = p_i . p_{.j}$ (erwartete relative Häufigkeiten)

Man sieht damit, daß die Chi-Quadrat-Statistik fallzahlabhängig ist, da hier die Gesamthäufigkeit n als Multiplikator eingeht. Im Gegensatz dazu ist, wie oben dargelegt, die Inertia fallzahlunabhängig. Denn dividiert man gemäß (2) Chi-Quadrat in (4) durch n, so entfällt dieses.

Den *zweiten Teilschritt* zur Standardisierung der Daten bildet deren *Zentrierung*:

$$z_{ij} = \frac{p_{ij} - \hat{e}_{ij}}{\sqrt{\hat{e}_{ij}}} \tag{5}$$

Durch die Zentrierung wird erreicht, daß die Centroide der Zeilen- und Spaltenpunkte der gesuchten Konfiguration jeweils in den Koordinatenursprung gerückt werden.

Die beiden Teilschritte lassen sich in einer Formel wie folgt zusammenfassen:

Standardisierung der Daten

$$z_{ij} = \frac{n_{ij}}{\sqrt{n_{i.} n_{.j}}} - \frac{\sqrt{n_{i.} n_{.j}}}{n} \tag{6}$$

Man erhält damit die Daten in Abbildung 11.17.[5]

---

[5] Die Formeln (5) und (6) sind mathematisch äquivalent, was sich wie folgt zeigen läßt:

$$z_{ij} = \frac{p_{ij} - \hat{e}_{ij}}{\sqrt{\hat{e}_{ij}}} = \frac{p_{ij}}{\sqrt{\hat{e}_{ij}}} - \sqrt{\hat{e}_{ij}} = \frac{n_{ij}/n}{\sqrt{n_{i.} n_{.j}/n^2}} - \sqrt{n_{i.} n_{.j}/n^2}$$

$$= \frac{n_{ij}}{\sqrt{n_{i.} n_{.j}}} - \frac{\sqrt{n_{i.} n_{.j}}}{n}$$

Trotz mathematischer Äquivalenz aber können sich, bedingt durch begrenzte Rechengenauigkeit, Abweichungen ergeben, die sich auf das Ergebnis der nachfolgenden Berechnungen (bei der Singulärwertzerlegung) auswirken können. Formel (6), die auch im Programm SPSS verwendet wird, ist dabei der Vorzug zu geben.

706   Korrespondenzanalyse

Abbildung 11.17: Standardisierte Daten z_{ij}

Automarken	Merkmale		
	Sicherheit	Sportlichkeit	Komfort
Mercedes	0,183	-0,183	0,000
BMW	-0,075	0,149	-0,075
Opel	-0,043	-0,043	0,086
Audi	-0,130	0,104	0,026

Mit Hilfe der standardisierten Daten läßt sich die totale Inertia jetzt im Vergleich zu oben relativ einfach berechnen:

$$T = \sum_i \sum_j z_{ij}^2 \tag{7}$$

Aus Formel (7) wird nochmals deutlich, daß die Inertia im Unterschied zu Chi-Quadrat unabhängig von der Fallzahl der Daten ist. Ein Vergleich der Formeln (7) und (5) mit Formel (1) läßt außerdem erkennen, daß man durch Quadrieren der standardisierten Daten die durch n dividierten Chi-Quadrat-Abweichungen erhält. Es gilt:

$$z_{ij}^2 = \frac{\left(p_{ij} - \hat{e}_{ij}\right)^2}{\hat{e}_{ij}} = \frac{1}{n} \frac{\left(n_{ij} - e_{ij}\right)^2}{e_{ij}}$$

Dies läßt sich allerdings nicht umkehren, d.h. aus den Chi-Quadrat-Abweichungen lassen sich nicht die standardisierten Werte berechnen, da durch die Quadrierung das Vorzeichen verloren geht. Wie Abbildung 11.17 zeigt, können die standardisierten Daten auch negative Werte annehmen.[6]

Wenn man die standardisierten Daten im Sinne der Multidimensionalen Skalierung (MDS) als Maße der Assoziation bzw. der Ähnlichkeit zwischen Spalten- und Zeilenelementen interpretiert, dann läßt sich folgender Bezug zur Konfiguration in Abbildung 11.2 herstellen. Ein hoher Wert von z_{ij} bedeutet dann eine hohe Ähnlichkeit der Elemente i und j. Sie sind im Korrespondenzraum nahe beieinander positioniert. Bei einem niedrigen oder gar negativen Wert dagegen sind die Ele-

---

[6] In der Literatur findet man auch eine andere Form der Standardisierung, die nur positive Werte liefert:

$$z_{ij} = \frac{p_{ij}}{\sqrt{\hat{e}_{ij}}}$$

Ihre Anwendung liefert bei der Singulärwertzerlegung im zweiten Rechenschritt einen sog. "trivialen Faktor" mit Singulärwert Eins, der für die grafische Darstellung belanglos ist. Die Standardisierung gemäß (5) oder (6) vermeidet diesen trivialen Faktor.

mente weit voneinander positioniert. So ist z.B. Mercedes mit $z_{11} = 0,183$ sehr nahe zum Merkmal "Sicherheit" und mit $z_{12} = -0,183$ weit entfernt vom Merkmal "Sportlichkeit" positioniert. Für BMW ergibt sich mit $z_{22} = 0,149$ eine Position nahe bei "Sportlichkeit" und Opel ist mit $z_{33} = 0,086$ am dichtesten bei dem Merkmal "Komfort" positioniert. Der Korrespondenzanalyse liegt jedoch eine andere Logik zugrunde als der MDS, wie nachfolgend gezeigt wird.

Zur Gewinnung der Konfiguration in Abbildung 11.2 sind noch zwei weitere Schritte erforderlich.

11.2.3 Extraktion der Dimensionen

(1) Vorbereitende Schritte

(2) Standardisierung der Daten

(3) Extraktion der Dimensionen

(4) Normalisierung der Koordinaten

(5) Interpretation

Die maximale Anzahl der Dimensionen für den Korrespondenzraum beträgt bei einer (I x J)-Datentabelle

$$K = \text{Min}\{ I, J \} - 1 \qquad (8)$$

und sie bildet damit die Obergrenze der Inertia. In unserem Beispiel mit einer (4 x 3) - Tabelle beträgt die maximale Anzahl der Dimensionen lediglich 2, wie schon bemerkt wurde. Gewöhnlich wird man aber auch bei größeren Kreuztabellen eine zweidimensionale Lösung zwecks anschaulicher Darstellung anstreben. Dies ist dann i.d.R. nicht ohne Informationsverlust möglich. Mit Hilfe der Korrespondenzanalyse ist es aber möglich, diesen Informationsverlust zu minimieren.

Um die Koordinaten der Zeilen- und Spaltenelemente in einem Raum geringer Dimensionalität bei minimalem Verlust an Information zu gewinnen, wird die Matrix mit den standardisierten Daten z_{ij} einer sog. *Singulärwertzerlegung* unterzogen.[7]

---

[7] Die Singulärwertzerlegung bzw. Singular Value Decomposition (SVD) ähnelt dem Eigenwertverfahren, welches in der Faktorenanalyse für die Zerlegung der Korrelationsmatrix angewendet wird. Im Gegensatz zur Korrelationsmatrix, die quadratisch ist, kann die Matrix **Z** auch rechteckig sein. Die Singulärwertzerlegung ist ein verallgemeinertes Eigenwertverfahren, welches sich auch auf beliebige nicht quadratische Matrizen anwenden läßt. Sie basiert auf dem Dekompositionstheorem von Eckart, C./Young, G., 1936. Siehe dazu z.B. Golub, G. H./Reinsch, C., 1971.

708   Korrespondenzanalyse

Diese läßt sich in Matrizenschreibweise wie folgt darstellen:

$$Z = U \cdot S \cdot V' \tag{9}$$

Dabei bedeuten:

$Z = (z_{ij})$:   (I x J) - Matrix mit den standardisierten Daten

$U = (u_{ik})$:   (I x K) - Matrix für die Zeilenelemente

$V = (v_{jk})$:   (J x K) - Matrix für die Spaltenelemente

$S = (s_{kk})$:   (K x K) - Diagonalmatrix mit den Singulärwerten.

V' bezeichnet die Transponierte von Matrix V.

Die Matrizen U und V sind in tabellarischer Form in Abbildung 11.18 und 11.19 dargestellt.

Abbildung 11.18: Matrix U (Zeilenelemente)

	Dimension	
	1	2
Mercedes	-0,743	0,170
BMW	0,479	0,545
Opel	-0,028	-0,750
Audi	0,467	-0,335

Abbildung 11.19: Matrix V (Spaltenelemente)

	Dimension	
	1	2
Sicherheit	-0,667	0,472
Sportlichkeit	0,742	0,341
Komfort	-0,075	-0,813

Die den beiden Dimensionen zugehörigen Singulärwerte lauten

$s_1 = 0,346$ $s_2 = 0,140$

Die Singulärwerte liefern ein Maß für die Streuung (Information), die eine Dimension aufnimmt oder repräsentiert. Die quadrierten Singulärwerte sind sog. Eigenwerte und lassen sich im Kontext der Korrespondenzanalyse als Trägheitsgewichte der Dimensionen bezeichnen. Sie summieren sich zur totalen Inertia (Trägheit):

$$T = \sum_k s_k^2 \tag{10}$$

Jede Dimension kann maximal eine Streuung von Eins aufnehmen, woraus deutlich wird, daß die maximale Anzahl der Dimensionen mit der maximalen Inertia übereinstimmt.

Eine Gegenüberstellung der Formeln (3), (7) und (10) zeigt die folgenden alternativen Möglichkeiten der Aufteilung der Inertia auf Zellen, Zeilen, Spalten und Dimensionen:

$$T = \sum_i \sum_j z_{ij}^2 = \sum_i T_i = \sum_j T_j = \sum_k s_k^2$$

Diese Aufteilungen sind wichtig für die Interpretation der Ergebnisse einer Korrespondenzanalyse. Im Beispiel erhält man durch Einsetzen der obigen Singulärwerte in (10):

$$T = s_1^2 + s_2^2 = 0{,}346^2 + 0{,}140^2 = 0{,}1393$$

was mit dem zuvor erhaltenen Wert der Inertia übereinstimmt.

Setzt man die quadrierten Singulärwerte, also die Eigenwerte, in Relation zur Inertia, so erhält man den sog. *Eigenwertanteil*.

$$EA_k = \frac{s_k^2}{T} \qquad \text{Eigenwertanteil der Dimension k} \tag{11}$$

Der Eigenwertanteil gibt an, welchen Anteil an der gesamten Streuung der Daten eine Dimension aufnimmt bzw. "erklärt" und ist somit ein Maß für deren Wichtigkeit. Es ergibt sich hier:

0,1197 / 0,1393 = 0,859 bzw. 85,9 %   Eigenwertanteil von Dimension 1

0,0196 / 0,1393 = 0,141 bzw. 14,1 %   Eigenwertanteil von Dimension 2

Die beiden Dimensionen sind orthogonal (rechtwinklig) zueinander und bilden so die Achsen eines rechtwinkligen Koordinatensystems. Sie werden derart extrahiert, daß die erste Dimension einen maximalen Anteil der in den Daten vorhandenen Streuung (Information) aufnimmt. Die zweite Dimension nimmt einen maximalen Anteil der noch verbleibenden Streuung auf, usw. Die Wichtigkeit der Dimensionen nimmt somit sukzessiv ab. In Abbildung 11.2 bildet die horizontale Achse die erste Dimension und die vertikale Achse die zweite Dimension. Da hier nur zwei Dimensionen möglich sind, addieren sich die beiden Eigenwertanteile zu 100%. Bei größeren Datensätzen, die mehrere Dimensionen ermöglichen, muß man an-

710   Korrespondenzanalyse

hand der Eigenwertanteile entscheiden, welche davon berücksichtigt werden sollen.[8]

11.2.4   Normalisierung der Koordinaten

11.2.4.1   Symmetrische Normalisierung

| (1) Vorbereitende Schritte |
| (2) Standardisierung der Daten |
| (3) Extraktion der Dimensionen |
| **(4) Normalisierung der Koordinaten** |
| (5) Interpretation |

Um aus den Matrizen U und V die endgültigen Koordinaten zu gewinnen, damit eine gemeinsame grafische Darstellung der Zeilen- und Spaltenelemente im Korrespondenzraum möglich wird, müssen diese im dritten und letzten Rechenschritt noch *normalisiert* (reskaliert) werden. Dabei werden

- die Singulärwerte s_k als Gewichte für die Dimensionen (Achsen) und
- die Massen $p_{i.}$ und $p_{.j}$ zur Gewichtung der Zeilen und Spalten herangezogen.

Die Normalisierung der Koordinaten läßt sich wiederum in zwei Teilschritte zerlegen. Im *ersten Teilschritt* erfolgt eine achsenweise Transformation. Die Spalten k der Matrizen U und V, die die Dimensionen des Korrespondenzraumes betreffen, wurden bei der Singulärwertzerlegung so skaliert, daß die Summen der quadrierten Werte jeweils Eins ergeben:

$$\sum_{i=1}^{I} u_{ik}^2 = 1 \qquad \text{bzw.} \qquad \sum_{j=1}^{J} v_{jk}^2 = 1$$

Diese werden jetzt derart reskaliert, daß die Summe der quadrierten Werte einer Achse den betreffenden Singulärwert der Achse ergibt:

$$\hat{u}_{ik} = u_{ik} \cdot \sqrt{s_k} \qquad \rightarrow \qquad \sum_{i=1}^{I} \hat{u}_{ik}^2 = s_k \qquad \text{(12a)}$$

$$\hat{v}_{jk} = v_{jk} \cdot \sqrt{s_k} \qquad \rightarrow \qquad \sum_{j=1}^{J} \hat{v}_{jk}^2 = s_k \qquad \text{(12b)}$$

Im *zweiten Teilschritt* erfolgt eine zeilen- bzw. spaltenweise Transformation. Indem die Zeilen i von U bzw. j von V, die die Zeilen- bzw. Spaltenpunkte betreffen, durch die Quadratwurzeln der zugehörigen Massen $p_{i.}$ bzw. $p_{.j}$ dividiert werden, erhält man die endgültigen Koordinaten:

---

[8] Eine Regel wie das Kaiserkriterium in der Faktorenanalyse existiert nicht.

$$r_{ik} = \hat{u}_{ik} / \sqrt{p_{i.}} \tag{13a}$$

$$c_{jk} = \hat{v}_{jk} / \sqrt{p_{.j}} \tag{13b}$$

Faßt man beide Operationen zusammen, so erhält man die Koordinaten durch folgende Transformation:

Koordinaten der Zeilenpunkte (row points):

$$r_{ik} = u_{ik} \sqrt{s_k} / \sqrt{p_{i.}} \tag{14a}$$

Koordinaten der Spaltenpunkte (column points):

$$c_{jk} = v_{jk} \sqrt{s_k} / \sqrt{p_{.j}} \tag{14b}$$

Die für die Berechnung notwendigen Daten des Autobeispiels seien nachfolgend in den Abbildungen 11.20 und 11.21 zusammengefaßt.

Abbildung 11.20: Matrix U mit Singulärwerten und Massen der Zeilen

	Dimensionen		Massen
	1	2	
	0,346	0,140	$p_{i.}$
Mercedes	-0,743	0,170	0,400
BMW	0,479	0,545	0,267
Opel	-0,028	-0,750	0,089
Audi	0,467	-0,335	0,244

Abbildung 11.21: Matrix V mit Singulärwerten und Massen der Spalten

	Dimensionen		Massen
	1	2	
	0,346	0,140	$p_{.j}$
Sicherheit	-0,667	0,472	0,333
Sportlichkeit	0,742	0,341	0,333
Komfort	-0,075	-0,813	0,333

712   Korrespondenzanalyse

Damit ergeben sich die Koordinaten r_{ik} für die Zeilenelemente (Automarken) in Abbildung 11.22 und die Koordinaten c_{jk} für die Spaltenelemente (Merkmale) in Abbildung 11.23.

Abbildung 11.22: Koordinaten r_{ik} für die Zeilenelemente (Automarken)

	Dimensionen	
	1	2
Mercedes	-0,691	0,100
BMW	0,546	0,395
Opel	-0,055	-0,941
Audi	0,555	-0,253

Abbildung 11.23: Koordinaten c_{jk} für die Spaltenelemente (Merkmale)

	Dimensionen	
	1	2
Sicherheit	-0,679	0,306
Sportlichkeit	0,756	0,221
Komfort	-0,077	-0,527

Mit Hilfe dieser Koordinaten läßt sich die Konfiguration in Abbildung 11.2 erstellen.

Die Schritte für die rechnerische Durchführung der Korrespondenzanalyse seien noch einmal wie folgt zusammengefaßt:

1. *Standardisierung* der Ausgangsdaten, welche die Matrix *Z* liefert.
2. *Singulärwertzerlegung* von *Z*, welche die gesuchten Dimensionen sowie die Matrizen *U* und *V* liefert.
3. *Normalisierung* von *U* und *V* zwecks Gewinnung der Koordinaten für die gesuchte Konfiguration.

In Abbildung 11.24 sind die Rechenschritte der Korrespondenzanalyse in allgemeiner Form und in Abbildung 11.25 für das Autobeispiel dargestellt.

Abbildung 11.24: Die Rechenschritte der Korrespondenzanalyse

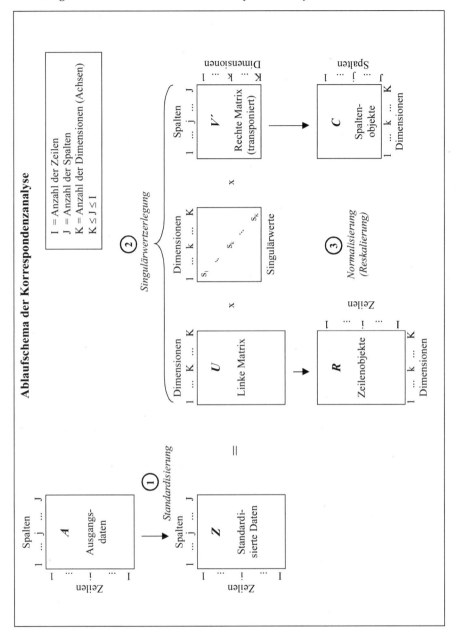

714 Korrespondenzanalyse

Abbildung 11.25: Die Rechenschritte der Korrespondenzanalyse für das Autobeispiel

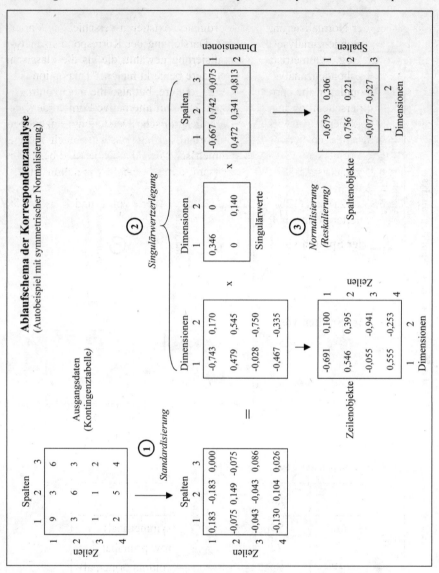

11.2.4.2   Varianten der Normalisierung

Hinsichtlich der Normalisierung der Koordinaten existieren verschiedene Varianten der Korrespondenzanalyse. Bei obiger Darstellung der Korrespondenzanalyse hatten wir die sog. symmetrische Normalisierung gewählt, die als die klassische Form der Korrespondenzanalyse gilt. Greenacre bemerkt hierzu: "This option is by far the most popular in the correspondence literature, but also the most controversial."[9] Deshalb erscheint es angebracht, hier auch auf alternative Formen der Normalisierung und deren Auswirkungen auf die grafische Darstellung einzugehen. Neben der behandelten symmetrischen Normalisierung existieren auch zwei asymmetrische Formen sowie weitere symmetrische Formen. Dabei sind besonders die beiden asymmetrische Formen bedeutsam, da sie einer Interpretation leichter zugänglich sind.

Die Formeln (12a) und (12b) zur Normierung der Werte von U und V lassen sich in verallgemeinerter Form wie folgt schreiben.

Normierung der Spalten von U

$$\sum_{i=1}^{I} \hat{u}_{ik}^2 = s_k^{(1+q)} \tag{15a}$$

Normierung der Spalten von V

$$\sum_{j=1}^{J} \hat{v}_{jk}^2 = s_k^{(1-q)} \tag{15b}$$

Dabei spezifiziert der Parameter q die Art der Normalisierung gemäß folgendem Schema:[10]

Abbildung 11.26: Schema der Normalisierung

q	Normalisierung	
0	Symmetrisch	(symmetrical)
1	Zeilen-Prinzipal	(row principal
-1	Spalten-Prinzipal	(column principal)

---

[9] Siehe Greenacre, M. J., 1993, S. 69.

[10] Vgl. SPSS, 1991, S. 13. Die symmetrische Darstellung wird auch als "french plot" bezeichnet (vgl. Blasius, J., 2001, S. 64). Während die symmetrische Form in der "französischen Schule" bevorzugt wird, werden die asymmetrischen Formen in der "holländischen Schule" favorisiert (vgl. Blasius, J., 2001, S. 66; Carroll, J.D./Green, P.E./Schaffer, C.M., 1987, S. 445).

716   Korrespondenzanalyse

In Verbindung mit Formel (13) erhält man damit die in Abbildung 11.27 angegebenen alternativen Formeln für die Berechnung der Koordinaten. In der ersten Zeile finden sich die Formeln (14a) und (14b) für die symmetrische Normalisierung
wieder. Die Zeilen-Prinzipal-Normalisierung (q = 1) und die Spalten-Prinzipal-
Normalisierung (q = -1) sind dagegen asymmetrische Formen der Normalisierung.

   In Abbildung 11.27 sind der Vollständigkeit halber noch zwei weitere Formen
der Normalisierung angegeben, die sich nicht in obiges Schema integrieren lassen
und die auch hier nicht vertieft behandelt werden sollen. Es sind dies die Prinzipal-
Normalisierung und die Carroll/Green/Schaffer-Normalisierung.[11] Beide Formen
sind wiederum symmetrisch.[12]

Abbildung 11.27: Formen der Normalisierung

Normalisierung	Zeilenpunkte r_{ik}	Spaltenpunkte c_{jk}
1. Symmetrisch	$u_{ik} \cdot \dfrac{\sqrt{s_k}}{\sqrt{p_{i.}}}$	$v_{jk} \cdot \dfrac{\sqrt{s_k}}{\sqrt{p_{.j}}}$
2. Zeilen-Prinzipal	$u_{ik} \cdot \dfrac{s_k}{\sqrt{p_{i.}}}$	$v_{jk} \cdot \dfrac{1}{\sqrt{p_{.j}}}$
3. Spalten-Prinzipal	$u_{ik} \cdot \dfrac{1}{\sqrt{p_{i.}}}$	$v_{jk} \cdot \dfrac{s_k}{\sqrt{p_{.j}}}$
4. Prinzipal	$u_{ik} \cdot \dfrac{s_k}{\sqrt{p_{i.}}}$	$v_{jk} \cdot \dfrac{s_k}{\sqrt{p_{.j}}}$
5. Carroll/Green/Schaffer	$u_{ik} \cdot \dfrac{\sqrt{1+s_k}}{\sqrt{p_{i.}}}$	$v_{jk} \cdot \dfrac{\sqrt{1+s_k}}{\sqrt{p_{.j}}}$

---

[11] Vgl. Carroll, J.D./Green, P.E./Schaffer, C.M., 1987.

[12] Im Programm SPSS werden alle diese Formen der Normalisierung, mit Ausnahme der
von Carroll/Green/Schaffer, als Optionen angeboten. Außerdem können durch die Spezifikation von nicht ganzzahligen Werten für q ($0 \leq q \leq 1$) weitere Normalisierungen
vorgenommen werden.
Für die Prinzipal-Normalisierung liefert SPSS keine gemeinsame Darstellung von Zei-
len- und Spaltenpunkten.

Bei den Normalisierungen 1 bis 3 wird die totale Inertia mittels der Singulärwerte s_k auf die Dimensionen k verteilt. Bei der symmetrischen Form geschieht dies gleichermaßen für Zeilen und Spaltenelemente, bei den asymmetrischen Formen unterschiedlich. Die aus der symmetrischen Normalisierung resultierende grafische Darstellung, die bereits in Abbildung 11.2 gezeigt wurde, sei an dieser Stelle zum Vergleich mit den beiden asymmetrischen Formen noch einmal in Abbildung 11.28 wiedergegeben.

Abbildung 11.28: Korrespondenzanalyse für das Autobeispiel: Symmetrische Normalisierung

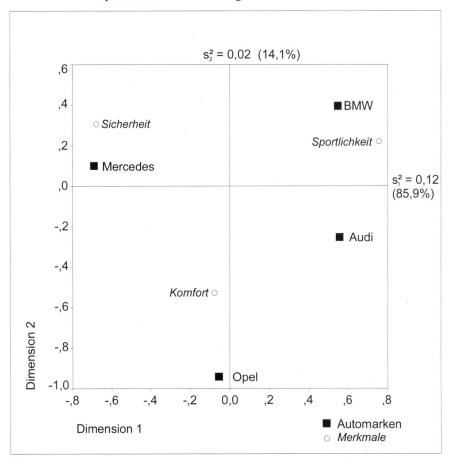

Bei der Zeilen-Prinzipal-Normalisierung wird die Inertia nicht gleichermaßen auf Zeilen- und Spaltenelemente übertragen, sondern nur auf die Zeilenpunkte, indem deren Koordinaten mit den Singulärwerten gewichtet werden. Bei der symmetri-

schen Form dagegen werden Zeilen- und Spaltenelemente mit den Wurzeln der Singulärwerte gewichtet.
Da die Singulärwerte immer kleiner Eins sind und somit

$$s_k < \sqrt{s_k} < 1$$

gilt, rücken die Zeilenpunkte (Automarken) an den Schwerpunkt der Konfiguration heran. Die Spaltenpunkte (Merkmale) müssen dagegen, damit die totale Inertia erhalten bleibt, auseinander rücken. Das Ergebnis ist in Abbildung 11.29 dargestellt.

Abbildung 11.29: Korrespondenzanalyse für das Autobeispiel: Zeilen-Prinzipal-Normalisierung

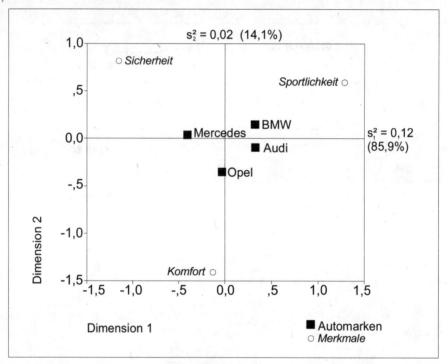

Bei der Spalten-Prinzipal-Normalisierung verhält es sich umgekehrt. Nur die Koordinaten der Spaltenpunkte werden mit den Singulärwerten gewichtet, wodurch sich die Abstände zwischen den Spaltenpunkten (Merkmalen) verkleinern und die zwischen den Zeilenpunkten (Automarken) vergrößern. Das Ergebnis ist in Abbildung 11.30 dargestellt.

Abbildung 11.30: Korrespondenzanalyse für das Autobeispiel: Spalten-Prinzipal-Normalisierung

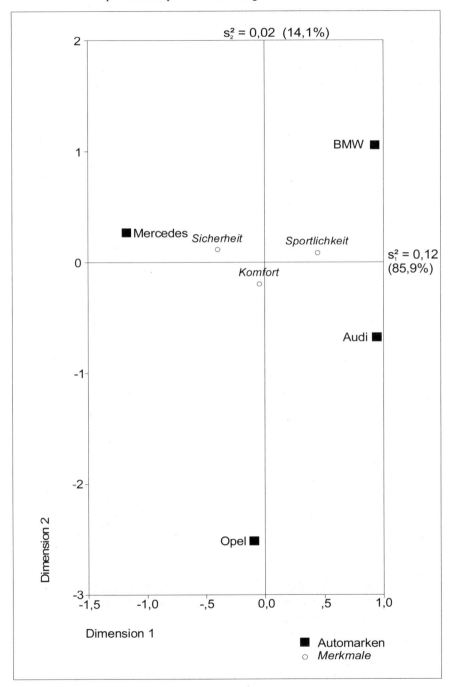

720   Korrespondenzanalyse

Bei der Zeilen-Prinzipal-Normalisierung werden die Koordinaten der

-   Zeilenpunkte als *Hauptkoordinaten* (principal coordinates)
-   Spaltenpunkte als *Standardkoordinaten* (standard coordinates)

bezeichnet und bei der Spalten-Prinzipal-Normalisierung ist es umgekehrt.[13] Die Standardkoordinaten haben den Mittelwert 0 und die Standardabweichung 1. Es gelten folgende Beziehungen (vgl. Abbildung 11.27):

$$\text{Hauptkoordinate} = s_k \cdot \text{Standardkoordinate}$$

$$\text{Standardkoordinate} = \frac{1}{s_k} \cdot \text{Hauptkoordinate}.$$

Mittels dieser Transformationen läßt sich die Zeilen-Prinzipal-Normalisierung leicht in eine Spalten-Prinzipal-Normalisierung umwandeln und umgekehrt.

11.2.5   Interpretation

(1) Vorbereitende Schritte

(2) Standardisierung der Daten

(3) Extraktion der Dimensionen

(4) Normalisierung der Koordinaten

(5) Interpretation

Ein Vergleich der drei alternativen Darstellungen in den Abbildungen 11.28 - 11.30 macht deutlich, warum die symmetrische Form der Normalisierung höhere Popularität genießt: Die Zeilen- und Spaltenpunkte sind hier gleichmäßig im Korrespondenzraum verteilt, während bei den asymmetrischen Formen die Elemente der einen Gruppe dichter zur Mitte gerückt und die der anderen Gruppe weiter nach außen verlagert sind. Ein zusätzlicher Grund mag sein, daß der Untersucher sich keine Gedanken machen muß, ob er eine zeilen- oder eine spaltenorientierte Normierung vornehmen soll.

Die Interpretation der grafischen Ergebnisse einer Korrespondenzanalyse läßt sich unter verschiedenen Aspekten vornehmen, die nachfolgend angesprochen werden sollen.

a) Wichtigkeit und Interpretation der Dimensionen

An den Dimensionen bzw. Achsen des Korrespondenzraumes sind in obigen Abbildungen jeweils die quadrierten Singulärwerte und in Prozent die Anteile der erklärten Streuung (Eigenwertanteile) angegeben. Dimension 1 (horizontale Achse) ist die weitaus wichtigere der beiden Dimensionen, da sie 85,9% der gesamten Streuung erklärt, während auf Dimension 2 (vertikale Achse) nur 14,1% entfallen. Bei allen drei Formen der Normalisierung ist diese Aufteilung der Streuung (Inertia) auf die Dimensionen identisch. Insgesamt erklären die beiden Dimensionen die Streuung in den Daten zu 100%, da die Datenmatrix nur drei Spalten umfaßt.

---

[13] Vgl. Greenacre, M. J., 1984, S. 88 ff.; Blasius, J., 2001, S. 60.

Zur inhaltlichen Interpretation der Dimensionen kann man sich an den Positionen der Zeilen- und Spaltenelemente im Korrespondenzraum orientieren. Betrachtet man in Abbildung 11.28 für die symmetrische Darstellung die Positionen der drei Merkmale, so sieht man, daß auf der horizontalen Achse insbesondere die Merkmale "Sicherheit" und "Sportlichkeit" streuen. Sie sind auf ihr weit links und weit rechts positioniert, während das Merkmal "Komfort" nahezu in der Mitte liegt. Die horizontale Achse repräsentiert also die beiden Merkmale "Sicherheit" und "Sportlichkeit", die offenbar gegensätzlich empfunden werden und somit die Polaritäten dieser Achse bilden. Man könnte sie daher als "Sicherheit vs. Sportlichkeit" benennen. Die vertikale Achse dagegen läßt sich als "Komfort" bezeichnen, da sie nur durch dieses Merkmal geprägt wird.

b) Distanzen der Elemente zum Nullpunkt
Die Punkte sind Repräsentationen der Zeilen- und Spaltenprofile. Im Ursprung (Nullpunkt) des Koordinatensystems liegen die Durchschnittsprofile. Die Distanz eines Punktes vom Koordinatenursprung gibt damit an, inwieweit sich das betreffende Profil vom Durchschnittsprofil unterscheidet.[14]

Dabei ist zu beachten, daß sich mit der Änderung der Häufigkeiten eines Zeilen- oder Spaltenelementes nicht nur dessen Position zum Nullpunkt des Koordinatensystems verändert, sondern daß sich auch die Position des Nullpunktes in der Konfiguration verschiebt (oder anders ausgedrückt, daß sich der Schwerpunkt der Konfiguration verlagert). Dies hat z.B. zur Folge, daß sich durch eine Erhöhung der Häufigkeiten eines Zeilen- oder Spaltenelementes dessen Distanz zum Nullpunkt nicht unbedingt erhöht, sondern auch vermindern kann. Multipliziert man beispielsweise die Häufigkeiten der Merkmalszuordnungen für Mercedes mit dem Faktor 10, so vermindert sich die Distanz von Mercedes zum Nullpunkt, während das Profil von Mercedes unverändert bleibt. Dies läßt sich auch aus Formel (14a) ersehen. Multipliziert man die Häufigkeiten gar mit 100, so fallen Mercedes und Nullpunkt fast zusammen, d.h. Mercedes erhält eine so große Masse, daß diese Marke zum Schwerpunkt der gesamten Konfiguration wird. Das der Korrespondenzanalyse zugrunde liegende Modell läßt sich damit als ein "Schwerpunktmodell" (baryzentrisches System) charakterisieren.[15]

---

[14] Die in der Korrespondenzanalyse verwendeten Distanzen sind allerdings keine euklidischen Distanzen sondern sog. Chi-Quadrat-Distanzen. Siehe dazu die Ausführungen im mathematischen Anhang dieses Kapitels.

[15] Die Korrespondenzanalyse unterscheidet sich damit trotz vieler Ähnlichkeiten grundlegend von der Faktorenanalyse, die sich als ein "Vektormodell" charakterisieren läßt. Je höher die Ausprägung eines Objektes bezüglich eines Merkmales ist, desto weiter wird dieses im Faktorraum in der Richtung des betroffenen Merkmales vom Nullpunkt entfernt positioniert.

722   Korrespondenzanalyse

c) Distanzen zwischen den Automarken

In unserem Beispiel interessiert natürlich insbesondere die Konfiguration der Automarken, die ja den Gegenstand der Untersuchung bilden.[16] Man sieht in Abbildung 11.28, daß BMW und Audi relativ nahe beieinander positioniert sind und offenbar als ähnlich wahrgenommen werden, während Mercedes und Opel weit entfernt von diesen und auch voneinander entfernt positioniert sind. Geringe Distanzen bedeuten starke Ähnlichkeit der Profile und große Distanzen starke Unähnlichkeit.

Mercedes nimmt auf der "Sicherheit vs. Sportlichkeit"-Achse eine exponierte Position im linken Teil (Sicherheit) ein, während BMW und Audi auf dieser Achse am anderen Ende (Sportlichkeit) positioniert sind. Opel liegt dagegen bezüglich der horizontalen Achse fast in der Mitte, nimmt aber auf der "Komfort"-Achse eine besonders profilierte Position ein.

d) Distanzen zwischen Automarken und Merkmalen

Bislang haben wir nur Distanzen innerhalb der beiden Gruppen von Elementen, den Automarken (Zeilenelementen) und den Merkmalen (Spaltenelementen) betrachtet. Die gemeinsame Darstellung dieser beiden Gruppen in einem Raum aber legt es nahe, auch die Distanzen zwischen den beiden Gruppen miteinander zu vergleichen und zu interpretieren, womit ein Kernproblem der Korrespondenzanalyse berührt wird.

In Abbildung 11.28 ist Mercedes nahe bei "Sicherheit" und BMW und Audi sind nahe bei "Sportlichkeit" positioniert. Dies entspricht unseren Erwartungen aufgrund der Daten in Abbildung 11.1. Nicht so plausibel ist dagegen, daß Opel dichter zu "Komfort" positioniert ist als Mercedes, BMW und Audi, obgleich letzteren drei Marken das Merkmal Komfort öfter zugeordnet wurde als Opel. Wie ist dies zu erklären?

Die Punkte sind Repräsentationen der Profile und die Punkte für die Automarken somit Repräsentationen der Zeilenprofile. Bei der Erstellung der Zeilenprofile wird durch die jeweilige Zeilensumme dividiert, wodurch die Niveauunterschiede zwischen den Zeilen eliminiert werden. Analoges passiert bei der Zentrierung der Daten gemäß Formel (5). Opel besitzt hinsichtlich "Komfort" lediglich relativ zu den anderen beiden Merkmalen eine hohe Ausprägung, da die Häufigkeit der Zuordnung, auch wenn sie nur 2 beträgt, doppelt so hoch ist wie die für die Merkmale "Sicherheit" und "Sportlichkeit". Im Vergleich zu den anderen Marken dagegen ist diese Häufigkeit niedriger, was aber aus den Zeilenprofilen nicht mehr ersichtlich ist (Abbildung 11.8). Es wird daher auch im Ergebnis der Korrespondenzanalyse nicht deutlich.[17]

---

[16] Es sei an dieser Stelle noch einmal darauf hingewiesen, daß der Datensatz keinerlei Anspruch auf Repräsentanz erhebt, sondern zur der Erläuterung der Methode dienen soll.

[17] Hierin unterscheidet sich die Korrespondenzanalyse von der Faktorenanalyse. Bei letzterer werden nur die Variablen, nicht aber die Objekte standardisiert. Niveauunterschiede zwischen den Objekten bleiben damit erhalten.

Vorgehensweise 723

Eine Interpretation der Distanzen zwischen den Zeilen- und Spaltenelementen in der symmetrischen Darstellung birgt generell die Gefahr von Mißverständnissen. Zur Begründung siehe auch die Ausführungen im mathematischen Anhang dieses Kapitels. Wenngleich eine derartige Interpretation in der Praxis verbreitet ist und diese durch die symmetrische Vereinigung von Zeilen- und Spaltenpunkten in einem gemeinsamen Raum suggeriert wird, muß hiervor eindringlich gewarnt werden.[18] Einen Ausweg aus diesem Dilemma eröffnen die asymmetrischen Formen der Korrespondenzanalyse.

e) Zeilen-Prinzipal-Normalisierung
Die Darstellung in Abbildung 11.29 läßt sich auch erzielen, ohne Zeilen- und Spaltenelemente in einem Raum zu vereinigen. Hierzu erweitern wir die Kreuztabelle mit unseren Ausgangsdaten durch drei weitere Zeilen entsprechend der Anzahl der Spalten (Merkmale), wie in Abbildung 11.31 gezeigt. Diese Zeilen lassen sich als *Extremtypen* von Autos interpretieren, für die alle Zuordnungen auf nur ein Merkmal entfallen. Die Koordinaten dieser Zeilenpunkte für die Extremtypen sind identisch mit denen der Spaltenpunkte, so daß man in Abbildung 11.29 die Punkte der Merkmale auch als Positionen dieser fiktiven Extremtypen interpretieren kann. Damit können wir so tun, als hätten wir nur Elemente einer Gruppe, nämlich Zeilenelemente, im Korrespondenzraum und haben eine Rechtfertigung, jetzt auch die Distanzen zwischen Automarken und Merkmalen (Extremtypen) zu interpretieren. Es leuchtet allerdings ein, daß es in dieser Darstellung wenig Sinn macht, die Distanzen zwischen den Merkmalen zu interpretieren.

---

[18] Greenacre, M. J., 1984, S. 65, bemerkt hierzu: "Notice, however, that we should avoid the danger of interpreting distances between points of different clouds, since no such distances have been explicitly defined." Und Lebart, L./Morineau, A./Warwick, K., 1984, S. 46, schreiben: "...it is legitimate to interpret distances among elements of one set of points... It is also legitimate to interpret the relative position of one point of one set with respect to *all the points* of the other set. Except in special cases it is extremely dangerous to interpret the proximity of *two* points corresponding to different sets of points."

724   Korrespondenzanalyse

Abbildung 11.31: Erweiterte Kreuztabelle für das Autobeispiel:
Automarken und fiktive Extremtypen

Autotypen	Merkmale		
	Sicherheit	Sportlichkeit	Komfort
Mercedes	9	3	6
BMW	3	6	3
Opel	1	1	2
Audi	2	5	4
X-Sicher	15	0	0
X-Sportlich	0	15	0
X-Komfort	0	0	15

Qualitativ hat sich in Abbildung 11.29 gegenüber Abbildung 11.28 allerdings wenig geändert, abgesehen davon, daß die Merkmale (Extremtypen) nach außen gewandert sind. Mercedes liegt wiederum am nächsten zu "Sicherheit", d.h. ist dem Extremtyp "Sicherheit" am ähnlichsten, und BMW und Audi ähneln am ehesten einem Extremtyp "Sportlichkeit". Opel ist auch hier dem Extremtyp "Komfort" am ähnlichsten, da ja dieser Marke das Merkmal "Komfort" doppelt so oft zugeordnet wurde wie die beiden anderen Merkmale. Da in den Zeilenprofilen die Niveauunterschiede zwischen den Zeilen nicht mehr enthalten sind, sind sie auch im Ergebnis der Zeilen-Prinzipal-Normalisierung nicht mehr sichtbar.

Die Erweiterung der Kreuztabelle um die Extremtypen kann auch derart erfolgen, daß anstelle von '15' jeweils '1' eingesetzt wird. Die drei zusätzlichen Zeilen ergeben dann eine Einheitsmatrix. Dies hat keinen Einfluß auf die abgeleiteten Koordinaten. Was sich ändert, sind lediglich die Inertia der Daten und deren Aufteilung auf die Dimensionen. Tatsächlich aber muß man diese Berechnungen, die lediglich eine Rechtfertigung für die Interpretation der Distanzen zwischen Zeilen- und Spaltenpunkten liefern sollten, natürlich nicht durchführen.

f) Spalten-Prinzipal-Normalisierung

In analoger Weise läßt sich auch das Ergebnis der Spalten-Prinzipal-Normalisierung in Abbildung 11.30 auffassen, indem alle Punkte als Spaltenprofile interpretiert werden. In den Spaltenprofilen bleiben im Gegensatz zu den Zeilenprofilen die Niveauunterschiede zwischen den Automarken erhalten (vgl. Abbildung 11.10). Da z.B. Mercedes das Merkmal "Komfort" öfter zugeordnet wurde als Opel, ist die entsprechende Distanz jetzt geringer. Und auch die anderen Automarken haben jetzt geringere Distanzen zum Merkmal "Komfort" als Opel. Die Niveauunterschiede zwischen den Automarken werden also durch die Distanzen jetzt richtig wiedergegeben.

Fallbeispiel 725

Zusammenfassung

Eine asymmetrische Form der Normalisierung ist immer dann angebracht, wenn es sich bei den Zeilen- und Spaltenelementen um Kategorien bzw. Gruppen unterschiedlicher Art und Bedeutung für den Untersucher handelt, wie z.B. einer Gruppe von Objekten (z.B. Produkte, Marken, Unternehmen etc.) und einer Gruppe von Merkmalen dieser Objekte. Gewöhnlich liegt dabei das Hauptinteresse auf den Objekten. Diese Konstellation ist z.b. bei Anwendungen in der Marktforschung vorherrschend.

Wurden die Objekte in den Zeilen angeordnet, so gilt folgendes:

- Interessieren vornehmlich die Profile der Objekte, also wie die Merkmale bezüglich eines Objektes verteilt sind, so ist eine Zeilen-Prinzipal-Normalisierung vorzuziehen.
- Interessieren dagegen die Niveauunterschiede zwischen den Objekten bezüglich der einzelnen Merkmale, so ist die Spalten-Prinzipal-Normalisierung vorzuziehen.

Die Aussagen sind umzukehren, wenn die Objekte in den Spalten und deren Merkmale in den Zeilen angeordnet werden.

11.3 Fallbeispiel

11.3.1 Problemstellung

In einer umfassenden Untersuchung zum Margarinemarkt in Deutschland wurden 268 Personen gebeten, 18 Margarinemarken bezüglich 44 verschiedener Merkmale zu beurteilen. Hierzu wurde den Befragten eine Liste mit den Margarinemarken vorgelegt, und sie wurden sodann gebeten, sukzessiv jedes Merkmal der- oder denjenigen Marken zuzuordnen, für die es ihrer Meinung nach am ehesten passen würde. Abbildung 11.32 zeigt eine Auswahl der abgefragten Merkmale und die zugehörigen Statements, mit denen die Merkmale operationalisiert wurden.

726   Korrespondenzanalyse

Abbildung 11.32: Merkmale mit Statements

Nr.	Merkmal	Statement
1	Gesundheit	... *ist besonders für gesunde Ernährung geeignet*
2	Rohstoffe	... *ist aus besten pflanzlichen Rohstoffen hergestellt*
3	Brotaufstrich	... *ist besonders gut als Brotaufstrich geeignet*
4	Gewichtsreduzierung	... *ist etwas für Leute, die auf ihr Gewicht achten*
5	Bekanntheit	... *man hört viel von dieser Marke*
6	Natürlichkeit	... *ist ein natürliches Produkt*
7	Sympathie	... *die Marke ist mir sympathisch*
8	Familie	... *ist für die ganze Familie geeignet*
9	Fettgehalt	... *ist besonders niedrig im Fettgehalt*
10	Verpackung	... *hat eine gute Verpackung*
11	Qualität	... *hat eine hochwertige Qualität*
12	Vertrauen	... *ist eine Marke, der ich vertraue*

Beispiel der Befragung für Merkmal 2:

Die Margarinemarke ist besonders für gesunde Ernährung geeignet.

"Für welche Margarinemarken trifft diese Aussage
Ihrer Meinung nach am ehesten zu?"

Aus Gründen der Übersichtlichkeit wie auch der Geheimhaltung beschränken wir uns hier auf die in Abbildung 11.32 wiedergegebenen Merkmale sowie eine Teilauswahl von 10 Marken. Die ausgewählten Margarinemarken sind:

1. Becel
2. Botteram
3. Dante
4. Deli Reform
5. Du darfst
6. Flora Soft
7. Homa Gold
8. Lätta
9. Rama
10. SB

Die sich aus der Befragung für die ausgewählten Merkmale und Margarinemarken ergebenen Häufigkeiten lassen sich in einer (12 x 10) - Kreuztabelle zusammenfassen. Abbildung 11.33 zeigt diese Daten im Dateneditor von SPSS. Im Unterschied zum Autobeispiel sind jetzt die Merkmale in den Zeilen und die Marken in den Spalten angeordnet. Die Zellen geben an, wie oft die Befragten ein bestimmtes

Fallbeispiel   727

Merkmal (z.B. "Gesundheit" oder "Rohstoffe") einer bestimmten Margarinemarke zugeordnet haben.

Abbildung 11.33: Datentabelle im Dateneditor von SPSS

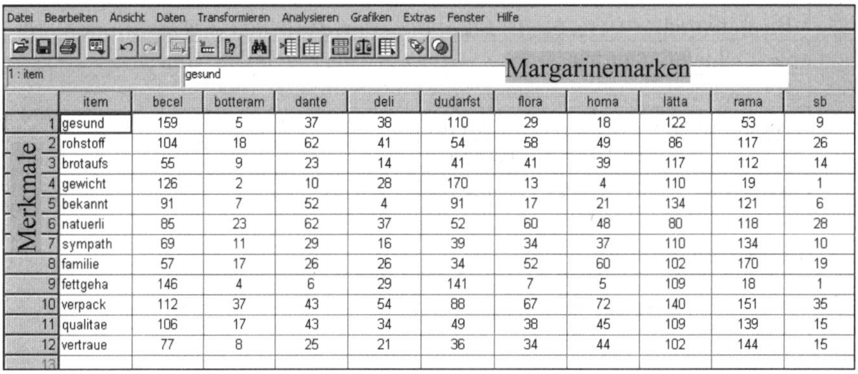

item	becel	botteram	dante	deli	dudarfst	flora	homa	lätta	rama	sb
1 gesund	159	5	37	38	110	29	18	122	53	9
2 rohstoff	104	18	62	41	54	58	49	86	117	26
3 brotaufs	55	9	23	14	41	41	39	117	112	14
4 gewicht	126	2	10	28	170	13	4	110	19	1
5 bekannt	91	7	52	4	91	17	21	134	121	6
6 natuerli	85	23	62	37	52	60	48	80	118	28
7 sympath	69	11	29	16	39	34	37	110	134	10
8 familie	57	17	26	26	34	52	60	102	170	19
9 fettgeha	146	4	6	29	141	7	5	109	18	1
10 verpack	112	37	43	54	88	67	72	140	151	35
11 qualitae	106	17	43	34	49	38	45	109	139	15
12 vertraue	77	8	25	21	36	34	44	102	144	15

Um die Daten in Form einer Kreuztabelle mit SPSS verarbeiten zu können, muß auf die Kommandosprache (Syntax) zurückgegriffen werden. Will man mit SPSS eine Korrespondenzanalyse allein mittels Menüführung durchführen, so müssen die Daten zunächst anders angeordnet werden (siehe Abschnitt 11.5), was u.U. bei größeren Anwendungen mühselig sein kann. Die Kommandosprache von SPSS enthält zur Verarbeitung von Kreuztabellen das Kommando TABLE.

Abbildung 11.34 zeigt die SPSS-Kommandos (Syntax-Datei) für die hier durchgeführte Korrespondenzanalyse. Die Variable ROWCAT_ wurde eingefügt, um eine Zuordnung von Namen (Wertelabels) für die Zeilen (hier die Merkmale) zu ermöglichen, die der Beschriftung der zu erzeugenden Tabellen und Abbildungen dienen soll.

728   Korrespondenzanalyse

Abbildung 11.34: SPSS-Kommandos für das Fallbeispiel zur Korrespondenzanalyse

---

*MVA: Korrespondenz-Analyse
* Datendefinition
* ---------------

DATA LIST FREE / ROWCAT_ becel botteram dante deli dudarfst flora homa lätta rama sb.

BEGIN DATA.
1 159 5 37 38 110 29 18 122 53 9
2 104 18 62 41 54 58 49 86 117 26
3 55 9 23 14 41 41 39 117 112 14
4 126 2 10 28 170 13 4 110 19 1
5 91 7 52 4 91 17 21 134 121 6
6 85 23 62 37 52 60 48 80 118 28
7 69 11 29 16 39 34 37 110 134 10
8 57 17 26 26 34 52 60 102 170 19
9 146 4 6 29 141 7 5 109 18 1
10 112 37 43 54 88 67 72 140 151 35
11 106 17 43 34 49 38 45 109 139 15
12 77 8 25 21 36 34 44 102 144 15
END DATA.

* Prozedur

VALUE LABELS ROWCAT_ 1 'Gesundheit' 2 'Rohstoffe' 3 'Brotaufstrich' 4 'Gewichtsreduzierung' 5 'Bekanntheit' 6 'Natürlichkeit' 7 'Sympathie' 8 'Familie' 9 'Fettgehalt' 10 'Verpackung' 11 'Qualität' 12 'Vertrauen'.
CORRESPONDENCE
  TABLE=ALL(12,10)
  /DIMENSIONS = 2
  /MEASURE = CHISQ
  /STANDARDIZE = RCMEAN
  /NORMALIZATION = SYMMETRICAL
  /PLOT = BIPLOT, RPOINTS, CPOINTS.

11.3.2   Ergebnisse

Zunächst werden die Ausgangsdaten in Form einer Kontingenztabelle ausgewiesen, die in SPSS als Korrespondenztabelle bezeichnet wird (Abbildung 11.35). Die "aktiven Ränder" beinhalten die Zeilen- und Spaltensummen. Die Fallzahl, d.h. die

Fallbeispiel 729

Gesamthäufigkeit der Zuordnungen, die von den Befragten vorgenommen wurden, beträgt 6698.

Abbildung 11.35: Kontingenztabelle im SPSS-Ausdruck

						Korrespondenztabelle					
					Spalte						
Zeile	BECEL	BOTTERAM	DANTE	DELI	DUDARFST	FLORA	HOMA	LÄTTA	RAMA	SB	Aktiver Rand
Gesundheit	159	5	37	38	110	29	18	122	53	9	580
Rohstoffe	104	18	62	41	54	58	49	86	117	26	615
Brotaufstrich	55	9	23	14	41	41	39	117	112	14	465
Gewichtsreduzierung	126	2	10	28	170	13	4	110	19	1	483
Bekanntheit	91	7	52	4	91	17	21	134	121	6	544
Natürlichkeit	85	23	62	37	52	60	48	80	118	28	593
Sympathie	69	11	29	16	39	34	37	110	134	10	489
Familie	57	17	26	26	34	52	60	102	170	19	563
Fettgehalt	146	4	6	29	141	7	5	109	18	1	466
Verpackung	112	37	43	54	88	67	72	140	151	35	799
Qualität	106	17	43	34	49	38	45	109	139	15	595
Vertrauen	77	8	25	21	36	34	44	102	144	15	506
Aktiver Rand	1187	158	418	342	905	450	442	1321	1296	179	6698

Die Abbildung 11.36 zeigt die Maße für die Streuung der Daten und das Ergebnis der Singulärwertzerlegung. Die Inertia beträgt trotz der Größe der Datenmatrix nur 0,177, während Chi-Quadrat infolge der hohen Fallzahl 1188,9 beträgt.

Da die Datenmatrix 12 Zeilen und 10 Spalten besitzt, ergeben sich hier maximal 9 mögliche Dimensionen. In der Reihenfolge der Singulärwerte spiegelt sich die abnehmende Wichtigkeit der Dimensionen wider. Der Wert des ersten Singulärwertes beträgt 0,37 und dessen Quadrat, der Eigenwert bzw. das Trägheitsgewicht der Dimension, beträgt 0,137. Damit ergibt sich gemäß Formel (11) ein Eigenwertanteil von 0,772. Die erste Dimension erklärt also 77,2% der Streuung in den Daten.

Der kumulierte Eigenwertanteil der beiden ersten Dimensionen beträgt 89,7 %. Der dritte Singulärwert, der 0,099 beträgt, hat nur noch einen Eigenwertanteil von 5,6 %. Auf die Berücksichtigung der dritten sowie der weiteren Dimensionen wird daher hier zugunsten einer zweidimensionalen Darstellung verzichtet.

730 Korrespondenzanalyse

Abbildung 11.36: Ergebnisse der Singulärwertzerlegung

Dimension	Singulärwert	Auswertung für Trägheit	Chi-Quadrat	Sig.	Anteil der Trägheit		Singulärwert für Konfidenz	
					Bedingen	Kumuliert	Standardabw eichung	Korrelation 2
1	,370	,137			,772	,772	,011	,017
2	,149	,022			,124	,897	,012	
3	,099	,010			,056	,952		
4	,070	,005			,028	,980		
5	,042	,002			,010	,990		
6	,038	,001			,008	,998		
7	,016	,000			,001	,999		
8	,009	,000			,000	1,000		
9	,005	,000			,000	1,000		
Gesamtauswertung		,177	1188,883	,000ª	1,000	1,000		

a. 99 Freiheitsgrade

Die Abbildungen 11.37 und 11.38 enthalten die gesuchten Koordinaten für die Zeilen- und Spaltenpunkte sowie weitere Informationen. Abbildung 11.37 gibt eine Übersicht über die Zeilenpunkte. In der ersten Spalte sind hier die Massen $p_{i.}$ der Merkmale aufgelistet.

Die beiden folgenden Spalten enthalten die Koordinaten der Merkmale bezüglich der beiden Dimensionen des Korrespondenzraumes, mittels derer sich die zugehörigen Punkte in Abbildung 11.39 einzeichnen lassen.

In der nächsten Spalte sind unter der Überschrift "Übersicht über Trägheit" die Trägheitsgewichte der Zeilen aufgelistet, die man mittels Formel (3a) erhält und die sich zur Inertia summieren. Sie geben an, welchen Beitrag eine Zeile bzw. ein Zeilenpunkt zur Gesamtstreuung (Inertia) liefert.

Wir hatten bislang nur die Zerlegung der Inertia auf die Zeilen, Spalten und Dimensionen behandelt und damit die Trägheitsgewichte der Punkte (Zeilen oder Spalten) und der Dimensionen (quadrierte Singulärwerte, Eigenwerte) erhalten. Diese lassen sich jeweils weiter zerlegen. Die Trägheitsgewichte der Punkte (Zeilen oder Spalten) lassen sich bezüglich der Dimensionen aufteilen und die Trägheitsgewichte der Dimensionen lassen sich bezüglich der Punkte (Zeilen oder Spalten) aufteilen. Im Ausdruck von SPSS werden diese Aufteilungen ausgewiesen und als "Beitrag des Punktes an der Trägheit der Dimension" und "Beitrag der Dimension an der Trägheit des Punktes" bezeichnet.

Die Tabelle in Abbildung 11.37 enthält diese Aufteilungen für die Zeilenpunkte. Das Trägheitsgewicht eines Zeilenpunktes bezüglich einer Dimension hängt ab von der Masse $p_{i.}$ dieses Punktes und dem Quadrat seines Abstandes vom Nullpunkt auf dieser Dimension, also dem Quadrat der Koordinate r_{ik}. In SPSS werden als "Beiträge des Punktes an der Trägheit der Dimension" relative Trägheitsgewichte ausgegeben, die man durch Division des absoluten Trägheitsgewichtes durch den Singulärwert der Dimension erhält.[19] Sie lassen erkennen, durch welche Merkmale eine Dimension besonders geprägt wird und liefern damit eine Basis zur Interpretation der Dimensionen.[20] Bezüglich der ersten Dimension dominieren die Merkmale "Gewichtsreduzierung" (0,335) und "Fettgehalt" (0,301), die diese Dimension prägen. Bezüglich der zweiten Dimension besteht keine so ausgeprägte Dominanz. Die größten Beiträge liefern hier die Merkmale "Bekanntheit" (0,229), "Natürlichkeit" (0,188) und "Rohstoffe" (0,166).

Abbildung 11.37: Übersicht über die Zeilenpunkte

| | | Wert in Dimension | | | Beitrag | | | | |
| | | | | | des Punktes an der Trägheit der Dimension | | der Dimension an der Trägheit des Punktes | | |
Zeile	Masse	1	2	Übersicht über Trägheit	1	2	1	2	Gesamtübersicht
Gesundheit	,087	-,620	,211	,015	,090	,026	,832	,039	,870
Rohstoffe	,092	,307	,518	,008	,023	,166	,404	,463	,867
Brotaufstrich	,069	,335	-,399	,006	,021	,075	,481	,274	,755
Gewichtsreduzierung	,072	-1,311	-,017	,047	,335	,000	,968	,000	,968
Bekanntheit	,081	-,160	-,647	,010	,006	,229	,076	,500	,576
Natürlichkeit	,089	,406	,562	,011	,039	,188	,508	,390	,898
Sympathie	,073	,345	-,460	,006	,023	,104	,570	,407	,977
Familie	,084	,642	-,217	,015	,093	,027	,853	,039	,892
Fettgehalt	,070	-1,265	,016	,042	,301	,000	,982	,000	,982
Verpackung	,119	,258	,378	,008	,021	,115	,367	,316	,684
Qualität	,089	,250	-,003	,003	,015	,000	,662	,000	,662
Vertrauen	,076	,394	-,374	,007	,032	,071	,633	,229	,862
Aktiver Gesamtwert	1,000			,177	1,000	1,000			

a. Symmetrische Normalisierung

Dies läßt sich auch anhand von Abbildung 11.39 nachvollziehen. Man sieht, daß die Merkmale "Gewichtsreduzierung" und "Fettgehalt" auf der ersten Dimension (horizontale Achse) weit vom Nullpunkt entfernt und dicht beieinander liegen. Sie werden offenbar als nahezu identisch empfunden und hängen auch eng mit dem Merkmal "Gesundheit" zusammen. Die Merkmale "Natürlichkeit" und "Rohstoffe" liegen auf der zweiten Dimension (vertikale Achse) weit oben und werden ebenfalls als eng verwandt angesehen, aber gegensätzlich zum Merkmal "Bekanntheit", das auf dieser Dimension weit unten liegt.

---

[19] Der Beitrag eines Zeilenpunktes an der Trägheit der Dimension k errechnet sich durch:

$$\hat{t}_{ik} = \frac{p_{i.} \cdot r_{ik}^2}{s_k}$$

z.B. $\hat{t}_{11} = \dfrac{0{,}400 \cdot (-0{,}691)^2}{0{,}346} = 0{,}552$, $\hat{t}_{12} = \dfrac{0{,}400 \cdot 0{,}100^2}{0{,}140} = 0{,}029$

Bei asymmetrischer Normalisierung ist die Formel entsprechend (15) zu modifizieren.

[20] Die Werte $\hat{t}_{ik}$ lassen sich vergleichen mit den Faktorladungen in der Faktorenanalyse.

732   Korrespondenzanalyse

Abbildung 11.38 gibt eine Übersicht über die Spaltenpunkte und läßt sich analog zu Abbildung 11.37 interpretieren. Sie enthält die Koordinaten zur Darstellung der Margarinemarken in Abbildung 11.39. Man sieht hier, daß besonders die Marken Rama und Lätta große Massen haben, da sie viele Zuordnungen erhielten.

Abbildung 11.38: Übersicht über die Spaltenpunkte

Übersicht über Spaltenpunkte[a]									
		Wert in Dimension			Beitrag				
					des Punktes an der Trägheit der Dimension		der Dimension an der Trägheit des Punktes		
Spalte	Masse	1	2	Übersicht über Trägheit	1	2	1	2	Gesamtü bersicht
BECEL	,177	-,528	,134	,021	,134	,022	,864	,022	,886
BOTTERAM	,024	,643	,742	,007	,026	,087	,506	,270	,776
DANTE	,062	,377	,317	,012	,024	,042	,276	,078	,354
DELIREFO	,051	-,098	,813	,006	,001	,227	,029	,804	,833
DUDARFST	,135	-1,039	-,009	,056	,394	,000	,965	,000	,965
FLORA	,067	,568	,419	,011	,058	,079	,743	,162	,905
HOMA	,066	,733	,116	,014	,096	,006	,927	,009	,936
LÄTTA	,197	-,152	-,390	,007	,012	,202	,241	,638	,878
RAMA	,193	,640	-,418	,035	,214	,228	,842	,144	,986
SB	,027	,743	,770	,008	,040	,107	,665	,287	,952
Aktiver Gesamtwert	1,000			,177	1,000	1,000			

a. Symmetrische Normalisierung

Abbildung 11.39 zeigt die Konfiguration der Margarinemarken gemeinsam mit der Konfiguration der Merkmale. Fünf Marken, nämlich SB, Botteram, Flora, Dante und Homa, liegen im oberen rechten Quadranten und werden offenbar als ähnlich wahrgenommen. Besonders SB und Botteram werden sehr ähnlich beurteilt.

Die Marken Du darfst und Becel liegen dagegen weit links und die Marken Lätta und Rama sind im unteren Teil positioniert. Die Marke Deli nimmt eine etwas abseitige Position im oberen Teil ein.

Zieht man die Merkmale in die Betrachtung ein, so lassen sich die fünf Marken im oberen rechten Quadranten (SB, Botteram, Flora, Dante, Homa) besonders mit den Merkmalen "Natürlichkeit", "Rohstoffe" und "Verpackung" in Verbindung bringen.

Den Marken Becel und Du darfst werden vor allem die Eigenschaften "Fettgehalt", "Gewichtsreduzierung" und "Gesundheit" zugesprochen.

Abbildung 11.39: Margarinemarken und Merkmale im Korrespondenzraum (Symmetrische Normalisierung)

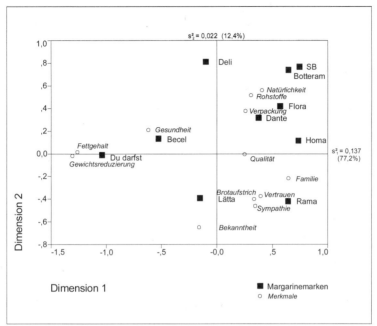

Die Marke Rama wird besonders eng mit den Merkmalen "Familie", "Vertrauen" und "Sympathie" verbunden, und in schwächerem Maße trifft dies auch für Lätta zu. Beide Marken werden als sehr bekannt angesehen und es wird ihnen auch eine Eignung als Brotaufstrich beigemessen.

Die Marke Deli nimmt eine gewisse Sonderstellung ein. Ein Defizit von Deli scheint vor allem die fehlende Bekanntheit zu sein und damit verbunden auch fehlende Sympathie und mangelndes Vertrauen.

Auf die Gefahren einer Interpretation der Zwischengruppendistanzen zwischen den Margarinemarken und den Merkmalen wurde oben hingewiesen. Um die Niveauunterschiede zwischen den Marken zu verdeutlichen, sollte daher zusätzlich eine Zeilen-Prinzipal-Normierung vorgenommen werden.

734   Korrespondenzanalyse

11.4   Anwendungsempfehlungen

Zur Durchführung einer Korrespondenzanalyse mit Hilfe von SPSS dient die Prozedur CORRESPONDENCE (daneben existiert noch die ältere Version ANACOR). Bei deren Anwendung stößt man zunächst auf Schwierigkeiten, wenn man die Daten in Form einer Kreuztabelle ("Table"-Format) eingeben möchte. SPSS erwartet standardmäßig, daß die Daten in Form einer Matrix angeordnet werden, bei der sich die Spalten auf Variablen und die Zeilen auf die Beobachtungen dieser Variablen beziehen. In einer Kreuztabelle sind die Beobachtungen von zwei kategorialen Variablen in aggregierter Form zusammengefaßt, wobei die Zeilen der Kreuztabelle die Kategorien der einen Variablen und die Spalten die Kategorien der anderen Variablen bilden. Dies entspricht nicht der Standardform einer SPSS-Datentabelle. Hat man die Daten in Form einer Kreuztabelle vorliegen, so muß man diese entweder in eine andere Form bringen, um die Analyse mittels der Menüführung durchzuführen, oder man muß auf die Kommandosprache (Syntax) zurückgreifen, die für die Verarbeitung von Kreuztabellen das Kommando TABLE enthält.

Es bestehen insgesamt drei verschiedene Eingabeformate der Daten für die Durchführung einer Korrespondenzanalyse mit SPSS:

- "Table"-Format für die Eingabe in Form einer Kreuztabelle,
- "Casewise"-Format für eine fallweise Dateneingabe, d.h. jede Beobachtung wird einzeln aufgeführt,
- "Weight"-Format für eine aggregierte Dateneingabe, bei der die Häufigkeiten in den Zellen der Kreuztabelle in Form von Gewichten eingegeben werden.

An unserem Autobeispiel sollen diese alternativen Formen der Dateneingabe demonstriert werden.

a) "Table"-Format
Das "Table"-Format erlaubt die Dateneingabe in Form einer Kreuztabelle. Abbildung 11.40 zeigt die Ausgangsdaten des Autobeispiels im Daten-Editor von SPSS.

Die Bezeichnungen der Spalten der Kreuztabelle (Merkmale der Autos) werden im Kopf der Datentabelle als Variablennamen angegeben und können zusätzlich mittels Variablenlabels ausführlicher spezifiziert werden. Um auch die Bezeichnungen der Zeilen (Automarken) berücksichtigen zu können, wurde die Variable "rowcat_" in der ersten Spalte eingefügt (wie auch im Fallbeispiel). Ihren Werten, die die vier Automarken repräsentieren, wurden Wertelabels zugeordnet (1 = Mercedes, 2 = BMW, 3 = Opel, 4 = Audi).

Abbildung 11.40: SPSS Daten-Editor für das Format "Table"

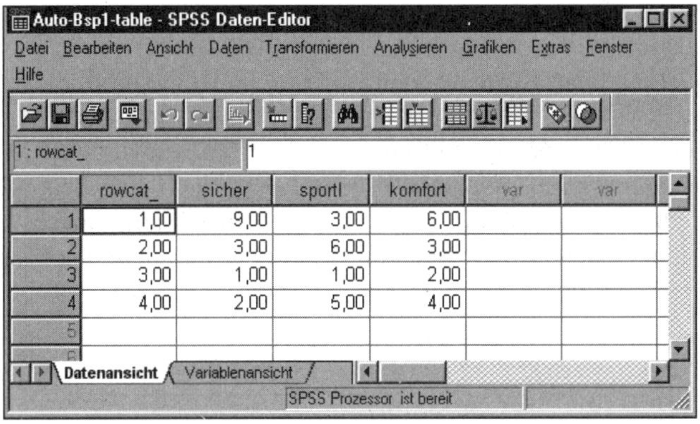

Über *Datei* und *neu (Syntax)* kann ein neues Syntaxfenster geöffnet werden, in das die Kommandos zur Ausführung einer Korrespondenzanalyse eingegeben werden können. Abbildung 11.41 zeigt diese im Syntaxfenster. Damit die Daten in Form einer Kontingenztabelle richtig verarbeitet werden können, muß das Kommando TABLE = (4,3) verwendet werden. Damit wird mitgeteilt, daß die Eingabedaten in Form eine Kreuztabelle mit 4 Zeilen und 3 Spalten angeordnet sind.

Abbildung 11.41: SPSS Syntax-Fenster

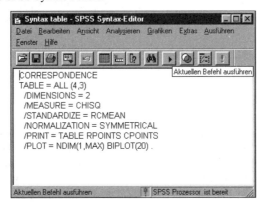

Für eine menügesteuerte Analyse müssen die Ausgangsdaten in die anderen Formate ("Casewise"-Format oder "Weight"-Format) überführt werden.

736   Korrespondenzanalyse

b) "Casewise"-Format

Abbildung 11.42: Ausgangsdaten im "Casewise"-Format

	Person	Merkmal	Marke
1	1	1	1
2	1	2	2
3	1	3	1
4	2	1	1
5	2	2	1
6	2	3	1
7	3	1	1
8	3	2	4
9	3	3	1
10	4	1	2
11	4	2	2
12	4	3	2
13	5	1	1
14	5	2	2
15	5	3	1
16	6	1	3
17	6	2	3
18	6	3	3
19	7	1	1
20	7	2	4
21	7	3	4
22	8	1	2
23	8	2	2
24	8	3	2
25	9	1	4
26	9	2	4
27	9	3	4
28	10	1	1
29	10	2	4
30	10	3	4
31	11	1	2
32	11	2	2
33	11	3	2
34	12	1	1
35	12	2	1
36	12	3	1
37	13	1	1
38	13	2	1
39	13	3	1
40	14	1	1
41	14	2	2
42	14	3	3
43	15	1	4
44	15	2	4
45	15	3	4

Anwendungsempfehlungen 737

Die Abbildung 11.42 zeigt die Daten im "Casewise"-Format. Jede Beobachtung, d.h. jede Zuordnung eines Merkmals zu einer Automarke, bildet jetzt eine eigene Zeile, so daß sich 45 Zeilen ergeben (im Fallbeispiel wären es 6698 Zeilen). Die Variable "Merkmal" umfaßt die Merkmalskategorien 1 - 3 und die Variable "Marke" die Automarken 1 - 4. Die Variable "Person" wird für die Auswertung nicht benötigt, sondern soll nur zeigen, wie die Daten entstanden sind, d.h. welche Beurteilungen die einzelnen Personen vorgenommen haben.

Zur Beschriftung der Ergebnisse sind den beiden Variablen "Merkmal" und "Marke" Wertelabels zuzuordnen.

Über den Menüpunkt *Analysieren* und *Dimensionsreduktion* kann nach Eingabe der Daten die Korrespondenzanalyse angewählt werden (vgl. Abbildung 11.43).

Abbildung 11.43: Auswahl der Analysemethode: Korrespondenzanalyse

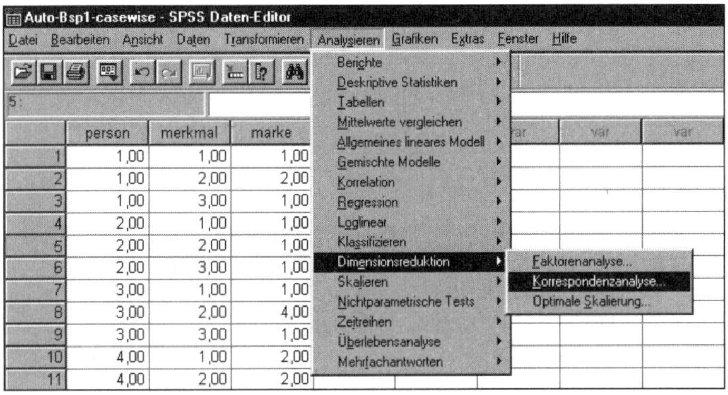

Es öffnet sich das Dialogfeld zur Korrespondenzanalyse (Abbildung 11.44). Hier ist anzugeben, welche Variable den Zeilen der Kreuztabelle und welche deren Spalten zugeordnet werden soll. Wie schon bemerkt, kann man in der Korrespondenzanalyse Zeilen und Spalten ohne Einfluß auf das Ergebnis vertauschen. Hier wird, wie schon zuvor, die Variable "Marke" den Zeilen und die Variable "Merkmal" den Spalten zugeordnet.

Abbildung 11.44: Dialogfenster zur Korrespondenzanalyse

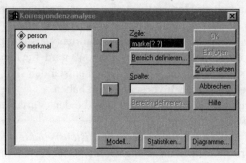

SPSS fordert nun, daß mittels *Bereich definieren* die zu berücksichtigenden Kategorien angegeben werden. Für die Variable "Marke" sind hier als Minimalwert die Zahl 1 und als Maximalwert die Zahl 4 anzugeben (Abbildung 11.45). Über *Aktualisieren* und *Weiter* wird dieses Dialogfenster verlassen. Analog sind für die Marke "Merkmal" die Werte 1 und 3 einzugeben.

Abbildung 11.45: Zeilenbereich definieren

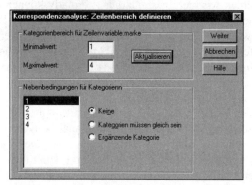

Für den weiteren Fortgang der Analyse sind die Menüpunkte *Modell*, *Statistiken* und *Diagramme* unten im Dialogfenster *Korrespondenzanalyse* (Abbildung 11.44) anzuwählen. Durch Anklicken des Menüpunktes *Modell* öffnet sich das Dialogfenster in Abbildung 11.46, mittels dessen das Modell, welches der Korrespondenzanalyse zugrundegelegt werden soll, spezifiziert werden kann.

Anwendungsempfehlungen 739

Abbildung 11.46: Modellspezifikation

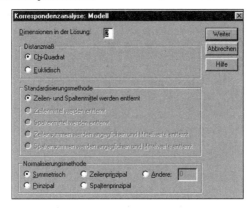

Hier ist zunächst die Anzahl der gewünschten Dimensionen für die zu ermittelnde Konfiguration anzugeben. Wir wählen 2. Weiterhin muß die Metrik des Korrespondenzraumes spezifiziert werden. Wir wählen hier *Chi-Quadrat* als Distanzmaß, die Standardform der Korrespondenzanalyse. Sie impliziert, daß Zeilen- und Spaltenmittel bei der Standardisierung der Daten entfernt werden. Als Normalisierungsmethode wählen wir hier *symmetrisch*. Alternativ können auch die oben behandelten asymmetrischen Formen der Normalisierung (Zeilen-Prinzipal und Spalten-Prinzipal) sowie die Prinzipal-Normalisierung gewählt werden. Über *Weiter* kann das Dialogfenster verlassen werden und man gelangt zurück zum Dialogfenster *Korrespondenzanalyse* (Abbildung 11.44).

Unter *Statistiken* kann nun angegeben werden, welche statistischen Auswertungen durchgeführt und im Ausgabefenster von SPSS angezeigt werden sollen. Wir wählen hier "*Korrespondenztabelle*" sowie die Übersichten der Zeilen- und Spaltenpunkte.

Abbildung 11.47: Statistik

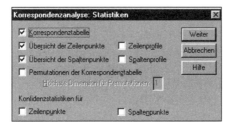

Schließlich ist noch das Dialogfeld *Diagramme* anzuwählen, mittels dessen die zu erstellenden Diagramme ausgewählt werden können. Wir wählen hier mit *Biplot*

eine gemeinsame Darstellung von Marken und Merkmalen im Korrespondenzraum.

Abbildung 11.48: Diagramme

Über *Weiter* gelangt man wieder zurück zum Dialogfenster in Abbildung 11.44 und durch Anklicken von *OK* wird die Durchführung der Korrespondenzanalyse veranlaßt. Abbildung 11.49 zeigt das Protokoll der Kommandos, die mittels der Menüführung erzeugt wurden, im Syntax-Fenster.

Abbildung 11.49: Syntax des "Casewise" - Formats

```
CORRESPONDENCE
  TABLE = marke(1 4) BY merkmal(1 3)
  /DIMENSIONS = 2
  /MEASURE = CHISQ
  /STANDARDIZE = RCMEAN
  /NORMALIZATION = SYMMETRICAL
  /PRINT = TABLE RPOINTS CPOINTS
  /PLOT = NDIM(1,MAX) BIPLOT(20)
```

c) "Weight"-Format

Das "Weight"-Format ermöglicht eine aggregierte Eingabe der Daten mit Hilfe von Gewichten. Abbildung 11.50 zeigt die Daten im Daten-Editor. Mittels der beiden kategorialen Variablen "Merkmal" und "Marke" werden die Kombinationen der Kategorien spezifiziert, die den Zellen der Kreuztabelle entsprechen. Die Häufigkeiten der Kreuztabelle werden mittels der Variable "Fallzahl" eingegeben. Sie lassen sich sodann den Kombinationen als Gewichte zuordnen.

Anwendungsempfehlungen 741

Abbildung 11.50: SPSS Daten-Editor für das Format "weight"

	merkmal	marke	fallzahl
1	1,00	1,00	9,00
2	1,00	2,00	3,00
3	1,00	3,00	1,00
4	1,00	4,00	2,00
5	2,00	1,00	3,00
6	2,00	2,00	6,00
7	2,00	3,00	1,00
8	2,00	4,00	5,00
9	3,00	1,00	6,00
10	3,00	2,00	3,00
11	3,00	3,00	2,00
12	3,00	4,00	4,00

Dazu ist der Menüpunkt *Daten* und dort die Option *Fälle gewichten* zu wählen. Man gelang damit zum Dialogfenster in Abbildung 11.51, wo die gewünschten Spezifikationen vorgenommen werden können. Über *OK* wird dieses Dialogfenster wieder verlassen.

Abbildung 11.51: Dialogfenster Fälle gewichten

Die Durchführung der Korrespondenzanalyse erfolgt nun mit den gleichen Schritten wie beim "Casewise"-Format. Das "Weight"-Format ermöglicht damit eine sehr viel bequemere Eingabe der Daten als das "Casewise"-Format und erlaubt ebenso die Durchführung der Korrespondenzanalyse mittels Menüführung.

742   Korrespondenzanalyse

11.5   Mathematischer Anhang

Formal läßt sich das Zielkriterium der Korrespondenzanalyse ausdrücken als die Auffindung einer Konfiguration, bei der die (euklidischen) Distanzen zwischen den Zeilenpunkten (Spaltenpunkten) im Korrespondenzraum möglichst gut die Chi-Quadrat-Distanzen zwischen den Zeilenprofilen (Spaltenprofilen) approximieren.[21] Die sog. Chi-Quadrat-Distanz bezeichnet Greenacre als "the most problematic and esoteric aspect of correspondence analysis".[22] Wenngleich die rechnerische Durchführung der Korrespondenzanalyse auch ohne die Berechnung von Chi-Quadrat-Distanzen auskommt, wie vorstehend gezeigt wurde, soll hier kurz darauf eingegangen werden, da sie ein fundamentales Element der Korrespondenzanalyse bilden.

Bei einer Distanz denkt man üblicherweise an die euklidische Distanz, d.h. an die Länge einer Linie zwischen zwei Punkten, die sich (im zweidimensionalen Raum) mit einem Lineal messen oder analytisch mit Hilfe des Satzes von Pythagoras berechnen läßt. Ein Zeilenprofil mit J Elementen läßt sich als Punkt in einen J-dimensionalen Raum auffassen und zwischen zwei Zeilenprofilen lassen sich somit euklidische Distanzen berechnen.

Die quadrierte **euklidische Distanz** zwischen zwei Zeilenprofilen i und i' lautet:

$$d_{ii'}^2 = \sum_j \left(\frac{n_{ij}}{n_{i.}} - \frac{n_{i'j}}{n_{i'.}} \right)^2$$

Im Unterschied dazu lautet die quadrierte **Chi-Quadrat-Distanz** zwischen zwei Zeilenprofilen i und i':

$$\tilde{d}_{ii'}^2 = \sum_j \frac{n}{n_{.j}} \left(\frac{n_{ij}}{n_{i.}} - \frac{n_{i'j}}{n_{i'.}} \right)^2$$

$$= \sum_j \frac{\left(\text{Element j von Zeilenprofil i} - \text{Element j von Zeilenprofil i'} \right)^2}{\text{Masse von Spalte j}}$$

---

[21] Vgl. Greenacre, M. J., 1993, S. 69, Blasius, J., 2001, S. 47.
[22] Siehe Greenacre, M. J., 1993, S. 20 und 24ff.

Mathematischer Anhang 743

Die Chi-Quadrat-Distanz zwischen zwei Zeilenprofilen ist, wie sich ersehen läßt, eine gewichtete euklidische Distanz, wobei die Gewichtung mit den reziproken Massen der Spalten erfolgt.[23]

Analog lassen sich euklidische Distanzen und Chi-Quadrat-Distanzen zwischen zwei Spalten j und j' berechnen:

$$d_{jj'}^2 = \sum_i \left(\frac{n_{ij}}{n_{.j}} - \frac{n_{ij'}}{n_{.j'}} \right)^2$$

$$\tilde{d}_{jj'}^2 = \sum_i \frac{n}{n_{i.}} \left(\frac{n_{ij}}{n_{.j}} - \frac{n_{ij'}}{n_{.j'}} \right)^2$$

$$= \sum_i \frac{\left(\text{Element i von Zeilenprofil j} - \text{Element i von Zeilenprofil j'} \right)^2}{\text{Masse von Zeile i}}$$

In den Abbildungen 11.52 und 11.53 sind die Chi-Quadrat-Distanzen für das Autobeispiel angegeben.

Abbildung 11.52: Chi-Quadrat-Distanzen zwischen den Zeilenprofilen sowie zwischen Zeilenprofilen und mittlerem Zeilenprofil für das Autobeispiel

$\tilde{d}_{ii'}$	Mercedes	BMW	Opel	Audi
Mercedes	0	0,736	0,540	0,745
BMW	0,736	0	0,612	0,243
Opel	0,540	0,612	0	0,442
Audi	0,745	0,243	0,442	0
Mittleres Zeilenprofil	0,408	0,354	0,354	0,340

---

[23] Ein Grund, warum in der Korrespondenzanalyse Chi-Quadrat-Distanzen zugrundegelegt werden, ist das Prinzip der "Distributional Equivalence", welches die Stabilität der Chi-Quadrat-Distanzen garantiert. D.h. die Distanzen zwischen den Zeilenprofilen ändern sich nicht wesentlich, wenn ähnliche Spaltenkategorien zusammengefaßt werden oder wenn eine Spaltenkategorien in ähnliche Kategorien unterteilt wird. So ließe sich z.B. im Autobeispiel die Kategorie Sicherheit in aktive und passive Sicherheit unterteilen. Siehe hierzu Greenacre, M. J., 1984, S. 65f., Greenacre, M. J., 1993, S. 36.

744 Korrespondenzanalyse

Z.B. errechnet sich die quadrierte Chi-Quadrat-Distanz zwischen Mercedes und BMW wie folgt:

$$\tilde{d}_{1,2}^2 = \frac{45}{15}\left(\frac{9}{18}-\frac{3}{12}\right)^2 + \frac{45}{15}\left(\frac{3}{18}-\frac{6}{12}\right)^2 + \frac{45}{15}\left(\frac{6}{18}-\frac{3}{12}\right)^2 = 0{,}5417$$

Damit ergibt sich für die Chi-Quadrat-Distanz zwischen Mercedes und BMW:

$$\tilde{d}_{1,2} = \sqrt{0{,}5417} = 0{,}736$$

Abbildung 11.53: Chi-Quadrat-Distanzen zwischen den Spaltenprofilen sowie zwischen Spaltenprofilen und mittlerem Spaltenprofil für das Autobeispiel

$\tilde{d}_{jj'}$	Sicherheit	Sportlichkeit	Komfort
Sicherheit	0	0,845	0,472
Sportlichkeit	0,845	0	0,564
Komfort	0,472	0,564	0
Mittleres Zeilenprofil	0,416	0,452	0,202

Es lassen sich außerdem Chi-Quadrat-Distanzen zwischen einem Zeilenprofil i und dem mittlerem Zeilenprofil und analog zwischen einem Spaltenprofil und dem mittleren Spaltenprofil berechnen. Sie entsprechen in der grafischen Darstellung den Abständen der Punkte vom Koordinatenursprung (Nullpunkt) und sind in den Abbildungen 11.52 und 11.53 ebenfalls für das Autobeispiel angegeben.

Die quadrierte Chi-Quadrat-Distanz zwischen Zeilenprofil i und mittlerem Zeilenprofil lautet:

$$\tilde{d}_i^2 = \sum_j \frac{n}{n_{.j}}\left(\frac{n_{ij}}{n_{i.}}-\frac{n_{.j}}{n}\right)^2 = \sum_j \frac{\left(\dfrac{n_{ij}}{n_{i.}}-p_{.j}\right)^2}{p_{.j}}$$

$$= \sum_j \frac{\left(\text{Element j von Zeilenprofil i} - \text{Element j vom mittleren Zeilenprofil}\right)^2}{\text{Element j vom mittleren Zeilenprofil}}$$

$$= \sum_j \frac{\left(\text{Element j von Zeilenprofil i} - \text{Masse von Spalte j} \right)^2}{\text{Masse von Spalte j}}$$

Chi-Quadrat als Maß der Streuung in den Daten läßt sich als Summe der gewichteten Chi-Quadrat-Distanzen der Zeilenprofile (Spaltenprofile) vom mittleren Zeilenprofil (Spaltenprofil) errechnen, wobei die Gewichtung mit den jeweiligen Zeilensummen (Spaltensummen) erfolgt:

$$\chi^2 = \sum_i n_{i.} \tilde{d}_i^2$$

Beweis:

$$\chi^2 = \sum_i \sum_j \frac{\left(n_{ij} - e_{ij} \right)^2}{e_{ij}} \qquad \text{mit } e_{ij} = \frac{n_{i.} n_{.j}}{n}$$

$$= \sum_i \sum_j \frac{\left(n_{ij} - \dfrac{n_{i.} n_{.j}}{n} \right)^2 / n_{i.}^2}{\dfrac{n_{i.} n_{.j}}{n} / n_{i.}^2} \qquad = \sum_i \sum_j n_{i.} \frac{\left(\dfrac{n_{ij}}{n_{i.}} - \dfrac{n_{.j}}{n} \right)^2}{\dfrac{n_{.j}}{n}}$$

$$= \sum_i n_{i.} \sum_j \frac{n}{n_{.j}} \left(\frac{n_{ij}}{n_{i.}} - \frac{n_{.j}}{n} \right)^2 \qquad = \sum_i n_{i.} \tilde{d}_i^2$$

Entsprechend erhält man die Inertia aus den Chi-Quadrat-Distanzen der Zeilenprofile vom mittleren Zeilenprofil durch Gewichtung mit den Massen der Zeilen.

In der Korrespondenzanalyse wird, wie bemerkt, eine grafische Darstellung angestrebt, die möglichst gut die Chi-Quadrat-Distanzen zwischen Zeilenprofilen und zwischen Spaltenprofilen wiedergibt.

Die hier errechneten Chi-Quadrat-Distanzen zwischen den Zeilenprofilen entsprechen exakt den Abständen zwischen den Zeilenpunkten bei der Zeilen-Prinzipal-Normalisierung in Abbildung 11.29. Es lassen sich auch Chi-Quadrat-Distanzen zwischen Zeilenprofilen und Extrem-Zeilenprofilen, die die Spalten repräsentieren, berechnen, die durch die Abstände der betreffenden Punkte in der grafischen Darstellung wiedergegeben werden. Analoges gilt für die Spaltenprofilen bei Anwendung der Spalten-Prinzipal-Normalisierung, deren Ergebnis Abbildung 11.30 zeigt. Es sind aber keine Chi-Quadrat-Distanzen zwischen Zeilen- und Spaltenprofilen definiert, weshalb eine theoretische Grundlage für die Interpretation dieser Zwischen-Gruppen-Distanzen in der symmetrischen Darstellung fehlt.

746   Korrespondenzanalyse

11.6   Literaturhinweise

Backhaus, K./Meyer, M. (1988): Korrespondenzanalyse: Ein vernachlässigtes Analyseverfahren nicht metrischer Daten in der Marketing-Forschung. In: Marketing ZFP, 10 (1988), 4, S. 295 – 307.

Benzécri, J.-P. (1963): Cours de Lingustique Mathématique, Universite de Rennes, Rennes, France.

Benzécri, J.-P. (1969): Statistical Analysis as a Tool to Make Patterns Emerge from Data. In: Watanabe, S. (ed.): Methodologies of Pattern Recognition, New York, pp. 35 – 74.

Benzécri, J.-P. et al. (1973a): L'Analyse des Données, Vol. I, La Taxinomie, Paris.

Benzécri, J.-P. et al. (1973b): L'Analyse des Données, Vol. II, L' Analyse des Correspondances, Paris.

Blasius, J. (2001): Korrespondenzanalyse, München/ Wien.

Bishop, Y. M./Fienberg, S. E./Holland, P. W. (1975): Discrete Multivariate Analysis, Cambridge, Mass.

Carroll, J. D./Green, P. E. (1997): Mathematical Tools for Applied Multivariate Analysis, 2nd rev. ed., San Diego.

Carroll, J. D./Green, P. E./Schaffer C. M. (1986): Interpoint Distance Comparisons in Correspondence Analysis. In: Journal of Marketing Research, 23 (1986), pp. 271 – 280.

Carroll, J. D./Green, P. E./Schaffer C. M. (1987): Comparing Interpoint Distances in Correspondence Analysis: A Clarification. In: Journal of Marketing Research, 24 (1987), S. 445 – 450.

Carroll, J. D./Green, P. E. (1988): An INDSCAL-based approach to multiple correspondence analysis. In: Journal of Marketing Research, 25 (1988), pp. 193 – 203.

Datta, B. N. (1995): Numerical Linear Algebra and Applications, Pacific Grove, CA.

De Leeuw, J. (1984): Canonical analysis of categorical data, 2nd ed., Leiden.

Eckart, C./Young, G. (1936): The Approximation of one Matrix by another one of Lower Rank. In: Psychometrika, 1 (1936), pp. 211 – 218.

Fisher, R. A. (1938): Statistical methods for research workers, Edinburgh.

Gabriel, K. R. (1999): Introduction to the Application of Biplots, ETH Zürich.

Gabriel, K. R. (1971): The Biplot - Graphic Display of Matrices with Application to Principal Components Analysis. In: Biometrika, 58 (1971), pp. 453 – 467.

Gifi, A. (1981): Non-Linear Multivariate Analysis, University of Leiden, Leiden.

Golub, G. H./Reinsch, C. (1971): Singular Value Decomposition and Least Squares Solutions. In: Wilkinson, J. H./Reinsch, C. (eds.): Handbook for Automatic Computation, Vol. II, Linear Algebra, Berlin/ Heidelberg/ New York, pp. 134 – 151.

Green, P. J. (1981): Peeling Bivariate Data. In: Barnett, V. (ed.): Interpreting Multivariate Data, Chichester, UK, pp. 3 – 20.

Greenacre, M. J. (1984): Theory and Applications of Correspondence Analysis, London.

Greenacre, M. J. (1993): Correspondence Analysis in Practice, London.

Guttman, L. (1941): The quantification of a class of attributes: A theory and method of scale contruction. In: Horst, P. (ed.): The Prediction of Personal Adjustment, Social Science Research Council, New York, pp. 319 – 348.

Hill, M. O. (1974): Correspondence Analysis: A Neglected Multivariate Method, Applied Statistics, 23 (1974), 3, pp. 340 – 354.

Hirschfeld, H. O. (1935): A Connection Between Correlation and Contingency, Proceedings of the Cambridge Philosophical Society, 31 (1935), pp. 520 – 524.

Hoffmann, D. L./Franke, G. R. (1986): Correspondence Analysis: Graphical Representation of Categorical Data in Marketing Research. In: Journal of Marketing Research, 24 (1986), pp. 213 – 227.

Kockläuner, G. (1994): Angewandte metrische Skalierung, Braunschweig/ Wiesbaden.

Horst, P. (1935): Measuring complex attitudes. In: Journal of Social Psychol., 6 (1935), pp. 369 – 374.

Heiser, W. J. (1981): Unfolding Analysis of Proximity Data, University of Leiden, Leiden.

Kristof, W. (1995): Entwicklung und Bedeutung der Korrespondenzanalyse, Vortrag an der Otto-von-Guericke-Universität Magdeburg.

Lebart, L./Morineau, A./ Warwick, K. (1984): Multivariate Descriptive Statistical Analysis: Correspondence Analysis and Related Techniques for Large Matrices, New York.

Meulmann, J. J./ Heiser, W. J. (1999): Categories 10.0, SPSS Inc., Chicago.

Nakos, G./Joyner, D. (1998): Linear Algebra with Applications, Pacific Grove, CA.

Nishisato, S. (1980): Analysis of Categorical Data: Dual Scaling and its Applications, University of Toronto, Toronto.

Nishisato, S./Nishisato, I. (1983): An Introduction to Dual Scaling, Islington, Ontario.

SPSS (1999) (Hrsg.): SPSS Categories 10.0, SPSS Inc., Chicago.

SPSS (1991) (Hrsg.): SPSS Statistical Algorithms, 2nd ed., SPSS Inc., Chicago.

Tenenhaus, M./Young, F. W. (1985): An analysis and synthesis of multiple correspondence analysis, optimal scaling, dual scaling, homogeneity analysis, and other methods for quantifying categorical multivariate data. In: Psychometrika, 50 (1985), pp. 91 – 119.

Weller, S. C./Romney, A. K. (1990): Metric Scaling: Correspondence Analysis, Newbury Park, CA.

12 Neuronale Netze

12.1	Problemstellung	750
12.1.1	Biologisches Lernen und Lernen in KNN	750
12.1.2	Grundlegende funktionale Zusammenhänge und Rechenoperationen im KNN	757
12.2	Vorgehensweise	763
12.2.1	Problemstrukturierung und Netztypauswahl	765
12.2.2	Festlegung der Netztopologie	767
12.2.3	Bestimmung der Informationsverarbeitung in Neuronen	768
12.2.3.1	Auswahl der Propagierungsfunktion	769
12.2.3.2	Auswahl der Aktivierungsfunktion	770
12.2.4	Trainieren des Netzes	775
12.2.4.1	Abbildung des Lernprozesses durch den Backpropagation-Algorithmus	776
12.2.4.2	Problemfelder bei der Anwendung des Backpropagation-Algorithmus	783
12.2.5	Anwendung des trainierten Netzes	784
12.3	Fallbeispiel	785
12.3.1	Problemstellung	785
12.3.1.1	Modellbildung und Netztypauswahl	785
12.3.1.2	Festlegung der Netztopologie	791
12.3.1.3	Trainieren des Netzes	794
12.3.2	Ergebnisse	797
12.4	Anwendungsempfehlungen	803
12.5	Literaturhinweise	806

750   Neuronale Netze

12.1 Problemstellung

In der Realität sind die Wirkungsbeziehungen zwischen Variablen häufig sehr
komplex, wobei sich die Komplexität einerseits in einer großen Anzahl von miteinander verknüpften Einflußfaktoren äußert, anderseits darin, daß die Beziehungen zwischen den Variablen häufig nicht-linear sind. Auch kann der Forscher in
vielen Fällen *keine* begründeten Hypothesen über die Art der Zusammenhänge
aufstellen. In solchen Fällen sind sog. Künstliche Neuronale Netze (KNN) von
großem Nutzen, da der Anwender bei dieser Gruppe von Analyseverfahren nicht
zwingenderweise eine Vermutung über den Zusammenhang zwischen Variablen
treffen muß. Das bedeutet, daß weder eine kausale Verknüpfung zwischen Variablen postuliert noch die Verknüpfung zwingend als linear unterstellt werden muß.
KNN ermitteln vielmehr die Zusammenhänge zwischen Variablen selbständig
durch einen Lernprozeß und können dabei eine Vielzahl von Variabeln berücksichtigen.

Häufig können mit Neuronalen Netzen klassische multivariate Analysemethoden
substituiert werden. Es existieren zahlreiche Typen von Neuronalen Netzen, die
ein sehr breites Einsatzspektrum, z.B. Prognosen (vgl. Regressionsanalyse) oder
Zuordnungen zu bestehenden Gruppen (vgl. Diskriminanzanalyse), abdecken. Der
Einsatz von Neuronalen Netzen bietet sich immer dann an, wenn die Wirkungszusammenhänge zwischen den einzelnen Einflußgrößen nicht unbedingt aufgedeckt
werden müssen, sondern die Genauigkeit der Ergebnisse im Vordergrund steht.

KNN wurden ursprünglich entwickelt, um die Abläufe im Nervensystem von
Menschen und Tieren besser verstehen zu können. Dementsprechend dienen ihnen
auch die in der Biologie beobachtbaren Lernprozesse als Vorbild. Um die Vorgehensweise von KNN besser verstehen zu können, bietet es sich deshalb an, die
Analogie zum Nervensystem aufzugreifen. Im folgenden wird zunächst die grundsätzliche Wirkungsweise von KNN am Beispiel des biologischen Nervensystems
und menschlichen Lernens deutlich gemacht und sodann die grundlegenden funktionalen Zusammenhänge und Rechenoperationen bei KNN aufgezeigt.

12.1.1   Biologisches Lernen und Lernen in KNN

Im Nervensystem werden Signale über eine Vielzahl von Neuronen, also Nervenzellen, übertragen und verarbeitet. Abbildung 12.1 zeigt eine vereinfachte Darstellung einer einzelnen menschlichen Nervenzelle (sog. Neuron), die drei zentrale
Bestandteile aufweist: den Zellkörper (auch Soma genannt), das Axon und die
Dendriten.

Abbildung 12.1: Bestandteile einer biologischen Nervenzelle

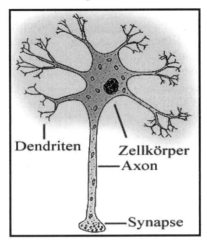

Quelle: In Anlehnung an Kandel, E.R. et al. (1991), Principles of Neural Science.

Eine Nervenzelle empfängt über ihre Dendriten erregende bzw. hemmende Signale von mehreren sendenden Neuronen, die im empfangenden Neuron zu einem Gesamtsignal verdichtet werden. Im Zellkern werden die Signale ausgewertet und weiterverarbeitet, bevor sie durch das Axon, den Ausgangskanal der Nervenzelle, an Folgezellen weitergeleitet werden. Über die sog. Synapsen sind verschiedene Nervenzellen miteinander verbunden. Die Synapsen sind allerdings *nicht* den Nervenzellen zuzurechnen, da sie den Spalt zwischen dem sendenden Axon und dem empfangenden Dendriten darstellen.

Die Signale werden im Nervensystem durch die Weitergabe von Erregung zwischen einzelnen Neuronen übertragen. Sobald ein Zellkern durch eingehende Signale über einen gewissen *Schwellwert* hinaus aktiviert wird, erzeugt die Nervenzelle einen kurzzeitigen elektrischen Impuls. Über das Axon gelangt der Impuls zu den Synapsen, die mit der Ausschüttung von Botenstoffen (sog. Neurotransmittern) reagieren. In den Dendriten der empfangenden Neuronen werden dadurch wiederum elektrische Impulse ausgelöst. Grundsätzlich können diese Impulse zur Anregung des empfangenden Somas beitragen oder aber hemmend wirken. Indem die Verbindungen zwischen den Nervenzellen angepaßt werden, erfolgen Lernprozesse im menschlichen Gehirn. Bei häufiger Benutzung wachsen die Synapsen, während sie bei seltener Benutzung degenerieren, so daß die empfangenden Neuronen entsprechend stärker bzw. schwächer von den sendenden Nervenzellen beeinflußt werden.

Ein wesentliches Merkmal des Nervensystems und damit auch von KNN ist, daß sie auf Signale ihrer Umgebung (= Stimulus) reagieren (= Response).

Abbildung 12.2 stellt das menschliche Nervensystem als Stimulus-Organismus-Response-Schema (SOR-Modell) dar:

Abbildung 12.2: Das menschliche Nervensystem als SOR-Modell

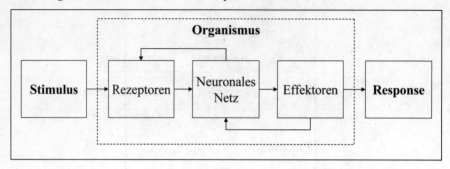

Entsprechend dem biologischen Nervensystem werden auch von KNN Informationen verarbeitet und Wissen gespeichert, wobei sich folgende zentralen Analogien zwischen KNN und dem biologischen Nervensystem festhalten lassen:

1. Reizeinwirkungen von außen stellen in KNN *systemexterne Informationen* dar und sind Ausgangspunkt für die Informationsverarbeitung.
2. Die Informationsverarbeitung erfolgt durch eine Vielzahl von einfachen, *vernetzten Elementen*, die sowohl bei KNN als auch bei biologischen Nervensystemen als Neuronen bezeichnet werden.
3. Wissen wird durch *Lernprozesse* erworben.
4. Der aktuelle Wissensstand wird durch die *Stärke der Verbindungen* zwischen den einzelnen Verarbeitungseinheiten (Neuronen) repräsentiert.
5. Die Informationsverarbeitung erfolgt nicht streng sequentiell, sondern *parallel*.

Während in biologischen Neuronalen Netzen biochemische Prozesse die Grundlage der Informationsverarbeitung bilden, wird bei KNN versucht, die Informationsverarbeitung durch geeignete mathematische Rechenoperationen abzubilden. Diese werden in den Zellen bzw. Neuronen des KNN durchgeführt. Eine Zelle kann ähnlich wie ein biologisches Neuron eine Vielzahl von Eingabesignalen der vorgelagerten Zellen aufnehmen. Sie verdichtet diese Eingabesignale entsprechend ihren Stärken (Gewichte) zu einem einheitlichen Eingabewert des Neurons. Anschließend bestimmt die sogenannte *Aktivierungsfunktion*, ob das Neuron aktiviert ist und ein Signal aussendet oder nicht. Ebenfalls analog zum Nervensystem sind die einzelnen Neuronen miteinander vernetzt und führen eine gemeinsame Informationsverarbeitung aus. Nach der *Richtung der Informationsverarbeitung* wird allgemein zwischen vorwärtsgerichteten (feedforward) und rückwärtsgerichteten (feedback bzw. Neuronalen Netzen mit Rückkopplung) KNN unterschieden:

In *vorwärtsgerichteten Netzen* sind die Neuronen in der Regel ebenenweise angeordnet bzw. geschichtet. Abbildung 12.3 zeigt die Grundstruktur eines zweischichtigen Neuronalen Netzes. Die erste Schicht stellt dabei die sog. Eingabeschicht dar, die sich in unserem Beispiel aus den Neuronen 1, 2 und 3 zusammensetzt und Informationen lediglich aufnimmt und unverändert an die Neuronen der

Problemstellung 753

nächsten Schicht weiterleitet. Diese Schicht wird allerdings bei der Benennung des Netzes nicht gezählt (deshalb: zweischichtiges Netz).

Abbildung 12.3: Grundstruktur eines zweischichtigen Neuronalen Netzes

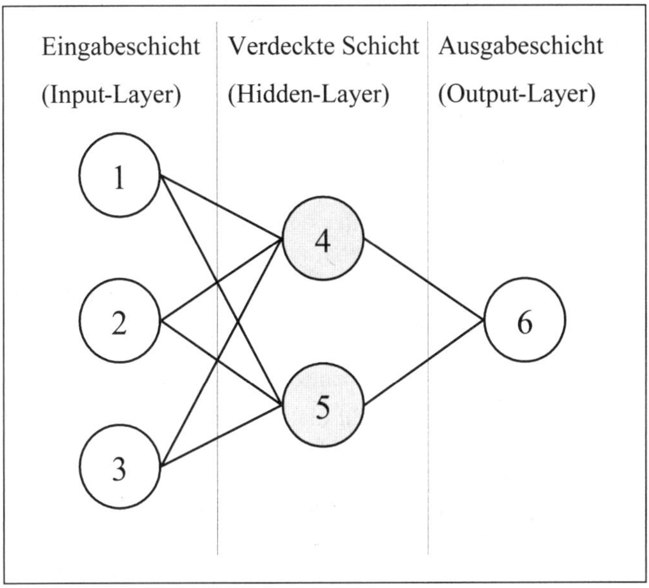

Eingabeschicht	Verdeckte Schicht	Ausgabeschicht
(Input-Layer)	(Hidden-Layer)	(Output-Layer)

Die Neuronen 4 und 5 gehören der verdeckten Schicht oder Zwischenschicht (*hidden layer*) an. Hier werden die Ausgabewerte der vorgelagerten Zellen zusammengefaßt und nicht-lineare Transformationen durchgeführt, die es erlauben, daß das Neuronale Netz nicht-lineare Zusammenhänge zwischen Eingabe- und Ausgabewerten abbilden kann. Neuron 6 repräsentiert schließlich die Ausgabeschicht, in der die unabhängigen Variablen abgebildet werden. Im vorwärtsgerichteten, geschichteten Netz der Abbildung 12.3 erfolgt die Informationsverarbeitung streng von der Eingabe- hin zur Ausgabeschicht des Netzes. Es bestehen weder rückwärtsgerichtete Verbindungen noch Verbindungen zwischen den einzelnen Neuronen des Neuronalen Netzes. Dies erlaubt eine *parallele Informationsverarbeitung* in den einzelnen Neuronen des Netzes, da für die Rechenoperationen in den Neuronen lediglich die Ausgabewerte der vorgelagerten Schicht benötigt werden.

Während *Feedforward*-Netze auf ein einmal berechnetes Ergebnis nicht mehr zurückgreifen können, erlauben *Feedback-Netze* auch alte Zustände des Netzes in die neue Berechnung einfließen zu lassen, indem sie Rückkopplungen zulassen.[1] Bei Feedback-Netzen verläuft die Informationsverarbeitung nicht streng von einer Eingabe- hin zu einer Ausgabeschicht, sondern es können Verbindungen zwischen den Neuronen einer Schicht bestehen oder die Informationsverarbeitung kann von

---

[1] Vgl. Rojas, R., 1996, S. 44.

eigentlich nachgelagerten Neuronen in Richtung der Vorgängerneuronen erfolgen. Aufgrund dieser Wechselwirkungen können rückwärtsgerichtete Netze in vielen Fällen nicht sinnvoll nach Eingabe-, Ausgabe- und verdeckte Schicht unterschieden werden. Der *Lernprozeß in einem KNN* bestimmt sich primär über die Art und Weise wie die Gewichte (= Stärke der Verbindung zwischen den einzelnen Neuronen) zwischen Neuronen verändert werden und kann grundsätzlich nach überwachtem und unüberwachtem Lernen unterschieden werden.

Überwachtes Lernen ist vergleichbar mit dem Lernen eines Schülers. Dem Schüler wird ein Problem anhand der Beschreibung der Problemsituation präsentiert. Die Problemsituation setzt sich aus einer Vielzahl von unterschiedlichen Elementen zusammen. Der Schüler analysiert das Problem und gelangt aufgrund seines aktuellen Wissensstandes zu einer Antwort. Der Lehrer kennt die richtige Antwort und kann entsprechend Fehler des Schülers korrigieren. Ist der Schüler künftig ähnlichen Problemen ausgesetzt, kann er mögliche Fehler bei dieser Antwort berücksichtigen. Man spricht davon „aus Fehlern zu lernen".

Bei einem KNN beschreiben die externen Eingabedaten die Problemsituation. So könnte beim Margarinekauf untersucht werden, ob Probanden eine Margarinemarke in Abhängigkeit von kaufentscheidungsrelevanten Einflußfaktoren (Eingabevariablen) kaufen. Zu diesem Zweck muß für verschiedene Marken ermittelt werden, welche Margarinemarke die Probanden bei verschiedenen Konstellationen der kaufentscheidungsrelevanten Einflußfaktoren kaufen. Dabei kann es sich sowohl um produkt-, käufer- als auch situationsspezifische Faktoren handeln. Bei Neuronalen Netzen des überwachten Lernens müssen für den Lernprozeß die „wahren Antworten", d.h. ob der Proband in einer bestimmten Situation ein Produkt kauft oder nicht, mit erhoben werden. Neben den für die Kaufentscheidung relevanten Faktoren wie bspw. Preis, Werbeausgaben, Verkaufsförderung oder Geschlecht des Befragten wird also zugleich erhoben, ob diese Auskunftsperson unter den gegebenen Bedingungen Margarine gekauft hat bzw. kaufen würde. Im folgenden wird die Kombination aus betrachteten Eingabewerten und dem dazugehörigen Zielwert als *Datenmuster* bezeichnet. Die kaufentscheidungsrelevanten Daten einer Situation werden in das Netz gespeist, welches berechnet, ob der Nachfrager eine Marke kauft oder nicht. Sagt das Neuronale Netz hier ein falsches Ergebnis voraus, werden die Gewichte zwischen den Neuronen modifiziert. Wie der Schüler in der Schule lernt auch das Neuronale Netz aus seinen Fehlern und berücksichtigt die Modifikation der Gewichte.

Beim **unüberwachten Lernen** besteht die Trainingsmenge lediglich aus Eingabemustern. Es gibt also keinen Lehrer, der weiß, wie die richtige Antwort lautet. Ziel hierbei ist es, aus den vorliegenden Eingabemustern ein konsistentes Ausgabemuster zu generieren. In diesem Falle versucht das Neuronale Netz, die verschiedenen Eingabemuster anhand ihrer Ähnlichkeiten zu gruppieren, indem sie auf benachbarten Neuronen abgebildet werden, und zwar so, daß ähnlichen Eingaben nach der Trainingsphase ähnliche Ausgaben zugeordnet werden.

Die Entscheidung welche dieser beiden grundsätzlichen Lernregeln (überwachtes oder unüberwachtes Lernen) herangezogen wird geht dabei einher mit der Auswahl eines aufgrund des Anwendungsproblems gewählten Netztyps. Die verschiedenen Netztypen lassen sich nach der Art der verwendeten Lernregel und der

Richtung der Informationsverarbeitung entsprechend Abbildung 12.4 klassifizieren:

Abbildung 12.4: Ausgewählte Typen von KNN-Verfahren

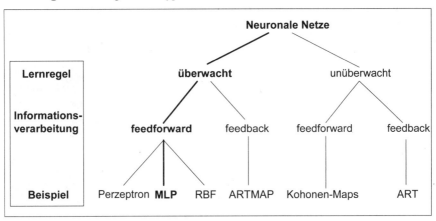

mit: MLP = Multi-Layer-Perceptron; RBF = Radiale Basisfunktionen;
ART = Adaptive Resonance Theory.

In Abbildung 12.4 ist für jede Klasse beispielhaft eine Verfahrensvariante (Netztyp) aufgeführt. Damit wird nochmals deutlich, daß es sich bei Neuronalen Netzen nicht um ein spezielles multivariates Analyseverfahren handelt, sondern daß der Ausdruck KNN eine Klasse von verschiedenen Methoden bezeichnet, die zur Datenanalyse eingesetzt werden können und gemein haben, daß sie zur Erschließung von Zusammenhängen iterative Lernprozesse durchlaufen.

Mit Hilfe von KNN können verschiedene Problemtypen analysiert werden, wobei Prognosen, Zuordnungen zu vorab definierten Klassen und Gruppenbildungen als primäre Typen unterschieden werden können. Ausgewählte Fragestellungen hierzu sind in Abbildung 12.5 aufgeführt.

756   Neuronale Netze

Abbildung 12.5: Anwendungsbeispiele

Fragestellung	Vorgehensweise	Problem-typ
Wie verhält sich der Aktienkurs bei Variation verschiedener Einfluß-faktoren?	Es werden die Einflußfaktoren auf den Aktienkurs während einer bestimmten Periode und der korrespondierende Aktienkurs erhoben. Anschließend wird das KNN auf neue Situationen, also zur kurzfristigen Prognose von Aktienkursen, angewendet.[2]	Prognose
Wie hoch ist der Umsatz eines Unternehmens bei verschiedenen Szenarien?	Es wird der Umsatz eines Unternehmens in vergangenen Umweltsituationen untersucht. Die Umweltsituationen werden durch eine Reihe von Merkmalen beschrieben. Das KNN berechnet den Umsatz für neue Umweltsituationen.[3]	Prognose
Soll ein Bankkredit gewährt werden?	Ausgangsbasis ist ein Datensatz, der kreditwürdige und nicht-kreditwürdige Kunden sowie deren soziodemographischen und ökonomischen Angaben umfaßt. Das KNN ordnet Kunden bei der Beantragung eines Kredites einer der beiden Gruppen zu.[4]	Klassifizierung (Zuordnung)
Wie ist die Bonität anhand von Jahresabschlüssen zu beurteilen?	Mit Hilfe von Kennzahlen aus Jahresabschlüssen vergangener Perioden werden die betrachteten Unternehmen in verschiedene Insolvenzklassen eingeteilt.[5]	Klassifizierung (Zuordnung)
Wie lassen sich die Käufer in verschiedene Gruppen einteilen?	Käufer werden über soziodemographische und ökonomische Merkmale definiert. Das KNN generiert eine Ausgabe, die über die Ähnlichkeit zwischen den verschiedenen Käufern Aufschluß gibt und als Grundlage für die Bildung von verschiedenen Käufergruppen dient.[6]	Klassifizierung (Gruppenbildung)

Im folgenden konzentrieren sich die Ausführungen auf das Multi-Layer-Perceptron (MLP, vgl. Abbildung 12.4), weil es in der Praxis weite Verbreitung gefunden hat und mit dessen Hilfe im Rahmen eines einfachen Beispiels die Funktionsweise von KNN gut erläutert werden kann. Dabei werden die Fachtermini verwendet, die sich für KNN in der Literatur durchgesetzt haben. Nicht selten unterscheiden sie sich

---

[2] Vgl. Schöneburg, E., Hansen, N., Gawelczyk, A., 1990, S. 151 ff.

[3] Vgl. Düsing, R., 1997, S. 166 ff.

[4] Vgl. für Firmenkunden Bischoff, R., Bleile, C., Graalfs, J., 1991, S. 375 ff.

[5] Vgl Heitmann, C., 2002.

[6] Bigus, J. P, 1996, S. 131 ff.

von den aus der klassischen Statistik bekannten Begriffen. Abbildung 12.6 zeigt eine tabellarische Gegenüberstellung der Ausdrücke.

Abbildung 12.6: Terminologie bei KNN im Vergleich zur klassischen Statistik

Neuronales Netz	klassische Statistik
Netzwerkarchitektur	Modellspezifikationen
Eingangsvariable	unabhängige Variable
Zielvariable	abhängige Variable
Gewicht	Parameter/Koeffizienten
Training	Parameterschätzung
Trainings- und Validierungsmenge	In-Sample Mengen
Testmenge	Out-of-Sample Mengen
Konvergenz	In-Sample Qualität
Generalisierung	Out-of-Sample Qualität

12.1.2 Grundlegende funktionale Zusammenhänge und Rechenoperationen im KNN

Im folgenden wird mit Hilfe eines einfachen Beispiels die Funktionsweise eines KNN verdeutlicht. Zu diesem Zweck wird zunächst die Aktivierung von Neuronen durch die Verarbeitung von Eingangssignalen aufgezeigt und anschließend der Lernprozeß durch das „Trainieren eines Netzes" verdeutlicht. Im letzten Schritt werden die Überlegungen auf die Funktionsweise des Netztyps „Multi-Layer-Perceptrons (MLP)" erweitert.

(1) Informationsverarbeitung in Neuronen und deren Aktivierung

In unserem Ausgangsbeispiel unterstellen wir, daß der Margarinekauf von drei Kaufentscheidungskriterien abhängig sei: dem Preis, dem Geschlecht und dem Gesundheitsbewußtsein des Käufers. Im Rahmen einer empirischen Erhebung werden diese Entscheidungskriterien erhoben, wobei das Gesundheitsbewußtsein auf einer von 0 (= kein Gesundheitsbewußtsein) bis 10 (= sehr hohes Gesundheitsbewußtsein) reichenden Skala erhoben wird. Gleichzeitig wird für alle Probanden festgehalten, ob ein Kauf statt fand oder nicht.

Abbildung 12.7 zeigt die entsprechenden Erhebungsdaten für die ersten vier Befragten (sog. Trainings-Datensatz).

Abbildung 12.7: Beispieldatensatz

	Geschlecht	Preis	Gesundheits-bewußtsein	Kaufverhalten
Person 1	m - 1	1,80 €	8	(1) Kauf
Person 2	w - 0	2,00 €	8	(0) Nichtkauf
Person 3	m - 1	1,50 €	9	(0) Nichtkauf
Person 4	w - 0	2,50 €	2	(1) Kauf
...	...	...	...	...

Entsprechend obiger Anwendungssituation existieren auf der Eingabeschicht drei Eingabeneuronen, während die Ausgabeschicht nur durch ein Neuron (Kauf/Nichtkauf) gebildet wird. Abbildung 12.8 verdeutlicht das zugehörige KNN, bei dem noch keine sog. verdeckte Schicht existiert.

Abbildung 12.8: Beispiel eines KNN für den Margarinekauf ohne verdeckte Schicht

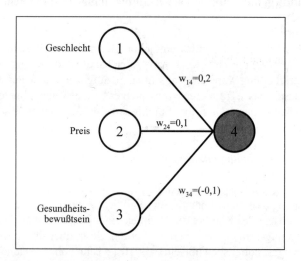

Bevor der erste Schritt der Informationsverarbeitung im Neuronalen Netz durchgeführt werden kann, müssen die Gewichte zwischen den Neuronen (w_{ij}) zufällig auf von Null verschiedene Anfangswerte gesetzt werden. Die Anfangsgewichte sind in Abbildung 12.8 direkt neben den einzelnen Verbindungen aufgeführt.

Im ersten Neuron wird der Beobachtungswert für das Geschlecht (o_1) eingelesen und mit der zufälligen Anfangsgewichtung (w_{14}) von 0,2 an das Ausgabeneuron weitergeleitet. Der Preis in Höhe von 1,80 € (o_2) wird vom zweiten Neuron eingelesen und mit der willkürlichen Ausgangsgewichtung (w_{24}) von 0,1 an das Ausgabeneuron übermittelt. Der Punktwert für das Gesundheitsbewußtsein in Höhe von

8 (o_3) wird schließlich mit einem Gewicht von $w_{34} = (-0,1)$ an das Ausgabeneuron geleitet. Damit treffen auf das Ausgabeneuron Signale in Höhe von $1 \cdot 0,2 = 0,2$ (Geschlecht), $1,80 \cdot 0,1 = 0,18$ (Preis) und $8 \cdot (-0,1) = (-0,8)$ (Gesundheitsbewußtsein).

Die sog. *Propagierungsfunktion* hat nun die Aufgabe, diese Werte zu einem einwertigen Eingabesignal (sog. *Nettoeingabewert* net_j) – hier für das Ausgabeneuron – zu verdichten. Häufig wird hierzu die Summenfunktion verwendet. In diesem einfachen Fall ergibt sich ein Nettoeingabewert für das Ausgabeneuron von $0,2 + 0,18 + (-0,8) = (-0,42)$ (vgl. Abbildung 12.9). Dieser Wert ist dimensionslos, d.h. die Dimensionen der Eingabeneuronen werden nicht mehr berücksichtigt.

Abbildung 12.9: Berechnung des Nettoeingabewertes im Beispiel

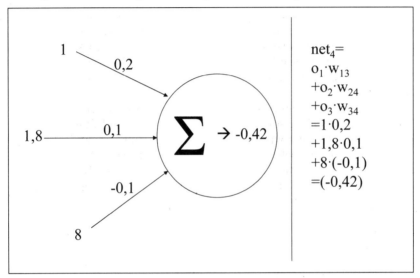

Nach dem Vorbild eines biologischen Neurons wird im nächsten Schritt durch die sog. *Aktivierungsfunktion* ermittelt, ob das Neuron durch die Eingabesignale aktiviert wird. Im einfachsten Fall wird hierzu eine *Schwellenwertfunktion* verwendet. Bleibt der Nettoeingabewert net_j des Neurons j unter dem Schwellenwert, ist das Neuron nicht aktiviert, erreicht oder überschreitet es jedoch den vorher spezifizierten Schwellenwert, ist es aktiviert.

Abbildung 12.10: Schwellenwertfunktion als Stufenfunktion

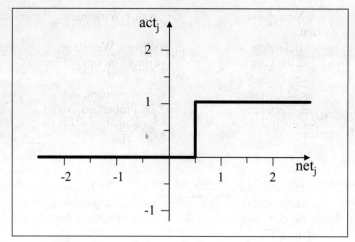

Für das Beispiel wird exemplarisch ein Schwellenwert von 0,5 verwendet. Liegt die Nettoeingabe des Ausgabewertes unter 0,5 ist das Neuron nicht aktiviert und hat einen Aktivierungszustand von 0. Bei einer Eingabe von mindestens 0,5 ist das Neuron aktiviert und der Aktivierungszustand nimmt einen Wert von 1 an.

In der hier verwendeten Form handelt es sich bei der Aktivierungsfunktion um eine Stufenfunktion, die zur Veranschaulichung in Abbildung 12.10 grafisch dargestellt ist. Der Nettoausgabewert liegt im Beispiel mit -0,42 deutlich unter dem Schwellenwert in Höhe von 0,5. Damit ist das Neuron nicht aktiviert und nimmt den Wert 0 an.[7]

(2) Lernprozeß von Neuronalen Netzen

Stellt das Netz über die zufällige Ausgangsgewichtung zwischen den Neuronen die Wirkungszusammenhänge der Realität richtig dar, müßte der Ausgabewert des Ausgangsneurons dem Code für das Kaufverhalten der Person entsprechen, falls die drei betrachteten Eingangsvariablen die Kaufentscheidung für alle potentiellen Käufer restlos erklären können. Im Beispiel müßte das Ausgabeneuron aktiviert sein und statt 0 einen Wert von 1 annehmen. Um dies zu erreichen, muß das Netz trainiert werden; es muß lernen.

Beim überwachten Lernen wird mit Hilfe einer sogenannten Fehlerfunktion die Abweichung zwischen ermitteltem Ausgabewert und Sollausgabewert berechnet.

---

[7] In der Literatur zu Neuronalen Netzen hat sich durchgesetzt, hinter der Aktivierungsfunktion f_{act} die Ausgabefunktion f_{out} zu schalten, die eine zusätzliche Transformation des Aktivierungszustandes ermöglicht, bevor das Signal als Ausgabewert das Neuron verlässt. Dabei wird allerdings in den meisten Fällen eine Identität von Ausgabe- und Aktivierungsfunktion unterstellt ($f_{out}(act_j) = act_j$), so daß auch hier von einer gesonderten Betrachtung der Ausgabefunktion (f_{out}) abgesehen wird.

Problemstellung 761

Der Fehler für die erste Person beträgt $E^2 = \sum (0-1)^2 = 1$. Durch eine Änderung der Gewichte im Neuronalen Netz kann der „wahre Wirkungszusammenhang" approximiert werden.

Da alle berücksichtigten Variablen im positiven Wertebereich definiert sind, scheint es sinnvoll, die Gewichte jeweils zu vergrößern, um der ermittelten Abweichung für den ersten Probanden Rechnung zu tragen.

Als „provisorische Lernregel" soll hier definiert werden, daß alle Gewichte um 5% (Lernrate) der Eingabewerte des jeweiligen Probanden erhöht werden, bevor die Eingabewerte für den folgenden Probanden eingelesen werden. Für Person 2 werden mit den neuen Gewichten in Höhe von $0,2+0,05 \cdot 1=0,25$, $0,1+0,05 \cdot 1,8=0,19$ und $(-0,1)+0,05 \cdot 8=0,3$ damit gewichtete Ausgabewerte der ersten drei Neuronen in Höhe von $0,25 \cdot 0=0$, $0,19 \cdot 2=0,38$ und $8 \cdot 0,3=2,4$ berechnet, die die Propagierungsfunktion zu einem Wert von 2,78 zusammenfaßt. Das Ausgabeneuron ist damit aktiviert und liefert einen Ausgabewert von 1. Da der Sollausgabewert für den zweiten Probanden jedoch 0 beträgt, beläuft sich der Fehler wiederum auf $E^2 = \sum (1-0)^2 = 1$.

Für Proband 2 sind die Gewichte zu groß und werden deshalb um 0,05 der Eingabewerte verringert. Die neuen Gewichte lauten 0,25, 0,09 und -0,1. Dies führt für Proband 3 zu gewichteten Ausgabewerten der Eingabeneuronen von 0,25, 0,135 und -0,9, also zu einem Nettoeingabewert von -0,515. Damit ist das Neuron nicht-aktiviert, die Fehlerfunktion nimmt einen Wert von 0 an. Abbildung 12.11 zeigt die verschiedenen Eingabewerte, jeweiligen Gewichte und gewichteten Ausgabewerte der Eingabeneuronen sowie deren Summe für die ersten drei Probanden.

Abbildung 12.11: Eingabewerte, Gewichte, gewichtete Ausgabewerte und Summe

	o_1	o_2	o_3	w_{14}	w_{24}	w_{34}	$o_1 \cdot w_{14}$	$o_2 \cdot w_{24}$	$o_3 \cdot w_{34}$	Σ
Pr. 1	1	1,8	8	0,2	0,1	-0,1	0,2	0,18	-0,8	-0,42
Pr. 2	0	2	8	0,25	0,19	0,3	0	0,38	2,4	2,78
Pr. 3	1	1,5	9	0,25	0,09	-0,1	0,25	0,135	-0,9	-0,515

Vor der Durchführung der Untersuchung ist ein Abbruchkriterium zu definieren, das dafür sorgt, daß zum Beispiel sobald der mittlere quadratische Fehler über alle Probanden unterhalb einer bestimmten Grenze sinkt, die Modifizierung der Gewichte abgebrochen und der Lernvorgang beendet wird.

Der im Beispiel gewählte Weg, das Neuronale Netz zu trainieren, soll die grundlegende Funktionsweise verdeutlichen. Für den Einsatz in der Praxis ist diese Vorgehensweise jedoch insbesondere aus zwei Gründen ungeeignet:

Zum einen ist die Modifizierung der Gewichte nicht effizient, es ist nicht sicher, daß der Algorithmus ein Minimum findet und damit konvergiert. Die in der Praxis verwendeten Lernalgorithmen sind allerdings für ein einführendes Beispiel zu komplex. Zum anderen ist der Einsatz von einschichtigen, vorwärtsgerichteten Neuronalen Netzen des überwachten Lernens (Perzeptron) nicht sinnvoll, da erst durch den Einsatz mehrerer verdeckter Schichten die Approximation nicht-linearer Zusammenhänge ermöglicht wird. Voraussetzung hierfür aber ist, daß in den verdeckten Neuronen nicht-lineare Aktivierungsfunktionen verwendet werden.

(3) Funktionsweise des Multi-Layer-Perceptron (MLP)

Um die Funktionsweise eines Multi-Layer-Perceptron (MLP) verdeutlichen zu können, erweitern wir unsere bisherigen Überlegungen im Ausgangsbeispiel um eine verdeckte Schicht mit zwei Neuronen und gelangen damit zu dem in Abbildung 12.12 dargestellten Netz:

Abbildung 12.12: Beispiel eines KNN für den Margarinekauf mit verdeckter Schicht

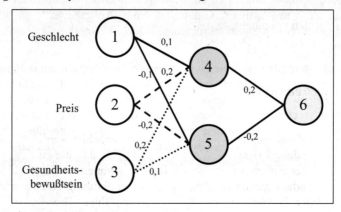

Als Aktivierungsfunktion verwenden wir wiederum die nicht-lineare Schwellenwertfunktion mit einem Schwellenwert von 0,5. Die Ausgangsgewichte sind in die Abbildung 12.12 eingetragen und in Abbildung 12.13 tabellarisch zusammengestellt.

Abbildung 12.13: Ausgangsgewichte im Beispiel mit verdeckter Schicht

Gewicht	Ausgangsgewichtung
w_{14}	0,1
w_{15}	-0,1
w_{24}	0,2
w_{25}	-0,2
w_{34}	0,2
w_{35}	0,1
w_{46}	0,2
w_{56}	-0,2

Für den ersten Probanden ergeben sich folgende Werte: Aus den Eingangswerten für Neuron 4 in Höhe von 0,1, 0,36 und 1,6 erhalten wir einen Nettoeingabewert von 2,06, für Neuron 5 aus -0,1, -0,36 und 0,8 einen Nettoeingabewert von 0,34. Damit ist das 4. Neuron aktiviert und liefert einen Ausgabewert von 1, das fünfte ist bei einem Ausgabewert von 0 nicht aktiviert.

Auf das Ausgabeneuron treffen die gewichteten Ausgabewerte der vorgelagerten Neuronen in Höhe von 0,2 und 0. Die Summe ergibt 0,2 und liegt unter dem Schwellenwert in Höhe von 0,5. Damit ist das Ausgabeneuron nicht aktiviert und nimmt einen Aktivierungzustand von 0 an. Der empirisch ermittelte Soll-Ausgabewert für den ersten Proband beträgt 1. Die Fehlerfunktion ergibt für die Werte des ersten Probanden $E = \Sigma(1-0)^2 = 1$. Die Gewichte müßten folglich im Netz modifiziert werden, um dem beobachteten Fehler Rechnung zu tragen. In Abschnitt 12.2.4.1 wird mit dem *Backpropagation-Algorithmus* ein Verfahren vorgestellt, das es erlaubt, die Veränderung der Gewichte effizient und strukturiert für mehrere Schichten vorzunehmen.

12.2 Vorgehensweise

KNN können auf unterschiedliche Art und Weise betrachtet werden. Im folgenden wird eine anwendungsorientierte Perspektive gewählt, d.h. die einzelnen Schritte, die der Anwender einleiten muß, bilden das Gliederungskriterium. In Abhängigkeit vom Anwendungsgebiet ist zunächst die Modellbildung vorzunehmen und in Abhängigkeit des Problemtyps ein Netztyp auszuwählen. Dies beinhaltet häufig zugleich auch die *Wahl des Lernalgorithmus*. Die vorliegenden Ausführungen beschränken sich dabei auf *Multi-Layer-Perceptronen*, die mit dem *Backpropagation-Algorithmus* trainiert werden.

Neuronale Netze benötigen für den Lernprozeß einen Trainingsdatensatz. Dazu ist es notwendig, daß der Anwender die Trainingsdaten sinnvoll definiert und gegebenenfalls eine Transformation durchführt, damit das Neuronale Netz die Daten verarbeiten kann. Mit der Auswahl der relevanten Eingabedaten und ihrer Kodierung wird die Anzahl der Eingabeneuronen festgelegt. Anschließend sind die Anzahl der verdeckten Schichten und die Neuronen in den verdeckten Schichten sowie die Anzahl der Neuronen in der Ausgabeschicht zu bestimmen. Ist das Neuronale Netz definiert, muß festgelegt werden, welche Rechenoperationen ein aktives Neuron des Neuronalen Netzes durchführen soll. Im Trainingsprozeß werden die Netzgewichte verändert. Kann mit der Anpassung der Gewichte der funktionale Zusammenhang approximiert werden, wird das Netz auf neue Daten angewendet. Zuvor sollte die Güte des Netzes bestimmt werden. Kann mit Hilfe der Gewichtsänderung allein der funktionale Zusammenhang nicht erfaßt werden, so müssen die anderen Parameter des Neuronalen Netzes, wie zum Beispiel die Anzahl der Schichten und Neuronen oder die Rechenoperationen in den Neuronen und zuletzt auch die Art des verwendeten Lernalgorithmus, geändert werden. Führen diese

764   Neuronale Netze

Änderungen der Parameter eines bestimmten Netztyps bzw. eines bestimmten Lern-Algorithmus nicht zum Erfolg, sollte als letztes ein anderer Netztyp gewählt werden.

Das in dargestellte Ablaufschema beinhaltet somit keine starre Abfolge, die streng sequentiell zu durchlaufen ist, sondern beinhaltet i.d.R. auch Rück-kopplungen. Diese Rückkopplungen können als Trial-and-Error-Prozeß inter-pretiert werden, da bei der Datenanalyse mit KNN so lange verschiedene Modelle generiert werden, bis ein Modell gefunden wurde, das in der Lage ist, den betrach-teten Zusammenhang hinreichend exakt zu erlernen.

Abbildung 12.14: Ablaufschritte bei Feedforward-Netzen

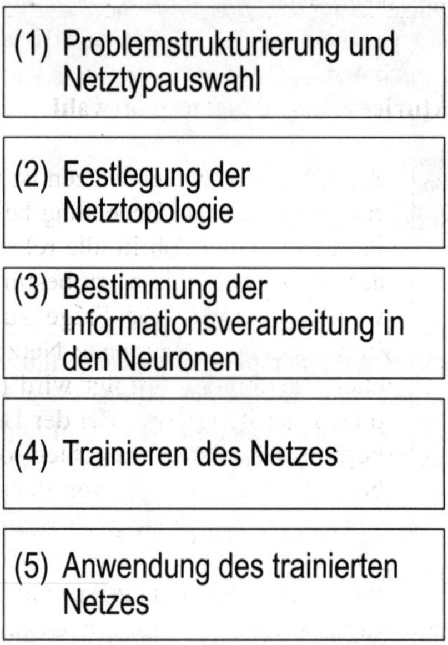

(1) Problemstrukturierung und Netztypauswahl

(2) Festlegung der Netztopologie

(3) Bestimmung der Informationsverarbeitung in den Neuronen

(4) Trainieren des Netzes

(5) Anwendung des trainierten Netzes

Bei den nachfolgenden Überlegungen wird vorausgesetzt, daß die betrachtete Pro-blemstellung mit Hilfe eines MLP-Netzes bearbeitet werden kann. Grundlegende Voraussetzung dabei ist, daß zu jedem Eingangswert Soll-Ausgabe-Werte vorlie-gen, so daß überwachtes Lernen sinnvoll ist. Abbildung 12.15 gibt einen Überblick über die Parameter, die während der jeweiligen Ablaufschritte prinzipiell verändert werden können.

Abbildung 12.15: Parameteroptionen in den einzelnen Ablaufschritten

Problem-strukturierung	Festlegung der Netztopologie	Neuronen-definition	Trainieren des Netzes
Anzahl der Eingabeneuronen	Anzahl der verdeckten Schichten	Propagierungsfunktion	Lernrate
Anzahl der Ausgabeneuronen	Anzahl der verdeckten Neuronen je Schicht	Aktivierungsfunktion	Abbruchkriterium
	Art der Verbindungen zwischen den Neuronen		Ausgangsgewichte

12.2.1 Problemstrukturierung und Netztypauswahl

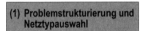

(1) Problemstrukturierung und Netztypauswahl
(2) Festlegung der Netztopologie
(3) Bestimmung der Informationsverarbeitung in den Neuronen
(4) Trainieren des Netzes
(5) Anwendung des trainierten Netzes

Auch bei Neuronalen Netzen ist der Problemstrukturierung eine zentrale Bedeutung beizumessen. Dabei sind in einem ersten Schritt alle relevanten Einflußfaktoren auf die Zielvariable(n) zu bestimmen. Dazu ist es notwendig, zunächst die Frage zu beantworten, welche Ergebnisse das Neuronale Netz liefern soll, d.h. welcher Problemtyp verfolgt wird (Prognose, Zuordnung oder Klassifizierung). Bei der Bestimmung der Eingabegrößen ist darauf zu achten, daß nur solche Größen berücksichtigt werden, von denen begründet vermutet werden kann, daß sie auch Einfluß auf den untersuchten Output haben. Diese Vermutung kann auf sachlogisch eingehend begründeten Hypothesen beruhen oder aber auch nur sehr vage formuliert sein. Im Gegensatz zu Strukturgleichungsmodellen haben aber KNN *nicht* zum Ziel, sachlogisch vermutete Kausalbeziehungen empirisch zu überprüfen, sondern einen Lernprozeß zu modellieren, mit dessen Hilfe sich aus den Inputdaten die gewünschten Outputinformationen möglichst gut generieren lassen. Wie dieser Lernprozeß im Ergebnis abläuft, ist für den Anwender dabei im Prinzip irrelevant.

Nach der Modellbildung ist in Abhängigkeit des zu Grunde liegenden Problemtyps der Netztyp zu bestimmen. Abbildung 12.16 nimmt eine Zuordnung ausgewählter Verfahrensvarianten vor.

766   Neuronale Netze

Abbildung 12.16: Zuordnung verschiedener Netztypen zu Problemtypen von KNN

Problemtyp	Netztyp
Prognose/Ursache-Wirkungs-Beziehungen	MLP; Radiale Basis-Funktion (RBF)-Netze
Zuordnung zu gegebenen Gruppen	MLP; RBF-Netze
Klassifizierung	Kohonen Maps; Hopfield Netz; Adaptive Resonanztheorie (ART)

Die verschiedenen Netztypen stellen unterschiedliche Anforderungen an das Skalenniveau der Daten, so daß in Abhängigkeit vom Netztyp auch die Datenerhebung zu planen ist. Dabei ist es notwendig, abzuschätzen, in welchen Wertebereich die Eingangs- und Zielvariablen fallen. Die Wertebereiche müssen so gewählt werden, daß sie über die gesamte Einsatzdauer des Neuronalen Netzes verwendet werden können.

Die grundsätzliche Fähigkeit von Neuronalen Netzen zu lernen, daß eine Variable keinen Einfluß auf die Ausgabewerte der Neuronen hat, läßt die Auswahl der Inputvariablen als weniger wichtig erscheinen. Allerdings steigert jede irrelevante Einflußgröße die Komplexität des Netzes. Eine zu großzügige Auswahl der Inputvariablen führt zwangsläufig zu einem überdimensionalen Eingaberaum und einem überparametrisierten Modell. Dies hat zur Folge, daß die notwendige Rechenleistung und –zeit z.T. dramatisch steigt.

Im ersten Schritt sollten sachlogische Überlegungen darüber angestellt werden, welche Variablen Einfluß auf das Ergebnis haben könnten. Im Gegensatz zu Kausalmodellen muß aber über die Art des Zusammenhangs hier keine Aussage gemacht werden. Im zweiten Schritt kann eine Vorselektion mit Hilfe statistischer Verfahren vorgenommen werden. Einen Anhaltspunkt dafür, ob eine Variable Einfluß auf die Ausgabewerte hat, liefert die Varianz der Variable. Ist die Varianz für eine Größe gering, so kann davon ausgegangen werden, daß diese Variable keinen wesentlichen Beitrag zur Parameterschätzung liefern kann (="non variant fields"). Ebenso kann die Korrelation zwischen den einzelnen Eingabevariablen und den Ausgabevariablen zur Vorselektion verwendet werden.

12.2.2 Festlegung der Netztopologie

(1) Problemstrukturierung und Netztypauswahl

(2) **Festlegung der Netztopologie**

(3) Bestimmung der Informationsverarbeitung in den Neuronen

(4) Trainieren des Netzes

(5) Anwendung des trainierten Netzes

Nach der Auswahlentscheidung für einen bestimmten Netztyp – im Rahmen der nachfolgenden Ausführungen wird ausschließlich das MLP betrachtet – ist nun die Topologie dieses Netztyps zu bestimmen. Dabei sind folgende Größen festzulegen:

- Anzahl der verdeckten Schichten des MLP
- Anzahl der Neuronen je verdeckter Schicht
- Struktur der Verbindung zwischen den Neuronen.

Empfehlungen zur Netztopologie lassen sich nur bedingt geben. Da es bei Neuronalen Netzen nicht darauf ankommt, Kausalzusammenhänge durch die Netztopologie unmittelbar zu reproduzieren, ist es sinnvoll, verschiedene Netztopologien auszuprobieren. Ziel sollte dabei allein sein, daß die Daten besser gelernt werden, wobei ein längerer Trial-and-Error-Prozeß nicht ungewöhnlich ist. In der Praxis hat sich in vielen Fällen bewährt, maximal zwei verdeckte Schichten zu wählen.

Neben der Anzahl der Zwischenschichten ist auch die *Anzahl der Neuronen je verdeckter Schicht* (Zwischenschicht) festzulegen. Problematisch ist dabei, daß eine zu große Anzahl von Neuronen in den Zwischenschichten – genauso wie zu viele Zwischenschichten – den Rechenaufwand des Neuronalen Netzes stark erhöht. Außerdem wird dann zum Trainieren des Neuronalen Netzes eine größere Anzahl an Trainingsdatensätzen benötigt. Auf der anderen Seite kann das Neuronale Netz unter Verwendung einer größeren Anzahl an Neuronen in den Zwischenschichten den Zusammenhang zwischen Eingabewerten und Ausgabewerten möglicherweise besser approximieren. Einschränkend ist zu vermerken, daß eine möglichst gute Approximation der Trainingsdatensätze nicht unbedingt bedeutet, daß das Neuronale Netz auch auf neue Datensätze optimal anzuwenden ist – der Zusammenhang also möglichst gut generalisiert wird. Es besteht vielmehr die Gefahr des „Übertrainierens", d. h., daß das Neuronale Netz die Trainingsmuster einschließlich der darin vorhandenen Fehler „auswendig" lernt und nicht die Struktur des Problems herausarbeitet. Um dies zu vermeiden, darf die Anzahl der Neuronen in den Zwischenschichten nicht zu hoch gewählt werden.

Die *Verbindungen zwischen Neuronen* werden graphisch als Linie dargestellt. Die Bezeichnung w_{ij} bezieht sich auf das Gewicht der Verbindung eines Neurons der Schicht i mit einem Neuron der Schicht j. Der Betrag $| w_{ij} |$ ist ein Maß für die Stärke der Verbindung.

In der Regel sind alle Neuronen ebenenweise vollständig miteinander verbunden. Können sinnvolle Vermutungen über die Wirkungszusammenhänge im realen Problem und im Neuronalen Netz getroffen werden, ist es möglich, dieses Wissen bei der Konstruktion der Netztopologie zu berücksichtigen, indem bestimmte aufeinander folgende Neuronen nicht verbunden werden bzw. zusätzliche Verbindungen geschaffen werden, um Schichten zu überspringen. Ist beispielsweise klar, daß

768   Neuronale Netze

das Niveau einer Eingabevariablen des Netzes direkt mit der Netzausgabe zusammenhängt, kann das Eingabeneuron unmittelbar mit dem betreffenden Ausgabeneuron verbunden werden. In den wenigsten Fällen können die Wirkungszusammenhänge sowohl in der Realität als auch im Neuronalen Netz aber sicher durchschaut werden. In der Regel empfiehlt es sich daher, ebenenweise vollständig verbundene Netze zu benutzen.

Es kommt vor, daß Neuronale Netze sehr komplex werden. Dies bezieht sich sowohl auf die Anzahl der Eingabeneuronen und verdeckten Neuronen als auch auf die Anzahl der Gewichte im Netz. In diesem Fall werden zahlreiche Trainingsmuster benötigt, um das Neuronale Netz zu trainieren. Es gibt verschiedene Verfahren, die Netztopologie zu optimieren. Eine Gruppe der Verfahren wird direkt in den Lernprozeß integriert, eine andere reduziert die Netztopologie im Anschluß an den Lernprozeß.

Grundsätzlich existieren zwei Ansatzpunkte zur Reduktion des Netzes. Zum einen werden Neuronen der Eingabeschicht oder verdeckten Schicht gelöscht. Zum anderen werden Gewichte gelöscht, d.h. auf null gesetzt. Es bietet sich an, solche Neuronen bzw. Gewichte zu löschen, die nur einen geringen Einfluß auf die Ausgabewerte haben. Es hat sich gezeigt, daß bis zu einem gewissen Punkt, Gewichte und Neuronen gelöscht werden können, ohne daß die Güte des Neuronalen Netzes leidet. Wird dieser Punkt allerdings überschritten, nimmt die Qualität des Neuronalen Netzes rapide ab. Für das Löschen von Gewichten stehen in der Literatur verschiedene Verfahren zur Verfügung, auf die an dieser Stelle allerdings nicht weiter eingegangen wird.[8]

12.2.3   Bestimmung der Informationsverarbeitung in Neuronen

(1) Problemstrukturierung und Netztypauswahl

(2) Festlegung der Netztopologie

(3) Bestimmung der Informationsverarbeitung in den Neuronen

(4) Trainieren des Netzes

(5) Anwendung des trainierten Netzes

Ein Neuron nimmt die verschiedenen gewichteten Ausgabewerte der vorgelagerten Neuronen auf ($o_h \cdot w_{hi}$), wobei o_h den Ausgabewert eines Neurons der vorgelagerten Schicht h bezeichnet und w_{hi} eine Verbindung zwischen einem Neuron der vorgelagerten Schicht h zu dem betrachteten Neuron der Schicht i kennzeichnet. Durch die sog. *Propagierungsfunktion* werden die gewichteten Ausgabewerte der vorgelagerten Neuronen zu einem eindimensionalen Eingabewert des Neurons zusammengefaßt, was sich im Ergebnis in der sog. Netzeingabe des Neurons net_i widerspiegelt. Aus der Netzeingabe des Neurons berechnet dann die sog. *Aktivierungsfunktion* f_{akt} den Aktivierungszustand a_i des Neurons.

Der Ausgabewert des betrachteten Neurons der Schicht i wird als o_i bezeichnet. Die Neuronen werden von der Eingabe- zur Ausgabeschicht durchgehend nume-

---

[8] Vgl. exemplarisch Werbos, P.J., 1988, S. 343 ff.; Zell, A., 2000, S. 117 und S. 320 sowie Bishop, C., 1995.

riert. Das Gewicht zwischen dem ersten Neuron und dem fünften Neuron wird als w_{15} bezeichnet. Unglücklich ist dabei, daß dieser Bezeichnung nicht mehr entnommen werden kann, welcher Schicht die Neuronen angehören.

Abbildung 12.17: Der Aufbau eines aktiven Neurons in der verdeckten Schicht

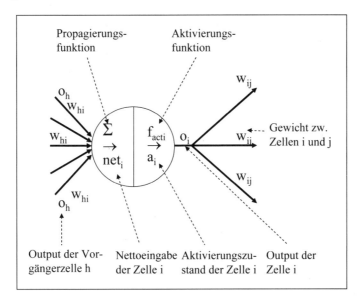

Allerdings werden hier in dieser einführenden Darstellung selten bestimmte Neuronen betrachtet.

Vielmehr wird allgemein für die Beziehung zwischen aufeinander folgenden Neuronen argumentiert. Dafür ist die hier verwendete Schreibweise unproblematisch. w_{ij} bezeichnet die Gewichtung der Verbindung zwischen einem bestimmten Neuron der Schicht i und einem bestimmten Neuron der nachgelagerten Schicht j.

12.2.3.1 Auswahl der Propagierungsfunktion

Einem einzelnen Neuron der verdeckten Schicht bzw. der Ausgabeschicht sind in der Regel mehrere Neuronen vorgelagert. Häufig ist das Neuron also mit mehreren Vorgängerneuronen durch gewichtete Verbindungen direkt verbunden. In einem Neuron wird allerdings nur ein *eindimensionales Eingabesignal* verarbeitet. Aus der Vielzahl der eingehenden Signale berechnet deshalb die sog. *Propagierungsfunktion* dieses einwertige Signal, das auch als Netzeingabe eines Neurons oder Nettoeingabewert net_j bezeichnet wird. Die nachfolgende Tabelle gibt einen Überblick über in der Praxis häufig benutzte Propagierungsfunktionen:

770   Neuronale Netze

Abbildung 12.18: Exemplarischer Überblick über häufig verwendete Propagierungsfunktionen

Bezeichnung	Funktionsvorschrift
Gewichtete Summe der Ausgabewerte	$net_j = \sum\limits_{i=1}^{n} w_{ij} \cdot o_j$
Gewichtetes Produkt der Ausgabewerte	$net_j = \prod\limits_{i=1}^{n} w_{ij} \cdot o_i$
Maximum der gewichteten Ausgabewerte	$net_j = \max \{w_{ij} \cdot o_i\}$

Am häufigsten – und im Zusammenhang mit dem Backpropagation-Algorithmus
nahezu ausschließlich - wird die *gewichtete Summe der Ausgabewerte* der Vorgän-
gerzellen verwendet.[9] Ein wesentlicher Vorteil dieser Funktion ist, daß gewichtete
Ausgabewerte von 0 hier durch die restlichen Werte kompensiert werden können.[10] Je nach Problemstellung sind unterschiedliche Kompensationseffekte erwünscht und können durch die Wahl der Propagierungsfunktion berücksichtigt
werden.

12.2.3.2 Auswahl der Aktivierungsfunktion

Der Aktivierungszustand bezeichnet in Anlehnung an die Neuronen im menschlichen Gehirn den Grad der Aktivierung der Zellen. Sie sind entweder aktiviert oder
nicht-aktiviert. In künstlichen Neuronalen Netzen hat die sog. *Aktivierungsfunktion*
zur Aufgabe, den Aktivierungszustand von Neuronen zu berechnen.[11] Die folgende
Abbildung zeigt graphisch den Verlauf und die Funktionsvorschrift von vier häufig verwendeten Aktivierungsfunktionen.

---

[9] Bei der Vektorschreibweise entspricht die gewichtete Summe dem Skalarprodukt aus
Gewichtsvektor und dem Vektor der Ausgabewerte der vorgelagerten Neuronen.

[10] Dadurch sind die Ansprüche an die Definition der Inputwerte geringer. Ansonsten kann
ein Inputwert, der keinen Einfluß auf die Outputwerte hat, einen ausschließlichen Einfluß auf die Nachfolgerneuronen haben.

[11] Allgemein ist der Schwellenwert als der Ort der größten Steigung der Aktivierungsfunktion definiert. Vgl. Zell, A., 2000, S. 81.

Abbildung 12.19: Alternative Aktivierungsfunktionen bei KNN

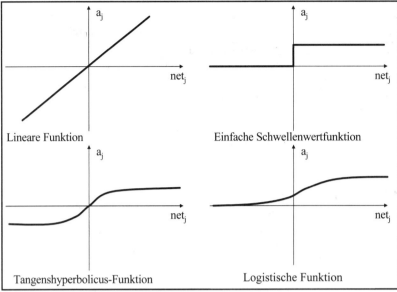

Aktivierungsfunktion	Funktionsvorschrift
Linearfunktion	$a_j(net_j) = \beta \cdot net_j$
Einfache Schwellen-wertfunktion	$a_j(net_j) = \begin{cases} 1 & \text{falls } net_j > \Theta_j \\ 0 & \text{sonst} \end{cases}$
Tangenshyperbolicus-Funktion	$a_j(net_j) = \tanh(net_j) \dfrac{e^{\beta(net_j - \Theta_j)} - e^{-\beta(net_j - \Theta_j)}}{e^{\beta(net_j - \Theta_j)} + e^{-\beta(net_j - \Theta_j)}}$
logistische Funktion	$a_j(net_j) = \dfrac{1}{1 + e^{-\beta(net_j - \Theta_j)}}$

Abbildung 12.19 macht deutlich, daß die *lineare Aktivierungsfunktion* über keinen Schwellenwert verfügt, da sie überall dieselbe Steigung aufweist. Demgegenüber kommt die e*infache Schwellenwertfunktion* (auch *Standard-Binärfunktion* genannt) dem biologischen Vorbild am nächsten, da sie nur zwischen zwei Aktivierungszuständen unterscheidet. Ein Neuron gilt hier als aktiviert, wenn das von der Propagierungsfunktion gelieferte Ergebnis eine bestimmte Reizschwelle (= Schwellenwert Θ_j) überschreitet. Andernfalls ist das Neuron nicht aktiviert. Nachteil der Standard-Binärfunktion ist, daß sie nicht stetig und damit nicht differenzierbar ist. Für den Einsatz einiger Lösungsalgorithmen, darunter auch der in diesem Kapitel näher vorgestellte Backpropagation-Algorithmus, ist allerdings Voraussetzung,

772   Neuronale Netze

daß die Aktivierungsfunktion differenzierbar ist. Aus diesem Grund wird im Normalfall eine stetige Approximation der Binärfunktion verwendet, in der Regel sigmoide Aktivierungsfunktionen. *Sigmoide Funktionen* bezeichnen solche Funktionen, die einen S-förmigen Verlauf aufweisen. Hierzu zählen sowohl die logistische als auch die Tangenshyperbolicus-Funktion. Das Neuron kann hier allerdings mehr als nur zwei Aktivierungszustände annehmen. Die Übergange zwischen den Extremen, beispielsweise als 0 und 1 kodiert, können ebenfalls Aktivierungszustand des Neurons sein. Der Übergang zwischen den Extremalausprägungen wird also geglättet.

Häufig wird als Aktivierungsfunktion eine logistische Funktion verwendet. Je nachdem, welchen Wertebereich die Propagierungsfunktion liefert, fallen die Funktionswerte der *logistischen Aktivierungsfunktion* in den steilen Bereich um den Schwellenwert oder in die flacher verlaufenden Randbereiche. Je größer die Differenzen der Netzeingaben sind, desto stärker nähert sie sich der Standard-Binärfunktion an. Die Ergebnisse der Propagierungsfunktion hängen von den Gewichten ab, die im Laufe des Lernprozesses verändert werden. Der logistischen Funktion kommt dabei vor allem dann eine große Bedeutung zu, wenn KNN für Aufgabenstellungen verwendet werden, bei denen der Zusammenhang zwischen Eingangs- und zu Ausgangsvariablen nicht-linear ist. Dazu enthält das Neuronale Netz nicht-lineare Elemente und zwar in der Regel die Aktivierungsfunktionen in den verdeckten Neuronen. Allgemein sollte die Aktivierungsfunktion semi-linear sein, d.h. nicht-linear, differenzierbar und monoton steigend. Würden lineare Aktivierungsfunktionen eingesetzt, könnte das Neuronale Netz auf die Eingabe- und Ausgabeschicht reduziert werden.[12] Die Zwischenschichten würden ihre Aufgaben verlieren, denn mehrere aufeinanderfolgende lineare Transformationen können durch eine einzige lineare Transformation dargestellt werden. Es kann gezeigt werden, daß mehrschichtige Neuronale Netze mit nicht-linearen Aktivierungsfunktionen jeden funktionalen Zusammenhang approximieren können.[13]

Neben der logistischen Funktion wird in der Praxis häufig auch die *Tangenshyperbolicus-Funktion* als Aktivierungsfunktion verwendet.[14] Sie ist ebenfalls semi-linear. Der Hauptunterschied zur logistischen Funktion ist, daß ihr Ergebnis im Intervall [-1;1] liegt. Die Ergebnisse der logistischen Funktion liegen dagegen zwischen 0 und 1.

Eine Veränderung des Schwellenwertes verschiebt die Aktivierungsfunktion horizontal. β ist ein vom Benutzer zu wählender Parameter, der die Steigung der Funktionen beeinflußt. Der Parameter β ist, falls die Summenfunktion als Propagierungsfunktion verwendet wird, linear mit den gewichteten Ausgabewerten der vorgelagerten Werte verknüpft. Eine lineare Veränderung aller Gewichte, der eingehenden Verbindungen eines Neurons, ist gleichbedeutend mit der Veränderung

---

[12] Vgl. Zell, A., 2000, S. 89 f.

[13] Vgl. Cybenko, G., 1989, S. 303 ff.

[14] Am häufigsten werden die logistische Funktion und die Tangenshyperbolicus Funktion als Aktivierungsfunktion verwendet. Sie können ineinander überführt werden. Vgl. Anders, U., 1997, S. 48 ff. Vorteil der Tangenshyperbolicus-Funktion ist, daß sie symmetrisch zum Ursprung ist.

des Parameters β. Das bedeutet, die Form der logistischen Funktion kann durch die Wahl der Größenordnung der Gewichte analog zu Abbildung 12.20 modifiziert werden.[15]

Abbildung 12.20: Die Bedeutung des Parameters β für den Verlauf der Aktivierungsfunktion

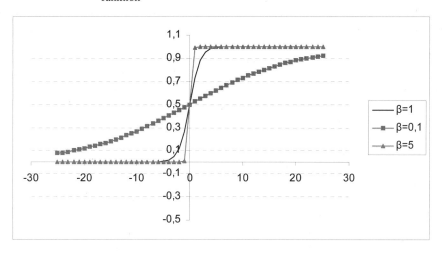

Die Veränderung der Gewichte erfolgt im später dargestellten Trainingsprozeß. Ist β groß, nähert sich die logistische Aktivierungsfunktion tendenziell der Standard-Binärfunktion. Für β nahe null - dem entsprechen sehr kleine Gewichte im Neuronalen Netz - ist die logistische Funktion eine Approximation der Linearfunktion. Der zuvor angesprochene Schwellenwert kann auf unterschiedliche Art umgesetzt werden. Zum Beispiel kann er als Parameter der Aktivierungsfunktion definiert werden. Nachteil dieser Variante ist allerdings, daß der Schwellenwert dann nicht beim Lernprozeß berücksichtigt wird. Die Gewichtsmodifikationen umfassen in diesem Fall *nicht* die Modifikation des Schwellenwertes. Dieser Nachteil kann umgangen werden, indem der Schwellenwert als sogenanntes *Schwellenwertneuron* definiert wird (vgl. Abbildung 12.21).

---

[15] Das Neuronale Netz sucht während des Lernprozesses die optimalen Stellen auf der Aktivierungsfunktion (Optimierung des Schwellenwertes), wobei zugleich die Aktivierungsfunktion optimal gestaucht wird (Modifikation der Größenordnung der Gewichte).

Abbildung 12.21: Schwellenwert als Schwellenwertneuron

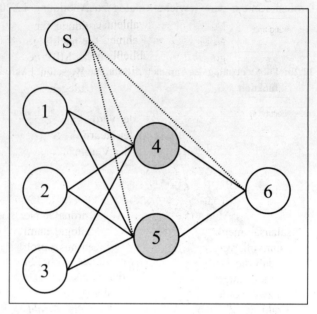

Das Schwellenwertneuron S ist ein Neuron, das immer den Wert 1 hat und mit *allen anderen* Neuronen verbunden wird. Es wird also nicht für jede Ebene einzeln definiert, sondern es genügt, ein Schwellenwertneuron für das gesamte Neuronale Netz einzusetzen. Die Verbindung erfolgt analog zu den anderen Verbindungen im Netz über Gewichte, die auch im Lernprozeß wie gewöhnliche Gewichte behandelt werden. Die Netzeingabe des Neurons net_j beinhaltet in diesem Fall bereits den Schwellenwert, so daß die Aktivierungsfunktion ohne Schwellenwert auskommt. Der Schwellenwert ist das negative Gewicht w_{oj} zwischen dem Schwellenwertneuron und dem betrachteten Neuron.[16]

---

[16] Vgl. Zell, A., 2000, S. 82.

12.2.4 Trainieren des Netzes

(1) Problemstrukturierung und Netztypauswahl

(2) Festlegung der Netztopologie

(3) Bestimmung der Informationsverarbeitung in den Neuronen

(4) Trainieren des Netzes

(5) Anwendung des trainierten Netzes

Im Rahmen des Netztrainings vollzieht ein KNN den eigentlichen Lernprozeß. Damit besitzt dieser Schritt eine grundlegende Bedeutung für KNN und wird im folgenden einer detaillierteren Betrachtung unterzogen. Die Ausführungen beziehen sich dabei auf den Netztyp des Multi-Layer-Perceptrons (MLP), das den für die Praxis bedeutsamen Fall eines überwachten Feedforward-Lernens beschreibt. MLP-Netze werden meist mit Hilfe des sog. Backpropagation-Algorithmus trainiert, durch den die Lernmethodik in einem KNN abgebildet wird.[17] Nach einer kurzen Darstellung der prinzipiellen Möglichkeiten des Lernens, werden anschließend die Grundlagen des Backpropagation-Algorithmus vorgestellt und schließlich ausgewählte Problemfelder diskutiert.

Neuronale Netze mit einem überwachten Lernprozeß wie z.B. das Multi-Layer-Perceptron versuchen, im Trainingsprozeß den Zusammenhang, der in der Realität zwischen Input- und Output-Werten vorliegt, aufzudecken. Lernen in einem KNN bedeutet, daß die Parameter des Modells so modifiziert werden, daß sie mit jedem Lernschritt den Wirkungszusammenhang eines Problems immer besser wiedergeben können. Theoretisch hat der Anwender dabei folgende Möglichkeiten, den Lernprozeß zu beeinflussen[18]:

1. Entwicklung neuer Verbindungen
2. Löschen existierender Verbindungen
3. Modifikation des Schwellenwertes von Neuronen
4. Modifikation der Propagierungs- oder Aktivierungsfunktion
5. Entwicklung neuer Zellen
6. Löschen von Zellen
7. Modifikation der Stärke w_{ij} von Verbindungen

Die ersten beiden Möglichkeiten (Entwicklung zusätzlicher Verbindungen und Löschen existierender Verbindungen) können als Modifikation der Stärke w_{ij} von Verbindungen interpretiert werden, weshalb sie im folgenden nicht weiter betrachtet werden. Ebenso kann die Modifikation des Schwellenwertes eines Neurons über die Modifikation der Gewichte erfaßt werden, wenn die Schwellenwerte über ein Schwellenwertneuron in das Neuronale Netz integriert werden. Die Modifikation der Gewichte des Schwellenwertneurons geschieht analog zur Modifikation der übrigen Gewichte im Netz und bedarf deshalb keiner weiteren Erklärung. Für die Modifikation der Propagierungs- oder Aktivierungsfunktion existieren in

---

[17] Das grundlegende Werk zum Backpropagation-Algorithmus ist Rumelhart, D.E., McClelland, J.L. (Hrsg.), 1996.

[18] Zell, A., 2000, S. 84.

776   Neuronale Netze

der Praxis keine gebräuchlichen Algorithmen, durch die solche Modifikationen automatisiert werden könnten. Deshalb werden diese ebenfalls nur selten geändert.

Eine große Bedeutung besitzen demgegenüber solche Verfahren, die neue Zellen entwickeln bzw. wenig genutzte Zellen löschen. Diese Verfahren werden meist erst eingesetzt, nachdem die Gewichte im Neuronalen Netz optimiert wurden und die Ergebnisse, die das Netz liefert, noch nicht zufriedenstellend sind. Kern des Lernens von KNN ist somit die *Modifikation der Gewichte im Netz*. Im folgenden verbinden wir deshalb mit dem *Lernen in KNN* die *Modifikation der Netzgewichte*. Dabei ist dem sog *Backpropagation-Algorithmus*, der ebenfalls die Veränderung der Netzgewichte zum Gegenstand hat, eine zentrale Bedeutung in der Anwendungspraxis beizumessen. Deshalb wird er im folgenden einer eingehenden Betrachtung unterzogen.

12.2.4.1   Abbildung des Lernprozesses durch den Backpropagation-Algorithmus

Bereits der Name „Backpropagation-Algorithmus" signalisiert, daß die Modifikation der Gewichte rückwärtsgerichtet erfolgt, d. h. von der Ausgabe- hin zur Eingabeschicht. Dabei ermittelt die sog. Fehlerfunktion den Fehler zwischen Soll-Ausgabe und der vom Netz berechneten Ausgabe. Da die Fehlerfunktion an der Ausgabeschicht ansetzt, kann nur der Beitrag der Verbindung, die direkt zur Ausgabeschicht führen, unmittelbar berechnet werden. Für die anderen Gewichte wird eine Fortpflanzung (*propagation*) des Fehlers von der Ausgabeschicht zur Eingabeschicht unterstellt. Dementsprechend erfolgt auch die Veränderung der Gewichte rückwärtsgerichtet (*back*). Im folgenden wird am Beispiel eines mehrschichtigen Netzes die Informationsverarbeitung im Multi-Layer-Perceptron und das Training des Netzes mit dem Backpropagation-Algorithmus in seinen Grundzügen erläutert, wobei wir entsprechend Abbildung 12.22 neun Ablaufschritte unterscheiden:

Abbildung 12.22: Ablaufschritte der Informationsverarbeitung im MLP und Netztraining mit Hilfe des Backpropagation-Algorithmus

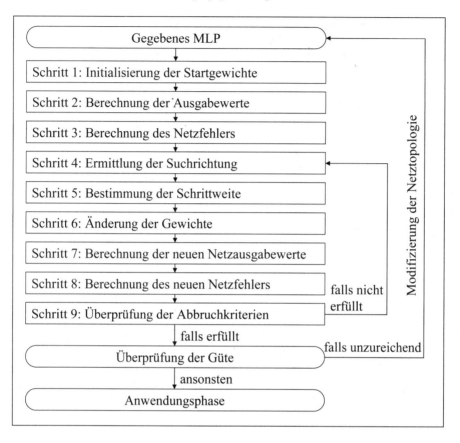

Schritt 1: Initialisierung der Startgewichte

Für alle definierten Verbindungen w_{ij} zwischen den Neuronen der verschiedenen Schichten des Netzes werden zufällige Ausgangswerte gewählt.

Schritt 2: Berechnung der Ausgabewerte

Im vorwärtsgerichteten Schritt werden einzeln für jedes Datenmuster p die Netzausgaben berechnet.

Schritt 3: Berechnung des Netzfehlers

An der Ausgabeschicht wird der Fehler für das Datenmuster p durch die Fehlerfunktion E_p berechnet. Allgemein mißt die Fehlerfunktion E_p die Abweichung zwischen den berechneten und den erhobenen Ausgabewerten für ein einzelnes Muster p. Zu minimieren ist nicht der Fehler eines Datenmusters p,

778 Neuronale Netze

sondern der durchschnittliche Gesamtfehler, der sich als Mittelwert der Fehler E_p für alle Datenmuster p an den Ausgabeneuronen bestimmt. Der Backpropagation-Algorithmus versucht, den durchschnittlichen Gesamtfehler zu minimieren, indem er die Netzgewichte einzeln für jeden Datensatz p ändert. Das arithmetische Mittel aller Gewichtsänderungen ist eine Schätzung der wahren Änderung der Gewichte, die nötig wäre, um den durchschnittlichen Gesamtfehler zu minimieren.

In der Regel wird die *quadratische Fehlerfunktion*

$$E = \sum_{i=1}^{a} (o_i - t_i)^2 \tag{1}$$

verwendet, wobei a die Anzahl der Neuronen in der Ausgabeschicht angibt. Für jedes Neuron berechnet die Fehlerfunktion die Differenz zwischen dem berechneten Ausgabewert o und dem empirisch ermittelten Ausgabewert t. Durch Quadrierung der Differenz wird vermieden, daß sich Abweichungen mit unterschiedlichem Vorzeichen gegenseitig aufheben und insgesamt zu einer Fehlerreduktion führen. Für Klassifizierungsaufgaben mit zwei Klassen, bei denen die Netzausgabe die Wahrscheinlichkeit dafür bestimmt, daß das Muster einen Wert von 1 liefert, wird alternativ folgende Fehlerfunktion verwendet:

$$E = [t \cdot o + (1 - t) \cdot \ln(1 - o)] \tag{2}$$

Außerdem werden in der Literatur Fehlerfunktionen vorgeschlagen, die Kosten für Fehler zwischen Soll-Ausgabe und berechneten Ausgabewerten erzeugen. Da diese Kostenfunktionen lediglich auf Plausibilitätsüberlegungen beruhen, wird im folgenden nur die quadratische Fehlerfunktion behandelt.

Schritt 4: Ermittlung der Suchrichtung

Die Gewichte sollen so verändert werden, daß der Fehler minimiert wird. Wird das Netztraining als Optimierungsproblem betrachtet, so kann die Fehlerfunktion als Zielfunktion betrachtet werden. Für jedes Gewicht im Netz wird mit Hilfe des *Gradientenverfahrens* die Richtung der Gewichtsänderung berechnet, die den Fehler am stärksten verringert. Der Gradient der Fehlerfunktion zeigt in die Richtung der steilsten Steigung an der aktuellen Stelle. Um den Gradienten auch für Verbindungen zwischen vorgelagerten Schichten berechnen zu können, wird das Konstrukt *Fehlersignal* eingeführt, das sich unmittelbar aus der mathematischen Herleitung des Backpropagation-Algorithmus ergibt.[19] Die Fehlersignale werden rekursiv von der Ausgabeschicht ausgehend berechnet und erlauben die Ermittlung des Beitrages eines vorgelagerten Gewichtes für das Zustandekommen des Netzfehlers an der Ausgabeschicht.

---

[19] Vgl. zur Herleitung des Backpropagation-Algorithmus Zell, A., 2000, S. 106 ff.

Schritt 5: Bestimmung der Schrittweite bzw. Lernrate

Die sog. Schrittweite gibt an, wie stark die Änderung der Gewichte in Richtung der steilsten Steigung erfolgen soll. Da sich in der Gewichtsänderung der Lernprozess widergespiegelt, wird die Schrittweite auch als Lernrate η bezeichnet. Die Lernrate η hat einen Einfluß darauf, inwieweit der Lernalgorithmus konvergiert, d.h. ein Minimum der Fehlerfunktion des Trainingsdatensatzes finden kann. Je kleiner die Lernrate ist, desto mehr Lernschritte sind notwendig, bis ein Minimum der Fehlerfunktion erreicht wird. Die Änderung der Gewichte in einem Lernschritt ist geringer, d.h. der Algorithmus macht sehr kleine Schritte auf der Fehlerfläche. Der Zeitaufwand für den Lernprozeß wird gerade bei komplexen Netzstrukturen sehr groß. Die Schrittlänge darf aber auch nicht zu groß gewählt werden, weil sonst die Gefahr besteht, ein Minimum zu überspringen.

Die Lernrate ist ein Parameter, der im einfachen Backpropagation-Algorithmus vom Anwender verändert werden kann. Es sind zahlreiche Verfahren zur Optimierung der Lernrate entwickelt worden,[20] die zeigen, daß die Wirkung der Lernrate von der Größenordnung der Gewichte abhängt. Bei der Wahl der optimalen Lernrate kann daher nicht a priori ein Wert empfohlen werden. In der Literatur wird häufig dazu geraten, mit relativ großer Schrittweite zu beginnen. Bei Gewichten im Intervall [-1;1] könnte mit einem Lernfaktor in der Größenordnung von 2-3 begonnen werden.[21] Allerdings sei betont, daß die optimale Lernrate von der Problemstellung, den Trainingsdaten, der Größe und der Netztopologie abhängt und Anwendungsempfehlungen aus diesem Grund mit großer Vorsicht zu betrachten sind. Es ist deshalb ratsam, verschiedene Lernraten auszuprobieren. Im einfachsten Fall bleibt die Lernrate während des gesamten Lernprozesses konstant. Bessere Ergebnisse können allerdings häufig erzielt werden, wenn die Lernrate im Laufe des Lernprozesses verändert wird. Prinzipiell kann es vorteilhaft sein, die Lernrate im Laufe des Lernprozesses zu verringern.

Schritt 6: Änderung der Gewichte

Die Änderung der Gewichte w_{ij} erfolgt nach folgendem Berechnungsschema, das auf alle Gewichte w_{ij} angwandt wird:

---

[20] Vgl. Rojas, R., 1996, S. 168 ff.
[21] Vgl. z.B. Zell, A., 2000, S. 114.

780   Neuronale Netze

Abbildung 12.23: Gewichtsänderungen beim BP-Algorithmus

$$
\begin{pmatrix} \text{Gewichts-} \\ \text{änderung} \\ \\ \Delta w_{ij} \end{pmatrix} = \begin{pmatrix} \text{Lern-} \\ \text{rate} \\ \\ \eta \end{pmatrix} \cdot \begin{pmatrix} \text{Fehler-} \\ \text{signal} \\ \\ \delta_{pj} \end{pmatrix} \cdot \begin{pmatrix} \text{Eingabe} \\ \text{von} \\ \text{Neuron i} \\ net_{pi} \end{pmatrix}
$$

Schritt 7: Berechnung der neuen Netzausgabewerte

Durch die Verwendung der neuen Gewichte erhält man die Ausgabewerte für das folgende Datenmuster. Analog zu Schritt 3 wird dann wiederum der Fehler an der Ausgabeschicht berechnet.

Schritt 8: Berechnung des neuen Netzfehlers

Analog zu Schritt 3 wird der Netzfehler für die neuen Gewichte neuen Datenmuster berechnet.

Schritt 9: Überprüfung der Abbruchkriterien

Der Backpropagation-Algorithmus wird beendet, wenn die zuvor definierten Abbruchkriterien erfüllt sind, andernfalls wird mit Schritt 4 fortgefahren. Kann durch den Backpropagation-Algorithmus allein kein befriedigendes Ergebnis erzielt werden, so sind entweder die Neuronen anders zu definieren oder die Netztopologie bzw. das Abbruchkriterium zu verändern. Darüber hinaus kann auch eine andere Lernrate gewählt werden.

Da nicht allgemein gezeigt werden kann, wann der Backpropagation-Algorithmus konvergiert[22], läßt sich mathematisch auch kein Abbruchkriterium ableiten. Für die praktische Anwendung existiert aber eine Reihe bewährter Abbruchkriterien, die allerdings weitgehend auf Plausibilitätskriterien beruhen. So scheint es sinnvoll zu sein, den Backpropagation-Algorithmus dann abzubrechen, wenn ein Minimum der Fehlerfläche – sei es ein globales oder lokales Minimum – erreicht wird. Im Minimum ist der Gradient der Gewichte g(w), also der Vektor der partiellen Ableitungen erster Ordnung der Gewichte nach dem Fehler, gleich Null. Dementsprechend besteht eine Variante darin, den Backpropagation-Algorithmus zu stoppen, wenn die Länge des Gradienten einen vorher zu definierenden Wert unterschreitet.

Nachteilig ist, daß die Trainingszeit u. U. sehr lang wird und daß ständig der Gradient berechnet werden muß. Ein weiterer Nachteil ist, daß die Fehlerfunktion im Minimum ein stationäres Maß ist, d.h. es werden keine Veränderungen widergespiegelt. Deshalb wird teilweise das Abbruchkriterium über die absolute Veränderung des durchschnittlichen quadratischen Fehlers definiert. Der Backpropagation-Algorithmus wird in diesem Fall angehalten, sobald der durchschnittliche quad-

---

[22] Vgl. Haykin, S., 1999, S. 173.

ratische Fehler in einem Durchlauf einen bestimmten Wert unterschreitet. Als Grenze haben sich hier Werte zwischen 0,1 % und 1 % bewährt. Allerdings kann dieses Kriterium zu einem zu frühen Abbruch des Lernprozesses führen.

Wird als Abbruchkriterium ein Maß verwendet, das sich nur auf die Daten bezieht, die auch zum Trainieren des Netzes verwendet wurden, kann es zu einem Phänomen kommen, daß als *overfitting* in die Literatur eingegangen ist. *Overfitting* ist dann problematisch, wenn der Datensatz ein Rauschen enthält. Unter Rauschen sind nicht-systematische Fehler wie Meßfehler zu verstehen, die den Wirkungszusammenhang zwischen Eingabe- und Ausgabevariablen teilweise überlagern. Ab einem Punkt „lernt" das Neuronale Netz bestimmte Zusammenhänge auswendig und verallgemeinert nicht mehr die Beziehung zwischen Ein- und Ausgabedaten. Fehlerhafte Daten werden durch das „Auswendiglernen" vom Neuronalen Netz bei der Bestimmung der Ausgabedaten unverändert reproduziert. In diesem Fall wäre es sinnvoller, den Lernprozeß abzubrechen, bevor das Minimum der Fehlerfunktion des Trainingsdatensatzes erreicht ist.

Entsprechend der Zielsetzung, allgemeine Wirkungszusammenhänge zwischen Eingabe- und Ausgabedaten zu erschließen, wird der Lernprozeß abgebrochen, wenn der Fehler in einem Datensatz, der nicht zum Trainieren des Netzes verwendet wurde, einen zuvor definierten Grenzwert unterschritten hat. Das Abbruchkriterium wird also von der Fehlerfunktion des Trainingsdatensatzes gelöst und statt dessen die Fehlerfunktion eines separaten *Validierungsdatensatzes* verwendet, der eigens zur Beurteilung der Güte des Lernprozesses generiert wird.[23] Dazu wird der empirisch erhobene Datensatz zunächst zufällig in Trainings- und Validierungsdaten unterteilt. Ziel ist es dabei, das Modell mit Daten zu validieren, die nicht zum Schätzen der Gewichte verwendet wurden. Aus einer anderen Perspektive betrachtet handelt es sich bei jeder Konstellation der Gewichte um ein separates Modell, das den Zusammenhang zwischen Eingabe- und Ausgabewerten anders darstellt als vor der jeweiligen Gewichtsänderung. Mit Hilfe der Validierungsdaten wird die Güte der verschiedenen Modelle, also verschiedener Gewichtskonstellationen, ermittelt und das beste Modell bzw. die beste Gewichtskonstellation ausgewählt. Das beste Modell entspricht dann einem Neuronalen Netz mit optimalen Gewichten. Abbildung 12.24 zeigt, daß die Fehlerfunktion E der Trainingsdaten ihr Minimum erst später erreicht. Die Fehlerfunktion sinkt mit zunehmender Anzahl an Lernschritten.

---

[23] Diese Methode wird auch als Early-Stopping-Methode bezeichnet. Vgl. Haykin, 1999.

Abbildung 12.24: Optimierung des Lernprozesses

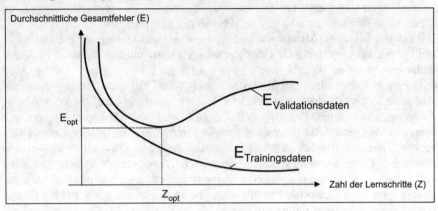

Da der Validierungsdatensatz bereits zur Modellauswahl verwendet wird, wird zur Bestimmung der Güte des letztendlich gewählten Modells ein Testdatensatz verwendet, der ebenfalls aus derselben Grundgesamtheit wie Trainings- und Validierungsdatensatz stammt, aber von ihnen verschieden ist. Es wird empfohlen, rund 80% dem Trainingsdatensatz zuzuschlagen und den Rest auf Validierungs- und Testdatensatz aufzuteilen.[24]

Abbildung 12.25: Aufteilung des Datensatzes in Trainings-, Validierungs- und Testdaten

Trainings-daten	Validie-rungs-daten	Test-daten
ca. 80%	ca. 10%	ca. 10%

---

[24] Vgl. Kearns, M., 1996, S. 183 ff.

12.2.4.2 Problemfelder bei der Anwendung des Backpropagation-Algorithmus

Der Backpropagation-Algorithmus ist nicht frei von Problemen. Abbildung 12.26 stellt exemplarisch für ein Gewicht w_{ij} und die Fehlerfunktion E einige Problemfelder graphisch dar.

Teilweise liegen die Probleme darin begründet, daß der Backpropagation-Algorithmus als Gradientenverfahren nur seine unmittelbare Umgebung und nicht die gesamte Fehlerfläche berücksichtigen kann. Der Backpropagation-Algorithmus berechnet ein lokales Minimum. Er kann aber nicht sicherstellen, daß es sich dabei auch um ein globales Minimum der Fehlerfunktion handelt. Es kann auch keine Aussage darüber getroffen werden, wie groß der Unterschied zwischen lokalem und globalem Minimum ist. Möglicherweise ist ein lokales Minimum dennoch eine gute Nährung an das globale Minimum. Abbildung 12.26 zeigt oben links, wie der Backpropagation-Algorithmus ein lokales Minimum ausmacht, aber ein wesentlich effizienteres globales Minimum verpaßt. Bei komplexeren Netzen gewinnt dieses Problem an Gewicht.

Abbildung 12.26: Ausgewählte Konvergenzprobleme des BP-Algorithmus

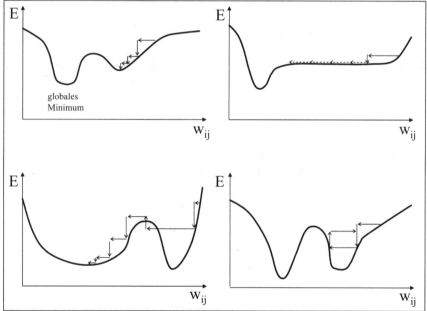

Quelle: in starker Anlehnung an Zell, A. (2000), Simulation neuronaler Netze, München, Wien, S. 113.

784   Neuronale Netze

Gerade die Fehlerfunktionen von Netzen mit zahlreichen Eingabeneuronen, verdeckten Schichten und Ausgabeneuronen und damit zahlreichen Verbindungen zeichnen sich durch extrem unregelmäßige und unübersichtliche Fehlerfunktionen aus. Aus diesem Grunde wächst hier die Gefahr, statt in einem globalen in einem lokalen Minimum zu landen.

Ein ähnliches Problem liegt bei sogenannten flachen Plateaus vor. Auch hier ist es möglich, daß der Lösungsalgorithmus nicht das globale Minimum identifiziert. Da sich bei flachen Plateaus kein Anstieg in der unmittelbaren Umgebung befindet, werden die Gewichte nicht mehr geändert. Der Gradient ist also der Nullvektor. Graphisch ist dies oben rechts in Abbildung 12.26 veranschaulicht.[25]

Wird eine größere Lernrate gewählt, sinkt die Gefahr, daß der Backpropagation-Algorithmus ein suboptimales lokales Minimum der Fehlerfunktion identifiziert oder er in einem flachen Plateau hängenbleibt

Es kann vorkommen, daß der Backpropagation-Algorithmus gute Minima verläßt und statt dessen ein suboptimales Minimum findet (vgl. Abbildung 12.26 unten links). Dies kommt nur bei besonders engen Tälern vor. In der Praxis ist dieser Fall aber eher selten anzutreffen.

Schließlich kann der Algorithmus in steilen Schluchten der Fehlerfunktion auch oszillieren. Ist der Gradient am Rande einer Schlucht sehr groß, kann er an die andere Seite der Schlucht springen. Hat die Schlucht auf der anderen Seite dieselbe Steigung, wird er wieder zurückspringen.

12.2.5   Anwendung des trainierten Netzes

(1) Problemstrukturierung und Netztypauswahl

(2) Festlegung der Netztopologie

(3) Bestimmung der Informationsverarbeitung in den Neuronen

(4) Trainieren des Netzes

(5) Anwendung des trainierten Netzes

In der Anwendungsphase berechnet das Neuronale Netz aus Eingabedaten Ausgabedaten. Dabei handelt es sich je nach Problemstellung um Prognosen oder Klassifizierungen. Ein Produkt bzw. eine Umweltsituation wird über dieselben Merkmale bzw. Eingabeneuronen beschrieben wie in der Trainingsphase. Der Anwendungsdatensatz umfaßt im Gegensatz zum Trainingsdatensatz keine empirischen Soll-Ausgabewerte. Eine Fehleranalyse ist deshalb erst dann möglich, wenn das zu prognostizierende bzw. zu klassifizierende Ereignis eingetreten ist.

In der Regel wird die Anwendungsphase von der Trainingsphase strikt getrennt. Der Lernprozeß ist nach der Trainingsphase abgeschlossen, die Gewichte werden „eingefroren" und während der Anwendungsphase nicht mehr verändert.

Wichtig ist, daß das Neuronale Netz nur für Anwendungssituationen verwendet wird, die den gleichen funktionalen Zusammenhang zwischen Netzinput und Netzoutput aufweisen, der auch dem Trainingsdatensatz zugrunde lag. Die Anwendungsdauer eines trainierten Netzes hängt damit von der Stabilität des jeweiligen Problems ab. Besteht insbesondere bei sich schnell verändernden Problemsituatio-

---

[25] Vgl. Zell, A., 2000, S. 112 f.

Fallbeispiel   785

nen der Verdacht, daß sich die Eingabe-Ausgabe-Beziehung geändert hat, ist ein bereits trainiertes Neuronales Netz mit Vorsicht anzuwenden. Gegebenenfalls sind neue Trainingsdaten zu erheben.

Mit Hilfe von Sensitivitätsanalysen wird versucht, Einblick in die Kausalzusammenhänge der Problemsituation zu erhalten. In der Regel werden ein oder zwei der Eingabevariablen variiert, während für die restlichen Durchschnittswerte angesetzt werden. Es wird nun beobachtet, welchen Einfluß die Variation der ausgewählten Eingabevariablen auf die Ausgabevariablen hat. Problematisch ist dabei allerdings, daß nachträglich die ursprünglich im Modell enthaltenen Nicht-Linearitäten aufgrund der Verwendung von Durchschnittswerten keine Berücksichtigung finden. Die Durchschnittswertbetrachtung ist nur sinnvoll, wenn die Nicht-Linearitäten nicht sehr ausgeprägt sind.

12.3 Fallbeispiel

12.3.1 Problemstellung

Nachfolgend soll anhand eines Fallbeispiels ein Neuronales Netz mit Hilfe des Data-Mining-Tools SPSS Clementine® 9.0 trainiert und beurteilt werden.[26] In einer groß angelegten fiktiven Studie, durchgeführt in einer Vielzahl von Supermärkten mittlerer Größe, erhebt ein Margarinehersteller den täglichen Absatz von Margarine in Abhängigkeit von sechs Einflußfaktoren. Voruntersuchungen ergeben, daß der Margarineabsatz im wesentlichen von diesen Einflußfaktoren abhängt. Dabei handelt es sich um Preis, Plazierung, Verkaufsförderung, Anzahl der Vertreterbesuche, Verpackung und Haltbarkeit. Es wurde eine homogene Stichprobe von Supermärkten gewählt. Sind die sechs betrachteten Einflußfaktoren identisch, wird in den Supermärkten nahezu gleichviel Margarine abgesetzt.

Da die Untersuchung über einen längeren Zeitraum durchgeführt wurde, konnte ein Datensatz von 800 Daten erhoben werden. Der Hersteller hofft, in Zukunft auf Basis dieser Daten den Margarineabsatz besser prognostizieren zu können.

12.3.1.1 Modellbildung und Netztypauswahl

Die Daten liegen als SPSS-Datei mit der Endung *.sav* vor. Um diese in Clementine einbinden und zum Trainieren des Neuronalen Netzes heranziehen zu können, muß zunächst ein sog. „Stream" auf der Arbeitsfläche von Clementine aufgebaut werden. Ein Stream zeichnet sich im allgemeinen dadurch aus, daß einzelne Operationen in einem Data-Mining-Prozeß als sog. „Knoten" miteinander verknüpft und anschließend sequentiell ausgeführt werden können. Eine Auswahl der im Rahmen dieser Analyse benötigten Knoten von Clementine zeigt Abbildung 12.27.

---

[26] Vgl. zur Software: SPSS Inc., 2004, Clementine 9.0 User's Guide, Chicago; SPSS Inc., 2004, Clementine 9.0 Node Reference, Chicago, und SPSS Inc., 2004 Clementine 9.0 Scripting, Automation, and CEMI Reference, Chicago.

786 Neuronale Netze

Abbildung 12.27: Ausgewählte Knoten von SPSS Clementine 9.0

	Eingabeknoten „SPSS File"		Aufbereitungsknoten „Partition"
	Modellierungsknoten „Neural Net"		Aufbereitungsknoten „Select"
	Ausgabeknoten „Table"		Ausgabeknoten „Analysis"
	Ausgabeknoten „Statistics"		Generierter Modellknoten „Neural Network"

Zur Erstellung des Neuronalen Netzes werden vier verschiedene Knoten benötigt und entsprechend auf die Arbeitsfläche gezogen: der Eingabeknoten „SPSS File" (Rubrik *Sources*), der Aufbereitungsknoten „Partition" (Rubrik *Field Ops*), der Ausgabeknoten „Table" (Rubrik *Output*) sowie der Modellierungsknoten „Neural Net" (Rubrik *Modeling*). Hinter letzterem verbirgt sich ein Multi-Layer-Perceptron, welches auf den Backpropagation-Algorithmus zurückgreift.

Abbildung 12.28: Benutzeroberfläche von SPSS Clementine 9.0

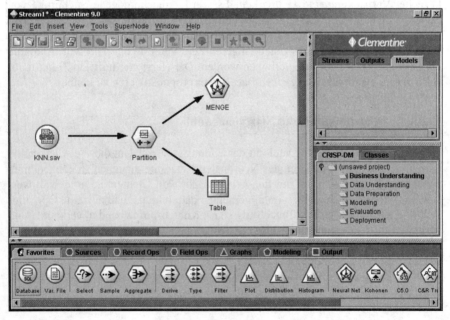

Über die Option *Connect* der Dialogbox des jeweils vorgelagerten Knotens werden die Knoten schließlich gemäß der in Abbildung 12.28 dargestellten Sequenz miteinander verbunden. Die Dialogbox kann per rechten Mausklick auf den jeweiligen Knoten aktiviert werden.

Mittels des Eingabeknotens „SPSS File" können die Daten nun importiert und für die weitere Analyse näher charakterisiert werden. Die entsprechenden Einstellungen sind über das Dialogfenster des Knotens vorzunehmen, welches – wie auch die Dialogfenster der übrigen Knoten – per doppelten Mausklick auf den Knoten aufgerufen werden kann. Für den Datenimport wird der entsprechende Pfad unter dem Punkt *Import file* in der Rubrik *Data* des Dialogfensters angegeben (vgl. Abbildung 12.29).

Abbildung 12.29: Dialogfenster des Eingabeknotens „SPSS File" (Rubrik *Data*)

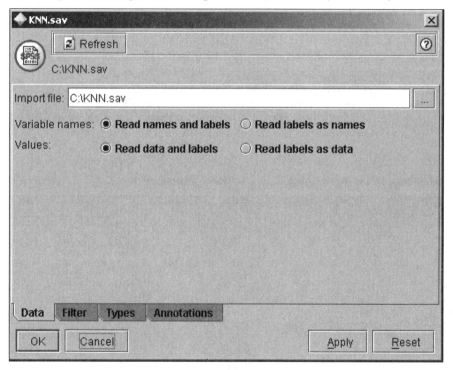

Alle Variablen haben direkt nach dem Import den Typ *Range*, d.h. sie werden als metrisch skaliert angenommen. Die Variablen Plazierung und Verpackung haben allerdings kein metrisches Skalenniveau. Sie wurden als nominal-skalierte Variablen erhoben (vgl. Abbildung 12.30). Eine Anpassung des Skalenniveaus kann in der Rubrik *Types* des Dialogfensters des Eingabeknotens „SPSS File" vorgenommen werden. In diesem Fallbeispiel ist für die beiden nominal-skalierten Variablen eine Konvertierung von *Range* zu *Set* durchzuführen (vgl. Abbildung 12.31).

Abbildung 12.30: Skalierung der Variablen

Variablenname	Bedeutung	Skalenniveau	Codierung
PREIS	Preis	Metrisch	
PLAZIERU	Plazierung	Nominal	1 – Normalfach 2 – Kühlfach 3 – Zweitplazierung
VERKAUFS	Verkaufsförderung	Metrisch	
VERTRETE	Vertreterbesuche	Metrisch	
VERPACKU	Verpackung	Nominal	0 – Plastik 1 – Papier
HALTBARK	Haltbarkeit	Metrisch	
MENGE	Menge	Metrisch	

Abbildung 12.31: Dialogfenster des Eingabeknotens „SPSS File" (Rubrik *Types*)

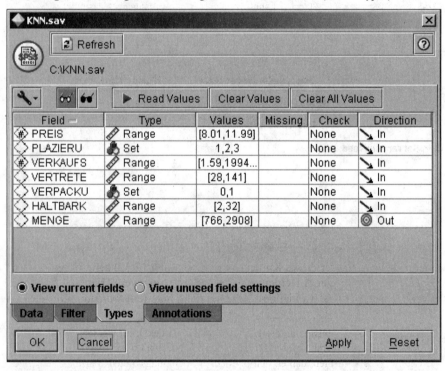

Bevor die importierten Daten an den Modellierungsknoten „Neural Net" übergeben und somit zum Netztraining herangezogen werden können, müssen diese zu-

Fallbeispiel 789

nächst noch fallweise als Trainings- bzw. Testdaten deklariert werden.[27] Im Gegensatz zu den Trainingsdaten bleiben die Testdaten im Rahmen des Netztrainings unberücksichtigt und können somit zur abschließenden Gütebeurteilung des Modells herangezogen werden. In der Regel, insbesondere aufgrund der Größe der Datensätze von Neuronalen Netzen, wird ein Datensatz nicht manuell aufgeteilt. SPSS Clementine 9.0 sieht für eine automatisierte Einteilung den modellübergreifenden Aufbereitungsknoten „Partition" vor.

Abbildung 12.32: Dialogfenster des Aufbereitungsknotens „Partition"

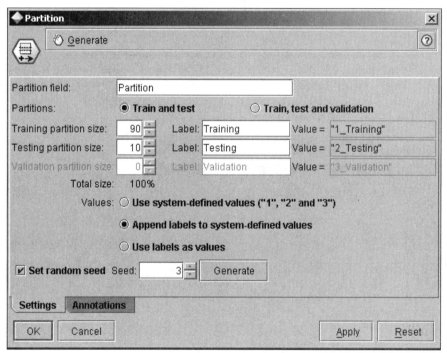

Über das Dialogfenster dieses Knotens (vgl. Abbildung 12.32) kann im Punkt *Partitions* zunächst festgelegt werden, ob der Datensatz in zwei (Train and test) oder in drei (Train, test and validation) Teildatensätze unterteilt werden soll.[28] Zudem

---

[27] Validierungsdaten müssen an dieser Stelle noch nicht deklariert werden, da der Modellierungsknoten „Neural Net" hierfür eigens eine Modelloption bereithält.

[28] Hierbei ist zu beachten, daß es sich bei dem Aufbereitungsknoten „Partition" um einen modellübergreifenden Knoten handelt und die mit *Validation* gekennzeichnete Partition in Abb. 12.32 nicht mit dem in Kapitel 12.2.4 beschriebenen Validierungsdatensatz zur Vermeidung von *overfitting* gleichzusetzen ist. Genau genommen handelt es sich hierbei lediglich um einen weiteren Teildatensatz, dessen Fälle (analog zur Partition *Testing*) nicht an den anknüpfenden Knoten „Neural Net" übertragen werden.

790   Neuronale Netze

kann der Anwender an dieser Stelle die anteilige Größe der einzelnen Datensätze am Gesamtdatensatz spezifizieren. Es werden Werte von 90% für den Trainingsdatensatz und 10% für den Testdatensatz gewählt.

Grundsätzlich kann nicht ausgeschlossen werden, daß der Datensatz bestimmte Muster aufweist, die auf die Reihenfolge der Datenerhebung zurückzuführen sind. Aus diesem Grund führt der Aufbereitungsknoten „Partition" eine zufallsbasierte Zuordnung der Einzelfälle zu den jeweiligen Teildatensätzen durch. Mittels der Option *Set Random Seed* kann der Startwert (hier: *Seed*=3) für den Zufallszahlengenerator (beliebig) festgelegt werden. Mit einem identischen Startwert werden genau dieselben Zufallszahlen erzeugt. So kann die Datenanalyse exakt auf die gleiche Art und Weise wiederholt werden.

Schließlich soll der Datensatz über den Menüpunkt *Execute* in der Dialogbox des Ausgabeknotens „Table" angezeigt werden. Abbildung 12.33 zeigt die entsprechende Tabelle. Genaugenommen wird hierbei der untere Stream in Abbildung 12.28 durchlaufen, d.h. die Knotensequenz „*SPSS File (KNN.sav)*" → „*Partition*" → „*Table*". In der Tabelle wird neben den Variablen des Ausgangsdatensatzes eine weitere Variable mit der Bezeichnung „Partition" aufgeführt.

Abbildung 12.33: Der Datensatz im Ausgabefenster „Table"

	PREIS	PLAZIERU	VERKAUFS	VERTRETE	VERPACKU	HALTBARK	MENGE	Partition
1	9.530	3	1721.370	65	1	21	1824	1_Training
2	8.400	1	827.780	94	1	16	1729	1_Training
3	10.390	1	1113.320	121	0	15	1265	1_Training
4	11.600	3	1753.960	70	1	13	1525	1_Training
5	11.540	2	1405.680	82	1	19	1211	1_Training
6	11.830	1	533.340	100	1	6	853	1_Training
7	8.060	3	1490.520	59	1	13	2601	1_Training
8	9.630	1	831.690	98	0	21	1376	1_Training
9	11.450	3	1470.200	80	1	14	1557	1_Training
10	8.550	1	669.150	59	1	9	1527	1_Training
11	8.980	2	1427.050	67	0	13	1825	1_Training
12	8.180	3	1994.260	76	1	16	2781	1_Training
13	8.130	1	1054.600	94	0	9	1665	1_Training
14	8.660	3	735.070	122	1	14	2518	1_Training
15	8.880	2	666.280	106	0	14	1806	1_Training
16	8.070	3	281.750	115	0	14	2229	1_Training
17	9.140	3	1226.600	118	1	20	2353	1_Training
18	9.370	3	1962.710	98	0	5	2103	1_Training
19	10.210	1	1209.940	125	0	20	1340	1_Training
20	9.430	3	1600.760	125	0	18	2250	2_Testing
21	9.490	2	1533.800	86	1	18	1921	1_Training
22	9.420	3	909.150	97	0	9	1936	2_Testing
23	11.640	2	785.670	91	0	19	1054	1_Training
24	9.860	3	1569.320	96	1	19	2225	2_Testing
25	9.700	1	1716.120	97	0	15	1479	1_Training
26	9.220	2	1570.850	113	1	22	2031	1_Training
27	11.900	2	757.040	81	1	16	1077	1_Training
28	11.230	3	1039.580	94	1	25	1597	1_Training
29	11.960	3	1390.180	69	1	12	1387	1_Training
30	9.030	1	1578.910	93	1	10	1762	2_Testing

Dabei handelt es sich um eine von dem Aufbereitungsknoten „Partition" generierte Variable, welche die einzelnen Fälle den jeweiligen Teildatensätzen gemäß den zuvor spezifizierten anteiligen Größen zuordnet.

12.3.1.2 Festlegung der Netztopologie

Die Auswertung soll mit einem mehrschichtigen Neuronalen Netz erfolgen. Dieses geschieht mit Hilfe des *Multi-Layer-Perceptrons*, welches sich hinter dem Modellierungsknoten „Neural Net" verbirgt (vgl. Abbildung 12.28). Das Neuronale Netz wird über das entsprechende Dialogfenster konfiguriert, das ebenfalls per doppelten Mausklick auf den Modellierungsknoten zu erreichen ist.

Abbildung 12.34: Dialogfenster des Modellierungsknotens „Neural Net" (Rubrik *Fields*)

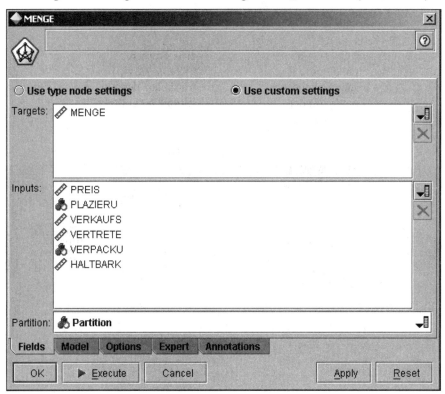

Zunächst werden in der Rubrik *Fields* die Eingabevariablen „Preis", „Plazierung", „Verkaufsförderung", „Vertreterbesuche", „Verpackung" und „Haltbarkeit" dem Feld *Inputs*, die Ausgabevariable „Menge" dem Feld *Targets* sowie die Partitionierungsvariable „Partition" dem Feld *Partition* zugeordnet (vgl. Abbildung 12.34). Die Zuordnungen erfolgen jeweils über die rechts neben den Feldern angeordneten Buttons. Letztere Variable übermittelt dem Modellierungsknoten, welche Fälle des Datensatzes zum Trainieren des Netzes herangezogen werden sollen. Damit der beabsichtigte Split auch tatsächlich durchgeführt wird, muß der Anwender schließlich darauf achten, daß die Option *Use partitioned data* in der Rubrik *Model* des

792   Neuronale Netze

Modellierungsknotens aktiviert ist (vgl. Abbildung 12.35). Zudem kann in dieser
Rubrik über die Option *Prevent overtraining* festgelegt werden, ob ein Teil der
Trainingsdaten für die Modellvalidierung, d.h. zur Bestimmung des Netzfehlers im
Laufe des Trainingsprozesses, reserviert werden soll. In diesem Fallbeispiel wird
der Trainingsdatensatz auf 85% reduziert. Die jeweilige Fehlerrate der erzeugten
Netze bzw. Gewichtskonstellationen kann somit auf Basis der verbleibenden 15%
(Validierungsdaten) errechnet werden.

Abbildung 12.35: Dialogfenster des Modellierungsknotens „Neural Net" (Rubrik *Model*)

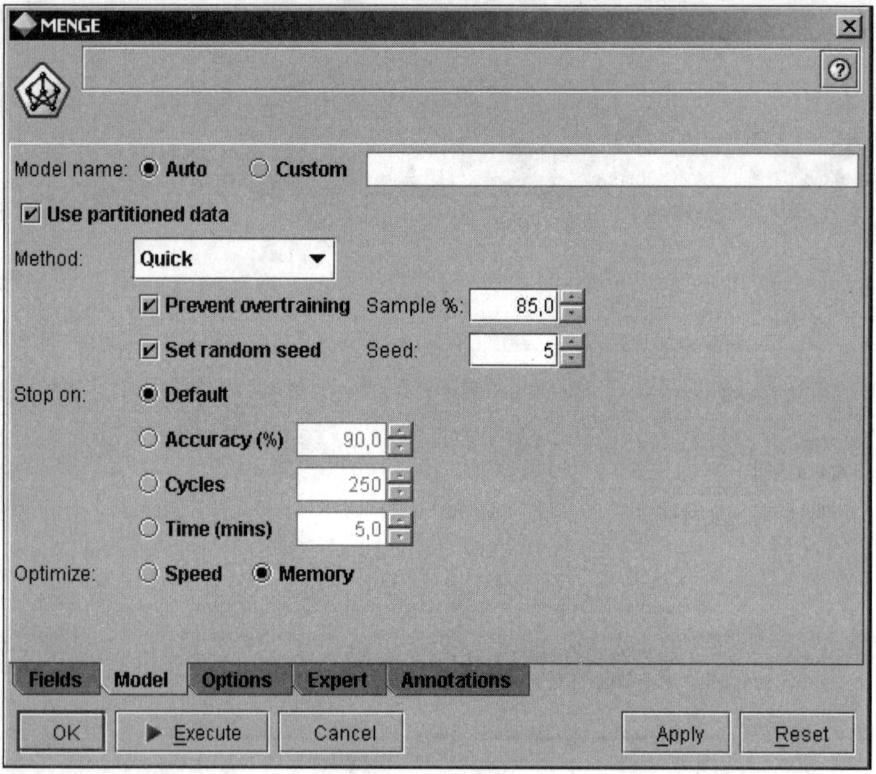

Im nächsten Schritt wird die Netztopologie festgelegt. Dazu bietet Clementine unter dem Punkt *Method* in der Rubrik *Model* verschiedene Vorgehensweisen an,
verdeckte Schichten und Knoten *automatisch* zu generieren.[29] In diesem Beispiel
wird allerdings eine manuelle Spezifikation der Netztopologie durchgeführt. Es
soll ein zweischichtiges Neuronales Netz, d.h. ein Netz mit nur einer verdeckten
Schicht, mit sieben verdeckten Neuronen verwendet werden. Dazu ist zunächst die

---

[29] Für eine detaillierte Beschreibung der einzelnen Vorgehensweisen siehe SPSS Inc.,
2004, Clementine 9.0 Node Reference, Chicago, S. 253 ff.

Methode *Quick* anzuwählen, und anschließend in die Rubrik *Expert* des Dialogfensters zu wechseln. Durch Aktivierung des Modus *Expert* können die entsprechenden Einstellungen unter dem Punkt *Quick Method Expert Options* vorgenommen werden (vgl. Abbildung 12.36). Dabei wird zunächst unter *Hidden Layers* die Option *One* ausgewählt, um anschließend unter *Layer 1* die Anzahl der verdeckten Neuronen spezifizieren zu können (hier: 7).

Abbildung 12.36: Dialogfenster des Modellierungsknotens „Neural Net" (Rubrik *Expert*)

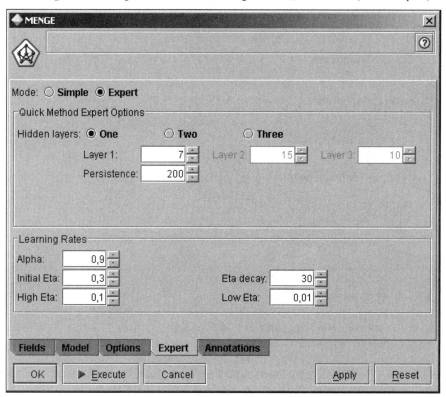

Im Ergebnis wurde in unserem Fallbeispiel das in Abbildung 12.37 dargestellte Neuronale Netz mit Clementine spezifiziert. Die Abbildung macht deutlich, daß Clementine jede Ausprägung von nominal-skalierten (*set*) Eingangsvariablen als eigenes Eingabeneuron darstellt. In diesem Anwendungsbeispiel ergeben sich daher bei sechs Eingabegrößen insgesamt neun Eingabevariablen.

Abbildung 12.37: Graphische Verdeutlichung der spezifizierten Netztopologie

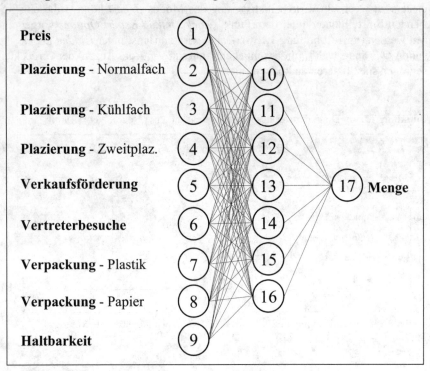

12.3.1.3 Trainieren des Netzes

Bevor das spezifizierte Netz „trainiert" werden kann, müssen zunächst die für den Trainingsprozeß relevanten Kontrollparameter bestimmt werden. Der Modellierungsknoten „Neural Net" greift hierbei auf den Backpropagation-Algorithmus zurück. In der Rubrik *Expert* können unter dem Punkt *Learning Rates* Einstellungen für den Momentumterm *Alpha* sowie für den Verlauf der Lernrate *Eta* vorgenommen werden (vgl. Abbildung 12.36).[30] *Alpha* kann Werte zwischen 0 und 1 annehmen, wobei Werte nahe 1 dazu beitragen können, daß der Backpropagation-Algorithmus nicht in lokalen Minima verharrt. Hier soll *Alpha=0,9* gewählt werden. Die Lernrate *Eta* kann sich im Verlauf des Trainingsprozesses ändern. Über die Parameter *Initial Eta, High Eta, Low Eta* sowie *Eta Decay* hat der Anwender die Möglichkeit, die Entwicklung der Lernrate zu steuern. Abbildung 12.38 verdeutlicht, wie sich *Eta* im Verlauf des Trainingsprozesses für eine gegebene Para-

---

[30] Der Momentumterm erlaubt, daß bei einer Ausrichtung der Gewichtsänderung neben dem letzten Fehler noch die Fehler früherer Datenmuster berücksichtigt werden.

meterkonstellation verhält.[31] In diesem Fallbeispiel sollen die standardmäßig vorgegebenen Parameterwerte beibehalten werden.

Abbildung 12.38: Lernrate *Eta* im Verlauf des Trainingsprozesses

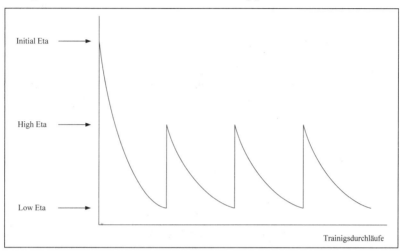

Quelle: in starker Anlehnung an SPSS Inc. (2004), Clementine 9.0 Node Reference, Chicago, S. 265.

Wieder in die Rubrik *Model* zurückgekehrt ist noch ein Abbruchkriterium für den Trainingsprozeß festzulegen. Unter dem Punkt *Stop on* stehen insgesamt vier Abbruchkriterien zur Verfügung: (i) Die Option *Default* greift hierbei auf den Parameter *Persistence* zurück, welcher in der Rubrik *Expert* spezifiziert werden kann. *Persistence* bestimmt die maximale Anzahl von weiteren Trainingsdurchläufen im Fall einer unverbesserten Modellgüte. Das heißt der Trainingsprozeß wird solange fortgesetzt, bis die entsprechende Anzahl überschritten ist. (ii) *Accuracy (%)* verlangt als Abbruchkriterium einen Wert für die Anpassungsgüte des zu trainierenden Netzes. Bei Erreichen dieser Güteschwelle wird der Trainingsprozeß schließlich eingestellt. Die Optionen (iii) *Cycles* sowie (iv) *Time (mins)* erlauben dem Anwender, die Anzahl der gesamten Trainingsdurchläufe bzw. die Gesamtdauer des Trainingsprozesses unmittelbar vorzugeben. In diesem Beispiel soll als Abbruchkriterium die Option *Default* bei einer *Persistence* von 200 Trainingsdurchläufen gewählt werden (vgl. Abbildungen 12.35 und 12.36). Des weiteren hat der Anwender an dieser Stelle die Möglichkeit, die Initialisierung der Netzgewichte zu steuern. Genau genommen kann über die Option *Set random seed* ein Startwert (hier: *Seed*=5) für den im Rahmen des Initialisierungsprozesses benötigten Zufallszahlengenerator vergeben werden. Auf diese Weise wird sichergestellt, daß ein Trainingsprozeß bzw. dessen Ergebnis exakt reproduzierbar ist.

---

[31] Der Parameter Eta Decay steuert hierbei die Verfallsrate von Eta.

796 Neuronale Netze

In der Rubrik *Options* kann der Anwender noch zusätzliche, für den Trainingsprozeß relevante Einstellungen vornehmen (vgl. Abbildung 12.39). Da jede Gewichtskonstellation im Verlauf des Trainingsprozesses als eigenes Modell/Netz interpretiert werden kann, stellt sich die Frage, welches dieser Netze für eine Anwendung auf neue Daten herangezogen werden soll. Die Option *Use best network* wird gewählt, um das Netz mit dem geringsten Fehler zu verwenden. Die alternative Option *Use final network* würde für anknüpfende Analysen das Netz im Zustand nach Beendigung des gesamten Trainingsprozesses zugrunde legen. Unterschiede treten dann auf, wenn der Netzfehler im Verlauf des Netztrainings wieder zunimmt.

Zudem sollen die Optionen *Show feedback graph* sowie *Sensitivity analysis* aktiviert werden. *Show feedback graph* liefert eine Graphik, die den Lernfortschritt während des Trainingsprozesses in Echtzeit dokumentiert. Die Option *Sensitivity analysis* stellt eine Sensitivitätsanalyse der Eingabevariablen im Hinblick auf die Ausgabevariable bereit. Das heißt der Anwender erhält Informationen über die Stärke des Einflusses der jeweiligen Eingabevariablen auf die Ausgabevariable.

Abbildung 12.39: Dialogfenster des Modellierungsknotens „Neural Net" (Rubrik *Options*)

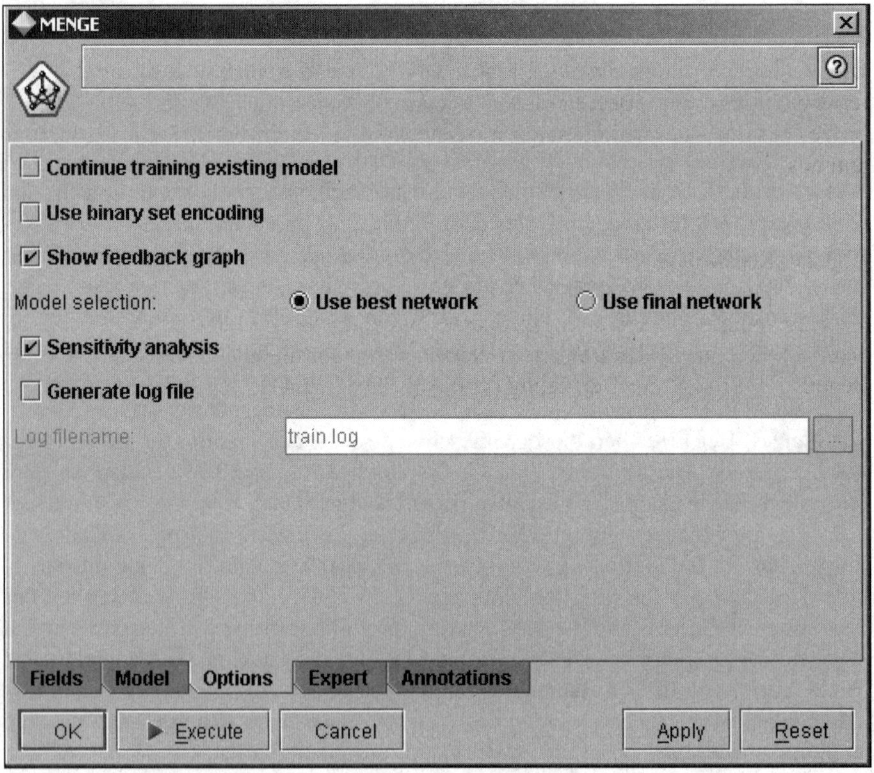

Der Trainingsprozeß des Neuronalen Netzes wird gestartet, indem der Befehl *Execute* im Dialogfenster des Modellierungsknotens „Neural Net" angewählt wird. Auf diese Weise wird der obere Stream in Abbildung 12.28, d.h. die Knotensequenz „*SPSS File (KNN.sav)*" → „*Partition*" → „*Neural Net (MENGE)*" durchlaufen. Abbildung 12.40 zeigt den im Verlauf des Trainings aufgeführten *Feedback Graph*.

Abbildung 12.40: Feedback Graph

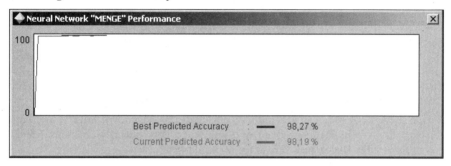

Dieser weist zum einen die aktuelle (Current Predicted Accuracy) und zum anderen die bis dato beste (Best Predicted Accuracy) Anpassungsgüte des Neuronalen Netzes auf Basis des Validierungsdatensatzes für jeden einzelnen Trainingsdurchlauf aus.[32]

12.3.2 Ergebnisse

Nach Beendigung des Trainingsprozesses generiert SPSS Clementine automatisch einen Modellknoten des trainierten Netzes und stellt diesen im Modellfenster der Benutzeroberfläche zur Verfügung (vgl. Abbildung 12.41).

---

[32] Da die Option *Prevent overtraining* in der Rubrik Model aktiviert ist, bezieht sich der dokumentierte Lernfortschritt auf den Validierungsdatensatz. Andernfalls würde der Trainingsdatensatz zugrunde gelegt.

Abbildung 12.41: Generierter Modellknoten „Neural Network" des trainierten Neuronalen Netzes

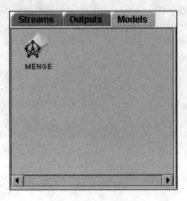

Um in die Ergebnisse des Netztrainings einsehen zu können, wird der Modellknoten auf die Arbeitsfläche gezogen und das Netzausgabefenster über den Menüpunkt *Edit...* des Knotens geöffnet (vgl. Abbildung 12.42).

Abbildung 12.42: Überblick über den Trainingsprozeß im Netzausgabefenster

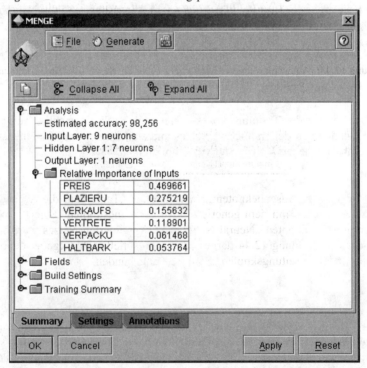

Der Ordner *Analysis* enthält die wesentlichen Ergebnisse des Netztrainings. So konnte im Rahmen des Trainingsprozesses für das spezifizierte Netz, bestehend aus einer Eingabevariablen, einer Ausgabevariablen sowie einer verdeckten Schicht mit sieben Neuronen, eine geschätzte Anpassungsgüte von 98,256% (Estimated accuracy) erzielt werden. Der Unterordner „Relative Importance of Inputs" beinhaltet das Ergebnis der angeforderten Sensitivitätsanalyse. Die einzelnen Werte sind ein Maß für die relative Wichtigkeit der jeweiligen Eingabevariablen im Hinblick auf die Prognose der Ausgabewerte. Ihr Wertebereich ist auf das Intervall [0,1] beschränkt, wobei die relative Wichtigkeit um so höher einzustufen ist, je näher der entsprechende Wert an Eins liegt. Hier wird deutlich, daß insbesondere die Eingabevariable „Preis" einen starken Effekt auf die Ausgabevariable „Menge" ausübt. Den geringsten Einfluß haben die Variablen „Verpackung" und „Haltbarkeit".

Bestimmung der Güte des trainierten Netzes

Bevor das trainierte Netz in der Anwendungsphase eingesetzt werden kann, wird dessen *Güte* unter Heranziehung des Testdatensatzes überprüft. Dazu wird zunächst über die Funktion *Generate* des Aufbereitungsknotens „Partition" (vgl. Abbildung 12.32) ein neuer Aufbereitungsknoten vom Typ „Select" generiert, der lediglich die dem Testdatensatz zugeordneten Fälle auswählt. Durch Anwahl der Option *Generate Select Node For Testing Partition* – wie dargestellt in Abbildung 12.43 – erscheint der gewünschte Knoten auf der Arbeitsfläche.[33]

Abbildung 12.43: Auswahloptionen der Funktion *Generate* des Aufbereitungsknotens „Partition"

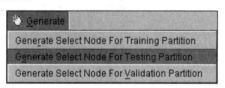

Zudem werden die Ausgabeknoten „Analysis" und „Table" auf die Arbeitsfläche gezogen. Zusammen mit dem generierten Aufbereitungsknoten „Select" und dem generierten Modellknoten „Neural Network" des trainierten Netzes werden diese gemäß der in Abbildung 12.44 dargestellten sequentiellen Abfolge an den bereits vorhandenen Aufbereitungsknoten „Partition" angebunden.

---

[33] Über die Option Generate kann der Anwender – je nach Zielsetzung – einen Aufbereitungsknoten vom Typ „Select" für alle spezifizierten Teildatensätze (Training, Testing, Validation) generieren lassen. In diesem konkreten Anwendungsfall ist die Auswahlmöglichkeit Generate Select Node For Testing Partition anzuwählen.

800 Neuronale Netze

Abbildung 12.44: Benutzeroberfläche mit ergänzten Knotensequenzen

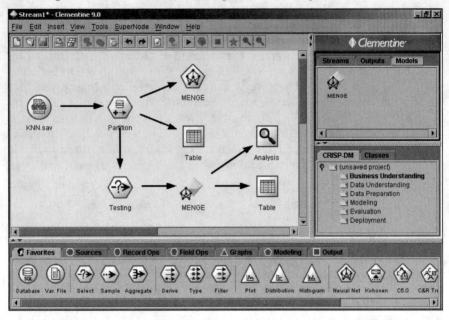

Anschließend wird über den Menüpunkt *Execute* des Ausgabeknotens „Table" die Knotensequenz *„SPSS File (KNN.sav)"* → *„Partition"* → *„Select (Testing)"* → *„Neural Network (MENGE)"* → *„Table"* ausgeführt. Als Ergebnis erhält der Anwender die in Abbildung 12.45 dargestellte Wertetabelle des Testdatensatzes. Von besonderem Interesse sind hierbei die Spalten „MENGE" und „$N-Menge", welche die beobachteten Mengen bzw. die durch das trainierte Netz prognostizierten Mengen enthalten. Es scheint, als liefere das Neuronale Netz eine gute Annäherung an die empirischen Sollausgabewerte.

Fallbeispiel 801

Abbildung 12.45: Ausgabefenster des Knotens „Table"

	PREIS	PLAZIERU	VERKAUFS	VERTRETE	VERPACKU	HALTBARK	MENGE	Partition	$N-MENGE
1	9.430	3	1600.760	125	0	18	2250	2_Testing	2243
2	9.420	3	909.150	97	0	9	1936	2_Testing	1956
3	9.860	3	1569.320	96	1	19	2225	2_Testing	2200
4	9.030	1	1578.910	93	1	10	1762	2_Testing	1720
5	11.890	2	1565.110	68	0	13	990	2_Testing	1035
6	10.220	3	573.930	96	1	16	1840	2_Testing	1858
7	9.050	3	1030.610	55	1	18	2210	2_Testing	2206
8	8.240	1	204.050	80	0	13	1493	2_Testing	1504
9	10.950	3	753.380	116	0	18	1514	2_Testing	1540
10	11.950	3	904.630	96	0	10	1196	2_Testing	1249
11	9.960	3	1181.550	103	0	11	1897	2_Testing	1857
12	8.580	3	1290.140	101	1	24	2508	2_Testing	2520
13	8.150	3	1140.540	51	0	9	2206	2_Testing	2251
14	9.200	2	1557.300	100	1	19	2034	2_Testing	2050
15	10.780	1	915.430	84	0	24	1070	2_Testing	1047
16	11.620	3	711.940	97	1	17	1418	2_Testing	1457
17	9.170	3	1506.390	117	1	15	2423	2_Testing	2444
18	11.910	2	511.430	137	1	17	1165	2_Testing	1141
19	10.820	2	660.240	87	1	8	1321	2_Testing	1288
20	10.070	2	605.610	94	1	27	1581	2_Testing	1594
21	11.870	2	486.530	74	1	21	1015	2_Testing	1083
22	9.980	3	1969.240	85	1	21	2250	2_Testing	2215
23	8.670	3	322.150	88	0	13	2109	2_Testing	2051
24	10.090	2	384.110	114	1	24	1568	2_Testing	1578
25	11.540	2	1583.180	65	1	26	1259	2_Testing	1259
26	8.170	3	276.190	68	0	19	2085	2_Testing	2138
27	11.590	2	1185.220	106	1	19	1267	2_Testing	1245
28	10.730	3	1365.520	93	0	19	1683	2_Testing	1645
29	9.910	3	17.880	112	0	11	1741	2_Testing	1698
30	11.290	2	1621.630	90	0	14	1183	2_Testing	1206

Dieser erste Eindruck soll nun unter Verwendung des Ausgabeknotens „Analysis"
verdichtet werden. Abbildung 12.46 zeigt das entsprechende Ausgabefenster, das
über den Menüpunkt *Execute* des Knotens aufgerufen wird. Der durchschnittliche
absolute Fehler (Mean Absolute Error), d.h. der Mittelwert der absoluten Abweichungen zwischen den beobachteten und den prognostizierten Mengen aller 80
Testfälle, beträgt 33,025. Im Hinblick auf die Höhe der Ausgabewerte der beobachteten Mengen ist dieser Fehler verschwindend gering.[34] Ein weiteres Indiz für
die hohe Anpassungsgüte bzw. gute Prognosefähigkeit des trainierten Netzes ist
der hohe lineare Korrelationskoeffizient von 0,996 zwischen den beobachteten und
den prognostizierten Werten der Variable „Menge".[35]

---

[34] Genaugenommen macht der durchschnittliche absolute Fehler ca. 2,07% des Durch-
schnittswertes der beobachteten Mengen (1.592,025) aus. Der durchschnittliche Ausgabewert kann unter Zuhilfenahme des Ausgabeknotens „Statistics" über den Stream
„SPSS File (*KNN.sav*)" → „Partition" → „Select (*Testing*)" → „Statistics" ermittelt
werden.

[35] Bei Klassifizierungsaufgaben liefert der Ausgabeknoten „Analysis" verschiedene hilf-
reiche Statistiken im Hinblick auf die durch das Netz korrekt bzw. inkorrekt klassifizierten Fälle. Im vorliegenden Fallbeispiel werden diese Statistiken nicht ausgewiesen, da
die Zielvariable „Menge" metrisch skaliert ist.

Abbildung 12.46: Ausgabefenster des Knotens „Analysis"

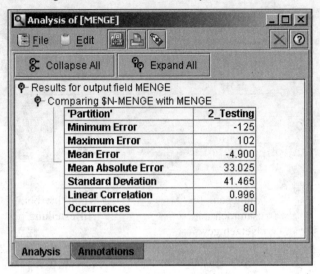

Anwendung des trainierten Netzes auf den anfänglichen Problemtyp

Ist das Neuronale Netz einmal trainiert und weist es ein hinreichendes Güteniveau auf, so kann es auf den im Ausgangspunkt definierten Problemtyp (Prognose, Klassifizierung oder Zuordnung) angewandt werden. An dieser Stelle wird nochmals deutlich, daß das Ziel von KNN *nicht* darin besteht, die Zwischenschichten eines KNN sowie die ermittelten Gewichte einer inhaltlichen Interpretation zu unterziehen. Vielmehr ist es das Ziel von KNN, die im Rahmen des Netztrainings ermittelten Zusammenhänge zwischen Eingabe- und Ausgabeschicht auf neue Datensätze zu übertragen. Die „ermittelten Zusammenhänge" sind dabei für den Anwender im Prinzip uninteressant, da nur das „Ergebnis" zählt.[36] Zu diesem Zweck werden im letzten Schritt neue Daten in das Neuronale Netz eingespeist, für die es keine Zielausgabewerte gibt. Dieser Anwendungsdatensatz besteht also nur aus Eingabedaten. Im Verlauf der Anwendungsphase verändern sich die Gewichte des Neuronalen Netzes nicht, es gilt also eine strikte Trennung zwischen Lern- und Anwendungsphase.

Die neuen Daten können – wie dargestellt in Abbildung 12.47 – über den Eingabeknoten „SPSS File" eingelesen und sequentiell mit dem trainierten Modellknoten und dem Ausgabeknoten „Table" verbunden und ausgeführt werden. Anschließend kann der Anwender die prognostizierten Werte dem Ausgabefenster des Knotens „Table" entnehmen.

---

[36] Allerdings sollten die ermittelten Zusammenhänge später soweit wie möglich bspw. mit Hilfe von Sensitivitätsanalysen offengelegt und plausibilisiert werden, um so zu vermeiden, daß das Netz Scheinzusammenhänge abbildet.

Abbildung 12.47: „Stream" zur Werteprognose mittels des trainierten Neuronalen Netzes

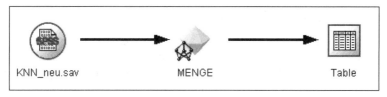

12.4 Anwendungsempfehlungen

Die folgenden Anwendungsempfehlungen fassen Kernpunkte beim Umgang mit Neuronalen Netzen zusammen und sollen eine erste Hilfestellung bei der Anwendung von Neuronalen Netzen gewähren:

- Neuronale Netze werden insbesondere dann eingesetzt, wenn keine verläßlichen Vermutungen über den Wirkungszusammenhang zwischen Input- und Outputvariablen angestellt werden können. Außerdem muß der Datensatz zum Training des Netzes ausreichend groß sein. Beispielsweise im Bereich des Handels, in dem über Scannerkassen leicht Daten erhoben werden können, bietet sich der Einsatz von Neuronalen Netzen an. Außerdem eröffnet das Internet neue Möglichkeiten, preisgünstig Daten zu erheben.
- Ein trainiertes Neuronales Netz ist eine Funktion der Outputwerte in Abhängigkeit der Eingabewerte. Schon von einer geringen Komplexität der Neuronalen Netze an verliert der funktionale Zusammenhang seine Anschaulichkeit. Die Funktion besteht aus einer Vielzahl an Summanden. Daher eignen sich Neuronale Netze insbesondere für Aufgaben, bei denen es primär auf die Ergebnisse (z.B. Simulationen) und nur sekundär auf die Art und Weise ankommt, wie dieses Ergebnis zustande kommt und erklärt werden soll. Klassische multivariate Analysemethoden versagen häufig bei nicht-linearen funktionalen Zusammenhängen zwischen Input- und Outputvariablen. Deshalb bietet sich der Einsatz Neuronaler Netze bei nicht-linearen Problemen an.
- Der Datensatz sollte auf Ausreißer hin untersucht werden. Die Ausreißer sind gegebenenfalls zu eliminieren, werden aber prinzipiell auch über die Aktivierungsfunktion abgefangen.
- Die Anzahl der Neuronen ist möglichst gering zu halten. Die Eingabeschicht ist auf Neuronen zu beschränken, die einen relevanten Einfluß auf die Netzausgabe haben.
- Die Anzahl der verdeckten Schichten und der Neuronen der verdeckten Schicht ist allgemein abhängig von der Anzahl der Eingabeneuronen und der Komplexität des funktionalen Zusammenhangs des Problems. Die Komplexität des funktionalen Zusammenhangs äußert sich z.B. durch den Grad der Nicht-

804 Neuronale Netze

Linearität des Problems. In aller Regel sind zwei verdeckte Schichten vollkommen ausreichend.

- Es existiert eine Vielzahl sich teilweise widersprechender Empfehlungen für die Anzahl der Neuronen. Es sollte mit einer verdeckten Schicht und einer kleinen Anzahl an verdeckten Neuronen angefangen werden. Die Anzahl der Neuronen ist langsam zu steigern. Gegebenenfalls wird eine zweite verdeckte Schicht ergänzt. Die Veränderung der Netztopologie wird beendet, sobald das Netz akzeptable Ergebnisse liefert. Der Rechenaufwand kann durch diese Vorgehensweise relativ gering gehalten werden.

- A priori-Wissen kann in das Netz integriert werden, indem bestimmte Verbindungen in der Ausgangsnetztopologie gelöscht werden bzw. sogenannte Shortcuts eingesetzt werden, die Schichten überspringen. Dies ist aber nur sinnvoll, wenn der Anwender die Wirkungszusammenhänge in der Realität und im Netz kennt. Davon ist allerdings in der Regel nicht auszugehen, da Neuronale Netze gerade dann eingesetzt werden, wenn diese Zusammenhänge nicht bekannt sind. Auf der anderen Seite haben Neuronale Netze einen hohen Grad an Fehlertoleranz. Eine falsch begründete Veränderung der Netztopologie bedeutet nicht gleichzeitig, daß das Netz signifikant schlechtere Ergebnisse liefert.

- Es müssen unbedingt mehr Trainingsdatenmuster als Eingabeneuronen verwendet werden. Die Anzahl der benötigten Trainingsmuster hängt neben der Anzahl der Eingabeneuronen von der Komplexität des funktionalen Zusammenhangs und der Stärke des Rauschens im Datensatz ab. Ein erster Anhaltspunkt ist, mindestens zehn Mal so viele Trainingsdatenmuster zu verwenden wie Eingabeneuronen. Eine andere „Daumenregel" besagt, daß mindestens 10 mal so wie Trainingsmuster nötig sind wie freie Parameter im Netz (Gewichte). Für komplexe Situationen wird diese Zahl allerdings sicher nicht ausreichen.

- Bei der Initialisierung der Gewichte sollte darauf geachtet werden, kleine Startgewichte zu wählen. Sie müssen aber unbedingt von null verschieden sein. Kleine Gewichte haben bei einer logistischen Aktivierungsfunktion mit einem Schwellenwert von 0 den Vorteil, daß an dieser Stelle die Ableitung der Aktivierungsfunktion am größten ist und der Lernprozeß in diesem Fall besonders schnell ablaufen kann. Es bietet sich an, die Gewichte zufällig zu initiieren. Der Backpropagation-Algorithmus kann nur effektiv lernen, wenn sich die Startgewichte unterscheiden. Ist dies nicht der Fall, können sich zwischen der letzten verdeckten Schicht und der Ausgabeschicht keine unterschiedlichen Gewichte herausbilden.[37]

- Die Gefahr, daß das gefundene Minimum ein lokales Minimum ist, das sich signifikant von dem globalen unterscheidet, kann verringert werden, indem das Neuronale Netz für verschiedene Ausgangsgewichte trainiert wird. Als Anhaltspunkt sind mindestens zehn unterschiedliche Initialisierungen zu nennen.[38]

---

[37] Vgl. Zell, A., 2000, S. 110 f.
[38] Vgl. Zell, A., 2000, S. 419.

Anwendungsempfehlungen   805

- Da die Wirkung der Lernrate von der Anzahl der Gewichte und der Größenordnung der Eingabewerte abhängt, kann keine allgemeine Empfehlung zu ihrer Wahl gegeben werden. Es sind für die Lernrate verschiedene Optionen in Erwägung zu ziehen. Es kann zunächst eine konstante Lernrate verwendet werden. Alternativ ist es aber auch möglich, eine im Verlauf des Lernprozesses variierende Lernrate zu benutzen. SPSS Clementine ermöglicht dem Anwender, den Verlauf der Lernrate über die Parameter *Initial Eta*, *High Eta*, *Low Eta* sowie *Eta Decay* zu steuern. Gegebenenfalls sollte das Netz mit unterschiedlichen Einstellungen für die Lernrate trainiert werden. Darüber hinaus ist in Erwägung zu ziehen, verschiedene Einstellungen für den Momentumterm zu wählen. In SPSS Clementine können für den Momentumterm Werte zwischen null und eins gewählt werden.

- Es empfiehlt sich, als Abbruchkriterium ein Fehlermaß des Validierungsdatensatzes zu verwenden. SPSS Clementine unterstützt die Einteilung in Trainings- und Validierungsdaten. Das Abbruchkriterium kann in der Phase, in der die Netztopologie optimiert wird und das Netz mit unterschiedlichen Gewichten initiiert wird, weniger restriktiv gewählt werden. Sind diese Parameter bestimmt, sollte allerdings ein weiterer Trainingsdurchgang mit einem restriktiveren Abbruchkriterium zur Anwendung kommen.

- Wird das Neuronale Netz zur Klassifizierung von Daten verwendet, kommt es zu folgendem Problem. Die Ausgabewerte werden nur in Ausnahmefällen 0/1-Werte sein, also direkte Klassenzugehörigkeiten ausdrücken. Bspw. berechnet ein Neuronales Netz einen Wert von 0,2 für die Zugehörigkeit zu Gruppe 1, 0,1 zu Gruppe 2 und 0,7 zu Gruppe 3. Das Datenmuster wird entweder automatisch der Klasse mit dem höchsten Ausgabewert zugewiesen oder es wird die Möglichkeit eingeschlossen, daß ein Datenmuster nicht klassifiziert werden kann. In letzterem Fall ist ein Schwellenwert vorab festzulegen, ab dem das Element einer Gruppe zugeordnet werden kann. Dieser Schwellenwert kann ein absoluter Wert sein, alternativ aber auch die Relation der Größe der Ausgabewerte zueinander berücksichtigen.[39]

- SPSS Clementine hat seine Vorzüge in der Übersichtlichkeit der Funktionen. Dies stellt aber zugleich einen Nachteil ⋅dar. Für komplexere Anwendungen sind umfangreichere Softwarelösungen SPSS Clementine vorzuziehen.

---

[39] Vgl. Lackes, R. / Mack, D., 2000, S. 96.

806   Neuronale Netze

12.5 Literaturhinweise

Anders, Ulrich (1997): Statistische Neuronale Netze, München 1997.

Bigus, Joseph P. (1996): Data mining with neural networks: solving business problems – from application development to decision support, New York u.a. 1996.

Bischoff, Rainer/ Bleile, Clemens/ Graalfs, Jürgen (1991): Der Einsatz Neuronaler Netze zur betrieblichen Kennzahlenanalyse, in: Wirtschaftsinformatik, 33 (1991), Heft 5.

Bishop, Christopher M. (1995): Neural Networks for Pattern Recognition, Oxford 1995.

Cybenko, George (1989): Approximation by superpositions of sigmoids, in: Mathematics of Control, Signals, and Systems, Heft 2 (1989), S. 303 – 314.

Düsing, Roland (1997): Betriebswirtschaftliche Anwendungsbereiche Konnektionistischer Systeme, Hamburg 1997.

Haykin, Simon (1999): Neural Networks: A Comprehensive Foundation, 2nd edition, New York 1999.

Heitmann, C. (2002): Beurteilung der Bestandfestigkeit von Unternehmen mit Neuro-Fuzzy, Frankfurt a. M. u. a. O. 2002

Kandel, Eric R. (Hrsg.) (2000): Principles of Neural Science, 4th edition, New York 2000.

Kearns, Michael (1996): A bound on the error of cross validation using the approximation and estimation rates, with consequences for the training-test split, in: Advances in Neural Information Processing Systems, vol. 8 (1996), S. 183 – 189, Cambridge, MA.

Lackes, Richard/ Mack, Dagmar (2000): Neuronale Netze in der Unternehmensplanung, München 2000.

Rojas, Raúl (1996): Theorie der neuronalen Netze: Eine systematische Einführung, 4. Aufl., Berlin, Heidelberg 1996.

Rumelhart, David E./ McClelland, James L. (Hrsg.) (1996): Parallel Distributed Processing: Explorations in the Microstructure of Cognition, Vol. 1, Cambridge, MA 1996.

Schöneburg, Eberhard/ Hansen, Nikolaus/ Gawelczyk, Andreas (1990): Neuronale Netzwerke: Einführung, Überblick und Anwendungsmöglichkeiten, Haar bei München 1990.

SPSS Inc. (2004): Clementine 9.0 User's Guide, Chicago.

SPSS Inc. (2004): Clementine 9.0 Node Reference, Chicago.

SPSS Inc. (2004): Clementine 9.0 Scripting, Automation, and CEMI Reference, Chicago.

Werbos, P.J. (1988): Backpropagation: Past and future, in: Proceedings of the International Conference on Neural Networks, I, IEEE Press, New York, July 1988, S. 343-353.

Zell, Andreas (1994): Simulation Neuronaler Netze, München 1994.

Tabellenanhang

Anhang 1:	t-Tabelle	808
Anhang 2:	F-Tabelle	809
Anhang 3:	c-Tabelle nach Cochran	817
Anhang 4:	χ2-Tabelle	818
Anhang 5:	Durbin-Watson-Tabelle	819
Anhang 6:	q-Werte-Tabelle	821

Über die Internet-Adresse www.multivariate.de oder mit der Bestellkarte am Ende dieses Buches kann die Support-CD angefordert werden, die alle Daten- und Programm-Dateien sowie Abbildungsvorlagen enthält.

808   Anhang

Anhang 1:   t-Tabelle

FG \ α	\multicolumn{9}{c}{Irrtumswahrscheinlichkeit α für den zweiseitigen Test}
	0,50	0,20	0,10	0,05	0,02	0,01	0,002	0,001	0,0001
1	1,000	3,078	6,314	12,706	31,821	63,657	318,309	636,619	6366,198
2	0,816	1,886	2,920	4,303	6,965	9,925	22,327	31,598	99,992
3	0,765	1,638	2,353	3,182	4,541	5,841	10,214	12,924	28,000
4	0,741	1,533	2,132	2,776	3,747	4,604	7,173	8,610	15,544
5	0,727	1,476	2,015	2,571	3,365	4,032	5,893	6,869	11,178
6	0,718	1,440	1,943	2,447	3,143	3,707	5,208	5,959	9,082
7	0,711	1,415	1,895	2,365	2,998	3,499	4,785	5,408	7,885
8	0,706	1,397	1,860	2,306	2,896	3,355	4,501	5,041	7,120
9	0,703	1,383	1,833	2,262	2,821	3,250	4,297	4,781	6,594
10	0,700	1,372	1,812	2,228	2,764	3,169	4,144	4,587	6,211
11	0,697	1,363	1,796	2,201	2,718	3,106	4,025	4,437	5,921
12	0,695	1,356	1,782	2,179	2,681	3,055	3,930	4,318	5,694
13	0,694	1,350	1,771	2,160	2,650	3,012	3,852	4,221	5,513
14	0,692	1,345	1,761	2,145	2,624	2,977	3,787	4,140	5,363
15	0,691	1,341	1,753	2,131	2,602	2,947	3,733	4,073	5,239
16	0,690	1,337	1,746	2,120	2,583	2,921	3,686	4,015	5,134
17	0,689	1,333	1,740	2,110	2,567	2,898	3,646	3,965	5,044
18	0,688	1,330	1,734	2,101	2,552	2,878	3,610	3,922	4,966
19	0,688	1,328	1,729	2,093	2,539	2,861	3,579	3,883	4,897
20	0,687	1,325	1,725	2,086	2,528	2,845	3,552	3,850	4,837
21	0,686	1,323	1,721	2,080	2,518	2,831	3,527	3,819	4,784
22	0,686	1,321	1,717	2,074	2,508	2,819	3,505	3,792	4,736
23	0,685	1,319	1,714	2,069	2,500	2,807	3,485	3,767	4,693
24	0,685	1,318	1,711	2,064	2,492	2,797	3,467	3,745	4,654
25	0,684	1,316	1,708	2,060	2,485	2,787	3,450	3,725	4,619
26	0,684	1,315	1,706	2,056	2,479	2,779	3,435	3,707	4,587
27	0,684	1,314	1,703	2,052	2,473	2,771	3,421	3,690	4,558
28	0,683	1,313	1,701	2,048	2,467	2,763	3,408	3,674	4,530
29	0,683	1,311	1,699	2,045	2,462	2,756	3,396	3,659	4,506
30	0,683	1,310	1,697	2,042	2,457	2,750	3,385	3,646	4,482
32	0,682	1,309	1,694	2,037	2,449	2,738	3,365	3,622	4,441
34	0,682	1,307	1,691	2,032	2,441	2,728	3,348	3,601	4,405
35	0,682	1,306	1,690	2,030	2,438	2,724	3,340	3,591	4,389
36	0,681	1,306	1,688	2,028	2,434	2,719	3,333	3,582	4,374
38	0,681	1,304	1,686	2,024	2,429	2,712	3,319	3,566	4,346
40	0,681	1,303	1,684	2,021	2,423	2,704	3,307	3,551	4,321
42	0,680	1,302	1,682	2,018	2,418	2,698	3,296	3,538	4,298
45	0,680	1,301	1,679	2,014	2,412	2,690	3,281	3,520	4,269
47	0,680	1,300	1,678	2,012	2,408	2,685	3,273	3,510	4,251
50	0,679	1,299	1,676	2,009	2,403	2,678	3,261	3,496	4,228
55	0,679	1,297	1,673	2,004	2,396	2,668	3,245	3,476	4,196
60	0,679	1,296	1,671	2,000	2,390	2,660	3,232	3,460	4,169
70	0,678	1,294	1,667	1,994	2,381	2,648	3,211	3,435	4,127
80	0,678	1,292	1,664	1,990	2,374	2,639	3,195	3,416	4,096
90	0,677	1,291	1,662	1,987	2,368	2,632	3,183	3,402	4,072
100	0,677	1,290	1,660	1,984	2,364	2,626	3,174	3,390	4,053
120	0,677	1,289	1,658	1,980	2,358	2,617	3,160	3,373	4,025
200	0,676	1,286	1,653	1,972	2,345	2,601	3,131	3,340	3,970
500	0,675	1,283	1,648	1,965	2,334	2,586	3,107	3,310	3,922
1000	0,675	1,282	1,646	1,962	2,330	2,581	3,098	3,300	3,906
∞	0,675	1,282	1,645	1,960	2,326	2,576	3,090	3,290	3,891
FG \ α	0,25	0,10	0,05	0,025	0,01	0,005	0,001	0,0005	0,00005
	\multicolumn{9}{c}{Irrtumswahrscheinlichkeit α für den einseitigen Test}

α   = Signifikanzniveau (1-Vertrauenswahrscheinlichkeit)
FG   = Freiheitsgrade

entnommen aus: Sachs, L.; 1999, S. 210.

Anhang 2:   F-Tabelle

F-Tabelle (Vertrauenswahrscheinlichkeit 0,9)

v_2 \ v_1	1	2	3	4	5	6	7	8	9	10	12	15	20	24	30	40	60	120	∞
1	39,86	49,50	53,59	55,83	57,24	58,20	58,91	59,44	59,86	60,19	60,71	61,22	61,74	62,00	62,26	62,53	62,79	63,06	63,33
2	8,53	9,00	9,16	9,24	9,29	9,33	9,35	9,37	9,38	9,39	9,41	9,42	9,44	9,45	9,46	9,47	9,47	9,48	9,49
3	5,54	5,46	5,39	5,34	5,31	5,28	5,27	5,25	5,24	5,23	5,22	5,20	5,18	5,18	5,17	5,16	5,15	5,14	5,13
4	4,54	4,32	4,19	4,11	4,05	4,01	3,98	3,95	3,94	3,92	3,90	3,87	3,84	3,83	3,82	3,80	3,79	3,78	3,76
5	4,06	3,78	3,62	3,52	3,45	3,40	3,37	3,34	3,32	3,30	3,27	3,24	3,21	3,19	3,17	3,16	3,14	3,12	3,10
6	3,78	3,46	3,29	3,18	3,11	3,05	3,01	2,98	2,96	2,94	2,90	2,87	2,84	2,82	2,80	2,78	2,76	2,74	2,72
7	3,59	3,26	3,07	2,96	2,88	2,83	2,78	2,75	2,72	2,70	2,67	2,63	2,59	2,58	2,56	2,54	2,51	2,49	2,47
8	3,46	3,11	2,92	2,81	2,73	2,67	2,62	2,59	2,56	2,54	2,50	2,46	2,42	2,40	2,38	2,36	2,34	2,32	2,29
9	3,36	3,01	2,81	2,69	2,61	2,55	2,51	2,47	2,44	2,42	2,38	2,34	2,30	2,28	2,25	2,23	2,21	2,18	2,16
10	3,29	2,92	2,73	2,61	2,52	2,46	2,41	2,38	2,35	2,32	2,28	2,24	2,20	2,18	2,16	2,13	2,11	2,08	2,06
11	3,23	2,86	2,66	2,54	2,45	2,39	2,34	2,30	2,27	2,25	2,21	2,17	2,12	2,10	2,08	2,05	2,03	2,00	1,97
12	3,18	2,81	2,61	2,48	2,39	2,33	2,28	2,24	2,21	2,19	2,15	2,10	2,06	2,04	2,01	1,99	1,96	1,93	1,90
13	3,14	2,76	2,56	2,43	2,35	2,28	2,23	2,20	2,16	2,14	2,10	2,05	2,01	1,98	1,96	1,93	1,90	1,88	1,85
14	3,10	2,73	2,52	2,39	2,31	2,24	2,19	2,15	2,12	2,10	2,05	2,01	1,96	1,94	1,91	1,89	1,86	1,83	1,80
15	3,07	2,70	2,49	2,36	2,27	2,21	2,16	2,12	2,09	2,06	2,02	1,97	1,92	1,90	1,87	1,85	1,82	1,79	1,76
16	3,05	2,67	2,46	2,33	2,24	2,18	2,13	2,09	2,06	2,03	1,99	1,94	1,89	1,87	1,84	1,81	1,78	1,75	1,72
17	3,03	2,64	2,44	2,31	2,22	2,15	2,10	2,06	2,03	2,00	1,96	1,91	1,86	1,84	1,81	1,78	1,75	1,72	1,69
18	3,01	2,62	2,42	2,29	2,20	2,13	2,08	2,04	2,00	1,98	1,93	1,89	1,84	1,81	1,78	1,75	1,72	1,69	1,66
19	2,99	2,61	2,40	2,27	2,18	2,11	2,06	2,02	1,98	1,96	1,91	1,86	1,81	1,79	1,76	1,73	1,70	1,67	1,63
20	2,97	2,59	2,38	2,25	2,16	2,09	2,04	2,00	1,96	1,94	1,89	1,84	1,79	1,77	1,74	1,71	1,68	1,64	1,61
21	2,96	2,57	2,36	2,23	2,14	2,08	2,02	1,98	1,95	1,92	1,87	1,83	1,78	1,75	1,72	1,69	1,66	1,62	1,59
22	2,95	2,56	2,35	2,22	2,13	2,06	2,01	1,97	1,93	1,90	1,86	1,81	1,76	1,73	1,70	1,67	1,64	1,60	1,57
23	2,94	2,55	2,34	2,21	2,11	2,05	1,99	1,95	1,92	1,89	1,84	1,80	1,74	1,72	1,69	1,66	1,62	1,59	1,55
24	2,93	2,54	2,33	2,19	2,10	2,04	1,98	1,94	1,91	1,88	1,83	1,78	1,73	1,70	1,67	1,64	1,61	1,57	1,53
25	2,92	2,53	2,32	2,18	2,09	2,02	1,97	1,93	1,89	1,87	1,82	1,77	1,72	1,69	1,66	1,63	1,59	1,56	1,52
26	2,91	2,52	2,31	2,17	2,08	2,01	1,96	1,92	1,88	1,86	1,81	1,76	1,71	1,68	1,65	1,61	1,58	1,54	1,50
27	2,90	2,51	2,30	2,17	2,07	2,00	1,94	1,91	1,87	1,85	1,80	1,75	1,70	1,67	1,64	1,60	1,57	1,53	1,49
28	2,89	2,50	2,29	2,16	2,06	2,00	1,94	1,90	1,87	1,84	1,79	1,74	1,69	1,66	1,63	1,59	1,56	1,52	1,48
29	2,89	2,50	2,28	2,15	2,06	1,99	1,93	1,89	1,86	1,83	1,78	1,73	1,68	1,65	1,62	1,58	1,55	1,51	1,47
30	2,88	2,49	2,28	2,14	2,05	1,98	1,93	1,88	1,85	1,82	1,77	1,72	1,67	1,64	1,61	1,57	1,54	1,50	1,46
40	2,84	2,44	2,23	2,09	2,00	1,93	1,87	1,83	1,79	1,76	1,71	1,66	1,61	1,57	1,54	1,51	1,47	1,42	1,38
60	2,79	2,39	2,18	2,04	1,95	1,87	1,82	1,77	1,74	1,71	1,66	1,60	1,54	1,51	1,48	1,44	1,40	1,35	1,29
120	2,75	2,35	2,13	1,99	1,90	1,82	1,77	1,72	1,68	1,65	1,60	1,55	1,48	1,45	1,41	1,37	1,32	1,26	1,19
∞	2,71	2,30	2,08	1,94	1,85	1,77	1,72	1,67	1,63	1,60	1,55	1,49	1,42	1,38	1,34	1,30	1,24	1,17	1,00

v_1 = Zahl der erklärenden Variablen (J)

v_2 = Zahl der Freiheitsgrade des Nenners (K - J - 1)

entnommen aus: Sachs, L.; 1999; S. 218.

F-Tabelle (Vertrauenswahrscheinlichkeit 0,95)

v_2 \ v_1	1	2	3	4	5	6	7	8	9	10	12	15	20	24	30	40	60	120	∞
1	161,4	199,5	215,7	224,6	230,2	234,0	236,8	238,9	240,5	241,9	243,9	245,9	248,0	249,1	250,1	251,1	252,2	253,3	254,3
2	18,51	19,00	19,16	19,25	19,30	19,33	19,35	19,37	19,38	19,40	19,41	19,43	19,45	19,45	19,46	19,47	19,48	19,49	19,50
3	10,13	9,55	9,28	9,12	9,01	8,94	8,89	8,85	8,81	8,79	8,74	8,70	8,66	8,64	8,62	8,59	8,57	8,55	8,53
4	7,71	6,94	6,59	6,39	6,26	6,16	6,09	6,04	6,00	5,96	5,91	5,86	5,80	5,77	5,75	5,72	5,69	5,66	5,63
5	6,61	5,79	5,41	5,19	5,05	4,95	4,88	4,82	4,77	4,74	4,68	4,62	4,56	4,53	4,50	4,46	4,43	4,40	4,36
6	5,99	5,14	4,76	4,53	4,39	4,28	4,21	4,15	4,10	4,06	4,00	3,94	3,87	3,84	3,81	3,77	3,74	3,70	3,67
7	5,59	4,74	4,35	4,12	3,97	3,87	3,79	3,73	3,68	3,64	3,57	3,51	3,44	3,41	3,38	3,34	3,30	3,27	3,23
8	5,32	4,46	4,07	3,84	3,69	3,58	3,50	3,44	3,39	3,35	3,28	3,22	3,15	3,12	3,08	3,04	3,01	2,97	2,93
9	5,12	4,26	3,86	3,63	3,48	3,37	3,29	3,23	3,18	3,14	3,07	3,01	2,94	2,90	2,86	2,83	2,79	2,75	2,71
10	4,96	4,10	3,71	3,48	3,33	3,22	3,14	3,07	3,02	2,98	2,91	2,85	2,77	2,74	2,70	2,66	2,62	2,58	2,54
11	4,84	3,98	3,59	3,36	3,20	3,09	3,01	2,95	2,90	2,85	2,79	2,72	2,65	2,61	2,57	2,53	2,49	2,45	2,40
12	4,75	3,89	3,49	3,26	3,11	3,00	2,91	2,85	2,80	2,75	2,69	2,62	2,54	2,51	2,47	2,43	2,38	2,34	2,30
13	4,67	3,81	3,41	3,18	3,03	2,92	2,83	2,77	2,71	2,67	2,60	2,53	2,46	2,42	2,38	2,34	2,30	2,25	2,21
14	4,60	3,74	3,34	3,11	2,96	2,85	2,76	2,70	2,65	2,60	2,53	2,46	2,39	2,35	2,31	2,27	2,22	2,18	2,13
15	4,54	3,68	3,29	3,06	2,90	2,79	2,71	2,64	2,59	2,54	2,48	2,40	2,33	2,29	2,25	2,20	2,16	2,11	2,07
16	4,49	3,63	3,24	3,01	2,85	2,74	2,66	2,59	2,54	2,49	2,42	2,35	2,28	2,24	2,19	2,15	2,11	2,06	2,01
17	4,45	3,59	3,20	2,96	2,81	2,70	2,61	2,55	2,49	2,45	2,38	2,31	2,23	2,19	2,15	2,10	2,06	2,01	1,96
18	4,41	3,55	3,16	2,93	2,77	2,66	2,58	2,51	2,46	2,41	2,34	2,27	2,19	2,15	2,11	2,06	2,02	1,97	1,92
19	4,38	3,52	3,13	2,90	2,74	2,63	2,54	2,48	2,42	2,38	2,31	2,23	2,16	2,11	2,07	2,03	1,98	1,93	1,88
20	4,35	3,49	3,10	2,87	2,71	2,60	2,51	2,45	2,39	2,35	2,28	2,20	2,12	2,08	2,04	1,99	1,95	1,90	1,84
21	4,32	3,47	3,07	2,84	2,68	2,57	2,49	2,42	2,37	2,32	2,25	2,18	2,10	2,05	2,01	1,96	1,92	1,87	1,81
22	4,30	3,44	3,05	2,82	2,66	2,55	2,46	2,40	2,34	2,30	2,23	2,15	2,07	2,03	1,98	1,94	1,89	1,84	1,78
23	4,28	3,42	3,03	2,80	2,64	2,53	2,44	2,37	2,32	2,27	2,20	2,13	2,05	2,01	1,96	1,91	1,86	1,81	1,76
24	4,26	3,40	3,01	2,78	2,62	2,51	2,42	2,36	2,30	2,25	2,18	2,11	2,03	1,98	1,94	1,89	1,84	1,79	1,73
25	4,24	3,39	2,99	2,76	2,60	2,49	2,40	2,34	2,28	2,24	2,16	2,09	2,01	1,96	1,92	1,87	1,82	1,77	1,71
26	4,23	3,37	2,98	2,74	2,59	2,47	2,39	2,32	2,27	2,22	2,15	2,07	1,99	1,95	1,90	1,85	1,80	1,75	1,69
27	4,21	3,35	2,96	2,73	2,57	2,46	2,37	2,31	2,25	2,20	2,13	2,06	1,97	1,93	1,88	1,84	1,79	1,73	1,67
28	4,20	3,34	2,95	2,71	2,56	2,45	2,36	2,29	2,24	2,19	2,12	2,04	1,96	1,91	1,87	1,82	1,77	1,71	1,65
29	4,18	3,33	2,93	2,70	2,55	2,43	2,35	2,28	2,22	2,18	2,10	2,03	1,94	1,90	1,85	1,81	1,75	1,70	1,64
30	4,17	3,32	2,92	2,69	2,53	2,42	2,33	2,27	2,21	2,16	2,09	2,01	1,93	1,89	1,84	1,79	1,74	1,68	1,62
40	4,08	3,23	2,84	2,61	2,45	2,34	2,25	2,18	2,12	2,08	2,00	1,92	1,84	1,79	1,74	1,69	1,64	1,58	1,51
60	4,00	3,15	2,76	2,53	2,37	2,25	2,17	2,10	2,04	1,99	1,92	1,84	1,75	1,70	1,65	1,59	1,53	1,47	1,39
120	3,92	3,07	2,68	2,45	2,29	2,17	2,09	2,02	1,96	1,91	1,83	1,75	1,66	1,61	1,55	1,50	1,43	1,35	1,25
∞	3,84	3,00	2,60	2,37	2,21	2,10	2,01	1,94	1,88	1,83	1,75	1,67	1,57	1,52	1,46	1,39	1,32	1,22	1,00

v_1 = Zahl der erklärenden Variablen (J)

v_2 = Zahl der Freiheitsgrade des Nenners (K - J - 1)

entnommen aus: Sachs, L, 1999; S. 219.

F-Tabelle (Vertrauenswahrscheinlichkeit 0,975)

v_2 \ v_1	1	2	3	4	5	6	7	8	9	10
1	647,8	799,5	864,2	899,6	921,8	937,1	948,2	956,7	963,3	968,6
2	38,51	39,00	39,17	39,25	39,30	39,33	39,36	39,37	39,39	39,40
3	17,44	16,04	15,44	15,10	14,88	14,73	14,62	14,54	14,47	14,42
4	12,22	10,65	9,98	9,60	9,36	9,20	9,07	8,98	8,90	8,84
5	10,01	8,43	7,76	7,39	7,15	6,98	6,85	6,76	6,68	6,62
6	8,81	7,26	6,60	6,23	5,99	5,82	5,70	5,60	5,52	5,46
7	8,07	6,54	5,89	5,52	5,29	5,12	4,99	4,90	4,82	4,76
8	7,57	6,06	5,42	5,05	4,82	4,65	4,53	4,43	4,36	4,30
9	7,21	5,71	5,08	4,72	4,48	4,32	4,20	4,10	4,03	3,96
10	6,94	5,46	4,83	4,47	4,24	4,07	3,95	3,85	3,78	3,72
11	6,72	5,26	4,63	4,28	4,04	3,88	3,76	3,66	3,59	3,53
12	6,55	5,10	4,47	4,12	3,89	3,73	3,61	3,51	3,44	3,37
13	6,41	4,97	4,35	4,00	3,77	3,60	3,48	3,39	3,31	3,25
14	6,30	4,86	4,24	3,89	3,66	3,50	3,38	3,29	3,21	3,15
15	6,20	4,77	4,15	3,80	3,58	3,41	3,29	3,20	3,12	3,06
16	6,12	4,69	4,08	3,73	3,50	3,34	3,22	3,12	3,05	2,99
17	6,04	4,62	4,01	3,66	3,44	3,28	3,16	3,06	2,98	2,92
18	5,98	4,56	3,95	3,61	3,38	3,22	3,10	3,01	2,93	2,87
19	5,92	4,51	3,90	3,56	3,33	3,17	3,05	2,96	2,88	2,82
20	5,87	4,46	3,86	3,51	3,29	3,13	3,01	2,91	2,84	2,77
21	5,83	4,42	3,82	3,48	3,25	3,09	2,97	2,87	2,80	2,73
22	5,79	4,38	3,78	3,44	3,22	3,05	2,93	2,84	2,76	2,70
23	5,75	4,35	3,75	3,41	3,18	3,02	2,90	2,81	2,73	2,67
24	5,72	4,32	3,72	3,38	3,15	2,99	2,87	2,78	2,70	2,64
25	5,69	4,29	3,69	3,35	3,13	2,97	2,85	2,75	2,68	2,61
26	5,66	4,27	3,67	3,33	3,10	2,94	2,82	2,73	2,65	2,59
27	5,63	4,24	3,65	3,31	3,08	2,92	2,80	2,71	2,63	2,57
28	5,61	4,22	3,63	3,29	3,06	2,90	2,78	2,69	2,61	2,55
29	5,59	4,20	3,61	3,27	3,04	2,88	2,76	2,67	2,59	2,53
30	5,57	4,18	3,59	3,25	3,03	2,87	2,75	2,65	2,57	2,51
40	5,42	4,05	3,46	3,13	2,90	2,74	2,62	2,53	2,45	2,39
60	5,29	3,93	3,34	3,01	2,79	2,63	2,51	2,41	2,33	2,27
120	5,15	3,80	3,23	2,89	2,67	2,52	2,39	2,30	2,22	2,16
∞	5,02	3,69	3,12	2,79	2,57	2,41	2,29	2,19	2,11	2,05

v_1 = Zahl der erklärenden Variablen (J)

v_2 = Zahl der Freiheitsgrade des Nenners (K - J - 1)

entnommen aus: Sachs, L. 1999, S. 220.

812   Anhang

F-Tabelle (Vertrauenswahrscheinlichkeit 0,975)
(Fortsetzung)

v_2 \ v_1	12	15	20	24	30	40	60	120	∞
1	976,7	984,9	993,1	997,2	1001	1006	1010	1014	1018
2	39,41	39,43	39,45	39,46	39,46	39,47	39,48	39,49	39,50
3	14,34	14,25	14,17	14,12	14,08	14,04	13,99	13,95	13,90
4	8,75	8,66	8,56	8,51	8,46	8,41	8,36	8,31	8,26
5	6,52	6,43	6,33	6,28	6,23	6,18	6,12	6,07	6,02
6	5,37	5,27	5,17	5,12	5,07	5,01	4,96	4,90	4,85
7	4,67	4,57	4,47	4,42	4,36	4,31	4,25	4,20	4,14
8	4,20	4,10	4,00	3,95	3,89	3,84	3,78	3,73	3,67
9	3,87	3,77	3,67	3,61	3,56	3,51	3,45	3,39	3,33
10	3,62	3,52	3,42	3,37	3,31	3,26	3,20	3,14	3,08
11	3,43	3,33	3,23	3,17	3,12	3,06	3,00	2,94	2,88
12	3,28	3,18	3,07	3,02	2,96	2,91	2,85	2,79	2,72
13	3,15	3,05	2,95	2,89	2,84	2,78	2,72	2,66	2,60
14	3,05	2,95	2,84	2,79	2,73	2,67	2,61	2,55	2,49
15	2,96	2,86	2,76	2,70	2,64	2,59	2,52	2,46	2,40
16	2,89	2,79	2,68	2,63	2,57	2,51	2,45	2,38	2,32
17	2,82	2,72	2,62	2,56	2,50	2,44	2,38	2,32	2,25
18	2,77	2,67	2,56	2,50	2,44	2,38	2,32	2,26	2,19
19	2,72	2,62	2,51	2,45	2,39	2,33	2,27	2,20	2,13
20	2,68	2,57	2,46	2,41	2,35	2,29	2,22	2,16	2,09
21	2,64	2,53	2,42	2,37	2,31	2,25	2,18	2,11	2,04
22	2,60	2,50	2,39	2,33	2,27	2,21	2,14	2,08	2,00
23	2,57	2,47	2,36	2,30	2,24	2,18	2,11	2,04	1,97
24	2,54	2,44	2,33	2,27	2,21	2,15	2,08	2,01	1,94
25	2,51	2,41	2,30	2,24	2,18	2,12	2,05	1,98	1,91
26	2,49	2,39	2,28	2,22	2,16	2,09	2,03	1,95	1,88
27	2,47	2,36	2,25	2,19	2,13	2,07	2,00	1,93	1,85
28	2,45	2,34	2,23	2,17	2,11	2,05	1,98	1,91	1,83
29	2,43	2,32	2,21	2,15	2,09	2,03	1,96	1,89	1,81
30	2,41	2,31	2,20	2,14	2,07	2,01	1,94	1,87	1,79
40	2,29	2,18	2,07	2,01	1,94	1,88	1,80	1,72	1,64
60	2,17	2,06	1,94	1,88	1,82	1,74	1,67	1,58	1,48
120	2,05	1,94	1,82	1,76	1,69	1,61	1,53	1,43	1,31
∞	1,94	1,83	1,71	1,64	1,57	1,48	1,39	1,27	1,00

v_1 = Zahl der erklärenden Variablen (J)
v_2 = Zahl der Freiheitsgrade des Nenners (K - J - 1)

entnommen aus: Sachs, L, 1999, S. 221.

F-Tabelle (Vertrauenswahrscheinlichkeit 0,99)

v_2 \ v_1	1	2	3	4	5	6	7	8	9	10
1	4052	4999,5	5403	5625	5764	5859	5928	5982	6022	6056
2	98,50	99,00	99,17	99,25	99,30	99,33	99,36	99,37	99,39	99,40
3	34,12	30,82	29,46	28,71	28,24	27,91	27,67	27,49	27,35	27,23
4	21,20	18,00	16,69	15,98	15,52	15,21	14,98	14,80	14,66	14,55
5	16,26	13,27	12,06	11,39	10,97	10,67	10,46	10,29	10,16	10,05
6	13,75	10,92	9,78	9,15	8,75	8,47	8,26	8,10	7,98	7,87
7	12,25	9,55	8,45	7,85	7,46	7,19	6,99	6,84	6,72	6,62
8	11,26	8,65	7,59	7,01	6,63	6,37	6,18	6,03	5,91	5,81
9	10,56	8,02	6,99	6,42	6,06	5,80	5,61	5,47	5,35	5,26
10	10,04	7,56	6,55	5,99	5,64	5,39	5,20	5,06	4,94	4,85
11	9,65	7,21	6,22	5,67	5,32	5,07	4,89	4,74	4,63	4,54
12	9,33	6,93	5,95	5,41	5,06	4,82	4,64	4,50	4,39	4,30
13	9,07	6,70	5,74	5,21	4,86	4,62	4,44	4,30	4,19	4,10
14	8,86	6,51	5,56	5,04	4,69	4,46	4,28	4,14	4,03	3,94
15	8,68	6,36	5,42	4,89	4,56	4,32	4,14	4,00	3,89	3,80
16	8,53	6,23	5,29	4,77	4,44	4,20	4,03	3,89	3,78	3,69
17	8,40	6,11	5,18	4,67	4,34	4,10	3,93	3,79	3,68	3,59
18	8,29	6,01	5,09	4,58	4,25	4,01	3,84	3,71	3,60	3,51
19	8,18	5,93	5,01	4,50	4,17	3,94	3,77	3,63	3,52	3,43
20	8,10	5,85	4,94	4,43	4,10	3,87	3,70	3,56	3,46	3,37
21	8,02	5,78	4,87	4,37	4,04	3,81	3,64	3,51	3,40	3,31
22	7,95	5,72	4,82	4,31	3,99	3,76	3,59	3,45	3,35	3,26
23	7,88	5,66	4,76	4,26	3,94	3,71	3,54	3,41	3,30	3,21
24	7,82	5,61	4,72	4,22	3,90	3,67	3,50	3,36	3,26	3,17
25	7,77	5,57	4,68	4,18	3,85	3,63	3,46	3,32	3,22	3,13
26	7,72	5,53	4,64	4,14	3,82	3,59	3,42	3,29	3,18	3,09
27	7,68	5,49	4,60	4,11	3,78	3,56	3,39	3,26	3,15	3,06
28	7,64	5,45	4,57	4,07	3,75	3,53	3,36	3,23	3,12	3,03
29	7,60	5,42	4,54	4,04	3,73	3,50	3,33	3,20	3,09	3,00
30	7,56	5,39	4,51	4,02	3,70	3,47	3,30	3,17	3,07	2,98
40	7,31	5,18	4,31	3,83	3,51	3,29	3,12	2,99	2,89	2,80
60	7,08	4,98	4,13	3,65	3,34	3,12	2,95	2,82	2,72	2,63
120	6,85	4,79	3,95	3,48	3,17	2,96	2,79	2,66	2,56	2,47
∞	6,63	4,61	3,78	3,32	3,02	2,80	2,64	2,51	2,41	2,32

v_1 = Zahl der erklärenden Variablen (J)
v_2 = Zahl der Freiheitsgrade des Nenners (K - J - 1)

entnommen aus: Sachs, L., 1999, S. 222.

814 Anhang

F-Tabelle (Vertrauenswahrscheinlichkeit 0,99)
(Fortsetzung)

ν_2 \ ν_1	12	15	20	24	30	40	60	120	∞
1	6106	6157	6209	6235	6261	6287	6313	6339	6366
2	99,42	99,43	99,45	99,46	99,47	99,47	99,48	99,49	99,50
3	27,05	26,87	26,69	26,60	26,50	26,41	26,32	26,22	26,13
4	14,37	14,20	14,02	13,93	13,84	13,75	13,65	13,56	13,46
5	9,89	9,72	9,55	9,47	9,38	9,29	9,20	9,11	9,02
6	7,72	7,56	7,40	7,31	7,23	7,14	7,06	6,97	6,88
7	6,47	6,31	6,16	6,07	5,99	5,91	5,82	5,74	5,65
8	5,67	5,52	5,36	5,28	5,20	5,12	5,03	4,95	4,86
9	5,11	4,96	4,81	4,73	4,65	4,57	4,48	4,40	4,31
10	4,71	4,56	4,41	4,33	4,25	4,17	4,08	4,00	3,91
11	4,40	4,25	4,10	4,02	3,94	3,86	3,78	3,69	3,60
12	4,16	4,01	3,86	3,78	3,70	3,62	3,54	3,45	3,36
13	3,96	3,82	3,66	3,59	3,51	3,43	3,34	3,25	3,17
14	3,80	3,66	3,51	3,43	3,35	3,27	3,18	3,09	3,00
15	3,67	3,52	3,37	3,29	3,21	3,13	3,05	2,96	2,87
16	3,55	3,41	3,26	3,18	3,10	3,02	2,93	3,84	2,75
17	3,46	3,31	3,16	3,08	3,00	2,92	2,83	2,75	2,65
18	3,37	3,23	3,08	3,00	2,92	2,84	2,75	2,66	2,57
19	3,30	3,15	3,00	2,92	2,84	2,76	2,67	2,58	2,49
20	3,23	3,09	2,94	2,86	2,78	2,69	2,61	2,52	2,42
21	3,17	3,03	2,88	2,80	2,72	2,64	2,55	2,46	2,36
22	3,12	2,98	2,83	2,75	2,67	2,58	2,50	2,40	2,31
23	3,07	2,93	2,78	2,70	2,62	2,54	2,45	2,35	2,26
24	3,03	2,89	2,74	2,66	2,58	2,49	2,40	2,31	2,21
25	2,99	2,85	2,70	2,62	2,54	2,45	2,36	2,27	2,17
26	2,96	2,81	2,66	2,58	2,50	2,42	2,33	2,23	2,13
27	2,93	2,78	2,63	2,55	2,47	2,38	2,29	2,20	2,10
28	2,90	2,75	2,60	2,52	2,44	2,35	2,26	2,17	2,06
29	2,87	2,73	2,57	2,49	2,41	2,33	2,23	2,14	2,03
30	2,84	2,70	2,55	2,47	2,39	2,30	2,21	2,11	2,01
40	2,66	2,52	2,37	2,29	2,20	2,11	2,02	1,92	1,80
60	2,50	2,35	2,20	2,12	2,03	1,94	1,84	1,73	1,60
120	2,34	2,19	2,03	1,95	1,86	1,76	1,66	1,53	1,38
∞	2,18	2,04	1,88	1,79	1,70	1,59	1,47	1,32	1,00

ν_1 = Zahl der erklärenden Variablen (J)
ν_2 = Zahl der Freiheitsgrade des Nenners (K - J - 1)

entnommen aus: Sachs, L., 1999, S. 223.

Anhang 815

F-Tabelle (Vertrauenswahrscheinlichkeit 0,995)

v_2 \ v_1	1	2	3	4	5	6	7	8	9	10
1	16211	20000	21615	22500	23056	23437	23715	23925	24091	24224
2	198,5	199,0	199,2	199,2	199,3	199,4	199,4	199,4	199,4	199,4
3	55,55	49,80	47,47	46,19	45,39	44,84	44,43	44,13	43,88	43,69
4	31,33	26,28	24,26	23,15	22,46	21,97	21,62	21,35	21,14	20,97
5	22,78	18,31	16,53	15,56	14,94	14,51	14,20	13,96	13,77	13,62
6	18,63	14,54	12,92	12,03	11,46	11,07	10,79	10,57	10,39	10,25
7	16,24	12,40	10,88	10,05	9,52	9,16	8,89	8,68	8,51	8,38
8	14,69	11,04	9,60	8,81	8,30	7,95	7,69	7,50	7,34	7,21
9	13,61	10,11	8,72	7,96	7,47	7,13	6,88	6,69	6,54	6,42
10	12,83	9,43	8,08	7,34	6,87	6,54	6,30	6,12	5,97	5,85
11	12,23	8,91	7,60	6,88	6,42	6,10	5,86	5,68	5,54	5,42
12	11,75	8,51	7,23	6,52	6,07	5,76	5,52	5,35	5,20	5,09
13	11,37	8,19	6,93	6,23	5,79	5,48	5,25	5,08	4,94	4,82
14	11,06	7,92	6,68	6,00	5,56	5,26	5,03	4,86	4,72	4,60
15	10,80	7,70	6,48	5,80	5,37	5,07	4,85	4,67	4,54	4,42
16	10,58	7,51	6,30	5,64	5,21	4,91	4,69	4,52	4,38	4,27
17	10,38	7,35	6,16	5,50	5,07	4,78	4,56	4,39	4,25	4,14
18	10,22	7,21	6,03	5,37	4,96	4,66	4,44	4,28	4,14	4,03
19	10,07	7,09	5,92	5,27	4,85	4,56	4,34	4,18	4,04	3,93
20	9,94	6,99	5,82	5,17	4,76	4,47	4,26	4,09	3,96	3,85
21	9,83	6,89	5,73	5,09	4,68	4,39	4,18	4,01	3,88	3,77
22	9,73	6,81	5,65	5,02	4,61	4,32	4,11	3,94	3,81	3,70
23	9,63	6,73	5,58	4,95	4,54	4,26	4,05	3,88	3,75	3,64
24	9,55	6,66	5,52	4,89	4,49	4,20	3,99	3,83	3,69	3,59
25	9,48	6,60	5,46	4,84	4,43	4,15	3,94	3,78	3,64	3,54
26	9,41	6,54	5,41	4,79	4,38	4,10	3,89	3,73	3,60	3,49
27	9,34	6,49	5,36	4,74	4,34	4,06	3,85	3,69	3,56	3,45
28	9,28	6,44	5,32	4,70	4,30	4,02	3,81	3,65	3,52	3,41
29	9,23	6,40	5,28	4,66	4,26	3,98	3,77	3,61	3,48	3,38
30	9,18	6,35	5,24	4,62	4,23	3,95	3,74	3,58	3,45	3,34
40	8,83	6,07	4,98	4,37	3,99	3,71	3,51	3,35	3,22	3,12
60	8,49	5,79	4,73	4,14	3,76	3,49	3,29	3,13	3,01	2,90
120	8,18	5,54	4,50	3,92	3,55	3,28	3,09	2,93	2,81	2,71
∞	7,88	5,30	4,28	3,72	3,35	3,09	2,90	2,74	2,62	2,52

v_1 = Zahl der erklärenden Variablen (J)

v_2 = Zahl der Freiheitsgrade des Nenners (K - J - 1)

entnommen aus: Sachs, L., 1999, S. 224.

816 Anhang

F-Tabelle (Vertrauenswahrscheinlichkeit 0,995)
(Fortsetzung)

v_2 \ v_1	12	15	20	24	30	40	60	120	∞
1	24426	24630	24836	24940	25044	25148	25253	25359	25465
2	199,4	199,4	199,4	199,5	199,5	199,5	199,5	199,5	199,5
3	43,39	43,08	42,78	42,62	42,47	42,31	42,15	41,99	41,83
4	20,70	20,44	20,17	20,03	19,89	19,75	19,61	19,47	19,32
5	13,38	13,15	12,90	12,78	12,66	12,53	12,40	12,27	12,14
6	10,03	9,81	9,59	9,47	9,36	9,24	9,12	9,00	8,88
7	8,18	7,97	7,75	7,65	7,53	7,42	7,31	7,19	7,08
8	7,01	6,81	6,61	6,50	6,40	6,29	6,18	6,06	5,95
9	6,23	6,03	5,83	5,73	5,62	5,52	5,41	5,30	5,19
10	5,66	5,47	5,27	5,17	5,07	4,97	4,86	4,75	4,64
11	5,24	5,05	4,86	4,76	4,65	4,55	4,44	4,34	4,23
12	4,91	4,72	4,53	4,43	4,33	4,23	4,12	4,01	3,90
13	4,64	4,46	4,27	4,17	4,07	3,97	3,87	3,76	3,65
14	4,43	4,25	4,06	3,96	3,86	3,76	3,66	3,55	3,44
15	4,25	4,07	3,88	3,79	3,69	3,58	3,48	3,37	3,26
16	4,10	3,92	3,73	3,64	3,54	3,44	3,33	3,22	3,11
17	3,97	3,79	3,61	3,51	3,41	3,31	3,21	3,10	2,98
18	3,86	3,68	3,50	3,40	3,30	3,20	3,10	2,99	2,87
19	3,76	3,59	3,40	3,31	3,21	3,11	3,00	2,89	2,78
20	3,68	3,50	3,32	3,22	3,12	3,02	2,92	2,81	2,69
21	3,60	3,43	3,24	3,15	3,05	2,95	2,84	2,73	2,61
22	3,54	3,36	3,18	3,08	2,98	2,88	2,77	2,66	2,55
23	3,47	3,30	3,12	3,02	2,92	2,82	2,71	2,60	2,48
24	3,42	3,25	3,06	2,97	2,87	2,77	2,66	2,55	2,43
25	3,37	3,20	3,01	2,92	2,82	2,72	2,61	2,50	2,38
26	3,33	3,15	2,97	2,87	2,77	2,67	2,56	2,45	2,33
27	3,28	3,11	2,93	2,83	2,73	2,63	2,52	2,41	2,29
28	3,25	3,07	2,89	2,79	2,69	2,59	2,48	2,37	2,25
29	3,21	3,04	2,86	2,76	2,66	2,56	2,45	2,33	2,21
30	3,18	3,01	2,82	2,73	2,63	2,52	2,42	2,30	2,18
40	2,95	2,78	2,60	2,50	2,40	2,30	2,18	2,06	1,93
60	2,74	2,57	2,39	2,29	2,19	2,08	1,96	1,83	1,69
120	2,54	2,37	2,19	2,09	1,98	1,87	1,75	1,61	1,43
∞	2,36	2,19	2,00	1,90	1,79	1,67	1,53	1,36	1,00

v_1 = Zahl der erklärenden Variablen (J)
v_2 = Zahl der Freiheitsgrade des Nenners (K - J - 1)

entnommen aus: Sachs, L., 1999, S. 225.

Anhang 3:   c-Tabelle nach Cochran

α = 0,05

k \ ν	1	2	3	4	5	6	7	8	9	10	16	36	144	∞
2	0,9985	0,9750	0,9392	0,9057	0,8772	0,8534	0,8332	0,8159	0,8010	0,7880	0,7341	0,6602	0,5813	0,5000
3	0,9669	0,8709	0,7977	0,7457	0,7071	0,6771	0,6530	0,6333	0,6167	0,6025	0,5466	0,4748	0,4031	0,3333
4	0,9065	0,7679	0,6841	0,6287	0,5895	0,5598	0,5365	0,5175	0,5017	0,4884	0,4366	0,3720	0,3093	0,2500
5	0,8412	0,6838	0,5981	0,5441	0,5065	0,4783	0,4564	0,4387	0,4241	0,4118	0,3645	0,3066	0,2513	0,2000
6	0,7808	0,6161	0,5321	0,4803	0,4447	0,4184	0,3980	0,3817	0,3682	0,3568	0,3135	0,2612	0,2119	0,1667
7	0,7271	0,5612	0,4800	0,4307	0,3974	0,3726	0,3535	0,3384	0,3259	0,3154	0,2756	0,2278	0,1833	0,1429
8	0,6798	0,5157	0,4377	0,3910	0,3595	0,3362	0,3185	0,3043	0,2926	0,2829	0,2462	0,2022	0,1616	0,1250
9	0,6385	0,4775	0,4027	0,3584	0,3286	0,3067	0,2901	0,2768	0,2659	0,2568	0,2226	0,1820	0,1446	0,1111
10	0,6020	0,4450	0,3733	0,3311	0,3029	0,2823	0,2666	0,2541	0,2439	0,2353	0,2032	0,1655	0,1308	0,1000
12	0,5410	0,3924	0,3264	0,2880	0,2624	0,2439	0,2299	0,2187	0,2098	0,2020	0,1737	0,1403	0,1100	0,0833
15	0,4709	0,3346	0,2758	0,2419	0,2195	0,2034	0,1911	0,1815	0,1736	0,1671	0,1429	0,1144	0,0889	0,0667
20	0,3894	0,2705	0,2205	0,1921	0,1735	0,1602	0,1501	0,1422	0,1357	0,1303	0,1108	0,0879	0,0675	0,0500
24	0,3434	0,2354	0,1907	0,1656	0,1493	0,1374	0,1286	0,1216	0,1160	0,1113	0,0942	0,0743	0,0567	0,0417
30	0,2929	0,1980	0,1593	0,1377	0,1237	0,1137	0,1061	0,1002	0,0958	0,0921	0,0771	0,0604	0,0457	0,0333
40	0,2370	0,1576	0,1259	0,1082	0,0968	0,0887	0,0827	0,0780	0,0745	0,0713	0,0595	0,0462	0,0347	0,0250
60	0,1737	0,1131	0,0895	0,0765	0,0682	0,0623	0,0583	0,0552	0,0520	0,0497	0,0411	0,0316	0,0234	0,0167
120	0,0998	0,0632	0,0495	0,0419	0,0371	0,0337	0,0312	0,0292	0,0279	0,0266	0,0218	0,0165	0,0120	0,0083
∞	0	0	0	0	0	0	0	0	0	0	0	0	0	0

α = 0,01

k \ ν	1	2	3	4	5	6	7	8	9	10	16	36	144	∞
2	0,9999	0,9950	0,9794	0,9586	0,9373	0,9172	0,8988	0,8823	0,8674	0,8539	0,7949	0,7067	0,6062	0,5000
3	0,9933	0,9423	0,8831	0,8335	0,7933	0,7606	0,7335	0,7107	0,6912	0,6743	0,6059	0,5153	0,4230	0,3333
4	0,9676	0,8643	0,7814	0,7212	0,6761	0,6410	0,6129	0,5897	0,5702	0,5536	0,4884	0,4057	0,3251	0,2500
5	0,9279	0,7885	0,6957	0,6329	0,5875	0,5531	0,5259	0,5037	0,4854	0,4697	0,4094	0,3351	0,2644	0,2000
6	0,8828	0,7218	0,6258	0,5635	0,5195	0,4866	0,4608	0,4401	0,4229	0,4084	0,3529	0,2858	0,2229	0,1667
7	0,8376	0,6644	0,5685	0,5080	0,4659	0,4347	0,4105	0,3911	0,3751	0,3616	0,3105	0,2494	0,1929	0,1429
8	0,7945	0,6152	0,5209	0,4627	0,4226	0,3932	0,3704	0,3522	0,3373	0,3248	0,2779	0,2214	0,1700	0,1250
9	0,7544	0,5727	0,4810	0,4251	0,3870	0,3592	0,3378	0,3207	0,3067	0,2950	0,2514	0,1992	0,1521	0,1111
10	0,7175	0,5358	0,4469	0,3934	0,3572	0,3308	0,3106	0,2945	0,2813	0,2704	0,2297	0,1811	0,1376	0,1000
12	0,6528	0,4751	0,3919	0,3428	0,3099	0,2861	0,2680	0,2535	0,2419	0,2320	0,1961	0,1535	0,1157	0,0833
15	0,5747	0,4069	0,3317	0,2882	0,2593	0,2386	0,2228	0,2104	0,2002	0,1918	0,1612	0,1251	0,0934	0,0667
20	0,4799	0,3297	0,2654	0,2288	0,2048	0,1877	0,1748	0,1646	0,1567	0,1501	0,1248	0,0960	0,0709	0,0500
24	0,4247	0,2871	0,2295	0,1970	0,1759	0,1608	0,1495	0,1406	0,1338	0,1283	0,1060	0,0810	0,0595	0,0417
30	0,3632	0,2412	0,1913	0,1635	0,1454	0,1327	0,1232	0,1157	0,1100	0,1054	0,0867	0,0658	0,0480	0,0333
40	0,2940	0,1915	0,1508	0,1281	0,1135	0,1033	0,0957	0,0898	0,0853	0,0816	0,0668	0,0503	0,0363	0,0250
60	0,2151	0,1371	0,1069	0,0902	0,0796	0,0722	0,0668	0,0625	0,0594	0,0567	0,0461	0,0344	0,0245	0,0167
120	0,1225	0,0759	0,0585	0,0489	0,0429	0,0387	0,0357	0,0334	0,0316	0,0302	0,0242	0,0178	0,0125	0,0083
∞	0	0	0	0	0	0	0	0	0	0	0	0	0	0

ν = Anzahl der Freiheitsgrade für s_z^2

k = Anzahl der Varianzen

entnommen aus: Sachs, L., 1999, S. 615.

Anhang 4: χ^2-Tabelle

FG \ α	0.99	0.975 /	0.95	0.90	0.80	0.70	0.50	0.30	0.20	0.10	0.05	0.025	0.01	0.001
1	0.00016	0.00098	0.0039	0.0158	0.064	0.148	0.455	1.07	1.64	2.71	3.84	5.02	6.63	10.83
2	0.0201	0.0506	0.1026	0.2107	0.446	0.713	1.39	2.41	3.22	4.61	5.99	7.38	9.21	13.82
3	0.115	0.216	0.352	0.584	1.00	1.42	2.37	3.66	4.64	6.25	7.81	9.35	11.34	16.27
4	0.297	0.484	0.711	1.064	1.65	2.20	3.36	4.88	5.99	7.78	9.49	11.14	13.28	18.47
5	0.554	0.831	1.15	1.61	2.34	3.00	4.35	6.06	7.29	9.24	11.07	12.83	15.09	20.52
6	0.872	1.24	1.64	2.20	3.07	3.83	5.35	7.23	8.56	10.64	12.59	14.45	16.81	22.46
7	1.24	1.69	2.17	2.83	3.82	4.67	6.35	8.38	9.80	12.02	14.07	16.01	18.48	24.32
8	1.65	2.18	2.73	3.49	4.59	5.53	7.34	9.52	11.0	13.36	15.51	17.53	20.09	26.13
9	2.09	2.70	3.33	4.17	5.38	6.39	8.34	10.7	12.2	14.68	16.92	19.02	21.67	27.88
10	2.56	3.25	3.94	4.87	6.18	7.27	9.34	11.8	13.4	15.99	18.31	20.48	23.21	29.59
11	3.05	3.82	4.57	5.58	6.99	8.15	10.3	12.9	14.6	17.28	19.68	21.92	24.73	31.26
12	3.57	4.40	5.23	6.30	7.81	9.03	11.3	14.0	15.8	18.55	21.03	23.34	26.22	32.91
13	4.11	5.01	5.89	7.04	8.63	9.93	12.3	15.1	17.0	19.81	22.36	24.74	27.69	34.53
14	4.66	5.63	6.57	7.79	9.47	10.8	13.3	16.2	18.2	21.06	23.68	26.12	29.14	36.12
15	5.23	6.26	7.26	8.55	10.3	11.7	14.3	17.3	19.3	22.31	25.00	27.49	30.58	37.70
16	5.81	6.91	7.96	9.31	11.2	12.6	15.3	18.4	20.5	23.54	26.30	28.85	32.00	39.25
17	6.41	7.56	8.67	10.08	12.0	13.5	16.3	19.5	21.6	24.77	27.59	30.19	33.41	40.79
18	7.01	8.23	9.39	10.86	12.9	14.4	17.3	20.6	22.8	25.99	28.87	31.53	34.81	42.31
19	7.63	8.91	10.12	11.65	13.7	15.4	18.3	21.7	23.9	27.20	30.14	32.85	36.19	43.82
20	8.26	9.59	10.85	12.44	14.6	16.3	19.3	22.8	25.0	28.41	31.41	34.17	37.57	45.31
22	9.54	10.98	12.34	14.04	16.3	18.1	21.3	24.9	27.3	30.81	33.92	36.78	40.29	48.27
24	10.86	12.40	13.85	15.66	18.1	19.9	23.3	27.1	29.6	33.20	36.42	39.36	42.98	51.18
26	12.20	13.84	15.38	17.29	19.8	21.8	25.3	29.2	31.8	35.56	38.89	41.92	45.64	54.05
28	13.56	15.31	16.93	18.94	21.6	23.6	27.3	31.4	34.0	37.92	41.34	44.46	48.28	56.89
30	14.95	16.79	18.49	20.60	23.4	25.5	29.3	33.5	36.2	40.26	43.77	46.98	50.89	59.70
35	18.51	20.57	22.46	24.80	27.8	30.2	34.3	38.9	41.8	46.06	49.80	53.20	57.34	66.62
40	22.16	24.43	26.51	29.05	32.3	34.9	39.3	44.2	47.3	51.81	55.76	59.34	63.69	73.40
50	29.71	32.36	34.76	37.69	41.4	44.3	49.3	54.7	58.2	63.17	67.50	71.42	76.15	86.66
60	37.48	40.48	43.19	46.46	50.6	53.8	59.3	65.2	69.0	74.40	79.08	83.30	88.38	99.61
80	53.54	57.15	60.39	64.28	69.2	72.9	79.3	86.1	90.4	96.58	101.88	106.63	112.33	124.84
100	70.06	74.22	77.93	82.36	87.9	92.1	99.3	106.9	111.7	118.50	124.34	129.56	135.81	149.45
120	86.92	91.57	95.70	100.62	106.8	111.4	119.3	127.6	132.8	140.23	146.57	152.21	158.95	173.62
150	112.67	117.99	122.69	128.28	135.3	140.5	149.3	158.6	164.3	172.58	179.58	185.80	193.21	209.26
200	156.43	162.73	168.28	174.84	183.0	189.0	199.3	210.0	216.6	226.02	233.99	241.06	249.45	267.54
z_α für (1.169) links	−2.326	−1.96	−1.645	−1.282	−0.842	−0.524	0	0.524	0.842	1.282	1.645	1.96	2.326	3.090

χ^2-Tabelle

FG \ α	0,10	0,05	0,01	0,001	0,0001
1	2,7055	3,8415	6,6349	10,8276	15,1367
2	4,6052	5,9915	9,2103	13,8155	18,4207
3	6,2514	7,8147	11,3449	16,2662	21,1075
4	7,7794	9,4877	13,2767	18,4668	23,5127
5	9,2364	11,0705	15,0863	20,5150	25,7448
6	10,6446	12,5916	16,8119	22,4577	27,8563

α = Zahl der erklärenden Variablen (J)
FG = Zahl der Freiheitsgrade (DR)

entnommen aus: Sachs, L.: a.a.O.; S. 212.

Anhang 5: Durbin-Watson-Tabelle (Vertrauenswahrscheinlichkeit 0,95)

K	J=1		J=2		J=3		J=4		J=5	
	d^+_u	d^+_o	d^+_u	d^+_o	d^+_u	d^+_o	d^+_u	d^+_o	d^+_u	d^+_o
15	1,08	1,36	1,95	1,54	0,82	1,75	0,69	1,97	0,56	2,21
16	1,10	1,37	1,98	1,54	0,86	1,73	0,74	1,93	0,62	2,15
17	1,13	1,38	1,02	1,54	0,90	1,71	0,78	1,90	0,67	2,10
18	1,16	1,39	1,05	1,53	0,93	1,69	0,82	1,87	0,71	2,06
19	1,18	1,40	1,08	1,53	0,97	1,68	0,86	1,85	0,75	2,02
20	1,20	1,41	1,10	1,54	1,00	1,68	0,90	1,83	0,79	1,99
21	1,22	1,42	1,13	1,54	1,03	1,67	0,93	1,81	0,83	1,96
22	1,24	1,43	1,15	1,54	1,05	1,66	0,96	1,80	0,86	1,94
23	1,26	1,44	1,17	1,54	1,08	1,66	0,99	1,79	0,90	1,92
24	1,27	1,45	1,19	1,55	1,10	1,66	1,01	1,78	0,93	1,90
25	1,29	1,45	1,21	1,55	1,12	1,66	1,04	1,77	0,95	1,89
26	1,30	1,46	1,22	1,55	1,14	1,65	1,06	1,76	0,98	1,88
27	1,32	1,47	1,24	1,56	1,16	1,65	1,08	1,76	1,01	1,86
28	1,33	1,48	1,26	1,56	1,18	1,65	1,10	1,75	1,03	1,85
29	1,34	1,48	1,27	1,56	1,20	1,65	1,12	1,74	1,05	1,84
30	1,35	1,49	1,28	1,57	1,21	1,65	1,14	1,74	1,07	1,83
31	1,36	1,50	1,30	1,57	1,23	1,65	1,16	1,74	1,09	1,83
32	1,37	1,50	1,31	1,57	1,24	1,65	1,18	1,73	1,11	1,82
33	1,38	1,51	1,32	1,58	1,26	1,65	1,19	1,73	1,13	1,81
34	1,39	1,51	1,33	1,58	1,27	1,65	1,21	1,73	1,15	1,81
35	1,40	1,52	1,34	1,58	1,28	1,65	1,22	1,73	1,16	1,80
36	1,41	1,52	1,35	1,59	1,29	1,65	1,24	1,73	1,18	1,80
37	1,42	1,53	1,36	1,59	1,31	1,66	1,25	1,72	1,19	1,80
38	1,43	1,54	1,37	1,59	1,32	1,66	1,26	1,72	1,21	1,79
39	1,43	1,54	1,38	1,60	1,33	1,66	1,27	1,72	1,22	1,79
40	1,44	1,54	1,39	1,60	1,34	1,66	1,29	1,72	1,23	1,79
45	1,48	1,57	1,43	1,62	1,38	1,67	1,34	1,72	1,29	1,78
50	1,50	1,59	1,46	1,63	1,42	1,67	1,38	1,72	1,34	1,77
55	1,53	1,60	1,49	1,64	1,45	1,68	1,41	1,72	1,38	1,77
60	1,55	1,62	1,51	1,65	1,48	1,69	1,44	1,73	1,41	1,77
65	1,57	1,63	1,54	1,66	1,50	1,70	1,47	1,73	1,44	1,77
70	1,58	1,64	1,55	1,67	1,52	1,70	1,49	1,74	1,46	1,77
75	1,60	1,65	1,57	1,68	1,54	1,71	1,51	1,74	1,49	1,77
80	1,61	1,66	1,59	1,69	1,56	1,72	1,53	1,74	1,51	1,77
85	1,62	1,67	1,60	1,70	1,57	1,72	1,55	1,75	1,52	1,77
90	1,63	1,68	1,61	1,70	1,59	1,73	1,57	1,75	1,54	1,78
95	1,64	1,69	1,62	1,71	1,60	1,73	1,58	1,75	1,56	1,78
100	1,65	1,69	1,63	1,72	1,61	1,74	1,59	1,76	1,57	1,78

K = Zahl der Beobachtungen

J = Zahl der Regressoren

d^+_u = unterer Grenzwert des Unschärfebereichs

d^+_o = oberer Grenzwert des Unschärfebereichs

entnommen aus: Durbin, J. / Watson, G.S., 1951, S. 159 - 178, 173.

Durbin-Watson-Tabelle (Vertrauenswahrscheinlichkeit 0,975)

K	J=1		J=2		J=3		J=4		J=5	
	d_u^+	d_o^+	d_u^+	d_o^+	d_u^+	d_o^+	d_u^+	d_o^+	d_u^+	d_o^+
15	0,95	1,23	0,83	1,40	0,71	1,61	0,59	1,84	0,48	2,09
16	0,98	1,24	0,86	1,40	0,75	1,59	0,64	1,80	0,53	2,03
17	1,01	1,25	0,90	1,40	0,79	1,58	0,68	1,77	0,57	1,98
18	1,03	1,26	0,93	1,40	0,82	1,56	0,72	1,74	0,62	1,93
19	1,06	1,28	0,96	1,41	0,86	1,55	0,76	1,72	0,66	1,90
20	1,08	1,28	0,99	1,41	0,89	1,55	0,79	1,70	0,70	1,87
21	1,10	1,30	1,01	1,41	0,92	1,54	0,83	1,69	0,73	1,84
22	1,12	1,31	1,04	1,42	0,95	1,54	0,86	1,68	0,77	1,82
23	1,14	1,32	1,06	1,42	0,97	1,54	0,89	1,67	0,80	1,80
24	1,16	1,33	1,08	1,43	1,00	1,54	0,91	1,66	0,83	1,79
25	1,18	1,34	1,10	1,43	1,02	1,54	0,94	1,65	0,86	1,77
26	1,19	1,35	1,12	1,44	1,04	1,54	0,96	1,65	0,88	1,76
27	1,21	1,36	1,13	1,44	1,06	1,54	0,99	1,64	0,91	1,75
28	1,22	1,37	1,15	1,45	1,08	1,54	1,01	1,64	0,93	1,74
29	1,24	1,38	1,17	1,45	1,10	1,54	1,03	1,63	0,96	1,73
30	1,25	1,38	1,18	1,46	1,12	1,54	1,05	1,63	0,98	1,73
31	1,26	1,39	1,20	1,47	1,13	1,55	1,07	1,63	1,00	1,72
32	1,27	1,40	1,21	1,47	1,15	1,55	1,08	1,63	1,02	1,71
33	1,28	1,41	1,22	1,48	1,16	1,55	1,10	1,63	1,04	1,71
34	1,29	1,41	1,24	1,48	1,17	1,55	1,12	1,63	1,06	1,70
35	1,30	1,42	1,25	1,48	1,19	1,55	1,13	1,63	1,07	1,70
36	1,31	1,43	1,26	1,49	1,20	1,56	1,15	1,63	1,09	1,70
37	1,32	1,43	1,27	1,49	1,21	1,56	1,16	1,62	1,10	1,70
38	1,33	1,44	1,28	1,50	1,23	1,56	1,17	1,62	1,12	1,70
39	1,34	1,44	1,29	1,50	1,24	1,56	1,19	1,63	1,13	1,69
40	1,35	1,45	1,30	1,51	1,25	1,57	1,20	1,63	1,15	1,69
45	1,39	1,48	1,34	1,53	1,30	1,58	1,25	1,63	1,21	1,69
50	1,42	1,50	1,38	1,54	1,34	1,59	1,30	1,64	1,26	1,69
55	1,45	1,52	1,41	1,56	1,37	1,60	1,33	1,64	1,30	1,69
60	1,47	1,54	1,44	1,57	1,40	1,61	1,37	1,65	1,33	1,69
65	1,49	1,55	1,46	1,59	1,43	1,62	1,40	1,66	1,36	1,69
70	1,51	1,57	1,48	1,60	1,45	1,63	1,42	1,66	1,39	1,70
75	1,53	1,58	1,50	1,61	1,47	1,64	1,45	1,67	1,42	1,70
80	1,54	1,59	1,52	1,62	1,49	1,65	1,47	1,67	1,44	1,70
85	1,56	1,60	1,53	1,63	1,51	1,65	1,49	1,68	1,46	1,71
90	1,57	1,61	1,55	1,64	1,53	1,66	1,50	1,69	1,48	1,71
95	1,58	1,62	1,56	1,65	1,54	1,67	1,52	1,69	1,50	1,71
100	1,59	1,63	1,57	1,65	1,55	1,67	1,53	1,70	1,51	1,72

K = Zahl der Beobachtungen
J = Zahl der Regressoren
d_u^+ = unterer Grenzwert des Unschärfebereichs
d_o^+ = oberer Grenzwert des Unschärfebereichs

entnommen aus: Durbin, J. / Watson, G.S., 1951, S. 174

Anhang 821

Anhang 6:   q-Werte-Tabelle

df des Nenners	p%	Spannweite										
		2	3	4	5	6	7	8	9	10	11	12
1	5	18,00	27,00	32,80	37,10	40,40	43,10	45,40	47,40	49,10	50,60	52,00
	1	90,00	135,00	164,00	186,00	202,00	216,00	227,00	237,00	246,00	253,00	260,00
2	5	6,09	8,30	9,80	10,90	11,70	12,40	13,00	13,50	14,00	14,40	14,70
	1	14,00	19,00	22,30	24,70	26,60	28,20	29,50	30,70	31,70	32,60	33,40
3	5	4,50	5,91	6,82	7,50	8,04	8,48	8,85	9,18	9,46	9,72	9,95
	1	8,26	10,60	12,20	13,30	14,20	15,00	15,60	16,20	16,70	17,10	17,50
4	5	3,93	5,04	5,76	6,29	6,71	7,05	7,35	7,60	7,83	8,03	8,21
	1	6,51	8,12	9,17	9,96	10,60	11,10	11,50	11,90	12,30	12,60	12,80
5	5	3,64	4,60	5,22	5,67	6,03	6,33	6,58	6,80	6,99	7,17	7,32
	1	5,70	6,97	7,80	8,42	8,91	9,32	9,67	9,97	10,20	10,50	10,70
6	5	3,46	4,34	4,90	5,31	5,63	5,89	6,12	6,32	6,49	6,65	6,79
	1	5,24	6,33	7,03	7,56	7,97	8,32	8,61	8,87	9,10	9,30	9,49
7	5	3,34	4,16	4,69	5,06	5,36	5,61	5,82	6,00	6,16	6,30	6,43
	1	4,95	5,92	6,54	7,01	7,37	7,68	7,94	8,17	8,37	8,55	8,71
8	5	3,26	4,04	4,53	4,89	5,17	5,40	5,60	5,77	5,92	6,05	6,18
	1	4,74	5,63	6,20	6,63	6,96	7,24	7,47	7,68	7,87	8,03	8,13
9	5	3,20	3,95	4,42	4,76	5,02	5,24	5,43	5,60	5,74	5,87	5,98
	1	4,60	5,43	5,96	6,35	6,66	6,91	7,13	7,32	7,49	7,65	7,78
10	5	3,15	3,88	4,33	4,65	4,91	5,12	5,30	5,46	5,60	5,72	5,83
	1	4,48	5,27	5,77	6,14	6,43	6,67	6,87	7,05	7,21	7,36	7,48
11	5	3,11	3,82	4,26	4,57	4,82	5,03	5,20	5,35	5,49	5,61	5,71
	1	4,39	5,14	5,62	5,97	6,25	6,48	6,67	6,84	6,99	7,13	7,26
12	5	3,08	3,77	4,20	4,51	4,75	4,95	5,12	5,27	5,40	5,51	5,62
	1	4,32	5,04	5,50	5,84	6,10	6,32	6,51	6,67	6,81	6,94	7,06
13	5	3,06	3,73	4,15	4,45	4,69	4,88	5,05	5,19	5,32	5,43	5,53
	1	4,25	4,96	5,40	5,73	5,98	6,19	6,37	6,53	6,87	6,79	6,90
14	5	3,03	3,70	4,11	4,41	4,64	4,83	4,99	5,13	5,25	5,36	5,46
	1	4,21	4,69	5,32	5,63	5,88	6,08	6,26	6,41	6,54	6,66	6,77
16	5	3,00	3,65	4,05	4,33	4,56	4,74	4,90	5,03	5,15	5,26	5,35
	1	4,13	4,78	5,19	5,49	5,72	5,92	6,08	6,22	6,35	6,46	6,56
18	5	2,97	3,61	4,00	4,28	4,49	4,67	4,82	4,96	5,07	5,17	5,27
	1	4,07	4,70	5,09	5,38	5,60	5,79	5,94	6,08	6,20	6,31	6,41
20	5	2,95	3,58	3,96	4,23	4,45	4,62	4,77	4,90	5,01	5,11	5,20
	1	4,03	4,64	5,02	5,29	5,51	5,69	5,84	5,97	6,09	6,19	6,29
24	5	2,92	3,53	3,90	4,17	4,37	4,54	4,68	4,81	4,92	5,01	5,10
	1	3,95	4,54	4,91	5,17	5,37	5,54	5,69	5,81	5,92	6,02	6,11
30	5	2,89	3,49	3,84	4,10	4,30	4,46	4,60	4,72	4,83	4,92	5,00
	1	3,89	4,45	4,80	5,05	5,24	5,40	5,54	5,56	5,76	5,85	5,93
40	5	2,86	3,44	3,79	4,04	4,23	4,39	4,52	4,63	4,74	4,82	4,91
	1	3,82	4,37	4,70	4,93	5,11	5,27	5,39	5,50	5,60	5,69	5,77
60	5	2,83	3,40	3,74	3,98	4,16	4,31	4,44	4,55	4,65	4,73	4 81
	1	3,76	4,28	4,60	4,82	4,99	5,13	5,25	5,36	5,45	5,53	5,60
120	5	2,80	3,36	3,69	3,92	4,10	4,24	4,36	4,48	4,56	4,64	4,72
	1	3,70	4,20	4,50	4,71	4,87	5,01	5,12	5,21	5,30	5,38	5,44
		2,77	3,31	3,63	3,86	4,03	4,17	4,29	4,39	4,47	4,55	4,62
		3,64	4,12	4,40	4,60	4,76	4,88	4,99	5,08	5,16	5,23	5,29

df = Zahl der Freiheitsgrade
p = Signifikanzniveau in %

entnommen aus: Fröhlich, Werner D./Becker, Johannes: Forschungsstatistik, 6. Aufl., Bonn 1972, S. 547.

Stichwortverzeichnis

-2LogLikelihood 445

Abbruchkriterium 761, 765, 781, 805

Abweichung
erklärte 124
mittlere quadratische 126, 127
nicht erklärte 124

ADF (asymptotically distribution-
free) 368

Adjusted-Goodness-of-Fit-Index
(AGFI) 380

Ähnlichkeit 493, 621

Ähnlichkeitsdaten 627

Ähnlichkeitsmaß 494, 507

Ähnlichkeitsmatrix 493

Ähnlichkeitsurteil 627

Aktiver Rand 728

Aktivierungsfunktion . 752, 759, 760, 762,
765, 768, 770, 775, 803, 804

Algorithmen, kontrahierende 527

ALSCAL 640, 648, 677

AMOS 5.0 356

ANACOR 734

Ankerpunktmethode 628

Anti-Image 275

Anwendungsphase 784, 799

Assoziationsmaß 253

Ausgabeneuron 759, 765, 784

Ausgabeschicht 753, 772

Ausgabedatei (Viewer) 26

Ausgabewert 753, 760, 761, 763, 766,
767, 770, 772, 780, 784, 805

Ausreißer 530, 803

Austauschverfahren 512

Autokorrelation 79, 86, 87, 88

Backpropagation-Algorithmus ... 763, 770,
771, 776, 780, 784

Bayes-Theorem 193, 195

Beeinflussungseffekt, direkter 406

Bestimmtheitsmaß 288
korrigiertes 68

Beta-Wert 62, 63

Binärzerlegung 501

Biplot 740

BTL-Modell 598

Centroid 162, 699

Chi-Quadrat 699, 702

Chi-Quadrat-Test 233, 241
Teststatistik des 241

Chi-Quadrat-Unabhängigkeitstest 232

Chi-Quadrat-Wert 379

City-Block-Metrik 503, 632

Clusteralgorithmen 510
dilatierende Verfahren 527
konservative Verfahren 527
kontrahierende Verfahren 527

824 Stichwortverzeichnis

Clusteranalyse 12, 489
   agglomerative Verfahren der ... 514, 516
   Algorithmen der 537
   Austauschverfahren 512
   hierarchische Verfahren der 511
   partitionierende Verfahren der 511,
                              512, 514

Clusterverfahren
   monothetische Verfahren 510
   polythetische Verfahren 510

Clusterzahl 534

Clusterzentrenanalyse 551

Comparative Fit Index (CFI) 381

Complete-Linkage-Verfahren 521

CONJOINT 605

Conjoint-Analyse 558
   adaptive 612
   additives Modell der 571
   Anwendungsempfehlungen 609
   Choice-Based- 611
   Eigenschaftsausprägungen 562,
   Erhebungsdesign 564
   gemeinsame 582, 600
   Stimuli, Bewertung der 570
   Hybrid- 612
   Identifikation der Eigenschaf-
   ten 562
   Vorgehensweise 562

Conjoint-Measurement 11, 557, 619

Cox und Snell-R^2 .... 449, 473

Cramer's V 245

Critical Ratio 383

Datenmuster 754

Datenverdichtungskoeffizient 645

Daten-Editor 18

Dendrogramm 534

Design
   asymmetrisches 567, 584
   orthogonales 585
   reduziertes 566, 584, 593
   symmetrisches 566
   vollständiges 566, 593

Devianz 445, 472

Dice-Koeffizient 496

Dichotomisierung 508

Discrete-Choice-Analyse 611

Diskrepanz-Funktion 368

Diskriminanzachse 162, 163, 173

Diskriminanzanalyse 10, 156
   schrittweise 216

Diskriminanzebene 179, 212

Diskriminanzfunktion 161
   kanonische 161

Diskriminanzkoeffizient 186, 187, 205

Diskriminanzkriterium 165

Diskriminanzwert
   kritischer 162, 173
   mittlerer 162

Diskriminatorische Bedeutung 186

Disparität 637

Distanz 502
   Chi-Quadrat 742
   euklidische 742

Distanzmaß 494, 507

Distanzmatrix 493

Distributional Equivalence 743

Dummy-Regression 574

Effekt
   indirekter 406
   totaler kausaler 406, 407

Effekt-Koeffizient 444, 476

Eigenschaftsausprägungen 562,

Eigenschaftsbeurteilung 621

Eigenwert 178, 272, 295, 296,
                        314, 315, 335
   Trägheitsgewicht 709

Eigenwertanteil 178, 709

Eingabeneuron 759, 761, 763,
                       765, 784, 803

Eingabeschicht 752, 758, 772, 802

Eingabewert 752, 753, 754, 763,
                      767, 784, 793

Elbow-Kriterium 534, 542

Entdeckungszusammenhang 330

Eta 145

Euklidische Distanz............................503
  quadrierte..504
Euklidische Metrik............................630
Experiment.................................130, 151
Extraktion..296
Extraktionsmethode 293, 312

Faktorenanalyse 12, 351
  exploratorische 330
  Fundamentaltheorem der........277, 278,
                          279, 330, 351
  konfirmatorische.............................330
  Faktorextraktion   277, 284, 288, 331
Faktorextraktionsmethode...................266
Faktorladung 278, 283, 284, 295, 305,
                        299, 331, 335
Faktorladungsmatrix 266, 293, 301,
                      305, 316, 319, 323
Faktorstufe 121, 130, 139, 142
Faktorwert...........................323, 328, 331
fehlende Werte .... (siehe missing value)
Fehler 354
Fehlerfunktion............. 760, 761, 763, 776,
                           778, 784
Fehlerquadratsumme 523
Fehlspezifikation................................376
Fisher-Test 243
Format
  Casewise................................734, 737
  Table..734
  Weight...................................734, 740
Freiheitsgrad 70, 126, 366,
F-Statistik...68
F-Test 69
Fusionierungsalgorithmus 492
F-Wert....................... 128, 129, 130, 139,
                        140, 146, 148

Gesamtabweichung 124, 125
Gesamtheit, heterogene......................490
Gesamtnutzen.....................................558
Gesamtnutzenurteil 558
  ordinales...559

Gesamtstreuungszerlegung..133, 138, 141
Gewicht 752, 754, 758, 765, 767, 774,
                775, 783, 802, 804
Gleichungssystem...............................394
GLS (generalized least-squares)..........368
Goodness-of-Fit-Index (GFI)...............380
Gradientenverfahren 576, 780, 783, 784
Gruppenbildung..................490, 755, 756
Gruppenzugehörigkeit 156
Gruppierungsvariable 156, 160
Gütemaß 382

Hauptachsenanalyse 292, 331, 351
Haupteffekt...................................135, 147
Hauptkomponentenanalyse..........291, 331
Heterogenitätsmaß...............................522
Heteroskedastizität 85
Hit-Ratio...452
Holdout-Karte.....................................586
Holdout-Sample..................................453
Homogenitätsprüfung 231
Hosmer-Lemeshow-Test......................454
Hypothesenbildung.............................356

Idealpunkt-Modell 655, 661, 662, 663
Identifikation 356
Identifizierbarkeit 398
Indikator 340
  formativer 415
Indikatorreliabilität.....................378, 405
Indikatorvariable 348, 366
Individualanalysen..............................582
  Aggregation der 599
INDSCAL..648
Inertia
  totale 702, 706
  Trägheit...702
Inferenzstatistik 370
Informationsverarbeitung ...752, 757, 758,
                      776, 777, 791
Innergruppen-Varianz.................176, 187

Interaktionseffekt 133, 147

Interaktionsterm 83

Irrtumswahrscheinlichkeit 71

Jackknife-Methode 454

Joint-space-Analyse 687

Kaiser-Kriterium 295, 297, 314, 331

Kaiser-Meyer-Olkin-Kriterium 276

Kausalanalyse 338
  LISREL-Ansatz der 11

Kausalbeziehung 46

Kausalität 344

Kendall's Tau 592

Kettenbildung 521, 528

Klassifikationsmatrix .. 180, 206, 207, 450

Klassifizierung 756, 765, 778,
                         784, 802, 805

Klassifizierungsdiagramm 212

kleinste Quadrate, Methode der 58

Kommunalität 266, 289, 291, 292

Kommunalitätenschätzung 331

Konfidenzintervall 77

Konfiguration 620, 653

Konstrukt, hypothetisches 339

Kontingenz, mittlere quadratische 702

Kontingenzanalyse 10, 230, 231, 232

Kontingenzkoeffizient 244

Kontingenztabelle 686, 693

Kontingenztafel
  mehrdimensionale 234, 235
  zweidimensionale 234

Konvergenzprobleme 783

Koordinaten
  Hauptkoordinaten (principal
  coordinates) 720
  Standardkoordinaten (standard
  coordinates) 720

Korrelation, kausal interpretierte 346

Korrelationsanalyse 49, 182, 260, 269

Korrelationskoeffizient 264, 270, 278,
                              345
  kanonischer 182
  partieller 347
  quadrierte multiple 377

Korrespondenzanalyse 13, 686

Korrespondenzraum 695, 710

Korrespondenztabelle 704

Kovarianz 344

Kovarianzanalyse 142, 148

Kovarianzstrukturanalyse 341

Kovariate 142, 143, 428, 434

Kovariatenmuster 461, 469, 481

Kreuztabelle 235, 686

Kulczynski-Koeffizient 496

KYST 639

L1-Norm 503

L2-Norm 503

Lambda, symmetrisches 246

Lambda-Maß 245

Lernen 750, 754, 760, 764,
                        766, 775, 781

Lernrate 761, 765, 779, 805

Likelihood-Funktion 437

Likelihood-Quotienten-Test 459, 473

Likelihood-Ratio-Test 447, 470

Linearfunktion 773

Linking-Function 431

Logistische Funktion 431, 440

Logistische Regression 10, 426
  binäre 434
    Logits der 443
  multinomiale 434

Logit-Koeffizient 431

Logit-Modell 235, 598

Logits 431

LogLikelihood-Funktion 437

Mahalanobis-Distanz 191, 550

Masse 698

Stichwortverzeichnis 827

Matrix
Anti-Image- 275
Einheits- 274, 275, 279
Faktorladungs- 266, 293, 301,
305, 316, 319, 323
Faktorwerte- 266, 304
Korrelations- 272, 273, 277
Transponierte- 272

Max Utility-Modell 598

Maximum Likelihood-Methode .. 368, 436

McFaddens-R² 448, 473

MDSCAL 639

Mehrgleichungssystem 366

Meßfehlervariable 361, 364

Meßindikator
reflektiver 415

Meßmodell 341
der endogenen Variablen 351
der exogenen Variablen 350

Methodenfaktor 364

Minkowski-Metrik 503, 505, 633

missing value 22, 151

ML (Maximum-Likelihood-
Methode) 368, 436

Modell
Independence 409
saturiertes 409
überidentifiziertes 373
vollständiges 447, 470

Modellidentifikation 366

Modellmodifikation 356, 384

Modellstruktur, Spezifikation der 362

Modifikations-Index 386, 412

MONANOVA 639

Multidimensionale Skalierung 13, 619
Replicated 647

Multikollinearität 89

Multi-Layer-Perceptron 755, 756,
762, 775, 791
MLP 756, 764, 766, 767

Multinormalverteilung 369

Multiple Tests 142

Nagelkerke-R² 449, 473

Nervensystem 750

Nettoeingabewert 759, 769

Netztopologie 765, 767, 768, 779,
791, 794, 804, 805

Neuproduktplanung 558

Neuron 750, 751, 757
Nervenzelle 751

Neuronales Netz 14
Problemstrukturierung 767
rückwärtsgerichtetes 752, 776
vorwärtsgerichtetes 752, 761

Newton-Raphson-Algorithmus 437

Nichtlinearität 80

Normalisierung 710
Spalten-Prinzipal (column prin-
cipal) 715
symmetrische 715
Zeilen-Prinzipal (row principal) 715

Normed Fit Index (NFI) 381

Normierung 580, 715

Null-Modell 447, 470

Nutzenmodell 654

Nutzenvorstellung, subjektive 559

Objekteigenschaft 558

Odd Ratio 444, 476

Odds 442

ORTHOPLAN 584, 601, 603

Overfitting 781

Paarvergleich 570

Parameter
fester 365, 395
freier 365, 396
restringierter 365, 396

Parameterschätzer 371

Parameterschätzung 356

Partworth 571

PCLOSE 382

Pearson Chi-Quadrat-Statistik 472

Pearson-Residuum 458, 481

Pearson's R 592

828 Stichwortverzeichnis

Pearson'scher Korrelationskoef-
fizient 592

Perceptual space...................................653

Pfaddiagramm 349, 355, 356, 359
 Erstellung eines 361

Phi-Koeffizient............................231, 244

Pick-any-method 694

PLANCARDS 601, 604

POLYCON...............................639, 671

Präferenz...654

Präferenzanalyse
 externe............................ 653, 659, 668
 interne..667

Präferenzurteil......................................558

Präferenzwertmethode.........................588

PREFMAP 658, 661, 662,
                                      664, 671, 674

Press's Q-Test 454

Produktalternativen 593

Produktkarte...584

Profilmethode.................... 564, 584, 610

Prognose......................................756, 765

Propagierungsfunktion 759, 761, 765,
                                      768, 769, 771, 775

Property Fitting 652, 668

Proximitätsmaß 492

Pseudo-R^2-Quadrat-Statistik 448, 466,
                                      473

Q-Korrelationskoeffizient 505

Rangdaten, fehlende.............................579

Rangordnung.......................559, 588, 589

Rangreihung.......................570, 627, 654

Rating-Skala..570

Ratingverfahren...........................629, 654

Realpunkt...655

Referenzgruppe 438, 472

Regression, monotone..........................577

Regressionsanalyse...........................9, 142
 blockweise 94
 einfache.......................................47, 53
 metrische...659
 multiple.......................................47, 60
 nichtmetrische...................................659
 schrittweise.......................................105

Regressionsgerade 54

Regressionsgleichung, logistische 431

Regressionskoeffizient........................ 59

Relative Wichtigkeit....................571, 581

Reliabilität 377

Residuen, Beurteilung der 383

Residualgröße....................................... 57

Residuum... 57
 standardisiertes 383, 458

Reskalierung...713

Reststreuung 135, 137, 139, 142, 148

Reversal..596

Root Mean Square Error of Approximation (RMSEA) 381

Rotation
 rechtwinklige 300, 318
 schiefwinklige..................................300
 Varimax-...............................300, 331

Russel & Rao-Koeffizient 496

Schätzverfahren....................................398
 iteratives 368
 Maximum-Likelihood-Methode.......368
 Methode der skalenunabhängi-
 gen kleinsten Quadrate....................368
 Methode der ungewichteten
 kleinsten Quadrate 368
 Methode der verallgemeinerten
 kleinsten Quadrate 368
 Methode des asymptotisch verteilungsfreien Schätzer....................368

Schrittweite...779

Schwellenwert 751, 759, 762,
                                      772, 773, 775

Schwellenwertneuron 775

Schwerpunktmodell, baryzentri-
sches System..721

Scree-Test..................................296, 314

Sensitivitätsanalyse 785
Shepard-Diagramm 636
Signifikanzniveau 71
Simple Matching-Koeffizient 496
Simulation Summary 597, 598
Simulations-Karte 587
Single-Linkage-Verfahren 517
Singulärwert 708
Singulärwertzerlegung 707
Skala 4
   Intervall- 5
   kategorial 6
   metrische 6
   nichtmetrische 6
   Nominal- 4
   Ordinal- 5
   Ratio- 3
   Verhältnis- 3
Skaleninvarianz 370
SLS (scale free least-squares) 368
Spaltenprofil 695
Spannweite 581
SPSS
   Ausgabedatei (Viewer) 25
   Daten 2
   Daten-Editor 16
   Syntaxdatei 31
   Variablenansicht 17
   Wertelabels 18, 19
Squared Multiple Correlations 405
S-STRESS 640, 678
Standardfehler 377
standardisierte Lösung 405
Standardisierung 703, 705
Stichprobenumfang 370
Stimulus 564
STRESS-Maß 575, 639, 645
Streuungszerlegung 124, 127, 132,
140, 148
Strukturgleichungsmodell 11, 337, 340
341, 348, 349
Syntaxdatei 31

Tanimoto-Koeffizient 496
Tau-Maß 245
Teilmenge, homogene 490
Teilnutzenwert 558, 571
   metrischer 559
   normierter 580
   Normierung des 599
   Zielkriterium 572
Testdaten 782
Tie 578
Trade-off-Matrix 565
Trade-off-Methode 610
Trägheitsgewicht 702
Trainieren 775, 794
Trainingsdatensatz 763, 767, 779, 781,
782, 784, 790
Transformation 6
Transformation, monotone 659
Trefferquote 180
t-Test 73

ULS (unweighted least-squares) 368
Unähnlichkeitsdaten 627
unstandardisierte Lösung 405
Untersuchungsdesign 142

Validierungsdatensatz 781, 790, 805
Variable
   binäre 235, 426
   latente 338, 339
Variablenansicht 19
Variablenmenge, Zweiteilung der 6, 10
Variablentypen 21
Varianz 126, 140
   erklärte 275, 289
   negative 376
   nicht erklärte 97
Varianzanalyse 10
   mehrdimensionale 121, 143
   mehrfaktorielle 121
   metrische 572
   monotone 574
   zweifaktorielle 121, 130

Stichwortverzeichnis

Varianzerklärungsanteil 288, 295, 315

Varianzhomogenität 150

Varianzkriterium 512

Varimax 318, 331

Vektor-Diagramm 279

Vektor-Modell 655, 659

Verdecktes Neuron
Verdeckte Schicht .. 753, 758, 762, 763,
767, 769, 784, 804

Verfahren
agglomeratives 514, 516
dekompositionelles 558
dilatierendes 527
hierarchische 511
konservative 527
monothetische 510
partitionierende 511, 512, 514
polythetische 512
struktur-entdeckendes 7
struktur-prüfendes 7
taxonomisches (gruppierendes) 157

Versuchsplan, vollständiger 142

Vertrauenswahrscheinlichkeit 70

Wahrnehmungsraum 620

Wald-Statistik 460

Ward-Verfahren 522

Wechselwirkung 131, 141

Werte, fehlende ...... (siehe missing value)

Wertelabels 20, 21

Wichtigkeit, relative 571, 581, 593

Wilks' Lambda 182, 185, 203, 205
für residuelle Diskriminanz 184
multivariates 184

Yates-Korrektur 243

Zeilenprofil 695

Zentrierung 704

Zufallswahrscheinlichkeit
maximale 453, 477
proportionale 453, 477

Zwei-Faktor-Methode 564

✂------------------------ **Faxantwort an +49/6588/99089** --------------------

Absender:

_____

_____

_____

_____

Tel.: _____

Mail: _____

Herrn
Univ.-Prof. Dr. Rolf Weiber
Am Sauerborn 36
D-54317 **Gusterath**

Betr.: Multivariate Analysemethoden 11. Auflage

Hiermit bestelle ich (zuzüglich Versandkosten):

☐ die Support-CD mit den Datensätzen und Syntaxdateien zu allen Verfahren zum Gesamtpreis von 5 Euro;

☐ das komplette Set von Folienvorlagen (Abbildungen) als geschützte Powerpoint-Dateien zum Preis von 25 Euro;

Das Set von Folienvorlagen (Abbildungen) als geschützte Powerpoint-Dateien für folgende Verfahren   Preis des Foliensets

☐	Zur Verwendung dieses Buches	2 Euro
☐	Clusteranalyse	3 Euro
☐	Conjoint Measurement	3 Euro
☐	Diskriminanzanalyse	3 Euro
☐	Faktorenanalyse	3 Euro
☐	Kontingenzanalyse	2 Euro
☐	Korrespondenzanalyse	3 Euro
☐	Logistische Regressionsanalyse	3 Euro
☐	Multidimensionale Skalierung	3 Euro
☐	Neuronale Netze	3 Euro
☐	Regressionsanalyse	3 Euro
☐	Strukturgleichungsmodelle	3 Euro
☐	Varianzanalyse	2 Euro

Die Bestellung soll

☐ postalisch als CD versendet werden (plus Versandkosten)

☐ elektronisch zugesendet werden (hier entstehen *keine* Versandkosten)

_____   _____

Datum   Unterschrift

Die Bestellung ist auch über **www.multivariate.de** möglich!

 **Springer** **springer.de**

Lehrbücher Statistik

Statistik
Der Weg zur Datenanalyse

L. Fahrmeir, R. Künstler, I. Pigeot, G. Tutz

Eine integrierte Darstellung der deskriptiven Statistik, moderner Methoden der explorativen Datenanalyse und der induktiven Statistik, einschließlich der Regressions- und Varianzanalyse.

5., verb. Aufl. 2004. XVI, 610 S. 162 Abb., 25 Tab. (Springer-Lehrbuch) Brosch.
ISBN 3-540-21232-9 ▶ € 29,95 | sFr 51,00

Wahrscheinlichkeitsrechnung und schließende Statistik

K. Mosler, F. Schmid

Einführung mit durchgerechneten Beispielen, auch mit realen Daten. Hinweise zur Durchführung der Verfahren am Computer mit Excel® und SPSS® ergänzen den Text.

2., verb. Aufl. 2006. XII, 343 S. 42 Abb., 7 Tab. (Springer-Lehrbuch) Brosch.
ISBN 3-540-27787-0 ▶ € 21,95 | sFr 37,50

Arbeitsbuch Statistik

L. Fahrmeir, R. Künstler, I. Pigeot, G. Tutz, A. Caputo, S. Lang

Die perfekte Ergänzung zum Lehrbuch Fahrmeir/ Künstler/ Pigeot/ Tutz: Statistik. Mit Aufgaben, Lösungen und Computerübungen.

4., verb. Aufl. 2005. X, 282 S. 60 Abb. (Springer-Lehrbuch) Brosch.
ISBN 3-540-23142-0 ▶ € 15,95 | sFr 27,50

Beschreibende Statistik und Wirtschaftsstatistik

K. Mosler, F. Schmid

Einführung in die wichtigsten Methoden der beschreibenden Statistik und Wirtschaftsstatistik, insbesondere in die Indexzahlen und die Messung von Konzentration und Disparität.

2., verb. Aufl. 2005. X, 252 S. 41 Abb. (Springer-Lehrbuch) Brosch.
ISBN 3-540-22815-2 ▶ € 17,95 | sFr 31,00

Bei Fragen oder Bestellung wenden Sie sich bitte an ▶ Springer Distribution Center, Haberstr. 7, 69126 Heidelberg ▶ **Telefon:** (06221) 345– 0 ▶ **Fax:** (06221) 345–4229
▶ **Email:** SDC-bookorder@springer-sbm.com ▶ Die €-Preise für Bücher sind gültig in Deutschland und enthalten 7% MwSt. Preisänderungen und Irrtümer vorbehalten.

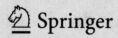 **springer.de**

Statistik verständlich und lerngerecht

Deskriptive Statistik

Eine Einführung mit Übungsaufgaben und Beispielen mit SPSS

H. Toutenburg

4., verb. Aufl. 2004. IX, 285 S. 146 Abb. (Springer-Lehrbuch) Brosch.
ISBN 3-540-22233-2 ▶ € 21,95 | sFr 37,50

Induktive Statistik

Eine Einführung mit SPSS für Windows

H. Toutenburg

3., überarb. Aufl. 2005. XVI, 394 S. 88 Abb. (Springer-Lehrbuch) Brosch.
ISBN 3-540-24293-7 ▶ € 24,95 | sFr 42,50

Datenanalyse mit SAS

Statistische Verfahren und ihre grafischen Aspekte

W. Krämer, O. Schoffer, L. Tschiersch

Einführung und Nachschlagewerk zu allen gängigen statistischen Verfahren.

2005. X, 376 S. 128 Abb. Brosch.
ISBN 3-540-20787-2 ▶ € 27,95 | sFr 48,00

Multivariate Analysemethoden

Eine anwendungsorientierte Einführung

K. Backhaus, B. Erichson, W. Plinke, R. Weiber

Darstellung von 12 wichtigen Verfahren der multivariaten Analysemethoden. Fallbeispiele aus dem Marketing, neu berechnet mit SPSS 13.0 für Windows®. Mit Leser- und Dozenten-Service unter http://www.multivariate.de

11., überarb. Aufl. 2006. X, 831 S. 559 Abb. (Springer-Lehrbuch) Brosch.
ISBN 3-540-27870-2 ▶ € 37,95 | sFr 65,00

Statistische Datenanalyse mit SPSS für Windows

Eine anwendungsorientierte Einführung in das Basissystem und das Modul Exakte Tests

J. Janssen, W. Laatz

"...Im Doppelpack mit den Multivariaten von Backhaus et. al. in Breite und Tiefe nicht zu toppen." *amazon.de*

5., neu bearb. u. erw. Aufl. 2005. XV, 754 S. 384 Abb. Brosch.
ISBN 3-540-23930-8 ▶ € 37,95 | sFr 65,00

Bei Fragen oder Bestellung wenden Sie sich bitte an ▶ Springer Distribution Center, Haberstr. 7, 69126 Heidelberg ▶ **Telefon:** (06221) 345–0 ▶ **Fax:** (06221) 345–4229
▶ **Email:** SDC-bookorder@springer-sbm.com ▶ Die €-Preise für Bücher sind gültig in Deutschland und enthalten 7% MwSt. Preisänderungen und Irrtümer vorbehalten.   BA 25824/2